输变电技术常用国家标准汇编

断路器卷

中国标准出版社　编

中国标准出版社
北　京

图书在版编目(CIP)数据

输变电技术常用国家标准汇编. 断路器卷/中国标准出版社编. —北京:中国标准出版社,2020.8

ISBN 978-7-5066-9551-0

Ⅰ. ①输… Ⅱ. ①中… Ⅲ. ①输电技术—国家标准—汇编—中国②变电所—国家标准—汇编—中国③断路器—国家标准—汇编—中国 Ⅳ. ①TM72-65 ②TM56-65

中国版本图书馆 CIP 数据核字(2020)第 021757 号

中国标准出版社出版发行
北京市朝阳区和平里西街甲 2 号(100029)
北京市西城区三里河北街 16 号(100045)

网址 www.spc.net.cn
总编室:(010)68533533 发行中心:(010)51780238
读者服务部:(010)68523946

中国标准出版社秦皇岛印刷厂印刷
各地新华书店经销

*

开本 880×1230 1/16 印张 59.25 字数 1 827 千字
2020 年 8 月第一版 2020 年 8 月第一次印刷

*

定价 305.00 元

出 版 说 明

电力工业是国民经济和社会发展的重要基础产业。电力工业的快速发展，有力地支持了国民经济和社会的发展。随着电力需求的日益增长，输变电技术不断发展变化，电网安全愈发得到重视，节能减排日益受到关注，电源结构不断进行调整，电力设施陆续新建，老设备也不断得到更新改造，各种新技术的应用日益广泛。

近年来，我国有关部门也在不断制定和修订相关方面的国家标准，为电网建设和运行的各有关部门的科研技术人员提供系统的、完整的具有实用价值的技术资料。

为满足电力系统工程技术人员和科技管理人员对标准的需求，我们对输变电技术常用的国家标准进行了收集整理。《输变电技术常用国家标准汇编》汇集了2019年5月底我国有关部门发布的现行有效的电网运行和建设方面的国家标准。本套汇编所收的标准按专业分类编排，分13卷出版，包括有：基础与安全卷、电力线路卷、电力变压器卷、继电保护与自动控制卷、低压装置卷、高压输变电卷、特高压技术卷、断路器卷、电力金具与绝缘子卷、带电作业卷、设备用油卷、节能管理卷、互感器与电抗器卷。

本卷为断路器卷，收入该领域的国家标准共13项。

本汇编在使用时请读者注意以下几点：

1. 由于标准的时效性，汇编所收录的标准可能会被修订或重新制定，请读者使用时注意采用最新的有效版本。

2. 鉴于标准出版年代不尽相同，对于其中的量和单位不统一之处及各标准格式不一致之处未做改动。

本套汇编为电力行业工程技术人员和管理人员提供准确、系统、实用的技术资料，也是标准化工作者常用的重要资料。

本套汇编在选编过程中得到电力行业有关人员的大力支持，在此特表感谢。本书编纂仓促，不妥之处请读者批评指正。

编　者

2019年5月

目　　录

注：本汇编收集的标准的属性已在目录上标明，其中一些标准根据中华人民共和国国家标准公告（2017 年第 7 号）已由强制性转为推荐性，但正文部分仍保留了原样。

ICS 29.130.10
K 43

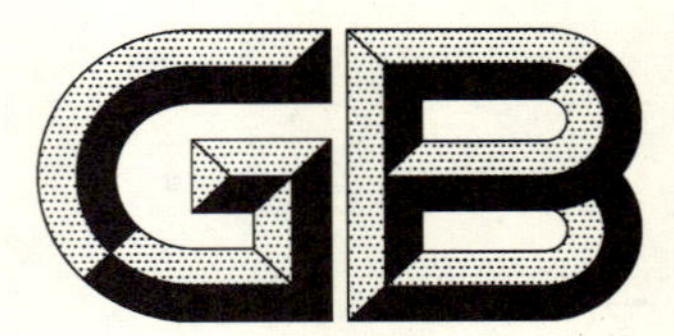

中华人民共和国国家标准

GB 1984—2014
代替 GB 1984—2003

高压交流断路器

High-voltage alternating-current circuit-breakers

(IEC 62271-100:2008,High-voltage switchgear and controlgear—Part 100:Alternating-current circuit-breakers,MOD)

自2017年3月23日起,本标准转为推荐性标准,编号改为GB/T 1984—2014。

2014-06-24 发布 2015-01-22 实施

中华人民共和国国家质量监督检验检疫总局
中国国家标准化管理委员会 发布

前　言

本标准的全部技术内容为强制性(除术语和定义)。

本标准按照 GB/T 1.1—2009 给出的规则起草。

本标准代替 GB 1984—2003《高压交流断路器》,与 GB 1984—2003 相比主要技术变化如下:

——按照 GB/T 11022—2011 的规定进行了修改,增加了额定电压 1 100 kV 及相关参数;

——增加术语和定义,如"中性点有效接地系统、中性点非有效接地系统、电缆系统、线路系统、S1 级断路器、S2 级断路器、操动机构、动力传动链、替代的操动机构、最短开断时间";

——增加了"X 射线发射"和"腐蚀"的相关要求和试验;

——型式试验中增加了型式试验有效期的具体要求;

——型式试验中增加了"辅助和控制回路的附加试验";

——型式试验中对"电磁兼容性(EMC)试验"增加了相关要求;

——型式试验中对"基本短路试验方式"增加了"非对称判据";

——为了与 GB/T 11022—2011 保持一致,编辑性增加"产品对环境的影响"一章;

——增加了附录 L"额定电压 1 kV 以上,100 kV 以下断路器 TRV 修正的注解";

——增加了附录 M"额定电压 3.6 kV 及以上,126 kV 以下断路器开断变压器限制的故障的要求";

——增加了附录 N"机械特性的应用和相关要求"(编辑性调整);

——增加了附录 O"金属封闭和落地罐式断路器的短路和开合试验程序的导则";

——增加了附录 P"非对称故障状态下(T100a)TRV 参数的计算";

——增加了附录 Q"非对称试验方式 T100a 中,非对称判据应用的例子";

——增加了附录 R"带有分闸电阻的断路器的要求";

——增加了附录 S"本标准与 IEC 62271-100:2008 的技术性差异及其原因";

——增加了附录 T"本标准与 IEC 62271-100:2008 的章条编号对照"。

本标准使用重新起草法修改采用 IEC 62271-100:2008《高压开关设备和控制设备　第 100 部分:交流断路器》。

本标准与 IEC 62271-100:2008 相比存在技术性差异,这些差异所涉及的条款已通过在其外侧页边空白处位置的垂直单线(|)进行了标识,附录 S 中给出了相应技术性差异及其原因一览表。

本标准对 IEC 62271-100:2008 部分章条编号作了编辑性修改,附录 T 中给出了本标准与 IEC 62271-100:2008 章条编号对照情况。

本标准与 IEC 62271-100:2008 的主要差异:

——适用范围:根据我国电网实际情况,删除了 IEC 62271-100:2008 中的额定频率 60 Hz 的有关内容,适用的系统的最低电压由 IEC 62271-100:2008 的 1 000 V 改为 3 000 V;

——额定电压:删除了与我国电网无关的额定电压值,按照 GB/T 11022—2011(或 GB/T 156)中所列的电压给出;

——删除了 3.8"定义索引";

——增加了额定电压 40.5 kV 和 1 100 kV 及相关参数;

——端子静负载试验,将表 14 中的 252 kV～363 kV 的纵向水平拉力由 1 250 N 改为 1 500 N;将 550 kV～800 kV 的纵向水平拉力 1 750 N 和垂直水平拉力 1 250 N 分别改为 2 000 N 和 1 500 N;并增加了 1 100 kV 的参数要求;

——并联脱扣器动作的最低电源电压,根据 GB/T 11022—2011 的 5.8 的要求,将 5.8.103 中的

"20%"改为"30%";

——6.108"单相和异相接地故障试验"中的6.108.3"试验方式",将"试验方式由一个单独的开断操作组成"改为"试验方式由一个额定操作顺序组成";

——8.103.6中额定短路持续时间的标准值,根据GB/T 11022—2011的4.8的要求,由"1 s"改为"2 s";推荐值由"0.5 s、2 s和3 s"改为"3 s和4 s";

——表21中,额定电压3.6 kV及以上126 kV以下S1级断路器的预期瞬态恢复电压的标准值,T10和T30的振幅系数由"1.6"和"1.7"改为"1.5"和"1.5"。

本标准应与GB/T 11022—2011一起使用,除非标准中另有规定,本标准参照GB/T 11022—2011。为了简化相同要求的表述,本标准的章条号与GB/T 11022—2011相同。对于补充在同一引用标题下的新增的条款从101开始编号。

本标准由中国电器工业协会提出。

本标准由全国高压开关设备标准化技术委员会(SAC/TC 65)归口。

本标准负责起草单位:西安高压电器研究院有限责任公司。

本标准起草单位:中国电力科学研究院、河北省电力科学院、施耐德电气华电开关(厦门)有限公司、ABB(中国)有限公司、西安西电开关电气有限公司、西安西电高压开关有限责任公司、平高集团有限公司、新东北电气(集团)高压开关有限公司、机械工业高压电器产品质量检测中心、天水长城开关厂有限公司、长江勘测规划设计研究院、上海西门子高压开关有限公司、施耐德电气(中国)投资有限公司、北京北开电气股份有限公司、伊顿(EATON)公司、北京科锐配电自动化股份有限公司、锦州锦开电器集团有限责任公司、库柏耐吉(宁波)电气有限公司、华仪电气股份有限公司、西安森源开关技术研究所有限公司、上海天灵开关厂有限公司、苏州阿尔斯通高压电气开关有限公司、国网电力科学研究院。

本标准主要起草人:田恩文、李鹏、张实。

本标准起草人:张文兵、孔祥军、潘瑾、张海峰、周小琳、谢建波、吴鸿雁、王建西、王传川、阎关星、孙永恒、杨英杰、马炳烈、石凤翔、沈威、雷小强、杨钦、刘莉、胡兆明、成守勇、刘成学、祝存春、王岩、谭燕、吴钊、聂小龙、郑占锋、吕广潜、张姝、杨夙峰、王天祥、张文波、杨新洁、王向克。

本标准所代替标准的历次版本发布情况为:

——GB 1984—1980、GB 1984—1989、GB 1984—2003;

——GB 4474—1984、GB/T 4474—1992;

——GB/T 7675—1987。

高压交流断路器

1 概述

1.1 范围

本标准适用于设计安装在户内或户外且运行在频率50 Hz、电压为3 000 V及以上的系统中的交流断路器。

本标准仅适用于三相系统中的三极断路器和单相系统中的单极断路器。用于单相系统中的两极断路器及用于频率低于50 Hz时应遵从制造厂和用户之间的协议。

本标准也适用于断路器的操动机构和其辅助设备。然而，本标准不涉及仅依靠人力操动合闸机构的断路器，因为它不能规定额定短路关合电流，而且从安全的角度考虑，这种仅靠人力操作的方式是不应该提倡的。

具有预定的极间不同期性的断路器见GB/T 30846—2014；具有单极自动重合闸功能的断路器包含在本标准的范围内。

注1：在某些情况下，具有预定的极间不同期性的断路器可以按照本标准进行试验。例如，对于机械错列极的设计，可以按照本标准进行三相直接试验。对于合成试验，确定最适合的试验时，特别是与试验电流、恢复电压和瞬态恢复电压相关的，由用户和制造厂之间协商。

本标准不涉及用于电力牵引设备的移动电站中的断路器，它们包含在IEC 60077[1][1)]中。

安装在发电机和升压变压器之间的发电机断路器也不包含在本标准的范围内。

感性负载开合包含在GB/T 29489—2013中。

涉及具有机械脱扣装置或不能失效的装置的自脱扣断路器可参照本标准。

与线路串联电容器及其保护设备并联作为旁路开关的断路器不包含在本标准的范围内。它们包含在GB/T 28565—2012和IEC 60143-2[3]中。

注2：验证在异常条件下性能的试验应根据制造厂和用户之间的协议。这些异常条件是：如由于长线路或电缆突然失掉负荷时可能出现电压高于断路器额定电压的情况。

1.2 规范性引用文件

下列文件对于本文件的应用是必不可少的。凡是注日期的引用文件，仅注日期的版本适用于本文件。凡是不注日期的引用文件，其最新版本(包括所有的修改单)适用于本文件。

GB/T 311.2—2013 绝缘配合 第2部分：使用导则(IEC 60071-2:1996,MOD)

GB/T 762—2002 标准电流等级(eqv IEC 60059:1999)

GB 1985—2004 高压交流隔离开关和接地开关(IEC 62271-102:2002,MOD)

GB 2536—2011 电工流体 变压器和开关用的未使用过的矿物绝缘油(IEC 60296:2003,MOD)

GB/T 2900.20—1994 电工术语 高压开关设备(neq IEC 60050-441:1984)

GB/T 2900.50—2008 电工术语 发电、输电及配电 通用术语(IEC 60050-601:1985,MOD)

GB/T 2900.57—2008 电工术语 发电、输电及配电 运行(IEC 60050-604:1987,MOD)

GB/T 4109—2008 交流电压高于1 000 V的绝缘套管(IEC 60137 Ed.6.0,MOD)

GB 4208—2008 外壳防护等级(IP代码)(IEC 60529:2001,IDT)

GB/T 4473—2008 高压交流断路器的合成试验(IEC 62271-101:2006,MOD)

1) 方括号中的数字见参考文献。

GB 7674—2008 额定电压 72.5 kV 及以上气体绝缘金属封闭开关设备(IEC 62271-203:2003,MOD)

GB/T 8905—2012 六氟化硫电气设备中气体管理和检测导则(IEC 60480:2004,MOD)

GB/T 11022—2011 高压开关设备和控制设备标准的共用技术要求(IEC 62271-1:2007,MOD)

GB/T 12022—2006 工业六氟化硫(IEC 60376:1971;IEC 60376A:1973;IEC 60376B:1974,MOD)

GB/T 14598.7—1995 电气继电器 第3部分:它定时限或自定时限的单输入激励量量度继电器(idt IEC 60255-3:1989)

GB/T 16927.1—2011 高电压试验技术 第1部分:一般定义及试验要求(IEC 60060-1:2010,MOD)

GB/T 28565—2012 高压交流串联电容器用旁路开关(IEC 62271-109:2008,MOD)

GB/T 29489—2013 高压交流开关设备和控制设备的感性负载开合(IEC 62271-110:2009,MOD)

GB/T 30846—2014 具有预定极间不同期操作交流断路器(IEC/TR 62271-302:2010,MOD)

2 正常和特殊使用条件

GB/T 11022—2011 的第2章适用。

3 术语和定义

GB/T 2900.20—1994 和 GB/T 11022—2011 界定的以及下列术语和定义适用于本文件。为了便于使用,以下重复列出了某些术语和定义。

3.1 通用术语

3.1.101

开关设备和控制设备 switchgear and controlgear

开关及与其相关的控制、测量、保护和调节设备的组合,以及这些装置和设备同相关的电气联结辅件外壳和支撑件的总装的总称。

3.1.102

户内开关设备和控制设备 indoor switchgear and controlgear

[GB/T 2900.20—1994 的 3.3]

3.1.103

户外开关设备和控制设备 outdoor switchgear and controlgear

[GB/T 2900.20—1994 的 3.4]

3.1.104

短路电流 short-circuit current

[GB/T 2900.20—1994 的 2.9]

3.1.105

中性点绝缘系统 isolated neutral system

[GB/T 2900.20—1994 的 2.30]

3.1.106

(中性点)固定接地系统 solidly earthed (neutral) system

[GB/T 2900.50—2008 的 601-02-25]

3.1.107

(中性点)阻抗接地系统　impedance earthed (neutral) system

[GB/T 2900.50—2008 的 601-02-26]

3.1.108

(中性点)谐振接地系统　resonant earthed (neutral) system

(中性点)消弧线圈接地系统　arc-suppression-coil-earth (neutral) system

[GB/T 2900.50—2008 的 601-02-27]

3.1.109

接地故障系数　earth fault factor

在三相系统的选定地点(通常为设备的安装地点)以及给定的系统结构,接地故障(系统中任一点发生的单相或多相)时,健全相的最高相对地工频电压有效值与该选定地点无故障时的相对地工频电压有效值之比。

注1:该系数为纯数值比(通常大于1),概括地表征了从选定地点观察到的系统的接地条件,而与选定地点的实际运行电压无关。"接地故障系数"是过去使用的"接地系数"与$\sqrt{3}$的乘积。

注2:接地故障系数是从选定地点观察到的系统的相序阻抗分量计算来的,对于旋转电机,采用次瞬变电抗。

注3:对于所有稳定的系统结构,如果其零序电抗小于3倍的正序电抗且零序电阻不超过正序电抗,则接地故障系数不超过1.4。

3.1.110

周围空气温度　ambient air temperature

[GB/T 2900.20—1994 的 2.39]

3.1.111

(断路器部件的)温升　temperature rise (of a part of a circuit-breaker)

部件温度和周围空气温度之差。

3.1.112

单个电容器组　single capacitor bank

一组并联的电容器,其涌流被电源系统的电感和已充电的电容器组的电容所限制,并且没有足够近的、会显著提高涌流的其他电容器并联在系统中。

3.1.113

多个(并联)电容器组　multiple (parallel) capacitor bank

背对背电容器组　back-to-back capacitor bank

一组并联的电容器或电容器组合,它的各个单元可以独立的投入或退出电源系统,已经接入电源的电容器会显著地增加其他单元的涌流。

3.1.114

(系统中的)过电压　overvoltage (in a system)

在相对地或相间,峰值超过设备最高电压峰值的电压。

[GB/T 2900.57—2008 的 604-03-09,修改过]

3.1.115

失步条件　out-of-phase conditions

电力系统在断路器两侧失去或缺乏同步的异常回路条件,断路器操作瞬间,其两侧电压的矢量间的相角超过了正常值。

注:本标准的要求涵盖了用于开合失步条件的断路器的绝大多数应用。相应于规定的工频恢复电压的失步相角在6.110.3中给出。极端条件见8.103.3。

3.1.116

失步(作为特性参量的前缀)　out-of-phase (as prefix to a characteristic quantity)

限定性的术语,表示在失步条件下断路器的操作适用的特性参量。

3.1.117

单元试验　unit test

在一个或一组关合或开断单元上进行的试验,其关合电流和开断电流为断路器整极试验的规定值,其外施电压或恢复电压为断路器整极试验规定的适当部分。

3.1.118

半波　loop

由两个连续的电流零点所包含的电流波部分。

注:大半波和小半波之间的差别取决于两个连续电流零点间的时间间隔比电流的交流分量的半周期长或短。

3.1.119

近区故障　short-line fault;SLF

在架空线上,距断路器端子距离短,但还有一定距离处的短路。

注:作为原则,这一距离不超过几千米。

3.1.120

(回路的)功率因数　power factor(of a circuit)

假定由电感和电阻串联组成的等效回路,在工频时电阻与阻抗的比值。

3.1.121

外绝缘　external insulation

空气间隙及设备固体绝缘的外露表面,它承受着电应力作用和大气条件以及其他外部条件诸如污秽、潮湿、虫害等的影响。

[GB/T 2900.57—2008 的 604-03-02]

3.1.122

内绝缘　internal insulation

设备内部的固体、液体或气体绝缘,它不受大气及其他外部条件的影响。

[GB/T 2900.57—2008 的 604-03-03]

3.1.123

自恢复绝缘　self-restoring insulation

破坏性放电后,能完全恢复其绝缘性能的绝缘。

[GB/T 2900.57—2008 的 604-03-04]

3.1.124

非自恢复绝缘　non-self restoring insulation

破坏性放电后,丧失其绝缘性能或不能完全恢复其绝缘性能的绝缘。

[GB/T 2900.57—2008 的 604-03-05,修改过]

3.1.125

破坏性放电　disruptive discharge

在电压作用下与绝缘失效有关的现象,其中放电全部桥接了受试绝缘,电极间的电压降低到零或接近零。

注1:本术语适用于固体、液体和气体介质及它们的组合体中的放电。

注2:固体介质中的破坏性放电导致绝缘强度永久丧失(非自恢复绝缘);在液体或气体介质中,绝缘强度的丧失可能仅仅是暂时的(自恢复绝缘)。

注3:破坏性放电发生在气体或液体介质中时,使用术语“火花放电”。破坏性放电发生在处于气体或液体中的固体绝缘表面时,使用术语“闪络”。破坏性放电穿过固体介质时,使用术语“击穿”。

3.1.126

非保持破坏性放电　non-sustained disruptive discharge;NSDD

与电流开断有关的破坏性放电，不会导致工频电流的恢复，或者在容性电流开断的情况下不会导致主负载回路中产生电流。

注：NSDD后的振荡与断路器自身电感和寄生的局部并联电容有关。NSDD也可能涉及附近设备的对地杂散电容。

3.1.127

重击穿性能　restrike performance

由规定的型式试验所证实的、容性电流开断过程中预期的重击穿概率。

注：在断路器的整个使用寿命中，某一具体数值的概率不适用。

3.1.128

中性点有效接地系统　effectively earthed neutral system

系统通过足够低的阻抗接地，使得在所有的系统条件下的零序感抗和正序感抗的比值(X_0/X_1)为正数且小于3，且零序电阻和正序感抗的比值(R_0/X_1)为正数且小于1。通常，这样的系统称为中性点固定接地系统或中性点低阻抗接地系统。

注：为了正确地评估接地条件，不仅需要考虑相关地点周围的物理接地条件，还需要考虑整个系统。

3.1.129

中性点非有效接地系统　non-effectively earthed neutral system

不同于中性点有效接地系统的系统，不满足3.1.128中给出的条件。通常，这样的系统为中性点绝缘系统，中性点高阻抗接地或者谐振接地系统。

注：为了正确地评估接地条件，不仅需要考虑相关地点周围的物理接地条件，还需要考虑整个系统。

3.1.130

(交流机械开关装置的)复燃　re-ignition (of an a.c mechanical switching device)

[GB/T 2900.20—1994 的 2.14]

3.1.131

(交流机械开关装置的)重击穿　restrike (of an a.c mechanical switching device)

[GB/T 2900.20—1994 的 2.15]

3.1.132

电缆系统　cable system

在开断100%短路开断电流出线端故障过程中TRV不超过本标准的表1导出的两参数包络线的系统。

注1：本定义限定于标称电压大于3 kV、小于110 kV的系统。

注2：通常认为电缆连接的户内变电站中的断路器处于电缆系统中。

注3：如果断路器电源侧连接的电缆的总长度(或者存在电容器时的等效长度)至少为100 m，认为户外变电站中的断路器处于电缆系统中。但是，如果实际情况下的电缆的等效长度小于100 m，计算能够表明实际的TRV由表1确定的包络线所涵盖，认为这样的系统为电缆系统。

注4：断路器电源侧的电缆系统的电容由电缆和/或电容器和/或绝缘母线提供。

3.1.133

线路系统　line system

在开断100%短路开断电流出线端故障过程中TRV不超过本标准的表2导出的两参数包络线，但超过本标准的表1导出的两参数包络线的系统。

注1：本定义限定于标称电压等于或大于20 kV、小于110 kV的系统。

注2：线路系统中，没有电缆连接在断路器的电源侧，可能的例外情况，断路器和电源变压器之间的总的电缆长度小于100 m。

注3：架空线路直接和母线连接(没有中间电缆)的系统是线路系统的典型示例。

3.2 装置

没有特别的定义。

3.3 装置的零件

没有特别的定义。

3.4 开关装置

3.4.101

开关装置　switching devices

用于关合和开断一个或多个电路中的电流的装置。

[GB/T 2900.20—1994 的 3.1,修改过]

3.4.102

机械开关装置　mechanical switching device

用可分离的触头分闸和合闸一个或多个电气回路的开关设备。

注：所有的机械开关装置都可根据其触头分闸和合闸的中间介质(如:空气、SF_6、油)进行设计。

[IEV 441-14-02]

3.4.103

断路器　circuit-breaker

[GB/T 2900.20—1994 的 3.13]

3.4.104

落地罐式断路器　dead tank circuit-breaker

[GB/T 2900.20—1994 的 3.14]

3.4.105

外壳带电的断路器　live tank circuit-breaker

灭弧室在一个与大地绝缘的箱壳中的断路器。

[GB/T 2900.20—1994 的 3.15,修改过]

3.4.106

空气断路器　air circuit-breaker

大气压力下,触头在空气中分闸和合闸的断路器。

[IEV 441-14-27]

3.4.107

油断路器　oil circuit-breaker

[GB/T 2900.20—1994 的 3.17]

3.4.108

真空断路器　vacuum circuit-breaker

[GB/T 2900.20—1994 的 3.21]

3.4.109

气吹断路器　gas-blast circuit-breaker

电弧产生在压缩气体中的断路器。

3.4.110

六氟化硫断路器　sulphur hexafluoride circuit-breaker

SF_6 断路器　SF_6 circuit-breaker

[GB/T 2900.20—1994 的 3.20]

3.4.111

压缩空气断路器　air-blast circuit-breaker

[GB/T 2900.20—1994 的 3.16]

3.4.112

E1 级断路器　circuit-breaker class E1

一种不属于 3.4.113 定义的 E2 级断路器范畴内的、具有基本的电寿命的断路器。

3.4.113

E2 级断路器　circuit-breaker class E2

一种断路器，在其预期的使用寿命期间，主回路中的开断用的零件不要求维护，其他零件只需很少的维护(具有延长的电寿命的断路器)。

注 1：很少的维护是指润滑，如果适用时，更换气体以及清洁外表面。

注 2：本定义仅适用于额定电压 3.6 kV 及以上、40.5 kV 及以下的配电断路器。引入 E2 级的理论基础参见附录 G。

3.4.114

C1 级断路器　circuit-breaker class C1

一种断路器，在规定的型式试验验证容性电流开断过程中具有低的重击穿概率。

3.4.115

C2 级断路器　circuit-breaker class C2

一种断路器，在规定的型式试验验证容性电流开断过程中具有非常低的重击穿概率。

3.4.116

M1 级断路器　circuit-breaker class M1

一种不属于 3.4.117 定义的 M2 级断路器范畴内的、具有基本的机械寿命(2 000 次机械操作的型式试验)的断路器。

3.4.117

M2 级断路器　circuit-breaker class M2

用于特殊使用要求的频繁操作的、要求非常有限的维护且通过特定的型式试验(具有延长的机械寿命的断路器，10 000 次机械操作的型式试验)验证的断路器。

注：关于电寿命、机械寿命和容性电流开断过程中的重击穿概率，断路器的不同等级的组合是可能的。对于这些断路器的描述，不同等级的标志应按照字母的顺序组合，例如 C1-M2。

3.4.118

自脱扣断路器　self-tripping circuit-breaker

由主回路中的电流而不借助任何形式的辅助电源脱扣的断路器。

3.4.119

S1 级断路器　circuit-breaker class S1

用于电缆系统中的断路器。

3.4.120

S2 级断路器　circuit-breaker class S2

用于线路系统或者与架空线路直接连接(没有电缆)的电缆系统中的断路器。

3.5　断路器的部件

3.5.101

极　pole

[GB/T 2900.20—1994 的 2.23]

3.5.102

主回路　main circuit

[GB/T 2900.20—1994 的 2.24]

3.5.103

控制回路　control circuit

[GB/T 2900.20—1994 的 2.25]

3.5.104

辅助回路　auxiliary circuit

[GB/T 2900.20—1994 的 2.26]

3.5.105

触头　contact

[GB/T 2900.20—1994 的 4.1]

3.5.106

触片　contact piece

构成触头的导电部件之一。

3.5.107

主触头　main contact

[GB/T 2900.20—1994 的 4.4]

3.5.108

弧触头　arcing contact

[GB/T 2900.20—1994 的 4.5]

3.5.109

控制触头　control contact

[GB/T 2900.20—1994 的 4.6]

3.5.110

辅助触头　auxiliary contact

[GB/T 2900.20—1994 的 4.7]

3.5.111

辅助开关　auxiliary switch

[GB/T 2900.20—1994 的 4.28]

3.5.112

“a”触头　“a” contact

关合触头　make contact

[GB/T 2900.20—1994 的 4.8,修改过]

3.5.113

“b”触头　“b” contact

开断触头　break contact

[GB/T 2900.20—1994 的 4.9,修改过]

3.5.114

滑动触头　sliding contact

[GB/T 2900.20—1994 的 4.11]

3.5.115

滚动触头　rolling contact

[GB/T 2900.20—1994 的 4.12]

3.5.116

脱扣器　release

[GB/T 2900.20—1994 的 4.29]

3.5.117

灭弧装置　arc control device

围绕机械开关装置的弧触头，用来限制电弧并辅助灭弧的装置。

3.5.118

位置指示装置　position indicating device

[GB/T 2900.20—1994 的 4.40]

3.5.119

(螺栓的或等效的)连接　connection (bolted or equivalent)

两个或更多的导体用螺钉、螺栓或等效的方法紧固在一起以保证回路的持久连续性。

3.5.120

端子　terminal

用来把装置和外部导体连接的元件。

[GB/T 2900.20—1994 的 4.49，修改过]

3.5.121

关合(或开断)单元　making (or breaking) unit

断路器的部件，它本身就可以作为断路器，它与一个或多个相同的且同时操作的关合或开断单元串联组成完整的断路器。

注 1：关合单元和开断单元可以是独立的或组合的。每一单元可以有数个触头。

注 2：控制各单元间电压分布的方法可以各不相同。

3.5.122

组件　module

通常由关合或开断单元、支柱绝缘子和机械部件组成的组件，与其他相同的组件通过机械和电气连接组成断路器的一极。

3.5.123

外壳　enclosure

开关设备和控制设备的部件，它提供了设备防止外部影响所规定的防护等级(见 GB 4208—2008)和防止靠近或接触带电部件以及触及运动部件规定的防护等级。

3.5.124

操动机构　operating mechanism

驱动主触头的断路器的部件。

3.5.125

动力传动链　power kinematic chain

从(并包括)操动机构直到(并包括)动触头的机械连接系统。

3.5.126

替代的操动机构　alternative operating mechanism

当完成试验的操动机构的动力传动链发生变化或者使用完全不同的操动机构获得相同的机械特性时得到的操动机构。

注 1：机械特性在 6.101.1.1 中定义。机械特性的使用和相关的要求在附录 N 中描述。

注 2：替代的操动机构可以采用不同于经过试验的操动机构的动作原理(例如，替代的操动机构可以是弹簧操动的，而原来的操动机构是液压的)。

注 3：二次设备的变化不会导致产生替代的操动机构。但是，应该检查分闸时间/最小开断时间的变化不会带来试验方式 T100a 的不同要求(见 6.102.10)。

3.6 操作

3.6.101

操作 operation

[GB/T 2900.20—1994 的 5.1]

3.6.102

操作循环 operating cycle

[GB/T 2900.20—1994 的 5.5]

3.6.103

操作顺序 operating sequence

[GB/T 2900.20—1994 的 5.6]

3.6.104

合闸操作 closing operation

[GB/T 2900.20—1994 的 5.3]

3.6.105

分闸操作 opening operation

[GB/T 2900.20—1994 的 5.2]

3.6.106

自动重合闸 auto-reclosing

[GB/T 2900.20—1994 的 5.7]

3.6.107

正向分闸操作 positive opening operation

按规定要求,当执行器所处位置相当于开关装置的分闸位置时,保证所有主触头都处于分闸位置的一种分闸操作。

3.6.108

正向驱动操作 positively driven operation

按规定要求,设计用来保证机械开关装置的辅助触头所处位置与主触头分闸或合闸位置一致的操动。

3.6.109

人力操作 dependent manual operation

[GB/T 2900.20—1994 的 5.9]

3.6.110

动力操作 dependent power operation

[GB/T 2900.20—1994 的 5.10]

3.6.111

储能操作 stored energy operation

借助于开合操作前储存在机构自身中的且足以完成预定条件下规定的操作顺序的能量进行的操作。

3.6.112

不依赖人力的操作 independent manual operation

[GB/T 2900.20—1994 的 5.12]

3.6.113

合闸位置 closed position

[GB/T 2900.20—1994 的 5.32]

3.6.114

分闸位置 open position

[GB/T 2900.20—1994 的 5.33]

3.6.115

瞬时脱扣器 instantaneous release

[GB/T 2900.20—1994 的 4.31]

3.6.116

关合电流脱扣器 making-current release

合闸操作过程中,如果关合电流超过预先整定值,允许断路器无任何人为延时的分闸,而断路器处于合闸位置时就不动作的脱扣器。

3.6.117

过电流脱扣器 over-current release

[GB/T 2900.20—1994 的 4.30]

3.6.118

定时限过电流脱扣器 definite time-delay over-current release

[GB/T 2900.20—1994 的 4.32]

3.6.119

反时限过电流脱扣器 inverse time-delay over-current release

[GB/T 2900.20—1994 的 4.33]

3.6.120

直接过电流脱扣器 direct over-current release

[GB/T 2900.20—1994 的 4.34]

3.6.121

间接过电流脱扣器 indirect over-current release

[GB/T 2900.20—1994 的 4.35]

3.6.122

并联脱扣器 shunt release

[GB/T 2900.20—1994 的 4.38]

3.6.123

欠电压脱扣器 under-voltage release

[GB/T 2900.20—1994 的 4.39]

3.6.124

反向电流脱扣器(仅用于直流) reverse current release (d.c. only)

当电流反向并超过预定值时,允许机械开关装置有延时或无延时地分闸的并联脱扣器。

3.6.125

(过电流脱扣器的)动作电流 operating current (of an over-current release)

在该电流值或大于该电流值时脱扣器能够动作。

3.6.126

(过电流脱扣器的)电流整定值 current setting (of an over-current release)

适用于脱扣器并确定其操作条件的操作电流值。

[IEV 441-16-46]

3.6.127

（过电流脱扣器的）电流整定范围　current setting range (of an over-current release)

脱扣器的电流整定值适用的最小和最大值之间的范围。

[IEV 441-16-47]

3.6.128

防跳跃装置　anti-pumping device

在合-分操作后，只要其起动合闸的装置保持在供合闸的位置就能防止重合闸的装置。

[GB/T 2900.20—1994 的 4.24]

3.6.129

联锁装置　interlocking device

使开关装置的操作取决于设备的一个或几个其他部件的位置或动作的装置。

[GB/T 2900.20—1994 的 4.25]

3.6.130

防止合闸闭锁的断路器　circuit-breaker with lock-out preventing closing

在导致分闸操作的状态仍然存在时，即使出现合闸指令，也不会使动触头关合电流的断路器。

3.7　特性参量

图 1～图 7 图解了本条款中的某些定义。

时间参量，见 3.7.133～3.7.147 的定义，以毫秒或周波数表示。当用周波数表示时，应在括号内说明工频值。断路器装有分合闸电阻时，如果适合，应把触头开合全电流和触头开合被分合闸电阻限制的电流的时间参量加以区别。

除非另有规定，时间参量是指与触头分、合全电流相关的参量。

3.7.101

额定值　rated value

通常为制造厂对元件、装置或设备在规定的操作条件下所规定的参数值。

[GB/T 2900.20—1994 的 6.1，修改过]

3.7.102

（回路的并对开关装置或熔断器而言的）预期电流　prospective current (of a circuit and with respect to a switching device or a fuse)

[GB/T 2900.20—1994 的 6.6]

3.7.103

预期峰值电流　prospective peak current

电流出现后的瞬态过程中预期电流的第一个大半波的峰值。

注：本定义假定用理想断路器关合电流，即断路器各极端子间的阻抗瞬时并同时从无穷大变到零。一极与另一极的电流峰值可以不同，它取决于电流出现时刻对应各极端子间的电压波形。

3.7.104

峰值电流　peak current

电流出现后瞬态过程中第一个大半波的峰值。

3.7.105

（交流回路的）预期对称电流　prospective symmetrical current (of an a.c. circuit)

电流出现时没有瞬变现象的预期电流。

注 1：对于多相回路，无瞬变时期的条件一次只能满足一极的电流。

注 2：预期对称电流用其有效值表示。

[IEV 441-17-03]

3.7.106

(交流回路的)最大预期峰值电流　maximum prospective peak current (of an a.c. circuit)

电流出现时产生在瞬间导致最高可能值的预期峰值电流。

注：对于多相回路的多极装置,最大预期峰值电流仅指单一极的。

[IEV 441-17-04]

3.7.107

(开关装置一极的)预期关合电流　prospective making current(for a pole of a switching device)

在规定条件下产生的预期电流。

注：规定条件可能与产生方式(例如:由理想的开关装置)或产生瞬间(例如:在交流回路导致最大预期峰值电流或最高上升率)有关。这些条件的规范见相关出版物。

[IEV 441-17-05]

3.7.108

(峰值)关合电流　(peak) making current

关合操作时,电流出现后的瞬态过程中,断路器一极中电流的第一个大半波的峰值。

注1：一极与另一极,一次操作与另一次操作的峰值可以不同,因为该值取决于电流出现时刻对应的外施电压的波形。

注2：除非另有说明,在多相回路中,(峰值)关合电流的单个值是指任意相中的最大值。

3.7.109

(开关装置一极的)预期开断电流　prospective breaking current (for a pole of a switching device)

开断过程中,对应于起弧时刻计算的预期电流值。

3.7.110

开断电流　breaking current

[GB/T 2900.20—1994 的 6.17]

3.7.111

临界(开断)电流　critical (breaking) current

小于额定短路开断电流的开断电流值,在该电流下,其燃弧时间最长,且明显长于额定短路开断电流下的燃弧时间。

注：它假定是在试验方式 T10、T30 和 T60 中的任一最短燃弧时间长于相邻试验方式的最短燃弧时间一个半波或更多的情况。

3.7.112

开断能力　breaking capacity

在规定的使用和性能条件以及规定的电压下,开关装置或熔断器能够开断的预期电流值。

[IEV 441-17-08]

3.7.113

空载线路充电开断能力　no-load line-charging breaking capacity

在规定的使用和性能条件下,断开空载运行的架空线的开断能力。

3.7.114

空载电缆充电开断能力　no-load cable-charging breaking capacity

在规定的使用和性能条件下,断开空载运行的绝缘电缆的开断能力。

3.7.115

电容器组开断能力　capacitor bank breaking capacity

在规定的使用和性能条件下,断开电容器组的开断能力。

3.7.116

关合能力　making capacity

在规定的使用和性能条件以及规定的电压下，开关装置能够关合的预期关合电流值。

[IEV 441-17-09]

3.7.117

电容器组涌流的关合能力　capacitor bank inrush making capacity

在规定的使用和性能条件下，接通电容器组的关合能力。

3.7.118

失步(关合或开断)能力　out-of-phase (making or breaking) capacity

在规定的使用和性能条件下，在断路器两侧的电网间失去或缺乏同步时的关合或开断能力。

3.7.119

短路关合能力　short-circuit making capacity

包括在开关装置的端子处短路的规定条件下的关合能力。

[IEV 441-17-10]

3.7.120

短路开断能力　short-circuit breaking capacity

包括在开关装置的端子处短路的规定条件下的开断能力。

[IEV 441-17-11]

3.7.121

短时耐受电流　short-time withstand current

在规定的使用和性能条件下，在规定的短时间内，回路和处于合闸位置的开关装置能够承载的电流。

[IEV 441-17-17]

3.7.122

峰值耐受电流　peak withstand current

在规定的使用和性能条件下，回路和处于合闸位置的开关装置能够耐受的峰值电流。

[IEV 441-17-18]

3.7.123

外施电压　applied voltage

[GB/T 2900.20—1994 的 6.13]

3.7.124

恢复电压　recovery voltage

[GB/T 2900.20—1994 的 6.30]

3.7.125

瞬态恢复电压　transient recovery voltage；TRV

[GB/T 2900.20—1994 的 6.31]

3.7.126

(回路的)预期瞬态恢复电压　prospective transient recovery voltage (of a circuit)

[GB/T 2900.20—1994 的 6.33]

3.7.127

工频恢复电压　power frequency recovery voltage

[GB/T 2900.20—1994 的 6.32]

3.7.128

电弧电压峰值 peak arc voltage

[GB/T 2900.20—1994 的 6.9]

3.7.129

间距 clearance

两个导电部件间的、沿这些导电部件间最短路径的直线距离。

3.7.130

极间距离 clearance between poles

相邻极的任何导电部件的间距。

3.7.131

对地距离 clearance to earth

任何导电部件和任何接地或打算接地的部件间的间距。

3.7.132

触头开距 clearance between open contacts

处于分闸位置的开关装置的一极的触头间或任何与其相连的导电部件间的总的间距。

3.7.133

分闸时间 opening time

断路器的分闸时间是按下述脱扣方法并把构成断路器一部分的任何时延装置调整到它的最小整定值来定义的：

a) 对于用任何形式辅助动力脱扣的断路器，分闸时间是指处于合闸位置的断路器，从分闸脱扣器带电时刻到所有各极弧触头分离时刻的时间间隔；
b) 对于自脱扣断路器，分闸时间是指处于合闸位置的断路器，从主回路电流达到过电流脱扣器的动作值时刻到所有各极弧触头分离时刻的时间间隔。

注 1：分闸时间可能随开断电流的变化而变化。

注 2：对于每极装有多个开断单元的断路器，所有各极弧触头分离时刻是指最后一极的第一个单元触头分离的时刻。

注 3：分闸时间包括断路器分闸必需的、并与断路器构成一个整体的任何辅助设备的动作时间。

3.7.134

(多极开关装置的)燃弧时间 arcing time (of a multipole switching device)

从第一极电弧起始时刻到所有极电弧熄灭时刻的时间间隔。

[GB/T 2900.20—1994 的 6.53]

3.7.135

开断时间 break time

机械开关装置分闸时间起始时刻到燃弧时间终了时刻的时间间隔。

[GB/T 2900.20—1994 的 6.54，修改过]

3.7.136

合闸时间 closing time

处于分闸位置的断路器，从合闸回路带电时刻到所有极的触头都接触时刻的时间间隔。

注：合闸时间包括断路器合闸必需的、并与断路器构成一个整体的任何辅助设备的动作时间。

3.7.137

关合时间 make time

处于分闸位置的断路器，从合闸回路带电时刻到第一极中电流出现时刻的时间间隔。

[GB/T 2900.20—1994 的 6.44，修改过]

注 1：关合时间包括断路器合闸必需的、并与断路器构成一个整体的任何辅助设备的动作时间。

注 2：关合时间可能随预击穿时间的变化而不同。

3.7.138

预击穿时间　pre-arcing time

合闸操作期间，第一极出现电流时刻，对于三相条件，到所有极触头接触时刻的时间间隔；对于单相条件，到起弧极的触头接触时刻的时间间隔。

注 1：预击穿时间取决于在规定的合闸操作过程中外施电压的瞬时值，因此，可能有显著的变化。

注 2：断路器的预击穿时间的定义不应与熔断器的弧前时间的定义混淆。

3.7.139

（自动重合闸过程中的）分—合时间　open-close time (during auto-reclosing)

所有极弧触头分离时刻到重合闸操作时第一极触头接触时刻的时间间隔。

3.7.140

（自动重合闸过程中的）无电流时间　dead time (during auto-reclosing)

分闸操作中所有各极的电弧熄灭时刻到随后的合闸操作中任一极首先重新出现电流时刻的时间间隔。

注：无电流时间可能随预击穿时间的变化而不同。

3.7.141

重合闸时间　reclosing time

重合闸循环过程中，分闸时间的起始时刻到所有各极触头都接触时刻的时间间隔。

3.7.142

（重合闸过程中的）重关合时间　re-making time(during reclosing)

分闸时间的起始时刻到随后的合闸操作中任一极首先重新出现电流时刻的时间间隔。

注：重关合时间可能随着预击穿时间的变化而不同。

3.7.143

合—分时间　close-open time

合闸操作中第一极触头接触时刻到随后的分闸操作中所有极弧触头都分离时刻的时间间隔。

[GB/T 2900.20—1994 的 6.49，修改过]

注：除非另有说明，即认为合闸过程中断路器的分闸脱扣器在第一极的触头接触时刻开始带电。这即是最短合—分时间。

3.7.144

关合—开断时间　make-break time

合闸操作时第一极中出现电流时刻到随后的分闸操作时燃弧时间终了时刻的时间间隔。

注 1：除非另有说明，即认为关合过程中断路器的分闸脱扣器在主回路开始通流半个周波后才带电。应注意到使用具有较短动作时间的继电器可能会使断路器承受超过 6.106.5 中提出的非对称电流。

注 2：关合—开断时间可能随着预击穿时间的变化而不同。

3.7.145

预插入时间　pre-insertion time

任一极的合闸操作过程中，合闸电阻单元中的触头接触时刻到该极主开断单元的触头接触时刻的时间间隔。

注：对具有串联开断单元的断路器，预插入时间定义为合闸电阻单元中的最后触头接触时刻到主开断单元中触头最后接触时刻的时间间隔。

3.7.146

脱扣指令最短持续时间　minimum trip duration

为保证完成断路器的分闸，辅助电源施加到分闸脱扣器上的最短时间。

3.7.147

合闸指令最短持续时间　minimum close duration

为保证完成断路器的合闸，辅助电源施加到合闸装置上的最短时间。

3.7.148

额定电流　normal current

在规定的使用和性能条件下，断路器主回路能够连续承载的电流。

3.7.149

（线路瞬态电压的）峰值系数　peak factor (of the line transient voltage)

近区故障电流开断后，架空线路一相的线路对地瞬态电压最大幅值与起始值之比。

注：瞬态电压的初始值对应于该极中熄弧时刻的电压。

3.7.150

（三相系统中的）首开极系数　first-pole-to-clear factor (in a three-phase system)

开断三相对称电流时，首开极系数是指在其他极电流开断之前，首先开断极两端的工频电压与三极都开断后一极或所有极两端的工频电压之比。

3.7.151

振幅系数　amplitude factor

瞬态恢复电压的最大幅值与工频恢复电压的峰值之比。

3.7.152

绝缘水平　insulation level

由一个或两个表示绝缘耐受电压的数值确定的断路器的一种特性。

[GB/T 2900.57—2008 的 604-03-47，修改过]

3.7.153

工频耐受电压　power frequency withstand voltage

在规定的条件和规定的时间下进行试验时，断路器所能耐受的正弦工频电压有效值。

[GB/T 2900.57—2008 的 604-03-40，修改过]

3.7.154

冲击耐受电压　impulse withstand voltage

在规定的试验条件下，断路器的绝缘所能耐受的标准冲击电压波的峰值。

注：取决于电压波的形状，该术语可以称为“操作冲击耐受电压”和“雷电冲击耐受电压”。

3.7.155

操作用的最低功能压力　minimum functional pressure for operation

在+20 ℃和 101.3 kPa 的标准大气条件下的压力，可以用相对的或绝对的术语来表示，在该压力或高于该压力时，断路器的额定特性才能得到保证。在该压力时，操动机构应该补充压力。

注：该压力通常设计成闭锁压力（见 GB/T 11022—2011 的 3.6.5.6）。

3.7.156

开断和绝缘用的最低功能压力　minimum functional pressure for interruption and insulation

在+20 ℃和 101.3 kPa 的标准大气条件下，用于开断和绝缘的压力，可以用相对的或绝对的术语表示，在该压力和高于该压力时，断路器的额定特性才能保证。在该压力时，开断和/或绝缘用的流体应该补充。

注 1：见 GB/T 11022—2011 的 3.6.5.5。

注 2：对于密封压力系统的断路器（也称为终身都密封的断路器），开断用的最低功能压力是指：考虑到预期运行寿命末的压力降低，能够保证断路器额定特性的压力。

3.7.157

最短开断时间　minimum clearing time

制造厂规定的最短分闸时间、最短继电器时间(0.5 周波)以及仅在试验方式 T100a 期间首开极小半波后电流开断的最短燃弧时间之和。

注：该定义仅用于按照试验方式 T100a 确定短路开断试验期间的试验参数。

4　额定值

4.1　概述

用来确定断路器及其操动机构和辅助设备额定值的特性如下：

对于所有断路器都应给出的额定特性：

a)　额定电压；

b)　额定绝缘水平；

c)　额定频率；

d)　额定电流；

e)　额定短时耐受电流；

f)　额定峰值耐受电流；

g)　额定短路持续时间；

h)　合闸和分闸装置以及辅助回路的额定电源电压；

i)　合闸和分闸装置以及辅助回路的额定电源频率；

j)　适用时，操作、开断和绝缘用的压缩气源和/或液源的额定压力；

k)　额定短路开断电流；

l)　与额定短路开断电流相关的瞬态恢复电压；

m)　额定短路关合电流；

n)　额定操作顺序；

o)　额定时间参量。

在下列特殊情况下应给出的额定特性：

p)　与额定短路开断电流相关的近区故障特性，适用于额定电压 24 kV 及以上，额定短路开断电流 12.5 kA 及以上，不论电源侧的电网类型，设计成直接与架空线路连接的断路器；

q)　额定线路充电开断电流，适用于开合架空输电线路的三极断路器(对于额定电压 72.5 kV 及以上的断路器是强制性的)；

r)　额定电缆开断电流，适用于开合电缆的三极断路器(对于额定电压 40.5 kV 及以下的断路器是强制性的)。

要求时应给出的额定特性：

s)　额定失步关合和开断电流；

t)　额定单个电容器组开断电流；

u)　额定背对背电容器组开断电流；

v)　额定电容器组关合涌流；

w)　额定背对背电容器组关合涌流。

断路器的额定特性与额定操作顺序有关。

本标准中使用的符号和缩写参见附录 K。

4.2 额定电压(U_r)

GB/T 11022—2011 的 4.2 适用。

4.3 额定绝缘水平

GB/T 11022—2011 的 4.3 适用,并作如下补充:

断路器断口间额定耐受电压的标准值在 GB/T 11022—2011 的表 1 和表 2 中给出。

但是,对于用在具有显著的瞬态或暂时过电压进行同步操作的额定电压 363 kV 及以上的断路器,标准断路器的绝缘可能是不够的。在这种情况下,建议使用较高额定电压的标准断路器或提高断路器断口间试验严酷度的特殊断路器。该试验的试验程序在 6.2.7.2 中给出的试验方法中考虑瞬态过电压。对于额定电压 363 kV 及以上的断路器,开关装置断口间的额定工频耐受电压和额定操作冲击耐受电压的标准值在 GB/T 11022—2011 的表 2 的栏(3)和栏(6)中给出。

4.4 额定频率(f_r)

GB/T 11022—2011 的 4.4 适用,并作如下补充:

高压断路器额定频率的标准值为 50 Hz。

4.5 额定电流和温升

GB/T 11022—2011 的 4.5 适用。

如果断路器装有串联附件,例如直接过电流脱扣器,则附件的额定电流是该附件在额定频率下能连续承载而不损坏,且温升不超过 GB/T 11022—2011 表 3 中规定值的电流有效值。

4.6 额定短时耐受电流(I_k)

GB/T 11022—2011 的 4.6 适用,并作如下补充:

额定短时耐受电流等于额定短路开断电流(见 4.101)。

4.7 额定峰值耐受电流(I_p)

GB/T 11022—2011 的 4.7 适用,并作如下补充:

额定峰值耐受电流等于额定短路关合电流(见 4.103)。

4.8 额定短路持续时间(t_k)

GB/T 11022—2011 的 4.8 适用,并作如下补充:

如果断路器接在预期开断电流等于额定短路开断电流的回路中,过电流脱扣器整定到最大延时并按照其额定操作顺序进行操作时,断路器能够在要求的开断时间内承载产生的电流,则对于自脱扣断路器不需要规定额定短路持续时间。

注:直接过电流脱扣器包括集成的脱扣装置。

4.9 合、分闸装置和辅助、控制回路的额定电源电压(U_a)

GB/T 11022—2011 的 4.9 适用。

4.10 合、分闸装置和辅助回路的额定电源频率

GB/T 11022—2011 的 4.10 适用。

4.11 绝缘、操作和/或开断用的压缩气源的额定压力

GB/T 11022—2011 的 4.11 适用。

4.101 额定短路开断电流(I_{sc})

4.101.1 概述

额定短路开断电流是在本标准规定的使用和性能条件下,断路器所能开断的最大短路电流。出现这样电流的回路的工频恢复电压等于断路器的额定电压且瞬态恢复电压等于 4.102 中的规定值。对于三极断路器,交流分量与三相短路相关。适用时,应考虑到 4.105 关于近区故障的规定。

额定短路开断电流由两个值表征:

——交流分量有效值;

——导致触头分离时刻直流分量百分数的额定短路开断电流的直流时间常数。

注 1:如果触头分离时刻的直流分量百分数不超过 20%,额定短路开断电流仅由交流分量的有效值表征。

注 2:直流分量百分数是额定短路开断电流的直流时间常数(见 4.101.3)和短路电流起始时刻的函数。

电流起始后任何时刻交流分量和直流分量百分数的确定见图 8。

在上述条件下,断路器应能开断直到额定短路开断电流的任一短路电流,该电流包含直到额定值的任一交流分量及与其相关与规定的直流时间常数相应的任一直流分量。

下列规定适合于标准断路器:

a) 电压低于或等于额定电压时,断路器应能开断其额定短路开断电流;

b) 电压高于额定电压时,短路开断电流不予保证,但 4.106 中给定的范围除外。

4.101.2 额定短路开断电流的交流分量

额定短路开断电流的交流分量标准值应在 GB/T 762—2002 规定的 R10 系列中选取。

注:R10 系列是 1、1.25、1.6、2、2.5、3.15、4、5、6.3、8 及这些数与 10^n 的乘积。

4.101.3 额定短路开断电流的直流时间常数

标准直流时间常数为 45 ms。下述时间常数为与断路器额定电压相关的特殊工况下的直流时间常数:

——额定电压 40.5 kV 及以下时为 120 ms;

——额定电压 72.5 kV 到 363 kV 时为 60 ms;

——额定电压 550 kV 到 800 kV 时为 75 ms;

——额定电压 1 100 kV 时为 100 ms、120 ms。

这些特殊工况下的时间常数值说明了标准时间常数在某些系统中是不足的。这些数值作为特殊系统需要的统一值,考虑到额定电压不同范围的特性,例如特定的系统结构、线路设计等。

注 1:另外,某些特殊用途中,可能要求更高的值,如靠近发电机的断路器。在这些情况下,要求的直流时间常数和附加的试验要求应在询问单中规定。

注 2:关于标准时间常数和特殊工况时间常数的用法,更详细的资料在附录 I.2.1 的解释性的注解中给出。不同时间常数的直流分量百分数和时间的关系在图 9 中表示。

注 3:触头分离时刻的直流分量百分数可以用 6.106.5 中给出的公式导出。对于对称试验方式,本标准中仍然采用触头分离时刻的直流分量百分数的概念。对于非对称试验方式 T100a,该概念已经变化(见 I.2.1 以及附录 P 和附录 Q)。

4.102 与额定短路开断电流相关的瞬态恢复电压

按 4.101 规定的额定短路开断电流相关的瞬态恢复电压(TRV)是一种参考电压,它构成了断路器

在故障条件下应能承受的回路预期瞬态恢复电压的极限值。

4.102.1 TRV 波形的表示

瞬态恢复电压的波形随着实际回路的布置变化而不同。

在某些情况下，特别是在电压 110 kV 及以上的系统中，当短路电流相对于所考虑地点的最大短路电流而言是比较大时，瞬态恢复电压包括一个高上升率的起始阶段，和继之而来的较低上升率的阶段。这种波形一般可以用四参数法确定的三条线段组成的包络线充分地表示。绘制 TRV 包络线的方法参见附录 E，用四参数包络线表示的预期试验的 TRV 示例见图 41。

在另外一些情况下，特别是在系统电压低于 110 kV，或系统电压虽高于 110 kV 而短路电流相对于最大短路电流较小且经过变压器供电的条件下，瞬态恢复电压近似于一种阻尼的单频振荡。这种波形一般可以用两参数法确定的两条线段组成的包络线充分地表示。绘制 TRV 包络线的方法参见附录 E，用两参数包络线表示的预期试验的 TRV 示例见图 40。

该两参数表示法是四参数表示法的特殊情况。

由于断路器电源侧局部电容的影响，在 TRV 的最初几个微秒内产生了一个较低的电压上升率，这可以通过引入时延来考虑。

TRV 波形的每一部分都可能影响断路器的开断能力。对某些类型的断路器，TRV 的初始部分变化可能是重要的。TRV 的这一部分就叫做初始 TRV(ITRV)，是由沿着母线从第一个主要不连续点的反射波形成的低幅值的起始振荡引起的。ITRV 主要是由变电站的母线和线路间隔的结构决定的。ITRV 是一种与近区故障非常相似的物理现象。与近区故障相比，其第一个电压波的峰值很低，但到达第一个电压波峰的时间极短，即在电流过零后最初几微秒内。因此，可能会影响到热方式开断。

如果断路器具有近区故障额定值，且近区故障试验是用无明显时延的回路(见 6.104.5.2 和 6.109.3)进行的，除非，从电气的角度来看，断路器的两个端子不同(例如，使用了 6.109.3 的注 4 中提及的附加电容)，那么认为涵盖了 ITRV 的要求。在这种情况下，断路器两端产生等效 TRV 的试验回路可以作为替代。

由于 ITRV 正比于母线波阻抗和电流，对于额定短路开断电流小于 25 kA 和额定电压小于 126 kV 的所有断路器，可以忽略 ITRV 的要求。另外，由于波阻抗较小，安装在气体绝缘金属封闭开关设备(GIS)中的断路器也可以忽略 ITRV 的要求。

4.102.2 TRV 的表示

TRV 采用下列参数表示：

a) 四参数参考线(见图 10)

u_1＝第一参考电压，kV；

t_1＝到达 u_1 的时间，μs；

u_c＝第二参考电压(TRV 峰值)，kV；

t_2＝到达 u_c 的时间，μs。

TRV 参数定义为额定电压(U_r)、首开极系数(k_{pp})和振幅系数(k_{af})的函数如下：

$$u_1 = 0.75 \times k_{pp} \times \sqrt{\frac{2}{3}} \times U_r;$$

t_1 是由 u_1 和上升率 u_1/t_1＝RRRV 的规定值导出的；

对于失步，$t_1 = 2 \times t_1$(出线端故障的)

$u_c = k_{af} \times k_{pp} \times \sqrt{\frac{2}{3}} \times U_r$，这里 k_{af} 等于：

——对于出线端故障和近区故障，1.4；

——对于失步，1.25。

对于出线端故障和近区故障，$t_2=4\times t_1$；

对于失步，$t_2=t_2$(出线端故障的)～$2\times t_2$(出线端故障的)。

b) 两参数参考线(见图 11)

u_c＝参考电压(TRV 峰值)，kV；

t_3＝参考时间，μs；

TRV 参数是由额定电压(U_r)、首开极系数(k_{pp})和振幅系数(k_{af})的函数确定如下：

$u_c=k_{af}\times k_{pp}\times\sqrt{\frac{2}{3}}\times U_r$，这里 k_{af} 等于：

——对于电缆系统中的出线端故障，1.4；

——对于线路系统中的出线端故障和近区故障，1.54；

——对于失步，1.25；

——对于近区故障的电源侧回路，$t_3=t_3$(出线端故障的)；

——对于失步，$t_3=2\times t_3$(出线端故障的)。

c) TRV 的时延线(见图 10 和图 11)

t_d＝时延，μs；

u'＝参考电压，kV；

t'＝到达 u' 的时间，μs。

时延线为从时间轴上的额定时延点作与额定 TRV 第一段参考线平行的、在电压为 u'(时间坐标 t')的点终止的线段。

对于额定电压低于 126 kV：

对于电缆系统中的出线端故障和失步，$t_d=0.15\times t_3$；

对于线路系统中的出线端故障和近区故障，$t_d=0.05\times t_3$；

对于线路系统中的失步，$t_d=0.15\times t_3$；

$u'=u_c/3$；

t'是按照图 11 由 t_d 和 t_3 导出的，$t'=t_d+t_3/3$。

对于额定电压大于或等于 126 kV：

对于出线端故障和近区故障的电源侧回路，$t_d=2$ μs；

对于失步，$t_d=2$ μs 到 $0.1\times t_1$；

$u'=u_1/2$；

t'是按照图 10 由 u'，u_1/t_1(RRRV)和 t_d 导出的，$t'=t_d+u'/\text{RRRV}$。

d) ITRV(见图 12)：

u_i＝参考电压(ITRV 峰值)，kV；

t_i＝到达 u_i 的时间，μs。

ITRV 的上升率取决于开断的短路电流，其幅值取决于沿母线到第一个不连续点的距离。ITRV 由电压 u_i 和时间 t_i 确定。固有的波形应按照 ITRV 峰值电压 u_i 的 20％和 80％两点之间的直线及要求的 ITRV 上升率进行绘制。

4.102.3 与额定短路开断电流相关的 TRV 的标准值

额定电压 126 kV 以下的三极断路器，TRV 标准值用两参数法表示。其值在下面给出：

——对于电缆系统，表 1；

——对于线路系统，表 2。

额定电压 126 kV 及以上的断路器，TRV 标准值用四参数法表示。表 3 给出了额定电压 126 kV 的有效接地系统中的数值。表4给出了额定电压126 kV的非有效接地系统中的数值。表5给出了额定电压252 kV及以上的数值。

这些表中还给出了上升率的值，用u_c/t_3和u_1/t_1表示，分别对应于两参数和四参数，和TRV的峰值u_c一起就可确定TRV。

表中给出的值均为预期值。它们适用于一般三相输电和配电系统中的断路器，该系统由变压器、架空线路和电缆组成，运行频率为50 Hz。

对于单相系统或更严酷条件下运行的断路器，TRV的值可能不同，尤其是在下述工况：

a) 靠近发电机回路的断路器；

b) 直接与变压器连接的断路器，变压器与断路器之间无明显的附加电容，且变压器提供的短路电流近似等于或大于断路器额定短路开断电流的50%；但是，对于额定电压小于126 kV与变压器通过小电容连接的断路器的特殊工况涵盖在附录M中；

c) 电站中用于串联电抗器的断路器（对于额定电压小于126 kV的断路器，8.103.7和L.5中给出了信息）；

d) 用于串联补偿线路中的断路器；

e) 电站中用于电容器组的断路器。

发生出线端故障时，与额定短路开断电流相应的瞬态恢复电压用来试验短路开断电流等于额定值的情况。然而，对短路开断电流小于100%额定短路开断电流下的试验，亦规定了相应的瞬态恢复电压值（见6.104.5）。对于可能在近区故障条件下运行的额定电压24 kV及以上且额定短路开断电流超过12.5 kA，并直接与架空线路连接的断路器，还应有附加要求（见4.105）。

表1 S1级断路器瞬态恢复电压的标准值（额定电压3.6 kV及以上126 kV以下）——用两参数表示

额定电压 U_r kV	试验方式	首开极系数 k_{pp} p.u.	振幅系数 k_{af} p.u.	TRV峰值 u_c kV	时间 t_3 μs	时延 t_d μs	电压 u' kV	时间 t' μs	RRRV[a] u_c/t_3 kV/μs
3.6	出线端故障	1.5	1.4	6.2	41	6	2.1	20	0.15
	失步	2.5	1.25	9.2	77	12	3.1	38	0.12
7.2	出线端故障	1.5	1.4	12.3	51	8	4.1	25	0.24
	失步	2.5	1.25	18.4	102	15	6.1	49	0.18
12	出线端故障	1.5	1.4	20.6	61	9	6.9	29	0.34
	失步	2.5	1.25	30.6	118	18	10	56	0.26
24	出线端故障	1.5	1.4	41	87	13	13.7	42	0.47
	失步	2.5	1.25	61	174	26	20	83	0.35
40.5	出线端故障	1.5	1.4	69.4	114	17	23.1	55	0.61
	失步	2.5	1.25	103.4	225	34	34.5	111	0.46
72.5	出线端故障	1.5	1.4	124	165	25	41.4	80	0.75
	失步	2.5	1.25	185	336	50	62	163	0.55

[a] RRRV＝恢复电压的上升率。

表 2 S2 级断路器的瞬态恢复电压标准值(额定电压 24 kV 及以上 126 kV 以下)[a]——用两参数表示

额定电压 U_r kV	试验方式	首开极系数 k_{pp} p.u.	振幅系数 k_{af} p.u.	TRV 峰值 u_c kV	时间 t_3 μs	时延 t_d μs	电压 u' kV	时间 t' μs	RRRV[b] u_c/t_3 kV/μs
24	出线端故障	1.5	1.54	45.3	43	2	15.1	16	1.05
	近区故障	1	1.54	30.2	43	2	10.1	16	0.70
	失步	2.5	1.25	61	86	13	20.4	42	0.71
40.5	出线端故障	1.5	1.54	76.4	62	3	25.5	24	1.23
	近区故障	1	1.54	51	62	3	17	24	0.82
	失步	2.5	1.25	103	124	19	34.3	60	0.83
72.5	出线端故障	1.5	1.54	137	93	5	45.6	36	1.47
	近区故障	1	1.54	91.2	93	5	30.4	36	0.98
	失步	2.5	1.25	185	186	28	61.7	90	0.99

[a] 对于近区故障:瞬态恢复电压和时间参量为电源回路的。近区故障仅适用于和架空线路直接连接的断路器。

[b] RRRV=恢复电压的上升率。

表 3 瞬态恢复电压的标准值(有效接地系统中额定电压 126 kV)[a]——用四参数表示

额定电压 U_r kV	试验方式	首开极系数 k_{pp} p.u.	振幅系数 k_{af} p.u.	第一参考电压 u_1 kV	时间 t_1 μs	TRV 峰值 u_c kV	时间 t_2 μs	时延 t_d μs	电压 u' kV	时间 t' μs	RRRV[b] u_1/t_1 kV/μs
126	出线端故障	1.3	1.4	100	50	188	200	2	50	27	2.0
	近区故障	1	1.4	77	38	144	152	2	38	21	2.0
	失步	2	1.25	154	100	257	400	10	77	60	1.54

[a] 近区故障时,瞬态恢复电压和时间参数为电源回路的。

[b] RRRV=恢复电压的上升率。

表 4 瞬态恢复电压的标准值(非有效接地系统中额定电压 126 kV)[a]——用四参数表示

额定电压 U_r kV	试验方式	首开极系数 k_{pp} p.u.	振幅系数 k_{af} p.u.	第一参考电压 u_1 kV	时间 t_1 μs	TRV 峰值 u_c kV	时间 t_2 μs	时延 t_d μs	电压 u' kV	时间 t' μs	RRRV[b] u_1/t_1 kV/μs
126	出线端故障	1.5	1.4	116	58	216	231	2	58	31	2.0
	近区故障	1	1.4	77	38	144	152	2	38	21	2.0
	失步	2.5	1.25	193	115	321	460	12	96	70	1.67

[a] 近区故障时,瞬态恢复电压和时间参数为电源回路的。

[b] RRRV=恢复电压的上升率。

为了获得第二和第三开断极恢复电压的上升率(RRRV)和 u_c 的数值,对相关的首开极系数,引入了首开极的 RRRV 和 u_c 值的乘数。这些乘数的数值在表 6 中给出。

RRRV 的乘数与 u_1/t_1 有关;首先开断极、第二和第三开断极的时间 t_1 和 t_2 相同。

表 5 瞬态恢复电压的标准值(额定电压 252 kV 及以上)[a]——用四参数表示

额定电压 U_r kV	试验方式	首开极系数 k_{pp} p.u.	振幅系数 k_{af} p.u.	第一参考电压 u_1 kV	时间 t_1 μs	TRV 峰值 u_c kV	时间 t_2 μs	时延 t_d μs	电压 u' kV	时间 t' μs	RRRV[b] u_1/t_1 kV/μs
252	出线端故障	1.3	1.4	201	100	374	400	2	100	52	2.0
	近区故障	1	1.4	154	77	288	308	2	77	40	2.0
	失步	2	1.25	309	201	514	400～800	2～20	155	121	1.54
363	出线端故障	1.3	1.4	289	144	539	576	2	144	74	2.0
	近区故障	1	1.4	222	111	414	444	2	111	57	2.0
	失步	2	1.25	445	288	741	576～1 152	2～29	222	173	1.54
550	出线端故障	1.3	1.4	438	219	817	876	2	219	111	2.0
	近区故障	1	1.4	337	168	629	672	2	168	86	2.0
	失步	2	1.25	674	438	1 123	876～1 752	2～44	337	263	1.54
800	出线端故障	1.3	1.4	637	318	1 189	1 272	2	318	161	2.0
	近区故障	1	1.4	490	245	914	980	2	245	124	2.0
	失步	2	1.25	980	636	1 633	1 272～2 544	2～64	490	382	1.54
1 100	出线端故障	1.3	1.4	876	438	1 634	1 752	2	438	221	2.0
	近区故障	1	1.4	674	337	1 257	1 348	2	337	170	2.0
	失步	2	1.25	1 347	875	2 245	1 752～3 500	2～87	674	525	1.54

[a] 近区故障时,瞬态恢复电压和时间参数为电源回路的。

[b] RRRV=恢复电压的上升率。

表 6 额定电压 3.6 kV 及以上第二和第三开断极瞬态恢复电压的标准乘数

首开极系数 k_{pp}	乘数			
	第二开断极		第三开断极	
	RRRV	u_c	RRRV	u_c
对于非有效接地系统				
1.5	0.70	0.58	0.70	0.58
对于有效接地系统				
1.3	0.95	0.98	0.70	0.77

表 6 中乘数的计算基于下列假定条件：

——仅考虑三相接地故障。

——100％短路电流时恢复电压的上升率(RRRV)主要取决于架空线路，并用电流零点的 di/dt 和等效波阻抗的乘积来计算。

——等效波阻抗是用从断路器端子看去的零序波阻抗(Z_0)和正序波阻抗(Z_1)计算出来的，Z_0/Z_1 的关系选取的近似值为 2。

——TRV 的峰值(u_c)正比于开断时工频恢复电压的瞬时值。

亦可见图 13 和图 14。

注 1：表 6 对试验方式 T10、T30、T60、T100s 和 T100a 均有效。对试验方式 T100a，采用附录 P 中所示的对首开极规定的降低方法。为了便于试验并经过制造厂的同意，也可以不降低 TRV。

注 2：这些值是圆整后的值，并取决于 TRV 回路的 Z_0/Z_1、系统的时间常数和额定电压。

4.102.4 ITRV 的标准值

见表 7。

表 7 初始瞬态恢复电压的标准值——额定电压 126 kV 及以上

额定电压 U_r kV	确定 u_i 作为短路开断电流 I_{sc} 有效值的函数的乘数[a] f_i kV/kA 50 Hz	时间 t_i μs
126	0.046	0.4
252	0.069	0.6
363	0.092	0.8
550	0.116	1.0
800	0.159	1.1
1 100	0.173	1.2

注：这些数值覆盖了三相和单相故障并基于如下假定：母线，包括与其相连的元件(支撑件、电流和电压互感器、隔离开关等)，额定电压低于 800 kV 时，可以粗略地用大约 260 Ω 波阻抗 Z_i 表征；额定电压为 800 kV 及以上时，可以粗略地用大约 325 Ω 波阻抗 Z_i 表征。f_i 和 t_i 之间的关系为：$f_i=t_i\times Z_i\times\omega\times\sqrt{2}$

式中，$\omega=2\pi\times f_r$ 是与断路器额定频率相应的角频率。

[a] 实际的初始峰值电压由这些栏中的数值乘以短路开断电流的有效值获得。

4.103 额定短路关合电流

具有极间同期性的断路器的额定短路关合电流(见图 8)是与额定电压和额定频率相对应的额定参数。下述值适用：

——对于额定频率为 50 Hz 且时间常数标准值为 45 ms(见 4.101.3)，额定短路关合电流等于额定短路开断电流交流分量有效值(见 4.101.2)的 2.5 倍；

——对于所有特殊工况的时间常数(见 4.101.3)，额定短路关合电流等于额定短路开断电流交流分量有效值的 2.7 倍，与断路器的额定频率无关(见 4.101)。

4.104 额定操作顺序

断路器的额定特性与断路器的额定操作顺序有关。有以下两种可供选择的额定操作顺序：

a) O—t—CO—t'—CO

除非另有规定,否则:

t=3 min 不用于快速自动重合闸的断路器;

t=0.3 s 用于快速自动重合闸的断路器(无电流时间);

t'=3 min。

注:取代 t'=3 min 的其他值:t'=15 s 和 t'=1 min 也可用于快速自动重合闸的断路器。

b) CO—t''—CO

其中:t''=15 s 对不用于快速自动重合闸的断路器。

这里:

O 表示一次分闸操作;

CO 表示一次合闸操作后立即(即无任何故意的时延)进行分闸操作;

t,t'和 t''是连续操作之间的时间间隔;

t 和 t'应以分钟或秒表示;

t''应以秒表示。

如果无电流时间是可调的,应规定调整的极限。

4.105 近区故障特性

对于额定电压 24 kV 及以上、额定短路开断电流大于 12.5 kA 的 S2 级断路器要求具有近区故障特性。对于额定电压 126 kV 及以上的断路器要求具有近区故障特性。这些特性与中性点固定接地系统中单相接地故障的开断有关,其首开极系数等于 1.0。

注:在本标准中,认为在相电压下的单相试验覆盖了所有类型的近区故障(见表 8)。

近区故障回路是由断路器电源侧的电源回路和其负载侧的短线路组成(见图 15),其特性如下:

a) 电源回路特性:

——电压等于相应于断路器额定电压 U_r 的相对地电压 $U_r/\sqrt{3}$;

——短路电流,在出线端故障情况下,等于断路器的额定短路开断电流;

——预期瞬态恢复电压,在近区故障情况下,由下列表中的标准值给出:

- 对于额定电压 24 kV 及以上 126 kV 以下的线路系统中的断路器,表 2;
- 对于额定电压 126 kV 的断路器,表 3 和表 4;
- 对于额定电压 252 kV 及以上的断路器,表 5。

——额定电压 126 kV 及以上的断路器的 ITRV 特性,从表 7 中导出。

b) 线路特性:

——基于波阻抗 Z 为 450 Ω 的 RRRV 系数、峰值系数 k 和线路侧时延 t_{dL} 的标准值在表 8 中给出。线路侧时延、线路侧电压上升率的确定见图 16;

——根据特性计算瞬态恢复电压的方法见附录 A。

表 8 近区故障线路特性的标准值

额定电压 U_r kV	每相导 体数	波阻抗 Z Ω	峰值系数 k	RRRV 系数 50 Hz s^* kV/(μs·kA)	时延 t_{dL} μs
24≤U_r≤40.5	1	450	1.6	0.200	0.1
72.5≤U_r≤126	1~4	450	1.6	0.200	0.2

表 8（续）

额定电压 U_r kV	每相导体数	波阻抗 Z Ω	峰值系数 k	RRRV 系数 50 Hz s [a] kV/(μs·kA)	时延 t_{dL} μs
$U_r \geqslant 252$	1～4	450	1.6	0.200	0.5
注：这些数值覆盖了本标准中涉及的近区故障。对于非常短的线路（$t_L < 5t_{dL}$），不是本表中的所有要求都可满足。处理非常短的线路的程序在 CIGRE 技术手册 305[4]中给出。					
[a] 关于 RRRV 系数 s，见附录 A。					

4.106 额定失步关合和开断电流

额定失步开断电流是在本标准规定的使用和性能条件下，具有下述规定的恢复电压的回路中，断路器能够开断的最大失步电流。

额定失步关合和开断电流的规定是非强制性的。如果规定有额定失步开断电流，下述内容适用：

a) 工频恢复电压，对于中性点有效接地系统应为 $2.0/\sqrt{3}$ 倍的额定电压；对于其他系统应为 $2.5/\sqrt{3}$ 倍的额定电压。

b) 瞬态恢复电压应符合：

——表 1，额定电压 126 kV 以下的电缆系统中的断路器；

——表 2，额定电压 126 kV 以下的线路系统中的断路器；

——表 3，额定电压 126 kV 的有效接地系统中的断路器；

——表 4，额定电压 126 kV 的非有效接地系统中的断路器；

——表 5，额定电压 252 kV 及以上的断路器。

c) 除非另有规定，额定失步开断电流应为额定短路开断电流的 25%，额定失步关合电流应为额定失步开断电流的峰值。

考虑到额定失步关合、开断电流，使用的标准条件如下：

——分闸和合闸操作应与制造厂提供的断路器及其辅助设备操作和正确使用的说明书一致；

——电力系统中性点的接地条件应与断路器试验过的条件一致；

——断路器的两侧均无故障。

4.107 额定容性开合电流

容性开合电流可能包含了断路器的部分或全部操作职能，例如空载输电线路或电缆的充电电流，或并联电容器组的负载电流。

适用时，用于容性电流开合的断路器，其额定值应包括：

——额定线路充电开断电流；

——额定电缆充电开断电流；

——额定单个电容器组开断电流；

——额定背对背电容器组开断电流；

——额定单个电容器组关合涌流；

——额定背对背电容器组关合涌流。

表 9 中给出了额定容性开合电流的优选值。

容性电流开合的恢复电压取决于：

——系统的接地；

——容性负载(如屏蔽电缆、电容器组、输电线路)的接地；

——容性负载(如铠装电缆、敞开空气中的线路)相邻相的相互影响；

——同一线路(走廊)中相邻架空线系统的相互影响；

——存在单相或两相接地故障。

根据断路器的重击穿性能，可以把其分成两级：

——C1 级：容性电流开断过程中低的重击穿概率；

——C2 级：容性电流开断过程中非常低的重击穿概率。

注 1：该概率与 6.111 规定的型式试验系列中的性能有关。

注 2：断路器对于一种类型的应用(例如中性点有效接地系统中)可以是 C2 级，而对恢复电压更严酷的另一种应用场合(例如中性点非有效接地系统中)，可以是 C1 级。

注 3：具有不同于 C1 和 C2 级重击穿概率的断路器不包含在本标准范围内。

4.107.1 额定线路充电开断电流

额定线路充电开断电流是指断路器在本标准规定的使用和性能条件以及在其额定电压下所能开断的最大线路充电电流。额定线路充电开断电流的规定对于额定电压 72.5 kV 及以上的断路器是强制性的。

4.107.2 额定电缆充电开断电流

额定电缆充电开断电流是指断路器在本标准规定的使用和性能条件以及在其额定电压下所能开断的最大电缆充电电流。额定电缆充电开断电流的规定不是强制性的；仅对电缆充电电流开合规定为 C1 级和 C2 级的断路器有要求。

4.107.3 额定单个电容器组开断电流

额定单个电容器组开断电流是指断路器在本标准规定的使用和性能条件以及在其额定电压下所能开断的最大电容器电流。该开断电流是指在断路器的电源侧没有连接并联电容器时一台并联电容器组的开合。

4.107.4 额定背对背电容器组开断电流

额定背对背电容器组开断电流是断路器在本标准规定的使用和性能条件以及在其额定电压下所能开断的最大电容器电流。

该开断电流是指断路器的电源侧接有一组或几组并联电容器，且它能提供的关合涌流等于额定背对背电容器组关合涌流时并联电容器组的开合。

注：类似的条件适用于带电缆的变电站中的开合。

4.107.5 额定单个电容器组关合涌流

没有规定额定值或优选值。这是因为认为与单个电容器组有关的涌流不重要。

4.107.6 额定背对背电容器组关合涌流

额定背对背电容器组关合涌流是断路器在其额定电压以及与使用条件相应的涌流频率下所能关合的电流的峰值(见表 9)。

表 9 额定容性开合电流的优选值

	线路	电缆	单个电容器组	背对背电容器组		
额定电压 U_r kV(有效值)	额定线路充电开断电流 I_l A(有效值)	额定电缆充电开断电流 I_c A(有效值)	额定单个电容器组开断电流 I_{sb} A(有效值)	额定背对背电容器组开断电流 I_{bb} A(有效值)	额定背对背电容器组关合涌流 I_{bi} kA(峰值)	涌流的频率 f_{bi} Hz
3.6	10	10	400	400	20	4 250
7.2	10	10	400	400	20	4 250
12	10	25	400	400	20	4 250
24	10	31.5	400	400	20	4 250
40.5	10	50	400	400	20	4 250
72.5	10	125	400	400	20	4 250
126	31.5	140	400	400	20	4 250
252	125	250	400	400	20	4 250
363	315	355	400	400	20	4 250
550	500	500	400	400	20	4 250
800	900	—	—	—	—	—
1 100	1 200	—	—	—	—	—

注 1：选择本表中给出的数值是出于标准化的目的。它们是优选值且涵盖了大多数典型应用。如果需要不同的数值，可以规定适当的数值作为额定值。

注 2：对于实际工况，涌流可以按照附录 H 计算。

注 3：如果做了背对背电容器组开合试验，就不要求单个电容器组开合试验。

注 4：取决于系统条件，例如是否使用了限流电抗器，涌流的频率和涌流的峰值可能高于或低于表中的优选值。

4.108 感性负载开合

未规定额定值。见 GB/T 29489—2013。

4.109 额定时间参量

参照图 1、图 2、图 3、图 4、图 5、图 6 和图 7。

可以对下列时间参量规定额定值：

——分闸时间(空载)；

——开断时间；

——合闸时间(空载)；

——分—合时间(空载)；

——重合闸时间(空载)；

——合—分时间(空载)；

——预插入时间(空载)。

额定时间参量基于：

——合闸和分闸装置以及辅助和控制回路的额定电源电压(见 4.9)；

——合闸和分闸装置以及辅助回路的额定电源频率(见4.10);
——操作、绝缘和/或开断用压缩气源的额定压力,适用时(见4.11);
——操作用液压源的额定压力;
——周围空气温度为(20±5)℃。

注:由于燃弧时间和预击穿时间的分散性,规定关合时间或关合—开断时间的额定值通常是不现实的。

4.109.1 额定开断时间

在6.106.2、6.106.3和6.106.4的出线端故障试验方式T30、T60和T100s中,断路器在其额定辅助电源电压和频率以及气源或液源的额定压力、周围空气温度为(20±5)℃下操作时测定的最长开断时间不应超过额定开断时间。

注1:按照6.102.3.1的规定,除了T100a以外,基本短路试验方式应在操作和/或开断用的最低电压和/或压力下进行。为了验证这些试验方式时的额定开断时间,考虑到较低的辅助电源电压和压力,记录到的最长开断时间应按下述方法进行修正:

$$t_b \geqslant t_1 - (t_2 - t_3)$$

式中:

t_b ——额定开断时间;

t_1 ——试验方式T30、T60和T100s时记录到的最长开断时间;

t_2 ——按照试验方式T30、T60和T100s所采用的辅助电源电压和操作和/或开断用的压力时测取的最长空载分闸时间;

t_3 ——额定分闸时间。

如果按该方法确定的开断时间超过额定开断时间,则具有最长开断时间的试验方式应在辅助电源电压和频率以及开断和/或操作用的压力的额定值下重复进行。

注2:单相试验模拟三相操作时,记录到的开断时间,按照注1进行修正后可能会超出额定开断时间0.1个周波,因为在这种情况下,电流零点的出现频率小于三相试验时的出现频率。

注3:试验方式T100s中的关合—开断操作循环时的开断时间超出额定开断时间的部分不应大于工频的半个周波。

4.110 机械操作的次数

考虑到制造厂规定的维护程序,断路器应能完成下述次数的操作:
——标准断路器(基本的机械寿命)M1级:2 000次操作顺序
——特殊使用要求的断路器(延长的机械寿命)M2级:10 000次操作顺序。

4.111 断路器按照电寿命的分类

按3.4.113定义的且按6.112.2和表30试验的、要求具有电寿命能力、用于自动重合闸方式、通常用于架空线路网络且额定电压为40.5 kV及以下的断路器,划分为E2级。

按3.4.113定义的且按6.112.1试验的、要求具有电寿命能力、但用于无自动重合闸方式(例如电缆连接的网络中的)且额定电压为40.5 kV及以下的断路器,划分为E2级。

E2级称为延长的电寿命。

不要求具有这种电寿命能力的断路器,划分为3.4.112所定义的E1级,称为基本的电寿命。

注:对于额定电压72.5 kV及以上的断路器,IEC 62271-310[5]中给出了导则。

5 设计与结构

5.1 断路器中液体的要求

GB/T 11022—2011的5.1适用。

5.2 断路器中气体的要求

GB/T 11022—2011 的 5.2 适用。

5.3 断路器的接地

GB/T 11022—2011 的 5.3 适用。

5.4 辅助设备

GB/T 11022—2011 的 5.4 适用，并做如下补充：

——使用并联分闸和合闸脱扣器的场合，当施加永久的合闸或分闸指令时，应采取适当的措施避免脱扣器损坏；例如，那些措施可以是使用串联控制触头的布置使得当断路器处于合闸位置时，合闸脱扣器的控制触头（"b"触头或开断触头）处于分闸位置，分闸脱扣器的控制触头（"a"触头或关合触头）处于合闸位置；当断路器处于分闸位置时，分闸脱扣器的控制触头是分开的，合闸脱扣器的控制触头是闭合的；

注 1：也可能采用不同于触头的其他装置。

——对于并联合闸脱扣器，上述第一个破折号所述的并联合闸脱扣器的保护措施的动作不应早于断路器的合闸指令最短持续时间(3.7.147)，也不应迟于断路器的额定合闸时间；

注 2：如果并联合闸脱扣器的电流是由控制触头开断的，合闸指令应该长于额定合闸时间。

——对于并联分闸脱扣器，上述第一个破折号所述的并联分闸脱扣器的保护措施的动作不应早于断路器要求的脱扣指令最短持续时间(3.7.146)，也不应迟于断路器主触头分离后 20 ms；

——对于具有短的合—分闸时间要求的场合，上述第一个破折号所述的并联分闸脱扣器的保护措施的动作不应早于断路器主触头的合闸时刻，也不应迟于断路器主触头合闸后一个半波；

——辅助开关用作位置指示器时，应指示断路器处于休止、分闸或合闸的终了位置，信号还应保持；

——连接件应能承受由断路器产生的应力，尤其是那些由于操作时的机械力而产生的应力；

——户外断路器的所有辅助设备包括接线，应进行充分的防雨和防潮保护；

——使用控制设备的特殊元件时，应在辅助和控制回路的电源电压、开断和/或绝缘以及操作用的介质的规定的限值范围内工作，并能开合断路器制造厂规定的负载；

——辅助设备的特殊元件，诸如液体指示器、压力指示器、释放阀、充排设备、加热器和联锁的触点，应在辅助和控制回路电源电压的规定的限值范围内、开断和/或绝缘以及操作用介质的规定的限值范围内工作；

——加热器在额定电压下的能量消耗应在制造厂规定值的±10%公差范围内；

——防跳跃装置作为断路器控制回路的一部分时，如果安装的不止一个，它们应在每一个控制回路中动作；

——极间不同期的控制回路作为断路器的一部分时，应对极的位置（分闸或合闸）进行监控；根据使用情况，延时应在 0.1 s～3 s 间可调。

5.5 动力合闸

GB/T 11022—2011 的 5.5 适用，并做如下补充：

——用外部能源进行动力合闸的断路器也应该能在额定短路关合电流的合闸操作后立即分闸。

5.6 储能合闸

GB/T 11022—2011 的 5.6 适用，并对其第一段做如下补充：

储能合闸的断路器应该能在额定短路关合电流的合闸操作后立即分闸。

5.7 不依赖人力的操作

GB/T 11022—2011 的 5.7 不适用于断路器。

5.8 脱扣器的操作

GB/T 11022—2011 的 5.8 适用，并做如下补充：

5.8.101 过电流脱扣器

5.8.101.1 动作电流

过电流脱扣器应标明其额定电流和电流整定范围。

在电流整定范围内，过电流脱扣器应在电流整定值的 110%及以上时可靠动作，而在电流整定值的 90%及以下时不动作。

5.8.101.2 动作时间

对于反时限延时过电流脱扣器，动作时间应从过电流出现时刻起，到脱扣器启动断路器脱扣机构的时刻为止的这段时间进行测量。

制造厂应提供带有适当公差的表格或曲线，表明动作时间与 2 倍～6 倍动作电流间的电流的函数关系。这些表格或曲线应提供极限电流整定值和极限延时整定值。

5.8.101.3 复位电流

在过电流脱扣器的延时终了以前，如果主回路中的电流降到低于某一值时，则脱扣器不应完成其动作而应恢复到其初始位置。

制造厂应给出相关的信息。

5.8.102 多个脱扣器

若断路器安装有同样功能的多个脱扣器时，则一个脱扣器的缺陷不应干扰其他脱扣器的功能。相同功能使用的脱扣器应在物理上独立，即磁场隔离。

对于额定电压 72.5 kV 及以上的断路器，应提供一个附加的并联合闸脱扣器和一个附加的并联分闸脱扣器。

5.8.103 脱扣器的动作限值

在额定电源电压下，并联分闸脱扣器的脱扣指令最短持续时间和并联合闸脱扣器的指令最短持续时间不应小于 2 ms。

并联脱扣器动作的最低电源电压不应小于额定电源电压的 30%。

5.8.104 脱扣器的功耗

三极断路器的并联分闸或合闸脱扣器的功耗不应超过 1 200 V·A。

注：对于某些断路器的设计，可能需要更高的值。

5.8.105 自脱扣断路器的集成继电器

集成继电器用于自脱扣断路器时，应符合 GB/T 14598.7—1995。输入的激励量是流过主触头的电流。

5.9 低压力和高压力闭锁装置

下述内容取代 GB/T 11022—2011 的 5.9：

所有具有储气筒和蓄压筒储能的断路器(见 GB/T 11022—2011 的 5.6.2)及所有除密封压力装置外采用开断用压缩气体的断路器(见 5.103)，均应装设低压力闭锁装置，也应装设高压力闭锁装置，这些闭锁装置应设定在制造厂规定的压力或适当的压力极限范围内动作。

5.10 铭牌

GB/T 11022—2011 的 5.10 适用，并做如下补充：断路器和其操动机构的铭牌应按表 10 的内容标注。

操动机构的线圈应有一个参考标识，以便用户能从制造厂获得全部数据。

脱扣器应带有适当的数据。

在正常工作和安装位置铭牌均应明显可见。

表 10 铭牌参数

项　目	缩写	单位	断路器	操动机构	条件：仅当需要时才标注
1	2	3	4	5	6
制造厂			×	×	
型号或系列号			×	×	
额定电压	U_r	kV	×		
额定雷电冲击耐受电压	U_p	kV	×		
额定操作冲击耐受电压	U_s	kV	Y		额定电压 363 kV 及以上时
额定频率	f_r	Hz	×		
额定电流	I_r	A	×		
额定短路持续时间	t_k	s	Y		不同于 2 s 时
额定短路开断电流	I_{sc}	kA	×		
额定短路开断电流的直流时间常数	τ	ms	Y		不同于 45 ms 时
触头分离时刻对应于额定短路开断电流的直流时间常数的额定短路开断电流的直流分量	p_{cs}	%	Y		大于 20%时
首开极系数	k_{pp}		Y		对于额定电压 126 kV，不同于 1.3 时
额定失步开断电流	I_d	kA	(×)		
额定线路充电开断电流	I_l	A	Y		额定电压 72.5 kV 及以上时
额定电缆充电开断电流	I_c	A	(×)		
额定单个电容器组开断电流	I_{sb}	A	(×)		
额定背对背电容器组开断电流	I_{bb}	A	(×)		
额定背对背电容器组关合涌流	I_{bi}	kA	(×)		
操作用的额定压力	p_{rm}	MPa		(×)	

表 10（续）

项　　目	缩写	单位	断路器	操动机构	条件：仅当需要时才标注
1	2	3	4	5	6
开断用的额定压力	p_{re}	MPa	(×)		
合闸和分闸装置的额定电源电压	U_{op}	V		(×)	
合闸和分闸装置的额定电源频率		Hz		(×)	
辅助回路的额定电源电压	U_{a}	V		(×)	
辅助回路的额定电源频率		Hz		(×)	
质量(包括油断路器的油)	M	kg	Y	Y	超过 300 kg 时
流体的质量	m	kg	Y		包含流体时
额定操作顺序			×		
制造年份			×		
温度等级			Y	Y	不同于：户内 −5 ℃；户外 −25 ℃
分级			Y		对于额定电压 126 kV 以下，不同于 E1、M1 和 S1 级时；对于额定电压 126 kV 及以上，不同于 E1 和 M1 级时
标有发布日期的相关标准			×	×	

×＝这些值的标注是强制性的；空格表示此值为零。

(×)＝这些值的标注是可选的。

Y＝按照栏 6 中的条件标注的值。

注：栏 2 中的缩写可以代替栏 1 中的术语。采用栏中的术语时可不出现"额定"。

5.11 联锁装置

GB/T 11022—2011 的 5.11 适用。

5.12 位置指示

GB/T 11022—2011 的 5.12 适用。

5.13 外壳的防护等级

GB/T 11022—2011 的 5.13 适用。

5.14 爬电距离

GB/T 11022—2011 的 5.14 适用。

5.15 气体和真空的密封

GB/T 11022—2011 的 5.15 适用。

5.16 液体的密封

GB/T 11022—2011 的 5.16 适用。

5.17 易燃性

GB/T 11022—2011 的 5.17 适用。

5.18 电磁兼容性(EMC)

GB/T 11022—2011 的 5.18 适用。

5.19 X 射线发射

GB/T 11022—2011 的 5.19 适用。

5.20 腐蚀

GB/T 11022—2011 的 5.20 适用。

5.101 单合和单分操作时的极间同期性要求

如果对极间同期操作没有规定特别的要求,各极合闸时触头接触时刻的最大差异不应超过额定频率的 1/4 周波。如果一极由多个串联的开断单元组成,则这些串联的开断单元之间触头接触时刻的最大差异不应超过额定频率的 1/6 周波。如果使用了合闸电阻,各合闸电阻合闸时触头接触时刻之间的最大差异不应超过额定频率的半个周波。如果一极使用了多个合闸电阻,每个对应一个串联连接的开断单元,这些串联连接的合闸电阻的触头接触时刻之间的最大差异不应超过额定频率的 1/3 周波。

如果对极间同期操作没有规定特别的要求,分闸时触头分离时刻的最大差异不应超过额定频率的 1/6 周波。如果一极由多个串联的开断单元组成,则这些串联的开断单元之间触头分离时刻的最大差异不应超过额定频率的 1/8 周波。

注:对于分极式断路器,如各极的动作条件相同,则本要求适用;单极重合闸操作后,三个机构的动作条件可能会不同。

5.102 操作的一般要求

断路器及其操动机构应能在 GB/T 11022—2011 的第 2 章确定的温度级别的整个环境温度范围内按 5.5～5.9 和 5.103 相关的规定完成其额定操作顺序(见 4.104)。

此要求不适用于辅助的手动操动装置;若装有这种装置,则仅供不带电回路的维护和紧急操作之用。

装有加热器的断路器应该设计成加热器在最短 2 h 内不工作时,断路器在温度级别确定的最低周围空气温度下能够进行分闸操作。

5.103 操作用流体的压力极限

制造厂应规定操作用流体的最高和最低压力,断路器在此极限压力下应能按其额定值使用,并应按此极限压力整定合适的低压力和高压力闭锁装置(见 5.9)。制造厂应规定操作和开断用的最低功能压力(见 3.7.155 和 3.7.156)。

制造厂可规定断路器能够进行下述每一种操作的压力极限:

a) 开断其额定短路开断电流,即一个“分(O)”操作;

b) 关合其额定短路关合电流后,立即开断其额定短路开断电流,即一个“合分(CO)”操作循环;

c) 对于用于快速自动重合闸的断路器：开断其额定短路开断电流后，经过额定操作顺序（见4.104）的时间间隔 t，关合其额定短路关合电流后，紧接着再次开断其额定短路开断电流，即一个“分—t—合分（O—t—CO）”操作顺序。

断路器应具有足够容量的能量储存，以便在规定的相应最低压力下进行适当的操作时获得满意的性能。

5.104 排逸孔

排逸孔是断路器在操作过程中专门用来释放其内部压力的装置。

注：本定义适用于空气、压缩空气和油断路器。

断路器排逸孔的设置应使排油或排气或排逸两者时，不致引起电击穿，且不朝向任何可能出现人员的地方。制造厂应规定必要的安全距离。

断路器或其辅助设备正常操作时，排逸孔的结构应使气体不会聚集在由于操作中或操作后产生的火花所能点燃的任何位置。

6 型式试验

6.1 总则

6.1.1 总述

GB/T 11022—2011 的第 6 章适用，并作如下补充：

断路器的型式试验项目列于表 11 中。试品的数量在 6.1.2 和 6.102.2 中给出。对于型式试验，试验参量的公差见附录 B。

表 11 型式试验

强制的型式试验项目		条款号
绝缘试验		6.2
主回路电阻测量		6.4
温升试验		6.5
短时耐受电流和峰值耐受电流试验		6.6
辅助和控制回路的附加试验		6.10
常温下的机械操作试验		6.101.2.1～6.101.2.3
短路电流关合和开断试验		6.102～6.106
取决于应用、额定值或设计的型式试验项目	**要求型式试验的条件**	**条款号**
无线电干扰电压试验	$U_r \geqslant 126$ kV	6.3
防护等级验证	规定的防护等级	6.7
密封试验	可控的、密封或封闭的压力系统	6.8
EMC 试验	二次系统中包含电子设备或元件	6.9
特殊使用条件下断路器延长的机械寿命试验 * #	规定有 M2 级额定值	6.101.2.4
低温和高温试验	规定的温度级别	6.101.3

表 11（续）

取决于应用、额定值或设计的型式试验项目	要求型式试验的条件	条款号
湿度试验	承受电压作用和凝露的绝缘	6.101.4
端子静负载试验	$U_r \geqslant 40.5$ kV 的户外断路器	6.101.6
临界电流试验	性能符合 6.107.1 条件的断路器	6.107
近区故障试验 * #	$U_r \geqslant 24$ kV 且 $I_{sc} > 12.5$ kA、有效接地系统中的直接和架空线路连接的断路器	6.109
失步关合和开断试验 * #	规定有失步额定值	6.110
电寿命试验（仅适用于额定电压 40.5 kV 及以下）*	规定有 E2 级额定值	6.112
严重冰冻条件下的操作验证试验 * #	具有额定覆冰厚度（10 mm/20 mm）的断路器	6.101.5
单相试验 * #	中性点有效接地系统	6.108
异相接地故障试验 * #	中性点非有效接地系统	6.108
容性电流开合试验： ——线路充电电流开合试验 * ——电缆充电电流开合试验 * # ——单个电容器组开合试验 * # ——背对背电容器组开合试验 * #	规定有相关的额定值和类别（C1 或 C2）	 6.111.5.1 6.111.5.1 6.111.5.2 6.111.5.2
并联电抗器和电动机的开合试验 * #	规定有开合额定值	GB/T 29489—2013

注 1：本表的上半部分所列出的强制性型式试验是对所有断路器适用的，不论其额定电压、设计和既定的用途。本表的下半部分所列出的其他型式试验适用于规定有相关的额定值的所有断路器，例如失步开合或者满足特定条件，例如仅对额定电压 126 kV 及以上的要求 RIV。

注 2：本表的下半部分的某些试验标有 * 或 #。对于额定电压为 40.5 kV 及以下的断路器用 * 标记，对于额定电压为 72.5 kV 及以上的断路器，用 # 标记。对每项带有标记的试验，允许使用一台附加的试品。

原则上，各项型式试验应该在新的、干净的断路器上进行。对于采用 SF_6 作为绝缘、开断和/或操作的断路器，气体的质量至少应达到 GB/T 12022—2006 或者 GB/T 8905—2012 的接受水平。

制造厂的责任仅限于所声明的额定值，而不是型式试验中获得的值。

通过示波器或等效设备（例如瞬态记录仪）包括相关设备来确定额定参数（例如短路电流、外施电压和恢复电压）量值的每项测量的不确定度应在±5%（等于包含因子为 2.0）范围内。

注：关于包含因子的含义，测量不确定度的表达式见 ISO 导则（1995）[6]。

6.1.2 概述

GB/T 11022—2011 的 6.1.1 适用，其中项 c）和 d）做如下修改：

c） 当产品的设计、工艺或所使用的关键材料、关键零件改变而影响到产品的性能时，应进行相应的型式试验：
——当操动机构的参考机械行程特性曲线（见 6.101.1.1）变化时，应进行全部型式试验；
——当替代的操动机构或者原来的操动机构布置方式发生改变，但符合 6.102.7 的规定时，可只进行基本短路试验方式 T100s、峰值耐受电流试验、机械试验。

注：如果操动机构布置方式发生改变影响到绝缘水平，则应进行相应的绝缘试验。

d) 正常生产的产品，每隔八年应进行一次温升试验、常温下的机械试验、基本短路试验方式 T100s、短时耐受电流和峰值耐受电流试验。其他项目的试验必要时也可抽试。

6.1.3 试验的分组

GB/T 11022—2011 的 6.1.2 适用。

6.1.4 确认试品用的资料

GB/T 11022—2011 的 6.1.3 适用。

6.1.5 型式试验报告包含的资料

GB/T 11022—2011 的 6.1.4 适用，并作如下补充：

附录 C 中给出了关于关合、开断和短时电流型式试验报告和记录的更详细的说明。

6.1.101 无效试验

如果出现无效试验，则可能有必要进行比本标准要求更多次数的试验。无效试验是指本标准要求的一个或多个试验参数未满足。这包括，例如关合、开断和开合试验时的电流、电压和时间参数以及相位要求(如有规定)和合成试验时的附加参数，例如：辅助断路器的正确动作和正确的注入时间。

与本标准的偏差可导致试验偏松或偏严。表 12 中考虑了四种不同情况。

试验方式中的无效部分可在断路器不经修整时重复进行。但是，如果断路器在该附加的试验时失败或根据制造厂的决定，断路器可以修整而重复进行整个试验方式。在这些情况下，试验报告应包括相关的无效试验。

注：在快速自动重合闸方式循环中，认为 O—t—CO 是一部分，紧接着的 CO 也是一个部分。

E2 级断路器可以修整，但在这种情况下应重复整个试验系列。

如果由于技术原因，某个操作不能再现时，只要以其他的方式提供证据说明断路器没有失败且要求的试验值已满足，则本次操作不应被认为无效。

表 12 无效试验

与标准相关的试验条件	断路器	
	通过	未通过
偏严	试验有效，接受结果	用正确的参数重复试验； 不要求修改断路器的设计
偏松	用正确的参数重复试验； 不要求修改断路器的设计	断路器试验失败。要求修改断路器的设计以改进断路器的性能。 在修改过的断路器上重复试验方式。 修改可能会影响进行过的型式试验的结果

6.2 绝缘试验

6.2.1 试验时的周围大气条件

GB/T 11022—2011 的 6.2.2 适用。

6.2.2 湿试程序

GB/T 11022—2011 的 6.2.3 适用并增加下面的注：

注：对于落地罐式断路器，如果套管已按相关标准试验过，则湿条件下的试验可以免去。

6.2.3 绝缘试验时断路器的状态

GB/T 11022—2011 的 6.2.4 适用。

6.2.4 通过试验的判据

GB/T 11022—2011 的 6.2.5 适用，并作如下补充：

如果试验过程中出现破坏性放电，且不能给出任何证据来证明该破坏性放电出现在自恢复绝缘上，则在完成绝缘试验系列后应对断路器进行解体检查。如果发现非自恢复绝缘损坏(例如痕迹、击穿等)，则断路器就没有通过该试验。

注 1：如果大气校正因数 K_t 小于 1.00 且大于 0.95，且试验期间没有施加大气校正因数，允许按照 GB/T 11022—2011 的 6.2.5 中规定的判据。在外绝缘上的 15 次冲击中出现 1 次或 2 次破坏性放电，出现闪络的特定试验系列应在施加适当的校正因数后重复进行使得不再出现破坏性放电。

注 2：带有试验套管的气体绝缘开关设备中的断路器进行试验时，因试验套管不是断路器的一部分，故不应考虑试验套管上出现的闪络。

6.2.5 试验电压的施加和试验条件

GB/T 11022—2011 的 6.2.6 适用。

6.2.6 U_r≤252 kV 的断路器的试验

6.2.6.1 工频电压试验

GB/T 11022—2011 的 6.2.7.2 适用，并增加下面的注：

注：对于落地罐式断路器，如果套管已按相关标准试验过，则湿条件下的试验可以免去。

6.2.6.2 雷电冲击电压试验

GB/T 11022—2011 的 6.2.7.3 适用。

6.2.7 U_r>252 kV 的断路器的试验

6.2.7.1 工频电压试验

GB/T 11022—2011 的 6.2.8.2 适用，并作如下补充：

按照替代方法的试验程序比按照优选方法的试验程序更严酷。

6.2.7.2 操作冲击电压试验

GB/T 11022—2011 的 6.2.8.3 适用，并作如下补充：

户外断路器的干试应仅使用正极性电压进行。断路器处于合闸位置时，对于 GB/T 11022—2011 的表 9 规定的每个试验条件，均应施加额定对地耐受电压。

断路器处于分闸位置时，对于 GB/T 11022—2011 的表 9 规定的每个试验条件，均应施加额定对地耐受电压。

对于 4.3 中规定的特殊用途的断路器，应按 GB/T 11022—2011 的表 2 栏(6)规定的试验电压进行第二试验系列。对于 GB/T 11022—2011 表 11 规定的每个试验条件，一个端子施加操作冲击电压，另一个端子施加工频电压。

征得制造厂的同意，断路器分闸状态下的试验可以不使用工频电压源。这个试验系列包括依次对每个端子施加的电压等于操作冲击电压和 GB/T 11022—2011 表 2 栏(6)规定的峰值电压之和，而另一个端子应接地。

应考虑到 GB/T 11022—2011 的 6.2.6.3 的项 b)。通常，本试验程序比规定的试验程序更苛刻。

6.2.7.3 雷电冲击电压试验

GB/T 11022—2011 的 6.2.8.4 适用，并作如下补充：

断路器处于合闸位置时，对于 GB/T 11022—2011 表 9 规定的每个试验条件，应施加额定对地耐受电压。

断路器处于分闸位置时，对于 GB/T 11022—2011 表 11 规定的每个试验条件，应施加额定断口耐受电压。

征得制造厂的同意，断路器分闸状态下的试验可以不使用工频电压源。这个试验系列包括依次对每个端子施加的电压等于额定雷电冲击耐受电压和 GB/T 11022—2011 表 2 栏(8)规定的峰值电压之和，进行连续 15 次冲击试验，而对面端子应接地。应考虑到 GB/T 11022—2011 的 6.2.6.3 的项 a)和项 b)。通常，本试验程序比规定的试验程序更苛刻。

6.2.8 人工污秽试验

GB/T 11022—2011 的 6.2.9 适用。

6.2.9 局部放电试验

GB/T 11022—2011 的 6.2.10 适用，并作如下补充：

完整的断路器一般不需要进行局部放电试验。然而，如果断路器采用的某些元件有相关标准，且包括有局部放电测量(例如套管，见 GB/T 4109—2008)时，制造厂应提供证据说明这些元件已按相关标准通过了规定的局部放电试验。

6.2.10 辅助和控制回路的试验

GB/T 11022—2011 的 6.2.11 适用。

6.2.11 作为状态检查的电压试验

GB/T 11022—2011 的 6.2.12 不适用；其规定的试验由下述代替：

机械或环境试验(见 6.101.1.4)后断路器打开的触头间的绝缘性能不能通过外观检查充分可靠地验证的场合，应对断路器断口施加 GB/T 11022—2011 的 6.2.12 在干条件下的工频耐受电压试验作为状态检查。此外，对于落地罐式和 GIS 断路器，要求进行断路器处于合闸位置时的对地试验。

对于气体封闭的真空断路器，作为状态检查的电压试验可能不充分。对于这种情况，应验证真空的完整性。

关合、开断或开合试验(见 6.102.9)后，进行作为状态检查的电压试验时，下述条件适用：

对于电流路径不对称的断路器，连接线应倒换。应对每一种连接线布置进行一次完整的试验。

——$U_r \leqslant 72.5$ kV 的断路器

应进行 1 min 工频电压试验。试验电压应为 GB/T 11022—2011 表 1 栏(2)中数值的 80%。

——72.5 kV$<U_r\leqslant$252 kV 的断路器

应进行冲击电压试验。冲击电压的峰值应为 GB/T 11022—2011 表 1 栏(4)中的最高相关值的 60%。

——U_r 为 363 kV 的断路器

应进行冲击电压试验。冲击电压的峰值应为 GB/T 11022—2011 表 2 中给出的额定操作冲击耐受电压的 80%。对于 GIS 断路器，冲击电压的峰值应为 GB 7674—2008 的表 103 中给出的额定操作冲击耐受电压的80%。

——550 kV≤U_r≤1 100 kV的断路器

应进行冲击电压试验。冲击电压的峰值应为GB/T 11022—2011表2中给出的额定操作冲击耐受电压的90%。对于GIS断路器,冲击电压的峰值应为GB 7674—2008的表103中给出的额定操作冲击耐受电压的90%。

进行冲击电压试验时,冲击电压的波形应为标准的操作冲击或者按照出线端故障试验方式T10规定的TRV波形。每一极性应施加5次冲击。如果未出现破坏性放电,则认为断路器通过了试验。在使用大容量试验室的合成试验设备的情况下,TRV波形的时间t_3允许的偏差为-10%和+200%。

注1:比较试验已经证明:不论断路器是新的还是烧蚀过的状态,分别用标准操作冲击或出线端故障T10规定的TRV的波形进行试验,对断路器性能的考核几乎没有差别。

注2:采用出线端故障T10规定的TRV的波形进行试验时,如果符合下述规则,则保证了与标准操作冲击的等效性:

——TRV的阻尼应使得TRV振荡的第二个峰值不高于第一个峰值的80%;

——峰值后大约2.5 ms处,恢复电压的实际值应在峰值的50%以上。

6.3 无线电干扰电压(r.i.v.)试验

GB/T 11022—2011的6.3适用,并作如下补充:

试验可以在断路器的一极上进行,断路器应分别处于分闸和合闸位置进行试验。试验期间,断路器应装有可能影响无线电干扰性能的所有附件,例如均压电容器、电晕环、高压连接件等。

6.4 主回路电阻的测量

GB/T 11022—2011的6.4适用。

6.5 温升试验

6.5.1 受试断路器的状态

GB/T 11022—2011的6.5.1适用。

6.5.2 断路器的布置

GB/T 11022—2011的6.5.2适用,并作如下补充:

对于未装有串联连接的附件的断路器,试验应该用断路器的额定电流进行。

对于装有一定额定电流范围的串联连接附件的断路器,应进行下列试验:

a) 装有额定电流等于断路器额定电流的串联连接附件的断路器,应按断路器的额定电流进行试验;

b) 装有预期附件的断路器,应分别按各个附件的额定电流进行一系列试验。

注:如果断路器的附件可移开,且有证据说明断路器和附件的温升不产生明显的相互影响,则上述试验b)可用各附件单独进行的一系列试验来代替。

6.5.3 温度和温升的测量

GB/T 11022—2011的6.5.3适用。

6.5.4 周围空气温度

GB/T 11022—2011的6.5.4适用。

6.5.5 辅助和控制设备的温升试验

GB/T 11022—2011 的 6.5.5 适用。

6.5.6 温升试验的解释

GB/T 11022—2011 的 6.5.6 适用。

6.6 短时耐受电流和峰值耐受电流试验

6.6.1 断路器以及试验回路的布置

GB/T 11022—2011 的 6.6.2 适用,并作如下补充:

如果断路器装有直接过电流脱扣器,则应把最小动作电流的线圈整定到在最大电流和最长时延下动作时进行试验;线圈应接到试验回路的电源侧。如果断路器也可以在不装直接过电流脱扣器时使用,则也应在无过电流脱扣器时进行试验。

对于其他的自脱扣断路器,过电流脱扣器应整定在最大电流和最长延时下动作时进行试验。如果断路器可以在不带脱扣器时使用,则也应在无脱扣器时进行试验。

6.6.2 试验电流和持续时间

GB/T 11022—2011 的 6.6.3 适用,并作如下补充:

对于自脱扣断路器,应进行仅限于分闸操作的额定操作顺序。除非试验在额定电压下进行时,可以采用预期电流值,否则,所有相和操作中的开断电流的交流分量有效值的平均值应作为短时电流的有效值。

6.6.3 断路器在试验中的性能

GB/T 11022—2011 的 6.6.4 适用。

6.6.4 试验后断路器的状态

GB/T 11022—2011 的 6.6.5 适用,并作如下补充:

自脱扣断路器试验后,断路器的状态应符合 6.102.9,并应证明过电流脱扣器仍然是正确、有序的动作。正如制造厂所声明的,在最小脱扣电流的 110%的条件(单相或三相)下进行一次注入试验,应得到一个满意的验证。

6.7 防护等级的检验

6.7.1 IP 代码的检验

GB/T 11022—2011 的 6.7.1 适用于正常使用条件下断路器可触及的所有部件。

6.7.2 机械撞击试验

GB/T 11022—2011 的 6.7.2 适用。

6.8 密封试验

GB/T 11022—2011 的 6.8 适用。

在真空断路器的情况下,应根据 6.2.11 用工频试验的方式或者等效的试验进行真空绝缘的密封验证。

6.9 电磁兼容性(EMC)试验

6.9.1 发射试验

GB/T 11022—2011 的 6.9.1 适用。

6.9.2 辅助和控制回路的抗扰性试验

GB/T 11022—2011 的 6.9.2 适用。

6.9.3 辅助和控制回路附加的 EMC 试验

6.9.3.1 直流电源输入接口的纹波抗扰性试验

GB/T 11022—2011 的 6.9.3.2 适用,并作如下补充:

如果控制单元中没有使用电子元件且按照 6.101.2 对装有其整个控制单元的整台断路器进行了常温下的机械操作试验,则认为按照 GB/T 11022—2011 的 6.9.3.3 的直流输入功率接口的纹波抗扰性试验已经涵盖且免去附加的试验。如果整台断路器的试验不实际,可以接受符合 6.101.1.2 的单元试验。

使用了电子元件的场合,按照 GB/T 11022—2011 的 6.9.3.3 对各个元件进行的试验是充分的。

注:本条款适用于完整的电路板(例如控制模块)和至少包含一台电子设备(例如电子式时间继电器)的装置。

6.9.3.2 电源输入接口的电压跌落、短时中断和电压变化抗扰性试验

GB/T 11022—2011 的 6.9.3.3 适用。

6.10 辅助和控制回路的附加试验

6.10.1 概述

GB/T 11022—2011 的 6.10.1 适用。

6.10.2 功能试验

GB/T 11022—2011 的 6.10.2 适用,并作如下补充:

如果按照 6.101.2 对装有其整个控制单元的整台断路器进行了常温下的机械操作试验,则认为按照 GB/T 11022—2011 的 6.10.2 的功能试验已经涵盖且免去附加的试验。如果整台断路器的试验不实际,可以接受符合 6.101.1.2 的单元试验。

6.10.3 接地金属部件的电气连续性试验

GB/T 11022—2011 的 6.10.3 适用。

6.10.4 辅助触头的动作特性验证

GB/T 11022—2011 的 6.10.4 适用。

6.10.5 环境试验

GB/T 11022—2011 的 6.10.5 适用,并作如下补充:

如果对装有其整个控制单元的整台断路器进行了符合 6.101.2 的常温下的机械操作试验、符合 6.101.3 的高低温试验以及如果适用,符合 6.101.4 的湿度试验或者单独对控制设备进行过湿度试验,则认为按照 GB/T 11022—2011 的 6.10.5 的环境试验已经涵盖且免去附加的试验。如果整台断路器的试

验不实际，可以接受符合 6.101.1.2 的单元试验。

注：不包含抗震试验。如果要求抗震试验，则应根据制造厂和用户之间的协议进行。

6.10.6 绝缘试验

GB/T 11022—2011 的 6.10.6 适用。

6.11 真空灭弧室的 X 射线试验程序

GB/T 11022—2011 的 6.11 适用。

6.101 机械和环境试验

6.101.1 机械和环境试验的各项规定

6.101.1.1 机械特性

型式试验前，应建立断路器的机械特性，例如，记录空载行程曲线。这也可以通过采用特性参数来完成，例如，在某一行程处的瞬时速度等。机械特性将作为表征断路器机械性能的参考。此外，机械特性还用来确认用于机械、关合、开断和开合型式试验的不同试品的机械性能类似。获得该参考的试验称为参考的空载试验，并且根据该试验得到的曲线或其他参数作为参考的机械特性。参考的空载试验可以取自作为独立型式试验一部分的任何适当的空载试验。

应记录下述动作特性：

——分闸和合闸操作的机械特性；

——合闸时间；

——分闸时间。

机械特性应在操动机构及辅助和控制回路的额定电源电压、操作用的额定功能压力以及为了试验方便，在开断用的最低功能压力下进行单分操作(O)和单合操作(C)的空载试验来获得。

参考的空载试验中记录的分闸时间和合闸时间应该用作参考的分闸和参考的合闸时间。在和建立参考的机械特性程序采用相同的条件下，这些参考时间的偏差应与制造厂给出的偏差相对应。

附录 N 给出了机械特性使用的要求和解释。

6.101.1.2 单元试验

当对整台断路器进行试验不可行时，单元试验也可以作为型式试验。制造厂应确定适合进行试验的单元。

单元是具有独立功能的分装，可以独立于整台断路器而操作(例如极、开断单元、操动机构)。

进行单元试验时，制造厂应证明试验时单元上承受的机械和环境应力不小于整台断路器试验时施加在同一单元上的机械和环境应力。如果个别试验适于在单元上进行，单元试验应包含整台断路器所有不同类型的单元。单元型式试验的条件应该和其在整台断路器中所起作用时的试验条件相同。

按照有关标准制造的辅助和控制设备的部件应符合这些标准。应对与断路器其他部件的功能有关的这些部件的固有功能进行验证。

6.101.1.3 试验前后应记录的断路器的特性和整定值

试验前后，下列动作特性或整定值应予以记录和计算：

a) 合闸时间；

b) 分闸时间；

c) 一极中各单元之间的时间差；

d) 极间时间差(如果进行多极试验时);
e) 操动机构的恢复时间;
f) 控制回路的损耗;
g) 脱扣装置的损耗,可能时还应记录脱扣器的电流;
h) 分闸或合闸指令的持续时间;
i) 适用时,密封性;
j) 适用时,气体密度或压力;
k) 主回路电阻;
l) 时间-行程特性曲线;
m) 制造厂规定的其他重要特性或整定值。

上述动作特性应在下列情况下记录:
——额定电源电压和操作用的额定充入压力;
——最高电源电压和操作用的最高充入压力;
——最高电源电压和操作用的最低功能压力;
——最低电源电压和操作用的最低功能压力;
——最低电源电压和操作用的最高充入压力。

6.101.1.4 断路器在试验中和试验后的状态

断路器在试验中及试验后应处于这样的状态:能够正常操作,能够承载额定电流,能够关合、开断其额定短路电流及按照其额定绝缘水平耐受电压。

通常,如果断路器符合下列条件,则认为上述要求已被满足:
——试验中,断路器按指令动作,无指令不动作;
——试验后,按照6.101.1.3测出的特性在制造厂给出的偏差范围内;
——试验后,所有部件,包括触头无过度磨损;
——试验后,在接触区有镀层的触头,表面的镀层仍应保持,否则,触头被认为是裸露的,而且仅当温升试验中(按照6.5)的触头温升不超过裸露触头的允许值时才满足试验要求;
——试验中及试验后,机械部件的任何变形对断路器的操作不得有不利的影响,或者不得妨碍可更换零件的正常装配;
——试验后,断路器在分闸位置的绝缘性能应该和试验前的状况基本相同。试验后断路器的外观检查通常足以验证其绝缘性能。对于灭弧室终身密封的断路器,按照6.2.11,作为状态检查的电压试验可能是必要的。

6.101.1.5 辅助和控制设备在试验中和试验后的状态

试验中及试验后,辅助及控制设备应满足下列条件:
——试验中,应注意防止过热;
——试验中,应安排一组触头(包括关合和开断辅助触头),用以开合所控制的回路的电流(见5.4);
——试验中及试验后,辅助和控制设备应满足其功能;
——试验中及试验后,辅助开关和控制设备的辅助回路的功能不应受到损坏;若有怀疑,应按照GB/T 11022—2011的6.2.11进行试验;
——试验中及试验后,辅助开关的接触电阻不应受到不利的影响。承载额定电流时,其温升不应超过规定值(见GB/T 11022—2011的表3)。

6.101.2 常温下的机械操作试验

6.101.2.1 概述

机械操作试验应在试验地点的周围空气温度下进行。周围空气温度应记录在试验报告中。应包括作为操动机构组成部件的辅助设备。

机械操作试验应由 2 000 次操作顺序组成。

除了装有过电流脱扣器的断路器外，试验应在主回路中既无电压又无电流的条件下进行。

对于装有过电流脱扣器的断路器，大约 10% 的操作顺序应该是在分闸装置由主回路中的电流激励的情况下进行的。电流应是过电流脱扣器动作所必需的最小电流。对于这些试验，通过过电流脱扣器的电流，也可由一个合适的低压电源供给。

试验中，允许按照制造厂的说明书进行润滑，但不允许进行机械调整或其他类型的维修。

注：断路器的设计中可能配装有几种变量的辅助设备（并联脱扣器和电动机），以兼容 4.9 和 4.10 规定的各种各样的额定控制电压和频率。如果它们的设计相近且最终的空载机械特性在附录 N 给出的公差范围内，没有必要对这些变量进行试验。

6.101.2.2 试验前断路器的状态

被试断路器应安装在其自身的支架上，且其操动机构应按照规定的方式进行操作。根据断路器的类型，按照下列规定进行试验：

由一个操动机构操作和/或所有极装在一个共用基架上的多极断路器，都应当作为一个整体进行试验。

试验应按 6.101.1.3 的项 j)，在开断用的额定充入压力下进行。

每极或者甚至每个柱分别由单独的操动机构操作的多极断路器最好作为一台完整的多极断路器进行试验。但是，为了方便，或者由于试验间尺寸的限制，只要在整个试验范围内它与用完整的多极断路器的试验等价或者不会更有利时，可以用断路器的一个极单元进行试验，例如在下列几个方面：

——参考的机械行程特性；

——合闸和分闸机构的功率和强度；

——结构的刚度。

6.101.2.3 M1 级断路器试验的说明

断路器应按照表 13 进行试验。

表 13 操作顺序的次数

操作顺序	电源电压和操作压力	操作顺序的次数	
		自动重合闸断路器	非自动重合闸断路器
C—t_a—O—t_a	最低 额定 最高	500 500 500	500 500 500
O—t—CO—t_a—C—t_a	额定	250	—
CO—t_a	额定	—	500

O=分闸；
C=合闸；
CO=合闸操作后，紧接着（即没有任何人为延时）进行一个分闸操作；
t_a=两次操作之间的时间间隔，对断路器恢复到起始状态和/或防止断路器的某些部件过热（这个时间可以根据操作的类型而不同）是有必要的；
t=如无其他规定，对于快速自动重合闸断路器为 0.3 s。

6.101.2.4 特殊使用要求下 M2 级断路器的延长的机械寿命试验

对有特殊使用要求的、需频繁操作的断路器，应进行延长的机械寿命试验，试验程序如下：

试验应按 6.101.1、6.101.2.1、6.101.2.2 和 6.101.2.3 进行，并作如下补充：

——试验应由 5 倍于表 13 规定的相关试验系列，即 10 000 次操作顺序组成；

——规定的试验系列之间，允许根据制造厂的说明书进行一些维护，如：润滑和机械调整；不允许更换触头；

——试验过程中的维修程序应由制造厂在试验前确定，并记录在试验报告中。

6.101.2.5 机械操作试验的接受判据

下面给出的判据适用于 M1 和 M2 级断路器的机械操作试验。

a) 全部试验程序完成前、后，应进行下述操作：

——在合分闸装置以及辅助和控制回路的额定电源电压和/或操作用的额定压力下，进行 5 次合—分操作顺序；

——在合分闸装置以及辅助和控制回路的最低电源电压和/或操作用的最低压力下，进行 5 次合—分操作顺序；

——在合分闸装置以及辅助和控制回路的最高电源电压和/或操作用的最高压力下，进行 5 次合—分操作顺序。

在这些操作顺序中，应记录或计算其动作特性(见 6.101.1.3)。不需给出记录到的所有示波图。但是，试验报告中至少应对上述的每一组条件给出一张示波图。

另外，还应进行下面的检查和测量(见 10.2.102)：

——如果适用，操作过程中操作流体压力特性和损耗的测量；

——额定操作顺序的验证；

——如果适用，某些规定操作的检查。

延长的机械寿命试验前、后测量到的每个参数与平均值之差应在制造厂给出的公差范围内。

b) 每一个 2 000 次操作顺序后，6.101.1.3 中的 a)、b)、c)、d)、e)和 l)的动作特性应予以记录；

c) 完成所有试验程序后，断路器的状态应该符合 6.101.1.4。

6.101.3 低温和高温试验

6.101.3.1 概述

两类试验不需要连续进行，试验的顺序是任意的。对于－5 ℃级的户内断路器和－10 ℃级的户外断路器不要求低温试验。

对于单箱壳型断路器或共用一个操动机构的多箱壳型断路器应该进行三极试验。对于每极为一个独立单元的多箱壳型断路器，允许用一个完整的极进行试验。

由于受试验设备的限制，如果在试验的布置上，断路器处于不比正常的机械操作条件更有利的条件(见 6.101.2.2)下，多箱壳型断路器可以采用下列一个或几个替代方案进行试验：

a) 降低相对地绝缘的高度；

b) 缩小极间距离；

c) 减少单元数。

如果需要热源，可以将其投入使用。

除非断路器的设计要求为供给断路器操作用的液体或气体源提供热源，否则，应处于试验时的空气温度。

试验过程中,不允许对断路器进行检修、更换零部件、润滑或调整。

注 1:为了确定材料的温度特性、老化等,可能需要比下列条款所规定的更长持续时间的试验。

作为本标准规定的试验方法的一种替代办法,是由制造厂提供断路器良好的现场运行的经验资料,来证明已有的某断路器系列符合本条款的要求,这些运行经验包括:至少在一个地点其周围空气温度经常等于或高于所规定的最高周围空气温度 40 ℃的运行经验,及至少在一个地点其周围空气温度为断路器级别(见 GB/T 11022—2011 的第 2 章)所规定的最低温度的运行经验。

如果满足了 6.101.1.4 和 6.101.1.5 规定的条件,断路器就通过了试验。此外,应满足 6.101.3.3 和 6.101.3.4 中的条件且记录到的泄漏率不应超过 GB/T 11022—2011 的表 13 中给出的限值。在试验报告中,试验条件和断路器在试验前、试验中和试验后的状态应予以报告。记录到的参量应以适当的方式表示且应给出采集到的示波图。为了减少试验报告中示波图的数量,允许给出每种规定的试验条件下每一相关操作类型的一张典型示波图。

高温和低温试验期间,不包括真空断路器的密封性验证试验。真空的完整性应在高温和低温试验后通过工频电压(或等效的)试验来验证。但是,如果真空断路器用于充有绝缘气体(例如,SF_6)的外壳中,应对该外壳进行密封性验证试验。

注 2:断路器的设计中可能配装有几种变量的辅助设备(并联脱扣器和电动机),以兼容 4.9 和 4.10 规定的各种各样的额定控制电压和频率。如果它们的设计相近且最终的空载机械特性在 6.101.1.1 给出的公差范围内,没有必要对这些变量进行试验。

6.101.3.2 周围空气温度的测量

试验地点的周围空气温度应该在断路器高度一半及距断路器 1 m 处进行测量。

断路器高度上的最大温度偏差应不超过 5 K。

6.101.3.3 低温试验

试验顺序的图示和规定的试验点的确定见图 17a)。

如果低温试验是紧接着高温试验后进行的,则低温试验可以在高温试验完成项 u)后继续进行,这时,下面的项 a)和项 b)可以省略。

a) 受试断路器应按照制造厂的说明书进行调整。

b) 在周围空气温度(20±5)℃(T_A)下,按照 6.101.1.3 的规定记录断路器的特性和整定值。如果适用,应按照 6.8 进行密封试验。

c) 断路器处于合闸位置,根据 GB/T 11022—2011 中 2.2.1、2.2.2 和 2.3.4 给出的断路器的级别将周围空气温度降低到相应的最低周围空气温度(T_L)。周围空气温度稳定在 T_L 后,断路器应保持在合闸位置 24 h。

d) 在温度 T_L 下,断路器保持合闸位置 24 h 期间,应进行密封试验(如果适用的话)。如果使断路器恢复到周围空气温度 T_A,并处于热稳定状态时,其泄漏率能恢复到原始值,增大的泄漏率是允许的。但这种暂时增大的泄漏率不得超过 GB/T 11022—2011 表 13 中的允许暂时泄漏率。

注 1:如果气体用于操作、开断和/或绝缘,密封试验适用。对于真空断路器不要求密封试验。但是,如果真空断路器用于充有绝缘气体(例如,SF_6)的外壳中,应对该外壳进行密封性验证试验。

e) 保持在温度 T_L 24 h 后,断路器应在额定电源电压及操作压力的额定值下进行分闸和合闸,记录下分闸和合闸时间,以确定断路器的低温操作特性。如果可行,还要记录触头的运动速度。

f) 切断所有加热设备,包括防止凝露的加热元件的电源,持续时间 t_X,以检验断路器的低温性能及其报警和闭锁系统。在此期间,允许报警,但不允许闭锁。在时间间隔 t_X 末,在额定电源电压和操作压力的额定值下给出分闸指令,断路器应分闸。分闸时间应予以记录(如果可行,还应测量机械行程特性),以便估算开断能力。

制造厂应规定在没有二次电源对加热设备供电的条件下，断路器依旧能够操作的最长 t_X 值（不小于 2 h）。如果没有上述规定，优选值为 2 h。

注 2：如果所使用的位移传感器的安装位置可触及，机械特性的测量是可行的。

g) 断路器应置于分闸位置 24 h。

h) 在温度 T_L 下，断路器处于分闸位置的 24 h 期间，应进行密封试验（如果适用的话）。如果断路器恢复到周围空气温度 T_A，并处于热稳定状态时，其泄漏率能恢复到原始值，增大的泄漏率是允许的。但这种暂时增大的泄漏率不得超过 GB/T 11022—2011 表 13 中的允许暂时泄漏率。

i) 在 24 h 终了时，在温度 T_L 下，断路器应以其额定电源电压及操作压力进行 50 次合闸和 50 次分闸操作。对于每个循环或顺序允许至少有 3 min 的时间间隔。应记录第一次合闸和分闸操作，以确定其低温操作特性。如果可行的话，应记录触头的速度。在第一次合闸操作（C）和第一次分闸操作（O）后，应进行三个合分（CO）操作循环（无人为延时）。其余的操作应按“C—t_a—O—t_a”操作顺序进行（t_a 的定义见表 13）。

j) 完成 50 次分闸和 50 次合闸操作后，空气温度应以每小时大约 10 K 的变化率升高到周围空气温度 T_A。

在温度变化的过渡期间，断路器应以额定电源电压和操作压力交替地进行“C—t_a—O—t_a—C”和“O—t_a—C—t_a—O”操作顺序。交替的操作顺序间的时间间隔为 30 min，以使断路器在操作顺序之间的 30 min 期间处于分闸位置和合闸位置。

k) 断路器在周围空气温度 T_A 下达到热稳定状态后，应按照项 a）和项 b）重新检查断路器的整定值、动作特性和密封性，以便同起始特性进行比较。

在进行从项 b）～项 j）的完整的低温试验顺序过程中，其累积的泄漏应不致达到闭锁压力（但是，达到报警压力是允许的）。

6.101.3.4 高温试验

试验顺序的图示和规定的试验点的确定见图 17b）。

如果高温试验是紧接着低温试验进行的，则高温试验可以在低温试验项 j）完成后继续进行，这时，下面的项 l）和 m）可以省略。

l) 被试断路器应按照制造厂的说明书进行调整。

m) 在周围空气温度（20±5）℃（T_A）下，按照 6.101.1.3 的规定，记录断路器的特性及其整定值。如果适用，应按照 6.8 进行密封试验。

n) 断路器处于合闸位置，将空气温度升高到适当的、符合 GB/T 11022—2011 的 2.2.1、2.2.2 和 2.3.4 给出的周围空气温度的上限，即最高周围空气温度（T_H）。断路器的周围空气温度稳定在 T_H 后，断路器应保持合闸位置 24 h。

注 1：没有考虑太阳辐射的影响。

o) 在温度 T_H 下，断路器处于合闸位置的 24 h 期间，应进行密封试验（如果适用的话）。如果使断路器恢复到周围空气温度 T_A，并处于热稳定状态时，泄漏率能恢复到原始值，则增大的泄漏率是允许的。但这种暂时增大的泄漏率不得超过 GB/T 11022—2011 表 13 中的允许暂时泄漏率。

注 2：如果气体用于操作、开断和/或绝缘，密封试验适用。对于真空断路器不要求密封试验。但是，如果真空断路器用于充有绝缘气体（例如，SF_6）的外壳中，应对该外壳进行密封性验证试验。

p) 保持温度 T_H 24 h 后，断路器应在其额定电源电压及操作压力下进行分闸和合闸，记录下分闸和合闸时间，以确定其高温操作特性。如果可行，还应记录触头的运动速度。

注 3：如果所使用的位移传感器的安装位置可触及，机械特性的测量是可行的。

q) 在温度 T_H 下断路器分闸，并处于分闸位置 24 h。

r) 在温度 T_H 下，断路器处于分闸位置的 24 h 期间，应进行密封试验（如果适用的话）。如果使断路器恢复到周围空气温度 T_A，并处于热稳定状态时，其泄漏率能恢复到原始值，则增大的泄漏率是允许的。但这种暂时增大的泄漏率不得超过 GB/T 11022—2011 表 13 中的允许暂时泄漏率。

s) 24 h 终了时，在温度 T_H 下，断路器应以额定电源电压和操作压力进行 50 次合闸和 50 次分闸操作，对于每个循环或顺序允许至少有 3 min 时间间隔，应记录第一次合闸和分闸操作，以确定其高温操作特性。如果可行，还应记录触头的运动速度。

在第一次合闸和第一次分闸操作后，应进行三个“合分”操作循环（无人为延时）。其余的操作按“C—t_a—O—t_a”操作顺序进行（t_a 的定义见表 13）。

t) 完成 50 次分闸和 50 次合闸操作后，空气温度应以大约每小时 10 K 的变化率降低到周围空气温度 T_A。

在温度变化的过渡期间，断路器应以额定电源电压和操作压力交替地进行“C—t_a—O—t_a—C”和“O—t_a—C—t_a—O”操作顺序，交替的操作顺序之间的时间间隔应为 30 min，以使断路器在操作顺序之间的 30 min 期间处于分闸位置和合闸位置。

u) 断路器在周围空气温度 T_A 下达到热稳定状态后，应按照项 l) 和 m) 重新检查断路器的整定值、操作特性和密封性，以便同起始特性进行比较。

在进行从项 l)～项 t) 完整的高温试验顺序过程中，其累积的泄漏应不致达到闭锁压力（但是，达到报警压力是允许的）。

6.101.4 湿度试验

6.101.4.1 概述

湿度试验不应对设计用在直接曝露于降雨环境中的设备（如户外断路器的一次元件）实施。如果因为温度的骤变，在长期承受电压作用的绝缘表面可能出现凝露，则应对断路器或断路器的部件进行湿度试验。该试验主要针对户内安装的断路器的二次接线的绝缘。也没有必要对已采取了有效的防凝露措施的设备（如带有防凝露加热器的控制柜）实施。

通过 6.101.4.2 中叙述的试验程序，以加速的方式来确定试品、断路器的一次元件耐受湿度效应。该效应可以在试品的表面产生凝露。

6.101.4.2 试验程序

试品应安装在空气流通的试验室中，试验室的温度及湿度应按下面给出的循环：

该循环的一半，试品表面应是湿的，该循环的另一半，试品表面应是干燥的。为此，在试验室内，试验循环由低空气温度[T_{min}＝(25±3)℃]阶段 t_4 和高空气温度[T_{max}＝(40±2)℃]阶段 t_2 组成。两个阶段的时间应相等。对于施加低空气温度的半个循环，雾的产生应予以保持（见图 18）。

雾产生的开始，原理上与低空气温度阶段同时开始。然而为了加湿具有高的热时间常数的材料的垂直表面，有必要在低空气温度阶段内延迟开始雾的产生。

试验循环的持续时间取决于试品的热特性，并在高温和低温度阶段均应足够长，以使得所有的绝缘表面变湿和干燥。为了达到这些条件，可以向试验室内直接注入蒸汽或将热水以雾状喷入室内；蒸汽或雾状热水供给热量，或者必要时使用加热器，可以使温度从 25 ℃上升到 40 ℃。把试品放在试验室内进行的第一个循环是为了观察和检查这些条件。

注：高压断路器的低压元件的时间常数通常小于 10 min，图 18 中给出的时间间隔的持续时间为 t_1＝10 min、t_2＝20 min、t_3＝10 min 和 t_4＝20 min。

通过连续的或间断的在试验室每立方米的空间内雾化 0.2 L/h～0.4 L/h 的水（电阻特性在下面给

出)来获得雾。喷嘴的直径应小于 10 μm;这样的雾可以通过机械喷雾器获得。喷洒的方向应使得试品的表面不被直接喷到。试品上面的顶板不应有水滴落。产生雾的期间,试验室应关闭,不允许有额外的强迫空气流通。

用于产生湿度的水,应该是在试验室内收集到的,其电阻率应等于或大于 100 Ω·m,且既不含盐(NaCl)也不含腐蚀性元素。

试验室内空气的温度和相对湿度应在试品附近测量,并应在整个试验期间进行记录。温度下降时,不规定相对湿度的数值,但是,温度保持在 25 ℃期间,湿度应在 80%以上。试验室内的空气应是流通的,以保证试验室内的湿度得以均匀分布。

循环次数应为 350 次。

试验中和试验后,试品的操作特性不应受到影响。辅助和控制回路应能耐受 1 500 V 工频电压 1 min。腐蚀的程度(如果有的话),应在试验报告中说明。

6.101.5 验证严重结冰条件下的操作试验

严重结冰条件下的试验,仅适用于具有可动的外部部件的户外断路器,规定的结冰厚度等级为 10 mm 或 20 mm。试验应在 GB 1985—2004 规定的条件下进行。

6.101.6 端子静负载试验

6.101.6.1 概述

端子静负载试验仅适用于户外断路器。

如果制造厂通过计算可以证明断路器能够耐受规定的应力,则不需要进行试验。

进行端子静负载试验是为了验证在冰、风及连接导体作用下断路器能正确地操作。

断路器上的覆冰和风压,应符合 GB/T 11022—2011 的 2.2.2 的规定。

作为导则,表 14 中给出了由于软连接和管形连接导体产生的作用力的一些例子(不包括作用在断路器本体上的风和冰负载或动态负载)。

假定由连接导体产生的拉力作用在断路器端子的最外端上。

冰、风和连接导线同时作用时,端子合力 F_{sr1}、F_{sr2}、F_{sr3} 和 F_{sr4}(见图 19)定义为额定端子静负载。

6.101.6.2 试验

试验应在试验室的周围空气温度下进行。

试验至少应在断路器的一个完整极上进行。如果制造厂能够证明一个极中各柱之间无相互作用,则仅试验一个柱已足够。对于相对一个极的垂直中心线是对称的断路器,则仅需以额定端子静负载对一个端子进行试验。对于不对称的断路器,应对每一个端子进行试验。

可以采用两种试验方法:

a) 试验应采用 3 个分量:垂直力、纵向力和横向力(如图 20 的定义)的合力 F_{sr1}、F_{sr2}、F_{sr3} 和 F_{sr4} 进行。应进行下述试验:

——试验 1:$F_{sr1}=F_{thA}+F_{thB1}+F_{tvC2}+F_{wh}$

——试验 2:$F_{sr2}=F_{thA}+F_{thB1}+F_{tvC1}+F_{wh}$

——试验 3:$F_{sr3}=F_{thA}+F_{thB2}+F_{tvC2}+F_{wh}$

——试验 4:$F_{sr4}=F_{thA}+F_{thB2}+F_{tvC1}+F_{wh}$

为了便于试验,各个试验的次序是随意的。如果断路器的结构对于开断单元的纵向轴是对称的,试验序号 2 和 4 或者试验序号 1 和 3 可以免去。

b) 作为替代方法,试验可以分开进行,施加力的顺序如下:

——水平力，F_{shA}施加在端子的纵向轴上(图 20 中的方向 A_1 和 A_2)；

——水平力，F_{shB}依次施加在与端子纵向轴成 90°的两个方向(图 20 中的方向 B_1 和 B_2)；

——垂直力，F_{sv}依次施加在两个方向(图 20 中的方向 C_1 和 C_2)。

对于共底座的三极断路器，应对中间极进行试验。

为了避免施加一个专门的力来代表作用在断路器的承压中心的风力，这个风负载可以施加在端子上(见图 19)，其大小可按较长的杠杆臂的比例缩小(断路器最低部分的弯矩应该相同)。

每一独立的端子负载试验前后应进行两个操作循环(CO 操作)。为此，断路器可能需要加压。由于安全方面的原因，压力可以是任何适当的数值。

施加机械负载时，如果断路器操作正常，则认为满足试验。如果经过一系列试验后触头行程、分闸和合闸时间和试验前记录的数值没有明显变化就认为满足了该要求；因此应采用 6.101.1.1 和附录 N 中给出的规则。

注：因为端子静负载试验的断路器中的压力可能偏离 6.101.1.1 和附录 N 中试验所规定的数值，端子静负载试验期间记录的机械参数和参考的机械特性的直接比较是不切实际的。但是，应以适当的方式采用 6.101.1.1 和附录 N 中给出的规则。

试验后，不应出现密封的泄漏和劣化。

表 14 端子静负载试验的静态水平和垂直力示例

额定电压范围 U_r kV	额定电流范围 I_r A	静态水平力 F_{th}		静态垂直力 (垂直轴向上和向下) F_{tv} N
		纵向 F_{thA} N	横向 F_{thB} N	
40.5、72.5	800～1 250	500	400	500
	1 600～2 500	750	500	750
126	1 250～2 000	1 000	750	750
	2 500～4 000	1 250	750	1 000
252～363	1 600～4 000	1 500	1 000	1 250
550～800	2 000～4 000	2 000	1 500	1 500
1 100	4 000～8 000	4 000	4 000	2 500

6.102 关合和开断试验的各项规定

6.102.1 概述

除非在相关条款中另有规定，下列条款适用于所有的关合和开断试验。

如果适用，在进行试验之前，制造厂应声明下列值：

——保证额定操作顺序的操动机构的最低条件(例如液压操动机构的操作用的最低功能压力)；

——保证额定操作顺序的开断装置的最低条件(例如 SF_6 断路器的开断用的最低功能压力)。

断路器应能关合和开断直到并包括额定短路开断电流在内的所有的对称的和非对称的短路电流，如果断路器在额定电压下关合和开断 10%(或 6.107.2 中规定的更小的电流，如果 6.107.1 适用)和 100%额定短路开断电流之间所规定的所有三相对称和非对称电流，则可以认为断路器的上述性能已被验证。

此外，用于中性点有效接地系统或单极操作的断路器，在相对地电压($U_r/\sqrt{3}$)下应该关合和开断

10%(或 6.107.2 中规定的更小的电流,如果 6.107.1 适用)和 100%额定短路开断电流之间的单相短路电流。此外,在异相接地故障情况下,断路器应能开断短路电流(见 6.108)。

具有任何容性电流开合额定值的断路器,应能在直到并包括规定值(见 6.111.7)的电压水平下开合直到并包括其额定容性开合电流的任何容性电流。这一点可以通过在规定的试验电压下断路器开合其额定容性开合电流来验证。

三相关合和开断要求应优先在三相回路中验证。

如果试验在试验室进行,外施电压、电流、瞬态和工频恢复电压可以从一个单独的电源获得(直接试验),或者从几个电源获得,其中电流的全部或大部分从一个电源获得,而瞬态恢复电压可以全部地或部分地从一个或多个独立的电源获得(合成试验)。

如果受试验设备的限制,断路器的短路性能不能按上述方法验证时,根据断路器的类型可采用下列一种试验方法或几种组合的试验方法,这些验证方法应用直接试验法或合成试验法:

a) 单极试验(见 6.102.4.1);

b) 单元试验(见 6.102.4.2);

c) 多部试验(见 6.102.4.3)。

6.102.2 试品的数量

GB/T 11022—2011 的 6.1.2 适用,并做如下补充:

作为进行短路关合、开断试验和开合试验(适用时包括出线端故障、近区故障、失步和容性电流开合试验)的推荐经验,这些试验应用一台试品。短路试验时,每个独立的试验方式之间和其他非短路试验时每个独立的试验系列之间,需要时,如果允许,可以进行维修。制造厂应向试验室说明试验过程中需要更换的零部件。

然而,应注意到几个试验方式应该在同一个试验站的同一位置进行的情况下,上述限制条件可能会成为不经济的制约。在这种情况下,最多允许使用两台试品进行上述试验。此时,应按 GB/T 11022—2011 的 6.1.2 对两台试品进行全面确认;另外,两台试品的机械行程特性应在 6.101.1.1 给出的公差范围内。

作为补充,仅限于每极具有独立机构的断路器,应进行单相整极试验。作为对两台试品的补充,也可以使用最多两极的开断单元。

如果对一极的一个单元或多个单元进行单元试验时,单个试验中使用的单元总数,考虑到 6.102.4.2.3 的规定,可以认为是一台试品。在这种情况下,可以使用两台试品及相应的操动机构和最多附加的两台试品(适当的开断单元)。

关合、开断和开合试验允许的试品数量的图解说明见图 21。按 GB/T 11022—2011 的 3.2.1,试品的定义的图解说明见图 22。

如果完成试验后,对断路器的检查表明非可更换零部件未发现过分的损坏,但不更换非可更换零部件可能会影响断路器完成整个型式试验,则允许按补充要求。如果不是这种情况,则应该用同一台试品完成整个型式试验,而仅更换制造厂说明的可更换零部件。

需要进行附加的非强制性试验时,可以使用附加的试品,超过上述规定的试品数量是允许的(见表 11)。

6.102.3 受试断路器的布置

6.102.3.1 概述

受试断路器应安装在自己的支架或与之等效的支架上。作为封闭单元的一个组成部分的断路器,应完整装配在自己的支持结构件和外壳内,即装有隔离装置和构成单元部件的排逸孔,如果可行的话,还要有主连接和母线。

操动机构应按规定的方式进行操作，特别电动或弹簧操作的，合闸线圈或并联合闸脱扣器和并联分闸脱扣器分别应在最低电源电压下保证成功地操作(合闸线圈和并联合闸脱扣器为额定电压的85%，分闸脱扣器，交流为额定电压的85%，直流则为额定电压的65%)。为了便于稳定地控制分闸和合闸操作，在T100a试验、容性电流开合试验、小感性电流开合试验和6.108中规定的单相试验时，应供给脱扣器最高操作电压。除非相关条款中另有规定，对于具有最低操作条件(即压力、能量等)的操动机构，应该在完成4.104规定的额定操作顺序的最低操作条件下操作。如果受试验方式和试验站条件的限制，允许操作顺序由O、CO和O—t—CO操作顺序构成，下列程序适用于气动和液压操动机构：

a) 开断、关合和开合试验前，应从3.7.155规定的操作用的最低功能压力开始，应记录所进行的空载额定操作顺序时的所有压力；

b) 应把记录到的压力值与制造厂提供的保证O、CO和O—t—CO成功操作的最低值进行比较；

c) 试验应在上述a)和b)获得的最低值下进行，试验方式中相应操作的压力不论如何低，该压力值应记录在试验报告中。

与压力闭锁相关的闭锁装置，如果与试验目的相矛盾，则在试验过程中应不起作用。

应表明断路器在上述条件和6.102.6规定的空载条件下能够满意地操作。按照3.7.156，开断用的压缩气体的压力(如果有的话)应整定到其最低功能值。

断路器应根据6.102.3.2和6.102.3.3规定的类型进行试验。

6.102.3.2 共箱型

全部弧触头均装在一个共用的箱壳内的三极断路器，应在三相回路中对完整的三极断路器进行试验，且应考虑附录O。

理由如下：

——由于排出气体的影响，存在极间或极对地间破坏性放电的可能性；

——灭弧介质的状态(压力、温度、污秽水平等)可能不同；

——三相故障时，相间的电动力产生的巨大影响；

——操动机构所受的应力可能不同。

6.102.3.3 多箱型

由三个独立的单极开合装置组成的三极断路器，可按照6.102.4.1进行单相试验。制造厂应提供试验证据表明符合5.101。

对不具有完全独立的开合装置的三极断路器，应用整台三极断路器进行试验。但是，如果受可供使用的试验设备的限制，可以用断路器的一个单极进行试验，只要这在整个试验过程中在下列各方面同整台三极断路器等价或不处于较之更有利的条件下：

——关合操作时的机械行程特性(计算方法见6.102.4.1)；

——开断操作时的机械行程特性(计算方法见6.102.4.1)；

——灭弧介质的利用率；

——合闸和分闸装置的功率与强度；

——结构的刚度。

6.102.3.4 自脱扣断路器

对于自脱扣断路器，按照6.103.4的规定，在关合、开断和开合试验过程中过电流脱扣器应不动作，且过电流脱扣器或电流互感器应接到试验回路的带电侧。

6.102.4 关于试验方法的一般考虑

6.102.4.1 三极断路器单极的单相试验

按照本方法，三极断路器的单极在单相回路中进行试验，施加与完整的三极断路器在三相开断和关合中最高应力的极上在相应的条件下承受的相同的电流和几乎相同的工频电压。

当断路器的设计允许用单相试验去模拟三相条件且断路器的三极共用一个操动机构时，应该提供一台装配完整的三极断路器进行试验。

对于短路试验，为了确定断路器能否允许用单相试验模拟三相试验条件，应进行的验证性试验包括非对称的和对称的关合操作和开断操作。此外，应该检查单相试验时断路器的动作特性和 6.101.1.1 的规定一致。

开断的验证性试验包括进行一个三相短路开断试验，试验电流和试验方式 T100s 的相同，在任何方便的试验电压下不施加 TRV，而且在后开极中达到最长的预期燃弧时间。

关合的验证性试验包括在与 6.104.2 相同条件下的两次三相关合操作。一次关合操作应为完全对称的电流，且在一极中获得最长的预击穿时间；另一次关合操作应在一极中获得最大的非对称电流，在这种情况下，关合操作可以在任何方便的低电压下进行。

在这些关合和开断的验证试验过程中，应记录触头运动的轨迹。它可以作为下述程序[见图 23a)]的参考。用于记录触头运动轨迹的传感器应安装在适当的位置，以便能够直接或间接地提供最佳的触头运动轨迹。

根据该参考轨迹，画出开断操作时，从触头分离时刻到触头运动终止时刻；关合操作时，从触头运动开始到触头接触时刻的两条包络线。两条包络线和原始轨迹的距离应为三相验证试验估算的触头总行程的±5%[见图 23b)]。

应记录相同条件(具有最长燃弧时间和最长预击穿时间的试验方式 T100s)下，单相试验过程中的触头运动轨迹。如果单相试验时的触头运动轨迹在三相试验时的开断操作从触头分离时刻到触头运动终止间和关合操作从触头运动开始到触头接触时刻间的机械行程特性的包络线内，则用单相试验代表三相试验是有效的。

包络线可以在垂直方向移动，直到一条曲线覆盖了参考线。这就给出和参考触头行程曲线的最大允许偏差分别为−0%、+10%和+0%、−10%[见图 23c)和图 23d)]。为了得到和参考线 10%的最大的总偏差，包络线的移动在整个试验过程中只允许一次。

注：为获得正确的单极触头运动特性，根据其设计(单极或三极操作)，有必要进行调整，如采用转换功能。

应特别注意电弧分解物的喷射。例如，如果认为这种喷射可能损害相邻极间的绝缘距离，则应采用接地金属屏进行检查(见 6.102.8)。

6.102.4.2 单元试验

某些断路器是由装配完全相同的开断和关合单元串联组成，使用并联阻抗通常可以改善每一极的各单元之间的电压分布。

这种型式的设计，可以使断路器的开断和关合性能通过一个或多个单元上进行的试验来验证。

6.101.1.1、6.102.3 和 6.102.4.1 的要求也适用于单元试验。因此，至少制造一个装配完整的极，适合于在一个或多个单元上进行验证试验，试验结果仅与特定设计的极有关。

应该区分以下几种情况：

a) 断路器的极由独立操作的单元(或单元装配)组成，且灭弧介质没有相互连通：

   这种情况下，可以进行单元试验。但是，应该考虑到单元中电流的电动力和单元中电弧的相互影响(见图 24)。这可以用等效形状的导体代替第二开断单元来实现。

b) 断路器的极由独立操作的单元(或单元装配)组成,但其灭弧介质是相互连通的:
这种情况下,如果未进行试验的单元在试验过程中处于燃弧状态(例如,在合成试验时用作辅助断路器),则可以进行单元试验。

c) 断路器的极由不是独立操作的单元(或单元装配)组成:
这种情况下,如果单个单元试验时和整极试验时的机械行程特性相同,则可以进行单元试验。可以采用相应于6.102.4.1中对三极断路器的单极试验所给出的方法。此外,还应考虑到电动力的影响[亦可见上述项a)]。
然而,如果未进行试验的单元在试验过程中处于燃弧状态(例如合成试验时作为辅助断路器),则认为和机械行程特性相关的要求已经满足。在这种情况下,单元间灭弧介质相互连通[亦可见上述项b)]的断路器的要求也就同时满足。

d) 如果受试单个单元中灭弧介质的体积正比于具有相同灭弧介质的单元装配的适当部分,则可以进行试验电流小于或等于60%额定短路开断电流的单个单元试验。
单个单元试验时应和整极试验时的机械行程特性相同。应采用相应于6.102.4.1中对三极断路器的单极试验所给出的方法。

进行单元试验的基础是所有单元完全相同,且不同试验类型(如出线端故障、近区故障、失步等)的静态电压分布是已知的。

6.102.4.2.1 单元的同一性

断路器所有单元的形状、尺寸及操作条件应该是相同的;仅允许控制各单元间电压分布的装置可以不同。特别是,应满足下列条件:

a) 触头的操作
一极的各个触头在开断试验的分闸和关合试验的合闸中应该是这样:首先动作单元的触头的分闸或合闸与最后动作单元的触头的分闸或合闸之间的时间间隔不应超出额定频率的1/8周波。应采用额定操作压力和电压来确定这个时间间隔。

b) 灭弧介质的供应
对于从单元以外的来源向单元供应灭弧介质的断路器,供应给每个单元的介质,实际上应与其他单元无关,且供应管道的布置,应保证同时且以相同的方式对所有单元供应介质。

6.102.4.2.2 电压分布

通过对一极中各单元间电压分布的分析来确定试验电压。

受大地影响,一极中各单元之间的电压分布,应按整极试验的下述相关试验条件来确定:

——对于出线端故障条件,见6.103.3的项c)和项d)以及图27a)、图27b)、图28a)和图28b);

注1:图27b)和图28b)所示的试验回路,不适用于相间和/或对地绝缘比较关键的断路器(例如GIS或落地罐式断路器)。对于这些断路器,适当的试验方法在本标准的附录O和GB/T 4473—2008中给出。

——对于近区故障条件,见6.109.3;

——对于失步条件,见6.110.1以及图51、图52和图53;

——对于容性电流开合条件,见6.111.3、6.111.4和6.111.5。

当各单元是非对称布置时,电压分布还应按方向相反的接线来确定。

电压分布既可以通过测量也可以通过计算来确定。计算时使用的数值,应有对断路器的杂散电容的测量的支持。验证计算中所用的假定条件的这种计算和测量支持是制造厂的责任。

如果断路器装有并联电阻,电压分布应按TRV的等效频率进行计算或静态测量。

注2:在四参数法情况下,可以认为等效频率等于$1/(2t_1)$;在两参数法情况下,可以认为等效频率等于$1/(2t_3)$(见图39和图40)。

对于近区故障单元试验，电压分布应以线路侧电压和电源侧电压为基础进行计算或静态测量，这时，线路侧电压的频率等于线路振荡的基波频率，电源侧电压的频率等于出线端故障时 TRV 的等效频率，此两电压的公共点为地电位。

如果仅用电容器均压，则电压分布可按工频进行计算或测量。

应考虑到电阻和电容器在制造中的偏差，制造厂应规定这些偏差值。

注 3：应考虑到失步和容性电流开断试验中的电压分布比出线端故障或近区故障试验中的情况更为有利。在中性点有效接地系统中应该以不接地故障条件进行试验的例外情况下，这一点也适用。

注 4：在确定电压分布时，没有考虑污秽的影响。在某些情况下，污秽可能影响该电压分布。

6.102.4.2.3 单元试验的要求

当进行单个单元试验时，试验电压按 6.102.4.2.2 确定，应为断路器整极中作用电压最高的单元上的电压。对于近区故障条件，该单元是在线路侧瞬态恢复电压出现第一个峰值的规定时间内作用电压最高的单元。

当试验一组单元时，该组中作用电压最高的单元的端子上出现的电压应等于整极中作用电压最高的单元上的电压，两者均应按 6.102.4.2.2 确定。

单元试验中，断路器对地绝缘未承受整台断路器开断操作时所产生的全电压。因此，对于某些类型的断路器，例如，金属外壳中的断路器，需要验证其对地绝缘在全部单元的最长燃弧时间条件下开断额定短路电流后能够耐受该全电压。还要考虑排出气体的影响。

补充的导则在本标准的附录 O 中给出。应考虑到 GB/T 4473—2008。

6.102.4.3 多部试验

对于给定的试验方式，如果所有的 TRV 要求不能同时得到满足，试验可以分成两个连续的部分进行，见图 43 的图解。

第一部分，瞬态恢复电压（TRV）的起始部分应满足直到电压 u_1、时间 t_1 规定的参考线，且不得与时延确定的直线相交。

第二部分，应获得电压 u_c、时间 t_2。

每一部分的试验次数应和该试验方式要求的次数相同，每一部分的燃弧时间应满足 6.102.10 的要求。作为多部试验一部分的独立试验的燃弧时间应相同且留有±1 ms 的裕度。此外，如果一部分的最短燃弧时间与其他部分的最短燃弧时间相差超过 1 ms 时，则这两部分均应采用的最长燃弧时间为两个最短燃弧时间中较长者所对应的最长燃弧时间。

第一部分和第二部分之间，断路器可以按照 6.102.9.5 修整。

在极少数情况下，可能需要进行多于两部的试验。在这种情况下，上述原则同样适用。

6.102.5 合成试验

合成试验方法可用于做 6.106～6.111 所规定的关合、开断和开合试验。合成试验技术和方法在 GB/T 4473—2008 中阐述。

6.102.6 试验前的空载操作

在关合和开断试验开始前应按空载操作顺序进行空载操作（O、CO 和 O—t—CO），并应记录断路器的操作特性的细节，例如合闸时间和分闸时间。

另外，应证明被试断路器或试品的机械性能与 6.101.1.1 中要求的参考的机械行程特性一致。对于本试验，6.101.1.1 中规定的操作条件适用。更换触头或任何方式的维修后，应重新进行这些空载试验，并对机械行程特性重新确认。

对于装有关合电流脱扣器的断路器，应验证其在空载时不动作。

开断用的流体压力应按照 3.7.156 整定到其最低功能值。

对于电动或弹簧操作的断路器，操作应按下列条件进行：在其合闸线圈或并联合闸脱扣器上施加 100％及 85％的合闸装置的额定电源电压；在其并联分闸脱扣器上施加 100％及 85％额定电源电压（交流）和 100％及 65％额定电源电压（直流）。

对于气动或液压操动机构，应在下列条件下进行操作：

a) 操作用的流体压力应整定在 3.7.155 定义的最低功能值且以 85％（交流）或 65％（直流）额定电源电压加于并联分闸脱扣器，以及 85％的额定电源电压加于并联合闸脱扣器。

b) 操作用的流体压力整定在 4.11 规定的额定值且以额定电源电压加于并联脱扣器。

6.102.7 替代的操动机构

对于装有替代操动机构的断路器，在短路和失步条件下的型式试验和容性电流开合型式试验没有必要重复。

注 1：在本条款中，认为采用某一操动机构的断路器按照本标准经过了全部型式试验，该断路器称为完全试验过的断路器。仅操动机构（见 3.5.124 的定义）不同的其他断路器称为替代操动机构的断路器。

需要进行的试验仅限于：

a) 对每一台断路器（完全试验过的断路器和带替代操动机构的断路器）都应按照 6.101.1.1 记录和比较机械特性（机械特性的使用和相关要求在附录 N 中描述）。

b) 对每一台断路器（完全试验过的断路器和带替代操动机构的断路器）都应进行试验方式 T100s。此外，应按照 6.101.1.1 中规定的方法估算在最长燃弧时间下开断操作期间的机械特性（机械特性的使用和相关要求在附录 N 中描述）。

注 2：按照 b)，在一个频率（50 Hz 或 60 Hz）下进行的验证试验已经足够。

c) 在特定情况下，如果替代的操动机构的分闸时间的变化导致断路器落入另一个范围的最短开断时间（见 3.7.157），则对替代操动机构的断路器应进行试验方式 T100a。

如果满足了上述 a)、b) 和 c) 的要求，完全试验过的断路器的参考机械特性也适用于替代操动机构的断路器。

6.102.8 试验中断路器的性能

关合和开断试验过程中，断路器不应：

——表现出损坏的迹象；

——表现出极间和对地有害的相互作用；

——表现出与相邻的试验设备之间有害的相互作用；

——表现出可能危及操作者的性能。

对于设计在关合和开断试验过程中具有开断介质对大气排放的断路器，如果符合下述条件，则认为断路器已满足了上述要求：

——对于油断路器，不应有火焰的外喷，产生的气体以及带油的气体应得到控制和导向，以远离所有的带电导体以及可能有人员出现的地方；

——对于其他类型的断路器，如气吹或空气断路器，可能会有外喷的火焰、气体和/或金属粒子。如果这种喷射比较显著，可能要求在带电体附近并与其离开一段制造厂规定的安全间距处放置金属屏后进行试验。该金属屏应对地绝缘且通过能够指示任何明显的对地泄漏电流的适当装置接地。试验过程中，对断路器的接地构件（或装有的金属屏）不应指示有明显的泄漏电流。

注 1：如果无其他可用装置，接地件等应通过一个直径 0.1 mm、长度为 5 cm 的铜丝构成的熔断器接地。如果试验后该熔丝完好无损，则认为没有出现明显的泄漏电流。

如果出现的故障不是持续的或不是由于设计上的缺陷造成的，而是由于装配或维修失误造成的，则该故障可以纠正，断路器可以重复进行相应的试验方式。在这些情况下，试验报告应包含无效试验的附注。

开断操作后的恢复电压阶段可能会出现 NSDD。但是，它们的出现并不是受试开关装置损坏的标志。因此，它们的次数对于解释受试装置的性能没有影响。为了将它们和重击穿区分开来，应在试验报告中予以报告。

注 2：没有必要要求专门的测量回路探测 NSDD。它们仅在示波图上看到时才应予以报告。

6.102.9 试验后断路器的状态

6.102.9.1 概述

在任何一个试验方式后，可以对断路器进行检查。其机械部件和绝缘件应基本上和试验前的状态相同。外观检查通常足以验证绝缘性能。若有怀疑，按照 6.2.11 的状态检查试验就足以验证其绝缘性能。

对于开断单元终身密封的断路器，状态检查试验是强制性的，6.102.9.4 中规定的情况例外。

6.102.9.2 一个短路试验方式后的状态

断路器在每一个短路试验方式后，虽然其短路关合和开断性能可能有所下降，但仍应能在额定电压下关合和开断其额定电流。在试验方式 L_{90} 后，应按 6.2.11 进行状态检查试验。如果没有做过试验方式 L_{90}，则应在试验方式 T100s 后进行状态检查试验。

如果开断单元置于不同特性的绝缘流体中，灭弧介质被替换后(例如真空灭弧室置于充有 SF_6 气体的外壳中)也可能承受试验电压，6.2.11 要求的状态检查试验可能不足以验证装置的完整性。在这种情况下，还应进行短路开断试验作为补充。如果进行了多于一个试验方式而没有修整，该附加的试验应该在短路试验方式后的空载试验前后按下述进行：

——如果进行三相试验，应采用至少提供额定短路开断电流的 10%和额定电压的 50%的回路，电源侧中性点和短路点都应接地；

——如果进行单相试验，同样的程序适用且试验应在每一极上重复。

上面提到的要求也适用于合成试验。

可在每极上成功的开断是开断单元保持完整性的证据。

对于不同于开断单元终身密封的开断单元，外观检查通常足以验证断路器承载额定电流以及在其额定电压下关合和开断其额定电流的能力。

主触头试验后的状态，特别是关于烧伤、接触区、压力和运动的自由度方面，应该能承载断路器的额定电流而其温升不超出 GB/T 11022—2011 表 3 中规定值的 10 K。

注：经验表明断路器两端的电压降的升高不能单独作为温升升高的可靠证据。

触头在经过任何一个短路试验方式后，只有在接触点上保留有镀银层时，才被认为是“镀银的”；否则，触头应按“未镀银的”来处理(见 GB/T 11022—2011 中 4.5.3 中的说明 6)。

为了检查试验后断路器的操作，试验方式后如果计划更换触头或进行其他类型的维护，应进行空载操作。这些操作应与按照 6.102.6 进行的相应操作比较，且应无明显变化。

6.102.9.3 一个短路试验系列后的状态

为了检查试验后断路器的操作，在完成整个短路试验系列后应进行空载合闸和空载分闸操作。这些操作应在与试验前进行的相应操作相同的条件下进行。试验系列后的空载操作应与按照 6.102.6 进行的相应操作比较，且应无明显变化。应满足 6.101.1.1 和附录 N 的要求。断路器应能满意地合闸和扣锁。

断路器的额定短路电流关合、开断和承载能力已经降低，但其载流回路元件的劣化不应降低断路器的机械支撑件和绝缘件的完整性。关于主触头，6.102.9.2 的相关规定适用。

对于流体(气体、油、空气等)绝缘的可接受的劣化水平不能给出判据，因为它们要求的绝缘强度与具体断路器的设计依据有关。

6.102.9.4 一个容性电流开合试验系列后的状态

断路器经过 6.111.9 规定的线路充电、电缆充电和电容器组电流开合试验系列后，修整前，在其额定电压下应能在直至其额定短路关合和开断电流的任何短路开断和关合电流下满意地操作。

此外，断路器应能承载其额定电流而温升不超过 GB/T 11022—2011 表 3 中的允许温升值。对于 C2 级断路器，温升不应超过 GB/T 11022—2011 表 3 中允许值的 10 K。

对于不同于开断单元终身密封的开断单元，外观检查通常足以验证断路器承载额定电流以及在其额定电压下关合和开断直到其额定短路关合和开断电流的任何电流的能力。

内部绝缘材料不应有击穿、闪络的证据或痕迹，但灭弧装置中暴露于电弧的部件允许有适度的烧损。

载流回路中元件的劣化不应降低正常载流回路的完整性。

如果在容性电流开合试验中出现一次或多次重击穿，且容性电流开合试验时的峰值恢复电压低于规定的绝缘状态检查试验的峰值电压，则应在外观检查之前按照 6.2.11 进行绝缘状态检查试验。紧接着的外观检查仅用来验证重击穿出现在弧触头之间。内部绝缘材料不应有击穿、闪络的证据或永久性痕迹。只要没有降低开断能力，则灭弧装置中暴露于电弧的部件允许烧损。此外，应检查主触头之间的绝缘间隙(如果它们不同于弧触头)，不应有任何重击穿的痕迹。

如果在容性电流开合试验中未发生重击穿，则外观检查已经足够。不需要按照 6.2.11 进行绝缘状态检查试验。

如果对同一极还要进一步进行试验，绝缘状态检查试验应在容性电流开合试验后进行。如果容性电流开合试验中没有出现重击穿，该绝缘状态检查试验不需要进行，该状态检查试验可在附加的试验后进行。

注：如果断路器在附加的试验中失败，则该程序会使容性电流开合试验无效。

对具有开断单元终身密封的断路器，无论其在试验过程中发生重击穿与否，只要其在容性电流开合试验时峰值恢复电压低于规定的绝缘状态检查试验的峰值电压，应按照 6.2.11 进行绝缘状态检查试验。

6.102.9.5 一个短路试验方式和其他试验系列后的修整

经过一个短路试验方式或其他试验系列后，为了使断路器恢复到制造厂规定的初始状态，有必要对断路器进行维护。例如，可能需要进行下列维护：

a) 修理或更换弧触头和制造厂推荐的其他可更换部件；

b) 油或其他灭弧介质的更换或过滤，以及补充适量的介质使其恢复到正常水平或密度；

c) 清除内绝缘件上因灭弧介质分解而形成的沉积物。

E2 级断路器在 6.106 中的基本短路试验方式期间不能进行修整。

6.102.10 燃弧时间的说明

进行三次有效开断操作的优选顺序，应是最后一次开断操作的燃弧时间为中燃弧时间。本条款中描述的程序与预期燃弧时间的调整有关。实际的燃弧时间可能不同于预期的燃弧时间，只要实际的燃弧时间在附录 B 给出的允差范围内，则试验有效。

对于额定操作顺序为 CO—t''—CO 的断路器，一个 CO 应验证最短燃弧时间，另一个 CO 应验证最长燃弧时间。

6.102.10.1.2、6.102.10.2.1.2 和 6.102.10.2.2.2 中的出线端故障试验 T100a，由与额定操作顺序无关的三次有效操作组成。做完额定操作顺序中规定的操作次数后，断路器可以按照 6.102.9.5 进行修整。

注：本条款中描述的燃弧时间足以覆盖断路器的极间不同期性所产生的影响。

6.102.10.1　三相试验

下面给出的程序适用于直接试验。进行合成试验时，在开始程序之前，应首先确定首开极的最短燃弧时间。确定该最短燃弧时间的方法在 6.102.10.2 中给出。

6.102.10.1.1　试验方式 T10、T30、T60、T100s、T100s(b)、OP1 和 OP2

对于这些试验，每次分闸操作间脱扣脉冲应提前 40 电度(40°)。对于 T100s(b)，见 6.106 中的注。

三次有效开断操作的图形表示，对于首开极系数为 1.5 的情况，在图 29 中给出；对于首开极系数为 1.3 的情况，在图 30 中给出。

6.102.10.1.2　试验方式 T100a

对于该试验方式，由于试验的严酷度随着触头分离时刻的不同而有很大的变化，为了使受试断路器承受真实的负荷，开发了一个试验程序。为了使非对称的要求从一相转移到另一相，各次试验之间短路起始相角要变化 60°。

目的是为了获得一系列的三次有效操作且如果满足下述条件则认为该试验方式通过：

a)　一次操作的首开极灭弧时刻出现在大半波末且具有尽可能最长的燃弧时间以及 6.106 中给出的为了满足 TRV 要求所要求的非对称判据。

注：某些断路器不会在大半波末开断。电弧继续到随后的小半波末且变成后开极。然而，如果在随后的试验期间证明达到了尽可能最长的燃弧时间，认为该试验是有效的。

b)　一次操作的后开极灭弧时刻出现在延长的电流大半波末且具有尽可能最长的燃弧时间以及 6.106 中给出的要求的非对称判据。

断路器在满足非对称判据的相中的缩小的电流大半波末或者小半波末开断的试验无效[上述 a)中的注描述的情况除外]。

c)　具有 6.106 中给出的要求的非对称判据的一次操作来证明上述 a)和 b)中描述的试验条件的有效性。

只要试验系列满足 a)、b)和 c)中提到的试验条件，试验的顺序没有影响。

如果因为断路器的特性不可能达到上述要求，应延长操作的次数来证明在这种特定情况下达到了最严酷的试验条件。试图满足上述要求时断路器承受的分闸操作次数不宜多于六次。

进行增加的操作之前，断路器可以利用可更换的部件进行修整(见 6.102.9.5)。对于增加的操作，也可以使用附加的试品。

推荐的程序如下：

对于第一次有效操作，短路起始相角和脱扣脉冲控制的整定值应为：

——在一相中获得要求的非对称判据；

——在具有要求的非对称判据的相中，若是首开极，电弧应在一个大半波(或在半波中尽可能大的部分)末熄灭；若是后开极，电弧应在延长的大半波(或在半波中尽可能大的部分)末熄灭。

对于第二次有效操作，短路起始相角应提前 60°，脱扣脉冲控制的整定值应为：

——如果第一次有效操作是在非对称要求的相中经过大半波后开断，则脱扣脉冲控制的整定值应调整到比第一次有效操作提前约 130°；

——如果第一次有效操作是要求的非对称判据的相中经过延长的大半波后开断，则脱扣脉冲控制的整定值应调整到比第一次有效操作提前约25°。

对于第三次操作，可以重复第二次操作的程序，即短路起始相角应比第二次操作提前60°，脱扣脉冲控制的整定值应为：

——如果第二次有效操作是在要求的非对称判据的相中经过大半波后开断，则脱扣脉冲控制的整定值应调整到比第二次有效操作提前约130°；

——如果第二次有效操作是在要求的非对称判据的相中经过延长的大半波后开断，则脱扣脉冲控制的整定值应调整到比第二次有效操作提前约25°。

如果断路器的特性不稳定，可能需要采取其他程序来获得上述的三次有效操作。

该试验程序适用于中性点非有效接地系统（首开极系数为1.5）和中性点有效接地系统（首开极系数为1.3）。

图31和图32给出了三次有效开断操作的图形表示。

6.102.10.2 单相试验代替三相试验条件

下面给出的程序，部分是由合成试验方法导出的。进行直接试验时，确定最短燃弧时间的程序可能导致最长燃弧时间或超过最长燃弧时间的燃弧时间下的有效操作。

下述单相试验的目的是为了在同一试验回路中满足每个试验方式中首开极和后开极的条件。

如果额定操作顺序的所有操作满足5.101的要求，下述程序适用。否则，使用下述表15～表19时应谨慎。

6.102.10.2.1 中性点非有效接地系统

6.102.10.2.1.1 试验方式T10、T30、T60、T100s、T100s(b)、OP1和OP2

第一次有效开断操作，应验证在尽可能短的燃弧时间时的开断性能，所产生的燃弧时间被称为最短燃弧时间（$t_{arc,min}$）。它可以通过这样的方法获得：触头分离相对于电流波形增加任一额外时延后，可导致在下一个电流零点开断。这个最短燃弧时间可以通过步长为18°（dα）改变脱扣脉冲的整定值来获得。

第二次有效开断操作，应验证在最长燃弧时间时的开断性能。要求的最长燃弧时间被称为$t_{arc,min}$，并由下式确定：

$$t_{arc,max} \geqslant t_{arc,min} + T\,\frac{150° - d\alpha}{360°}$$

式中：

$t_{arc,min}$——第一次有效开断操作中获取的最短燃弧时间；

$d\alpha$——18°；

T——工频的一个周期。

这一燃弧时间通常可以通过比第一次有效开断操作的脱扣脉冲的整定值提前至少（150°－dα）来获得。

第三次有效开断操作，应验证在燃弧时间近似等于第一次和第二次有效开断操作燃弧时间的平均值时的开断性能。该燃弧时间称为中燃弧时间（$t_{arc,med}$）并由下式确定：

$$t_{arc,med} = (t_{arc,max} + t_{arc,min})/2$$

第三次有效开断操作的脱扣脉冲应比第二次有效开断操作延迟75°（±18°）。

三次有效开断操作的图形表示见图33。

6.102.10.2.1.2 试验方式T100a

a) 燃弧时间

第一次有效开断操作，应验证在尽可能短的燃弧时间且在小半波末的开断性能，所产生的燃弧时间在本标准中被称为最短燃弧时间 $t_{\text{arc,min}}$。它可以通过这样的方法获得：触头分离相对于电流波形增加任一额外时延后，可导致在下一个大半波末的电流零点开断。该最短燃弧时间可以通过步长为 18°(dα)来改变脱扣脉冲的整定值来获得。

注 1：对于某些断路器，小半波的最短燃弧时间可能长到断路器能够在同一触头分离时刻在随后的大半波开断。在这种情况下，应在大半波末验证最短燃弧时间，且不要求小半波的试验。

获得的最短燃弧时间($t_{\text{arc,min,major,loop}}$)用于计算最短开断时间和确定所有操作的大半波参数(表 15～表 19 中的参数)。对于具有最长燃弧时间的第二次有效开断操作，用于公式中的最短燃弧时间($t_{\text{arc,min}}$)为 $t_{\text{arc,min}} = t_{\text{arc,min,major,loop}} + \Delta t_2$。

如果需要附加的试验，允许按照 6.102.9.5 进行断路器的修整或者按照 6.102.2 采用一台附加的试品。

第二次有效开断操作，应验证在最长燃弧时间时的开断性能。要求的最长燃弧时间在本标准中称为 $t_{\text{arc,max}}$并由下式确定：

$$t_{\text{arc,max}} \geqslant t_{\text{arc,min}} + \Delta t_1 - T\,\frac{30^\circ + \mathrm{d}\alpha}{360^\circ}$$

式中的时间间隔 Δt_1 是表 15～表 19 中给出的大半波的持续时间。

时间间隔 Δt_1 是直流时间常数(τ)、系统的额定频率以及断路器的分闸时间和最短燃弧时间的函数。时间间隔 Δt_1 等于最短开断时间后出现的随后的大半波(适当的非对称电流波形的)的持续时间(圆整的)。开断应该出现在大半波末或断路器在要求的大半波末未开断后的小半波末。这可以通过把脱扣脉冲整定到晚于第一次有效开断操作的脱扣脉冲来获得。

表 15～表 19 考虑的继电器时间为额定频率的一个半波(50 Hz 为 10 ms)。如果断路器在要求的大半波末未开断而在随后的小半波末开断，则要求的最长燃弧时间应该延长表 15～表 19 给出的适当的小半波的持续时间 Δt_2。

注 2：在直接试验回路中，在试验 $t_{\text{arc,min}}$后脱扣脉冲的任何时延都会导致随后的大半波，燃弧时间为：

$$t_{\text{arc,max}} = t_{\text{arc,min}} + \Delta t_1 - T \times \frac{\mathrm{d}\alpha}{360^\circ}$$

因此，在单相试验回路中仅能够验证 180°的燃弧窗口。该条件可以导致断路器过负荷。如果是这样，仅对于中性点非有效接地系统适用，允许进一步延迟脱扣脉冲来获得要求的最长燃弧时间。

第三次有效开断操作，应验证在燃弧时间近似等于第一次和第二次有效开断操作燃弧时间的平均值时的开断性能。该燃弧时间在本标准中被称为中燃弧时间($t_{\text{arc,med}}$)并由下式确定：

$$t_{\text{arc,med}} = (t_{\text{arc,max}} + t_{\text{arc,min}})/2$$

本次开断也应出现在大半波末或断路器在要求的大半波末未开断后的小半波末。

注 3：在长燃弧时间试验期间的小电流半波末开断的特殊场合，应采用考虑了大电流半波后开断的预期最长燃弧时间来确定中燃弧时间。

第三次有效开断操作的脱扣脉冲应比第二次有效开断操作延迟以便获得该燃弧时间。

三次有效开断操作的图形表示见图 34。

b) 燃弧期间的短路电流

若能满足下列条件，开断操作是有效的：

——开断前的最后半波的短路电流峰值在要求值的 90%和 110%之间；

——开断前的短路电流半波的持续时间在要求值的 90%和 110%之间。

——或者，如果上述偏差不能满足：

——乘积“$I \times t$”在要求值的 81%和 121%之间，“I”为最后短路电流半波的要求的峰值，“t”为最后短路电流半波的要求的持续时间。

表 15～表 19 给出了开断前的最后半波应该获得的短路电流峰值和半波持续时间的要求值。要求的乘积“$I \times t$”也可以从这些表中导出。

注 4：对于直接试验，只要电流起始瞬间在预期电流校准试验期间获得的±10°以内，这些条件仅适用于预期的短路电流。

注 5：对于具有相对较高电弧电压的断路器，合成试验期间获得要求的电流半波幅值和持续时间的程序在 GB/T 4473—2008 中解释。

注 6：表 15～表 19 中给出的相应的 di/dt 值仅适用于首开极。对于第二和第三开断极，在对称故障电流的情况下，该 di/dt 近似作为第二和第三开断极的 di/dt。相应的 TRV 数值见表 6。

表 15　与短路试验方式 T100a 相关的运行频率为 50 Hz 时最后电流半波的参数（τ＝45 ms）

τ＝45 ms	大半波				小半波			
最短开断时间 ms	$\hat{I}$ p.u.	Δt_1 ms	电流零点直流分量的百分数 %	电流零点相应的 di/dt（额定对称电流 di/dt 的百分数） %	$\hat{I}$ p.u.	Δt_2 ms	电流零点直流分量的百分数 %	电流零点相应的 di/dt（额定对称电流 di/dt 的百分数） %
10.0＜t≤22.5	1.52	13.5	44.6	92.7	0.36	5.5	60.2	75.6
22.5＜t≤43.5	1.33	12.0	28.9	97.8	0.59	7.5	37.9	89.9
43.5＜t≤64.0	1.21	11.5	18.7	99.6	0.74	8.5	24.1	95.3
64.0＜t≤84.5	[a]	[a]	[a]	[a]	[a]	[a]	[a]	[a]
84.5＜t≤104.5	[a]	[a]	[a]	[a]	[a]	[a]	[a]	[a]

$\hat{I}$ ——与对称短路电流峰值相关的峰值电流的标幺值；

Δt_1——大半波的持续时间（圆整到 0.5 ms）；

Δt_2——小半波的持续时间（圆整到 0.5 ms）；

τ ——系统回路的时间常数。

本表中的所有数值都是根据保护继电器时间 10 ms 计算的。

注 1：按照 4.101.3，系统回路的时间常数 τ＝45 ms 是标准的时间常数，τ＝60 ms、75 ms、100 ms 和 120 ms 是特殊工况的时间常数。

注 2：如果试验期间获得的最短燃弧时间不同于制造厂所声明的数值且实际的最短燃弧时间导致落入另一个最短开断时间等级（开断另一个电流半波），则有必要用适当的电流半波数值重复试验。如果要重复，允许按照 6.102.9.5 对断路器进行修整或者根据 6.102.2 采用附加的试品。

[a] 试验方式 T100a 不适用，对于两种电流半波，直流分量小于 20%。

表 16　与短路试验方式 T100a 相关的运行频率为 50 Hz 时最后电流半波的参数（τ＝60 ms）

τ＝60 ms	大半波				小半波			
最短开断时间 ms	$\hat{I}$ p.u.	Δt_1 ms	电流零点直流分量的百分数 %	电流零点相应的 di/dt（额定对称电流 di/dt 的百分数） %	$\hat{I}$ p.u.	Δt_2 ms	电流零点直流分量的百分数 %	电流零点相应的 di/dt（额定对称电流 di/dt 的百分数） %
10.0＜t≤22.5	1.61	14.0	54.2	86.9	0.28	5.0	68.7	69.0
22.5＜t≤43.0	1.44	13.0	39.2	94.1	0.49	6.5	48.6	84.8
43.0＜t≤63.5	1.31	12.0	28.3	97.4	0.63	7.5	34.5	92.0

表 16（续）

τ=60 ms	大半波				小半波			
最短开断时间 ms	$\hat{I}$ p.u.	Δt_1 ms	电流零点直流分量的百分数 %	电流零点相应的 di/dt(额定对称电流 di/dt 的百分数) %	$\hat{I}$ p.u.	Δt_2 ms	电流零点直流分量的百分数 %	电流零点相应的 di/dt(额定对称电流 di/dt 的百分数) %
63.5<t≤84.0	1.22	11.5	20.3	99.0	0.74	8.5	24.6	95.6
84.0<t≤104.5	[a]	[a]	[a]	[a]	[a]	[a]	[a]	[a]

$\hat{I}$ ——与对称短路电流峰值相关的峰值电流的标幺值；

Δt_1——大半波的持续时间(圆整到 0.5 ms)；

Δt_2——小半波的持续时间(圆整到 0.5 ms)；

τ ——系统回路的时间常数。

本表中的所有数值都是根据保护继电器时间 10 ms 计算的。

注 1：按照 4.101.3，系统回路的时间常数 τ=45 ms 是标准的时间常数，τ=60 ms、75 ms、100 ms 和 120 ms 是特殊工况的时间常数。

注 2：如果试验期间获得的最短燃弧时间不同于制造厂所声明的数值且实际的最短燃弧时间导致落入另一个最短开断时间等级(开断另一个电流半波)，则有必要用适当的电流半波数值重复试验。如果要重复，允许按照 6.102.9.5 对断路器进行修整或者根据 6.102.2 采用附加的试品。

[a] 试验方式 T100a 不适用，对于两种电流半波，直流分量小于 20%。

表 17 与短路试验方式 T100a 相关的运行频率为 50 Hz 时最后电流半波的参数(τ=75 ms)

τ=75 ms	大半波				小半波			
最短开断时间 ms	$\hat{I}$ p.u.	Δt_1 ms	电流零点直流分量的百分数 %	电流零点相应的 di/dt(额定对称电流 di/dt 的百分数) %	$\hat{I}$ p.u.	Δt_2 ms	电流零点直流分量的百分数 %	电流零点相应的 di/dt(额定对称电流 di/dt 的百分数) %
10.0<t≤22.0	1.67	15.0	61.0	81.8	0.23	4.5	74.3	63.8
22.0<t≤43.0	1.51	13.5	47.1	90.2	0.41	6.0	56.4	80.2
43.0<t≤63.5	1.39	12.5	36.3	94.7	0.55	7.0	42.9	88.5
63.5<t≤84.0	1.30	12.0	27.9	97.2	0.66	8.0	32.7	93.1
84.0<t≤104.0	1.23	11.5	21.4	98.6	0.74	8.5	25.0	95.8

$\hat{I}$ ——与对称短路电流峰值相关的峰值电流的标幺值；

Δt_1——大半波的持续时间(圆整到 0.5 ms)。

Δt_2——小半波的持续时间(圆整到 0.5 ms)。

τ ——系统回路的时间常数。

本表中的所有数值都是根据保护继电器时间 10 ms 计算的。

注 1：按照 4.101.3，系统回路的时间常数 τ=45 ms 是标准的时间常数，τ=60 ms、75 ms、100 ms 和 120 ms 是特殊工况的时间常数。

注 2：如果试验期间获得的最短燃弧时间不同于制造厂所声明的数值且实际的最短燃弧时间导致落入另一个最短开断时间等级(开断另一个电流半波)，则有必要用适当的电流半波数值重复试验。如果要重复，允许按照 6.102.9.5 对断路器进行修整或者根据 6.102.2 采用附加的试品。

表 18　与短路试验方式 T100a 相关的运行频率为 50 Hz 时最后电流半波的参数(τ=100 ms)

τ=100 ms	大半波				小半波			
最短开断时间 ms	$\hat{I}$ p.u.	Δt_1 ms	电流零点直流分量的百分数 %	电流零点相应的 di/dt(额定对称电流 di/dt 的百分数) %	$\hat{I}$ p.u.	Δt_2 ms	电流零点直流分量的百分数 %	电流零点相应的 di/dt(额定对称电流 di/dt 的百分数) %
10.0<t≤22.0	1.72	15.0	67.4	71.7	0.19	4.0	79.4	63.3
22.0<t≤43.0	1.60	14.0	56.0	81.8	0.34	5.5	64.2	78.7
43.0<t≤63.5	1.49	13.5	45.1	87.8	0.47	6.5	51.7	87.2
63.5<t≤84.0	1.41	12.5	36.9	91.8	0.57	7.5	41.9	91.1
84.0<t≤104.0	1.34	12	30.3	94.3	0.65	8.0	34.2	95.1

$\hat{I}$ ——与对称短路电流峰值相关的峰值电流的标幺值；

Δt_1——大半波的持续时间(圆整到 0.5 ms)；

Δt_2——小半波的持续时间(圆整到 0.5 ms)；

τ ——系统回路的时间常数。

本表中的所有数值都是根据保护继电器时间 10 ms 计算的。

注 1：按照 4.101.3，系统回路的时间常数 τ=45 ms 是标准的时间常数，τ=60 ms、75 ms、100 ms 和 120 ms 是特殊工况的时间常数。

注 2：如果试验期间获得的最短燃弧时间不同于制造厂所声明的数值且实际的最短燃弧时间导致落入另一个最短开断时间等级(开断另一个电流半波)，则有必要用适当的电流半波数值重复试验。如果要重复，允许按照 6.102.9.5 对断路器进行修整或者根据 6.102.2 采用附加的试品。

表 19　与短路试验方式 T100a 相关的运行频率为 50 Hz 时最后电流半波的参数(τ=120 ms)

τ=120 ms	大半波				小半波			
最短开断时间 ms	$\hat{I}$ p.u.	Δt_1 ms	电流零点直流分量的百分数 %	电流零点相应的 di/dt(额定对称电流 di/dt 的百分数) %	$\hat{I}$ p.u.	Δt_2 ms	电流零点直流分量的百分数 %	电流零点相应的 di/dt(额定对称电流 di/dt 的百分数) %
10.0<t≤22.0	1.78	15.5	73.1	70.2	0.15	3.5	83.4	53.0
22.0<t≤42.5	1.66	14.5	62.1	80.0	0.28	5.0	70.2	69.4
42.5<t≤63.0	1.56	14.0	52.8	86.3	0.39	6.0	59.2	79.0
63.0<t≤83.5	1.47	13.0	44.8	90.6	0.49	6.5	50.0	85.3

表 19（续）

$\tau=120$ ms	大半波				小半波			
最短开断时间 ms	$\hat{I}$ p.u.	Δt_1 ms	电流零点直流分量的百分数 %	电流零点相应的 di/dt(额定对称电流 di/dt 的百分数) %	$\hat{I}$ p.u.	Δt_2 ms	电流零点直流分量的百分数 %	电流零点相应的 di/dt(额定对称电流 di/dt 的百分数) %
$83.5<t\leqslant103.5$	1.40	12.5	38.0	93.5	0.57	7.0	42.2	89.5

$\hat{I}$ ——与对称短路电流峰值相关的峰值电流的标幺值；

Δt_1——大半波的持续时间(圆整到 0.5 ms)；

Δt_2——小半波的持续时间(圆整到 0.5 ms)；

τ ——系统回路的时间常数。

本表中的所有数值都是根据保护继电器时间 10 ms 计算的。

注 1：按照 4.101.3，系统回路的时间常数 $\tau=45$ ms 是标准的时间常数，$\tau=60$ ms、75 ms、100 ms 和 120 ms 是特殊工况的时间常数。

注 2：如果试验期间获得的最短燃弧时间不同于制造厂所声明的数值且实际的最短燃弧时间导致落入另一个最短开断时间等级(开断另一个电流半波)，则有必要用适当的电流半波数值重复试验。如果要重复，允许按照 6.102.9.5 对断路器进行修整或者根据 6.102.2 采用附加的试品。

6.102.10.2.2 中性点有效接地系统(包括近区故障试验)

6.102.10.2.2.1 试验方式 T10、T30、T60、T100s、T100s(b)、OP1、OP2、L_{90}、L_{75} 和 L_{60}

获得三次有效开断操作的程序和中性点非有效接地系统的一样，并做如下修正：

要求的最长燃弧时间应为：

$$t_{\text{arc,max}} \geqslant t_{\text{arc,min}} + T\frac{180° - d\alpha}{360°}$$

该燃弧时间通常可以通过比第一次有效开断操作的脱扣脉冲至少提前(180°−dα)来获得。

第三次有效开断操作，应验证燃弧时间近似等于第一次和第二次有效开断操作的燃弧时间的平均值时的开断性能。该燃弧时间由下式确定：

$$t_{\text{arc,med}} = (t_{\text{arc,max}} + t_{\text{arc,min}})/2$$

第三次有效开断操作可由比第二次有效开断操作的脱扣脉冲滞后 90°(±18°)来获得。

三次有效开断操作的图形表示见图 35。

6.102.10.2.2.2 试验方式 T100a

获得三次有效开断操作的程序和中性点非有效接地系统的一样，并做如下修正：

要求的最长燃弧时间应为：

$$t_{\text{arc,max}} \geqslant t_{\text{arc,min}} + \Delta t_1 - T \times \frac{d\alpha}{360°}$$

其中 Δt_1 在表 15～表 19 中给出。

三次有效开断操作的图形表示见图 36。

6.102.10.2.3 断路器中燃弧时间试验失败时的变更程序

6.102.10.2.3.1 对称电流开断试验

如果断路器在中燃弧时间开断对称电流时，断路器未能在期望的电流零点开断，则有必要进行一次或二次附加试验。

a) 直接试验

应考虑两种情况：

——对于 $k_{pp}=1.3$（中性点有效接地系统）

如果断路器在预期的中燃弧时间未开断，而在随后的电流零点开断，则此次试验的燃弧时间称为“最终的最长燃弧时间”$t_{arc,ult,max}$。如果断路器能够在附加的“新的最短燃弧时间”（比预期的中燃弧时间长18°）开断，则本次试验有效。在这种情况下，该单个的附加试验已经足够，把脱扣脉冲的整定值提前18°。

——对于 $k_{pp}=1.5$（中性点非有效接地系统）

如果断路器在预期的中燃弧时间以及随后的电流零点未开断，需要进行两次附加试验：

1) 一次试验的燃弧时间为“新的最短燃弧时间”$t_{arc,new,min}$，它比预期的中燃弧时间长18°；

2) 另外一次试验的燃弧时间为“新的最长燃弧时间”，它比“新的最短燃弧时间”长150°。本次试验可能在经过的电流零点需要强迫复燃的回路中进行。

b) 合成试验

第一次有效的附加试验应验证在“新的最短燃弧时间”$t_{arc,new,min}$时的开断性能。该燃弧时间是在中燃弧时间试验时的触头分离时刻任何一个额外的提前将会导致开断成功。“新的最短燃弧时间”可以通过步长为18°(dα)来改变脱扣脉冲的整定值获得。

第二次有效的开断操作，应验证在“最终的最长燃弧时间”时的开断性能。“最终的最长燃弧时间”$t_{arc,ult,max}$应为：

$$t_{arc,ult,max} \geqslant t_{arc,new,min} + T\frac{150° - d\alpha}{360°} \qquad k_{pp}=1.5$$

$$t_{arc,ult,max} \geqslant t_{arc,new,min} + T\frac{180° - d\alpha}{360°} \qquad k_{pp}=1.3 \text{ 或 } 1.0$$

式中：

$t_{arc,new,min}$——“新的”最短燃弧时间；

$t_{arc,ult,max}$——“最终的”最长燃弧时间；

$d\alpha=18°$。

如果断路器在第二次附加试验中开断失败，允许按照6.102.9.5对断路器进行检修，并且以长于失败的中燃弧时间作为最短燃弧时间开始，重复该试验方式。

6.102.10.2.3.2 非对称电流开断试验

如果断路器在非对称电流开断试验（试验方式T100a）中的中燃弧时间试验时在预期的大半波末的电流零点未开断，则应该在随后的小半波末开断。

6.102.10.2.4 中性点有效和非有效接地系统条件合并的试验

中性点非有效接地系统（6.102.10.2.1）和中性点有效接地系统（6.102.10.2.2）的两种条件可以合并成一个试验系列。所采用的瞬态和工频恢复电压应为中性点非有效接地系统所适用的，燃弧时间应为中性点有效接地系统所适用的。

6.102.10.2.5 考虑到每一开断极相关的TRV,试验系列中试验方式的分解

众所周知,代替三相条件的单相试验比三相试验更严酷,因为采用了后开极的燃弧时间和首开极的TRV。作为替代的方法,制造厂可以选择把每一个试验方式分成两个或三个独立的试验系列,每一个试验系列验证在每一个开断极相应的TRV以及最短、最长和中燃弧时间时的成功开断。表6中给出了额定电压72.5 kV以上第二、三开断极TRV值的标准乘数。

每一个试验系列后断路器可以修整,但应满足6.102.9.5的要求。

假定额定操作顺序中的所有操作的极间同期性都在5.101规定的允差范围内,且如果把首开极的最短燃弧时间开断时刻作为参考,对称电流试验时每一相的开断窗口应在表20规定的区间内。开断窗口和决定单极TRV的电压系数 k_p 的图形表示,对于首开极系数为1.3的系统在图37中给出,对于首开极系数为1.5的系统在图38中给出。

表20 对称电流试验时的开断窗口

首开极系数	首开极	第二开断极	第三开断极
1.5	0°～42°	90°～132°	90°～132°
1.3	0°～42°	77°～119°	120°～162°

6.103 短路关合和开断试验的试验回路

6.103.1 功率因数

各相的功率因数应按附录D所阐述的方法之一来确定。

三相回路的功率因数应取各相功率因数的平均值。

试验时,此平均值不得超过0.15。

任意一相的功率因数与平均值之差不应超出平均值的25%。

6.103.2 频率

断路器应在额定频率下进行试验,频率允差为±8%。

然而,为了试验方便,超出上述允差的偏差是允许的。例如额定频率为50 Hz的断路器在60 Hz下进行试验,反之亦然,但在解释试验结果时要谨慎,要考虑到所有重要的因素,如断路器的类型和所进行试验的类型。

6.103.3 试验回路的接地

短路关合和开断试验时,试验回路的对地连接应符合下述要求,并应在所有情况下,在试验报告[见C.2.4的项g)]的试验回路图中予以指明。

a) 三极断路器的三相试验,首开极系数为1.5:

断路器(其构架与运行时一样接地)应接到电源中性点绝缘且短路点接地的试验回路中,如图25a)所示;或者反过来,如图25b)所示,若试验仅能按后一种方式进行的话。

这些试验回路给出的首开极系数为1.5。

按照图25a),电源中性点可以通过电阻接地,其电阻值应尽可能大,以欧姆表示,任何情况下不得小于 $U/10$,其中 U 为试验回路的线间电压的伏特数值。

如果采用图25b)所示的试验回路,在被试断路器一个端子接地故障的情况下,可能会产生危险的接地电流。因此,允许电源的中性点通过一个适当的阻抗接地。

b) 三极断路器的三相试验，首开极系数为1.3：

断路器(其构架与运行时一样接地)应接到电源中性点通过适当的阻抗接地且短路点接地的试验回路中，如图26a)所示；或者反过来，如图26b)所示，若试验只能按后一种方式进行的话。

中性点连接的阻抗应选择适当，以获得首开极系数1.3。假定 $Z_0=3.25Z_1$，则中性点连接的阻抗的适当值为0.75倍的相阻抗。

注1：对于用于首开极系数小于1.3的系统中的断路器，可能有必要降低中性点的接地阻抗以满足第二和第三开断极的开断电流条件。应注意所有三极的TRV。

注2：图26b)中所示的试验回路不适用于相间和/或相对地绝缘关键的断路器(例如GIS和落地罐式断路器)。对于这些断路器，适当的试验方法在本标准的附录O和GB/T 4473—2008中给出。

c) 三极断路器单极的单相试验，首开极系数为1.5：

试验回路和断路器构架应按图27a)连接，以便使电弧熄灭后带电部件和构架间的电压条件和按图25a)所示的试验回路进行试验时三极断路器的首开极的电压条件一样。

优选的试验回路如图27a)所示。如果受试验站设备的限制，可以采用图27b)所示的试验回路。

注3：图27b)中所示的试验回路不适用于相间和/或相对地绝缘关键的断路器(例如GIS和落地罐式断路器)。对于这些断路器，适当的试验方法在本标准的附录O和GB/T 4473—2008中给出。

d) 三极断路器单极的单相试验，首开极系数为1.3：

试验回路和断路器构架应按图28a)连接，以便使电弧熄灭后带电部件和构架间的电压条件和按图26a)所示的试验回路进行试验时三极断路器的首开极的电压条件近似一样。

优选的试验回路如图28a)所示。如果受试验站设备的限制，可以采用图28b)所示的试验回路。

注4：图28b)中所示的试验回路不适用于相间和/或对地绝缘关键的断路器(例如GIS和落地罐式断路器)。对于这些断路器，适当的试验方法在本标准的附录O和GB/T 4473—2008中给出。

e) 单极断路器的单相试验：

试验回路和断路器构架应连接成在电弧熄灭后断路器内部带电部件和地之间的电压条件能重现运行时的电压条件。试验报告中应表示出所用的接线图。

6.103.4 试验回路与断路器的连接

如果断路器一侧的物理布置不同于另一侧的物理布置时，试验时试验回路的带电侧应接到能给断路器施加在对地电压方面更严酷条件的一侧，除非断路器是仅从一侧供电的特殊设计。

若不能满意地验证哪种连接更严酷时，试验方式T10和T30(6.106.1和6.106.2)应以相反的接线方式来进行，试验方式T100s和T100a亦如此。如果试验方式T100a省略，则试验方式T100s应对两种接线方式均进行试验。

6.104 短路试验参数

6.104.1 短路关合试验前的外施电压

对于6.106的短路关合试验，外施电压应为：

a) 对于三极断路器的三相试验，外施电压相间的平均值应不低于额定电压 U_r，且未经制造厂的同意不得超过该值的10%。

各极的外施电压与平均值之差不应超过5%。

b) 对于三极断路器的单相试验，外施电压应不低于相对地电压值 $U_r/\sqrt{3}$，且未经制造厂的同意不得超过该值的10%。

注：为了试验的方便，在征得制造厂同意后，允许外施电压等于相对地电压与断路器的首开极系数(1.3或1.5)的

乘积。

对于可供单极重合闸循环的断路器，在随后的三极合闸操作中各触头接触之间的最大时差超过额定频率的 1/4 周波（与 5.101 的注比较）时，则外施电压应等于相对地电压与断路器的首开极系数（1.3 或 1.5）的乘积。

c) 对于单极断路器，外施电压应不低于额定电压，且未经制造厂的同意不得超过该值的 10%。

进行合成试验时，GB/T 4473—2008 适用，亦可见 6.106.4.1a)、6.106.4.2a) 和 6.106.4.3。

6.104.2 短路关合电流

6.104.2.1 概述

断路器关合额定短路关合电流的能力在试验方式 T100s（见 6.106.4）中验证。

当在电压波的任一点发生预击穿电弧时，断路器应能关合该预击穿电流。两种极端的情况规定如下（见图 1）：

——在电压波的峰值处关合，产生一个对称的短路电流以及最长的预击穿电弧；

——在电压波的零点处关合，无预击穿，产生一个完整的非对称短路电流。

下文所述的试验程序旨在验证断路器满足以下两项要求的能力：

a) 断路器能够关合预击穿始于外施电压峰值处而产生的对称电流。该电流应为额定短路开断电流的对称分量（见 4.101.1）。

b) 断路器能够关合完整的非对称短路电流。该电流应为额定短路关合电流（见 4.103）。

电压低于额定电压时[见 4.101 的项 a)]，断路器应能运行，且在该电压下断路器确有可能关合完整的非对称电流。电压的下限值，如有的话，应由制造厂规定。

注 1：如果电流起始于外施电压峰值的 $\pm 15°$ 内，则认为短路电流是对称的。

注 2：对于预击穿时间超过 10 ms 的断路器，为满足最严酷的条件，可能需要超过两次的关合操作。

注 3：合闸时，由于极间不同期性，触头接触时刻可能不同，因而在一极中可能会引起更高的峰值关合电流（也可见 5.101）。特别当一极中开始流过电流的时间比其他两极滞后大约 1/4 周波且又没有预击穿时。在这种情况下，如果断路器关合失败，则认为断路器未通过该试验方式。

6.104.2.2 试验程序

6.104.2.2.1 三相试验

对于三极断路器的三相试验，在试验方式 T100s 中，可认为上述的项 a) 和项 b) 的要求已经得到充分的验证。

时间的控制，应使试验方式 T100s 的两个合—分（CO）操作循环中至少有一次获得额定短路关合电流。

当断路器呈现的预击穿达到这样的程度，以致试验方式 T100s 的第一次“合分”操作循环时未获得额定短路关合电流，并且调整时间后，在第二次“合分”操作循环中仍然未达到额定短路关合电流，则应在降低的电压下进行第三次“合分”操作循环。该操作循环前断路器可以修整。

6.104.2.2.2 单相试验

对于单相试验，试验方式 T100s 或 T100s(a) 应以这样方法进行：即在一次合闸操作中满足 6.104.2.1 中的项 a) 规定的要求，而在另一次合闸操作中满足 6.104.2.1 中的项 b) 规定的要求。这些操作的顺序不作规定。如果在试验方式 T100s 或 T100s(a)（见 6.106 的注）中的项 a) 和项 b) 规定的要求之一未充分地受到检验，则必需附加一次“合分”操作循环。该操作循环之前，断路器可以修整。

取决于正常的试验方式 T100s 或 T100s(a) 中获得的结果，该附加的“合分”操作循环应验证下列要求之一：

——6.104.2.1 项 a)或项 b)中的要求；

——表明所获得的短路关合电流代表了运行中因断路器预击穿特性所遇到的条件。

由于断路器的特性，如果在试验方式 T100s 或 T100s(a)中未达到额定短路关合电流，则可在较低的外施电压下进行附加的“合分”试验。

如果方式 T100s 或 T100s(a)中未获得上述 a)项要求的对称电流，则可以在 6.104.1 所述的外施电压范围内进行附加的“合分”试验。

6.104.3 短路开断电流

断路器所开断的短路电流，应按照图 8 在触头分离时刻确定，且用下述两个数值予以规定：

——各相交流分量有效值的平均值；

——任一相中最大直流分量的百分数。

在任何一相中交流分量的有效值与平均值的差异，应不大于平均值的 10%。

虽然短路开断电流是在相应于触头分离时刻测量的，但是，断路器的开断性能取决于最后燃弧半波中开断的电流值及其他因素。因此，短路电流的交流分量的衰减是十分重要的，特别是当燃弧为好几个电流半波的断路器试验时。为了避免试验条件的减轻，短路电流交流分量的衰减应该是：在对应于最后开断极主电弧最终熄灭时刻，预期电流的交流分量不得小于试验方式所规定的电流值的 90%。这一点可以通过试验前的预期电流的记录来证明。

如果断路器的特性能使短路电流值减小到低于预期开断电流，或者如果在示波图上不能成功地把电流波的包络线画出来，则可以认为所有相的预期短路开断电流的平均值就等于短路开断电流，且在预期电流的示波图上相应于触头分离的时刻进行测量。

触头分离的时刻，可以根据试验站的经验和受试断路器的类型用不同的方法确定，例如，试验时记录触头行程、电弧电压或对断路器作空载试验。

6.104.4 短路开断电流的直流分量

对于操作时分闸时间妨碍直流分量控制的断路器，如自脱扣断路器，按 6.102.3 的条件整定进行试验时，直流分量可能大于 6.106 对试验方式 T10、T30、T60 和 T100s 所规定的值。

断路器在试验方式 T100a 中，即使在某一次分闸操作中的直流分量百分数小于规定值，只要在试验方式的各分闸操作中直流分量百分数的平均值超过规定的直流分量百分数，则认为断路器已满足了试验方式 T100a 的要求。在该试验方式的任何一次试验中，直流分量不应小于规定值的 90%。

如果任一开断操作的示波图是这样：不能成功地画出电流波的包络线，这时，只要短路起始时刻是可比的，则预期的直流分量百分数可以作为试验时触头分离时刻的直流分量百分数。直流分量的百分数应在预期电流的示波图上对应于触头分离时刻的时间进行测量。

6.104.5 短路开断试验的瞬态恢复电压(TRV)

6.104.5.1 概述

试验回路的预期 TRV，应该使用那种产生和测量 TRV 波形而对其无明显影响的方法来确定。应在与断路器连接的端子上进行测量，包括所有必需的试验测量装置，如分压器等。附录 F 中叙述了一些适当的方法(亦可见 6.104.6)。在不可能进行测量的情况下，例如在某些合成试验回路中，允许计算预期的 TRV。附录 F 给出了导则。

对于三相回路，预期 TRV 是对按 6.103.3 的规定布置的一个合适的试验回路的首开极而言，即指一个分闸极两端的电压，而其余两极均合闸。

试验的预期 TRV 是由附录 E 所示的方法画出的包络线和它的起始部分来表示。

试验中所规定的 TRV，按照 4.102.2 和图 10、图 11 及图 12 中与额定短路开断电流相关的 TRV 同样的方式，用一参考线、一时延线及起始瞬态恢复电压(ITRV)的包络线来表示。

TRV 参数定义为额定电压(U_r)、首开极系数(k_{pp})和振幅系数(k_{af})的函数如下。k_{pp}和 k_{af}的实际值在表 1、表 2、表 3、表 4、表 5、表 21、表 22、表 23 和表 24 中规定。如表 23 中所列出的首开极系数 k_{pp}为 1.3 适用于额定电压 126 kV 及以上的所有断路器，其系统通常是有效接地的。对于 126 kV 的非有效接地系统，表 24 中列出的 $k_{pp}=1.5$ 适用。

a) 额定电压 126 kV 以下

用于所有试验方式的预期 TRV，用两参数表示。

——表 21 中，对于电缆系统中的断路器。

TRV 峰值 $u_c=k_{pp}\times k_{af}\times U_r\sqrt{2}/\sqrt{3}$

其中 k_{af}(振幅系数)对于试验方式 T100，1.4；对于试验方式 T60，1.5；对于试验方式 T30，1.5；对于试验方式 T10，1.5；对于失步开断，1.25。

对于试验方式 T100，时间 t_3 取自表 21；对于试验方式 T60、T30 和 T10，由试验方式 T100 的 t_3 分别乘以乘数 0.44(T60)、0.22(T30)和 0.22(T10)来获得。

——表 22 中，对于线路系统中的断路器。

TRV 峰值 $u_c=k_{pp}\times k_{af}\times U_r\sqrt{2}/\sqrt{3}$

其中 k_{af}(振幅系数)对于试验方式 T100 和近区故障的电源侧回路，1.54；对于试验方式 T60，1.65；对于试验方式 T30，1.74；对于试验方式 T10，1.8；对于失步开断，1.25。

对于试验方式 T100，时间 t_3 取自表 22；对于试验方式 T60、T30 和 T10，由试验方式 T100 的 t_3 分别乘以乘数 0.67(T60)、0.40(T30)和 0.40(T10)来获得。

——试验方式 T100 的时延 t_d，对于电缆系统为 $0.15t_3$；对于线路系统和近区故障的电源侧回路为 $0.05t_3$。

——对于试验方式 T60、T30、T10 和失步开断的时延 t_d 为 $0.15t_3$。

——电压 $u'=u_c/3$。

——时间 t'是由图 11 中的 u'、t_3 和 t_d 导出的，$t'=t_d+t_3/3$。

b) 额定电压 126 kV～1 100 kV

试验方式 T100、T60、近区故障试验方式 L_{90} 和 L_{75} 的电源侧回路以及失步试验方式 OP1 和 OP2 的预期 TRV 用四参数法表示，试验方式 T10 和 T30 用两参数法表示。

——第一参考电压 $u_1=0.75\times k_{pp}\times U_r\sqrt{2}/\sqrt{3}$。

——时间 t_1 是由 u_1 和上升率 u_1/t_1 的规定值导出的。

——TRV 峰值 $u_c=k_{pp}\times k_{af}\times U_r\sqrt{2}/\sqrt{3}$。

其中 k_{af}(振幅系数)在试验方式 T100 和近区故障的电源侧回路时等于 1.4；试验方式 T60 时等于 1.5；试验方式 T30 时等于 1.54；试验方式 T10 时等于 0.9×1.7；失步开断时等于 1.25；

——时间 t_2 对应于试验方式 T100 和近区故障的电源侧回路时等于 $4t_1$；失步开断时介于 t_2(T100 的)和 $2t_2$(T100 的)之间。对于 T60 等于 $6t_1$。

——对于试验方式 T30 和 T10，时间 t_3 是由 u_c 和上升率 u_c/t_3 的规定值导出的。

——时延 t_d，对于试验方式 T100 在 2 μs 和 $0.28t_1$ 之间；对于试验方式 T60 在 2 μs 和 $0.3t_1$ 之间；对于试验方式 OP1 和 OP2 在 2 μs 和 $0.1t_1$ 之间；对于试验方式 T30 和 T10 时延等于 $0.15t_3$。对于近区故障的电源侧回路时延等于 2 μs；试验中所用 t_d 的相应值在 6.104.5.2～6.104.5.5 中给出。

——对于试验方式 T100、T60、近区故障的电源侧回路以及失步开断试验，电压 $u'=u_1/2$；对于试验方式 T30 和 T10，$u'=u_c/3$。

——对于试验方式 T100、T60、近区故障的电源侧回路以及失步开断试验，时间 t'按照图 10 由 u'、u_1/t_1 和 t_d 导出；对于试验方式 T30 和 T10，时间 t'按照图 11 由 u'、u_c/t_3 和 t_d 导出。

试验回路的预期 TRV 波形应满足以下两项要求：

——要求 a)

任何时候其包络线应不低于规定的参考线；

注 1：应该强调，包络线超出规定的参考线的程度应得到制造厂的同意(见 6.104)；特别重要的是在规定的是四参数参考线而用两参数包络线的场合，以及当规定的是用两参数参考线而用四参数包络线的场合。

注 2：为了试验方便，允许对规定用四参数 TRV 的试验方式用两参数法进行试验，只要其恢复电压的上升率与 u_1/t_1 的标准值一致且电压峰值与 u_c 的标准值一致。该试验程序需得到制造厂的同意。

——要求 b)

其起始部分应满足规定的 ITRV 要求。ITRV 应该像近区故障一样处理。因此，有必要按照传统的方法独立于电源侧测量 ITRV。ITRV 由峰值 u_i 和时间 t_i 确定[见图 12b)]。传统的波形大多是由 ITRV 的起始点到 u_i 和 t_i 确定的点画参考直线。固有的 ITRV 波形应符合要求的 ITRV 峰值的 20% 和 80%间的参考直线。因为 ITRV 的幅值低于 20%和高于 80%规定的 ITRV 峰值，因此，与参考线的偏差是允许的。不应明显地高出上述的参考线。如果不显著地提高 TRV 上升率就不能达到峰值的 80%时，优选的方法是将 ITRV 的峰值 u_i 提高到规定值以上，以达到 80%的点。不应提高 ITRV 的上升率，因为这样会使连接的阻抗产生变化继而导致试验的苛刻程度发生根本改变。

对于 T100a、T100s 和 L_{90}，有必要在 ITRV 条件下进行试验。如果断路器具有近区故障额定值，且采用了无明显时延的线路进行近区故障试验，则认为已覆盖了 ITRV 的要求(见 6.104.5.2)。

因为 ITRV 正比于母线波阻抗和电流，对于波阻抗较低的装在气体绝缘金属封闭开关设备中的断路器，额定短路开断电流小于 25 kA 的断路器可以不考虑 ITRV 的要求。对于额定电压低于 126 kV 的断路器，因其母线尺寸较小，也同样适用。

6.104.5.2 试验方式 T100s 和 T100a

对于额定电压 126 kV 以下，规定的标准值在下面给出：

——对于电缆系统中的断路器，见表 21；

——对于线路系统中的断路器，见表 22。

对于额定电压 126 kV 及以上，规定的标准值在表 23 和表 24 中给出。

规定的参考线、时延线和 ITRV 的标准值在表 1、表 2、表 3、表 4、表 5、表 6 和表 7 中给出。

参考 ITRV，如果试验是在符合 6.104.5.1 的要求 b)规定的和图 12b)表示的参考线的 TRV 下做的，则认为对断路器的影响与 6.104.5.1 的要求 b)和图 12b)确定的 ITRV 类似。

如果受试验站的限制，要在表 3、表 4 和表 5 所规定的时延 t_d 方面满足 6.104.5.1 的项 b)的要求可能不可行。在需要进行近区故障试验的场合，用提高线路侧电压振荡的第一峰值(见 6.109.3)来补偿电源回路 TRV 的这些缺陷。电源回路的时延应尽可能的小，但在任何情况下不能超出表 22、表 23 或表 24 的括号中给出的数值。

对于还要做近区故障试验的场合，将 ITRV 和近区故障(SLF)在线路侧回路的要求综合起来考虑可能更方便。当 ITRV 与表 8 规定的具有时延 t_{dL} 的短线的瞬态电压合并时，总的负荷实际上等于无明显时延的短线。因此，当用无时延 t_{dL}(见 6.109.3)的短线进行近区故障试验时，则认为试验方式 T100s 和 T100a 的 ITRV 要求已得到满足，除非，从电气的观点来看，断路器的两端子不同(例如，采用了 6.109.3 的注 4 中提及的附加电容)。

6.104.5.3 试验方式 T60

对于额定电压 126 kV 以下，规定的标准值在下面给出：

——对于电缆系统中的断路器，见表 21；

——对于线路系统中的断路器，见表 22。

对于额定电压 126 kV 及以上，规定的标准值在表 23 和表 24 中给出。

6.104.5.4 试验方式 T30

a) 对于额定电压 126 kV 以下，规定的标准值在下面给出：

——对于电缆系统中的断路器，见表 21；

——对于线路系统中的断路器，见表 22。

在直接或合成试验中，满足小的时间 t_3 值可能比较困难。应该采用能够达到的最小值，但不能小于规定的数值。所采用的数值应在试验报告中指明。

b) 对于额定电压 126 kV 及以上，规定的标准值在表 23 和表 24 中给出。

注：T30 和 T10 条件的短路电流值较小时，变压器阻抗对短路电流的影响相对较大。然而，额定电压 126 kV 及以上时，大多数系统为中性点有效接地系统。当系统和变压器中性点有效接地时，除 T10 外，首开极系数 1.3 适用于所有的试验方式，通常，首开极系数取 1.5 是为了考虑变压器馈入故障的工况。对于额定电压 126 kV 的某些系统，变压器在运行时中性点为非有效接地，即使系统的剩余部分为有效接地系统。认为此类系统为特殊工况且涵盖在表 4 和表 24 中，其中规定的 TRV 对所有试验方式基于的首开极系数均为 1.5。对于额定电压 126 kV 以上的，认为所有的系统及其变压器的中性点是有效接地的。

6.104.5.5 试验方式 T10

a) 对于额定电压 126 kV 以下，规定的标准值在下面给出：

——对于电缆系统中的断路器，见表 21；

——对于线路系统中的断路器，见表 22。

b) 对于额定电压 126 kV 及以上，规定的标准值在表 23 和表 24 中给出。时间 t_3 是变压器固有频率的函数。

在直接或合成试验中，可能很难满足小的 t_3 值。应采用所能达到的最小值，但不应小于规定值。所使用的数值应在试验报告中指明。

6.104.5.6 试验方式 OP1 和 OP2

对于额定电压 72.5 kV 及以下，规定的标准值在表 1 和表 2 中给出。

对于额定电压 126 kV 及以上，规定的标准值在表 3、表 4 和表 5 中给出。时间 t_d 和 t' 给出了两个数值。它们表示试验中应采用的上限和下限。

6.104.6 试验期间瞬态恢复电压的测量

短路试验时，断路器的特性诸如电弧电压、弧后电导和分合闸电阻（如装有的话）将对瞬态恢复电压产生影响。因此，试验中的瞬态恢复电压不同于以一定性能要求为基础的试验回路的预期瞬态恢复电压波形，其程度取决于断路器的特性。

除非断路器对 TRV 的影响不明显，且开断电流不包含明显的直流分量，试验时所做的记录不应用来评定回路的预期瞬态恢复电压特性；而应通过如附录 F 中阐述的其他方法来进行。

应记录试验中的瞬态恢复电压。

表 21　S1 级断路器的预期瞬态恢复电压的标准值(额定电压等于高于 3.6 kV 小于 126 kV)——用两参数表示

额定电压 U_r kV	试验方式	首开极系数 k_{pp} p.u.	振幅系数 k_{af} p.u.	TRV 峰值 u_c kV	时间 t_3 μs	时延 t_d μs	电压 u' kV	时间 t' μs	RRRV[a] u_c/t_3 kV/μs
3.6	T100	1.5	1.4	6.2	41	6	2.1	20	0.15
	T60	1.5	1.5	6.6	18	3	2.2	9	0.37
	T30	1.5	1.5	6.6	9	1	2.2	4	0.77
	T10	1.5	1.5	6.6	9	1	2.2	4	0.77
7.2	T100	1.5	1.4	12.3	51	8	4.1	25	0.24
	T60	1.5	1.5	13	22	3	4.4	11	0.60
	T30	1.5	1.5	13	11	2	4.4	6	1.20
	T10	1.5	1.5	13	11	2	4.4	6	1.20
12	T100	1.5	1.4	20.6	61	9	6.9	29	0.34
	T60	1.5	1.5	22	26	4	7.3	13	0.85
	T30	1.5	1.5	22	13	2	7.3	6	1.70
	T10	1.5	1.5	22	13	2	7.3	6	1.70
24	T100	1.5	1.4	41	87	13	14	43	0.47
	T60	1.5	1.5	44	38	6	15	18	1.16
	T30	1.5	1.5	44	19	3	15	9	2.32
	T10	1.5	1.5	44	19	3	15	9	2.32
40.5	T100	1.5	1.4	69.5	114	17	23.2	55	0.61
	T60	1.5	1.5	74.5	49	7	24.8	23	1.52
	T30	1.5	1.5	74.5	24	4	24.8	12	3.10
	T10	1.5	1.5	74.5	24	4	24.8	12	3.10
72.5	T100	1.5	1.4	124	165	25	41	80	0.75
	T60	1.5	1.5	133	72	11	44	35	1.85
	T30	1.5	1.5	133	36	5	44	17	3.70
	T10	1.5	1.5	133	36	5	44	17	3.70

[a] RRRV＝恢复电压的上升率。

表 22　S2 级断路器的预期瞬态恢复电压的标准值(额定电压等于高于 24 kV 小于 126 kV)[a]——用两参数表示

额定电压 U_r kV	试验方式	首开极系数 k_{pp} p.u.	振幅系数 k_{af} p.u.	TRV 峰值 u_c kV	时间 t_3 μs	时延 t_d μs	电压 u' kV	时间 t' μs	RRRV[b] u_c/t_3 kV/μs
24	T100	1.5	1.54	45.3	43	2(6)	15.1	16(20)	1.05
	T60	1.5	1.65	48.4	29	4	16.1	14	1.67
	T30	1.5	1.74	51.2	17	3	17.0	8	3.01
	T10	1.5	1.80	52.9	17	3	17.6	8	3.11
40.5	T100	1.5	1.54	76.4	62	3(9)	25.5	24(30)	1.23
	T60	1.5	1.65	81.8	42	6	27.3	20	1.95
	T30	1.5	1.74	86.3	25	4	28.8	12	3.45
	T10	1.5	1.80	89.3	25	4	29.8	12	3.57
72.5	T100	1.5	1.54	137	93	5(14)	45.6	36(45)	1.47
	T60	1.5	1.65	146	62	9	48.8	30	2.35
	T30	1.5	1.74	155	37	6	51.5	18	4.19
	T10	1.5	1.80	160	37	6	53.3	18	4.32

[a] t_d 和 t'(T100)给出两个数值的地方，通过括号分开，如果还要进行近区故障试验，则采用括号中的数值。否则，则采用 t_d 和 t'较小的数值。

[b] RRRV＝恢复电压的上升率。

表 23　预期瞬态恢复电压的标准值(中性点有效接地系统中额定电压 126 kV～800 kV)——用四参数(T100、T60、OP1 和 OP2)或两参数(T30、T10)表示

额定电压 U_r kV	试验方式	首开极系数 k_{pp} p.u.	振幅系数 k_{af} p.u.	第一参考电压 u_1 kV	时间 t_1 μs	TRV 峰值 u_c kV	时间 t_2 或 t_3 μs	时延 t_d μs	电压 u' kV	时间 t' μs	上升率 u_1/t_1 u_c/t_3 kV/μs
126	T100	1.3	1.4	100	50	188	200	2(14)	50	27(39)	2
	T60	1.3	1.5	100	33	201	198	2～10	50	19～27	3
	T30	1.3	1.54	—	—	206	41	6	69	20	5
	T10	1.5	0.9×1.7	—	—	236	34	5	79	16	7
	OP1-OP2	2	1.25	154	100	258	200～400	2～10	77	52～60	1.54
252	T100	1.3	1.4	201	100	374	400	2(28)	100	52(78)	2
	T60	1.3	1.5	201	67	401	402	2～20	100	35～53	3
	T30	1.3	1.54	—	—	412	82	12	137	39	5

表 23（续）

额定电压 U_r kV	试验方式	首开极系数 k_{pp} p.u.	振幅系数 k_{af} p.u.	第一参考电压 u_1 kV	时间 t_1 μs	TRV峰值 u_c kV	时间 t_2 或 t_3 μs	时延 t_d μs	电压 u' kV	时间 t' μs	上升率 u_1/t_1 u_c/t_3 kV/μs
252	T10	1.5	0.9×1.7	—	—	472	67	10	157	32	7
	OP1-OP2	2	1.25	309	201	514	400～800	2～20	155	103～121	1.54
363	T100	1.3	1.4	289	144	539	576	2(40)	144	74(112)	2
	T60	1.3	1.5	289	96	578	576	2～28	144	50～76	3
	T30	1.3	1.54	—	—	593	119	18	198	58	5
	T10	1.5	0.9×1.7	—	—	680	97	15	227	47	7
	OP1-OP2	2	1.25	445	288	741	576～1 152	2～29	222	146～173	1.54
550	T100	1.3	1.4	438	219	817	876	2(61)	219	111(171)	2
	T60	1.3	1.5	438	146	876	876	2～44	219	75～117	3
	T30	1.3	1.54	—	—	899	180	27	300	87	5
	T10	1.5	0.9×1.7	—	—	1 031	147	22	344	71	7
	OP1-OP2	2	1.25	674	438	1 123	876～1 752	2～44	337	221～263	1.54
800	T100	1.3	1.4	637	318	1 189	1 272	2(89)	318	161(248)	2
	T60	1.3	1.5	637	212	1 274	1 272	2～64	318	108～170	3
	T30	1.3	1.54	—	—	1 308	262	39	436	126	5
	T10	1.5	0.9×1.7	—	—	1 499	214	32	500	103	7
	OP1-OP2	2	1.25	980	636	1 633	1 272～2 544	2～64	490	320～382	1.54
1 100	T100	1.3	1.4	876	438	1 634	1 752	2(123)	438	221(342)	2
	T60	1.3	1.5	876	292	1 751	1 752	2(88)	438	148～234	3
	T30	1.3	1.54	—	—	1 798	360	54	599	174	5
	T10	1.5	0.9×1.7	—	—	2 061	294	44	687	142	7
	OP1-OP2	2	1.25	1 347	875	2 245	1 752～3 500	2～87	674	440～525	1.54

注 1：时间 t_d 和 t'(出线端故障试验方式 T100)给出两个数值的地方，通过括号分开，如果还要进行近区故障试验，则采用括号中的数值。否则，则采用括号前面的数值。

t_d 和 t'(出线端故障试验方式 T60 以及失步试验方式 OP1 和 OP2)给出两个数值的地方，这些值表示用于试验的上限和下限。在试验中的时延 t_d 和时间 t' 不能短于它们相应的下限值，也不能长于它们的上限值。

注 2：规定首开极系数 $k_{pp}=1.5$ 是为了涵盖变压器限制故障且 X_0/X_1 大于 3.2 的故障条件(例如中性点有效接地系统中的非有效接地的变压器，或者变压器的一侧有效接地而另一侧与中性点非有效接地系统连接的情况)。规定的 TRV 也涵盖了中性点有效接地系统($k_{pp}=1.3$)中的三相线路故障的工况，此时的相间耦合可能导致振幅系数达到 1.76。因此，对 T10 规定了中性点有效接地系统采用的燃弧时间窗口(见 6.102.10.2.2.1)。

表 24 预期瞬态恢复电压的标准值(中性点非有效接地系统中额定电压 126 kV)——用四参数(T100、T60、OP1 和 OP2)或两参数(T30、T10)表示

额定电压 U_r kV	试验方式	首开极系数 k_{pp} p.u.	振幅系数 k_{af} p.u.	第一参考电压 u_1 kV	时间 t_1 μs	TRV 峰值 u_c kV	时间 t_2 或 t_3 μs	时延 t_d μs	电压 u' kV	时间 t' μs	上升率 u_1/t_1 u_c/t_3 kV/μs
126	T100	1.5	1.40	116	58	216	232	2(16)	58	31(45)	2
	T60	1.5	1.50	116	39	231	234	2～11	58	21(30)	3
	T30	1.5	1.54	—	—	238	48	7	79	23	5
	T10	1.5	0.9×1.7	—	—	236	34	5	79	16	7
	OP1-OP2	2.5	1.25	193	115	321	230～460	2～10	97	60～68	1.67

注 1：时间 t_d 和 t'(出线端故障试验方式 T100)给出两个数值的地方，通过括号分开，如果还要进行近区故障试验，则采用括号中的数值。否则，则采用括号前面的数值。

t_d 和 t'(出线端故障试验方式 T60 以及失步试验方式 OP1 和 OP2)给出两个数值的地方，这些值表示用于试验的上限和下限。在试验中的时延 t_d 和时间 t' 不能短于它们相应的下限值，也不能长于它们的上限值。

注 2：规定首开极系数 $k_{pp}=1.5$ 是为了涵盖变压器限制故障且 X_0/X_1 高于 3.2 的故障条件(例如中性点有效接地系统中的非有效接地的变压器，或者变压器的一侧有效接地而另一侧与中性点非有效接地系统连接的情况)。规定的 TRV 也涵盖了中性点有效接地系统($k_{pp}=1.3$)中的三相线路故障的工况，此时的相间耦合可能导致振幅系数达到 1.76。因此，对 T10 规定了中性点有效接地系统采用的燃弧时间窗口(见 6.102.10.2.2.1)。

6.104.7 工频恢复电压

试验回路的工频恢复电压可以用下面规定的工频恢复电压百分数来表示。它应不小于规定值的 95%，并应维持至少 0.3 s。

对于合成试验回路，细节和允差在 GB/T 4473—2008 中给出。

对于 6.106 的基本短路试验方式，工频恢复电压在上述的 95% 的最低值的条件下，应为：

a) 对于三极断路器的三相试验，工频恢复电压的平均值应等于断路器的额定电压 U_r 除以 $\sqrt{3}$。任一极的工频恢复电压在电压保持终了时刻与电压平均值的偏差不应超过 20%。

中性点有效接地系统中，应该证明在断路器一极中绝缘强度的建立不充分时，不会导致燃弧延长或开断失败。应采用单相试验(6.108)进行验证。

b) 对于三极断路器的单相试验，其工频恢复电压应等于相对地电压值 $U_r/\sqrt{3}$ 与首开极系数(1.3 或 1.5)的乘积；在额定频率一个周波后工频恢复电压可以降低到 $U_r/\sqrt{3}$。

c) 对于单极断路器，工频恢复电压应等于断路器的额定电压 U_r。

工频恢复电压应在试验回路的每一相中断路器一极的端子间进行测量。其有效值应在示波图上电弧最终熄灭后试验频率的半个周波和一个周波之间的时间间隔内确定，如图 44 所示。应量出从第二半波的峰值至其前一个与其后一个半波峰值间的连线间的垂直距离(分别为 V_1、V_2 和 V_3)，将这些值除以 $2\sqrt{2}$ 再乘以适当的标尺，即为所记录的工频恢复电压的有效值。

6.105 短路试验程序

6.105.1 试验间的时间间隔

基本短路试验和近区故障试验(如果适用的话)包括 6.106 和 6.109 规定的一系列试验方式。

一个试验顺序的各个操作之间的时间间隔应是 4.104 给出的断路器的额定操作顺序的时间间隔，并应遵循以下规定：

由于试验站的限制，有可能达不到额定操作顺序的 15 s、1 min 或 3 min 时间间隔。在这种情况下，时间间隔可以延长至 10 min 而不应认为试验无效；也可能需要长于 10 min 的时间间隔。延长的时间间隔不应是由断路器的故障操作引起的。操作之间的实际时间间隔应在试验报告中给出。如果长于 10 min，该延时的原因应记录在试验报告中。

对于具有额定操作顺序为 O—t—CO—t'—CO 的断路器，且其具有不同的额定值 t'，试验应该在最短的时间间隔 t'下进行。认为该试验已覆盖了具有较长时间间隔 t'的所有额定操作顺序。这样就有可能把 4.104 的 a)和 b)规定的额定操作顺序的试验合并进行。应记录实际的时间间隔。

6.105.2 分闸脱扣器辅助电源的施加——开断试验

辅助电源应在短路起始后施加在分闸脱扣器上，但如果受试验站的限制而不可行时，可在短路起始前施加辅助电源(但有一个限制条件：触头不应在短路起始前开始移动)。

6.105.3 分闸脱扣器辅助电源的施加——关合—开断试验

在关合—开断试验中，不应在断路器到达合闸位置之前给分闸脱扣器施加辅助电源。在试验方式 T100s(见 6.106.4)的合—分操作循环中，触头关合后一个半波内不应施加辅助电源。为使直流分量不超过允许值，允许断路器延迟分闸，但合—分时间应尽可能保持接近 3.7.143 中规定的合—分时间。

6.105.4 短路扣锁

当主载流触头在合闸位置静止、完全通电而且在没有机械或电气的脱扣之前应保持在该位置，断路器应扣锁。除非断路器装有关合电流脱扣器或等效装置，否则，应验证在合闸期间电流的交流分量的衰减可以忽略不计时，断路器能毫无迟滞的扣锁。

断路器对短路关合电流的扣锁能力可在试验方式 T100s(见 6.106.4)或关合验证试验(见 6.102.4.1)中验证。本试验过程中，下列情况适用：

——对于三极断路器的三相试验，合闸相角的控制应使远离机构的极上出现峰值关合电流。

——如果进行单相试验，应注意施加在远离机构的极上的应力和三相试验时施加在该极上的外施电压以及流过该极的电流的方式相同。

如果试验设备的特性不可能在 6.104.1 规定的外施电压规定的范围内进行试验方式 T100s 时，试验可以在降低的试验电压下进行，用一个能产生额定短路关合电流且交流分量衰减忽略不计的回路重复进行此项试验。

有几种方法可以用来确定断路器是否已合闸和扣锁，例如：

——通过适当地记录辅助触头和触头的行程；

——关合试验完成后，目力检查扣锁的位置；

——通过记录装置的动作来检查锁扣(例如，适合于安装在机构上的微型开关)。

试验报告应记录证明断路器满意扣锁所采用的方法。

6.106 基本短路试验方式

基本短路试验系列应由下面规定的试验方式 T10、T30、T60、T100s 和 T100a 组成。

对于试验方式 T10 和 T30,开断电流与规定值的偏差不应超出规定值的 20%,对于试验方式 T60 不应超出 10%。

在试验方式 T100s、T100s(b)和 T100a 的开断电流试验中,短路电流的峰值不应超出断路器额定短路关合电流的 110%。

注:在 6.106.4 说明的情况下,可能有必要把试验方式 T100s 分成关合试验和开断试验。此时,构成关合操作的部分称为 T100s(a),构成开断操作的部分称为 T100s(b)。

为了试验方便,在试验方式 T10、T30 和 T60 中,允许在任何开断操作之前省略关合操作。各个开断操作之间的时间间隔,应是断路器额定操作顺序中的时间间隔(见 6.105.1)。

6.106.1 试验方式 T10

试验方式 T10 由触头分离时刻的直流分量不超过 20% 的 10% 的额定短路开断电流以及在 6.104.5.5和 6.104.7(亦可见表 21、表 22、表 23 和表 24)规定的瞬态和工频恢复电压下的额定操作顺序组成。

6.106.2 试验方式 T30

试验方式 T30 由触头分离时刻的直流分量不超过 20% 的 30% 的额定短路开断电流以及在 6.104.5.4和 6.104.7(亦可见表 21、表 22、表 23 和表 24)规定的瞬态和工频恢复电压下的额定操作顺序组成。

6.106.3 试验方式 T60

试验方式 T60 由触头分离时刻的直流分量不超过 20% 的 60% 的额定短路开断电流以及在 6.104.5.3和 6.104.7(亦可见表 21、表 22、表 23 和表 24)规定的瞬态和工频恢复电压下的额定操作顺序组成。

6.106.4 试验方式 T100s

试验方式 T100s 由额定操作顺序组成,其开断电流为 6.104.3 规定的 100%额定短路开断电流,6.104.7(亦可见表 21、表 22、表 23 和表 24)规定的瞬态和工频恢复电压,6.104.2 规定的 100%额定短路关合电流和 6.104.1 规定的外施电压。

对于本试验方式,触头分离时刻的直流分量百分数不应超过交流分量的 20%。

对三极断路器的一极进行单相试验时,或者试验设备的特性不可能在 6.104.1 中的外施电压、6.104.2的关合电流、6.104.3 的开断电流和 6.104.5.2 及 6.104.7 的瞬态和工频恢复电压的规定限值内实施试验方式 T100s 时,并考虑到 6.105.3 和 6.105.4 的规定,试验方式 T100s 中的关合和开断试验可以分开进行。单独的关合操作中的短路电流应保持至少 100 ms。试验程序如下。

6.106.4.1 试验回路的直流分量的时间常数等于规定值

试验回路的直流分量的时间常数等于 4.101.3 确定的规定值时,进行上述试验方式 T100s 的替代试验方法如下:

a) 关合试验,试验方式 T100s(a)

应按与额定操作顺序 O—t—CO—t'—CO 或 CO—t''—CO 相应的顺序 C—t'—C 或 C—t''—C 进行试验,其中第一个合闸操作对应于额定短路开断电流的对称电流,第二个合闸操作对应于符合 6.104.2 规定的额定短路关合电流。第一个合闸操作应在 6.104.1 规定的外施电压下进行。

b) 开断试验,试验方式 T100s(b)

紧接着 a)中述及的这些合闸操作，应该在 100%额定短路开断电流及 6.104.5.2 和 6.104.7 规定的瞬态和工频恢复电压下进行与额定操作顺序 O—t—CO—t'—CO 或 CO—t''—CO 相应的 O—t—CO—t'—CO 或 CO—t''—CO 操作。

本试验过程中，下列规定适用：

——a)和 b)之间不允许检修；

——如果在 b)中的一个合闸操作已经达到额定短路关合电流，则 a)中的第二个合闸操作可以免去；

——对于合成试验，GB/T 4473—2008 适用。

6.106.4.2 试验回路的直流分量的时间常数小于规定值

试验回路的直流分量的时间常数小于由 4.101.3 确定的规定值时，进行上述试验方式 T100s 的替代试验方法如下：

a) 关合试验，试验方式 T100s(a)

应按照 6.104.2 进行一个额定短路关合电流下的单合操作。该合闸操作可以在 6.104.2 规定范围内降低的电压下进行。

b) 开断试验，试验方式 T100s(b)

紧接着这个合闸操作，应在 100%额定短路开断电流、6.104.1 规定的外施电压以及 6.104.5.2 和 6.104.7 规定的瞬态和工频恢复电压下，进行与额定操作顺序 O—t—CO—t'—CO 或 CO—t''—CO 相应的 O—t—CO—t'—CO 或 CO—t''—CO 操作。在这第二部分，其中一次合闸操作应关合等于额定短路开断电流的对称电流。

注：由于采用了相对于规定值较小的试验回路直流分量时间常数进行额定短路开断电流试验，a)中的电流对称值须大于额定值。b)中的电流峰值，已经在 a)中验证过，由于同样的原因，就会小于额定短路关合电流。

本试验过程中，下列规定适用：

——a)和 b)之间不允许检修；

——对于合成试验，GB/T 4473—2008 适用。

6.106.4.3 试验回路的直流分量的时间常数大于规定值

试验回路直流分量的时间常数大于由 4.101.3 确定的规定值时，进行上述试验方式 T100s 的替代试验方法如下：

a) 应在 100%额定短路开断电流、6.104.1 规定的外施电压以及 6.104.5.2 和 6.104.7 规定的瞬态和工频恢复电压下，进行与额定操作顺序 O—t—CO—t'—CO 或 CO—t''—CO 相应的 O—t—CO—t'—CO 或 CO—t''—CO 操作顺序。在这个操作顺序中，一个合闸操作对应的对称电流等于额定短路开断电流，另一个合闸操作对应于完全的非对称电流。由于试验回路直流分量的时间常数大于 4.101.3 的规定值，非对称合闸时的峰值电流将会大于额定短路关合电流。因此，应选相控制合闸操作，以达到要求的额定短路关合电流。但是，按试验程序 a)进行试验应征得制造厂的同意。

注 1：因为在非对称合闸操作中出现了较大的峰值电流，不需要进行 6.104.2 规定的额定短路关合电流下的单独的合闸操作。

b) 作为上述试验程序 a)的替代方法，第一个合闸操作对应的对称电流等于额定短路开断电流，第二个合闸操作为空载操作。也就是说，在 100%额定短路开断电流、6.104.1 规定的外施电压以及 6.104.5.2 和 6.104.7 规定的瞬态和工频恢复电压下，进行与额定操作顺序 O—t—CO—t'—CO 或 CO—t''—CO 相应的 O—t—CO—t'—O 或 CO—t''—O 操作顺序。

在这种情况下，验证断路器能够进行额定操作顺序的能力通过重复试验程序 a)来实现，在相关的要求以及小于额定短路开断电流的对称电流的条件下，使得在一次合闸操作中得到额定短路关合电流。在这个重复的试验方式中，合闸操作可以在6.104.2规定范围内降低的电压下进行。

注2：由于断路器关合额定短路关合电流的能力已在重复的试验方式中得到验证，因此，不需要进行6.104.2规定的额定短路关合电流下的单独的合闸操作。

本试验过程中，下列规定适用：

——如果采用试验程序b)，重复额定操作顺序之前允许检修；

——对于合成试验，GB/T 4473—2008适用。

6.106.4.4 试验回路交流分量的显著衰减

如果试验回路的交流分量的衰减显著时，就不可能在断路器没有大范围过负荷的情况下进行额定操作顺序试验。在此情况下，只要相应于交流分量衰减的试验回路交流分量的时间常数至少长于应用受试断路器的系统规定的直流时间常数三倍，允许把试验方式T100s中的关合和开断试验分开如下：

a) 关合试验，试验方式T100s(a)

对于额定操作顺序O—t—CO—t'—CO，为C—t'—C；

对于额定操作顺序CO—t''—CO，为C—t''—C。

且应符合6.104.2规定的关合电流以及6.104.1规定的外施电压。对于各个试验之间的时间间隔，6.105.1适用。

b) 开断试验，试验方式T100s(b)

试验程序取决于额定操作顺序。

——对于额定操作顺序O—t—CO—t'—CO，试验方式T100s(a)的合闸操作后应在6.104.3规定的100%额定短路开断电流以及6.104.5.2和6.104.7规定的瞬态和工频恢复电压下进行O—t—CO—t'—CO操作。对于各个试验之间的时间间隔，6.105.1适用。

对于操作顺序O—t—CO(额定操作顺序O—t—CO—t'—CO的初始部分)，可以通过两个试验来验证。在此情况下，下述规定适用：

第一个试验，第一个分闸操作应在6.104.3规定的100%额定短路开断电流以及6.104.5.2和6.104.7规定的瞬态和工频恢复电压下进行。随后的合闸和分闸操作的关合电流、外施电压、开断电流以及瞬态和工频恢复电压，应尽可能分别接近试验方式T100s的规定值。

第二个试验，附加的CO操作循环应在6.104.3规定的100%额定短路电流以及6.104.5.2和6.104.7规定的瞬态和工频恢复电压下进行。该CO操作循环之前应增加一个空载的分闸操作，以完成操作顺序O—t—CO。对于合闸操作，6.104.1和6.104.2的规定可以免去，但是，关合电流和外施电压应尽可能地满足规定值。

CO操作循环(额定操作顺序O—t—CO—t'—CO的最后一个部分)由另一个CO操作验证。该CO操作的分闸操作应在6.104.3规定的100%额定短路电流以及6.104.5.2和6.104.7规定的瞬态和工频恢复电压下进行。对于合闸操作，6.104.1和6.104.2的规定可以免去，但是关合电流和外施电压应尽可能地满足规定值。

——对于额定操作顺序为CO—t'—CO，试验方式T100s(a)的合闸操作后应在6.104.3规定的100%额定短路开断电流以及6.104.5.2和6.104.7规定的瞬态和工频恢复电压下进行CO—t'—CO操作顺序。对于各个试验之间的时间间隔，6.105.1适用。对于两个合闸操作，6.104.1和6.104.2的规定可以免去，但是，关合电流和外施电压应尽可能地满足规定值。

——如果试验方式T100s(b)中的合闸操作已经满足上述a)中给出的要求，则试验方式T100s(a)中相应的合闸操作可以免去。为了不使断路器过负荷，试验方式T100s(b)中有必要进行合闸控制。如果需要，可以使用辅助断路器。如果由于分闸时间或合闸时间不稳定而不能满足规定的试验值，允许按脱扣器的最高动作电压供给其电源；在这种情况下，6.102.3.1关于合分闸装置的额定电源电压的规定可以免去。

试验方式 T100s(a)和 T100s(b)之间不允许维修。如果该试验程序产生的实际应力超过了表 B.1 规定的限值，需征得制造厂的同意。

6.106.5 试验方式 T100a

试验方式 T100a 仅适用于制造厂规定的断路器的最短分闸时间 T_{op}加继电器时间后触头分离时刻的直流分量大于 20%的情况。触头分离时刻的直流分量按下式确定：

$$\%dc = 100 \times e^{\frac{-(T_{op}+T_r)}{\tau}}$$

式中：

%dc ——触头分离时刻的直流分量百分数；

T_{op} ——制造厂声明的最短分闸时间；

T_r ——继电器时间(0.5 周波；对于 50 Hz 为 10 ms)；

τ ——额定短路电流的直流时间常数(45 ms、60 ms、75 ms、100 ms 或 120 ms；见 4.101.3)。

试验方式 T100a 是由时间间隔 t'符合 6.105.1、在 100%额定短路开断电流、6.106.6 给出的非对称判据以及 6.104.5.2 和 6.104.7 规定的预期瞬态和工频恢复电压(亦可见 6.104.6 和附录 P；参考的表见 6.104.5.2)时的三个分闸操作组成。

此外，根据实际的试验参数，如果满足每个额定值以及它们相关的公差所对应的适用的非对称判据，单个试验可能涵盖几个额定值(详见 I.2.1)。

注：分闸和合闸脱扣器的变更不构成替代的操动机构。如果断路器的分闸时间因为采用了快速执行的脱扣器而减小，则对该脱扣器应检查表 15～表 19 中规定的直流分量百分数是否仍然被实际试验所涵盖。如果需要更高的直流分量百分数，只要脱扣器已按照相关的条款和标准通过了试验，仅重复试验方式 T100a 就足以，其余的型式试验仍然有效。

6.106.6 非对称判据

进行试验方式 T100a 时应满足下述非对称判据。

——最后电流半波幅值；

——最后电流半波持续时间；

——电流零点的直流分量(控制 di/dt 和随后 TRV 参数的参数)。

为了获得有效的开断，T100a 期间几个参数应该同时再现。这些判据根据试验是在直接试验回路中还是采用合成试验方法进行的而不同。

电流零点预期的直流分量百分数应为：

——从预期的电流校准试验测量的；或者

——根据试验期间触头分离时刻直流分量的百分数和试验回路的直流时间常数计算。试验回路的直流时间常数应在预期电流校准试验的示波图上相应于触头分离时刻的区域测量。

实际试验和预期电流校准试验期间的短路电流起始时刻应可比(±10°以内)。

对于预期电流校准试验，有必要将电流的持续时间延长至少一个额外的电流半波，以便能够准确地测量预定电流零点的预期直流分量。

注：实际试验中电流零点的直流分量百分数也可以通过下式计算：

$$p_o = p_{cs} \times e^{\left(-\frac{t_a}{\tau}\right)}$$

式中：

p_o ——实际试验中电流零点的直流分量；

p_{cs} ——实际试验中在触头分离处测量的直流分量；

t_a ——燃弧时间；

τ ——预期电流校准试验中测量的试验回路的直流时间常数。

每个特定试验方法适用的非对称判据在6.106.6.1和6.106.6.2中描述。

6.106.6.1 三相试验

6.106.6.1.1 试验电流幅值和最后电流半波持续时间

6.102.10.2.1.2的b)针对单相试验给出的判据也适用于具有最大直流分量的相(大半波或延长的大半波)。其他两相中的电流半波的最终幅值和持续时间自动满足合理的公差。

注：延长大半波的预期持续时间应该根据预期电流校准试验确定。会在实际开断试验中延长的预期电流校准试验中的大电流半波的持续时间，应在6.102.10.2.1.2的b)给出的限值内。如果半波的持续时间满足6.102.10.2.1.2的b)给出的判据，则实际开断试验中延长的大半波的持续时间就会自动满足合理的公差。

断路器可能会改变最后电流半波的波形而超出6.102.10.2.1.2的b)给出的判据。在这种情况下，预期电流半波的波形应根据事先的预期电流校准试验确定。如果电流起始时刻在预期电流校准试验获得的起始时刻±10°之内，则认为试验有效。

6.106.6.1.2 电流零点的直流分量百分数

具有最大直流分量的相中的电流零点的直流分量百分数应等于或小于(见注1)表15～表19中给出的数值。其余两相中的最终直流分量自动满足。

对于电流校准试验，建议电流持续时间延长至少一个附加的电流半波以便准确测量预定的电流零点的预期直流分量。

如果在一次分闸操作中电流零点的直流分量百分数高于(见注1)规定值，只要试验方式中的分闸操作的电流零点的直流分量百分数的平均值未超过规定的电流零点直流分量百分数，认为断路器满足试验方式T100a。在试验方式的任一次试验中，电流零点的直流分量不应高于规定值的110%。

注1：电流零点的直流分量控制最终的 di/dt 和TRV。较低的电流零点直流分量会导致较高的 di/dt 以及较高的TRV幅值和 du/dt。附录B中给出的公差为−5%。

注2：因为断路器会改变最后半波电流的波形，所以很难准确测量电流零点的直流分量。电流零点的直流分量可根据事先的预期电流校准试验获得的结果确定。如果电流起始时刻在预期电流校准试验获得的起始时刻±10°之内，则认为试验有效。

6.106.6.2 单相试验

6.106.6.2.1 试验电流幅值和最后电流半波持续时间

应满足6.102.10.2.1.2的b)给出的判据。

断路器可能会改变最后电流半波的波形而超出6.102.10.2.1.2的b)给出的判据。在这种情况下，预期电流半波的波形应根据事先的预期电流校准试验确定。如果电流起始时刻在预期电流校准试验获得的起始时刻±10°之内，则认为试验有效。

6.106.6.2.2 电流零点的直流分量百分数

电流零点的直流分量百分数应等于或小于(见注1)表15～表19中给出的数值。

如果在一次分闸操作中电流零点的直流分量百分数高于(见注1)规定值，只要试验方式中的分闸操作的电流零点的直流分量百分数的平均值未超过规定的电流零点直流分量百分数，认为断路器满足试验方式T100a。在试验方式的任一次试验中，电流零点的非对称度不应高于规定值的110%。

注1：电流零点的直流分量控制最终的 di/dt 和TRV。较低的电流零点直流分量会导致较高的 di/dt 以及较高的

TRV 幅值和 du/dt。附录 B 中给出的公差为－5％。

注 2：因为断路器会改变最后半波电流的波形，所以很难准确测量电流零点的直流分量。电流零点的直流分量可根据事先的预期电流校准试验获得的结果确定。如果电流起始时刻在预期电流校准试验获得的起始时刻±10°之内，则认为试验有效。

6.106.6.3 调节措施

为了满足非对称判据，几个试验参数需要修正。例如：

a) 最后电流半波的幅值和持续时间可以通过下述方法调节：

——提高或降低短路试验电流的有效值(要求值的±10％以内)；

——在 6.103.2 给出的公差范围内改变试验电流的频率；

——采用预脱扣或延时脱扣；仅在电流起始后触头系统开始运动的情况下才允许预脱扣。

注 1：预脱扣定义为分闸脱扣器在运行条件预期的时刻之前带电(最短的继电器时间：0.5 周波之前)。预脱扣可能意味着在电流起始之前分闸脱扣器带电。仅在电流起始后触头系统开始运动的情况下才允许这样。

注 2：延时脱扣定义为分闸脱扣器在运行条件预期的时刻之后带电(最短的继电器时间：0.5 周波之后)。

——改变电流的起始时刻(初始直流分量)。

b) TRV 参数可以通过改变 TRV 调节支路的振幅系数来补偿。附录 P 给出了在非对称故障条件下确定适用的预期 TRV 参数的计算方法。

6.107 临界电流试验

6.107.1 适用性

这些试验是对 6.106 中的基本短路试验方式补充的短路试验，仅适用于具有临界电流的断路器。如果试验方式 T10、T30 或 T60 中的任一试验方式的最短燃弧时间超过相邻的一个试验方式的最短燃弧时间一个半波或更长，则认为属于这种情况。对于三相试验，应考虑所有三相的燃弧时间。

6.107.2 试验电流

适用时，考虑到临界电流，应根据两个试验方式对断路器的性能进行试验。

这两个试验方式的试验电流应等于相应于出现延长的燃弧时间的试验方式(见 6.107.1)的开断电流和下列相应电流的平均值：

a) 一个试验方式：开断电流相应于相邻的较高开断电流；

b) 另一个试验方式：开断电流相应于相邻的较低开断电流。

如果延长的燃弧时间出现在试验方式 T10 中，临界电流开断试验应该在 20％额定短路开断电流时进行一个方式，在 5％额定短路开断电流下进行另一个试验方式。

6.107.3 临界电流试验方式

临界电流试验方式是由 6.107.2 规定的电流且触头分离时刻直流分量小于 20％的额定操作顺序构成。其瞬态和工频恢复电压与基本短路试验方式中下一个较高开断电流的试验方式的一致。

临界电流试验可以在修整过的断路器上进行。

6.108 单相和异相接地故障试验

6.108.1 适用性

断路器应能开断出现在下述两种不同情况下的单相短路电流：

——中性点有效接地系统中的单相故障；或

——中性点非有效接地系统中的异相接地故障，即接地故障出现在不同的相，一个点在断路器的一侧，另一个点在断路器的另一侧。

根据使用断路器的系统的中性点接地条件、断路器操动机构的设计（单极或三极操作）以及试验方式 T100s 进行的是单相试验还是三相试验，可能有必要进行附加的单相开断试验（见图 45）。

这些试验是为了证明：

——断路器在相应参数时能够开断单相故障电流；

——对于三极共用一个操动机构且装有一个共用分闸脱扣器的断路器，单相故障电流产生的不平衡应力对断路器的操作不产生负面影响。

单相故障试验应在对共用操动机构的中间极产生最大应力的边极上进行，而异相接地故障试验可在任一极上进行。

注：如果两个单相试验在一台共用操动机构的三极断路器上进行，为了防止一极过负荷，试验可在两个不同的极上进行。

6.108.2 试验电流和恢复电压

附加的单相开断试验的开断电流和恢复电压如图 45 所示。

触头分离时刻开断电流的直流分量不应超过交流分量的 20%。瞬态恢复电压应满足 6.104.5.1 的项 a)和项 b)的要求，标准值应从表 1、表 2、表 3 和表 4 导出。用于单相故障和异相接地故障试验的数值在表 25 中给出，并标有角标(sp)：

表 25 单相故障和异相接地故障试验的 TRV 参数

<table>
<tr><td rowspan="3">系统中性点</td><td colspan="6">额定电压</td></tr>
<tr><td colspan="2">$U_r<126$ kV
两参数 TRV</td><td colspan="4">$U_r\geq126$ kV
四参数 TRV</td></tr>
<tr><td>$u_{c,sp}$</td><td>$t_{3,sp}$</td><td>$u_{1,sp}$</td><td>$t_{1,sp}$</td><td>$u_{c,sp}$</td><td>$t_{2,sp}$</td></tr>
<tr><td>有效接地</td><td>$k_{af}\times U_r\times\sqrt{2}/\sqrt{3}$</td><td rowspan="2">$t_3\times u_{c,sp}/u_c$</td><td>$0.75\times U_r\times\sqrt{2}/\sqrt{3}$</td><td rowspan="2">$t_1\times u_{1,sp}/u_1$</td><td rowspan="2">$k_{af}\times u_{1,sp}/0.75$</td><td rowspan="2">$4\times t_{1,sp}$</td></tr>
<tr><td>非有效接地</td><td>$k_{af}\times U_r\times\sqrt{2}$</td><td>$0.75\times U_r\times\sqrt{2}$</td></tr>
</table>

与 $u_{1,sp}$、$u_{c,sp}$、$t_{1,sp}$和 $t_{3,sp}$相关的其他参数见 6.104.5.1 中关于试验方式 T100 的定义。必要时，可以优先采用 6.104.5.2 中关于试验站条件限制方面的措施。

6.108.3 试验方式

对于两种规定的故障情况的每一种情况，试验方式由一个额定操作顺序组成。

开断操作时的燃弧时间不应小于下面的 t_a：

$$t_a\geq t_{a100s}+0.7\times T/2$$

式中：

t_{a100s}是：

——如果出线端故障试验方式 T100s 进行的是三相试验，试验方式 T100s 的三次开断操作中首开极燃弧时间的最小值；

——如果出线端故障试验方式 T100s 进行的是单相试验，出线端故障试验方式 T100s 的最短燃弧时间。

T——工频一个周期的持续时间。

如果单相或异相接地故障试验条件下的最短燃弧时间小于出线端故障试验方式 T100s 的最短燃弧时间的时差超过 0.1×T，则试验可在基于下述公式的较短的燃弧时间下进行：

$$t_{a} \geqslant t_{arc, min, single, phase} + 0.9 \times T/2$$

式中：

$t_{arc, min, single, phase}$——单相或异相接地故障试验条件下的最短燃弧时间；

T——工频一个周期的持续时间。

注：没有必要确定单相或异相接地故障开断试验的最短燃弧时间。但是，制造厂应说明在这些条件下可以获得比 T100s 更短的最短燃弧时间。然后，如上所述，试验可以在该较短的最短燃弧时间下进行。

为了减少试验次数，允许用一次试验代替两次试验，只要两个试验条件同时满足。该替代的允许条件仅限于制造厂同意的。

6.109 近区故障试验

6.109.1 适用性

近区故障试验是对 6.106 涵盖的基本短路试验方式补充的短路试验。进行这些试验的目的是确定断路器在近区故障条件下，瞬态恢复电压由电源侧和线路侧组合时断路器开断短路电流的能力。

近区故障试验仅适用于直接和架空线连接的、不考虑电源侧的网络类型、额定电压 24 kV 及以上且额定短路开断电流超过 12.5 kA 的 S2 级断路器。

6.109.2 试验电流

试验电流应计及电源侧和线路侧的阻抗。电源侧的阻抗应是相应于近似 100％额定短路开断电流 I_{sc}和额定电压 U_{r} 的相对地值时的阻抗值。

线路侧阻抗的标准值分别规定为相应于额定短路开断电流交流分量减少到：

——对于额定电压高于 40.5 kV 的断路器，90％(L_{90})和 75％(L_{75})；

——对于额定电压 24 kV 和 40.5 kV 的断路器，75％(L_{75})。

试验中，代表断路器线路侧的线路长度可能不同于与电流等于额定短路开断电流的 90％和 75％相应的线路长度。

对于额定电压高于 40.5 kV 的断路器，线路长度与这些标准长度的偏差，对 90％额定短路开断电流为－20％～0％，对 75％额定短路开断电流为±20％。

对于额定电压 24 kV 和 40.5 kV 的断路器，线路长度与这些标准长度的偏差，对 75％额定短路开断电流为－20％～0％。

线路长度的这些偏差导出了短路电流的下述偏差：

——L_{90} 线路长度偏差在 0％时： $I_{L}=90\% I_{sc}$

——L_{90} 线路长度偏差在－20％时： $I_{L}=92\% I_{sc}$

——L_{75} 线路长度偏差在＋20％时： $I_{L}=71\% I_{sc}$

——L_{75} 线路长度偏差在 0％时： $I_{L}=75\% I_{sc}$

——L_{75} 线路长度偏差在－20％时： $I_{L}=79\% I_{sc}$

对于 6.109.4 项 c)规定的情况，要求在 60％额定短路开断电流时进行另一次试验(L_{60})。相应标准线路长度的偏差为±20％。这样导出短路电流的偏差为：

——L_{60} 线路长度偏差在＋20％时： $I_{L}=55\% I_{sc}$

——L_{60} 线路长度偏差在－20％时： $I_{L}=65\% I_{sc}$

更详细的资料，参见附录 J 和 L.3。

6.109.3 试验回路

试验回路应是单相的，且由电源回路和线路回路(见图 46、图 47 和图 48)组成。基本要求在 4.105

中给出。

考虑到电源侧和线路侧的时延以及 ITRV（见 4.102.1），规定了两项主要要求且应把它们区分开来：

a) 电源侧：有时延（t_d）而无 ITRV；
   线路侧：有时延（t_{dL}）；

b1) 电源侧：）有 ITRV；
   线路侧：有时延（t_{dL}）；

b2) 电源侧：有时延（t_d）；
   线路侧：无明显时延（t_{dL}）。

如果线路侧振荡不采用时延（见 6.104.5.2），则代表电源侧的 ITRV 可以忽略。只要线路侧的时延不超过 100 ns 就可以认为没有明显的时延。

注 1： 如果电源侧无 ITRV，线路侧无明显的时延，且在规定的范围内并接近 100 ns，根据断路器的额定值，在时间 t_i 时断路器两端的电压可能在某种程度上低于电源侧有 ITRV、线路侧有时延时的情况。

考虑到这些规定，根据它们的时延表征的三种试验回路适用于近区故障试验：

——SLF 回路 a)：电源侧有时延（t_d）且线路侧有时延（t_{dL}）（见 A.4.1）；回路如图 46 所示。

——SLF 回路 b1)：电源侧有 ITRV 且线路侧有时延（t_{dL}）（见 A.4.2）；回路如图 47 所示。

——SLF 回路 b2)：电源侧有时延（t_d）且线路侧无明显时延（t_{dL}）（见 A.4.3）；回路如图 48 所示。

回路 a)仅适用于没有 ITRV 要求的场合。回路 b2)可以作为回路 b1)的替代回路，除非断路器的两个端子在电气上不一样（例如 6.109.3 的注 4 中提及的使用附加电容的场合）。

试验回路的选择见图 49 的流程图。

试验回路电源侧和线路侧的其他特征应与附录 A 中给出的解释和计算一致。

如果由于试验室条件的限制，电源侧的 TRV 要求不能满足时，电源侧 TRV 时延的缺陷可以通过提高线路侧电压的幅值来补偿。线路侧电压的提高值 $u_{L,\text{mod}}{}^*$ 可按下述方法计算（亦可见图 16 和图 50）：

$$t_d < t'_d \leqslant t_L \qquad u_{L,\text{mod}}{}^* = u_L{}^* + L_f \times \text{RRRV} \times (t'_d - t_d)$$

$$t_d < t_L \leqslant t'_d \qquad u_{L,\text{mod}}{}^* = u_L{}^* + L_f \times \text{RRRV} \times (t_L - t_d)$$

式中：

RRRV ——要求的电源侧恢复电压上升率，单位为千伏每微秒（kV/μs）；

L_f ——SLF 的电流系数 I_L/I_{sc}（0.9 或 0.75 或 0.60）；

t_d ——要求的电源侧时延，单位为微秒（μs）；

t'_d ——电源侧的实际时延，单位为微秒（μs）；

t_L ——线路侧瞬态电压到达峰值电压 $u_L{}^*$ 的时间，单位为微秒（μs）；

$u_L{}^*$ ——要求的线路侧峰值电压，单位为千伏（kV）；

$u_{L,\text{mod}}{}^*$ ——调节的线路侧峰值电压，单位为千伏（kV）。

如果试验是在断路器一个端子接地的情况下进行的，如在合成试验时，应该对线路侧和电源侧振荡的电压分布系数进行测量或计算。线路侧振荡较高的应力单元就是电源侧振荡较低的应力单元。认为更显著的作用来自线路侧。电压分布系数应为：

——单元试验：应测量或计算线路侧单元的系数。

——多单元试验：应测量或计算邻近线路侧的多单元的系数。应该注意到在多个单元内电压的分布不使断路器过负荷。对受试部分应采用新的测量或计算方法。

测量预期 TRV 时，应该把线路连接到实际的回路中以便考虑到试验回路中分压器、杂散电容和电感产生的所有影响。

可以在线路侧或电源侧或断路器的断口间接上一个附加的电容，用来调节试验回路中各个部分的时延。

注 2：术语“实际的”是用来和标称值(90%、75%、60%)相区别；不排除使用 6.104.3 定义的预期短路开断电流。

注 3：为了调节线路侧的时延使其达到表 8 中的标准值而接入了额外的电容，则在该电容的延时效应衰减后，线路侧 TRV 的上升率应达到其标准值($du_L/dt=-s\times I_L$)。

注 4：当断路器的开断能力不足以开断近区故障时，不论在试验或运行时，可以在线路侧或断路器断口间使用一个附加的并联电容器。通过这个方法可以降低断路器所承受的应力。试验中所使用附加电容器的数值和位置都应在试验报告中表示出来。

对于大容量的附加电容，由于该附加电容的效应，线路侧的波阻抗和线路侧的延时可能会降低。然而，线路自身的波阻抗(事先已按表 8 中给出的标准值调整过)保持不变。因为附加电容的延时效应的衰减时间可能长于到达线路侧 TRV 峰值的时间，所以，TRV 上升阶段斜率的较低的上升率可能被误解为线路侧减小的波阻抗。因此，对于接有附加电容的线路，计算的时延和波阻抗值与试验无关。

试验报告应给出适合于断路器额定值的规定的瞬态恢复电压，且为了比较起见，还应给出所用的试验回路的预期瞬态恢复电压。

6.109.4 试验方式

近区故障试验应为单相试验。试验方式的系列规定如下。每一试验方式由额定操作顺序组成。为了便于试验，合闸操作可以是空载操作。

试验回路应符合 6.109.3。

对于这些试验方式，触头分离时刻的直流分量百分数应小于交流分量的 20%。

与符合 6.109.2 的试验电流相关的试验方式如下：

a) 试验方式 L_{90}

在 6.109.2 给出 L_{90} 的电流和适当的预期瞬态恢复电压下进行。

该试验方式仅对额定电压高于 40.5 kV 的断路器是强制性的。

b) 试验方式 L_{75}

在 6.109.2 给出 L_{75} 的电流和适当的预期瞬态恢复电压下进行。

c) 试验方式 L_{60}

在 6.109.2 给出 L_{60} 的电流和适当的预期瞬态恢复电压下进行。

仅对额定电压高于 40.5 kV 的断路器且仅当试验方式 L_{75} 中的最短燃弧时间长于试验方式 L_{90} 中的最短燃弧时间四分之一周波或更多时，这个试验方式才是强制性的。

6.109.5 用容量有限的试验电源进行近区故障试验

当试验站可供利用的最大短路容量不足以对断路器整极进行近区故障试验时，允许进行单元试验(见 6.102.4.2)。

放宽 6.109.3 的规定时，近区故障试验也可以在降低的工频电压下进行。应尽可能地满足这些规定，且瞬态恢复电压应至少在三倍于线路侧恢复电压第一幅值的规定时间内予以满足。如果 6.106 中的基本短路试验方式已满足，且假定断路器在瞬态恢复电压的峰值附近的介质强度与电流过零后施加在其上的电压无关，就可以使用这一方法。这个试验方法也可以和单元试验结合使用。

如果近区故障试验是在降低的工频电压下进行的，且任何一个近区故障试验方式按照 6.102.10.2.2.1 确定的最长燃弧时间长于试验方式 T100s 的最长燃弧时间 2 ms，则应在出线端故障 T100s 的试验条件下进行一个具有近区故障试验获得的最长燃弧时间的分闸操作。这个附加操作的 TRV 参数可以降低到相应于首开极系数为1.0,和正常的近区故障试验相同的值。如果附加的分闸操作成功地开断了电流,则认为断路器仅通过了近区故障试验。

6.110 失步关合和开断试验

6.110.1 试验回路

试验回路的功率因数应不超过0.15。

试验通常在单相试验回路中进行,因此,本条款仅涉及单相试验程序。

注:除了单相试验以外,也允许三相试验。如果进行三相试验,试验程序应按照制造厂和用户之间的协议。

试验回路应这样布置,约有一半的外施电压和恢复电压施加在断路器的每一侧(见图51)。

如果在试验站使用这种回路不现实时,征得制造厂的同意,只要断路器两端的总电压符合6.110.2中的规定,可以采用相差120°的两个相同的电压代替180°(见图52)。

制造厂同意时,允许断路器的一端接地(见图53)。

6.110.2 试验电压

合闸和分闸操作期间使用的试验电压下述内容适用:

a) 对用于中性点有效接地系统中的断路器,外施电压和工频恢复电压应该为$2.0/\sqrt{3}$倍的额定电压;

b) 对用于中性点非有效接地系统中的断路器,合闸操作期间的外施电压应为$2.0/\sqrt{3}$倍的额定电压,工频恢复电压应为$2.5/\sqrt{3}$倍的额定电压。

瞬态恢复电压应符合4.106。

6.110.3 试验方式

应进行的试验方式列于表26中。燃弧时间见6.102.10.2.1和6.102.10.2.2。

对于每一个试验方式的分闸操作,触头分离时刻开断电流的直流分量应小于交流分量的20%。

对于试验方式OP2中的合—分操作循环中的合闸操作:

a) 外施电压应为$2U_r/\sqrt{3}$;为了便于试验,用于中性点非有效接地系统中的断路器的外施电压在征得制造厂的同意后可以提高到$2.5U_r/\sqrt{3}$。

注1:2.0 p.u的工频电压规定为合闸时首先合闸极(最长预击穿时间作用的极)的正常出现的最高值。

注2:为中性点有效接地系统和中性点非有效接地系统中的开断规定的工频电压分别为2.0 p.u.和2.5 p.u.,它们涵盖了失步开合条件下断路器应用的绝大多数场合(见8.103.3)。有效接地系统中对应于2.0 p.u.的失步相角近似为105°,非有效接地系统中对应于2.5 p.u.的失步相角近似为115°。

b) 关合应出现在外施电压峰值的±15°内。

c) 合闸操作应产生具有最长预击穿时间的对称电流。关合电流应等于额定失步关合电流。

 1) 如果关合在外施电压峰值处的预击穿时间短于或等于额定频率周波的一半,则关合电流可以降低到任何较小的值,但不应小于1 kA;

 2) 如果关合在外施电压峰值处的预击穿时间不超过工频周波的1/4(偏差为20%),由于试验设施可能的制约允许将OP2中的CO操作循环按下述顺序替代:

 ——C 在全电压下;

 ——CO 空载合闸。

表 26 验证失步额定值的试验方式

试验方式	操作顺序	开断电流占额定失步开断电流的百分数 %
OP1	O—O—O	30
OP2	CO—O—O 或替代的 C*—C** O—O—O C*：全电压下的 C； C**：空载时的 C	100
注 1：装有合闸电阻的断路器，合闸电阻的热耐受能力可以单独试验。 注 2：如果断路器的燃弧特性是：按照 6.107.1 规定的临界电流试验，其电流值低于出线端故障 T10 的试验电流时，则试验方式 OP1 可以免去。		

6.111 容性电流开合试验

6.111.1 适用性

容性电流开合试验适用于规定有下述一个或多个额定值的所有断路器：

——额定线路充电开断电流；

——额定电缆充电开断电流；

——额定单个电容器组开断电流；

——额定背对背电容器组开断电流；

——额定背对背电容器组关合涌流；

额定容性开合电流的优选值在表 9 中给出。

注 1：开合容性电流时过电压的确定不在本标准的范围内。

注 2：关于容性电流开合的解释性的注解在 I.3 中给出。

6.111.2 概述

容性电流开合试验时允许出现复燃。根据断路器的重击穿性能可以将其分成两级：

——C1 级：特定的型式试验(6.111.9.2)验证的容性电流开合试验中具有低的重击穿概率。

——C2 级：特定的型式试验(6.111.9.1)验证的容性电流开合试验中具有非常低的重击穿概率。

注 1：该概率与断路器型式试验系列中的性能有关。

注 2：重击穿或复燃后出现的现象不能代表运行条件，因为试验回路并不能完全再现事后的电压条件。

试验室试验，线路和电缆可以部分或全部用电容器、电抗器和电阻等集中元件组成的人工回路代替。

试验回路的频率应为额定频率，允差为±2%。

注 3：在 60 Hz 时进行的试验可以认为已证明了 50 Hz 时的开断特性。

注 4：只要能证明断路器断口上的电压在开断后的第一个 8.3 ms 内不低于规定电压下 60 Hz 试验时的情况，则认为 50 Hz 时的试验也可以验证 60 Hz 时的特性。如果重击穿出现在 8.3 ms 以后，因为其瞬时电压高于在 60 Hz时规定电压试验的瞬时电压，则试验应在 60 Hz 时重复进行。

注 5：回路的要求可以用恢复电压的要求代替。

6.111.3 电源回路特性

试验回路应满足下述要求：

a) 在开合时，试验回路的特性应该是：工频电压的变化，对试验方式 1(LC1、CC1 和 BC1)小于 2%；对试验方式 2(LC2、CC2 和 BC2)小于 5%。如果电压变化超过规定值，允许使用规定的恢复电压(6.111.10)或合成试验来替代进行试验。

b) 电源回路的阻抗不应低至使其短路电流超过断路器的额定短路电流。

对于线路充电、电缆充电或单个电容器组电流开合试验，电源回路的预期瞬态恢复电压不应比 6.104.5.2中对试验方式 T100 规定的瞬态恢复电压更严酷。

对于背对背电容器组开断电流试验，电源回路的电容以及电源侧的电容和负载侧的电容之间的阻抗，应使得在 100%额定背对背电容器组开断电流试验时达到额定背对背电容器组关合涌流。

注 1：如果断路器用于电源侧有适当长度电缆的系统中时，电源回路就应采用适当的附加电容。

注 2：对于背对背电容器组开合电流试验，如果单独进行关合试验，可以为开断试验选择较低的电源回路电容。该电容值不应太低以使得电源回路的预期瞬态恢复电压超过 6.104.5.2 中对短路试验所规定的值。

6.111.4 电源回路的接地

对于试验室单相试验，单相电源回路的任一端可以接地。但是，如果应该保证断路器各单元之间正确的电压分布，可以换到电源回路的另一端接地。

三相试验应按下列规定接地：

a) 对于电容器组电流开合试验，电源回路的中性点应接地。对于中性点有效接地的电容器组，零序阻抗应不大于三倍的正序阻抗；对于中性点绝缘的电容器组，与该比值无关。

b) 对于线路充电和电缆充电电流开合试验，电源回路的接地原则上应相应于断路器使用时回路的接地条件；

——对用于中性点有效接地系统中的断路器的三相试验，电源回路的中性点应接地，其零序阻抗应不大于三倍的正序阻抗；

——对用于中性点非有效接地系统中的断路器的三相试验，电源侧的中性点应绝缘。

注：为了试验方便，只要试验室能证明获取的恢复电压值是等价的，可以使用替代的试验回路，例如：中性点接地的系统和中性点绝缘的电容器组构成的试验回路，在很多情况下可以用中性点绝缘的系统和中性点接地的电容器组代替。

另外，应注意 TRV 控制电容对恢复电压值的影响，尤其是对小的容性电流。表 29 中给出了要求的恢复电压值。

6.111.5 被开合的容性回路的特性

有三种可能性：

a) 三相试验，在线路充电和电缆充电电流开合试验的情况下，允许采用并联线路或电缆，或者用集中电容器组部分地或全部地替代实际的三相线路或电缆线路。对于 72.5 kV 及以上，其最终的正序电容应近似等于两倍的零序电容以再现三芯铠装电缆；对于额定电压 72.5 kV 以下，其正序电容应近似等于 3 倍的零序电容。

b) 用三相试验回路进行单相试验，容性回路的两相直接连接到三相电源回路，而另一相通过断路器的被试极连接到电源回路。

c) 试验室单相试验，在电缆充电或线路充电电流开合试验的情况下，允许用集中电容器组部分地或全部地取代实际的线路或电缆，也允许采用几条不同相的导线并联连接，电流通过地或一个导线返回。

包括所有必需的测量装置如分压器在内的容性回路特性，应为在电弧最终熄灭后 300 ms 时负载侧电压的衰减不超过 10%。

如果试验回路不能提供 300 ms 的恢复电压，断路器的耐受能力应以其他方式验证。该试验可以通过无电流、在触头分离后施加要求的恢复电压持续工频的一个周波的附加试验来完成。该要求的恢复电压可以通过,例如在要求的时间内一端施加直流电压,另一端施加交流电压来获得。施加电压的次数应为每个极性各5次。如果进行的容性电流开合试验是三相试验,该附加的绝缘试验应对每一相实施。如果适用,该试验期间的开断和绝缘压力应为相应于容性电流开合试验规定的压力。

6.111.5.1 线路充电和电缆充电电流开合试验

当利用电容器模拟架空线路或电缆时,最大值为5%容抗的无感电阻可以与电容器串联。更高的电阻值可能会过分地影响恢复电压。如果串联这个电阻后,涌流峰值仍然是高得不可接受,只要开断时刻的电流和电压条件以及恢复电压没有明显的偏离规定值,可以用一个替代阻抗(例如 LR)来替代电阻。

采用该替代阻抗应注意,因为该阻抗在复燃后会产生过电压,将可能导致更进一步复燃或重击穿。

注:对于电缆充电电流开合试验,只要线路充电电流不超过电缆充电电流的1%,可以采用一条短架空线路与电缆串联做此试验。

6.111.5.2 电容器组电流开合试验

除了额定电压高于或等于72.5 kV以外,电容器的中性点应绝缘,如果断路器打算用于中性点有效接地系统,则试验电容器的接地条件应与电容器运行中的条件相同。

注:如果满足下述条件就涵盖了背对背电容器组关合性能:

——试验的峰值关合涌流等于或大于额定值;

——试验的涌流频率等于或大于额定值的77%。该原则的适用性限于频率6 000 Hz以下。

6.111.6 电流波形

被开断电流的波形应尽可能地接近正弦波。如果电流有效值与其基波分量有效值之比不超过1.2,则认为满足该条件。

被开断电流在每个工频半波中过零不得多于一次。

6.111.7 试验电压

对于三相直接试验和单相试验,被开合的容性回路应按照6.111.5的项b)进行布置,试验电压应在断路器分闸前的时刻,于断路器所在处的相间测得,应不小于断路器的额定电压 U_r。

对于试验室单相直接试验,在断路器临分闸前,于断路器所在处测得的试验电压应不小于 $U_r/\sqrt{3}$ 与下列容性电压系数 k_c 的乘积:

a) 1.0

适用的试验相应于中性点固定接地系统的正常运行条件,且容性回路相邻的相间无明显的相互影响,典型的回路如中性点接地的电容器组和屏蔽电缆。

b) 1.2

适用于按6.111.5的项c)规定的相应于额定电压72.5 kV及以上的中性点有效接地系统中正常运行条件下铠装电缆和线路充电电流的开合试验。

c) 1.4

适用的这类试验相应于以下情况:

——中性点非有效接地系统中的正常运行条件下的开断;

——中性点绝缘的电容器组的开断。

另外,系数1.4也适用于按照6.111.5的项c)规定的相应于额定电压小于72.5 kV,中性点有效接地系统中正常使用条件下铠装电缆和线路充电电流的开合试验。

存在单相或两相接地故障时，要求验证容性电流开合能力时，下列系数适用(亦可见6.111.9.3的试验电流)：

d) 1.4

适用的试验相应于在中性点有效接地系统中存在单相或两相接地故障条件下开断。

e) 1.7

适用的试验相应于在中性点非有效接地系统中存在单相或两相接地故障条件下开断。

对于单元试验，其试验电压应选定为相应于断路器整极中承受最高电压单元的电压。

容性回路上的工频试验电压和由残余电荷产生的直流电压在开断后应保持至少0.3 s。

注1：上述b)到c)中的电压系数适用于单回线路结构。多回架空线路结构的开合试验要求可能大于这些系数。

注2：当断路器不同极中触头分离的不同期性超过额定频率的1/6周波时，建议进一步提高电压系数，或仅实施三相试验。

6.111.8 试验电流

应按照本标准给出的原则确定各试验方式的试验电流。表9规定了额定容性电流的优选值。选择这些数值是为了标准化的目的并涵盖了大多数典型应用。如果需要不同的数值，不同于优选值的任何适当的数值可以规定为额定值。

6.111.9 试验方式

每一个试验系列的试验方式应在不经任何维修的一个样品上进行。采用下述缩写：

——线路充电电流，试验方式1　　LC1

——线路充电电流，试验方式2　　LC2

——电缆充电电流，试验方式1　　CC1

——电缆充电电流，试验方式2　　CC2

——电容器组电流，试验方式1　　BC1

——电容器组电流，试验方式2　　BC2

为了验证断路器适应几种应用和额定值(例如LC和/或CC和/或BC)的性能，这些试验方式可以合并。如果采用合并的方法，下述原则适用：

——6.111.7中规定的试验电压应等于断路器性能需要验证所规定的最高值；

——试验方式和试验电流如下：

1) 试验方式2，涵盖组合的所有试验方式2，电流不小于需要验证的最高容性电流额定值的100%；

2) 试验方式1的电流为需要验证的最高容性电流额定值的10%～40%；

3) 如果额定值的10%～40%没有被先前的试验方式1涵盖，对每一个较低容性电流额定值的试验方式1；

4) 各个试验方式的所有其他要求(例如操作的类型和次数、压力条件和试验回路)也应满足。如果对一种应用规定了CO操作，对另一种应用规定了O操作，如果试验条件相同，认为CO操作涵盖了O操作。

注：后面给出了对额定电压126 kV断路器进行C2级单相试验应用该原则的示例；假定电压系数对所有的额定值相同。

如果规定了线路充电电流和电缆充电电流额定值，应进行下述试验：

——在操作和开断的最低功能压力下的试验方式1，由48个O操作组成；试验电流应涵盖两个额定值的10%～40%，额定线路充电开断电流(额定电压126 kV为31.5 A)和额定电缆充电开断电流(额定电压126 kV为140 A)。因此，试验电流应在14 A和12.6 A之间。

——在操作和开断的额定压力下的试验方式2，由24个O操作和24个CO操作循环组成；试验电流不应小于两者，额定线路充电开断电流(额定电压 126 kV 为 31.5 A)和额定电缆充电开断电流(额定电压 126 kV 为 140 A)。因此，电流应为 140 A 或更高。

如果还规定有电容器组电流额定值，三个不同额定值的试验的组合试验应按如下进行：

——首先，在操作和开断的额定压力下的试验方式 2，由 120 个 CO 操作循环组成；试验电流不应小于额定线路充电开断电流(额定电压 126 kV 为 31.5 A)、额定电缆充电开断电流(额定电压 126 kV 为 140 A)和额定单个电容器组开断电流(所有的额定电压均为 400 A)。因此，电流应为 400 A 或更高。

——在操作和开断的最低功能压力下的试验方式 1，由 48 个 O 操作组成；电流应为需要验证的最高电流的 10%～40%，即 400 A。因此，试验电流应在 40 A 和 160 A 之间。本试验方式也能涵盖电缆充电电流的开合要求，此时电流应在 40 A 和 64 A 之间。

——在操作和开断的最低功能压力下补充的试验方式 1，由 48 个 O 操作组成；电流应为 5 A～20 A——在前面进行的试验方式 1 的电流为 40 A～64 A 的情况下，如上面所解释的，已经满足了电缆充电电流的开合要求；或者 16 A～20 A——在这种情况下，该第二个试验方式 1 涵盖了线路充电和电缆充电电流开断要求。

6.111.9.1 C2 级断路器的试验条件

6.111.9.1.1 C2 级试验方式

C2 级断路器的容性电流开合试验应在断路器完成了作为预备试验的试验方式 T60(T60 与额定短路开断电流的交流分量有关)后进行。试验的布置有必要使得各试验之间断路器无相互干扰。但是，如果不可能，且地方安全法规要求降低压力以进入试验小室，只要断路器补气时重新使用了这些气体，允许降低断路器中的压力。

作为替代，预备试验可包括：

——和试验方式 T60 相同的电流；

——低的电压且不规定 TRV；

——3 次分闸操作；

——燃弧时间：和 T60 相同或者制造厂给出的期望的 T60 的燃弧时间值；

——额定的或闭锁的条件。

注 1：出于实际原因，对于额定电压小于 72.5 kV 的断路器，制造厂可以选择对 T60 预备试验增加其他试验方式。

注 2：如果几个容性电流开合试验如线路充电、电缆充电和电容器组电流开合试验在同一台断路器上进行且不经调整，则 T60 预备试验仅需在容性电流开合试验开始时进行一次。

容性电流开合试验应由表 27 规定的试验方式组成。

表 27 C2 级试验方式

试验方式	脱扣器的操作电压	操作和开断用的压力	试验电流作为额定容性开断电流的百分比 %	操作类型或操作顺序
1 LC1、CC1 和 BC1	最高电压	最低功能压力	10～40	0
2 LC2、CC2 和 BC2	最高电压	额定压力	不小于 100	0 和 C0 或 C0
注 1：在脱扣器的最高操作电压下进行试验是为了便于稳定地控制分闸操作。 注 2：为了试验方便，试验方式 1(LC1、CC1、BC1)也可进行 CO 操作循环。				

对于终身密封的流体断路器，可用开断用的额定压力代替最低功能压力，这是因为在整个寿命期间由泄漏引起的压力降较小。对于真空断路器，开断的压力条件不适用。

对于关合—开断试验，瞬态电流消失之前断路器的触头不应分离。为此，可能需要调节合闸和分闸之间的时间间隔，但应尽可能地保持3.7.143定义的合—分时间。

关合操作之前，容性回路中不应有明显的电荷。

试验背对背电容器组开合电流时，关合涌流应等于额定的背对背电容器组关合涌流，偏差为±10%。背对背电容器组关合涌流的固有值的公差为$^{+10}_{-0}$%。对于所有的关合操作，关合应发生在外施电压峰值±25°内(在三相试验的一相上)且两个极性均匀分布。

对于背对背电容器组开合试验，如果受试验站的限制而不能在CO操作循环中满足这些要求时，则允许把试验方式2(BC2)的要求按照一系列单独的关合试验紧随着一系列CO试验后进行。

也允许不在两个连续的组内进行这些拆分试验，一组由所有的C操作组成而另一组由所有的CO操作组成，只要本试验期间任何时刻关合操作的次数大于或等于开断操作的次数，可以将C和CO操作混合。

本试验系列的单独的关合试验包括：

——相同的操作次数；

试验背对背电容器组开合电流时，关合涌流至少应等于额定背对背电容器关合涌流；

——试验电压应与试验方式2(BC2)相同；

——关合应发生在电压峰值±15°内(三相试验的同一相上)且两个极性均匀分布。

单独的关合操作后，CO操作应在相同的极上进行而不进行中间检修，并应在空载条件下合闸。

注3：开合容性电流时，CO操作循环中的分闸操作不会受到前面的合闸操作时预击穿的影响，但可能会受到合闸操作引起的开断用流体的实际性能(如密度、平衡度和流体运动的差异)的影响。因此，仅考虑电气强度而没有考虑开断用流体的运动条件，上述提到的合闸和分闸操作可以分开进行。正因为这些原因，才有必要在分闸操作前进行空载合闸操作。

背对背电容器组开合试验时，涌流的预期阻尼系数，即同一极性的第二个峰值与第一个峰值的比值，对于额定电压小于72.5 kV的断路器应等于或大于0.75；对于额定电压等于或大于72.5 kV的断路器应等于或大于0.85。

对于分闸操作，通过改变触头分离时刻的整定值，依次大约6°，来确定最短燃弧时间。采用该方法，应该进行几次试验，以验证最短燃弧时间和最长燃弧时间。

注4：为了获得更稳定的断路器的分闸时间和合闸时间，征得制造厂的同意后，这些试验可以施加甚至高于操动机构额定电源电压上限的电压。

如果没有得到预期的最短燃弧时间，而是一个最长燃弧时间，本次试验仍然有效，而且应计在总的要求中。在这种情况下，有必要：

——提前脱扣脉冲控制的整定值6°，重复该试验；新的整定值可用于最短燃弧时间的其他试验；

——少做一次分闸操作以保证总的试验次数。

即使超过规定的总的操作次数，仍应达到在6.111.9.1.2、6.111.9.1.3、6.111.9.1.4和6.111.9.1.5规定的最短燃弧时间下的操作次数。

随后一个电流零点开断的复燃应被视为长燃弧时间时的开断操作。

对于线路充电或电缆充电电流开合试验的优选次序如下：

——出线端故障T60(开始时为强制性的)；

——容性电流开合试验，试验方式1(LC1或CC1)；

——容性电流开合试验，试验方式2(LC2或CC2)。

对电容器组(单个或背对背)电流开合试验的强制性次序如下：

——出线端故障T60；

——容性电流开合试验，试验方式2(BC2)；

——容性电流开合试验，试验方式1(BC1)。

在每一个试验方式内，6.111.9.1.2至6.111.9.1.5中的操作次序是推荐性的而不是强制性的。

对于电流回路不对称的断路器,端子接线应在试验方式 1(LC1、CC1 和 BC1)和试验方式 2(LC2、CC2 和 BC2)间倒换。

6.111.9.1.2 三相线路充电和电缆充电电流开合试验

每个试验方式包括下述的 24 次操作或操作循环:

试验方式 1(LC1 和 CC1):

——4 个 O,分布在一个极性上(步长:15°);

——6 个 O,在一个极性上的最短燃弧时间;

——4 个 O,分布在另一个极性上(步长:15°);

——6 个 O,在另一个极性上的最短燃弧时间;

——其余的试验应达到总计 24 次分闸操作,均匀分布(步长:15°)。

试验方式 2(LC2 和 CC2):

——4 个 CO,分布在一个极性上(步长:15°);

——6 个 CO,在一个极性上的最短燃弧时间;

——4 个 CO,分布在另一个极性上(步长:15°);

——6 个 CO,在另一个极性上的最短燃弧时间;

——其余的试验应达到总计 24 次合分操作,均匀分布(步长:15°)。

这些试验中,所有的最短燃弧时间均应在同一相上获得。

注:如果断路器的分闸时间妨碍了触头分离的精确控制,最短燃弧时间在一相上的要求可以忽略。

合闸操作可以是空载操作。

6.111.9.1.3 单相线路充电和电缆充电电流开合试验

每个试验方式包括下述要求的 48 次操作或操作循环:

试验方式 1(LC1 和 CC1):

——12 个 O,分布在一个极性上(步长:15°);

——6 个 O,在一个极性上的最短燃弧时间;

——12 个 O,分布在另一个极性上(步长:15°);

——6 个 O,在另一个极性上的最短燃弧时间;

——其余的试验应达到总计 48 次分闸操作,均匀分布(步长:15°)。

试验方式 2(LC2 和 CC2):

——6 个 O 和 6 个 CO,分布在一个极性上(步长:30°);

——3 个 O 和 3 个 CO,在一个极性上的最短燃弧时间;

——6 个 O 和 6 个 CO,分布在另一个极性上(步长:30°);

——3 个 O 和 3 个 CO,在另一个极性上的最短燃弧时间;

——其余的试验应达到总计 24 次分闸操作和 24 次合分操作,均匀分布(步长:30°)。

合闸操作可以是空载操作。

6.111.9.1.4 三相电容器组(单个或背对背)电流开合试验

试验方式 1(BC1)应包括总计 24 次分闸操作试验。试验方式 2(BC2)包括总计 80 次合分操作试验,如下所示:

试验方式 1(BC1):

——4 个 O,分布在一个极性上(步长:15°);

——6 个 O,在一个极性上的最短燃弧时间;

——4 个 O,分布在另一个极性上(步长:15°);

——6 个 O,在另一个极性上的最短燃弧时间;

——其余的试验应达到总计 24 次分闸操作,均匀分布(步长:15°)。

试验方式 2(BC2):

——4 个 CO,分布在一个极性上(步长:15°);

——32 个 CO,在一个极性上的最短燃弧时间;

——4 个 CO,分布在另一个极性上(步长:15°);

——32 个 CO,在另一个极性上的最短燃弧时间;

——其余的试验应达到总计 80 次合分操作,均匀分布(步长:15°)。

这些试验中,所有的最短燃弧时间应在同一相上获得。

对于单个电容器组的试验的合闸操作,认为试验回路提供的关合电流足够。在背对背电容器组开合试验的情况下,为了便于试验,试验方式 2 的合闸操作可以是空载操作,然后应按照 6.111.9.1.1 进行一系列单独的关合试验。

注:如果断路器的分闸时间妨碍了触头分离的精确控制,最短燃弧时间在一相上的要求可以忽略。

6.111.9.1.5 单相电容器组(单个或背对背)电流开合试验

试验方式 1(BC1)应包括总计 48 次分闸操作的试验。试验方式 2(BC2)应包括总计 120 次合分操作试验。

试验方式 1(BC1):

——12 个 O,分布在一个极性上(步长:15°);

——6 个 O,在一个极性上的最短燃弧时间;

——12 个 O,分布在另一个极性上(步长:15°);

——6 个 O,在另一个极性上的最短燃弧时间;

——其余的试验应达到总计 48 次分闸操作,均匀分布(步长:15°)。

试验方式 2(BC2):

——12 个 CO,分布在一个极性上(步长:15°);

——42 个 CO,在一个极性上的最短燃弧时间;

——12 个 CO,分布在另一个极性上(步长:15°);

——42 个 CO,在另一个极性上的最短燃弧时间;

——其余的试验应达到总计 120 次合分操作,均匀分布(步长:15°)。

对于单个电容器组的试验的合闸操作,认为试验回路提供的关合电流足够。在背对背电容器组开合试验的情况下,为了便于试验,试验方式 2 的合闸操作可以是空载操作,然后应按照 6.111.9.1.1 进行一系列单独的关合试验。

6.111.9.2 C1 级断路器的试验条件

6.111.9.2.1 C1 级试验方式

C1 级断路器的容性电流开合试验由表 28 规定的试验方式组成,没有预备性试验(6.111.9.1.1)。

对于关合—开断试验,断路器的触头在瞬态电流消失之前不应分离。为此,应调整合闸和分闸操作之间的时间间隔,但应尽可能地保持 3.7.143 定义的合—分时间。

关合操作之前,容性回路上不应有明显的电荷存在。

对于所有的关合操作,关合应发生在外施电压峰值±15°内(在三相试验的一相上)且两个极性均匀地分布。如果试验背对背电容器组开合电流,关合涌流至少应等于背对背电容器组关合涌流。

在背对背电容器组开合试验的情况下，如果受试验站的限制而不能在CO操作循环中满足这些要求时，则允许把试验方式2(BC2)的要求按照一系列单独的关合试验紧随着一系列CO试验进行。

也允许不在两个连续的组内进行这些拆分试验，一组由所有的C操作组成而另一组由所有的CO操作组成，只要本试验期间任何时刻关合操作的次数大于或等于开断操作的次数，可以将C和CO操作混合。

本试验系列的单独的关合试验包括：

——相同的操作次数；

试验背对背电容器组开合电流时，关合涌流至少应等于额定背对背电容器关合涌流；

——试验电压应与试验方式2(BC2)相同；

——关合应发生在电压峰值±15°内(三相试验的同一相上)且两个极性均匀分布。

单独的关合操作后，CO操作应在相同的极上进行而不进行中间检修，并应在空载条件下合闸。

表28　C1级试验方式

试验方式	脱扣器的操作电压	操作和开断用的压力	试验电流作为额定容性开断电流的百分比 %	操作类型或操作顺序
1　LC1、CC1和BC1	最高电压	额定压力	10～40	O
2　LC2、CC2和BC2	最高电压	额定压力[a]	≥100	CO
注1：在脱扣器的最高操作电压下进行试验是为了便于稳定地控制分闸操作。 注2：为了试验方便，试验方式1(LC1、CC1、BC1)也可进行CO操作循环。				
[a] 如果适用，开断和操作用的压力，应在最低功能压力条件下至少进行3次CO操作循环。一次在最短燃弧时间时进行，两次在最长燃弧时间时进行。本要求不适用于终身密封的断路器。				

注1：开合容性电流时，CO操作循环中的分闸操作不会受到前面的合闸操作时预击穿的影响，但可能会受到合闸操作引起的开断用流体的实际性能(如密度、平衡度和流体运动的差异)的影响。因此，仅考虑电气强度而没有考虑开断用流体的运动条件，上述提到的合闸和分闸操作可以分开进行。正因为这些原因，才有必要在分闸操作前进行空载合闸操作。

背对背电容器组开合试验时，涌流的预期阻尼系数，即同一极性的第二个峰值与第一个峰值的比值，对于额定电压小于72.5 kV的断路器，应等于或大于0.75；对于额定电压等于或大于72.5 kV的断路器，应等于或大于0.85。

对于分闸操作，通过改变触头分离时刻的整定值，依次大约6°，来确定最短燃弧时间。采用该方法，应该进行几次试验以验证最短燃弧时间和最长燃弧时间。

注2：为了获得更稳定的断路器的分闸时间和合闸时间，征得制造厂的同意后，进行这些试验时，可以施加甚至高于操动机构额定电源电压上限的电压。

如果没有得到预期的最短燃弧时间，而是一个最长燃弧时间，本次试验仍然有效，而且应计在总的要求中。在这种情况下，有必要：

——提前脱扣脉冲控制的整定值6°，重复该试验；新的整定值可作为最短燃弧时间的其他试验；

——少做一次分闸操作以保证总的试验次数。

应达到6.111.9.2.2规定的在最短燃弧时间下的操作和操作循环次数，即使超过规定的总的操作次数。

后一个电流零点开断后出现的复燃应被视为长燃弧时间时的开断操作。

在每一个试验方式内，6.111.9.2.2 中规定的操作的顺序是推荐性的，而不是强制性的。

对于电流路径不对称的断路器，端子的接线应在试验方式 1(LC1、CC1 和 BC1)和试验方式 2(LC2、CC2 和 BC2)之间倒换。

6.111.9.2.2 单相和三相容性电流开合试验

试验方式 1(LC1、CC1 和 BC1)包括总计 24 次分闸操作试验。试验方式 2(LC2、CC2 和 BC2)包括总计 24 次合分操作试验。

试验方式 1(LC1、CC1 和 BC1)：

——6 个 O，分布在一个极性上(步长：30°)；

——3 个 O，在一个极性上的最短燃弧时间；

——3 个 O，在另一个极性上的最短燃弧时间；

——6 个 O，在另一个极性上的最长燃弧时间；

——其余的试验应达到总计 24 次分闸操作，均匀分布(步长：30°)。

试验方式 2(LC2、CC2 和 BC2)：

——6 个 CO，分布在一个极性上(步长：30°)；

——3 个 CO，在一个极性上的最短燃弧时间；

——3 个 CO，在另一个极性上的最短燃弧时间；

——6 个 CO，在另一个极性上的最长燃弧时间；

——其余的试验应达到总计 24 次合分操作，均匀分布(步长：30°)。

对于线路充电和电缆充电开合试验，合闸操作可以是空载操作。对于单个电容器组试验中的合闸操作，认为试验回路提供的关合电流已经足够。在背对背电容器组开合试验中，为了便于试验，试验方式 2 的合闸操作可以是空载操作；然后应按照 6.111.9.1.1 进行一系列单独的关合试验。

本试验优选的顺序如下：

——容性电流开合试验方式 1(LC1 或 CC1 或 BC1)；

——容性电流开合试验方式 2(LC2 或 CC2 或 BC2)。

6.111.9.3 存在接地故障时相应的开断试验条件

a) 线路和电缆

要求在存在接地故障时相应于线路和电缆充电电流开合的试验应按下述规定。

应进行单相试验室试验，试验电压按 6.111.7，容性电流等于：

——1.25 倍额定容性开断电流，中性点有效接地系统中；

——1.7 倍额定容性开断电流，中性点非有效接地系统中；

试验程序在 6.111.9.1 和 6.111.9.2 中给出，除此之外，对每一个相关的试验方式，要求的总试验次数被 2 除。

注：如果存在接地故障时相应的开断试验分别采用 6.111.9.1 或 6.111.9.2 规定的操作次数来进行，则这些试验覆盖了 6.111.9.1 或 6.111.9.2 中给出的要求，且不需进行 6.111.9.1 和 6.111.9.2 规定的那些试验。

b) 单个电容器组

中性点有效接地系统中的电容器组不需要该试验。

在中性点非有效接地系统中开合中性点有效接地的电容器组可导致较高的应力(电压)。因为这不是正常的系统条件，本标准中未考虑该试验要求。

c) 背对背电容器组

因为这不是正常的系统条件，本标准中未考虑该试验要求。

6.111.10 规定 TRV 的试验

作为采用 6.111.3～6.111.5 中确定的试验回路的替代回路，开合试验可以在预期恢复电压满足下述要求的回路中进行：

——预期试验恢复电压的包络线确定为(见图 54)：

$u_c' \geqslant u_c$

$t_2' \leqslant t_2$

——作为补充，预期恢复电压的初始部分应保持原点到 u_1 和 t_1 确定的点组成的线段以下。

——应注意保证实际的恢复电压不超过相应于单相直接试验(1－cos 波形)的试验电压的峰值 6%(即图 54 中所示的峰值恢复电压 u_c 的 3%)。

注：负载回路中采用串联电阻(6.111.5.1 和 6.111.5.2)产生的相位移可能会导致超出上面给出的限值。在这些情况下，可以降低电阻的数值或者采用适当的 LR 回路代替(6.111.5.1 和 6.111.5.2)。

u_1、t_1、u_c 和 t_2 的规定值在表 29 中给出。

表 29 u_1、t_1、u_c 和 t_2 的规定值

试验方式	与试验电压峰值有关的图 54 中的恢复电压值		图 54 中的时间值	
	u_c p.u.	u_1 p.u.	t_1	t_2
1	≥1.98	≤0.02×k_{af}*	≥t_1 或 t_3(4.102.3 中为出线端故障规定的值)	8.7 ms(50 Hz)
2	≥1.95	≤0.05×k_{af}*		
注：对于单相合成试验，预期恢复电压是根据与单相直接试验相应的试验电压计算得来的。				
* 对于额定电压 126 kV 及以上的断路器以及 S1 级断路器，k_{af}＝ 振幅系数＝1.4(见表 1、表 3 和表 5)。 对于 S2 断路器，k_{af}＝ 振幅系数 ＝ 1.54(见表 2)。				

6.111.11 通过试验的判据

6.111.11.1 概述

如果满足下述条件，各个等级的断路器就成功地通过了试验：

a) 在所有前述试验方式的容性电流开断和关合过程中，断路器的性能满足 6.102.8 给出的条件；

b) 试验系列后断路器的状态相应于 6.102.9.4 中给出的状态。如果在试验方式 1(LC1、CC1 或 BC1)和试验方式 2(LC2、CC2 或 BC2)中未出现重击穿，外观检查就已足够。

如果进行的是符合 6.111.9 的组合试验，通过试验的判据适用于与涵盖的应用和额定值所进行的试验相关的试验方式 1 和试验方式 2 的每一种组合。

6.111.11.2 C2 级断路器

如果在试验方式 1(LC1、CC1 或 BC1)和试验方式 2(LC2、CC2 或 BC2)中未出现重击穿，则断路器成功地通过了试验。

如果在整个试验方式 1(LC1、CC1 或 BC1)和方式 2(LC2、CC2 或 BC2)中出现 1 次重击穿，则两个试验方式均应在未经检修的同一台断路器上重复进行。如果在该延长的试验系列中没有出现重击穿，则断路器成功地通过了试验。不应发生外部闪络和相对地闪络。

在按照6.111.9的组合试验的情况下，对于那些应用和额定值，进行试验方式2和匹配的试验方式1时没有出现重击穿，则断路器应通过了试验。如果因为出现重击穿的试验方式应该重复进行，匹配的试验方式(试验方式1和试验方式2)的受影响的部分应予以重复。如果在多于一个试验方式1中出现一次重击穿，它们中每一个应与一个单独的试验方式2重复进行。如果在试验方式2中出现一次重击穿，则该试验方式2和任一个试验方式1应予以重复。

6.111.11.3 C1级断路器

如果在试验方式1(LC1、CC1或BC1)和试验方式2(LC2、CC2或BC2)中出现的重击穿次数不超过一次，断路器就成功地通过了试验。

如果在整个试验方式1(LC1、CC1或BC1)和试验方式2(LC2、CC2或BC2)中出现2次重击穿，则两个试验方式均应在未经检修的同一台断路器上重复进行。如果在该延长的试验系列中出现的重击穿不超过1次，则断路器就成功地通过了试验。不应发生外部闪络和相对地闪络。

在按照6.111.9的组合试验的情况下，对于那些应用和额定值，进行试验方式2和匹配的试验方式1时出现的重击穿总次数小于2，则断路器应通过了试验。如果因为出现重击穿的试验方式应该重复进行，匹配的试验方式(试验方式1和试验方式2)的受影响的部分应予以重复。如果在多于一个试验方式1中出现一次重击穿，它们中每一个应与一个单独的试验方式2重复进行。如果仅在试验方式2中出现了重击穿，则该试验方式2和任一个试验方式1应予以重复。

6.111.11.4 按C2级要求进行试验的断路器重新划分为C1级断路器的判据

对于特定开合方式(LC、CC、BC)，如果断路器满足C2级的要求，可以不需要进一步试验划分为C1级。

如果满足6.111.11.1的要求，并且满足下述条件，则按C2级试验程序进行试验但未达到C2级性能的断路器可以看作C1级断路器：

a) 线路或电缆充电电流开合试验

在试验操作的第一个系列中，即单相试验时的96次和三相试验时的48次，分别见6.111.9.1.2和6.111.9.1.3，在线路充电电流开合试验(LC1和LC2)或电缆充电电流开合试验(CC1和CC2)期间总的重击穿次数不超过2次。在第一个试验系列出现1次重击穿则可能按照6.111.11.2进行重复试验系列。断路器在重复试验系列中的性能与等级的重新划分无关。

b) 电容器组电流开合试验

在试验操作的第一个系列中，即单相试验时的168次和三相试验时的104次，分别见6.111.9.1.4和6.111.9.1.5，在电容器组开合试验(BC1和BC2)期间总的重击穿次数不超过5次。在第一个试验系列出现1次重击穿则可能按照6.111.11.2进行重复试验系列。断路器在重复试验系列中的性能与等级的重新划分无关。

重新划分等级的程序如图55和图56所示。

6.112 E2级断路器关合和开断试验的特殊要求

6.112.1 用于无自动重合闸方式的E2级断路器

打算用于无自动重合闸方式的断路器(如在电缆连接的网络中的断路器)的电寿命能力，是通过不进行中间检修完成6.106规定的基本短路试验方式来验证。不要求进行附加的试验。

6.112.2 用于自动重合闸方式的E2级断路器

打算用于自动重合闸方式的断路器，通常是用在架空线路网络中的断路器，除6.106的基本短路试验方式以外还应按表 30 及其规定的次序进行电寿命试验，而且，不应进行中间检修。

试验应在与 6.106 规定的基本短路试验同样的、干净的、新的断路器上实施，不应进行中间检修，试验参数应按 6.106 的规定，但下述情况除外：

a) 气体断路器，应在绝缘和/或操作用的额定压力以及合闸和分闸装置以及辅助和控制回路的额定电源电压下进行试验；

b) 应选取对试验方便的 t 值；

c) 试验操作顺序间的最短时间间隔应由制造厂规定。

对于 10％和 30％的试验，燃弧时间应是随机的；对于 60％和 100％的试验，燃弧时间按照 6.102.10 进行调整。

试验后断路器的状态应满足 6.102.9.2 和 6.102.9.3 的规定。

表 30 按照 6.112.2 用于自动重合闸方式的 E2 级断路器电寿命试验的操作顺序

<table>
<tr><th rowspan="2">试验电流(额定短路开断电流的百分数)
％</th><th rowspan="2">操作顺序</th><th colspan="6">操作顺序的次数</th></tr>
<tr><th>(序列 1)[a]</th><th>(序列 2)[a]</th><th>(序列 3)[a]</th><th colspan="3">(序列 4)[a]</th></tr>
<tr><td>10</td><td>O
O—0.3 s—CO
O—0.3 s—CO—t—CO</td><td>84
14
6[b]</td><td>12
6
4[b]</td><td>—
—
1[b]</td><td colspan="3"></td></tr>
<tr><td>30</td><td>O
O—0.3 s—CO
O—0.3 s—CO—t—CO</td><td>84
14
6[b]</td><td>12
6
4[b]</td><td>—
—
1[b]</td><td colspan="3"></td></tr>
<tr><td>60</td><td>O
O—0.3 s—CO—t—CO</td><td>2
2[b]</td><td>8
8[b]</td><td>15
15[b]</td><td colspan="3"></td></tr>
<tr><td rowspan="4">100(对称的)</td><td>O—0.3 s—CO—t—CO</td><td>2[b]</td><td>4[b]</td><td>2[b]</td><td colspan="3">1[b]</td></tr>
<tr><td>O</td><td></td><td></td><td></td><td>8</td><td>13</td><td>23</td></tr>
<tr><td>CO</td><td></td><td></td><td></td><td>6</td><td>11</td><td>21</td></tr>
<tr><td>O—0.3 s—CO—t—CO</td><td></td><td></td><td></td><td colspan="3">1</td></tr>
<tr><td colspan="8">[a] 序列 1 是优选。序列 2 是适用于中性点有效接地系统中断路器所用的序列 1 的替代。基于出版物[7]进行了计算。这些计算适用于某些断路器类型(单压式 SF_6 断路器和真空断路器)。对于其他类型的断路器，计算结果可能不同。采用这些计算和整定值，序列 1 产生的磨损为 100％，序列 2 产生的磨损为 125％，序列 3 产生的磨损为 134％。因此，序列 3 可以用来代替序列 1 和序列 2 以减少不同试验回路的次数。
[b] 当经过 6.106 的基本短路试验顺序后，断路器未经修整时，为满足本表的要求，确定附加的操作循环顺序时，应考虑已进行过的试验。实际上，这就意味着标有[b] 的数字减去 1。</td></tr>
</table>

7 出厂试验

7.1 主回路的绝缘试验

GB/T 11022—2011 的 7.2 适用，并作如下补充：

如果断路器由相同的开断和关合单元串联组成，在分闸状态时加于每个单元上的试验电压应当是断路器完全打开且一端接地时，由实际工频电压分布得出的在总耐受电压中占较高分压比的单元上的电压。

参见 GB/T 11022—2011 中图 2 所示的三极断路器，试验电压应按表 31 施加。

表 31 主回路绝缘试验电压的施加

试验条件序号	断路器状态	电压施加于	接地于
1	合闸状态	AaCc	BbF
2	合闸状态	Bb	AaCcF
3	分闸状态	ABC	abcF
注：如果极间绝缘是在大气压下的空气，则试验条件序号 1 和序号 2 可以合并，试验电压加在连接在一起的主回路的各部分和底座之间。			

7.2 辅助和控制回路的试验

GB/T 11022—2011 的 7.3 适用。

7.3 主回路电阻的测量

GB/T 11022—2011 的 7.4 适用。

7.4 密封性试验

GB/T 11022—2011 的 7.5 适用。

7.5 设计和外观检查

GB/T 11022—2011 的 7.6 适用，并作如下补充：

应检查断路器以验证其与订货技术要求的符合性。

适用时，可对下列项目进行检查：

——铭牌上的语言和数据；

——所有辅助设备的确认；

——油漆的颜色和质量以及金属表面的防腐蚀保护；

——连接到主回路的电容和电阻的值。

7.101 机械操作试验

机械操作试验应包括：

a) 在操动机构以及辅助和控制回路的最高电源电压和操作用的最高压力下（适用时）：

——5 次合闸操作；

——5 次分闸操作。

b) 在操动机构以及辅助和控制回路的最低电源电压和操作用的最低功能压力下（适用时）：

——5 次合闸操作；

——5 次分闸操作。

c) 在操动机构以及辅助和控制回路的额定电源电压和操作用的额定功能压力下（适用时）：

——对主触头闭合时脱扣机构带电的断路器，进行 5 次合—分操作循环；

——此外，对于用作快速自动重合闸的断路器（见 4.104），则进行 5 次分—t—合的操作循环，其中 t 应不大于对额定操作顺序规定的时间间隔。

机械操作试验应在完整的断路器上进行。但是，如果断路器分成单元装配和运输，出厂试验可以按照 6.101.1.2 的规定对元件进行。在这种情况下，制造厂应给出在现场使用的交接试验的程序，以保证这样的单元试验和装配整台断路器的一致性。交接试验的导则在 10.2.101 中给出。

对所有要求的操作顺序，对合分闸操作都应进行下述记录：

——动作时间测量；

——适用时，操作过程中液体消耗量的测量，例如压力差。

应有证据证明机械性能与型式试验使用的试品的机械性能一致。例如，在出厂试验结束后还应进行一次如 6.101.1.1 中规定的空载操作循环，以记录空载触头行程曲线。如果进行了该操作，从触头分离时刻到触头运动终了时，该曲线应在 6.101.1.1 定义的参考机械行程特性规定的包络线内。

如果出厂机械试验是在分装件上进行的，在现场交接试验结束时，其参考机械行程特性应归算到上述的正确曲线上。

如果在现场进行测量，制造厂应规定出优选的测量程序。如果采用其他测量程序，可能导致测量结果不同且不可能对触头瞬时运动轨迹进行比较。

采用一个行程传感器或断路器触头系统中的或与驱动触头系统直接连接的方便位置安装的类似装置，可以直接记录到机械行程特性，并且可以得到具有代表性的触头运动轨迹。优选的机械行程特性应是如图 23a)所示的连续曲线。如果在现场进行测量，操作期间的行程记录点也可使用其他方法。

在这种情况下，记录点的数量应足够多以便能导出触头接触和触头分离的时间和触头速度以及整个行程时间。

在完成要求的操作顺序后，应进行下列试验和检查(适用时)：

——检查连接；

——控制和/或辅助开关应正确指示断路器的分合闸位置；

——所有辅助设备在操动机构以及辅助和控制回路的电源电压和/或操作压力的限值时应正确动作。

此外，适用时，还应进行下列试验和检查：

——加热器(如有的话)电阻和控制线圈电阻的测量；

——按订货技术要求，检查控制的连接线，加热器和辅助设备的回路，并检查辅助触头的数量；

——控制柜(电气、机械、气动和液压系统)的检查；

——储能时间(s)；

——压力释放阀的功能操作；

——电气、机械、气动或液压的联锁和信号装置的操作；

——防跳跃装置的操作；

——在电源电压要求的允差范围内设备的一般性能；

——断路器接地端子的检查。

对于自脱扣断路器，脱扣器或继电器应整定在电流整定值范围内的最小刻度上。

应证明经过主回路的电流不超过电流整定值范围内最小脱扣电流的 110%时，过电流脱扣器或继电器应能正确启动断路器分闸。可以使用二次注入试验作为替代。

对于这些试验，通过过流脱扣器或电流互感器的电流可以由适当的低压电源提供。

对于装有欠压分闸脱扣器的断路器，应该证明，当脱扣器上施加的电压在规定的限定值内时，断路器应能分闸并能被合闸(见 GB/T 11022—2011 的 5.8.4)。

如果在机械操作试验过程中需要调整，则在调整后应重复进行完整的试验顺序。

8 断路器运行的选用导则

8.101 概述

选择适合于给定运行方式的断路器时，最好要考虑到负载条件和故障条件要求的各个额定值。

完整的额定特性的清单在第 4 章中给出。本章中仅涉及下列额定值：

额定值和特性的类型	条款
——额定电压	8.102.1
——额定绝缘水平	8.102.2
——额定频率	8.102.3
——额定电流	8.102.4
——额定短路开断电流	8.103.1
——出线端故障的瞬态恢复电压	8.103.2
——额定失步关合和开断电流	8.103.3
——额定短路关合电流	8.103.4
——额定操作顺序	8.103.5
——额定短路持续时间	8.103.6
——电寿命的分级[E1 和 E2 级(有/无自动重合闸方式)](适用时)	8.104

对于在本章中未涉及的额定特性，适用时，应参考第 4 章的如下部分：

额定值和特性的类型	条款
——额定短时耐受电流	4.6
——额定峰值耐受电流	4.7
——合分闸装置以及辅助和控制回路的额定电源电压	4.9
——合分闸装置及辅助回路的额定电源频率	4.10
——绝缘、操作和/或开断用的压缩气源的额定压力	4.11
——近区故障特性	4.105
——容性电流开合过程中的重击穿特性(C1 或 C2 级)	4.107
——容性电流开合试验条件的特性(如接地条件，容性负载的类型等)	4.107
——额定线路充电开断电流	4.107.1
——额定电缆充电开断电流	4.107.2
——额定单个电容器组开断电流	4.107.3
——额定背对背电容器组开断电流	4.107.4
——额定单个电容器组关合涌流	4.107.5
——额定背对背电容器组关合涌流	4.107.6
——机械操作的次数(M1 或 M2 级)	4.110

选用断路器时需考虑的其他参数，例如：

——当地的大气条件和气候条件	8.102.5
——在高海拔地区使用	8.102.6
——分闸时间	8.103.1
——感性负载开断电流	4.108

要求断路器在故障条件下承担的任务，应该根据某些公认的方法计算电力系统中断路器安装地点的故障电流来确定。

选择断路器时，应充分考虑电力系统整体的未来发展，使断路器不仅可以满足当前的需要，也可以满足未来的要求。

对额定值(即电压、电流、关合和/或开断电流)相配合圆满地完成了型式试验的断路器,适用于任何较低的额定值(额定频率除外),无须进一步试验。感性负载(变压器的励磁电流、高压电动机和并联电抗器)开合在 GB/T 29489—2013 中规定。

注:某些故障条件如发展性故障和某些运行条件如电弧炉的开合,本标准不涉及,因此,应作为制造厂和用户协商的特殊条件来考虑。

同样的原则也适用于这样的断路器:由于某种操作,该断路器的工频恢复电压高于断路器在额定电压下操作时相应的值。这种情况可能发生在系统的某些点上,特别是在长线路的末端。在这种特殊情况下,在断路器分闸时,断路器两端可能出现的最高电压下的开断电流值应由制造厂和用户协商。

8.102 运行条件下额定值的选择

8.102.1 额定电压的选择

选择的断路器的额定电压至少应等于断路器安装处系统的最高电压。

断路器的额定电压应从 GB/T 11022—2011 的 4.2 给出的标准值中选取。

选择额定电压时,还应考虑 4.3 规定的相应的绝缘水平(也可见 8.102.2)。

8.102.2 绝缘配合

断路器的额定绝缘水平应按 4.3 选取。

这些表中的规定值适用于户内和户外断路器。应该在询问单中明确断路器用于户内还是户外。

电力系统的绝缘配合用来减少过电压对电力设备的危害,并有助于将闪络点(当不能经济地避免时)限制在不产生危害的地方。

应采取措施将断路器端子上的过电压限制到绝缘水平以下的规定值(见 GB/T 311.2—2013)。

要求断路器用在绝缘水平较高的地方时,应在询问单中说明(见 9.101)。

对打算用于同步操作并且在操作时可能出现显著操作波的断路器,见 4.3 和 6.2.7.2。

选用断路器时,还有必要考虑其相应于瞬态现象和过电压的特性。经验表明,在某些临界的使用情况下,瞬态现象的不良影响和过电压的危害可以通过下述方法减少:

——适当选择断路器的类型;

——系统变更或采用阻尼或限制瞬态现象的附加设备(如 RC 回路、避雷器、非线性电阻等)。

对于各种情况的这些预防措施可以和制造厂协商。选择方案的评估可以通过协议的特殊试验来进行。

8.102.3 额定频率

如果断路器使用在额定频率(见 GB/T 11022—2011 的 4.4)以外的其他频率时,应向制造厂咨询。

当额定频率为 50 Hz 的断路器在 60 Hz 下进行试验,或者相反,在解释试验结果时要谨慎,要考虑到所有重要因素,如断路器的类型和所进行试验的类型。

8.102.4 额定电流的选择

断路器的额定电流应从 4.5 给出的标准值中选取。

应注意,没有规定断路器的连续过电流能力。所以当选择断路器时,应使其额定电流适应于运行中可能出现的任何负载电流。在有频繁的和严重的间歇过电流的场合,应向制造厂咨询。

8.102.5 当地的大气条件和气候条件

断路器的正常大气条件和气候条件在第 2 章中给出。

适用于不同的最低周围空气温度的断路器，以等级“户内－5”“户内－15”“户内－25”“户外－10”“户外－25”和“户外－40”来区分。当断路器安装地点的周围空气温度，对于户内断路器可能低于－25 ℃，和对于户外断路器低于－40 ℃或温度可能超过40 ℃（或24小时平均温度超过35 ℃）时，应向制造厂咨询。

对于户外断路器，由于烟尘、化学烟雾、盐雾和类似情况，某些地区的大气条件是不利的。如果知道存在这些不利条件，对通常暴露在大气中的断路器部件（特别是绝缘子）的设计应给予特殊考虑。

在这类大气中，绝缘子的性能也取决于清洗或清扫的频度和雨的自然清洗频度。由于在这些条件下，绝缘子的性能取决于如此多的因素，因而不可能对正常污秽和严重污秽的大气作出准确的定义。该地区使用绝缘子的经验是最好的导则。

当断路器安装处的风压超过700 Pa时，应向制造厂咨询。

对于覆冰，规定了三种不同等级的断路器。这些等级对应的覆冰厚度不超过1 mm、10 mm和20 mm。如果断路器安装在预期覆冰厚度超过20 mm的地方，要使断路器在此条件下能够正常运行，则需经制造厂和用户协商。

适用时，应考虑到GB/T 11022—2011的2.3.5中规定的抗震要求水平。

对户内设施，湿度条件在GB/T 11022—2011的2.2.1 e)中给出。选用断路器时，要求有高的湿度和可能出现凝露的场合，应说明这些使用条件。关于GB/T 11022—2011的2.2.1 e)注3中提到的预防出现凝露的措施的数量和责任应由用户与制造厂协商。

对户内断路器，任何特殊运行条件，例如存在化学烟雾、腐蚀性大气、盐雾等时，应向制造厂咨询。

8.102.6 使用于高海拔地区

GB/T 11022—2011的第2章规定了正常运行条件，适用于海拔不超过1 000 m的断路器。

对安装于海拔1 000 m以上的断路器，GB/T 11022—2011的2.3.2适用。

8.103 故障条件下额定值的选择

8.103.1 额定短路开断电流的选择

如4.101规定的，额定短路开断电流由两个数值表示：

a) 交流分量有效值；

b) 导致触头分离时刻直流分量百分数的额定短路开断电流的直流时间常数。

直流分量的百分数随着距短路开始的时间和相应的额定短路开断电流的直流时间常数而变化。断路器满足4.101.3规定的标准要求或特殊工况直流时间常数时，在相应的最短开断时间范围内，最早可能的电流零点处的断路器的直流分量百分数由表15～表19中的值确定。最短开断时间的定义见3.7.157。

图9中的曲线是以表32中规定的恒定交流分量和短路功率因数为基础的，分别对应于标准的时间常数τ=45 ms，特殊工况下的时间常数60 ms、75 ms、100 ms和120 ms。

只要电流半波参数（峰值和持续时间）在6.102.10.2.1.2项b)给出的公差内且满足较低直流分量相关的TRV条件，则电流零点较高直流分量的试验就可以覆盖较低直流分量的试验。

当断路器安装在电气上距发电机足够远时，则交流分量的衰减可以忽略，只需验证50 Hz标准时间常数τ=45 ms时，短路功率因数不小于0.071，且保护设备的最小延时不小于额定频率的一个半波。在这种条件下，选择的断路器的额定短路开断电流不小于断路器安装处短路电流的有效值就足够了。

表 32　短路功率因数、时间常数和工频之间的关系

时间常数 τ ms	短路的功率因数 $\cos\varphi$
	50 Hz
45	0.071
60	0.053
75	0.042
100	0.031
120	0.026

可以选用基本的短路试验方式(6.106)、临界电流试验(6.107)和适用时的近区故障试验(6.109)，来验证断路器在各种电流值直至额定短路开断电流时的性能。所以，当预期的短路电流较低时，没有必要进行基于较低的额定短路开断电流的一系列短路试验。

在某些情况下，在可能最早的电流零点的直流分量的百分数可能高于表 15～表 19 中给出的值。例如，当断路器临近发电中心时，交流分量可能比正常情况衰减得更快，短路电流甚至可以几个周波不过零。在这种情况下，断路器的任务可以通过延迟分闸或由另外的断路器接入附加的阻尼装置以及使断路器依次分闸来减轻。如果不能遵守标准或特殊工况的直流时间常数，则所要求的百分数应在询问单中规定，并应根据制造厂和用户之间的协议来试验。有关这方面的注意事项见 8.103.2 的项 b)。

注：电流零点可能由于电弧电压和/或开断其他相中具有较早的电流零点的短路电流的影响而提前。在这种情况下，标准断路器的适用性应进一步仔细研究。

额定短路开断电流应从 4.101.2 给出的标准值中选取。

8.103.2　出线端故障的瞬态恢复电压(TRV)，首开极系数和近区故障特性的选择

电力系统的预期瞬态恢复电压(TRV)不应超过对断路器所规定的表示额定瞬态恢复电压的参考线。TRV 在接近于零电压时与规定的时延线相交，但以后不与它再相交(见 4.102.2)。标准值见6.104.5。

注 1：当开断最大短路电流时，出现的瞬态恢复电压未必比其他情况下出现的更严酷。例如，当开断较小的短路电流时可能有较高的瞬态恢复电压上升率。

在标称电压高于 3 kV 低于 110 kV 的范围内，为了涵盖所有类型的网络(配电、工业和次输电网络)且为了标准化的目的，确定了两种类型的系统：

——电缆系统(见 3.1.132)；

——线路系统(见 3.1.133)。

对于额定电压 3.6 kV 及以上 126 kV 以下断路器的等级，用户应针对下述方面进行选择：

——TRV 的标准值仍然可用于规定 S1 级(TRV 的这些标准值在表 21 中给出)；

——除了下述的项 a)、b)和 c)提及的那些情况外，为了涵盖电缆系统和线路系统的所有情况，规定了断路器的 S2 级(TRV 的标准值在表 22 中给出)。

注 2：断路器电源侧电缆的总长度(或者存在电容器时的等效长度)在 20 m 和 100 m 之间时，除非能够通过计算证明实际的 TRV 由表 21 确定的包络线所涵盖，否则，认为该系统为线路系统。如果 TRV 涵盖了系统，则认为是电缆系统。

对于额定电压低于 126 kV 的标准值，适用的首开极系数(k_{pp})为 1.5。对额定电压为 126 kV～1 100 kV的标准值，适用的首开极系数(k_{pp})为 1.3，因为 126 kV 及以上的系统大部分是有效接地的。对额定电压 126 kV，如果对于中性点非有效接地系统的特殊情况(亦可见 6.104.5.4 的注)，选择的首开极系数为 1.5。

首开极系数 1.3 是基于中性点有效接地的系统，且认为不接地的三相故障是根本不可能的。对于中性点非有效接地的系统，应采用的首开极系数为 1.5。对于出现三相不接地故障的可能性不容忽视的中性点有效接地系统的应用以及除中性点有效接地系统之外的系统的应用，有必要采用的首开极系数应为 1.5。

通常不必考虑替代的瞬态恢复电压，因为规定的标准值已经覆盖了大多数的实际情况。

在某些情况下可能出现更严酷的条件，例如：

a) 一种情况是短路出现在靠近变压器但在断路器出线侧时，且变压器和断路器之间无任何显著的附加电容。在这种情况下，瞬态恢复电压的峰值和上升率都可能超出本标准的规定值。

注 3：也应当注意，为变压器一次侧选择的断路器可能需要开断变压器二次侧出现的短路。

对于额定电压低于 126 kV 的断路器，此类工况涵盖在附录 M 中。

注 4：对于额定电压 126 kV 及以上的断路器，变压器限制的故障的 TRV 数值，是针对快速瞬态恢复电压上升时间的 ANSI C37.06.1[8]中建议的。

b) 紧挨限流电抗器的断路器，由于电抗器的固有频率较高，可能会使断路器开断失败(见 8.103.7)。

c) 靠近发电机的断路器出现短路时，瞬态恢复电压的上升率可能会超出本标准的规定值。

在这些情况下，有必要由用户和制造厂协商确定特殊的 TRV 特性。

近区故障试验仅适用于直接和架空线连接的、不考虑电源侧的网络类型、额定电压 24 kV 及以上且额定短路开断电流超过 12.5 kA 的断路器。当断路器要求用于具有额定近区故障特性的地点时，断路器安装处的线路的波阻抗和峰值系数应不大于且时延不小于表 8 中给出的额定线路特性的标准值。然而，如果实际的条件不同，则标准的断路器仍然有可能是适用的，特别是当电力系统的短路电流小于断路器的额定短路开断电流时。关于这一点，可以通过附录 A 中给出的方法，根据额定特性计算近区故障的预期 TRV，并与系统的实际特性导出的预期 TRV 进行比较。

如果要求特殊的近区故障特性，则应由用户和制造厂协商。

如果断路器的一个端子和变压器连接，可能出现比表 1、表 2、表 3、表 4 和表 5 规定更高的上升率。如果它们满足了基本短路试验系列的试验方式 T30(见 6.106.2)，则认为按照本标准进行试验的断路器满足该较高的上升率要求。

8.103.3 失步特性的选择

本标准的要求满足了在失步条件下开合操作的断路器的大多数使用条件。几种情况合并起来产生的严酷度会超出本标准中试验所能涵盖的严酷度，而且，失步条件下的开合操作是很少的，所以，按最极端的条件去设计断路器是很不经济的。

当预期有经常性的失步开合，或可能存在过负荷时，则应考虑实际的系统条件。

有时候可能需要特殊的断路器或较高额定电压的断路器。作为替代方案，在一些系统中，可用配有阻抗敏感元件的继电器来控制脱扣时刻，以便使开断出现在显著地提前或滞后相位达到 180°的时刻，从而减轻失步开合的严酷度。

8.103.4 额定短路关合电流的选择

如 4.103 规定的，额定短路关合电流应与额定电压相对应，与系统的额定频率和直流时间常数相关。对于额定频率为 50 Hz 和标准时间常数 $\tau=45$ ms，其值应为断路器额定短路开断电流交流分量的 2.5 倍(即，近似为 $1.8\sqrt{2}$ 倍)。

如果 4.101.3 中规定的特殊工况的时间常数(60 ms、75 ms、100 ms 或 120 ms)适用时，考虑到 I.2 给出的解释，额定短路关合电流应为断路器的额定短路开断电流的 2.7 倍，该值与额定频率无关，对 50 Hz和 60 Hz 均适用。

选择的断路器的额定短路关合电流应不小于使用地点的预期短路电流的最大峰值。

在某些情况下，例如在电气上接近感应电动机时，故障电流的最大峰值可能会大于短路电流的交流分量与上述系数的乘积。在这种情况下，应避免采用特殊设计，而应选择具有适当额定短路关合电流的标准断路器。

8.103.5 运行中的操作顺序的选择

断路器的额定操作顺序应是4.104中给出的操作顺序之一。除非另有说明，4.104给出的时间间隔值是适用的。提供的额定操作顺序有：

a) O—3 min—CO—3 min—CO；

b) CO—15 s—CO；

c) O—0.3 s—CO—3 min—CO(用于快速自动重合闸的断路器)。

注：若不用3 min，其他时间间隔，即15 s用于额定电压40.5 kV及以下且1 min也可以用于快速自动重合闸的断路器。时间间隔的选择原则上取决于系统的要求，如运行的连续性。

如果断路器在自动重合闸时能够开断的短路电流小于额定短路开断电流，应由制造厂规定。

如果运行中的操作顺序比本标准规定的更苛刻，用户应在其询问单和/或订单中予以规定，以使制造厂可以适当地修正断路器的额定值。特殊方式下工作的断路器如：用于控制电弧炉、电极锅炉和在某些情况下控制整流器的断路器。多极断路器的单极操作，例如单相关合和开断，也属于特殊工作方式。

8.103.6 额定短路持续时间的选择

额定短路持续时间的标准值为2 s(GB/T 11022—2011的4.8)。

然而，如果需要其他的持续时间，应选择推荐的值：3 s和4 s作为额定值。

当短路持续时间大于额定持续时间时，除非制造厂另有规定，否则电流和时间的关系就按下列公式计算：

$$I^2 \times t = 常数$$

对于自脱扣断路器，仅在最大时间间隔大于预期值时，才应规定额定短路持续时间。在这种情况下，应按上述确定。

8.103.7 应用限流电抗器时的选择

由于一些限流电抗器的固有电容非常小，涉及这些电抗器的瞬态固有频率可能非常高。直接与此类电抗器串联的断路器在开断出线端故障(电抗器在断路器的电源侧)和电抗器后面的故障(电抗器在断路器的负载侧)时将面临高频率的TRV。最终的TRV频率通常远远超过标准的TRV数值。

在这些情况下，有必要采取调节措施，例如采用电容器和电抗器并联或者接地。该调节方法非常有效且经济。除非能够通过试验证明断路器能够成功开断具有要求的高频率TRV的故障，强烈建议使用这些调节措施。

调节方法应如此：如串联电抗器所限制的故障电流的TRV的上升率降低到根据断路器的额定值确定的表21或表22给出的标准值以下。应该认为故障电流可能接近断路器额定值的100%。

基于前面的考虑，对于这种故障情况，没有规定额定的TRV数值以及没有特别的试验方式。

8.104 标称电压3 kV以上35 kV及以下网络中电寿命的选择

3.4.113中定义了E2级断路器。在这种使用条件下，断路器的电寿命能力通过进行6.106的短路试验方式未经中间检修来验证。这种电寿命对用于不需要自动重合闸的电缆连接的网络的断路器已经足够。

对更严酷的使用条件，如架空线连接的、有自动重合闸方式的网络，推荐使用能够满足6.112规定的电寿命要求的少维护断路器。

8.105 容性电流开合的选择

在使用电缆的变电站安装电容器组时应注意,反之亦然,因为这可以使这些线路的控制断路器承受背对背开合方式。该背对背方式可能与4.107.4中描述的类似。

9 与询问单、标书和订单一起提供的资料

9.101 与询问单和订单一起提供的资料

当询问或订购断路器时,询问者应提供下列特征信息:

a) 电力系统的特征信息,即标称电压和最高电压、频率、相数和中性点接地情况的详细说明。

b) 运行条件,包括最低和最高周围空气温度;高于1 000 m时的海拔,以及可能存在或出现的任何特殊条件,例如过度地暴露在水蒸气、湿气、烟雾、爆炸性气体、过量灰尘或含盐的空气中(见8.102.5和8.102.6)。

c) 断路器的特性。

应提供下列资料:

资料的类型	参见
1) 极数	
2) 类别:户内或户外	8.102.5
3) 额定电压	8.102.1
4) 额定绝缘水平,在与给定的额定电压对应的几个不同的绝缘水平中选择,或者如果是非标的,则应为要求的绝缘水平	8.102.2
5) 额定频率	8.102.3
6) 额定电流	8.102.4
7) 额定短路开断电流	8.103.1
8) 首开极系数	8.103.2
9) 额定操作顺序	8.103.5
10) 开断时间	4.109
11) 机械寿命等级(M1或M2级)	4.110
12) 特殊要求下规定的型式试验(例如:人工污秽试验和无线电干扰试验等)	6.2.8和6.3
如果要求的信息是非标准的,应给出下列信息:	
13) 要求的出线端故障的瞬态恢复电压	8.103.2
14) 要求的近区故障特性	8.103.2
15) 要求的短路关合电流	8.103.4
16) 要求的短路持续时间	8.103.6
适用时,应给出的信息:	
17) 容性电流开合时的重击穿性能(C1或C2级)	4.107
18) 容性电流开合条件的特性(如接地条件,容性负载的类别等)	4.107
19) 额定线路充电开断电流	4.107.1
20) 额定电缆充电开断电流	4.107.2
21) 额定单个电容器组开断电流	4.107.3
22) 额定背对背电容器组开断电流	4.107.4
23) 额定单个电容器组关合涌流	4.107.5

24）额定背对背电容器组关合涌流 4.107.6

25）额定失步关合和开断电流 4.106

26）电寿命特性[E1 或 E2 级(有/无自动重合闸方式)] 4.111

27）感性负载开断电流 4.108

28）超出标准的型式试验、出厂试验和交接试验

d） 断路器的操动机构和辅助设备的特性，特别是：

1） 操作的方法，手力的或动力的；

2） 备用辅助开关的数量和型式；

3） 额定电源电压和额定电源频率；

4） 如果多于一个，分闸脱扣器的数量；

5） 如果多于一个，合闸脱扣器的数量。

e） 有关压缩空气的使用要求和压力容器的设计与试验要求。

注：除上述内容外，询问者应提供可能影响投标和订货的特殊条件的资料(也可见 8.101 的注)。

9.102 与标书一起提供的资料

当询问者要求断路器的技术特征时，制造厂应提供下列资料(适用的部分)，并应附有说明和图纸：

a） 额定值和特性：

资料的类型	参见
1） 极数	
2） 类别：户内或户外、温度、覆冰	8.102.5
3） 额定电压	8.102.1
4） 额定绝缘水平	8.102.2
5） 额定频率	8.102.3
6） 额定电流	8.102.4
7） 额定短路开断电流	8.103.1
8） 首开极系数	8.103.2
9） 额定操作顺序	8.103.5
10）额定开断时间，额定分闸时间和额定合闸时间	4.109
11）机械寿命等级(M1 或 M2 级)	4.110
12）特殊要求下规定的型式试验(例如人工污秽试验和无线电干扰试验等)	6.2.8 和 6.3
如果要求的信息是非标准的，应给出下列信息：	
13）要求的出线端故障的瞬态恢复电压	8.103.2
14）近区故障特性	8.103.2
15）要求的短路关合电流	8.103.4
16）要求的短路持续时间	8.103.6
适用时，应给出的信息：	
17）容性电流开合时的重击穿性能(C1 或 C2 级)	4.107
18）容性电流开合条件的特性	4.107
19）额定线路充电开断电流	4.107.1
20）额定电缆充电开断电流	4.107.2
21）额定单个电容器组开断电流	4.107.3
22）额定背对背电容器组开断电流	4.107.4
23）额定单个电容器组关合涌流	4.107.5

24) 额定背对背电容器组关合涌流 4.107.6

25) 额定失步关合和开断电流 4.106

26) 电寿命特性(E1 或 E2 级(有/无自动重合闸方式)) 4.111

27) S1 级或 S2 级断路器(额定电压低于 126 kV 的断路器) 6.104.5

28) 感性负载开断电流 4.108

29) 超出标准类型的所有试验、出厂试验和交接试验

b) 型式试验:

根据要求提供的证书或报告。

c) 结构特点:

如果适用于断路器的设计,应提供下列详细资料:

1) 不包括绝缘、开断和操作用的流体时整台断路器的质量;

2) 绝缘用的流体的质量/体积,其质量和工作的范围,包括最低功能值;

3) 开断用的流体[不同于项 2)和/或项 4)中述及的流体]的质量/体积,其质量和工作的范围,包括最低功能值;

4) 操作用的流体[不同于项 2)和/或项 3)中述及的流体]的质量/体积,其质量和工作的范围,包括最低功能值;

5) 密封性的规定;

6) 在运输和储存过程中,为防止内部元件性能劣化,每一极中需要充入的流体的质量/体积;

7) 每一极中串联的单元数量;

8) 最小空气间隙:

——极间;

——对地;

——对于向外喷射游离气体和火焰的断路器,开断操作时的安全边界;

9) 在所要求的周围空气温度下,为保持断路器的额定特性而采取的任何特别措施(例如加热或冷却)。

d) 断路器的操动机构和辅助设备:

1) 操动机构的类型;

2) 断路器是否适用于自由脱扣或固定脱扣操作,以及是否具有防止合闸的闭锁装置;

3) 合闸机构的额定电源电压和/或额定压力,不同或超出 9.102 的 c)4)时的压力限值;

4) 额定电源电压下断路器合闸要求的电流;

5) 断路器合闸时的能量消耗,例如,压力降的测量;

6) 并联分闸脱扣器的额定电源电压;

7) 在额定电源电压下并联分闸脱扣器要求的电流;

8) 备用辅助开关的数量和类型;

9) 在额定电源电压下其他辅助设备要求的电流;

10) 高低压闭锁装置的整定值;

11) 多于一个时,分闸脱扣器的数量;

12) 多于一个时,合闸脱扣器的数量。

e) 外形尺寸和其他资料:

制造厂应提供有关断路器外形尺寸的资料和基础设计必需的细节。

应提供断路器维护及连接的一般资料。

10 运输、储存、安装、运行和维护规则

GB/T 11022—2011 的第 10 章适用,并作如下补充:

10.1 运输、储存和安装的条件

GB/T 11022—2011 的 10.2 适用。

10.2 安装

GB/T 11022—2011 的 10.3.2 到 10.3.5 适用,并作如下补充:

10.2.101 交接试验

断路器安装完好并完成所有的连接后,推荐进行交接试验。这些试验的目的是在于确认断路器没有因运输和储存而损坏。此外,当安装和/或调整的大部分工作是在现场进行时,如 7.101 所确定的,要求在交接试验中确认现场工作和由它决定的功能特征的满意性和与分装件的兼容性。

作为对 10.2.102 中要求的补充,对于主要分装是在现场组装的且没有在整台断路器上做过出厂试验的断路器应在现场进行最少 50 次空载操作。这些操作应在装配、所有的连接和检查后及交接试验程序完成后进行。这些操作包括现场调整和密封检查完成后形成交接试验程序一部分的延缓的出厂试验操作。这些试验的目的是为了减少断路器运行寿命期间的早期故障和误操作。

制造厂应给出现场进行交接检查和试验的程序。应避免完全重复进行工厂做过的出厂试验程序。交接试验是为了确认:

——无损坏;

——各个单元的兼容性;

——正确的装配;

——装配完整的断路器的正确特性。

一般地,交接试验应包括这些项目,但又不限于 10.2.102 中给出的程序。试验结果应记录在试验报告中。

10.2.102 交接检查和试验程序

10.2.102.1 安装后的检查

10.2.101 要求制造厂给出交接检查和试验的程序。该程序应基于但又不限于本条款中给出的检查和试验程序。

10.2.102.1.1 一般检查

——装配符合制造厂的图纸和说明书;

——断路器、其紧固件、流体系统和控制装置的密封性;

——外绝缘以及(适用时的)内绝缘未被损坏且干净;

——油漆和其他防腐保护完好;

——操动机构,尤其是动作脱扣器应没有污损;

——足够和完整的接地连接以及和变电站接地系统连接的接口;

以及,适用时:

——应记录发送时动作计数器的数字;

——记录所有现场试验完成后动作计数器的数字；
——记录第一次送电时动作计数器的数字。

10.2.102.1.2 电路检查

——与接线图的一致性；
——信号装置(位置、报警、闭锁等)的正确工作；
——加热和照明装置的正确工作。

10.2.102.1.3 绝缘和/或灭弧流体的检查

——油：类型、绝缘强度(GB 2536—2011)、油位。
——SF_6：充入的压力/密度和质量检查，以确定分别和 GB/T 12022—2006、GB/T 8905—2012 和 IEC 61634 的接受水平一致。对于密封设备和密封瓶中取出的新气体，这些质量检查不要求。应进行露点和杂质总含量的检查，以确定达到制造厂的接受水平。
——混合气体：送电前应确认其质量。
——压缩空气：质量(适用时)和压力。

10.2.102.1.4 现场充入的或增补的操作流体的检查

——液压油：除非另有协议，油位和含水量应足够低以防止内部腐蚀或对液压系统的其他损坏。
——氮气：充入压力和纯净度(例如不含氧气或1%的示踪气体)。

10.2.102.1.5 现场操作

应确认完成 7.101 要求的交接检查和试验的程序，并在适用时，应按 10.2.101 的要求另外进行 50 次附加的操作试验。

10.2.102.2 机械试验和测量

10.2.102.2.1 绝缘和/或开断用流体压力特性的测量(适用时)

10.2.102.2.1.1 概述

应进行下列测量，以把它们和出厂试验记录的及制造厂所保证的值进行比较。这些值可作为将来维护和其他检查的参考，还可以用来探测操作特性的任何变化。

适用时，这些测量包括报警和闭锁装置(压力开关、继电器、传感器等)的检查。

10.2.102.2.1.2 应进行的测量

a) 适用时，在压力上升阶段：
——分闸/脱扣闭锁的复位值；
——合闸闭锁的复位值；
——自动重合闸闭锁的复位值；
——低压力报警解除值。

b) 适用时，在压力下降阶段：
——低压力报警值；
——自动重合闸闭锁的动作值；
——合闸闭锁的动作值；
——分闸闭锁的动作值。

10.2.102.2.2 操作流体的压力特性的测量(适用时)

10.2.102.2.2.1 概述

应进行下列测量(必要时列出清单),以把它们和出厂试验的数值及制造厂所保证的数值进行比较。这些值可作为将来维护和其他检查的参考,还可以用来探测操作特性的任何变化。

这些测量包括报警或闭锁装置(压力开关、继电器等)的动作检查。

10.2.102.2.2.2 应进行的测量

a) 泵装置(泵、压缩机、控制阀等)运行时的压力上升阶段:
——分闸闭锁的复位值;
——合闸闭锁的复位值;
——自动重合闸闭锁的复位值(适用时);
——低压力报警解除值;
——泵装置的停止压力;
——安全阀打开压力(适用时)。

注:这些测量可以和操动机构的恢复时间的测量合并进行(见10.2.102.2.5.2)。

b) 泵装置停止时的压力下降阶段:
——安全阀的关闭(适用时);
——泵装置的启动;
——低压力报警;
——自动重合闸闭锁(适用时);
——合闸闭锁;
——分闸闭锁。

对于液压控制,应在试验前指明储压筒的预充压力以及周围空气温度。

10.2.102.2.3 操作过程中消耗的测量(适用时)

关掉泵装置,且各个储压筒处于泵装置的接入压力,应确定下述每一个操作或操作顺序时的损耗值:

——三极分闸;
——三极合闸;
——三极分—0.3 s—合分(适用时)。

应记录每个操作或操作顺序后的稳态压力。

10.2.102.2.4 额定操作顺序的验证

应该验证断路器完成其规定的额定操作顺序的能力。该试验应在储能装置工作的情况下进行,使用现场的电源电压,并在适用时,从10.2.102.2.3规定的泵装置的接入压力开始。

应提供证据证明联锁装置的干涉水平和在额定操作顺序过程中测到的最低操作压力间的配合。

现场电源电压是指来自正常现场电源的、适用于断路器的负载电压且应与辅助和控制回路的额定电源电压兼容。

10.2.102.2.5 时间参量的测量

10.2.102.2.5.1 断路器的时间参量特性

a) 合闸和分闸时间,时间的分散性

在辅助和控制回路的电源电压和最大压力(切断泵装置时)下、在电源电压的典型负载条件时于设备端子处测量:

——每一极的合闸时间,极间的时间分散性和可能时的开断单元或每一极各单元组之间的时间分散性;

——每一极的分闸时间,极间的时间分散性和可能时的开断单元或每一极各单元组之间的时间分散性。

这些测量应针对独立的分闸操作和合闸操作以及在断路器的额定操作顺序为 CO—t''—CO 时的 CO 操作循环中的分闸和合闸操作,或者在断路器的额定操作顺序为 O—t—CO—t'—CO 时的 O—t—CO 操作顺序。

在多个脱扣线圈的情况下,应对所有的脱扣线圈进行试验并记录每一个的时间。

应记录操作前和操作中的电源电压。如有三极控制继电器的话,也应记录其带电时刻,以便能够计算出三极操作时总的时间(继电器时间加上合闸或分闸时间)。

如果断路器装有合闸或分闸电阻单元,应记录电阻的接入时间。带有分闸电阻的断路器的要求见附录 R。

b) 控制和辅助触头的动作

断路器的分闸和合闸时,应确定与主触头操作相关的每一种控制和辅助触头的动作(关合和开断)时间。

10.2.102.2.5.2 操动机构的储能时间

a) 流体操动机构

应该测量泵装置(泵、压缩机、控制阀等)的动作时间:

——最低和最高压力之间(泵装置的接入和切断);

——在下列操作或操作顺序过程中,每次从最低压力(接入泵装置时)开始:

——三极合闸;

——三极分闸;

——三极分—0.3 s—合分(适用时)。

b) 弹簧操动机构

在现场电源电压下,应测量在合闸操作后电动机的储能时间。

10.2.102.2.6 机械行程特性的记录

按照 7.101 的要求,断路器第一次在现场装配完整时或所有或部分出厂试验在现场进行时,应记录机械行程特性。通过和 6.101.1.1 中的参考空载试验得到的参考机械行程特性比较,记录到的机械行程特性应与其达到一致。

10.2.102.2.7 某些特定操作的检查

10.2.102.2.7.1 在操作用的最低功能压力时的自动重合闸操作(适用时)

当泵装置不工作时,把控制压力降低到自动重合闸时的闭锁值,进行自动重合闸操作顺序(在现场条件下,可能需要一个独立的时序装置来实施重合闸操作)。试验应在设备流过满负荷电流时的电源电压下进行。应记录操作前和操作中的电源电压。应记录最终的压力并应保证对分闸操作的最低功能压力留有足够的安全裕度,作为对压力开关分散性和瞬态压力的保护。

如有怀疑时,可从低于自动重合闸(短路的触头)操作用的最低功能压力的压力值开始,按照不同于上述方法的替代方法进行试验,接着应该验证分闸操作仍然是可行的。

10.2.102.2.7.2 在操作用的最低功能压力时的合闸操作(适用时)

当泵装置不工作时,把控制压力尽量降低到合闸时的闭锁值,进行合闸操作。试验应在设备流过满负荷电流时的电源电压下进行。应记录操作前和操作中的电源电压。应记录最终的压力并应保证对分闸操作的最低功能压力留有足够的安全裕度。

如有怀疑时,可从低于合闸(短路的触头)操作用的最低功能压力的压力开始,按照不同于上述方法的替代方法进行试验,接着应该验证分闸操作仍然是可行的。

10.2.102.2.7.3 在操作用的最低功能压力时的分闸操作(适用时)

当泵装置不工作时,把控制压力尽量降低到分闸时的闭锁值,进行分闸操作。试验应在设备流过满负荷电流时的电源电压下进行。应记录操作前和操作中的电源电压。应记录最终的压力。

10.2.102.2.7.4 故障关合操作的模拟和防跳跃装置的检查

断路器进行CO操作循环且辅助触头闭合使脱扣回路带电时,应测量断路器保持在合闸位置的时间。

由于分闸命令的过早施加,该试验也可以对防跳跃装置的动作和由于机械的、液压的和气动的原因引起的任何误动作进行检查。

为了能检查防跳跃装置的有效动作,合闸命令应保持1 s～2 s。

注:采用现场的控制设施,也可以进行简化的防跳跃试验。在这种情况下,施加并保持合闸命令,继而再施加分闸命令。

10.2.102.2.7.5 存在分闸命令时施加合闸命令后断路器的性能

应该验证断路器在预先施加并维持有分闸命令后,再出现合闸命令时能够满足技术条件的要求。

10.2.102.2.7.6 对两个脱扣器同时施加分闸命令(适用时)

有可能出现两个脱扣器(正常的和紧急的)同时(或事实上同时)带电的情况。

特别是,如果脱扣器不在同一个水平时动作,应保证断路器的动作不受任何机械的、液压的或气动的干扰。

10.2.102.2.7.7 极间不同期的防护(适用时)

极间不同期的防护措施可以通过下列任一试验来检查:

——断路器处于分闸状态,一极的合闸脱扣器带电,以检查断路器是先合闸后分闸;

——断路器处于合闸状态,一极的分闸脱扣器带电,以检查断路器的其他两极是否分闸。

10.2.102.3 电气试验和测量

10.2.102.3.1 绝缘试验

应对辅助回路进行绝缘试验,以确认断路器的运输和储存没有损坏这些回路。然而,应认识到这些回路中包含脆弱的分装元件,施加全部的试验电压并保持全部的持续时间可能会导致损坏。为了避免出现这种情况和试验连接线的临时移开,供应商应详细规定说明不会出现损坏的试验程序以及根据本试验程序记录试验结果的方法。

对于金属封闭开关设备和控制设备主回路的绝缘试验,IEC 62271—200[9]和IEC 62271—203[10]适用。

10.2.102.3.2 主回路电阻的测量

如果开断单元是在现场装配的，才应进行主回路电阻测量。测量应按照GB/T 11022—2011中7.4规定，在直流下进行。

10.3 运行

GB/T 11022—2011的10.4适用。

10.4 维护

GB/T 11022—2011的10.5适用，并做如下补充：

另外，制造厂应给出关于断路器进行下列操作后的维护资料：

a） 短路操作；

b） 正常运行时的操作。

这些资料包括检修后按照项a)和项b)断路器能完成的操作次数。

GB/T 11022—2011的10.5.2～10.5.4适用。10.2.102.1.3中要求的检查适用。

10.4.101 电阻和电容器

检查电阻器和电容器时应给出数值的允许偏差。

11 安全性

GB/T 11022—2011的第11章适用，并做如下补充：

任何已知的化学危害和环境危害应在断路器手册/使用说明中明确。

12 产品对环境的影响

GB/T 11022—2011的第12章适用。

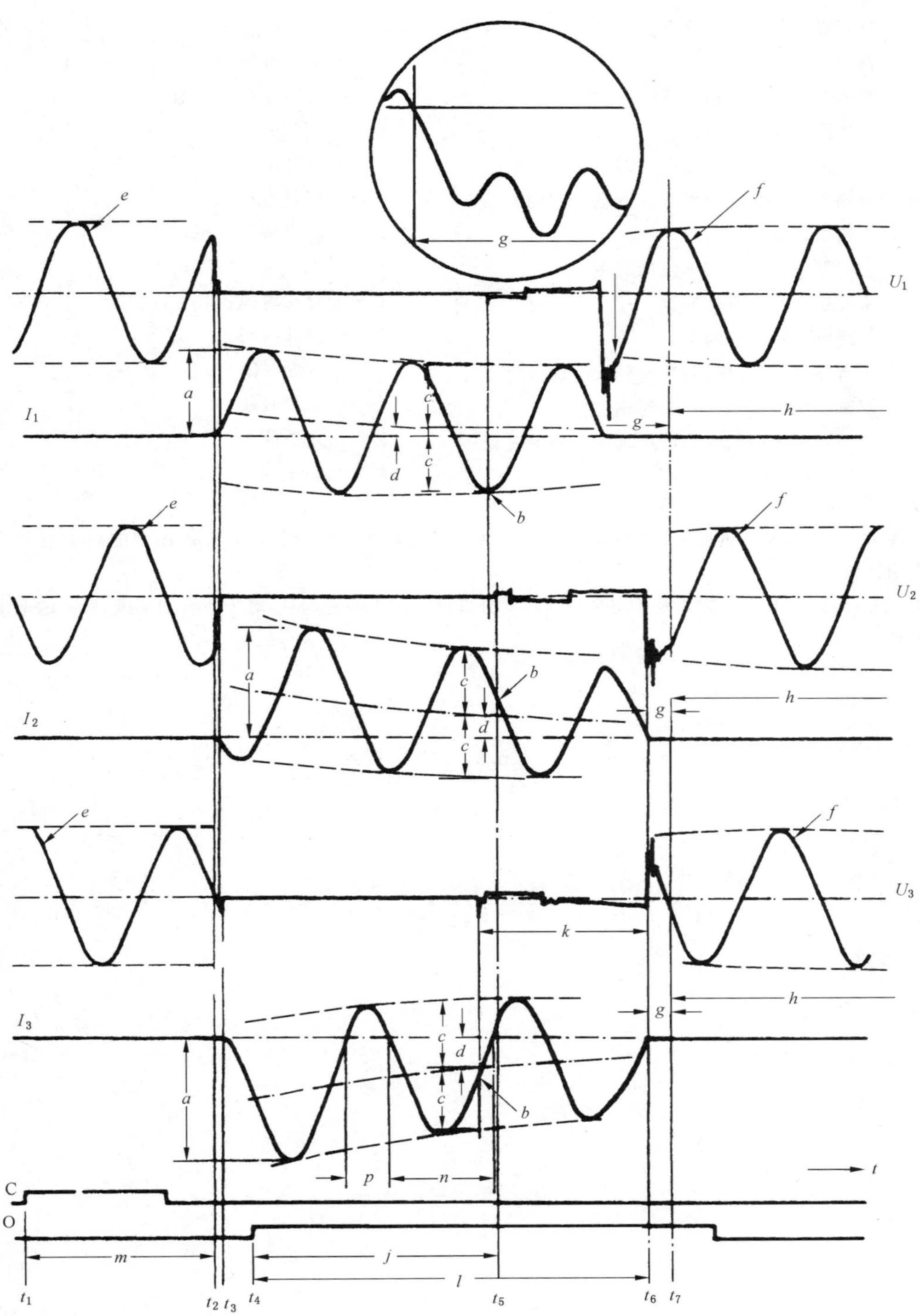

图 1　三相短路关合—开断循环的典型示波图

图 1 中的图例：

U_1 ——首开极端子间的电压；
I_1 ——首开极中的电流；
U_2,U_3——其他两极端子间的电压；
I_2,I_3 ——其他两极中的电流；
C ——合闸命令，例如，合闸回路端子间的电压；
O ——分闸命令，例如，分闸脱扣器端子间的电压；
t_1 ——合闸操作的起始时刻；
t_2 ——主回路中开始流过电流的时刻；
t_3 ——所有极中都通流的时刻；
t_4 ——分闸脱扣器带电时刻；
t_5 ——所有极中的弧触头分离时刻(起弧时刻)；
t_6 ——所有极中电弧最终熄灭时刻；
t_7 ——最后开断极中的瞬态电压现象消失的时刻；
a ——(峰值)关合电流；
b ——开断电流；
c ——交流分量的峰值；
d ——直流分量；
e ——外施电压；
f ——恢复电压；
g ——瞬态恢复电压；
h ——工频恢复电压；
j ——分闸时间；
k ——燃弧时间；
l ——开断时间；
m ——关合时间；
n ——大半波；
p ——小半波。

对后面的图 2～图 7 的注：

注 1：实际上，三极触头运动间存在时间的分散性。为了清楚起见，对于所有的三极，图中的触头运动用一根单线表示。

注 2：实际上，三极中电流开始和终了均存在时间的分散性。为了清楚起见，对于所有的三极，图中的电流开始和终了均用一根单线表示。

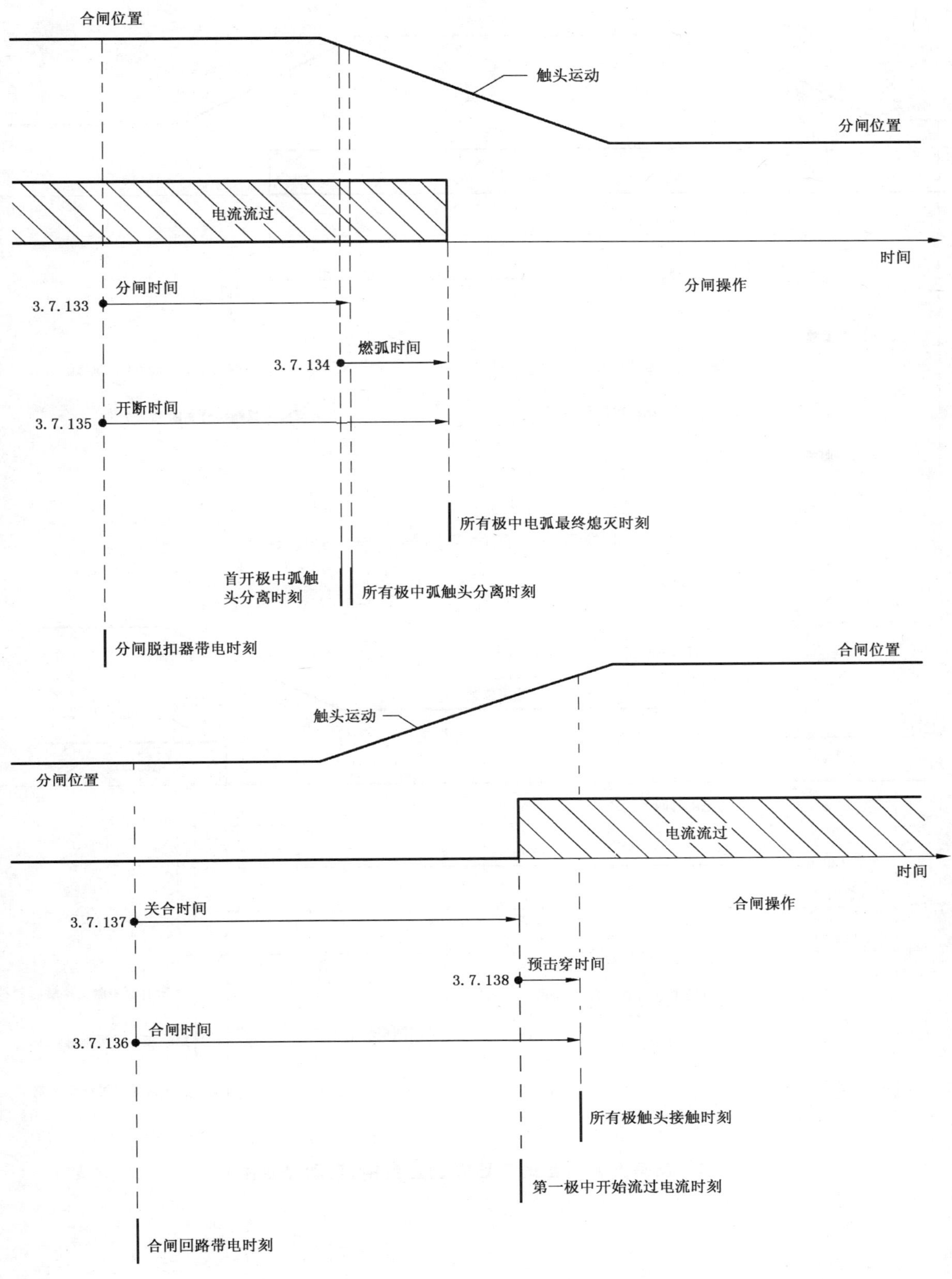

图2　没有开合电阻的断路器的分闸和合闸操作

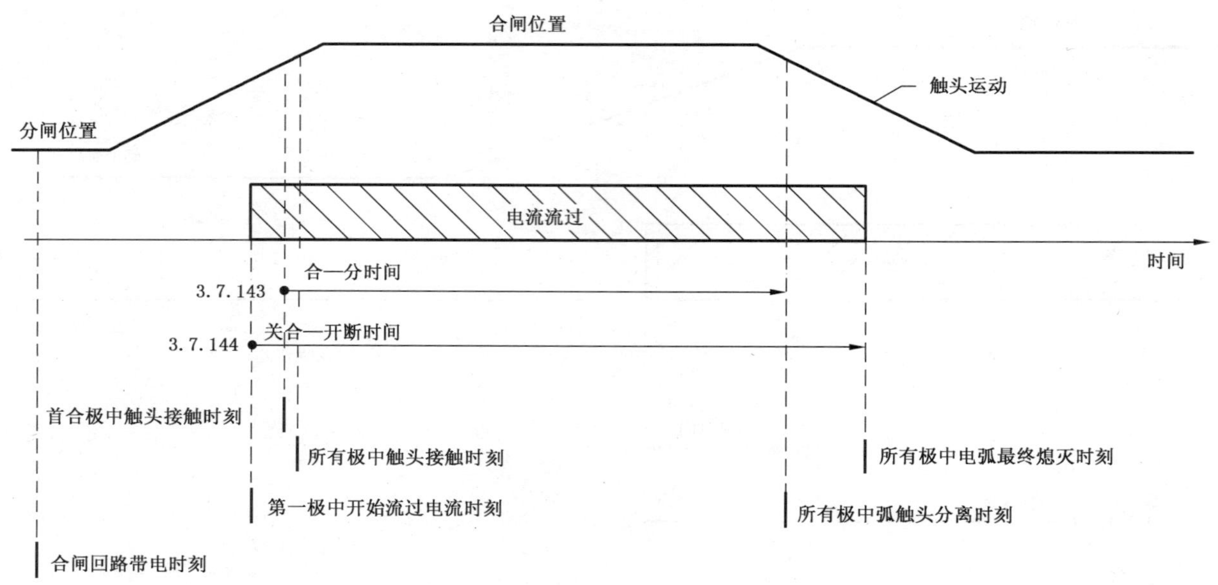

图3 没有开合电阻的断路器的合—分循环

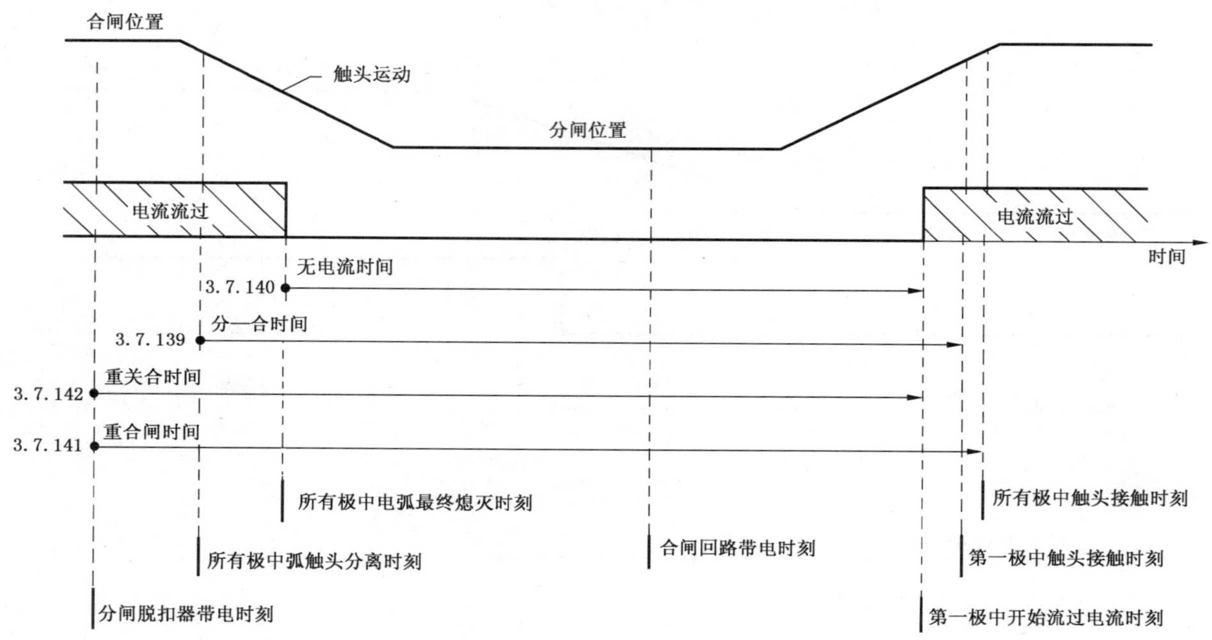

图4 没有开合电阻的断路器的重合闸(自动重合闸)

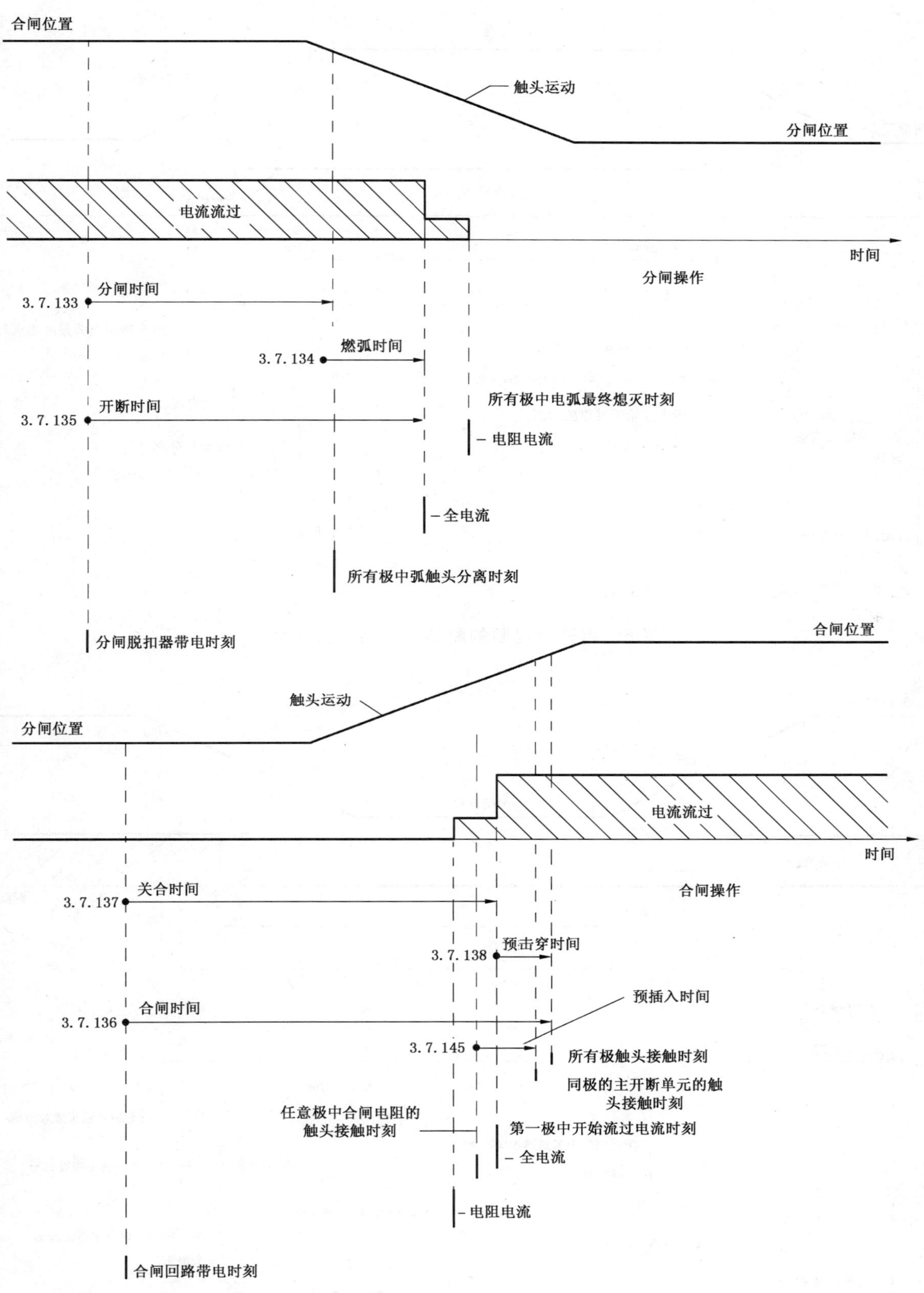

图 5　有开合电阻的断路器的分闸和合闸操作

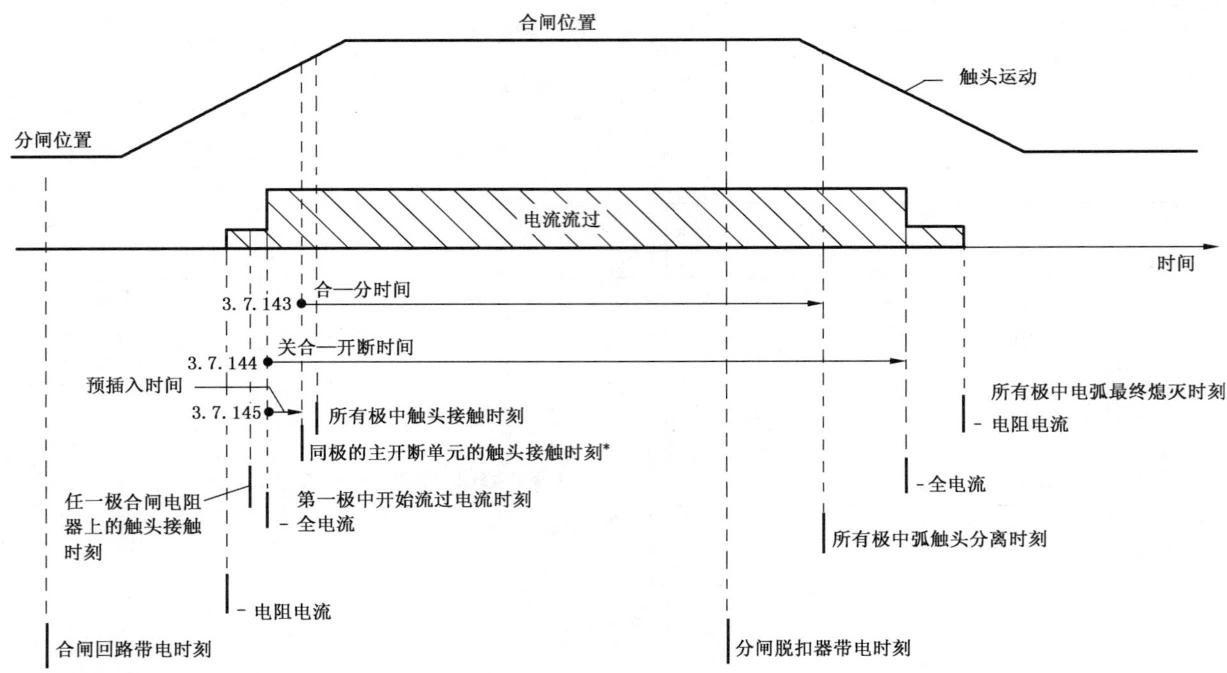

* 为了简化该图,假设该极也为首合极。

图 6 有开合电阻的断路器的合—分循环

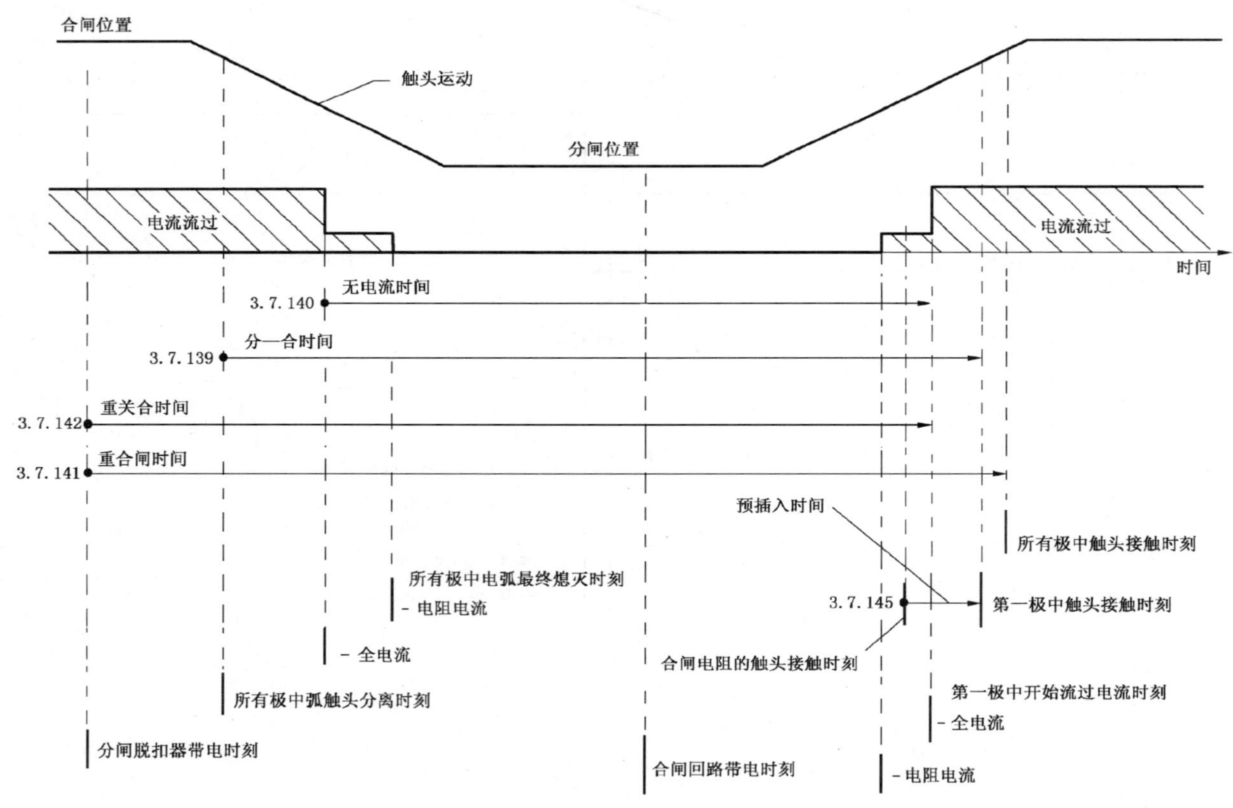

图 7 有开合电阻的断路器的重合闸(自动重合闸)

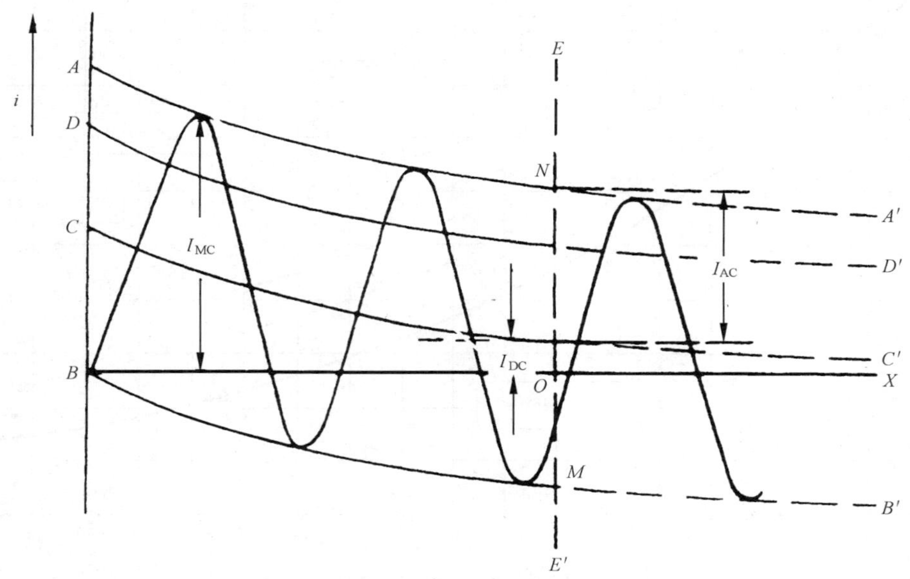

说明：

$\left.\begin{array}{l}AA'\\BB'\end{array}\right\}$——电流波的包络线；

BX ——正常的零线；

CC' ——任一时刻电流波形零线的偏移；

DD' ——任一时刻交流分量的有效值，从 CC' 测取；

EE' ——触头分离时刻(起弧)；

I_{MC} ——关合电流；

I_{AC} ——EE' 时刻电流的交流分量峰值；

$\frac{I_{AC}}{\sqrt{2}}$ ——EE' 时刻电流的交流分量有效值；

I_{DC} ——EE' 时刻电流的直流分量；

$\frac{I_{DC}}{I_{AC}}\times 100=\frac{\overline{ON}-\overline{OM}}{\overline{MN}}\times 100=\left[\frac{2\times\overline{ON}}{\overline{MN}}-1\right]\times 100$ 直流分量的百分数。

图 8 短路关合和开断电流以及直流分量百分数的确定

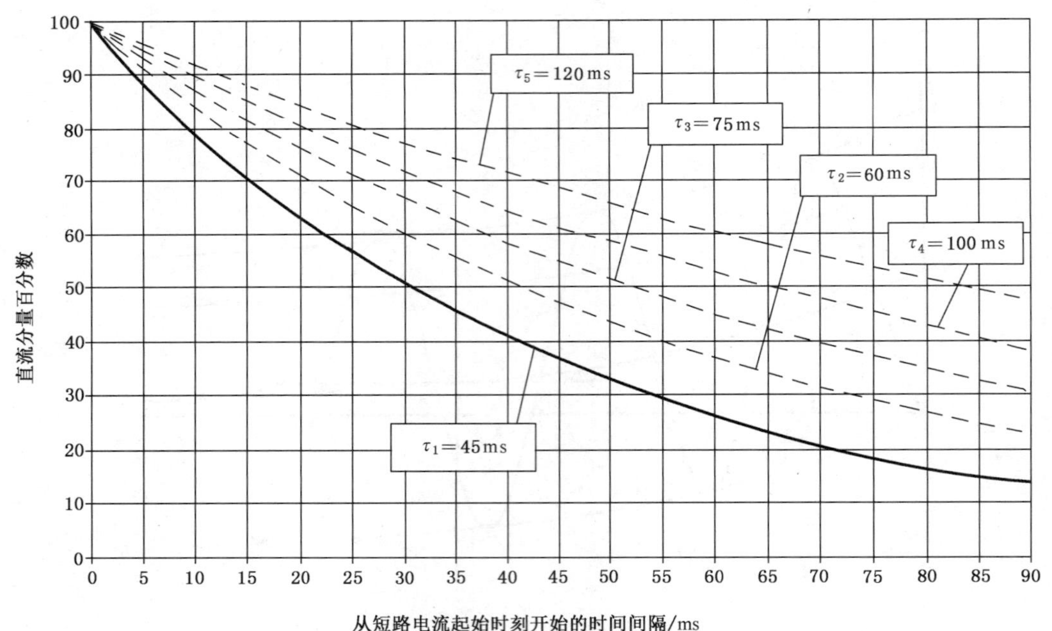

图 9 对于标准时间常数 τ_1 和特殊工况的时间常数 τ_2、τ_3、τ_4 以及 τ_5，直流分量的百分数与从短路起始时刻开始的时间间隔的关系曲线

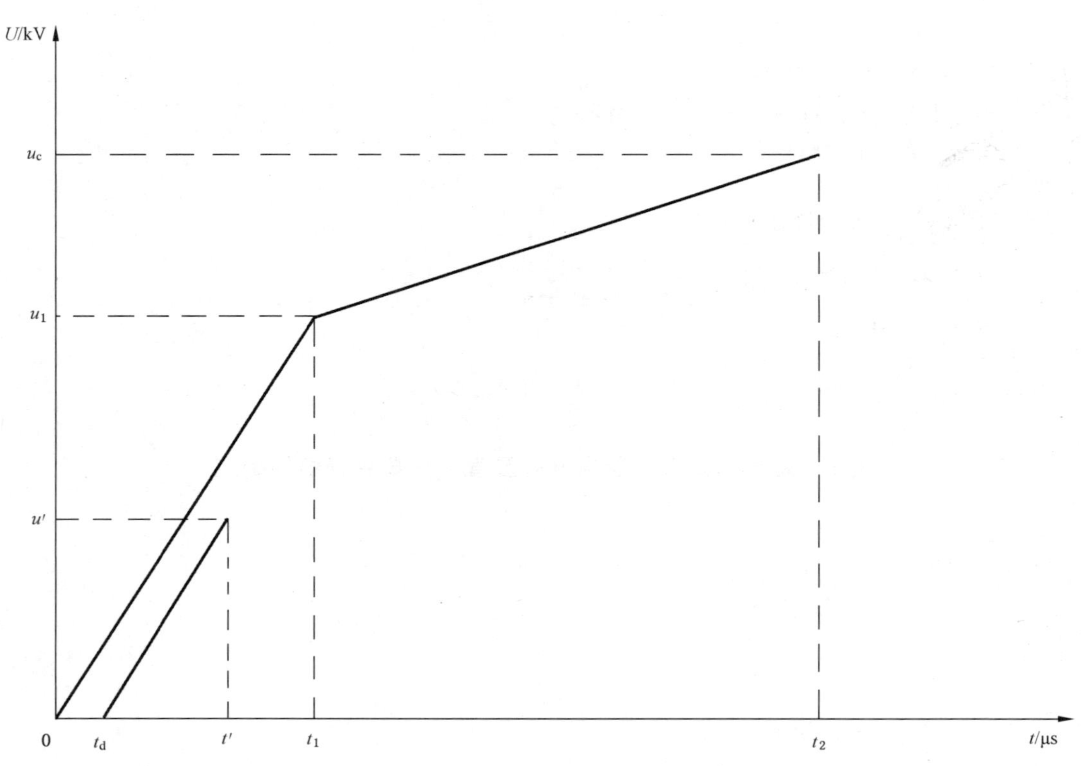

图 10 规定的四参数 TRV 以及 T100、T60、近区故障和失步条件的时延线的表示

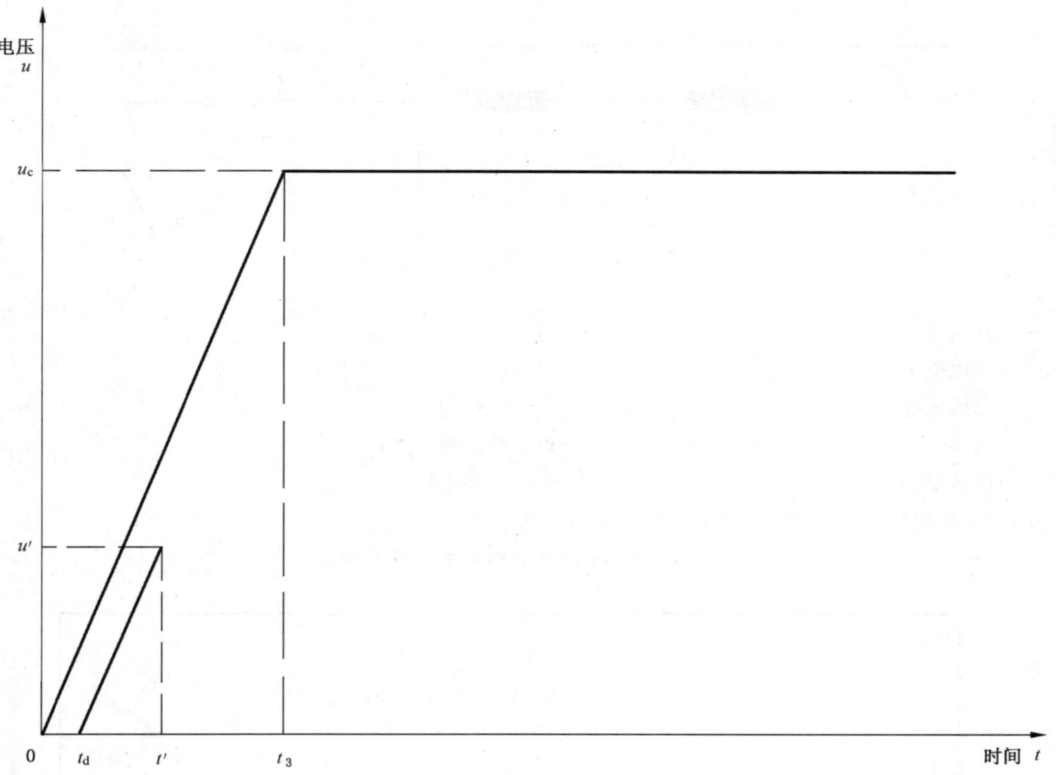

图 11　用两参数参考线和时延线对规定的 TRV 的表示

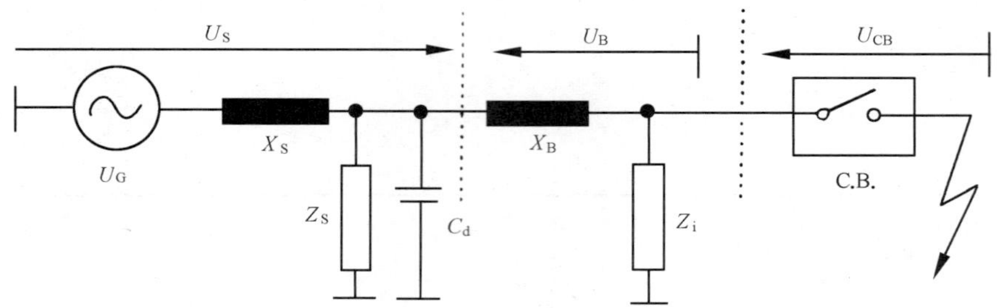

说明：

C.B. ——断路器；

U_G ——供电侧电压；

U_B ——母线电压；

U_{CB} ——断路器两端的电压；

U_S ——电源侧的电压；

C_d ——电源侧的时延电容；

Z_S ——电源侧 TRV 控制元件；

Z_i ——ITRV 控制元件；

X_S ——电源侧工频电抗；

X_B ——母线工频电抗。

注：如果 X_S 使用集中电感，则 ITRV 控制元件可以和该电感并联。

a） 具有 ITRV 的出线端故障的基本回路

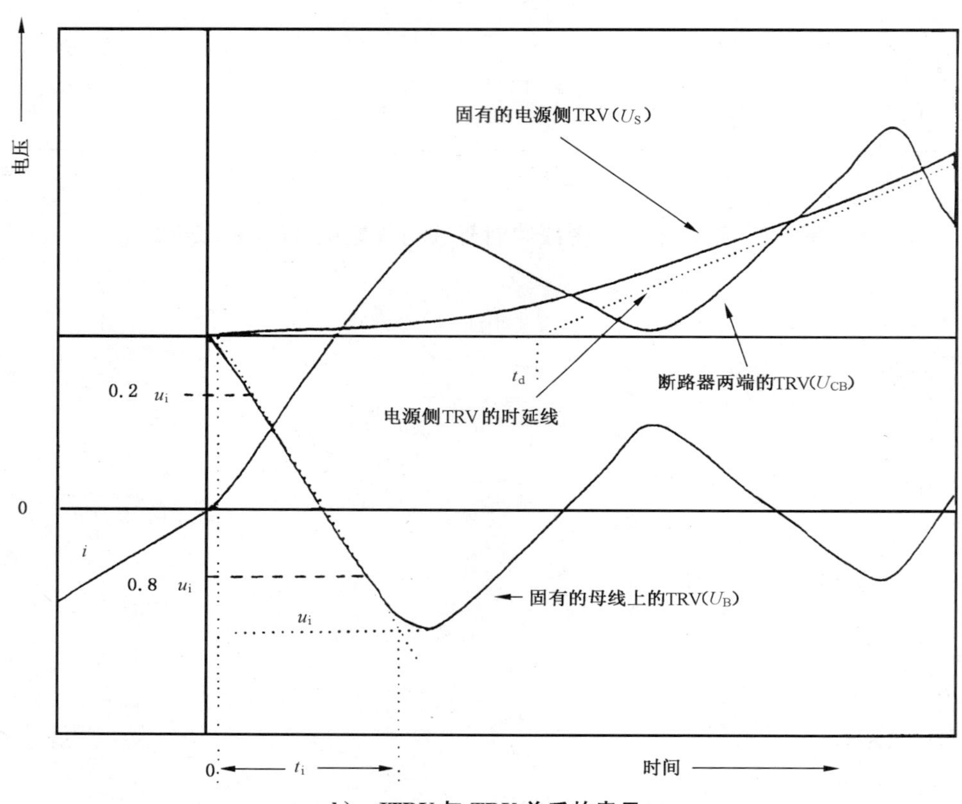

b） ITRV 与 TRV 关系的表示

图 12 ITRV 回路以及 ITRV 与 TRV 关系的表示

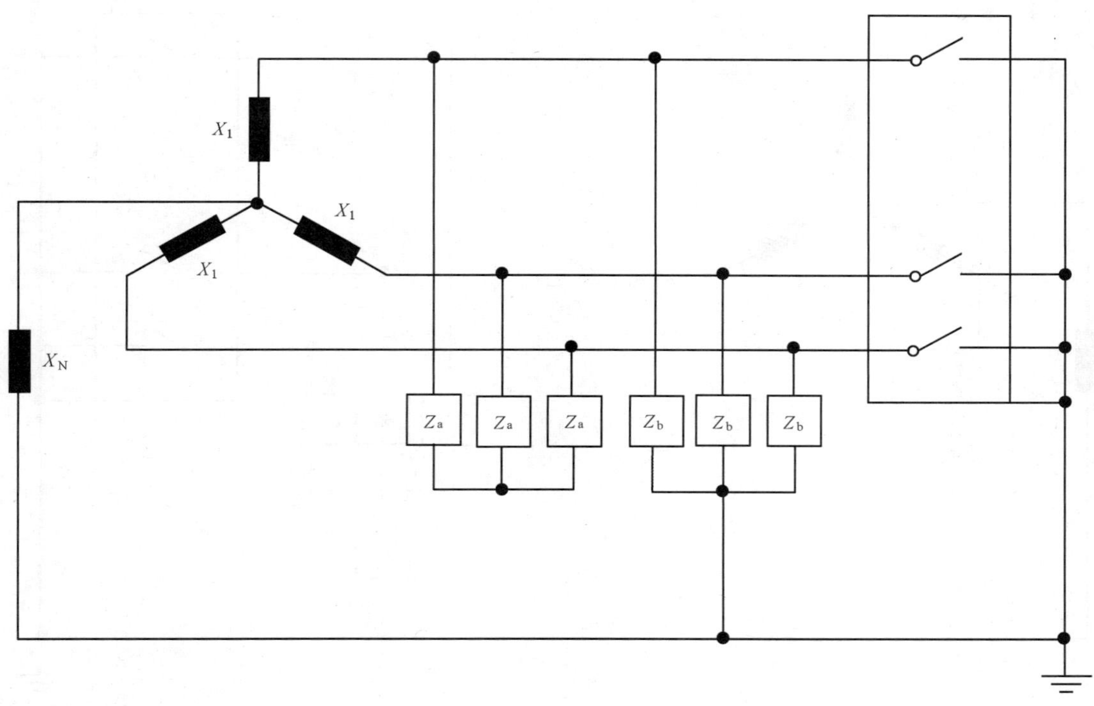

说明：

X_N ——电源中性点阻抗；

X_1 ——正序短路电抗；

Z_a ——TRV 回路的相对相阻抗；

Z_b ——TRV 回路的相对地阻抗；

X_N ——对于首开极系数为 1.5 时远远大于 X_1；

X_N ——对于首开极系数为 1.3 时等于 $0.75X_1$；

因为：$Z_0/Z_1=2$

$Z_a=Z_b=2Z_1$

Z_0 ——电源侧短路阻抗的零序分量。

图 13 三相短路的表示

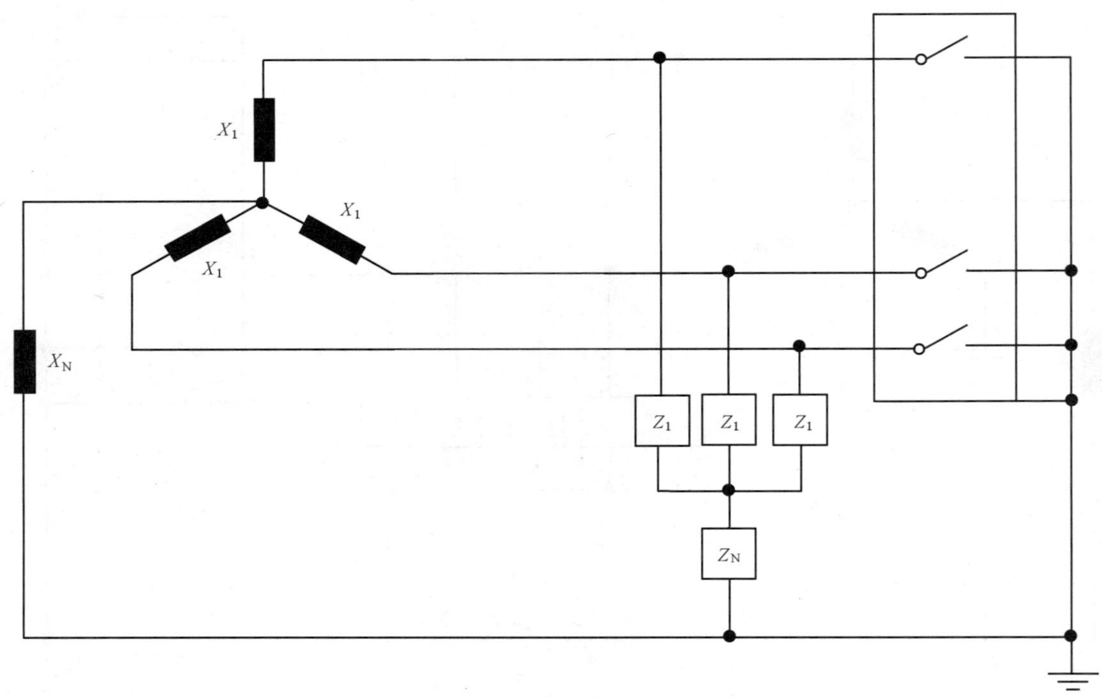

说明：

X_N ——电源中性点阻抗；

X_1 ——正序短路电抗；

Z_1 ——TRV 回路的相对中性点阻抗；

Z_N ——TRV 回路的中性点阻抗；

因为：$\frac{Z_0}{Z_1}=2$　　$Z_N=\frac{Z_1}{3}$

Z_0 ——电源侧短路阻抗的零序分量。

图 14　图 13 替代的表示

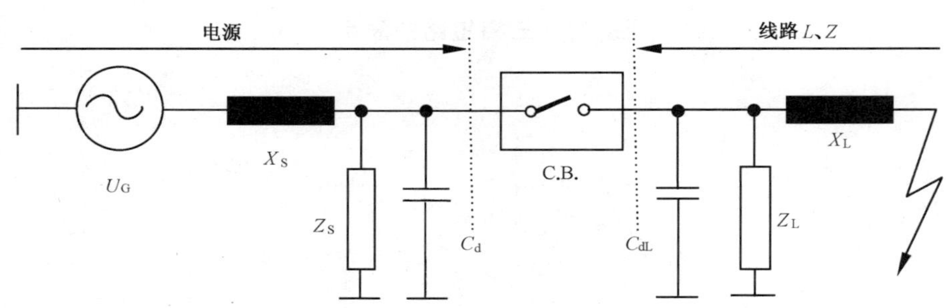

说明：

U_G ——电源电压，相对地值；

X_S ——电源侧工频电抗；

Z_S ——电源侧 TRV 控制元件；

C_d ——电源侧时延电容；

C.B.——断路器；

X_L——线路侧工频电抗；

Z_L——线路侧 TRV 控制元件；

C_{dL}——线路侧时延电容；

Z ——线路的波阻抗；

L ——到故障点的线路长度。

图 15　近区故障的基本回路

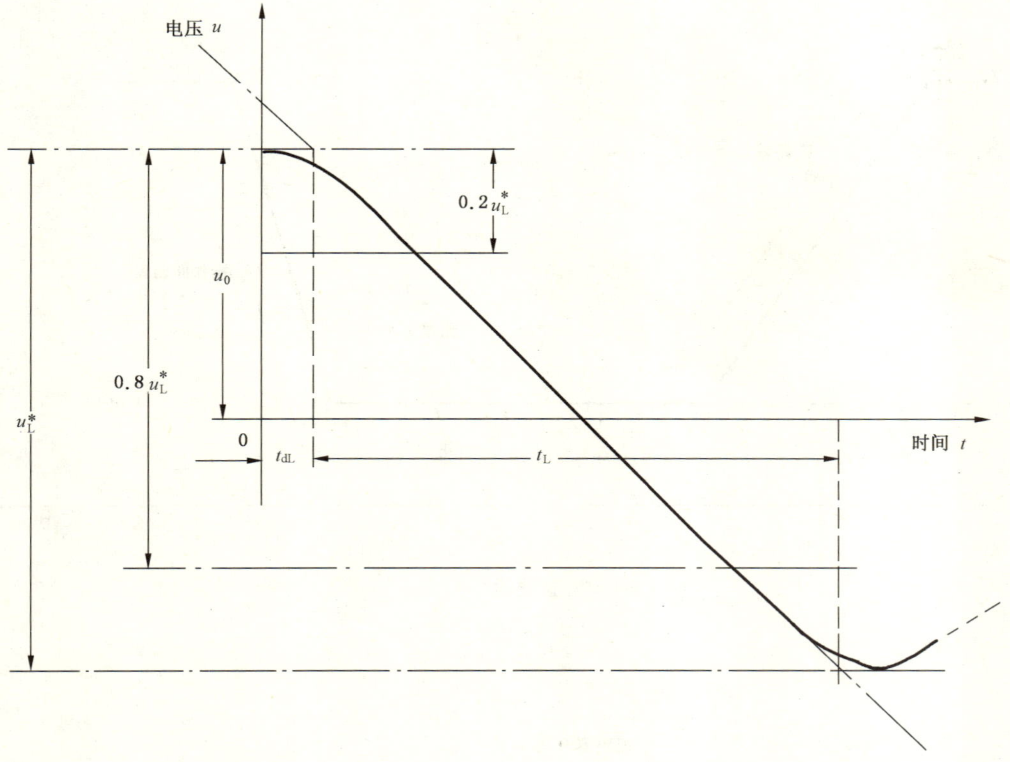

图 16 有时延的线路侧瞬态电压以及圆形的波峰导出 u_L^*、t_L 和 t_{dL} 方法的说明

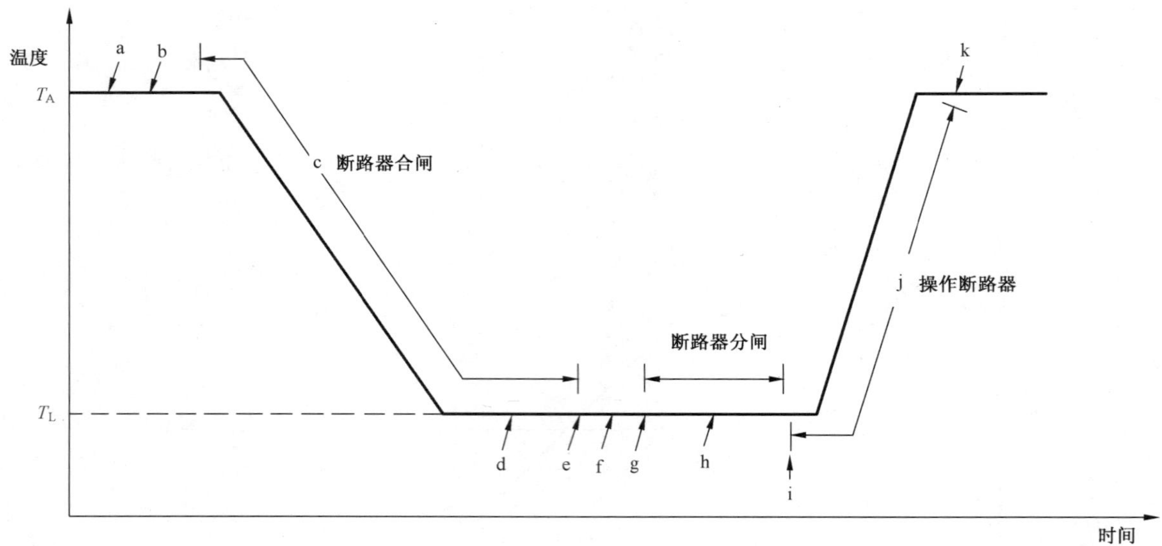

a） 低温试验

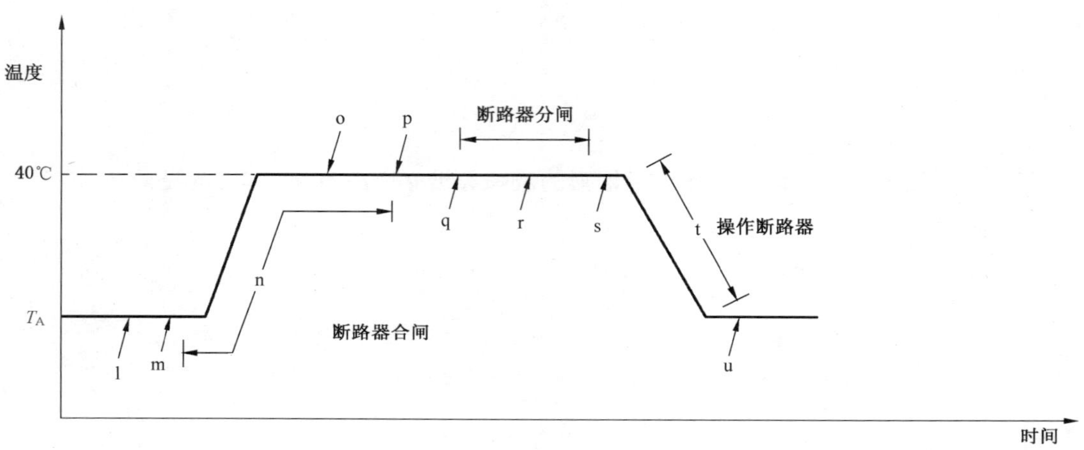

b） 高温试验

注：字母 a～u 表示 6.101.3.3 和 6.101.3.4 中规定试验的应用点。

图 17 低温和高温试验的试验顺序

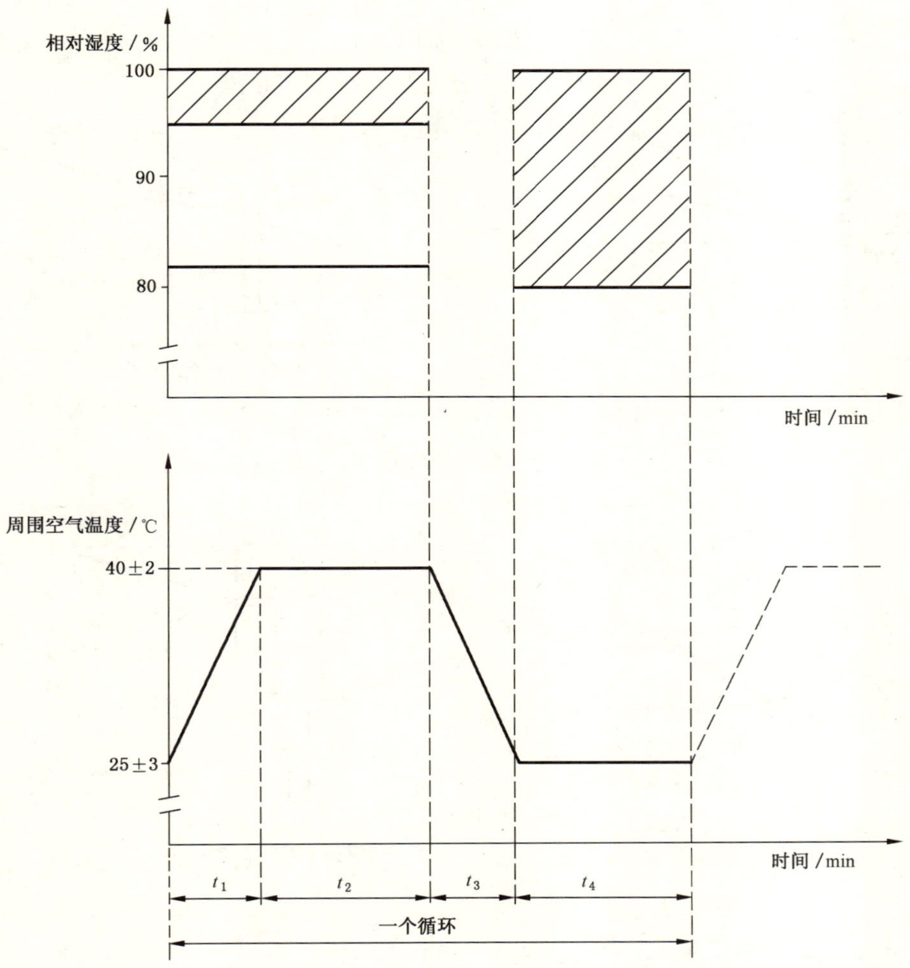

图 18　湿度试验

具有多个灭弧室的断路器

$F_{shB1}=F_{thB1}+F_{wh}$和$F_{shB2}=F_{thB2}+F_{wh}$

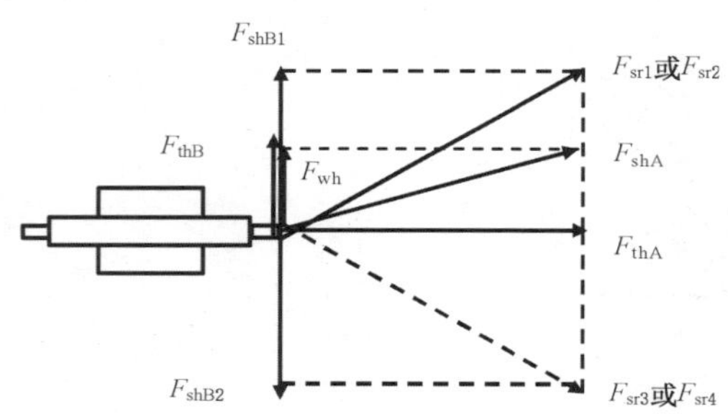

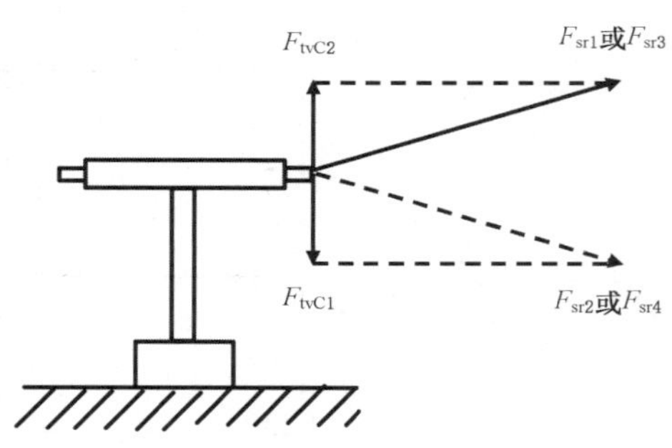

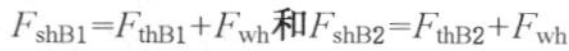

$F_{tv}=F_{sv}$（见6.101.6.2）

具有一个灭弧室的断路器

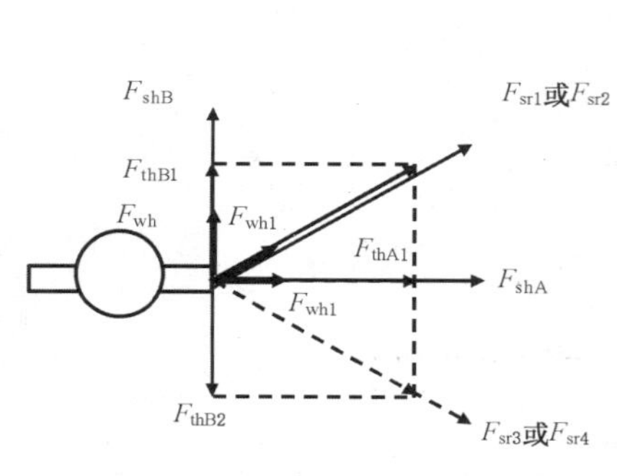

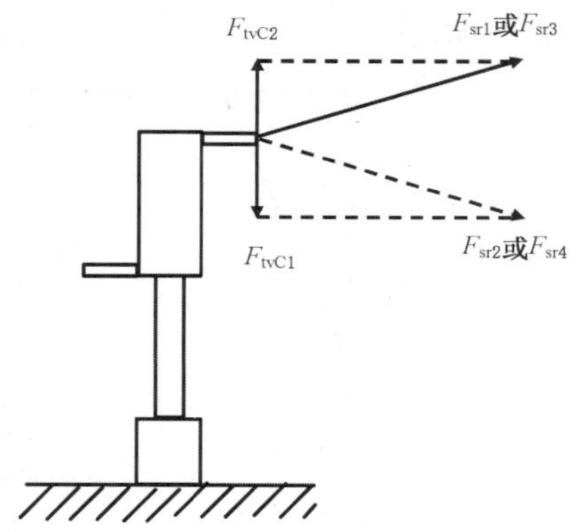

6.101.6.2 a)的试验：F_{wh}在F_{thB}和F_{thA}合力的方向上

6.101.6.2 b)的试验：F_{wh}在F_{thB}或F_{thA}的方向上

F_{thA} ——连接导体引起的水平拉力(A 向)；

F_{thB} ——连接导体引起的水平拉力(B 向)；

F_{tv} ——连接导体引起的垂直拉力(C 向)；

F_{wh} ——覆冰的断路器上风压引起的水平力；

F_{shA}、F_{shB} ——由F_{thA}、F_{thB}和F_{wh}引起的水平力；

F_{sr1}、F_{sr2}、F_{sr3}、F_{sr4}——额定端子静负载(合力)。

注 1：关于 A、B 和 C 向，参见图 20。

注 2：脚标字母“s”表示试验值。

	水平的	垂直的	标注
因连接导体上的重量、风和冰产生的力	F_{thA}、F_{thB}	F_{tv}	按照表 14
因断路器上的风和冰产生的力[a]	F_{wh}	0	由制造厂计算
[a] 断路器上的水平力，由于风的作用，可能会从压力中心向端子移动且与较长的杠杆臂成比例地降低数值(断路器最低部分的弯矩应相同)。			

图 19 端子静负载

具有多个灭弧室的断路器

水平力

B_1 B_1

2号端子 1号端子

A_2 A_1

B_2 B_2

具有一个灭弧室的断路器

水平力

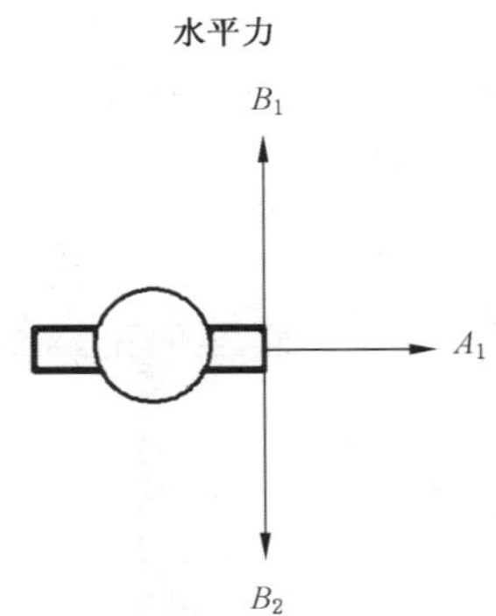

力的方向：1 号端子为 A_1、B_1 和 B_2

力的方向：2 号端子为 A_2、B_1 和 B_2

水平试验力：F_{shA} 和 F_{shB}(见图 19)

垂直力

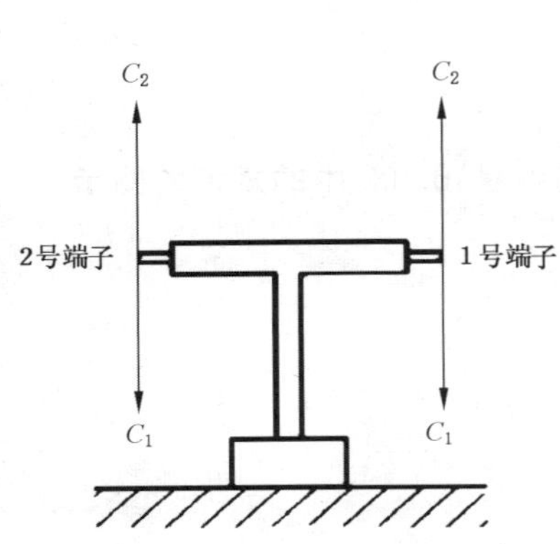

垂直力

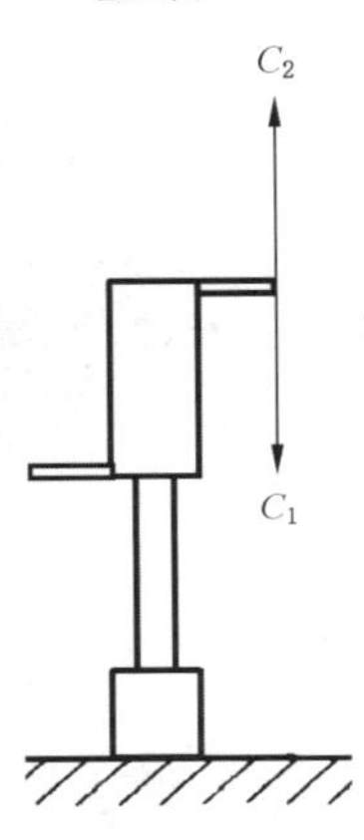

力的方向：1 号端子为 C_1、C_2

力的方向：2 号端子为 C_1、C_2

垂直试验力(两个方向)：F_{sv}(见图 19)

注：对于以极单元垂直中心线对称的断路器，仅需要对一个端子进行试验。

图 20　端子静负载试验的方向

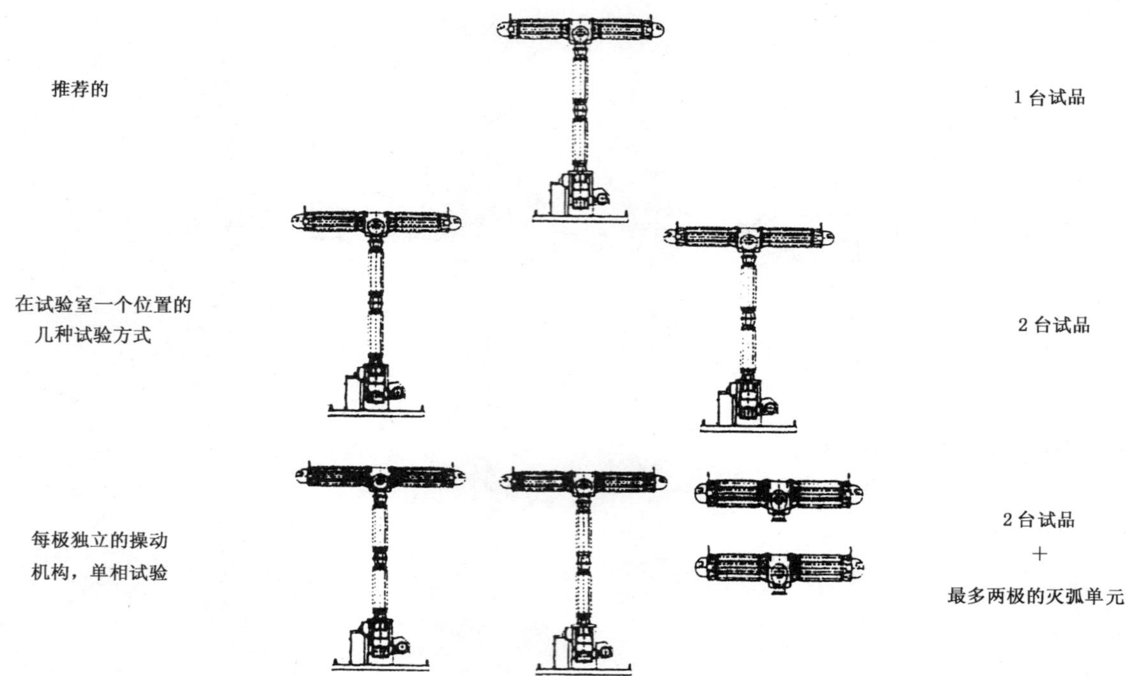

图21 关合、开断和开合试验允许的试品数量，6.102中的规定的图示

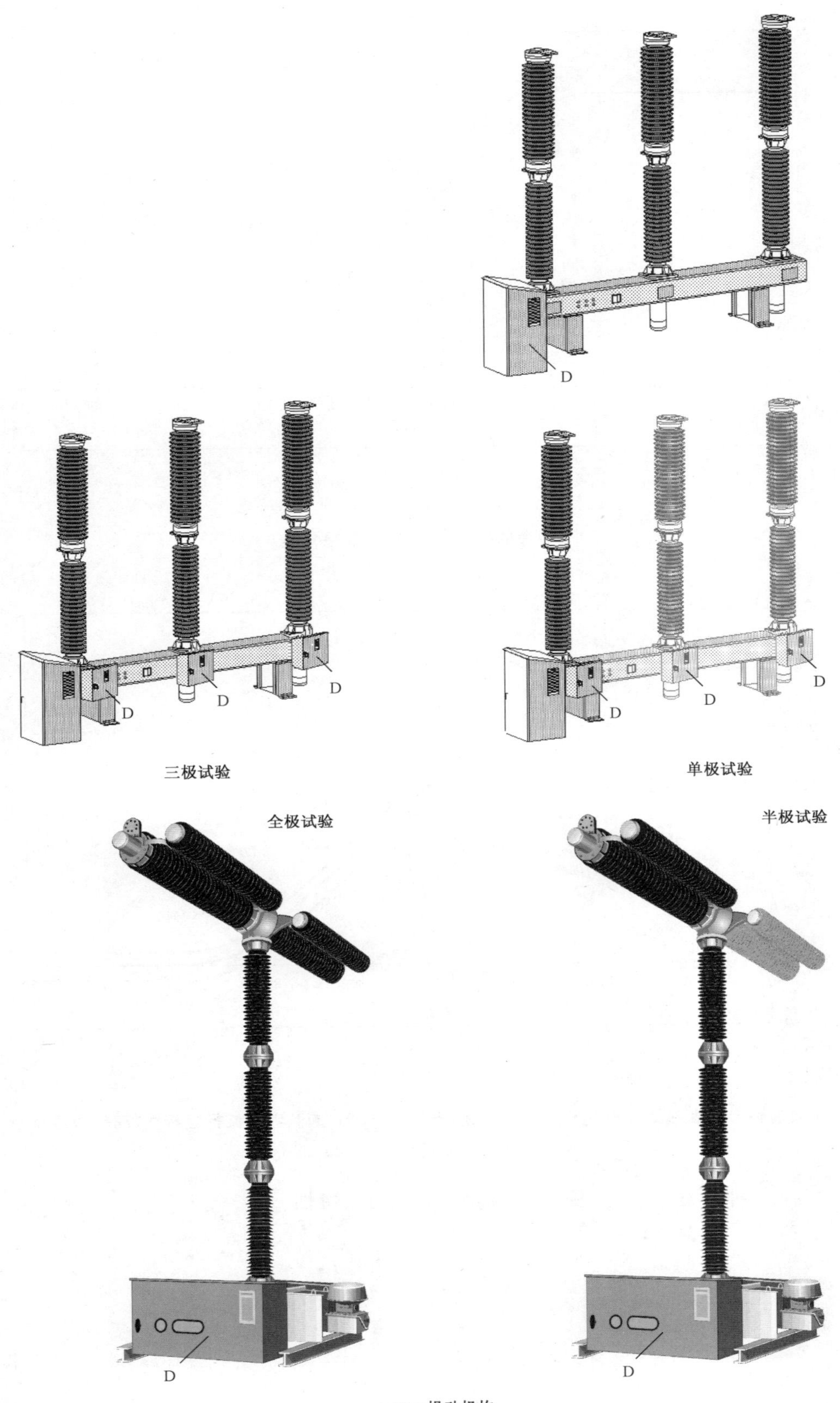

D＝操动机构

图 22　按照 GB/T 11022—2011 的 3.2.1，单个试品的定义

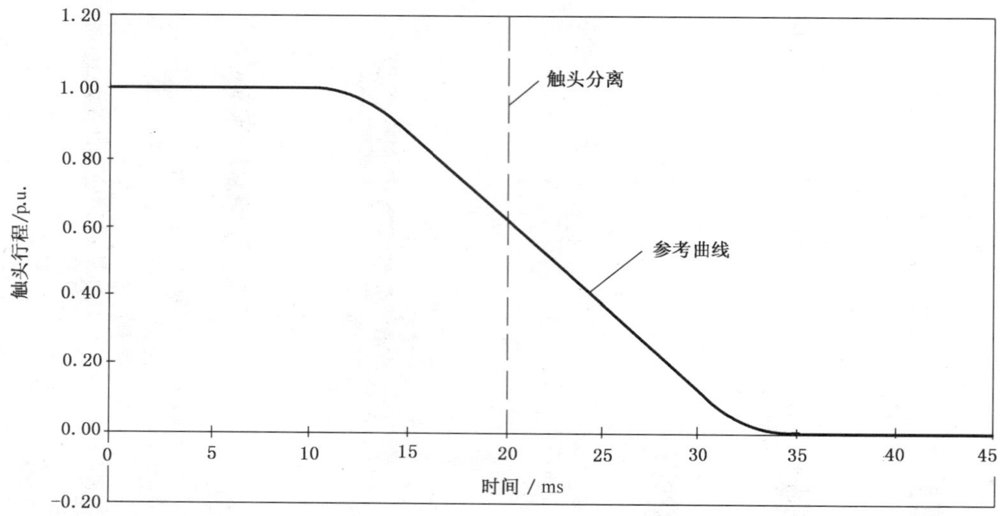

a） 参考的机械行程特性(理想曲线)

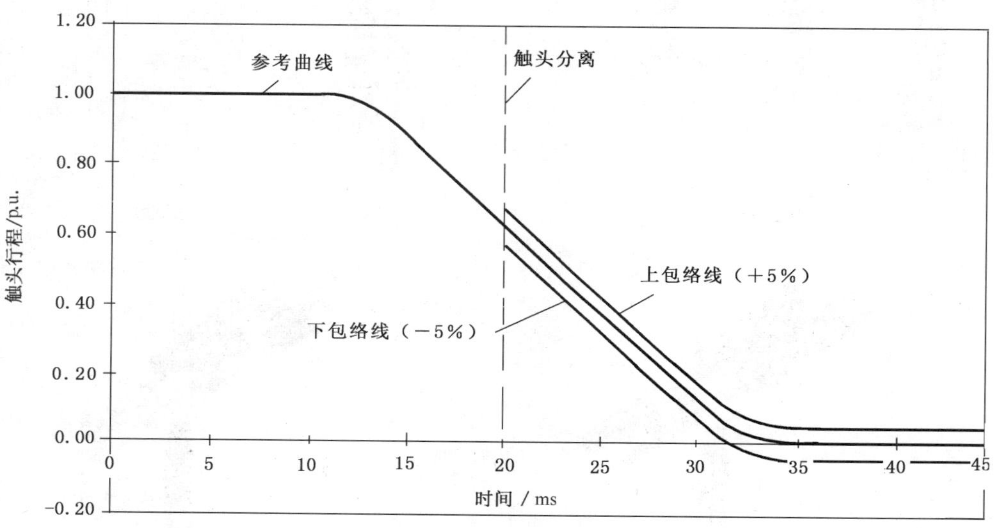

b） 具有以参考曲线为中心的规定的包络线(+5%,-5%)的参考机械行程特性(理想曲线),本例中触头分离时刻为 $t=20$ ms

图 23 参考的机械行程特性

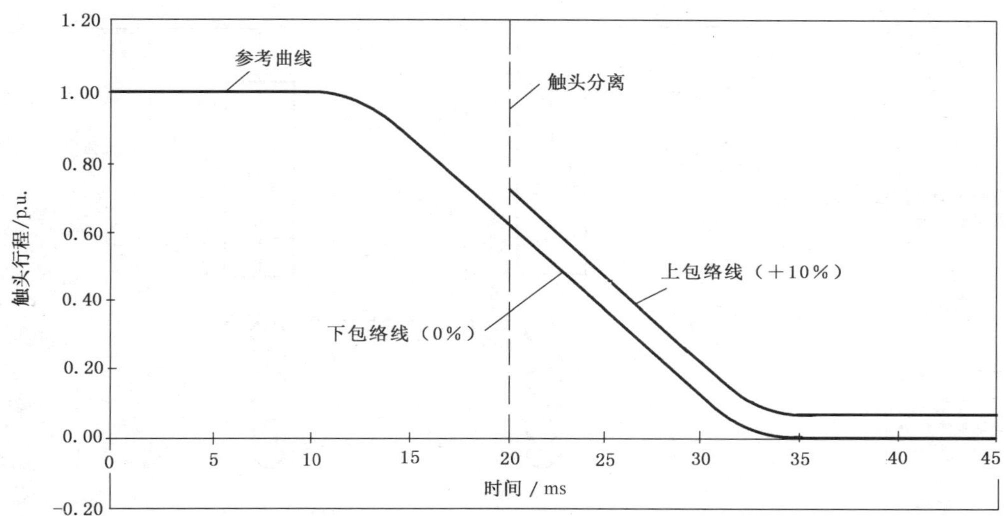

c) 具有以参考曲线为基准完全上移的规定的包络线(+10%,0%)的参考机械行程特性(理想曲线),本例中触头分离时刻为 $t=20$ ms

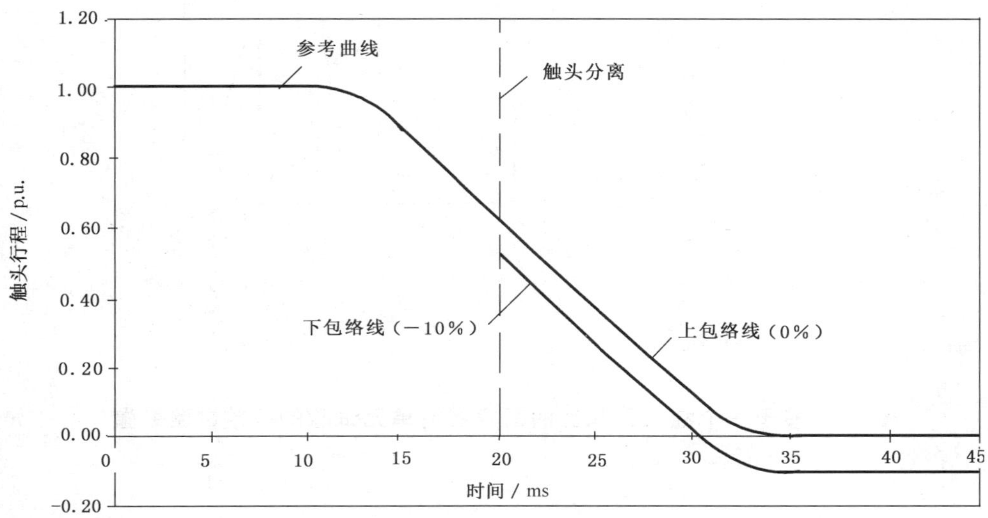

d) 具有以参考曲线为基准完全下移的规定的包络线(0%,-10%)的参考机械行程特性(理想曲线),本例中触头分离时刻为 $t=20$ ms

图 23(续)

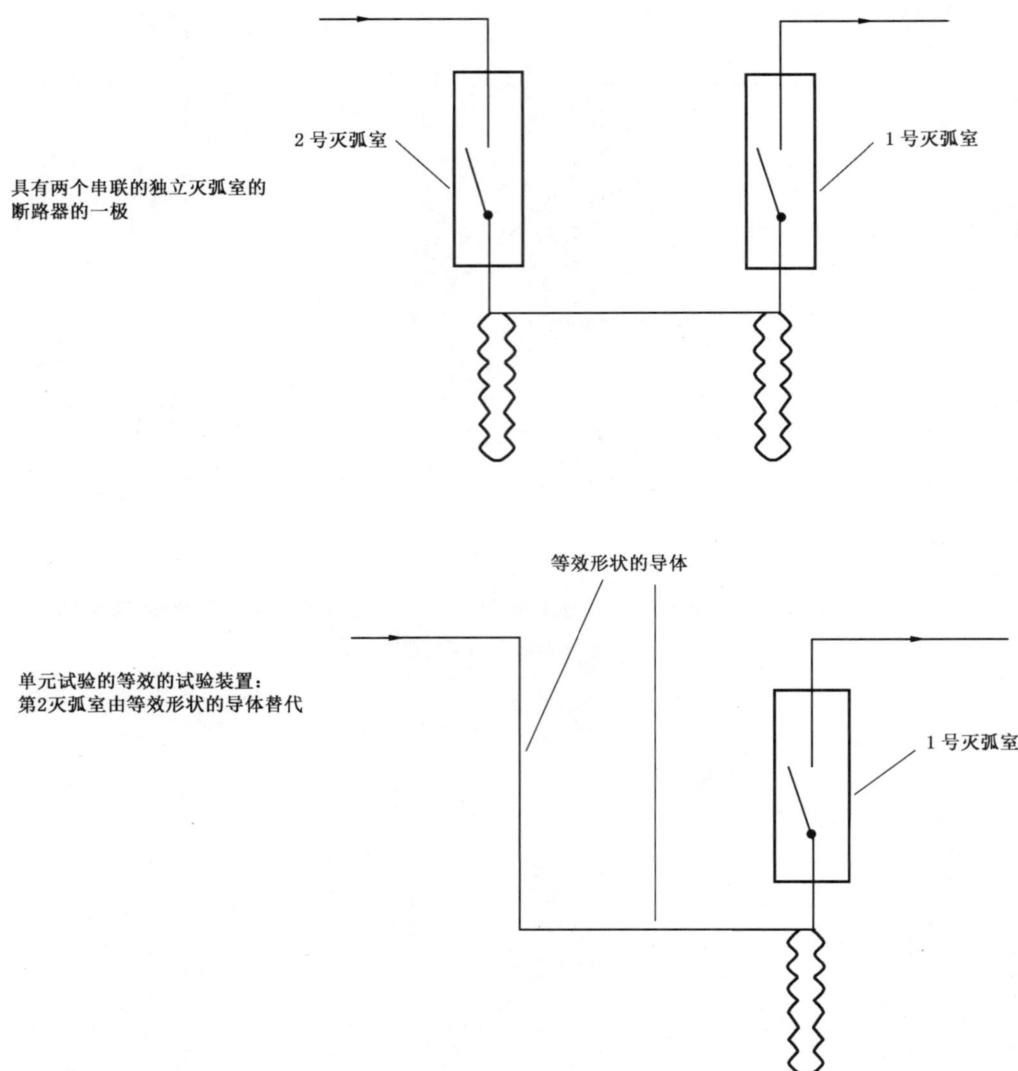

图 24 多于一个独立灭弧室的断路器的单元试验的等效试验装置

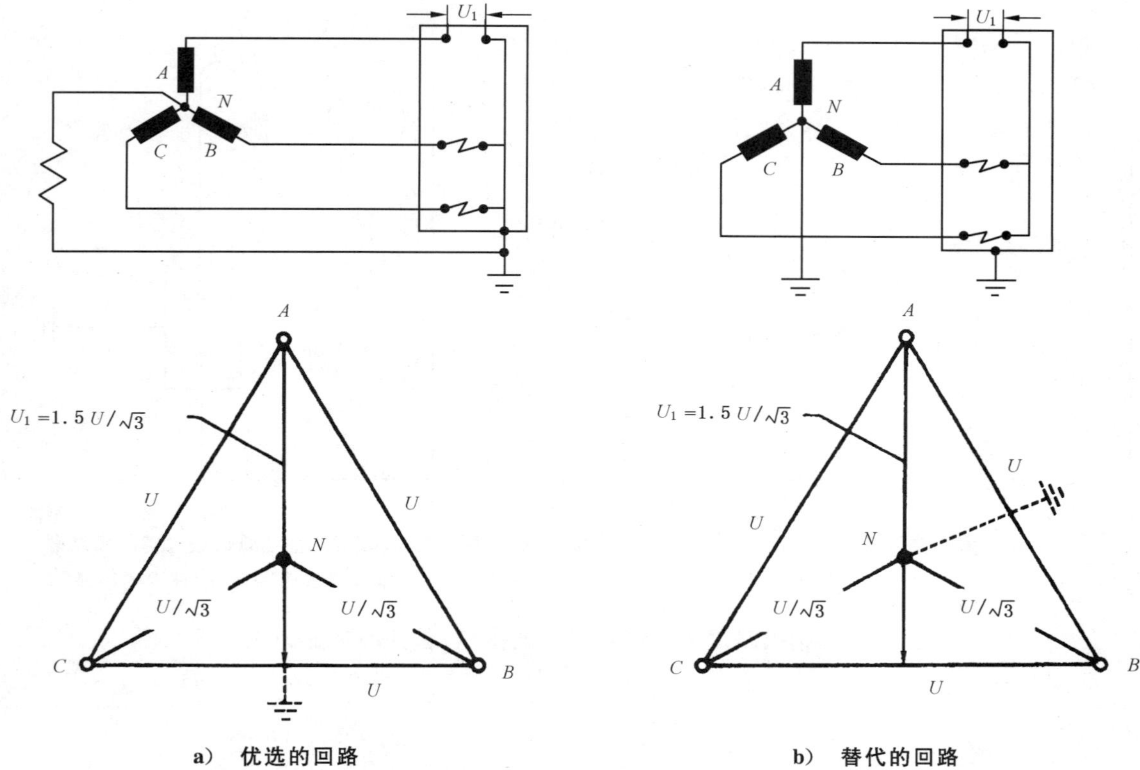

a) 优选的回路　　b) 替代的回路

图 25　三相短路试验的试验回路的接地，首开极系数为 1.5

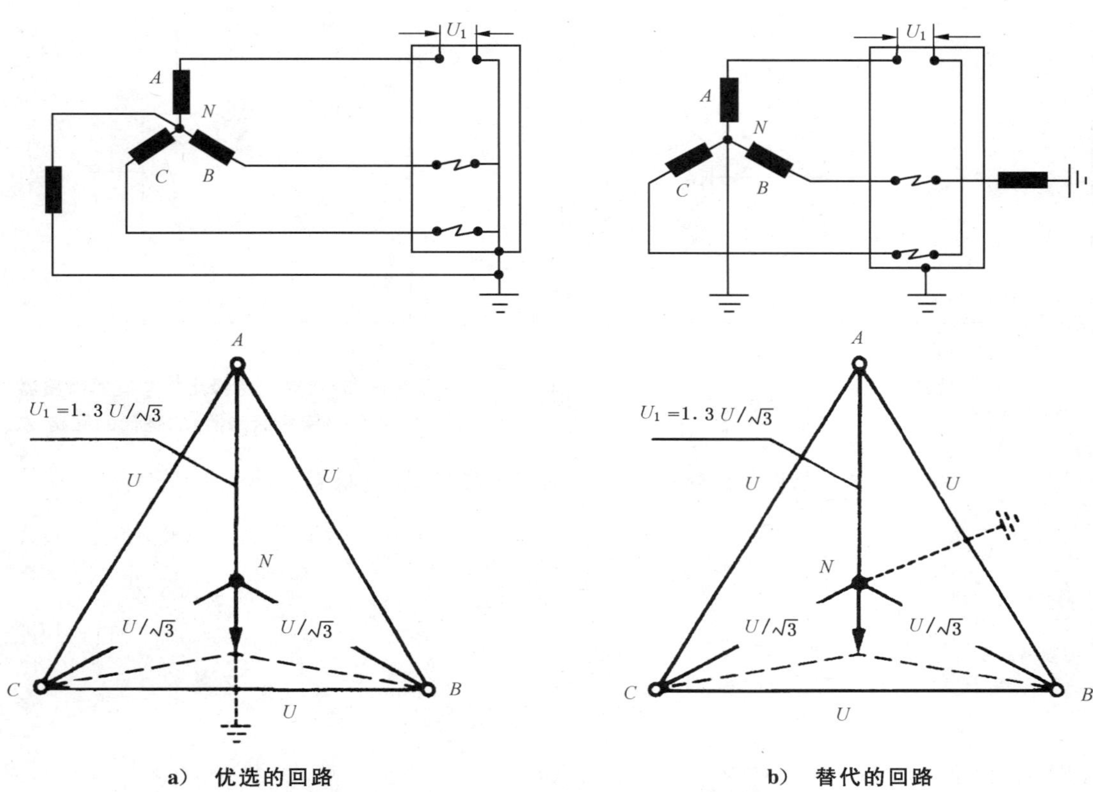

a) 优选的回路　　b) 替代的回路

图 26　三相短路试验的试验回路的接地，首开极系数为 1.3

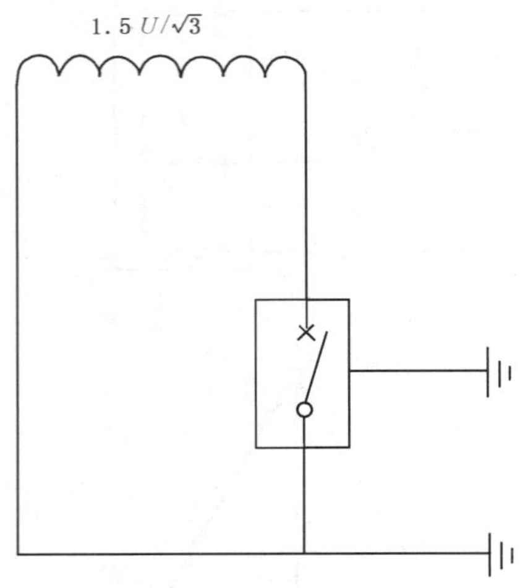

a) 优选的回路

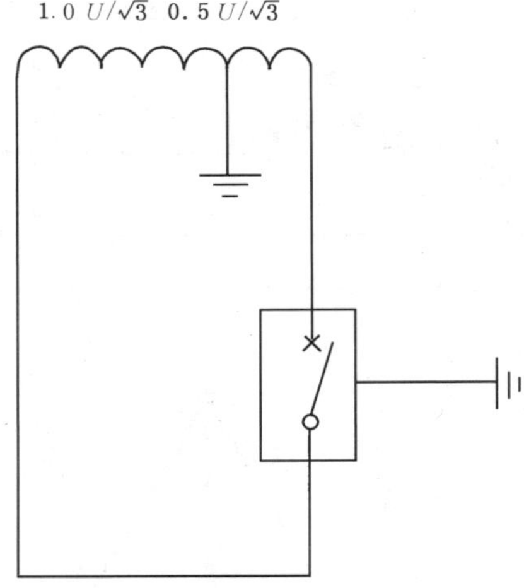

b) 不适用于相间和/或对地绝缘比较关键的断路器（例如，GIS或落地罐式断路器）的替代的回路

图 27 单相短路试验的试验回路的接地，首开极系数为 1.5

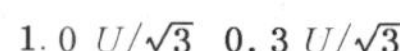

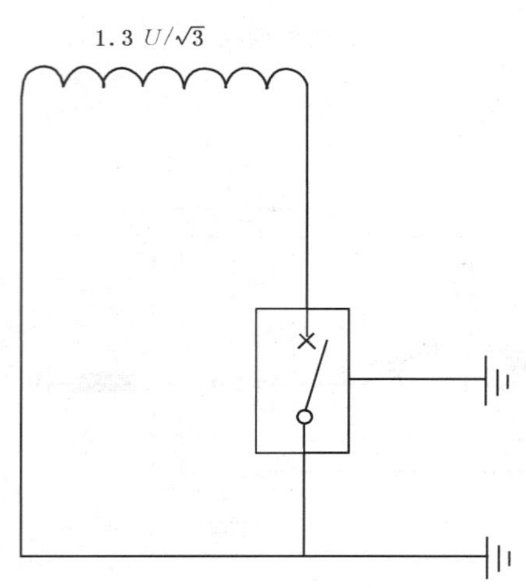

a) 优选的回路

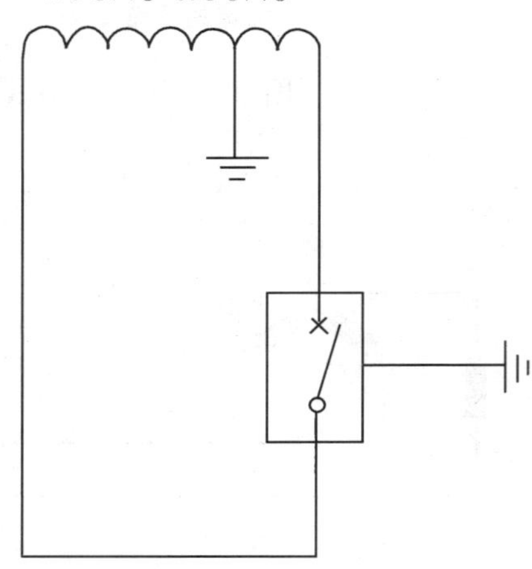

b) 不适用于相间和/或对地绝缘比较关键的断路器（例如，GIS或落地罐式断路器）的替代的回路

图 28 单相短路试验的试验回路的接地，首开极系数为 1.3

第一次有效开断操作

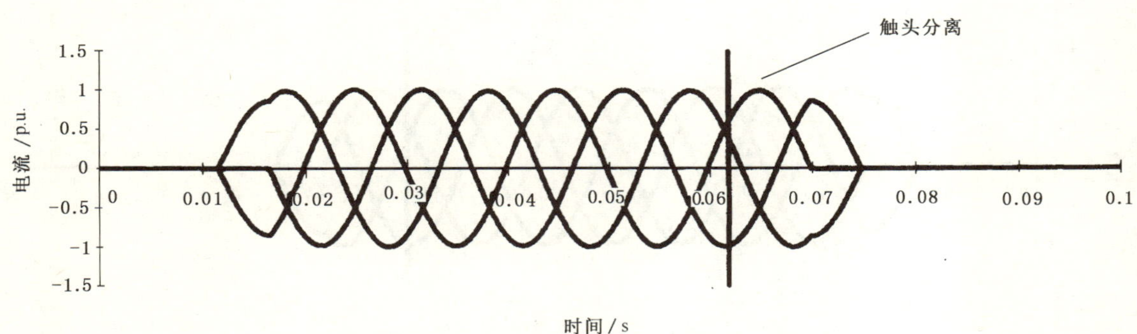

第二次有效开断操作；
触头分离比第一次有效开断操作提前40°

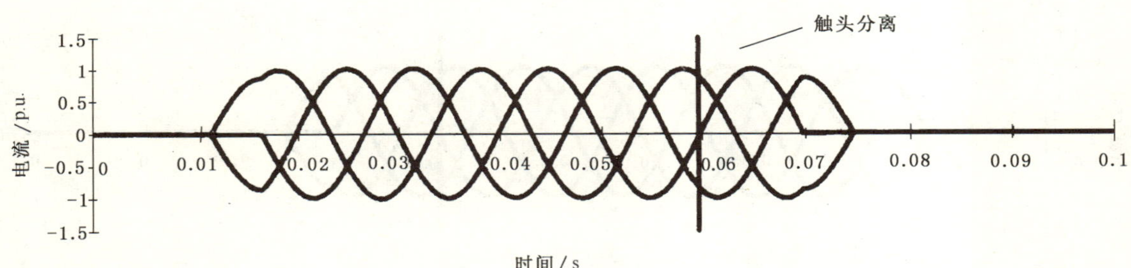

第三次有效开断操作；
触头分离比第二次有效开断操作提前40°

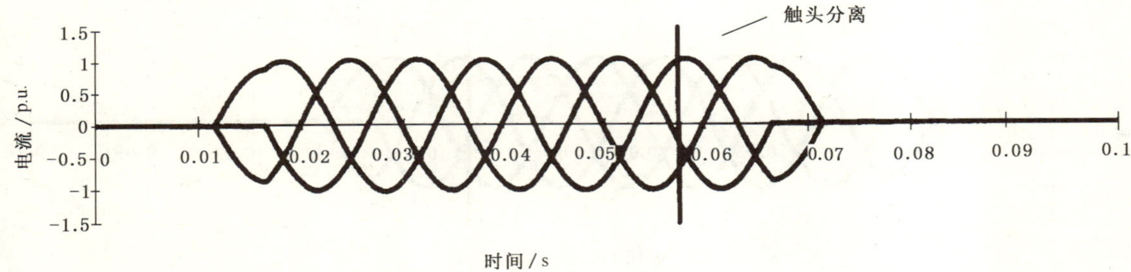

图 29　中性点非有效接地系统中(首开极系数 1.5)三相试验时三次有效对称开断操作的图形表示

第一次有效开断操作

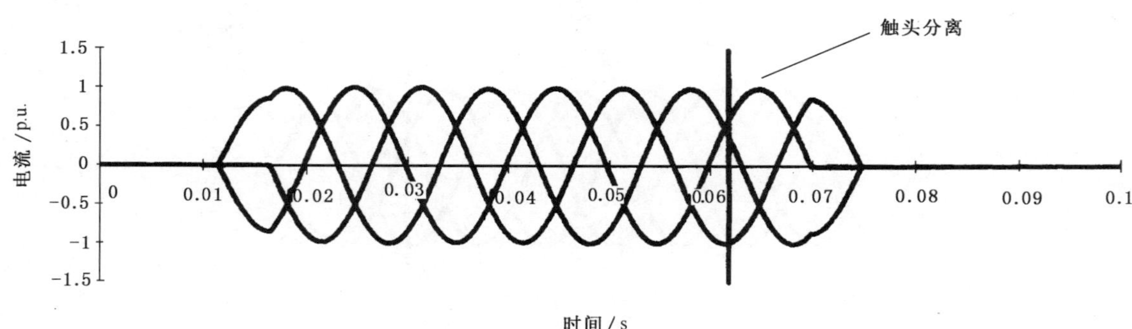

第二次有效开断操作；
触头分离比第一次有效开断操作提前40°

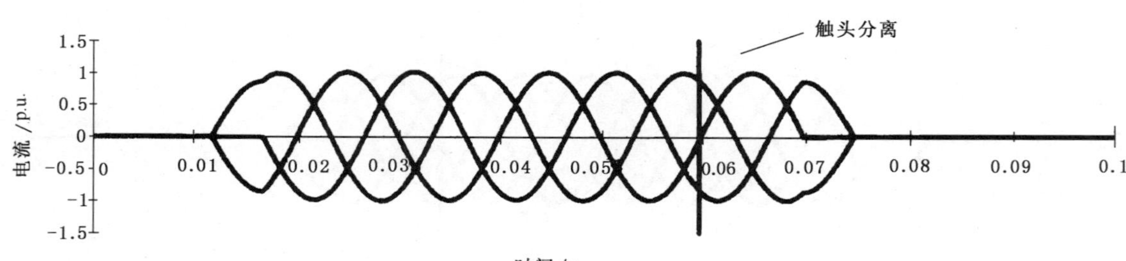

第三次有效开断操作；
触头分离比第二次有效开断操作提前40°

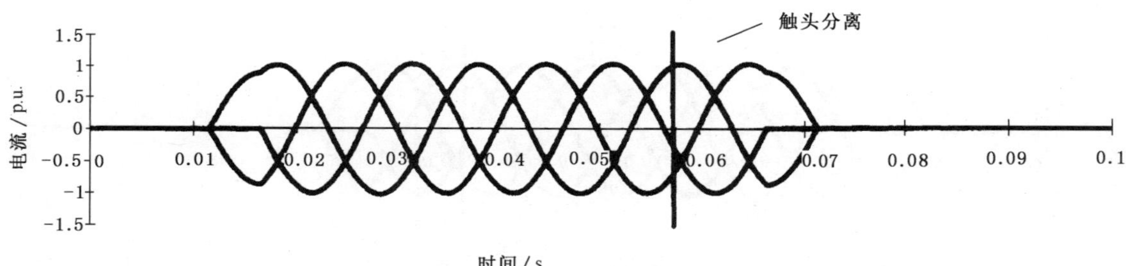

图 30　中性点有效接地系统中(首开极系数 1.3)三相试验时三次有效对称开断操作的图形表示

第一次有效开断操作；首开极大半波
并在触头分离时刻具有要求的直流分量

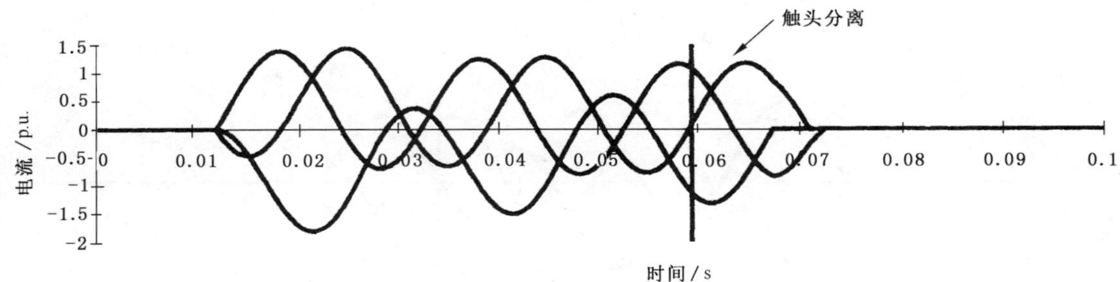

第二次有效开断操作；后开的一极中
出现延长的大半波且在触头分离时刻具有要求的直流分量

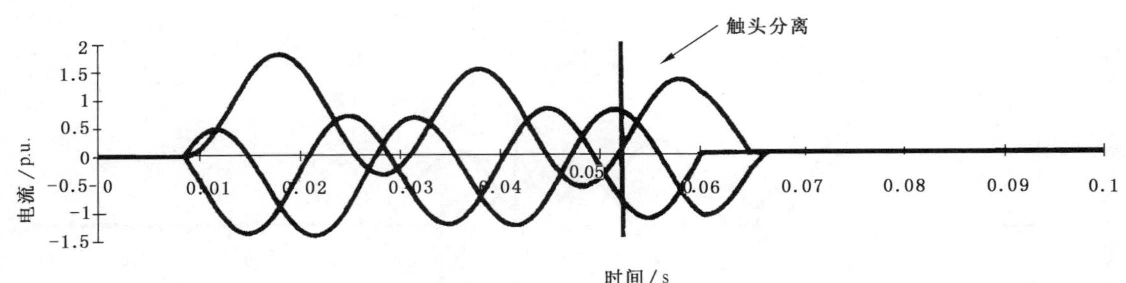

电流起始时刻较第一次有效开断操作
提前60°；触头分离时刻较第一次
有效开断操作提前130°

第三次有效开断操作；首开极大半波
并在触头分离时刻具有要求的直流分量

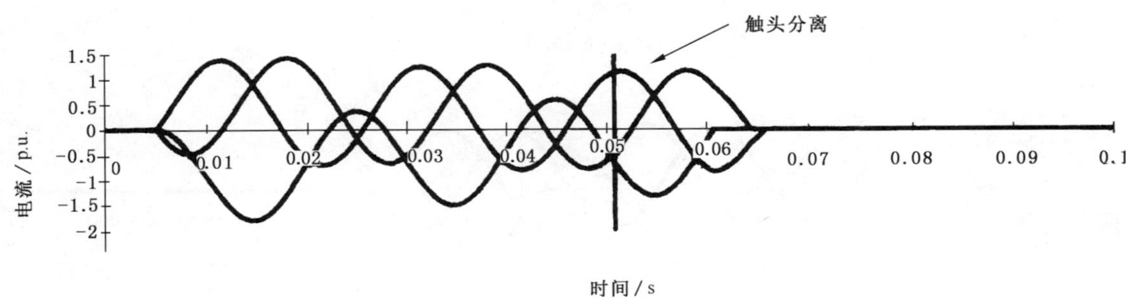

电流起始时刻较第二次有效开断操作
提前60°；触头分离时刻较第二次
有效开断操作提前25°

图 31　中性点非有效接地系统中（首开极系数 1.5）三相试验时三次有效非对称开断操作的图形表示

第一次有效开断操作；首开极大半波
并在触头分离时刻具有要求的直流分量

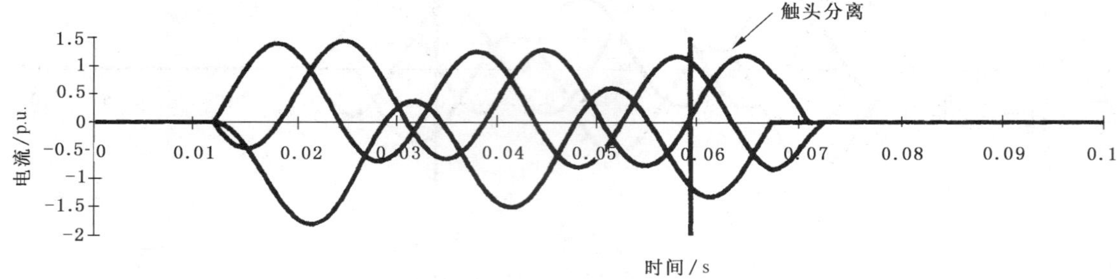

第二次有效开断操作；第二极开断
出现在延长的大半波末且在触头分离时刻具有要求的直流分量

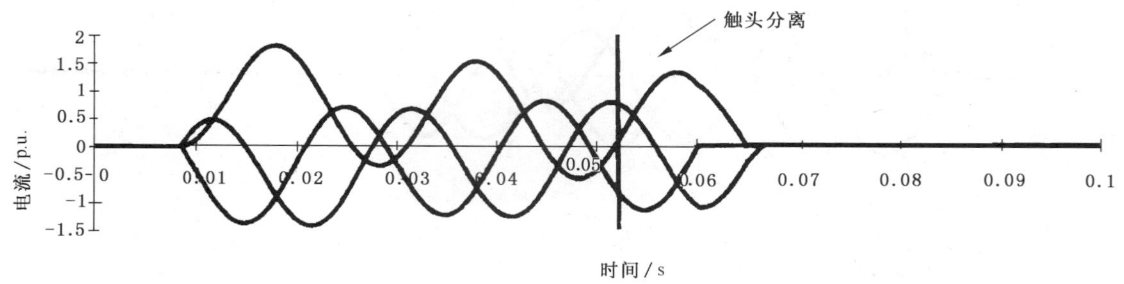

电流起始时刻较第一次有效开断操作
提前 60°；触头分离时刻较第一次
有效开断操作提前 130°

第三次有效开断操作；首开极出现在大半波
末并在触头分离时刻具有要求的直流分量

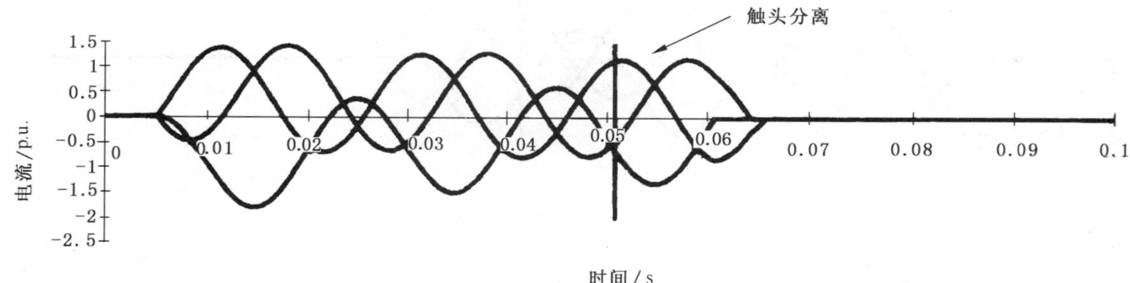

电流起始时刻较第二次有效开断操作
提前 60°；触头分离时刻较第二次
有效开断操作提前 25°

图 32 中性点有效接地系统中(首开极系数 1.3)三相试验时三次有效非对称开断操作的图形表示

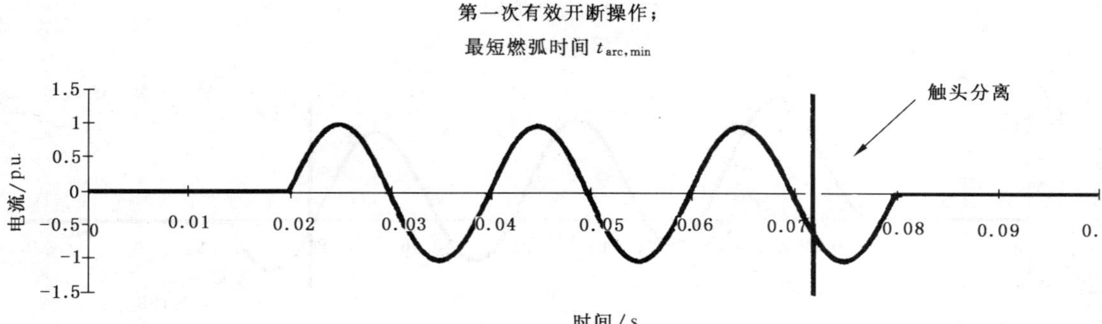

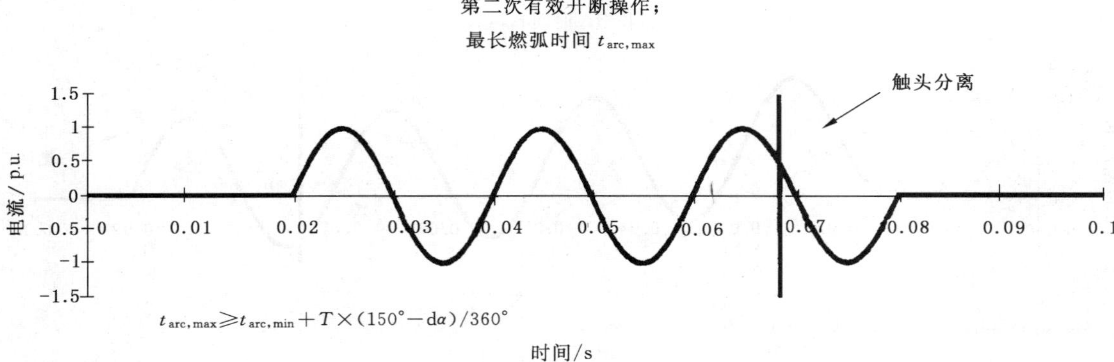

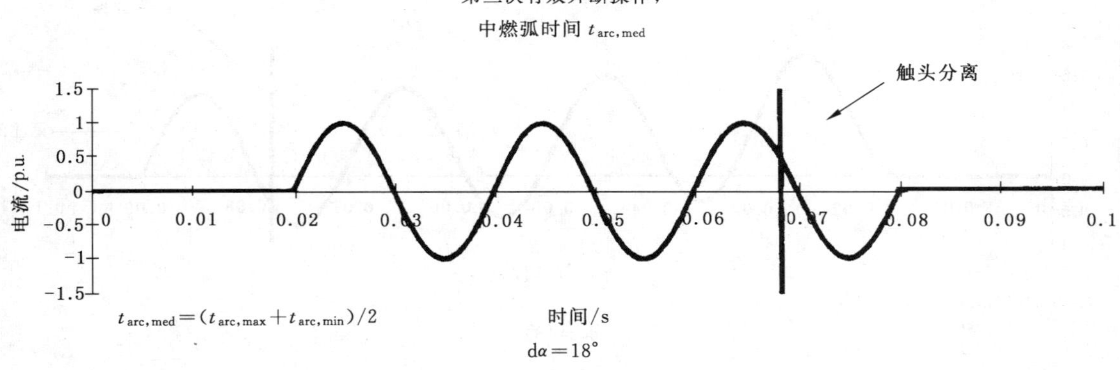

注：电流的极性可以相反。

图 33　中性点非有效接地系统中(首开极系数 1.5)单相试验代替三相条件时三次有效对称开断操作的图形表示

第一次有效开断操作；
最短燃弧时间 $t_{arc,min}$

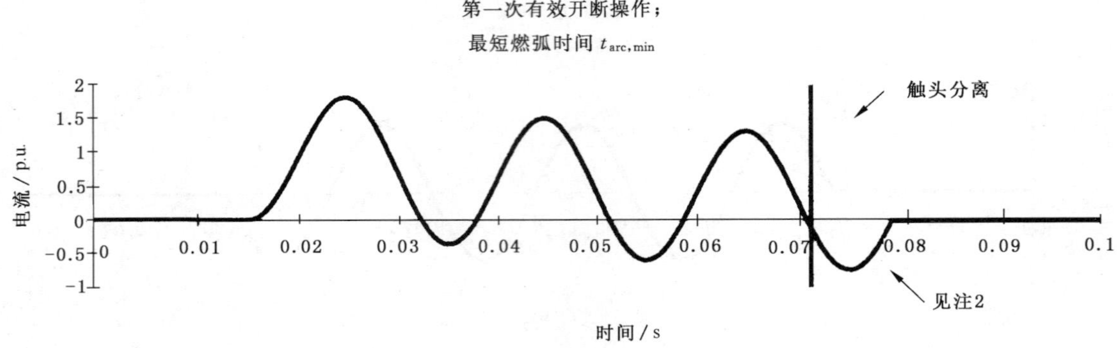

第二次有效开断操作；
最长燃弧时间 $t_{arc,max}$

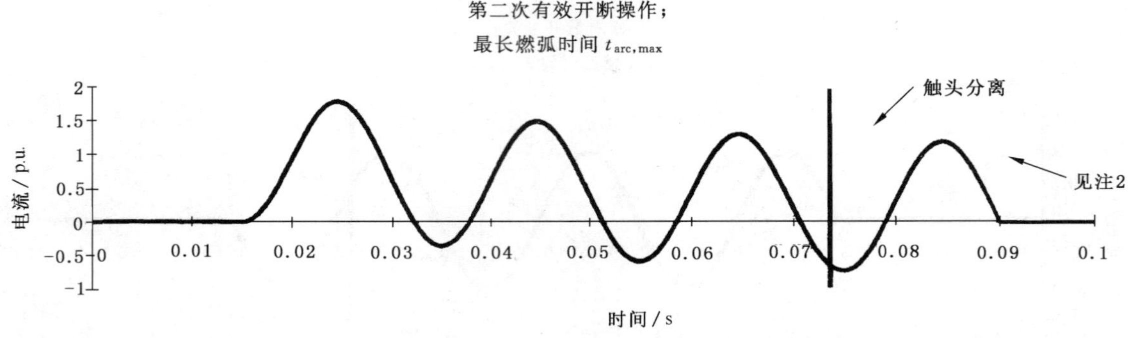

$t_{arc,max} \geqslant t_{arc,min} + \Delta t_1 - T \times (30° + d\alpha)/360°$

第三次有效开断操作；
中燃弧时间 $t_{arc,med}$

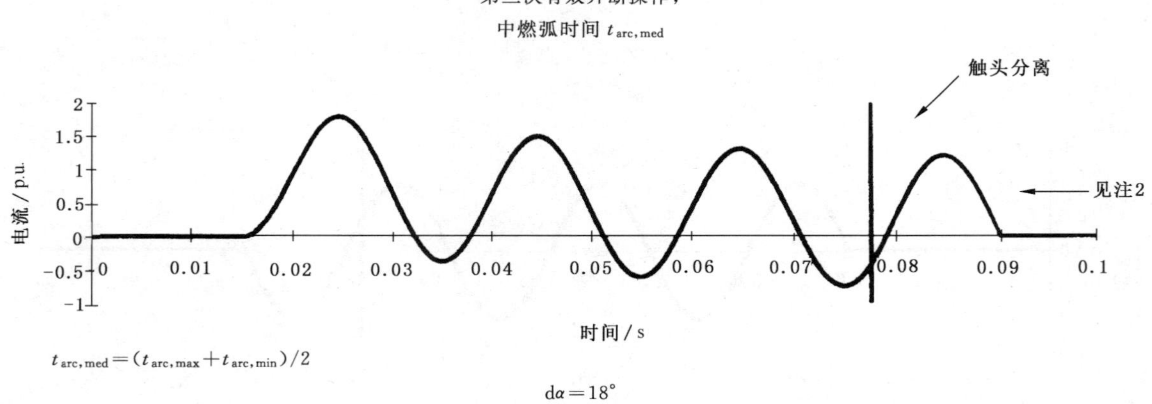

$t_{arc,med} = (t_{arc,max} + t_{arc,min})/2$

$d\alpha = 18°$

注 1：电流的极性可以相反。

注 2：最后电流半波的幅值和持续时间必须满足 6.102.10 中规定的判据。

图 34　中性点非有效接地系统中(首开极系数 1.5)单相试验代替三相条件时三次有效非对称开断操作的图形表示

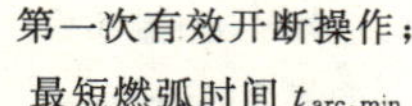

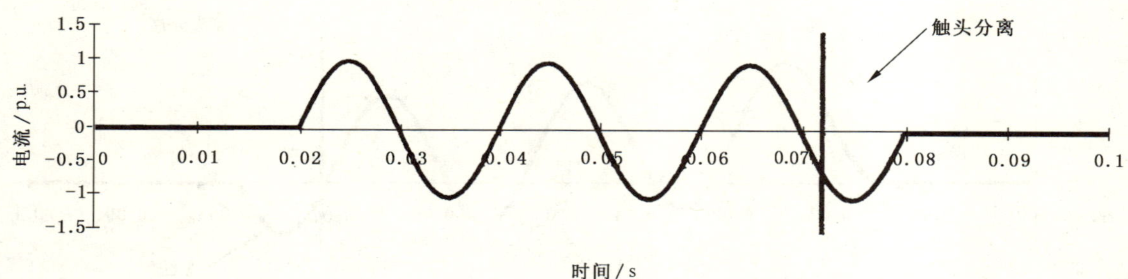

第二次有效开断操作；
最长燃弧时间 $t_{arc,max}$

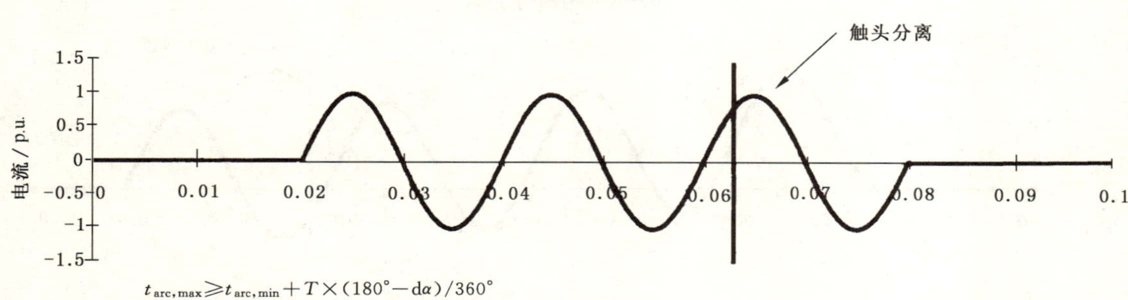

第三次有效开断操作；
中燃弧时间 $t_{arc,med}$

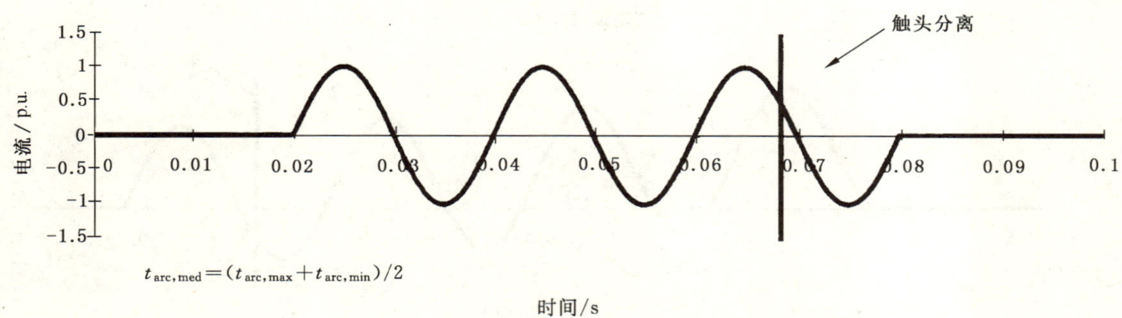

$d\alpha = 18°$

注：电流的极性可以相反。

图 35 中性点有效接地系统中(首开极系数 1.3)单相试验代替三相条件时三次有效对称开断操作的图形表示

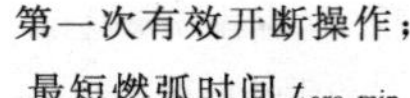
第一次有效开断操作；
最短燃弧时间 $t_{\mathrm{arc,min}}$

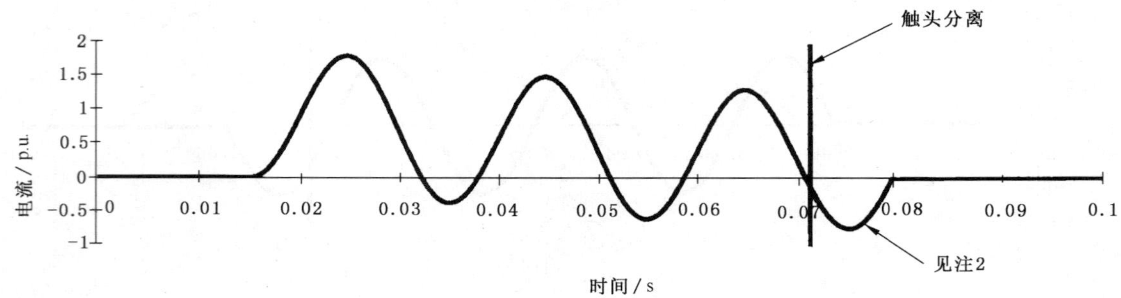

第二次有效开断操作；
最长燃弧时间 $t_{\mathrm{arc,max}}$

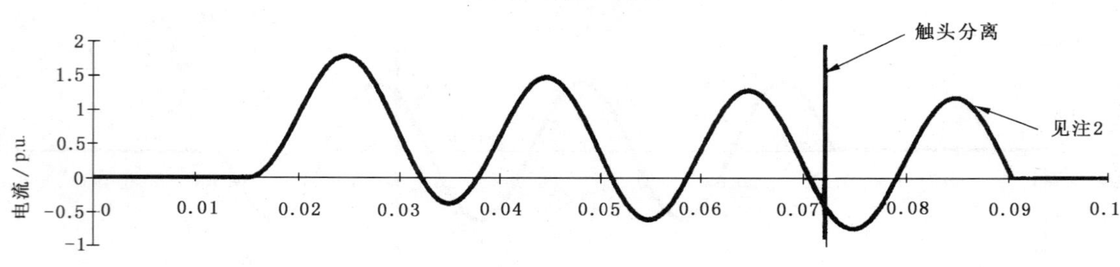

$t_{\mathrm{arc,max}} \geqslant t_{\mathrm{arc,min}} + \Delta t_1 - T \times \mathrm{d}\alpha / 360°$

第三次有效开断操作；
中燃弧时间 $t_{\mathrm{arc,med}}$

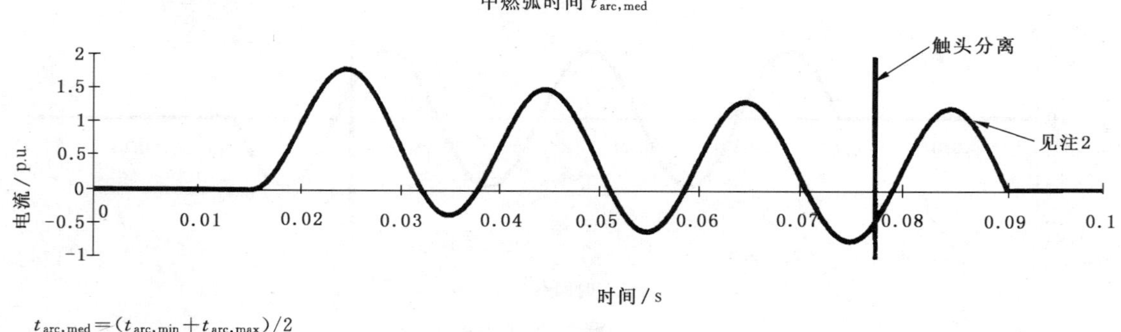

$t_{\mathrm{arc,med}} = (t_{\mathrm{arc,min}} + t_{\mathrm{arc,max}})/2$

$\mathrm{d}\alpha = 18°$

注 1：电流的极性可以相反。

注 2：最后电流半波的幅值和持续时间必须满足 6.102.10 中规定的判据。

图 36　中性点有效接地系统中(首开极系数 1.3)单相试验代替三相条件时三次有效非对称开断操作的图形表示

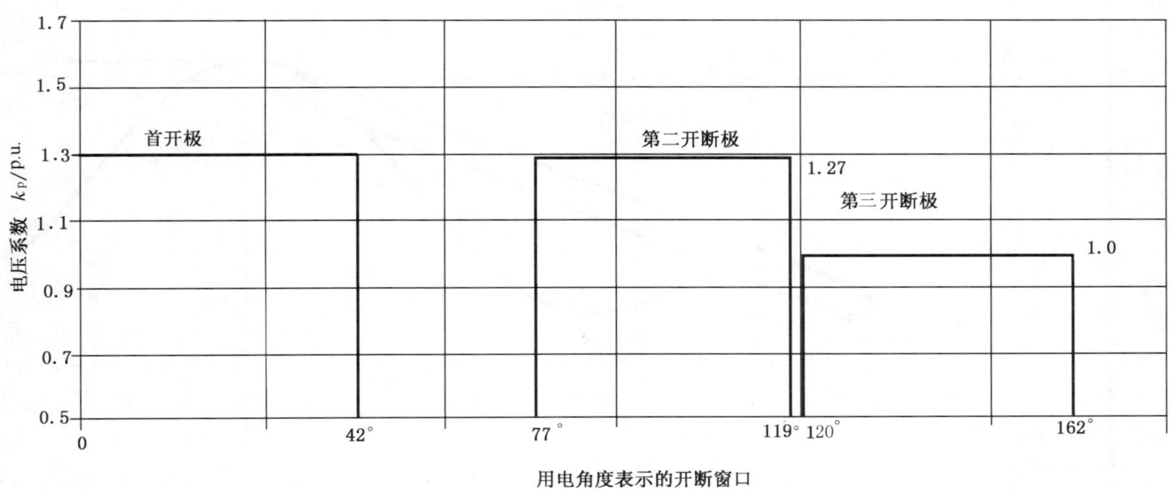

图 37 对于首开极系数为 1.3 的系统，决定各极 TRV 的开断窗口和电压系数 k_p 的图形表示

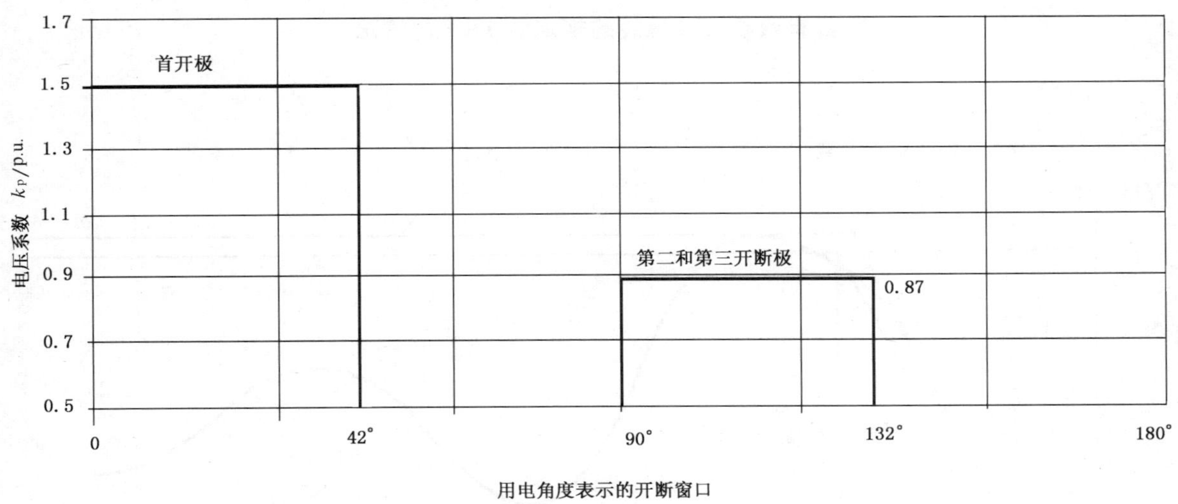

图 38 对于首开极系数为 1.5 的系统，决定各极 TRV 的开断窗口和电压系数 k_p 的图形表示

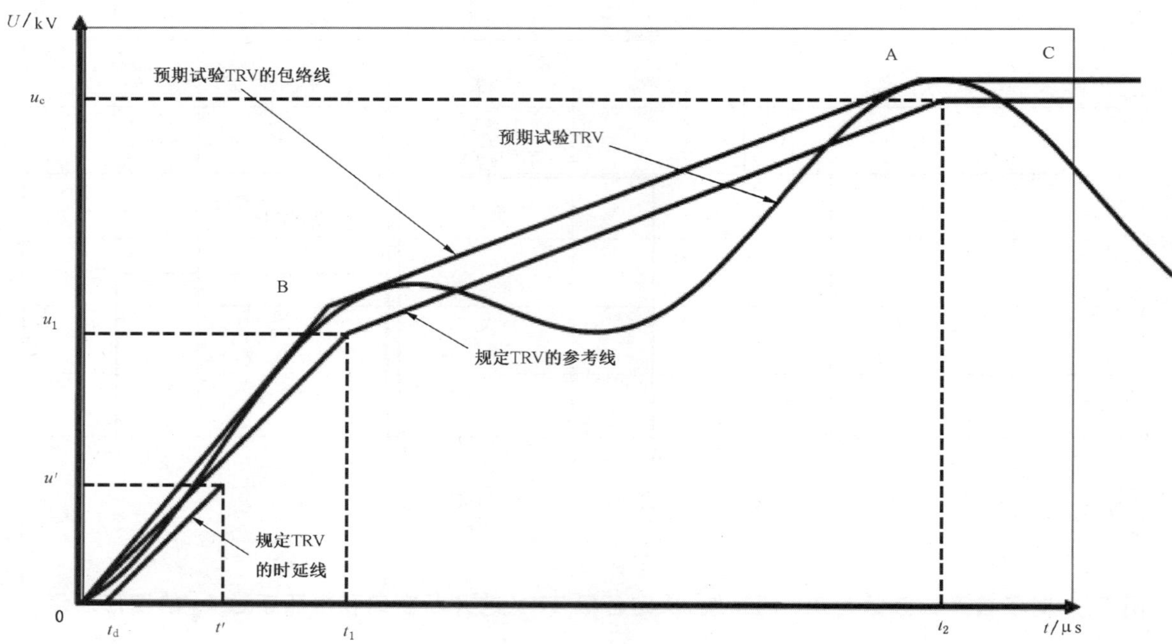

图 39　满足型式试验条件的、用四参数包络线表示的预期试验的 TRV 示例：
具有四参数参考线的规定的 TRV 的情况

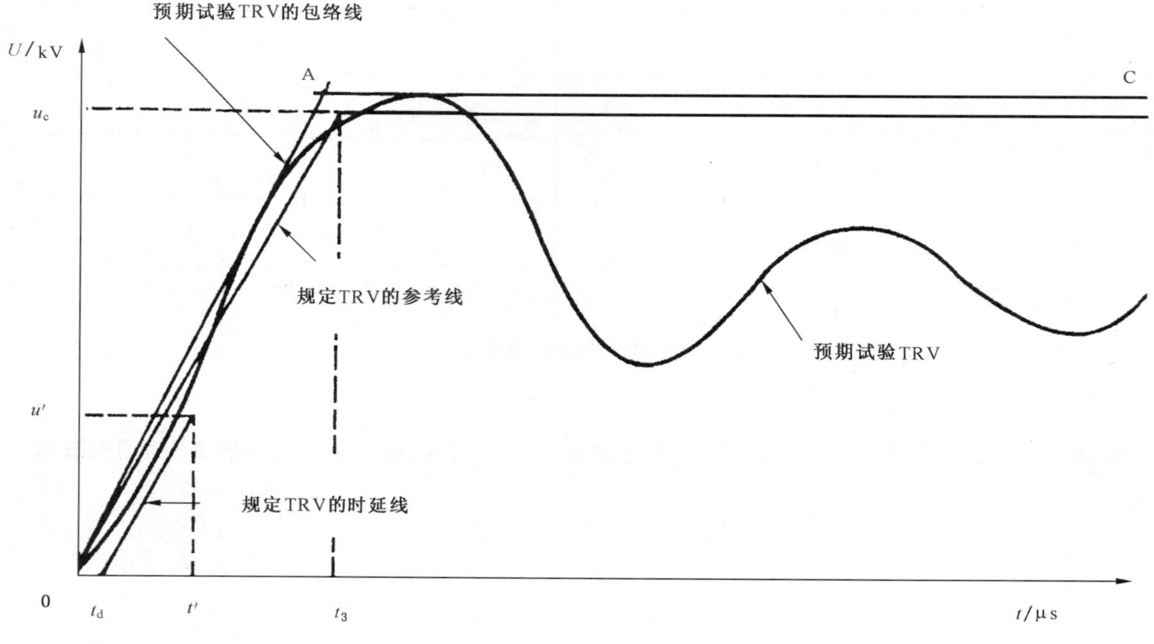

图 40　满足型式试验条件的、用两参数包络线表示的预期试验的 TRV 示例：
具有两参数参考线的规定的 TRV 的情况

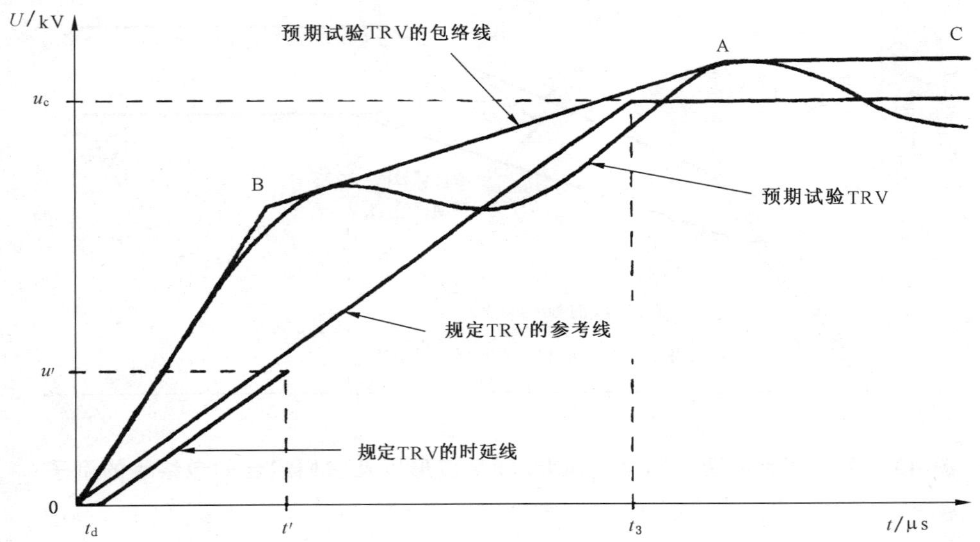

图 41 满足型式试验条件的、用四参数包络线表示的预期试验的 TRV 示例：具有两参数参考线的规定的 TRV 的情况

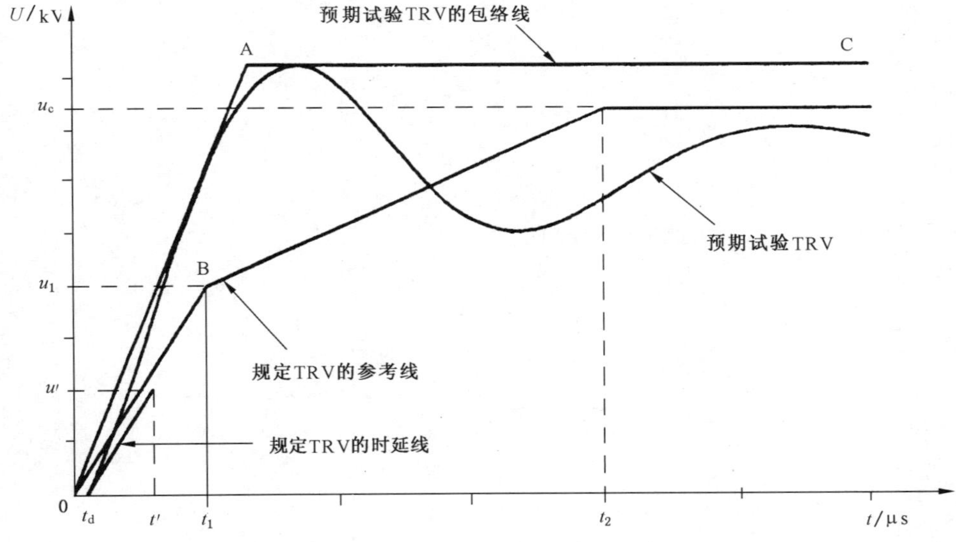

图 42 满足型式试验条件的、用两参数包络线表示的预期试验的 TRV 示例：具有四参数参考线的规定的 TRV 的情况

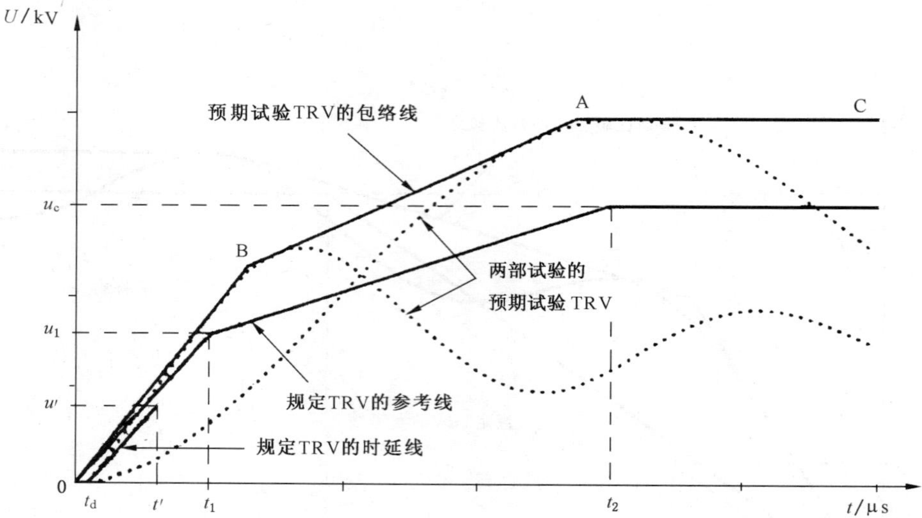

图 43　两部试验中两个预期的试验 TRV 波形以及它们组合的包络线的例子

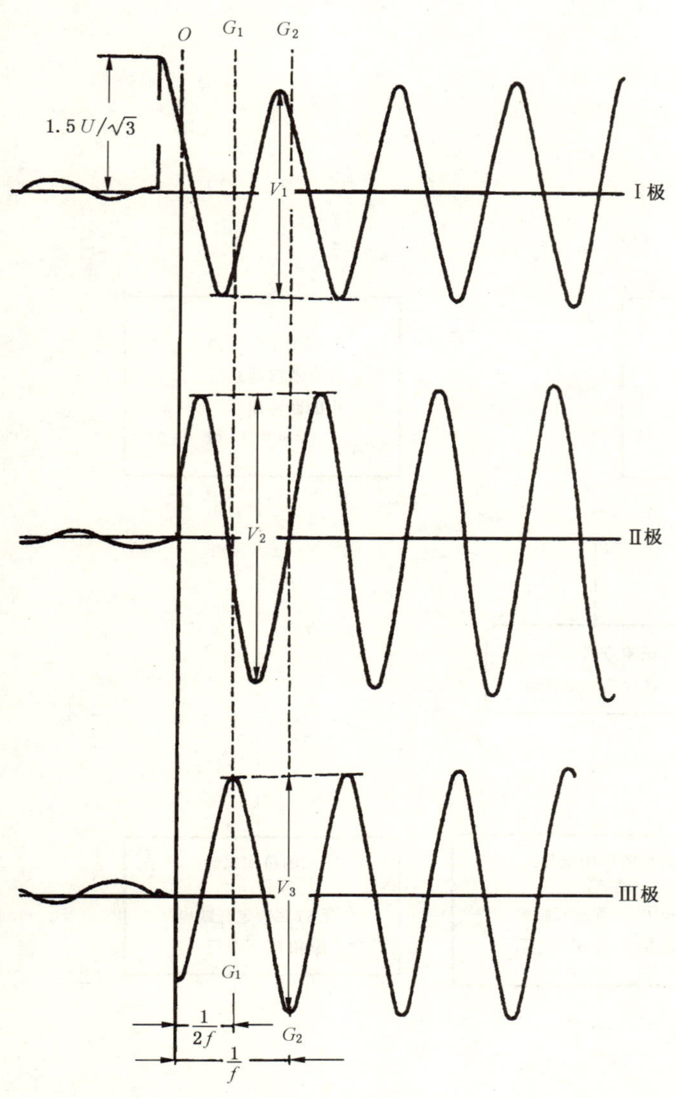

Ⅰ极——首开极；

OO——所有相中电弧最终熄灭时刻；

G_1G_1——OO 后$\frac{1}{2f}$时刻；

G_2G_2——OO 后$\frac{1}{f}$时刻；

f——试验频率；

$\frac{V_1}{2\sqrt{2}}$——Ⅰ极工频恢复电压的数值；

$\frac{V_2}{2\sqrt{2}}$——Ⅱ极工频恢复电压的数值；

$\frac{V_3}{2\sqrt{2}}$——Ⅲ极工频恢复电压的数值。

在Ⅲ极中，电压峰值准确出现在 G_1G_1 时刻。

在这种情况下，在后面的 G_2G_2 处测量。

$$\text{Ⅰ极、Ⅱ极和Ⅲ极的工频恢复电压的平均值}=\frac{\frac{V_1}{2\sqrt{2}}+\frac{V_2}{2\sqrt{2}}+\frac{V_3}{2\sqrt{2}}}{3}$$

该示例图解了三极断路器在中性点绝缘的三相试验回路[见图 25a)或图 25b)]中进行试验时获得的三个电压，导致首开极的恢复电压暂时提高 50%，如Ⅰ极所示。

图 44　工频恢复电压的确定

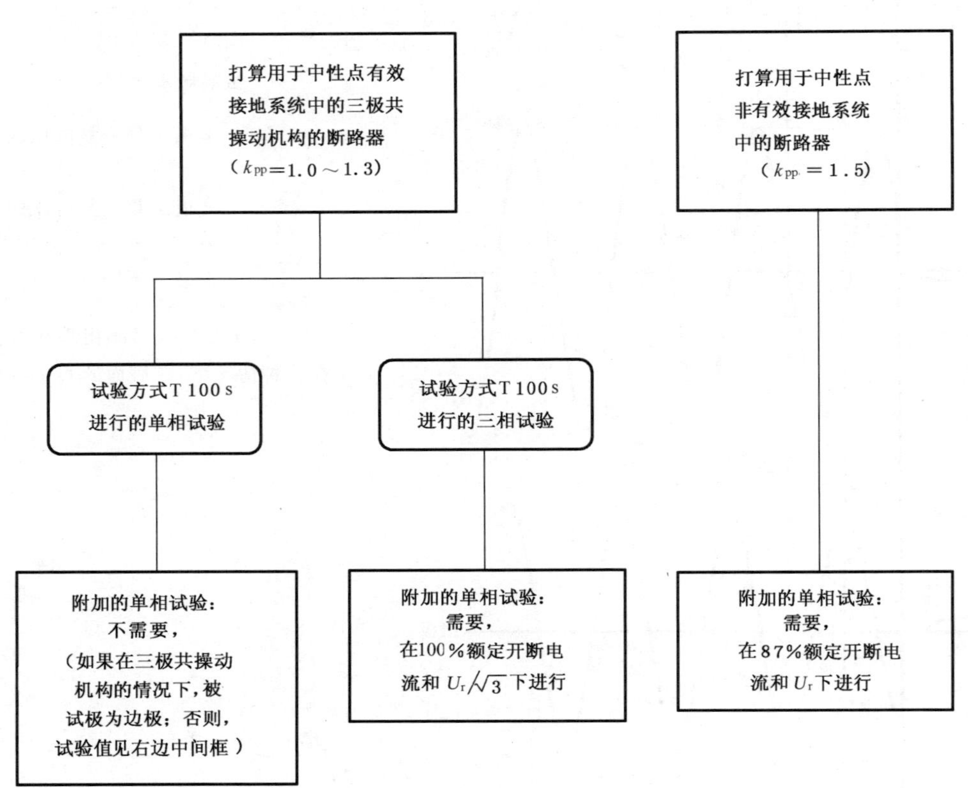

图 45　附加的单相试验的必要性和试验要求

电源侧
线路侧 L、Z
U_G
X_S
Z_S
C_d
C.B.
C_{dL}
Z_L
X_L

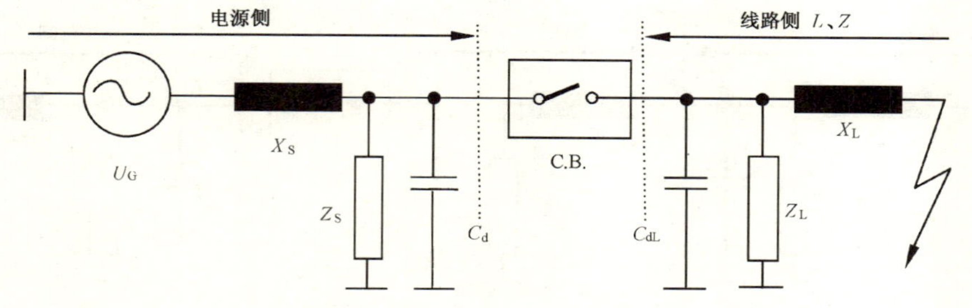

说明：

U_G——电源电压，相对地值；

X_S——电源侧工频电抗；

Z_S——电源侧 TRV 控制元件；

C_d——电源侧时延电容；

C.B.——断路器；

X_L——线路侧工频电抗；

Z_L——线路侧 TRV 控制元件；

C_{dL}——线路侧时延电容；

Z——线路波阻抗；

L——至故障点的线路长度。

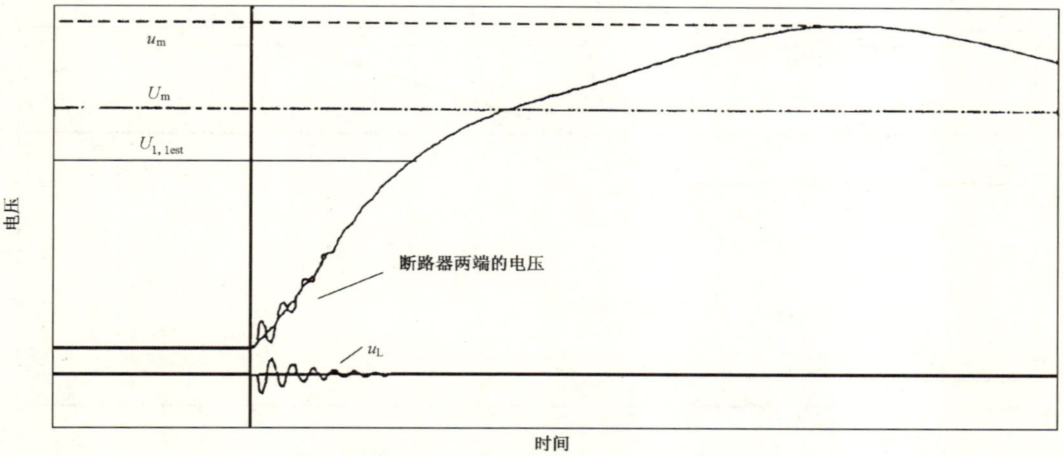

u_m
U_m
$U_{1,\ test}$
电压
断路器两端的电压
u_L
时间

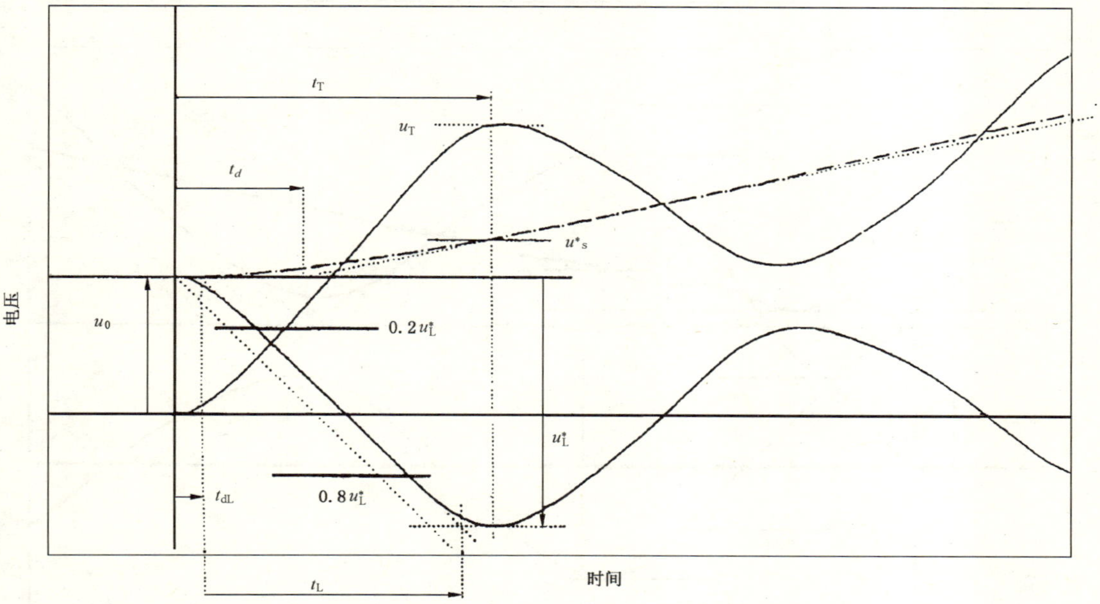

t_T
u_T
t_d
u^*_s
电压
u_0
0.2u^*_L
u^*_L
t_{dL}
0.8u^*_L
t_L
时间

图 46 符合 6.109.3 的近区故障试验的基本回路布置和 a) 类预期 TRV 回路：电源侧和线路侧均有时延

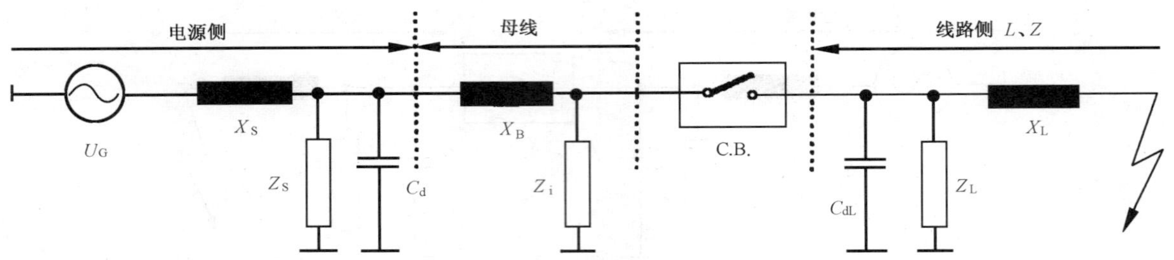

说明：

U_G——电源电压，相对地值；

X_S——电源侧工频电抗；

Z_S——电源侧 TRV 控制元件；

C_d——电源侧时延电容；

C.B.——断路器；

X_B——母线工频电抗；

X_L——线路侧工频电抗；

Z_L——线路侧 TRV 控制元件；

C_{dL}——线路侧时延电容；

Z——线路波阻抗；

L——至故障点的线路长度；

Z_i——ITRV 控制元件。

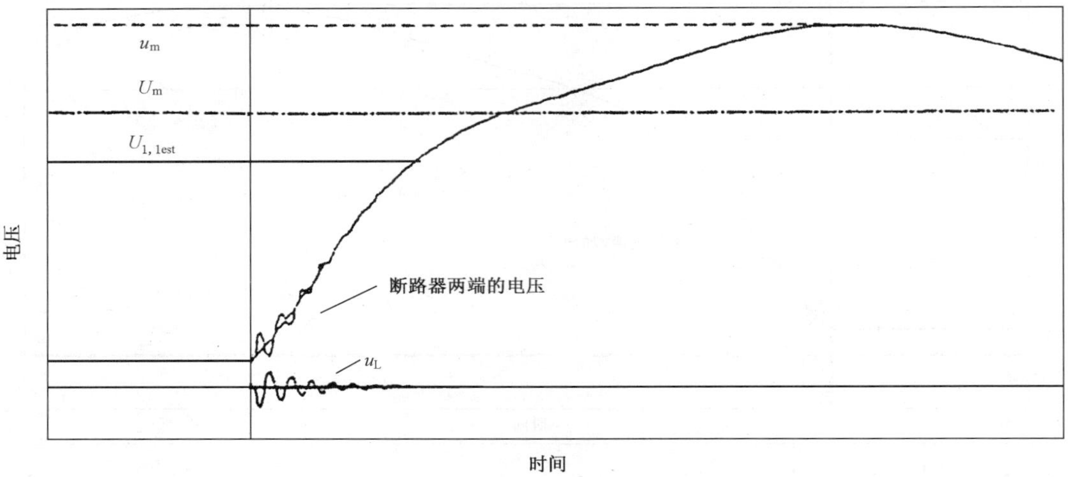

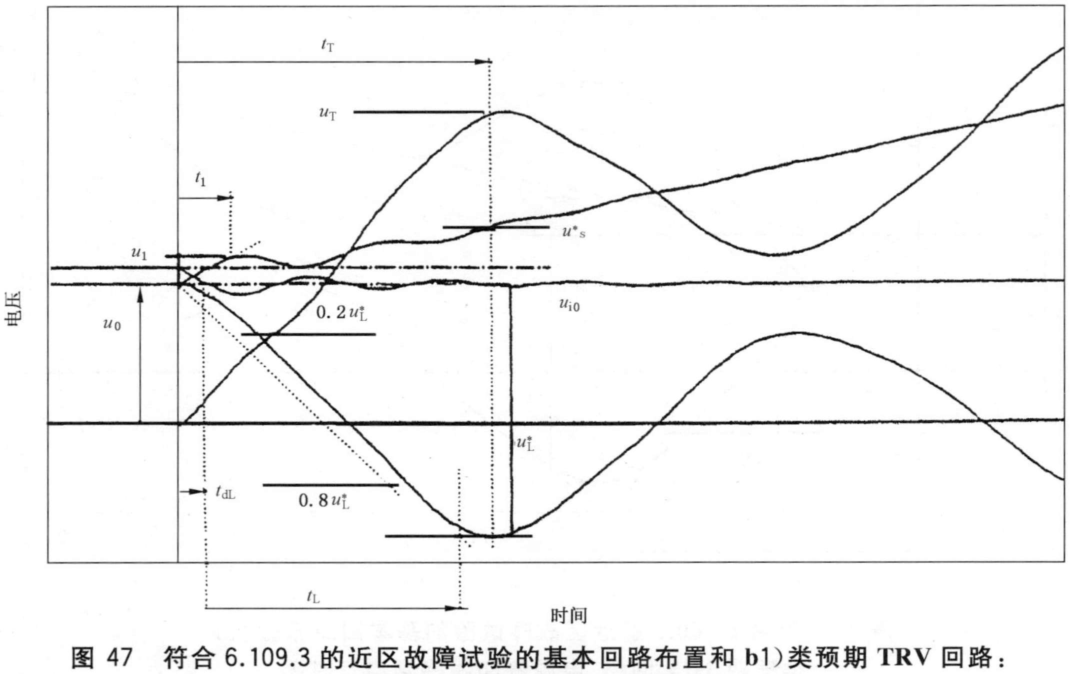

图 47　符合 6.109.3 的近区故障试验的基本回路布置和 b1）类预期 TRV 回路：电源侧有 ITRV 和线路侧有时延

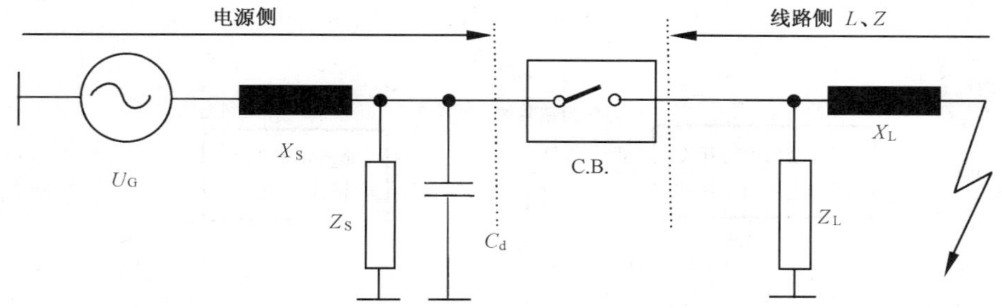

说明：

U_G——电源电压，相对地值；

X_S——电源侧工频电抗；

Z_S——电源侧 TRV 控制元件；

C_d——电源侧时延电容；

C.B.——断路器；

X_L——线路侧工频电抗；

Z_L——线路侧 TRV 控制元件；

Z——线路波阻抗；

L——至故障点的线路长度。

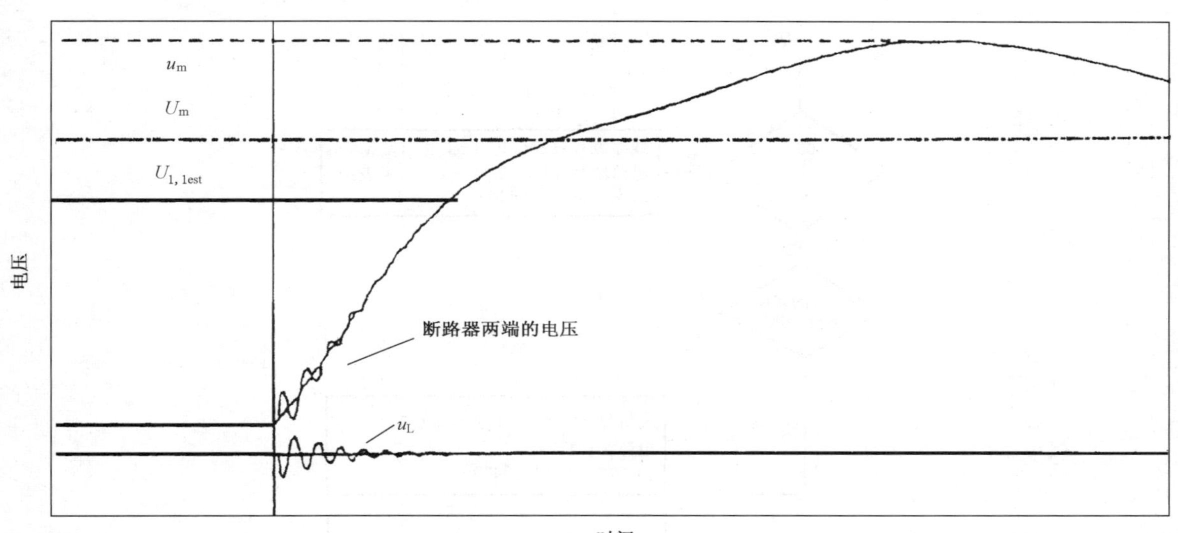

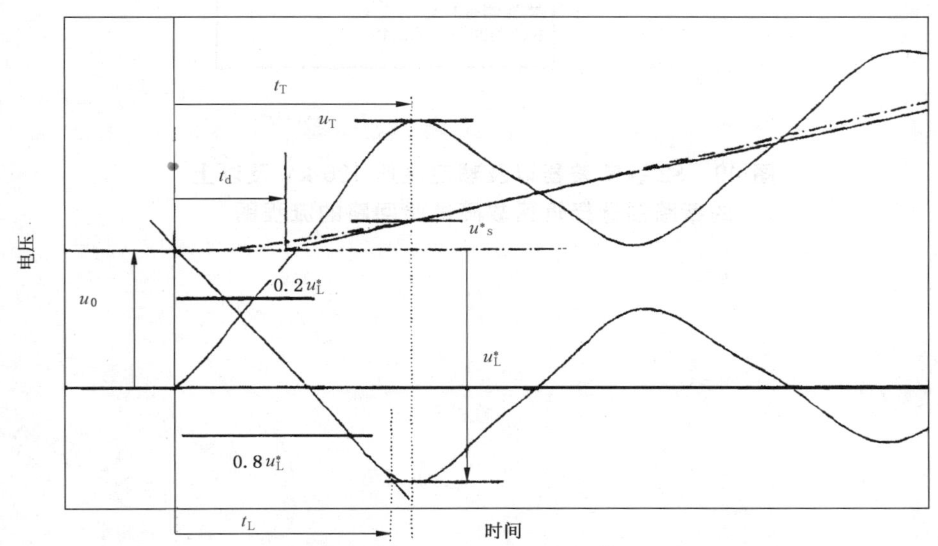

图 48　符合 6.109.3 的近区故障试验的基本回路布置和 b2)类预期 TRV 回路：电源侧有时延和线路侧无时延

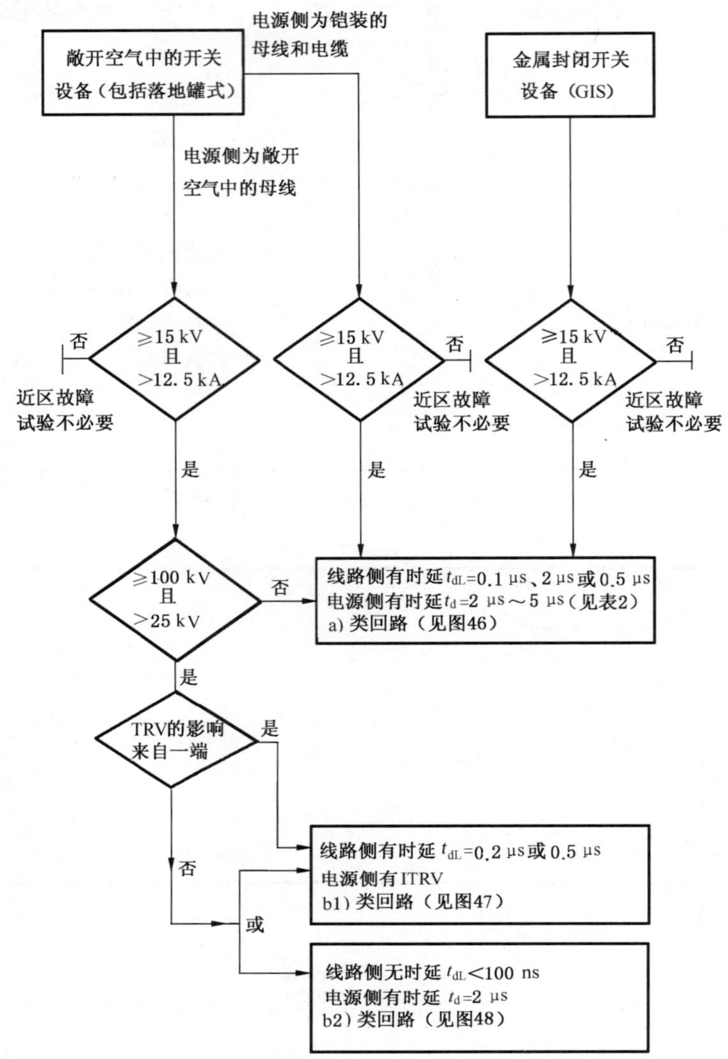

图 49 S2 级断路器以及额定电压 126 kV 及以上的断路器选择近区故障试验回路的流程图

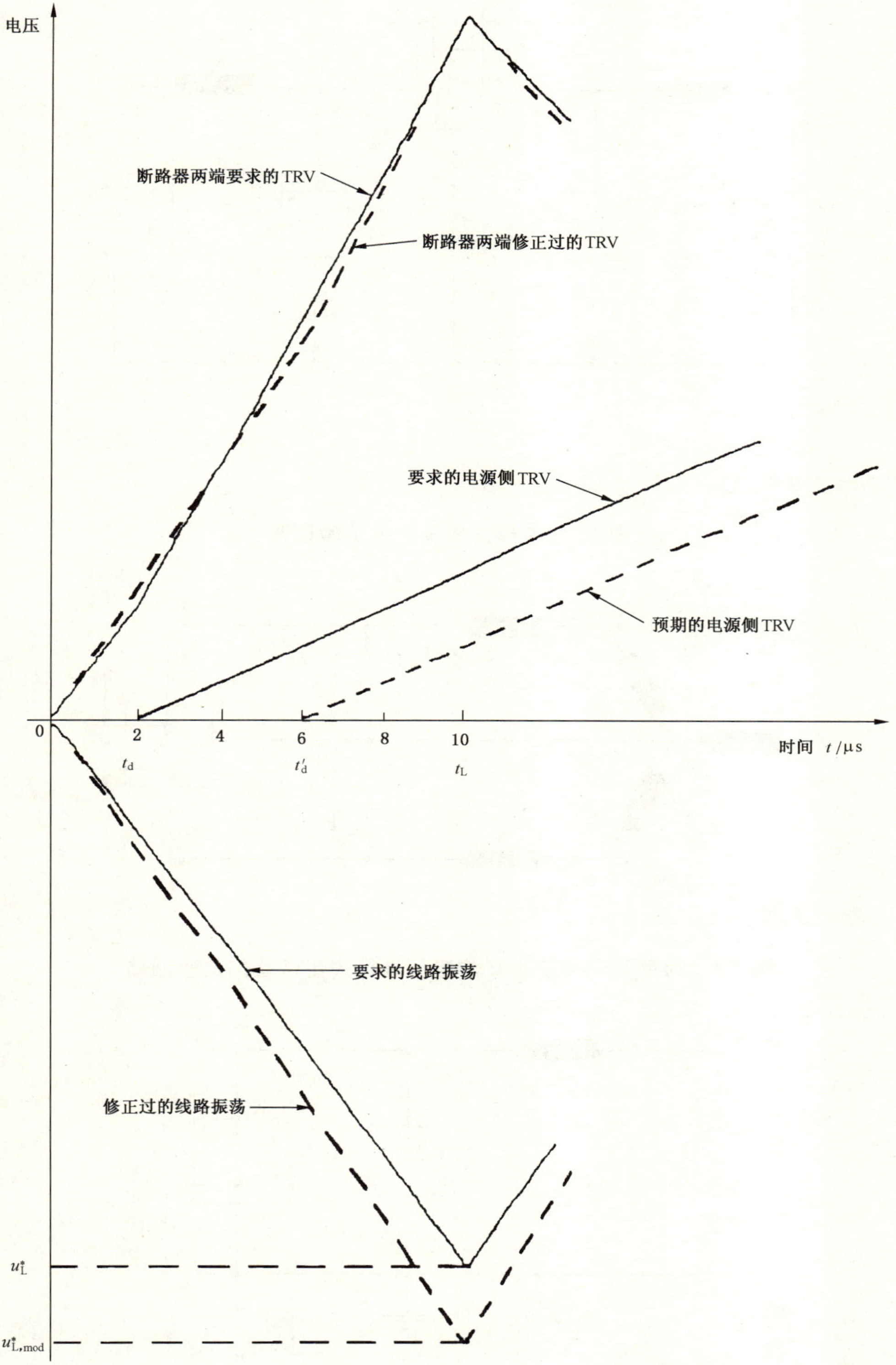

图 50 通过提高线路侧电压的幅值补偿电源侧时延的缺陷

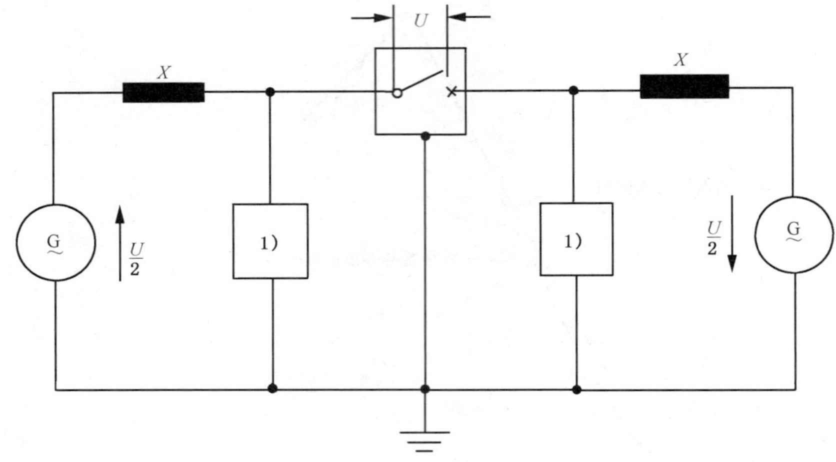

1)该方框表示电容和电阻的组合。

图 51 单相失步试验的试验回路

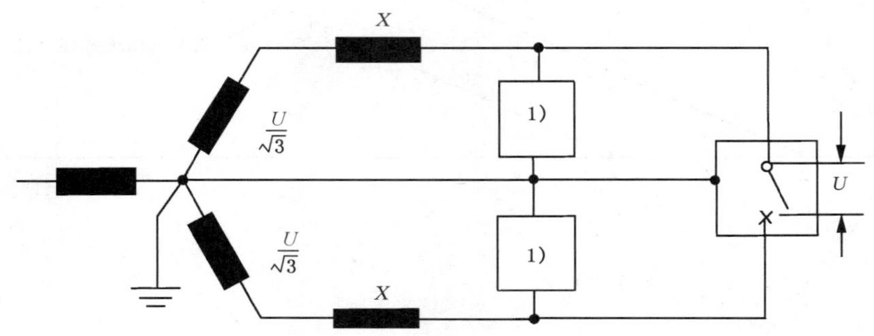

1)该方框表示电容和电阻的组合。

图 52 利用两个相差 120°的电压进行失步试验的试验回路

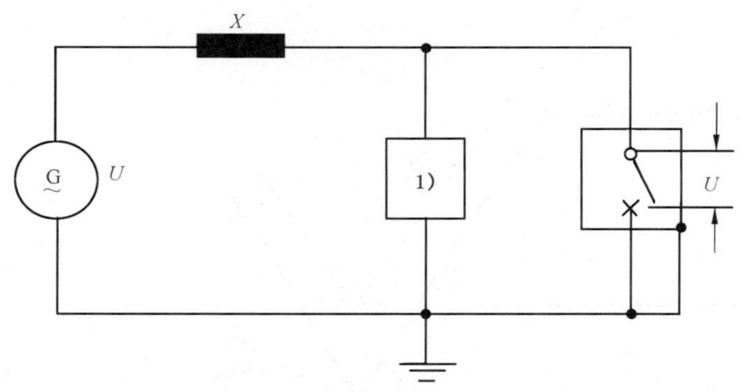

1)该方框表示电容和电阻的组合。

图 53 断路器一端接地时失步试验的试验回路(征得制造厂的同意)

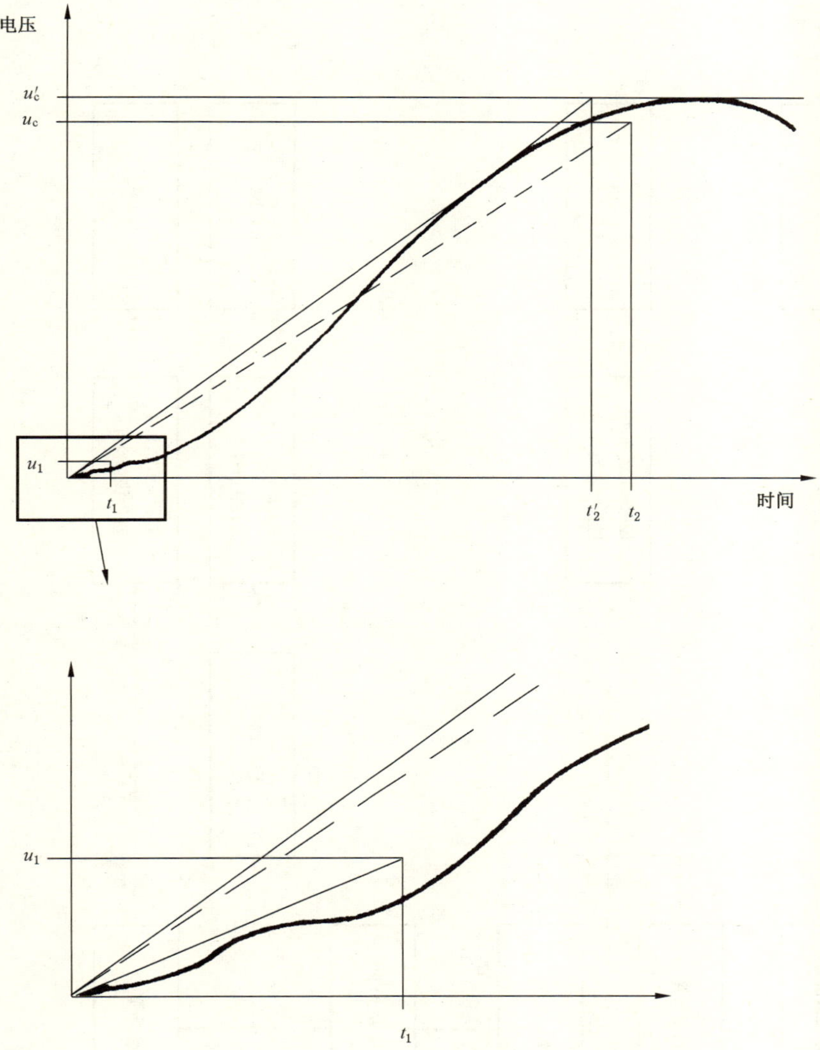

图 54　容性电流开断试验的恢复电压

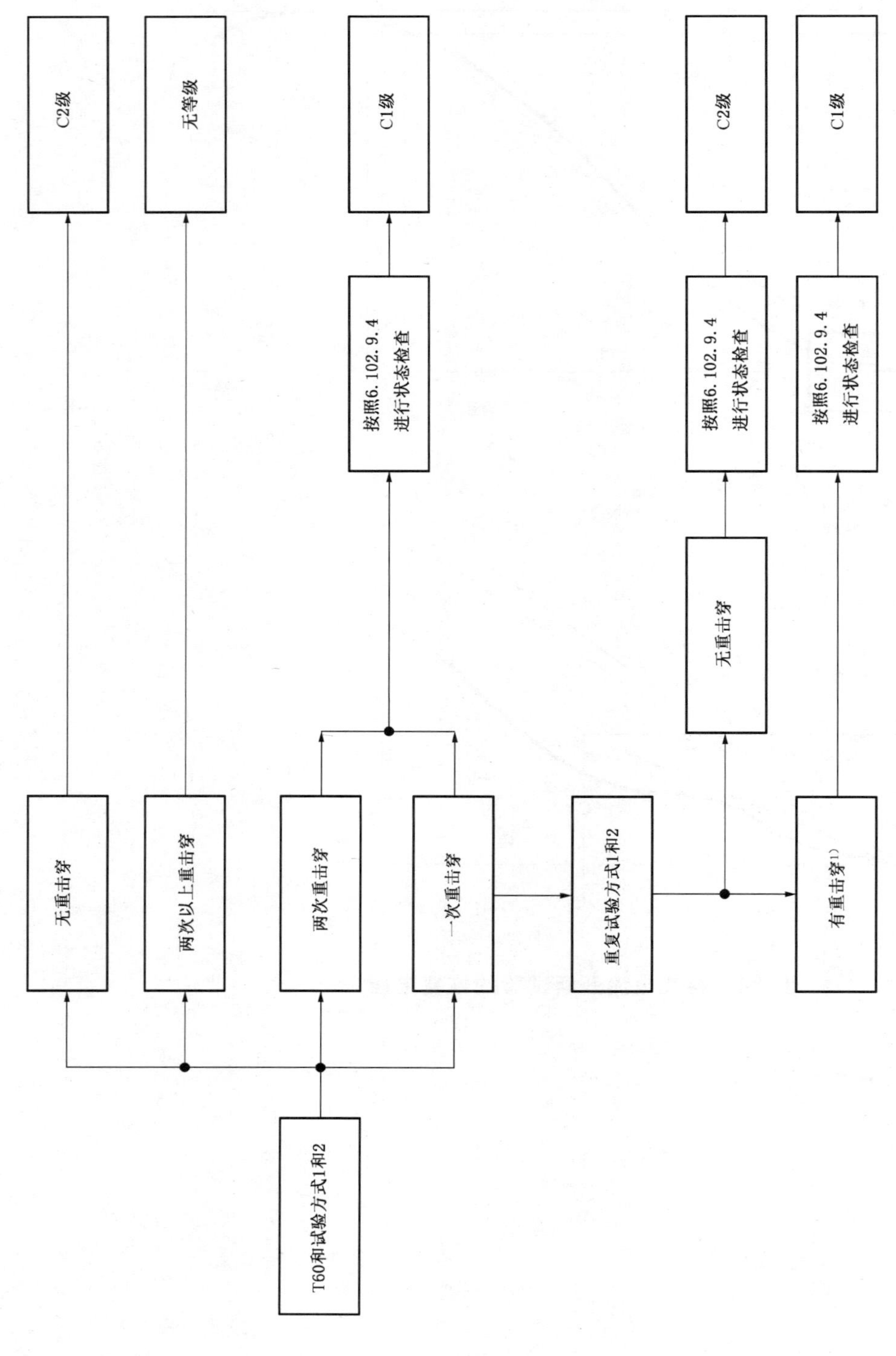

1） 重试时一次重击穿后可停止试验。

图 55 线路和电缆充电电流开合试验的重新分类程序

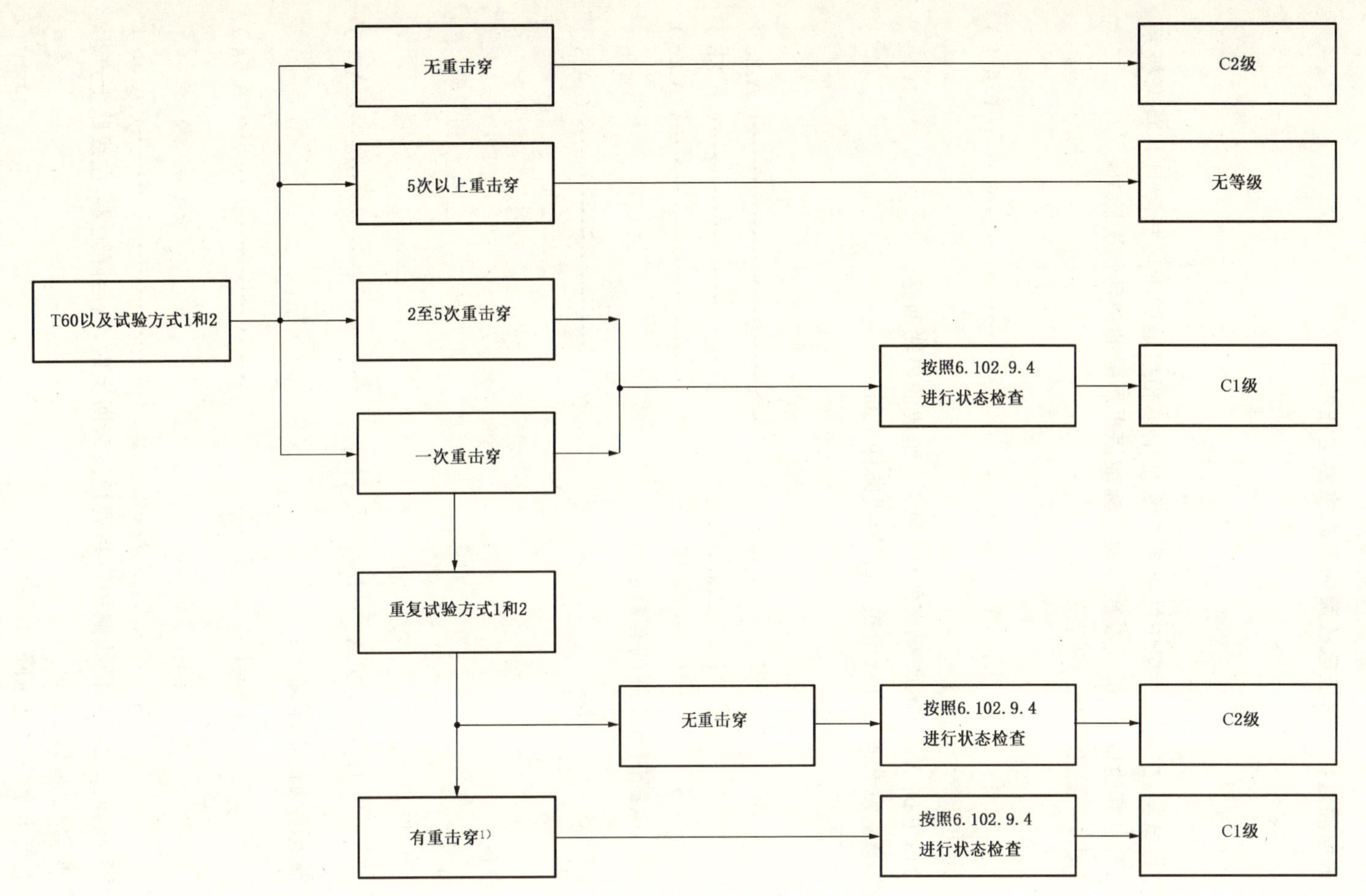

1) 重试时一次重击穿后可停止试验。

图 56 电容器组电流开合试验的重新分类程序

附 录 A
（规范性附录）
根据额定特性对近区故障的瞬态恢复电压的计算

A.1 基本方法

为了确定额定参数和进行试验，决定只考虑中性点接地系统中单相接地的近区故障且其首开极系数等于1.0，其严酷程度足以覆盖其他情况，系统参数可能比标准值更严酷的特殊情况除外。

简化的单相回路可以用图46、图47和图48表示。

在短路时，电源电压 U_G 为：

$$U_G = U_r/\sqrt{3} \qquad \text{(A.1)}$$

此处，U_r 是断路器的额定电压。

电压 U_G 使电流 I_L 流经由电抗 X_S、X_B（如果有的话）和 X_L 组成的串联回路。

其中，X_S 为电源侧电抗；X_B 为电源侧母线电抗；X_L 为线路侧电抗。

相应的电感为：

$$L_S = X_S/\omega \qquad \text{(A.2a)}$$

$$L_B = X_B/\omega \qquad \text{(A.2b)}$$

$$L_L = X_L/\omega \qquad \text{(A.2c)}$$

因为数值较小，不考虑 X_B，电源侧电压降的有效值为：

$$U_S = I_L \times X_S = U_G \frac{I_L}{I_{SC}} \qquad \text{(A.3)}$$

式中：

I_{SC}——额定短路开断电流；

I_L ——近区故障开断电流。

沿线路的电压降的有效值为：

$$U_L = I_L \times X_L = U_G\left(1 - \frac{I_L}{I_{SC}}\right) \qquad \text{(A.4)}$$

电流开断瞬时，线路电感上感应的电压降为：

$$u_0 = U_L\sqrt{2} = L_L \frac{\mathrm{d}i}{\mathrm{d}t} \qquad \text{(A.5a)}$$

对称电流时：

$$u_0 = \omega \times L_L \times I_L\sqrt{2} \qquad \text{(A.5b)}$$

该电压降经过在断路器和故障点之间的沿线路的一系列行波来回反射，然后降到零，在线路上产生了衰减的锯齿形振荡形式的瞬态电压[2)]。

电流开断瞬时，电源侧电抗上感应的电压降为：

2） 实际上，由于断路器端子上有集中参数电容（电压互感器、电流互感器等的电容）的存在，而产生时延，从而使锯齿波在一定程度上畸变，振荡波顶部轻微变圆。

$$u_X = U_X\sqrt{2} = L_S \frac{di}{dt} \qquad (A.6a)$$

对称电流时：

$$u_X = \omega \times L_S \times I_L\sqrt{2} \qquad (A.6b)$$

该电压经过一系列振荡后衰减到零。它叠加在电源电压上共同形成断路器电源侧的电压 u_S。

电流开断瞬时，总的感应电压的峰值 U_m 为：

$$U_m = u_0 + u_X = (L_L + L_S)\frac{di}{dt} \qquad (A.7a)$$

对称电流时：

$$U_m = \omega(L_L + L_S)I_L\sqrt{2} = U_G\sqrt{2} = U_r\sqrt{2}/\sqrt{3} \qquad (A.7b)$$

断路器电源侧端子上的电压是电源电压和电抗 X_S 上电压降的差。近区故障时出现在断路器两端的规定的瞬态恢复电压是图 A.1 中所示的电源侧瞬态电压 u_S 和线路侧瞬态电压 u_L 之差。

开断瞬间的电压 u_0 和电源电压的峰值 U_m 之比决定于线路侧电抗两端与电源侧电抗两端电压降之比，因此：

$$u_0/U_m = u_0/(u_0 + u_X) = L_L/(L_L + L_S) = 1 - I_L/I_{SC} \qquad (A.8)$$

近区故障电流的标准比值关系如表 A.1 所示。

表 A.1　开断瞬间电压和电源侧瞬态恢复电压之比

U_r	I_L/I_{SC}	u_0/U_m	u_m/U_m	$u_{1,test}/u_1$
<126 kV	0.90	0.10	1.49	—
	0.75	0.25	1.41	—
	0.60	0.40	1.32	—
≥126 kV	0.90	0.10	1.36	1.033
	0.75	0.25	1.30	1.083
	0.60	0.40	1.24	1.133

A.2　线路侧瞬态电压

线路侧瞬态电压第一个波峰的峰值电压 u_L^* 可以用电压 u_0 乘以峰值系数 k 获得：

$$u_L^* = ku_0 = kL_L\frac{di}{dt} \qquad (A.9)$$

时间 t_L 可用线路侧瞬态电压 u_L 的上升率 du_L/dt 及其峰值 u_L^* 求得：

$$du_L/dt = sI_L = Z\frac{di}{dt} \qquad (A.10)$$

然后

$$t_L = \frac{u_L^*}{\frac{du_L}{dt}} = \frac{u_L^*}{sI_L} = kL_L/Z \qquad (A.11)$$

式中：

s——恢复电压上升率(RRRV)的系数，单位为千伏每微秒千安[kV/(μs·kA)]；

Z——线路波阻抗；

f——额定频率。

额定线路参数 Z、k 和 s 在表 8 中给出(见 4.105)。

注：对给定的近区故障，线路长度的近似值可用下式获得：

$$l = c \times t_L / 2 \quad \cdots\cdots(A.12)$$

式中的 c 为行波传播速度，假定 $c = 0.3\ \text{km}/\mu\text{s}$。

A.3 电源侧瞬态电压

A.3.1 额定电压 126 kV 及以上

从初始值 u_0 到峰值 u_m 的电源侧瞬态电压过程可以由表 3、表 4 和表 5 导出。这些表中给出的 t_1、t_2、t_3 和 t_d 可以直接引用。表 3、表 4 和表 5 中的电压 u_1 等于电流开断瞬间 0.75 倍的感应电压 U_m(电源电压的瞬时值)，上升到更高的值 $U_{1,\text{test}}$：

$$U_{1,\text{test}} = u_1 \times \left[1 + \frac{1}{3} \times \left(1 - \frac{I_L}{I_{SC}}\right)\right] \quad \cdots\cdots(A.13)$$

$u_{1,\text{test}}/u_1$ 的实际值在表 A.1 中给出。

TRV 的峰值电压 u_c 下降到一个较低的值 u_m。

$$u_m = u_0 + k_{af} u_X \quad \cdots\cdots(A.14)$$

所以

$$u_m / U_m = (u_0 + k_{af} u_X) / U_m \quad \cdots\cdots(A.14a)$$

使用式(A.8)后：

$$u_m / U_m = 1 + (k_{af} - 1) I_L / I_{SC} \quad \cdots\cdots(A.14b)$$

如表 A.1 中给出的。

电源侧 TRV 的实际上升率 $\text{d}u/\text{d}t_{SLF}$ 与线路故障 T100 时上升率 $\text{d}u/\text{d}t_{SLF,\text{stand}}$ 的标准值相比较低，在表 1、表 2、表 3 和表 4 中给出：

$$\left(\frac{\text{d}u}{\text{d}t}\right)_{SLF} = \left(\frac{\text{d}u}{\text{d}t}\right)_{SLF,\text{stand}} \times \frac{I_L}{I_{SC}} \quad \cdots\cdots(A.15)$$

达到电压 U_m 的时间为：

$$t_m = t_1 \times \frac{k_{af}}{k_{af} - \frac{3}{4}} \quad \cdots\cdots(A.16)$$

正如一般情况，在时间 t_2(或 t_3)之前，只要线路上振荡电压已经降到零，则电源侧瞬态恢复电压峰值 u_m 就是断路器两端的瞬态恢复电压的峰值。电源侧 TRV 的生成过程在图 A.3 中表示。

瞬态恢复电压最重要的部分是经过时间 t_T 后线路侧瞬态恢复电压上升到的第一个峰值 u_L^*。

——线路侧有时延(见图 46 和图 47)：$t_T = 2t_{dL} + t_L$ ……(A.17a)

——线路侧无时延(见图 48)：$t_T = t_{dL} + t_L$ ……(A.17b)

注：与通过包络线确定瞬态恢复电压的一般程序相反，为了估计线路侧电压到达第一峰值 u_L^* 瞬间断路器两端的总电压，须使用实际的波形。应用这一修改后的程序是由于包络线方法会在断路器两端总电压峰值稍前的 TRV 上升沿产生一个中间电压，而不是断路器两端总电压的实际峰值，这与试验条件的评估有关。如果瞬态恢复电压波上不迭加两种或两种以上其他电压分量，包络线法完全可以满足。在此情况下，估算断路器两端总的瞬态恢复电压时，应考虑到三种不同分量：电源侧 TRV、电源侧 ITRV 和线路侧 TRV。

计算 t_T 时刻电源侧电压 u_s^*，须区分两种不同情况：

——无 ITRV 要求(见图 A.1)

$$u_s^* = \left(\frac{du}{dt}\right)_{SLF} \times (t_T - t_d) \qquad \text{(A.18)}$$

且

$$u_T = u_L^* + u_s^* \qquad \text{(A.19)}$$

——有 ITRV 要求(见图 A.2)

$$u_s^* = u_{i0} + \left(\frac{du}{dt}\right)_{SLF} \times (t_T - t_d) \qquad \text{(A.20)}$$

且

$$u_T = u_L^* + u_s^* \qquad \text{(A.21)}$$

对于有 ITRV 要求的情况(如表 7 中给出的),下面公式适用:

$$u_i = f_i \times I_L = k_i \times L_B \frac{di}{dt} \qquad \text{(A.22)}$$

式中:

k_i——1.4(峰值系数);

f_i——表 7 中的乘数。

那么,母线的电压降为:

$$u_{i0} = u_i / k_i \qquad \text{(A.23)}$$

且母线的电感为:

$$L_B = u_{i0} / (di/dt) \qquad \text{(A.24)}$$

A.3.2 额定电压大于等于 24 kV,小于 126 kV

A.3.1 适用,除了下列情况:

电源侧瞬态电压从起始值 u_0 到峰值 u_m 的过程见表 22。表中给出的时间坐标 t_3 和 t_d 可直接使用,TRV 峰值 u_c 导致更低的 u_m 值:

$$u_m = u_0 + k_{af} u_x \qquad \text{(A.25)}$$

然后

$$u_m / U_m = (u_0 + k_{af} u_x) / U_m \qquad \text{(A.26)}$$

A.4 计算示例

以试验回路(见 6.109.3)的三个基本类型为例进行计算,结果在 A.4.1～A.4.3 中给出:

——电源侧和线路侧均有时延(A.4.1);

——电源侧有 ITRV 和线路侧有时延(A.4.2);

——电源侧有时延和线路侧无时延(A.4.3)。

A.4.1 电源侧和线路侧均有时延(252 kV、50 kA、50 Hz 时的 L_{90}、L_{75})

参数名称	公式	试验参数		
		单位	L_{90}	L_{75}
电源侧工频				
额定电压 U_r	—	kV	252	252
额定短路电流 I_{SC}	—	kA	50	50

参数名称	公式	试验参数		
		单位	L_{90}	L_{75}
额定频率 f_r	—	Hz	50	50
电源电压 U_G	A.1	kV	145.5	145.5
电源侧电抗 X_S	—	Ω	2.91	2.91
电源侧电感 L_S	A.2a	mH	9.27	9.27
线路侧工频				
规定的线路设置	—	%	90	75
近区故障开断电流 I_L	—	kA	45	37.5
电流开断时刻 di/dt	—	A/μs	20	16.7
线路侧电压 U_L	A.4	kV	14.6	36.4
线路侧电抗 X_L	—	Ω	0.32	0.97
线路侧电感 L_L	A.2c	mH	1.0	3.1
线路侧 TRV 参数				
电流开断时刻电压 u_0	A.8	kV	20.6	51.5
峰值系数 k	—	p.u.	1.6	1.6
线路侧 TRV 的第一峰值 u_L^*	A.9	kV	33	82.4
时延 t_{dL}	—	μs	0.5	0.5
线路侧 TRV 的上升率 du_L/dt	A.10	kV/μs	9	7.5
规定的线路波阻抗 Z	—	Ω	450	450
上升时间 t_L	A.11	μs	3.66	11.0
电源侧 TRV 参数				
时延 t_d	—	μs	2	2
额定短路开断电流 I_{sc}时的电压上升率(du/dt_{TF})	—	kV/μs	2	2
近区故障开断电流 I_L 时的电压上升率(du/dt_{SLF})	A.15	kV/μs	1.8	1.5
电流开断时刻的电压 u_X	A.7a	kV	185	154
t_1 时的电压 $u_{1,test}$	A.13	kV	155	162.5
达到 U_m 的时间 t_m	A.16	μs	162	162
瞬态峰值电压 u_m	A.14	kV	280	267
瞬态系数 u_m/U_m	A.14a	p.u.	1.36	1.3
断路器两端第一峰值				
到达第一峰值的时间 t_T	A.17a	μs	4.66	12.0
t_T 时刻电源侧 TRV 的电压增量 u_s^*	A.18	kV	4.8	15.0
第一峰值电压 u_T	A.19	kV	37.8	97.4

A.4.2 电源侧有 ITRV，线路侧有时延（252 kV、50 kA、50 Hz 时的 L_{90}）

参数名称	公式	试验参数	
		单位	L_{90}
电源侧工频	同 A.4.1		
线路侧工频	同 A.4.1		
线路侧 TRV 参数	同 A.4.1		
电源侧 TRV 参数	同 A.4.1		
电源侧 ITRV 参数			
时间 t_i	表 7	μs	0.6
乘数 f_i	表 7	kV/kA	0.069
初始峰值电压 u_i	A.22	kV	3.1
母线电压降 u_{i0}	A.23	kV	2.21
母线电感 L_B	A.24	μH	111
断路器两端的第一峰值电压			
到达第一峰值的时间 t_T	A.17a	μs	4.66
时间 t_T 时电源侧的电压增量 u_s^*	A.20	kV	7
第一峰值电压 u_T	A.21	kV	40

A.4.3 电源侧有时延，线路侧无时延（252 kV、50 kA、50 Hz 时的 L_{90}）——简化方法的计算

参数名称	公式	试验参数	
		单位	L_{90}
电源侧工频	同 A.4.1		
线路侧工频	同 A.4.1		
线路侧 TRV 参数	同 A.4.1		
电源侧 TRV 参数	同 A.4.1		
断路器两端的第一峰值电压			
到达第一峰值的时间 t_T	A.17b	μs	4.16
时间 t_T 时电源侧的电压增量 u_s^*	A.18	kV	3.9
第一峰值电压 u_T	A.19	kV	36.9

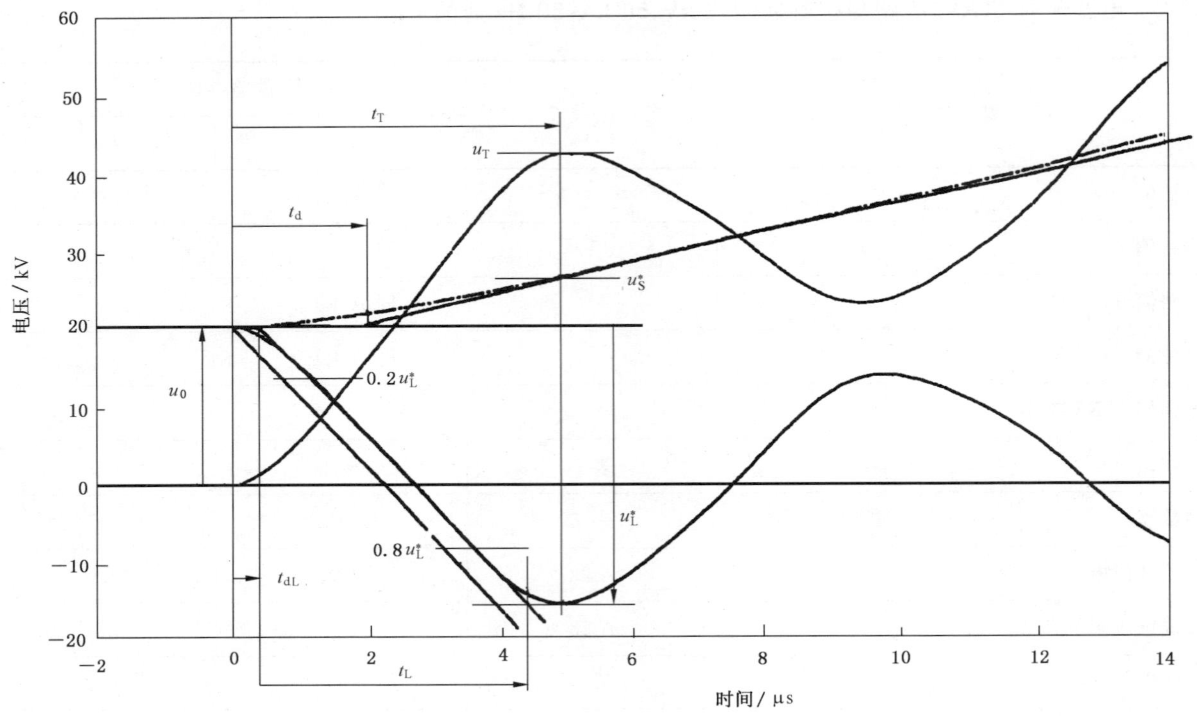

图 A.1 线路侧和电源侧 TRV 参数的典型图示——线路侧和电源侧均有时延

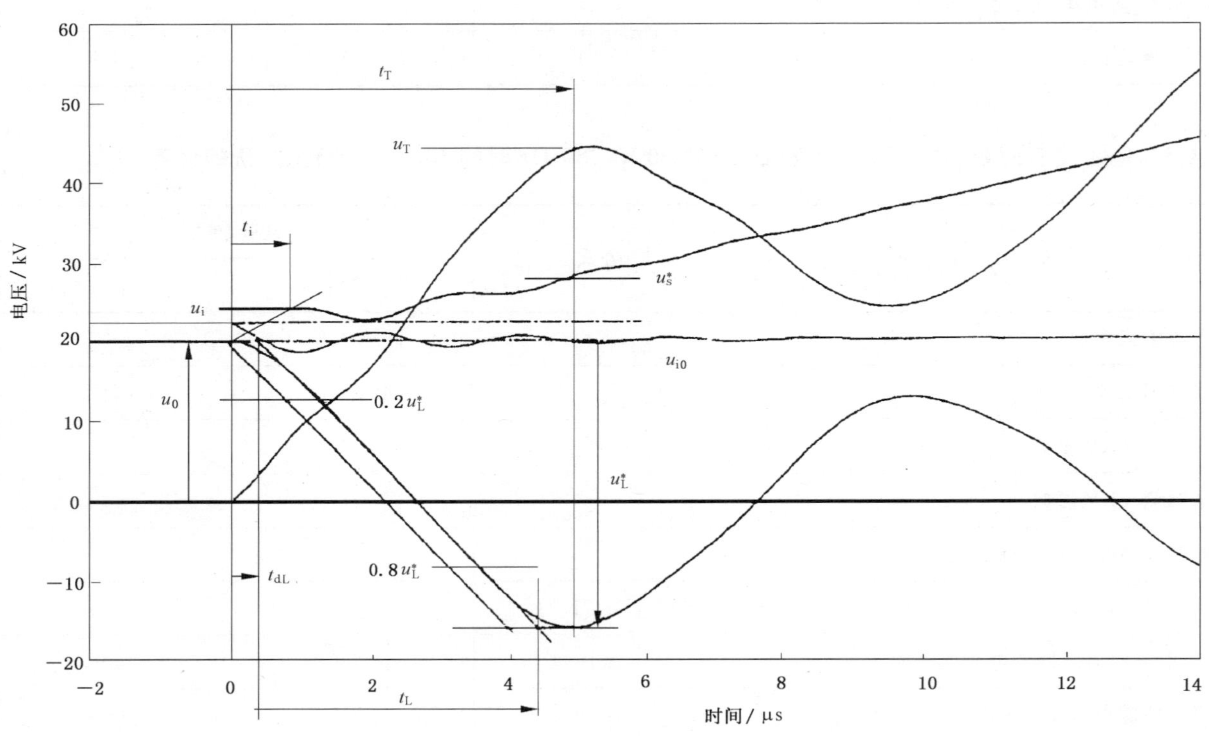

图 A.2 线路侧和电源侧 TRV 参数的典型图示——线路侧和电源侧均有时延，电源侧有 ITRV

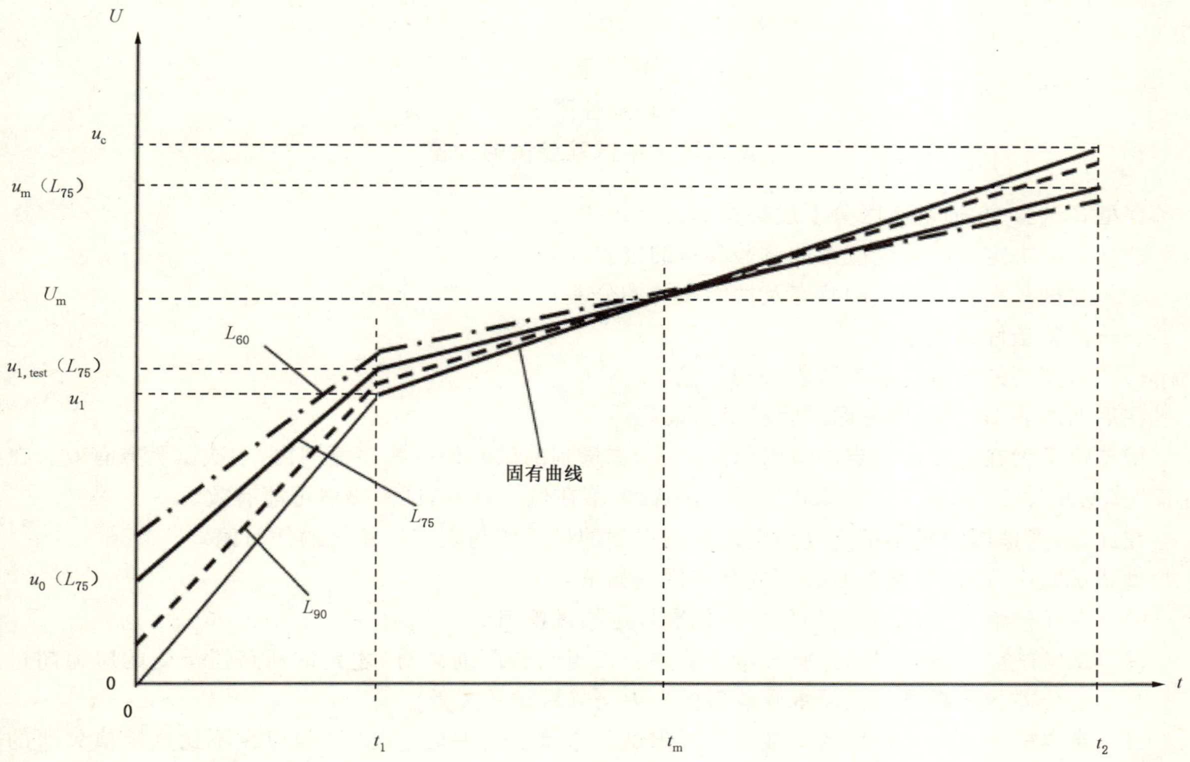

图 A.3　L_{90}、L_{75} 和 L_{60} 近区故障时，电源侧 TRV 的实际曲线

附　录　B
（规范性附录）
型式试验中试验参量的公差

在型式试验中，通常应区分下述类型的公差：

——直接决定试品承受应力的试验参量的公差；

——与试品在试验前后的状态及性能相关的公差；

——试验条件的公差；

——与使用的测量设备参数相关的公差。

在后面的表 B.1 中，仅考虑试验参量的偏差。

偏差定义为在本标准规定的试验值的范围，测量到的试验值应在该范围内，本次试验方有效。在某些情况（见 6.1.101 和表 12）下，即使测量到的数值落在偏差以外，试验仍然可能有效。

在此，不考虑因测量不确定度所引起的测量到的试验值与真实试验值的任何偏差。

型式试验中，应用试验参量公差的基本规则如下：

a)　在任何情况下，试验站的目标是标准规定的试验值。

b)　试验站应观测规定的试验参量的偏差。仅当制造厂同意时，才允许断路器承受的应力超过这些公差的较高值。试品承受较低的应力会导致试验无效。

c)　当本标准或其他适用的标准没有给出试验参量的公差时，型式试验应在不比规定值欠严的数值下进行。其上限应力值应征得制造厂的同意。

d)　若只给出某试验参量一侧的限值，则认为另一侧限值应为尽可能地接近标准的规定值。

注：术语“试验参量的公差”不能和一侧可能开断的试验参量的测量带宽相混淆，例如，LC2、CC2 和 BC2 的试验电流。

表 B.1 型式试验时试验参量的公差

条款号	试验名称	试验参量	规定的试验值	试验公差/试验值的限值	引用标准
6.2	绝缘试验				
6.2.6.1 和 6.2.7.1	工频电压试验	试验电压(有效值)	额定短时工频耐受电压	±1%	GB/T 11022—2011 GB/T 16927.1—2011
		频率		45 Hz～65 Hz	GB/T 16927.1—2011
		波形	峰值/有效值=$\sqrt{2}$	±5%	
6.2.6.2 和 6.2.7.3	雷电冲击电压试验	峰值	额定雷电冲击耐受电压	±3%	
		波前时间	1.2 μs	±30%	
		半波峰时间	50 μs	±20%	
6.2.7.2	操作冲击电压试验	峰值	额定操作冲击耐受电压	±3%	
		波前时间	250 μs	±20%	
		半波峰时间	2 500 μs	±60%	
6.2.11	用标准操作冲击电压进行状态检查的电压试验	操作冲击电压的峰值	见 6.2.11	±3%	
		波前时间	250 μs	± 20%	GB/T 16927.1—2011
		半波峰时间	2 500 μs	±60%	
	用 T10 的 TRV 回路进行状态检查的电压试验	操作冲击电压的峰值	见 6.2.11	±3%	
		到达峰值的时间	T10 的标准值	$^{+200}_{-10}$ %	
6.3	无线电干扰电压试验	试验电压	见 GB/T 11022—2011 的 6.3	±1%	GB/T 16927.1—2011
6.4	主回路电阻测量	直流试验电流 I_{DC}		50 A≤I_{DC}≤额定电流	GB/T 11022—2011
6.5	温升试验	周围空气速度	—	≤0.5 m/s	GB/T 11022—2011

表 B.1（续）

条款号	试验名称	试验参量	规定的试验值	试验公差/试验值的限值	引用标准
6.5	温升试验	试验电流频率	额定频率	$^{+2}_{-5}\%$	GB/T 11022—2011
		试验电流	额定电流	$^{+2}_{0}\%$ 这些限值仅在试验期间的最后两个小时保持	
		周围空气温度 T	—	+10 ℃<T<40 ℃	
6.6	短时耐受电流和峰值耐受电流试验	试验频率	额定频率	±10%	GB/T 11022—2011
		峰值电流(在一个边相)	额定峰值耐受电流	$^{+5}_{0}\%$	
		三相试验电流交流分量的平均值	额定短时耐受电流	±5%	
		任一相试验电流交流分量/平均值	1	±10%	
		短路电流持续时间	额定短路持续时间	见 I^2t 的公差	
		I^2t 的值	额定 I^2t 值	$^{+10}_{0}\%$	
6.101.3	高低温试验	在试品高度方向周围空气温度的偏差	—	≤5 K	
		试验前记录的周围空气温度	20 ℃	±5 K	
		试验过程中周围空气温度的最大值和最小值	根据断路器的温度级别(见 GB/T 11022—2011)	±3 K	
6.101.4	湿度试验	每个循环的最低温度	25 ℃	±3 K	
		每个循环的最高温度	40 ℃	±2 K	
6.101.6	端子静拉力试验导则	力	规定于 6.101.6	$^{+10}_{0}\%$	

表 B.1（续）

条款号	试验名称	试验参量	规定的试验值	试验公差/试验值的限值	引用标准
6.102	关合、开断及开合试验的各项规定	应控制的最长燃弧时间 应控制的中燃弧时间	规定的试验值	±0.5 ms ±1 ms	
6.103	短路关合和开断试验的试验回路	功率因数（平均值）	—	≤0.15	
		任一相的功率因数/平均功率因数	—	±25%	
		频率	额定频率	±8%	
6.104	短路试验参量				
6.104.1	短路关合试验前的外施电压	外施电压	见 6.104.1	$^{+10}_{\ 0}$%	
		施加的相电压/（三相）平均电压	1	±5%	
6.104.3	短路开断电流	任一相的交流分量/平均交流分量	1	±10%	
		最后开断极电弧熄灭时预期电流的交流分量	相关试验方式开断电流的规定值	≥90% **注**：对于试验方式 T100a，最后电流半波波形（幅值和持续时间）在 6.102.10.2.1.2b）和 6.106.6.1 中给出	
6.104.4	短路开断电流的直流分量	T10、T30、T60、T100s 中的直流分量	—	≤20%	
		T100a 中的直流分量	对于直接试验： 见 6.106.6.2（单相）和 6.106.6.1（三相）	≤规定值的 110% 和≥规定值的 95%	
		T100a 中的直流分量的平均值	对于直接试验： 见 6.106.6.2（单相）和 6.106.6.1（三相）	≤规定值的 100% 和≥规定值的 95%	

表 B.1（续）

条款号	试验名称	试验参量	规定的试验值	试验公差/试验值的限值	引用标准
6.104.5	出线端故障试验的瞬态恢复电压(TRV)	TRV 峰值 断路器的额定电压 ≤40.5 kV >40.5 kV	见表 21 和表 22 见表 21、表 22、表 23 和表 24	$^{+10}_{0}$% $^{+5}_{0}$%	
		TRV 上升率 断路器额定电压 ≤40.5 kV >40.5 kV	见表 21 和表 22 见表 21、表 22、表 23 和表 24	$^{+15}_{0}$%[1)] $^{+8}_{0}$%	
		时延 t_d	见表 21、表 22、表 23 和表 24	±20%	
6.104.7	工频恢复电压(RV)	工频恢复电压	根据 6.104.7 的规定值	±5%	
		恢复电压持续时间末任一极 RV 与平均值的偏差/平均值	1	±20%	
6.106	基本短路试验方式	T10 的开断电流	额定短路开断电流的 10%	±20%	
		T30 的开断电流	额定短路开断电流的 30%	±20%	
		T60 的开断电流	额定短路开断电流的 60%	±10%	
		T100s 的开断电流	额定短路开断电流的 100%	$^{+5}_{0}$%	
		T100a 的开断电流	额定短路开断电流的 100%	±10%	
		T100s 和 T100a 的短路电流峰值	额定短路关合电流	$^{+10}_{0}$%	
6.107	临界电流试验	开断电流	见 6.107.2	±20%	
		开断电流的直流分量	≤20%	上限 25%	
6.108	单相和异相接地故障试验	开断电流	见图 45	$^{+5}_{0}$%	
		开断电流的直流分量	≤20%	上限 25%	

表 B.1（续）

条款号	试验名称	试验参量	规定的试验值	试验公差/试验值的限值	引用标准
6.108	单相和异相接地故障试验	TRV 峰值　断路器额定 电压≤40.5 kV ＞40.5 kV	见 6.108.2 及表 21、 表 22、表 23 和表 24	$^{+10}_{0}$% $^{+5}_{0}$%	
		TRV 上升率　断路器额定 电压≤40.5 kV ＞40.5 kV	见 6.108.2 及表 21、 表 22、表 23 和表 24	$^{+15}_{0}$% $^{+8}_{0}$%	
6.109	近区故障试验	开断电流直流分量	≤20%	上限 25%	
		开断电流 L_{90}	90%额定短路开断电流	90%～92%	
		开断电流 L_{75}	75%额定短路开断电流	71%～79%	
		开断电流 L_{60}	60%额定短路开断电流	55%～65%	
		波阻抗	450 Ω	±3%	
		线路侧电压峰值	见表 8 和附录 A	$^{+20}_{0}$%	
		线路侧电压上升率		$^{+5}_{0}$%	
		时延 t_{dl}		$^{0}_{-10}$%	
6.110	失步关合和开断试验	功率因数	—	≤0.15	
		开断电流的直流分量	≤20%	上限 25%	
		外施电压和工频恢复电压	见 6.110.2 的规定	±5%	
		TRV 峰值　断路器额定 电压≤40.5 kV ＞40.5 kV	见表 1 和表 2 见表 1、表 2、 表 3、表 4 和表 5	+10%～−0% $^{+5}_{0}$%	
		TRV 上升率　断路器 额定电压≤40.5 kV ＞40.5 kV	见表 1 和表 2 见表 1、表 2、 表 3、表 4 和表 5	+15%～−0% +8%～−0%	
		试验方式 OP2 的合闸时刻	在一极外施电压的峰值处	±15°	
		试验方式 OP1 的开断电流	额定失步开断电流的 30%	规定值的±20%	
		试验方式 OP2 的开断电流	额定失步开断电流的 100%	+10%～−0%	

表 B.1（续）

条款号	试验名称	试验参量	规定的试验值	试验公差/试验值的限值	引用标准
6.111	容性电流开合试验	工频电压变化： ——对试验方式：LC1、CC1 和 BC1 ——对试验方式：LC2、CC2 和 BC2		 ≤2% ≤5%	
		电弧熄灭后 300 ms 工频恢复电压衰减		≤10%	
		有效值/基波分量有效值		≤1.2	
		试验电压	见 6.111.7 的规定	+3%～−0%	
		恢复电压的频率	额定频率	±2%	
		开断电流/额定容性开断电流	LC1，CC1，BC1 LC2，CC2，BC2	10%～40% ≥100%	
		涌流的阻尼系数	断路器额定电压<72.5 kV	≥0.75	
			断路器额定电压≥72.5 kV	≥0.85	
		背靠背电流开合：关合涌流的峰值	BC2	±10%。背靠背关合涌流的固有值的公差应为 $^{+10}_{0}\%$	
		背靠背电流开合：关合涌流的频率	BC2	尽可能接近要求值，不应低于运行条件的 77%，且频率不应高于 6 000 Hz	
	规定 TRV 的容性电流开合试验	恢复电压的波形	相应的单相直接试验的理论试验电压波形（1−cos 曲线）	试验电压峰值的 $^{+6}_{0}\%$（即近似于图 54 中恢复电压 u_c 峰值的 3%）	

表 B.1（续）

条款号	试验名称	试验参量	规定的试验值	试验公差/试验值的限值	引用标准
附录 M	对于额定电压小于 126 kV 的与连有小电容的变压器相连的断路器，T30 的瞬态恢复电压(TRV)	TRV 的峰值	见表 M.1	$^{+10}_{0}$%	
		TRV 的上升率		$^{+5}_{-10}$%	
注：近区故障试验的优先参数是线路侧电压的波形，而不是线路的波阻抗。					
[1)] 对于 T10 和 T30，如果超过上限，则应尽可能使用最小值。					

附 录 C
（资料性附录）
型式试验的记录及报告

C.1 应记录的资料及结果

型式试验报告中应包括所有相关的型式试验资料及结果。

应记录所有符合 C.2 的短路操作、失步关合和开断操作、容性电流开合操作和空载操作的示波图。

型式试验报告应包括和试验用测量系统不确定度相关的叙述。该叙述应参考试验室内部程序，通过该程序可以建立测量不确定度的溯源性。

型式试验报告应包括每一试验方式中断路器性能及每一试验方式后（在检查范围内）和一系列试验方式结束时断路器状态的叙述。叙述应包括下列内容：

a） 断路器的状态，给出所做的所有替换或调整的细节以及触头、灭弧室和油（包括油量的减少）的状态。电弧屏蔽、外壳、绝缘子及套管损坏情况的描述。

b） 试验方式中性能的描述，包括油、气体或火焰的喷出。

C.2 型式试验报告应包括的内容

C.2.1 概述

a） 试验日期；

b） 参考的报告编号；

c） 试验个数；

d） 示波图个数。

C.2.2 受试电器

GB/T 11022—2011 的 6.1.4 和附录 A.2 及下列条件适用：

试验报告中给出的参考图号应指明制造商的参考号、修订号和相关内容。

适用时，应包含参考的机械行程特性，或通过用参考图号或等效的方法记录在试验报告中。

C.2.3 断路器，包括其操动机构和辅助设备的额定参数

制造厂应给出本标准第 4 章中规定的额定参数值及最短分闸时间。

C.2.4 试验条件（对试验的每个系列）

a） 极数；

b） 功率因数；

c） 频率，Hz；

d） 发电机中性点（接地或绝缘）；

e） 变压器中性点（接地或绝缘）；

f） 短路点或负载侧中性点（接地或绝缘）；

g） 包括接地的试验回路图；

h) 断路器接入试验回路的细节(例如,方向);
i) 绝缘和/或灭弧用流体的压力;
j) 操作用流体的压力。

C.2.5 短路关合和开断试验

a) 操作顺序和时间间隔;
b) 外施电压,kV;
c) 关合电流(峰值),kA;
d) 开断电流:
  1) 每相及平均的交流分量有效值,kA;
  2) 直流分量的百分数;
  3) 最后电流半波的电流峰值(仅适用于 T100a,且针对具有最大直流分量的那一相);
  4) 最后电流半波的持续时间(仅适用于 T100a,且针对具有最大直流分量的那一相;对于延长的大半波,预期的半波持续时间,应根据预期电流校验试验确定);
e) 工频恢复电压,kV;
f) 预期瞬态恢复电压;
  1) 按照 6.104.5.1 的 a)的要求;可引用电压和时间坐标;
  2) 按照 6.104.5.1 的 b)的要求;
g) 燃弧时间,ms;
h) 分闸时间,ms;
i) 开断时间,ms;
如适用,应给出直到主电弧熄灭瞬间的开断时间和直到阻性电流开断瞬间的开断时间。
j) 合闸时间,ms;
k) 关合时间,ms;
l) 试验中断路器的性能,适用时,包括喷出的火焰、气体、油等;应记录发生的 NSDD;
m) 试验后的状态;
n) 试验期间零部件的更新和修复。

C.2.6 短时耐受电流试验

a) 电流
  1) 有效值,kA;
  2) 峰值,kA;
b) 持续时间,s;
c) 试验期间断路器的性能;
d) 试验后的状态;
e) 试验前后主回路的电阻,μΩ。

C.2.7 空载操作

a) 关合和开断试验前(见 6.102.6);
b) 关合和开断试验后(见 6.102.9.2 和 6.102.9.3)。

C.2.8 失步关合和开断试验

a) 每相的开断电流,kA;

b) 每相的关合电流,kA;
c) 每相的电压,kV;
d) 预期瞬态恢复电压;
e) 燃弧时间,ms;
f) 分闸时间,ms;
g) 开断时间,ms;
h) 合闸时间,ms;
i) 关合时间,ms;
j) 阻性电流持续时间(如果适用的话),ms;
k) 试验中断路器的状态,适用时,包括喷出的火焰、气体、油等,应记录发生的 NSDD;
l) 试验后的状态。

C.2.9 容性电流开合试验

a) 试验电压,kV;
b) 每相的开断电流,A;
c) 每相的关合电流,kA;
d) 相对地间电压的峰值,kV:
   1) 断路器的电源侧;
   2) 断路器的负载侧;
e) 重击穿(如果有的话)的次数;应记录发生的 NSDD(如果有的话);
f) 选相整定的详细情况,燃弧时间,ms;
g) 合闸时间,ms;
h) 关合时间,ms;
i) 试验中断路器的状态;
j) 试验后的状态。

C.2.10 示波图和其他记录

应记录整个操作的示波图。应记录下述参量。其中某些量可能需要单独记录,可能需要多个具有不同时间刻度的示波图。

a) 外施电压;
b) 每极中的电流;
c) 恢复电压(充电电流试验时断路器电源侧及负载侧的电压);
d) 合闸线圈中的电流;
e) 分闸线圈中的电流;
f) 适用于要求准确度的恰当的幅值和时间刻度;
g) 机械行程特性(适用时)。

不能严格满足本标准要求的全部情况及所有偏差应在试验报告的开始部分明确指出。

附 录 D
（规范性附录）
短路功率因数的确定

没有准确的方法来确定短路功率因数，但是，对于本标准，采用下述更合适的两种方法中的任一种方法来确定试验回路每相的短路功率因数，具有足够的精度。

D.1 方法1——由直流分量计算

可以根据短路起始时刻和触头分离时刻间的非对称短路电流的直流分量曲线来确定角度 φ（电压向量和电流向量间的夹角），如下所示：

D.1.1 直流分量公式

直流分量的公式为：

$$i_{\mathrm{d}}=I_{\mathrm{do}}\times \mathrm{e}^{-\frac{R}{L}t}=I_{\mathrm{do}}\times \mathrm{e}^{-\frac{t}{\tau}} \qquad \text{(D.1)}$$

式中：

i_{d} ——任意时刻的直流分量值；

I_{do}——直流分量的初始值；

τ ——L/R 回路时间常数，单位为秒(s)；

t ——i_{d} 和 I_{do}之间的时间间隔，单位为秒(s)；

e ——自然对数底数。

由上述公式按如下方法可以确定时间常数 L/R：

a) 测量短路瞬间 I_{do}的数值及在触头分离前的任何时刻 t 的 i_{d} 值；

b) 用 i_{d} 除以 I_{do}确定 $\mathrm{e}^{-Rt/L}$ 的值；

c) 由 e^{-x} 的值确定与 $i_{\mathrm{d}}/I_{\mathrm{do}}$对应的 $-x$；

d) x 代表 Rt/L，由此可以确定 L/R。

D.1.2 相角 φ

由下式可以确定相角 φ：

$$\varphi=\arctan\left(\omega\frac{L}{R}\right) \qquad \text{(D.2)}$$

式中：

ω——2π 乘以实际频率。

D.2 方法2——由控制发电机确定

如果控制发电机和试验发电机装在同一个轴上时，示波图上控制发电机的电压首先和试验发电机的电压进行相位比较，然后和试验发电机的电流进行相位比较。

控制发电机电压和试验发电机电压间的相角和控制发电机电压和试验发电机电流间的相角之差即为试验发电机电压和电流间的相角，由此可以确定功率因数。

附 录 E
（资料性附录）
回路预期瞬态恢复电压包络线的画法及特征参数的确定方法

E.1 简介

瞬态恢复电压可能具有不同的波形，振荡的和非振荡的都有。

可以通过由三条连续线段构成的包络线来定义波形；当波形接近单频阻尼振荡时，包络线变为两条连续的线段。所有情况下，包络线均应尽可能准确地反映瞬态恢复电压的实际波形。这里所述的方法在大多数实际情况下可以足够近似地达到这一目的。

注：然而，可能出现这样的情况，即建议的方法得出的参数比由瞬态恢复电压曲线证明是正确的参数严酷得多。这种情况应作为例外对待，因此，它应成为制造厂、用户和试验室间协议的主题。

E.2 画包络线

用下述方法画预期瞬态恢复电压曲线包络线的构成线段：

a） 第一条线段通过原点 O 和曲线相切，但不和曲线相交（见图 E.1～图 E.3 的线段 OB 和图 E.4 的线段 OA）。

当曲线的初始部分朝左凹进时，切点常常在第一峰值附近（见图 E.1～图 E.2 的线段 OB）。

如果朝右凹进时，如指数曲线，切点在原点附近（见图 E.3 的线段 OB）。

b） 第二条线段在曲线的最高峰值处同曲线水平相切（见图 E.1～图 E.4 的线段 AC）。

c） 第三条线段在前面两个切点之间的一个或多个点同曲线相切，但不和曲线相交。

最后一条线段有三种可能的画法：

1） 画一条线段同曲线切于两点（或可能多于两点）。

在这种情况下，就构成了部分包络线（见图 E.1 的线段 BA）。

这样，就获得四参数包络线 O,B,A,C。

2） 可能画出多条同曲线切于两点（或多于两点）但不相交的线段。

在这种情况下，用于包络线的线段与曲线只有一个切点。线段的位置应使得切点两边曲线和包络线之间区域的面积近似相等（见图 E.2 的线段 BA）。

这样，就获得四参数包络线 O,B,A,C。

3） 画不出一条同曲线切于多于一点但不相交的线段：

这种情况下，应做如下区别：

ⅰ） 第一线段的切点远离最高峰值点，这是指数曲线或近似指数曲线的典型情况。

这种情况下，线段与曲线切于一点，使得切点两边曲线和包络线之间区域的面积近似相等，如 E.2 的 c)2)（见图 E.3 的线段 BA）。

这样，就获得四参数包络线 O,B,A,C。

ⅱ） 第一线段的切点靠近最高峰值点。

这是单频阻尼振荡或类似形状的波形的情况。

这种情况下，不画第三线段，采用与起初的两个线段对应的两参数表示（见图 E.4）。

这样，就获得两参数包络线 O,A,C。

E.3 参数的确定

根据定义，特征参数就是构成包络线各线段交点的坐标。

当包络线由三条线段组成时，交点 B 和 A 的坐标就是图 E.1、图 E.2 和图 E.3 中所表示的四参数 u_1、t_1、u_c 和 t_2。

当包络线仅由两条线段组成时，交点 A 的坐标就是图 E.4 中所表示的两参数 u_c 和 t_3。

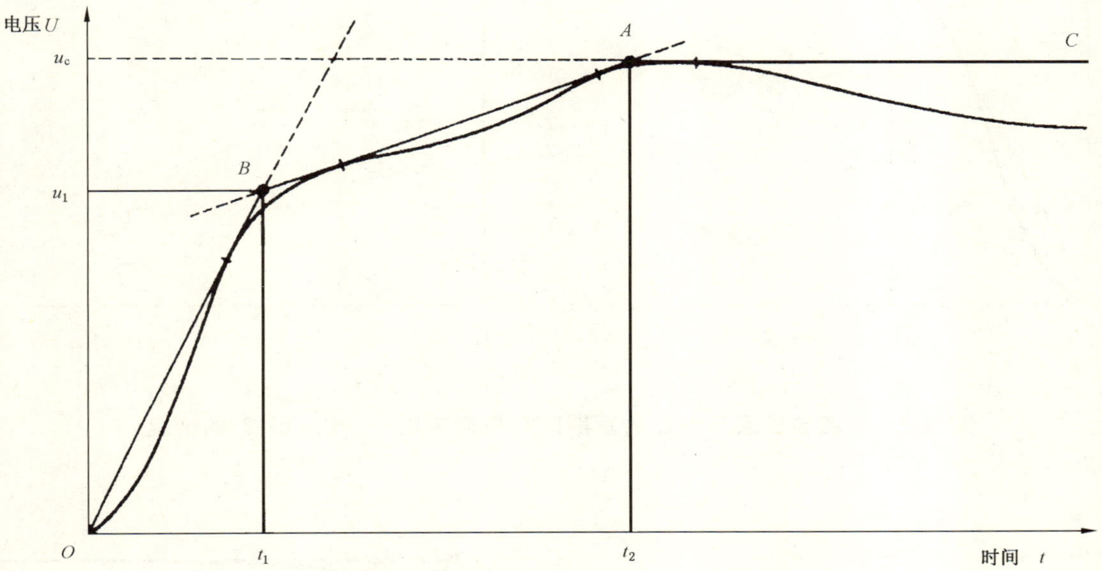

图 E.1 用四参数表示回路的预期瞬态恢复电压——E.2 c) 1)的情况

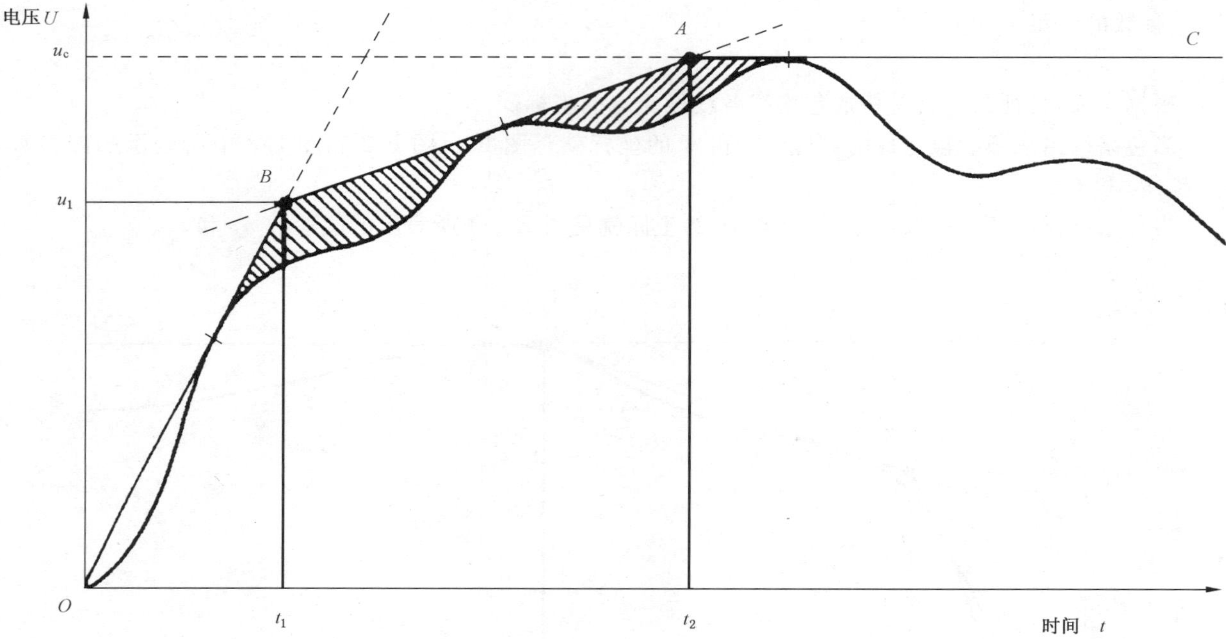

图 E.2　用四参数表示回路的预期瞬态恢复电压——E.2 c) 2)的情况

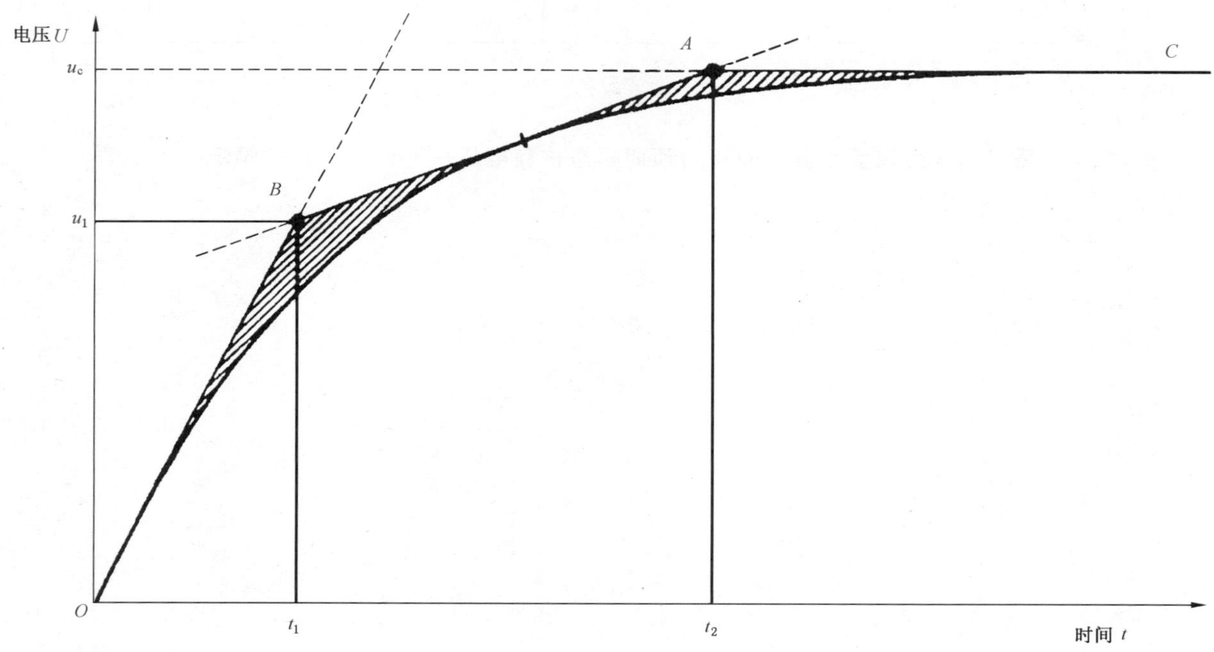

图 E.3　用四参数表示回路的预期瞬态恢复电压——E.2 c) 3) ⅰ)的情况

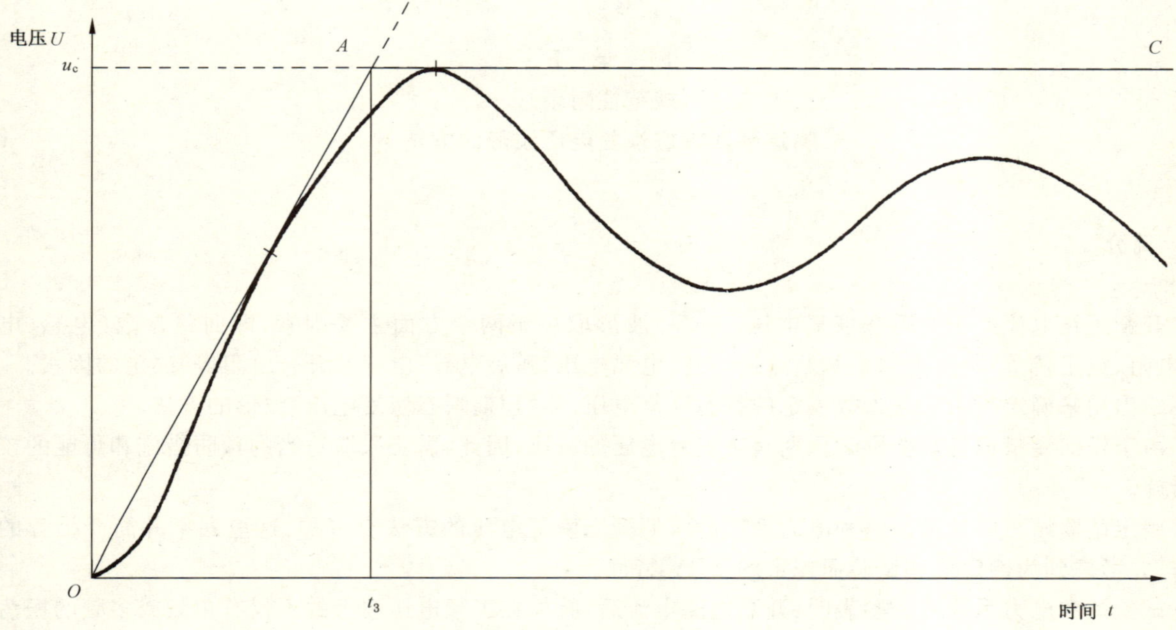

图 E.4　用两参数表示回路的预期瞬态恢复电压——E.2 c) 3) ⅱ)的情况

附 录 F
（规范性附录）
确定预期瞬态恢复电压波形的方法

F.1 简介

开断短路电流产生的瞬态恢复电压（TRV）波形取决于两个方面主要因素，即回路参数（电感、电容、电阻、波阻抗等）决定的因素和断路器特性（电弧电压、弧后电导、电容和开合电阻等）决定的因素。

给出用来确定仅由回路参数决定的瞬态恢复电压，即“预期瞬态恢复电压”波形的方法。

由于任何测量设备都会影响预期瞬态恢复电压的波形，因此，需要采取适当的预防措施和可能的校正措施。

确定试验站短路试验回路和电力系统的预期瞬态恢复电压的方法有多种，这里列举并简介推荐的方法，并考虑到为额定值和试验而规定的 TRV 特性。

试验站和电力系统的经验表明：开断短路电流后，叠加在工频电压波上的不仅有单频或多频的振荡波，而且还有幅值和持续时间相当大的指数波。后者的时间常数取决于回路元件，例如发电机、变压器、线路等的特性。这些指数分量具有抑制 TRV 峰值和上升率的作用，使这些值低于只有振荡分量叠加在工频电压上时可能出现的值。如图 F.1 所示，测量的所有方法均应考虑这一效应。

测量表明：由于导体、大地和磁回路内部涡流的屏蔽作用，各种回路元件的电感都随频率而变化。加上有助于减小瞬态电压的其他因素，在此引入时间常数，它由发电机的几百微秒下降到变压器的几十微秒，其准确值取决于特定设备的设计及 TRV 分量的频率。在某些情况下，它可以抑制 TRV 峰值多达 25%。

因此，确定试验站或系统预期瞬态恢复电压时，考虑到这些因素很重要，并给出了与推荐方法有关的导则。

不论采用哪种方法，试验站预期瞬态恢复电压的实测值应与本标准的规定值一致。

如果 TRV 到达峰值时间 t_2 超过比如说 1 250 μs 时，除了上述效应外，在任何情况下，瞬时工频电压，50 Hz 时降低 6%以上，60 Hz 时降低 10%以上。因此，当使用确定包括工频恢复电压的预期 TRV 的方法时，或用回路常数进行计算时，还应考虑这些影响。

电流过零后工频分量的瞬时值也与短路功率因数和电流最后半波的直流分量百分比有关，这样，就可能小于全峰值。对于对称电流及短路功率因数为 0.15 或更小的情况，降低量不超过 1.5%，所以，它对试验站的试验回路并不重要。因为运行中可能存在较高的功率因数，降低量可能会很明显。

对于出线端故障的额定 TRV（见 4.102），考虑到局部电容对断路器电源侧的影响，引入了一个时延。也规定了相关试验回路相应的时延（见 6.104.5），TRV 的测量方法应能分辨出这一时延。

对一些断路器，还规定了近区故障的额定特性（见 4.105）及近区故障试验期间产生的 TRV。断路器和线路之间的局部电容也会在线路侧 TRV 分量中产生时延。试验期间，希望测量和记录线路侧的时延，所用的方法应适于测到此值。

F.2 推荐方法简述

确定预期恢复电压基本方法分类如下：

——第 1 组：直接短路开断法；

——第 2 组：工频电流注入法；

——第 3 组：电容电流注入法；

——第 4 组：模型网络法；

——第 5 组：回路参数计算法；

——第 6 组：空载开合包括变压器的试验回路；

——第 7 组：不同方法的组合。

第 1 组、第 4 组和第 5 组推荐用于电力系统。

第 2 组和第 3 组可用于电力系统的局部。

仅第 1 组到第 3 组或它们的组合适用于确定短路试验站试验回路的预期瞬态恢复电压。

当使用第 1 组、第 2 组、第 3 组、第 4 组、第 5 组、第 6 组或第 7 组时，应仔细检查电压记录回路，确保在所要记录的 TRV 频率范围内总的校准刻度是恒定的，且时间的偏转是线性的。然后应当用一个已知电压来校准示波器及所有分压器。使用具有扫描时基的阴极射线示波器时，应准确知道偏转/时间刻度，且最好是线性的，以免为了比较等目的而重复描绘。

适用时，注入电流和所研究的回路两端的电压应该采用具有适当速度的时基进行记录，此外，还应在电流零点处对电流和电压进行高速记录。TRV 应由具有适当灵敏度和适当时间刻度的示波器来记录。

F.3　推荐方法的细节

F.3.1　第 1 组——直接短路开断法

这一方法包括开断在所研究系统中通过金属连接建立的实际短路电流和通过示波器记录产生的 TRV。理想状况下，开断电流应是对称的。如果有明显的不对称，也应考虑到 di/dt 的变化。对这种方法，不可忽略断路器的影响。这方面最重要的特性为电弧电压和弧后电导。

由于电弧电压，断路器触头间的电压在开断电流的瞬间可能不为零，因此，TRV 不是从零电压而是从电流零点的电弧电压值开始上升。这样，TRV 开始低于零电压轴然后与电压轴相交（见图 F.3）。

因此，峰值电压比理想断路器（零电弧电压）的情况（见图 F.2）要高。如果电流很小，电流零点可能明显提前（电流截断），在这点开断可能会引起类似且更加明显的结果（见图 F.4）。更进一步，如果预期 TRV 包括多个振荡分量，电流截断产生的波形会与用理想断路器得到的波形明显不同。

因此，电流零点前的电弧电压低和不截流的断路器特别适合于直接短路开断使用。

可以补偿电弧电压的影响，如图 F.6 所示。

原则上，电弧电压补偿仅适合于具有单频瞬态分量的 TRV，但是，对具有多频瞬态分量的 TRV，如果主振荡分量的幅值占主流，作为一个好的近似方法也可使用它。

弧后电流，即 TRV 上升期间电弧间隙流过的电流，由于衰减作用会影响 TRV 的波形，这样，降低了它的上升率和峰值（见图 F.5）。使用与断路器灭弧室并联的电阻会产生类似的效果。

所以，除了与低电弧电压和无电流截断相关的要求外，直接短路开断方法所用断路器不应安装并联电阻且不应有明显的弧后电导。

特别是在试验站可以在适当降低励磁运行的条件下，真空断路器通常近似用做“理想”断路器。但是，应当确定所用的任何装置不会在研究的具体回路中有明显的电流截断。用于直接电流开断的断路器特性有时可做适当地改进，例如安排触头分离的时间以缩短电弧持续时间和降低电弧电压。

这一方法在开断所研究回路中的实际短路电流以及记录的 TRV 应或多或少地考虑到恢复电压抑制的效应。因此，直接短路开断方法可能是确定预期 TRV 最合适的方法（这与断路器的特性有关），常被用做检查其他方法的基础。但是，直接短路开断方法不适合于测量时延，尤其是在近区故障情况下的线路侧 TRV 的时延。

F.3.2 第2组——工频电流注入法

本方法仅用于不带电回路，所以，大多数用于试验站或者不带电时可分离的系统的一部分。因此也不考虑电晕或磁饱和现象。

本方法的基础是向回路中注入一较小电流，并记录由理想开关装置（即可以忽略电弧电压和弧后电流的装置）开断这一电流时回路的响应。

合适的注入电流源是由当地低压主网供电的单相变压器，二次输出一系列电压和电流，例如，在200 V时的2 A和25 V时的300 A之间。这一系列覆盖了需要确定的大多数回路的阻抗。本方法使用的示例简图见图F.7，并附有元件的详细说明。图F.8表示其操作顺序。

应注意确保电源及测量装置的固有电容不影响测量结果。

应在回路的输入端测量电压响应，适用时，回路的一端应接地。回路的两端均不接地时，测量和注入设备应完全与地绝缘。这可以用一个与地绝缘且对地电容可以忽略的辅助发电机可以做到这一点。

用于这一方案最方便的开关装置是半导体二极管。通常，反向恢复时间不超过100 ns的半导体二极管是很适合的。当TRV具有低的等效固有频率时，时间稍长也可以接受。为了得到正确的载流能力，可几个二极管并联运行。

注：二极管的特性与多个因素有关，例如，正向电流值、反向电压的波形和幅值以及与确定其特性所使用的方法有关的工厂数据。

为了获得对称的电流波形，可能需要通流达20个周期。在这一时间的大部分中，二极管被一开关旁路，这一开关在该段时间的末尾打开，使得电流流过二极管，在随后的电流零点二极管开断回路电流。

为了准确地确定时延，需要放大波形初始部分的电压和时间刻度。

较低速记录电流可以表明开断电流是否对称，高速记录可以给出电流零前的变化率 di/dt，这也可表明是否有引起TRV衰减的不可忽略的弧后电流，或有影响TRV幅值的不可忽略的电流抑制。

记录的TRV可以再现所研究的回路的固有瞬态振荡，还有引起电压衰减的诸多因素。

回路满载时，采用电压校准可以确定其数值。详细内容见F.3.4。

F.3.3 第3组——电容电流注入法

本方法除了流过回路的电流来自于电容器放电外，其余类似于第二组。这样，注入电流的频率取决于回路的电容值和电感值。

由于注入电流的频率通常远高于工频，所以，本方法不考虑引起电压衰减的因素。

由于放电电流的频率应为回路等效固有频率的1/8，这意味着这种方法适合于测量包含高固有频率分量回路的TRV。这种方法对近区故障试验回路线路侧分量特性的测量特别有用，这种回路的固有频率很高，且时延相当小。

电容电流注入回路的一个原理图例见图F.9，包含元件的详细情况。图F.10为该方法的操作顺序。

校准方法及注意事项同第2组，详细内容见F.3.4。

F.3.4 第2组和第3组——校准方法

由电流零点前注入电流的变化率 di/dt 的测量值计算注入电流的等价有效值 I_i：

$$I_i=\frac{\frac{di_i}{dt}}{2\pi f_i\sqrt{2}} \qquad \text{(F.1)}$$

式中：

f_i——注入电流的频率。

该公式假定：

$$i_i = I_i\sqrt{2}\sin(2\pi f_i t) \cong I_i\sqrt{2}\pi f_i t \quad\cdots\cdots(\text{F.2})$$

当 t_2<1 250 μs 时，该假定近似有效。

基于上述近似值，可得出如下规律：

注入电流的频率应小于或等于被测量回路等效固有频率的 1/8。对于预期 TRV 的 t_2 大于 1 250 μs 的情况，注入电流的频率应等于额定频率。

注：如果系数为 1/8，在 (t_2-t_0) 阶段，注入电流的斜率与直线的最大偏差可达 15%；系数为 1/4 时，最大偏差为 5%。

如果回路的最大短路电流的有效值为 I_{sc}，则对应于 I_{sc} 的 TRV 电压校准刻度 V_{sc}(mm)为：

$$V_{sc}(\text{mm}) = V_i(\text{mm})(I_{sc}/I_i)(f_{sc}/f_i) \quad\cdots\cdots(\text{F.3})$$

式中：

f_{sc}——短路电流的频率。

根据上述关于具有较长 t_2 时的预期 TRV 的规定，当电流曲线与对称的正弦曲线的偏差过大而不可忽略时，应使用下述基本公式：

$$V_{sc}(\text{mm}) = V_i(\text{mm})\frac{\left(\frac{\mathrm{d}i_{sc}}{\mathrm{d}t}\right)_{i_{sc}\to 0}}{\left(\frac{\mathrm{d}i_i}{\mathrm{d}t}\right)_{i_{sc}\to 0}} \quad\cdots\cdots(\text{F.4})$$

式中：

$\left(\frac{\mathrm{d}i_{sc}}{\mathrm{d}t}\right)_{i_{sc}\to 0}$ ——电流零点的工频短路电流的变化率，电流的函数为：

$$i_{sc} = I_{sc}\sqrt{2}\sin(2\pi f_{sc} t) \cong I_{sc}\sqrt{2}\times 2\pi f_{sc} t \quad\cdots\cdots(\text{F.5})$$

这一公式特别适用于轻微衰减振荡形式的电流的电容电流注入法。

确定近区故障试验的校准刻度时，下述方法比较合适：

从高速记录测量：

$\frac{\mathrm{d}u_i}{\mathrm{d}t}$ ——注入电流零点 TRV 的 RRRV；

u_i ——注入电流的第一电压峰值；

$\left(\frac{\mathrm{d}i_i}{\mathrm{d}t}\right)_{i_i\to 0}$ ——注入电流在其零点的变化率。

然后，通过计算可以得到波阻抗 Z 的值：

$$Z = \frac{\frac{\mathrm{d}u_i}{\mathrm{d}t}}{\left(\frac{\mathrm{d}i_i}{\mathrm{d}t}\right)_{i_i\to 0}} \quad\cdots\cdots(\text{F.6})$$

F.3.5 第 4 组——模型网络

在这种方法中，模型网络由能真正代表整个回路元件的单元组成。通常需要采用具有集中参数的模型单元来模拟具有分布参数的实际回路元件。另外，模型单元的阻抗(特别是电抗和电阻)特性应尽可能真实地模拟实际元件在频率高到至少和考虑中的 TRV 频率相当情况下的阻抗特性。

这种方法的准确性取决于被模拟回路参数的准确值，这些数据经常很难获得，也难在一个小的模型网络上模拟。

这种方法特别适用于随频率变化的参数，所以，本方法通常不直接考虑 TRV 的衰减，用它求得的值比在实际系统上直接短路得到的稍高。

本方法主要用于研究电力系统，由于它不需要系统停止运行，如果认识到其局限性，也可给出有用的导则。

F.3.6 第5组——由回路参数计算

如果知道与回路元件参数有关的数据，和第4组一样，特别是在回路不太复杂时，TRV波形的计算常常很方便。

通常，这一方法不考虑衰减效应，如果已知回路的相关数据，可做一些修正；类似于工频分量的减少，对那些时间 t_2 超过1 250 μs的TRV，也可考虑衰减效应。

本方法受到第4组的制约，除非在使用第1组、第2组、第3组或第6组的技术从试验中获得的实际TRV波形检查试验结果方面已经有经验，加上计算中的固有误差。

F.3.7 第6组——空载开合包括变压器的试验回路

本方法由连接开路回路中的试验变压器和记录二次回路的开路间隙上瞬态电压特性的示波器组成。

在由发电机产生短路电流的试验站，这种方法特别有用。但是，用于开合的断路器应没有并联电阻，且没有明显的预击穿，安装位置紧靠被试断路器。本方法仅限用于产生单频TRV、不再产生与涡流相关的指数分量的回路。

F.3.8 第7组——不同方法的组合

如果使用由不同试验回路组合而成的合成试验回路，可能需要组合使用上述推荐的方法。如果TRV上叠加多个电源(通常多达三个电源)的输出，通常就是这种情况。例如，在电压注入试验回路中，可能由电流源来校核TRV，但电流源与电压注入回路产生的TRV无关。也就是说，每个单独回路用一种推荐方法来校核。不同的回路可以采用不同的方法。可由数学方法得出总的TRV(不同回路产生的TRV总和)。如果用数字记录仪，通过综合不同方法得到的数据也可能得出总的TRV。

表F.1给出了这些方法的具体制约因素，组合使用这些方法时应加以考虑。

F.4 各种方法的比较

各种方法的特征及其优缺点列于表F.1。

表F.1 确定预期TRV的各种方法

方法	理论上的制约因素	实际上的制约因素
F.1.1 用理想断路器进行实际试验	没有。所有现象都能正确再现	不存在可以满足全部要求的理想断路器
F.1.2 全电压且有限流干扰时的工频试验(理想断路器试验或“合闸”试验均可)	不必考虑试验回路中可能存在的非线性，即在一特定频率下，电流和电压间不存在线性关系(不要和与时间有关的回路元件的影响相混淆)	不存在可以满足全部要求的理想断路器。分离出TRV，需要熟练的测量技术；否则，存在大的工频分量时很难解释试验结果。 对于关合试验，最合适的限流装置是电感；否则，适用时试验回路的其他元件(如电阻、电容)也可使用。 所用元件可能体积庞大或价钱昂贵

表 F.1（续）

方法	理论上的制约因素	实际上的制约因素
F.1.3 用理想断路器在其他都不变的试验回路中降压进行的工频试验（即低励磁试验）	不用考虑试验回路中可能存在的非线性，即在一特定频率下，电流和电压间不存在线性关系（不要和与时间有关的回路元件的影响相混淆）	当还不存在可以满足全部要求的理想断路器时，所用理想断路器的选择受到限制。 当回路使用一台以上的发电机时，同步很难满足。 励磁应足够高以防波形畸变。 一般在网络试验站不可能
F.1.4 用普通断路器在实际试验回路中进行试验	难于从试验中记录的 TRV 特性中分离出断路器的影响	选择具有低的电弧电压、在电流零点产生的电流畸变可以忽略、弧后电流可以忽略、没有并联阻抗的断路器。 当不能做到上述这些时，会产生误差，试验站之间由于使用了具有不同特性的断路器而有可能缺乏一致性
F.2 在“不带电”回路中注入工频电流的理想断路器试验	不必考虑试验回路中可能存在的非线性，即在一特定频率下，电流和电压间不存在线性关系（不要和与时间有关的回路元件的影响相混淆）	在网络供电的试验站，仅适用于“不带电”的回路元件，例如，近区故障元件，或网络阻抗与回路阻抗的剩余部分相比可以忽略的情况。 发电机应停止工作以防残压。 如果直轴和交轴电抗间的差异很大，则转子的位置可能很重要。 用以代替理想断路器、能够承载需要注入的工频电流的开关二极管的反向恢复时间可能影响包括高频分量的 TRV，例如，在近区故障试验回路中。 由于回路阻抗低，测量电压相对较小时，外界电源在“不带电”回路中感应引起的干扰可能影响 TRV，例如，与近区故障相关的
F.3 在“不带电”回路中注入频率高于工频的电流的理想断路器试验	不必考虑试验回路中可能存在的非线性。 不能直接给出工频阻抗。 假如注入电源的频率高于工频但远低于 TRV 的频率，只能给出单频或多频回路的 TRV 由零到第一最大值的正确波形和数值。不可能正确地确定振幅系数	在网络供电的试验站，仅适用于“不带电”的回路元件，例如，近区故障元件，或网络阻抗与回路阻抗的剩余部分相比可以忽略的情况。 发电机应停止工作以防残压。 如果直轴和交轴电抗间的差异很大，则转子的位置可能很重要
F.4 模型网络试验（暂态网络分析）	并非能经常得到网络的非线性及与频率相关特性的准确资料。 需要回路元件及其杂散参数的准确情况	需要充分表现瞬态网络分析元件中的回路元件的特性，包括其非线性和与时间有关的特性

表 F.1（续）

方法	理论上的制约因素	实际上的制约因素
F.5　由回路参数计算	并非能经常得到电网的非线性及与频率相关特性的准确资料。 需要回路元件及其杂散参数的准确情况	网络阻抗与试验站阻抗相比不可忽略时，需要与瞬态网络条件相关的全部知识。 准确或充分地表现回路元件的特性，包括它们的非线性以及与时间有关的特性，特别是杂散参数
F.6　空载开合试验变压器	除非在电压波的峰值附近使变压器带电，否则，需要校正工频电压的波前	要求实际的短路试验回路。 仅适用于单频回路

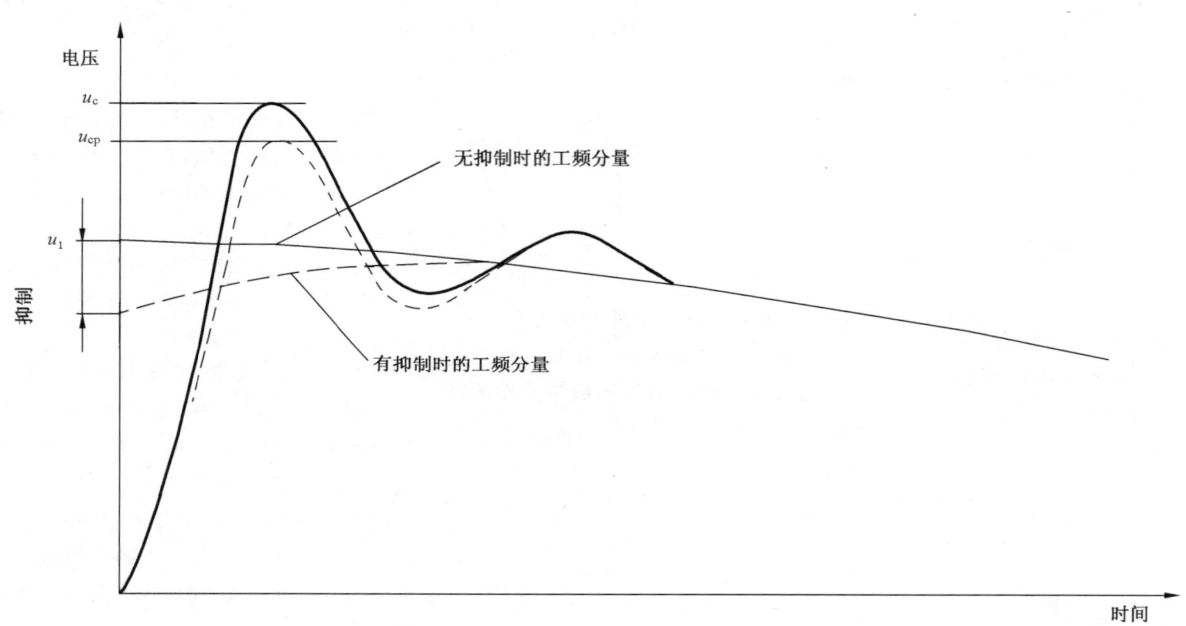

说明：

u_c ——规定 TRV 的峰值；

u_{cp} ——具有抑制效应时测得的 TRV 的峰值；

u_1 ——无抑制作用时工频电压的峰值。

图 F.1　抑制对 TRV 峰值的影响

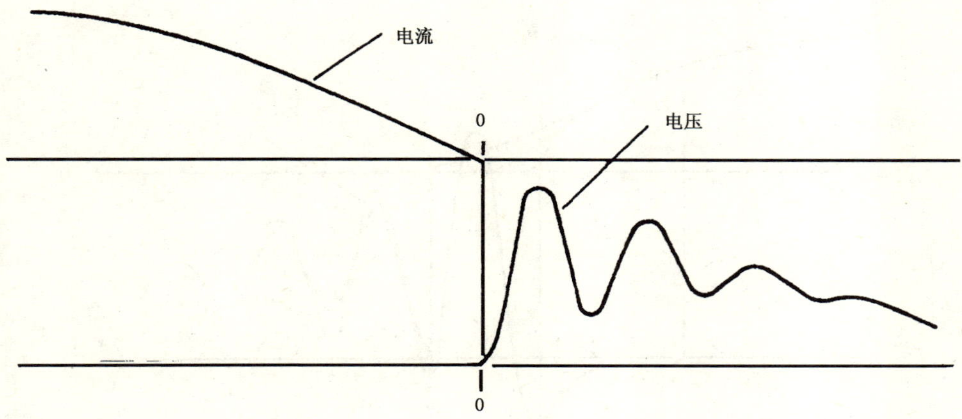

图 F.2 理想开断时的 TRV

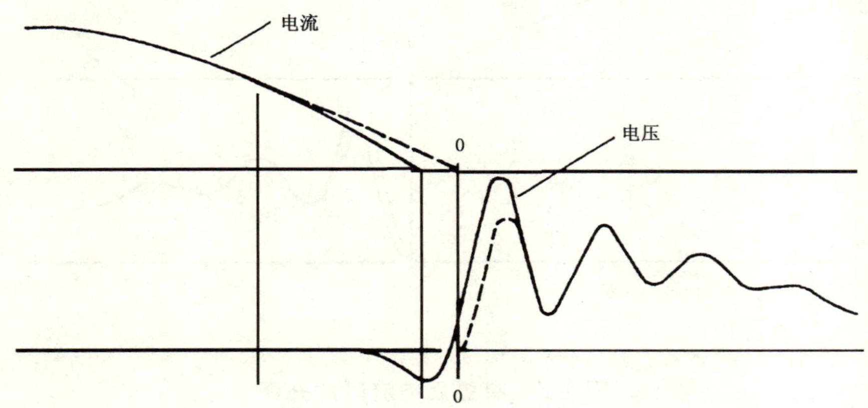

图 F.3 存在电弧电压时的开断

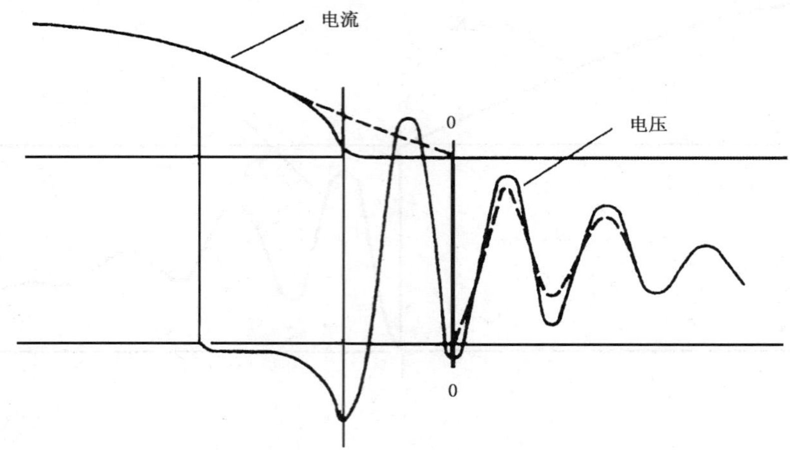

图 F.4　电流零点显著提前时的开断

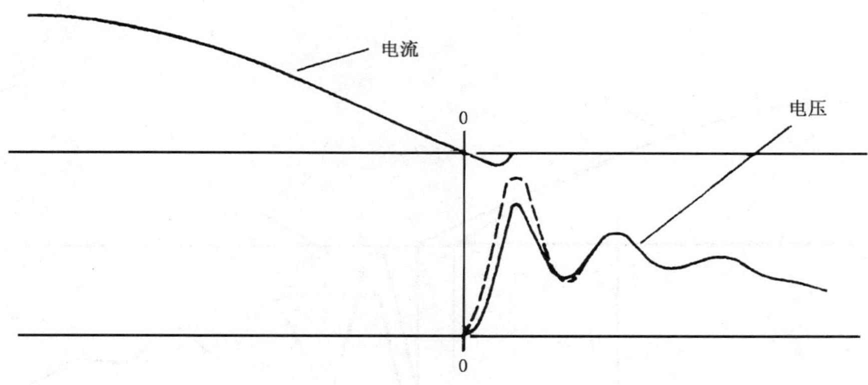

图 F.5　有弧后电流时的开断

注：电弧、提前的电流零点以及弧后电导对瞬态恢复电压的影响。图 F.3～图 F.5 的虚线部分表示理想开断时的特性。

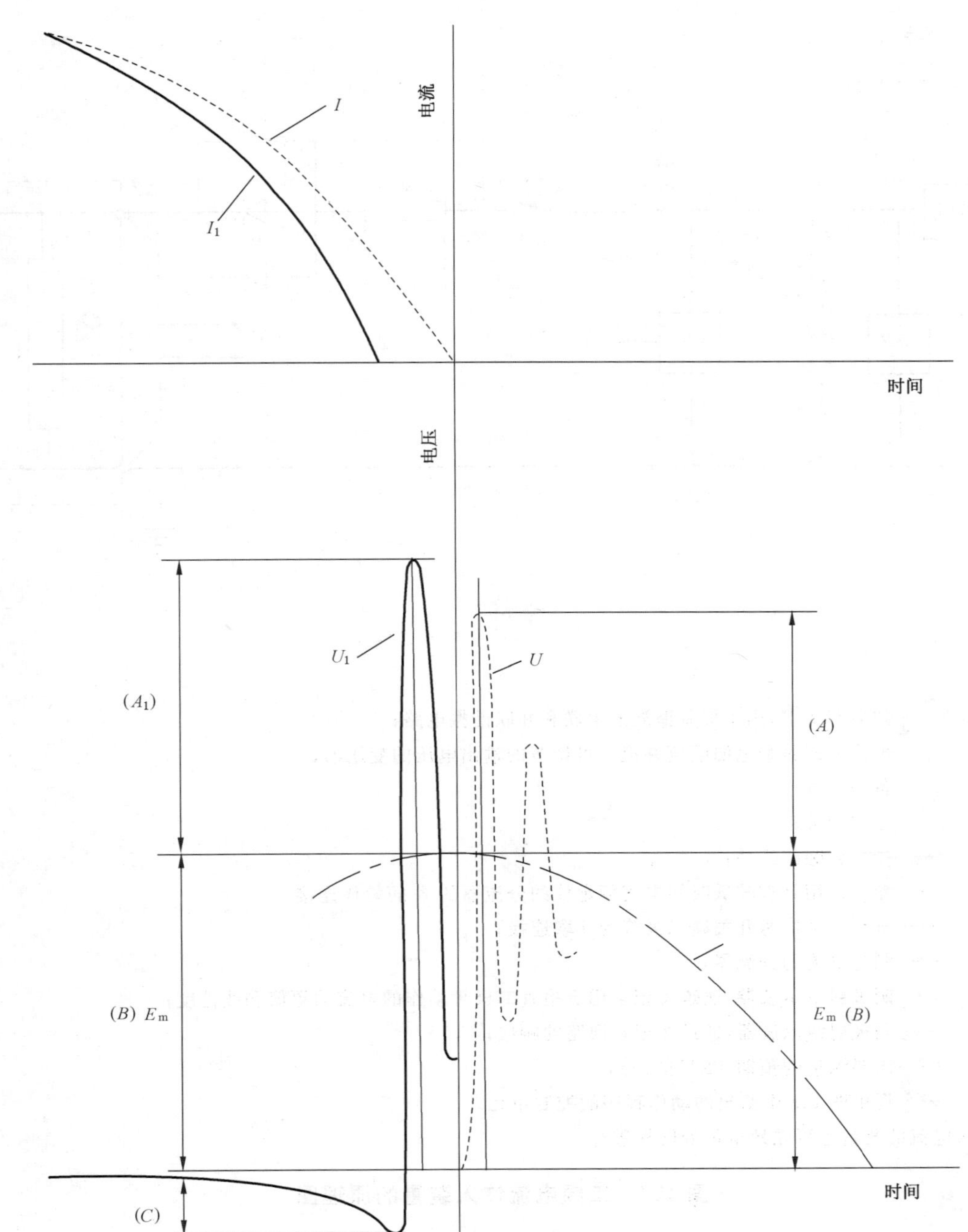

说明：

I_1, U_1 ——分别在试验中获得的电流和电压；

I, U ——分别为系统的预期电流和电压；

E ——工频恢复电压；

$A+B=A_1\dfrac{B}{B+C}+B$ ——瞬态恢复电压的峰值。

图 F.6　试验中出现的和系统预期的电流值与 TRV 间的关系

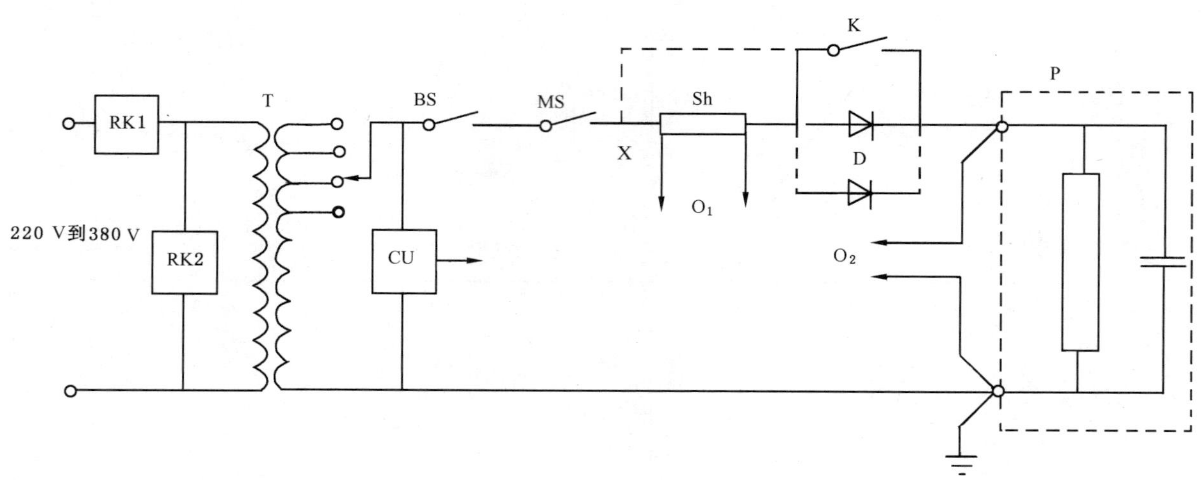

说明：

RK1,RK2——如果有要求，用于抑制谐波的串联和并联谐振电路；

T ——把注入回路和电源隔离并提供可调节的输出电压的变压器；

BS ——备用开关；

MS ——合闸开关；

K ——二极管旁路开关；

X ——允许使用具有较低时间电流额定值的分流器的 K 的替代连接；

D ——直到 5 个快速开关硅二极管的并联连接；

Sh ——测量电流的分流器；

O_1 ——阴极射线示波器，通道 1 记录用于检查二极管动作的电流的幅值和线性度；

O_2 ——阴极射线示波器，通道 2 记录回路的响应；

P ——需要测量的预期 TRV 的回路；

CU ——提供图 F.8 中给出的动作程序的控制单元。

注：注入电流的测量也可在地电位处同样进行。

图 F.7 工频电流注入装置的原理图

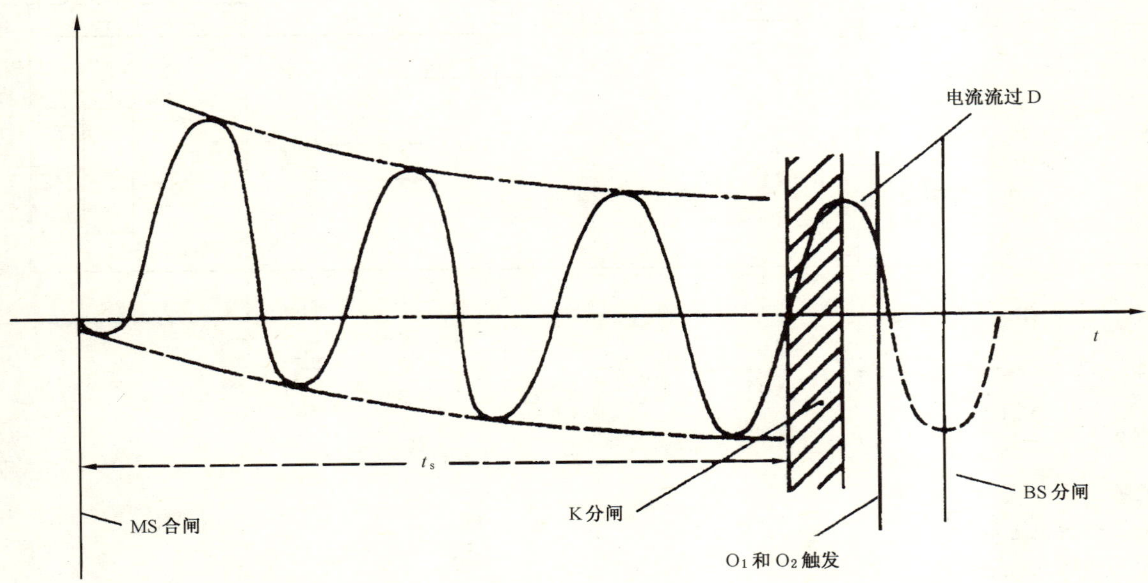

静止状态：BS 和 K 合闸，MS 分闸。

t_s 开关 K 动作前的通流时间。

典型值为注入电流的 10 到 20 周波之间。

主要的判据是电流的直流分量，如果有的话，应衰减到小于交流分量的 20%。

图 F.8　工频电流注入装置的操作顺序

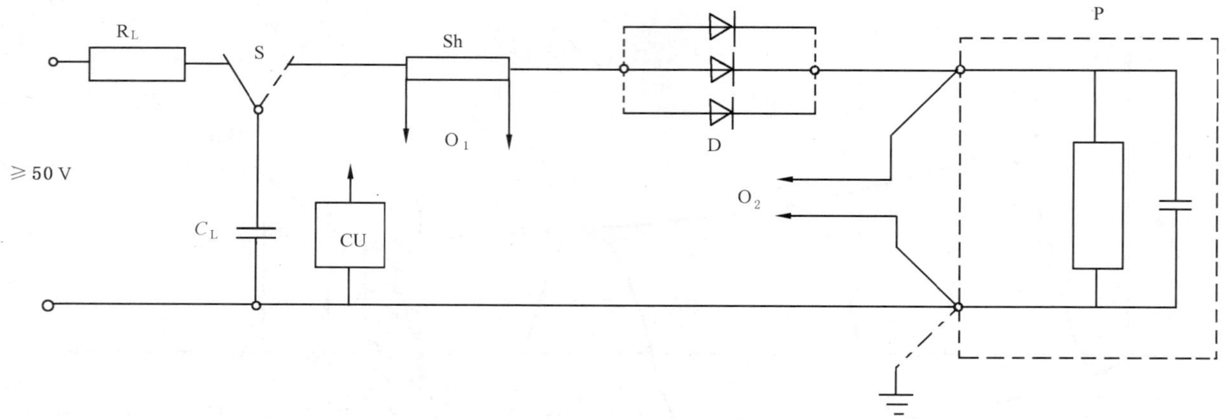

说明：

RL ——充电电阻；

S ——开关继电器；

C_L ——电源电容；

注 1：如果充电电容 C_L 通过开关继电器 S 连接到回路 P，流过频率为 f_i 的振荡电流。应调节 C_L 的值使得：$f_i \leqslant \frac{f_e}{8}$，这里 f_e 是回路 P 的固有频率，$f_e = \frac{1}{2T_e/2}$。

f_i ——应该是叠加的电流振幅，在电流零点之前消失；

Sh ——测量电流的分流器；

O_1 ——阴极射线示波器，通道 1 记录用于检查二极管动作的电流的幅值和线性度；

O_2 ——阴极射线示波器，通道 2 记录回路的响应；

D ——直到 100 个快速开关硅二极管的并联连接；

P ——需要测量的预期 TRV 的回路；

CU——提供图 F.10 中给出的动作程序的控制单元。

注 2：注入电流的测量也可在地电位处同样进行。

图 F.9　电容注入装置的原理图

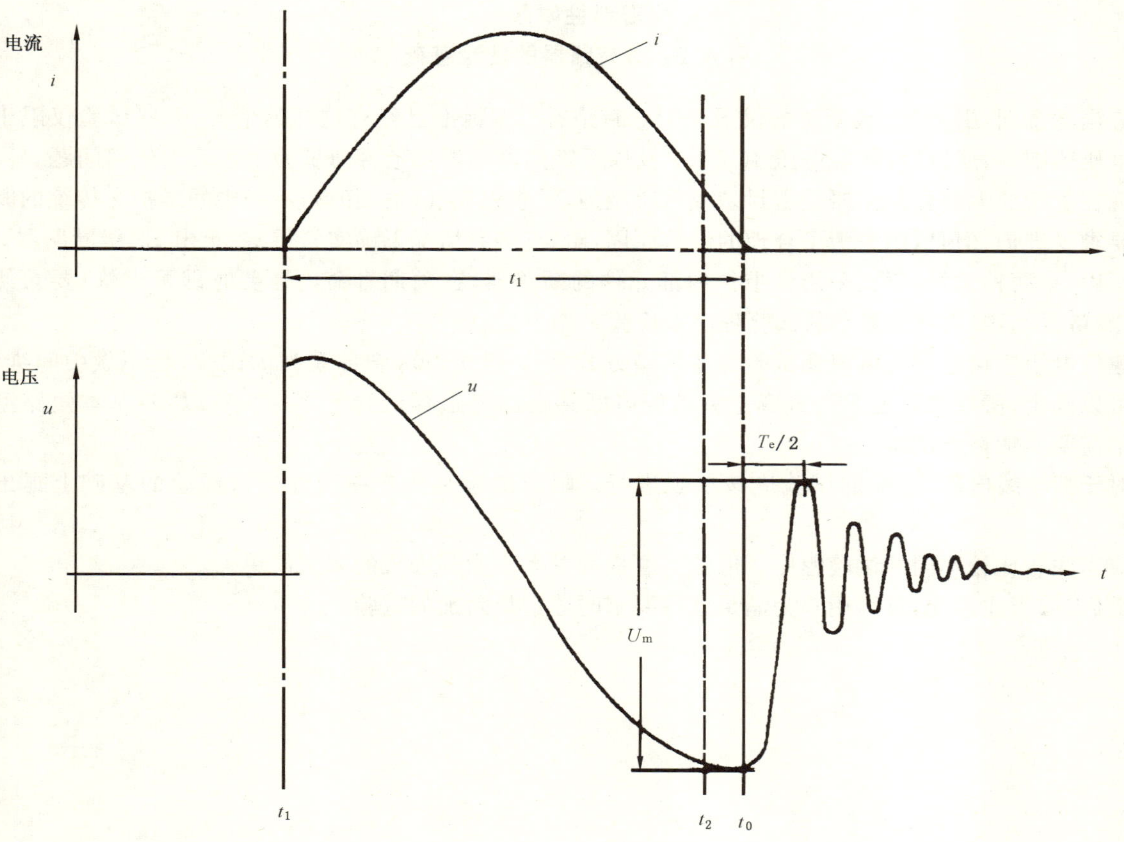

说明：

t_1 ——S 的开合；

t_2 ——阴极射线示波器的触发；

u ——回路 P 两端的电压波形；

i ——注入电流的波形；

U_m ——二极管上的最高电压；

t_0 ——电流过零时刻(TRV 振荡开始)；

t_i ——电流流过二极管 D 的持续时间，$f_i=\frac{1}{2t_i}$；

$\frac{T_e}{2}$ ——TRV 半波的持续时间。

图 F.10　电容注入装置的操作顺序

附 录 G
（资料性附录）
引入 E2 级断路器的理论基础

应当注意到，引入 E2 级断路器仅限于配电断路器。本标准已经有这样的情况：一些试验仅限于一定的电压范围内，所以，对额定电压 40.5 kV 及以下断路器的增加电寿命试验不会产生任何问题。

现在生产的大部分断路器是密封型或封闭型的，只事先充气（适用时），不做中间维护。传统的断路器不要求少维护，但是，用户为了合理的经济原因，希望（多数情况下确实希望）规定出 E2 级断路器。

所以，有两种选择：要么采用可维护内部元件的断路器，在预期寿命内需要时即可维修；要么使用 E2 级断路器，但需要特别繁杂的试验程序来检验其能力。

建议电缆连接电网的电寿命试验为从试验方式 T10 到 T100a 全部系列的试验，且不做中间维修。几乎可以确定，所有密封型 SF_6 或真空型的配电断路器已经这样试验了多年。所以，对基本短路型式试验不需要增加额外试验。

对于架空线电网，标准的试验应该单独进行。附加试验是用户在统计运行经验的基础上提出的要求。

应当注意比较不同的试验程序。电流与磨损的关系不像其表现的那么简单。

最后，应当注意到，仅当用户为满足这些要求时才选择附加的试验。

附　录　H
（资料性附录）
单个及背对背电容器组的涌流

H.1　概述

通过断路器合闸关合电容器组会由于电容器组充电而产生瞬态现象。振荡引起过流（涌流），其幅值和频率与网络、电容器组特性、合闸的时刻有关。涌流的幅值和波形与外施电压、回路的电容、回路中电感的大小及安装位置、回路闭合时电容器上的充电量以及开合瞬间的衰减有关。计算涌流时，通常假定电容器组没有预充电，且回路在产生最大涌流时合闸。

当关合有预充电的电容器组时，产生的涌流比关合没有预充电的电容器组时产生的涌流要高。下面给出一个估算系数，通过它可以得出可增加的电流值：

$$\frac{\text{合闸时预充电的电容器组上的电压变化}}{\text{合闸时未充电的电容器组上的电压变化}}$$

应当说明的是，重击穿断路器也会在电容器上产生危险的电压。

如果知道网络阻抗，也可以计算涌流。图 H.3 为分别已有 0、1 和 n 组电容器连接到母线上时接入一个电容器组的三种不同情况。

通常，图 H.3 中 b）和 c）的简化计算是可以接受的。

当两个或更多的电容器组互相紧密相连且其间电感很小时，从电容器和断路器来看，可能需要通过接入与电容器串联的阻抗来减小涌流。通常串联一个电感可以使涌流的峰值和频率降到可以接受的数值。

实践中，利用涌流峰值小于用表 9 中规定的优选值的原理可以计算这一电感值。此电感值还应该为降低涌流频率在表 9（4 250 Hz）中规定的优选值之下标出尺寸。

在 GB/T 1984—2003 中，试验情况和运行条件的等效原则是基于"$i_{\text{maxpeak}} \times f_{\text{inrush}}$"的乘积，$i_{\text{maxpeak}}$是关合涌流峰值，$f_{\text{inrush}}$是涌流频率。最近计算表明关合操作时，对于预击穿时间大于涌流频率的半周期情况，燃弧能量不依赖于涌流频率，对于背对背电容器组开合是普遍情况。对于背对背电容器组开合，关合操作的燃弧能量是涌流峰值唯一的函数。另一方面，众所周知，燃弧触头磨损的情况以及压力冲击波的作用与频率略有关系且不能忽视。由于后种原因，运行中可以使用对允许的涌流频率规定的＋130％的上偏差。换句话说，试验时所用的涌流频率应不低于运行中预期的涌流频率的 77％。这个概念限定在涌流频率到 6 000 Hz，因为更高频率的有效信息是有限的。

计算的两个示例见 H.2 和 H.3。

H.2 例1——开合一个并联电容器(见图 H.1)

H.2.1 被开合电容器组简介

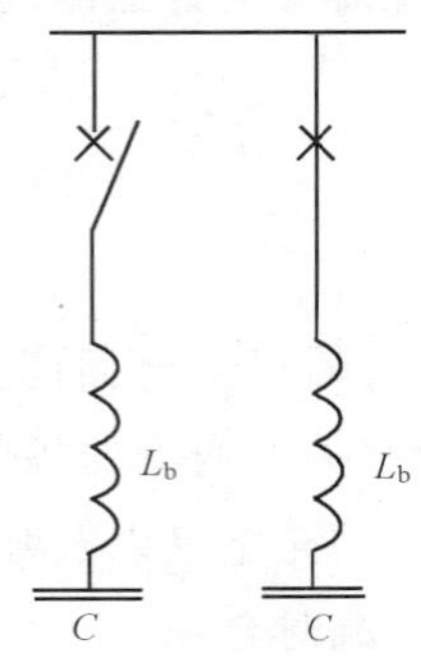

图 H.1 例1的回路图

额定电压 $U_r=145\ kV$

额定频率 $f_r=50\ Hz$

单个电容器组的容量 $Q_b=16\ MV \cdot A$(三相在 126 kV 有效值时)

电容器组间导体的总长度 $l=40\ m$

单位长度导体的电感 $L'=1\ \mu H/m$

根据这些值可以计算出电容 C 和电感 L_b。

$C=3.2\ \mu F$;$L_b=20\ \mu H$

H.2.2 没有任何限流设施时的计算

用图 H.3 中的公式,可以确定涌流的峰值 $\hat{i}$ 和频率 f_{ib}:

$$\hat{i}=U_r\sqrt{\frac{C}{6L_b}}=145\times10^3\sqrt{\frac{3.2\times10^{-6}}{6\times20\times10^{-6}}}=23.7\times10^3\ A=23.7\ kA$$

$$f_{ib}=\frac{1}{2\pi\sqrt{L_B C}}=\frac{1}{2\pi\sqrt{3.2\times10^{-6}\times20\times10^{-6}}}=19\ 900\ Hz$$

这些值远高于额定值,所以,应该采用限制设施。有时,在断路器合闸时预击穿的瞬间,第二组电容器组可能已经反极性充满了电,则 $\hat{i}$ 的值甚至加倍。

H.2.3 有限流设施时的计算

母线上所加的电感 L_a 应使涌流的峰值和频率低于表 9 中规定的优选值(20 kA 和 4 250 Hz,在规定公差内)。

计算涌流和频率时,用下列公式:

$$\hat{i}=U_r\sqrt{\frac{C}{6(L_b+L_a)}}\leqslant 20\ kA \quad 峰值$$

$$f_{ib}=\frac{1}{2\pi\sqrt{(L_b+L_a)C}}\leqslant 4\ 250\ Hz\times1.3$$

基于上述给出的公式,L_a 应该≥8.0 μH 来获得关合涌流峰值≤20 kA,L_a 应该≥239 μH 来获得涌流频率小于 5 525 Hz(4 250 Hz 的 130%)。因此,L_a 应该≥239 μH 来满足涌流频率的判断标准。

具有这样的电感值，涌流峰值将会达到6.6 kA，涌流频率会达到5 525 Hz。如果根据表9给出的优选值试验，甚至如果当合闸断路器发生预击穿，第二组立即反向完全预充电，这些值会很好的在断路器的性能内。

H.3 例2——开合两个并联电容器(见图H.2)

H.3.1 被开合电容器组简介

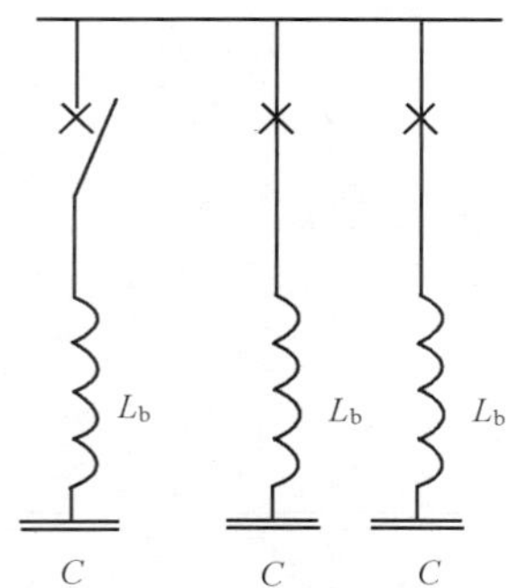

图 H.2 例2的回路图

额定电压 $U_r=24$ kV

额定频率 $f_r=50$ Hz

单个电容器组的容量 $Q_b=5$ MV·A(三相在22 kV有效值时)

电容器组间导体的总长度 $l=5$ m

单位长度导体的电感 $L'=1\ \mu$H/m

根据这些值可以计算出电容 C 和电感 L_b。

$C=32.9\ \mu$F；$L_b=5\ \mu$H

H.3.2 没有任何限流设施时的计算

用图H.3中的公式，可以确定涌流的峰值 $\hat{i}$ 和频率 f_{ib}：

$$\hat{i}=U_r\frac{n}{n+1}\sqrt{\frac{2C}{3L_b}}=24\times10^3\times\frac{2}{3}\times\sqrt{\frac{2\times32.9\times10^{-6}}{3\times5\times10^{-6}}}=33.5\times10^3\ \text{A}=33.5\ \text{kA}$$

$$f_{ib}=\frac{1}{2\pi\sqrt{L_bC}}=\frac{1}{2\pi\sqrt{32.9\times10^{-6}\times5\times10^{-6}}}=12\ 400\ \text{Hz}$$

这些值远高于额定值，所以，应该采用限制设施。某些情况下，在断路器合闸时预击穿的瞬间，电容器组可能已经反极性充满了电，则 $\hat{i}$ 的值加倍。

H.3.3 有限流设施时的计算

母线上所加的电感 L_a 应使涌流的峰值和频率低于表9中规定的优选值(20 kA和4 250 Hz，在规定公差内)。

$$\hat{i}=U_r\frac{n}{n+1}\sqrt{\frac{2C}{3(L_b+L_a)}}\leqslant20\ \text{kA 峰值},f_{ib}=\frac{1}{2\pi\sqrt{(L_b+L_a)C}}\leqslant4\ 250\ \text{Hz}\times1.3$$

基于上述给出的公式，L_a 应该≥9.0 μH来获得关合涌流峰值≤20 kA，L_a 应该≥20.2 μH来获得涌流频率小于 5 525 Hz(4 250 Hz 的 130%)。因此,L_a 应该≥20.2 μH 来满足涌流频率的判断标准。具有这样的电感值,涌流峰值将会达到 14.9 kA,涌流频率会达到 5 525 Hz。如果根据表 9 给出的优选值试验,这些值会很好的在断路器的性能内。应当注意当合闸断路器发生预击穿,最后一组立即反向完全预充电的情况。如果这种情况是可能的,L_a 的值应该进一步增大来限制关合涌流峰值在测试值以下。

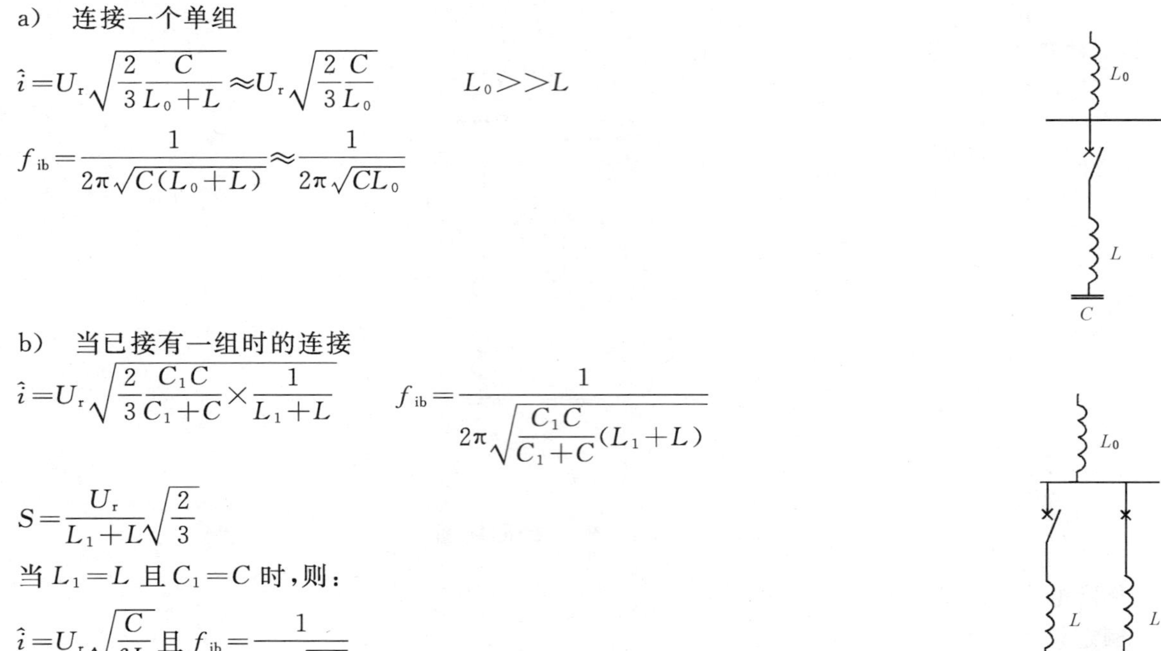

a) 连接一个单组

$$\hat{i}=U_r\sqrt{\frac{2}{3}\frac{C}{L_0+L}}\approx U_r\sqrt{\frac{2}{3}\frac{C}{L_0}} \qquad L_0>>L$$

$$f_{ib}=\frac{1}{2\pi\sqrt{C(L_0+L)}}\approx\frac{1}{2\pi\sqrt{CL_0}}$$

b) 当已接有一组时的连接

$$\hat{i}=U_r\sqrt{\frac{2}{3}\frac{C_1C}{C_1+C}\times\frac{1}{L_1+L}} \qquad f_{ib}=\frac{1}{2\pi\sqrt{\frac{C_1C}{C_1+C}(L_1+L)}}$$

$$S=\frac{U_r}{L_1+L}\sqrt{\frac{2}{3}}$$

当 $L_1=L$ 且 $C_1=C$ 时,则:

$$\hat{i}=U_r\sqrt{\frac{C}{6L}} \text{ 且 } f_{ib}=\frac{1}{2\pi\sqrt{LC}}$$

c) 当已接有 n 组时的连接

$$L'=\frac{1}{\frac{1}{L_1}+\frac{1}{L_2}+\cdots\frac{1}{L_n}} \text{ 且 } C'=C_1+C_2+\cdots C_n$$

当 $L_1=L_2=\cdots=L_n=L$ 且 $C_1=C_2=\cdots=C_n=C$ 时,则:

$$L'=\frac{L}{n} \text{ 且 } C'=nC$$

$$\hat{i}=U_r\frac{n}{n+1}\sqrt{\frac{2C}{3L}} \text{ 且 } f_{ib}=\frac{1}{2\pi\sqrt{LC}}$$

L0
L
L1
L2
Ln
C
C1
C2
Cn

用 L' 和 C' 代替图 H.3b)中的 L_1 和 C_1。

当 $L_1\times C_1=L_2\times C_2=\cdots=L_n\times C_n$ 时,则计算是正确的,其他情况下则是近似的。

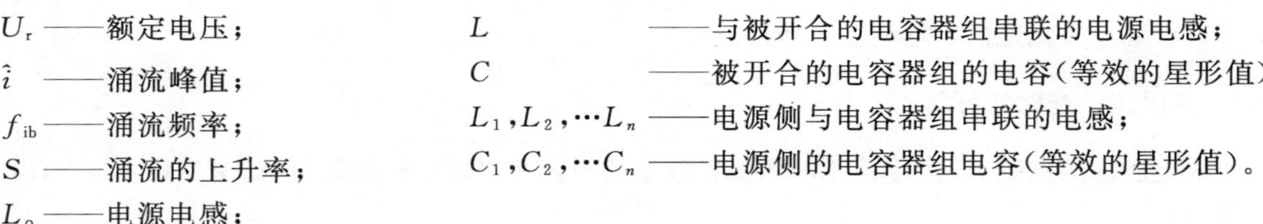

图例:

U_r ——额定电压;

$\hat{i}$ ——涌流峰值;

f_{ib} ——涌流频率;

S ——涌流的上升率;

L_o ——电源电感;

L ——与被开合的电容器组串联的电源电感;

C ——被开合的电容器组的电容(等效的星形值);

$L_1, L_2, \cdots L_n$ ——电源侧与电容器组串联的电感;

$C_1, C_2, \cdots C_n$ ——电源侧的电容器组电容(等效的星形值)。

图 H.3 计算电容器组涌流的公式

附 录 I
（资料性附录）
解释性的注解

I.1 概述

在本标准的使用导则发布以前，本附录中收集了现有的或将来的所有解释性的注解。

I.2 关于额定短路开断电流的直流分量(4.101.2)的解释性的注解——选择适当时间常数的建议

I.2.1 选取适当的时间常数的建议

45 ms 的标准时间常数足以覆盖大多数实际工况。与断路器额定电压相关的、特殊工况的时间常数应覆盖 45 ms 时间常数不足的场合。例如，额定电压非常高的系统（如 800 kV 系统，线路具有较高的 X/R 比值），一些辐射式结构的中压系统或具有特殊系统结构或线路特性的系统，这种情况适用。考虑到 CIGRE WG 13-04(I.2.2)的调查结果，确定了特殊工况的时间常数。

确定特殊工况的时间常数时，应考虑到下述方面：

a) 本标准中提及的时间常数仅对三相故障电流有效。单相对地短路的时间常数小于三相故障电流的时间常数。
b) 至少在一相短路电流的起始时刻出现在系统电压零点最大的非对称电流。
c) 时间常数与断路器的最大额定短路开断电流相关。例如，如果要求高于 45 ms 的时间常数，但短路开断电流小于其额定值，这种情况可以被 45 ms 时间常数时的非对称额定短路开断电流试验所覆盖。
d) 一个完整系统的时间常数是一个与时间相关的参数，被认为是从该系统的各个支路短路电流的衰减导出的等效常数，而不是一个真实的、单一的时间常数。
e) 可以采用各种方法计算直流分量的时间常数，计算结果可能有显著的差异。应注意选择适当的计算方法。
f) 选择特殊工况的时间常数时，应切记断路器在触头分离后承受非对称短路电流。触头分离时刻对应于断路器的分闸时间和保护继电器的响应时间。本标准中仅考虑了一个工频半波的继电器时间。如果保护时间大于该值，则应予以考虑。

I.2.2 T100a 试验期间的直流分量

GB 1984—2003 中引入特殊工况时间常数，这个决定性的参数包括其相应的公差（在开断非对称故障时应被遵循）需要确定，以便：

——确保进行非对称试验，其中试验回路的直流时间常数不同于额定短路开断电流的额定直流时间常数，因为试验室不可能调整试验回路的直流时间常数。对于直接试验，当试验回路的直流时间常数长于额定短路开断电流的额定直流时间常数时，生成的 di/dt 和 TRV 峰值比其在运行条件下要低。相反情况同样是正确的，在 GB 1984—2003 中介绍了主要的特殊工况直流时间常数（60 ms、75 ms、100 ms 和 120 ms）；

——确保使用结果，此结果是由包含不止一个直流时间常数额定值的一个特定试验得到的。非对称等价性的概念也可以帮助用户在系统需求和额定值要求之间建立等价性。

大量的计算已经确认,以前的触头分离时刻的直流分量的概念(例如 GB 1984—1989 和 GB 1984—2003),试验(包括小半波和大半波开断)过程中导致的应力不同于其在运行条件下的预期应力。这就是为什么出版 IEC 62271-308 并且现在编入本标准的原因。

获得等价性的唯一方法是引入电流零点时直流分量的概念。这个概念已经在 GB/T 4473—2008 中使用。

试验期间,电流零点要求的最大的预期直流分量由使用相应于最短开断时间后面一个完整电流半波给出的直流分量决定。

表 15～表 19 给出的值由一个完全的非对称电流波形得出,此波形与额定短路开断电流的额定直流时间常数一致。对于大半波各值,振幅、持续时间、电流零点时刻直流分量百分数和相应的 di/dt 是在最短开断时间范围的最大值之后的电流大半波的这些值。对于小半波各值,振幅、持续时间、电流零点时刻直流分量百分数和相应的 di/dt 是在最短开断时间范围的最小值之前的电流小半波的这些值。

与一般等价性判据相关的参数是:

——最后电流半波的振幅;

——开断前最后电流半波的持续时间;

——燃弧时间;

——电流零点的 di/dt;

——TRV 峰值电压、波形。

前两点与燃弧能量有关。

根据此概念,为了达到等价性可能导致修改一些公差;例如,试验电流对称值上的公差(0%,+10%)应扩大到－10%～＋10%之间的任何值用来确保调整最后电流半波的振幅和持续时间到规定的值。对于一些情况,有必要从额定对称短路电流中减小或增加这些值。

此程序,取决于实际试验参数,如果满足具有相关公差的每个额定值适用的非对称判据,则某一特定的试验可以涵盖若干额定值。

附录 Q 给出了如何使用非对称判据的导则。

I.3 关于容性电流开合试验(6.111)的解释性的注

I.3.1 重击穿性能

由于在运行中所有的断路器都有一定的重击穿概率,因此,不可能定义一个无重击穿的断路器。取而代之,在运行中引入重击穿性能的概念似乎更符合逻辑。

重击穿概率的水平还取决于运行条件(例如绝缘配合、每年的操作次数、用户的维修方案等),因此,不可能引入与运行条件相关的一个公用的概率水平。

为了把断路器的重击穿性能分类,故而引入了两级断路器:C1 级和 C2 级。

I.3.2 试验程序

在确定两级断路器的试验程序时,考虑了下述因素:

——断路器每年完成的容性负载开合的平均操作次数;

——通过在最短燃弧时间时增加开合操作次数来减少试验次数的能力,通常,对断路器来说,最困难的是容性开合操作,因此,应具有高的可靠性水平。

预期的重击穿概率仅与型式试验有关。因为型式试验的严酷度,在运行中的开合性能有可能提高。

因为对概率计算的假定条件不同,推荐的试验次数可能存在疑问。然而,这些值体现了一个良好的组合(也是存在矛盾时标准的作用),反映了用户的需要(市场要求作出的反应)。综上所述,避免了不实际的要求。这些试验不是可靠性试验,而是验证设备在运行中满足容性电流开合能力的型式试验。

I.3.3 关于表 9

表 9 并没有涵盖容性电流开合的所有实际工况。对于线路和电缆的数值涵盖了大多数情况，电容器组（单个电容器组和背对背电容器组）的电流值是典型值和运行中实际数值的代表。

I.3.4 关于 6.111.1

因为 10 kV 及以上的网络中，大多数断路器用于电缆回路，所以，有理由对于额定电压 12 kV 及以上的断路器要求电缆充电开合试验。

I.3.5 关于 6.111.3

因为在试验中系数 k/f_{ϕ} 既没有用，也不需要，所以，删去了涉及系数 k/f_{ϕ} 的那一段。

工频电压的变化，对试验方式 2（LC2、CC2 和 BC2）选为 5%，对于试验方式 1（LC1、CC1 和 BC1）选为 2%。考虑到试验室的制约因素，这些数值是折中值。把型式试验作为一个整体来考虑，因为各个试验方式的严酷程度不同，应避免试验中电气强度的任何不适当降低。工频电压的实际变化（取决于系统的短路容量和容性负载）在 1%～2%的范围。

I.3.6 关于 6.111.5

电弧最终熄灭后的一段时间内，电压衰减不应超过 10%，基于运行条件，这一段时间间隔的变化在 100 ms～300 ms 之间。

I.3.7 关于 6.111.9.1.1

在修整过的断路器上对 C2 级设备进行的这些容性电流开合试验，一方面是相应的 CIGRE 工作组的建议；另一方面，它接近运行的实际条件，没有因该修整是否改善了断路器的容性电流开合性能而存在的不公正。

合—分操作循环可以在空载合闸操作的情况下进行。任何情况下，为了验证断路器在动态条件下，即在前面的合闸操作引起的流体运动过程中的分闸，应进行完整的循环试验。

I.3.8 关于 6.111.9.1.1 和 6.111.9.2.1

试验方式 1（LC1、CC1 和 BC1）的试验电流的偏差从原来的 20%～40%提高到新的 10%～40%，是为了使试验中不同应用的试验方式的组合更加自由。

试验室中试验时的试验程序（特别是对最短燃弧时间按步长 6°的调节）适应于试验的机理。

在额定压力下进行某些试验对于型式试验概念是更实际的方法，而且断路器在运行中通常是在其正常运行条件下工作的。

I.3.9 关于 6.111.9.1.2 和 6.111.9.1.3

在单相线路充电和电缆充电试验的试验方式 2（LC2 和 CC2）中，试验分成分闸操作和合—分操作循环（6.111.9.1.3）以满足或多或少的实际运行条件。但是，由于实际原因，且试验次数少，试验方式 2（LC2 和 CC2）的三相试验中（6.111.9.1.2）仅进行合—分操作循环。

I.3.10 关于 6.111.9.1.2 到 6.111.9.1.5

对于电容器组开合，由于涌流效应，合—分操作循环很重要。合—分操作循环对线路或电缆开合应用不重要，因此，对线路和电缆开合试验，仅要求少量的合分操作循环。

如果受试验站的限制，不可能在合—分操作循环中满足规定的要求，有必要进行一系列单独的关合试验以再现关合涌流引起的磨损(仅对电容器组关合试验)并验证规定的预击穿性能(即预击穿从一组触头转到另一组触头而不产生过度地磨损且预击穿出现在弧触头间而不是在主触头间,等等)。

保持了三相和单相试验的次数大致相同。

电容器组开合试验的强制性顺序是因为有必要在试验开始时引入涌流的效应。

I.3.11 关于6.111.9.1.4和6.111.9.1.5

因为实际运行中大量的操作与型式试验中限定次数的操作类似,所以,在电容器组开合试验中进行大量的(分别为80和120)合—分操作循环以模拟运行中的磨损,即使合—分操作循环不是正常的开合顺序。

即使实际运行中的开合方式一直在100%的额定电流下,对于电容器组开合试验的试验方式1(BC1)也需进行,这是因为:

——10%～40%额定电流的试验涵盖了实际电流下的增加的次数;

——容性电流开合性能得以改善。

I.3.12 关于6.111.9.2

C1级试验的要求根据ANSI/IEEE C37.012[11]导出。

附 录 J
（资料性附录）
近区故障试验试验电流及线路长度的公差

对应于标准线路长度的线路电抗可用下面公式计算：

$$X_{L,stand}=\frac{1-\dfrac{I_{L,stand}}{I_{sc}}}{\dfrac{I_{L,stand}}{I_{sc}}}X_{source} \qquad \text{(J.1)}$$

式中：

$I_{L,stand}$ ——标准线路长度的近区故障开断电流；

$X_{L,stand}$ ——标准线路长度的线路电抗；

X_{source} ——额定短路开断电流的电抗。

如果实际使用线路的电抗与对应于标准线路长度的线路电抗的差对 L_{90} 在－20％范围内，对 L_{75} 和 L_{60} 在±20％范围内，如 6.109.2 所述，则相关的电流值可计算如下：

$$I_{L,act}=\frac{U_r}{\sqrt{3}(X_{L,act}+X_{source})} \qquad \text{(J.2)}$$

式中：

$I_{L,act}$ ——实际线路长度的近区故障开断电流；

$X_{L,act}$ ——实际线路长度的线路电抗。

由标准线路长度和实际线路长度与标准线路长度偏差的百分比可以计算实际线路长度：

$$l_{act}=l_{stand}\left(1+\frac{d}{100}\right) \qquad \text{(J.3)}$$

式中：

l_{stand}——标准线路长度；

l_{act} ——实际线路长度；

d ——实际线路长度与标准线路长度偏差的百分数。

用下面公式可以计算出实际线路电抗：

$$X_{L,act}=X_{L,stand}\frac{l_{act}}{l_{stand}}=X_{L,stand}\left(1+\frac{d}{100}\right) \qquad \text{(J.4)}$$

用下面公式可以计算出实际近区故障开断电流的百分数 $I_{perc,act}$：

$$I_{perc,act}=\frac{I_{L,act}}{I_{sc}}100=\frac{I_{perc,stand}}{1+\dfrac{d}{100}\left(1-\dfrac{I_{perc,stand}}{100}\right)} \qquad \text{(J.5)}$$

考虑了线路长度的最大公差，表 J.1 中给出了对应于每个近区故障开断电流 $I_{perc,stand}$ 的实际近区故障开断电流的百分比。

表 J.1 近区故障开断电流的百分比

近区故障开断电流的标准值 $I_{perc,stand}$ %	偏差 d %	近区故障开断电流的实际值 $I_{perc,act}$ %
90	−20	91.8
90	0	90
75	−20	78.9
75	+20	71.4
60	−20	65.2
60	+20	55.5

附　录　K
（资料性附录）
本标准中使用的符号和缩写表

本标准中使用的符号和缩写表见表 K.1。

表 K.1　本标准中使用的符号和缩写表

符号/缩写词	范　例	含　义
%dc	4.101.3	直流分量的百分数
τ	4.101.3	时间常数
ω	表 11	角频率
τ_1	图 9	标准时间常数
τ_2	图 9	特殊工况的时间常数
τ_3	图 9	特殊工况的时间常数
τ_4	图 9	特殊工况的时间常数
τ_5	图 9	特殊工况的时间常数
Δt_1	6.102.10.2.1.2	大半波的持续时间
Δt_2	6.102.10.2.1.2	小半波的持续时间
A	表 31	断路器接线端子的表示
A	6.101.6.2	水平力的方向
A_1	附录 P	计算变量
A_2	附录 P	计算变量
a	表 31	断路器接线端子的指示
B	表 31	断路器接线端子的指示
b	表 31	断路器接线端子的指示
B_1	6.101.6.2	水平力的方向
B_2	6.101.6.2	水平力的方向
BC1	6.111.9	电容器组电流，试验方式 1
BC2	6.111.9	电容器组电流，试验方式 2
BS	图 F.7	后备开关
C	表 31	断路器接线端子的指示
c	A.2	行波传播的速度
c	表 31	断路器接线端子的指示
C	H.2.1	单个电容器组的电容
C	表 13	合闸操作
C.B.	图 12a)	断路器
C_1	图 H.3	连接的首组电容器组的电容

表 K.1（续）

符号/缩写词	范　例	含　义
C_1	6.101.6.2	垂直力的方向
C1	3.4.114	低重击穿概率的断路器的等级
$\mathrm{C_2}$	图 H.3	连接的第二组电容器组的电容
C_2	6.101.6.2	垂直力的方向
C2	3.4.115	非常低重击穿概率的断路器的等级
CC1	6.111.9	电缆充电电流，试验方式 1
CC2	6.111.9	电缆充电电流，试验方式 2
C_d	图 12a)	电源侧时延电容
C_{dL}	图 15	线路侧时延电容
C_L	图 F.9	电源电容
C_n	图 H.3	连接的第 n 组电容器组的电容
CO	4.104	合—分操作循环
CU	图 F.7	操作顺序的控制单元
D	图 F.7	并联开关二极管
D	图 22	操动机构
d	附录 J	线路实际长度与标准长度的偏差
$\mathrm{d}\alpha$	6.102.10.2.1.1	确定燃弧时间的角差
$\left(\frac{\mathrm{d}u}{\mathrm{d}t}\right)_{\mathrm{SLF}}$	A.3	SLF 的电源侧 TRV 的上升率
$\left(\frac{\mathrm{d}u}{\mathrm{d}t}\right)_{\mathrm{TF}}$	A.3	出线端故障 T100s 的 TRV 上升率
$\mathrm{d}u_{\mathrm{L}}/\mathrm{d}t$	6.109.3	线路侧 TRV 上升率
E	图 F.6	工频恢复电压
E1	3.4.112	基本电寿命的断路器的等级
E2	3.4.113	延长电寿命的断路器的等级
F	表 31	断路器的框架指示
f_{bi}	表 9	涌流的频率(背对背的)
f_i	表 7	确定 ITRV 波形的乘数
f_r	4.4	额定频率
F_{shA}	6.101.6.1	端子负荷，水平力
F_{shB}	6.101.6.1	端子负荷，水平力
F_{sr1}、F_{sr2}、F_{sr3}、F_{sr4}	6.101.6	额定静态端子负荷(合力)
F_{sv}	6.101.6.1	端子负荷，垂直力
F_{th}	表 14	水平静拉力
F_{thA}	表 14	水平静拉力，纵向的

表 K.1（续）

符号/缩写词	范 例	含 义
F_{thB}	表 14	水平静拉力，横向的
F_{tv}	表 14	垂直静拉力
F_{wh}	6.101.6.2	由覆冰的断路器上的风压导致的水平力
$\hat{I}$	表 15	和短路电流峰值相关的峰值电流
$\hat{i}$	H.2.2	涌流峰值
I_{AC}	图 8	电流交流分量的峰值
I_{bb}	表 9	额定背对背电容器组开断电流
I_{bi}	表 9	额定背对背电容器组关合涌流
I_c	表 9	额定电缆充电开断电流
i_d	D.1.1	任一时刻的直流分量值
I_d	表 10	额定失步开断电流
I_{d0}	D.1.1	直流分量的初始值
I_{DC}	图 8	电流的直流分量
I_i	F.3.4	注入电流
i_i	F.3.4	注入电流
I_k	4.6	额定短时耐受电流
I_l	表 9	额定线路充电开断电流
I_L	6.109.2	近区故障试验电流
$I_{L,act}$	附录 J	对应于实际线路长度的近区故障开断电流
$I_{L,stand}$	附录 J	对应于标准线路长度的近区故障开断电流
I_{MC}	图 8	关合电流
I_p	4.7	额定峰值耐受电流
$I_{perc,act}$	附录 J	实际近区故障开断电流的百分数
$I_{perc,stand}$	附录 J	近区故障开断电流的标准值
I_r	4.5	额定电流
I_{sb}	表 9	额定单个电容器组开断电流
I_{sc}	4.101	额定短路开断电流
i_{sc}	F.3.4	短路电流
I_{si}	表 10	额定电容器组关合涌流
ITRV	4.102.1	初始瞬态恢复电压
k	A.2	峰值系数(近区故障的)
k_1	附录 P	计算变量
k_2	附录 P	计算变量
k_3	附录 P	计算变量

表 K.1（续）

符号/缩写词	范　例	含　义
K	图 F.7	二极管旁路开关
k_{af}	4.102.2	振幅系数(瞬态恢复电压的)
k_c	6.111.7	容性电压系数
k_i	A.3	ITRV 峰值系数
k_p	6.102.10.2.5	确定各个极中 TRV 用的电压系数
k_{pp}	4.102.2	首开极系数
L	图 15	到故障点的线路长度
l	H.2.1	电容器组间的导体总长度
L'	H.2.1	单位长度导体的电感
L_0	图 H.3	电容器组的电源侧电感
L_1	图 H.3	连接的第一台电容器组的电感
L_2	图 H.3	连接的第二台电容器组的电感
L_{60}	6.109.2	60％额定短路电流时的近区故障试验方式
L_{75}	6.109.2	75％额定短路电流时的近区故障试验方式
L_{90}	6.109.2	90％额定短路电流时的近区故障试验方式
L_a	H.2.3	母线的附加电感
l_{act}	附录 J	线路实际长度
L_B	A.1	电源侧母线的电感
L_b	H.2.1	电容器组的电感
LC1	6.111.9	线路充电电流，试验方式 1
LC2	6.111.9	线路充电电流，试验方式 2
L_f	6.109.3	近区故障电流系数
L_L	A.1	线路侧电感
L_n	图 H.3	连接的第 n 台电容器组的电感
L_s	A.1	电源侧电感
l_{stand}	附录 J	标准线路长度
M	表 10	断路器的质量
m	表 10	开断用流体的质量
M1	3.4.116	基本机械寿命的断路器的等级
M2	3.4.117	延长机械寿命的断路器的等级
MS	图 F.7	合闸开关
NSDD	3.1.126	非保持破坏性放电
O	4.104	分闸操作
O_1	图 F.8	阴极射线示波器　通道 1

表 K.1（续）

符号/缩写词	范 例	含 义
O_2	图 F.8	阴极射线示波器 通道 2
O−t−CO	4.104	分—t—合分操作顺序
OP1	6.110.3	失步试验方式 1
OP2	6.110.3	失步试验方式 2
p_{re}	表 10	开断用的额定压力
p_{rm}	表 10	操作用的额定压力
Q_b	H.2.1	单个电容器组的容量
RV	表 O.3	恢复电压
RRRV	表 21	恢复电压的上升率
S	图 H.3	涌流的上升率
s	图 F.9	开关继电器
s	A.2	RRRV 系数
S1	3.4.119	额定电压 3.6 kV 以上，126 kV 以下断路器的等级，用于电缆系统
S2	3.4.120	额定电压 3.6 kV 以上，126 kV 以下断路器的等级，用于线路系统
SLF	6.104.5.2	近区故障
T	6.102.10.2.1.1	工频的一个周期
TRV	表 O.3	瞬态恢复电压
$t_{arc,max}$	6.102.10.2.1.1	最长燃弧时间
$t_{arc,med}$	6.102.10.2.1.1	中燃弧时间
$t_{arc,min}$	6.102.10.2.1.1	最短燃弧时间
$t_{arc,new,min}$	6.102.10.2.3	新的最短燃弧时间
$t_{arc,ult,max}$	6.102.10.2.3	最终的最长燃弧时间
t'	4.102.2	到达 u' 的时间（画时延线）
t'	4.104	额定操作顺序中的时间间隔
t''	4.104	额定操作顺序中的时间间隔
t_1	4.109.1	T30、T60 和 T100s 中记录的最长开断时间
t_1	4.102.2	到达 u_1（TRV 的）的时间
$t_{1,sp}$	6.108.2	单相、异相接地故障时到达 u_1（TRV 的）的时间
t_2	4.109.1	记录的最长空载分闸时间
t_2	4.102.2	到达 u_c（四参数 TRV 的）的时间
$t_{2,sp}$	6.108.2	单相、异相接地故障时到达 $u_{c,sp}$（四参数 TRV 的）的时间
t_3	4.109.1	额定分闸时间

表 K.1（续）

符号/缩写词	范　例	含　义
t_3	4.102.2	到达 u_c（两参数 TRV 的）的时间
$t_{3,sp}$	6.108.2	单相、异相接地故障时到达 $u_{c,sp}$（两参数 TRV 的）的时间
T_A	6.101.3.3	周围空气温度
t_a	6.101.2.4	两次操作之间的时间间隔
t_a	6.108.3	单相开断的燃弧时间
$t_{a,100s}$	6.108.3	T100s 中首开极的最短燃弧时间
t_b	4.109.1	额定开断时间
t_d	4.102.2	时延
t_{dL}	6.104.5.2	线路侧时延（近区故障的）
T_H	6.101.3.4	最高周围空气温度
t_i	4.102.2	到达 u_i（ITRV 的）的时间
t_k	4.8	额定短路持续时间
T_L	6.101.3.3	最低周围空气温度
t_L	A.2	到达线路侧 TRV 第一峰值的时间
t_m	A.3	到达 U_m 电压水平的时间
T_{max}	6.101.4.2	高温（湿度试验）
T_{min}	6.101.4.2	低温（湿度试验）
T_{op}	4.101.2	首先分闸极的分闸时间
T_{op}	6.106.5	最短分闸时间
T_r	4.101.2	继电器时间，额定频率的半个周期
t_T	A.3	线路侧 TRV（SLF 的）到达峰值的时间
t_x	6.101.3.3	低温试验的时间间隔
u'	4.102.2	参考电压（画时延线）
u_0	A.1	开断（SLF）瞬间线路上的电压降
u_1	4.102.2	第一参考电压（四参数参考线）
u_A	O.3.1.2	与电流回路相连的辅助单元的端子与外壳之间的生成电压
u_B	O.3.1.2	受试单元的端子间的 TRV
$U_{C/E}$	表 O.1	电源侧端子与大地之间的电压
$U_{C'/E}$	表 O.1	负载侧端子与大地之间的电压
$U_{C/C'}$	表 O.1	分闸触头间的电压
u_E	O.3.1.2	外壳与大地之间的电压
u_c/t_3	6.104.5.1	恢复电压的上升率（两参数参考线）
u_1/t_1	4.102.2	恢复电压的上升率（四参数参考线）
$u_{1,sp}$	6.108.2	单相、异相接地故障的第一参考电压

表 K.1（续）

符号/缩写词	范　例	含　义
$u_{1,test}$	A.3	近区故障试验期间 u_1 的实际值
U_a	4.9	辅助和控制回路电源的额定电压
u_c	4.102.2	参考电压(TRV 峰值)
$u_{c,sp}$	6.108.2	单相、异相接地故障的参考电压
U_{CB}	图 12a)	断路器断口电压
U_{cp}	图 F.1	有抑制时测得的 TRV
U_G	A.1	电源电压
u_i	4.102.2	参考电压(ITRV 峰值的)
u_{i0}	A.3	母线电压降
U_L	A.1	线路电压降
u_L	A.2	线路瞬时电压降
u_L^*	6.109.3	线路两端的峰值电压(SLF 的)
$u_{L,mod}^*$	6.109.3	调节的线路两端的峰值电压(SLF 的)
U_m	A.1	总的感应电压的峰值
U_{op}	表 10	操动机构(合闸和分闸装置)的额定电源电压
U_p	表 10	额定雷电冲击耐受电压
U_r	4.1	额定电压
U_s	表 10	额定操作冲击耐受电压
U_S	图 12a)	电源侧电抗两端的电压
u_s^*	A.3	第一峰值处电源侧的电压
u_T	A.3	总的第一峰值电压
U_x	A.1	电源侧(SLF 时)的电压降
u_x	A.1	开断(SLF 时)瞬间电源侧(SLF 的)的电压降
V_{sc}	F.3.4	最大短路电流相应的 TRV 的电压校准
X_B	图 12a)	母线的工频电抗
X_L	图 15	线路侧的工频电抗
$X_{L,act}$	附录 J	实际线路长度的线路电抗
$X_{L,stand}$	附录 J	标准线路长度的线路电抗
X_N	图 13	中性线电抗
X_S	图 12a)	电源侧工频电抗
X_{source}	附录 J	额定短路开断电流对应的(电源侧)电抗
Z	图 15	线路的波阻抗
Z	6.103.3	阻抗
Z_0	6.103.3	零序阻抗

表 K.1（续）

符号/缩写词	范　例	含　义
Z_1	4.102.3	正序阻抗
Z_a	图 13	相间阻抗
Z_b	图 13	相对地阻抗
Z_i	表 7	母线波阻抗
Z_i	图 12a)	ITRV 控制元件
Z_S	图 12a)	电源侧 TRV 控制元件

附 录 L
（资料性附录）
额定电压 1 kV 以上，100 kV 以下断路器 TRV 修正的注解

2002 年 10 月在北京召开的 SC 17A 会议，IEC SC 17A/WG35 已经准备了关于额定电压 1 kV 以上，100 kV 以下断路器 TRV 修正的提议。

此提议采用 CIGRE 研究委员会 A3（开关设备）工作组的数据，该工作组研究了修改额定电压 126 kV 以下断路器 TRV 要求的必要性。1983 年，CIGRE SC A3 特别工作组报告了在中压网络的瞬态恢复电压。研究的结果发表在第 88 期的 Electra 杂志。另一个 CIGRE 工作组，WG 13.05，研究了由开断变压器馈电故障和变压器二次故障产生的 TRV，第 102 期的 Electra 杂志（1985 年）上提供了研究结果。1992 年，CIGRE SC A3 与 CIRED 共同成立工作组 CC-03 再次调查中压开关设备 TRV 的确定。调查的结果在第 134 期的 CIGRE 技术手册（1998 年）上发表，并且与早期研究结果一致。

L.1 概述

这个修改引起的主要变化总结如下：

a) 为了包含标称电压 1 kV 以上，100 kV 以下的所有网络类型（配电、工业和输电），为了标准化，定义了两类系统：

——电缆系统

电缆系统在 3.1.132 中定义。

——线路系统

线路系统在 3.1.133 中定义。

b) 对于指定与接有小电容（电缆长度短于 20 m）的变压器相连的断路器的特殊情况，规定了特殊的试验方式 T30，以验证其开断变压器限制故障的能力，这些包含在新的附录 M（规范性的附录）中。

一般情况下，如果连接的电容足够大，标准试验方式 T30 可验证开断变压器限制故障的能力。

c) 对于额定电压 15 kV 及以上和直接与架空线路连接的断路器，近区故障是强制的试验项目。对于额定电压 48.3 kV 及以上的断路器，按照本标准已有的规定，其额定短路电流应该高于 12.5 kA（即 $I_{SC}\geqslant 16$ kA）。

d) 直接与电抗器串联的断路器的特殊情况包含在新条款 8.103.7 中。

L.2 出线端故障

L.2.1 线路系统中断路器的 TRV

线路系统按照北美的实践比按照欧洲的实践更常见，因此，按照 ANSI C37.06—2000 表 2 中列出的 TRV 额定值是确定新的表 22 的基础。t_3 值为在 ANSI 中规定的 T_2 值的 0.88。

注：系数 0.88 可由理论的“1－cos”波形乘以 1/2 振幅系数得到。在 ANSI C37.06—2000 中，对于额定电压小于 100 kV 的断路器，标准的 TRV 波形“1－cos”与串联或并联的阻尼回路的精确数学公式不一致，对于这种情况，另外的比值 t_3/T_2 适用。

对出线端故障和近区故障，时间 t_3 等于 $4.65\times U_r^{0.7}$（t_3 为微秒，U_r 为 kV）。此公式以 ANSI/IEEE C37.06—2000 的表 2 中额定电压 15.5 kV、25.8 kV、48.3 kV 和 72.5 kV 给出的数值中导出。相同的公式可用于其他额定电压。

恢复电压上升率由 u_c 和 t_3 得来。

对于失步时间 t_3，认为是出线端故障时间 t_3 的两倍。

L.2.2 时延

在电缆系统中的断路器，表 21 中的时延：

对于额定电压小于 52 kV，时延 t_d 和 GB 1984—2003 的相同。其公式推广到所有的电缆系统(额定电压小于 100 kV)。

在线路系统中的断路器，表 22 中的时延：

表 22 中，对于额定电压 48.3 kV～52 kV 和 72.5 kV，时延 t_d 是 $0.05\times t_3$，和 GB 1984—2003 的时延相同。公式已扩展到更低的额定电压等级，同样的，预期的 TRV 波形的起始部分没有变化(起始部分是指数函数，即使在配电和二次输电系统中的短线路长度也可满足)。在最坏的情况下($U_r=$ 15 kV)，没有对要求进行过度评判，2 μs 的时延值和对额定电压高于 72.5 kV 断路器的规定相同。

事实表明，在大短路电流时，开断的热现象，时延可能是关键的且不得不考虑。但是，如 GB 1984—2003 的表 12 和表 13 所示，当进行近区故障试验时，可进行检验。因此，事实上对于额定电压高于 38 kV 已经是这种情况，在 T100 试验期间，允许有更长的时延，直到 $0.15\times t_3$，条件是进行近区故障试验。这种可能性在表 22 中指出。

L.2.3 T100s 和 T100a 的振幅系数

对于电缆系统中的断路器，保留了 GB 1984—2003 中的数值 1.4，源于本标准的过去版本的值得肯定的经验。

对于线路系统中的断路器，选取数值 1.54(在 ANSI C37.06—2000 中确定的)。

L.2.4 T10、T30 和 T60 的振幅系数

对于电缆系统中的断路器，对于 T60 保留 GB 1984—2003 中的数值 1.5，源于获得的值得肯定的经验。对于 T10 和 T30，振幅系数已经从 1.5 分别上升到 1.6 和 1.7，对 TRV 的影响主要来自具有低阻尼的变压器上的电压变化，它与电源电压组合导致 TRV 具有相当高的振幅系数。

对于线路系统中的断路器，数值从 ANSI C37.06—2000 中选取：T60 为 1.65，T30 为 1.74，T10 为 1.8。

L.3 近区故障

在 IEC 62271-100 的第一版中，额定电压 52 kV 和 72.5 kV 且直接与架空线相连的断路器，规定了近区故障要求。

在 IEC 62271-100 的第二版中，额定电压 15 kV 及以上且直接(借助母线)与架空线相连的 S2 级断路器，规定了近区故障要求，不考虑电源侧网络的类型。

对于 48.3 kV，网络、变电站的结构与分布和 52 kV、72.5 kV 系统相同。48.3 kV 的近区故障试验方式与 52 kV、72.5 kV 规定的方式相似。

对于额定电压 15 kV、25.8 kV 和 38 kV，特性和程序略有不同。通常没有设备连接在断路器的线路侧，线路特性适用于实际上无时延电容：$t_{dL}<0.1$ μs。因为至故障位置的线路长度应与实际距离相对应。试验方式 L_{90} 可以省略，采用 L_{75} 的线路长度的公差。

认为规定的近区故障试验涵盖了三相近区故障以及两相和单相故障，原因如下：

——从开断极的端子来看，典型的波阻抗应这样，对所有情况、所有三极开断的 RRRV 被在表 8 中规定的特性所涵盖；

——单相近区故障试验的燃弧窗口(180°～dα),对于有效接地和非有效接地系统,覆盖了多相故障情况的要求;

——三相故障开断时,TRV 峰值耐受由出线端故障试验方式 T100 验证。

L.4 失步

失步状态下开断,没有足够的系统信息来修正 TRV 参数。CIGRE SC A3 已经调查导致失步开断电流的系统和运行状态。因此,失步开断的 TRV 基本上没有改变。

所有情况下,失步下 t_3 的值是出线端故障方式 T100 的两倍。

L.5 串联电抗器故障

由于大多数限流电抗器具有非常小的固有电容,这些电抗器瞬态的固有频率可能会非常高。当开断出线端故障(电抗器在断路器电源侧)或在电抗器(电抗器在断路器负载侧)后开断一个故障时,与这种类型的电抗器直接串联的断路器将面临高频 TRV。产生 TRV 的频率一般要超出标准的 TRV 值很多。

这种情况下,有必要采取限制措施,例如采用电容器与电抗器并联或者接地。这种限制措施非常有效而且很经济[12]。强烈推荐使用,除非利用试验能验证在要求的高频 TRV 下,断路器可以成功的开断故障。

根据 IEC SC 17A,WG 35 成员的观点,TRV 限制措施的运行经验非常好而且相关的花费相对较低,以至于对断路器的这类应用不会规定特殊的要求。

L.6 最后开断极的 TRV 试验回路结构

在 IEC 62271-100 第一版的表 2 中,给出了额定电压高于 72.5 kV 断路器的第二和第三开断极的瞬态恢复电压的乘数,注 1 表明,额定电压小于等于 72.5 kV 数值正在考虑中。

对于额定电压小于等于 72.5 kV 的断路器,没有足够的信息可以用来确定数值,除了那些为更高额定电压规定的数值。在 2003 年 10 月蒙特利尔(CA)会议中,IEC SC 17A 已经决定把表 2 的正确性扩展到 1 kV 及以上的所有额定电压。数值将在研究结果发布之后修改。

附 录 M
（规范性附录）
额定电压 3.6 kV 及以上，126 kV 以下断路器开断变压器限制故障的要求

图 M.1 和图 M.2 给出了变压器限制的故障的两个典型事例。这些故障类型可分为：

——变压器馈电故障 （图 M.1）；

——变压器二次侧故障 （图 M.2）。

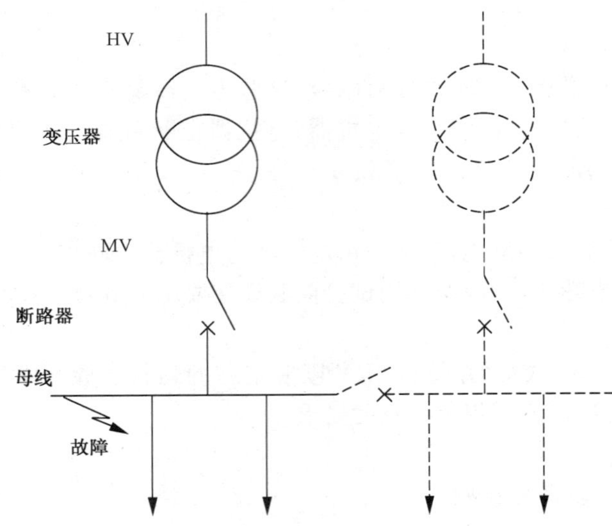

图 M.1 变压器限制的故障的第一个事例（也称为变压器馈电故障）

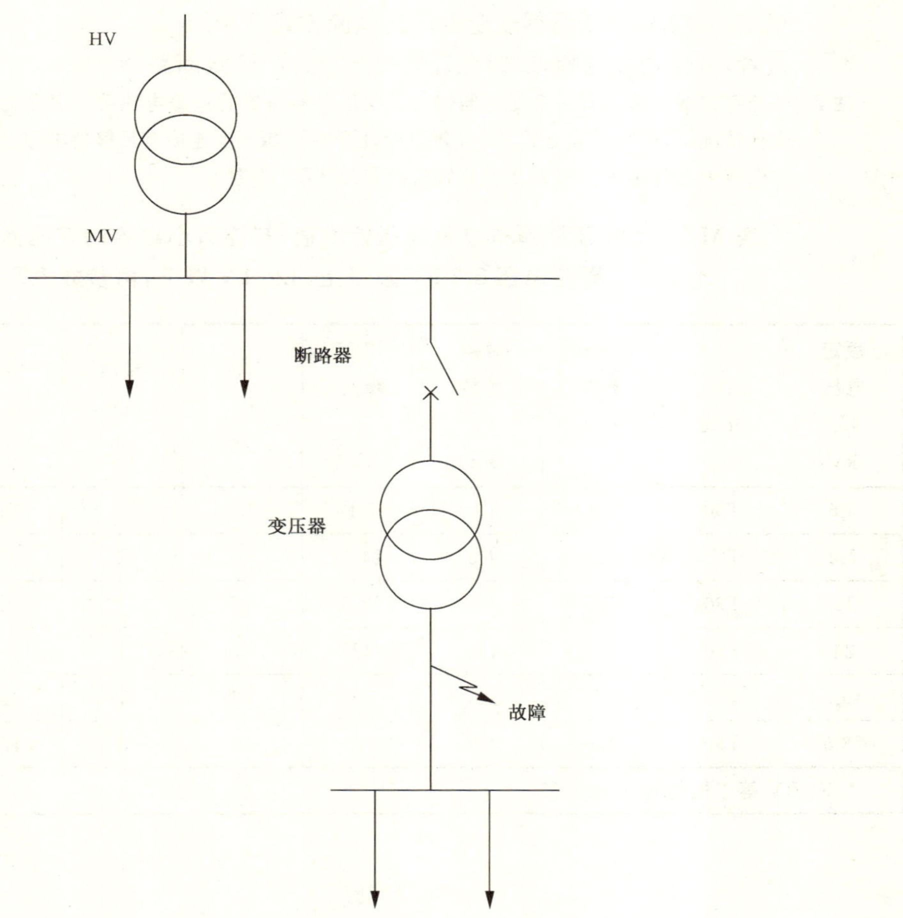

图 M.2　变压器限制的故障的第二个事例(也称为变压器二次侧故障)

因为绝大多数的变电站都有不止一台变压器,所以变压器断路器的开断电流是变电站全部短路电流的一小部分。通常,即使所需的开断容量很不相同,但变压器断路器和输出馈线也规定相同的开断容量。对于这种过分的要求,有两个原因:变电站内的所有断路器具有一致性,变压器断路器需要大的额定电流,额定值之间的标准配合可能意味着额定短路开断容量要高于必要值。因此,为了标准化,规定方式 T30 来验证开断变压器限制的故障时断路器的能力。

应考虑两种应用情况:

a)　在变压器和断路器之间有足够的对地电容的情况下,T30 可涵盖变压器限制的故障,对于 S1 级断路器 TRV 参数值在表 21 中给出,对于 S2 级断路器 TRV 参数值在表 22 中给出。在使用电缆和绝缘母线的场合,变压器和断路器连接的对地电容一般超过要求值。

注 1:计算表明,附加电容(对于将变压器固有频率降低到表 21 和表 22 规定的 T30 的 TRV 频率是必需的)与额定电压无关且与额定短路电流成比例。附加的对地电容至少应为:

$$C_0 = 0.6 \times I_{30}(50\ \text{Hz})$$

其中:

I_{30}是额定短路电流的 30%,单位 kA。

C_0,单位 nF。

标准电缆(0.3 nF/m～0.5 nF/m)很容易提供需要的附加电容值。

例如:频率 50 Hz、额定短路开断电流 31.5 kA 的断路器,对于型式试验 T30 包含的开断变压器限制的故障,电缆的最短长度是(0.6×0.3×31.5)/0.3=19 m,假定电容值为 0.3 nF/m。

b)　在变压器和断路器之间连接的电容低于上述 a)中确定的 C_0 值的特殊情况,可以用表 M.1 中规定的 TRV 对断路器规定专门的试验方式 T30。

或者，应当增加电容，以便允许使用 S1 级或 S2 级断路器。

注 2：可能存在变电站只有一台变压器馈电且变压器断路器的短路电流等于其额定短路电流的特殊应用情况。在这种情况下，进行试验方式 T100 可以验证开断性能。当连接有足够的电容，即上述项 a)说明的，或者可以增加电容来获得由表 1 或表 2 中的数值涵盖的 TRV 参数。

表 M.1　T30 预期瞬态恢复电压标准值，与连有小电容的变压器相连的断路器，额定电压 3.6 kV 及以上，126 kV 以下，两参数表示法

额定电压 U_r kV	试验方式	首开极系数 k_{pp} p.u.	振幅系数 k_{af} p.u.	TRV 峰值 u_c kV	时间 t_3 μs	时延 t_d μs	电压 u' kV	时间 t' μs	RRRV[a] u_c/t_3 kV/μs
3.6	T30	1.5	1.6	7.1	4.5	1	2.4	2	1.58
7.2	T30	1.5	1.6	14.1	5.5	1	4.7	3	2.56
12	T30	1.5	1.6	23.5	6.5	1	7.8	3	3.62
24	T30	1.5	1.6	47	9.5	1	15.7	5	4.95
40.5	T30	1.5	1.6	79	12	1.8	26.3	6	6.58
72.5	T30	1.5	1.6	142	18	3	47.4	9	7.89

[a] RRRV 等于恢复电压上升率。

附 录 N
（规范性附录）
机械特性的使用和相关要求

型式试验前，应建立断路器的机械特性，例如，记录空载行程曲线。也可利用特征参数来实现，例如，在某一行程的瞬时速度等。机械特性是为了表征断路器的机械性能。

机械特性可以用来确认在机械、关合、开断和开合型式试验中使用的不同试品的机械动作方式相同。用于机械、关合、开断和开合型式试验的所有试品的机械特性应在下述包络线内。如果因为不同的试验室所用的测量方法不同，而不能对包络线进行直接比较时，制造厂应提供证据说明这些包络线一致。

在试验报告中，应注明用于记录机械特性的传感器的类型和位置。机械特性曲线可以在动力传动链的任一部分测量，并可以被连续地或离散地记录。若离散测量，对于完整的行程至少应给出 20 个离散数值。

参考的机械特性也可以用来确定：该参考曲线上下允许偏差的限值。根据该参考曲线，对于分闸操作，应从触头分离时刻到触头行程终止时刻，以及对于合闸操作，应从触头运动开始到触头接触时刻，画出两条包络线。两条包络线距初始曲线的距离应在总行程的±5%范围内，如图 23b）所示。断路器的总行程为 40 mm 或更小时，两条包络线距初始点的距离应为±2 mm。已经发现，对于某些断路器的设计，这些方法不适用，例如真空断路器或某些额定电压 40.5 kV 及以下的断路器。在这种情况下，制造厂应规定证明断路器能正确操作的适当方法。

如果要使用不同于曲线的机械特性，制造商应规定替代方法和使用的公差。

图 23 是为了图解的目的，且仅说明了分闸操作。这些都是理想的，没有考虑到触头的摩擦效应或行程终止时阻尼引起的外形偏差。尤其重要的是，应注意到这些图中并没有表示出阻尼效应。行程终止时产生的振荡取决于驱动系统的阻尼效应。这些振荡的形状可以是设计的结果，也可能是由不良设计、制造、装配或调整导致的。因此，行程终止时曲线上的任何超出包络线公差范围的偏差，为了表明与参考曲线的等效性，在放弃或接受该曲线之前，对其作出完整的解释和推断是很重要的。通常，应接受所有包络线范围内的曲线。

包络线可以在垂直方向移动，直到一条曲线覆盖了参考线。这就分别给出和参考触头行程曲线的最大允许偏差分别为－0%、＋10%和－10%、＋0%［见图 23c）和图 23d）］。为了得到和参考线 10%的最大的总偏差，包络线的移动在整个试验过程中只允许使用一次。

表 N.1 列出了空载、关合和开断型式试验和有关的参考机械特性。

表 N.1 与机械特性有关的型式试验汇总

适用的条款	应记录的试验	评估方法	应用/注释
6.101.1.1 机械特性	型式试验开始前的空载试验	不适用	参考的机械特性的一般导则
6.101.1.3 试验前后应记录的断路器的特性和整定值	机械试验和环境试验前后	不适用	记录 6.101.1.3 列出的项目
6.101.2.2 （机械）试验前，断路器的状态	机械试验前空载试验	a	三极断路器独立操作的单极上的机械试验

表 N.1（续）

适用的条款	应记录的试验	评估方法	应用/注释
6.101.2.5 机械操作试验检验判据	机械试验后空载试验	b	
6.101.3.3 低温试验	低温试验前后空载试验	b	取决于最低温度规定
6.101.3.4 高温试验	高温试验前后空载试验	b	
6.101.4.2 试验程序(湿度试验)	试验中和试验后(空载操作)	b	状态检验，要求时
6.101.6 端子静负载试验	端子负载试验前后空载试验	a	亦可参见 6.101.6
6.102.2 试品的数量	关合和开断试验前空载试验	a	如果使用了不止一个试品，对第二个试品
6.102.3.3 多箱型	试验前空载试验	a	多箱型的常规操作
	T100s 关合和开断操作	c	
6.102.4.1 三极断路器单极的单相试验	试验前空载试验	a	配共用操动机构的断路器
	T100s 关合和开断操作	c	
6.102.4.2 单元试验	试验前空载试验	a	一极中有两个或更多非独立操作单元的断路器
	T100s 关合和开断操作	c	
6.102.6 (关合和开断)试验前的空载操作	试验前空载试验 d	a d	所有的关合和开断试验
6.102.7 替代的操动机构	试验前空载试验	a	等价替代的操动机构
	T100s 关合和开断操作	c	
6.102.9.2 一个短路试验方式后的状态	试验方式后空载试验	d	如果试验方式后，零部件更换或维修
6.102.9.3 一个短路试验系列后的状态	试验系列后空载试验	d	
6.112.2 用于自动重合闸方式的 E2 级断路器	试验系列后空载试验	d	状态检验，要求时

[a] 6.101.1.1 中给出了方法的评估；机械特性的比较。

[b] 6.101.1.3 和 6.101.1.4 中给出了方法的评估。

[c] 6.102.4.1 中给出了单极试验的方法评估。

[d] 6.102.6 中给出了试验方法。

附 录 O
（资料性附录）
金属封闭和落地罐式断路器的短路和开合试验程序的导则

O.1 简介

本附录包含与金属封闭和落地罐式断路器短路关合和开断以及开合性能有关的型式试验的资料和推荐的试验回路和程序。如果其他方法能给断路器提供适合的负荷，也可采用。其他试验，例如绝缘试验、出厂试验、交接试验及现场试验均不在此附录范围之内。

本附录评价了各种试验情况，并给出了特殊试验回路，或利用为敞开式设备开发的试验回路所要求的特殊措施。原则上，上述试验可用直接和合成试验回路进行，合成试验见 GB/T 4473—2008。

O.2 概述

O.2.1 金属封闭断路器的关合和开断试验的特征

金属外壳内的断路器应该完成其职能，这与在绝缘外壳中普通的条件是不同的。

对关合和开断试验有某些影响的主要特征：

a) 开关单元是给定变电站设计的组成部分，因此，当确定试验条件时，应该要考虑变电站的周围组件。

b) 一个极，甚至所有三个极的几个开断单元可能安装在一个共用外壳内。由于绝缘介质的高绝缘强度，所以变电站开关单元的各部件以及其他的带电和接地部件都离的很近。这样可能导致开关单元的部件与其周围部件之间，引起不同物理性质的、强烈的相互作用。同样会导致被试部件和周围部件间的电容较高而电感较低。

在确定试验要求时，应该考虑这种相互作用的实际情况。

c) 在金属封闭设备内，绝缘表面受到较高的电场作用，这可能使得它们对沉积物敏感。

O.2.2 试验用单元的降低数

在大容量试验站中，甚至在采用合成试验回路的试验室内都很难获得适用于供整台断路器或整极试验的装置。

因此，有必要对整台断路器的部件进行试验。

随着选用方法的不同，应当分析试验部件和被省略部件之间的相互影响：

——断路器各单元和变电站的周围部件之间；

——极间或各极和外壳之间；

——不同的单元之间或单元和外壳之间。

此分析中，需要区分：

——一个外壳内的单极之间；

——一个外壳内的三极之间。

也有必要区分两个不同负荷（通常可以分别处理）之间：

——开断间隙的负荷；

——相间或各相和外壳间的绝缘负荷。

O.2.3 特性和可能的相互作用的一般描述

可能影响试验结果的且不能用单元试验或单极试验加以考虑的相互作用,应分别要求整极或三极试验。

O.2.3.1 变电站周围部件的影响

组成元件,如母线段、馈电电缆、套管、电压互感器和避雷器都可能会影响试验回路的预期负荷。

系统的这些组成元件的影响大小取决于试验方式,一方面,在 SLF 和出线端故障 ITRV 情况下,周围元件的大电容能降低断路器上的负荷;而在另一方面,当采用低阻抗连接线时,电容器组的开合将会更严酷。

O.2.3.2 极间、开断单元和外壳之间的相互作用

断路器的元件之间可能会出现各种类型的不同物理性质的相互作用,最重要的是:

——机械的;

——静电的;

——电磁的;

——气体动态的。

大多数情况下,这些相互作用的强烈程度取决于受试对象的具体结构。如果在给定的结构中排除了某种特殊的相互作用,就不再需要调整试验以包括这种相互作用。这种情况下,需要证明所考虑的相互作用对试验结果的影响可以忽略不计,试验结果可以通过模型计算或采用特殊测量技术的试验来验证。应该用同样的验证来评判试验中出现过的相互作用的程度,相互作用应在试验中描述。此外,应该考虑开关装置的结构布置对端子不是对称的情况。

O.2.3.2.1 机械作用

6.102.3 和 6.102.4 适用。

O.2.3.2.2 静电作用

6.102.4.2.2 适用。

同触头间隙的电场一样,多断口断路器单元间的电压分布,会受到大电容尤其是接地外壳和其他带电部件的影响。对于不同的接地情况,在不同的试验方式下,电压分布可能是不同的。

各单元间的电压分布可以作为各单元两端及其对外壳电容的函数来确定。触头表面的最大梯度,甚至当电压分布是假定的理想情况时,也可取决于灭弧室的数量,并且对同样的断路器,还取决于断路器内的开断单元的位置。

触头间隙中的电场受下列因素影响:

——带电体和外壳间的短间隙;

——存在邻近的带电体。

上述典型应力的确定取决于断路器的具体结构和最临界负荷范围的位置。

O.2.3.2.3 电磁的相互作用

单极和三极断路器都会受到电磁的相互作用,这些作用可能对电弧和可移件产生附加力。如果三极在一个外壳内,这种相间的相互作用会更加明显。

外壳内的感应电流和返回电流会产生额外的影响，比如接地部件之间的压降会影响到辅助设备或保护设备。

O.2.3.2.4 气体动态的相互作用

热的、游离的和/或污染废气可能影响到共用外壳中极间的和极与外壳之间的绝缘强度。类似的影响还会出现在具有一个以上开断单元的一个极的各单元之间。

O.3 单极在一个外壳内的试验

O.3.1 短路关合和开断试验

试验回路应符合图 25a)、图 26a)、图 27a)和图 28a)，试验回路图 25b)、图 26b)、图 27b)和图 28b)不能使接地故障情况下金属封闭和落地罐式断路器正确地承受负荷。

应满足 6.102 的试验条件。合成试验回路应符合 GB/T 4473—2008 的第 4 章、第 5 章和第 6 章。

对单相试验，应该考虑两种情况：

a) 三极断路器的单极试验(见 O.3.1.1)；

b) 单元试验(见 O.3.1.2)。

O.3.1.1 三极断路器的单极试验

当使用图 27a)和图 28a)中的试验回路时，全部电压应施加到断路器的一个端子上，而另一个端子和外壳接地。恢复电压最好为交流的。应使用常规的直接或合成回路。

O.3.1.2 单元试验

对于相互作用的影响，应该采取特殊的预防措施[见 6.102.4.2.1b)]。

单元试验时要求的电压负荷是：

——全极瞬态恢复电压及相关带电部分和外壳之间的恢复电压，恢复电压最好为交流的；

——这些电压的一部分取决于受试单元的数量和试验单元两端的电压分布。

所有单元应该开断短路电流，以确保单元间有恰当的相互作用及带电部件和外壳之间的绝缘有恰当的影响。

此试验程序只可用于装有第三根套管的断路器。

连接受试单元和电压回路之间的套管，允许利用其他单元作为辅助断路器，此套管不应该对受试单元产生任何机械的、静电的和电磁的相互作用。

合成回路见 GB/T 4473—2008，既可用于电流注入，也可用于电压注入，此回路包括：

——在受试单元端子间给出了试验电压 u_B 下总 TRV 的要求部分的常规的合成试验回路。

——给对地绝缘的外壳施加适当的电压 u_E 的附加试验回路(合成的、直流或交流电源)。

GB/T 4473—2008 中半极试验的例子表明，要求的电压 u_B、u_E 和连接到电流回路的辅助单元端子和外壳之间的合成电压 u_A。整极的电压负荷是施加在受试单元的接地端子和外壳之间。

如果不可能同时施加电压负荷 u_B 和 u_E，那么可以使用多部试验程序(见 6.102.4.3)。在第一部分中，只检查受试单元的性能(断路器的外壳接地)。在第二部分中，检查极的带电部分和外壳之间的绝缘。例如，这可以通过在降低电压下(取决于可使用的电流源)使所有单元开断短路电流且在绝缘外壳和地之间施加电压来实现。在 TRV 峰值出现的瞬间，施加到外壳上的电压的瞬时值应等于“降低的电压”和施加在加压端子和外壳之间总的 TRV 峰值之差。

存在不使用第三根套管的试验回路。受试单元两端所要求的电压由并联大电容的其他单元产生。此回路的使用对相互作用阶段是无效的并且可能只有经制造商和用户同意才可使用。如果在相互作用阶段断路器的热特性已单独经过验证(比如通过两部试验或通过进行近区故障试验),那么此回路可以用于基本的短路试验方式。

需要注意的是在进行基本短路试验方式时,燃弧时间和热验证试验期间得到的燃弧时间相差不大。

注1:过去,某些单元试验一直在并非所有单元都在开断短路电流的试验回路中进行。这种试验回路只能用于忽略由于气体环流引起的相互作用的情况。但是忽略这种相互作用的情况基本上没有,并且也很难验证。

在此回路中,断路器的一部分被短接。假设这样不会产生任何的机械、静电的或电磁的互相作用,并且应对气体环流引起的相互作用给予特别的注意。

适于电流和电压注入的合成试验回路见GB/T 4473—2008。

施加到外壳上的电压 u_E 的值和极性应使得断路器的带电端和外壳之间的合成电压等于整极试验电压所要求的值。

注2:对于大部分断路器而言,关合和开断短路电流期间带电部件和外壳之间的绝缘可用短路试验方式T100s和T100a进行验证。短路试验方式T10、T30和T60可用常规的单元试验程序进行。

注3:为了使断路器的控制回路与带电外壳断开,可成功地采用光导纤维传输技术;操作合、分线圈所需要的电源可由压缩空气驱动的透平发动机组来提供。

O.3.2 近区故障试验

使用合成试验方法时,GB 1984—2003的6.109和GB/T 4473—2008的4.2.1、4.2.2和6.109适用。

只要已经进行了基本短路试验方式,那么近区故障试验时不需要进一步注意带电部件和外壳之间的绝缘。

O.3.3 容性电流开合试验

试验程序应和6.111一致。

表O.1给出了在实际运行情况下三相容性电流开合时电源侧和负载侧电压以及恢复电压。

表O.2给出了在单相容性电流开合时电源侧、负载侧以及恢复电压的对应值。

如果在检查触头间恢复电压耐受能力的试验时(见6.111.5)电源侧和负载侧的施加电压最少等于表O.1和表O.2给出的带电部件和外壳之间的要求值,那么不必进行附加试验。

对于单相试验来说,根据6.111.7,带电部件和外壳之间的绝缘负荷不是总能正确模拟。应对带电部件和外壳之间的绝缘耐受能力进行验证并且由任何能够证明带电部件和外壳之间耐受能力的试验方法完成,值由表O.2给出。

对于用来证明中性点不接地的电容器组的三相开合和中性点非有效接地系统的开合所进行的单相试验,可以通过下述试验方法之一来证明绝缘耐受能力,但并不限于这些试验方法:

a) 在电源侧或负载侧带有中间接地点的开合试验,该试验会导致电源侧带电部件和外壳之间的电压为 $1.5\times U_r\sqrt{2}/\sqrt{3}$,恢复电压为 $2.8\times U_r\sqrt{2}/\sqrt{3}$。

b) 根据6.111.7作为开合试验的附加绝缘试验,目的是在端子和外壳之间施加适当的直流和/或工频绝缘负荷。应在断路器电源侧的端子上加工频电压,并且维持1 min。应在断路器的负载侧端子上以两个极性施加直流电压,并维持0.3 s。电压可以在不同阶段加于端子上。

c) 根据制造商的协议,试验可以在具有中性点接地的供电回路中进行,电源电压为 $1.5\times U_r\sqrt{2}/\sqrt{3}$。

表 O.1 实际运行条件下三相容性电流开合：电源侧、负载侧电压和恢复电压的标准值

断路器端子上的电压	中性点有效接地系统的电压值			中性点非有效接地系统的电压值
	不接地的电容器	接地电容器组和屏蔽电缆	线路	所有情况
$U_{C/E}$	$U_r\sqrt{2}/\sqrt{3}$	$U_r\sqrt{2}/\sqrt{3}$	$U_r\sqrt{2}/\sqrt{3}$	$1.5\times U_r\sqrt{2}/\sqrt{3}$
$U_{C'/E}$	$1.5\times U_r\sqrt{2}/\sqrt{3}$	$U_r\sqrt{2}/\sqrt{3}$	$1.2\times U_r\sqrt{2}/\sqrt{3}$	$U_r\sqrt{2}/\sqrt{3}$
$U_{C/C'}$	$2.5\times U_r\sqrt{2}/\sqrt{3}$	$2\times U_r\sqrt{2}/\sqrt{3}$	$2.2\times U_r\sqrt{2}/\sqrt{3}$	$2.5\times U_r\sqrt{2}/\sqrt{3}$

假定 C 极为首开极。

C：电源侧；C′：负载侧；C/C′：分闸触头间。

U_r 为额定电压；

$U_{C/E}$为电源侧端子对地电压；

$U_{C'/E}$为负载侧端子对地电压；

$U_{C/C'}$为分闸触头间电压。

注 1： 如果电源侧零序电容相比负载侧来说可以忽略，则采用中性点非有效接地系统所表示的值。

注 2： 极的名称在图 O.1 中说明。

表 O.2 对于试验室单相试验，根据 6.111.7 的容性电流开合试验电源侧、负载侧电压值和恢复电压

断路器端子上的电压	中性点有效接地系统的电压值			中性点非有效接地系统的电压值
	不接地的电容器	接地电容器组和屏蔽电缆	线路	所有情况
$U_{C/E}$	$1.3\times U_r\sqrt{2}/\sqrt{3}$	$U_r\sqrt{2}/\sqrt{3}$	$1.2\times U_r\sqrt{2}/\sqrt{3}$	$1.5\times U_r\sqrt{2}/\sqrt{3}$
$U_{C'/E}$	$1.5\times U_r\sqrt{2}/\sqrt{3}$	$U_r\sqrt{2}/\sqrt{3}$	$1.2\times U_r\sqrt{2}/\sqrt{3}$	$1.3\times U_r\sqrt{2}/\sqrt{3}$
$U_{C/C'}$	$2.8\times U_r\sqrt{2}/\sqrt{3}$	$2\times U_r\sqrt{2}/\sqrt{3}$	$2.4\times U_r\sqrt{2}/\sqrt{3}$	$2.8\times U_r\sqrt{2}/\sqrt{3}$

假定 C 极为首开极。

C：电源侧；C′：负载侧；C/C′：分闸触头间。

U_r 为额定电压；

$U_{C/E}$为电源侧端子对地电压；

$U_{C'/E}$为负载侧端子对地电压；

$U_{C/C'}$为分闸触头间电压。

注： 极的名称在图 O.1 中说明。

除了表 O.1 和 O.2 的条件之外，下列各段给出了关于 6.111.7 的项 d）和 e）的资料。

当电源的中性点有效接地和存在单相或两相接地故障时，健全相的电压可达到 $1.4\times U_r\sqrt{2}/\sqrt{3}$。精确值取决于零相序阻抗。在这种情况下，电源侧和负载侧端子对地电压值应该是：

——$U_{C/E}=U_{C'/E}=1.4\times U_r\sqrt{2}/\sqrt{3}$

——$U_{C/C'}=2.8\times U_r\sqrt{2}/\sqrt{3}$（恢复电压）

当电源的中性点非有效接地和存在单相或两相接地故障时，健全相的电压可达到约 $1.7\times U_r\sqrt{2}/\sqrt{3}$。

这种情况下，电源侧和负载侧端子对地电压值应该是：

——$U_{C/E}=U_{C'/E}=1.7\times U_r\sqrt{2}/\sqrt{3}$

——$U_{C/C'}=3.4\times U_r\sqrt{2}/\sqrt{3}$（恢复电压）

O.3.3.1 三极断路器的单极试验

应该使用直接回路或合成回路。

在某些合成试验回路中，两个电压被合并在断路器的一个端子上，而另一端子接地。

这种情况下，对于对地绝缘来说是比较严酷的，并可能影响断路器两端试验的严酷程度。

为了补偿这种影响，可以对外壳施加一偏压。

与电流注入回路和与采用两个工频电源的回路的有关方法在 GB/T 4473—2008 中说明。

O.3.3.2 单元试验

应该考虑邻近元件（例如外壳）之间的间隙内的局部电场畸变。在某些情况下，取决于极的单元的数量，试验回路不能重现在受试单元的带电件与外壳之间所要求的直流和交流恢复电压。

只有一个端子上对地电场强度等于整极试验时对地电场强度，才允许单元试验。此条件可用下列方法满足：

——用适当电压将对地绝缘的断路器外壳通电。

——在两种电压（交流和直流）叠加在一个端子上而另一个端子接地的条件下进行半极试验。

O.3.4 失步开合试验

本标准的 6.110 适用。

应考虑到下述情况：

——在这些试验期间，机械的、磁的和气体动态的相互作用低于或小于在短路试验和近区故障试验期间的情况。

——在各相和外壳之间以及相间的电压负荷，可能等于或小于在短路试验条件下的值。

注：为了模拟电网条件，推荐将外壳接地并将电压施加到断路器的两侧。

由于外壳接地和一个端子接地将在各相和外壳之间产生比较严酷的负荷。因此，这一试验布置应得到制造商的同意。

从试验的观点出发，应该考虑下述两种情况：

a） 三极断路器的单极试验（见 O.3.4.1）；

b） 单元试验（见 O.3.4.2）。

O.3.4.1 三极断路器的单极试验

在对称回路中，直接或合成试验方法参见图 51，将电压施加在两侧而外壳接地。恢复电压最好为交流的。

合成试验回路在 GB/T 4473—2008 中描述。

另外，在断路器的一个端子接地并且外壳带电并与地绝缘的情况下，可使用常规的直接回路或合成回路。

O.3.4.2 单元试验

为了在端子和外壳之间重现正确的电压负荷，外壳应该绝缘并且使用如 O.3.1.2 所描述的电压源供电。

如果在短路试验期间，端子和外壳之间所要求的电压负荷已经检验过，则允许在外壳和断路器的一个端子接地的情况下进行单元试验。

O.4 三极在一个外壳内的试验

O.4.1 出线端故障试验

当可以用直接回路来检验三相断路器时,直接试验应包括全部的负荷。

当使用合成方法时,为了保证开断单元中和在各极与外壳之间施加适当的负荷,应当满足下述的一般要求:

a) 受试的三极断路器应通以完整的三相电流;

注:短路试验方式 T10、T30 和 T60 可在单相试验回路中进行。

b) 对于试验方式 T100s 和 T100a,关于试验回路所要求的资料在 GB/T 4473—2008 中给出;

c) 不同极之间和各极与外壳之间的 TRV 和 RV 的最大负荷在表 O.3 和 O.4 中给出(也可见图 O.2 和图 O.3)。

可以使用 GB/T 4473—2008 中描述的合成回路来验证这些负荷。

对于试验方式 T100a,应参考 GB/T 4473—2008。恢复电压应为交流的。

表 O.3 试验方式 T10、T30、T60 和 T100s,首开极系数 1.5 三相开断过程中的电压值

TRV 峰值/第一极 TRV 峰值 %				恢复电压(RV)峰值 p.u.	du/dt %
		第一极开断瞬间	第二极开断瞬间		
相	a	0	58	1	70
	b	0	58	1	70
	c	100	—	1	100
相间	a-b	0	115	1.732	
	b-c	100	58	1.732	
	c-a	100	58	1.732	
u_c 为第一极 TRV 峰值$=1.5\times1.4\times U_r\sqrt{2}/\sqrt{3}$ 1 p.u$=U_r\sqrt{2}/\sqrt{3}$ c 相为首开极。					

表 O.4 试验方式 T10、T30、T60 和 T100s,首开极系数 1.3 三相开断过程中的电压值

TRV 峰值/第一极 TRV 峰值 %					恢复电压(RV)峰值 p.u.	du/dt %
		第一极开断瞬间	第二极开断瞬间	第三极开断瞬间		
相	a	0	0	77	1	70
	b	0	98	—	1	95
	c	100	—	—	1	100
相间	a-b	0	98	98	1.732	
	b-c	100	89	—	1.732	
	c-a	100	—	91	1.732	
u_c 为第一极 TRV 峰值$=1.3\times1.4\times U_r\sqrt{2}/\sqrt{3}$ 1 p.u$=U_r\sqrt{2}/\sqrt{3}$ c 相为首开极。						

a) 按 6.105.1 的要求,在每一试验方式的试验之间,为了使时间间隔减至最小,同时也为了避免改变高压回路至断路器的连接线,所有要求的燃弧时间应施加到同一相上。

b) 所有上述的负荷最好在同一试验中施加,如果不可能,允许采用多部试验程序。

O.4.2 近区故障试验

如同对单箱壳型那样,此试验是基于单相接地故障的开断(见 O.3.2)。

因此,仅一极应承受短路电流和全部电压。见 6.102.3 和 6.102.4。

O.4.3 容性电流开合试验

优先选用三相试验。

在单相试验情况下,某些附加的绝缘试验是必需的(见 O.3.3)。在三相情况下,应该考虑对地绝缘和极间绝缘。此绝缘试验,按其要求,可单独进行,见表 O.5。

表 O.5 实际运行条件(最大标准电压值)下容性电流开合

端子间电压	中性点有效接地系统			中性点非有效接地系统
	不接地电容器组	接地电容器组	线路	
A 对地	1.0	1.0	1.0	1.5
A′对地	1.5	1.0	1.2	1.0
A-A′	2.5	2.0	2.2	2.5
A′-B′	≤1.73	≤1.73	≤1.73	≤1.73
A′-C′	2.37	2.0	2.1	2.37
B′-C′	≤1.73	2.0	1.9	≤1.73
A-B′	1.87	2.0	2.0	1.87
A-C′	1.87	2.0	1.9	1.87
B-A′	2.5	2.0	2.2	2.5
B-C′	1.87	2.0	1.9	1.87
C-A′	2.5	2.0	2.2	2.5
C-B′	1.87	2.0	2.0	1.87
A-A′:首开极;A:电源侧;A′:负载侧。				

注 1:如果电源侧零序电容相比于负载侧可以忽略不计,则采用中性点非有效接地系统所示的值。

注 2:$1\ \text{p.u.}=U_r\sqrt{2}/\sqrt{3}$

注 3:A 极开断后的第一次电流过零时,B 极和 C 极开断。

注 4:A-B、A-C 和 B-C 的电压值所有情况下等于 $U_r\sqrt{2}$。

注 5:表格中不包括 B 对地、B′对地、B-B′和 C 对地、C′对地和 C-C′的电压值,因为它们的电压值低于 A 极相应的值。

O.4.4 失步开合试验

可以使用单相试验。因为电流较小和由于在断口两侧分摊而使对外壳的电压较低,所以不需要考虑三相试验。

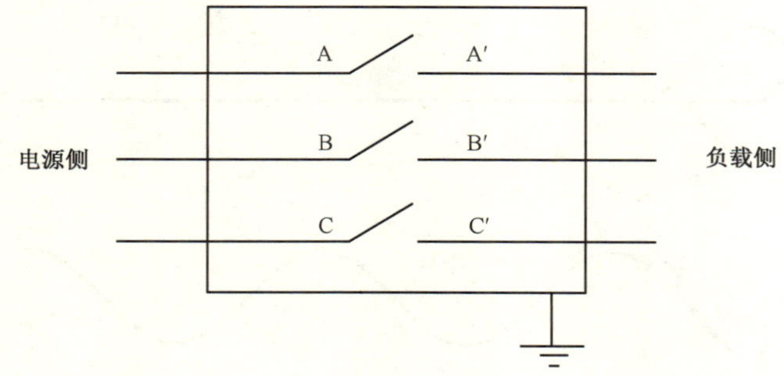

图 O.1 表 O.1 和表 O.2 中考虑的试验布置

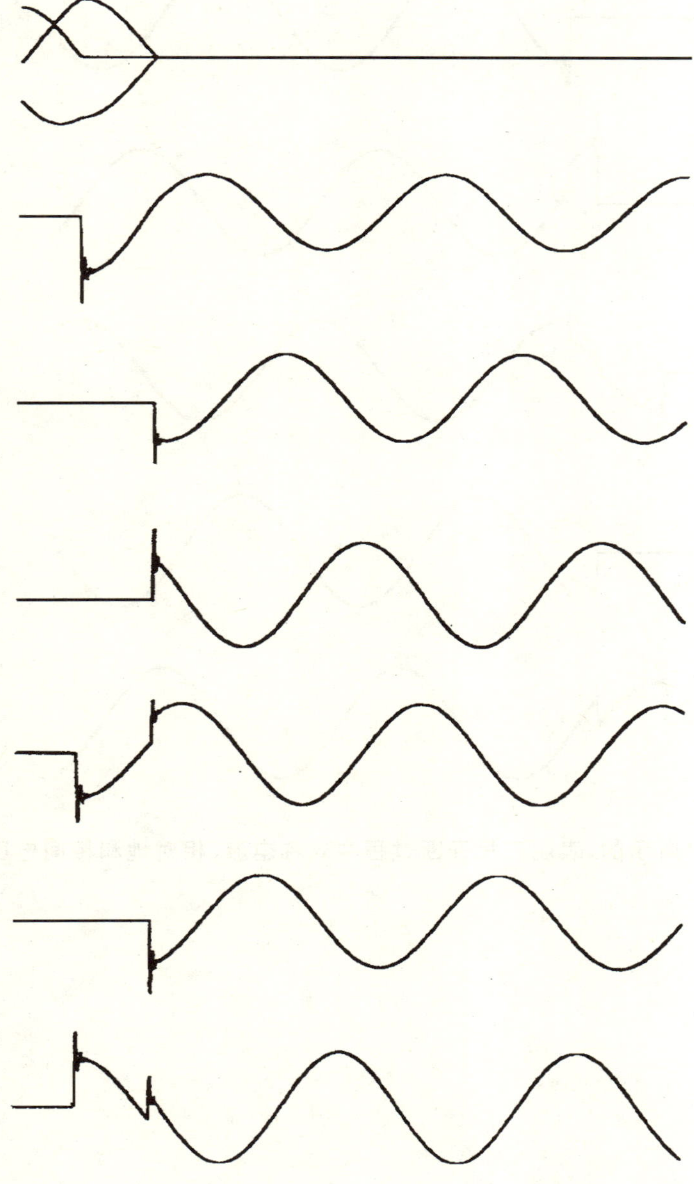

图 O.2 如图 25a)所示的，表明三相开断过程中对称电流、相对地和相间电压的波形示例

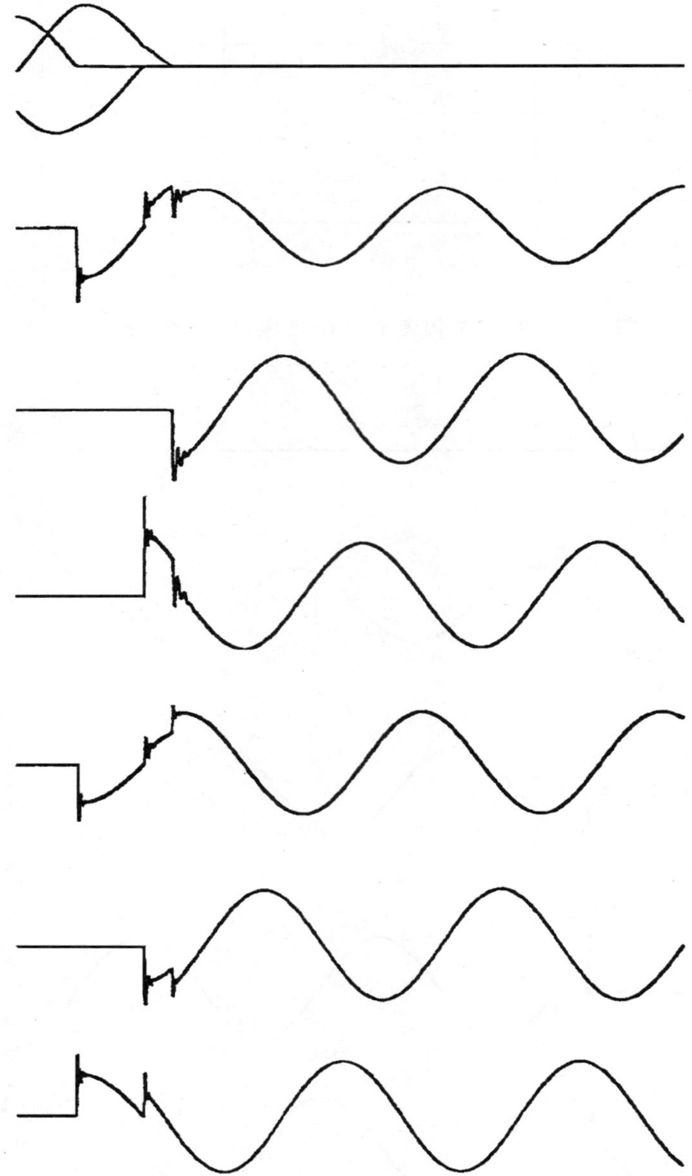

图 O.3　如图 26a)所示的,表明三相开断过程中对称电流、相对地和相间电压的波形的示例

附 录 P
(规范性附录)
非对称故障条件下(T100a)TRV 参数的计算

本附录适用于非对称故障条件下预期 TRV 参数的计算。

注 1：本附录中给出的计算仅适用于首开极。对于第 2 和第 3 开断极，见表 6。

注 2：非对称电流开断 TRV 的计算的详细资料见 GB/T 4473—2008。

非对称故障条件中，叠加在故障电流上的直流分量改变了最终的 di/dt 和 TRV。

对于 di/dt，在对称故障条件时达到最大值。在非对称故障条件下，di/dt 被降低且是电流零点直流分量的函数。电流零点时要求的 di/dt 应按下述公式计算：

a) 对于小半波：

$$\frac{di}{dt}(\text{p.u.})_{-}=\sqrt{(1-p^2)}-\frac{p}{2\pi f\tau} \qquad \text{(P.1)}$$

b) 对于大半波：

$$\frac{di}{dt}(\text{p.u.})_{+}=\sqrt{(1-p^2)}+\frac{p}{2\pi f\tau} \qquad \text{(P.2)}$$

式中：

$di/dt(\text{p.u.})$——对称故障条件时 di/dt 的标幺值；

$-$ ——小半波的下标；

$+$ ——大半波的下标；

p ——电流零点的直流分量的标幺值；

f ——频率，单位为赫兹(Hz)；

τ ——短路电流的直流时间常数，单位为秒(s)。

开断时，和对称故障条件不同，电流零点时刻不对应于外施电压的峰值。直流分量改变电流零点和外施工频电压之间的相位角。根据电流零点时刻和外施工频电压峰值之间相位移来修正 TRV 幅值的大小(u_1,u_c)。

相应的 TRV 幅值(u_1,u_c)应按下列公式计算：

c) 两参数 TRV

$$u_c(\text{p.u.})=\frac{k_1A_1}{2\pi f} \qquad \text{(P.3)}$$

以及

$$k_{1-}=\sin(2\pi ft_3-a\sin p)+p\times e^{-\frac{t_3}{\tau}}\text{(对于小半波)} \qquad \text{(P.4)}$$

$$k_{1+}=\sin(2\pi ft_3+a\sin p)-p\times e^{-\frac{t_3}{\tau}}\text{(对于大半波)} \qquad \text{(P.5)}$$

$$A_1=\frac{2\pi f}{\sin(2\pi ft_3)} \qquad \text{(P.6)}$$

式中：

u_c ——对称情况下的 TRV 峰值的标幺值；

k_1 ——计算常数；

$-$ ——小半波的下标；

$+$ ——大半波的下标；

A_1——计算常数；

p ——电流零点的直流分量的标幺值；

f ——频率，单位为赫兹(Hz)；

τ ——短路电流的直流时间常数，单位为秒(s)；

t_3 ——规定的 t_3，单位为秒(s)。

d) 四参数 TRV

$$u_1(\text{p.u.})=\frac{k_1 A_1}{2\pi f} \quad\cdots\cdots(\text{P.7})$$

以及

$$k_{1-}=\sin(2\pi f t_1-a\sin p)+p\times e^{-\frac{t_1}{\tau}}(\text{对于小半波}) \quad\cdots\cdots(\text{P.8})$$

$$k_{1+}=\sin(2\pi f t_1+a\sin p)-p\times e^{-\frac{t_1}{\tau}}(\text{对于大半波}) \quad\cdots\cdots(\text{P.9})$$

$$A_1=\frac{2\pi f}{\sin(2\pi f t_1)} \quad\cdots\cdots(\text{P.10})$$

式中：

u_1——对称情况下 TRV 峰值的标幺值；

k_1——计算常数；

$-$——小半波的下标；

$+$——大半波的下标；

A_1——计算常数；

p ——电流零点的直流分量的标幺值；

f ——频率，单位为赫兹(Hz)；

τ ——短路电流的直流时间常数，单位为秒(s)；

t_1——规定的 t_1，单位为秒(s)。

以及

$$u_c(\text{p.u.})=\frac{k_2 A_1}{1.4\times 2\pi f}-\frac{k_3 A_2}{2\pi f} \quad\cdots\cdots(\text{P.11})$$

以及

$$k_{2-}=\sin(2\pi f t_2-a\sin p)+p\times e^{-\frac{t_2}{\tau}}(\text{对于小半波}) \quad\cdots\cdots(\text{P.12})$$

$$k_{2+}=\sin(2\pi f t_2+a\sin p)-p\times e^{-\frac{t_2}{\tau}}(\text{对于大半波}) \quad\cdots\cdots(\text{P.13})$$

$$k_{3-}=\sin[2\pi f(t_2-t_1)-a\sin p]+p\times e^{-(\frac{t_2-t_1}{\tau})}(\text{对于小半波}) \quad\cdots\cdots(\text{P.14})$$

$$k_{3+}=\sin[2\pi f(t_2-t_1)+a\sin p]-p\times e^{-(\frac{t_2-t_1}{\tau})}(\text{对于大半波}) \quad\cdots\cdots(\text{P.15})$$

$$A_1=\frac{2\pi f}{\sin(2\pi f t_1)} \quad\cdots\cdots(\text{P.16})$$

$$A_2=\frac{A_1\sin(2\pi f t_2)/1.4-2\pi f}{\sin[2\pi f(t_2-t_1)]} \quad\cdots\cdots(\text{P.17})$$

式中：

u_c ——对称情况下 TRV 峰值的标幺值；

k_2 ——计算常数；

k_3 ——计算常数；

$-$ ——小半波的下标；

$+$ ——大半波的下标；

A_1——计算常数；

A_2——计算常数；

p ——电流零点的直流分量的标幺值；

f ——频率,单位为赫兹(Hz);

τ ——短路电流的直流时间常数,单位为秒(s);

t_1 ——规定的 t_1,单位为秒(s);

t_2 ——规定的 t_2,单位为秒(s)。

作为例子,按下述参数计算:

——断路器的额定电压:		145 kV
——额定频率:		50 Hz
——额定短路开断电流:		40 kA
——短路电流的直流时间常数:		45 ms
——首开极系数:		1.3
——最短开断时间:		43 ms
——额定 TRV 参数(对称情况下的):	u_1	154 kV
	t_1	77 μs
	u_c	215 kV
	t_2	231 μs

根据表 15,可以给出下述参数:

a) 对于小半波:

——电流零点的直流分量的百分数:37.9%(0.379 p.u.);

——电流零点的 di/dt 的百分数:89.9%(0.899 p.u.)。

b) 对于大半波:

——电流零点的直流分量的百分数:28.9%(0.289 p.u.);

——电流零点的 di/dt 的百分数:97.8%(0.978 p.u.)。

按照前面的公式可以计算出下述数值:

$k_{1-}=0.021\ 85$;

$k_{1+}=0.023\ 57$;

$A_1=12\ 988.28$;

$u_{1-}=0.903\ 19$ p.u.;

$u_{1+}=0.974\ 26$ p.u;

$k_{2-}=0.066\ 16$;

$k_{2+}=0.070\ 13$;

$k_{3-}=0.043\ 90$;

$k_{3+}=0.046\ 95$;

$A_2=7\ 413.155$;

$u_{c-}=0.917\ 64$ p.u;

$u_{c+}=0.963\ 25$ p.u;

根据这些结果,施加到断路器上的最终的修正过的 di/dt 和 TRV 为:

a) 对于小半波:

$\mathrm{d}i/\mathrm{d}t=0.899\ \text{p.u.}\times 40\ \text{kA}\times\sqrt{2}\times 2\pi f=15.98\ \text{A}/\mu\text{s}$

$u_1=0.903\ 19\ \text{p.u.}\times 154\ \text{kV}=139.1\ \text{kV}$

$t_1=77\ \mu\text{s}$

$u_1/t_1=1.81\ \text{kV}/\mu\text{s}$

$u_c=0.917\ 64\ \text{p.u.}\times 215\ \text{kV}=197.3\ \text{kV}$

$t_2=231\ \mu\text{s}$

b) 对于大半波：

$di/dt=0.978\ \text{p.u.}\times 40\ \text{kA}\times\sqrt{2}\times 2\pi f=17.38\ \text{A}/\mu\text{s}$

$u_1=0.974\ 26\ \text{p.u.}\times 154\ \text{kV}=150.0\ \text{kV}$

$t_1=77\ \mu\text{s}$

$u_1/t_1=1.95\ \text{kV}/\mu\text{s}$

$u_c=0.963\ 25\ \text{p.u.}\times 215\ \text{kV}=207.1\ \text{kV}$

$t_2=231\ \mu\text{s}$

通常，对于直接试验，如果回路元件已经调整到额定的 TRV，且在电流零点获得了要求的直流分量，则不需要进行上述计算，di/dt 的降低和 TRV 幅值调整（u_1 和/或 u_c）会自动满足。

上述计算应在下述情况下使用：

——合成试验时，为了设定回路元件以及电容器组的充电电压；

——直接试验中，为了在试验中获得施加的 TRV 参数的紧密配合；

——直接试验中，如果电流零点的直流分量超过了允许偏差，为了获得附录 B 和 6.104.5 中给出的偏差范围内的预期 TRV。

对于合成试验，可以采用下述两个选项：

——设定试验回路来获取与试验方式 T100s 相关的额定 TRV。

因为这些参数不会随着电流零点的直流分量的百分数线性变化，在这种情况下，所有的参数（di/dt、u_1 和 u_c）不可能同时满足。合成回路的充电电压应设定到获取最严酷的试验参数。

对于小半波试验，最严酷的试验参数总是 u_c，而对于大半波试验，最严酷的试验参数是 di/dt。

对于电压引入法，大半波试验的最严酷试验参数为 u_1。

——使用两个不同的试验回路，一个回路设定用来获取小半波试验相关的修正过的 TRV，另一个回路设定用来获取与大半波试验相关的修正过的 TRV。

在这种情况下，所有要求的参数（di/dt、u_1 和 u_c）（由上述计算）可以同时满足。

因为选择第一项可能使断路器过负荷，例如大半波试验，对 di/dt 所要求的修正可能会导致比要求值更高的 u_c，所以应由制造商选定选项。

附 录 Q
（资料性附录）
非对称试验方式 T100a 中，非对称判据应用的例子

本附录给出的例子是基于标准化的情况，并且给出了在实际试验中如何使用非对称判据的导则。给出了能涵盖试验室中可能出现的大多数状况的三种不同情况。

Q.1 断路器的额定短路开断电流的额定直流时间常数长于试验回路的时间常数时的三相试验

断路器的额定电压	24 kV
首开极系数	1.5
额定短路开断电流的额定直流时间常数	120 ms
试验回路的时间常数	60 ms
最短燃弧时间	7.5 ms
最短分闸时间	32.5 ms
触头分离时的直流分量	70.2%
最短开断时间	40 ms
频率	50 Hz

试验回路的时间常数与额定短路开断电流的额定直流时间常数不同。为了达到要求的参数，采用预脱扣和控制合闸方法时的试验数据。

注：为了改变试验电流的起始直流分量，合闸控制应使得试验电流的起始时刻出现在外施电压的选定时刻。

表 Q.1 试验回路的直流时间常数短于额定短路电流的额定直流时间常数时三相试验的试验参量的说明示例

参数	要求（表 19 中给出的和圆整值）		采用预脱扣和控制合闸方法时的试验数据		要求值和试验值之间的偏差/%
	首开极大半波	第二开断极大/小半波[a]	首开极大半波	第二开断极大/小半波[a]	
电流开断时的直流分量/%	62.1		54.2		−13
电流开断时的 di/dt/%	80.1		86.9		+8
最后电流半波的峰值/p.u.	1.66	1.34/0.72	1.61	1.32/0.76	−3 −1.5/+5.6[b]
最后电流半波的持续时间/ms	14.5	13.2/7.65	14.4	13.05/7.8	−2 −1/+2[b]
Δt/ms[c]		3		3.3	+10
$I\times t$/p.u. ms	24.07		23.18		−3.7

[a] 用网络计算程序计算的中性点非有效接地系统的预期值（见注）。

[b] 第二开断极。

[c] Δt 是首开极和后开极之间的时间间隔。

结论:可以采用预脱扣和控制合闸的方法来满足要求。TRV 和 di/dt 可能高于要求值,但是仍然在给定的偏差内。第二开断极的燃弧时间会稍长于要求值。试验数值涵盖了要求值。通过改变试验电流和/或 TRV 振幅系数,可以获得紧密的配合。图 Q.1 中给出了结果的图解。

从表 Q.1 看出,Q.1 给出的断路器的额定值全部由试验数据涵盖。应当注意电流零点非对称的百分数低于在触头分离时制造商给出的额定值。这种差异是正常的,因为由制造商规定的数值是基于规定的额定短路开断电流的直流时间常数 120 ms,不考虑燃弧时间和试验回路的直流时间常数。所满足的试验参数是 6.106.6 中规定的对最后电流半波所描述的参数。

注:推荐计算要求的三相或单相波形的方法(最简单的方法)是通过网络计算程序(例如 EMTP、MATHLAB 等)。要求的波形也可以通过手工采用基本的三相或单相短路电流方程来计算。

Q.2 断路器的额定短路开断电流的额定直流时间常数短于试验回路的时间常数时的单相试验

断路器的额定电压	550 kV
首开极系数	1.3
额定短路开断电流的额定直流时间常数	45 ms
试验回路的时间常数	60 ms
最短燃弧时间	7.5 ms
最短分闸时间	32.5 ms
触头分离时的直流分量	38.9%
最短开断时间	40 ms
频率	50 Hz

试验回路的时间常数与额定短路开断电流的额定直流时间常数不同。为了达到要求的参数,采用控制合闸方法时的试验数据。

表 Q.2 试验回路的直流时间常数长于额定短路电流的额定直流时间常数时单相试验的试验参量的说明示例

参数	要求(表 15 中给出的和圆整值)		采用控制合闸方法时的试验数据		要求值和试验值之间的偏差/%
	尽可能最长的燃弧时间的大半波	尽可能最短的燃弧时间的小半波	大半波	小半波	
电流开断时的直流分量/%	28.9	37.9	28.6	40.2	−10 +6.1[b]
电流开断时的 di/dt [a]/%	97.8	89.9	97.3	89.6	+0.5 −0.6[b]
最后电流半波的峰值/p.u.	1.33	0.59	1.32	0.57	−0.8 −3.4[b]
最后电流半波的持续时间/ms	12.3	7.35	12.15	7.35	−1.2 0[b]
u_1[a]	96.5%	91.9%	96.0%	91.3%	−0.5 −0.7[b]
u_c[a]	92.3%	97.9%	91.9%	97.1%	−0.4 −0.9[b]
$I\times t$/p.u. ms	16.36	4.34	16.04	4.19	−2.0 −3.5[b]

[a] 在合成试验的情况下,有可能不依赖于时间常数来控制这些数值。
[b] 小半波。

结论：可以采用控制合闸的方法来满足所有试验要求。获得的所有数值与要求值非常接近。通过改变试验电流和/或 TRV 调节回路的 TRV 振幅系数可以获得紧密的配合。u_1 和 u_c 的值已从附录 P 的公式中导出。图 Q.2 中给出了结果的图解。

从表 Q.2 中可看出，Q.2 中给出的断路器的额定值全部由试验数据涵盖。应当注意电流零点非对称的百分数低于在触头分离时制造商给出的额定值。这种差异是正常的，因为制造商规定的数值是基于规定的额定短路开断电流的直流时间常数 45 ms，不考虑燃弧时间和试验回路的直流时间常数。所满足的试验参数是 6.106.6 中规定的对最后电流半波所描述的参数。

Q.3 断路器的额定短路开断电流的额定直流时间常数长于试验回路的时间常数时的单相试验

断路器的额定电压	550 kV
首开极系数	1.3
额定短路开断电流的额定直流时间常数	75 ms
试验回路时间常数	60 ms
最短燃弧时间	7.5 ms
最短分闸时间	32.5 ms
触头分离时的直流分量	56.7%
最短开断时间	40 ms
频率	50 Hz

试验回路的时间常数与额定短路开断电流的额定直流时间常数不同。为了达到要求的参数，采用控制合闸方法时的试验数据。

表 Q.3 试验回路的直流时间常数短于额定短路电流的额定直流时间常数时单相试验的试验参量的说明示例

参数	要求(表 17 中给出的和圆整值)		采用控制合闸方法时的试验数据		要求值和试验值之间的偏差/%
	尽可能最长的燃弧时间的大半波	尽可能最短的燃弧时间的小半波	大半波	小半波	
电流开断时的直流分量/%	47.2	56.4	39.2	48.6	−20 −16.6[b]
电流开断时的 di/dt [a]/%	90.2	80.2	94.1	84.9	+4.3 +5.8[b]
最后电流半波的峰值/p.u.	1.51	0.41	1.44	0.44	−4.6 +7.3[b]
最后电流半波的持续时间/ms	13.65	6.15	13.5	6.75	1.1 +9.8[b]
u_1 [a]	88.1%	82.8%	92.3%	82.1%	+4.8 +5.2[b]
u_c [a]	81.3%	90.9%	86.6%	94%	+6.5 +3.4[b]
$I\times t$/p.u. ms	20.61	2.52	19.44	2.97	−5.7 +17.9[b]

[a] 在合成试验的情况下，有可能不依赖于时间常数来控制这些数值。

[b] 小半波。

结论:可以采用控制合闸的方法来满足所有试验要求。获取的所有数值(除了直流分量外)与要求值非常接近。在这种情况下,有必要采用附加的预脱扣的方法获取允许的偏差($^{-5}_{+10}$%)。通过改变试验电流和/或 TRV 调节电路的 TRV 振幅系数可以获得紧密的配合。u_1 和 u_c 的值已从附录 P 的公式中导出。图 Q.3 中给出了结果的图解。

从表 Q.3 中可看出,Q.3 中给出的断路器的额定值全部由试验数据涵盖。应当注意电流零点非对称的百分数低于在触头分离时制造商给出的额定值。这种差异是正常的,因为由制造商规定的数值是基于规定的额定短路开断电流的直流时间常数 75 ms,不考虑燃弧时间和试验回路的直流时间常数。所满足的试验参数是 6.106.6 中规定的对最后电流半波所描述的参数。

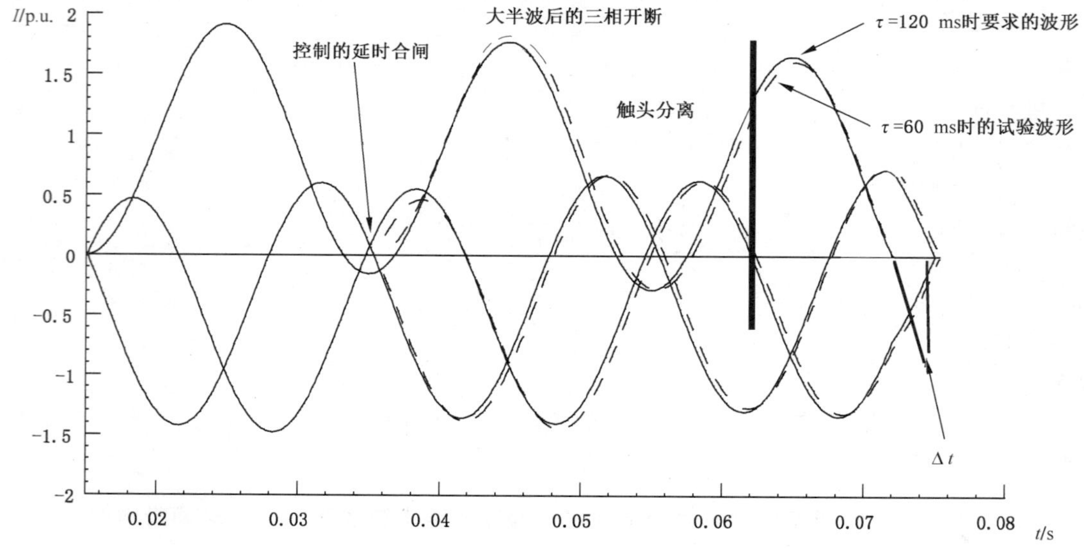

由于试验回路较短的时间常数,有必要使短路电流起始时刻迟延(预脱扣法,见 6.106.6.3 的注 1)且按此方法选择合闸相角来获得电流零点要求的直流分量。

图 Q.1 额定短路开断电流的额定直流时间常数长于试验回路的时间常数时断路器的三相试验

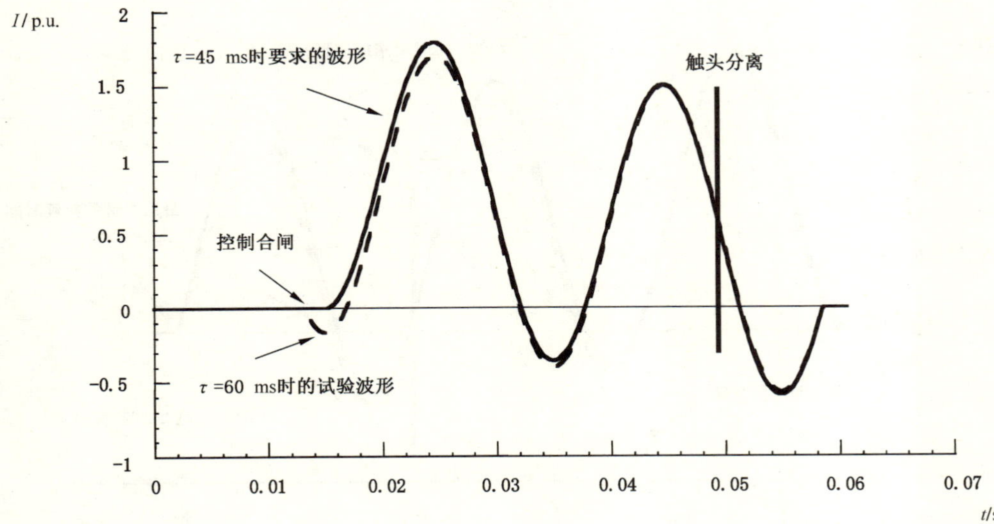

小半波后电流零点时开断

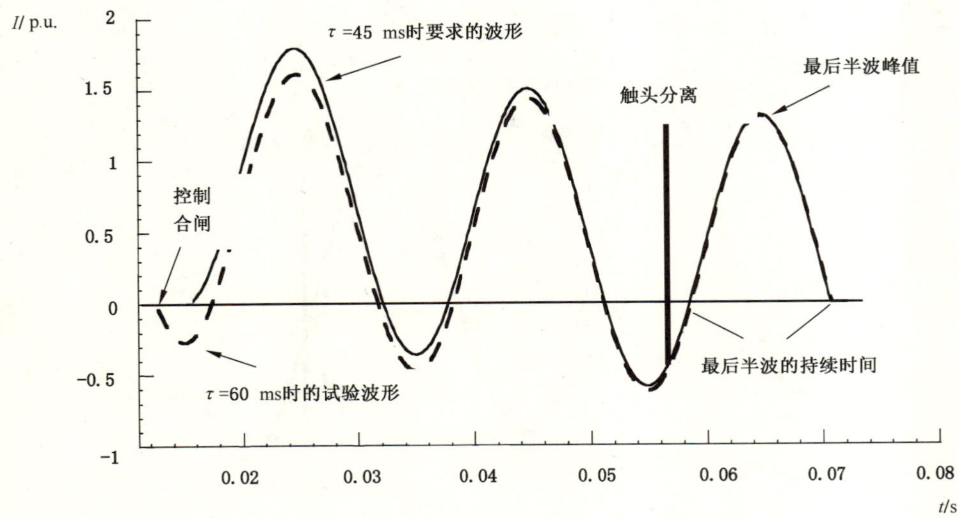

大半波后电流零点开断

图 Q.2 额定短路开断电流的额定直流时间常数短于试验回路时间常数时断路器的单相试验

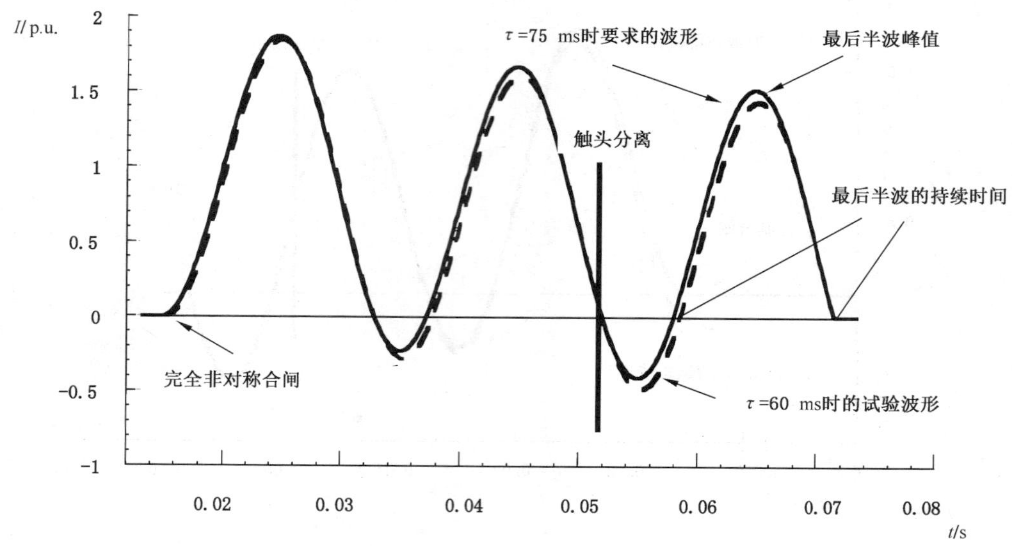

大半波后电流零点时开断

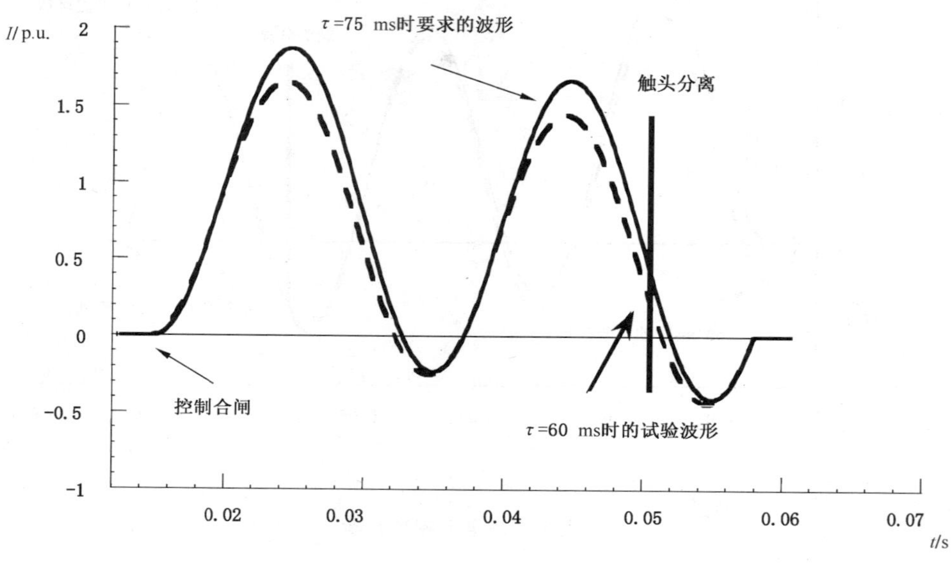

小半波后电流零点开断

图 Q.3 额定短路开断电流的额定直流时间常数长于试验回路的时间常数时断路器的单相试验

附 录 R
(规范性附录)
带有分闸电阻的断路器的要求

R.1 概述

本附录适用于接有与被断开回路串联的电阻的断路器。至少对开断操作,此电阻与主断口并联。开断过程中,主断口将电流转换到电阻器,然后与电阻器串联的电阻器断口开断剩余电流。

带有分闸电阻的断路器应该满足本标准正文的所有要求。考虑分闸电阻的存在,本附录补充了正文并且规定了具体的设计和试验要求。

典型的系统结构在图 R.1 中给出。

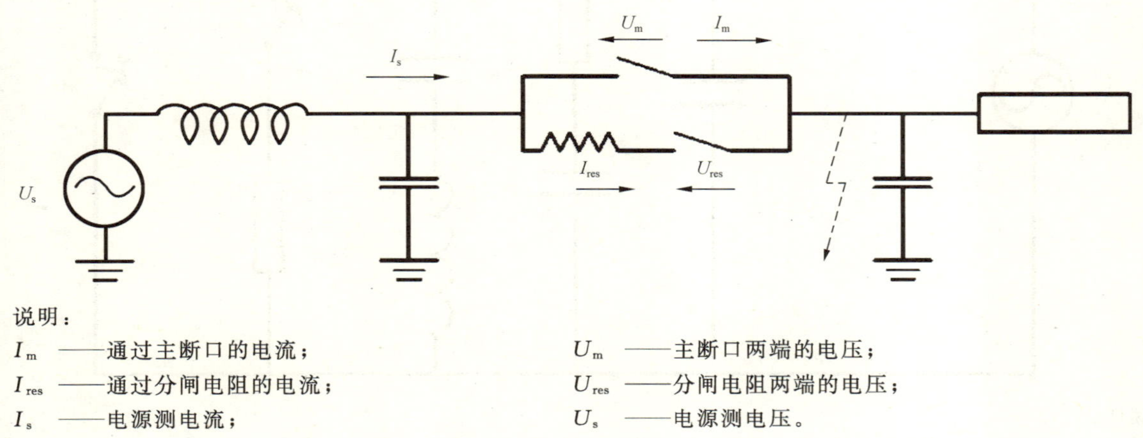

说明:

I_m ——通过主断口的电流;

I_{res} ——通过分闸电阻的电流;

I_s ——电源测电流;

U_m ——主断口两端的电压;

U_{res} ——分闸电阻两端的电压;

U_s ——电源测电压。

图 R.1 由带分闸电阻断路器开断的典型系统结构

R.2 开合性能验证

如果使用直接试验方法,则带有分闸电阻的断路器的开合性能会得到充分验证。若受试验设备限制,应使用合成试验方法,参见 GB/T 4473—2008 的附录 F。

应该获得适当的机械的和电气的操作时间,包括主断口和电阻器断口的预击穿时间和燃弧时间。

注 1:试验和运行期间连续操作的次数,受限于该电阻的热容量和冷却时间常数。

注 2:通常不带分闸电阻进行容性开合试验,考虑到该电阻对被开断电流和主断口和电阻器断口的恢复电压的影响,应调整试验参数。

由于使用合成回路限定的可用能量,合成试验应由三部分进行:

——主断口试验;

——电阻器断口试验;

——电阻器组的试验。

R.2.1 主断口试验

R.2.1.1 出线端故障和失步开合试验

通常使用合成试验方法进行这些试验。

由于试验设备的限制，通常不带分闸电阻进行这些试验。该电阻通过施加在开断条件下计算的修正电流和电压参数来考虑。

修正的 TRV 数值应基于各个工况来计算，取决于运行条件，例如短路电流和分闸电阻的阻抗值。可以使用暂态计算程序计算 TRV。这种情况下修正的 TRV 数值应由系统设计者规定。

修正的 TRV 参数也可以通过计算带有未对 TRV 产生影响的集中元件的回路中的电阻来获得。试验方式 T60 和 T100 的试验回路示例在图 R.2 中给出。试验方式 T10、T30 和 OP2 的试验回路示例在图 R.3 中给出。

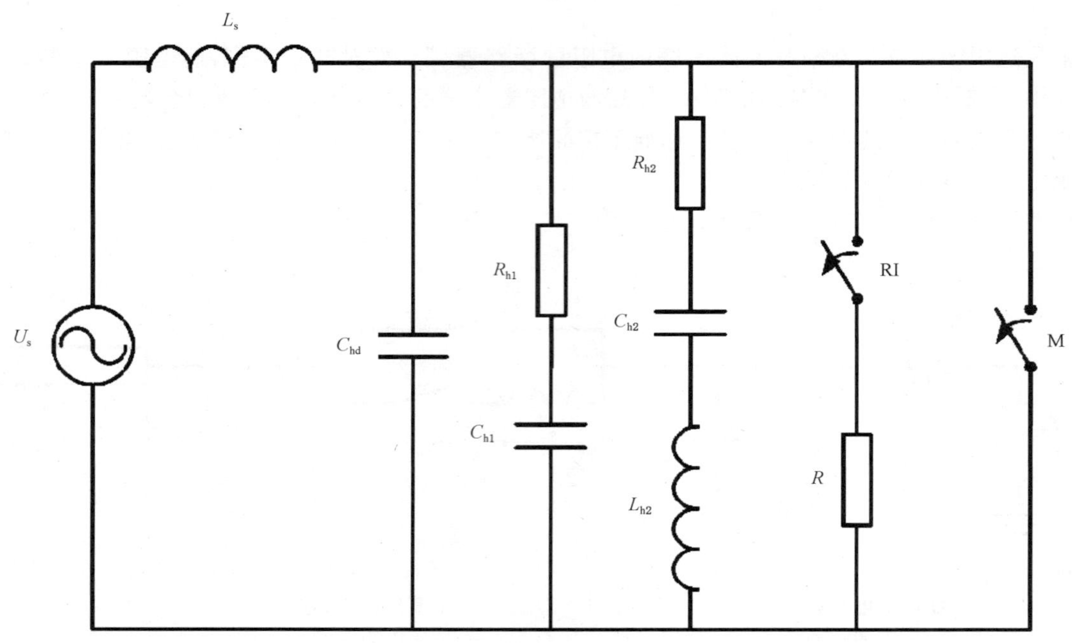

说明：

U_s ——电源电压；

L_s ——电源电感；

C_{hd}——时延电容；

R_{h1}——第 1 部分 TRV 电阻；

C_{h1}——第 1 部分 TRV 电容；

R_{h2}——第 2 部分 TRV 电阻；

C_{h2}——第 2 部分 TRV 电容；

L_{h2}——TRV 电感；

RI ——电阻器断口；

R ——电阻；

M ——主断口。

图 R.2 试验方式 T60 和 T100 的试验回路

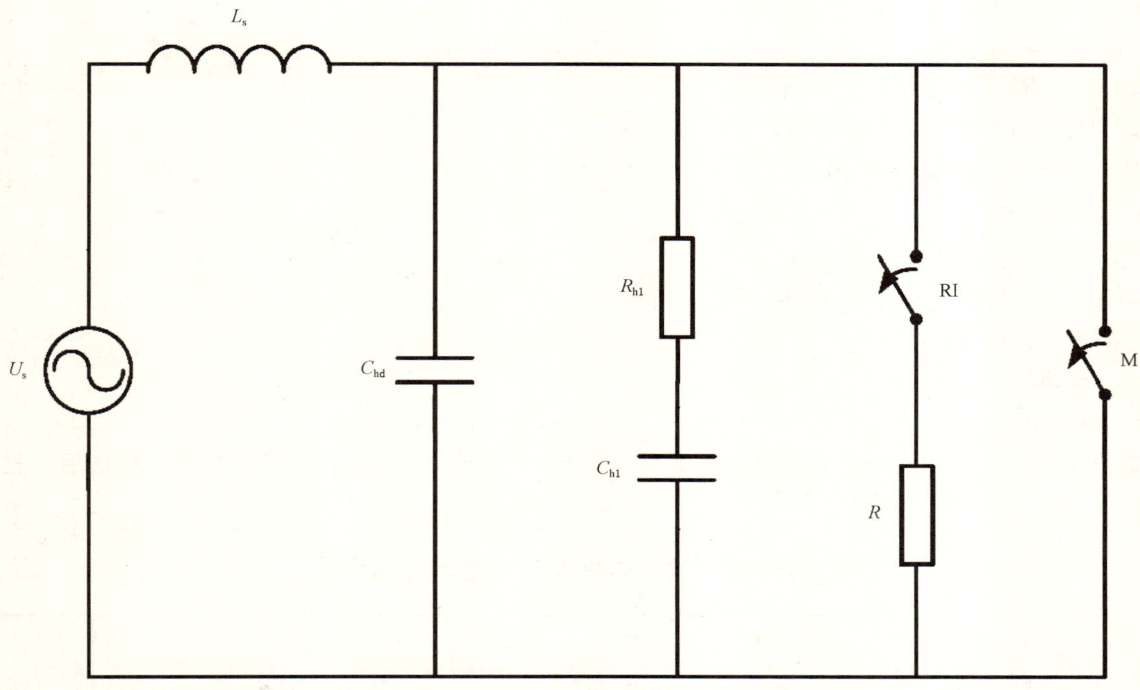

说明：

U_s ——电源电压；

L_s ——电源电感；

C_{hd}——时延电容；

R_{h1}——TRV 电阻；

C_{h1}——TRV 电容；

RI ——电阻器断口；

R ——电阻；

M ——主断口。

图 R.3 试验方式 T10、T30 和 OP2 的试验回路

参数计算：

$U_s = k_{pp} \times U_r / \sqrt{3}$

$L_s = (U_s / I_s) / \omega$

试验方式 T100 的 TRV 的计算：

$R_{h1} \approx (\mathrm{d}u/\mathrm{d}t)/(\mathrm{d}i/\mathrm{d}t)$

$C_{h1} \approx 0.31 \times L_s / R_{h1}^2$

$R_{h2} \approx 0.32 \times R_{h1}$

$C_{h2} \approx 0.7 \times C_{h1}$

$L_{h2} \approx 1.15 \times L_v$

$C_{hd} \approx t_d / R_{h1}$

试验方式 T60 的 TRV 的计算：

$R_{h1} \approx 0.9 \times (\mathrm{d}u/\mathrm{d}t)/(\mathrm{d}i/\mathrm{d}t)$

$C_{h1} \approx 0.3 \times L_s / R_{h1}^2$

$R_{h2} \approx 0.1 \times R_{h1}$

$C_{h2} \approx 1.16 \times C_{h1}$

$L_{h2} \approx 1.38 \times L_v$

$C_{hd} \approx t_d / R_{h1}$

试验方式 T30 的 TRV 的计算：

$R_{h1} \approx (du/dt)/(di/dt)$

$C_{h1} \approx 0.42 \times L_s / R_{h1}^2$

$C_{hd} \approx t_d / R_{h1}$

试验方式 T10 的 TRV 的计算：

$R_{h1} \approx 1.3 \times (du/dt)/(di/dt)$

$C_{h1} \approx 0.42 \times L_s / R_{h1}^2$

$C_{hd} \approx t_d / R_{h1}$

试验方式 OP2 的 TRV 的计算：

$R_{h1} \approx 1.85 \times (du/dt)/(di/dt)$

$C_{h1} \approx 2.55 \times L_s / R_{h1}^2$

$C_{hd} \approx t_d / R_{h1}$

表 R.1 给出了使用两个试验回路得出的计算结果。TRV_{peak}(u_{cred})的下降率在本表的最后一栏中给出。

表 R.1　出线端故障和失步 TRV 的计算结果

U_r kV	I_{sc} kA	f Hz	试验 方式	R Ω	u_1 kV	t_1 μs	u_c kV	t_2 或 t_3 μs	u_{crd} %
1 100	50	50	T100s(b)	∞	808	404	1 617	1 212	0
1 100	50	50	T100s(b)	1 000	830	451	1 549	1 238	−4
1 100	50	50	T100s(b)	500	780	461	1 485	1 267	−8
1 100	50	50	T60	∞	808	269	1 617	1 212	0
1 100	50	50	T60	1 000	740	320	1 508	1 210	−7
1 100	50	50	T60	500	660	340	1 410	1 237	−13
1 100	50	50	T30	∞			1 660	332	0
1 100	50	50	T30	1 000			1 163	407	−30
1 100	50	50	T30	500			1 036	531	−38
1 100	50	50	T10	∞			1 897	271	0
1 100	50	50	T10	1 000			971	624	−49
1 100	50	50	T10	500			853	935	−55
1 100	50	50	OP2	∞			2 245	1 344	0
1 100	50	50	OP2	1 000			1 877	1 435	−16
1 100	50	50	OP2	500			1 639	1 502	−27

R.2.1.2　近区故障试验

通常使用合成试验方法进行这些试验。

由于试验设备的限制，通常不带分闸电阻进行这些试验。该电阻通过施加在开断条件下计算的修正电流和电压参数来考虑。

修正的 TRV 数值应基于各个工况来计算，取决于运行条件，例如短路电流和分闸电阻的阻抗值。可以使用暂态计算程序计算 TRV。这种情况下修正的 TRV 数值应由系统设计者规定。

修正的 TRV 参数也可以通过计算带有未对 TRV 产生影响的集中元件的回路中的电阻来获得。试验方式 L_{90} 的试验回路示例在图 R.4 中给出。

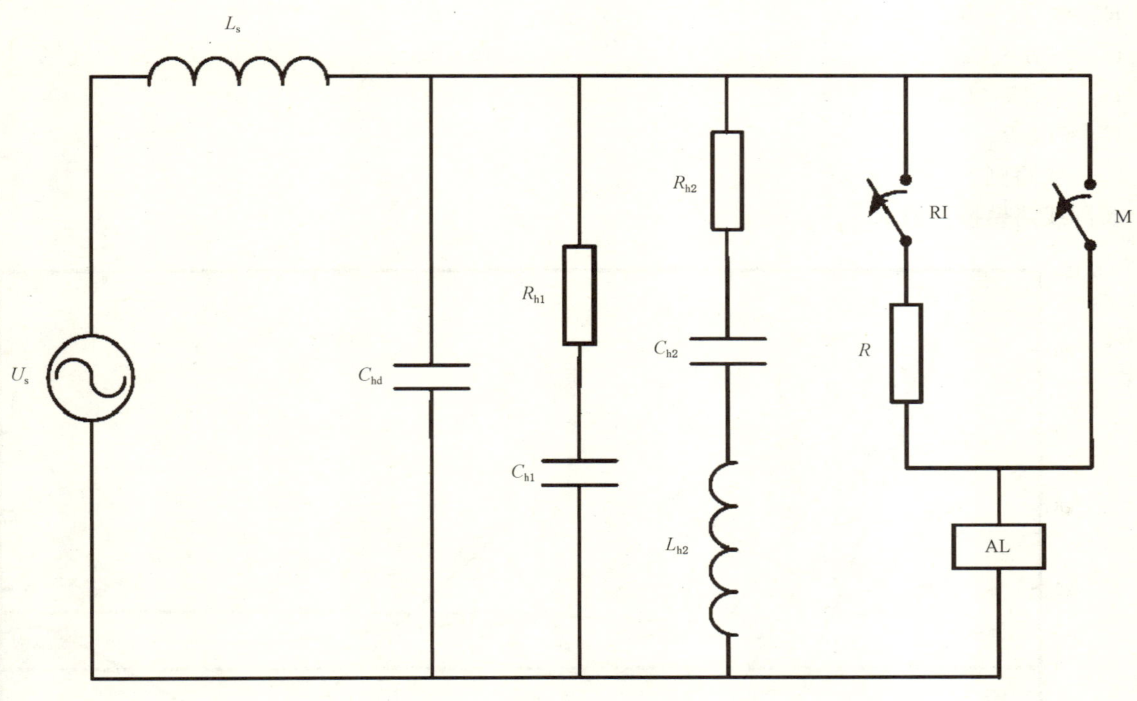

说明：

U_s ——电源电压；	C_{h2}——第 2 部分 TRV 电容；
L_s ——电源电感；	L_{h2}——TRV 电感；
C_{hd} ——时延电容；	RI ——电阻器断口；
R_{h1} ——第 1 部分 TRV 电阻；	R ——电阻；
C_{h1} ——第 1 部分 TRV 电容；	M ——主断口；
R_{h2} ——第 2 部分 TRV 电阻；	AL——人工线路。

图 R.4 近区试验方式 L_{90} 的试验回路示例

表 R.2 给出了使用图 R.4 中试验回路得出的计算结果。TRV_{peak}(u_{cred})的下降率在本表的最后一栏中给出。

表 R.2 试验方式 L_{90} 的 TRV 计算的结果

U_r kV	I_{sc} kA	f Hz	试验方式	R Ω	u_1 kV	t_1 μs	u_c kV	t_2 μs	u_{crd} %	k	Z Ω
					电源测					线路侧	
1 100	50	50	L_{90}	∞	674	337	1 347	1 011	0	1.6	330
1 100	50	50	L_{90}	1 000	635	350	1 302	1 050	−3	1.13	224
1 100	50	50	L_{90}	500	605	360	1 251	1 076	−7	0.87	173

试验方式 L_{90} 的 TRV 的计算：

——电源测

$R_{h1} \approx (\mathrm{d}u/\mathrm{d}t)/(\mathrm{d}i/\mathrm{d}t)$

$C_{h1} \approx 0.31 \times L_s / R_{h1}^2$

$R_{h2} \approx 0.32 \times R_{h1}$

$C_{h2} \approx 0.7 \times C_{h1}$

$L_{h2} \approx 1.15 \times L_v$

$C_{hd} \approx t_d / R_{h1}$

——线路侧

实际线路模拟见图 R.5。

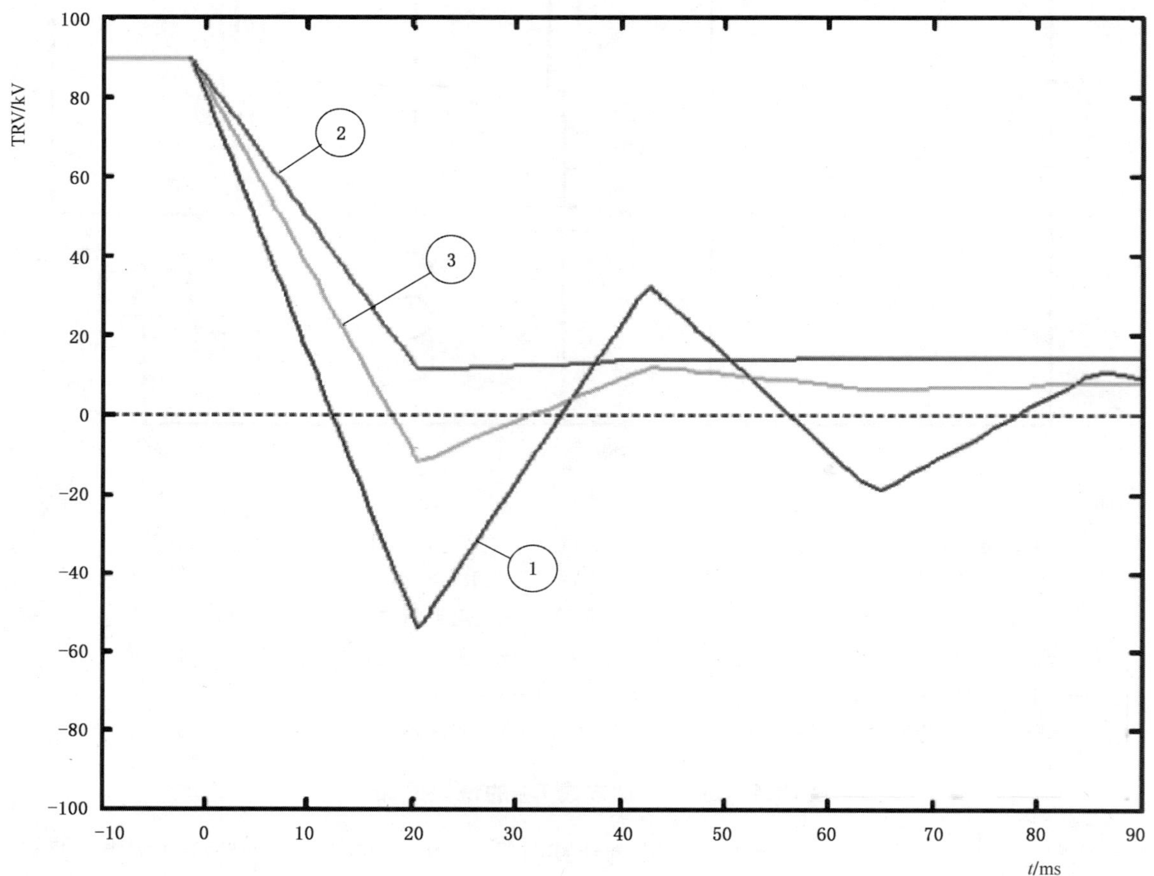

说明：

①——($R=\infty$)：$k=1.6$ 和 $Z=330\ \Omega$；

②——$R=500\ \Omega$：$k=0.87$ 和 $Z=173\ \Omega$；

③——$R=1\ 000\ \Omega$：$k=1.13$ 和 $Z=224\ \Omega$。

图 R.5 基于 $U_r=1\ 100$ kV、$I_{sc}=50$ kA 和 $f_r=50$ Hz 近区故障试验方式 L_{90} 真实线路模拟的示例

R.2.1.3 容性电流开合试验

带有分闸电阻的断路器的使用仅限架空线路开合。插入阶段恢复电压波形可表示如下：

$$U(t)=\frac{\sqrt{2}U_s R}{Z}\left[\cos\varphi \times \mathrm{e}^{-(1/RC)t}-\cos(\omega t+\varphi)\right]$$

其中，U_s 为电源测电压，包括容性电压因数 k_c，以有效值(kV)形式表述。

C 线路侧电容(F)

R 分闸电阻值(Ω)

$Z=\sqrt{R^2+(1/\omega C)^2}$

$\varphi=\tan^{-1}(1/\omega RC)$

主断口线路充电电流试验分两部分进行：

a) 带有正弦恢复电压的试验方式 LC2 用来验证在电阻插入期间没有重击穿或重燃。如果发生重燃，则认为试验无效且应进行直接试验确认主断口的充分性能。

b) 带有修正的“1－cos”波形的试验方式 LC1 用来验证最大恢复电压峰值的电压耐受。修正的“1－cos”波形应在电流零点后等于或小于额定分闸电阻插入时间的时刻施加。

注：认为插入期间之后，恢复电压波形没有减小。可选的方法是通过一个试验进行此试验，用 6.111.9 描述的相同次数的试验来涵盖这两种情况。

主断口重击穿性能应符合 6.111.11。

容性电流开合的典型恢复电压波形见图 R.6。

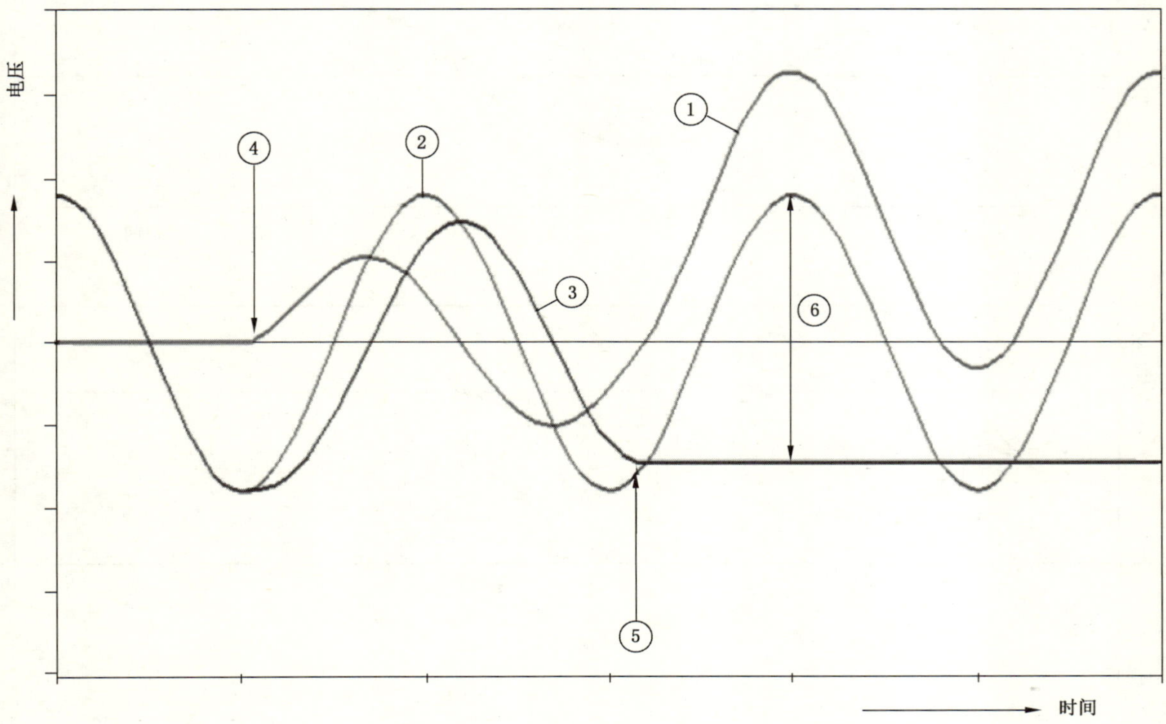

说明：

①——主断口端子两端的电压 U_m；

②——电源测电压 U_s；

③——负载测电压 U_1；

④——主断口开断；

⑤——电阻器断口开断；

⑥——电阻器断口端子两端的电压 U_{res}。

图 R.6 带分闸电阻的断路器容性电流开合的典型恢复电压波形

R.2.2 电阻器断口试验

R.2.2.1 出线端故障和失步开合试验

在额定电压高于 800 kV 的情况下，由于分闸电阻值在 500 Ω～2 000 Ω 范围内，电阻器断口的开断电流值通常约为 1.5 kA 或更小。假定短路电流在 40 kA～63 kA 范围内。则流经电阻器断口的电流约为额定短路电流的 1%～4%。仅在失步开合的情况下，电流可约为 3 kA。

如对主断口做的那样，应对每种特定情况计算修正的 TRV。

可以通过使用一个适当的暂态计算程序计算 TRV。

修正的 TRV 参数也可以通过计算带有集中元件的回路中电阻的影响来获得。试验回路示例在图 R.3 中给出。

典型的恢复电压波形和经过电阻器断口的电流见图 R.7。

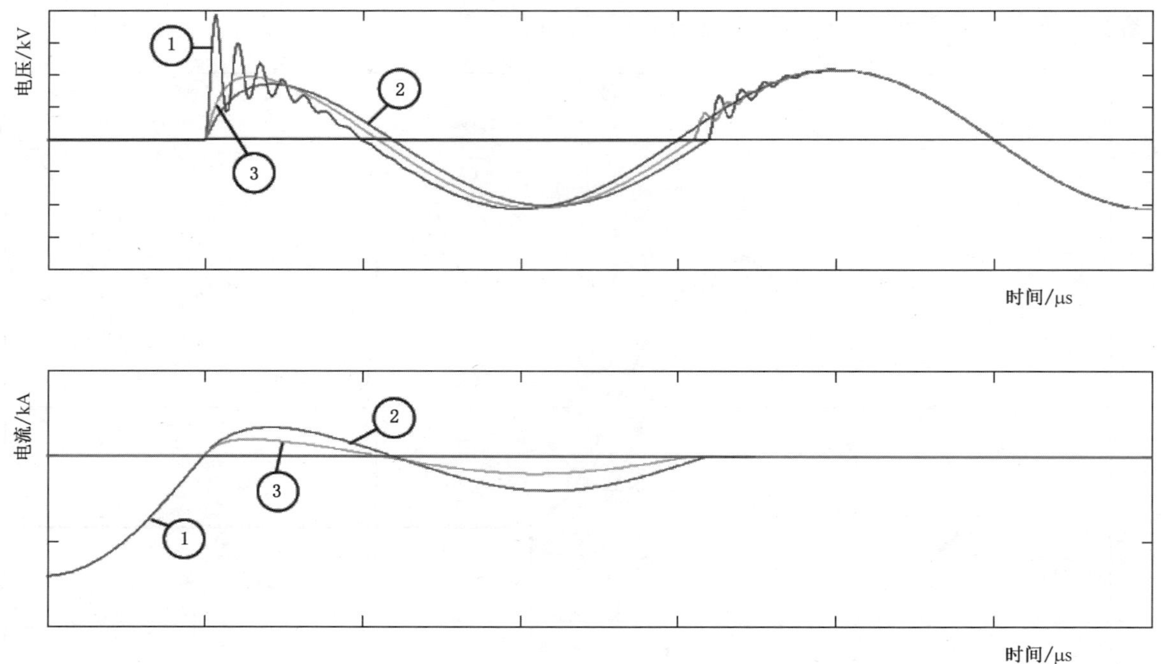

说明：

①——主断口，$R=\infty$；

②——$R=500\ \Omega$；

③——$R=1\ 000\ \Omega$。

图 R.7 配有分闸电阻的断路器的电阻器断口上的 T10
（基于 $U_r=1\ 100$ kV、$I_{sc}=50$ kA 和 $f_r=50$ Hz）的典型恢复电压波形

表 R.3 给出了使用图 R.3 中试验回路得出的计算结果。

表 R.3 试验方式 T10,TRV 计算的结果

U_r kV	I_{sc} kA	f Hz	试验方式	R Ω	u_c kV	t_3 μs	I_r kA
1 100	50	50	T10	∞			
1 100	50	50	T10	1 000	408	295	0.754
1 100	50	50	T10	500	673	287	1.46

如果进行了出线端故障试验方式 T10,则不需要重复其他出线端故障试验方式(T30、T60、T100a 和 T100s)。

R.2.2.2 近区故障(SLF)试验

电阻器断口的开断电流值参见 R.2.2.1。

如对主断口做的那样,应对每种特定情况计算修正的 TRV。

可以通过使用一个适当的暂态计算程序计算 TRV。

如果进行了出线端故障试验方式 T10,则电阻器断口不要求 SLF 试验。

R.2.2.3 容性电流开合试验

要求进行两个系列的线路充电电流开合试验:

a) LC1:对未配分闸电阻的断路器,使用规定的“1－cos”波形;

b) LC2:对配有分闸电阻的断路器,使用修正的“1－cos”波形。下面公式给出了修正时刻和在串有电阻 R 的电路中的电阻器断口的峰值恢复电压:

$$U(t)=\sqrt{2}U_s[\cos(\theta)-\cos(\omega t+\theta)]$$

其中 $\theta=\tan^{-1}(\omega CR)$

电阻器断口的重击穿性能应符合 6.111.11。

R.2.3 电阻器组的试验

电阻器组应承受电阻插入期间电流经过电阻产生的热应力。此试验可通过进行一次 T100s 操作,随后进行一个失步关合和开断试验方式(CO 操作)验证。试验期间,应在电阻元件中获得能量和电流水平。经制造厂同意,在失步条件下,如果实际使用的电流高于流过电阻器的电流,则允许减小电流持续的时间。这些试验可以用实际的断路器触头或一个辅助断口进行。

可以对包含至少 20 个串联电阻器元件的已预热到额定值的型材进行试验。此已定额的型材应模拟等于或比完整模型更严酷的热和绝缘的条件。

认为预期插入时间是,关合操作 10 ms 和开断操作 30 ms。

注:如果规定的插入时间与上述提及的不同,可以使用不同的插入时间。

两个额定注入能量之间的持续时间应由制造厂规定。

为了验证电阻器组的热容量,应在规定的冷却持续时间后进行第二个试验方式。电容器组在两个试验方式之间的冷却不应比运行条件有利。第二个试验方式之后,电阻器组不应有明显的劣化。

电阻器组和每个单独的电阻器元件的测量值应该是,试验后且经过足够的冷却时间后,电阻值变化不应超过试验前测量值的 2.5%。

R.3 开断操作的触头时延

电阻器应在开断操作期间的一段时间后插入回路。电阻器的机械插入时间应长于主断口的最长燃弧时间，30 ms 左右的数值一般是足够的(也应考虑电阻器断口的燃弧时间)。

取决于设计，相同的电阻器和成套电阻器断口可用于合闸和分闸。电阻器应在 3.7.145 定义的预插入时间内插入回路，并考虑电阻器断口和主断口的预计穿。

R.4 电流承载性能

电阻器应能在规定期间承载其电流，且没有任何异常情况，例如燃弧、对邻近部件闪络、开裂或任何机械损坏。其电气接触表面不应显示任何起弧迹象，例如灼烧痕迹。

支撑电阻器元件的绝缘材料，如果有，应耐受开断和关合操作期间电流经过电阻器引起的热和电气应力。

R.5 绝缘性能

见 6.2。

R.6 机械性能

机械操作试验(见 6.101.2)应在装配有主断口和电阻器断口及电阻器组的断路器的一个极或多极上进行。

在机械试验期间和之后，电阻器元件应满足 6.101.1.4 规定的状态。另外，电阻器元件不应显示任何损坏，例如破碎、裂缝等。试验后测量的电阻器组的电阻值变化不应超过试验前测量值的 2.5%。

R.7 分闸电阻器技术规范的要求

对带有分闸电阻的断路器，应规定下述内容：

——电阻值；

——电阻器的插入时间；

——工作周期。

两个连续的 R.2.3(一个工作周期是指出线端故障下的一个 O 和另一个是指失步下的一个 CO)中规定的工作周期之间的时间应由制造厂规定。

R.8 恢复电压波形的例子

图 R.5～图 R.13 给出了不同开断和开合条件下的波形。目的是给出图形说明并图解分闸电阻的作用。

R.8.1 出线端故障

开断大短路电流的情况例如 T100s，主断口和电阻器断口波形的典型示例在图 R.8 中给出，相应的电流见图 R.9。

相比小短路电流的情况例如 T30 和 T10,TRV 波形见图 R.10,电流波形见图 R.11。

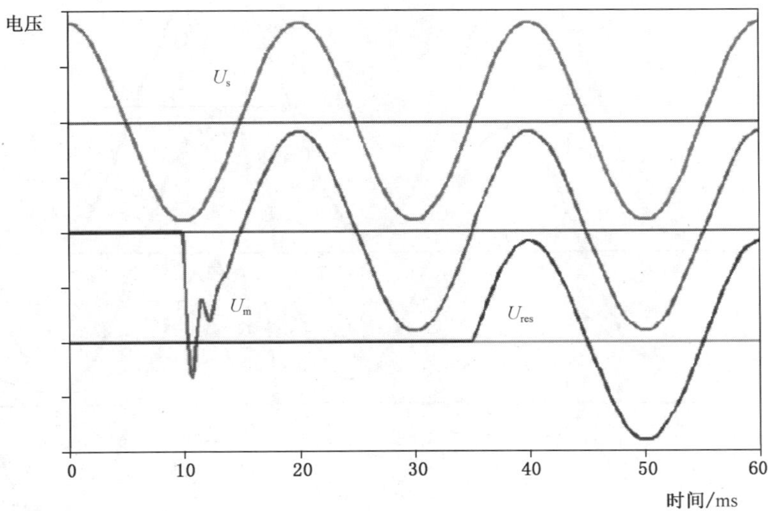

说明:

U_m ——主断口两端的电压;

U_{res} ——分闸电阻两端的电压;

U_s ——电源电压。

图 R.8 大短路电流开断操作的 TRV 波形

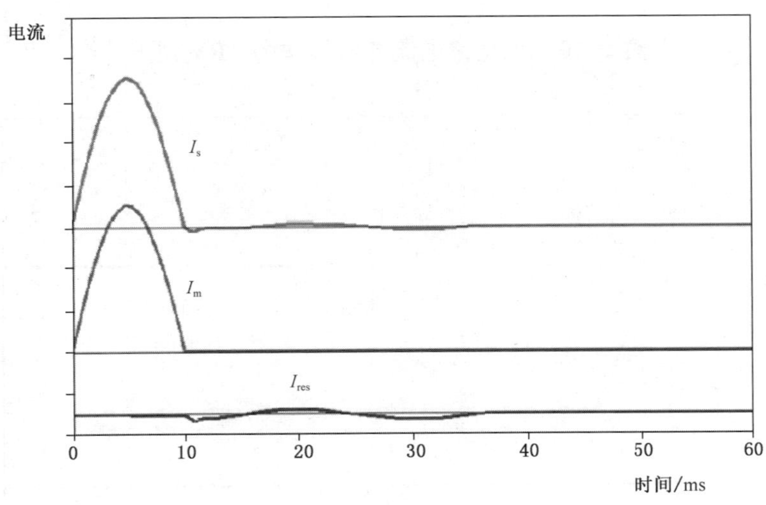

说明:

I_m ——主断口电流;

I_{res} ——分闸电阻电流;

I_s ——电源电流。

图 R.9 大短路电流开断操作情况的电流

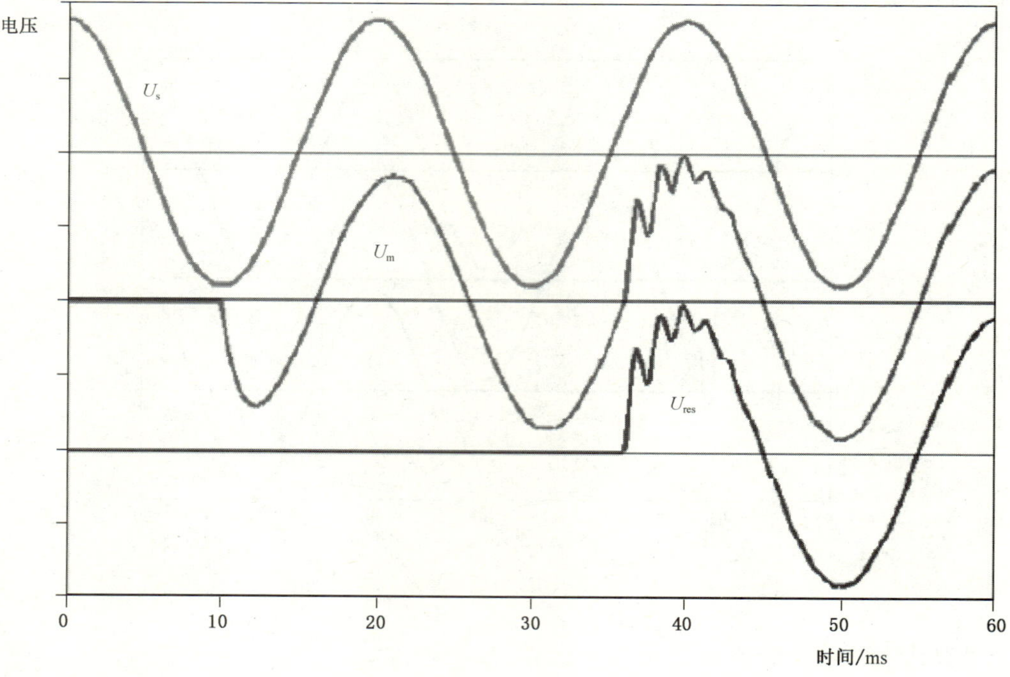

说明：

U_m ——主断口两端的电压；

U_{res} ——分闸电阻两端的电压；

U_s ——电源电压。

图 R.10 小短路电流开断操作的 TRV 波形

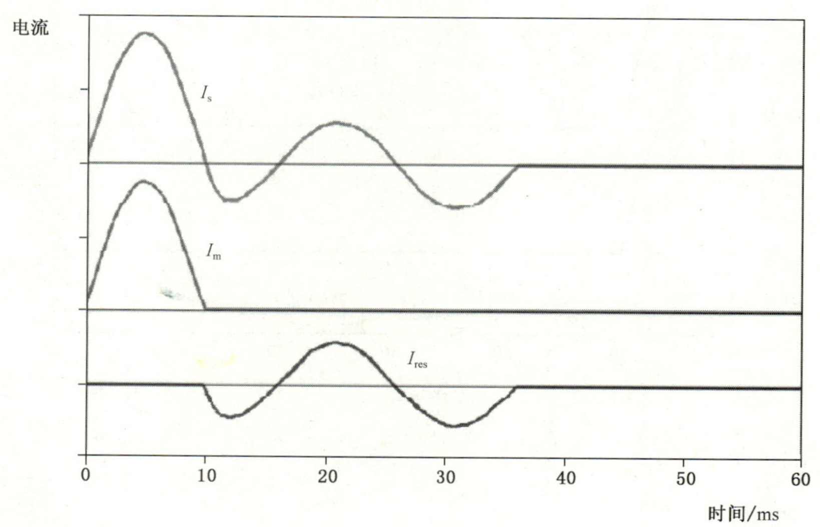

说明：

I_m ——主断口电流；

I_{res} ——分闸电阻电流；

I_s ——电源电流。

图 R.11 小短路电流开断操作情况的电流

R.8.2 线路充电电流开断

线路充电电流开断操作的典型恢复电压波形见图 R.12,电流波形见图 R.13。

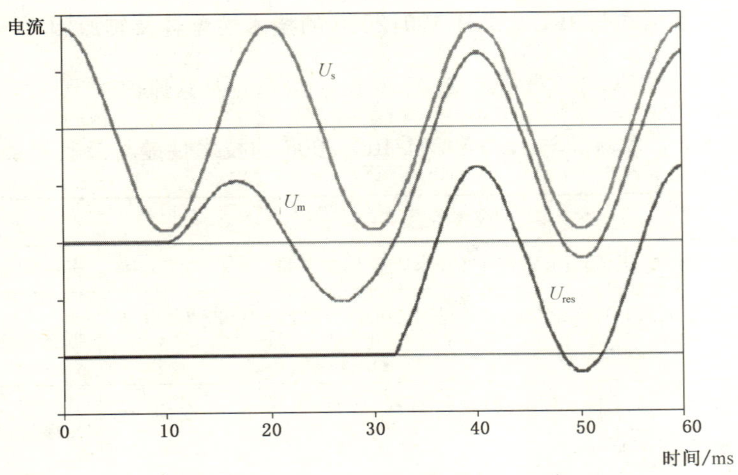

说明:

U_m ——主断口两端的电压;

U_{res} ——分闸电阻两端的电压;

U_s ——电源电压。

图 R.12 线路充电电流开断操作的电压波形

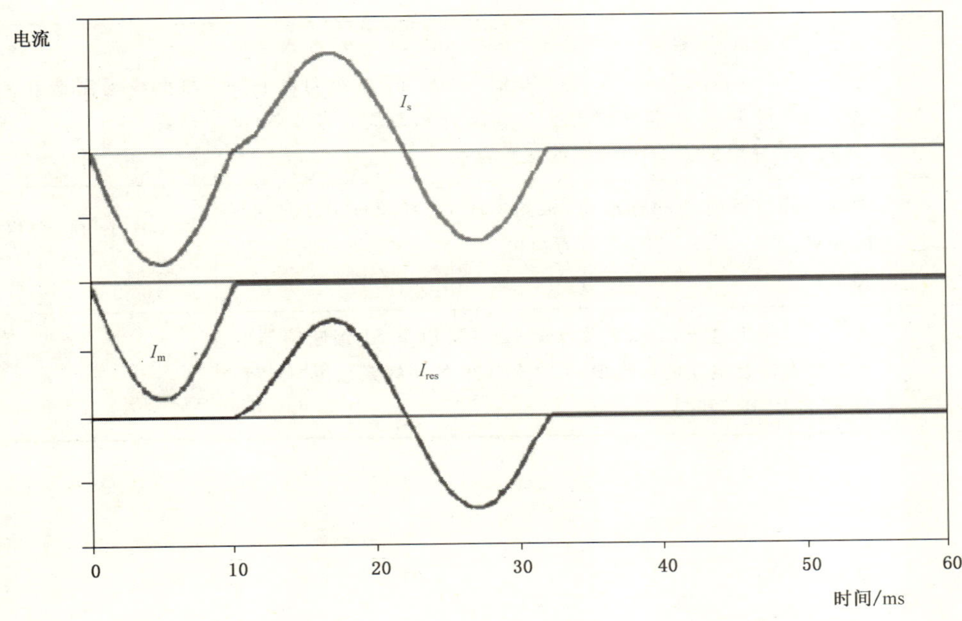

说明:

I_m ——主断口电流;

I_{res} ——分闸电阻电流;

I_s ——电源电流。

图 R.13 线路充电电流开断操作的电流波形

附　录　S
（资料性附录）
本标准与 IEC 62271-100:2008 的技术性差异及其原因

表 S.1 给出了本标准与 IEC 62271-100:2008 的技术性差异及其原因。

表 S.1　本标准与 IEC 62271-100:2008 的技术性差异及其原因

本标准章条编号	技术性差异	原因
全文	增加额定电压 40.5 kV 和 1 100 kV 及相关参数	根据我国电网实际情况
1.1	将 IEC 62271-100:2008 的“电压 1 000 V 及以上”修改为“电压 3 000 V 及以上”	根据我国行业分工
	将 IEC 62271-100:2008 的“运行频率 60 Hz 及以下”修改为“运行频率 50 Hz”	按照我国电网运行频率
3.8	删除 IEC 62271-100:2008 “定义索引”	本标准不需要定义索引
5.8.103	并联脱扣器动作的最低电源电压，根据 GB/T 11022—2011 的 5.8 的要求，将 5.8.103 中的“20%”改为“30%”	与 GB/T 11022—2011 保持一致
6.108.3	“单相和异相接地故障试验”中的 6.108.3“试验方式”，将“试验方式由一个单独的开断操作组成”改为“试验方式由一个额定操作顺序组成”	根据我国制造和使用部门的需要
6.101.6.2	端子静负载试验，将表 14 中的 252 kV～363 kV 的纵向水平拉力由 1 250 N 改为 1 500 N；将 550 kV～800 kV 的纵向水平拉力 1 750 N 和垂直水平拉力 1 250 N 分别改为 2 000 N 和 1 500 N；并增加了 1 100 kV 的参数要求	根据我国制造和使用部门的需要
8.103.6	额定短路持续时间的标准值，根据 GB/T 11022—2011 的 4.8 的要求，由“1 s”改为“2 s”；推荐值由“0.5 s 、2 s 和 3 s”改为“3 s 和 4 s”	与 GB/T 11022—2011 保持一致
6.104.6	表 21 中，额定电压 3.6 kV 及以上 126 kV 以下 S1 级断路器的预期瞬态恢复电压的标准值，T10 和 T30 的振幅系数由“1.6”和“1.7”改为“1.5”和“1.5”	根据我国制造和使用部门的需要

附 录 T
（资料性附录）
本标准与 IEC 62271-100:2008 的章条编号对照

本标准与 IEC 62271-100:2008 相比，部分章条编号作了编辑性修改，增加了部分章条编号。具体章条编号对照情况见表 T.1。

表 T.1 本标准与 IEC 62271-100:2008 的章条编号对照情况

本标准章条编号	对应的 IEC 62271-100:2008 章条编号
—	3.8
4.1	—
4.2	4.1
4.3	4.2
4.4	4.3
4.5	4.4
4.6	4.5
4.7	4.6
4.8	4.7
4.9	4.8
4.10	4.9
4.11	4.10
4.101	4.101
4.101.1	—
4.101.2	4.101.1
4.101.3	4.101.2
6	6
6.1	—
6.1.1	—
6.1.2	—
6.1.3	6.1.1
6.1.4	6.1.2
6.1.5	6.1.3

参 考 文 献

[1] IEC 60077 Railway applications—Electric equipment for rolling stock

[2] IEC 62271-109 High-voltage switchgear and controlgear—Part 109：Alternating-current series capacitor by-pass switches

[3] IEC 60143-2 Series capacitors for power systems—Part 2：Protective equipment forseries capacitor banks

[4] CIGRE Technical Brochure 305，2006：Guide for application of IEC 62271-100 and IEC 62271-1—Part 2：Making and breaking tests

[5] IEC 62271-310 High-voltage switchgear and controlgear—Part 310：Electricalendurance testing for circuit-breakers of rated voltage 72，5 kV and above

[6] ISO Guide to the expression of uncertainty in measurement

[7] A.Pons，A. Sabot，G. Babusci. Electrical endurance and reliability of circuit-breakers. Common experience and practice of two utilities. IEEE Transactions on Power Delivery，Vol. 8，No. 1，January 1993

[8] ANSI C37.06.1：2000 Guide for high-voltage circuit breakers rated on a symmetricalcurrent basis-designated "definite purpose for fast transient recovery voltage rise times"

[9] IEC 62271-200 High-voltage switchgear and controlgear—Part 200：AC metal enclosed switchgear and controlgear for rated voltages above 1 kV and up to and including 52 kV

[10] IEC 62271-203 High-voltage switchgear and controlgear—Part 203：Gas-insulated metal-enclosed switchgear for rated voltages of 72，5 kV and above

[11] ANSI/EEE C37.012-1979 IEEE Application Guide for Capacitance Current Switching for AC High-Voltage Circuit Breakers Rated on a Symmetrical Current Basis

[12] IEEE Transactions on Power Delivery，Vol. 11，N°2，April 1996，pp 865-870

下列文件提供附加信息：

IEC 60044-1 Instrument transformers—Part 1：Current transformers

IEC 60044-2 Instrument transformers—Part 2：Inductive voltage transformers

IEC 60099-4 Surge arresters—Part 4：Metal oxide surge arresters without gaps for a.c.systems

IEC 60186 Voltage transformers

IEC/TR 62271-300 High-voltage switchgear and controlgear—Part 300：Seismingqualification of alternating current circuit-breakers

ANSI/IEEE C37.013—1997 Standard for AC high-voltage generator circuit breakers rated on a symmetrical current basis

ANSI/IEEE C37.09—1999 Test procedure for AC high-voltage circuit breakers rated on asymmetrical current basis

IEEE 100 The authoritative dictionary of IEEE standards terms，7th edition，2000

ICS 29.130.10
K 43

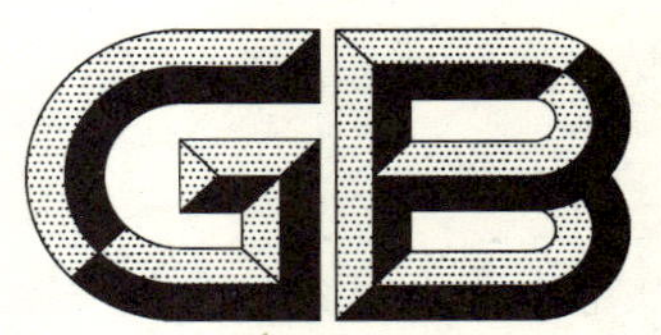

中华人民共和国国家标准

GB 1985—2014
代替 GB 1985—2004

高压交流隔离开关和接地开关

High-voltage alternating-current disconnectors and earthing switches

(IEC 62271-102:2001+A1:2011,MOD)

自 2017 年 3 月 23 日起,本标准转为推荐性标准,编号改为 GB/T 1985—2014。

2014-06-24 发布　　2015-01-22 实施

中华人民共和国国家质量监督检验检疫总局
中国国家标准化管理委员会　发布

前 言

本标准的全部技术内容为强制性(除术语和定义)。

本标准按照 GB/T 1.1—2009 给出的规则起草。

本标准代替 GB 1985—2004《高压交流隔离开关和接地开关》。

本标准与 GB 1985—2004 的主要差异有:

——按照 IEC 62271-102:2001+A1:2011,增加术语“组合功能接地开关”和“解锁点”的定义;根据需要,增加术语“M1 级接地开关”和“M2 级接地开关”的定义。

——增加额定电压 1 100 kV 隔离开关、接地开关的相关技术要求。

——将接地开关的额定短路持续时间由 2 s 改为至少 2 s。

——补充了额定电压 24 kV、31.5 kV 隔离开关推荐的额定端子静态机械负荷。

——修改了 M1 级隔离开关和接地开关机械寿命的额定值。

——补充了额定电压 40.5 kV 隔离开关的额定母线转换电压。

——修改了气体绝缘金属封闭开关设备中的隔离开关母线充电电流开合能力的规定值;增加了空气绝缘的隔离开关小容性电流开合能力的额定值。

——增加了隔离开关小感性电流开合能力的额定值。

——修改了 B 类接地开关的额定感应电流和额定感应电压的标准值以及相关的试验回路参数。

——引用了 GB/T 11022—2011 的 6.1.1 中关于应进行型式试验的六种情况的规定,并明确了其 d)项中要求的验证试验项目。

——将无线电干扰电压试验中 $1.1U_r/\sqrt{3}$ 下的无线电干扰电平由不超过 2 000 μV 改为按照 GB/T 11022—2011。

——根据 IEC 62271-102:2001+A1:2011,全面修改了接地开关短路关合性能试验。

——按照 IEC/TR 62271-305:2009,增加了空气绝缘的隔离开关小容性电流开合试验。

——增加了隔离开关小感性电流开合试验。

——按照 GB/T 11022—2011,增加了 5.19、5.20、6.10 和 6.11。

——按照 GB/T 11022—2011,增加了 11.2 和 11.3,原 11.1～11.4 顺延为 11.4～11.7。

——按照 GB/T 11022—2011,增加了第 12 章。

——按照 IEC 62271-102:2001+A1:2011,用新的图 6 替换原图 6。

——根据 IEC 62271-102:2001+A1:2011,增加了附录 G。根据 IEC/TR 62271-305:2009,增加了附录 H、附录 I、附录 J 和附录 K。GB 1985—2004 的原附录 G 顺延为附录 L,并按 GB 311.1—2012 进行了修改。

——对有关条款以及附录 B、附录 C、附录 E 和附录 F 中部分条款的编号作了编辑性修改。

——增加了附录 M 和附录 N。

本标准使用重新起草法修改采用 IEC 62271-102:2001《高压开关设备和控制设备　第 102 部分:交流隔离开关和接地开关》+IEC 62271-102 A1:2011《高压开关设备和控制设备　第 102 部分:交流隔离开关和接地开关》,并将 IEC/TR 62271-305:2009《高压开关设备和控制设备　第 305 部分:额定电压 52 kV 以上空气绝缘隔离开关的容性电流开合能力》的内容纳入其中。本标准与之相比存在技术性差异,这些差异涉及的条款已通过在其外侧页边空白位置的垂直单线(|)进行了标识,附录 M 中给出了相应技术性差异及其原因一览表。

本标准对 IEC 62271-102:2001《高压开关设备和控制设备　第 102 部分:交流隔离开关和接地开

关》+IEC 62271-102 A1:2011《高压开关设备和控制设备　第102部分:交流隔离开关和接地开关》和IEC/TR 62271-305:2009《高压开关设备和控制设备　第305部分:额定电压52 kV以上空气绝缘隔离开关的溶性电流开合能力》的全部章条编号作了编辑性修改,附录N中给出了本标准与IEC 62271-102和IEC/TR 62271-305的章条编号对照情况。

本标准应与GB/T 11022—2011一起使用,除非本标准另有规定,本标准执行GB/T 11022—2011的规定。为了简化相同要求的重复表述,本标准的章、条号与GB/T 11022—2011相同。对于这些章、条内容的补充在同一引用标题下给出,而附加的条款从101开始编号。

本标准由中国电器工业协会提出。

本标准由全国高压开关设备标准化技术委员会(SAC/TC 65)归口。

本标准负责起草单位:新东北电气集团高压开关有限公司、西安高压电器研究院有限公司。

本标准起草单位:中国电力科学研究院、平高集团有限公司、西安西电开关电气有限公司、西安西电高压开关有限责任公司、华东电网有限公司、天水长城开关厂有限公司、河北省电力公司、辽宁高压电器设备质量检测有限公司、北京科锐配电自动化股份有限公司、湖南长高高压开关集团股份公司、山东泰开隔离开关有限公司、江苏省如高高压电器有限公司、苏州阿尔斯通高压电气开关有限公司、ABB(中国)有限公司、金华电力开关有限公司、云南云开电气股份有限公司、阿海珐输配电厦门华电有限公司、北京北开电气股份有限公司、国网电力科学研究院、泉州亿兴电力有限公司。

本标准主要起草人:张姝、江海、孟维东、吴鸿雁、田恩文、杨大锟、张勐。

本标准参与起草人:王平、贾涛、吴钊、王挺、崔景春、孔祥军、张重乐、李庆余、阎关星、夏立国、王周康、王鑫、王宇驰、刘兆林、刘爱华、霍凤鸣、杨英杰、胡兆明、廖俊德、邓文华、韩长庚、任晓东、李朝晖、王俊、顾恩捷、黄立群、叶树新、卢德银、龚绍成、周小琳、尹弘彦、汪海波、王铮。

本标准所代替标准的历次版本发布情况为:

——GB 1985—1980、GB 1985—1989、GB 1985—2004;

——GB/T 13601—1992。

根据中华人民共和国国家标准公告(2017年第7号)和强制性标准整合精简结论,本标准自2017年3月23日起,转为推荐性标准,不再强制执行。

高压交流隔离开关和接地开关

1 概述

1.1 范围

本标准适用于设计安装在户内和户外，且运行在频率50 Hz、标称电压3 000 V及以上的系统中，端子是封闭的和敞开的交流隔离开关和接地开关。

本标准也适用于这些隔离开关和接地开关的操动机构及其辅助设备。

封闭式开关设备和控制设备中的隔离开关和接地开关的附加要求在GB 3906、GB 7674和IEC 62271-201中给出。

注：本标准不包括将熔断器作为其一个组件的隔离开关。

1.2 规范性引用文件

下列文件对于本文件的应用是必不可少的。凡是注日期的引用文件，仅注日期的版本适用于本文件。凡是不注日期的引用文件，其最新版本(包括所有的修改单)适用于本文件。

GB 311.1—2012　绝缘配合　第1部分：定义、原则和规则(IEC 60071-1:2006+A1:2012,MOD)

GB/T 311.2—2013　绝缘配合　第2部分：使用导则(IEC 60071-2:1996,MOD)

GB/T 1804—2000　一般公差　未注公差的线性和角度尺寸的公差(eqv ISO 2768-1:1989)

GB 1984—2014　高压交流断路器(IEC 62271-100:2008,MOD)

GB/T 2900.20—1994　电工术语　高压开关设备(neq IEC 60050)

GB 3906—2006　3.6 kV～40.5 kV交流金属封闭开关设备和控制设备(IEC 62271-200:2003,MOD)

GB/T 4109—2008　交流电压高于1 000 V的绝缘套管(IEC 60137 Ed.6.0,MOD)

GB 4208—2008　外壳的防护等级(IP代码)(IEC 60529:2001,IDT)

GB/T 4473—2008　高压交流断路器的合成试验(IEC 62271-101:2006,MOD)

GB/T 7354—2003　局部放电测量(IEC 60270:2000,IDT)

GB 7674—2008　额定电压72.5 kV及以上气体绝缘金属封闭开关设备(IEC 62271-203:2003,MOD)

GB/T 11022—2011　高压开关设备和控制设备标准的共用技术要求(IEC 62271-1:2007,MOD)

GB/Z 24837—2009　1 100 kV高压交流隔离开关和接地开关技术规范

GB/T 26218(所有部分)　污秽条件下使用的高压绝缘子的选择和尺寸确定(IEC/TS 60815,MOD)

IEC 60865-1:1993　短路电流　效应的计算　第1部分：定义和计算方法(Short-circuit currents—calculation of effects—Part 1:Definitions and calculation methods)

IEC 62271-201:2006　高压开关设备和控制设备　第201部分：额定电压1 kV以上52 kV及以下交流绝缘封闭开关设备和控制设备(High-voltage switchgear and controlgear—Part 201: AC insulation-enclosed switchgear and controlgear for rated voltages above 1 kV and up to and including 52 kV)

2 正常和特殊使用条件

GB/T 11022—2011 的第 2 章适用。

3 术语和定义

GB/T 11022—2011 的第 3 章适用,并作如下补充:

本章包括所需要的定义,其中的大多数参照 GB/T 2900.20—1994。

3.1

通用术语 general terms

3.1.101

户内开关设备和控制设备 indoor switchgear and controlgear

[GB/T 2900.20—1994,定义 3.3]

3.1.102

户外开关设备和控制设备 outdoor switchgear and controlgear

[GB/T 2900.20—1994,定义 3.4]

3.1.103

(隔离开关或接地开关一个部件的)温升 temperature rise(of a part of a disconnector or earthing switch)

部件温度与周围空气温度之差。

3.1.104

用户 user

使用隔离开关或接地开关的个体或法定团体。

注:用户可以包括隔离开关或接地开关的买主(如电力供应商),也可以包括承包公司、负责安装、维修的人员或操作人员,或其他对隔离开关、接地开关或变电站暂时或长期负责的人员,乃至开关设备的运行人员。

3.2

开关设备和控制设备的总装 assemblies of switchgear and controlgear

没有特别的定义。

3.3

总装的组成部分 parts of assemblies

没有特别的定义。

3.4

开关装置 switching devices

3.4.101

隔离开关 disconnector

GB/T 2900.20—1994 的 3.24 适用,并补充下面的注:

注 1:"很小的电流"意指这样的电流,像套管、母线、联接线、非常短的电缆的容性电流,断路器上永久连接的均压阻抗的电流以及电压互感器和分压器的电流(见附录 H)。按此定义,额定电压 363 kV 及以下时,不超过 0.5 A 的电流是一个很小的电流;额定电压 550 kV 及以上且电流超过 0.5 A 时,应向制造厂咨询。

"电压无显著变化"是指感应式电压调节装置或断路器被旁路和母线转换的应用情况。

注 2:对额定电压 40.5 kV 及以上的隔离开关,可以规定开合母线转换电流的额定性能。

3.4.101.1

M0 级隔离开关　disconnector class M0

具有 1 000 次操作循环的机械寿命，适合输、配电系统中使用且满足本标准一般要求的隔离开关。

3.4.101.2

M1 级隔离开关　disconnector class M1

具有 3 000 次操作循环的延长的机械寿命的隔离开关，主要用于隔离开关和同等级的断路器关联操作的场合。

3.4.101.3

M2 级隔离开关　disconnector class M2

具有 10 000 次操作循环的延长的机械寿命的隔离开关，主要用于隔离开关和同等级的断路器关联操作的场合。

3.4.102

单柱式隔离开关(接地开关)　single-column disconnector(earthing switch)

[GB/T 2900.20—1994，定义的 3.25]

注：例如摺架式和半摺架式隔离开关。

3.4.103

双柱式隔离开关　double-column disconnector

[GB/T 2900.20—1994，定义 3.26]

3.4.104

三柱式隔离开关　three-column disconnector

[GB/T 2900.20—1994，定义 3.27]

3.4.105

接地开关　earthing switch

GB/T 2900.20—1994 的 3.28 适用，并补充下面的注：

注 1：额定电压 72.5 kV 及以上的接地开关可具有开合和承载感应电流的额定值。

注 2：这些装置有时可能要在短路条件下运行。不同的接地开关等级与短路关合操作的次数相关。

注 3：对于特殊的应用，例如由故障触发合闸的接地开关，其试验程序和试验次数可以由制造厂和用户之间商定。

3.4.105.1

E0 级接地开关　earthing switch class E0

适合于输、配电系统中使用，满足本标准一般要求，不具备短路关合能力的接地开关。

3.4.105.2

E1 级接地开关　earthing switch class E1

适合于输、配电系统中使用，满足本标准一般要求，具备经受两次短路关合操作能力的接地开关。

注：该级接地开关在额定关合电流下能够经受两次关合操作。

3.4.105.3

E2 级接地开关(额定电压 40.5 kV 及以下的接地开关)　earthing switch class E2 (for earthing switches up to and including 40.5 kV)

适合于标称电压 35 kV 及以下系统中使用，满足本标准一般要求，具备经受五次短路关合操作能力的接地开关。

注：E2 级中增加关合操作次数限于电压直至并包括 40.5 kV，仅依据这种网络的典型运行条件和保护系统。

3.4.105.4

M0 级接地开关　earthing switch class M0

适合于输、配电系统中使用，满足本标准一般要求，具备经受 1 000 次操作循环能力的接地开关。

3.4.105.5

M1 级接地开关 earthing switch class M1

具有 3 000 次操作循环的延长的机械寿命的接地开关，主要用于接地开关和同等级的断路器关联操作的场合。

3.4.105.6

M2 级接地开关 earthing switch class M2

具有 10 000 次操作循环的延长的机械寿命的接地开关，主要用于接地开关和同等级的断路器关联操作的场合。

3.4.105.7

组合功能接地开关 combined function earthing switch

具有共用触头系统，供接地用并至少具有下列功能之一的接地开关：

——隔离；

——关合和/或开断负荷电流；

——关合和/或开断电流直至额定短路电流。

3.4.105.8

解锁点 toggle point

储能机构导致其储存的能量释放的动作位置。

3.5

开关装置的部件 parts of switching devices

3.5.101

开关装置的极 pole of a switching device

仅与开关装置主回路的一个电气上独立的导电路径相关的开关装置的一部分，它不包括为所有的极一起安装和操作提供方式的那些部分。

注：如果开关装置只有一极，则称为单极开关装置。如果多于一极，只要这些极可以一起操作，则称为多极（两极、三极等）开关装置。

3.5.102

（开关装置的）主回路 main circuit(of a switching device)

[GB/T 2900.20—1994，定义 2.24]

3.5.103

（机械开关装置的）触头 contact (of a mechanical switching device)

[GB/T 2900.20—1994，定义 4.1]

3.5.104

主触头 main contact

[GB/T 2900.20—1994，定义 4.4]

3.5.105

控制触头 control contact

[GB/T 2900.20—1994，定义 4.6]

3.5.106

“a”触头 “a” contact

动合触头（常开触头） make contact

[GB/T 2900.20—1994，定义 4.8]

3.5.107

“b”触头　“b” contact

动断触头(常闭触头)　break contact

[GB/T 2900.20—1994,定义 4.9]

3.5.108

位置信号装置　position signalling device

隔离开关或接地开关的一个部件,它用辅助能量指示主回路的触头处于分闸位置或处于合闸位置。

3.5.109

端子(作为一个元件)　terminal(as a component)

用来把装置和外部导体连接的元件。

3.5.110

(单柱式隔离开关)接触区　contact zone(for single-column disconnectors)

为使静触头能与动触头正确接触,静触头可以占据的位置的空间区域。

3.6

操作　operation

3.6.101

(机械开关装置的)操作　operation(of a mechanical switching device)

[GB/T 2900.20—1994,定义 5.1]

3.6.102

(机械开关装置的)操作循环　operation cycle(of a mechanical switching device)

[GB/T 2900.20—1994,定义 5.5]

3.6.103

(机械开关装置的)合闸操作　closing operation(of a mechanical switching device)

[GB/T 2900.20—1994,定义 5.3]

3.6.104

(机械开关装置的)分闸操作　opening operation(of a mechanical switching device)

[GB/T 2900.20—1994,定义 5.2]

3.6.105

正向驱动操作　positively driven operation

[GB/T 11022—2011,定义 3.6.4]

3.6.106

(机械开关装置的)人力操作　dependent manual operation (of a mechanical switching device)

GB/T 2900.20—1994 的 5.9 适用,并补充下面的注:

注 1:人力操作可以用手柄或摇杆(水平的或垂直的)进行。

注 2:人力操作的接地开关不规定短路关合能力。

3.6.107

(机械开关装置的)动力操作　dependent power operation (of a mechanical switching device)

[GB/T 2900.20—1994,定义 5.10]

3.6.108

(机械开关装置的)储能操作　stored energy operation (of a mechanical switching device)

借助于开合操作前储存在机构自身中的且足以完成预定条件下规定的操作循环的能量进行的操作。

3.6.109

(机械开关装置的)不依赖人力的操作　independent manual operation (of a mechanical switching device)

[GB/T 2900.20—1994,定义 5.12]

3.6.110

(机械开关装置的)合闸位置　closed position (of a mechanical switching device)

GB/T 2900.20—1994 的 5.32 适用,并补充下面的注:

注:预定连续性是指在此位置下触头能完全接触且能够承载额定电流和额定短路电流(如适用)。

3.6.111

(机械开关装置的)分闸位置　open position (of a mechanical switching device)

[GB/T 2900.20—1994,定义 5.33]

3.6.112

联锁装置　interlocking device

使开关装置的操作取决于设备的一个或几个其他部件的位置或动作的装置。

3.7

特性参量　characteristic quantities

3.7.101

(接地开关的)峰值关合电流　peak making current (of an earthing switch)

关合操作期间,电流出现后的瞬态过程中,接地开关一极中电流的第一个大半波的峰值。

注:除非另有说明,在这里,对于三相回路,(峰值)关合电流的单个值是指任一相中的最大值。

3.7.102

峰值电流　peak current

电流出现后的瞬态过程中,电流的第一个大半波的峰值。

3.7.103

(隔离开关的)正常电流　normal current (of a disconnector)

在规定的使用和性能条件下,隔离开关的主回路能够连续承载的电流。

3.7.104

短时耐受电流　short-time withstand current

在规定的使用和性能条件下,在规定的短时间内,回路和处于合闸位置的开关装置能够承载的电流。

3.7.105

峰值耐受电流　peak withstand current

在规定的使用和性能条件下,回路和处于合闸位置的开关装置能够耐受的峰值电流。

3.7.106

额定值　rated value

通常由制造厂对在规定的工作条件下的元件、装置或设备所规定的参数值。

3.7.107

绝缘水平　insulation level

在规定的条件下,所设计的装置的绝缘应耐受的试验电压。

3.7.108

1 min 工频耐受电压　one minute power frequency withstand voltage

在规定的试验条件下,隔离开关或接地开关的绝缘耐受的工频正弦交流电压的有效值。

3.7.109

冲击耐受电压　impulse withstand voltage

在规定的试验条件下,隔离开关或接地开关的绝缘耐受的标准冲击电压波的峰值。

注：视波形而定,此术语可以限定为操作冲击耐受电压或雷电冲击耐受电压。

3.7.110

外绝缘　external insulation

大气中的空气间隙以及与空气接触的隔离开关或接地开关的固体绝缘表面,它承受电压的作用并受到大气和其他外部条件(例如污秽、湿气、鸟兽等)的影响。

注：外绝缘可以是气候防护的,也可以是非气候防护的,分别对应于设计用在户外或封闭掩体内。

3.7.111

内绝缘　internal insulation

设备绝缘的内部的固体、液体或气体绝缘部分,它不受大气和其他外界条件的影响。

3.7.112

自恢复绝缘　self-restoring insulation

破坏性放电后,能完全恢复其绝缘性能的绝缘。

3.7.113

非自恢复绝缘　non-self-restoring insulation

破坏性放电后,丧失其绝缘性能或不能完全恢复其绝缘性能的绝缘。

注：3.7.112 和 3.7.113 的定义仅适用于绝缘试验期间因施加试验电压而引起放电的情况。但是,在运行中发生的放电可能引起自恢复绝缘部分或全部丧失其原有的绝缘性能。

3.7.114

并联绝缘体　parallel insulation

绝缘子布置由两个或多个绝缘子并联,两个或多个绝缘子间的距离可能影响其绝缘强度的情况。

注：对于端子是敞开的隔离开关和接地开关,如果操作(驱动)绝缘子靠近支持绝缘子设置时,就成为并联绝缘体。

3.7.115

破坏性放电　disruptive discharge

在电压作用下与绝缘失效有关的现象。此时,受试绝缘完全被放电所桥接,使电极间的电压降低到零或接近于零。

注1：本术语适用于固体、液体和气体介质以及它们的组合体中的放电。

注2：固体介质中的破坏性放电导致绝缘强度永久性丧失(非自恢复绝缘);而在液体或气体介质中,绝缘强度的丧失可能仅是暂时的(自恢复绝缘)。

3.7.116

电气间隙　clearance

两个导电部件间的、沿这些导电部件间最短路径的直线距离。

3.7.117

极间电气间隙　clearance between poles

相邻极的任何导电部件的电气间隙。

3.7.118

对地电气间隙　clearance to earth

任何导电部件和任何接地或打算接地的部件间的电气间隙。

3.7.119

触头开距　clearance between open contacts

GB/T 2900.20—1994 的 5.22 适用,并补充下面的注:

注：确定总开距时,应当考虑到各段开距之和。

3.7.120

（机械开关装置一极的）隔离断口　isolating distance（of a pole of a mechanical switching device）

符合对隔离开关所规定的安全要求的断开触头间的电气间隙。

3.7.121

端子机械负荷　mechanical terminal load

作用在每个端子上的外部负荷。

注 1：该外部负荷是隔离开关或接地开关可能承受的机械合力。不包括作用于设备本身上的风力，因为它们不构成端子的外部负荷。

注 2：隔离开关或接地开关可能承受大小、方向和作用点不同的几个机械力。

注 3：通常，按此定义的端子负荷不适用于封闭式开关设备。

3.7.121.1

端子静态机械负荷　static mechanical terminal load

每个端子上的静态机械负荷等于隔离开关或接地开关由软导线或硬导线与该端子连接时，该端子所承受的机械力。

3.7.121.2

端子动态机械负荷　dynamic mechanical terminal load

静态机械负荷和短路条件下电磁力的组合负荷。

3.7.122

开合母线转换电流　bus-transfer current switching

不是将负荷开断，而是将负荷从一条母线转移到另一条母线上时，隔离开关在有载条件下所进行的开断和关合操作。

3.7.123

开合感应电流　induced current switching

用接地开关开断或关合感性或容性电流的操作，这些电流是由平行的高压线路在已接地的或未接地的线路中所感应的电流。

注：当两条或多条输电线路一起安装在线路杆塔上时，或者两条或多条线路安装在邻近设置的不同杆塔上时，带电的线路将对不带电的线路产生电磁感应和静电感应能量，根据不带电的线路是一端接地或两端接地，在不带电的线路上将流过容性或感性电流。

4　额定值

4.1　概述

GB/T 11022—2011 的 4.1 适用，并对额定值列项作如下补充：

l）　额定短路关合电流（仅对接地开关）；

m）额定接触区（仅对单柱式隔离开关）；

n）　额定端子机械负荷；

o）　隔离开关母线转换电流开合能力的额定值；

p）　接地开关感应电流开合能力的额定值；

q）　隔离开关和接地开关机械寿命的额定值；

r）　接地开关电寿命的额定值；

s）　隔离开关小容性电流开合能力的额定值；

t）　隔离开关小感性电流开合能力的额定值。

4.2 额定电压(U_r)

GB/T 11022—2011 的 4.2 适用。

4.3 额定绝缘水平

GB/T 11022—2011 的 4.3 适用,并作如下补充:

对于隔离断口与底座平行且与接地开关组合成一体的隔离开关,如果最小间隙下的 1 min 工频耐受电压不低于 6.2.6 中的规定,则认为当接地开关动触头与对面的隔离开关带电部分暂时接近过程中满足了安全要求。

注 1:除了配人力操动机构的接地开关操作的短时间内的绝缘强度应符合 6.2.6 的要求之外,绝缘强度的暂时降低不构成安全问题。正因为如此,且不考虑老化,降低的绝缘强度是可以接受的。因为在接地过程中雷电和操作冲击发生的概率很低,所以不要求进行冲击电压试验。

注 2:对仅配人力操动机构的接地开关,如果有更高要求的耐受电压值,则可以由用户与制造厂协商。

注 3:如果最小的暂时电气间隙大于 GB/T 311.2—2013 中给出的电气间隙,则不需要试验。

变压器中性点接地用隔离开关的额定绝缘水平参见附录 L。

4.4 额定频率(f_r)

GB/T 11022—2011 的 4.4 适用。

4.5 额定电流和温升

GB/T 11022—2011 的 4.5 适用。本条款一般仅适用于隔离开关。

注:根据隔离开关主电流路径的形状、结构和材料,应考虑集肤效应,因为经验表明,矩形导体在 60 Hz 下运行时的温升与 50 Hz 相比相差大于 5%。

4.6 额定短时耐受电流(I_k)

GB/T 11022—2011 的 4.6 适用,并作如下补充:

除非另有规定,构成组合功能接地开关组成元件的接地开关的额定短时耐受电流,应等于组合功能接地开关的额定短时耐受电流。

4.7 额定峰值耐受电流(I_p)

GB/T 11022—2011 的 4.7 适用,并作如下补充:

除非另有规定,构成组合功能接地开关组成元件的接地开关的额定峰值耐受电流,应等于组合功能接地开关的额定峰值耐受电流。

4.8 额定短路持续时间(t_k)

GB/T 11022—2011 的 4.8 适用,并作如下补充:

除非另有规定,接地开关短时耐受电流的额定持续时间至少为 2 s。

4.9 合闸和分闸装置及辅助和控制回路的额定电源电压(U_a)

GB/T 11022—2011 的 4.9 适用。

4.10 合闸和分闸装置及辅助回路的额定电源频率

GB/T 11022—2011 的 4.10 适用。

4.11 可控压力系统用压缩气源的额定压力

GB/T 11022—2011 的 4.11 适用。

4.12 绝缘和/或操作用的额定充入水平

GB/T 11022—2011 的 4.12 适用。

4.101 额定短路关合电流

具有额定短路关合电流的接地开关，应能在任何外施电压直到并包括其额定电压下，关合任何电流直到并包括其额定短路关合电流。

如果接地开关具有额定短路关合电流，它应等于额定峰值耐受电流。

除非另有规定，构成组合功能接地开关组成元件的接地开关的额定短路关合电流，应等于组合功能接地开关的额定峰值关合电流。

4.102 额定接触区

制造厂应规定接触区的额定值(用 x_r、y_r 和 z_r 来表示)。表 1 和表 2 中的值仅供参考。额定值应从制造厂获得。接触区也与静触头允许的角度偏移有关。

表 1 静触头由软导线支承时推荐的接触区

U_r/kV	x/mm	y/mm	z_1/mm	z_2/mm
72.5	100	300	200	300
126	100	350	200	300
252	200	500	250	450
363	200	500	300	450
550	200	600	400	500

U_r ——额定电压；

x ——支承导线纵向位移的总幅度(温度的影响)；

y ——水平总偏移(与支承导线垂直方向的偏移)(风的影响)；

z ——垂直偏移(温度和冰的影响)。

注：静触头由软导线固定时，z_1 值适用于短跨档，z_2 值适用于长跨档。

表 2 静触头由硬导线支承时推荐的接触区

U_r/kV	x/mm	y/mm	z/mm
72.5,126	100	100	100
252,363	150	150	150
550	175	175	175
800	200	200	200

U_r ——额定电压；

x ——支承导线纵向位移的总幅度(温度的影响)；

y ——水平总偏移(与支承导线垂直方向的偏移)(风的影响)；

z ——垂直偏移(冰的影响)。

为使隔离开关有正确的功能，用户在确定变电站设计和绝缘子的抗弯强度时，应考虑到运行条件，确保静触头在这些限值内(见 8.102.3)。

4.103 额定端子机械负荷

额定端子机械负荷应由制造厂规定。

隔离开关和接地开关在承受其额定端子静态机械负荷时应能合闸和分闸。

在最不利的条件下，隔离开关或接地开关的端子允许承受的最大端子静态机械负荷是该隔离开关的额定端子静态机械负荷。

推荐的额定端子静态机械负荷在表 3 中给出。而且将它们作为指南使用。

表 3 推荐的额定端子静态机械负荷

额定电压 U_r kV	额定电流 A	双柱式或三柱式隔离开关		单柱式隔离开关		垂直力 F_c^a N
		水平纵向负荷 F_{a1} 和 F_{a2} N	水平横向负荷 F_{b1} 和 F_{b2} N	水平纵向负荷 F_{a1} 和 F_{a2} N	水平横向负荷 F_{b1} 和 F_{b2} N	
		见图 7		见图 8		
12 24	[b]	500	250	—	—	300
31.5 40.5 72.5	≤1 250	750	400	800	400	500
	≥1 600	750	500	800	500	750
126	≤2 500	1 000	750	1 000	750	1 000
	≥3 150	1 250	750	1 250	750	1 000
252	≤1 600	1 500	1 000	2 000	1 500	1 000
	≥2 000	1 500	1 000	2 000	1 500	1 250
363	≤2 500	1 500	1 000	2 000	1 500	1 250
	≥3 150	1 500	1 000	2 000	1 500	1 500
550	≤3 150	2 000	1 500	3 000	2 000	1 500
	4 000	2 000	1 500	4 000	2 000	1 500
800	≤3 150	2 000	1 500	3 000	2 000	1 500
	4 000	2 000	1 500	4 000	2 000	1 500
1 100[c]	≥4 000	5 000	4 000	—	—	5 000

注：31.5 kV 隔离开关仅电气化铁道供电系统用。

[a] F_c 是模拟由连接导线的重量引起的向下的力。软导线的重量已计入纵向或横向力中。

[b] 额定电流包含所有电流参数。

[c] 1 100 kV 隔离开关和/或接地开关的额定端子静态机械负荷取自 GB/Z 24837—2009。

隔离开关或接地开关的端子允许承受的最大外部动态机械负荷是该隔离开关的额定动态机械负荷。

短路条件下，隔离开关和接地开关应能承受其额定端子动态机械负荷。

隔离开关或接地开关的端子机械负荷的额定值，不仅取决于它的设计，而且取决于它所用的绝缘子的强度。

绝缘子所需的弯曲强度应该计算。计算时应考虑绝缘子上面的端子所处的高度以及作用在绝缘子上的附加力(见 3.7.121 和 8.102.4)。

4.104 隔离开关母线转换电流开合能力的额定值

额定值及所有的其他细节在附录 B 中给出。

本条款适用于额定电压 40.5 kV 及以上的隔离开关。

4.105 接地开关感应电流开合能力的额定值

额定值及所有的其他细节在附录 C 中给出。

本条款适用于额定电压 72.5 kV 及以上的接地开关。

4.106 隔离开关和接地开关机械寿命的额定值

根据制造厂规定的维修方案,隔离开关和接地开关应能完成表 4 规定次数的操作。

表 4 隔离开关和接地开关的机械寿命分类

等 级	机械寿命分类	操作循环的次数
M0	基本的机械寿命	1 000
M1	延长的机械寿命	3 000
M2	延长的机械寿命	10 000

4.107 接地开关电寿命的额定值

表 5 规定了接地开关电寿命的分级。

表 5 接地开关电寿命的分级

等 级	接地开关的类型
E0	没有关合能力的接地开关
E1	具有耐受 2 次短路关合操作能力的接地开关
E2	具有耐受 5 次短路关合操作能力的接地开关

4.108 隔离开关小容性电流开合能力的额定值

空气绝缘的隔离开关小容性电流开合能力的额定值:

a) 额定电压 126 kV~363 kV,1.0 A(有效值);

b) 额定电压 550 kV 及以上,2.0 A(有效值)。

气体绝缘金属封闭开关设备中的隔离开关,其母线充电电流开合能力的规定值见表 F.2。

4.109 隔离开关小感性电流开合能力的额定值

空气绝缘的隔离开关和气体绝缘金属封闭开关设备中的隔离开关小感性电流开合能力的额定值:

a) 额定电压 126 kV～363 kV,0.5 A(有效值);

b) 额定电压 550 kV 及以上,1.0 A(有效值)。

5 设计和结构

5.1 对隔离开关和接地开关中液体的要求

GB/T 11022—2011 的 5.1 适用。

5.2 对隔离开关和接地开关中气体的要求

GB/T 11022—2011 的 5.2 适用。

5.3 隔离开关和接地开关的接地

GB/T 11022—2011 的 5.3 适用,并作如下补充:

如果金属外壳和操动机构不与隔离开关或接地开关的金属底座安装在一起,并在电气上没有联结时,则金属外壳和操动机构上应提供标有保护接地符号的接地端子。

5.4 辅助和控制设备

GB/T 11022—2011 的 5.4 适用,并见本标准的 5.104。

5.5 动力操作

GB/T 11022—2011 的 5.5 适用,并作如下补充:

本要求也适用于动力操作的、具有额定开合和/或关合电流的隔离开关和接地开关。

配气动或液压操动机构的隔离开关和接地开关,当气(液)源压力在其额定值的 85%和 110%之间时,应能进行合闸和分闸。脱扣器的操作见 5.8。

5.6 储能操作

GB/T 11022—2011 的 5.6 适用。

5.7 不依赖人力的操作

GB/T 11022—2011 的 5.7 适用。

5.8 脱扣器的操作

GB/T 11022—2011 的 5.8 适用。

5.9 低压力和高压力闭锁和监视装置

GB/T 11022—2011 的 5.9 适用。

5.10 铭牌

GB/T 11022—2011 的 5.10 适用,并作如下补充:

——隔离开关和接地开关(及其操动机构)的铭牌应按照表 6 标识;

——在正常运行和安装位置,铭牌应明显可见。

表 6　铭牌内容

项　　目	缩写	单位	隔离开关	接地开关[b]	操动机构
制造厂			×	×	×
型号			×	×	×
出厂编号			×	×	×
制造年份			×	×	×
额定电压	U_r	kV	×	×	
额定雷电冲击耐受电压	U_p	kV	×	×	
额定电压 363 kV 及以上的额定操作冲击耐受电压	U_s	kV	×	×	
额定电流	I_r	A	×		
额定短时耐受电流	I_k	kA	×	×	
额定短路持续时间	t_k	s	(×)[a]	(×)[a]	
绝缘和/或操作用的额定充入压力	p_{re}	MPa	×	×	×
辅助回路的额定电源电压	U_a	V			×
额定端子静态机械负荷	F	N	(×)	(×)	
隔离开关的机械寿命等级	M_r		(×)[c]		
接地开关的机械寿命等级	M_r			(×)[c]	
接地开关的电寿命等级	E_r			(×)[c]	
质量(包括液体)	m	kg	(×)	(×)	(×)

注 1：×表示的值的标识是强制性的。

注 2：(×)表示的值的标识是非强制性的。

注 3：“额定”一词在铭牌上可不出现。

[a] 如果 t 不是 1 s 时是强制性的。

[b] 当接地开关与隔离开关组合为一体时，不要求有单独的铭牌。接地开关的短路额定值与隔离开关不同的情况除外。

[c] 如果不同于 M0 级或 E0 级，则等级的标识是强制性的。为了避免额外的留空要求，等级可包含在型号中。

5.11　联锁装置

GB/T 11022—2011 的 5.11 适用。

5.12　位置指示

GB/T 11022—2011 的 5.12 适用(亦见 5.104)。

5.13　外壳提供的防护等级

GB/T 11022—2011 的 5.13 适用，对二次设备的箱体补充如下：

户外设备的箱体提供的防护等级最低应为 IP3XDW。

户内设备的箱体提供的防护等级最低应为 IP2X。

此外,通常不要求在外壳打开后阻止人员偶然触及危险部位的防护(见 GB/T 11022—2011 第 11 章)。

5.14 爬电距离

GB/T 11022—2011 的 5.14 适用,并作如下补充:

虽然爬电距离可按 GB/T 11022—2011 的 5.14,但对并联绝缘体的两个或多个并联绝缘子之间的距离应予以考虑。

5.15 气体和真空的密封

GB/T 11022—2011 的 5.15 适用。

5.16 液体的密封

GB/T 11022—2011 的 5.16 适用。

5.17 易燃性

GB/T 11022—2011 的 5.17 适用。

5.18 电磁兼容性(EMC)

GB/T 11022—2011 的 5.18 适用。

5.19 X 射线发射

GB/T 11022—2011 的 5.19 不适用。

5.20 腐蚀

GB/T 11022—2011 的 5.20 适用。

5.101 对接地开关的专门要求

接地开关可动部件与其底座之间的铜质软连接的截面积应不小于 50 mm^2。

铜质软连接截面积的这个最小值是为了保证机械强度和抗腐蚀性能给出的。

当该软连接用来承载短路电流时,则应进行相应的设计。如果采用其他材料,则应具有等效的截面积。

5.102 对隔离开关隔离断口的要求

为了安全,隔离开关的设计应使得从其一侧的端子到另一侧任一端子不会流过危险的泄漏电流。

当运行中用可靠的接地连接将所有泄漏电流引入地下或所用的绝缘材料能有效地防止污秽时,则这一安全要求已经满足。

注:由于 GB/T 11022—2011 对隔离断口规定了比相对地绝缘更高的耐受试验水平,通常,隔离开关的隔离间隙要比相对地的绝缘距离长。

如果需要长的爬电距离,相对地绝缘距离就会变得比隔离间隙长。对此情况,为使隔离间隙保持低的破坏性放电概率,可能需要使用避雷器或棒状放电器之类的保护装置。

5.103 机械强度

具有额定端子静态机械负荷的隔离开关和接地开关,按制造厂的说明书安装好后,应能承受其额定端子静态和动态机械负荷,而不损害其可靠性和载流能力。

5.104 隔离开关和接地开关的操作——动触头系统的位置及其指示、信号装置

5.104.1 位置的可靠性

隔离开关和接地开关及其操动机构应这样设计：在重力、风压、振动、合理的撞击作用或其操作系统连杆受到意外碰撞的情况下，均不会脱离其分闸或合闸位置。

为了安全起见，(例如维修时)隔离开关和接地开关应能在机械上暂时锁定在分闸或合闸位置上。

注：由钩棒操作的隔离开关或接地开关，后一段的要求可不必满足。

5.104.2 对动力操动机构的附加要求

动力操动机构也应该提供人力操作装置。人力操作装置(例如手柄)接到动力操动机构上时，应能保证动力操动机构的控制电源可靠地断开。

5.104.3 位置指示和位置信号

5.104.3.1 概述

除非动触头分别到达其合闸或分闸位置，并满足5.104.1第1段的要求，否则不应该发出合闸和分闸位置指示和位置信号。

注："合闸位置"和"分闸位置"的定义见3.6.110和3.6.111。

5.104.3.2 位置指示

位置指示应能识别隔离开关或接地开关的工作位置。对于分闸位置，如果满足下列条件之一，则这个要求已经满足：

——隔离断口或间隙明显可见；

——保证隔离断口或间隙的每一个动触头的位置已由可靠的、看得见的位置指示装置指示。

注：在某些地区，隔离开关的设计应使隔离断口是明显可见的。

动触头和位置指示装置之间的传动链应设计得有足够的机械强度，以满足特定试验(附录A)的要求。为保证正向驱动操作，位置指示传动链应是连续的机械连接。位置指示装置可用适当的方法直接标示在动力传动链的机械部件上。应力限制装置(如有)不应是位置指示传动链的部件。

如果隔离开关或接地开关的所有极用机械方法组合在一起能够作为一个独立元件进行操作，允许用一个共用的位置指示装置。

5.104.3.3 由辅助触头发出的电气位置信号

只有当隔离开关或接地开关所有极的位置都符合5.104.3规定时，才能发出隔离开关或接地开关所有极的共用信号。

如果隔离开关或接地开关的所有极用机械方法组合在一起能够作为一个独立元件进行操作，允许用一个共用的位置指示装置。

5.105 人力操作允许的最大力

5.105.1 概述

下面给出的值通常对电动机操作的隔离开关和接地开关维修用手柄的操作也适用。

注：如适用，这些值包括破冰操作的操作力。

高于正常操作高度的操作高度应由制造厂和用户之间协商。

5.105.2 需要多于一转的操作

需要多于一转(例如手动曲柄)操作隔离开关或接地开关所需的力应不大于 60 N,并且在最多为需要的总转数的 10%的转数内,操作力的最大值允许为 120 N。

5.105.3 需要一转以内的操作

需要一转以内(例如摇杆)操作隔离开关或接地开关所需的力应不大于 250 N(见 GB/T 11022—2011 的 5.6.4)。在转动角度最大为 15°的范围内,操作力的最大值允许为 450 N。

5.106 尺寸公差

隔离开关和接地开关的安装尺寸、高压连接和接地连接尺寸的线性和角度尺寸公差,GB/T 1804—2000 适用。

6 型式试验

6.1 总则

GB/T 11022—2011 的第 6 章适用,并作如下补充:

6.1.1 概述

GB/T 11022—2011 的 6.1.1 适用,并对其 d)项所要求的验证试验项目明确如下:

——短时工频耐受电压试验(干试)(仅对气体绝缘金属封闭开关设备中的隔离开关和接地开关);

——机械寿命试验;

——温升试验(仅对隔离开关)。

6.1.2 试验的分组

GB/T 11022—2011 的 6.1.2 适用,并对 GB/T 11022—2011 中给出的型式试验作如下补充:

型式试验:

——操作和机械寿命试验(6.102);

适用时的型式试验:

——接地开关短路关合能力试验(6.101);

——严重冰冻条件下的操作(6.103);

——极限温度下的操作(6.104);

——位置指示装置正确功能试验(6.105 和附录 A);

——隔离开关母线转换电流开合能力试验(6.106 和附录 B);

——接地开关感应电流开合能力试验(6.107 和附录 C);

——隔离开关小容性电流开合能力试验(6.108、附录 F 和附录 H);

——隔离开关小感性电流开合能力试验(6.109)。

对于型式试验,最多用 4 台试品;对于适用时的型式试验,允许用附加的试品。

6.1.3 确认试品用的资料

GB/T 11022—2011 的 6.1.3 适用。

6.1.4 型式试验报告包含的资料

GB/T 11022—2011 的 6.1.4 适用，并作如下补充(如适用)：

型式试验时所用绝缘子的下列细节是特别重要的，并应在相应的试验报告中给出：

——额定弯曲强度；

——支持绝缘子(和操作绝缘子，适用时)的额定扭转强度；

——元件的高度和数量；

——爬电距离和伞形。

在绝缘试验时，应包括在指示或信号装置能发出分闸位置信号时所对应的最小间隙下的数据。应指明试验时所采用的最小间隙尺寸和最小对地高度尺寸(见 6.2.4)。还应给出最低的绝缘部件对地的距离。

在短路试验时，应包括下列资料：

——被试开关设备与试验回路的其他部分机械和电气连接的细节，包括端子静态机械负荷和导体的尺寸；

——采用的安装布置方面的资料；

——对单柱式隔离开关，静触头与上面导线安装方面的资料；

——三极共用一台操动机构的隔离开关或接地开关，操动机构的布置方式；

——短路试验前、后的接触电阻；

——如果可能，试验前、后的触头接触压力。

6.2 绝缘试验

6.2.1 概述

GB/T 11022—2011 的 6.2.1 适用。

6.2.2 试验时周围的大气条件

GB/T 11022—2011 的 6.2.2 适用。

6.2.3 湿试验程序

GB/T 11022—2011 的 6.2.3 适用。

6.2.4 绝缘试验时隔离开关和接地开关的状态

GB/T 11022—2011 的 6.2.4 适用，并作如下补充：

处于分闸位置的隔离开关或接地开关的绝缘试验，应在指示或信号装置能够发出分闸信号时隔离开关的最小隔离断口或接地开关的最小间隙下进行，或在与 5.104 中规定的锁定布置一致的最小隔离断口下进行，无论哪种情况，隔离断口或间隙均为最小。

这一要求对单独操作(如钩棒操作)的隔离开关和接地开关不适用。

6.2.5 通过试验的判据

GB/T 11022—2011 的 6.2.5 适用，并补充下面的注：

注 1：如果大气校正因数 K_t 小于 1.00 而大于 0.95，试验时未采用大气校正因数，则允许按照 GB/T 11022—2011 的 6.2.5 中规定的判据。而且，如果在 15 次冲击中外绝缘上发生一次或两次破坏性放电，则应采用合适的校正因数重复进行验证闪络的特殊试验系列，以使外绝缘不出现破坏性放电。

注 2：带有试验套管的 GIS 中的隔离开关或接地开关进行试验时，因试验套管不是隔离开关或接地开关的一部分，故应不考虑和计入试验套管上出现的闪络。

注 3：实验室应使用足够的检测方法，如照片、录像、内部检查等，来确定观测到的破坏性放电的位置。

适用时，应考虑 GB 3906—2006 和 GB 7674—2008 的要求。

6.2.6 试验电压的施加和试验条件

GB/T 11022—2011 的 6.2.6 适用，并作如下补充：

对于隔离断口与底座平行且与接地开关组合成一体的隔离开关，应在接地开关动触头的最不利位置，用表 7 中给出的工频试验电压进行试验（见 4.3）。

表 7　1 min 工频耐受电压

额定电压 U_r kV	试验电压 kV	
	中性点固定接地	中性点不接地
72.5	84	94
126	145	164
252	291	—
363	419	—
550	635	—
800	924	—
1 100	1 100[a]	—

注 1：解释性的注参见附录 D。

注 2：额定电压较低的隔离开关，这些试验不作要求。

[a] 1 100 kV 隔离开关的试验电压取自 GB/Z 24837—2009。

在两端均停电后才能操作的隔离开关，这些试验不需进行。

6.2.7 额定电压 U_r≤252 kV 的隔离开关和接地开关的试验

GB/T 11022—2011 的 6.2.7 适用。

6.2.8 额定电压 U_r＞252 kV 的隔离开关和接地开关的试验

GB/T 11022—2011 的 6.2.8 适用。

6.2.9 户外绝缘子的人工污秽试验和户内隔离开关、接地开关的凝露试验

户外绝缘子的人工污秽试验，GB/T 11022—2011 的 6.2.9 适用，并作如下补充：

注：应注意研究并联绝缘体在污秽和降雨条件下的性能（可能需要进行附加的污秽试验）。

户内隔离开关和接地开关，适用时按有关标准进行凝露试验。

6.2.10 局部放电试验

GB/T 11022—2011 的 6.2.10 适用。

6.2.11 辅助和控制回路的试验

GB/T 11022—2011 的 6.2.11 适用。

6.2.12 作为状态检查的电压试验

GB/T 11022—2011 的 6.2.12 适用。

6.3 无线电干扰电压(r.i.v)试验

GB/T 11022—2011 的 6.3 适用。

6.4 回路电阻的测量

GB/T 11022—2011 的 6.4 适用。

6.5 温升试验

GB/T 11022—2011 的 6.5 适用。

6.6 短时耐受电流和峰值耐受电流试验

6.6.1 概述

GB/T 11022—2011 的 6.6.1 适用。

6.6.2 隔离开关和接地开关以及试验回路的布置

GB/T 11022—2011 的 6.6.2 适用,并作如下补充:

6.6.2.101 一般试验条件

试验时,隔离开关或接地开关应装上它自己的操动机构,尽量使试验有代表性。

装有适应母线转换电流开合能力需要的辅助装置的隔离开关和装有适应感应电流开合能力需要的辅助装置的接地开关,应装上这些装置进行试验。

试验应在操动机构和主触头的最不利位置进行。应考虑到 5.104.3 的要求,适用时,还应按照附录 A。

如果设计要求调整位置指示器或位置信号装置时,应按说明书进行。对绝缘试验和短路试验,这些装置不允许有差异。

如果设计允许有偏差,则在试验前由制造厂事先声明。短时耐受电流和峰值耐受电流试验,应在信号装置整定在使由该信号装置指示的主触头处于最不利状态时的最大或最小规定偏差下进行。这个要求对单独操作(如钩棒操作)的隔离开关和接地开关不适用。

总之,绝缘试验、短时耐受电流和峰值耐受电流试验,位置信号装置应采用相同的整定。

注:对绝缘试验,主触头最不利的状态是指出现“分闸”信号时的间隙最小;对短路试验,主触头最不利的状态是指合闸操作期间出现“合闸”信号时的最初位置。

为了使试验结果具有通用性,隔离开关和接地开关应按图 3、图 4、图 5 和图 6 中规定的试验布置进行试验。如果试验中使用软导线,隔离开关和接地开关应施加其额定端子静态机械负荷。

——对图 4 的说明:

- 变电站中指定与软导线或硬导线连接的隔离开关应用软导线进行试验。并且,除非另有规定,应按图 4 中给出的尺寸的试验布置,在施加其额定端子静态机械负荷(图 7 中的水平纵向 F_{a1})的条件下进行试验。指定仅与硬导线连接的隔离开关,可以用硬导线按与本图相同尺寸的试验布置进行试验。所用导线的尺寸应在试验报告中指明。
- 与试验布置有关的所有细节是强制性的,这里作为一个例子给出了隔离开关和接地开关试验布置的细节。

- 为了试验的标准化，当用软导线进行试验时，且开关设备的额定电流大于 1 250 A、1 s 短路持续时间的短时耐受电流大于 31.5 kA 时，应采用中心线距离为 70 mm±30 mm、没有支撑的两根软导线进行试验。用户要求有支撑的试验布置应由制造厂和用户协商。这样的试验布置以及由制造厂和用户协商的试验布置的任何差异应在试验报告中清楚地说明。额定电压 363 kV 及以上的隔离开关和接地开关一般应用双股导线进行试验。所用的软导线的直径为 32 mm±3.2 mm。
- 除被试隔离开关或接地开关坚固地固定在底座上的情况外，应考虑到支承结构的弹性常数(IEC 60865-1:1993)。
- 试验报告或试验证书中应清楚地提供用于试验的安装布置的细节或者隔离开关坚固地固定到底座上的记录。

注 1：应注意，试验时不要由于与电源的连接线而引起不代表运行条件的力，并且，施加的端子静态机械负荷不应大于被试开关设备的额定端子静态机械负荷。隔离开关或接地开关在施加 50%额定端子静态机械负荷后，在施加 100%负荷之前可以调整。

注 2：原则上，图 4 也适用于接地导体布置得当的接地开关的试验。

——对图 5 的说明：

- 为了试验的标准化，当用软导线进行试验时，且开关设备的额定电流大于 1 250 A、1 s 短路持续时间的短时耐受电流大于 31.5 kA 时，应采用中心线距离为 70 mm±30 mm、没有支撑的两根软导线进行试验。其他有支撑的试验布置可由制造厂和用户协商。其差异应在试验报告中说明。额定电压 363 kV 及以上的隔离开关和接地开关，应用双股导线进行试验。
- 除被试隔离开关或接地开关坚固地固定在底座上的情况外，应考虑到支承结构的弹性常数(IEC 60865-1:1993)。
- 试验报告或试验证书中应清楚地提供用于试验的安装布置的细节或者隔离开关坚固地固定到底座上的记录。

注 1：应注意，试验时不要由于与电源的连接线而引起不代表运行条件的力，并且，施加的端子静态机械负荷不应大于被试开关设备的额定端子静态机械负荷。

注 2：原则上，图 5 也适用于接地导体布置得当的整体接地开关的试验。

注 3：如果试验布置中，短路侧的下层导线不能支撑，可用被试隔离开关来支撑。结果可能引起较高的端子动态机械负荷。

试验布置也应反映电磁力有助于隔离开关或接地开关分闸的最不利情况。对与隔离开关组合的接地开关进行试验时，试验接线应与隔离开关试验时的接线相同。

三极共用一台操动机构的隔离开关或接地开关，试验时，操动机构应安装在离被试极的距离不小于产品相间距离的位置。

不与隔离开关组合的接地开关，应按对隔离开关同样要求的试验布置进行试验。

装在封闭式开关设备中的隔离开关和接地开关，应按相应于 GB 3906—2006、GB 7674—2008 或 IEC 62271-201:2006 成套开关设备的元件进行试验。

对单柱式隔离开关，在接触区内触头的垂直位置的选择，应反映静触头由软导线或硬导线支承时的最不利条件。如有怀疑，应在触头处于额定接触区范围内的最高和最低位置进行试验。

全部试验最好用三相进行。如果进行单相试验，试验最好在两相邻极上进行。如果试验在一极上进行，则返回导线离试验极的距离为相间距离。返回导线应与隔离开关或接地开关主电流路径平行且离底座的高度也相同，对于具有立式动触头的隔离开关和接地开关，返回导线与之等效。返回导线的长度应与图 3～图 6 所示相当。

6.6.2.102　额定电压 40.5 kV 及以下的隔离开关和接地开关

隔离开关和接地开关应采用图 3 所示的试验布置。

6.6.2.103 额定电压72.5 kV及以上的隔离开关和接地开关

具有水平隔离断口的隔离开关和相应的接地开关应采用图4给出的单相试验布置;具有垂直隔离断口的单柱式隔离开关和相应的接地开关应采用图5和图6给出的单相试验布置。

注：由于运行条件的特殊需要,仅在用户和制造厂协商的基础上,其试验布置才允许与这些试验布置有差异。

三相试验布置仿照图4～图6的单相试验布置同样的通用模式。

6.6.3 试验电流和持续时间

GB/T 11022—2011的6.6.3适用。

6.6.4 在试验过程中隔离开关和接地开关的性能

GB/T 11022—2011的6.6.4适用,并作如下补充:

a) 处于合闸位置的隔离开关,在额定短路持续时间内承受额定峰值耐受电流和额定短时耐受电流时,不应引起:
   1) 隔离开关任何部件的机械损伤;
   2) 触头分离;
   3) 电弧。

   在短路试验期间触头系统的状况,应通过记录隔离开关主电流路径两端之间的电压降来证实。
b) 接地开关承受额定峰值耐受电流和额定短时耐受电流时,应不产生明显的触头烧损或熔焊。

   如果在短时耐受电流和峰值耐受电流试验后观测到触头烧损或触头熔焊,则应进行第二次峰值耐受电流试验,该次试验应在两次试验之间不允许作任何维修的情况下进行。两次试验之间,允许间隔足够的时间,使触头冷却。在第二次试验之前,应进行空载操作。

   第二次试验后,如果接地开关依然保持完好的接地连接,则认为接地开关满足要求。

   仅允许触头轻微的熔焊是指接地开关在4.9、4.10、4.11和/或4.12以及5.5、5.6给定的条件下,对动力操动机构用额定值能够操作;对人力操动机构用5.105规定值的120%能够操作。

6.6.5 试验后隔离开关和接地开关的状态

GB/T 11022—2011的6.6.5适用,并作如下补充:

如果主回路很长(额定电压超过126 kV)的隔离开关的回路电阻与试验前相比增加了不止10%,则可能需要补充进行触头和可动连接上的电阻测量。隔离开关这些部件任何一个的电阻增加不应大于20%。

对封闭式隔离开关和接地开关,不可能进行全面的目视检查时,下面的状态检查适用:

——对隔离间隙和对地的绝缘强度,GB/T 11022—2011的6.2.12适用;

——对承载电流的能力,见GB/T 11022—2011的4.5.3的说明6。

6.7 防护等级检验

GB/T 11022—2011的6.7适用。

6.8 密封试验

GB/T 11022—2011的6.8适用。

6.9 电磁兼容性试验(EMC)

GB/T 11022—2011的6.9适用。

6.10 辅助和控制回路的附加试验

GB/T 11022—2011 的 6.10 适用。

6.11 真空灭弧室的 X 射线试验程序

GB/T 11022—2011 的 6.11 不适用。

6.101 接地开关短路关合能力试验

6.101.1 一般试验条件

符合 3.4.105 定义、具有短路电流关合能力的 E1 或 E2 级接地开关，应在按照 6.101.7 试验程序的关合试验系列中分别经受 2 次(E1 级)或 5 次(E2 级)关合操作。

对于组合功能接地开关，首先应对其他功能按照相关标准进行短路关合试验，接着进行接地功能的短路关合试验，没有中间维修。

作为替代，组合功能接地开关的短路关合试验，可以按照指定的等级在新的组合功能接地开关上进行，先至少进行一次其他功能的短路关合试验，接着进行接地功能的短路关合试验，没有中间维修。

6.101.2 受试接地开关的布置

接地开关应在有代表性的安装和使用条件下进行试验，这些条件涉及接线、支撑、外壳和尺寸方面。

其操动机构应按照规定的方式操作，特别是，如果操动机构是电动、液压或气动操作的，应在最低电源电压或压力下操作。

对于充气的接地开关，试验应在供绝缘和关合操作用气体的最低功能压力下进行。

注 1：为了试验方便，如果不能提高触头合闸速度，可以提高合闸操作线圈的电源电压，以获得稳定的合闸时间。

注 2：为了试验方便，在解锁点处可以采用电动或气动释放的锁闩来获得准确的合闸时间。

注 3：不依赖人力操作的接地开关，可以按照为实现遥控可能性的目的所提供的布置方式进行操作。

注 4：为了试验的目的，可能需要例如用行程记录仪来测量行程特性。

6.101.3 试验频率

接地开关应在额定频率下进行试验，频率允许偏差为±10%。

但是，在 50 Hz 或 60 Hz 电源频率下，按照峰值系数为 2.6 或以上试验，涵盖了两个频率的要求。

6.101.4 试验电压

试验电压如下：

a) 对于三相试验，外施电压相间的平均值应不低于额定电压 U_r，并且，未经制造厂同意，应不超过该值的 10%。每极外施电压和平均值之间的差值应不超过 5%。

b) 对于单相试验，外施电压应不低于相对地电压值 $U_r/\sqrt{3}$，并且，未经制造厂同意，应不超过该值的 10%。对于合闸过程中三相触头接触瞬间之间的差值超过额定频率半个周波的接地开关，对于中性点非有效接地系统，外施电压应不低于 1.5 倍相对地电压值 $U_r/\sqrt{3}$；对于中性点有效接地系统，外施电压应不低于 1.3 倍相对地电压值 $U_r/\sqrt{3}$。

为了试验方便或由于试验设施的限制，可以采用替代的试验方法。替代的试验方法在附录 G 中规定。

6.101.5 试验的短路关合电流

关合试验时的短路电流应用峰值电流和对称电流有效值来表示。对于接地开关，0.2 s 时每相中对称电流的有效值至少应为额定短时耐受电流的 80%。预期峰值电流应等于额定短路关合电流(I_{ma}),其允许偏差为－0%和＋5%。

短路电流的持续时间至少应为 0.2 s。

接地开关应能关合电压波上任一相位上产生预击穿的电流。两种极端情况规定如下:

a) 在电压波的峰值处(允许偏差为－30 电度～＋15 电度)关合,产生一个对称短路电流和最长的预击穿时间;

b) 在电压波零点处关合,无预击穿,产生一个完整的非对称短路电流。

注:为了获得完整的非对称短路电流,试验 b)可以在降低的外施电压下进行。

6.101.6 试验回路

关合试验应用三相试验回路或单相试验回路进行。

三相试验涵盖了:

——不同相之间的相互作用;

——操动机构上的应力(在共用一台操动机构的情况下)。

三极接地开关应在三相回路中进行试验。但是,在下列情况下,额定电压 72.5 kV 及以上的接地开关允许进行单相试验:

a) 每极单独储存合闸能量的多箱壳型或敞开型接地开关;

b) 逐极操作的接地开关。

出于试验的目的,认为在中性点不接地或中性点固定接地的回路中关合试验的严酷度是相当的。因此,为了涵盖中性点有效接地系统和中性点非有效接地系统两种系统中的应用,可以用任一种试验回路进行三相短路关合试验。

6.101.7 试验程序

对于 E1 级接地开关,除非实验室在合闸操作之间需要更多的空载试验,否则,试验应按照在两次 C 操作之间具有一次单独的空载 O,即 C-O(空载)-C 的两次 C 操作的顺序进行。

对于 E2 级接地开关,试验顺序为 2C-x-2C-y-1C,其中,x 和 y 表示任意次数的空载试验。除非实验室在合闸操作之间需要更多的空载试验,否则,2C 操作由 C-O(空载)-C 组成。两次合闸操作之间的时间间隔不作要求。

在试验顺序期间不允许维修。

由于各极中的极间不同期性或预击穿起始瞬间不同,在一极中可能出现比额定值大的峰值关合电流。如果在一极中电流比其他两极迟几毫秒开始流通,正是这种情况。如果在这种情况下接地开关失效,则认为接地开关试验失败。

试验过程中,应达到表 8 规定的关于关合电流和预击穿时间的要求。

表 8 关合电流和预击穿时间的要求

E1 级	E2 级
2 次试验	5 次试验
至少一次试验满足 6.101.5 a)的要求	至少两次试验满足 6.101.5 a)的要求
至少一次试验满足 6.101.5 b)的要求	至少两次试验满足 6.101.5 b)的要求
注:通常,具有短路关合能力的接地开关触头的合闸速度应足够高,以便在相同的试验中,在不同的相上能够获得最大的预击穿和最大的峰值电流。	

6.101.8 关合短路电流时接地开关的性能

关合试验时，下述规定适用：

a) 对于具有额定短路关合电流的封闭式接地开关，关合短路时既不应向外壳外面喷射火焰、液体、气体，又不应向外壳外面喷射微粒；

b) 对于敞开式接地开关，火焰或金属微粒不应喷射到超出制造厂规定的范围而危及位于这些范围之外的任何操作者。

6.101.9 短路关合试验后接地开关的状态

完成规定的操作之后，接地开关的机械部件、与电场控制有关的部件(例如 GIS 中接地开关的电场控制电极)和绝缘子应几乎和试验前的状态相同。绝缘性能不应降低。短路关合性能和短时电流耐受性能可能受损。

注：通常认为，在规定的关合操作次数后，相应于短路关合和短时电流耐受能力的接地开关的使用寿命就结束了，需要维修或更换。

为了验证这个要求，接地开关应满足下列检查条件：

a) 机械条件：每次操作后，仅允许触头轻微熔焊。在 5.5 和 5.6 中规定的条件下，动力操动机构用额定值应能使接地开关分闸和合闸；人力操动机构使用正常的操作手柄，用 5.105 中规定值的 120%应能使接地开关分闸和合闸。

b) 电气连续性：空载操作后的目视检查对于检验接地开关的电气连续性通常是足够的。如果对电气连续性表示怀疑，应按照 GB/T 11022—2011 的 6.10.3 进行测量。

c) 绝缘要求：目视检查对于检验上述要求通常是足够的。有怀疑时，应按照 6.2.12 进行作为状态检查的电压试验。作为替代，对于额定电压 72.5 kV 以上可以采用 GB 1984—2014 的 6.2.11。如果适用，应使用供绝缘用气体的最低功能压力。对于终身密封的接地开关，作为状态检查的电压试验是强制性的。

6.101.10 无效试验

在无效试验的情况下，可能需要进行比本标准要求的更多次数的短路关合试验。无效试验是本标准要求的一个或多个试验参数不满足的试验。这包括例如电流、电压、时间因素、波形上的相位要求(如被规定的话)以及合成试验的附加特征。

与本标准的偏差可导致试验欠严酷或更严酷。表 9 中考虑了四种不同情况。

表 9 无效试验

与标准相关的试验条件	接地开关通过试验	接地开关试验失败
更严酷	试验有效，接受结果	应以正确的参数重复进行试验。 不需要修改接地开关的设计
欠严酷	应以正确的参数重复进行试验。 不需要修改接地开关的设计	需要修改接地开关的设计，以改善其关合性能。 在修改后的接地开关上重做整个试验

试验方式的无效部分可在接地开关不经检修的情况下重复进行。在这些情况下，试验报告应包括无效试验。但是，如果接地开关在该附加的试验过程中失败，或根据制造厂的判断，接地开关可以修整并重复整个试验方式。如果由于技术原因，某一次操作不能再现时，只要以其他的方式能够提供证据证明接地开关没有失败且要求的试验值已经满足，则本次操作不应认为无效。

6.101.11 型式试验报告

所有的型式试验结果应该记入型式试验报告中。型式试验报告应包含足够的数据以证明接地开关符合该额定值,还应包括能够用来确认被试接地开关主要部件的足够信息。参见 GB/T 11022—2011 的 6.1.3。

试验报告应包括 6.101.2、6.101.4、6.101.5、6.101.6 和 6.101.7 中规定的信息。

应提供典型示波图或类似的记录,以便能够确定下列参数:

——用峰值表示的关合电流和 0.2 s 时的有效值;

——外施电压;

——关合瞬间电压的瞬时值;

——预击穿时间。

应包括涉及接地开关支撑结构的一般信息。如果适用,应记录与试验过程中使用的操动机构相关的信息。

6.102 操作和机械寿命试验

6.102.1 概述

由一台操动机构操作的三极隔离开关和/或接地开关,如适用,端子负荷应同时施加在所有的端子上。

6.102.2 一般试验条件

试验可在试验场所任何方便的周围空气温度下进行。电源电压应在流过全电流的情况下,在操动机构的端子上测量。应包括操动机构组成部分的辅助设备。

6.102.3 接触区试验

进行本试验是为了验证静触头在相应于 4.102 规定的额定接触区范围内的各种位置(对应图 1、图 2)下,单柱式隔离开关能够满意地操作。处于分闸位置的开关设备,静触头应放置在下列位置(对应图 1、图 2),h 是静触头高出安装平面的最高位置(由制造厂规定):

a) 在总装配垂直轴上的高度 h 处。

b) 在同一轴上的高度 $h-z_r$ 处。

c) 在高度等于 h 处,并从该轴水平移动 $+y_r/2$。

d) 在高度等于 h 处,并从该轴水平移动 $-y_r/2$。

下标 r,表示由制造厂规定的隔离开关接触区的额定值。

处于分闸位置的开关设备,静触头应放置在下列位置,x_r 是静触头沿 x 方向位移的总幅度。

e) 在距离等于 $+x_r/2$。

f) 在距离等于 $-x_r/2$。

在每个位置,开关设备应能正确地合闸和分闸。

6.102.4 机械寿命试验

6.102.4.1 试验程序

机械寿命试验应由 1 000 次操作循环组成,并且,如适用,对三极隔离开关或接地开关在图 7、图 8 所示的 F_{a1} 或 F_{a2} 方向施加 50%额定端子静态机械负荷,在主回路中没有电压和电流的情况下进行试验。对具有两个或三个绝缘子柱并且通常是水平隔离断口的隔离开关,50%额定端子静态机械负荷应施加在隔离开关的两侧，而且方向相反。对一个绝缘子柱(操作用绝缘子不计入)的隔离开关和接地开关，端子负荷仅施加在隔离开关或接地开关的一侧上。

在每次操作循环中，都应达到合闸和分闸位置。

试验时，控制、辅助触头和位置指示装置(如有)规定的动作应按本标准 5.104 和 GB/T 11022—2011 的 5.4 进行验证。

试验应在装有自身操动机构的隔离开关和接地开关上进行。试验过程中，允许按制造厂的说明书进行润滑，但不得进行机械调整或其他维护。

配动力操动机构的隔离开关或接地开关：

——在额定电源电压和/或压缩气源的额定压力下进行 900 次合-分操作循环；

——在规定的最低电源电压和/或压缩气源的最低压力下进行 50 次合-分操作循环；

——在规定的最高电源电压和/或压缩气源的最高压力下进行 50 次合-分操作循环。

这些操作应以通电的电气元件的温度不超过 GB/T 11022—2011 表 3 中给定的值的速率进行。

在试验开始前，制造厂应规定在试验系列前、后可以用来进行比较的参数，例如：

——动作时间；

——最大的能量消耗；

——仅配人力操动机构的隔离开关和/或接地开关的最大操作力；

——辅助触头和位置指示装置(如适用)满意动作的验证。

对人力操作的隔离开关和接地开关，为了便于试验，操作手柄可用外部的动力操作装置代替。在这种情况下，不必改变电源电压。按 5.105 的要求，作为对直接测量的替代方法，操作力可由输入功率并计及操作速率计算出来。

6.102.4.2 成功操作的验证

机械寿命试验程序进行的前、后，应在不施加端子静态机械负荷的条件下进行下列试验系列之一：

——在规定的最低电源电压和/或操作用压力源最低压力下进行五次合-分操作循环；

——在规定的操作用压力源最高压力下进行五次合-分操作循环(仅对气动或液压操作的隔离开关或接地开关)；

——用人力进行五次合-分操作循环(仅对人力操作的隔离开关或接地开关)。

在这些操作循环期间，应记录或计算其操作特性，如动作时间、最大的能量消耗。仅配人力操动机构的隔离开关和/或接地开关，应记录最大操作力。应验证辅助触头以及位置指示装置(如有)能满意动作。

配备联锁的隔离开关和接地开关还应进行下列操作：

应经受五次操作循环的操作(相关标准另有要求的情况除外)来检查相关联锁的动作情况。在每次操作之前，联锁应置于阻止开关装置操作的位置。在进行这些试验时，不应对开关装置或联锁进行调整。

如果开关装置和联锁能按正确的工作程序工作，且在试验前、后开关装置操作所需的力几乎相同，则认为试验是满意的。

如果开关装置不能操作，则认为联锁是满意的。

机械寿命试验前、后，按 6.102.4.1 的要求，测量的每个参数的平均值之间的变化应由制造厂确认，并包含在试验报告中。

试验后，所有零部件(包括触头)都应处于良好状态，并且没有过度的磨损，也可见 GB/T 11022—2011 的 4.5.3 的说明 6。

机械寿命试验前、后应测量主回路电阻，试验前后的数值变化应不大于 20%。

对气体绝缘的隔离开关和接地开关，在机械寿命试验前、后应进行密封试验。

因为要考虑周围空气温度的影响，所以应记录该温度。

6.102.5 施加额定端子静态机械负荷时的操作

应在端子上分别施加下列额定端子静态机械负荷的情况下，以额定动力源各进行20次操作循环：

——水平纵向负荷按 F_{a1} 或 F_{a2} 方向施加；

——水平横向负荷按 F_{b1} 或 F_{b2} 方向施加，且两者在同一方向；

——F_c 是模拟由连接导线的重量引起的向下的力。软导线的重量已计入纵向或横向力中。

对仅由人力操作的隔离开关和接地开关，操作循环次数可减少到10次。

对具有水平隔离断口的隔离开关，负荷应同时施加在两侧。

在试验前和施加上50%额定水平纵向或水平横向端子机械力后，隔离开关和/或接地开关可以调整。

在每次操作时，隔离开关或接地开关应正确地合闸和分闸。

为了进行验证，在整个操作循环序列前、后，6.102.4.2 和 6.102.4.1 中对机械寿命试验所要求的相应比较适用，联锁的验证除外。

6.102.6 延长的机械寿命试验

M1级、M2级隔离开关和/或接地开关应进行本条款规定的试验。

对于GIS中的隔离开关和接地开关，试验期间外壳不应打开。

频繁操作的隔离开关和/或接地开关，例如与断路器关联操作的隔离开关和/或接地开关，要求的延长的机械寿命试验应按如下规定进行：

a) 延长的机械寿命试验程序由按照 6.102.2 和 6.102.4.1 进行的合-分操作次数组成。

   根据运行要求，应进行下列操作循环次数之一：

   1) 3 000(M1级隔离开关和/或接地开关)；

   2) 10 000(M2级隔离开关和/或接地开关)。

   在每个1 000次操作循环系列之后，或在维护间隔期间，应记录或计算操作特性。

   在规定的试验系列之间，允许按制造厂的说明书进行某些维护，如润滑和机械调整。重要的分部件(如触头)不允许更换。

   试验期间的维护方案应由制造厂在试验前明确，并记录在试验报告中。

b) 在进行整个机械寿命试验程序的前、后，应按 6.102.4.2 中的要求验证操作特性。

   还应进行下列试验：

   1) 如果适用，接触区试验(6.102.3)；

   2) 如果适用，施加额定端子静态机械负荷时操作的验证(6.102.5)。

c) 在整个试验程序结束之后，应进行下列检查和试验：

   1) 在制造厂给定的操作信号的最短持续时间下满意动作的验证；

   2) 机械行程限位装置的良好状况的验证；

   3) 机械作用力限制装置(如有)动作的验证。

d) 在整个试验程序结束后，所有部件(包括触头)均应处于良好状态，且没有表现出按照GB/T 11022—2011相关条款中的过度磨损，也可见GB/T 11022—2011的4.5.3的说明6。

6.103 严重冰冻条件下的操作

6.103.1 概述

GB/T 11022—2011 的 2.2.2 e)考虑的覆冰范围从1 mm～20 mm，但不超过20 mm。

按 GB/T 11022—2011 的 2.2.2 e)的规定,认为 10 mm 和 20 mm 覆冰是严重冰冻条件的典型情况。

装有适应母线转换电流开合能力(仅对隔离开关)和感应电流开合能力(仅对接地开关)需要的辅助装置的隔离开关和接地开关,应装上这些装置进行试验。

6.103.2 引言

冰的形成可能使电力系统的运行发生困难。在某种大气条件下,冰的沉积有时能达到使户外开关设备难以操作的厚度。

大自然产生的覆冰可分为两大类:

a) 透明的冰:通常是由于降雨时通过温度稍低于水的冰点的空气而生成;

b) 冰霜:由大气中的潮气在冷的表面上凝结形成,具有白色的外观。

6.103.3 适用性

只有制造厂声称隔离开关和接地开关适合于在严重结冰的条件下操作时,才进行本条款规定的试验。下面叙述产生可与自然界中遇到的冰层相比较的透明覆冰的程序,以便能够进行可再现试验。就严重冰冻条件而论,可供选择的冰层厚度分为两级:10 mm 和 20 mm。

注: 隔离开关开合母线转换电流用的转换触头和装到接地开关上的供开合感应电流用的辅助装置,可能在严重冰冻条件下不能履行这些开合性能。

6.103.4 试验布置

a) 受试隔离开关或接地开关的所有部件,连同其操动机构,都应安装在能将温度降至约 −10 ℃的室内,或者如果希望在自然冰冻条件下进行试验,则应安装在室外。试验期间,允许对控制机构的加热元件通电。为了适应现有的试验设施,只要受影响的部件的旋转角度和牵引连杆的弯曲度保持不变,可以缩短支持和操作绝缘子以及其他操作部件的长度来降低总装配的高度。

注 1: 在选择所要求的致冷能力时,应考虑试验期间用来喷淋受试设备的水的热容量。

b) 如果每极都有独立的操动机构,则三极开关设备可用单极进行试验。在三极开关设备的三个极共用一台操动机构的情况下,必须用完整的三极开关设备进行试验。唯一例外的情况是:如果实验室不能容纳电压高于 72.5 kV 的完整的标准三极开关设备,则可能需要用共用的操动机构来操作单极进行试验。在此情况下,因为关系到操动机构操作三极开关设备的能力,因此,应记录试验程序的准确细节和测量到的转矩,以便评估试验结果。这种单极试验方式须经用户同意。但是,只要可能,应优先提供安装结构或布置变更的替代方案,以便能进行三极试验。

c) 隔离开关和接地开关应分别从分闸位置和合闸位置开始操作进行试验。

d) 试验前,应当用适当的溶剂除去运行中不用润滑的部件上的油或润滑脂的痕迹,因为油或润滑脂的薄膜会阻碍冰的黏附和明显改变试验结果。

e) 为了便于测量冰的厚度,试验期间,应当在能接受到和受试开关设备大致相同降雨量的地方,水平地放置一根长为 1 m、直径为 30 mm 的铜棒或铜管,如果试棒和受试开关设备单位表面积的比热容相差很大,即使同样的喷淋条件,也可能产生差别很大的覆冰。采用短时喷淋和较长时间冷冻交替的方法,可使这些冰层厚度的差别最小。

f) 试验布置应使整个开关设备能被人工降雨从上面由垂线到 45°的各种角度进行喷淋。喷淋中所用的水应冷却到 0 ℃~3 ℃之间的温度,并且应当在到达试品时仍为液态。

注 2: 作为导则,曾发现,为了使结冰的沉积速度大约为 6 mm/h,要求在每平方米面积上每小时喷水 20 L~80 L 之间。

g) 经过调整后，在严重冰冻条件下的操作之前，隔离开关和接地开关应经受 7.101 的出厂机械操作试验。

6.103.5 试验程序

6.103.5.1 冰层的形成

应该产生要求厚度为 10 mm 或 20 mm 的固态透明的冰层。结冰的典型试验程序叙述如下：

a) 将受试隔离开关或接地开关处于分闸或合闸位置，使空气温度降低到 2 ℃，并开始喷淋预先冷却过的水，连续喷淋至少 1 h，在此期间保持空气温度在 0.5 ℃～3 ℃之间。

b) 在继续喷水的同时，将室温降低到－7 ℃～－3 ℃范围内。温度变化的速度不是很严格的，因此可用任一种现有制冷设备来实现。

c) 保持室温在－7 ℃～－3 ℃范围内，并继续喷水，直到在试棒的上表面能测得规定的冰层厚度为止。应控制水量，使得整个隔离开关或接地开关上覆盖的冰层厚度以大约 6 mm/h 的速率增加。

d) 中断喷水并保持室温在－7 ℃～－3 ℃范围内至少 4 h。这样可保证隔离开关或接地开关的所有部件和冰层都具有设定的恒定温度。经过该硬化期以后，应检查隔离开关和/或接地开关及其辅助设备的满意动作。

6.103.5.2 操作的检查

对人力操作的隔离开关或接地开关，如果能操作到其最终的合闸或分闸位置，并且未遭受以后可能妨碍其机械或电气性能的损坏，则认为已满意地完成了试验。对于电动、气动或液压操作的隔离开关或接地开关，如果供给其操动机构额定电压或压力时，在第一次操作时就能达到其最终的合闸或分闸位置，并且未遭受以后可能妨碍其机械或电气性能的损坏，则认为已满意地完成了试验。

接着的试验将证明隔离开关或接地开关能够耐受其额定电流、额定短时耐受电流和额定峰值耐受电流（如适用）：

——在合闸操作后，立即用一个最高电压 100 V 的电池和灯泡线路来检查电接触状况；

——在温度恢复到正常周围空气温度以后，应当测量主电流路径的电阻，应没有明显的变化。

6.104 极限温度下的操作

6.104.1 概述

这些试验仅适用于户外隔离开关和接地开关，并且仅在用户有特殊要求时才进行。

如果开关设备的每极都有单独的操动机构，则可对三极开关设备的单极进行试验。当三极开关设备的三极共用一台操动机构时，应对完整的三极开关设备进行试验。

例外情况：如果实验室不能容纳额定电压高于 72.5 kV 的完整的标准三极开关设备，可能需要用共用的操动机构来操作单极进行试验。此种情况下，因为关系到操动机构操作三极开关设备的能力，因此应记录试验程序的准确细节和测量到的转矩，以便评估试验结果。这种单极试验方式须经用户同意。但是，只要可能，应优先提供安装结构或布置变更的替代方法，以便能进行三极试验。

从发出“分闸”命令开始直到收到“到达分闸位置”信号为止，或直到到达实际分闸位置为止所需的时间（取两者中的较长者），应记录在试验报告中。

同样地，应记录全合闸时间或合闸信号时间。

6.104.2 最低周围空气温度下的操作

处于合闸位置的隔离开关或接地开关连同它的操动机构和辅助设备应放置在实验室内。温度应降低到相应于隔离开关或接地开关等级(见 GB/T 11022—2011 的 2.2)的最低周围空气温度,并维持在该温度 12 h。该开关设备应能在最低和最高操作能源下顺利地完成 3 次操作循环。试验期间,控制机构的加热元件允许通电。

对气体绝缘的隔离开关和接地开关,在最低周围空气温度下操作的前、后,应按 GB/T 11022—2011 的 6.8 进行密封试验。

6.104.3 最高周围空气温度下的操作

处于合闸位置的隔离开关或接地开关连同它的操动机构和辅助设备应放置在实验室内。温度应升高到最高周围空气温度 40 ℃(见 GB/T 11022—2011 的 2.2),维持在该温度至少 4 h 并应长至足以使整个试品和实验室之间达到温度平衡。隔离开关或接地开关应能在最低和最高操作能源下顺利地完成 3 次操作循环。

6.105 位置指示装置正确功能试验

如果用位置指示装置来代替明显可见的隔离断口或间隙时,这些试验适用。

试验要求的细节在附录 A 中给出。

6.106 母线转换电流开合试验

此试验仅适用于具有额定母线转换电流开合能力的隔离开关。

试验要求的细节在附录 B 中给出。

6.107 感应电流开合试验

此试验仅适用于具有额定感应电流开合能力的接地开关。

试验要求的细节在附录 C 中给出。

6.108 小容性电流开合试验

此试验仅适用于具有小容性电流开合能力的隔离开关。

对于气体绝缘金属封闭开关设备中的隔离开关,试验要求的细节在附录 F 中给出。

对于空气绝缘的隔离开关,试验要求的细节在附录 H 中给出。

6.109 小感性电流开合试验

此试验仅适用于额定电压 126 kV 及以上、具有小感性电流开合能力的隔离开关。

在额定相电压($U_r/\sqrt{3}$)下,以额定小感性电流进行 3 次合-分操作循环。

7 出厂试验

7.1 概述

GB/T 11022—2011 的 7.1 适用,并作如下补充:

在出厂试验的列项中补充:

f) 符合 7.101 的机械操作试验。

如果经制造厂和用户之间协商需要提供出厂试验的试验报告,制造厂的质量保证体系已经认证合格,则按其质量手册出具的报告是可以接受的。

7.2 主回路的绝缘试验

GB/T 11022—2011 的 7.2 适用。

如果不满足 GB/T 11022—2011 的 7.1 第 3 段或 7.2 的第 3 段的条件，则下述要求适用：

试验隔离开关时，试验条件应符合表 10 的规定，缩写的说明见 GB/T 11022—2011 的图 3。

表 10 工频电压试验

试验条件序号	隔离开关的位置	电压施加于	接地于
1[a]	合 闸	AaCc	BbF
2[a]	合 闸	Bb	AaCcF
3	分 闸	ABC	abcF
4	分 闸	abc	ABCF
5[b]	分 闸	ABC	接地开关

[a] 如果极间绝缘是大气压力下的空气，则序号 1 和序号 2 的试验条件可以合并，试验电压施加在连接在一起的主回路的各部分和底座之间。

[b] 接地开关所处的位置应是接地开关动触头的端部和 ABC 的带电部分之间间隙最短的位置。

试验接地开关时，应在接地开关处于分闸位置时施加试验电压于：

——在相邻且绝缘的端子与接地的底座(例如 A 对 B 与接地的 F)之间；

——在连在一起的所有绝缘的端子和接地的底座(例如 ABC 与接地的 F)之间。

7.3 辅助和控制回路的绝缘试验

GB/T 11022—2011 的 7.3 适用。

7.4 主回路电阻的测量

GB/T 11022—2011 的 7.4 仅适用于隔离开关。

7.5 密封试验

GB/T 11022—2011 的 7.5 适用。

7.6 设计和外观检查

GB/T 11022—2011 的 7.6 适用。

7.101 机械操作试验

操作试验是为了保证隔离开关或接地开关在其操动机构规定的电源电压和气(液)源压力限值范围内，具有规定的操作性能所进行的试验。

试验在主回路上无电压和无电流流过的情况下进行，应验证当其操动机构通电时隔离开关或接地开关能正确地分闸和合闸。

试验应按 6.102.4.2 进行。6.102.4.2 中提到的试验程序只进行一次。

这些试验期间，不应进行调整且操作无误。在每次操作循环中，均应到达合闸位置和分闸位置，并且有规定的指示和信号。

试验后，隔离开关或接地开关的部件不应损坏。

额定电压 72.5 kV 及以上的隔离开关和接地开关，出厂机械操作试验可以在分装上进行。

如果出厂机械操作试验是在单独的组件上进行的，则在交接试验时，机械操作试验应在装配完整的隔离开关上在现场重做。其操作总次数与 6.102.4.2 规定的次数相同。

注：如果操作点和开关设备之间使用了复杂的连接，并且支撑点安置在比较薄弱的支承件上时，这种机械操作试验不能代表变电站的操作条件。

8 隔离开关和接地开关的选用导则

8.101 概述

选择隔离开关和接地开关时，应考虑现场的下列条件和要求：

——正常电流负荷和过负荷情况；

——存在的故障条件；

——由变电站设计得出的端子静态和动态机械负荷；

——与隔离开关或接地开关连接用的导线，或悬挂分离触头用的导线，是硬导线还是软导线；

——环境状况(气候、污秽等)；

——变电站的海拔；

——所要求的操作性能(机械寿命)；

——开合要求(隔离开关开合母线转换电流，接地开关开合感应电流，接地开关的短路关合能力)。

应考虑到整个系统将来可能的发展，隔离开关或接地开关不仅要适合当前的要求，而且要适合将来的要求，选择隔离开关或接地开关时应留有一定的裕度。

8.102 正常运行条件下额定值的选择

如果适用，隔离开关或接地开关应采用第 4 章中给出的所有额定特性和等级，并和下列条款结合起来考虑。

8.102.1 额定电压和额定绝缘水平的选择

隔离开关或接地开关的额定电压按至少等于它们的安装地点的系统最高电压来选择。

隔离开关或接地开关的额定电压应从 GB/T 11022—2011 的 4.2 和 4.3 给出的标准值及其相应的绝缘水平中选取。

应从 GB/T 11022—2011 的表 1、表 2 和本标准的附录 L 中选取隔离开关和接地开关的绝缘水平。对于要求高于这些表中给出的绝缘水平的安装地点的隔离开关或接地开关，应在询问单中规定(见 9.101)。

8.102.2 额定电流的选择

隔离开关的额定电流应当从 GB/T 11022—2011 的 4.5.1 给出的标准值中选取。

应当注意隔离开关没有标准化的持续过电流能力。因此，选择隔离开关时，应使其额定电流适应于运行中可能出现的任何负载电流。在预期有频繁和严重的间歇过电流的场所，应向制造厂咨询。

注：不言而喻，额定电流是隔离开关除了罕见的使用情况之外能够连续承载的电流。此类情况可能遇到，例如，对于发电机隔离开关，它就可能在电流接近额定电流下处于合闸位置很长时间工作而不进行操作，且周围空气温度较高。在此情况下，应向制造厂咨询。

8.102.3 额定接触区的选择

额定接触区应按 4.102 的要求来选择。

选择额定接触区时，用户应验证在相应于下述附加约束条件的特定用途时(如适用)，不超过制造厂规定的额定接触区：

——由作用在与工作母线垂直的其他相连的元件上的风力和由设备位移产生的纵向偏移；

——由与工作母线垂直的其他相连的元件上的风力和由设备位移产生的横向偏移；

——由挂在母线上的其他垂直负荷和由与母线连接的其他设备的操作所施加的操作负荷产生的垂直偏移。

8.102.4 额定端子机械负荷的选择

额定端子静态和动态机械负荷应按 4.103 的要求和 3.7.121 的定义来选择。在规定额定端子负荷时，用户应考虑最不利的条件。

注：建议按下列条件来计算要求的端子静态机械负荷：

——规定的最低周围空气温度；

——－10 ℃＋冰载＋风载；或

——－5 ℃＋风载(热带地区)。

在计算要求的端子静态和动态机械负荷和要求的绝缘子的强度时，应考虑由与隔离开关或接地开关连接的导线产生的力，包括导线上由风和冰(如适用)产生的力。

8.102.5 40.5 kV 及以上隔离开关母线转换电流开合能力的选择

尽管按照隔离开关的定义，隔离开关仅在开断或关合的电流很小时，或在其每极的端子之间的电压没有发生显著的变化时，才能开断和关合回路，但在某些使用场合，隔离开关用来将负载从一个母线系统转换到另一个母线系统。虽然母线联络开关是接通的，对于隔离开关来说，负载转换也可能是更严酷或欠严酷的开合操作，这取决于变电站的尺寸和被转换的电流大小。

如果要求有母线转换电流开合能力，则转换电流和预期恢复电压的数值应从附录 B 给出的值中选取，并在询问单中予以规定(见第 9 章)。

8.102.6 72.5 kV 及以上接地开关感应电流开合能力的选择

接地开关的定义未包括开合能力。当开断或关合的电流很小和/或接地开关每极的端子之间的电压很低，以致仅发生可忽略的电弧时，一台标准的接地开关能够从变电站或线路的一个隔离段断开与接通对地的连接。按照隔离开关的定义，认为不超过 0.5 A 的电流是很小的电流。

在高电压线路杆塔布置中，有时采用同一线路杆塔上架设多于一个系统的布置。在此情况下，当线路一侧接地或不接地，另一线路与系统连接并可能承载负荷电流时，接地开关必须开合感应电流。接地开关开合的感应电流的大小取决于线路之间的容性、感性耦合因数以及平行系统的电压、负载和长度。

如果要求感应电流开合能力，则应从附录 C 给出的值中选取，并在询问单中规定(见第 9 章)。

8.102.7 当地的环境状况

隔离开关和接地开关的正常和特殊使用条件，GB/T 11022—2011 的第 2 章适用。

对于隔离开关和接地开关，在某些地区，由于存在烟尘、化学气体、盐雾等，户内和户外污秽条件是不利的。如果知道存在这些不利条件，应对隔离开关或接地开关所采用的设计和材料给予特殊考虑。

对通常暴露在大气中的绝缘子，要求的爬电距离应按 GB/T 11022—2011 的 5.14 来选择。在污秽大气条件下，绝缘子的性能也取决于人工清洗、自然清洗的频繁程度或采取的其他污秽控制措施。

注：如果已通过试验证明瓷绝缘子的设计满足用户的要求，则可采用小于额定相电压和统一爬电比距的乘积确定的公称爬电距离。

对端子敞开的户内开关设备，在盐分沉积严重的沿海地区，额定电压 40.5 kV 以上时，推荐使用户外绝缘的开关设备，因为它通常比特殊的户内绝缘更适合。也可用 GIS。

如果隔离开关或接地开关安装处的风压超过 700 Pa 时，则应在询问单中明确。

如果隔离开关或接地开关装设在预期覆冰厚度超过 1 mm 的环境下，则应在询问单中明确，并考虑 6.103 的要求。

8.102.8 地震条件

GB/T 11022—2011 的 2.3.5 适用。

8.102.9 使用于高海拔地区

GB/T 11022—2011 的 2.3.2 适用。

8.102.10 额定短时耐受电流和额定短路持续时间的选择

GB/T 11022—2011 的 4.6 和 4.8 适用。

图 4、图 5 和图 6 中给出的短路试验的布置是最低要求。因为这些试验布置不能排除存在隔离开关承受较高应力的电站设计的情况。

注：电流和时间之间的关系由公式 $I^2 \cdot t$＝常数给出。

8.102.11 额定峰值耐受电流和接地开关的额定短路关合电流的选择

选择的隔离开关或接地开关的额定峰值耐受电流应不小于实际系统中出现的故障电流的最大峰值(按系统时间常数的实际值来考虑)。

应考虑 GB/T 11022—2011 的 4.7 的规定。

以上所述也适用于接地开关的额定短路关合电流(如适用)。

9 随询问单、标书和订单提供的资料

9.1 概述

下列资料是按 GB/T 11022—2011 的要求规定的。这些资料有助于处理第 8 章给出的信息。

9.101 随询问单和订单提供的资料

当查询或订购隔离开关或接地开关时，查询者应提供下列详细资料：

a) 系统的详细资料，即标称电压和最高电压、频率、相数及中性点接地的细节。

b) 运行条件，包括最低和最高周围空气温度(后者如果高于正常值)；超过 1 000 m 时的海拔以及可能存在或出现的任何特殊条件，例如，异常的暴露在水蒸气、潮气、烟雾、爆炸性气体、过度的灰尘或含盐的空气中(见 8.102.7～8.102.9)。

c) 隔离开关或接地开关的特性。应提供下列资料(如适用)：

  1) 极数。
  2) 安装场所：户内或户外。
  3) 额定电压。
  4) 额定绝缘水平：如果相应于给定的额定电压在不同的绝缘水平中选取时，或者如果要求的绝缘水平是非标准的(见 GB/T 11022—2011 的表 1、表 2)；对额定电压≥363 kV 的隔离开关和接地开关的额定操作冲击耐受电压。
  5) 额定频率。
  6) 额定电流(仅对隔离开关)。
  7) 额定峰值耐受电流和额定短时耐受电流。

8) 额定短路关合电流(如有,仅对接地开关)(见 3.4.105)。
9) 短路持续时间的规定值(如果是非标准的)。
10) 额定端子静态和动态机械负荷(见 4.103)。
11) 与隔离开关或接地开关连接用的导线,或悬挂分离触头用的导线,是硬导线还是软导线。
12) 安装条件和高压接线,例如隔离开关和接地开关静触头的悬挂位置;由设备或不由设备提供的支承结构。
13) 对隔离开关和接地开关所用绝缘子的要求:
- 取自 GB/T 26218 系列的污秽等级;
- 伞裙外形(如适用),取自 GB/T 26218 系列;
- 见本标准 9.101 c)10)。

注:绝缘子的其他特性由开关设备制造厂负责。

14) 适用时,要求的接触区。
15) 适用时,附加的要求:
- 人工污秽;
- 严重冰冻条件下的操作;
- 开合母线转换电流(仅对隔离开关);
- 开合感应电流(仅对线路接地开关);
- 延长的机械寿命:M1 级或 M2 级;
- 短路关合能力:E1 级或 E2 级(仅对接地开关)。

d) 操动机构和相关设备的特性,特别是:
1) 操作方法:人力的或动力的;
2) 对不依赖人力的操作:延时时间;
3) 操作高度高于正常的操作高度;
4) 动力操作采用的动力源类型(例如压缩气体、直流、交流)及其额定值(压力、电压、频率);
5) 辅助触头的数量和型式;
6) 防护等级(如果高于 5.13 的规定)。

e) 有关压缩气体使用的要求以及压力容器的设计和试验的要求。

f) 需要用户见证的出厂试验和附加的检查。
如果订单中有规定,下列检验可要求作为发运前的最后检验,在用户在场的情况下进行。这些检验可以对一个订货合同定购的单元数中的一个单元或其总数的 1%上进行抽样试验:
1) 防腐蚀的涂镀层(油漆、电镀层等)厚度;
2) 电气控制布线检查(如有);
3) 附件和文件(安装和使用说明书、储存和运输说明书);
4) 动作时间(如适用)。

g) 上面未包括但可能影响投标和订货所涉及的特殊条件的任何其他资料。

9.102 随标书提供的资料

如适用,随标书提供的资料应包括 9.101 中规定的要求,并指明与询问单的细节一致和不一致之处。此外,如有要求,应提供所有说明性的材料和图样以及型式试验证书或报告。

9.102.1 额定值和特性

a) 极数;
b) 安装场所:户内或户外;

c) 额定电压；
d) 额定绝缘水平，尤其是额定操作冲击耐受电压(如适用)；
e) 额定频率；
f) 额定电流(仅对隔离开关)；
g) 额定短时耐受电流和额定峰值耐受电流；
h) 额定短路关合电流(仅对接地开关)；
i) 特殊要求时规定的型式试验；
j) 隔离开关开合母线转换电流的额定值(按照附录B)；
k) 接地开关开合感应电流的额定值(类别按照附录C)；
l) 隔离开关的额定机械寿命(等级M)；
m) 接地开关的额定机械寿命(等级M)；
n) 接地开关的额定电寿命(等级E)；
o) 隔离开关小容性电流开合能力的额定值；
p) 隔离开关小感性电流开合能力的额定值。

9.102.2 结构特点

a) 整台隔离开关或接地开关的质量。
b) 空气中的最小间隙：
   1) 极间；
   2) 对地；
   3) 隔离断口(仅对隔离开关)。
c) 单柱式隔离开关和接地开关的额定接触区。
d) 防腐蚀。
e) 具有悬挂式静触头的隔离开关，在触头打开或闭合时要求的反作用力，这些力的大小及其方向由制造厂在技术文件中指明。

9.102.3 隔离开关或接地开关的操动机构及其辅助设备

a) 操动机构的类型。
b) 操动机构的额定电源电压和/或额定压力源压力。
c) 在额定电源电压下操作隔离开关或接地开关所需的电流；在操动机构端子上的最大电流和最高电压。
d) 在额定气源压力下操作隔离开关或接地开关所需的空气量(如适用)。
e) 辅助触头的数量和类型。
f) 定位装置的设计或定位方法的说明。
g) 指示和信号装置的设计。

9.102.4 外形尺寸和其他资料

制造厂应提供隔离开关或接地开关在分闸位置和合闸位置时有关外形尺寸的必要资料，还应提供隔离开关和接地开关的固定尺寸和质量。除非另有规定，隔离开关和接地开关图样上给出的尺寸公差应为GB/T 1804—2000标准化的公差。

还应给出维修方面的一般资料(见10.5)。

9.102.5 设备的状态

制造厂应将隔离开关和/或接地开关运输和交付时的组装状态通知用户。

10 运输、储存、安装、运行和维修规则

10.1 概述

GB/T 11022—2011 的 10.1 适用。

10.2 运输、储存和安装时的条件

GB/T 11022—2011 的 10.2 适用。

10.3 安装

GB/T 11022—2011 的 10.3 适用，并作如下补充：

只要可行，隔离开关和接地开关应按一个单元包装。

装有多于一个单元或多于一个元件(绝缘子、传动杆、操动机构和类似元件)的包装箱和板条箱，应清楚地予以标识，并附有箱内所装物品的清单。

10.4 运行

GB/T 11022—2011 的 10.4 适用。

10.5 维修

GB/T 11022—2011 的 10.5 适用，并作如下补充：

具有母线转换电流开合能力的隔离开关，为了估计维修间隔，应考虑操作次数。

11 安全

11.1 概述

GB/T 11022—2011 的 11.1 适用，并作如下补充：

注：术语“有资质的人员”和“指派的人员”分别在 IEV 826-09-01 和 IEV 826-09-02 中定义。根据地方安全法规，对“有资质的人员”和“指派的人员”的要求可能有差异。

11.2 制造商的预防措施

GB/T 11022—2011 的 11.2 适用。

11.3 用户的预防措施

GB/T 11022—2011 的 11.3 适用。

11.4 电气方面

GB/T 11022—2011 的 11.4 适用。

11.5 机械方面

GB/T 11022—2011 的 11.5 适用。

11.6 热的方面

GB/T 11022—2011 的 11.6 适用，5.13 作为补充。

11.7 操作方面

GB/T 11022—2011 的 11.7 适用，5.104 作为补充。

12 产品对环境的影响

GB/T 11022—2011 的第 12 章适用。

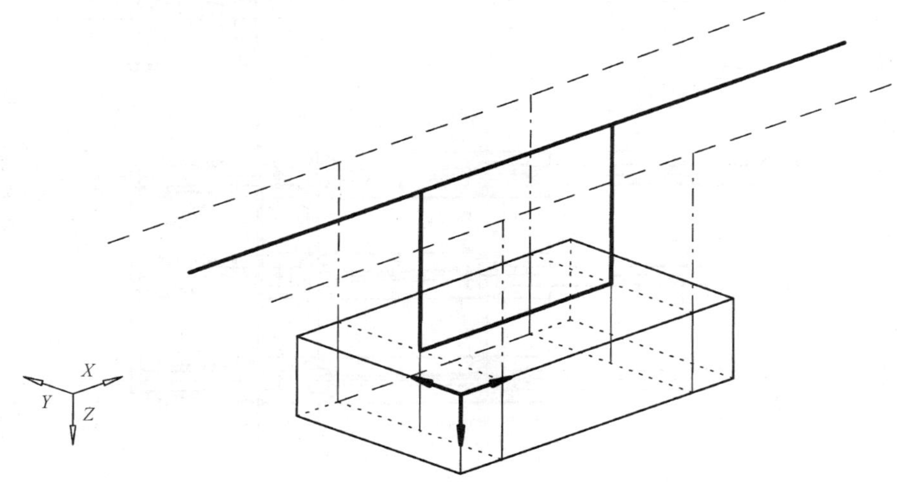

说明：

X ——支承导线的纵向(温度的影响)；

Y ——支承导线的横向(风的影响)；

Z ——垂直偏移(温度和冰的影响)。

图 1 静触头方向与支承导线平行

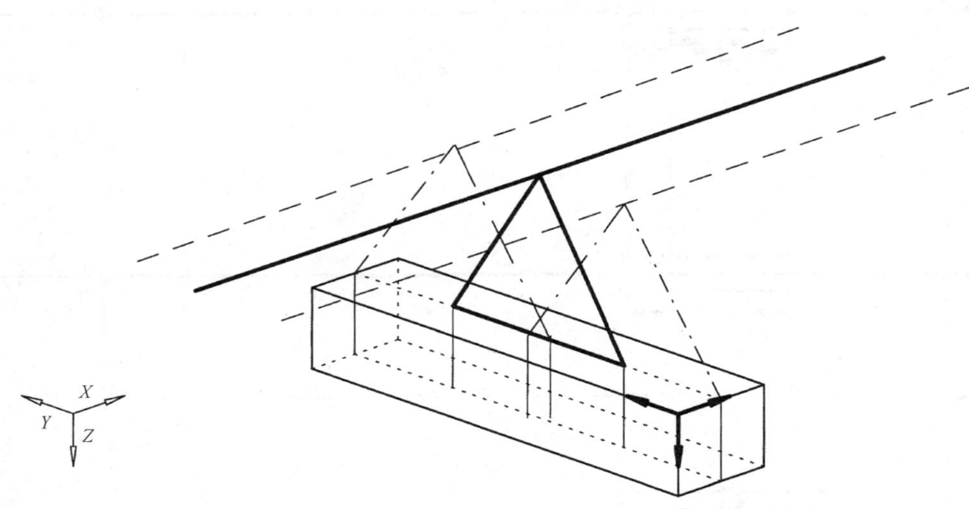

说明：

X ——支承导线的纵向(温度的影响)；

Y ——支承导线的横向(风的影响)；

Z ——垂直偏移(温度和冰的影响)。

图 2 静触头方向与支承导线垂直

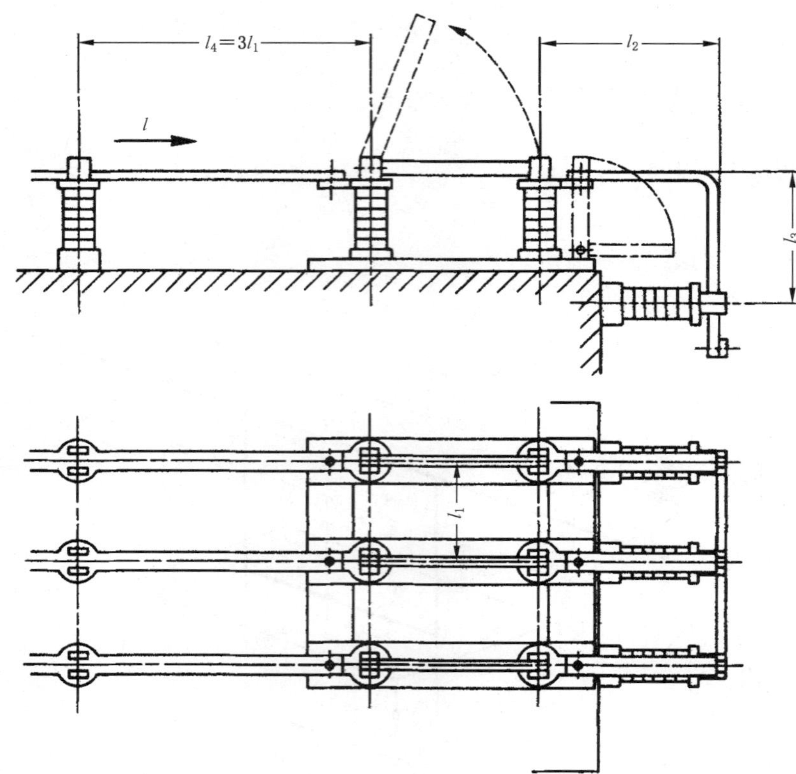

注 1：应注意，不要由于与电源的连接线而引起不代表运行条件的力。

注 2：距离 l_2 和 l_3 应尽可能地小，但不小于 l_1。

图 3　额定电压 40.5 kV 及以下隔离开关和接地开关的三相试验布置

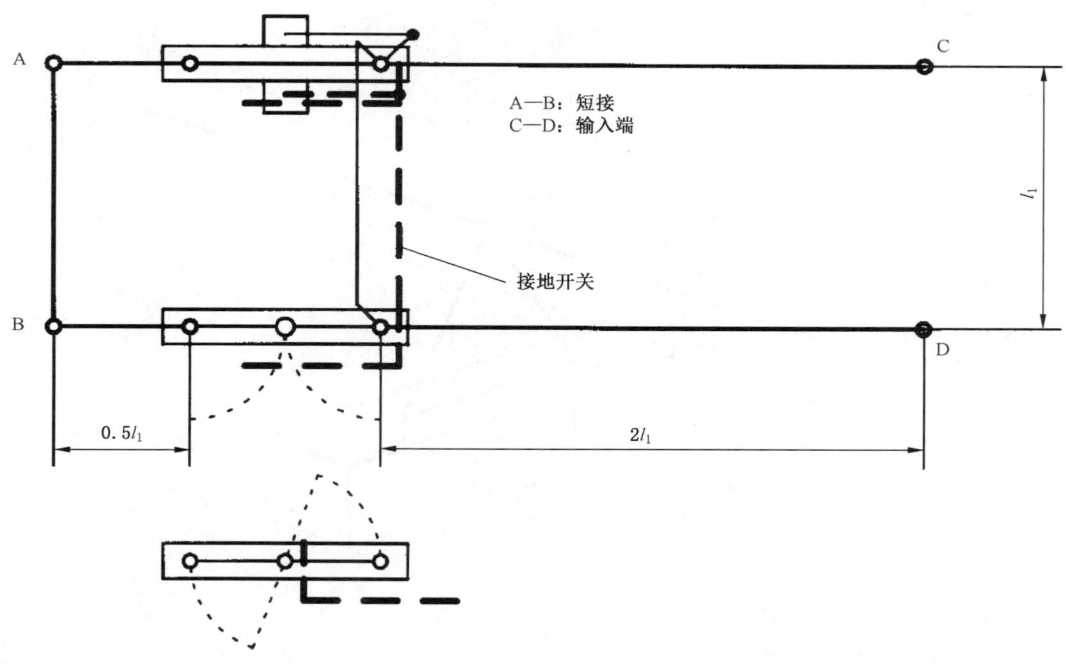

说明：

l_1——制造厂规定的相邻极间的最小中心距离。

图 4　额定电压 72.5 kV 及以上、具有水平隔离断口的隔离开关和接地开关的单相试验布置

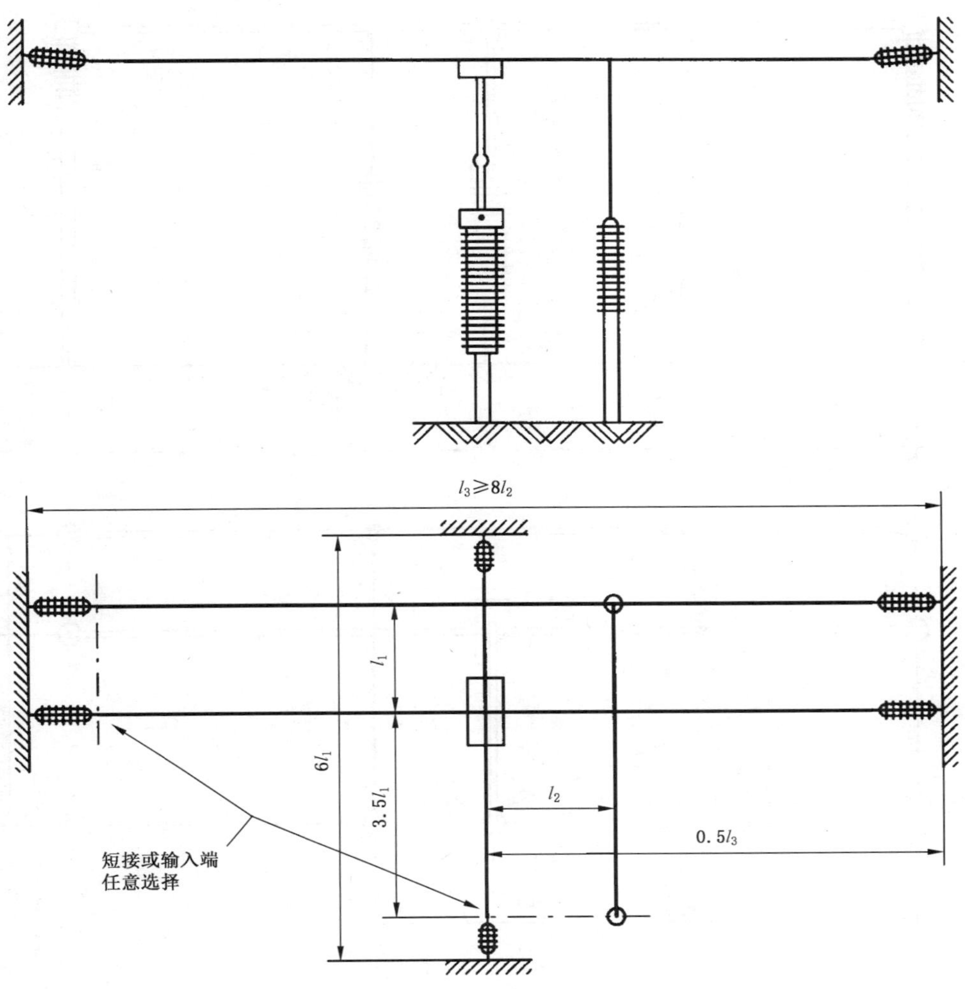

说明：

l_1、l_2——制造厂规定的相邻极间的最小中心距离。

图5　额定电压 72.5 kV 及以上、使用软导线、具有垂直隔离断口的单柱式隔离开关(接地开关)的单相试验布置

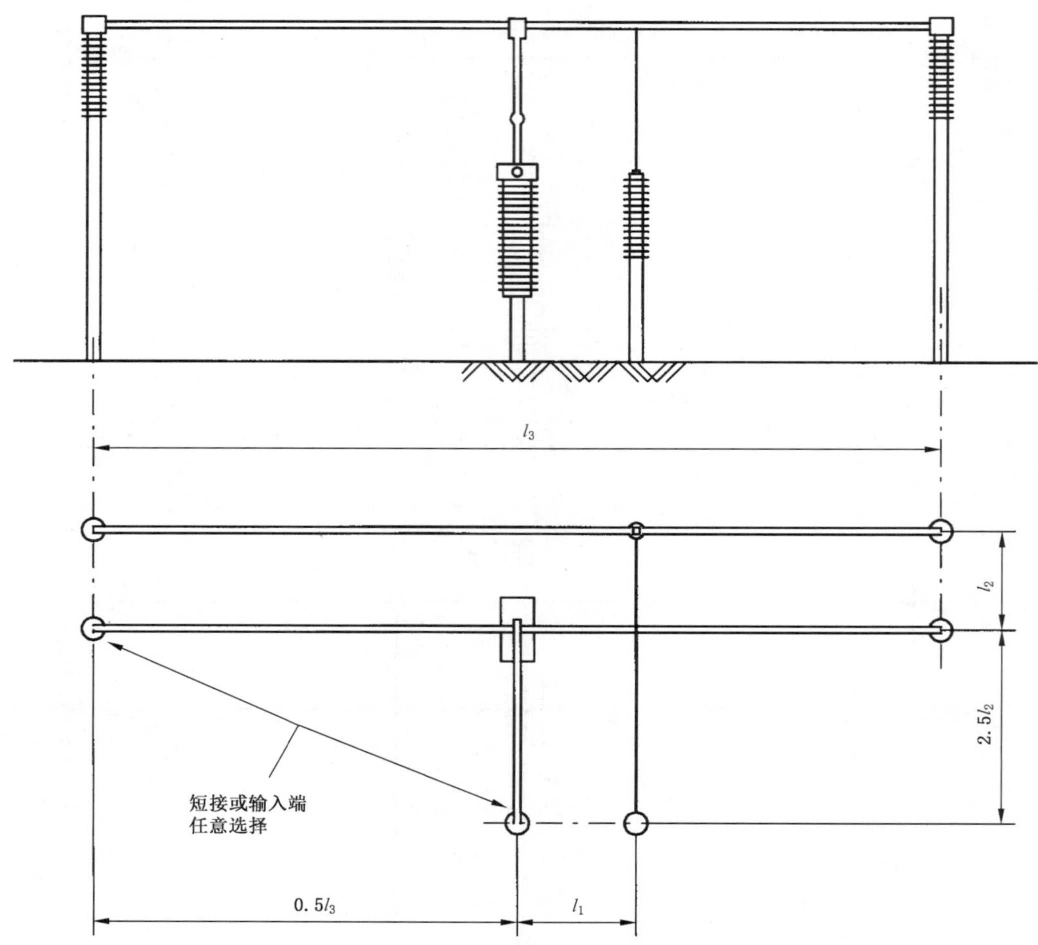

说明：

l_1、l_2——制造厂规定的相邻极间的最小中心距离。

当 $U_r \leqslant 126$ kV 时：$l_3 \geqslant 4l_1$；

当 $U_r \geqslant 252$ kV 时：$l_3 = 20$ m±2 m。

除被试隔离开关或接地开关坚固地固定在底座上的情况外，应考虑到支承结构的弹性常数(IEC 60865-1:1993)。

试验报告或试验证书中应清楚地提供用于试验的安装布置的细节或者隔离开关坚固地固定到底座上的记录。

图6　额定电压72.5 kV及以上、使用硬导线、具有垂直隔离断口的单柱式隔离开关(接地开关)的单相试验布置

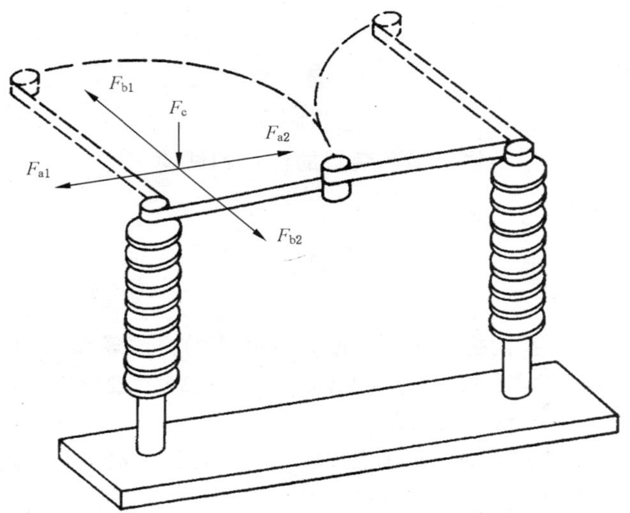

图 7 双柱式隔离开关施加额定端子机械负荷的例子

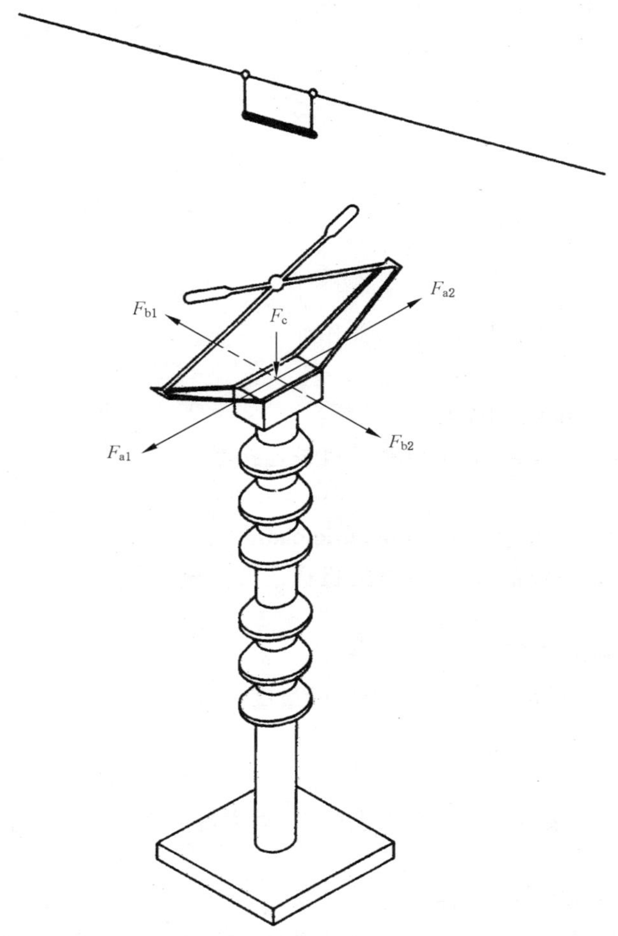

注：摺架的上方是静触头。

图 8 摺架式隔离开关施加额定端子机械负荷的例子

附 录 A
（规范性附录）
位置指示装置的设计和试验

A.1 概述

本附录适用于用位置指示装置代替可见隔离断口或间隙的交流隔离开关和接地开关。

注：根据5.104.3的规定，如果隔离断口或间隙不可见，可以使用可靠的位置指示装置来指示保证隔离开关的隔离断口或接地开关的间隙的每个动触头的位置。

作为对本标准的补充，GB 3906—2006、GB 7674—2008 和 IEC 62271-201:2006 也接受用可靠的指示装置表示动触头位置来代替可见的隔离断口或间隙。

本附录旨在确定通过机械联结方式与隔离开关或接地开关的动触头连接的位置指示装置的设计要求和必要的型式试验。

为了指示装置可靠，应满足下面补充的设计和试验要求。

A.2 正常和特殊使用条件

本标准的第2章适用。

A.3 术语和定义

就本附录而言，本标准第3章的定义适用，并作如下补充。

A.3.5.111

动力传动链 power kinematic chain

从(并包括)操动机构直到(并包括)动触头的机械连接系统(图A.1)。

A.3.5.112

位置指示传动链 position indicating kinematic chain

从(并包括)动触头直到(并包括)指示装置的机械连接系统。

A.3.5.113

联结点 connecting point

动力和指示传动链共用部分的点，该点在上游的最高处。

A.3.5.114

解开点 opening point

与动力传动链的联结点最接近的上游方向上的点，动力传动链可在该点解开。

A.3.5.115

应力限制装置 strain limiting device

将传递到开关装置下游侧的转矩限制到一个规定值的装置，它不考虑施加到上游侧的转矩大小。

A.4 额定值

本标准的第4章适用。

A.5 设计和结构

本标准的第5章适用,并作如下补充:

A.5.104.3.1 可靠的位置指示装置

位置指示装置的传动链应设计得具有足够的机械强度,以满足规定的型式试验要求。为了确保正向驱动操作,位置指示传动链应当是连续的机械连接。可通过适当的方法把位置指示装置直接标示在动力传动链的机械部件上。应力限制装置(如果有)不属于位置指示传动链的组成部分。

A.6 型式试验

本标准的第6章适用,并作如下补充:

A.6.105 位置指示装置正确功能试验

除了在本标准第6章中规定的型式试验的试验期间指示装置的正确功能得到验证之外,根据开关装置的类型,设备还应通过A.6.105.1中的一项和A.6.105.2中的试验。

试验时,测量的力/转矩分别是通过解开点从动力传动链的上游部分传递到下游部分的力 F_m 或转矩 T_m。由操动机构施加的力/转矩,是当动力传动链保持在与下列试验位置相对应的位置时进行一次试操作来测量的:

——对隔离开关:动触头被锁定时的合闸位置;

——对接地开关:动触头被锁定时的分闸位置。

对多极开关设备,仅指具有最长动力传动链的极的动触头被锁定。

A.6.105.1 动力传动链的试验

A.6.105.1.1 无应力限制装置、动力操作的隔离开关和接地开关

配电动的、液压的和气动的操动机构。

试验应按下面的程序进行(见图A.1):

——将动力传动链在解开点解开;

——对操动机构施加GB/T 11022—2011的4.9、4.11和/或4.12中给出的110%额定电源电压或110%额定气(液)源压力,产生的力(F_m)或转矩(T_m)是在对操动机构发出分闸或合闸命令后在解开点上测量的;

——隔离开关或接地开关在其相应的试验位置,在解开位置的动力传动链下游的解开点上施加 $1.5F_m$ 的力或 $1.5T_m$ 的转矩。

试验结果:见A.6.105.3。

注:操动机构本身可被用来提供1.5倍的最大力/转矩。

A.6.105.1.2 无应力限制装置、人力操作的隔离开关和接地开关

试验应按下面的程序进行:

——将隔离开关或接地开关置于试验位置;

——在操动机构操作手柄握紧部位长度的二分之一处施加750 N的力。

试验结果:见A.6.105.3。

注:配相应于A.6.105.1.1和A.6.105.1.2两种类型操动机构的开关装置,在解开点上施加的力/转矩应为最大值。

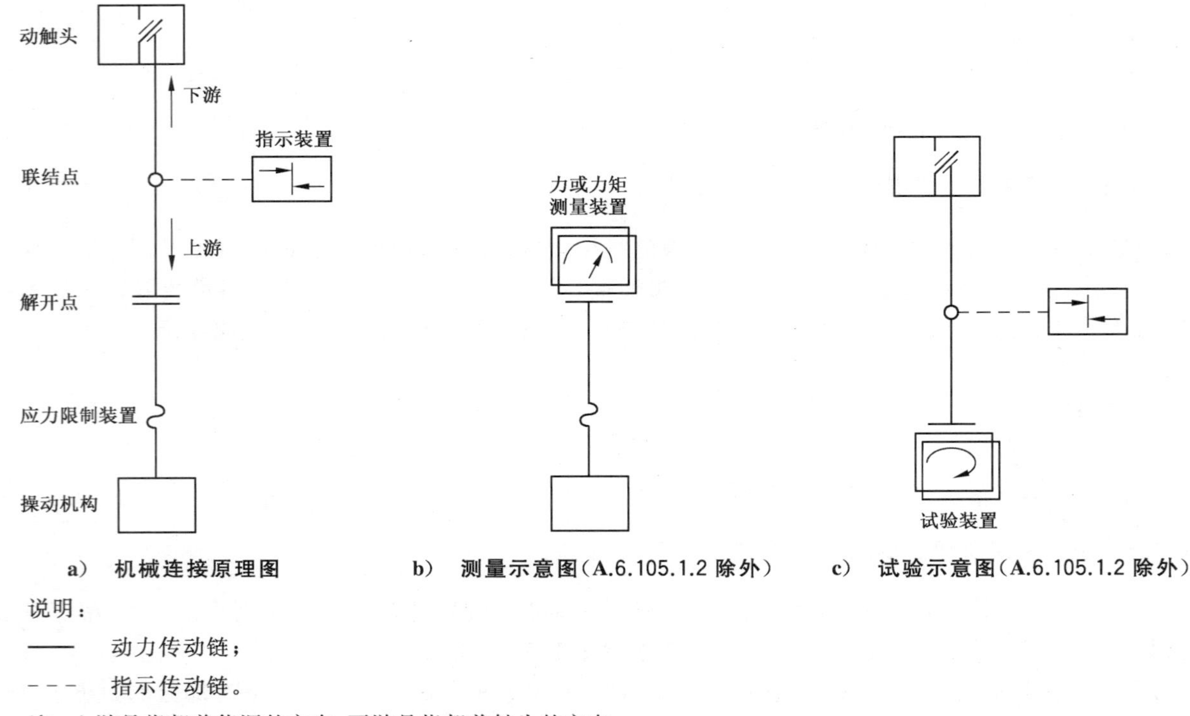

a) 机械连接原理图　　b) 测量示意图(A.6.105.1.2 除外)　　c) 试验示意图(A.6.105.1.2 除外)

说明：

—— 动力传动链；

- - - 指示传动链。

注：上游是指朝着能源的方向，下游是指朝着触头的方向。

图 A.1　位置指示装置

A.6.105.1.3　有应力限制装置、动力/人力操作的隔离开关和接地开关

试验应按下面的程序进行：

——将动力传动链在解开点解开。

——由应力限制装置传递的力 F_m 或转矩 T_m，是在用动力操动机构或用手柄试图操作开关装置，直到应力限制装置动作为止时，在动力传动链上游的解开点上测量的。对操动机构施加 GB/T 11022—2011 的 4.9、4.11 和/或 4.12 中给出的 110%额定电源电压或 110%额定气(液)源压力，或在人力操动机构的情况下，在操动机构操作手柄握紧部位长度的二分之一处施加直到应力限制装置动作的力(最大为 750 N)。

——隔离开关或接地开关在其相应的试验位置，在解开位置的动力传动链下游的解开点上施加 $1.5F_m$ 的力或 $1.5T_m$ 的转矩。

试验结果：见 A.6.105.3。

A.6.105.1.4　无应力限制装置、由锁扣装置的脱扣器驱动的不依赖动力/人力操作的隔离开关和接地开关

试验应按下面的程序进行：

——将动力传动链在解开点解开。

——操动机构已储存操作能量。

注：操动机构的储能可用人力或动力进行。

——给操动机构施加分闸或合闸命令并在动力传动链的解开点上测量产生的力 F_m 或转矩 T_m。

——隔离开关或接地开关在其相应的试验位置，在解开位置的动力传动链下游的解开点上施加 $1.5F_m$ 的力或 $1.5T_m$ 的转矩。

试验结果：见 A.6.105.3。

A.6.105.1.5 有或无应力限制装置、不依赖动力/人力操作的隔离开关和接地开关

试验应按下面的程序进行：

——将动力传动链在解开点解开。

——对操动机构施加 GB/T 11022—2011 的 4.9、4.11 和/或 4.12 中给出的 110%额定电源电压或 110%额定气(液)源压力，并在动力传动链的解开点上测量传递的力 F_m 或转矩 T_m。

注 1：根据操动机构的类型，在操动机构中的操作能量向动力传动链释放之前，分闸或合闸命令可能使操动机构储存操作能量。

——对人力操动机构，在操作手柄握紧部位长度的二分之一处施加直到 750 N 的力，并在动力传动链的解开点上测量传递的力 F_m^* 或转矩 T_m^*。

注 2：根据操动机构的类型，在操动机构中的操作能量向动力传动链释放之前，人力分闸或合闸操作可能使操动机构储存操作能量。

——隔离开关或接地开关在其相应的试验位置，在解开位置的动力传动链下游的解开点上施加 $1.5F_m^*$ 的力或 $1.5T_m^*$ 的转矩。当提供动力和人力两种操作时，施加的力或转矩应取两者中的最大值。

试验结果：见 A.6.105.3。

A.6.105.2 位置指示传动链的试验

如果位置指示装置直接标示在动力传动链的机械部件上，则不需要试验。

在运行操作时，如果在动力传动链和位置指示装置之间的位置指示传动链部分处在能提供等效于 GB 4208—2008 中的 IP2XC 的最低防护等级的外壳内，并且此外壳按 GB/T 11022—2011 的 6.7.2 通过了能量为 2 J 的机械碰撞试验，则不要求进行补充的试验，但应考虑下面的要点。

碰撞应施加到对指示传动链和指示装置的防护来说很可能是最薄弱的外壳的点上。

对所有其他情况，试验应在阻塞位置指示装置而不是动触头的情况下进行。

试验结果：见 A.6.105.3。

A.6.105.3 试验结果

每一试验通过的条件：

——试验后，位置指示装置能正确地指示动触头的位置。

——位置指示传动链没有永久变形。如果在动力传动链联结点的上游发生变形或断裂，为了完成所要求的操作，允许更换零件。但这种情况应在型式试验报告中记载。

A.7 出厂试验

本标准的第 7 章适用，并作如下补充：

机械操作试验期间，应验证位置指示装置能正确地指示动触头的分闸和合闸位置。

附　录　B
（规范性附录）
隔离开关开合母线转换电流

B.1　概述

本附录适用于额定电压 40.5 kV 及以上、能够开合母线转换电流的交流隔离开关。

注：额定电压 40.5 kV 以下的隔离开关也可进行开合母线转换电流，但母线转换电流的额定值和型式试验不属于正常要求。试验可按照用户和制造厂之间的协议进行。

本附录的目的，是为了对用于将负荷电流从一个母线系统转换到另一个母线系统的隔离开关规定这方面的开合要求和试验方法。对这种开合方式，要求隔离开关具有的关合和开断能力取决于转换的负荷值、母线联结位置和被操作的隔离开关之间的环路尺寸。

B.2　正常和特殊使用条件

本标准的第 2 章适用。

B.3　术语和定义

就本附录而言，本标准第 3 章的定义适用，并作如下补充：

B.3.7.124

母线转换电流　bus-transfer current

当隔离开关将负荷从一个母线系统转换到另一个母线系统时，隔离开关能够开合的电流。

B.3.7.125

母线转换电压　bus-transfer voltage

隔离开关开断母线转换电流之后或关合母线转换电流之前，出现在隔离开关断口上的工频电压。

B.3.7.126

额定母线转换电流　rated bus-transfer current

在额定母线转换电压下隔离开关能够开合的最大的母线转换电流。

B.3.7.127

额定母线转换电压　rated bus-transfer voltage

最大的母线转换电压，隔离开关在此电压下应能开合额定母线转换电流。

B.4　额定值

本标准的第 4 章适用，并作如下补充：

用于将负荷从一个母线系统转换到另一个母线系统的隔离开关的补充额定值应从下面选取：

B.4.104.1　额定母线转换电流

对于空气绝缘和气体绝缘的隔离开关，其额定母线转换电流值均应是 80% 的额定电流。通常，不论隔离开关的额定电流多大，额定母线转换电流不超过 1 600 A。某些场合，母线转换电流可能超过 1 600 A。

注：选择最大额定母线转换电流 1 600 A 作为能够被开合的典型的最大电流，即使隔离开关的额定电流可能很大。选择隔离开关通常是依据短时电流额定值和额定电流值。因此，隔离开关承载的最大的持续电流，可能显著地小于其额定电流。

B.4.104.2 额定母线转换电压

额定母线转换电压在表 B.1 中给出。其他的额定母线转换电压可由制造厂规定。

表 B.1 隔离开关的额定母线转换电压

额定电压 U_r kV	空气绝缘的隔离开关(有效值) V	气体绝缘的隔离开关(有效值) V
40.5 72.5 126	100	10、30[a]
252 363	300	20、100[a]
550 800	400	40、100[a]
1 000[b]	400	400
注：用气体绝缘的隔离开关开合空气绝缘母线的转换电流时，其额定母线转换电压应按照空气绝缘的隔离开关的额定母线转换电压。		
[a] 适用于长母线的场合。 [b] 1 100 kV 隔离开关的额定母线转换电压取自 GB/Z 24837—2009。		

B.5 设计和结构

本标准的第 5 章适用，并作如下补充：

B.5.10 铭牌

应在具有关合和开断母线转换电流能力的隔离开关的铭牌上，标识出额定母线转换电流。

B.6 型式试验

本标准的第 6 章适用，并作如下补充：

具有关合和开断母线转换电流能力的隔离开关，除本标准第 6 章规定的试验外，还应经受母线转换条件下的关合和开断试验。

注：对于结构细节的变化，如果制造厂能证明所做的这种变化不影响某项型式试验的结果，则不必重做该项型式试验。如果制造厂能够证明其他隔离开关操作该母线转换电流开合装置的方式和已做过型式试验的隔离开关一样，则意味着一个给定设计的母线转换电流开合装置也可用于其他隔离开关而不必重做该项型式试验。其理由是：隔离开关的母线转换电流开合能力，仅取决于试验回路的特性值和隔离开关的操作速度，而与隔离开关的绝缘性能和电流额定值无关。

B.6.106 关合和开断试验

B.6.106.1 被试隔离开关的布置

被试隔离开关应整体安装在其自身的支架或等价的支架上。其操动机构应按规定的方式进行操作，特别是，如果是动力（电动或气动）操作的，应分别在最低电源电压或最低空气压力下进行操作。

开始进行关合和开断试验之前，应进行空载操作并记录隔离开关操作特性的细节，例如运动速度、合闸时间和分闸时间。

对于气体绝缘的隔离开关，试验应在最小气体密度下进行。

配人力操动机构的隔离开关可以采用动力操作方式进行遥控操作，动力操作的速度应与人力操作所获得的速度等值。

注 1：应进行试验，来验证人力操作的隔离开关在制造厂规定的最低操作速度下能满意地操作。

应考虑隔离开关两个端子中每一个端子的带电效应。当隔离开关一侧的实际布置不同于另一侧时，试验回路的电源侧应当连接到代表最严酷运行条件的一侧。有怀疑时，50%次数的开断和关合试验将试验回路的电源侧接到隔离开关的一侧进行，而另 50%次数的开断和关合试验将电源接到隔离开关的另一侧进行。

若下列条件不比整台三极隔离开关试验时更有利，则仅需在三极隔离开关的一极上进行单相试验：

——关合速度；

——开断速度；

——相邻相的影响。

注 2：如果能够证明燃弧时间和电弧延伸没有相邻相牵连的可能性，则单极试验足以验证隔离开关的关合和开断性能。如果根据单极试验能确定电弧可能到达相邻相，则应当使用专门的隔离开关布置进行三极试验。

B.6.106.2 试验回路和隔离开关的接地

隔离开关的底座应当接地。试验回路应按图 B.1 接地。对于气体绝缘的隔离开关，可能有必要使用一种代替的试验回路（见 B.6.106.6）。

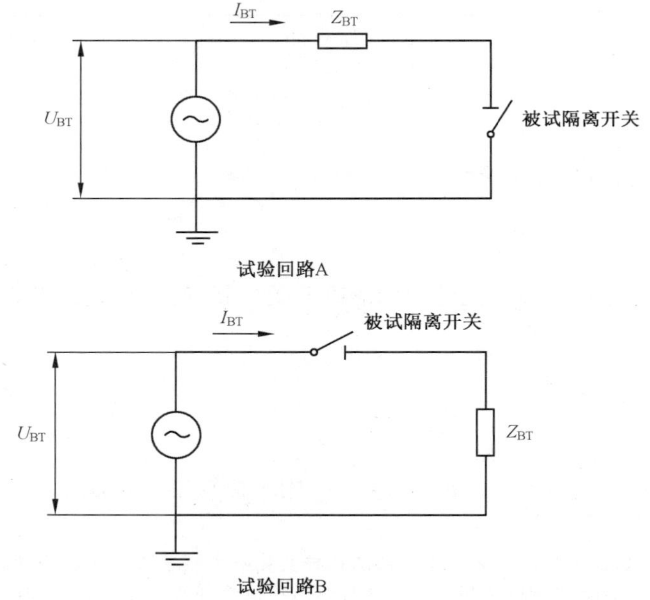

说明：

I_{BT}——额定母线转换电流，$I_{BT}=U_{BT}/Z_{BT}$。

图 B.1 母线转换电流关合和开断试验的试验回路

B.6.106.3 试验频率

隔离开关最好在额定频率下进行试验。然而，为了试验方便，试验可在 50 Hz 或 60 Hz 下进行，并认为两者是等价的。

B.6.106.4 试验电压

试验电压应合理选择，以便在打开的隔离开关端子之间产生所要求的额定母线转换电压（$^{+10}_{0}$%），其值由表 B.1 给出。

试验电压应在电流开断后立即测量。

如 B.6.106.1 所述，通常仅要求进行单极试验。如果要求进行三极试验，则每一相的试验电压与平均试验电压相差应不大于 10%。

在开断后，工频恢复电压至少应保持 0.3 s。

B.6.106.5 试验电流

试验电流应等于 B.4.104.1 规定的额定母线转换电流（$^{+10}_{0}$%）。试验电流应在隔离开关操作之前测量。

被开断的电流应是衰减很小的对称电流。隔离开关的触头应在闭合回路产生的瞬态电流消失后才能分开。

如果进行三极试验，试验电流应是所有三极电流的平均值。每一相的试验电流与试验电流平均值相差不大于 10%。

B.6.106.6 试验回路

可进行现场试验或试验室试验。对于实验室试验，试验回路 A 和试验回路 B（见图 B.1）的功率因数应不超过 0.15。在实验室方便的情况下，可使用两个试验回路中的任一个。

试验回路元件的特性值 U_{BT} 和 Z_{BT} 按提供所要求的试验电流和工频恢复电压来选择。

如果要求进行三极试验，则三相试验回路的每一相中应包括与单相试验回路相同的元件，以便得到合适的试验电压和电流。电源回路的中性点应接地。

注 1：可以使用能够产生所要求的试验电流和电压及合适的瞬态恢复电压（TRV）参数的其他试验回路。

注 2：对于气体绝缘的隔离开关，开合时对地的绝缘完整性通常是不成问题的。有怀疑时，可以用隔离开关的额定相对地电压施加到外壳上进行试验。可以使用单独的电压源。

注 3：对于现场试验，试验电流和电压可能不能达到所要求的允差。可按制造厂和用户之间的协议，放弃这些要求。

由于连接的母线系统的波阻抗影响，预期的 TRV 波形应呈三角形。然而，为了试验方便，可以采用频率不低于 10 kHz，预期振幅系数不小于 1.5，具有（1－cos）波形的瞬态恢复电压。

注 4：控制 TRV 的元件可加到试验回路中。

注 5：试验时，被试隔离开关的电弧电压与试验电压相比通常相对地高，这将引起 TRV 的明显衰减和电流的相位偏移，使得试验电流在相位上与试验电压几乎同相。因此，TRV 参数（上升率和峰值）是不明显的，不要求详细规定。

B.6.106.7 试验方式

应进行 100 次关合-开断操作循环。

注：100 次操作循环验证电寿命是不够的，但将提供触头磨损的迹象。

分闸操作应继合闸操作之后并经过一段延时进行，且两个操作之间的延时应足以使瞬态电流得以消失。

在整个试验过程中，隔离开关不应进行检修和调整。

B.6.106.8 试验过程中隔离开关的性能

隔离开关应成功地完成试验，且没有过度的机械或电气损伤。

在操作过程中，如果不损伤隔离开关的绝缘水平和不危害就地操作人员和在附近的其他人员，则允许从隔离开关向外喷射火焰或金属微粒。

B.6.106.9 试验后隔离开关的状况

隔离开关的机械功能和绝缘与试验前的状况基本相同。隔离开关应能够承载其额定电流且温升不超过规定值。

只要符合隔离开关预期的操作寿命，允许有机械磨损和由于燃弧而引起的烧蚀痕迹。如果有用于灭弧的材料，其性能可能受损，其数量可能降低到正常水平以下。在绝缘子上可能有由灭弧介质分解而产生的沉淀物。

在分闸位置，隔离开关的隔离性能不应由于绝缘件的劣化而降低到相应于正常磨损和老化的水平以下。

验证上述要求是否满足，试验后对隔离开关进行目视检查和空载操作通常是足够的。有怀疑时，可能需要进行适当的试验予以核实。

如果对隔离开关的绝缘性能有怀疑，则应按 GB/T 11022—2011 的 6.2.12 进行状态检查试验予以验证。

B.6.106.10 型式试验报告

全部型式试验结果都应记录在型式试验报告中，其中应包含证明试验符合本标准的足够数据。型式试验报告还应包括足以确认被试隔离开关的主要部件的资料。

试验报告应包含下述资料：

a) 试验的典型示波图或类似的记录(每 10 次操作中至少一张示波图)；

b) 试验回路；

c) 试验电流；

d) 试验电压；

e) 工频恢复电压；

f) 预期瞬态恢复电压；

g) 燃弧时间；

h) 关合和开断操作的次数；

i) 试验后触头状况的记录(见 B.6.106.9)。

应当包括关于隔离开关支承结构的一般资料。如适用，应记录试验期间隔离开关的动作时间和使用的操动机构的类型。

附　录　C
（规范性附录）
接地开关开合感应电流

C.1　概述

本附录适用于额定电压 72.5 kV 及以上、能够开合感应电流的交流接地开关。

注：额定电压 40.5 kV 及以下的接地开关偶尔也要求开断和关合感应电流，但感应电流的额定值和型式试验不属于正常要求。试验可按用户和制造厂之间的协议进行。

本附录的目的，是为了将输电线路接地用的接地开关的开合要求标准化。在多路架空输电线路布置的情况下，不带电并且接地的输电线路上可能通过电流，这是由于与相邻带电线路的容性和感性耦合的结果。因此，用于这些线路接地的接地开关应能保证下列运行条件：

——当接地连接在线路的一端开路，接地开关在线路的另一端操作时，开断和关合容性电流；

——当线路的一端接地，接地开关在线路的另一端操作时，开断和关合感性电流；

——持续承载容性和感性电流。

C.2　正常和特殊使用条件

本标准的第 2 章适用。

C.3　术语和定义

本标准第 3 章适用，并补充如下：

C.3.4.105.9

A 类接地开关　class A earthing switch

指定在与相邻带电线路耦合长度较短或耦合弱的线路中使用的接地开关。

C.3.4.105.10

B 类接地开关　class B earthing switch

指定在与相邻带电线路耦合长度较长或耦合强的线路中使用的接地开关。

注：列入 A 类和 B 类、具有关合能力（E1 级和 E2 级）的接地开关将有一个组合的等级符号，如 A＋E1、B＋E2 等。

C.3.7.128

电磁感应电流　electromagnetically induced current

当不带电的输电线路的另一端已经接地，与该线路平行和邻近的线路带电，接地开关使不带电的输电线路的一端接地或不接地时，接地开关能够开合的感性电流。

注 1：两端接地的不带电线路中的感性电流，取决于带电线路中的电流大小和与带电线路的耦合因数，耦合因数由杆塔上的线路布置情况来确定。

注 2：当线路另一端已经接地时，跨接在线路一端且打开的接地开关上的感性电压，取决于带电线路中的电流大小、与带电线路的耦合因数（耦合因数由杆塔上的线路布置情况来确定）以及与带电线路邻近的那部分接地线路的长度。

C.3.7.129

静电感应电流　electrostatically induced current

当不带电的输电线路的另一端开路，且与带电线路平行和相邻，接地开关使不带电的输电线路的一端接地或不接地时，接地开关能够开合的容性电流。

注 1：一端接地的不带电线路中的容性电流，取决于带电线路的电压、与带电线路的耦合因数(耦合因数由杆塔上的线路布置情况来确定)以及接地线路的接地端和开路端之间的长度。

注 2：当线路另一端开路时，跨接在线路一端且打开的接地开关上的容性电压，取决于带电线路的电压和与带电线路的耦合因数，耦合因数由杆塔上的线路布置情况来确定。

C.4 额定值

本标准的第 4 章适用，并作如下补充：

可能要求额定电压 72.5 kV 及以上的接地开关具有感应电流和感应电压的额定值。对这种情况下使用的接地开关，根据开合方式的严酷程度可分为 A 类和 B 类(见 C.3.4.105.9 和 C.3.4.105.10)。

C.4.105.1 额定感应电流

电磁感应和静电感应电流的额定值应分别规定。

额定感应电流是在额定感应电压下接地开关能够开合的最大电流。

额定感应电压是最高工频电压，在该电压下，接地开关能够开合额定感应电流。

两类接地开关的额定感应电流列于表 C.1 中。超过表 C.1 中 B 类接地开关的感应电流由制造厂和用户之间协商。

表 C.1 接地开关的额定感应电流和电压的标准值

额定电压 U_r kV	电磁耦合				静电耦合			
	额定感应电流(有效值) A		额定感应电压(有效值) kV		额定感应电流(有效值) A		额定感应电压(有效值) kV	
	类别		类别		类别		类别	
	A	B	A	B	A	B	A	B
72.5	50	100	0.5	4	0.4	2	3	6
126	50	100	0.5	6	0.4	5	3	6
252	80	160	1.4	15	1.25	10	5	15
363	80	200	2	22	1.25	18	5	22
550	80	200	2	25	2	25,50	8	25,50
800	80	200	2	25	3	25,50	12	32
1 100[a]	待定							

注 1：A 类接地开关：用于耦合弱或比较短的平行线路。B 类接地开关：用于耦合强或比较长的平行线路。

注 2：在某些情况(接地的线路很长一段与带电线路邻近，带电线路上有很大负荷，带电线路的运行电压比接地线路的高等)下，其感应电流和感应电压可能高于表中的值。对于这类情况，额定值应由制造厂和用户协商确定。

注 3：对于单相试验和三相试验(见 C.6.107.6)，额定感应电压均相应于线对地的值。

[a] 由于目前的 1 100 kV 输电线路为示范工程，只有一条线路，接地开关不存在开合电磁感应和静电感应电流的问题。因此，该电压等级的标准值待定。

接地开关应能承载额定感应电流(见 C.6.5)。

C.4.105.2 额定感应电压

电磁感应电压和静电感应电压的额定值应分别规定。

两类接地开关的额定感应电压列于表 C.1 中。超过表 C.1 中 B 类接地开关的感应电压由制造厂和用户之间协商。

C.5 设计和结构

本标准的第 5 章适用,并作如下补充:

C.5.10 铭牌

应在具有关合和开断感应电流能力的接地开关的铭牌上标识出类别符号。

C.6 型式试验

本标准的第 6 章适用,并作如下补充:

具有关合和开断额定感应电流能力的接地开关的型式试验应包括:

——电磁感应电流关合和开断能力试验;

——静电感应电流关合和开断能力试验。

C.6.5 温升试验

一般不要求做试验,因为接地开关的额定短时耐受电流可以用于说明典型的感应电流标准值所引起的接地开关的温升很低。有怀疑时,应根据制造厂和用户之间的协议进行温升试验。

如要求试验,GB/T 11022—2011 的 6.5 适用。

C.6.107 关合和开断试验

C.6.107.1 被试接地开关的布置

被试接地开关应完整地安装在其自身的支架上或一等价的支架上。其操动机构应以规定的方式操作,特别是,如果是电动或气动操作的,应分别在最低电源电压或最低气压下进行操作。

开始进行关合和开断试验前,应进行空载操作并记录接地开关操作特性的细节,例如运动速度、分闸时间和合闸时间等。

对于气体绝缘的接地开关,试验应在最小气体密度下进行。

配人力操动机构的接地开关,可以采用动力操作方式进行遥控操作,动力操作的速度应与人力操作获得的速度等值。

注 1:应进行试验来验证人力操作的接地开关在制造厂规定的最低操作速度下能满意地操作。

如果下列条件不比整台三极接地开关试验时更有利,则仅需在三极接地开关的一极上进行单相试验:

——关合速度;

——开断速度;

——相邻极的影响或与带电相的邻近程度。

注 2：如果能够证明燃弧时间和电弧延伸不可能发生相邻带电相牵连的可能性，则单极试验足以验证接地开关的关合和开断性能。如果根据单极试验能确定电弧可能到达相邻带电相，则应当使用专门的接地开关布置进行三极试验。

C.6.107.2 试验回路和接地开关的接地

试验回路应通过接地开关的端子接地，通常接地开关的一个端子是接地的。

C.6.107.3 试验频率

接地开关最好在额定频率下进行试验。然而，为了试验方便，试验可以在 50 Hz 或 60 Hz 下进行，并认为两者是等价的。

C.6.107.4 试验电压

试验电压应合理选择，使关合前或开断后在接地开关端子间产生合适的工频电压，其值为表 C.2 所给出的值（$^{+10}_{\ 0}\%$）。对于电磁感应电流的开合，试验电压应在电流开断后立即进行测量。对于静电感应电流的开合，试验电压应在接地开关关合前瞬间进行测量。

如 C.6.107.1 中所述，通常仅要求进行单极试验。如果要求进行三极试验，则每相的试验电压与平均试验电压相差应不超过 10%。

工频试验电压在开断后应至少维持 0.3 s。

C.6.107.5 试验电流

试验电流应等于表 C.1 中给出的额定感应电流（$^{+10}_{\ 0}\%$）。

被开断的电流应是衰减很小的对称电流。接地开关的触头应在闭合回路产生的瞬态电流消失后才能分开。

如果进行三极关合和开断试验，试验电流应按所有三极中电流的平均值度量。每相试验电流与平均试验电流相差应不超过 10%。

对于容性电流开断试验，在触头分离前，试验电流的波形应尽可能地接近正弦波。如果总电流的有效值与基波分量有效值之比不超过 1.2，则认为此条件已满足。触头分离前，试验电流每工频半波通过零点不得多于一次。

C.6.107.6 试验回路

可以进行现场试验或实验室试验。对于实验室试验，可用电容、电感和电阻组成的集中元件来代替输电线路。

如果要求进行三极试验，则三相试验回路每相中应包含与单相试验回路相同的元件，以便产生合适的试验电压和电流。电源回路的中性点应接地。

注 1：只要能产生所要求的试验电流和电压以及合适的瞬态恢复电压参数，也可采用规定以外的其他试验回路。

注 2：对于现场试验，试验电流和电压可能不能达到所要求的允差。可根据制造厂和用户之间的协议，放弃这些要求。应该指出，如果电压互感器接到被开合的接地线路上，开合过程中可能出现铁磁谐振，这取决于互感器的特性和接地线路的长度。

C.6.107.6.1 电磁感应电流关合和开断试验的试验回路

单相试验回路（图 C.1）由产生合适的试验电压和试验电流的电源回路构成，回路的功率因数不超过 0.15。选择元件 R 和 C，以产生合适的瞬态恢复电压参数。阻尼电阻 R 可以与电容 C 串联或并联。

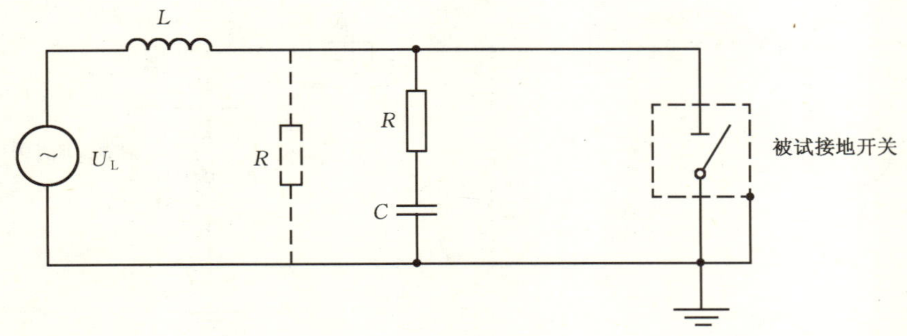

图 C.1 电磁感应电流关合和开断试验的试验回路

电源电压(U_L)和电感(L)的值可以按表 C.1 中给出的值进行计算,以便产生合适的试验电流和工频恢复电压值。

预期瞬态恢复电压波形应具有三角波的形式,这种波是由于所连输电线路的波阻抗造成的。为了试验方便,也可采用具有(1－cos)形式的瞬态恢复电压。可以选择 R 和 C 的值以产生表 C.2 中规定的合适的瞬态恢复电压参数。

表 C.2 电磁感应电流开断试验恢复电压的标准值

额定电压 U_r kV	A 类			B 类		
	工频恢复电压(有效值) $(^{+10}_{0}\%)$ kV	TRV 峰值 $(^{+10}_{0}\%)$ kV	到达峰值的时间 $(^{0}_{-10}\%)$ μs	工频恢复电压(有效值) $(^{+10}_{0}\%)$ kV	TRV 峰值 $(^{+10}_{0}\%)$ kV	到达峰值的时间 $(^{0}_{-10}\%)$ μs
72.5	0.5	1.1	100	4	9	400
126	0.5	1.1	100	6	14	600
252	1.4	3.2	200	15	34	1 100
363	2	4.5	325	22	49	1 300
550	2	4.5	325	25	57	1 600
800	2	4.5	325	28	63	2 000
1 100	待定					

注 1:恢复电压对单相或三相试验有效。

注 2:预期瞬态恢复电压(TRV)波形可以是三角形或(1－cos)形式(见 C.6.107.6.1)。到达峰值的时间对于两种波形均适用。

C.6.107.6.2 静电感应电流关合和开断试验的试验回路

为了实验室试验的方便,可以选用图 C.2 中的试验回路 1 或 2,因为只要满足回路参数方程式,这些回路均等价。

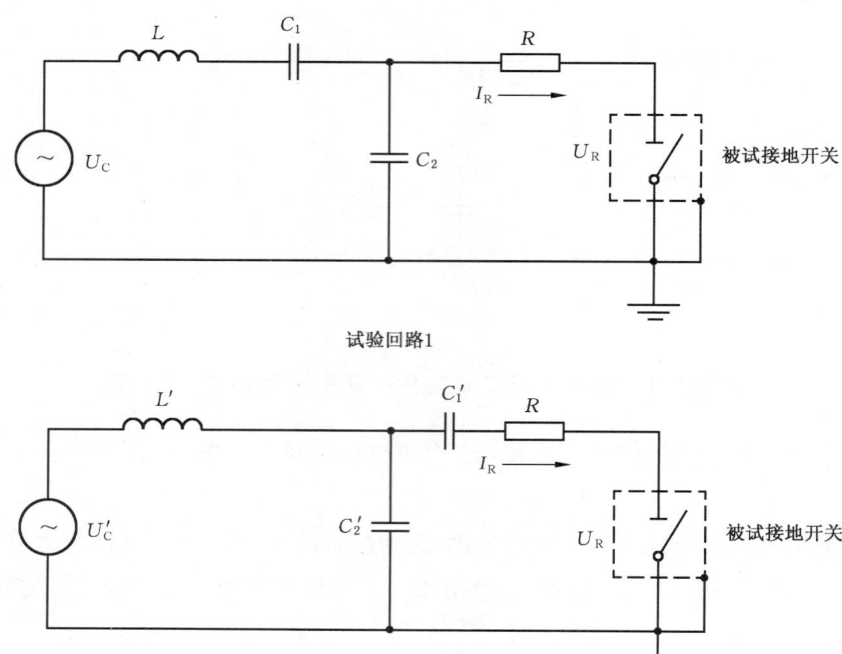

试验回路2

$$L = Z_0^2 \times C_1 \qquad L' = L \times \left(\frac{C_1}{C_1 + C_2}\right)^2$$

$$U_C = \frac{I_R}{\omega C_1} \qquad U'_C = \left(\frac{C_1}{C_1 + C_2}\right) \times U_C \text{ 或 } U'_C = U_R$$

$$C_2 = C_1\left(\frac{U_C}{U_R} - 1\right) \qquad C_1{}' = C_1 + C_2 \qquad C_2{}' = C_2\left(1 + \frac{C_2}{C_1}\right)$$

式中：

Z_0——线路的波阻抗：

- 对于额定电压 72.5 kV～126 kV：425 Ω；
- 对于额定电压 252 kV：380 Ω；
- 对于额定电压 363 kV～1 100 kV：325 Ω。

说明：

I_R——表 C.1 规定的额定感应电流；

U_R——表 C.1 规定的额定感应电压；

C_1——表 C.3 给出的试验回路的电容。

图 C.2 静电感应电流关合和开断试验的试验回路

试验回路的功率因数应不超过 0.15。试验回路 1 中的电源电压(U_C)、电感 L 和电容 C_2 的值可以从表 C.1 中的额定电流和额定电压及表 C.3 中给出的 C_1 值，利用图 C.2 中注明的方程式计算出来。这将产生合适的试验电流和电压值以及合适的涌流频率和试验回路的波阻抗。试验回路 2 中的参数值可以由试验回路 1 导出的值进行计算。

表 C.3　静电感应电流关合和开断试验的试验回路的电容(C_1 值)

<table>
<tr><td rowspan="3">额定电压 U_r
kV</td><td colspan="2">试验回路的电容
μF</td></tr>
<tr><td>A类</td><td>B类</td></tr>
<tr><td>±10%</td><td>±10%</td></tr>
<tr><td>72.5</td><td>0.07</td><td>0.27</td></tr>
<tr><td>126</td><td>0.07</td><td>0.40</td></tr>
<tr><td>252</td><td>0.15</td><td>0.80</td></tr>
<tr><td>363</td><td>0.29</td><td>1.18</td></tr>
<tr><td>550</td><td>0.35</td><td>1.47</td></tr>
<tr><td>800</td><td>0.35</td><td>1.47</td></tr>
<tr><td>1 100</td><td colspan="2">待定</td></tr>
<tr><td colspan="3">注：C_1 值可以由下式计算：
$$C_1 = (6D)/(\pi Z_0)$$
式中：
D ——线路长度，单位为千米(km)；
Z_0——线路波阻抗，单位为欧(Ω)。
波阻抗的设定值是：
——对于额定电压 72.5 kV～126 kV：425 Ω；
——对于额定电压 252 kV：380 Ω；
——对于额定电压 363 kV～800 kV：325 Ω。</td></tr>
</table>

不超过(从隔离开关看去的)容抗[$\omega(C_1+C_2)=\omega C'_1$]的 10%的电阻($R$)可以接入图 C.2 所示的回路中。然而，所选择的电阻值既不应大于所考虑的输电线路的波阻抗，也不应导致接地开关合闸时涌流的非周期性阻尼。

C.6.107.7　试验方式

对于每一个静电和电磁感应电流关合和开断试验，应进行 10 次关合-开断操作循环。

注：10 次操作循环对于验证电寿命是不充分的，但将提供触头磨损的迹象。

分闸操作应继合闸操作之后进行，两次操作之间应有足够的时延，使得任何瞬态电流得以消失。

在整个试验程序进行中，接地开关不应进行检修和调整。

C.6.107.8　试验过程中接地开关的性能

接地开关应成功地完成试验，且没有过度的机械或电气损伤。

在操作过程中，如果不损伤接地开关的绝缘水平和不危害就地操作人员或在附近的其他人员，允许从接地开关向外喷射火焰或金属微粒。

接地开关在试验过程中出现的重击穿的次数不予考虑。

C.6.107.9　试验后接地开关的状态

接地开关的机械功能和绝缘与试验前的状况基本相同。接地开关应能承载其额定峰值耐受电流和额定短时耐受电流。

只要符合接地开关预期的操作寿命和维修规范，允许有机械磨损和电弧烧蚀的痕迹。如果有用于灭弧的材料，其性能可能受损，其数量可能降低到正常水平以下。在绝缘子上可能有由灭弧介质的分解而产生的沉淀物。

验证上述要求是否满足，试验后对接地开关进行目视检查和空载操作通常是足够的。有怀疑时，可能需要进行适当的试验予以核实。

如果对接地开关的绝缘性能有怀疑，则应按 GB/T 11022—2011 的 6.2.12 进行状态检查试验予以验证。

C.6.107.10 型式试验报告

全部型式试验结果应记录在型式试验报告中，其中应包含证明试验符合本标准的足够数据。型式试验报告还应包括足以确认被试接地开关的主要部件的资料。

试验报告应包括下列资料：

a) 典型的示波图或类似的记录；
b) 试验回路；
c) 试验电流；
d) 试验电压；
e) 工频恢复电压；
f) 预期瞬态恢复电压；
g) 燃弧时间；
h) 关合和开断操作的次数；
i) 试验后接地开关的状况。

应当包括关于接地开关支承结构的一般资料。如适用，应记录试验期间接地开关的动作时间和使用的操动机构的类型。

附　录　D
（资料性附录）
接地开关操作（暂时接近）时最不利的绝缘位置的试验电压

为了对暂时接近时的绝缘强度进行标准化，应考虑下列事实：

——额定电压直到并包括 126 kV，系统存在两种型式，一种是中性点固定接地系统，另一种是中性点经消弧线圈接地的谐振接地系统；

——额定电压 252 kV 及以上，中性点固定接地是标准的接地方式；

——额定电压 363 kV 及以上，其工频耐受电压与系统电压的比例和 363 kV 以下的试验电压与系统电压的比例相比是降低了（在较高电压范围，操作冲击试验已经标准化了）。

因此，对于暂时接近，有理由对较低电压范围的两个不同试验电压（一个对固定接地系统，另一个对谐振接地系统）和对 220 kV 及以上的系统电压仅有的一个试验电压进行标准化。

由于 330 kV 及以上系统的工频耐受电压相对较低，所以 252 kV 的隔离开关和接地开关处于一个独特的位置。一方面它们属于固定接地系统的范围；另一方面它们属于试验电压低于 300 kV 的范围。因此，有必要考虑是否把要求的绝缘强度与标准化了的工频耐受电压（线对地）或是与额定电压联系起来考虑。

与线对地耐受电压的固定关系，会对较低的额定电压给出过高的值；对较高的额定电压给出很低的值。

由于变电站中的安全距离与绝缘试验电压无关而与额定电压有关，因此，暂时接近的绝缘强度也应与额定电压和电网的接地方式有关。而且，应考虑试验电压可能偶尔有变化这个事实，但相对于暂时接近的距离不应导致试验电压的改变。

因此，为了标准化，试验电压建议采用下列值：

a）　额定电压直到并包括 126 kV：

——中性点固定接地系统：$2\times U_r/\sqrt{3}$；

——中性点不接地系统：$1.3\times U_r$。

b）　额定电压 252 kV 直到并包括 800 kV，它们一般是固定接地的：

——$2\times U_r/\sqrt{3}$。

c）　额定电压 1 100 kV，它们一般是固定接地的：

——1 100 kV。

在计及以上叙述的细节后，对接地开关动触头处于最不利的位置时建议的试验电压在表 7 中给出。

附 录 E
（规范性附录）
对气体绝缘和/或金属封闭开关设备中使用的隔离开关和接地开关的特殊要求

E.1 概述

E.1.1 范围和对象

本附录专门适用于设计用于额定电压 3.6 kV 及以上、运行频率 50 Hz 的气体绝缘和金属封闭开关设备中的交流隔离开关和接地开关。

这里，仅考虑履行隔离开关或接地开关特殊功能的那些元件。如果隔离开关和接地开关被组合到一个隔室或一个壳体中，根据电压等级，GB 3906—2006 或 GB 7674—2008 适用。

E.1.2 规范性引用文件

本标准的 1.2 适用。

E.2 正常和特殊使用条件

本标准的第 2 章适用。

E.3 术语和定义

本标准的第 3 章适用，并作如下补充：

E.3.5.116

套管 bushing

[GB 7674—2008，定义 3.109]

E.3.7.130

（外壳的）设计温度 design temperature(of the enclosure)

[GB 7674—2008，定义 3.112]

E.3.7.131

（外壳的）设计压力 design pressure(of the enclosure)

[GB 7674—2008，定义 3.113]

E.3.7.132

绝缘和/或开合用的额定充入压力（或密度） rated filling pressure(or density) for insulation and/or switching

[GB/T 11022—2011，定义 3.6.5.1]

E.3.7.133

绝缘和/或开合用的最低功能压力（或密度） minimum functional pressure (or density) for insulation and/or switching

[GB/T 11022—2011，定义 3.6.5.5]

E.4 额定值

本标准的第 4 章适用,并对额定值列项作如下补充:

s) 适用时,额定母线充电电流开合能力(见附录 F)。

E.4.3 额定绝缘水平

GB/T 11022—2011 的 4.3 适用。

E.4.12 绝缘和/或操作用的额定充入水平

GB/T 11022—2011 的 4.12 适用。

E.5 设计和结构

本标准的第 5 章适用,并作如下补充:

E.5.3 隔离开关和接地开关的接地

GB/T 11022—2011、GB 7674—2008 和 GB 3906—2006 的 5.3 适用。

如果为了试验目的,有外部连接穿过接地开关,它需要和接地部位隔离,这种外部连接应能耐受额定短路电流。该外部连接拆去时,相应的绝缘水平(DC 和 AC)由制造厂规定。如果需要,应给出外部接地连接绝缘系统的介质损耗(mW)。

E.5.10 铭牌

本标准的 5.10 适用,并作如下补充:

应提供下列数据:

——供操作用的额定压力;

——最小气体密度(或压力);

——外壳的设计压力。

E.5.107 内部故障

适用时,见 GB 3906—2006 的 5.101 或 GB 7674—2008 的 5.102。

E.5.108 外壳

适用时,见 GB 3906—2006 的 5.102 或 GB 7674—2008 的 5.103 和 GB/T 11022—2011 的 5.13。

E.5.109 压力释放

适用时,见 GB 3906—2006 的 5.103.2.4 或 GB 7674—2008 的 5.105。

E.6 型式试验

本标准的第 6 章适用,并作如下补充:

E.6.1 概述

构成气体绝缘或金属封闭开关设备和控制设备主回路元件的隔离开关和接地开关,应在其安装和使用的适当条件下，即它们应在气体绝缘或金属封闭开关设备和控制设备中的正常安装状态，装上布置可能影响其性能的所有相关元件(如连接件、支承件、排气装置等)的情况下，按本附录进行试验以验证其额定特性。

注：在确定哪些相关的元件影响性能时，应特别注意短路电流所产生的机械力、电弧生成物的排放、破坏性放电的可能性等方面。应该认识到，在某些情况下这种影响可能是微不足道的。

E.6.1.2 试验的分组

本标准的6.1.2适用，并作如下补充：

——隔离开关开合母线充电电流试验(E.6.108)(适用时的型式试验)；

——外壳的压力耐受试验(E.6.110)(适用时的型式试验)；

——内部故障电弧试验(E.6.111)(适用时的型式试验)。

E.6.2.10 局部放电试验

GB/T 11022—2011的6.2.10适用。

除非已在GB 3906—2006和GB 7674—2008的6.2.9中规定，否则不要求在整台隔离开关或接地开关上做局部放电试验。但是，当隔离开关或接地开关所用的元件在相关的标准(例如GB/T 4109—2008)中包含了局部放电测量时，制造厂应提出证据表明这些元件通过了按相关标准要求的局部放电试验。局部放电测量见GB/T 7354—2003。

注1：局部放电试验的测量结果是发现受试设备某些缺陷的一个合适的方法，也是绝缘试验的一个有益的补充。经验表明，在特定的结构中，局部放电可以导致设备的绝缘强度降低，尤其是固体绝缘。

注2：为测量或发现局部放电，除了GB/T 7354—2003考虑的一种方法外，根据协议也可采用其他方法，例如超高频或声学法。

E.6.6.2.101 短路试验的一般试验条件

GB/T 11022—2011的6.6.2和本标准的6.6.2.101适用。

E.6.102.4 机械寿命试验

配备联锁的隔离开关和接地开关，应经受5次操作循环的操作(相关标准另有要求的情况除外)来检查相关联锁的动作情况。在每次操作之前，联锁应置于阻止开关装置操作的位置。在进行这些试验时，不应对开关装置或联锁进行调整。

如果开关装置和联锁能按正确的工作程序工作，且在试验前、后开关装置操作所需的力几乎相同，则认为试验是满意的。

如果开关装置不能操作，则认为联锁是满意的。

E.6.104 极限温度下的操作

为了验证在极限温度下能满意地工作，应按GB/T 11022—2011的6.8进行密封试验。

E.6.108 隔离开关开合母线充电电流试验

试验要求的细节在附录F中给出。

E.6.110 外壳的压力耐受试验

GB 3906—2006和GB 7674—2008的6.103适用。

E.6.111 内部故障电弧试验

GB 3906—2006 的 6.106 和 GB 7674—2008 的 6.105 适用。

E.7 出厂试验

本标准的第 7 章适用,并作如下补充:

E.7.1 主回路的绝缘试验

补充如下:

注:对于密封元件,绝缘试验应在额定充入压力下进行。

E.7.101 机械操作试验

本标准的 7.101 适用,并作如下补充:

配备联锁的隔离开关和接地开关,应经受 5 次操作循环的操作来检查相关联锁的动作情况。每次操作之前,应按 6.102.4.2 和 E.6.102.4 的规定,分别对每个开关装置进行一次试操作。

试验在主回路中没有电压或电流流过的条件下进行,特别是应该检验在操动机构规定的电源电压和压力源压力极限范围内,开关装置能正确地合闸和分闸。

E.7.102 局部放电测量

GB 3906—2006 的 7.101 和 GB 7674—2008 的 7.1.2 适用。

注 1:局部放电试验的测量结果可用来发现潜在的悬浮物质和制造缺陷。

注 2:为测量或发现局部放电,除了 GB/T 7354—2003 考虑的一种方法外,根据协议也可采用其他方法,例如超高频或声学法。

E.7.103 外壳的压力耐受试验

GB 3906—2006 的 7.103 和 GB 7674—2008 的 7.101 适用。

E.8 隔离开关和接地开关的选用导则

本标准的第 8 章适用。

E.9 随询问单、标书和订单提供的资料

本标准、GB 3906—2006 或 GB 7674—2008 的第 9 章适用,并作如下补充:

E.9.102.1 额定值和特性

o) 开合母线充电电流的能力。

E.10 运输、储存、安装、运行和维修规则

GB 3906—2006 和 GB 7674—2008 的第 10 章适用,并对 GB 3906—2006 和 GB 7674—2008 的 10.4 作如下补充:

为了维修,气体绝缘开关设备中的隔离开关只有在六氟化硫气体压力不低于其最低功能压力(密度)时,认为才具有其全部的绝缘性能。

附 录 F
（规范性附录）
额定电压 72.5 kV 及以上气体绝缘金属封闭开关设备——隔离开关开合母线充电电流的要求

F.1 概述

已经发现，特别是在 550 kV 和更高的系统电压等级上，当气体绝缘金属封闭开关设备的隔离开关开合小的容性电流[例如用隔离开关接通或断开空载的母线（管）段或断路器的并联电容器]时，可能会发生对地破坏性放电。近几年，通过在全世界范围内的调查，搞清了产生这种情况的原因，并对非常快速的瞬态过电压现象——随着气体绝缘金属封闭开关设备的隔离开关履行容性电流开合这种固有的职能时产生的现象的复杂性，有了深刻的了解。由此可以断定：正确的隔离开关设计对避免对地产生破坏性放电是至关重要的。

F.1.1 范围和对象

本附录适用于额定电压 72.5 kV 及以上的交流气体绝缘金属封闭隔离开关。

本附录规定了气体绝缘金属封闭隔离开关用于开合例如接通或断开母线段或均压电容器时所出现的小容性电流（空载电流）的试验要求。

注：在同一回路中几台隔离开关同时操作是不合理的，本标准对这种情况不予考虑。

F.2 正常和特殊使用条件

本标准的第 2 章适用。

F.3 术语和定义

对于本附录，下列定义适用。

F.3.7.134

母线充电电流 bus-charging current

接通或断开部分母线系统或类似的容性负载时隔离开关应能开合的电流，用稳态有效值表示。

F.3.7.135

对地瞬态电压 transient voltage to earth；TVE

合闸操作过程中第一次预击穿时出现的对地电压。

F.6 型式试验

对于额定电压 252 kV 及以下的隔离开关，通常不需要进行试验，但也可根据用户和制造厂之间的协议进行。

注：因为额定电压 252 kV 及以下时，在大多数情况下，规定的雷电冲击耐受水平（LIWL）和额定电压之比足够高，所以不需要进行试验。

F.6.108.1 母线充电电流关合和开断的试验方式

确定了三个试验方式：

——试验方式1:非常短的母线(管)段的开合；

——试验方式2:在180°失步条件下对断路器并联电容器的开合；

——试验方式3:电流开合能力试验。

注1:试验方式1是正常的型式试验且是强制性的。

注2:试验方式2是根据用户与制造厂之间的协议,按照本附录进行的特殊型式试验。如果断路器未装设并联电容器,则试验方式2是不必要的。

注3:试验方式3是根据用户与制造厂之间的协议,按照本附录进行的特殊型式试验。当断开较长的不带电母线或其他已带电部分(如短电缆等)时,仅用于说明隔离开关的电流开断能力。

典型的电流值在表F.2中给出。

F.6.108.2 受试隔离开关的布置

受试隔离开关的操动机构在试验中应按制造厂规定的方式操作,并且,特别是对动力操作的,应在规定的最低电源电压和/或最低压力下操作。

开始进行关合和开断试验之前,应进行空载操作并记录隔离开关动作特性的细节,例如合闸时间和分闸时间。

试验应在受试隔离开关正常运行的最小气体密度下进行。相关的隔室也应处于其最小密度。

大多数情况下,隔离开关的实际布置都是不对称的(例如不对称的屏蔽,或动触头/静触头的差别等)。由于这些原因,隔离开关的布置应使其在最不利的条件下进行试验。对于试验方式1,最不利的布置认为是能在合闸操作时产生最大预击穿距离的布置。对于试验方式2和试验方式3,认为隔离开关的实际布置不甚重要。

注:同样设计的隔离开关可垂直安装与水平安装均是一种普遍情况。在这种情况下,触头的速度可能变化。然而,对于这些试验,认为与规定速度的偏差不超过±15%是可以接受的。

只要引起的动作速度变化不超过±15%,则仅须对三极操作的隔离开关的一极进行单极试验。

对处于一个外壳内的三极隔离开关,最好进行三相试验。但是,在验证关合和开断性能时,本附录规定的单相试验也能被接受。不参与开合过程的其他两极应在两端接地。

F.6.108.3 试验频率

隔离开关最好在额定频率下试验。然而,为了试验方便,可以在50 Hz或60 Hz下进行试验且认为是等价的。

F.6.108.4 关合和开断试验的试验电压

在关合和开断试验过程中,开合操作前后的工频电压应至少保持0.3 s。在负载侧有直流预充电电压的情况下(试验方式1),在合闸操作之前,该直流电压应按规定的数值施加大约1 min。在分闸操作和合闸操作之间,负载侧不应接地。试验回路不应包含能引起已充电荷衰减的元件。

参考图F.1、图F.3和图F.4,试验布置的电源侧和负载侧的试验电压应按表F.1中给出的数值施加。

表F.1中的试验电压对隔离开关的开断操作有效。在试验方式3的情况下,当隔离开关处于合闸位置时,试验电压可能明显偏高。这是由谐振现象引起的,尤其是如果电源变压器的阻抗高,这对用于交流电压绝缘试验的变压器是正常的。

注:上面提及的电压上升会提高试验条件。它不应超过10%。

表 F.1　关合和开断试验的试验电压

<table>
<tr><td rowspan="2">试验方式</td><td colspan="2">试验电压</td></tr>
<tr><td>电源侧 U_1</td><td>负载侧 U_2</td></tr>
<tr><td>1</td><td>$1.1\times U_r/\sqrt{3}$</td><td>用负极性直流电压预充电
$-1.1\times U_r\sqrt{2}/\sqrt{3}$</td></tr>
<tr><td>2</td><td>$1.1\times U_r/\sqrt{3}$</td><td>反相的交流电压
$1.1\times U_r/\sqrt{3}$</td></tr>
<tr><td>3</td><td>$U_r/\sqrt{3}$</td><td>—</td></tr>
<tr><td colspan="3">注 1：U_r 是额定电压。
注 2：选取系数 1.1 是考虑这类开合现象固有的统计结果，并且为了将试验操作次数限制到表 F.3 中规定的试验操作次数。因为试验方式 3 仅用来说明隔离开关的开合能力，所以试验电压的这种提高是不必要的。</td></tr>
</table>

F.6.108.5　关合和开断试验的试验回路

F.6.108.5.1　开合非常短的母线(管)段——试验方式 1

图 F.1 给出了试验方式 1 的试验回路。负载侧应由长度为 d_2(范围为 3 m～5 m)的母线段表示。与电源侧连接应通过长度 d_1 的另一母线段来实现。为了获得典型的非常快速瞬态(VFT)的条件，比值 d_2/d_1 应在 0.36～0.52 的范围内。电源侧回路应具有附加的集中电容 C_1。C_1 值的选取应使得隔离开关端子对地电压的峰值满足 F.6.108.5.1.1 的规定。

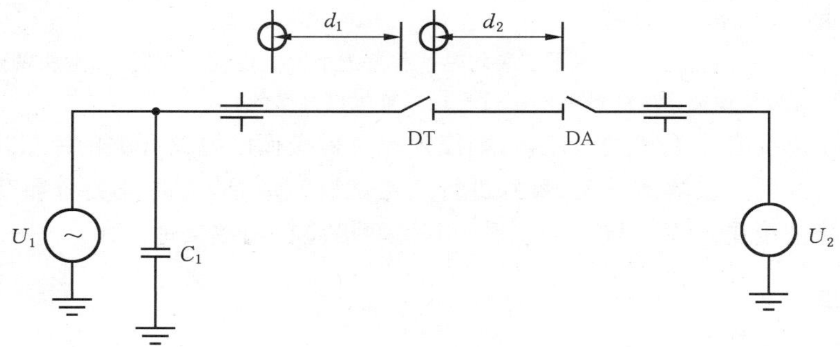

说明：
DT——被试隔离开关；
DA——辅助隔离开关。

图 F.1　试验方式 1 的试验回路

在开始合闸操作之前，负载侧应按照表 F.1 中的直流电压进行充电，然后，直流电压源由辅助隔离开关 DA 断开。

注：母线长度 d_1 和 d_2 是清楚的，并选取下列距离：
——d_1：被试隔离开关(DT)的打开触头到套管接头的距离；
——d_2：被试隔离开关(DT)的打开触头到辅助隔离开关(DA)的打开触头的距离。

F.6.108.5.1.1　瞬态电压值

合闸操作过程中，隔离开关处的电压瞬变现象用来表征试验回路的特性且在试验条件下保证一致的过电压特性。瞬态电压有两个重要的性质不同的方面——非常快速的瞬变(VFT)现象和快速瞬变(FT)现象。VFT 现象由 F.6.108.5.1 中描述的回路布置确定。对于这种试验布置,快速瞬变现象的回路响应应在下列条件下通过直接测量(见 F.6.108.10)至少验证一次:

——电源侧试验电压:$U_r/\sqrt{3}$;

——负载侧电压:0(没有预充电)。

对于这些条件,合闸操作过程中第一次预击穿时对地瞬态电压的峰值 u_{TVE} 应不低于 $1.4\times U_r\times\sqrt{2}/\sqrt{3}$(实用上,5%的变化是可以接受的)且到达峰值的时间应小于 500 ns(见图 F.2)。

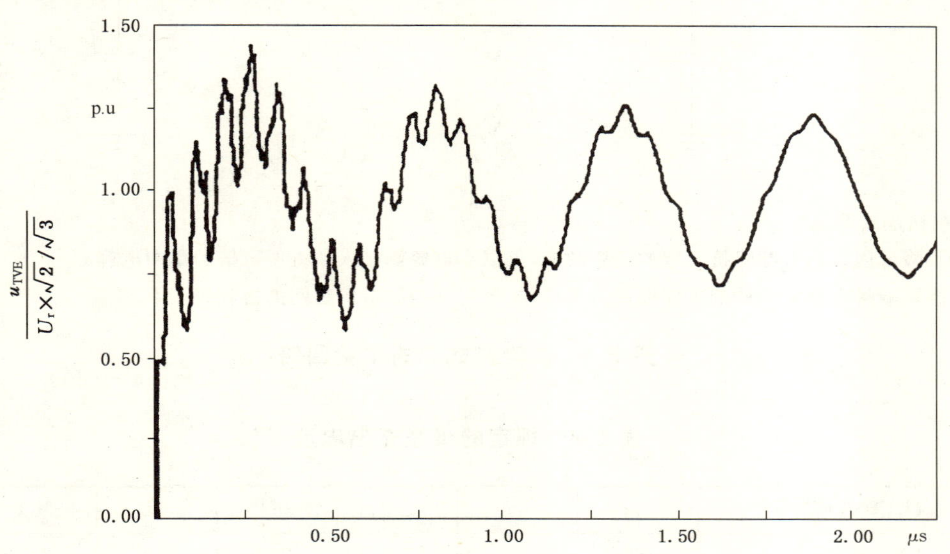

图 F.2 典型的电压波形(包含 VFT 和 FT 分量)

F.6.108.5.2 失步开合——试验方式 2

图 F.3 给出了失步开合的试验回路。断路器的并联电容 CP,可以用断路器实际使用的电容,或者用电容值等于或大于实际运行中所用电容的电容值的电容来代替。

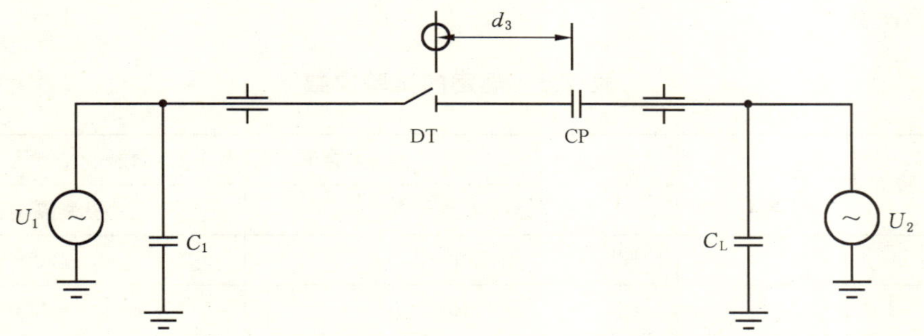

说明:

DT——被试隔离开关;

CP——断路器并联电容器或等效电容器。

图 F.3 试验方式 2 的试验回路

应该确定(断路器的)电容器和隔离开关之间可能的最短连接线 d_3。试验回路的其他连接长度不作规定,但应优先用尽可能短的标准元件来实现。

集中电容 C_L(见图 F.3)的值应不小于 400 pF。比值 C_1/C_L 应为 4～6。

F.6.108.5.3 电流开合能力试验——试验方式 3

图 F.4 所示的试验回路适用。对于这种开合情况，母线段的具体长度是不重要的。在负载侧应增加一个集中电容 C_L，以获得表 F.2 中给出的规定的母线充电电流，偏差为±10%。

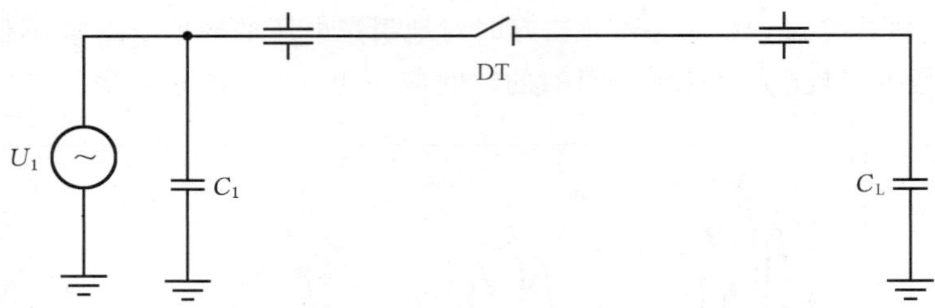

说明：

DT——被试隔离开关。

注 1：为了降低因较高电源阻抗引起的谐振效应，可以在电源侧接入一方便数值的集中电容 C_1。

注 2：可能影响瞬态恢复条件的更详细试验条件，按照用户与制造厂之间的协议。

图 F.4 试验方式 3 的试验回路

表 F.2 规定的母线充电电流

额定电压 U_r(有效值)/kV	72.5	126	252	363	550	800	1 100
母线充电电流(有效值)/A	0.2	0.5	1.0	2.0	2.0	2.0	2.0
注：实用上，这些值一般是不会超过的。它们适用于 50 Hz 和 60 Hz。如果实用中需要更高的数值，则这些数值应由用户和制造厂的协议确定。							

F.6.108.6 关合和开断试验的实施

在每个试验方式过程中，各试验系列应在不对隔离开关进行检修和调整的情况下进行。表 F.3 给出了规定的试验次数。

表 F.3 规定的试验次数

试验方式	关合和开断操作的次数	
	标准隔离开关	快速隔离开关[a]
1	50[b]	200[a,c]
2	50	200
3	50	50

[a] 隔离开关触头分离瞬间的触头运动速度在 1 m/s 或更高范围内的隔离开关。

[b] 在隔离开关最不利的布置不能清楚地确定(参见 F.6.108.2)的情况下，试验方式 1 应在对面的隔离开关端子上重复进行。

[c] 如果试验电压提高(以涵盖统计结果)到下列数值，则试验次数可以减到 50 次：

——电源侧：$U_r\times1.2/\sqrt{3}$；

——负载侧(直流电压预充电)：$-U_r\times1.2\times\sqrt{2}/\sqrt{3}$。

F.6.108.7 关合和开断试验过程中隔离开关的性能

隔离开关应成功地完成试验而不出现机械的或电气的损坏。

相对地破坏性放电或在三相共外壳的情况下的相间破坏性放电都是不允许的。

注：必须用适当的测量或探测装置，以便能够正确地探测到对地或相间的破坏性放电。

F.6.108.8 试验后的状态

隔离开关的机械功能应与试验前的状态基本上相同。只要隔离开关在分闸和合闸位置的绝缘性能不降低，则有电弧烧蚀和绝缘子表面上有分解物沉淀的痕迹是可以接受的。

试验方式1和试验方式2后不需采取特别的行为去验证这一要求。

注：关于试验方式3，适当的验证程序正在考虑中。

F.6.108.9 型式试验报告

全部型式试验结果应记录在型式试验报告中，其中应包含证明试验符合本标准的足够数据。型式试验报告还应包括足以确认被试隔离开关的主要部件的资料。

其次，试验报告应包含下列资料：

a) 一次关合和一次开断操作的典型示波图；
b) 试验回路；
c) 稳态试验电流(仅对试验方式3)；
d) 试验电压；
e) 瞬态电压特性；
f) 触头运动的典型示波图；
g) 试验过程中的气体压力；
h) 关合和开断操作的次数；
i) 试验后的状态；
j) 故障探测系统的类型；
k) 操动机构的电源电压或压力。

F.6.108.10 测量要求

通常，试验方式1和试验方式2要求专业化的测量：

——对地瞬态电压 u_{TVE} 的测量；

——试验方式1时，为保证直到合闸操作开始负载侧电压(U_2)满足规定要求所需的测量。

测量的要求：

——对采用的每一试验回路，TVE 验证至少应进行一次。配置变化如不同的连接引线长度、设备的方位等，都认为是试验回路的变化，并要求附加的测量。

——TVE 测量应在距离隔离开关弧触头1 m范围内进行。如果不可能，只要所进行的其他测量(在试验段内，但在1 m范围之外)至少有一次可以验证计算方法的有效性，则 TVE 验证可以通过计算机计算。

——应该注意考虑可能的杂散工频干扰。

——TVE 测量应在足够的频带宽度下进行，以便正确地记录 VFT 分量。

注：VFT 的测量正在考虑中。

附 录 G
（规范性附录）
短路电流关合试验的替代试验方法

G.1 概述

本附录中规定了为获得相应于正确的关合电流条件和正确的预击穿时间的替代的试验方法。

对于采用替代方法的试验，试验中应获得要求的预击穿时间，关合角度可以扩大到相应于电流源电压峰值的－40 电度和＋15 电度。

注：在－40 电度处的预击穿能量要大于－30 电度和＋15 电度界限范围内的预击穿能量。

G.2 替代的方法

G.2.1 在额定电压和额定短路电流下的合成试验方法

可以采用 GB/T 4473—2008 第 5 章中规定的合成试验方法。

试验回路和特殊要求应满足 6.101.5 a)的要求。

G.2.2 降低电压的试验方法

G.2.2.1 概述

为了获得额定电压下的试验和降低电压下的替代试验之间可比较的结果，在降低电压下的关合试验过程中获得的预击穿时间，应不短于额定电压下试验的预击穿时间。

该试验分解成两部分：

——第 1 部分：在额定电压和降低的电流下试验，以确定接地开关的预击穿时间。

——第 2 部分：在降低的电压和额定短路关合电流下试验，并且具有要求的预击穿时间。

G.2.2.2 第 1 部分：确定预击穿时间

预击穿时间应通过在额定电压和降低的电流下进行的关合试验来确定。接地开关的布置如 6.101.2 所述。电流应足够小，使得触头表面不受触头磨损的影响。在这些试验的每次试验时都应确定预击穿时间。

为测定预击穿时间所进行的 10 次关合试验，应使得电流激发瞬间相应于外施交流电压波形峰值处的－15 电度～＋15 电度的角度。应计算所测量的这些真实的预击穿时间的平均值和标准偏差（σ），并在第 2 部分（见 G.2.2.3）中使用。

作为替代，可以采用直流电压。直流电压应相应于试验电压的峰值。根据关合时电压的极性，预击穿时间可能不同。因此，10 次关合试验应分成正极性下 5 次操作和负极性下 5 次操作。应计算两个极性中出现的最长预击穿时间平均值及其标准偏差（σ），并在第 2 部分中使用。

注：应当注意，应用适当的方法，例如用行程传感器或等效的装置来测量预击穿时间。对于三相装置，一相可以用来测量预击穿时间，其他相可以用来测量实际的触头接触。所有三极上接触时间测量的空载操作可以用来校正极间时间的分散性。

G.2.2.3 第 2 部分：在降低的电压下的短路电流关合试验

在降低的电压下用额定短路电流进行关合试验期间，预击穿时间至少应等于第 1 部分（见 G.2.2.2）

所述的试验中确定的预击穿时间的平均值加 2σ。

在降低的电压下试验期间获得的短路电流，至少应等于额定短路电流。

为了获得要求的预击穿时间，电流激发可以用下面列举的三种方法来实现：

方法 1：降低电压的电流源和任一波形的电压源应足够大，以便在波形上的适当相位上激发预击穿。

方法 2：对于气体绝缘的接地开关，可以降低气体压力和电流源的外施电压两者，以便仍能获得要求的预击穿时间。

不仅降低气体压力，试品还可以充以替代的介质，例如空气或氮气。

由于降低气体压力或用替代的介质代替气体，触头接触时刻的速度的变化应不大于 10%。

注 1：为了获得正确的预击穿时间，用第 1 部分中所述的相同方法，可能对估算降低的压力下要求的电压有用处。

注 2：在采用降低压力或替代气体的情况下，因为其瞬态压力可能低于或高于采用运行气体和额定充入压力时的运行条件下的预期值，因此，防爆膜的性能可能得不到验证。

方法 3：用降低电压的电流源和用最大直径 0.5 mm 的熔丝来激发预击穿。在所有三相中均需要这种熔丝。

注 3：为了估算熔丝的长度，可能需要一些额外的试验。

附 录 H
(规范性附录)
额定电压 126 kV 及以上空气绝缘隔离开关的容性电流开合能力

H.1 概述

H.1.1 范围

本附录适用于额定电压 126 kV 及以上的空气绝缘隔离开关。本附录叙述了容性电流开合方式并给出了在实验室验证开合能力的试验导则。装有辅助开断装置的空气绝缘隔离开关包含在本范围内。

注：对于人力操作的隔离开关，应考虑操作人员运行中的安全性，且应认识到此处叙述的开合试验(用电动机操作的隔离开关实施的)的结果未必能代表实际运行中此类隔离开关的性能。如果开合试验表明可能存在延长的电弧持续时间，则需要特别注意。

H.1.2 背景和目的

隔离开关没有电流开断额定值，但是，凭借在分闸操作中的一个或多个动触头，它们具有一定的电流开合能力。对于空气绝缘隔离开关的容性电流，过去该值被定为 0.5 A 或更小且没有规定试验。对于气体绝缘的隔离开关，要求的容性电流开合能力以及试验要求在附录 F 中规定。

用户对用空气绝缘隔离开关开合容性电流的要求常常超过上述规定的 0.5 A。因此，本附录的目的是提供开合方式的分析(参见附录 I)并确定试验程序。

H.6 开合试验

H.6.108.1 受试隔离开关的布置

受试隔离开关应完整地安装在其自身的支架或等效的支架上。为了安全起见以及获得稳定的结果，仅应使用电动机操作。电动机应在其最低电源电压下操作。

进行开合试验前，应进行主回路电阻测量和空载操作，并记录隔离开关动作特性的细节，例如触头分离(起弧时刻)、合闸时间和分闸时间。只要被试极相比于完整的三极隔离开关在下列方面没有处于更有利的条件，则仅需对三极隔离开关的一极进行单相试验：

——合闸时间；

——分闸时间；

——相邻相的影响。

注：只要燃弧时间和电弧长度不存在卷入相邻相的可能性，则单相试验就足以验证隔离开关的开合性能。如果单相试验期间遇到了过分的电弧长度，则应进行三相试验。电弧朝向相邻相的顶端长度等于或大于相间金属间距的一半就认为是过分的。

H.6.108.2 试验回路和隔离开关的接地

隔离开关的框架应接地且应测量流入地的电流。

H.6.108.3 试验频率

隔离开关可以采用 50 Hz 或者 60 Hz 进行试验，认为两个频率是等价的。

H.6.108.4 试验电压

试验电压应为基于隔离开关额定电压的相对地电压。三相试验时，试验电压应为基于三相施加的隔离开关的额定电压。

注：由于实验室的限制，允许对两断口隔离开关的一个断口施加一半的试验电压进行试验。假定两个断口的电压均匀分布。

H.6.108.5 试验电流

试验电流见 4.108。超过 4.108 电流水平的试验电流，应根据用户和制造厂之间的协议。

注：变电站设备和线路的典型容性充电电流值在附录 J 中给出。

H.6.108.6 试验回路

原理上的试验回路如图 H.1 所示。

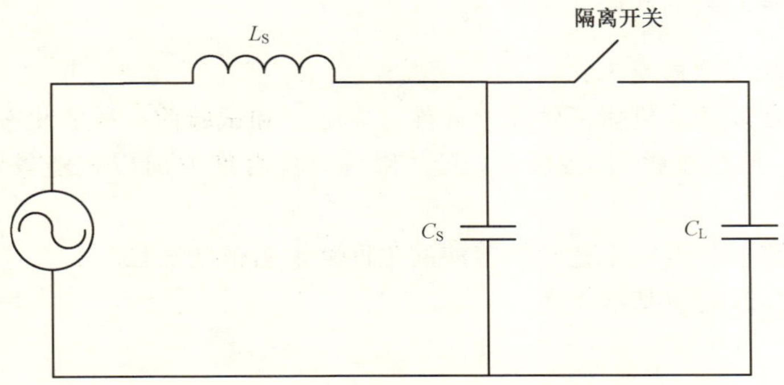

说明：

L_S——短路电感；

C_S——电源侧电容；

C_L——负载侧电容。

图 H.1 原理上的容性电流开合试验回路

L_S 应基于在受试隔离开关的额定电压下的额定短时耐受电流。但是，这就需要一个具有强大电源的回路，这在很多情况下是不现实的。替代的回路在附录 K 中描述。

对每一试验电流，试验应在 $C_S/C_L=0.1$ 时进行。

试验参量的允许偏差如表 H.1 所示。

表 H.1 试验偏差

试验参量	偏差
试验电压	±5%
试验电流	±10%
C_S/C_L	±20%

H.6.108.7 试验

H.6.108.7.1 试验方式和测量

对每一试验电流应进行 20 次 CO 操作，合闸前负载电容上没有残留电荷。认为 20 次这种操作统计上是可以接受的。恢复电压应在隔离开关到达其完全分闸位置后保持10 s。

试验期间应进行下列测量：

——工频电源电压以及负载侧直流和瞬态过电压；

——电流；

——燃弧时间；

——电弧扩张的视频记录(目的是为了记录沿着隔离开关纵向看去的极端的垂直和水平电弧长度)。

注：如果试验在户外进行，应记录大气条件包括风的方向和速度、湿度、空气压力和温度。这些项目不需要修正。

H.6.108.7.2 试验期间隔离开关的性能

试验期间隔离开关应满足下列要求：

a) 隔离开关应在(一个或数个)动触头到达其完全分闸位置之前开断电流；

b) 三相试验时没有出现接地故障或相间故障。

H.6.108.7.3 试验后隔离开关的状态

试验后隔离开关应满足下列要求：

a) 认为外观检查足以验证机械部件和绝缘件基本处于和试验前一样的状态；

b) 主触头的状态，尤其在磨损、接触区、压力和运动自由度方面应该能够承载隔离开关的额定电流；

c) 试验后的主回路电阻值不应超出试验前的主回路电阻值的±10%；

d) 试验前后的动作时间应基本相同。

H.6.108.8 试验报告

所有试验的结果应记录在试验报告中。应包括足够的信息以便能够确认受试隔离开关的主要部件。

试验报告至少应包括下列信息：

a) 所进行的试验的典型示波图和类似记录；

b) 试验回路；

c) 试验电流；

d) 试验电压包括过电压；

e) 燃弧时间；

f) 在垂直和水平方向上电弧的极限长度；

g) CO操作的次数；

h) 试验后主触头和弧触头状态的记录；

i) 试验顺序前后主回路的电阻值；

j) 试验前后的动作时间；

k) 大气条件：环境温度、空气压力、湿度以及如果在户外，风的方向和速度。

应包括隔离开关支架的一般信息。应记录试验期间所用的操动机构的类型。

附 录 I
（资料性附录）
空气绝缘隔离开关容性电流开合分析

容性电流开合是回路和电弧相互作用的事件，因重击穿和燃弧时间的不同严酷度也不一样。重击穿的严酷度用频率、电流以及过电压幅值来表述，取决于如图 I.1 容性电流开合回路中所示的电源侧电容（C_S）和负载侧电容（C_L）的相应值。

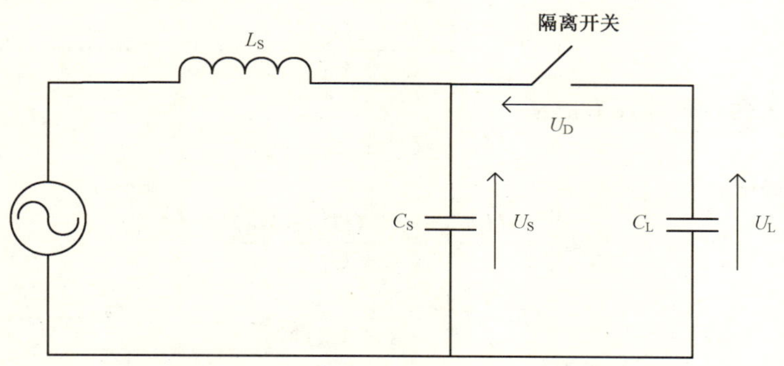

说明：

L_S ——短路电感；

C_S ——电源侧电容；

C_L ——负载侧电容；

U_S ——电源侧电压；

U_L ——负载侧电压；

U_D ——隔离开关两端的电压。

图 I.1 容性电流开合回路

典型的试验示波图如图 I.2 所示，其性能的解释如下。

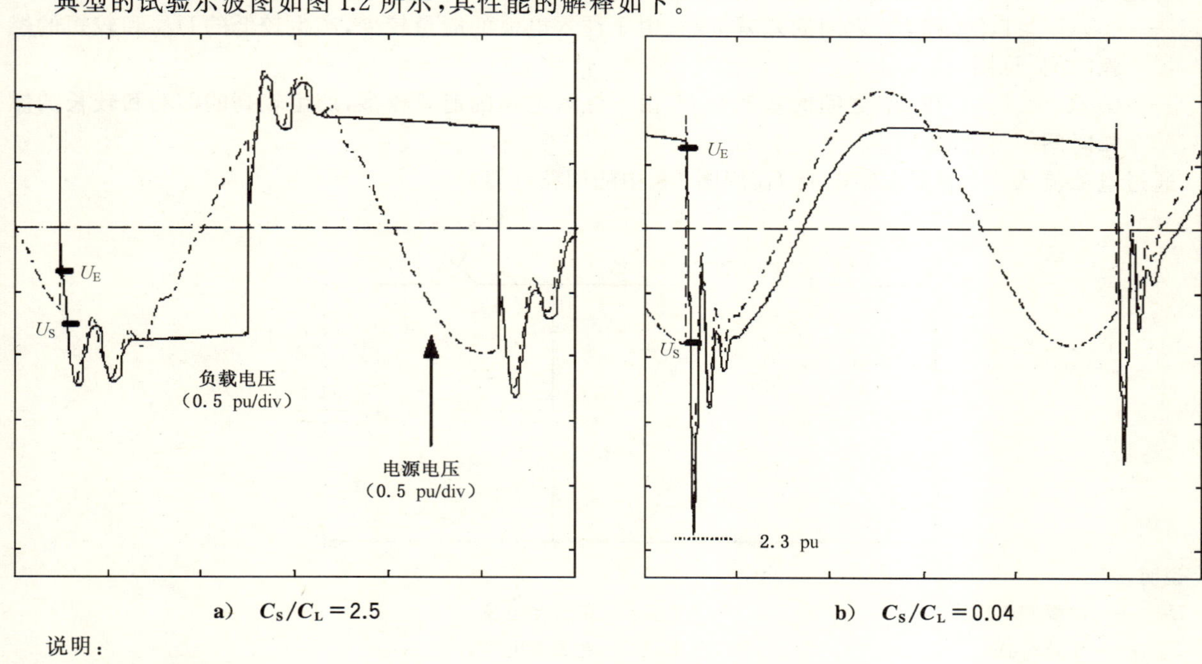

a） $C_S/C_L=2.5$　　b） $C_S/C_L=0.04$

说明：

C_S ——电源侧电容；

C_L ——负载侧电容；

U_E ——均衡电压；

U_S ——电源侧电压。

图 I.2 电流为 2 A 以及 C_S/C_L 的比值为 2.5 和 0.04 时的试验示波图

当重击穿发生时，C_S 和 C_L 上的电压将首先均衡于 U_E(均衡电压)。取电源侧和负载侧电容上的电压为 U_S 和 U_L，相应的电荷为：

$$Q_S = U_S C_S$$

$$Q_L = U_L C_L$$

和

$$Q_{total} = U_S C_S + (-U_L C_L)$$

在重击穿和电荷重新分布后，U_E 由下式给出：

$$U_E = \frac{Q_{total}}{C_S + C_L}$$

或

$$U_E = \frac{U_S C_S - U_L C_L}{C_S + C_L} \qquad \cdots\cdots(\text{I.1})$$

重击穿前隔离开关两端的电压 U_D 为：

$$U_D = U_S + U_L$$

将 U_L 代入式(I.1)中：

$$U_E = \frac{U_S C_S - C_L(U_D - U_S)}{C_S + C_L}$$

或

$$U_E = U_S - \frac{U_D}{1 + C_S/C_L} \qquad \cdots\cdots(\text{I.2})$$

对地峰值过电压值 U_{OV} 由下式给出：

$$U_{OV} = U_S + \beta(U_S - U_E) \qquad \cdots\cdots(\text{I.3})$$

这里，β 为衰减系数，其值小于 1。

用式(I.2)代入：

$$U_{OV} = U_S + \beta\left(\frac{U_D}{1 + C_S/C_L}\right) \qquad \cdots\cdots(\text{I.4})$$

对比值 C_S/C_L 的关联性很明显且可以概括如下：

——$C_S/C_L > 1$，U_S 和 U_E 之间的差就会小，由于注入电弧的能量较少，产生较低的 U_{OV} 和较短的燃弧时间[见图 I.2 a)]。

——$C_S/C_L < 1$，U_S 和 U_E 之间的差就会大，由于注入电弧的能量较多，产生较高的 U_{OV} 和较长的燃弧时间[见图 I.2 b)]。

通过电弧流入 C_L 的重击穿电流 I_{LR} 用图 I.3 中的回路计算。

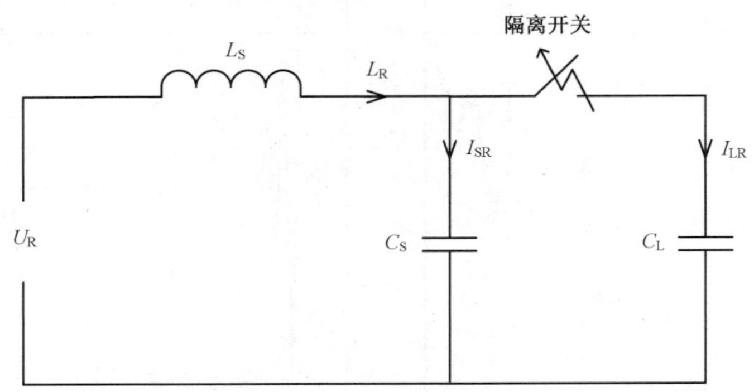

说明：

U_R ——电源侧电压；

L_S ——短路电感；

I_R ——电源电流；

I_{SR} ——流过电源侧电容的电流；

I_{LR} ——重击穿电流；

C_S ——电源侧电容；

C_L ——负载侧电容。

图 I.3 计算重击穿电流的回路

I_R 由下式给出：

$$I_R = \frac{U_R}{\sqrt{\dfrac{L_S}{C_S + C_L}}}$$

这里，$U_R = U_S - U_E$

$$\begin{aligned} I_{LR} &= \frac{I_R}{\omega(C_S + C_L)} \times \omega C_L \\ &= U_R\sqrt{\frac{C_S + C_L}{L_S}} \times \frac{C_L}{C_S + C_L} \\ &= U_R\sqrt{\frac{C_L}{L_S}\left(\frac{1}{1 + C_S/C_L}\right)} \end{aligned} \qquad \cdots\cdots(\text{I}.5)$$

因此，I_{LR} 取决于 C_L、L_S 以及比值 C_S/C_L。式(I.4)和式(I.5)说明这些参数应在型式试验回路中正确地体现来获得有效的试验。

对于开合试验，取 $C_S/C_L = 0.1$ 代表了绝大多数的应用。L_S 数值的选取基于隔离开关所处的系统的故障水平等于隔离开关的额定短时耐受电流。

除了比值 C_S/C_L 和 L_S 的影响外，电弧也可能会呈现出趋向于增长燃弧时间的热特性。基于对现场和实验室试验的观察结果，燃弧时间的关联性可以概括如下：

——对于 1 A 及以下的电流，热效应不明显，且燃弧时间主要取决于耐受恢复电压时达到的最短隔离开关触头间隙和比值 C_S/C_L。

——对于大于 1 A 的电流，热效应显著，且燃弧时间除取决于耐受恢复电压时达到的最短隔离开关触头间隙和比值 C_S/C_L 外，还取决于电流的幅值。

——当 $C_S/C_L < 1$ 时，在任何电流下都可能出现最长燃弧时间，因此，在这种情况下需要给予适当的注意。

附 录 J
（资料性附录）
变电站空气绝缘设备的容性充电电流

变电站空气绝缘设备的典型容性充电电流值见表 J.1、表 J.2 和表 J.3。

表 J.1 245 kV 及以下的容性充电电流

设备类型	容性电流 A					
	72.5 kV		145 kV		245 kV	
	50 Hz	60 Hz	50 Hz	60 Hz	50 Hz	60 Hz
CT	≤0.04	≤0.04	≤0.04	≤0.04	≤0.04	≤0.04
CVT(4 000 pF)	0.05	0.06	0.11	0.13	0.18	0.21
母线(每米)	1.7×10^{-4}	2×10^{-4}	0.32×10^{-3}	0.39×10^{-3}	0.54×10^{-3}	0.65×10^{-3}

表 J.2 300 kV～550 kV 的容性充电电流

设备类型	容性电流 A					
	300 kV		420 kV		550 kV	
	50 Hz	60 Hz	50 Hz	60 Hz	50 Hz	60 Hz
CT	0.05	0.06	0.08	0.09	0.1	0.12
CVT(4 000 pF)	0.22	0.26	0.3	0.37	0.4	0.48
母线(每米)	0.66×10^{-3}	0.8×10^{-3}	0.84×10^{-3}	1.0×10^{-3}	1.1×10^{-3}	1.3×10^{-3}

表 J.3 800 kV～1 200 kV 的容性充电电流

设备类型	容性电流 A					
	800 kV		1 100 kV		1 200 kV	
	50 Hz	60 Hz	50 Hz	60 Hz	50 Hz	60 Hz
CT	≤0.15	≤0.18	TBD	TBD	TBD	TBD
CVT(5 000 pF)	0.72	0.87	1.0	1.2	1.1	1.3
母线(每米)	1.8×10^{-3}	2.2×10^{-3}	2.5×10^{-3}	3.0×10^{-3}	2.8×10^{-3}	3.3×10^{-3}
TBD=有待确定。						

如果使用了光电式仪用互感器将会有与支柱绝缘子大约相同的电容，即大约 50 pF，且相关的容性充电电流就可以忽略。

附 录 K
（资料性附录）
空气绝缘隔离开关容性电流开合的试验回路

认为图 K.1 中的基本的容性电流开合回路代表了短路阻抗 L_S 基于隔离开关的额定短时耐受电流时的真实情况。当隔离开关间隙重击穿时，重击穿电流基本上有三个分量：

a) 高频（HF）分量（用回路 C_S-隔离开关-L_{hf}-C_L 的实线环路表示）；

b) 中频（MF）分量（用回路 U_S-L_S-隔离开关-L_{hf}-C_L 的虚线环路表示）；

c) 工频（PF）分量（用回路 U_S-L_S-隔离开关-L_{hf}-C_L 的虚线环路表示）。

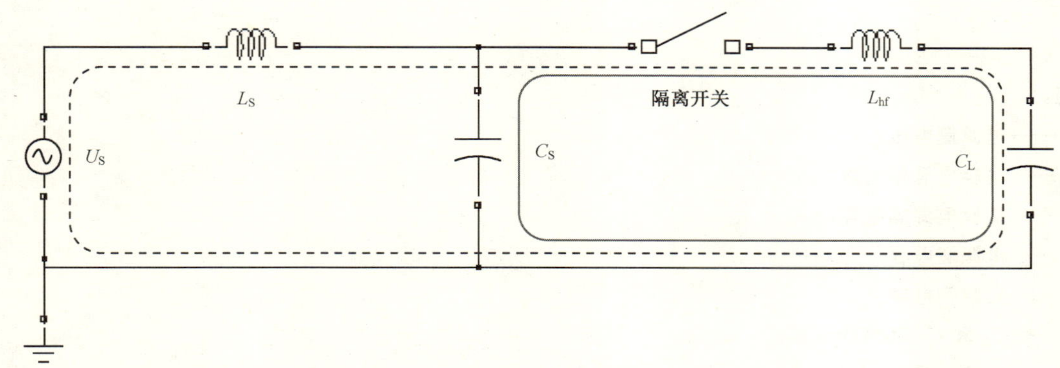

说明：

U_S ——电源侧电压；

L_S ——短路电感；

C_L ——负载侧电容；

L_{hf} ——C_S 和 C_L 环路的电感；

C_S ——电源侧电容。

图 K.1 基本的容性电流开合回路

这些电流决定了注入弧道的热能量、电弧的最终热量和间隙的最终恢复。这些分量中的每一个对热过程都有其自己的影响，就幅值和/或持续时间而论：HF（几个 kA，但持续时间很短）、MF（几百安培，持续时间较长）、PF（几安培，但持续时间长）。

但是，上述回路是不实用的，因为它意味着：电流只有几安培的试验应在电源非常强（必须能提供短时电流）的回路中进行。对于中等电压等级（>145 kV）都意味着此试验不可能进行。

作为替代，推荐的试验回路如图 K.2 所示。

本回路中，电源可以很弱（$L_{S2} \gg L_S$），而所有其他元件可以保持和原始回路的元件相同：$C_{S1} \cong C_S$，$C_{L1} \cong C_L$ 以及 $L_{S1} \cong L_S$。实际上，电容器 C_{P1}（中频电流时呈现低阻抗）使回路的（弱）电源部分与其相对地高的阻抗回路并联。

进行了模拟试验，比较了基本回路和三个 C_{P1} 值（1 000 nF，100 nF 和 10 nF）以及两个 C_{S1}/C_{L1}（0.1 和 1）值的替代回路。其六张图中的每一张如图 K.3 所示，实线是根据替代回路描绘的，虚线（用于比较）是根据基本回路描述的。六张图的每一张中的上面的图形为流过隔离开关的重击穿电流，下面的图形为正比于电弧供给间隙的能量的合成电流。

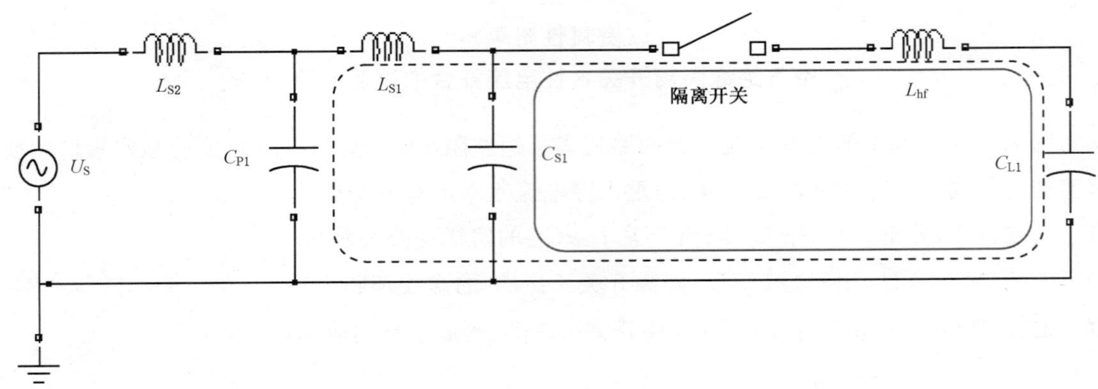

说明：

U_S ——电源侧电压；

L_{S2} ——试验电源侧电感；

C_{P1} ——试验电源侧电容；

C_{S1} ——电源侧电容；

C_{L1} ——负载侧电容；

L_{hf} ——C_S 和 C_L 环路的电感；

L_{S1} ——短路电感。

图 K.2 替代的试验回路

模拟针对额定电压 245 kV、容性电流 2 A(C_L＝45 nF)。杂散电感 L_{hf}取 20 μH 且 $L_{S2}=5L_S$。认为电源在正峰值电压且负载在－100 kV 的残留电压处重燃。

各图的分析说明：

a) 粗略地，电弧能量的 50％由高频电流提供，而与电源回路无关且在非常短的时间内释放。

b) 在相对较长的时间内，其他 50％是由中频电流提供的，这取决于隔离开关在零点开断该电流的能力。因此，本部分取决于电源侧的拓扑学结构。

c) 在 C_{P1}数值大的情况下，基本回路和替代回路之间的等价性较好。

d) 近似于 5 倍 C_L 数值的 C_{P1}值可以很好地显示重击穿时的现象。

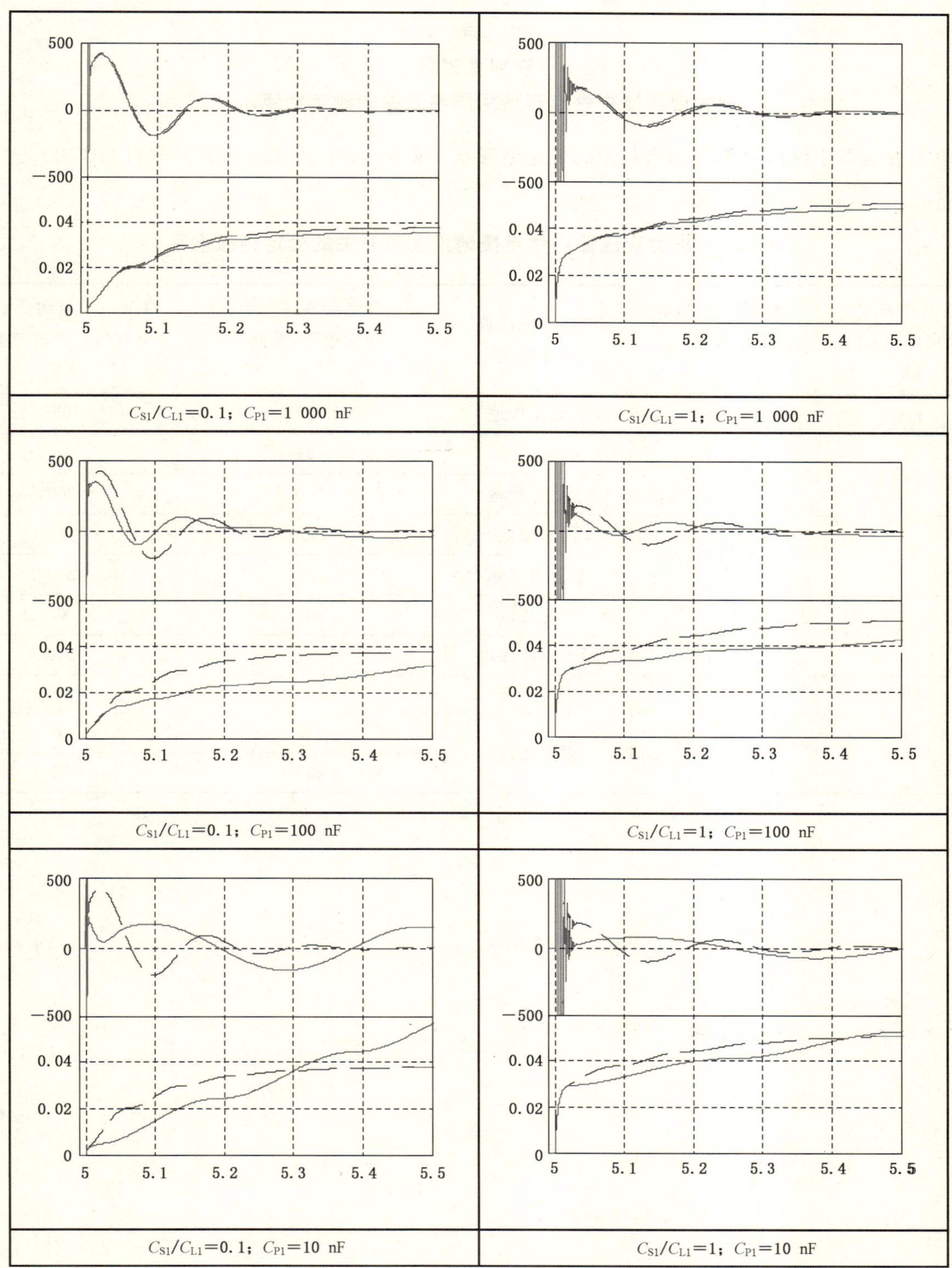

注：横轴的单位为 ms，纵轴的单位为 A。

图 K.3 基本回路(虚线)和替代回路(实线)的重击穿和合成电流

附 录 L
（资料性附录）
电力变压器中性点接地用隔离开关的额定绝缘水平

电力变压器中性点接地用隔离开关的额定绝缘水平见表 L.1。表 L.1 的数值取自 GB 311.1—2012 的表 6。

表 L.1 电力变压器中性点接地用隔离开关的额定绝缘水平

隔离开关的额定电压 U_r kV	系统标称电压（有效值） kV	变压器中性点接地方式	雷电冲击全波(1.2/50 μs)耐受电压(峰值) kV	1 min 工频耐受电压(有效值)(干试与湿试) kV
126	110	不固定接地	250	95
252	220	固定接地	185	85
		不固定接地	400	200
363	330	固定接地	185	85
		不固定接地	550	230
550	500	固定接地	185	85
		经小电抗接地	325	140
800	750	固定接地	185	85
1 100	1 000	固定接地	325	140
			185	85

附 录 M
（资料性附录）
本标准与 IEC 62271-102:2001+A1:2011 的技术性差异及其原因

表 M.1 给出了本标准与 IEC 62271-102:2001+A1:2011 的技术性差异及其原因。

表 M.1 本标准与 IEC 62271-102:2001+A1:2011 的技术性差异及其原因

本标准章条编号	技术性差异	原 因
1.1	将 IEC 62271-102:2001+A1:2011 的"电压 1 000 V 及以上"修改为"标称电压 3 000 V 及以上"	根据我国行业分工
	将 IEC 62271-102:2001+A1:2011 的"运行频率60 Hz 及以下"修改为"运行频率 50 Hz"	按照我国电网运行频率
3.4.101	注 2 中，修改了额定电压值，由 IEC 62271-102:2001+A1:2011 的 52 kV 修改为 40.5 kV	根据我国电力用户的使用需要
3.4.101.2	修改了 M1 级隔离开关的操作循环次数，由 IEC 62271-102:2001+A1:2011 的 2 000 次修改为 3 000 次	根据我国电力用户的使用需要
3.4.105.5	增加了"M1 级接地开关"的定义	根据我国制造和使用部门的需要
3.4.105.6	增加了"M2 级接地开关"的定义	根据我国制造和使用部门的需要
4.1	增加了"t)隔离开关小感性电流开合能力的额定值"	根据我国电力用户的使用需要
4.3	增加了"电力变压器中性点接地用隔离开关的额定绝缘水平"	为这种隔离开关的绝缘水平提供依据
4.103	表 3 中，修改了推荐的额定端子静态机械负荷；增加了额定电压 12 kV、24 kV、31.5 kV、40.5 kV 和 1 100 kV 推荐的额定端子静态机械负荷	根据我国电力用户的使用需要
4.104	修改了额定电压值，由 IEC 62271-102:2001+A1:2011 的 52 kV 修改为 40.5 kV	根据我国电力用户的使用需要
4.106	表 4 中，修改了 M1 级隔离开关的操作循环次数，由 IEC 62271-102:2001+A1:2011 的 2 000 次改为 3 000 次；纳入了 IEC 62271-102:2001+A1:2011 中的 M0 级接地开关的机械寿命分类，增加了 M1 级、M2 级接地开关的机械寿命分类	根据我国制造和使用部门的需要
4.108	增加了"空气绝缘的隔离开关小容性电流开合能力的额定值"	根据我国电力用户的使用需要
4.109	增加了本条款"隔离开关小感性电流开合能力的额定值"	与 4.1 中增加项 t)的目的相一致
5.10	表 6 中，增加了"接地开关的机械寿命等级"	与本标准增加 3.4.105.4、3.4.105.5 和 3.4.105.6 的目的一致
5.19	增加了本条款"X 射线发射"	与 GB/T 11022—2011 的 5.19 对应

表 M.1（续）

本标准章条编号	技术性差异	原　　因
5.20	增加了本条款“腐蚀”	与 GB/T 11022—2011 的 5.20 对应
6.1.1	“GB/T 11022—2011 的 6.1.1 适用”，意味着增加了应进行型式试验的六项规定，并明确了其项 d) 中要求的验证试验项目。这些在 IEC 62271-102：2001＋A1：2011 的 6.1 中未要求	贯彻 GB/T 11022—2011 需要
6.1.2	增加了隔离开关小感性电流开合能力试验	与 4.1 中增加项 t) 的目的相一致
6.2.6	表 7 中，按附录 D 的规定，确定了额定电压 126 kV、252 kV 和 363 kV 的试验电压	这三个等级的额定电压与 IEC 62271-1：2007 的额定电压有差异
	表 7 中，增加了 1 100 kV 隔离开关的试验电压	为 1 100 kV 相关隔离开关提供试验依据
6.2.9	增加了户内隔离开关、接地开关的凝露试验	根据我国电力用户的使用需要
6.10	增加了该条内容	与 GB/T 11022—2011 的 6.10 对应
6.11	增加了该条内容	与 GB/T 11022—2011 的 6.11 对应
6.102.1、6.102.4.1、6.102.4.2、6.102.5 和 6.102.6	在涉及考核接地开关的段落中，将接地开关列入其中	弥补 IEC 62271-102：2001＋A1：2011 中，未明确接地开关如何进行操作和机械寿命试验的缺陷
6.102.4.2	增加了配备联锁的隔离开关和接地开关的验证要求	弥补 IEC 62271-102：2001＋A1：2011 中，对配备联锁的隔离开关和接地开关未规定联锁功能验证的缺陷
6.102.6	将 M1 级隔离开关机械寿命试验的操作循环次数由 2 000 次修改为 3 000 次	与 3.4.101.2 的修改相协调
6.108	增加了空气绝缘的隔离开关小容性电流开合试验	为这种隔离开关提供试验依据
6.109	增加了本条款“小感性电流开合试验”	为隔离开关的这种试验提供试验依据
8.102.1	增加了引用附录，比 IEC 62271-102：2001＋A1：2011 的内容增加了引用本标准附录 L	根据我国电力用户的使用需要
9.102.1	增加了“m)　接地开关的额定机械寿命（等级 M）”	与本标准增加 3.4.105.4、3.4.105.5 和 3.4.105.6 相对应
	增加了“p)　隔离开关小感性电流开合能力的额定值”	与本标准增加 4.109 相对应
11.2	增加了本条款“制造商的预防措施”	与 GB/T 11022—2011 的 11.2 对应
11.3	增加了本条款“用户的预防措施”	与 GB/T 11022—2011 的 11.3 对应
12	增加了本章“产品对环境的影响”	与 GB/T 11022—2011 的第 12 章对应
附录 B	修改了表 B.1 中的隔离开关的额定母线转换电压。增加了额定电压 40.5 kV 的额定母线转换电压	根据我国电力用户的使用需要

表 M.1（续）

本标准章条编号	技术性差异	原　因
附录 C	修改了表 C.1 中 B 类接地开关的额定感应电流和电压的标准值	根据我国电力用户的使用需要
	修改了表 C.2 中 B 类接地开关电磁感应电流开断试验恢复电压的标准值	与表 C.1 的修改相关
	修改了表 C.3 中额定电压 126 kV、252 kV B 类接地开关静电感应电流关合和开断试验的试验回路的电容(C_1)值	与表 C.1 的修改相关
C.6.107.8	增加了“接地开关在试验过程中出现的重击穿的次数不予考虑”的规定	明确重击穿的判据
附录 D	增加了项“c)”	明确 1 100 kV 的试验电压
E.6.1.2	修改了型式试验的类别	与 6.1.2 中型式试验的分类原则相一致
F.6.108.5.3	修改了表 F.2 中规定的母线充电电流	根据我国电力用户的使用需要
附录 H	增加了本附录“额定电压 126 kV 及以上空气绝缘隔离开关的容性电流开合能力”。额定电压 72.5 kV 空气绝缘隔离开关的容性电流开合能力不予规定	将 IEC/TR 62271-305:2009 的内容纳入本标准中
附录 I	增加了本附录“空气绝缘隔离开关容性电流开合分析”	将 IEC/TR 62271-305:2009 的内容纳入本标准中
附录 J	增加了本附录“变电站空气绝缘设备的容性充电电流”	
附录 K	增加了本附录“空气绝缘隔离开关容性电流开合的试验回路”	
附录 L	增加了本附录“电力变压器中性点接地用隔离开关的额定绝缘水平”	同 4.3

附 录 N
（资料性附录）
本标准与 IEC 62271-102:2001＋A1:2011 和 IEC/TR 62271-305:2009 的章条编号对照

本标准与 IEC 62271-102:2001＋A1:2011 相比，部分章条编号作了编辑性修改，增加了部分章条编号；本标准全面修改了 IEC/TR 62271-305:2009 的章条编号。具体章条编号对照情况见表 N.1。

表 N.1 本标准与 IEC 62271-102:2001＋A1:2011 和 IEC/TR 62271-305:2009 的章条编号对照

本标准章条编号	对应的 IEC 62271-102:2001＋A1:2011 章条编号	对应的 IEC/TR 62271-305:2009 章条编号
3.4.105.5	—	—
3.4.105.6	—	—
3.4.105.7	3.4.105.5	—
3.4.105.8	3.4.105.6	—
4.1	—	—
4.2	4.1	—
4.3	4.2	—
4.4	4.3	—
4.5	4.4	—
4.6	4.5	—
4.7	4.6	—
4.8	4.7	—
4.9	4.8	—
4.10	4.9	—
4.11	4.10	—
4.12	—	—
4.108	—	—
4.109	—	—
5.19	—	—
5.20	—	—
6.1	—	—
6.1.1	6.1	—
6.1.2	6.1.1	—
6.1.3	6.1.2	—
6.1.4	6.1.3	—
6.2.1	—	—
6.2.2	6.2.1	—

表 N.1（续）

本标准章条编号	对应的 IEC 62271-102:2001＋A1:2011 章条编号	对应的 IEC/TR 62271-305:2009 章条编号
6.2.3	6.2.2	—
6.2.4	6.2.3	—
6.2.5	6.2.4	—
6.2.6	6.2.5	—
6.2.7	6.2.6	—
6.2.8	6.2.7	—
6.2.9	6.2.8	—
6.2.10	6.2.9	—
6.2.11	6.2.10	—
6.2.12	6.2.11	—
6.6.1	—	—
6.6.2	6.6.1	—
6.6.2.101	6.6.1.101	—
6.6.2.102	6.6.1.102	—
6.6.2.103	6.6.1.103	—
6.6.3	6.6.2	—
6.6.4	6.6.3	—
6.6.5	6.6.4	—
6.10	—	—
6.11	—	—
6.102.1	—	—
6.102.2	6.102.1	—
6.102.3	6.102.2	—
6.102.4	6.102.3	—
6.102.4.1	6.102.3.1	—
6.102.4.2	6.102.3.2	—
6.102.5	6.102.4	—
6.102.6	6.102.5	—
6.103.1	—	—
6.103.2	6.103.1	—
6.103.3	6.103.2	—
6.103.4	6.103.3	—
6.103.5	6.103.4	—

表 N.1（续）

本标准章条编号	对应的 IEC 62271-102:2001+A1:2011 章条编号	对应的 IEC/TR 62271-305:2009 章条编号
6.103.5.1	6.103.4.1	—
6.103.5.2	6.103.4.2	—
6.104.1	—	—
6.104.2	6.104.1	—
6.104.3	6.104.2	—
6.109	—	—
7.1	—	—
7.2	7.1	—
7.3	7.2	—
7.4	7.3	—
7.5	7.4	—
7.6	7.5	—
9.1	—	—
10.1	—	—
10.2	10.1	—
10.3	10.2	—
10.4	10.3	—
10.5	10.4	—
11.1	—	—
11.2	—	—
11.3	—	—
11.4	11.1	—
11.5	11.2	—
11.6	11.3	—
11.7	11.4	—
12	—	—
B.4.104.1	B.4.106.1	—
B.4.104.2	B.4.106.2	—
C.3.4.105.9	C.3.4.105.4	—
C.3.4.105.10	C.3.4.105.5	—
C.4.105.1	C.4.107.1	—
C.4.105.2	C.4.107.2	—
C.6.107	C.6.105	—

表 N.1（续）

本标准章条编号	对应的 IEC 62271-102:2001＋A1:2011 章条编号	对应的 IEC/TR 62271-305:2009 章条编号
C.6.107.1	C.6.105.1	—
C.6.107.2	C.6.105.2	—
C.6.107.3	C.6.105.3	—
C.6.107.4	C.6.105.4	—
C.6.107.5	C.6.105.5	—
C.6.107.6	C.6.105.6	—
C.6.107.6.1	C.6.105.6.1	—
C.6.107.6.2	C.6.105.6.2	—
C.6.107.7	C.6.105.7	—
C.6.107.8	C.6.105.8	—
C.6.107.9	C.6.105.9	—
C.6.107.10	C.6.105.10	—
E.3.7.130	E.3.7.129	—
E.3.7.131	E.3.7.130	—
E.3.7.132	E.3.7.131	—
E.3.7.133	E.3.7.132	—
E.4.3	E.4.2	—
E.4.12	E.4.10	—
E.5.107	E.5.105	—
E.5.108	E.5.106	—
E.5.109	E.5.107	—
E.6.1.2	E.6.1.1	—
E.6.2.10	E.6.2.9	—
E.6.6.2.101	E.6.6.1.101	—
E.6.102.4	E.6.102.3	—
E.6.110	E.6.109	—
E.6.111	E.6.110	—
E.9.102.1	E.9.102.2	—
F.3.7.134	F.3.7.133	—
F.3.7.135	F.3.7.134	—
F.6.108.1	F.6.1	—
F.6.108.2	F.6.2	—
F.6.108.3	F.6.3	—
F.6.108.4	F.6.4	—
F.6.108.5	F.6.5	—

表 N.1（续）

本标准章条编号	对应的 IEC 62271-102:2001+A1:2011 章条编号	对应的 IEC/TR 62271-305:2009 章条编号
F.6.108.5.1	F.6.5.1	—
F.6.108.5.1.1	F.6.5.1.1	—
F.6.108.5.2	F.6.5.2	—
F.6.108.5.3	F.6.5.3	—
F.6.108.6	F.6.6	—
F.6.108.7	F.6.7	—
F.6.108.8	F.6.8	—
F.6.108.9	F.6.9	—
F.6.108.10	F.6.10	—
附录 H	—	正文
H.1	—	—
H.1.1	—	1
—	—	2
—	—	3
H.1.2	—	4
H.6	—	5
H.6.108.1	—	5.1
H.6.108.2	—	5.2
H.6.108.3	—	5.3
H.6.108.4	—	5.4
H.6.108.5	—	5.5
H.6.108.6	—	5.6
H.6.108.7	—	5.7
H.6.108.7.1	—	5.7.1
H.6.108.7.2	—	5.7.2
H.6.108.7.3	—	5.7.3
H.6.108.8	—	5.8
附录 I	—	附录 A
附录 J	—	附录 B
附录 K	—	附录 C
附录 L	—	—
附录 M	—	—
附录 N	—	—

ICS 29.120.60
K 43

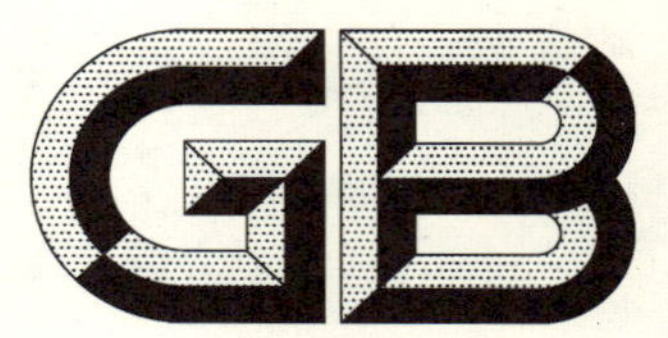

中华人民共和国国家标准

GB/T 3804—2017
代替 GB/T 3804—2004

3.6 kV～40.5 kV 高压交流负荷开关

High-voltage alternating current switches for rated voltage above 3.6 kV and less than 40.5 kV

(IEC 62271-103:2011, High-voltage switchgear and controlgear—Part 103: Switches for rated voltages above 1 kV up to and including 52 kV, MOD)

2017-09-29 发布　　　　2018-04-01 实施

中华人民共和国国家质量监督检验检疫总局
中国国家标准化管理委员会　发布

前　言

本标准按照 GB/T 1.1—2009 给出的规则起草。

本标准代替 GB/T 3804—2004《3.6 kV～40.5 kV 高压交流负荷开关》。

本标准与 GB/T 3804—2004 的主要差异有：

——对全文的章条号进行了重新编排，与 GB/T 11022—2011 保持一致；

——适用范围，对分闸和合闸操作的特殊要求；

——在术语和定义中增加了相关内容。例如：中性点有效接地系统、中性点非有效接地系统，根据容性电流开断能力分为 C1 级、C2 级负荷开关，重击穿性能、重燃等；

——增加了术语 3.7.119 非保持破坏性放电(NSDD)；

——在第 4 章额定值中给出了通用、专用和特殊用途负荷开关的类型和分级的规定；

——对第 5 章中表 2 的铭牌的内容进行了修订，对开断空载变压器进行了相关说明；

——删除了 2004 版中的第 6 章，其内容在相关的条款中明示；

——第 6 章增加了型式试验有效期的相关要求，对用户特殊要求的特殊型式试验进行了修改；

——增加了在型式试验开始时，应建立负荷开关的机械特性；

——明确地规定了短路关合试验的相关要求；

——表 3、表 4、表 5、表 6 的单个电容器组电流试验方式中的试验电流的系数改为(0.1～0.4)；

——表 9 注 2 中的振幅系数改为 1.8；

——在短路关合试验方式中，对短路关合试验应在已在试验方式 TD_{load2} 要求的有功负载情况下进行；

——对容性回路的试验电压，在中性点有效接地系统时中性点不接地的电容器组的开合的系数改为 1.4；

——对电源中性点接地的三相试验，重现三芯铠装电缆的容性回路的正序电容由近似等于二倍的零序电容修改为应近似等于三倍的零序电容；

——第 7 章增加了机械特性的要求；

——增加了确定公差的附录 A。

本标准采用重新起草法修改采用 IEC 62271-103：2011《高压开关设备和控制设备　第 103 部分：额定电压 1 kV 以上、52 kV 及以下的负荷开关》。

本标准与 IEC 62271-103：2011 相比存在技术性差异，这些差异涉及的条款已通过在其外侧页边空白位置的垂直单线(|)进行了标识，附录 B 中给出了相应技术性差异及其原因一览表。

本标准对 IEC 62271-103：2011《高压开关设备和控制设备　第 103 部分：额定电压 1 kV 以上、52 kV 及以下的负荷开关》的全部章条编号作了编辑性修改，附录 C 中给出了本标准与 IEC 62271-103：2011 的章条编号对照情况。

本标准应与 GB/T 11022—2011 一起使用，除非本标准另有规定，本标准执行 GB/T 11022—2011 的规定。为了简化相同要求的重复表述，本标准的章、条号与 GB/T 11022—2011 相同。对于这些章、条内容的补充在同一引用标题下给出，而附加的条款从 101 开始编号。

请注意本文件的某些内容可能涉及专利。本文件的发布机构不承担识别这些专利的责任。

本标准由中国电器工业协会提出。

本标准由全国高压开关设备标准化技术委员会(SAC/TC 65)归口。

本标准起草单位：西安高压电器研究院有限责任公司、广东电网公司、华仪电气股份有限公司、中国电力科学研究院、国网电力科学研究院、西电宝鸡电器有限责任公司、机械工业高压电器设备质量检测中心、上海天灵开关厂有限公司、上海电气输配电试验中心有限公司、平高集团有限公司、西安西电开关电气有限公司、北京科锐配电自动化股份有限公司、库柏(宁波)电气有限公司、ABB(中国)有限公司、上海西门子开关有限公司、施耐德电气(中国)有限公司、西门子中压开关技术(无锡)有限公司、北京北开电气股份有限公司、浙江时通电气制造有限公司、武汉市武昌电控设备有限公司、宁波天安(集团)股份有限公司、锦州锦开电器集团有限责任公司、深圳市光辉电器实业有限公司、益和电气集团股份有限公司、河南森源电气股份有限公司、浙江开关厂有限公司、正泰电气股份有限公司、成都旭光电子股份有限公司、西电宝光宝鸡有限责任公司、日升集团有限公司、江苏华冠电器集团有限公司、福建中能电气股份有限公司、扬州新概念电气有限公司、宁波耀华电气科技有限责任公司、青岛特锐德电气股份有限公司、西电三菱电机开关设备有限公司。

本标准主要起草人:田恩文、李端姣、祝存春、吴鸿雁、张实。

本标准参加起草人:樊楚夫、范广伟、付鲁军、陈剑光、陈曦、汤振鹏、雷一勇、候银顺、吴红波、孔祥军、成俊奇、李玉春、张重乐、寇政理、杨英杰、谭燕、罗时聪、丘伟峰、阎关星、王向克、徐晟、王涛新、胡兆明、刘成学、谢建波、傅明海、王俊庄、雷小强、薛忠、乔众、尹弘彦、叶树新、卢德银、沈祥裕、王富敏、林复明、朱佩龙、王冬梅、孔祥冲、刘洋、吕珍梅、舒国标、田志强、党向东、樊建荣、金泰宏、刘俊峰、汪童志、刘坚钢、吕恩林、屈东明、王克业、刘锋、张学民、晏文曲。

本标准所代替标准的历次版本发布情况为:

——GB/T 3804—2004,GB 3804—1990,GB 3804—1983。

3.6 kV～40.5 kV 高压交流负荷开关

1 概述

1.1 范围

本标准适用于额定电压 3.6 kV～40.5 kV，频率为 50 Hz，安装于户内或户外且具有关合和开断电流额定值的三极交流负荷开关和隔离负荷开关。本标准也适用于三相系统用单极负荷开关。

本标准也适用于这些负荷开关的操动机构及其辅助设备。

隔离负荷开关的隔离功能也应满足 GB/T 1985—2014。

本标准不涉及仅依靠人力储能操作的负荷开关。

本标准中的一般原则和规定也适用于单相系统中的单极负荷开关。绝缘试验以及关合和开断试验的要求应满足规定使用场合的要求。

本标准规定了配电系统中使用的通用、专用和特殊用途负荷开关的要求。

假设根据制造商的说明书进行分闸和合闸操作，开断操作后可以立刻进行一个关合操作，但是关合操作后不能立刻进行开断操作，因为开断的电流可能超过负荷开关的额定开断电流。

注 1：除了要求特意区分之外，术语“负荷开关”就代表了本标准范围内所有类型的负荷开关和隔离负荷开关。

注 2：接地开关并未包含在本标准的范围内。作为负荷开关组成部分的接地开关包含在 GB/T 1985—2014 中。

注 3：本标准不适用于以负荷开关作为高压熔断器成套装置或其底座的附件的开关装置，也不适用于由熔断器成套装置分闸和合闸操作的开关装置。

1.2 规范性引用文件

下列文件对于本文件的应用是必不可少的。凡是注日期的引用文件，仅注日期的版本适用于本文件。凡是不注日期的引用文件，其最新版本（包括所有的修改单）适用于本文件。

GB/T 311.1—2012　绝缘配合　第 1 部分：定义、原则和规范（IEC 60071-1：2006，IEC 60071-1 am1：2010，MOD）

GB/T 762—2002　标准电流等级（eqv IEC 60059：1999）

GB/T 1984—2014　高压交流断路器（IEC 62271-100：2008，MOD）

GB/T 1985—2014　高压交流隔离开关和接地开关（IEC 62271-102：2001＋A1：2011，MOD）

GB/T 2900.20—2016　电工术语　高压开关设备（IEC 60050(441)：1984，MOD）

GB/T 4208—2008　外壳防护等级（IP 代码）（IEC 60529：2001，IDT）

GB/T 4585—2004　交流系统用高压绝缘子的人工污秽试验（IEC 60507：1991，IDT）

GB/T 11022—2011　高压开关设备和控制设备标准的共用技术要求（IEC 62271-1：2007，MOD）

GB/T 16926—2009　高压交流负荷开关-熔断器组合电器（IEC 62271-105：2002，MOD）

GB/T 29489—2013　高压开关设备和控制设备感性负载开合（IEC 62271-110：2009，MOD）

2 正常和特殊使用条件

GB/T 11022—2011 的第 2 章适用。

3 术语和定义

GB/T 2900.20—2016 和 GB/T 11022—2011 中界定的以及下列术语和定义适用于本文件。

注 1：为了便于使用和便于本标准的理解，对下列的一些术语和定义进行了重述和改写。

注 2：下列术语和定义按照 GB/T 2900.20—2016 进行了分类。附加的术语和定义的分类与 GB/T 2900.20—2016 使用的分类方法一致。

3.1 通用术语

GB/T 11022—2011 的 3.1 适用并做如下补充。

3.1.101

中性点有效接地系统 effectively earthed neutral system

系统经足够低的阻抗接地，使得在所有系统条件下零序电抗与正序电抗的比值（X_0/X_1）为正值且小于 3，零序电阻与正序电抗的比值（R_0/X_1）为正值且小于 1。通常这种系统为（中性点）直接接地系统或（中性点）低阻抗接地系统。

注：对接地条件的正确评价不仅要考虑相关地点周围的物理接地条件而且要考虑整个系统。

3.1.102

中性点非有效接地系统 non-effectively earthed neutral system

除满足 3.1.101 给出的中性点有效接地系统以外的接地系统。通常这种系统为中性点绝缘系统、（中性点）高阻抗接地系统或（中性点）谐振接地系统。

注：对接地条件的正确评价不仅要考虑相关地点周围的物理接地条件而且要考虑整个系统。

3.2 开关设备和控制设备的总装

GB/T 11022—2011 的 3.2 适用。

3.3 总装的组成部分

GB/T 11022—2011 的 3.3 适用。

3.4 开关装置

GB/T 11022—2011 的 3.4 适用并做如下补充。

3.4.101

负荷开关 switch

能够在正常回路条件（可能包括规定的过载操作条件）下关合、承载和开断电流，以及在规定的异常回路条件（如短路条件）下，在规定的时间内承载电流的开关装置。

3.4.102

隔离负荷开关 disconnecting switch

在分闸位置满足隔离开关要求的负荷开关。

3.4.103

通用负荷开关 general purpose switch

在配电系统中，能够关合和开断正常出现的直到其额定开断电流的所有电流，以及能承载和关合短路电流的负荷开关。

3.4.103.1

E1 级负荷开关 class E1 general purpose switch

能够执行开断负载电流以及短路关合的基本电寿命的通用负荷开关。

注：本级适用于进行不频繁的开合操作或者允许进行适当的检查和更换开合部件的负荷开关。

3.4.103.2

E2 级负荷开关 class E2 general purpose switch

能够执行开断负载电流以及短路关合的中等电寿命的通用负荷开关。

注：本级适用于进行不频繁的开合操作，而且不允许或不能进行检查和更换开合部件的负荷开关。

3.4.103.3

E3 级负荷开关 class E3 general purpose switch

能够执行开断负载电流以及短路关合的高电寿命的通用负荷开关。

注：本级适用于进行频繁开合操作，而且不允许或不能进行检查和更换开合部件的负荷开关。

3.4.103.4

M1 级负荷开关 class M1 switch

具有 1 000 次操作机械寿命的负荷开关。

3.4.103.5

M2 级负荷开关 class M2 switch

具有 5 000 次操作延长的机械寿命的特殊使用场合和频繁操作的负荷开关。

3.4.103.6

C1 级负荷开关 class C1 switch

经过特定的型式试验(试验方式 I_{cc}、I_{lc}、I_{sb}和 I_{bb})验证的，在容性电流开断过程中具有低的重击穿概率的负荷开关。

3.4.103.7

C2 级负荷开关 class C2 switch

经过特定的型式试验(试验方式 I_{cc}、I_{lc}、I_{sb}和 I_{bb})验证的，在容性电流开断过程中具有非常低的重击穿概率的负荷开关。

3.4.104

专用负荷开关 limited purpose switch

具有额定电流、额定短时耐受电流以及通用负荷开关的一种或几种但不是全部开合能力的负荷开关。

3.4.105

特殊用途负荷开关 special purpose switch

适用于下述一项或多项应用的通用负荷开关或专用负荷开关：

——开合单个电容器组；

——开合背对背电容器组；

——开合稳态和堵转条件下的电动机；

——开合由并联的大容量电力变压器构成的闭环回路。

3.4.105.1

单个电容器组负荷开关 single capacitor bank switch

用于开合充电电流的特殊用途负荷开关，其开合的充电电流值为直到其额定单个电容器组开断电流。

3.4.105.2

背对背电容器组负荷开关 back-to-back capacitor bank switch

用于开断负荷开关的电源侧接有一个或多个电容器组，且充电电流直到其额定背对背电容器组开断电流的电容器组的特殊用途负荷开关。负荷开关应能够关合直到其额定电容器组关合涌流的相关涌流。

3.4.105.3

电动机负荷开关 motor switch

用于开合在稳态和堵转条件下的电动机的特殊用途负荷开关。

3.4.105.4

并联电力变压器闭环负荷开关 parallel power transformer closed-loop switch

用于开合由并联的大容量电力变压器构成的闭环回路的特殊用途负荷开关。

注：这种负荷开关典型地用作变压器二次侧电路的中压联络负荷开关，因此开断电流较高且瞬态恢复电压（TRV）条件苛刻。

3.5 开关设备和控制设备的部件

GB/T 11022—2011 的 3.5 适用。

3.6 操作

GB/T 11022—2011 的 3.6 适用。

3.7 特性参量

GB/T 11022—2011 的 3.7 适用并作如下补充。

3.7.101

开断能力 breaking capacity

开关装置或熔断器在规定的使用和运行条件以及规定电压下，能够开断的预期电流值。

注 1：规定的电压和规定的条件在相关标准中涉及。

注 2：对于开关装置来说，开断能力可按照规定条件中包含的电流类型进行定义，例如：线路充电开断能力、电缆充电开断能力、单个电容器组开断能力等。

注 3：改写 GB/T 1984—2014，定义 3.7.112。

3.7.102

有功负载开断能力 mainly active load-breaking capacity

开断由电阻和电抗并联组成的负载，且回路功率因数至少为 0.75 的有功负载回路。

3.7.103

空载变压器开断能力 no-load transformer breaking capacity

开断空载变压器回路的能力。

3.7.104

闭环开断能力 closed-loop breaking capacity

开断配电线路闭环回路或者开断电力变压器与一个或多个电力变压器并联闭环回路的能力，即开断后，回路中的负荷开关两侧均带电。

3.7.105

电缆充电开断能力 cable-charging breaking capacity

开断空载电缆回路的能力。

3.7.106

线路充电开断能力 line-charging breaking capacity

开断空载架空线路的能力。

3.7.107

单个电容器组开断能力 single capacitor bank breaking capacity

开断接在电源上的单个电容器组回路的能力，且无其他电容器组与被开合的电容器组邻近。

3.7.108

背对背电容器组开断能力 back-to-back capacitor bank breaking capacity

开断接在电源上的电容器组回路的能力，且有一个或多个电容器组与被开合的电容器组邻近。

3.7.109

背对背电容器组关合涌流 back-to-back capacitor bank inrush making current

把一个电容器组投到电源上，且有一个或多个电容器组与被开合的电容器组邻近时出现的高频和高幅值的电流。

3.7.110

电动机开断能力 motor breaking capacity

开断稳态和堵转的电动机的能力。

3.7.111

接地故障开断能力 earth fault breaking capacity

接地故障发生在负荷开关的负载侧的空载电缆或架空线上时，开断中性点非有效接地系统中故障相的能力。

3.7.112

接地故障条件下的电缆充电和线路充电开断能力 cable-and line-charging breaking capacity under earth fault conditions

接地故障发生在负荷开关的电源侧时，切除空载电缆或架空线路时，中性点非有效接地系统中健全相的开断能力。

3.7.113

开断电流 breaking current

开断过程中起弧瞬间开关装置一极或熔断器中的电流。

注：改写 GB/T 2900.20—2016，定义 9.7。

3.7.114

（峰值）关合电流 （peak） making current

在关合操作过程中，电流出现后的瞬态阶段负荷开关一极中电流的第一个大半波的峰值。

注 1：一极和另一极以及一次操作和另一次操作的峰值可以不同，因为它取决于电流出现瞬间所对应的外施电压的波形。

注 2：对于三相回路，除非另有规定，（峰值）关合电流的数值是指所有相中的最高值。

注 3：改写 GB/T 1984—2014，定义 3.7.108。

3.7.115

短路关合能力 short-circuit making capacity

在规定条件下，包含在开关装置端子处的短路的关合能力。

注：改写 GB/T 1984—2014，定义 3.7.119。

3.7.116

重击穿性能 restrike performance

由特定的型式试验验证的，容性电流开断过程中预期的重击穿概率。

注：具体的概率数值不适用于负荷开关的整个寿命周期。

3.7.117

（交流机械开关装置的）复燃 re-ignition （of an a.c.mechanical switching device）

机械开关装置在开断过程中，电流过零后，在 1/4 工频周期内触头间的电流重现。

注：改写 GB/T 2900.20—2016，定义 9.42。

3.7.118

（交流机械开关装置的）重击穿 restrike （of an a.c.mechanical switching device）

机械开关装置在开断过程中，电流过零后，在 1/4 工频周期及以上时间内触头间的工频电流的重现或容性电流开断情况下主负载回路中电流的重现。

注：改写 GB/T 2900.20—2016，定义 9.43。

3.7.119

非保持破坏性放电　non-sustained disruptive discharge;NSDD

与电流开断有关的破坏性放电,不会导致工频电流的恢复,或者在容性电流开断的情况下不会导致主负载回路中产生电流。

注1:NSDD后的振荡与开关自身电感和寄生的局部并联电容有关。NSDD也可能涉及附近设备的对地杂散电容。

注2:改写GB/T 1984—2014,定义3.1.126。

4　额定值

4.1　概述

GB/T 11022—2011的第4章适用,并作如下补充。

4.2　额定电压(U_r)

GB/T 11022—2011的4.2适用。

4.3　额定绝缘水平

GB/T 11022—2011的4.3适用。

4.4　额定频率(f_r)

GB/T 11022—2011的4.4适用。

4.5　额定电流和温升

GB/T 11022—2011的4.5适用。

4.6　额定短时耐受电流(I_k)

GB/T 11022—2011的4.6适用。

4.7　额定峰值耐受电流(I_p)

GB/T 11022—2011的4.7适用。

4.8　额定短路持续时间(t_k)

GB/T 11022—2011的4.8适用。

4.9　合闸和分闸装置以及辅助、控制回路的额定电源电压(U_a)

GB/T 11022—2011的4.9适用。

4.10　合闸和分闸装置以及辅助回路的额定电源频率

GB/T 11022—2011的4.10适用。

4.11　可控压力系统用压缩气源的额定压力

GB/T 11022—2011的4.11适用并作如下补充。

该额定值仅适用于操作装置的动力源。

注:由于不再生产40.5 kV及以下的绝缘或开合的可控压力系统,因此只需考虑操作装置的气源。

4.12 绝缘和/或操作用额定充入水平

GB/T 11022—2011 的 4.12 适用并作如下补充。

4.12.101 绝缘和/或开合用额定充入水平

该额定值适用于任何类型的用于绝缘或开合的液体或气体。

4.12.102 操作用额定充入水平

该额定值适用于任何类型的用于操作装置动力源的液体或气体。

4.101 额定有功负载开断电流(I_{load})

额定有功负载开断电流是负荷开关在其额定电压下，能够开断的最大有功负载电流。如果铭牌上未标明其他值，则额定有功负载开断电流的值应等于额定电流。

4.102 额定闭环开断电流(I_{loop}和 I_{pptr})

额定闭环开断电流是负荷开关能够开断的最大闭环电流。可以对配电线路闭环开断电流和并联电力变压器闭环开断电流规定单独的额定值。

4.103 额定电缆充电开断电流(I_{cc})

额定电缆充电开断电流是负荷开关在其额定电压下能够开断的最大电缆充电电流。

4.104 额定线路充电开断电流(I_{lc})

额定线路充电开断电流是负荷开关在其额定电压下能够开断的最大线路充电电流。

4.105 特殊用途负荷开关的额定单个电容器组开断电流(I_{sb})

额定单个电容器组开断电流是特殊用途负荷开关在其额定电压下且没有其他与被开合的电容器组邻近的电容器组接在负荷开关的电源侧时能够开断的最大电容器组电流。

4.106 特殊用途负荷开关的额定背对背电容器组开断电流(I_{bb})

额定背对背电容器组开断电流是特殊用途负荷开关在其额定电压下且有一个或多个与被开合的电容器组邻近的电容器组接在负荷开关的电源侧时能够开断的最大电容器组电流。

4.107 特殊用途负荷开关的额定背对背电容器组关合涌流(I_{in})

额定背对背电容器组关合涌流是特殊用途负荷开关在其额定电压下，且涌流频率与使用条件一致时能够关合的电流峰值。

对于具有额定背对背电容器组开断电流的负荷开关，额定背对背电容器组关合涌流的规定是强制性的。

注：背对背电容器组关合涌流的频率在 2 kHz～30 kHz 的范围内。涌流的频率和幅值取决于被开合的电容器组、已经接在负荷开关的电源侧的电容器组以及限流阻抗(如果有的话)的大小和配置。

不必要对负荷开关因背对背电容器组产生的关合涌流规定额定开断值。

4.108 额定接地故障开断电流(I_{ef1})

当用于中性点非有效接地系统时，额定接地故障开断电流是负荷开关在其额定电压下能够开断的故障相的最大接地故障电流。

注：最大接地故障开断电流是正常条件下的电缆充电和线路充电电流的3倍。这覆盖了单屏蔽电缆时出现的最严酷情况。

4.109 接地故障条件下的额定电缆充电和线路充电开断电流(I_{ef2})

当用于中性点非有效接地系统时，接地故障条件下的额定电缆充电和线路充电开断电流是负荷开关在其额定电压下能够开断的健全相中的最大电流。

注：接地故障条件下的最大电缆充电和线路充电电流是正常条件下的电缆充电和线路充电电流的$\sqrt{3}$倍。这覆盖了单屏蔽电缆时出现的最严酷情况。

4.110 特殊用途负荷开关的额定电动机开断电流(I_{mot})

额定电动机开断电流是负荷开关在其额定电压下能够开断电动机的最大稳态电流。见GB/T 29489。

注：除非另有规定，堵转电动机条件下的开断电流是电动机额定电流的8倍。

4.111 额定短路关合电流(I_{ma})

额定短路关合电流是负荷开关在其额定电压下能够关合的最大峰值电流。

4.112 通用负荷开关的额定开断和关合电流

通用负荷开关每一个开合试验方式规定的额定值如下：

——额定有功负载开断电流等于额定电流；

——额定配电线路闭环开断电流等于额定电流；

——额定电缆充电开断电流如表1所示；

——额定线路充电开断电流如表1所示；

——额定短路关合电流等于额定峰值耐受电流；

此外，用于中性点非有效接地系统中的负荷开关：

——额定接地故障开断电流；

——接地故障条件下的额定电缆和线路充电开断电流。

额定值的标准数值应该从GB/T 762—2002规定的R10系列中选取。

注：R10系列由1-1.25-1.6-2-2.5-3.15-4-5-6.3-8它们与10^n的乘积组成。

表1 通用负荷开关的额定线路和电缆充电开断电流的优选值

额定电压 U_r kV	额定电缆充电电流 I_{cc} A	额定线路充电电流 I_{lc} A
3.6	4	0.3
7.2	6	0.5
12	10	1
24	16	1.5
40.5	21	2.1

注：从R10系列中选取更高的值由制造厂规定。

对于特殊用途负荷开关，更高的额定线路充电开断电流和额定电缆充电开断电流参见GB/T 1984—2014的建议。

4.113 专用负荷开关的额定值

专用负荷开关应该具有额定电流、额定短时耐受电流以及一种或几种，但不是全部通用负荷开关的开合能力。如果规定有其他额定值，其数值应从R10系列中选取。

4.114 特殊用途负荷开关的额定值

特殊用途负荷开关应具有额定电流、额定短时耐受电流以及一种或几种通用负荷开关的开合能力。

根据特定的特殊使用场合设计的负荷开关应规定额定值和能力。额定值应从R10系列中选取。可以规定一种或几种下述额定值：

——并联电力变压器开断能力；

——单个电容器组开断能力；

——背对背电容器组开断能力和关合涌流；

——电动机开断能力。

4.115 熔断器保护的负荷开关的额定值

通用、专用和特殊用途负荷开关可由熔断器后备保护。如果是这种情况，负荷开关的短路额定值、短时耐受电流和关合电流选择时可以考虑熔断器在短路电流的持续时间和数值方面的限流效应。

GB/T 16926—2009可用于此目的。

4.116 通用、专用和特殊用途负荷开关的类型和分级

符合本标准的负荷开关应按类型分为通用、专用和特殊用途。

此外，负荷开关也应按照其分级进行标记：

——机械寿命(M1或M2)；

——电气寿命(E1、E2或E3)，对通用负荷开关；

——容性开合(C1或C2)。

注：标记按字母顺序排列，例如：C1-E1-M1。

5 设计与结构

5.1 对开关设备和控制设备中液体的要求

GB/T 11022—2011的5.1适用。

5.2 对开关设备和控制设备中气体的要求

GB/T 11022—2011的5.2适用。

5.3 开关设备和控制设备的接地

GB/T 11022—2011的5.3适用。

5.4 辅助和控制设备

GB/T 11022—2011的5.4适用。

5.5 动力操作

GB/T 11022—2011的5.5适用。

5.6 储能操作

GB/T 11022—2011 的 5.6 适用。

5.7 不依赖人力或动力的操作(非锁扣的操作)

GB/T 11022—2011 的 5.7 适用。

5.8 脱扣器操作

GB/T 11022—2011 的 5.8 适用。

5.9 低压力和高压力闭锁以及监测装置

GB/T 11022—2011 的 5.9 适用。

5.10 铭牌

GB/T 11022—2011 的 5.10 适用并作如下修改。

设计为单独使用或与第三方整合作为开关设备的元件的负荷开关及其操动机构应提供涵盖表 2 中信息的铭牌。

设计为集成到特定开关设备族的负荷开关及其操动机构应整合铭牌和/或制造厂给出的开关设备安装使用说明书中的信息,如表 2 所示。

表 2 产品信息

(1)	缩写 (2)	单位 (3)	负荷开关 (4)	操动机构 (5)	条件:仅当符合本栏时才标出 (6)
铭牌上的信息					
制造厂			X	X	
制造厂的设计型号			X	Y	
制造年份			X	X	
标准代号			X	X	
分级			Y	Y	不同于 C1-E1-M1 时
系列编号			X	X	
额定电压	U_r	kV	X		
额定雷电冲击耐受电压	U_p	kV	X		
额定工频耐受电压	U_d	kV	X		
额定频率	f_r	Hz	Y		不同于 50 Hz 时
额定电流	I_r	A	X		
额定短时耐受电流	I_k	kA	X		
额定短路持续时间	T_k	s	Y		不同于 2 s
额定峰值耐受电流	I_p	kA	X		
额定短路关合电流	I_{ma}	kA	Y		不同于峰值耐受电流

表 2（续）

(1)	缩写 (2)	单位 (3)	负荷开关 (4)	操动机构 (5)	条件：仅当符合本栏时才标出 (6)
绝缘流体和质量	气体的化学分子式或流体的商业名称	kg	Y		
温度等级	TC		Y	Y	不同于：户内－5 ℃，或户外－10 ℃
说明书或铭牌中的信息					
负荷开关的设计类型（通用、专用或特殊用途）			Y		
额定有功负载开断电流	I_{load}	A	Y		
额定配电线路闭环开断电流	I_{loop}	A	Y		
额定并联电力变压器开断电流	I_{pptr}	A	Y		
额定电缆充电开断电流	I_{cc}	A	Y		
额定线路充电开断电流	I_{lc}	A	Y		
额定单个电容器组开断电流	I_{sb}	A	Y		
额定背对背电容器组开断电流	I_{bb}	A	Y		
额定接地故障开断电流	I_{ef1}	A	Y		
接地故障条件下的额定电缆和线路充电开断电流	I_{ef2}	A	Y		
额定电动机开断电流	I_{mot}	A	Y		
额定背对背电容器组关合涌流	I_{in}	A	Y		
操作用额定充入压力	p_{rm}	Pa		Y	
操作用最低功能压力	p_{mm}	kPa		Y	
操作报警压力	p_{am}	kPa		Y	
绝缘用额定充入压力	p_{re}	kPa	Y		
绝缘用最低功能压力	p_{me}	kPa	Y		
绝缘报警压力	p_{ae}	kPa	Y		
开合用最低功能压力	p_{sw}	kPa	Y		
额定辅助和控制电压	U_a	V		Y	

X 这些值的标记是强制性。

Y 这些值的标记是根据第(6)栏的条件确定，或者适用时。

注 1：第(2)栏中的缩写可以用来代替第(1)栏中的术语。如果使用第(1)栏中的术语，可以不出现“额定”两个字。

注 2：如果数值相同时，允许把缩写合并，如：I_r、I_{load}、I_{loop}＝400 A。

注 3：可以给出与不同等级相关的不同的额定电流和额定短路关合电流。

5.11 联锁装置

GB/T 11022—2011 的 5.11 适用。

5.12 位置指示

GB/T 11022—2011 的 5.12 适用,并作如下补充。

负荷开关的分闸和合闸位置应该清楚地指示。如果满足下列条件之一就认为达到了此要求:

a) 每一个断口是可见的;

b) 每一个动触头的位置通过可靠的指示装置指示。如果负荷开关的所有极连接在一起,可使用共用的指示装置。

5.13 外壳的防护等级

GB/T 11022—2011 的 5.13 适用。

5.14 爬电距离

GB/T 11022—2011 的 5.14 适用于户外设备。对于户内设备没有给出爬电距离的特别要求。

5.15 气体和真空的密封

GB/T 11022—2011 的 5.15 适用。

5.16 液体的密封

GB/T 11022—2011 的 5.16 适用。

5.17 火灾危险(易燃性)

GB/T 11022—2011 的 5.17 适用。

5.18 电磁兼容性(EMC)

GB/T 11022—2011 的 5.18 适用。

5.19 X 射线发射

GB/T 11022—2011 的 5.19 适用。

5.20 腐蚀

GB/T 11022—2011 的 5.20 适用。

5.101 关合和开断操作

所有的负荷开关应设计成能够关合其额定短路关合电流的能力。

所有的负荷开关应设计成能够在规定的恢复电压下开断直到并包括其额定开断电流值的任意电流。

5.102 隔离负荷开关的要求

作为补充,隔离负荷开关的隔离功能应满足 GB/T 1985—2014 中对隔离开关规定的要求。

5.103 机械强度

如果按照制造厂的说明进行了安装，负荷开关应能承受制造厂规定的端子机械负载以及电磁力，而不降低它们的可靠性及载流能力。

5.104 可靠位置

负荷开关包括其操动机构的结构应使其在由于重力、振动、合理的撞击或操动机构连接杆的突然接触而产生的力以及电动力的作用下，仍保持其分闸或合闸位置。

负荷开关或其操动机构应设计成可以采取措施，防止未经许可的操作。

5.105 信号用的辅助触头

合闸位置的信号在动触头确实达到能够安全承载额定电流、峰值耐受电流和短时耐受电流之前不应出现。

分闸位置的信号在动触头到达相应的电气间隙至少为80%的总电气间隙，或者确实已达到完全分闸位置之前不应出现。

5.106 空载变压器的开断

所有的负荷开关都应被设计为具有开断空载变压器开断电流的能力。通常来说，与该方式相关的应力是可以忽略的，并且对能够开合有功负载的负荷开关来说易于进行。

由于变压器及其相关回路的多样性，不可能确定额定空载变压器开断电流。由于变压器铁心的非线性，不可能用试验室的线性元件正确地模拟变压器励磁电流的开合。由可用的变压器进行的试验仅对受试变压器有效且不能代表其他变压器。如果需要进行特殊试验，试验回路和试验程序应由用户和制造厂协商。

6 型式试验

6.1 总则

GB/T 11022—2011 的第6章适用，并作如下补充。

6.1.1 概述

GB/T 11022—2011 的 6.1.1 适用，并对其 d)所要求的验证试验项目明确如下：

d) 正常生产的产品，每隔八年应进行一次温升试验、机械试验、绝缘试验、试验方式 TD_{load2} 10 次、短路关合试验 2 次、短时耐受电流和峰值耐受电流试验。其他项目的试验必要时也可抽试。

型式试验试验参量的公差在附录 A 中确定。

型式试验的目的是为了验证负荷开关及其操动机构和辅助设备的性能。

型式试验包括：

a) 强制的型式试验

——绝缘试验包括雷电冲击耐受试验、工频电压耐受试验及辅助和控制回路的工频电压耐受试验；

——温升试验；

——回路电阻的测量；

——短时耐受电流和峰值耐受电流试验；

——关合和开断试验；

——机械和环境试验；

——防护等级检验；
——辅助和控制回路的附加试验。

b) 适用时的型式试验

——密封试验；
——电磁兼容性(EMC)试验；
——真空灭弧室的X射线试验。

除各相关章条中给出的其他说明外，所有上述试验都应在完整的负荷开关(充有规定类型和数量的液体、规定密度或如有要求时降低密度的气体)及其操动机构和辅助设备上进行。

c) 根据用户特殊要求进行的特殊型式试验

——海拔高于1 000 m的试验；
——极限温度下的操作试验；
——验证在如6.102.5中规定的严重冰冻条件下操作的试验；
——验证在如GB/T 4585—2004规定的污秽空气条件下瓷和有机绝缘子的外绝缘完整性的试验。

6.1.2 试验的分组

GB/T 11022—2011的6.1.2适用并作如下补充：

短路关合试验可在附加的试品上进行。

附加的试品可以用于进行附加的特殊型式试验。

6.1.3 确认试品用的资料

GB/T 11022—2011的6.1.3适用。

6.1.4 型式试验报告包括的资料

GB/T 11022—2011的6.1.4适用。

6.1.101 空载特性

型式试验开始时，应建立负荷开关的机械特性，例如：记录空载行程曲线。机械特性起表征负荷开关机械性能的参考作用。此外，按照6.102.1.1确定的制造厂的公差，用于机械、关合、开断和开合等型式试验中的不同试验样品的机械特性不应有明显差异。给出该参考的试验被称为参考空载试验，从中得到的曲线或得到的其他参数作为参考机械特性。参考机械特性应按照6.102.1.1建立。

应记录下述动作特性：

——分闸和合闸操作的机械特性；
——合闸时间；
——分闸时间。

机械特性应在操动机构及辅助和控制回路的额定电源电压、操作用的额定功能压力以及为了试验方便，在开断用的最低功能压力下进行单分操作(O)和单合操作(C)的空载试验来获得。

机械特性的使用要求和解释按GB/T 1984—2014的附录N。

6.2 绝缘试验

6.2.1 概述

GB/T 11022—2011的6.2适用并有下述例外：

6.2.9 户外绝缘子的人工污秽试验

GB/T 11022—2011的6.2.9适用于户外设备。对于户内设备不要求此试验。

6.2.10 局部放电试验

GB/T 11022—2011 的 6.2.10 由下述内容替代：

不需要对完整的负荷开关进行局部放电试验。但是，负荷开关的部件应满足其相关的产品标准。

6.3 无线电干扰电压(r.i.v)试验

不要求无线电干扰电压试验。

6.4 回路电阻的测量

GB/T 11022—2011 的 6.4 适用。

6.5 温升试验

GB/T 11022—2011 的 6.5 适用。

6.6 短时耐受电流和峰值耐受电流试验

GB/T 11022—2011 的 6.6 适用并作如下补充。

50 Hz 或 60 Hz 频率下进行峰值系数为 2.6 的短时耐受电流和峰值耐受电流试验涵盖了电网直流时间常数等于或小于 45 ms 的两个频率。

50 Hz 或 60 Hz 频率下进行峰值系数为 2.7 的短时耐受电流和峰值耐受电流试验涵盖了电网直流时间常数大于 45 ms 的两个频率。

6.7 防护等级的检验

GB/T 11022—2011 的 6.7 适用。

6.8 密封试验

GB/T 11022—2011 的 6.8 适用并作如下补充。

机械操作试验前的密封试验不是强制的。

6.9 电磁兼容性(EMC)试验

GB/T 11022—2011 的 6.9 适用。

6.10 辅助和控制回路的附加试验

6.10.1 概述

GB/T 11022—2011 的 6.10.1 适用。

6.10.2 功能试验

GB/T 11022—2011 的 6.10.2 适用并作如下补充：

如果按照 6.102.2 在周围空气温度下，机械操作试验在装配着其整个控制单元的完整的负荷开关上进行，应认为涵盖了符合 GB/T 11022—2011 的 6.10.2 的功能试验且不要求附加试验。

6.10.3 接地金属部件的电气连续性试验

GB/T 11022—2011 的 6.10.3 适用。

6.10.4 辅助触头动作特性的验证

GB/T 11022—2011 的 6.10.4 适用。

6.10.5 环境试验

GB/T 11022—2011 的 6.10.5 适用并作如下补充：

如果按照 6.102.2 在周围空气温度下的机械操作试验，按照 6.102.3 的高低温试验，以及(如果适用)按照 6.102.4 的湿度试验分别在装配着其整个控制单元的完整的负荷开关上进行，或者湿度试验在控制设备上进行的情况下，应认为涵盖了符合 GB/T 11022—2011 的 6.10.5 的环境试验且不要求附加试验。

6.10.6 绝缘试验

GB/T 11022—2011 的 6.10.6 适用。

6.11 真空灭弧室的 X 射线试验程序

GB/T 11022—2011 的 6.11 适用。

6.101 关合和开断试验

6.101.1 通用负荷开关的试验方式

6.101.1.1 试验方式

E1、E2 和 E3 级负荷开关要求的操作次数、试验电压和试验电流，对三相试验在表 3 中给出，对单相试验在表 4 中给出。除试验方式 TD_{ma} 所有的试验方式都应在同一台负荷开关上进行，但是可按任何方便的顺序进行。试验过程中不应对负荷开关进行检修。

对于所有开断试验方式，触头分离时刻是随机的。

表 3 通用负荷开关的试验方式——三极操作的负荷开关的三相试验的试验方式

试验方式		试验电压	试验电流	操作循环次数		
描述	TD			E1 级	E2 级	E3 级
有功负载电流	TD_{load2}	U_r	I_{load}	10	30	100
	TD_{load1}		$0.05 \times I_{load}$	20	20	20
配电线路闭环电流	TD_{loop}	$0.20 \times U_r$	I_{loop}	10	20	20
电缆充电电流	TD_{cc2}	U_r	I_{cc}	10[a]	10[a]	10[a]
	TD_{cc1}		$(0.1-0.4)I_{cc}$	10[a]	10[a]	10[a]
线路充电电流	TD_{lc}	U_r	I_{lc}	10[a]	10[a]	10[a]
短路关合电流	TD_{ma}	U_r	I_{ma}	2 次 关合操作	3 次 关合操作	5 次 关合操作
接地故障电流	TD_{ef1}	U_r	I_{ef1}	10	10	10
接地故障条件下电缆和线路充电电流	TD_{ef2}	U_r	I_{ef2}	10	10	10
[a] 在规定负荷开关为 C2 级的情况下并且如果在试验系列中发生一次重击穿，6.101.8 适用。						

表 4　通用负荷开关的试验方式——用于三相系统的逐极操作的三极负荷开关以及单极负荷开关的单相试验

试验方式		试验电压	试验电流	操作循环次数		
描述	TD			E1 级	E2 级	E3 级
有功负载电流	TD_{load2}	$1.5\times U_r/\sqrt{3}$	I_{load}	5	15	50
	TD_{load2}	U_r^b	$0.87\times I_{load}^a$	5	15	50
	TD_{load1}	U_r^b	$0.05\times I_{load}$	20	20	20
配电线路闭环电流	TD_{loop}	$0.20\times U_r^b$	I_{loop}	10	20	20
电缆充电电流	TD_{cc2}	c	I_{cc}	12[d]	12[d]	12[d]
	TD_{cc1}	c	$(0.1-0.4)I_{cc}$	12[d]	12[d]	12[d]
线路充电电流	TD_{lc}	c	I_{lc}	12[d]	12[d]	12[d]
短路关合电流	TD_{ma}	U_r	I_{ma}	2 次关合操作	3 次关合操作	5 次关合操作
接地故障电流	TD_{ef1}	$U_r/\sqrt{3}$	I_{ef1}	10	10	10
接地故障条件下电缆和线路充电电流	TD_{ef2}	U_r	I_{ef2}	10	10	10

[a] 作为选择，在额定电压 U_r 和额定电流 I_{load} 下对 E1 级负荷开关进行 10 次操作、E2 级负荷开关进行 30 次操作和 E3 级负荷开关进行 100 次操作可进行一个试验系列。

[b] TRV 峰值应为表 7 和表 8 所给出值的 $\sqrt{3}/1.5$ 倍。

[c] 制造厂应选择代表预期应用的试验回路。试验电压应等于 $U_r/\sqrt{3}$ 和下述一个系数的乘积：

1） 中性点有效接地系统中开合屏蔽电缆 1.0；
2） 中性点有效接地系统中开合铠装电缆 1.2；
3） 中性点有效接地系统中开合线路 1.3；
4） 中性点非有效接地系统中开合线路和电缆 1.75。

[d] 在规定负荷开关为 C2 级的情况下并且如果在试验系列中发生一次重击穿，6.101.8 适用。

6.101.1.2　短路关合试验的试验方式

短路关合试验应在已在试验方式 TD_{load2} 要求的有功负载情况下进行了 10 次关合-开断操作循环的负荷开关上进行。如果关合和开断由不同的触头或接触面完成，那么试验方式 TD_{ma} 可在新的负荷开关上进行。

试验应按两个 C 操作中有一个空载 O 操作的顺序进行，即：C-O(空载)-C。

对于 E2 级负荷开关，试验顺序为 2C-x-1C，其中 x 表示任意的开合试验，或甚至空载试验。

对于 E3 级负荷开关，试验顺序为 2C-x-1C-y-2C，其中 x 和 y 表示任意的开合试验，或甚至空载试验。

对于 E2 和 E3 级负荷开关，2C 操作由 C-O(空载)-C 构成。

负荷开关应能够关合在电压波任意点上发生预击穿的电流。下述规定了两种极端情况：

a） 在电压波的峰值处关合，导致对称短路电流和最长预击穿时间。关合应发生在峰值电压的 $-30°+15°$ 内；

b） 在电压波零点关合，无预击穿，导致完全非对称短路电流。

在短路关合试验系列中，对于 E1 级负荷开关应满足要求 a）和 b）一次，E2 级负荷开关应再增加 b）

一次，E3 级应满足要求 a)和 b)各 2 次，第 5 次可随机。

如果由于长的预击穿时间而不能在额定电压下得到要求的额定短路关合电流，那么有必要在降低的电压下完成试验以得到完全非对称短路电流。

6.101.1.3 关合-开断试验的试验方式

应在试验方式 TD_{load}、TD_{loop}、TD_{cc}、TD_{lc}、TD_{ef1} 和 TD_{ef2} 中进行关合-开断操作循环。分闸操作应在合闸操作之后进行，两个操作之间的时延最少足以使任何瞬时电流衰减。受负荷开关的特征和试验站限制时，分闸和合闸操作可以分开。合闸和分闸的时间间隔通常不应超过 3 min。为了方便起见，也可进行分-合闸操作。开断电流应符合 6.101.6.3。

如果试验方式 TD_{load2} 中获得的 TRV 参数等于或严于试验方式 TD_{loop} 要求的 TRV 参数，在制造厂允许的情况下，如果对试验方式 TD_{load2} 的 E1 级负荷开关进行 10 次附加操作或 E2 级和 E3 级负荷开关进行 20 次附加操作，那么不需要进行试验方式 TD_{loop}。

在下述两种情况下，试验方式 TD_{load2} 的 TRV 具有相同的峰值和更高的上升率。

——电源侧阻抗等于或大于总阻抗的 20%；

——用提高振幅系数来调整 TRV，例如在电源阻抗为 15%的情况下，为 $\left(\frac{20}{15}\right)\times 1.5$。

6.101.2 专用负荷开关的试验方式

除专用负荷开关未规定的或降低了试验值的试验方式外，应按通用负荷开关规定的试验进行。

6.101.3 特殊用途负荷开关的试验方式

最少应根据表 5(三相试验)和表 6(单相试验)中规定的一个试验对特殊负荷开关进行试验。根据通用负荷开关规定的试验，除特殊用途负荷开关未规定的试验方式外，也应按通用负荷开关规定的试验进行。

所有的试验方式都应该进行关合-开断操作循环。分闸操作应在合闸操作后进行，两个操作之间的时延至少足以使任何瞬时电流衰减。受负荷开关的特征和试验站限制时，分闸和合闸操作可以分开。合闸和分闸的时间间隔通常不应超过 3 min。为方便起见，也可进行分-合闸操作。开断电流应符合 6.101.6.3。

对于所有开断试验方式，触头分离时刻是随机的。

表 5 特殊用途负荷开关的试验方式——三极操作负荷开关的三相试验

试验方式		试验电压	试验电流	操作循环次数
描述	TD			
并联电力变压器回路闭环电流	TD_{pptr}	$0.15\times U_r$	I_{pptr}	10
单个电容器组电流	TD_{sb2}	U_r	I_{sb}	10[b]
	TD_{sb1}		$(0.1\sim0.4)I_{sb}$	10[b]
背对背电容器组开断电流和关合涌流	TD_{bb2}	U_r	I_{bb}	10[b]
	TD_{bb1}		$(0.1\sim0.4)I_{bb}$	10[b]
电动机电流	TD_{mot}	a	a	a

[a] 见 GB/T 29489—2013 的 6.114。

[b] 在负荷开关被确定为 C2 级负荷开关和在试验系列中发生一次重击穿的情况下，6.101.8 适用。

表 6 特殊用途负荷开关的试验方式——逐极操作的三极负荷开关和用于三相系统中的单极负荷开关的单相试验

试验方式		试验电压	试验电流	操作循环次数
描述	TD			
并联电力变压器回路闭环电流	TD_{pptr}	$0.15\times U_r^a$	I_{pptr}	10
单个电容器组电流	TD_{sb2}	b	I_{sb}	12[e]
	TD_{sb1}		$(0.1\sim0.4)I_{sb}$	12[e]
背对背电容器组电流	TD_{bb2}	b	I_{bb}	12[c,e]
	TD_{bb1}		$(0.1\sim0.4)I_{bb}$	12[e]
电动机电流	TD_{mot}	d	d	d

[a] TRV 的峰值应为表 9 中值的$\sqrt{3}/1.5$ 倍。

[b] 制造厂应该选择代表预期使用场合的试验回路。试验电压应为 $U_r/\sqrt{3}$ 和下列系数之一的乘积：

1) 1.0 用于中性点有效接地系统中开合中性点接地的电容器组；

2) 1.75 用于中性点非有效接地系统中电容器组的开合。

[c] 至少应有 3 次关合操作出现在电压峰值处的±25°范围内。

[d] 见 GB/T 29489—2013 的 6.114。

[e] 在负荷开关被确定为 C2 级负荷开关和在试验系列中发生一次重击穿的情况下，6.101.8 适用。

6.101.4 受试负荷开关的布置

受试负荷开关应完整地安装在它自己的支架或等效的支架上。它的操动机构应按规定的方式进行操作，特别地，如果操动机构是电动或气动操作的，则分别应在最低电源电压或最低空气压力下操作。

在进行关合和开断试验之前，应进行空载操作，并且应记录负荷开关动作特性的详细资料如运动速度、合闸时间和分闸时间。

并测量回路电阻(应尽可能靠近主触头)，并记录。通过试验。

如果适用，试验应在绝缘和/或开合用流体的额定压力下进行。

对于不依赖于人力储能操作的负荷开关，可以通过可能实现遥控关合的布置进行操作。

应该对负荷开关哪个端子带电的效应给予考虑。

负荷开关应和运行中一样供电或带电。

如果运行中的负荷开关可以从两侧供电或带电时，下列适用：

——对于 TD_{load2} 来说，如果负荷开关一侧的实际布置不同于另一侧，那么试验方式总次数 50%的合-分操作应在试验回路的电源连接到负荷开关的一侧进行，剩余 50%的合-分操作应在试验回路的电源接到负荷开关的另一侧上进行。如果触头的布置对负荷开关两侧是对称的，那么 TD_{load2} 只需在一侧进行。

——对于其他关合-开断试验以及 TD_{ma}，在试验室方便时负荷开关应在同侧供电。

除了对容性电流开合试验所指明的，三极操作的负荷开关的关合和开断试验应进行三相试验。对于逐极操作的三极负荷开关或用于三相系统中的单极负荷开关的关合和开断试验，当其具有单相外壳或为敞开式负荷开关时，可以进行单相试验。

对于正常安装在金属外壳内且在开断和关合过程中具有火焰或金属粒子喷射特性的负荷开关，要求按照下述程序进行试验。试验时负荷开关应安装在金属外壳内或带电部件的附近设置金属屏，带电部件和金属屏间的距离应由制造厂规定。金属屏、框架和其他正常接地部件应当与地绝缘，并通过电流指示装置接地。该电流指示装置可为由一段直径为 0.1 mm、长度为 5 cm 的铜丝构成的熔丝或通过测量电流的传感器接地的连接件。该熔丝也可以连接到变比为 1∶1 的电流互感器的二次侧。电流互感器的端子应该通过火花间隙或避雷器来保护。试验后，如果该熔丝无损伤或者燃弧时间达到 100 ms 时泄漏电流的焦耳积分小于 5 A^2s，则可以认为没有出现明显的泄漏电流。

6.101.5 试验回路和负荷开关的接地

除容性电流开合试验外，三极操作的负荷开关的关合和开断试验应在电源中性点或负载中性点接地的三相试验回路中进行。在任一种情况下，试验回路和负荷开关的框架应接地。

对于逐极操作的三极负荷开关或用于三相系统中的单极负荷开关的单相开断试验，应在受试极一个端子接到电源且另一个端子接到负载的情况下进行。电源和负载的共用连接点应接地，如图 2 和图 4 所示的例子。容性试验回路参见 6.101.7.3.4 和 6.101.7.3.5。

试验报告中应注明所有试验所采用的接线方式。

6.101.6 试验参数

6.101.6.1 试验频率

负荷开关应在附录 A 规定的偏差内的额定频率下进行试验。如果可能，在每个型式试验项目中说明同时涵盖了 50 Hz 和 60 Hz 频率的试验条件。

6.101.6.2 开断试验的试验电压

开断试验的工频试验电压在表 3 到表 6 中给出。

除了容性负载的开断试验外，试验电压是在触头刚分前测得的电压外，试验电压应在开断后立刻测量。应在尽可能地靠近负荷开关的端子处测量电压，也就是说，在负荷开关的端子和测量点之间无明显的阻抗。对于三相试验，试验电压应该用相-相试验电压的平均值表示。任何两相间的试验电压偏差在附录 A 中给出。电弧熄灭后工频试验电压至少应保持 0.3 s。

6.101.6.3 开断电流

开断试验的电流如表 3 到表 6 所示。

开断电流应是衰减可忽略不计的对称电流。负荷开关的触头在接通电路产生的瞬态电流消失之前不应分离。

注：如果直流分量等于或小于 20%，则认为开断电流的直流分量值可以忽略不计。

平均电流值和任一极中的电流值的差不应超过附录 A 中给出的值。

单相试验的开断电流应为表 4、表 6 中所示的数值。

容性电流开合试验的试验电流的波形应是正弦的。如果总电流的有效值与基波分量有效值之比不超过 1.2，则认为达到了这一要求，试验电流在每一工频半波内过零不应多于一次。

应按照下列项目表述开断能力：

a） 试验电压；

b） 开断电流；

c） 回路的功率因数；

d） 试验回路；

e） 瞬态恢复电压参数；

f） 合-分操作循环的次数。

6.101.6.4 短路关合试验的试验电压

6.101.6.4.1 概述

短路关合试验的工频试验电压如表 3 和表 4 所示。任意两相间的试验电压公差在附录 A 中给出。

6.101.6.4.2 替代的合成试验

试验室容量的限制可能很难在额定电压和额定电流下进行直接试验。在这种情况下使用合成关合回路以在一个电源处产生要求的试验电压,另一个电源处产生额定的关合电流。

6.101.6.4.3 降压时的替代试验

在降低的试验电压下可以进行另一个替代的直接试验,通过采取措施来保证试验电压下的预击穿时间不小于固有的额定电压下的预击穿时间。

根据负荷开关的技术,降低电压下的短路关合试验可以采用不同的方法：

——如果可能,预击穿可由熔丝触发。应在触头(假设三相试验的所有极的)上固定细而硬的熔丝；

——负荷开关若在气体中开断,可在空气或降低压力的气体中进行短路关合试验。试验电压应按与空气或绝缘气体在额定最小压力下闪络距离差值相同的比率降低。机械性能应在 6.102.1.1 规定的制造厂公差的限值内。

在降低电压的短路关合试验之前应了解额定电压下的平均预击穿时间及其标准偏差。

这些值可以从同型号负荷开关的其他试验方式的峰值电压±15°内进行的 10 次关合中计算得出,或者,如果不可能,在 1 A～50 A 范围内的降低的电流(不会导致触头的实质性磨损)下进行额外的关合试验获得。

在降低电压的短路关合试验期间,预击穿时间不应小于上述计算的平均预击穿时间加其 2 倍的标准偏差,以满足 6.101.1.2 描述的要求 a)。

6.101.6.5 短路关合电流

短路关合电流应该用关合电流峰值和关合电流的对称有效值表示。对于通用负荷开关,每一极中电流的对称有效值在 0.2 s 时至少应为额定短时耐受电流的 80%。短路电流的持续时间至少应为 0.2 s。

通用负荷开关应能在低于其额定电压且可能关合完全非对称电流的电压下运行。电压的下限,如果有的话,应由制造厂规定。

应按下述项目来表述短路关合电流的性能：

a） 试验电压；

b） 用非对称关合的峰值和对称关合的有效值表示的关合电流；

c） 短路电流的持续时间；

d） 试验回路；

e) 关合操作的次数。

对于直流时间常数小于等于 45 ms 的网络，在 50 Hz 或 60 Hz 下进行短路关合电流试验时，峰值系数选用 2.6，可以涵盖这两个频率。

对于直流时间常数大于 45 ms 的网络，在 50 Hz 或 60 Hz 下进行短路关合电流试验时，峰值系数选用 2.7，可以涵盖这两个频率。

6.101.7 试验回路

6.101.7.1 有功负载回路(试验方式 TD_{load})

图 1 和图 2 的试验回路由电源回路和负载回路组成。电源回路的阻抗应为电抗和电阻串联，阻抗值为试验方式 TD_{load}(在 100%额定电流时)时试验回路的总阻抗的(15±3)%，且功率因数在图 1 和图 2 中给出。对于 5%额定电流的试验方式，应采用相同的电源回路的阻抗。

代表电源侧回路的阻抗应接在负荷开关的电源侧。在端子故障的条件下，电源回路的预期瞬态恢复电压应不比表 7 中规定的偏轻。负载回路应由电抗器和电阻并联组成且功率因数在图 1 和图 2 中给出。根据制造厂和进行试验的试验室达成的一致意见可采用较低的功率因数。

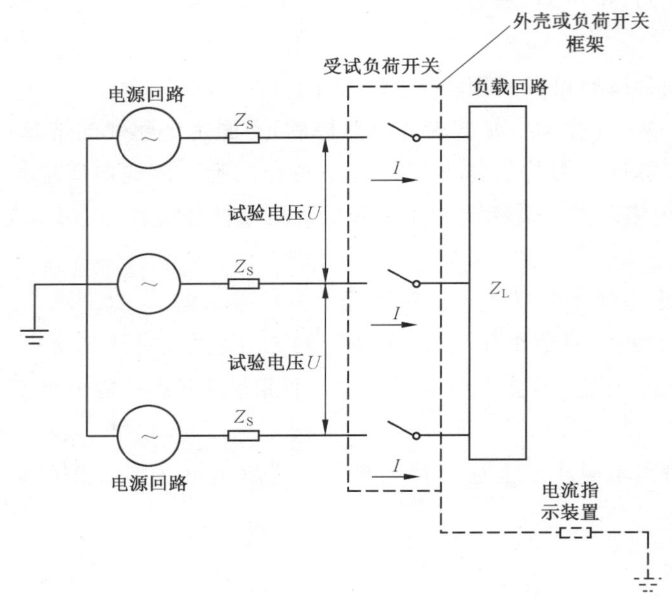

试验方式 TD_{load}：

$I=I_{load}$ 和 $0.05I_{load}$

电源回路：

功率因数≤0.15

$Z_T=Z_S+Z_L$

$|Z_S|=(0.15\pm0.03)|Z_T|$

TRV 参数：表 7

负载回路：

功率因数=0.65～0.75

注：负载阻抗回路的中性点也可以接地并作为电源中性点的替代。

a) 总体回路

图 1 有功负载电流开合试验(试验方式 TD_{load})的三相试验回路

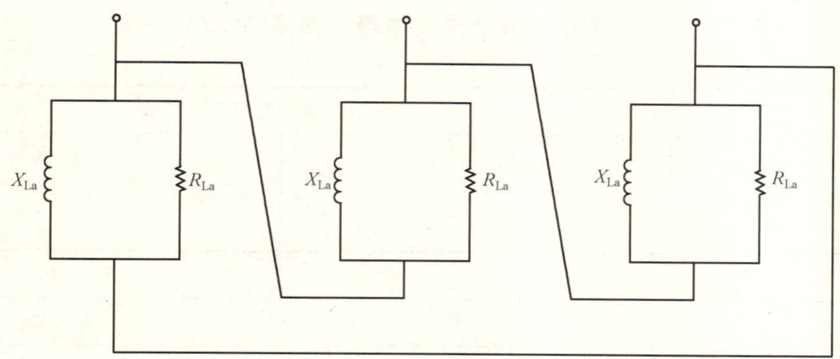

b) 三角形连接的负载

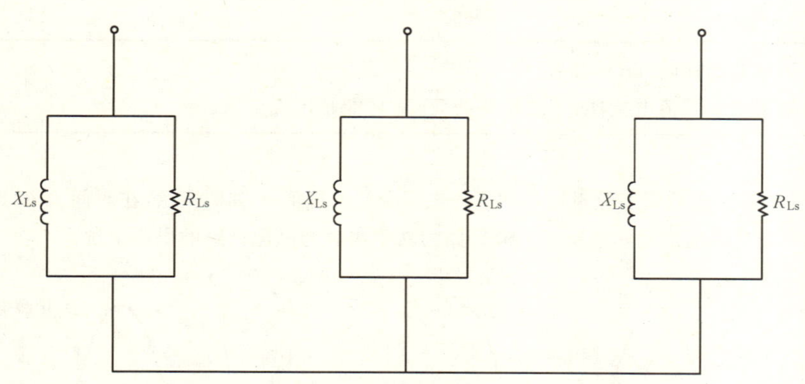

c) 星形连接的负载

图 1（续）

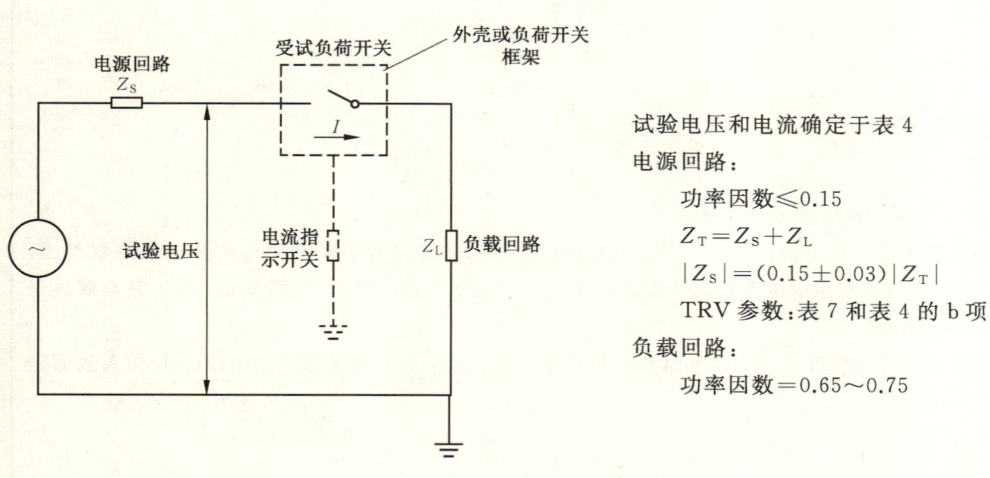

试验电压和电流确定于表 4

电源回路：

功率因数≤0.15

$Z_T = Z_S + Z_L$

$|Z_S| = (0.15 \pm 0.03)|Z_T|$

TRV 参数：表 7 和表 4 的 b 项

负载回路：

功率因数＝0.65～0.75

图 2 有功负载电流开合试验（试验方式 TD_{load}）的单相试验回路

表 7　有功负载电流开断试验中电源回路的 TRV 参数[a]

额定电压 U_r kV	电源回路 TRV 参数	
	峰值电压[b] U_c kV	时间[b] t_3 μs
3.6	6.2	40
7.2	12.3	52
12	20.6	61
24	41	88
40.5	69.5	114

[a] 端子故障条件下的电源回路 TRV 参数。

[b] 用户应注意如果采用了限流电抗器，电源回路的 TRV 可能超出规定值。

注 1：负荷开关的电源和负载瞬态分量图示如下。电源分量的峰值 u_c' 如图所示，在时间 t_3 时近似等于 15% u_c。实际的 u_c' 和到达峰值的时间取决于负载回路的功率因数和电源回路的串联阻抗。

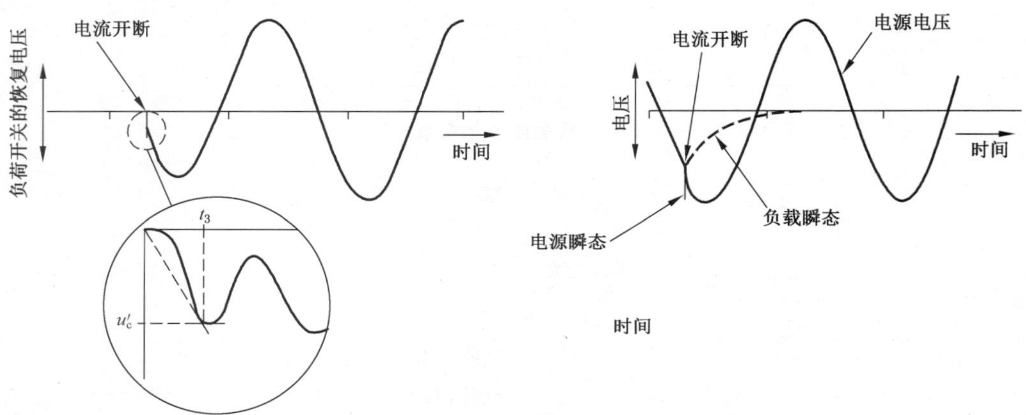

u_c' = 负荷开关瞬态恢复电压电源回路分量的峰值。

注 2：电源回路的串联阻抗应为总阻抗的(15±3)%且功率因数为 0.15 或更小。负载由电抗和电阻并联组成。负载的 TRV 形式为指数衰减的电压且其峰值决定于负载的功率因数。因此，负载侧的 TRV 完全取决于负载回路而不必作出规定。

注 3：电源回路的串联阻抗是配电变压器阻抗和远处的电源阻抗的组合。首开极系数 k_{pp} 为 1.5。振幅系数假定为 1.4。

$$u_c = \frac{U_r\sqrt{2}}{\sqrt{3}} \times 1.5 \times 1.4$$

6.101.7.2　闭环回路

6.101.7.2.1　配电线路和并联电力变压器试验回路

配电线路和并联电力变压器试验回路在图 3 和图 4 中进行了规定。

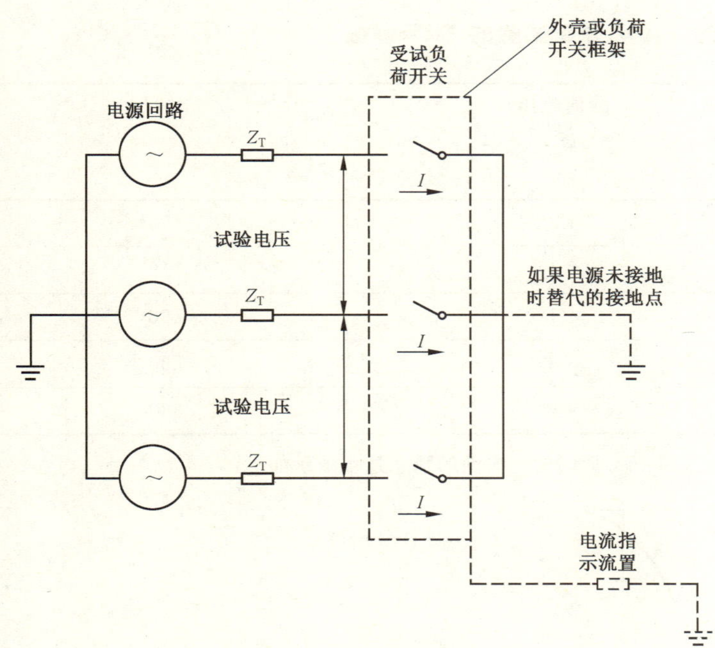

$Z_T=Z_S+Z_L$

试验方式 TD_{loop} 的线路回路:

试验电压 $=0.20U_r$

试验电流 $=I_{loop}$

功率因数 $\leqslant 0.3$

TRV 参数:表 8

试验方法 TD_{pptr} 的并联电力变压器回路:

试验电压 $=0.15U_r$

试验电流 $=I_{pptr}$

功率因数 $\leqslant 0.2$

TRV 参数:表 9

注: 负荷开关的公共连接点可以接地作为电源中性点接地的替代。

图 3 配电线路闭环和并联变压器电流开合试验(试验方式 TD_{loop} 和 TD_{pptr})的三相试验回路

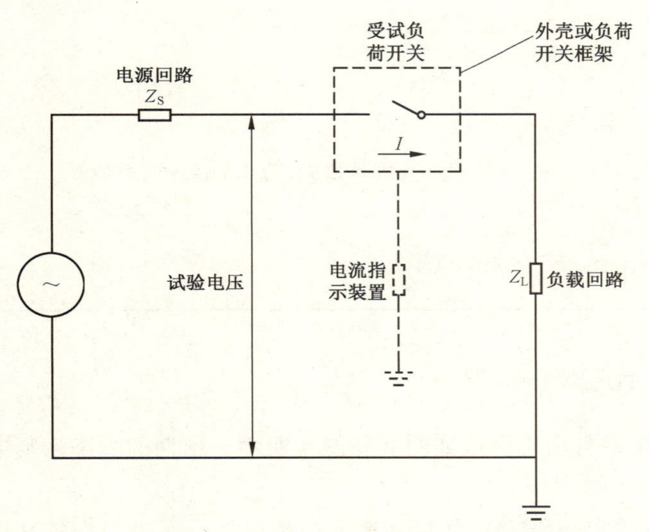

$Z_T=Z_S+Z_L$

试验方法 TD_{loop} 的线路回路:

试验电压和电流在表 4 中确定

功率因数 $\leqslant 0.3$

TRV 参数:表 4,b)

试验方法 TD_{pptr} 的并联电力变压器回路:

试验电压和电流在表 6 中确定:

功率因数 $\leqslant 0.2$

TRV 参数:表 6,a)

图 4 配电线路闭环和并联变压器电流开合试验(试验方式 TD_{loop} 和 TD_{pptr})的单相试验回路

6.101.7.2.2 配电线路的回路(试验方式 TD_{loop})

图 3 和图 4 的试验回路中的电抗和电阻串联且功率因数如图 3 和图 4 所示。负载阻抗(Z_L)可以在负荷开关的电源侧、负载侧或者分开。如果负载阻抗接在负载侧,则电源侧的阻抗(Z_S)应尽可能的小,但其短路电流不应超过负荷开关的关合电流。预期瞬态恢复电压不应比表 8 中的规定值偏轻。

在开路状态时,三相试验的相间试验电压应如表 3 中指出的。逐极操作的三极负荷开关或用于三相系统中的单极负荷开关单相试验时的试验电压如表 4 所示。

表 8 配电线路闭环开断试验的 TRV 参数

额定电压 U_r kV	峰值电压 U_c kV	时间 t_3 μs
3.6	1.2	110
7.2	2.4	110
12	4.1	150
24	8.3	250
40.5	14	330

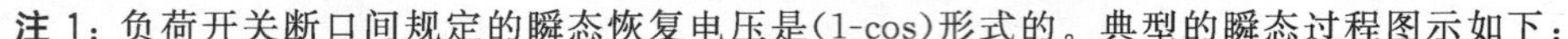

注 1：负荷开关断口间规定的瞬态恢复电压是(1-cos)形式的。典型的瞬态过程图示如下：

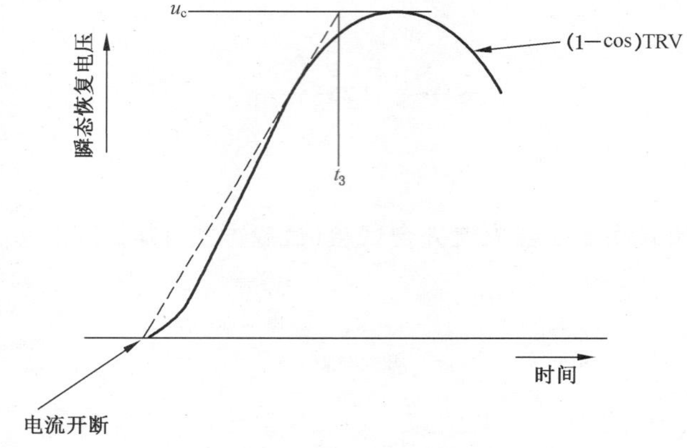

注 2：稳态的相-相开路试验电压为额定电压的 20%。u_c 是按照首开极系数 k_{pp} 为 1.5 且振幅系数等于 1.4 确定的。

$$u_c = U_r \times 0.20\sqrt{\frac{2}{3}} \times 1.5 \times 1.4$$

6.101.7.2.3 并联电力变压器回路(试验方式 TD_{pptr})

图 3 和图 4 的试验回路中的电抗和电阻串联且功率因数如图 3 和图 4 所示。预期的瞬态恢复电压不应比表 9 中的规定值偏低。

在开路状态时，三极负荷开关三相试验时的相-相试验电压应如表 5 中指出的。逐极操作的三极负荷开关或用于三相系统中的单极负荷开关的单相试验的试验电压如表 6 所示。

表 9 并联电力变压器电流开断试验的 TRV 参数

额定电压 U_r kV	峰值电压 u_c kV	时间 t_3^a 系数 K
3.6	0.6	0.25
7.2	1.1	0.35
12	1.9	0.45

表 9 (续)

额定电压 U_r kV	峰值电压 u_c kV	时间 t_3^a 系数 K
24	3.7	0.63
40.5	6.3	0.82

[a] 时间 t_3 按 $t_3=K\sqrt{\frac{1\ 480+600I}{6.7I}}$ 计算，这里 t_3 的单位是微秒，I 是试验电流，单位为 kA。系数 K 和计算 t_3 的公式是根据已知的瞬态恢复电压频率推导出来的，其中频率由变压器的低压电流注入法获取的。该频率是电流额定值接近试验电流，且在强制冷却时额定阻抗为 15% 的电力变压器的典型额定值。

注 1：负荷开关断口间的瞬态恢复电压是(1－cos)形式的且数值为首开极的。

注 2：按照 GB/T 1984—2014 短路试验方式 T10，首开极系数 k_{pp} 为 1.5，振幅系数假定为 1.8。假定两台电力变压器并联且开合其中一台变压器。TRV 主要来自被开合的变压器。这就意味着瞬态恢复电压仅基于一半的稳态恢复电压。

$$u_c=\frac{U_r\sqrt{2}}{\sqrt{3}}\times1.5\times1.8\times\frac{0.15}{2}$$

6.101.7.3 容性回路(试验方式 TD_{cc}、TD_{lc}、TD_{sb} 和 TD_{bb})

6.101.7.3.1 概述

试验通常在试验室进行。但是，也可以进行现场试验。对于现场试验，应采用实际的线路、电缆和电容器组。

对于试验室试验，可以用由电容器、电抗器和电阻等元件组成的人工回路，部分或全部代替线路或电缆。

用 60 Hz 时进行的试验来证明 50 Hz 时的开断性能是有效的。

只要负荷开关断口间的电压在第一个 8.3 ms 期间不小于按 60 Hz 试验时的规定电压，则用 50 Hz 下进行的试验来证明负荷开关在 60 Hz 时的性能是有效的。如果因为瞬间电压高于在 60 Hz 试验时的规定电压而在 8.3 ms 以后出现重击穿，且负荷开关具有非常低的重击穿概率，则试验方式应按对于 60 Hz 试验所规定的试验电压在 60 Hz 下进行。如果没有出现重击穿，则应认为负荷开关通过了试验。

注：出现重击穿时，表示线路、电缆和电容器组的试验室试验回路不适合于确定可能产生的过电压幅值。它们仅可用来验证开合性能。

应进行三相试验。但是，对于容性电流开合试验也允许进行三极负荷开关的单相试验室试验。试验回路及参数见图 5 及表 10。

6.101.7.3.2 试验电压

三相试验的工频试验电压在表 3 或表 5 中给出。

三极联动负荷开关单相试验的试验电压应等于 $U_r/\sqrt{3}$ 和下列系数之一的乘积。这些系数适用于极间不同期性等于或小于 1/6 周期的负荷开关：

——1.0 适用于中性点有效接地系统时开合中性点接地的电容器组和屏蔽电缆；

——1.1 适用于中性点有效接地系统时开合铠装电缆；

——1.2 适用于中性点有效接地系统时开合架空配电线路；

——1.4 适用于中性点有效接地系统时开合中性点不接地的电容器组；

——1.4 适用于中性点非有效接地系统时开合电容器组、线路和电缆。

对于不同期性大于 1/6 周期的三极负荷开关，既可以进行三相试验，也可以进行单相试验，采用表 4 或表 6 中的试验电压。

6.101.7.3.3 电源回路的性能

TD_{lc} 和 TD_{cc}：对于线路充电电流和电缆充电电流开断试验，电源侧回路应为有功负载开合试验所规定的回路（包括 TRV 控制用的电容和电阻）。

TD_{sb} 和 TD_{bb}：对于电容器组开合试验，电源回路的特性应为电压的变化（关合后电压升高、断开后电压降低），对于 TD_{sb1} 和 TD_{bb1} 小于 5%，并且对于 TD_{sb2} 和 TD_{bb2} 小于 2%。电压变化超过规定值时，作为替代的方法允许用规定的恢复电压进行试验（6.101.7.3.9）。电源回路的阻抗不应过低使得预期短路电流超过负荷开关的额定短时耐受电流。

TD_{sb}：电源回路的预期 TRV 参数不应严于表 7 中规定的。

TD_{bb2}：电源回路的电容以及电源侧电容和负载侧电容间的阻抗应能在 100% 额定背对背电容器组开断电流的试验时产生额定电容器组关合涌流。

注：对于背对背电容器组电流开合试验，且单独进行关合试验时，开断试验时可以选用较低的电源回路电容。

6.101.7.3.4 电源回路的接地

对于三相试验，应按下述接地：

——对于用在中性点非有效接地系统中的负荷开关试验时，电源侧的中性点应绝缘以获得 1.5 的首开极系数。为了便于试验，用将电源回路接地并将负载回路绝缘代替是等价的；

注：尤其是对线路充电电流开断试验，为了获取 1.5 的首开极系数，可能有必要将 TRV 控制元件对地隔离。对于非常小的电流，这不应影响开断性能。作为替代的方法，负载回路的中性点也可以对地隔离。

——对于用在中性点有效接地系统中的负荷开关，电源回路的中性点应接地。电源侧的零序阻抗应小于 3 倍的正序阻抗。

对于单相试验室试验，可以把单相电源回路的任一端接地。

6.101.7.3.5 被开合容性回路的一般特性

对于三相试验，被开合容性回路的接地应该和负荷开关所用的使用场合一致。

如果电源和负载两侧直接接地，首开极的恢复电压峰值为 $2.0\times U_{phase}$（首开极系数为 1.0）。

如果只有电源或负载一侧接地，首开极的恢复电压峰值为 $2.5\times U_{phase}$（首开极系数为 1.5）。如果电源侧接地并且电容器组（C1 和 C2）绝缘，那么在背对背容性回路中仅此情况适用。进行的基于电压系数 2.5 的试验包含了负荷开关的所有一般应用。

容性回路包括所有必要的测量装置，如分压器，应该使得被开合的电容上的电压在电弧熄灭后 300 ms的末尾不应低于规定值的 90%。这一要求对于现场试验不适用。

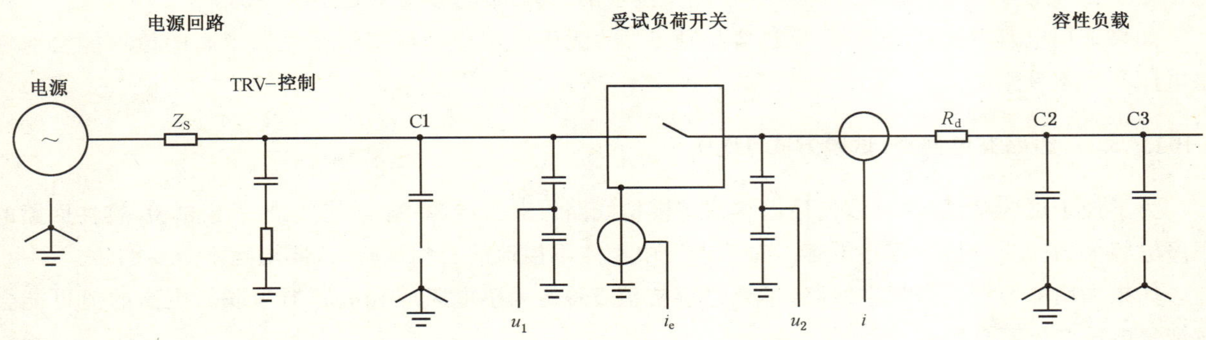

上面的星形连接仅适用于三相试验回路。电源绝缘时也可以为三角形连接。

图 5 三相和单相容性开合试验的通用试验回路

表 10 三相和单相容性开合试验的通用试验回路的参数要求

试验方式	电源	Z_s	TRV-控制	C1	R_d	C2	C3[a]
TD_{lc1}, TD_{lc2}	1) 接地 2) 绝缘	如 TD_{load}	如 TD_{load}	—	$\leqslant 0.05X_c$	接地	1) 2 C2 2) 不要求
TD_{cc1}, TD_{cc2}	1) 接地 2) 绝缘	如 TD_{load}	如 TD_{load}	—	$\leqslant 0.05X_c$	接地	1) 2 C2 2) 不要求
TD_{sb1}, TD_{sb2}	1)接地 2)绝缘	sb1$\leqslant 0.02X_c$ sb2$\leqslant 0.05X_c$ 同时 实际 $I_{sc}\leqslant$额定 I_{sc}	不大于 表 3 的	—	—	1) 绝缘或接地 2) 接地	—
TD_{bb1}, TD_{bb2}	1) 接地 2) 绝缘	sb1$\leqslant 0.05X_c$ sb2$\leqslant 0.02X_c$ 同时 实际 $I_{sc}\leqslant$额定 I_{sc}	无规定	1) 绝缘或接地 2) 接地	—	如 C1	—

1) 用于中性点有效接地系统的负荷开关的试验。

2) 用于中性点非有效接地系统的负荷开关的试验。为了便于试验，将电源回路接地并将负载回路绝缘是等效的。

[a] 对于 C3，可用等效的容性回路代替描述的并联电容器组。

6.101.7.3.6 电缆充电回路（试验方式 TD_{cc1} 和 TD_{cc2}）

为了便于试验室试验，可以使用电容器来模拟屏蔽电缆或铠装电缆。铠装电缆通常用在电压直到并包括 10 kV 的系统中。对电源中性点接地的三相试验，重现三芯铠装电缆的容性回路的正序电容应近似等于三倍的零序电容。对于电源中性点不接地的三相试验，该要求是不必要的。

如果采用电容器模拟电缆，不超过容抗值 5% 的无感电阻应和电容器串联。更高的值可能会对恢复电压产生不良影响。

6.101.7.3.7 线路充电回路（试验方式 TD_{lc}）

为了便于试验室试验，可以使用电容器来模拟线路。对于电源中性点接地的三相试验，容性回路的正序电容大约应为三倍的零序电容。对于电源中性点不接地的三相试验，该要求是不必要的。

如果采用电容器模拟架空线路，不超过容抗值 5% 的无感电阻应和电容器串联。更高的值可能会对恢复电压产生不良影响。

6.101.7.3.8 电容器组回路（试验方式 TD_{sb1}、TD_{sb2}、TD_{bb1} 和 TD_{bb2}）

对于三相试验，应根据负荷开关的使用情况以及电源回路中性点的接地情况，来决定电容器组的中性点绝缘还是接地。

在三相背对背电容器组回路中电容器组 C1 和 C2 都应同样的接地或绝缘。如果 C1 和 C2 都绝缘且电源接地，那么只出现为 1.5 的首开极系数。

6.101.7.3.9 规定 TRV 的试验

如果不能满足 6.101.7.3.3 的要求，那么开合试验可在能满足下述如表 11 中规定并在图 6 中确定的预期恢复电压要求的回路中进行。

表 11 电容器组电流开断试验的预期恢复电压参数的限值

试验方式	恢复电压[a,b]		时间[a]		
	u_c^e	u_a^d	t_a^d	t_2^a ms	
				50 Hz	60 Hz
1	1.98	0.028	t_3^c		
2	1.95	0.070	t_3^c	8.7	7.3

[a] 见图 6。

[b] 数值为相应于试验电压的峰值的标幺值。

[c] 表 7 中的 t_3。

[d] 预期 TRV 初始部分的峰值 u_a' 应该小于 u_a 且到达峰值的时间 t_a' 应大于 t_a，如图 6 所示。

[e] 预期恢复电压的峰值 u_c' 应大于 u_c 且到达峰值的时间 t_2' 应小于 t_2，如图 6 所示。

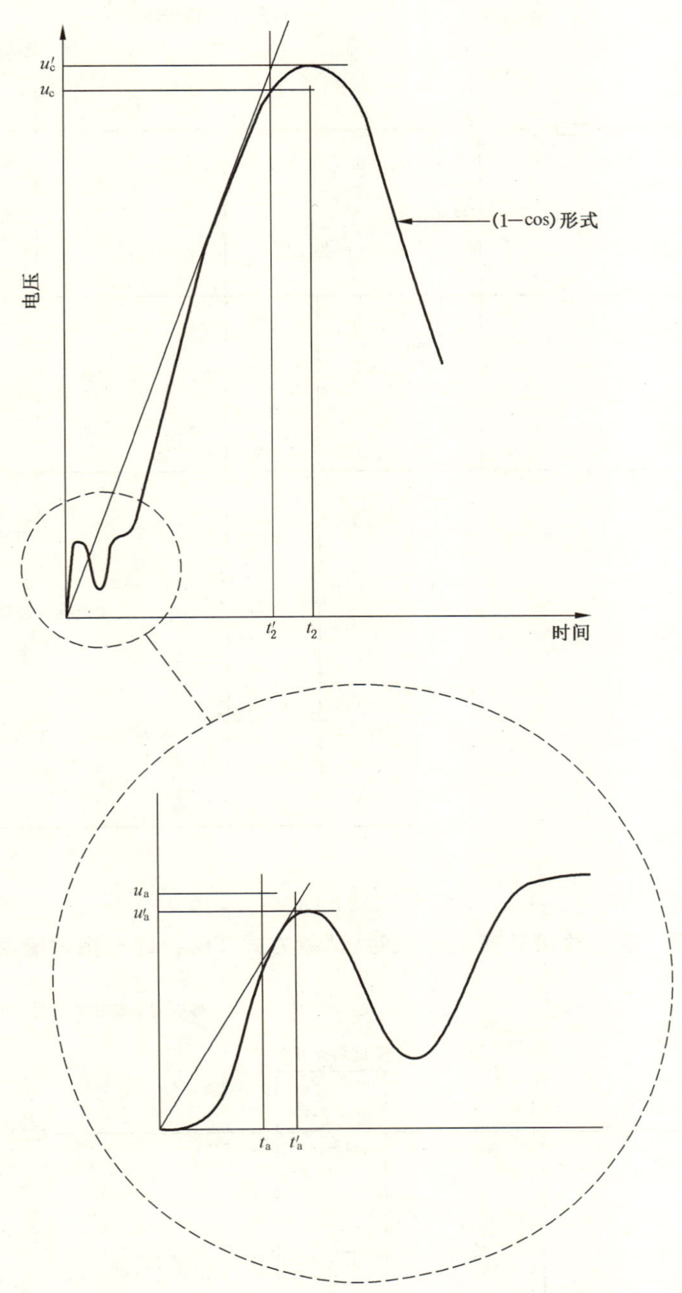

预期 TRV(u'_a、t'_a、u'_c、t'_2)应如下：

$u'_a < u_a$，$u'_c > u_c$，$t'_a > t_a$，$t'_2 < t_2$；

u_a、t_a、u_c 和 t_2 在表 10 中规定。

图 6 电容器组电流开断试验的预期 TRV 参数限值

6.101.7.4 接地故障试验的试验回路(试验方式 TD_{ef1} 和 TD_{ef2})

应采用图 7 和图 8 的试验回路，且电源侧阻抗 Z_S 应等于通用负荷开关试验方式 TD_{load} 的试验回路的电源侧阻抗。电源回路应是有功负载开合试验规定的包括 TRV 控制电容器和电阻器的电源回路。

应采用一个阻值不超过容抗值 5%的无感电阻 R 与电容器串联。

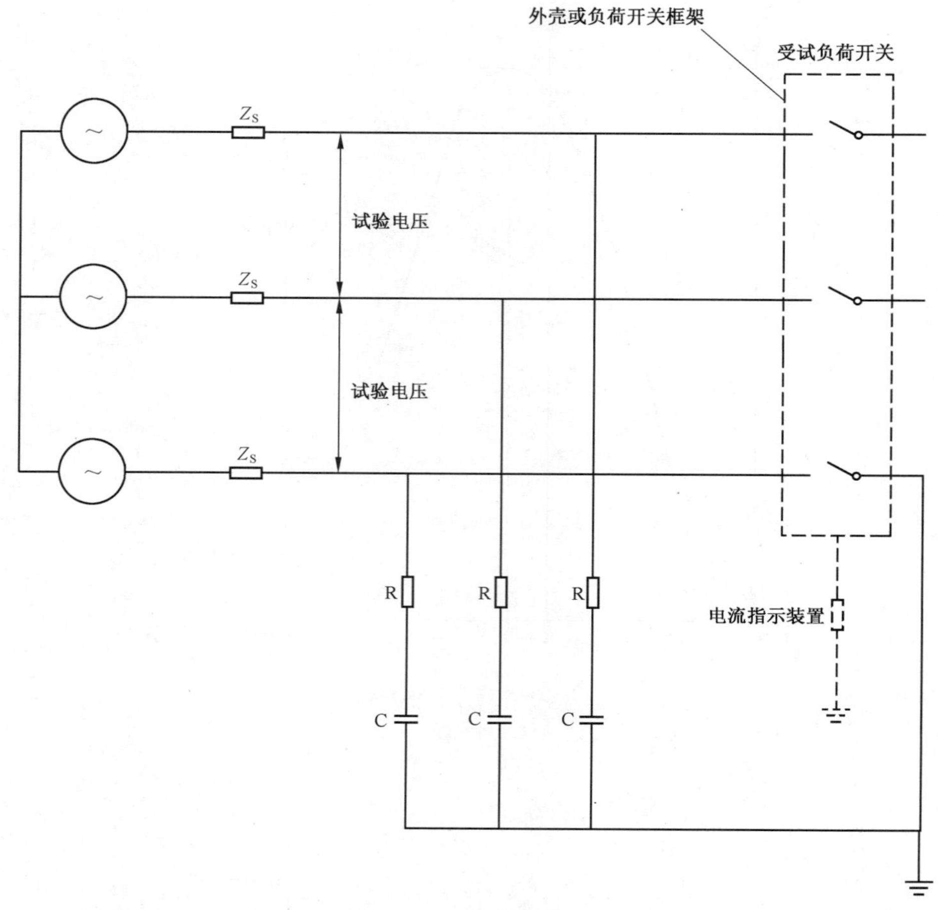

图 7　接地故障开断电流试验(试验方式 TD_{ef1})的三相试验回路

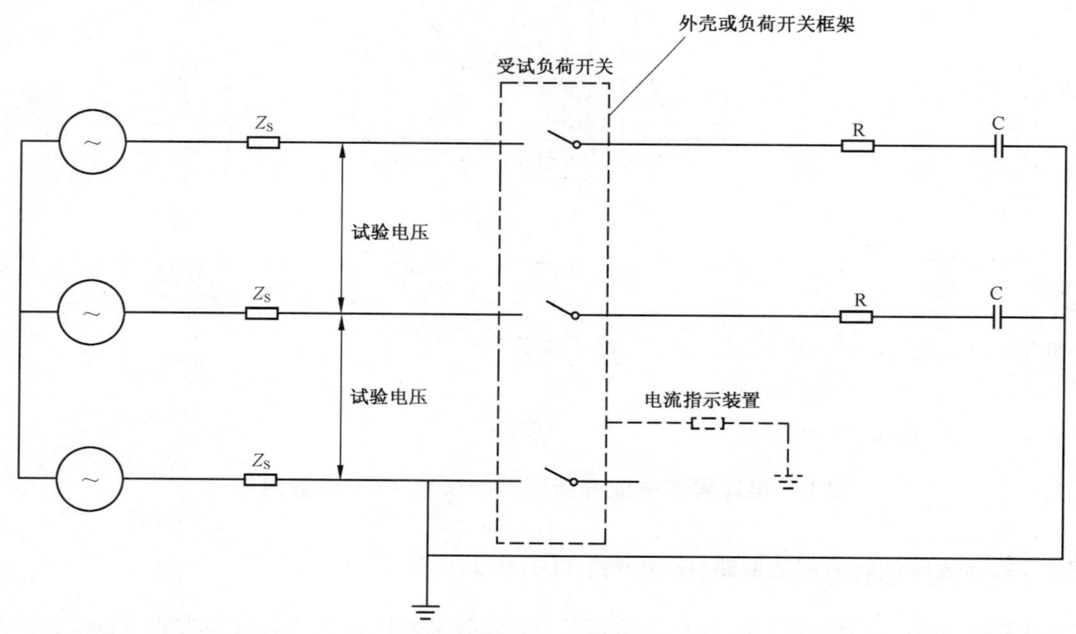

图 8　接地故障条件下电缆充电开断电流试验(试验方式 TD_{ef2})的三相试验回路

6.101.7.5 短路关合试验的试验回路(试验方式 TD_{ma})

三相试验的试验回路应如图 9 所示。逐极操作的三极负荷开关或用在三相系统中的单极负荷开关的单相试验采用的单相试验回路应如图 10 所示。

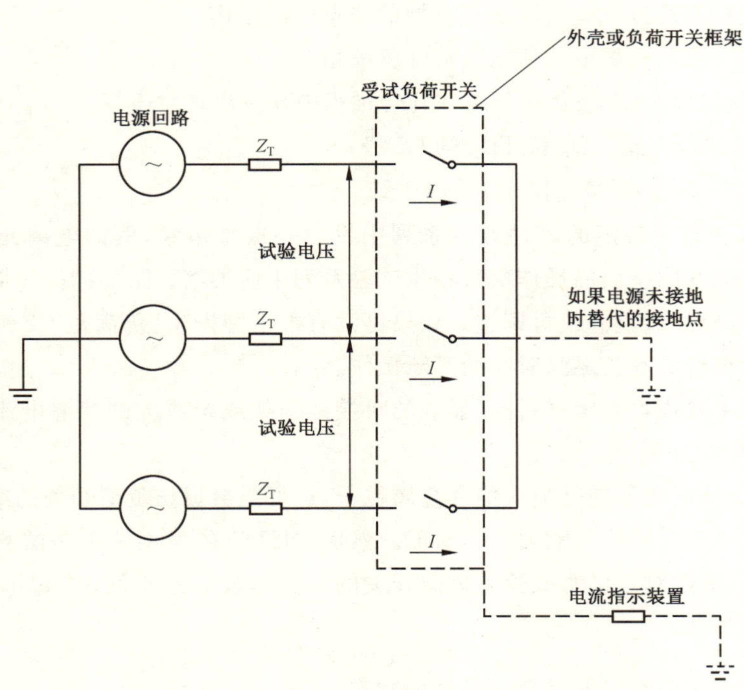

图 9 短路关合电流试验(试验方式 TD_{ma})的三相试验回路

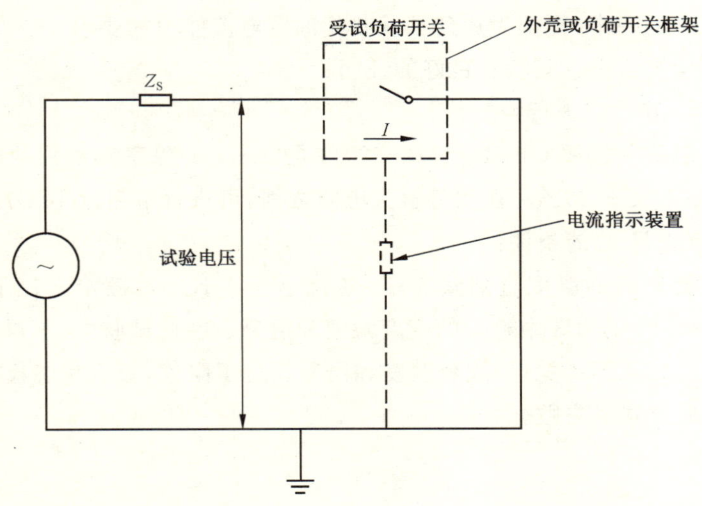

图 10 短路关合电流试验(试验方式 TD_{ma})的单相试验回路

6.101.7.6 电动机回路(试验方式 TD_{mot})

GB/T 29489—2013 的 6.114 适用。

6.101.8 开断试验中负荷开关的性能

负荷开关应该成功地通过试验而不出现机械的或电气的损伤。

不应有危及操作人员的火焰或物质从负荷开关喷出。

对于容性电流开合试验,C1 级负荷开关在开合过程中允许出现重击穿:

——5 次,仅针对试验方式 TD_{sb}和 TD_{bb}的 C1 级;

——2 次,仅针对试验方式 TD_{cc}和 TD_{lc}的 C1 级。

对于 C2 级,如果在整个特定的容性开合系列中发生一次重击穿,例如电缆充电电流的试验方式 TD_{cc1}和 TD_{cc2},表 3～表 6 中指出的操作次数在该试验系列中应加倍。附加的操作应在同一个负荷开关上进行,该负荷开关不应经过检修或再调整。如果再没有重击穿发生,仍满足 C2 级的要求。紧随电流过零开断后的复燃应被认为是长燃弧时间的开断操作。

不应有危及操作者或损坏绝缘材料的、显著的对接地框架或金属屏的泄漏电流。这一情况可以按照 6.101.4 规定的程序来证明。

在操作过程中,负荷开关不应外喷火焰和金属粒子,这可能会损伤负荷开关的绝缘水平。

开断操作后的恢复电压阶段可能发生 NSDD。然而,NSDD 的发生并不是试验后开合装置受损的信号。因此,NSDD 的次数对于说明试验后负荷开关的性能是没有意义的。NSDD 应记录在试验报告中以将其和重击穿区分开。

6.101.9 开断试验和短路关合试验后负荷开关的状态

在一台试品上完成规定的开断试验和试验方式 TD_{ma}后,负荷开关的机械特性和绝缘性能应和试验前处于相同的状态。负荷开关应能够承载其额定电流且温升不超过规定值。

完成规定的试验后,应按照 GB/T 11022—2011 的 6.2.12 进行空载操作和状态检查试验。

如果满足下述判据中的一个,则认为达到了承载其额定电流能力的要求:

a) 主触头的目测检查给出了其状态良好的证明;

   或者,无法满足 a)时,应进行:

b) 尽可能靠近主触头并按照 GB/T 11022—2011 的 6.4.1 的程序测量到的电阻与试验前的测量电阻相比,偏差不大于 20%。在测量触头电阻之前,可进行不超过 10 次空载操作。

   或者,如果没有满足 b)的条件:

c) 通过检查电阻测量点的温度直到其稳定(变化小于 1 K/h),额定电流下的试验证明未超过 GB/T 11022—2011 的表 3 中给出的温度限值和温升。在此试验中,不对开合装置内部进行其他的温度测量。如果不能稳定,或者温度和温升超过了限值,那么状态检查失败并且认为该负荷开关的该试验方式也失败。

6.101.10 试验报告

6.101.10.1 要记录的信息和结果

型式试验的所有相关信息和结果都应包含在型式试验报告中。在所有的试验中都应形成典型的记录,并包含在型式试验报告中。

在文件中记录所有试验的试验结果是必要的。然而,允许在报告中仅复制特定的试验电流下每个试验方式的第一个和最后一个示波图。所有显示复燃、重击穿或其他异常特性的记录都应包含在试验报告中。进行试验的试验室必须保留所有记录到的示波图和试验结果。

E3 级负荷开关的试验方式 TD_{load2} 要求进行 100 次操作。每个试验的值应用合适的方法观察以确保负荷开关正确地动作。每个操作测量的所有试验参数都应包括在试验报告中。为了便于试验,允许在近似于每 10 次操作的有规律的间隔中进行永久记录。试验报告中应至少包括第一次和最后一次试验记录。该试验方式的所有这些记录的示波图和试验结果都应由试验室或制造厂保留。

在进行检查后并且试验方式系列结束时,型式试验报告应包括每个试验方式中负荷开关的性能和每个试验方式后负荷开关状态的说明。该说明应包括下述项目:

a) 负荷开关状态,给出所有进行的替换和调整,以及触头、电弧控制装置、油(包括所有的损失量)的状态,电弧屏障、外壳、绝缘子和套管的任何损坏的细节;

b) 试验方式中性能的描述,包括对油、气体或火焰的喷发的观察结果。

6.101.10.2 型式试验报告中应包含的信息

GB/T 11022—2011 的 6.1.4 适用并作如下补充:

试验条件(对每个试验系列):

a) 极数;

b) 功率因数;

c) 频率,单位为 Hz;

d) 发电机中性点(接地或绝缘);

e) 变压器中性点(接地或绝缘);

f) 短路点或负载侧中性点(接地或绝缘);

g) 包括接地连接的试验回路图表;

h) 负荷开关与试验回路的连接的细节(如:方向);

i) 绝缘和/或开合用的流体压力;

j) 操作用的流体压力。

6.101.10.2.1 短时耐受电流试验

a) 电流;

b) 有效值,单位为 kA;

c) 峰值,单位为 kA;

d) 持续时间,单位为 s;

e) 试验期间负荷开关的性能;

f) 试验后的状态;

g) 试验前、后主回路的电阻,单位为 $\mu\Omega$。

6.101.10.2.2 关合和开断试验

a) 外加电压,单位为 kV;

b) 关合电流(峰值),单位为 kA,(短路关合试验的情况下);

c) 每相和平均值的开断电流交流分量的有效值,单位为 A;

d) 工频恢复电压,单位为 kV;

e) 预期瞬态恢复电压；
f) 燃弧时间，单位为 ms；
g) 分闸时间，单位为 ms（如果适用）；
h) 开断时间，单位为 ms（如果适用）；
i) 关合时间，单位为 ms（如果适用）；
j) 试验期间负荷开关的性能，包括（适用时）火焰、气体、油的喷发或 NSDD 的发生等；
k) 试验后的状态；
l) 试验期间更新和修理的部件。

6.101.10.2.3 容性电流开合试验

a) 试验电压，单位为 kV；
b) 每相的开断电流，单位为 A；
c) 开断后，相对地电压的峰值，单位为 kV；
   1) 负荷开关的电源侧；
   2) 负荷开关的负载侧；
d) 重击穿次数（如果有）；
e) 分闸时间，单位为 ms（如果适用）；
f) 开断时间，单位为 ms（如果适用）；
g) 关合时间，单位为 ms（如果适用）；
h) 试验期间负荷开关的性能；
i) 试验后的状态。

6.102 机械和环境试验

6.102.1 机械和环境试验的各项规定

6.102.1.1 机械特性

型式试验前，应建立负荷开关的机械特性，例如，记录空载行程曲线。

机械特性应在操动机构及辅助和控制回路的额定电源电压、操作用的额定功能压力以及为了试验方便，在开断用的额定压力下进行单分操作（O）和单合操作（C）的空载试验来获得。

参考的空载试验中记录的分闸时间和合闸时间应该用作参考的分闸和参考的合闸时间。在和建立参考的机械特性程序采用相同的条件下，这些参考时间的偏差应与制造厂给出的偏差相对应。

并测量回路电阻（应尽可能靠近主触头），并记录。

6.102.1.2 试验时负荷开关的布置

负荷开关及其操动机构应安装在其自己的支架上，以规定的方式进行操作。

除非另有规定，试验可以在任何方便的周围空气温度下进行。

如果适用，操动机构的电源电压应在负荷开关操作过程中在合闸线圈和脱扣线圈的端子上测量。应包括构成操动机构一部分的辅助设备。为了调节外施电压，不应在电源和装置的端子间增加阻抗。

对于人力储能操作的负荷开关，为了试验方便，手柄可以用外部动力装置替代，其操作力应与人力手柄操作时的等效。

每个试验开始时，如果适用，负荷开关应处于其开断用的额定功能压力下。

负荷开关的设计可适合辅助设备(并联脱扣器和电动机)的多个变量,以便按照4.9和4.10中确定的各种额定控制电压和频率。如果其具有相似的设计并且作为结果的空载机械特性在6.102.1.1给出的公差范围内,那么这些变量不需试验。

6.102.1.3 机械和环境试验前、后操作特性的评价

对于操作特性的评价,应进行下述操作:

——额定电源电压和/或压力下,5次合闸-分闸操作循环(如果有);

——最低电源电压和/或压力下,5次合闸-分闸操作循环(如果有);

——最高电源电压和/或压力下,5次合闸-分闸操作循环(如果有);

——如果负荷开关仅能进行人力储能操作或动力操作的负荷开关也可进行人力储能操作,那么5次合闸-分闸人力储能操作。

应记录操作特性,如果适用,诸如操作时间、控制回路的耗损、人力储能操作的最大力,控制和辅助触头以及位置指示装置(如果有)的正确动作应予以验证。没必要包括型式试验报告中记录的所有示波图。

6.102.1.4 机械操作试验中和试验后负荷开关的状态

负荷开关应该处于能够正常操作、关合、承载和开断其额定电流的状态。

操动机构、控制和辅助触头以及位置指示装置(如果有的话)的正确动作应在试验过程中进行验证。

对于气体作为开合和/或绝缘介质的负荷开关,则在机械操作试验后应进行密封试验。

M1和M2级负荷开关的机械寿命试验时允许进行与制造厂的说明书一致的维护操作,并应记录:

——试验期间允许润滑;

——每1 000次合分操作后允许机械调整,但不允许更换触头。

外观检查前应根据GB/T 11022—2011的6.2.12进行状态检查试验。

如果满足下述判据中的一个,则认为达到了承载其额定电流能力的要求:

a) 主触头的目测检查给出了其状态良好的证明;

   或者,无法满足a)时,应进行:

b) 尽可能靠近主触头并按照GB/T 11022—2011的6.4.1的程序测量到的电阻与试验前的测量电阻相比,不大于20%。在测量触头电阻之前,可进行不超过10次空载操作。

   或者,如果没有满足b)的条件:

c) 通过检查电阻测量点的温度直到其稳定(变化小于1 K/h),额定电流下的试验证明未超过GB/T 11022—2011的表3中给出的温度限值和温升。在此试验中,不对开合装置内部进行其他的温度测量。如果不能稳定,或者温度和温升超过了限值,那么状态检查失败,并且认为该负荷开关的该项试验也失败。

真空负荷开关不必进行密封性验证试验。真空的完整性可通过机械和环境试验后的工频电压试验验证。然而,如果真空负荷开关安装在充有绝缘气体(SF_6)的密封壳体内,那么应对密封壳体进行密封性验证试验。

6.102.2 周围空气温度下的机械操作试验

6.102.2.1 M1级负荷开关的机械寿命试验

机械操作试验应由主回路上没有电压或电流的1 000次操作循环组成。如果对于负荷开关的所有

等级要求 1 000 次以上的操作循环，那么应按照 6.102.2.2 进行延长的机械寿命试验。

带有动力操动机构的负荷开关应进行下述试验：

——额定电源电压和/或压力下，900 次操作循环；

——最低电源电压和/或压力下，50 次操作循环；

——最高电源电压和/或压力下，50 次操作循环。

操作循环可按照任意方便的顺序进行。

人力储能操作的负荷开关应进行下述试验：应采用运行中预期的典型操作力的范围进行 1 000 次操作循环。

在操作循环间或合闸和分闸操作之间不要求规定时间间隔。但是，这些试验应该按带电的电气控制元件的温升不超过规定值的速率进行。试验期间可施加外部冷却。

6.102.2.2 M2 级负荷开关的延长的机械寿命试验

该寿命试验仅适用于动力操作的负荷开关。

应按下述进行机械寿命试验。

应根据 6.102.2.1 进行试验并作下述补充：进行 5 000 次操作循环，由 6.102.2.1 规定的操作循环次数的 5 倍组成的。

试验前应由制造厂确定试验中的维护程序并记录在试验报告中。

6.102.3 低温和高温试验

6.102.3.1 概述

这两个试验不必连续进行，并且试验顺序是任意的。对于－5 ℃级的户内负荷开关和－10 ℃级的户外负荷开关，不要求低温试验。

对于带有共用操动机构的单箱壳型负荷开关或多箱壳型负荷开关，应进行三极试验。

如果需要热源，可以将其投入使用。

试验过程中，不允许对负荷开关进行检修、更换零部件、润滑或调整。

6.102.3.2 周围空气温度的测量

试验地点的周围空气温度应该在负荷开关高度一半及距负荷开关 1 m 处进行测量。

负荷开关高度范围内的最大温度偏差不应超过 5 K。

6.102.3.3 低温试验

试验顺序的图示和规定的试验点的确定见图 11a)。

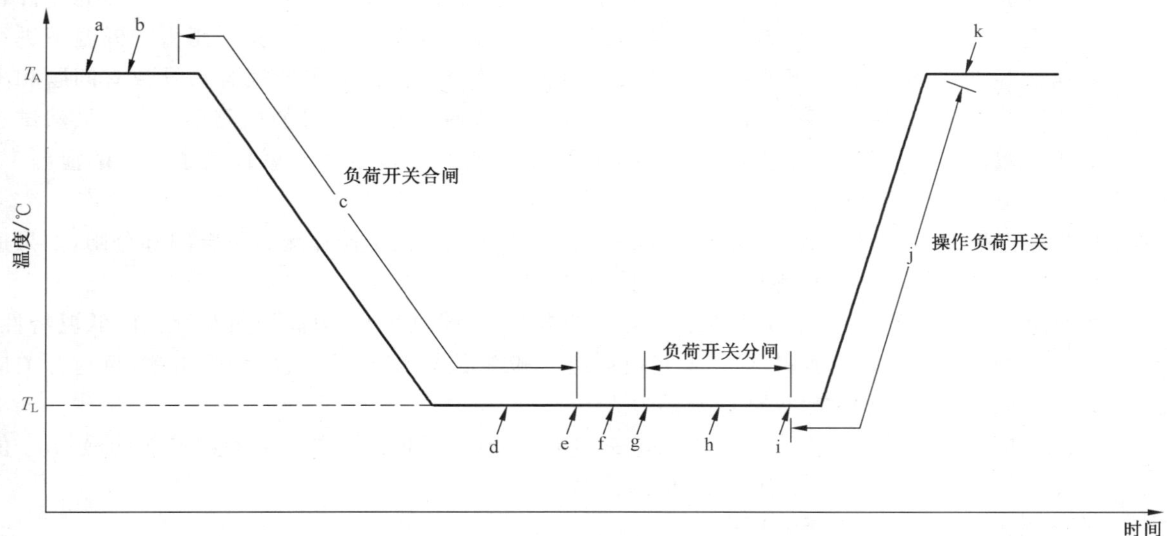

a) 低温试验

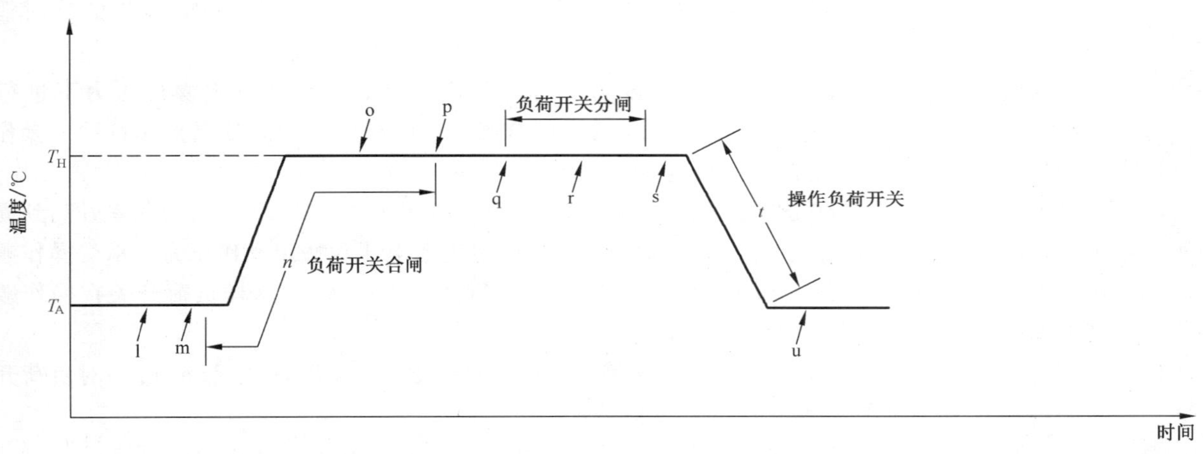

b) 高温试验

注：字母 a～u 确定了 6.102.3.3 和 6.102.3.4 规定的试验的作用点。

图 11 低温和高温试验的试验顺序

如果低温试验在高温试验后立即进行，那么低温试验可在完成高温试验的 u)之后进行。这种情况下可省略 a)和 b)。

a) 受试负荷开关应根据制造厂的说明书进行调整。

b) 在周围空气温度(20±5)℃(T_A)下，按照 6.102.1.3 的规定记录负荷开关的特性和整定值。密封性试验(如果适用)应按照 6.8 进行。

c) 负荷开关在合闸位置时，按照 GB/T 11022—2011 的 2.2.1、2.2.2 和 2.3.4 给出的等级，将周围空气温度降低到合适的最低周围空气温度(T_L)。当周围空气温度稳定到 T_L 后，负荷开关应保持在合闸位置 24 h。

d) 在温度 T_L 下，负荷开关保持合闸位置 24 h 期间，应进行密封试验(如果适用的话)。如果使负荷开关恢复到周围空气温度 T_A，并处于热稳定状态时，其泄漏率能恢复到原始值，增大的泄漏率是允许的。但这种暂时增大的泄漏率不得超过 GB/T 11022—2011 的表 13 中的允许暂时泄漏率。然而，技术上很难在例如负荷开关充入的 SF6 压力稍大于大气压力的低温下进行蓄压试验，因为蓄压时间可能远大于 24 h。低温下的密封性试验可能很容易导致有问题和不能再现的结果。如果检测器适合这些温度，那么在这些条件下仅可能探测到 SF6。虽然试验提供了数值结果，但这只能证明存在局部泄漏（如果有），不能认为这就代表了累积的泄漏率。如果探测到了泄漏，那么该试验失败。

e) 保持在温度 T_L 下 24 h 后，负荷开关应在额定电源电压和额定操作压力下合闸和分闸，如果适用。应记录合闸和分闸特性以建立低温操作特性。
f) 切断所有加热设备，也包括防凝露加热元件的电源，持续时间 t_x，以验证负荷开关的低温特性。在时间间隔 t_x 末，如果适用，应在额定电源电压和额定操作压力下给出分闸指令，负荷开关应分闸。应记录分闸特性以评估断开能力。
g) 制造厂应规定在没有二次电源对加热设备供电的条件下，负荷开关依旧能够操作的最长 t_x 值（不小于 2 h）。如果没有上述规定，优选值为 2 h。
h) 负荷开关应保持分闸位置 24 h。
i) 在温度 T_L 下，负荷开关处于分闸位置的 24 h 期间，应进行密封性试验（如果适用）。如果当负荷开关恢复到周围空气温度 T_A，且热稳定的状态下时，泄漏率恢复到原始值，那么增大的泄漏率是可以接受的。增大的临时泄漏率不应超过 GB/T 11022—2011 的表 13 允许的临时泄漏率。
j) 24 h 结束时，如果适用，负荷开关的温度为 T_L，应在额定电源电压和额定操作压力下进行 50 次合闸操作和 50 次分闸操作。应记录首次的合闸和分闸操作以建立低温操作特性。操作之间的最小间隔时间应由制造厂规定。
k) 完成整个 50 次合闸和 50 次分闸操作之后，空气温度应以每小时大约 10 K 的变化率升高到周围空气温度 T_A。在温度过渡期间，负荷开关应在额定电源电压和额定操作压力下承受操作顺序 C-O-C 和 O-C-O。应在 30 min 的时间间隔中进行两个操作顺序，这样负荷开关在操作顺序之间的 30 min 内处于分闸和合闸位置。
l) 为了与原始性能进行比较，在负荷开关热稳定到周围空气温度 T_A 后，应按照 a)和 b)对负荷开关的整定值、操作性能和密封性进行重新检查。

整个低温试验顺序 b)到 j)期间的累计泄漏量不应达到绝缘和/或开合的最低压力（如果有）。

6.102.3.4 高温试验

试验顺序的图示和规定的试验点的确定见图 11b。

如果高温试验是紧接着低温试验进行的，则高温试验可在完成低温试验 j)之后继续进行。这种情况下可省略下面的 l)和 m)。

a) 受试负荷开关应根据制造厂的说明书进行调整；
b) 在周围空气温度(20±5)℃(T_A)下，按照 6.101.1.3 的规定，记录断路器的特性及其整定值。密封性试验（如果适用）应按照 6.8 进行。
c) 负荷开关处于合闸位置，将空气温度升高到适当的、符合 GB/T 11022—2011 的 2.2.1、2.2.2 和 2.3.4 给出的周围空气温度的上限，即最高周围空气温度(T_H)。断路器的周围空气温度稳定在 T_H 后，断路器应保持合闸位置 24 h。

注：不考虑太阳辐射的影响。

d) 负荷开关在温度 T_H 下处于合闸位置的 24 h 期间，应进行密封性试验（如果适用）。如果当负荷开关恢复到周围空气温度 T_A，且处于热稳定的状态时，泄漏率恢复到原始值，则增大的泄漏率是可以接受的。增大的临时泄漏率不应超过 GB/T 11022—2011 的表 13 允许的临时泄漏率。

e) 保持温度 T_H24 h后，负荷开关应在额定电源电压和额定操作压力下进行分闸和合闸。应记录分闸和合闸特性，以建立高温操作特性。

f) 在温度 T_H 下，负荷开关应分闸，并保持分闸位置 24 h。

g) 在温度 T_H 下，负荷开关处于分闸位置的 24 h 期间，应进行密封性试验(如果适用)。如果当负荷开关恢复到周围空气温度 T_A，且处于热稳定的状态时，泄漏率恢复到原始值，那么增大的泄漏率是可以接受的。增大的临时泄漏率不应超过 GB/T 11022—2011 的表 13 允许的临时泄漏率。然而，技术上很难在例如负荷开关充入的 SF_6 压力稍大于大气压力的高温下进行蓄压试验，因为蓄压时间可能远大于 24 h。高温下的密封性试验可能很容易导致有问题和不能再现的结果。如果检测器适合这些温度，那么在这些条件下仅可能探测到 SF_6。虽然试验提供了数值结果，但这只能证明局部泄漏的存在(如果有)，不能认为其代表了累积的泄漏率。如果探测到了泄漏，那么该试验失败。

h) 24 h 结束时，在温度为 T_H 下，负荷开关应在额定电源电压和额定操作压力下进行 50 次合闸操作和 50 次分闸操作。应记录首次的合闸和分闸操作，以建立高温操作特性。操作之间的最小间隔时间应由制造厂规定。

i) 完成 50 次合闸和 50 次分闸操作之后，空气温度应以大约每小时 10 K 的变化率降低到周围空气温度 T_A。在温度变化的过渡期间，负荷开关应在额定电源电压及操作压力下承受操作顺序 C-O-C 和 O-C-O。应在 30 min 的时间间隔中进行两个操作顺序，这样负荷开关在操作顺序之间的 30 min 内处于分闸和合闸位置。

j) 负荷开关在周围空气温度 T_A 下，达到热稳定状态后，应按照 l) 和 m) 与原始性能进行比较，对负荷开关的整定值、操作性能和密封性进行重新检查。

整个高温试验顺序 l)～t) 期间的累计泄漏量不应达到绝缘和/或开合(如果有)的最低压力值。

6.102.4 辅助和控制回路的湿度试验

6.102.4.1 概述

湿度试验不应对设计用在直接曝露于降雨、雪、冰雹的环境中的设备(例如户外负荷开关的一次部分)实施。如果因为温度的骤变，在长期承受电压作用的绝缘表面可能出现凝露，则应对负荷开关或负荷开关的部件进行湿度试验。该试验主要针对户内安装的负荷开关的辅助和控制回路的绝缘。也没有必要对已采取了有效的防凝露措施的设备(如带有防凝露加热器的控制柜)实施。

通过 6.102.4.2 中叙述的试验程序，以快速的方式确定试品(负荷开关的一次元件)对温度(可能在试品表面产生凝露)的耐受。

6.102.4.2 试验程序

试品应安装在空气流通的试验室中，试验室的温度及湿度应按下面给出的循环：

在半个周期内，试品表面应该是湿的，另外半个周期为干燥的。为了得到该结果，在试验室内，试验周期由低空气温度(T_{min}＝25 ℃±3 ℃)阶段 t_4 和高空气温度(T_{max}＝40 ℃±2 ℃)阶段 t_2 组成。两个阶段的时间应相等。对于施加低空气温度的半个试验周期内，应保持雾的产生(见图 12)。

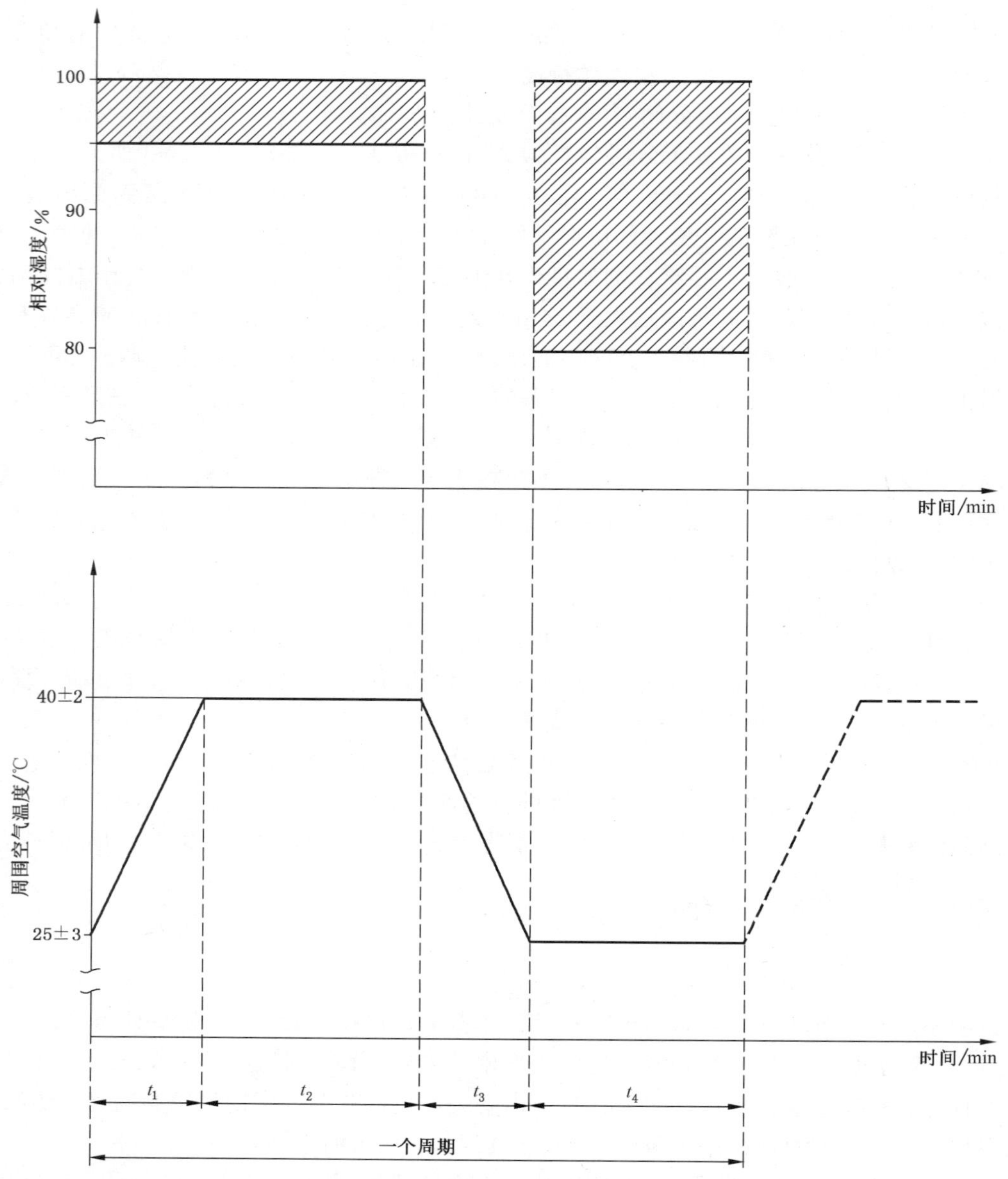

图 12 湿度试验

雾产生的开始，原理上与低空气温度阶段同时开始。然而为了加湿具有高的热时间常数的材料的垂直表面，有必要在低空气温度阶段内延迟开始雾的产生。

试验周期的持续时间取决于试品的热特性，并在高温和低温度阶段均应足够长，以使得所有的绝缘表面变湿和干燥。为了达到这些条件，可以向试验室内直接注入蒸汽或将热水以雾状喷入室内；蒸汽或雾状热水供给热量，或者必要时使用加热器，可以使温度从 25 ℃上升到 40 ℃。把试品放在试验室内进行的第一个循环是为了观察和检查这些条件。

注：对于负荷开关的低压元件，通常时间常数小于 10 min，图 12 中给出的时间间隔的持续时间为：$t_1=10$ min、$t_2=20$ min、$t_3=10$ min 和 $t_4=20$ min。

雾可通过连续的或间断的在试验室每立方米的空间内雾化 0.2 L/h～0.4 L/h 的水（电阻特性在下面给出）来获得。喷嘴的直径应小于 10 μm；这样的雾可以通过机械喷雾器获得。喷洒的方向应使得试品的表面不被直接喷到。试品上面的顶板不应有水滴落。

雾产生期间，试验室应关闭，不允许有额外的强迫空气流通。

用于产生湿度的水，应该是在试验室内收集到的，其电阻率应等于或大于 100 Ωm，且既不含盐也不含腐蚀性元素。

试验室内空气的温度和相对湿度应在试品附近测量，并应在整个试验期间进行记录。温度下降时，不规定相对湿度的数值，但是，温度保持在 25 ℃期间，湿度应在 80%以上。试验室内的空气应是流通的，以保证试验室内的湿度得以均匀分布。

循环次数为 350 次。

试验中和试验后，不应影响试品的操作特性。辅助和控制回路应耐受 1 500 V 的工频电压 1 min。如果有，应在试验报告中指出腐蚀的程度。

6.102.5 严重冰冻条件下的操作

如果有要求，试验应按照 GB/T 1985—2014 的 6.103 进行，并把下述情况除外：

具有储能或动力操动机构的负荷开关，应在第一次试操作时能够成功的操作。

6.102.6 验证位置指示装置正确功能试验

GB/T 1985—2014 的 6.105 适用并作如下补充。

GB/T 1985—2014 的附录 A 中规定了位置指示装置并按照隔离开关的规定进行验证。

然而，对于没有任何隔离能力和独立驱动机构的负荷开关，位置指示装置应按下述验证。

除了第 6 章规定的机械型式试验(期间应验证指示装置的正确功能)外，设备应通过下述试验以验证动力传动链足够的强度，以及位置指示传动链的可靠性。

a) 闭锁在合闸位置(用合适的方式)后从传动机构的能量传输点测量负荷开关的最远动触头，应进行 5 次打开负荷开关的操作试验。在这些试验中不要求进行力/力矩的测量。

   这 5 次试验都应带有其自己的传动机构在正常力(如果人力储能操作上限为 250 N)和额定电压或压力(如果动力操作或脱扣器操作)下用每个操作的不同方式进行。

b) 当位置指示装置被直接置于动力传动链的机械部件上时，不要求更多的试验。

如果运行操作期间，动力传动链和位置指示装置之间的位置指示传动链的部分在外壳(提供的最低防护等级相当于 GB/T 4208—2008 的第 4 章定义的 IP2XC 级，并且按照 GB/T 11022—2011 的 6.7.2 用 2 J 的能量通过了机械撞击试验)内部，那么不要求追加试验但应考虑下述说明。

碰撞应施加到指示传动链和指示装置的保护可能最薄弱的外壳部分。

在所有其他情况下，应在正常力(如果人力储能操作上限为 250 N)和额定电压或压力(如果动力操作或脱扣器操作)下进行每个操作方式的试验，应闭锁位置指示装置，而不是动触头进行试验。

如果满足下列条件，试验通过：

——每个试验后动触头依然在合闸位置，并且位置指示装置正确指示出动触头的位置；

——位置指示传动链上没有永久性形变。

7 出厂试验

7.1 概述

GB/T11022—2011 的第 7 章适用，并补充：

7.101 机械特性

见本标准的 6.102.1.1。

7.102 机械操作试验

进行操作试验是为了保证负荷开关在规定限值内满足规定的性能。

在这些试验中,主回路中应无电压和电流,尤其应该验证的是负荷开关在其操动机构带电或加压的情况下正确地分闸和合闸。而且还应证明这些操作不会造成负荷开关损坏。

负荷开关的布置应满足机械操作型式试验时的规定,见 6.102.1。

具有动力操动机构的负荷开关应按下述进行试验:

——最高电源电压和/或压力下:5 次操作循环;

——最低电源电压和/或压力下:5 次操作循环;

——如果除其正常的电动或气动操动机构外,还能人力储能操作的负荷开关:5 次人力储能操作循环。

人力储能操作的负荷开关应该按下述试验:10 次操作循环。

在这些试验期间,不应进行调整且动作无误。对每一次操作循环,负荷开关都应到达分闸和合闸位置。应验证负荷开关分闸和合闸时的位置指示动作正确。

8 负荷开关的选用导则

8.101 概述

本导则提出了关于使用方面的建议,以帮助获得 40.5 kV 及以下负荷开关的满意性能。

本导则提供了对一般指南而作的补充,但不能替代制造厂详尽的说明书。

正常使用条件下的要求见 GB/T 11022—2011 的 2.2。

8.102 影响使用的工况

制造厂在其推荐书中应注意到存在的异常工况。这些工况的例子是:

a) 污染,例如破坏性的烟雾或蒸汽,过量的或腐蚀性的灰尘、灰尘或气体的易爆混合物、盐雾、过度的潮湿或滴水等;
b) 异常的振动、冲击、摆动或地震活动;
c) 过低或过高的周围温度;
d) 异常的运输和储存条件;
e) 异常的空间限制;
f) 不同于制造厂推荐的安装位置;
g) 高海拔;
h) 超过正常使用条件下的风速;
i) 不正常的操作方式及操作频率、维护的难度、不平衡电压、特殊绝缘要求等;
j) 用在不同于额定频率的场合,例如与电容器组和整流电路有关的谐波。负荷开关应能承载工频电流和谐波电流。

对于特殊使用条件,见 GB/T 11022—2011 的 2.3。

8.103 绝缘配合

负荷开关的额定绝缘水平应按照 GB/T 11022—2011 的 4.3 进行选择。

关于绝缘配合的一般讨论和推荐见 GB/T 311.1—2012。

8.104 负荷开关等级的选择

8.104.1 通用负荷开关

E1、E2、E3、M1、M2、C1 和 C2 级通用负荷开关的用途和使用场合见 3.4.103。

8.104.2 专用负荷开关

专用负荷开关能力的定义以及 M1、M2、C1 和 C2 级的应用见 3.4.104。

8.104.3 特殊用途负荷开关

特殊用途负荷开关的能力和使用场合的定义及其等级 E1、E2、E3、M1、M2、C1 和 C2 见 3.4.105。

8.105 特殊用途试验

对于特殊使用情况，试验可根据用户和制造厂之间的协议确定：

——检验负荷开关关合和开断用户规定的或超出正常型式试验范围的电流的能力的试验；

——验证负荷开关安装于电缆连接的系统中，应能够耐受通常用于电缆绝缘试验的直流试验电压的试验。确定试验电压时应考虑负荷开关电源侧的交流电压。

9 随询问单、标书和订单提供的资料

9.1 随询问单和订单提供的资料

GB/T 11022—2011 的 9.2 不适用。做了如下修改：

如果要询问或订购负荷开关，询问者应提供下述详细资料：

a） 系统的详细资料：即标称的和最高的电压、频率、相数以及中性点接地的细节。应该指出负荷开关用在的系统的异常特性（谐波电流、谐振条件及要求的操作次数）；

b） 运行条件包括如果超出正常值的最低和最高周围空气温度；超过 1 000 m 的海拔；以及可能存在或出现的任何特殊工况，例如异常地暴露于水蒸汽或蒸气、潮湿、烟雾、易爆的气体、过量的灰尘或含盐的空气中（见 GB/T 11022—2011 的 2.2、2.3 和 6.2.9 以及本标准的 8.102）。

c） 负荷开关的特性

应提供下列资料：

1） 极数；

2） 第 3 章中定义的负荷开关的类型和分级；

3） 户内或户外安装；

4） 额定电压（GB/T 11022—2011 的 4.2）；

5） 相应于给定的额定电压的不同绝缘水平之间存在选择时的额定绝缘水平，或者，如果不同于标准的绝缘水平要求的绝缘水平（GB/T 11022—2011 的 4.3）；

6） 额定频率（GB/T 11022—2011 的 4.4）；

7） 额定电流（GB/T 11022—2011 的 4.5）；

8） 额定开断电流；

9） 额定短路关合电流；

10） 如果不同于标准，要求的短路电流持续时间（GB/T 11022—2011 的 4.8）；

11） 特殊要求需要进行的型式试验。

d） 负荷开关的操动机构和相关设备的特性，尤其是：

1) 操作的方法，人力或动力；
2) 备用辅助开关的型式和数量；
3) 额定电源电压和额定电源频率。

e) 有关压缩空气使用的要求和压力容器的设计和试验的要求。

9.2 随标书提供的资料

GB/T 11022—2011 的 9.3 不适用。做了如下修改：

如果询问者需要负荷开关的技术细节，适用时，制造厂应提供下列资料并附有解释性的文字或草图：

a) 额定值和额定特性
   1) 极数；
   2) 第 3 章中定义的负荷开关的类型和分级；
   3) 户内或户外使用；
   4) 额定电压(GB/T 11022—2011 的 4.2)；
   5) 额定绝缘水平(GB/T 11022—2011 的 4.3)；
   6) 额定频率(GB/T 11022—2011 的 4.4)；
   7) 额定电流(GB/T 11022—2011 的 4.5)；
   8) 适用时，第 3 章和第 4 章定义的额定开断电流；
   9) 适用时，3.7.114 和 4.112 定义的额定短路关合电流；
   10) 额定短路电流持续时间(GB/T 11022—2011 的 4.8)。

b) 型式试验

需要的证书或报告的清单，包括询问者要求的特殊试验。

c) 结构特征
   1) 完整负荷开关的质量；
   2) 对于压缩空气负荷开关和气体负荷开关能够正确动作的气体压力和压力限值(GB/T 11022—2011 的 4.11)；
   3) 空气中的最小间隙：
      ——极间；
      ——对地。

d) 负荷开关的操动机构和相关设备
   1) 操动机构的型式；
   2) 合闸和分闸装置的额定电源电压(GB/T 11022—2011 的 4.9)；
   3) 额定电源频率(GB/T 11022—2011 的 4.10)；
   4) 操作用压缩气源的额定压力(GB/T 11022—2011 的 4.11)；
   5) 在额定电源电压下负荷开关分闸和合闸所要求的电流；
   6) 并联分闸脱扣器的额定电源电压；
   7) 在额定电源电压下并联分闸脱扣器要求的电流；
   8) 备用辅助开关触头的型式和数量；
   9) 在额定电源电压下其他辅助设备要求的电流。

e) 总体尺寸和其他资料

制造厂应给出负荷开关的总体尺寸和与安装相关的必要细节。关于维护方面的一般资料也应给出。

10 运输、储存、安装、运行和维护

GB/T 11022—2011 的第 10 章适用并补充下述信息。

安装说明可以包括所有其他不在表 2 规定的铭牌强制清单中的额定值。

11 安全性

GB/T 11022—2011 的第 11 章适用。

12 产品对环境的影响

GB/T 11022—2011 的第 12 章适用。

附　录　A
（规范性附录）
型式试验试验参量的公差

表 A.1　型式试验试验参量的公差

章条	试验类型	试验参量	规定的试验值	试验公差	参考
6.101	关合和开断试验				
6.101.6.1	试验频率	试验频率	额定频率	±8%	
6.101.6.2	开断试验的试验电压	试验电压(相对相的平均值)	如表 3 到表 6 中规定的	+10% 0%	表 3～表 6
		任意两相之间的试验电压/平均值	1	±10%	
6.101.6.3	开断电流	开断瞬间的直流分量		≤20%	
		任意相试验电流的交流分量/平均值	1	±10%	
6.101.6.4	短路关合试验的试验电压	试验电压	U_r	+10% 0%	
6.101.6.5	短路关合电流	短路关合电流	I_{ma}	+5% 0%	
		200 ms 后短路电流	I_{end}	≥80%	
6.101.7.1	有功负载回路	电源回路的功率因数	≤0.2		
		电源阻抗/总阻抗	0.15	0.12～0.18	图 1a)和图 2
		负载的功率因数	0.70	0.65～0.75	图 1a)和图 2
		试验电压	U_r	+10% 0%	
		有功负载电流	I_{load2}	+10% 0%	
		有功负载电流	I_{load1}	+10% −10%	
6.101.7.2	闭环开合试验				
6.101.7.2.1	配电线路开合试验(试验方式 TD_{loop})	功率因数	≤0.3		图 3
		闭环电流	I_{loop}	+10% 0%	
	并联电力变压器开合试验(试验方式 TD_{pptr})	功率因数	≤0.2		图 3
		并联电力变压器闭环回路电流	I_{pptr}	+10% 0%	
6.101.7.3	容性电流开合试验	熄弧后 300 ms 开合的电容器的电压衰减		≤10%	
		电缆充电电流	I_{cc}	+10% 0%	
		电缆充电电流	$(0.1-0.4)I_{cc}$		

表 A.1（续）

章条	试验类型	试验参量	规定的试验值	试验公差	参考
6.101.7.3	容性电流开合试验	线路充电电流	I_{lc}	+10% 0%	
		单个电容器组电流	I_{sb}	+10% 0%	
		单个电容器组电流	(0.1—0.4)I_{sb}		
		背对背电容器组开断电流	I_{bb}	+10% 0%	
		背对背电容器组开断电流	(0.1—0.4)I_{bb}		
		背对背电容器组关合涌流		预期值的公差： +10% 0%	
		背对背电流开合：关合涌流的频率		与要求的值尽量接近。不应低于运行条件下的 77%并且不应高于 6 000 Hz	
6.101.7.4	接地故障试验	接地故障电流	I_{ef1}	+10% 0%	
		接地故障时的电缆和线路充电电流	I_{ef2}	+10% 0%	
		试验电压	如表 3 和表 4 中规定的	+10% 0%	表 3 和表 4

附　录　B
（资料性附录）
本标准与 IEC 62271-103:2011 的技术性差异及其原因

表 B.1 给出了本标准与 IEC 62271-103:2011 的技术性差异及其原因。

表 B.1　本标准与 IEC 62271-103:2011 的技术性差异及其原因

本标准章条编号	技术性差异	原因
1.1	将 IEC 62271-103:2011 的“适用于额定电压 1 kV 以上 52 kV 及以下”修改为“适用于额定电压 3.6 kV～40.5 kV”	适用的额定电压从 GB/T 11022—2011 规定中选取了 3.6 kV-7.2 kV-12 kV-24 kV-40.5 kV5 个电压等级，删除了与我国无关的额定电压值
	将 IEC 62271-103:2011 的“运行频率从 $16\frac{2}{3}$ Hz 到 60 Hz 及以下”修改为“运行频率 50 Hz”	按照我国电网运行频率
3	增加了术语 3.7.119 非保持破坏性放电（NSDD）	正文中有相关内容，IEC 62271-103:2011 中也有相关内容
	删除了 IEC 62271-103:2011 中的 3.8“定义索引”	按照我国高压开关行业标准体系
表 1	额定电压 40.5 kV 电压等级，本标准在表 1 中的额定开断电流值是按插入法确定的	按照我国电网运行情况
表 7、表 8、表 9	在表中的 TRV 参数中，对应的额定电压 40.5 kV 电压等级的，是按 IEC 62271-103:2011 中相应表格提供的计算公式计算确定的	按照我国电网运行情况
6.1.1	“GB/T 11022—2011 的 6.1.1 适用”，意味着增加了应进行型式试验的六项规定，并明确了其 d）中要求的验证试验项目。这些在 IEC 62271-103:2011 的 6.1 中未要求	按照我国高压开关行业的实际情况
	对型式试验进行了分类： a）强制的型式试验； b）适用时的型式试验； c）根据用户特殊要求进行的特殊型式试验	IEC 62271-103:2011 中不明确
6.1.1.c)	根据用户特殊要求进行的特殊型式试验： ——验证在如 GB/T 4585—2004 规定的污秽空气条件下瓷和有机绝缘子的外绝缘完整性的试验	IEC 62271-103:2011 中是“瓷和玻璃绝缘子”，目前，已不适用。在我国中压产品中大量采用有机绝缘材料。同样情况，国际上现在也已大量采用有机绝缘材料
6.1.101	按照 GB/T 1984—2014，补充了负荷开关的机械特性要求	IEC 62271-103:2011 中未给出具体要求，使标准使用者用无法操作

表 B.1（续）

本标准章条编号	技术性差异	原因
6.101.1.2	短路关合试验应在已在试验方式 TD_{load2} 要求的 100% 有功负载情况下进行了 10 次关合-开断操作循环的负荷开关上进行	IEC 62271-103:2011 中有误，因为，按照 IEC 的要求："短路关合试验应在已在试验方式 TD_{load} 要求的 100% 有功负载情况下进行了 10 次关合-开断操作循环的负荷开关上进行。"对表 4 的 E1 级就有矛盾了，表 4 包含了试验方式 TD_{load} 包含了 100% 和 87% 有功负载情况下各进行 5 次
图 1、图 2	对有功负载开合试验中，电源回路的功率因素改为≤0.15	根据我国的实际情况
表 9	注 2 的振幅系数假定为 1.7，改为 1.8	因注 2 是按照 GB/T 1984—2003 短路试验方式 T10 设定的。而 GB/T 1984—2014 考虑了 S2 级断路器的使用工况
7.1	增加了 7.1 概述	按照 GB/T 1.1 的要求
7.101	增加了 7.101 机械特性	出厂试验增加了负荷开关的机械特性测试，这是产品性能的一个重要参数

附　录　C
（资料性附录）
本标准与 IEC 62271-103:2011 的章条编号对照

本标准与 IEC 62271-103:2011 相比，部分章条编号作了编辑性修改。具体章条编号对照情况见表 C.1。

表 C.1　本标准与 IEC 62271-103:2011 的章条编号对照情况

本标准章条编号	对应的 IEC 62271-103:2011 章条编号
3.7.119	—
—	3.8
6.1	—
6.1.1	—
6.1.2	6.1.1
6.1.3	6.1.2
6.1.4	6.1.3
6.2.1	—
6.2.9	6.2.8
6.2.10	6.2.9
图 5	图 5
表 10	图 5
7.1	—
7.101	—
7.102	7.101

ICS 29.240.10
K 43

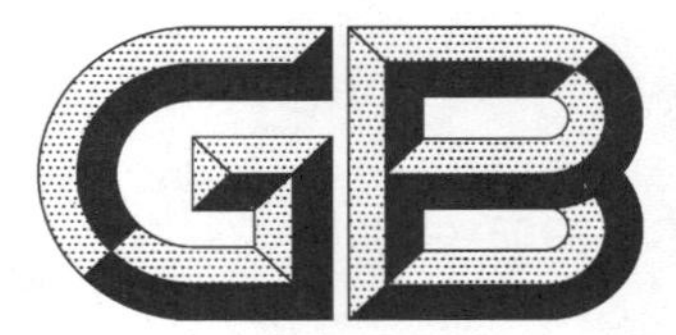

中华人民共和国国家标准

GB 3906—2006
代替 GB 3906—1991

3.6 kV～40.5 kV 交流金属封闭开关设备和控制设备

Alternating-current metal-enclosed switchgear and controlgear for rated voltages above 3.6 kV and up to and including 40.5 kV

(IEC 62271-200:2003 Alternating-current metal-enclosed switchgear and controlgear for rated voltages above 1 kV and up to and including 52 kV,MOD)

自2017年3月23日起,本标准转为推荐性标准,编号改为GB/T 3906—2006。

2006-08-25 发布　　2007-03-01 实施

中华人民共和国国家质量监督检验检疫总局
中国国家标准化管理委员会　发布

前　言

本标准的全部技术内容为强制性的。

本标准修改采用 IEC 62271-200:2003《额定电压 1 kV 以上 52 kV 及以下交流金属封闭开关设备和控制设备》(第一版、即 IEC 60298 的第四版)。本标准与 IEC 62271-200:2003 的主要差异如下:

——按 GB/T 1.1—2000 的规定,对标准的语言表述和格式做了修改;

——适用的电压范围,由 1 kV 以上 52 kV 及以下改为 3.6 kV～40.5 kV,并按照 GB/T 11022(或 GB 156)的规定修改其中与额定电压及其系列值相关的内容;

——根据我国的电网实际,适用的频率范围由 60 Hz 及以下改为 50 Hz 及以下,并删除了与 60 Hz 相关的内容;

——删除了国际标准的前言,增加了本标准的前言;

——删除了 5.10 的表 1 中的“说明书”一项,该内容对我国不适用;

——删除了 5.104 的注 1 及其内容,该内容对国家标准不适用。相应的注 2 改为注;

——联锁方面增加了下述内容:接地开关不论任何情况都应与隔离开关联锁,优先采用机械联锁(本版的 5.11 中的部分内容);

——根据我国的具体实际,增加了型式试验周期和型式试验报告有效期的要求(本版的 6.1);

——将“湿试验程序”由“不适用”改为“按 GB/T 11022 的 6.2.2 的规定”(本版的 6.2.2);

——出厂试验中增加了“出厂试验报告应随产品一起出厂”的规定(本版的第 7 章);

——根据我国的具体实际,在强制性型式试验、出厂试验的机械操作试验中增加了“机械特性测量”试验(本版的 6.102、7.102),还在适用时的强制性型式试验和出厂试验中分别增加了“充气隔室的气体状态测量”项目(本版的 6.103、7.103);

——为了方便使用,将 IEC 60932:1988《用于严酷气候条件下的 1 kV～72.5 kV 交流金属封闭开关设备和控制设备的附加要求》的内容作为附录 C 列入本标准,同时将适用电压范围由 1 kV～72.5 kV 改为 3.6 kV～40.5 kV。另考虑到我国的具体环境状况,还在 C.4.3 的 2 类设计的注 3 中增加了 2 类设计的爬电比距的推荐值;

——删除了“参考资料”中的 IEC 60724:2000《1 kV 和 3 kV 电缆的短路温度限值》,增加了相关内容的附录 D;

——由于本标准的 5.4 和 6.10 引用的对应内容尚未包含在国标 GB/T 11022—1999(eqv IEC 60694:1996)中,本标准直接引用 IEC 60694:2002 的 5.4 和 6.10,同时将 IEC 60694:2002 增加到了第 2 章的规范性引用文件中。

本标准代替 GB 3906—1991《3～35 kV 交流金属封闭开关设备》。本标准与 GB 3906—1991 相比,主要变化如下:

——将术语“金属封闭开关设备”修改为“金属封闭开关设备和控制设备”(1991 年版的 3.1,本版的 3.102);

——增加了金属封闭开关设备和控制设备新的分类方法(本版的 3.131 和附录 E),删除了旧的分类方法(1991 年版的 3.1);

——增加了“丧失运行连续性类别”概念(本版的 3.131),并增加了相关的内容;

——增加了“隔室类别”概念(本版的 3.107),并增加了相关的内容;

——增加了“隔板等级”概念(本版的 3.109),并增加了相关的内容;

——增加了“内部电弧级开关设备和控制设备(IAC)”概念(本版的3.132),并增加了相关的试验内容；

——增加了“电磁兼容性”的相关要求和试验(本版的5.18和6.9)；

——将“充气体隔室”修改为“充流体隔室”(1991年版的3.6和本版的3.108);并增加了相关的要求和试验(本版的5.103.2)；

——增加了防腐蚀要求(本版的5.106)和相关的验证试验(本版的6.107)；

——“评价内部故障电弧效应的试验”和“电磁兼容性试验(EMC)”作为强制性的型式试验项目;选用的型式试验项目中增加了“电缆试验回路的绝缘试验”(本版的6.1)；

——增加了“作为状态检查的电压试验”(本版的6.2.11)；

——增加了“电缆绝缘试验的规定”(本版的6.2.101)；

——增加了“外壳的防护等级不低于IP2X”要求(本版的6.7)；

——增加了“辅助和控制回路的附加试验”(本版的6.10)；

——增加了“关合和开断试验”项目的具体内容(本版的6.101的b)项)；

——型式试验项目中删除“操作振动试验”内容(1991年版的7.11和附录G)；

——“雷电冲击电压试验”的合格判据中增加了更合理的要求(本版的6.2.4)；

——删除了“充气隔室零表压5 min的耐压试验”(1991年版的7.1.9)；

——增加了“开关设备的选用导则”(本版的第8章)；

——本标准对GB/T 11022—1999中已有规定的内容直接加以引用而不再重复(1991年版中的附录C和附录H等)；

——删除了GB 3906—1991的附录D,其内容已包括在本标准的7.105中。

本标准应与GB/T 11022—1999一起使用,本标准的章节编号基本与GB/T 11022—1999对应,对本标准新增加的内容在同一章节下从101开始编号。

本标准的附录A、附录B、附录C、附录D为规范性附录,附录E为资料性附录。

本标准自实施之日起,同时代替GB 3906—1991。

本标准由中国电器工业协会提出。

本标准由全国高压开关设备标准化技术委员会SAC/TC 65归口。

本标准由全国高压开关设备标准化技术委员会负责解释。

本标准起草单位及成员：

负责单位:西安高压电器研究所:赵伯楠、李鹏、付朝娃、田恩文、严玉林。

参加单位:电力科学研究院高压开关研究所:袁大陆、崔景春；

北京北开电气股份有限公司:卢国平、茅建生；

天水长城开关厂:于庆瑞、孙壮丽；

北京科锐配电自动化技术有限公司:张重乐；

杭州欣美成套电器制造有限公司:丁心宝；

宁波耐吉集团有限公司:沈忠威；

宁波天安(集团)股份有限公司:刘清春；

陕西宝光集团有限公司:王典杰；

汕头正超电气有限公司:陈一卫；

上海通用电气广电有限公司:陈海文；

天宇电气股份有限公司福州第一开关厂:陈雅瑞；

温州市开元电气有限公司:王金方；

西电三菱电机开关设备有限公司：王志清；
上海森隆源电气有限公司：王庆福、夏阜；
金华电力开关有限公司：叶树新。

本标准主要起草人：李鹏、付朝娃、田恩文、严玉林、赵伯楠。

本标准所代替标准的历次版本发布情况为：GB 3906—1983、GB 3906—1991。

根据中华人民共和国国家标准公告(2017年第7号)和强制性标准整合精简结论，本标准自2017年3月23日起，转为推荐性标准，不再强制执行。

3.6 kV～40.5 kV 交流金属封闭开关设备和控制设备

1 概述

1.1 范围

本标准规定了工厂装配的、额定电压为 3.6 kV～40.5 kV、户内或户外安装的、频率为 50 Hz 及以下的交流金属封闭开关设备和控制设备的各项技术要求。外壳内可能装有固定式或可移开式的元件，并可能充有绝缘和/或开断用流体(液体或气体)。

注 1：本标准主要是针对三相系统，但也可用于单相或两相系统。

根据以下几点，本标准将金属封闭开关设备和控制设备划分为若干类。

——维修开关设备和控制设备时，电网运行的连续性；

——设备维修的需要和方便性。

注 2：设备的安全性取决于产品的设计、使用、调整、配合、安装和运行。

对于具有充气隔室的金属封闭开关设备和控制设备，设计压力不超过 0.3 MPa(相对压力)时本标准适用。

注 3：设计压力超过 0.3 MPa (相对压力)的充气隔室应按 GB 7674 进行设计和试验。

特殊用途的金属封闭开关设备和控制设备，例如用于易燃性气体、矿井中或船舶上，可能需要增加相应的技术要求。

装于金属封闭开关设备和控制设备中的各元件应按照各自标准的规定进行设计和试验。考虑到各个元件在成套开关设备和控制设备中的安装情况，本标准对单个元件的标准作了补充。

本标准不排除在同一外壳中使用其他设备，此时应考虑设备对成套开关设备和控制设备造成的影响。

注 4：具有绝缘外壳的成套开关设备和控制设备按 IEC 60466:1987 的规定；

注 5：额定电压 40.5 kV 以上的空气绝缘的金属封闭开关设备和控制设备，如果满足 GB/T 11022—1999 规定的绝缘水平，本标准也适用。

1.2 规范性引用文件

下列文件中的条款通过本标准的引用而成为本标准的条款。凡是注日期的引用文件，其随后所有的修改单(不包括勘误的内容)或修订版均不适用于本标准，然而，鼓励根据本标准达成协议的各方研究是否可使用这些文件的最新版本。凡是不注日期的引用文件，其最新版本适用于本标准。

GB/T 1408.1—1999 固体绝缘材料电气强度试验方法 工频下的试验(eqv IEC 60243-1:1988)

GB 1984—2003 高压交流断路器(IEC 62271-100:2001 MOD)

GB 1985—2004 高压交流隔离开关和接地开关(IEC 62271-102:2002 MOD)

GB/T 2423.17—1993 电工电子产品基本环境试验规程 第 17 部分 试验 Ka:盐雾试验方法(eqv IEC 60068-2-11:1981)

GB/T 2900.20—1994 电工术语 高压开关设备(neq IEC 60050(441)、IEC 60056 等)

GB 3804—2004 3.6 kV～40.5 kV 高压交流负荷开关(IEC 60265-1:1998 MOD)

GB 4208—1993 外壳防护等级(IP 代码)(eqv IEC 60529:1989)

GB/T 7354—2003 局部放电测量(IEC 60270:2000 IDT)

GB/T 8905—1996 六氟化硫电器设备中气体管理和检验导则(neq IEC 60480:1974)

GB/T 11022—1999 高压开关设备和控制设备标准的共用技术要求(eqv IEC 60694:1996)

GB/T 14808—2001　高压交流接触器和基于接触器的电动机起动器(eqv IEC 60470:1999)
GB 16926—1997　交流高压负荷开关——熔断器组合电器(eqv IEC 60420:1990)
GB/T 16927.1—1997　高电压试验技术　第一部分　一般试验要求(eqv IEC 60060-1:1989)
IEC 60466:1987　1 kV～38 kV 交流绝缘封闭开关设备和控制设备
IEC 60694:2002　高压开关设备和控制设备标准的共用技术要求
IEC 60909-0:2001　三相交流系统中的短路电流　第 0 部分　电流的计算
IEC 61634:1995　高压交流断路器——高压开关设备和控制设备中六氟化硫的使用与处理
ISO/IEC 导则 51:1999　安全性方面——适用于标准内容的导则

2　正常和特殊使用条件

按 GB/T 11022—1999 中第 2 章的规定,并做如下补充:

除本标准中另有规定外,金属封闭开关设备和控制设备是按正常使用条件设计的。

3　术语和定义

GB/T 2900.20—1994 和 GB/T 11022—1999 规定的以及下列术语和定义适用于本标准。

3.101

开关设备和控制设备　switchgear and controlgear

开关装置与相关控制、测量、保护和调节设备的组合、以及与相关的辅件、外壳和支持件及其内部连接所构成的设备的总称。

3.102

金属封闭开关设备和控制设备　metal-enclosed switchgear and controlgear

除外部连接外,全部装配完成并封闭在接地金属外壳内的开关设备和控制设备。

3.103

功能单元(总装的)　functional unit(of an assembly)

功能单元是金属封闭开关设备和控制设备的一部分,包括为满足单一功能的主回路和辅助回路的所有元件。

注:功能单元可以根据预定的功能来区分,例如:进线单元,出线单元等。

3.104

多层　multi-tier

两个或多个功能单元垂直布置在一个外壳内。

3.105

运输单元　transport unit

不需拆开便可以运输的金属封闭开关设备和控制设备的一部分。

3.106

外壳　enclosure

金属封闭开关设备和控制设备的一部分,它能够提供规定的防护等级,以保护内部设备不受外界影响,防止人员接近或触及带电部分,防止人员触及运动部分。

3.107

隔室　compartment

金属封闭开关设备和控制设备的一部分,除内部连接、控制或通风所必要的开孔外,其余均封闭。

隔室分为四种类型,其中三种可以打开,称为可触及隔室(见 3.107.1 到 3.107.3),一种不能打开,称为不可触及隔室(见 3.107.4)。

注:隔室可以按内部安装的主要元件来进一步划分,见 5.103.1。

3.107.1

联锁控制的可触及隔室 interlock-controlled accessible compartment

内部装有高压部件,按制造厂的规定,可以打开进行正常操作和/或维护,触及受开关设备和控制设备总体设计控制的隔室。

注:安装、扩展和修理等不是正常的维护。

3.107.2

基于程序的可触及隔室 procedure-based accessible compartment

内部装有高压部件,按制造厂的规定,可以打开进行正常操作和/或维护,触及受适当的程序结合锁具控制的隔室。

注:安装、扩展和修理等不是正常的维护。

3.107.3

基于工具的可触及隔室 tool-based accessible compartment

内部装有高压部件,可以打开,但不是为了进行正常操作和维护,需要专用程序和工具才能打开的隔室。

3.107.4

不可触及隔室 unaccessible compartment

内部装有高压元件,不可以打开的隔室。打开会破坏隔室的完整性。隔室有不可打开的明显警示。

3.108

隔板 partition

金属封闭开关设备和控制设备的一个部件,它将一个隔室与另一个隔室隔开。

3.109

隔板的等级 partition class

根据隔离带电部分所用的是金属隔板还是非金属隔板,将其分类如下:

3.109.1

PM 级隔板 partition class PM

在打开的隔室和主回路的带电部件之间,金属封闭开关设备和控制设备具有的连续并接地的金属隔板和/或活门(如果适用时)。

3.109.2

PI 级隔板 partition class PI

在打开的隔室和主回路的带电部件之间,金属封闭开关设备和控制设备具有的一个或多个非金属隔板和/或活门。

3.110

活门 shutter

金属封闭开关设备和控制设备的一种部件,它具有两个可以转换的位置,一个位置是允许可移开部件的触头或隔离开关的动触头与固定触头接合,在另一个位置,它成为外壳或隔板的一部分,遮住固定触头。

3.111

分隔(导体的) segregation(of conductors)

将接地的金属板插在导体之间的一种导体布置,这使得破坏性放电只能对地发生。

注:分隔可以建立在导体之间,也可以建立在开关装置打开的触头之间。

3.112

套管 bushing

能使一根或多根导体穿过外壳或隔板并使导体与外壳或隔板绝缘的一种构件,包括固定用的附件。

3.113

元件　component

金属封闭开关设备和控制设备主回路和接地回路中，具有特定功能的基本部件（例如，断路器、隔离开关、负荷开关、熔断器、互感器、套管、母线）。

3.114

主回路（总装的）　main circuit（of an assembly）

金属封闭开关设备和控制设备中传送电能回路中的所有导电部分。

3.115

接地回路　earthing circuit

每个接地装置或接地点到设备用于与外部接地系统相连的端子间的连接。

3.116

辅助回路　auxiliary circuit

金属封闭开关设备和控制设备中用于控制、测量、信号指示和调节回路（非主回路）的所有导电部分。

注：金属封闭开关设备和控制设备的辅助回路包括开关装置的控制和辅助回路。

3.117

压力释放装置　pressure relief device

用于限制充流体隔室压力的装置。

3.118

充流体隔室　fluid-filled compartment

金属封闭开关设备和控制设备的一种隔室，其中充有绝缘和/或开断用流体，即气体（不是周围空气）或液体。

3.118.1

充气隔室　gas-filled compartment

见 GB/T 11022—1999 的 3.6.5.1。

3.118.2

充液体隔室　liquid-filled compartment

金属封闭开关设备和控制设备的一种隔室，其中充有液体，内部的压力为大气压力，或其压力由下列系统之一保持：

——可控压力系统；

——封闭压力系统；

——密封压力系统。

压力系统参见 GB/T 11022—1999 的 3.6.6。

3.119

相对压力　relative pressure

相对于标准大气压力 101.3 kPa 的压力。

3.120

最低功能水平（充流体隔室的）　minimum functional level（of fluid-filled compartments）

气体压力值[相对压力，用 Pa（或密度）表示]或液体的质量，在此值及以上时，才能保证金属封闭开关设备和控制设备的额定值。

3.121

设计水平（充流体隔室的）　design level （of fluid -filled compartments）

是指用于确定充气隔室设计的气体压力值[相对压力，用 Pa（或密度）表示]或充液隔室设计的液体质量。

3.122

设计温度(充流体隔室的)　design temperature(of fluid -filled compartments)

在运行条件下,充流体隔室的气体或液体所能达到的最高温度。

3.123

周围空气温度(金属封闭开关设备和控制设备的)　ambient air temperature(of metal-enclosed switchgear and controlgear)

在规定的条件下测得的金属封闭开关设备和控制设备外壳周围的空气温度。

3.124

可移开部件　removable part

金属封闭开关设备和控制设备中能够被完全移出并能被替换的连接到主回路的部件,即使功能单元的主回路带电也不例外。

3.125

可抽出部件　withdrawable part

金属封闭开关设备和控制设备的可移开部件,它可以移到使打开的触头之间形成一个隔离断口或分离,此时仍与外壳保持机械联系。

3.126

工作位置(接通位置)　service position(connected position)

为完成预定的功能,可移开部件处于完全接通的位置。

3.127

接地位置　earthing position

可移开部件的位置或隔离开关的状态,此时,开关装置的合闸操作,使主回路短路并接地。

3.128

试验位置(可抽出部件的)　test position(of a withdrawable part)

可抽出部件的位置,在此位置,主回路形成一个隔离断口或分隔,辅助回路是接通的。

3.129

隔离位置(可抽出部件的)　disconnected position (of a withdrawable part)

可抽出部件的位置,在此位置,可抽出部件回路中形成一个隔离断口或分隔,但可抽出部件仍与外壳保持机械联系。

注:在高压金属封闭开关设备和控制设备中,辅助回路可以不断开。

3.130

移开位置(可移开部件的)　removed position(of a removable part)

可移开部件的位置,可移开部件在外壳外面,且与外壳脱离了机械和电气联系。

3.131

运行连续性的丧失类别　loss of service continuity category (LSC)

根据主回路隔室打开时其他隔室和/或功能单元是否可继续带电划分的设备类别。

注1:LSC类别描述了当需要触及主回路隔室时开关设备和控制设备可以继续带电运行的范围。打开装有带电设备的主回路隔室的范围取决于多种因素(见8.2)。

注2:LSC类别不规定开关设备和控制设备的可靠性类别(见8.2)。

3.131.1

LSC2类开关设备和控制设备　category LSC2 switchgear and controlgear

有可触及隔室的金属封闭开关设备和控制设备。打开功能单元的任意一个可触及隔室,所有其他功能单元仍旧可以继续带电正常运行的金属封闭开关设备和控制设备。一种例外的情况是:打开单母线开关设备和控制设备的母线隔室时，不能连续运行。

单母线开关设备和控制设备的母线隔室除外。

又可划分两个分类：

LSC2B：打开功能单元的其他可触及隔室，该功能单元的电缆隔室仍旧可以带电的 LSC2 类金属封闭开关设备和控制设备。

LSC2A：除 LSC2B 外的 LSC2 类金属封闭开关设备和控制设备。

3.131.2

LSC1 类开关设备和控制设备　category LSC1 switchgear and controlgear

除 LSC2 类外的金属封闭开关设备和控制设备。

3.132

内部电弧级开关设备和控制设备(IAC)　internal arc classified switchgear and controlgear(IAC)

经试验验证能满足在内部电弧情况下保护人员规定要求的金属封闭开关设备和控制设备。

注：其他内容参考附录 A。

3.133

防护等级　degree of protection

外壳以及适用时的隔板或活门提供的、防止接近危险部件、防止固体外物进入和/或防止水的浸入，并由标准试验方法验证过的保护程度。

3.134

额定值　rated value

一般由制造厂对元件、装置、设备按规定的运行条件所指定的量值。

注：具体的额定值见第 4 章。

3.135

破坏性放电　disruptive discharge

在电场作用下伴随绝缘破坏而产生的一种现象，此时放电完全跨接了被试绝缘，使电极之间的电压降到零或接近于零。

注 1：该术语适用于在固体、液体和气体介质以及其组合中的放电；

注 2：固体介质中的破坏性放电，会导致永久地丧失绝缘强度(非自恢复绝缘)；而在液体和气体介质中可能仅是暂时丧失绝缘强度(自恢复绝缘)；

注 3：破坏性放电发生在气体或液体介质中时，叫做“火花放电”；破坏性放电发生在气体或液体介质中的固体介质表面时，叫做“闪络“；破坏性放电贯穿于固体介质时，叫做“击穿”。

4　额定值

金属封闭开关设备和控制设备的额定值如下：

a)　额定电压(U_r)和相数；

b)　额定绝缘水平；

c)　额定频率(f_r)；

d)　额定电流(I_r)(主回路的)；

e)　额定短时耐受电流(I_k)(主回路的和接地回路的)，如果适用；

f)　额定峰值耐受电流(I_p)(主回路的和接地回路的)，如果适用；

g)　额定短路持续时间(t_k)(主回路的和接地回路的)，如果适用；

h)　金属封闭开关设备和控制设备中各元件(包括它们的操动装置和辅助设备)的额定值；

i)　额定充入水平(充流体隔室的)。

4.1　额定电压(U_r)

按 GB/T 11022—1999 中 4.1 和 4.1.1 的规定。

注：对于金属封闭开关设备和控制设备的各组成元件，可按其有关标准具有各自的额定电压值。

4.2 额定绝缘水平

按 GB/T 11022—1999 中 4.2 的规定。

4.3 额定频率(f_r)

按 GB/T 11022—1999 中 4.3 的规定,并做如下补充:

金属封闭开关设备和控制设备的标准值为 50 Hz。

4.4 额定电流和温升

4.4.1 额定电流(I_r)

按 GB/T 11022—1999 中 4.4.1 的规定,并做如下补充:

金属封闭开关设备和控制设备的某些主回路(如母线、配电线路等)可以有不同的额定电流值。

4.4.2 温升

按 GB/T 11022—1999 中 4.4.2 的规定,并做如下补充:

金属封闭开关设备和控制设备中各元件的温升不包含在 GB/T 11022—1999 所规定的范围内,而是按照它们各自的技术条件,则其温升不得超过该元件标准规定的限值。

当考虑母线的最高允许温度或温升时,应根据工作情况,按触头、连接及与绝缘材料接触的金属部件的最高允许温度或温升确定。

可触及的外壳和盖板的温升不应超过 30 K。对可触及而在正常运行时毋需触及的外壳和盖板,如果公众不可触及,则其温升极限可增加 10 K。

4.5 额定短时耐受电流 (I_k)

按 GB/T 11022—1999 中 4.5 的规定,并做如下补充:

对接地回路也应规定额定短时耐受电流,其数值可以与主回路的不同。

4.6 额定峰值耐受电流(I_p)

按 GB/T 11022—1999 中 4.6 的规定,并做如下补充:

对接地回路也应规定额定峰值耐受电流,其数值可以与主回路的不同。

注:原则上,主回路的额定短时耐受电流和额定峰值耐受电流不能超过串联于该回路中最薄弱元件的相应额定值。但每一个回路或隔室都可以采用限制短路电流的器件,例如,使用限流熔断器、电抗器等。

4.7 额定短路持续时间(t_k)

按 GB/T 11022—1999 中 4.7 的规定,并做如下补充:

对接地回路也应规定额定短路持续时间,其数值可以与主回路的不同。

4.8 合、分闸装置和辅助、控制回路的额定电源电压(U_a)

按 GB/T 11022—1999 中 4.8 的规定。

4.9 合、分闸装置和辅助回路的额定电源频率

按 GB/T 11022—1999 中 4.9 的规定。

4.10 绝缘和/或操作用压缩气源的额定压力

按 GB/T 11022—1999 中 4.10 的规定。

4.101 额定充入水平(充流体隔室的)

制造厂规定的在投入运行前充入隔室的充气压力[相对于 20℃和 101.3 kPa 大气条件,用 MPa(相对压力)或密度表示]或充入液体的质量。

5 设计和结构

金属封闭开关设备和控制设备的设计应使得正常运行、检查、维护操作和主回路是否带电状态的确定,包括通常的相序检查、连接电缆的接地、电缆故障的定位、连接电缆或其他器件的电压试验以及消除危险的静电电荷均能够安全地进行。

类型、额定值和结构相同的所有可移开部件和元件在机械上和电气上应有互换性。

当这些可移开部件和元件以及隔室的设计在机械上允许互换时，可以安装相同或较大额定电流和绝缘水平的可移开部件和元件，以代替相同或者较小额定电流和绝缘水平的可移开部件和元件。这通常不适用于限流装置。

注：配装较高额定值的可移开部件或元件并不是必须提高功能单元的能力，或意味着功能单元能够运行在可移开部件或元件的额定值。

装于外壳内的各种元件都应满足各自的技术要求。

主回路有限流熔断器时，开关设备和控制设备制造厂可以规定熔断的短路电流。

5.1 对开关设备和控制设备中液体的要求

按 GB/T 11022—1999 中 5.1 的规定。

5.2 对开关设备和控制设备中气体的要求

按 GB/T 11022—1999 中 5.2 的规定，并做如下补充：

可使用满足 GB/T 8905—1996 规定的 SF_6 气体。

注：六氟化硫的处理见 IEC 61634:1995。

5.3 接地

接地回路的短时耐受电流值取决于使用设备的系统中性点的接地类型。

注 1：对用于中性点直接接地系统的设备，接地回路的短时耐受电流最大值可达到主回路的额定短时耐受电流。

注 2：对用于中性点非直接接地系统的设备，接地回路的短时耐受电流最大值可达到主回路的额定短时耐受电流的 87%（异相接地故障情况下的短路）。

接地回路通常设计成只能耐受一次短路故障。

5.3.1 主回路的接地

为了确保维护时的人员安全，规定或需要触及的主回路中的所有部件都应能事先接地，这不包括与开关设备和控制设备分离后变成可触及的可移开部件。

5.3.2 外壳的接地

按 GB/T 11022—1999 中 5.3 的规定，并做如下补充：

在最后安装时，应通过接地导体将运输单元相互连接，相邻运输单元之间的该连接应能承受接地回路的额定短时耐受电流和峰值耐受电流。

注 1：一般地，如果延伸到金属封闭开关设备和控制设备的整个长度的接地导体具有足够的截面积，则认为完全可以满足上述要求。

如果接地导体是铜质的，则在规定的接地故障条件下，当额定短路持续时间为 1 s 时，其中的电流密度不超过 200 A/mm²；当额定短路持续时间 3 s 时，其中的电流密度不超过 125 A/mm²。且其截面不得小于 30 mm²。接地导体的末端应有合适的端子以便与设备的接地系统相连接。如果接地导体不是铜质的，则应满足等效的热效应和机械效应要求。

注 2：导体横截面积的计算方法参考附录 D。

每个功能单元的外壳都应连接到这个接地导体。固定在外壳上的小部件，只要直径不超过 12.5 mm，就不需要连接到这个接地导体，例如：螺母。除主回路和辅助回路外的所有要接地的金属零件都应直接或通过金属构件连接到接地导体。

通过框架、盖板、门、隔板或其他构件间的电气连续性确保功能单元内部相互之间的接地连接（例如：通过螺钉或焊接方法固定）。高电压隔室的门应采用适当的方法连接到框架。

注 3：外壳和门见 5.102。

5.3.3 接地装置的接地

当接地连接必须承受全部的三相短路电流值（如短路连接用于接地装置情况下）时，这些连接应选用相应的尺寸。

5.3.4 可抽出部件和可移开部件的接地

可抽出部件应接地的金属部分在试验位置和隔离位置以及所有的中间位置时均应保持接地。在所有位置,接地连接的载流能力不应小于对外壳的要求值(见 5.102.1)。

插入时,通常接地的可移开部件的金属部分应在主回路的可移开部件与固定触头接触之前接地。

如果可抽出部件或可移开部件包括将主回路接地的其他接地装置,则应认为工作位置的接地连接是接地回路的一部分,具有相关的额定值(见 4.5、4.6 和 4.7)。

5.4　辅助设备和控制设备

按 IEC 60694:2002 中 5.4 的规定。

5.5　动力操作

按 GB/T 11022—1999 中 5.5 的规定。

5.6　储能操作

按 GB/T 11022—1999 中 5.6 的规定。

5.7　不依赖人力的操作

按 GB/T 11022—1999 中 5.7 的规定。

5.8　脱扣器的操作

按 GB/T 11022—1999 中 5.8 的规定。

5.9　低压力闭锁、高压力闭锁和监视装置

按 GB/T 11022—1999 中 5.9 的规定。

5.10　铭牌

按 GB/T 11022—1999 中 5.10 的规定,并做如下补充:

金属封闭开关设备和控制设备的铭牌应耐久清晰、易识别,铭牌应包括表 1 规定的内容:

在正常运行期间,应能看清楚各功能单元的铭牌。若有可移开部件,它应有标明所属功能单元有关数据的单独铭牌,但仅要求在移开位置时能看清这些铭牌。

5.11　联锁装置

按 GB/T 11022—1999 中 5.11 的规定。并做如下补充:

为了防护和便于操作,设备的不同元件间应装设联锁。在设计时,应优先考虑机械联锁。下列规定对主回路是强制性的:

a)　具有可移开部件的金属封闭开关设备和控制设备

断路器、负荷开关或接触器只有处于分闸位置时才能抽出或插入。

断路器、负荷开关或接触器只有处在工作位置、隔离位置、移开位置、试验位置或接地位置时才能操作。

断路器、负荷开关或接触器只有在与自动分闸相关的辅助回路都已接通时才可以在工作位置合闸。相反地,断路器在工作位置处于合闸状态时辅助回路不能断开。

表 1　铭牌参数

项　　目	缩写	单位	a	条件:仅当需要时才标注
(1)	(2)	(3)	(4)	(5)
制造厂			×	
型号			×	
出厂编号			×	
制造年月			×	
适用的标准			×	
额定电压	U_r	kV	×	
额定频率	f_r	Hz	×	

表 1（续）

项目		缩写	单位	a	条件：仅当需要时才标注
额定雷电冲击耐受电压		U_p	kV	×	
额定短时工频耐受电压		U_d	kV	×	
额定电流		I_r	A	×	
额定短时耐受电流（主回路和接地回路的）		I_k	kA	×	
额定峰值耐受电流（主回路和接地回路的）		I_p	kA	Y	不是额定短时耐受电流的 2.5 倍时
额定短路持续时间（主回路和接地回路的）		t_k	s	×	
绝缘用的额定充入水平		p_{re}	MPa 或 kg	(×)	
绝缘用的报警水平		p_{ae}	MPa 或 kg	(×)	
绝缘用的最低功能水平		P_{me}	MPa 或 kg	(×)	
内部电弧试验特征	内部电弧等级	IAC		(×)	
	可触及的种类(代码)		A(F,L,R), B(F,L,R), C	(×)	
	电弧试验的电流		kA	(×)	
	电弧试验电流的持续时间		s	(×)	

注 1：栏(2)中的缩写可以用来代替栏(1)中的术语。

注 2：采用栏(1)中的术语时，“额定”一词可以不出现。

a ×表示这些数值的标记是强制性的；
(×) 表示这些数值的标记是根据适用的情况；
Y 表示这些数值的标记是根据栏(5)的条件。

b) 装有隔离开关的金属封闭开关设备和控制设备

应装设联锁以防止在规定条件(见 GB 1985—2004)以外操作隔离开关。只有相关的断路器、负荷开关或接触器在分闸位置时才能操作隔离开关。

注 1：在双母线系统，若母线切换时不中断电流，则上述规定可以不考虑。

只有相关的隔离开关处于合闸位置、分闸位置或接地位置(如果有)时，断路器、负荷开关或接触器才能操作。

附加或替代联锁的规定，应根据制造厂与用户的协议。制造厂应提供与联锁的特性和功能相关的所有必要的资料。

接地开关与相关的隔离开关之间应加装联锁。

对于那些因操作不正确而可能引起损坏、或在检修时用于建立隔离断口的主回路元件，应装设锁定装置(例如，加装挂锁)。

如果回路通过与接地开关串联的主开关装置(断路器、负荷开关或接触器)接地，则接地开关应与主开关装置联锁。且应采取措施以防主开关装置意外分闸，例如：通过断开脱扣回路或阻塞机械脱扣。

注 2：除接地开关外，也可能是隔离开关处于接地位置。

如果有非机械联锁，则设计应使得在没有辅助电源时不会出现不适宜情况。但是，对于紧急控制，制造厂可给出没有联锁设施、手动操作的其他方法。在这种情况下，制造厂应明确地指明该设施，并规定操作程序。

5.12 位置指示

按 GB/T 11022—1999 中 5.12 的规定。

5.13 外壳的防护等级

按 GB/T 11022—1999 中 5.13 的规定。

5.14 爬电距离

按 GB/T 11022—1999 中 5.14 的规定。

5.15 气体和真空的密封

按 GB/T 11022—1999 中 5.15 的规定。并做如下补充：

见 5.103.2.3。

5.16 液体的密封

按 GB/T 11022—1999 中 5.16 的规定。并做如下补充：

见 5.103.2.3。

5.17 易燃性

按 GB/T 11022—1999 中 5.17 的规定。

5.18 电磁兼容性(EMC)

按 GB/T 11022—1999 中 5.18 的规定。

5.101 内部故障

满足本标准要求设计和制造的金属封闭开关设备和控制设备，原则上能够防止内部故障的出现。

用户也应根据电网特征、运行程序和使用条件(见 8.3)进行适当的选择。

如果按照制造厂的说明书安装、运行和维护开关设备，则在其整个使用期间出现内部电弧的概率是很小的，但不应完全忽视。

因产品缺陷、异常的使用条件或者误操作引起的外壳内部的故障可能导致内部电弧，如果现场有人员，会造成伤害。

经验表明：故障很可能出现在外壳内部的某些位置。第 8 章的表 2 列出了容易出现内部故障的部位、故障起因以及减小内部故障概率的措施。

可以采用其他措施使在内部电弧情况下对人员提供尽可能高等级的保护。这些措施的目的在于限制内部故障的对外影响。

例如以下措施：

——利用光传感器、压力传感器、热传感器或者母线差动保护快速切除故障，缩短故障时间；

——采用适当的熔断器与开关装置组合来限制允通电流和故障持续时间；

——利用快速传感、快速合闸装置(灭弧器)将电弧快速转移到金属短接回路快速消除电弧；

——遥控；

——压力释放装置；

——仅当前门关闭时，才把可抽出部件从工作位置移开到其他位置或由其他位置移到工作位置。

可用附录 A 的试验来检验设备在内部电弧情况下对人员提供规定防护等级的设计效果。成功通过试验验证的设计归为 IAC 类。

5.102 外壳

5.102.1 总则

除符合 5.102.4 的观察窗外，外壳应是金属的。只要金属隔板或活门完全封闭了高压部件，外壳也可以是绝缘材料的。金属封闭开关设备和控制设备安装完成后，其外壳至少要满足 GB/T 11022—1999 表 6 中的 IP2X 防护等级。为了确保防护，还应符合下述条件：

从外壳的金属件到规定的接地点通过 30 A(DC)时，其电压降最大为 3 V。地板表面，虽然不是金属的，但可认为是外壳的一部分。安装说明书中应给出为了获取地板表面提供的防护等级所采取的方法。

安装房间的墙壁不能作为外壳的一部分。

界定不可触及隔室的外壳部件应清楚地标明且不可拆除。

外壳的水平表面，例如顶板，通常设计成不支撑人员和除总装部件外的其他设备。如果制造厂声明在运行或维护时有必要站在开关设备和控制设备或在其上行走时，则相关的区域应设计成可以承载运行人员的重量而不出现过度变形并仍能适于运行。在这种情况下，设备上那些不能安全地站立或行走的区域，例如压力释放板，应清晰地标明。

5.102.2 盖板和门

作为外壳一部分的盖板和门应是金属的，如果高压部件由打算接地的金属隔板或活门封闭，盖板和门也可以是绝缘材料的。

当作为外壳一部分的盖板和门关闭后，应具有与外壳相同的防护等级。

盖板和门不应使用网状的金属编制物、拉制的金属及类似的材料制成。当盖板或门上有通风通道、通风口或观察窗时，参见5.102.4和5.102.5。

根据高压隔室的可触及类型，把盖板和门分成两类：

a) 导致触及基于工具的可触及隔室的盖板或门

在正常运行和维护时不需要打开的盖板(固定盖板)或门。若不使用工具，此类盖板和门应不能打开、拆下或移开；

注1：仅在采取了预防措施确保电气安全后方可打开这些盖板。

注2：应注意，作为维护程序的一部分，在门或盖板打开、主回路中没有电压/电流时，才能操作开关装置(如果需要)。

b) 导致触及联锁控制的可触及隔室或基于程序的可触及隔室的盖板或门

按制造厂的规定，日常工作和/或日常维护需要触及的隔室，应有盖板和门。这些盖板和门应不需要工具就能打开或移开，并有下列特征：

——联锁控制的可触及隔室

这些隔室应配有联锁装置以便使隔室里可触及的主回路部件在不带电且接地时或在隔离位置且相应的活门关闭后才可能打开该隔室；

——基于程序的可触及隔室

这些隔室应有上锁措施，例如挂锁。

注3：用户应提出适当的程序以保证基于程序的可触及隔室仅在隔室中可触及的主回路部件不带电且接地、或在隔离位置时且相应的活门关闭后才可能打开该隔室。该程序可以由设备的制造商或用户的安全规范规定。

5.102.3 作为外壳一部分的隔板或活门

如果可移开部件处于3.127到3.130规定的任意一个位置时隔板或活门都成为外壳的一部分，则它们应是金属的并接地且能提供对外壳规定的防护等级。

注1：如果在从3.127到3.130定义的任意一个位置可触及，且在从3.126到3.130定义的所有位置没有可以关闭的门，则隔板或活门应成为外壳的一部分。

注2：如果在从3.126到3.130定义的所有位置提供了能够关闭的门，则认为门后的隔板或活门不是外壳的一部分。

5.102.4 观察窗

观察窗至少应达到对外壳规定的防护等级。

观察窗应该使用机械强度与外壳相近的透明板遮盖。同时，应有足够的电气间隙或静电屏蔽等措施(例如，在观察窗的内侧加一个适当的接地金属编织网)，防止形成危险的静电电荷。

主回路带电部分与观察窗的可触及表面之间的绝缘，应能耐受GB/T 11022—1999中4.2规定的对地和极间的试验电压。

5.102.5 通风通道、通风口

通风通道和通风口的布置或防护，应使它具有与外壳相同的防护等级。通风通道和通风口可以使用网状编制物或类似的材料制造，但应具有足够的机械强度。

通风通道和通风口的布置，应考虑到在压力作用下排出的气体或蒸汽不致危及到操作人员。

5.103 隔室

5.103.1 概述

隔室应以其中的主要元件来命名，例如，断路器隔室，母线隔室，电缆隔室等。

当电缆终端和其他主要元件——断路器、母线等在同一隔室时，则命名应首先考虑其他主要元件。

注：隔室可以根据所封闭的几个元件进一步划分，例如，电缆/CT隔室等。

隔室可以是各种形式的，例如：

——充液隔室；

——充气隔室；

——固体绝缘隔室。

只要满足IEC 60466:1987中规定的条件，单独嵌入在固体绝缘材料中的主要元件可以被看成隔室。

隔室间相互连接所必须的开孔应该用套管或其他等效方法加以封闭。

母线隔室可以延伸到几个功能单元而不采用套管或其他等效方法。但是，对于LSC2类开关设备和控制设备，每组母线应有独立的隔室，例如，双母线系统中以及可开合或隔离的母线段。

5.103.2 充流体(气体或液体)隔室

5.103.2.1 概述

隔室应能承受运行中的正常压力和瞬态压力。

当充气隔室在运行中长期持续承受压力时，它们所处的特殊的运行条件与压缩空气容器和类似的压力容器是不同的，这些不同的条件是：

——充气隔室通常充以非常干燥、稳定、惰性的无腐蚀性气体。由于维持这些气体的压力波动很小，所采取的措施是开关设备和控制设备运行的基础，且隔室的内壁不会遭受腐蚀，故在确定隔室的设计时，不需要考虑这些因素；

——设计压力小于或等于0.3 MPa(相对压力)。

对户外设备，制造厂应考虑气候条件的影响。见GB/T 11022—1999的第2章。

5.103.2.2 设计

应根据流体的性质、本标准定义的设计温度和设计水平(如果适用)来设计充流体隔室。

充流体隔室的设计温度通常是在周围空气温度上升时导体中流过额定电流引起流体温度升高到的上限值。对于户外设备，应考虑其他可能的影响，例如太阳辐射。外壳的设计压力应不小于外壳在设计温度时内部能达到的压力的上限值。

对于充流体隔室，应考虑产生内部故障(见5.101)的可能性以及下列因素：

——隔室壁或隔板两边可能的全部压力差，包括正常充气或维护时抽真空过程中可能出现的压力差。

——具有不同运行压力的相邻隔室间发生泄漏事件时引起的压力。

5.103.2.3 密封

制造厂应规定充流体隔室所采用的压力系统和允许泄漏率(按GB/T 11022—1999中5.15和5.16的规定)。

为了能够进入封闭压力系统的或可控压力系统的充流体隔室，如果用户要求，制造厂应规定透过隔板的允许泄漏量。

最低功能水平超过0.1 MPa (相对压力)的充气隔室，当压力(+20℃时)下降到低于最低功能水平时，应给出指示(见3.120)。

充气隔室与充液体隔室(例如电缆盒、电压互感器)之间的隔板，不应出现影响两种介质绝缘性能的任何泄漏。

5.103.2.4 **充流体隔室的压力释放**

当有压力释放装置或设计时，它们应这样布置：当操作者进行正常操作时，如果在压力作用下有气体或蒸汽逸出，应使操作者遭受到的危险降低到可接受的程度。压力释放装置在低于1.3倍设计压力时不应动作。压力释放装置可能是设计的薄弱区域(例如：隔室的)或自爆装置(例如：爆破盘)。

5.103.3 **隔板和活门**

5.103.3.1 **概述**

隔板和活门至少应达到GB/T 11022—1999中表6规定的IP2X防护等级。

当相邻隔室为常规气压时，隔板应能够提供机械防护(如果适用)。

应采用套管或其他等效方法使导体穿过隔板以满足要求的IP等级。

金属封闭开关设备和控制设备外壳上和隔室隔板上的开口(通过它可移开部件或可抽出部件和固定触头啮合)应采用在正常运行中操作的自动活门以便在3.126到3.130定义的所有位置确保对人员的防护。应采取措施确保活门的可靠动作，例如，通过机械驱动，此时活门的运动是由可移开部件或可抽出部件的运动正向驱动。

并不是在任何情况下从打开的隔室都能很容易地确定活门的状态(例如，电缆隔室打开但活门却在断路器隔室)。在这种情况下，可能需要进入第二个隔室或用可靠的指示装置或观察窗来确定活门的状态。

如果为了维护或试验需要打开活门触及一组或多组固定触头，则应有措施使每组活门能独立地锁定在关闭位置。如果维护或试验时，为了使活门保持在打开位置而使得活门不能自动关闭，则只有在活门恢复了自动动作功能后，开关装置才能够推回到工作位置。活门自动动作功能可以通过将开关装置推回到工作位置来恢复。

另外，插入临时隔板可能防止暴露带电的固定触头(见10.4)。

对于PM级，打开的隔室和主回路带电部件之间的隔板和活门应是金属的。否则，就是PI级(见3.109)。

5.103.3.2 **金属隔板和活门**

金属隔板和活门或它们的金属部件应连接到功能单元的接地点，且能够在承载30 A(DC)电流时到规定接地点的电压降不超过3 V。

根据IP2X的防护等级，金属隔板和关闭的活门中的间隙不应超过12.5 mm。

5.103.3.3 **非金属隔板和活门**

全部或部分由绝缘材料制成的隔板和活门应满足下述要求：

a) 主回路带电部分和绝缘隔板、活门的可触及的表面之间的绝缘，应能耐受GB/T 11022—1999中4.2规定的对地和极间试验电压；

b) 绝缘材料同样应耐受项a)中规定的工频试验电压。GB/T 1408.1—1999所规定的试验方法适用；

c) 主回路带电部分和绝缘隔板、活门的内表面之间，至少应能耐受150%的设备额定电压；

d) 如果通过绝缘表面的连续路径或通过被小的气体或液体间隙截断的路径而在绝缘的隔板和活门的可触及表面产生泄漏电流，在规定的试验条件(见6.104.2)下，此泄漏电流不应超过0.5 mA。

5.104 **可移开部件**

用以在高压导体之间形成隔离断口的可移开部件应符合GB 1985—2004的规定，但机械操作试验(见6.102和7.102)除外。该隔离装置只用于维护。

如果可移开部件打算用做隔离开关，或者与仅用于维护目的可移开部件相比，打算更加频繁地移开或更换，则试验应包括机械操作试验，并符合GB 1985—2004的规定。

应能判定隔离开关或接地开关的操作位置，如果满足下列条件之一，则认为满足此要求：

——隔离断口是可见的；

——可抽出部件相对于固定部分的位置是清晰可见的，并且可以清楚辨别完全接通和完全断开位置；

——可抽出部件的位置由可靠的指示器指示。

注：参见 GB 1985—2004。

任何可移开部件与固定部分的连接，在正常运行条件下，特别是在短路时，不会由于可能出现的力的作用而被意外地打开。

对 IAC 级开关设备和控制设备，在内部电弧情况下，可抽出部件推进到工作位置或由工作位置抽出都不应降低规定的防护等级。例如，可以通过仅在用于保护人员安全的盖板和门关闭时才能操作来实现。也可以采用防护水平等效的其他措施。所用设计的有效性应由试验验证(见 A.1)。

5.105 电缆绝缘试验的规定

绝缘试验时，如果电缆不能与金属封闭开关设备和控制设备断开，那些仍然和电缆连接的部件应能按照相关的电缆标准要求耐受制造厂规定的电缆试验电压。也就是说，当隔离断口一侧带有正常的系统对地电压时，在隔离断口的另一侧连接的电缆上进行试验。

见 6.2.101 规定的绝缘试验。

注：应注意这样一个事实：在某些情况下，金属封闭开关设备和控制设备的隔离断口的一侧施加电缆试验电压而另一侧仍然带电时，隔离断口之间的实际电压已经接近或超过其额定工频试验电压，断口之间的绝缘没有了安全裕度。

5.106 防腐蚀要求

在金属封闭开关设备和控制设备运行期间，应采取措施防止对设备的腐蚀。外壳的所有螺栓和螺钉都应易于拆卸。特别是对于具有充气隔室的设备，因为可能导致丧失密封性，接触的不同材料间的电镀腐蚀应予以考虑。考虑到螺栓和螺钉的腐蚀应保证接地回路的电气连续性。

6 型式试验

6.1 概述

按 GB/T 11022—1999 第 6 章的规定，并做如下补充：

装在金属封闭开关设备和控制设备内的元件，如果它们的技术要求超出 GB/T 11022—1999 的规定，则应符合各自的技术要求，并按这些要求进行试验，还应考虑到下述规定：

由于元件的类型、额定参数和它们的组合具有多样性，实际上不可能对金属封闭开关设备和控制设备的所有方案都进行型式试验，所以，型式试验只能在典型的功能单元上进行。任何一种具体布置方案的性能可用可比布置方案的试验数据来验证。

注：具有代表性的功能单元，可以采取一种可扩展单元的形式。必要时，可以由两个或者三个这样的单元拼装在一起。

包含有机绝缘材料的金属封闭开关设备和控制设备，除按下述规定进行试验外，还应按制造厂和用户之间的协议进行补充试验(如果有)。

型式试验的试品应与正式生产产品的图样和技术条件相符合，下列情况下，金属封闭开关设备和控制设备应进行型式试验：

a) 新试制的产品，应进行全部型式试验；

b) 转厂及异地生产的产品，应进行全部型式试验；

c) 当产品的设计、工艺或生产条件及使用的材料发生重大改变而影响到产品性能时，应做相应的型式试验；

d) 正常生产的产品每隔八年应进行一次温升试验、机械操作试验、短时耐受电流和峰值耐受电流试验以及关合和开断试验；

e) 不经常生产的产品(停产三年以上),再次生产时应进行 d)规定的试验;

f) 对系列产品或派生产品,应进行相关的型式试验,部分试验项目可引用相应的有效试验报告。

型式试验和验证项目包括:

——强制的型式试验:

a) 绝缘试验(6.2);

b) 温升试验和回路电阻的测量(6.5 和 6.4);

c) 短时耐受电流和峰值耐受电流试验(6.6);

d) 关合和开断能力的验证(6.101);

e) 机械操作和机械特性测量试验(6.102);

f) 防护等级检验(6.7.1);

g) 辅助和控制回路的附加试验(6.10)。

——适用时,强制的型式试验:

h) 非金属隔板和活门的试验(6.104);

i) 充气隔室的压力耐受试验和气体状态测量(6.103);

j) 密封试验(6.8);

k) 内部电弧试验(对 IAC 级开关设备和控制设备)(6.106);

l) 电磁兼容性试验(EMC)(6.9)。

——选用的型式试验(根据制造厂和用户之间的协议):

m) 气候防护试验(6.105);

n) 机械撞击试验(6.7.2);

o) 局部放电试验(6.2.9);

p) 人工污秽试验(6.2.8);

q) 电缆试验回路的绝缘试验(6.2.101);

r) 耐受腐蚀试验(6.107)。

型式试验可能有损于被试部件以后的正常使用,所以,如果没有制造厂和用户之间的协议,型式试验的试品不应投入使用。

6.1.1 试验的分组

按 GB/T 11022—1999 中 6.1.1 的规定,并做下述修改:

强制的型式试验项 k)和项 l)除外)最多在四台试品上完成。

6.1.2 确认试品用的资料

按 GB/T 11022—1999 中 6.1.2 的规定。

6.1.3 型式试验报告包括的资料

按 GB/T 11022—1999 中 6.1.3 的规定。

6.2 绝缘试验

按 GB/T 11022—1999 中 6.2 的规定。

6.2.1 试验时周围的大气条件

按 GB/T 11022—1999 中 6.2.1 的规定。

6.2.2 湿试验程序

户外金属封闭开关设备和控制设备进行湿绝缘试验时,按 GB/T 11022—1999 的 6.2.2 的规定。

6.2.3 绝缘试验时开关设备和控制设备的状态

按 GB/T 11022—1999 的 6.2.3 的规定,并做如下补充:

对用流体(液体和气体)绝缘的金属封闭开关设备和控制设备,进行绝缘试验时制造厂规定的绝缘流体应充至其最低功能水平。

6.2.4 通过试验的判据

——按 GB/T 11022—1999 的 6.2.4 的规定。但是，其中 b)项的第一段替换为：

若满足下列条件，则开关设备和控制设备通过了雷电冲击电压试验：

a) 非自恢复绝缘未发生破坏性放电；

b) 对每一个试验系列的 15 次冲击试验，破坏性放电应不超过两次，且最后五次冲击中破坏性放电应不超过一次。如果最后五次冲击试验中有一次破坏性放电，则应施加附加的五次试验验证且不应出现击穿。只要整个试验过程中放电总次数不超过两次，可以重复增加五次试验。这会导致每系列试验的次数最多达到 25 次。

注：对充流体隔室进行试验时，若试验套管不是开关设备和控制设备的一部分，则不考虑试验套管上出现的闪络。

6.2.5 试验电压的施加和试验条件

GB/T 11022—1999 的 6.2.5 不适用。

由于设计方案种类很多，要对主回路试验做出具体的规定是不现实的，但原则上应包括下列试验：

a) 对地和相间

试验电压值按 6.2.6 的规定。主回路的每相导体应依次与试验电源的高压接线端连接。主回路的其他导体和辅助回路应与接地导体或框架相连，并与试验电源的接地端子相连接。

如果各相导体是分离的，那么，仅进行对地试验。

应在所有的开关装置(接地开关除外)处于合闸位置，且所有的可移开部件处于工作位置的条件下进行绝缘试验。并应注意到下述可能的情况，即在开关装置处于分闸位置或可移开部件处于隔离位置、移开位置、试验位置或接地位置时，可能引起更为不利的电场条件时，试验应在该条件下重复进行。当可移开部件处于隔离位置、试验位置或移开位置时，其本身不进行这些耐压试验。

对这些试验，例如电流互感器、电缆终端和过流脱扣/指示器这些装置应按正常工作情况装设。如果不能确定最不利的情况，则需在其他布置方式重复试验。

为了检验是否符合本标准 5.102.4 和 5.103.3.3 的项 a)的要求，对操作和维护时可能触及的绝缘材料的观察窗、绝缘隔板和活门的可触及表面，在其绝缘强度最不利的位置覆盖一块接地的圆形或方形金属箔，其面积尽可能大些，但不超过 100 cm^2，当不能确定何处为最不利位置时，试验应在几个不同的位置重复进行。为便于试验，根据制造厂和用户的协议，可同时用几个金属箔，或用更大的金属箔覆盖于绝缘材料的可触及表面。

b) 隔离断口之间

主回路的各隔离断口应施以 6.2.6 所规定的试验电压，按 GB/T 11022—1999 的 6.2.5.2 规定的试验程序进行试验。

隔离断口可以是：

——打开的隔离开关；

——由可抽出或可移开的开关装置连接的主回路的两个部分之间的断口。

如果在隔离位置，有一个接地的金属活门插在被分开的触头之间形成一个分离，则在接地的金属活门与带电部分之间的距离仅应耐受对地的试验电压。

如果在隔离位置，固定部分与可抽出部件之间没有接地的金属活门或隔板，则应按下述要求施加规定的断口之间的试验电压：

——若可抽出部件的主回路导电部分可以被意外地触及，则试验电压应施加在固定触头与动触头之间；

——若可抽出部件的主回路导电部分不可能被意外地触及，则试验电压应施加在两侧的固定触头之间。如果可能，试验时可抽出部件的开关装置处于合闸位置；如果该开关装置在隔离位置不能合闸，则应在可抽出部件处在试验位置、其开关装置处于合闸位置时重复进行该试验。

c) 补充试验

为了检验是否符合5.103.3.3的项c)规定的要求，应按上述a)的规定，用一接地的金属箔覆盖于绝缘板或活门朝向带电体的表面，在主回路带电部分与绝缘隔板、活门内表面之间进行工频耐压试验，试验电压为150%的额定电压，时间为1 min 。

6.2.6 金属封闭开关设备和控制设备的试验

试验时，施加GB/T 11022—1999表1规定的试验电压，对地和相间试验电压从栏(2)和栏(4)中选取，隔离断口间的试验电压应从栏(3)和栏(5)中选取。

6.2.6.1 工频电压试验

开关设备和控制设备应按照GB/T 16927.1—1997的规定承受短时工频耐受电压试验。对每一试验条件，升到试验电压并保持1 min。

只进行工频电压干试验。

互感器、电力变压器或熔断器可以用能够再现高压连接电场分布情况的模拟品代替。过电压保护元件可以断开或移开。

进行工频电压试验时，试验变压器的一端应与金属封闭开关设备和控制设备的外壳相连并接地。但当按6.2.5的项b)进行试验时，电源的中点或另一中间抽头接地并与外壳相连，以使得在任一带电部分和外壳之间的电压不超过6.2.5的项a)规定的试验电压值。

如果不能这样，经制造厂同意，试验变压器的一端可以接地，必要时，外壳应与地绝缘。

6.2.6.2 雷电冲击电压试验

开关设备和控制设备只进行干燥状态下的雷电冲击电压试验。试验按GB/T 16927.1—1997中程序B的规定进行，应采用1.2/50 μs标准雷电冲击试验电压，对每一试验条件和正、负极性施加其额定耐受电压连续15次。

互感器、电力变压器或熔断器可以由可再现高压连接电场分布情况的模拟品代替。

过电压保护元件应断开或移开，电流互感器二次应短路并接地、也允许低变比的电流互感器一次侧短接。

进行雷电冲击电压试验时，冲击发生器的接地端子应与金属封闭开关设备和控制设备的外壳相连。但是，当按6.2.5的项b)进行试验时，若有必要，可使外壳与地绝缘，以使带电部分和外壳之间的电压不超过6.2.5项a)规定的试验电压值。

6.2.7 额定电压245 kV以上开关设备和控制设备的试验

不适用。

6.2.8 人工污秽试验

按制造厂和用户之间的协议，在凝露和污秽方面，使用条件严于本标准规定的正常使用条件的金属封闭开关设备和控制设备可按附录C进行试验。

6.2.9 局部放电试验

按附录B的规定，并做如下补充：

该试验按制造厂和用户之间的协议进行。

若进行该试验，应在雷电冲击电压试验和工频电压试验后进行，互感器、电力变压器或熔断器可以用能够再现高压连接电场分布情况的模拟品代替。

注1：当成套设备由常规元件(例如：互感器、套管)组合而成，且这些元件可按各自标准的规定单独试验时，本试验的目的是检查这些元件在成套设备中的布置；

注2：试验可以在成套设备或分装上进行。注意测量不要受到外部局部放电的影响。

6.2.10 辅助和控制回路的试验

按GB/T 11022—1999中6.2.10的规定。

电流互感器的二次绕组应短路并与地隔离，电压互感器的二次绕组应开路。

限压装置(如果有)应断开。

6.2.11 作为状态检查的电压试验

按 GB/T 11022—1999 中 6.2.11 的规定。

6.2.101 电缆试验回路的试验

为了在开关设备和控制设备运行时能够进行电缆的绝缘试验(见 5.105),应进行附加的工频耐受电压型式试验,以确认相关的隔离断口在另一侧仍然带电时耐受电缆试验电压的能力。

试验电压值按制造厂和用户之间的协议。

注:协议的试验电压值的选取应保证在金属封闭开关设备和控制设备的隔离断口的一侧施加例如直流电缆试验电压另一侧仍然带电时,隔离断口之间最终的电压和隔离断口的额定工频试验电压间具有安全裕度。

6.3 无线电干扰电压(r.i.v.)试验

不适用。

6.4 回路电阻的测量

6.4.1 主回路

按 GB/T 11022—1999 中 6.4.1 的规定,并做如下补充:

成套金属封闭开关设备和控制设备主回路两端之间的电阻值,它表明电流通路的正常状况。该电阻的测量值供出厂试验参考(见 7.3)。

6.4.2 辅助回路

按 GB/T 11022—1999 中 6.4.2 的规定。

6.5 温升试验

按 GB/T 11022—1999 中 6.5 的规定,并做如下补充:

如果设计具有多种元件或布置方案时,试验应在最苛刻条件的那些元件和布置方案上进行。具有代表性的功能单元应尽量按正常使用条件来安装,包括所有常规的外壳、隔板、活门等,并且在进行试验时应将盖板和门关闭。

应在规定的相数下,通以额定电流进行温升试验,电流从母线的一端流向与电缆连接的末端。

对单个功能单元进行试验时,其相邻的单元应通以电流,该电流所产生的功率损耗应与额定情况下相同。如果无法在实际条件下进行试验,则允许以加热或隔热的方法来模拟其等价条件。

如果外壳内还安装有其他的主要功能元件,它们应承载这样的电流,该电流产生的功率损耗与额定条件相对应。功率损耗相同的其他等效程序也可以接受。

各元件的温升,应以外壳外面的周围空气温度作为基准折算,各元件的温升不应超过各自标准的规定。如果周围空气温度不稳定,可在相同的环境条件下,取一个相同的外壳的表面温度作为试验时的环境温度。

6.5.1 受试金属封闭开关设备和控制设备的状态

按 GB/T 11022—1999 中 6.5.1 的规定。

6.5.2 设备的布置

按 GB/T 11022—1999 中 6.5.2 的规定。

6.5.3 温度和温升的测量

按 GB/T 11022—1999 中 6.5.3 的规定。

6.5.4 周围空气温度

按 GB/T 11022—1999 中 6.5.4 的规定。

6.5.5 辅助设备和控制设备的温升试验

按 GB/T 11022—1999 中 6.5.5 的规定。

6.5.6 温升试验的解释

按 GB/T 11022—1999 中 6.5.6 的规定。

6.6 短时耐受电流和峰值耐受电流试验

按 GB/T 11022—1999 中 6.6 的规定,并做如下补充:

a） 主回路试验

应在预定的安装和使用条件下对金属封闭开关设备和控制设备的主回路进行试验以验证其承受额定短时耐受电流和额定峰值耐受电流的能力，即应将主回路同所有影响其性能或改变短路电流的附属元件一起装在金属封闭开关设备和控制设备内进行试验。

对这些试验，认为到辅助装置(例如电压互感器、辅助变压器、避雷器、脉冲电容器、电压检测装置和类似装置)的短连接线不是主回路的一部分。

短时耐受电流试验应进行额定相数的试验。电流互感器和脱扣装置应按正常运行条件装设，但脱扣器不得动作。

没有限流装置的设备可在任一方便的电压下试验；有限流装置的设备应在开关设备和控制设备的额定电压下试验。若在施加的电压下产生的峰值电流和热效应大于或等于额定电压下的值，也可用其他的试验电压。

对于包含限流装置的设备，预期电流(峰值、有效值和持续时间)不应小于额定值。

如果装有带自脱扣的断路器，其脱扣值应整定到最大值。

如果装有限流熔断器，应按其规定的最大额定电流值装设熔体。

试验后，外壳内部的元件和导体，不应出现任何影响主回路良好运行的变形和损坏。

b） 接地回路试验

应对金属封闭开关设备和控制设备的接地导体、接地连接和接地装置进行试验来验证其耐受额定短时耐受电流和峰值耐受电流的能力。即它们应同有可能影响其性能或改变短路电流的所有附属元件一起装在金属封闭开关设备和控制设备上进行试验。

接地装置的短时耐受电流试验应进行额定相数的试验。为了验证接地装置和接地点之间连接回路的性能，需要进一步进行单相试验。

当有可移开接地装置时，应在接地故障条件下，对固定部分与可移开部件之间的接地连接进行试验。其接地故障电流应在固定部分的接地导体和可移开部件的接地点之间流过。如果开关设备和控制设备中的接地装置能在除正常工作位置外的另一位置进行操作，例如，在双母线开关设备和控制设备中，试验还应在另一位置进行。

试验后，允许接地导体、接地连接或接地装置有某些变形或损坏，但必须维持接地回路的连续性。

外观检查应足以判定是否已经保证了回路的连续性。

如果对某个接地连接的连续性有怀疑，则应从该接地连接到提供的接地点通以 30 A(DC)来验证，电压降应不超过 3 V。

6.6.1 开关设备和控制设备以及试验回路的布置

按 GB/T 11022—1999 中 6.6.1 的规定，并做如下补充：

被试设备的布置应能获得最严酷的条件：未支撑母线的最大长度、设备内连接和导体的布置。在开关设备和控制设备包含有双母线系统和/或多层设计的情况下，则试验应在开关装置处于最严酷的位置上进行。

到开关设备和控制设备端子连接的布置应避免端子承受不实际的应力或支撑。端子和开关设备和控制设备两侧导体的最近的支撑点之间的距离应符合制造厂的说明书，且应考虑到上述要求。

开关装置应处于合闸位置并装有洁净的新触头。

每次试验前应对机械性开关装置进行空载操作，除接地开关外，还应进行主回路电阻的测量。

试验报告中应注明试验的布置。

6.6.2 试验电流和持续时间

按 GB/T 11022—1999 中 6.6.2 的规定。

6.6.3 试验中开关设备和控制设备的表现

按 GB/T 11022—1999 中 6.6.3 的规定。

6.6.4 试验后开关设备和控制设备的状态

按 GB/T 11022—1999 中 6.6.4 的规定。

6.7 防护等级检验

6.7.1 IP 代码的检验

按 GB/T 11022—1999 中 6.7.1 的规定,并做如下补充:

金属封闭开关设备和控制设备的隔板、活门和外壳提供的防护等级最低应为 GB 4208—1993 中的 IP2X。更高的防护等级可以按照 GB 4208—1993 的规定。

6.7.2 机械撞击试验

按 GB/T 11022—1999 中 6.7.2 的规定。

6.8 密封试验

按 GB/T 11022—1999 中 6.8 的规定。

6.9 电磁兼容性试验(EMC)

除无线电干扰电压试验外,按 GB/T 11022—1999 中 6.9 的规定。

6.10 辅助和控制回路的附加试验

按 IEC 60694:2002 的 6.10.1、6.10.2 和 6.10.4 到 6.10.7 的规定。

6.10.3 接地金属部件的电气连续行试验

IEC 60694:2002 的 6.10.3 不适用。

如果证明设计是充分合理的,则通常不需要进行该试验。

但是,如果有怀疑,外壳的金属部件和/或金属隔板和活门以及它们的金属部件到提供的接地点应在 30 A(DC)的条件下进行试验,电压降应不超过 3 V。

6.101 关合和开断能力的验证

金属封闭开关设备和控制设备主回路中的开关装置和接地回路中的接地开关应按照相关标准并在适当的安装和使用条件下进行试验以验证其额定的关合和开断能力,即其安装条件应和在金属封闭开关设备和控制设备中的正常安装条件一样并在可能影响性能的相关附件(例如连接线、支撑件、通风设备等)的所有布置方式下进行试验。如果开关装置已经在安装条件更加严酷的金属封闭开关设备和控制设备中进行了试验,则不需要进行这些试验。

注:在判定何种附件可能影响到开关装置的性能时,应特别注意短路引起的机械力、电弧生成物的排出以及破坏性放电的可能性等。应认识到,在某些情况下这些影响可以完全忽略。

当多层结构的几层隔室不完全相同但又采用相同的开关装置时,则应按照相关标准的适当要求在每一层隔室重复下述试验/试验方式。

如果开关装置已经按照它们相关的标准在金属封闭开关设备的外壳内进行了短路性能试验,则不再需要进一步试验。

包含单层或多层设计和/或双母线系统的开关设备和控制设备,对用于验证它们的额定关合和开断能力以覆盖运行中可能出现的各种情况的试验程序需要特别加以重视。

因为不可能覆盖开关装置所有可能的布置和设计,应按照下述试验程序,根据开关装置的具体特征和位置来准确地确定试验组合:

a) 应在开关装置其中一个隔室中完成整个关合和开断电流试验系列。如果其他隔室的结构类似,且用于该隔室的开关装置完全相同,则上述试验对这些隔室也有效。

b) 如果隔室结构不相似但采用完全相同的开关装置,则应根据相关标准的要求,在其他每一个隔室中重复进行下述试验/试验方式:

——GB 1984—2003 的试验方式 T100s、T100a 和临界电流试验(如果有),适用时,应考虑该标准 6.103.4 对试验连接布置的要求;

——GB 1985—2004 的 E1 级或 E2 级短路关合操作(适用时);

——GB 3804—2004 的试验方式 1，10 次 CO 操作；

根据 E1 级、E2 级或 E3 级，进行试验方式 5，除非该负荷开关没有额定短路关合能力（适用时）；

——GB 16926—1997 的试验方式 TD_{ISC}、TD_{IWmax}和 $TD_{Itransfer}$；

——按照 GB/T 14808—2001 的 6.106 对 SCPD 进行的配合验证。

c） 如果某个隔室设计采用多种类型或设计的开关装置时，对每一种情况都应按照上述项 a）以及适用时的项 b）中的要求进行全部试验。

6.102 机械操作和机械特性测量试验

6.102.1 开关装置和可移开部件

开关装置及可抽出部件应按相关的技术要求操作 50 次，可移开部件应插入和移开各 25 次，以验证其操作性能良好。

如果可抽出或可移开部件要用做隔离开关，则试验应符合 GB 1985—2004 的规定。

对分体式开关装置（例如断路器、负荷开关、隔离开关、接地开关等），机械操作试验的操作次数和合格判据按该开关装置技术条件和相关标准的规定进行。

6.102.2 联锁

联锁装置应处于防止开关装置操作和可移开部件插入或抽出的位置。对开关装置试操作 50 次、对可移开部件应插入和抽出各 25 次的试操作。进行试验时，只应施加正常的操作力，不允许对开关装置、可移开部件及联锁装置进行调整。对手力操动装置，应使用正常的操作手柄进行试验。

如果满足下列条件，则认为联锁通过了试验：

a） 开关装置不能被操作；

b） 可移开部件的插入与抽出完全被阻止；

c） 开关装置、可移开部件及联锁装置工作情况良好，并且试验前后操作力基本相同。

6.102.3 机械特性测量试验

主回路和接地回路中所装的开关装置在规定的操作条件下的机械特性应符合开关装置各自技术条件的要求。

6.103 充气隔室的压力耐受试验和气体状态测量

6.103.1 具有压力释放装置的充气隔室的压力耐受试验

充气隔室的每种设计应按下述程序承受压力试验：

——应将相对压力升高到设计压力的 1.3 倍并保持 1 min。压力释放装置不应动作。

——然后将压力升高到设计压力的 3 倍。低于此压力时，压力释放装置可能动作，只要符合制造厂的设计，这是可以接受的。此打开压力释放装置的压力应记录在型式试验报告中。试验后，隔室可能变形，但不应破裂。

注：由于有压力释放装置或在隔室壁上有专门的压力释放区域，隔室可能耐受不到 3 倍的设计压力。

6.103.2 没有压力释放装置的充气隔室的压力耐受试验

充气隔室的每种设计都应按下述程序承受压力试验：

——应升高相对压力到隔室设计压力的 3 倍并持续 1 min。试验后，隔室可能变形，但不应破裂。

6.103.3 充气隔室的气体状态测量试验

应测量充气隔室的气体状态，并符合其相关标准和制造厂的技术要求。

6.104 非金属隔板和活门的试验

本规定仅适用于用于防止（直接或间接）接触带电部件的隔板和活门。如果这些隔板上安装有套管，试验应在适当的条件下进行，即套管的一次部分应断开且接地。

全部或部分由绝缘材料制成的非金属隔板和活门应按下述规定进行试验：

6.104.1 绝缘试验

a) 主回路带电部件与绝缘隔板和活门的可触及表面之间的绝缘应能耐受 GB/T 1102—1999 的 4.2 中规定的对地和极间试验电压。试验方法见 6.2.5 的项 a)。

b) 绝缘材料的典型样品应耐受项 a)中的工频试验电压。试验方法按照 GB/T 1408.1—1999 的规定。

c) 主回路带电部件和绝缘的隔板和活门面向这些带电部件的内表面间的绝缘应在 150%的设备额定电压下进行试验并保持 1 min。对于该试验,隔板或活门的内表面应通过位于最严酷点的至少 100 cm^2 的导电层接地。试验方法应按 6.2.5 项 a)的规定。

6.104.2 泄漏电流测量

当金属封闭开关设备和控制设备中有绝缘隔板或活门时,为了验证是否满足 5.103.3.3 项 d)规定的要求,应进行下列试验:

试验可按下述两种方法的任一种,主回路的一相接地,另外两相连接到电压等于金属封闭开关设备和控制设备额定电压的工频三相电源上;或者将主回路的带电部分连接在一起接到电压等于额定电压的单相电源上。对于三相试验,应在各相依次接地的不同情况下测量三次,对于单相试验则只需测量一次。

应将金属箔置于能防止触及带电部分的可触及的绝缘表面上的最不利的位置,若难于决定何处最不利,则试验应在不同的位置重复进行。

金属箔应接近于圆形或方形,其表面积应尽可能大,但不得超过 100 cm^2,金属封闭开关设备和控制设备的外壳和框架应接地。应在干燥的、洁净的绝缘体上测量经过金属箔流到地的泄漏电流。

如果测得的泄漏电流值超过 0.5 mA,则绝缘表面不能提供本标准所要求的防护。

根据 5.103.3.3 项 d)的规定,通过绝缘表面的电流路径如果被小的气隙或油隙隔断,则这些间隙应短接。但是,如果这些间隙是为了避免泄漏电流从带电部分流往绝缘隔板和各活门的可触及部分而设置的,则这些间隙应能耐受 GB/T 11022—1999 中 4.2 所规定的对地和相间试验电压。

如果接地金属部件布置适当,且能保证泄漏电流不会流经绝缘隔板和活门的可触及部分,则可不必测量泄漏电流。

6.105 气候防护试验

当制造厂和用户一致同意时,可对用于户外的金属封闭开关设备和控制设备进行气候防护试验。推荐的方法见 GB/T 11022—1999 的附录 C。

6.106 内部电弧试验

本试验适用于在出现内部电弧的情况下,在人员防护方面被认定为 IAC 级的金属封闭开关设备和控制设备。应按照附录 A 的规定,在有代表性功能单元上对包含主回路部件的每一个隔室进行试验(见 A.3)。

被经过型式试验的限流熔断器保护的隔室应在安装能够产生最大截止电流(允通电流)的熔断器时进行试验。电流实际流过的时间受熔断器的控制。把受试隔室称为“熔断器保护的隔室”。本试验应在设备的额定电压下进行。

注:用恰当的限流熔断器和开关装置的组合能够限制短路电流并缩小故障持续时间。已有大量文件说明此类试验中传递的电弧能量不能通过 I^2t 来预测。存在限流熔断器的情况下,最大电弧能量可能出现在电流值小于最大开断电流时。此外,限流装置通过烟火信号把电流转换到限流熔断器,在评估采用这些限流装置的设计时,必须考虑该装置的使用效果。

所有可能在试验的预期持续时间结束之前自动使回路脱扣的装置(如保护继电器),在试验期间不应动作。如果隔室和功能单元配有通过其他方法(例如,把电流切换到金属短接回路)限制电弧持续时间的装置,则这些装置在试验期间不应动作,除非要对它们进行试验。在这种情况下,开关设备和控制设备的隔室可以在该装置工作的情况下进行试验。但是,应按照电弧的实际持续时间考核该隔室。试验电流的持续时间应为主回路的额定短路持续时间。

本试验包括在外壳或元件内的空气或其他绝缘流体(液体或气体)中出现故障导致电弧的情况,该元件的外壳在门或盖板处于正常运行条件要求的位置时成为外壳的一部分(见 A.1)。

试验程序也包括这样的特定情况:故障发生在金属封闭开关设备和控制设备现场安装所用的固体绝缘件中,该固体绝缘不包括经过型式试验的预装绝缘件(见 A.5.2)。

只要最初的试验更严酷且在下述方面能够认为和已经过试验的那台类似,则某个具体金属封闭开关设备和控制设备的功能单元的试验结果的有效性可以推广到另一台(见 6.1):

——尺寸;

——外壳的结构和强度;

——隔板的工艺;

——压力释放装置(如果有)的性能;

——绝缘系统。

6.107 耐受腐蚀试验

对于户外设备,或者用户的要求,应按本条款进行腐蚀验证试验。

6.107.1 试验程序

金属封闭开关设备和控制设备应按 GB/T 2423.17—1993 规定的方法进行环境试验 Ka(盐雾),试验的持续时间为 168 h。

此外,对于具有油漆表面的设备,还应按 ISO 3231 进行耐受包含二氧化硫的湿大气试验。

6.107.2 通过试验的判据

试验后,总装的拆卸不应受到影响。腐蚀(如果有)的程度应在试验报告中指明。如果是油漆的表面,不应观察到劣化的迹象。

7 出厂试验

应在制造厂内对每一个运输单元进行出厂试验,以保证出厂产品与通过型式试验的产品一致。出厂试验报告应随产品一起出厂。

按 GB/T 11022—1999 第 7 章的规定,并增加下述出厂试验项目:

——机械操作和机械特性测量试验(7.102);

——电气、气动和液压辅助装置的试验(7.104);

——充气隔室的压力试验(如果适用)和气体状态测量(7.103);

——局部放电测量(按制造厂与用户之间协议)(7.101);

——现场安装后的试验(7.105);

——现场充流体后的流体状态检查(7.106)。

注:额定值和结构相同的元件,可能有必要验证其互换性(见第 5 章)。

7.1 主回路的绝缘试验

按 GB/T 11022—1999 中 7.1 的规定,并做如下补充:

工频电压试验按 6.2.6.1 的规定进行。试验电压从 GB/T 11022—1999 表 1 栏(2)中选取。试验时,应依次将主回路每一相的导体与试验电源的高压端连接,同时,其他各相导体接地,并保证主回路的连通(例如,通过合上开关装置或其他方法)。

对于充气隔室,试验应在充以额定充入压力(或密度)的绝缘气体下进行(见 4.101)。

7.2 辅助和控制回路的绝缘试验

按 GB/T 11022—1999 中 7.2 的规定。

7.3 主回路电阻的测量

GB/T 11022—1999 不适用。本试验根据制造厂和用户间的协议进行,试验时应测量主回路每一相的直流压降或电阻，且测量条件应尽可能与相应的型式试验的条件一致。可用型式试验的测量值确定出厂试验电阻值的限值。

7.4 密封试验

按 GB/T 11022—1999 中 7.4 的规定。

7.5 设计检查和外观检查

按 GB/T 11022—1999 中 7.5 的规定。

7.101 局部放电测量

本试验根据制造厂和用户之间的协议进行。

局部放电测量适宜于作为出厂试验，以检测材料和制造上可能出现的缺陷，特别是对于采用有机绝缘材料的。推荐对充流体隔室进行该试验。

如果进行本试验，试验程序按附录 B 的规定。

7.102 机械操作和机械特性测量试验

7.102.1 机械操作试验

机械操作试验是为了证明开关装置和可移开部件能完成预定的操作，且机械联锁工作正常。

试验时主回路不通电，应对开关装置在其操动装置规定的操作电源电压和压力极限范围内的分、合动作的正确性进行验证。

每一个开关装置和每一个可移开部件应按 6.102 的规定进行试验，但把 50 次操作和试操作改为每个方向上的 5 次操作和 5 次试操作。

7.102.2 机械特性测量

机械特性测量按 6.102.3 的规定。

7.103 充气隔室的压力试验和气体状态测量

7.103.1 充气隔室的压力试验

应对制造好的所有充气隔室进行压力试验，每一隔室应能承受 1.3 倍设计压力 1 min。

该试验不适用于额定充气压力为 0.05 MPa(相对压力)及以下的密封隔室。

试验后，隔室不应出现可能影响开关设备运行的损坏或变形。

7.103.2 充气隔室的气体状态测量

应测量充气隔室中的气体状态，并应符合制造厂的技术要求。

7.104 电气、气动和液压辅助装置的试验

具有预定操作顺序的控制装置与电气、气动及其他联锁一起，应在辅助电源最不利的限值下，按规定的使用和操作条件连续试验 5 次。试验中不得调整。

如果辅助装置能正常地进行操作，试验后，它们应仍处于良好的工作状态，试验前后的操作力基本相同，则认为通过了试验。

7.105 现场安装后的试验

金属封闭开关设备和控制设备在安装后，应进行试验，以检验操作的正确性。

对于在现场装配的部件和在现场充气的充气隔室，建议进行下列试验：

a) 主回路的电压试验

如果制造厂和用户之间达成协议，现场安装后，按照 7.1 规定的出厂试验方式对金属封闭开关设备和控制设备的主回路进行干燥状态下的工频电压试验。

工频试验电压应为 7.1 中规定值的 80%，依次对主回路的每一相施加电压，其余相接地。试验时，试验变压器的一个端子和金属封闭开关设备和控制设备的外壳相连并接地。

如果用现场安装后的电压试验代替制造厂的出厂试验，则应施加全部的工频试验电压。

注：除非现场试验电压的频率足够高而不会导致电压互感器铁芯饱和，否则，现场试验期间电压互感器应给予断开。

b) 密封试验

按 7.4 的规定。

c) 现场充流体后的流体状态测量

按 7.106 的规定。

7.106 现场充流体后的流体状态测量

应确定充流体隔室中的流体状态,并应符合制造厂的技术要求。

8 金属封闭开关设备和控制设备的选用导则

随着技术的进步和功能要求的扩展,金属封闭开关设备和控制设备的结构可能多种多样。金属封闭开关设备和控制设备的选择,主要包括确定运行设备的功能要求和最能满足这些要求的内部划分形式。GB 3906—1991 和目前的一些其他实际情况相比较,分类变化的说明见附录 E。

此类要求应考虑到适用的法规和用户的安全规程。

表 3 给出了选定开关设备和控制设备应考虑的主要内容。

8.1 额定值的选择

对给定的运行方式,选用金属封闭开关设备和控制设备时,其中各元件的额定值应满足在正常负载条件以及故障条件下的要求。金属封闭开关设备和控制设备总装的额定值可以与元件的额定值不同。

额定值的选择应符合本标准的规定,并考虑到系统的特点及其未来发展。额定值的清单列于第 4 章。

也应考虑其他参数,例如,当地的大气和气候条件,以及在海拔超过 1 000 m 的使用。

应计算出金属封闭开关设备和控制设备在系统中安装地点的故障电流,以确定故障引起的负荷。这方面可参考 IEC 60909-0:2001。

8.2 设计和结构的选择

8.2.1 概述

金属封闭开关设备和控制设备通常根据其绝缘方式(例如:空气绝缘或气体绝缘)以及是固定式或可抽出式来确定。各个元件可抽出或移开的程度主要取决于维护的要求(如果有)和/或试验的规定。

随着少维护开关装置的发展,人们对某些部件承受电弧烧蚀的关注程度降低了。但是,仍然需要触及一些一次性元件(如熔断器),需要进行电缆的临时检查和试验。也可能需要进行机械部件的润滑和调整,因此,一些设计把可触及的机械部件置于高压隔室之外。

维护需要触及的范围和/或是否可以容许整个开关设备和控制设备停运可能决定了用户是选择空气绝缘的还是流体绝缘的,是选择固定式的还是可抽出式的。如果要求少维护,则应选用少维护的元件。固定式的总装,尤其是采用了少维护元件的总装是一种终生节约成本的方案。

不论是固定式还是可抽出式,在主回路隔室打开时,开关设备和控制设备的安全运行要求工作部件应与所有的电源隔离并接地。因此,用于隔离的开关装置应能确保安全并防止再次接通。

8.2.2 隔室的结构和可触及性

本标准中所定义的内部划分形式是在尝试解决运行连续性和可维护性之间的矛盾。在不同结构形式能够提供的可维护性方面,本条款给出了一些导则。

注 1:在进行 10.4 指出的某些维护时,如果为了防止偶然触及带电部件,要求临时插入隔板。

注 2:如果用户采用了其他的维护程序,例如设置安全距离和/或设置和使用临时隔板,这些就超出了本标准的范围。

开关设备和控制设备的完整描述应包括隔室的列表和类型(例如,母线隔室、断路器隔室等)、每个隔室的可触及性类型以及型式(可抽出型/非可抽出型)。

有四种类型隔室,其中三种隔室用户可触及,一种隔室用户不可触及。

可触及隔室:下面规定了三种控制可触及隔室打开的方法:

——首先是通过联锁来保证在打开隔室之前内部的所有带电部件不带电并接地,称为“联锁控制的可触及隔室”;

——其次是依赖于用户的程序和锁来保证安全,隔室提供有挂锁或等效的设施,称为“基于程序的可触及隔室”;

——第三种是不具有确保打开前内在性能的电气安全。需要工具才能打开的隔室，称为“基于工具的可触及隔室”。

前两种可触及隔室对用户皆适用，并可进行日常操作和维护。打开这两种类型可触及隔室的盖板和/或活门不需要工具。

如果隔室需要工具才能打开，通常应明确地指出用户应采取其他措施来保证安全，并尽可能保证性能的完好，例如：绝缘状态等。

不可触及隔室：用户不可触及，且打开隔室可能损坏隔室的完整性。应在隔室上标明“不可打开”或通过某个特征实现，例如：完全焊接的 GIS 箱壳。

8.2.3 开关设备的运行连续性

金属封闭开关设备和控制设备意图提供一定的防护水平，以防止人员触及危险部件，防止固体外物进入设备。采用适当的传感器和辅助装置，也可能对对地绝缘失效提供防护。

对于开关设备和控制设备，运行连续性的丧失类别(LSC)规定了当打开主回路的一个隔室时其他隔室和/或功能单元可以保持带电的范围。

LSC1 类：此类别在维护(如果需要)期间不能提供连续性运行，且在触及外壳内部之前，可能需要将开关设备和控制设备从系统上断开，并使其处于不带电状态。

LSC2 类：在触及开关设备和控制设备内部的隔室期间，此类别给电网提供了最高的连续性运行。

LSC2 类还可以细分为两类：

LSC2A：当触及一个功能单元的元件时，开关设备和控制设备的其他功能单元可以继续运行。

可抽出型 LSC2A 类示例：实际上，这意味着功能单元的进线高压电缆必须不带电并接地，且回路应从母线上隔离并分开(物理上和电气上)。母线可保持带电。此处用术语分开而不用分离是为了避免区分绝缘的隔板和活门和金属的隔板和活门(见 8.2.4)。

LSC2B：除上述运行连续性类别 LSC2A 外的，在 LSC2B 类中，功能单元的可触及的高压进线电缆可以保持带电。这意味着另有一处隔离和分开，即在开关装置和电缆之间。

可抽出型 LSC2B 类示例：如果 LSC2B 类开关设备和控制设备的每个功能单元的主开关装置安装在自己的可触及隔室内，则不需要使相应的电缆连接不带电就可以维护该主开关装置。所以，本例中的 LSC2B 类开关设备和控制设备的每个功能单元最少需要三个隔室：

——每一台主开关装置的隔室；

——连接到主开关装置一侧的元件的隔室，如馈电回路；

——连接到主开关装置另一侧的元件的隔室，如母线。在多于一组母线的场合，每组母线应有一个独立的隔室。

8.2.4 隔板的等级

隔板划分为两个等级，PM(3.109.1)和 PI(3.109.2)。

选择隔板等级时不需要考虑在相邻隔室出现内部电弧时对人员提供防护，见 A.1，也可见 8.3。

PM 级：打开的隔室被接地的金属隔板和/或活门包围。只要打开隔室的元件和相邻隔室的元件间已经隔离(3.111 的定义)，则打开的隔室中可以有或没有活门，见 5.103.3.1。

此要求的目的是在打开的隔室中没有电场且周围的隔室中不可能出现电场变化。

注：除活门改变位置的影响之外，该等级考虑到了打开的隔室不会因带电部件而有电场，且也不可能影响到带电部件周围的电场分布。

8.3 内部电弧等级的选择

选择金属封闭开关设备和控制设备时，为了对操作人员以及一般公众(适用时)提供可接受的保护水平，应考虑发生内部故障的可能性。

通过降低危险至可接受的水平可以达到此防护的目的。根据 ISO/IEC 导则 51，危险是危害出现的概率和危害的严酷度的组合(见 ISO/IEC 导则 51 的第 5 章关于安全性的定义)。

因此，有关内部电弧方面，选择合适的设备应受到获取可接受危险水平的程序的制约。此程序在ISO/IEC导则51的第6章中规定。该程序以用户在降低危险中所起的作用为前提。

作为导则，表2列出经验表明的最容易产生故障的部位、产生内部故障的原因以及降低内部故障发生概率的可能措施。如有必要，用户应履行那些适用于安装、交付使用、运行和维护的要求。

也可以采取其他措施来提供在内部电弧情况下对人员更高的防护。这些措施是为了限制此类事件的外部影响。

下面是这些措施的例子：

——通过光传感器、压力传感器、热传感器或者母线差动保护触发的快速故障排除；

——选用适当的熔断器与开关装置组合来限制允通电流和故障时间；

——通过快速传感器及快速合闸装置(灭弧器)把电弧转移到金属短接回路上来消除电弧；

——遥控；

——压力释放装置；

——仅当前门关闭时才允许可抽出部件移入和退出运行位置。

5.102.3考虑了活门在3.127到3.130的位置关闭时成为外壳一部分这一现实。从3.126移动到3.128的位置(以及反过来)时，没有检验状态的变化。

在可抽出部件沿轨道推进和抽出过程中可能出现故障。虽然这也是一种可能，但是由于关闭活门改变了电场，所以没有必要考虑此类故障。十分常见的故障是由于插头和/或活门的损坏或变形导致在推进过程中的对地闪络。

确定IAC级开关设备和控制设备时，必须考虑以下几点：

——不是所有的开关设备都是IAC级；

——不是所有的开关设备都是可抽出式的；

——不是所有的开关设备都装有在从3.126到3.128的所有位置都能够关闭的门。

表2 内部故障的部位、原因及降低内部故障概率的措施举例

易发生内部故障的部位(1)	内部故障可能发生的原因(2)	预防措施举例(3)
电缆室	设计不当	选择合适的尺寸、使用合适的材料。
	错误安装	避免电缆交叉连接；在现场进行质量检查；合适的力矩。
	固体或流体绝缘损坏(缺陷或泄漏)	工艺检查和/或现场绝缘试验，定期检查液面。
隔离开关、负荷开关、接地开关	误操作	加联锁(见5.11)，延时再分闸；不依赖人力操作；负荷开关和接地开关的关合能力，人员培训。
螺栓连接和触头	腐蚀	使用防腐蚀的覆盖层和/或油脂；采用电镀。如有可能则加以封闭。
	装配不当	采用适当的方法检查工艺。正确的力矩。适当上锁。
互感器	铁磁谐振	采用适当的回路设计，以避免此类现象的影响。
	电压互感器的低压侧短路	通过适当的措施，如保护盖、低压熔断器，以避免短路。
断路器	维护不良	按规程定期进行维护；人员培训。
所有的部位	工作人员的失误	用遮栏限制人员接近；用绝缘包裹带电部分；人员培训。
	电场作用下的老化	出厂做局部放电试验。
	污染、潮气、灰尘和小动物等的进入	采取措施保证达到规定的使用条件(见第2章)；采用充气隔室。
	过电压	防雷保护；合适的绝缘配合；现场进行绝缘试验。

在内部故障方面，怎样选择开关设备，可以采用下述判据：

——在产生的危险可以不计的场合：没有必要选择IAC级金属封闭开关设备和控制设备。

——在需要考虑产生的危险时：只能使用IAC级金属封闭开关设备和控制设备。

对第二种情况，选择时应考虑可预见的最大短路电流及其持续时间，并与被试设备的额定值进行比较。另外，还应根据制造厂的安装说明书（见第10章）。尤其重要的是内部电弧期间人员的位置。根据试验的布置，制造厂应指明开关设备和控制设备的那一侧是可触及的，用户应严格遵守说明书。人员进入未标明为可触及的区域可能会受到伤害。

在A.1中规定的正常运行条件下，IAC级提供了经过试验检验的对人员的保护水平。这只涉及这一条件下的人员防护，既不涉及到维护状态下的人员防护，也不涉及到运行的连续性。

金属封闭开关设备和控制设备的技术要求、额定值和可选试验见表3。

表3　金属封闭开关设备和控制设备的技术要求、额定值和可选试验

资　料	本标准的条款号	适用时，用户提出的要求
系统的特点（不是设备的额定值）		
电压/kV		
频率/Hz		
相数		
中性点接地的类型		
开关设备的特性		
极数		
类别——户内，户外（或特殊使用条件）	2	
隔室的名称： 母线 主开关 电缆 电流互感器(CT) 电压互感器(PT)等	3.107(见5.103.1)	母线隔室： 主开关隔室： 电缆隔室： CT隔室： PT隔室： 电缆/CT隔室： 主开关/CT隔室： 其他隔室(状态)：
隔室的类型（指明每个高压隔室的类型），适用时： 联锁控制的可触及隔室 基于程序的可触及隔室 基于工具的可触及隔室 不可触及的隔室	 3.107.1 3.107.2 3.107.3 3.107.4	
隔板等级： PM级 PI级	 3.109.1 3.109.2	
可抽出/不可抽出式（主开关装置的类型）	3.125	（可抽出/不可抽出）：
运行连续性的丧失类别(LSC) LSC2B LSC2A LSC1	 3.131.1 3.131.1 3.131.2	

表 3（续）

资　料	本标准的条款号	适用时，用户提出的要求
额定电压 U_r/kV 3.6；7.2；12；24；40.5 等 以及相数：1，2 或 3	4.1	
额定绝缘水平： 短时工频耐受电压 U_d 雷电冲击耐受电压 U_p	4.2	（通用值/隔离断口） a)　　/ b)　　/
额定频率 f_r	4.3	
额定电流 I_r 进线 母线 馈线	4.4	 a) b) c)
额定短时耐受电流 I_k 主回路（进线/母线/馈线） 接地回路	4.5	 a) b)
额定峰值耐受电流 I_p 主回路（进线/母线/馈线） 接地回路	4.6	 a) b)
额定短路持续时间 t_k 主回路（进线/母线/馈线） 接地回路	4.7	 a) b)
合闸和分闸装置以及辅助和控制回路的额定电源电压 U_a a)　合闸和脱扣 b)　指示 c)　控制	4.8	 a) b) c)
合闸和分闸装置以及辅助回路的额定频率	4.9	
低压力闭锁和高压力闭锁装置（规定的要求，例如，低压力指示的闭锁等	5.9	
联锁装置（按 5.11 规定的任何附加要求）	5.11	
外壳的防护等级（如果不是 IP2X）： 门关闭时 门打开时	5.13（见 5.102.1 和 5.102.3）	 a) b)
人工污秽试验	6.2.8	附加的凝露和污秽要求
局部放电试验	6.2.9	试验值与制造厂协商
电缆试验回路的绝缘试验	6.2.101	试验值与制造厂协商
气候防护试验	6.105	适用时，协商
局部放电测量	7.101	试验值与制造厂协商

表 3（续）

资　料	本标准的条款号	适用时，用户提出的要求
内部故障　IAC 开关设备/控制设备可触及性的类别（A 和 B，规定每一类别对应的侧面） A　仅限于授权的人员 B　未受限制的可触及性（包括公众） C　受设施的限制不可接触的可触及性 以 kA 表示的试验值和持续时间（s）	6.106 A.2 也可见 A.8 中的例子 A.3	Y/N 正面 F： 侧面 L： 后面 R：
其他资料： 例如，电缆试验的特殊要求。		

9　应随订货单、投标书和询问单一起提供的资料

9.101　应随订货单和询问单一起提供的资料

在询问或订购一套金属封闭开关设备和控制设备时，询问者应提供下列资料：

1）　系统的特征：

额定电压、频率、系统中性点接地方式。

2）　不同于本标准规定的使用条件（见第 2 章）：

最高和最低周围空气温度，所有超越正常的运行条件或影响设备良好运行的条件，例如：异常地暴露于蒸汽、潮气、烟雾、易爆气体、过量的灰尘或盐雾中、热辐射（如日照）、转运设备的外部原因引起的其他振动危险和地震危险。

3）　设备及其元件的特性：

a）　户内设备或户外设备；

b）　相数；

c）　母线组数，以单线图表示；

d）　额定电压；

e）　额定频率；

f）　额定绝缘水平；

g）　母线和馈电回路的额定电流；

h）　额定短时耐受电流（I_k）；

i）　额定短路持续时间（若不是 1 s）；

j）　额定峰值耐受电流（若不是 2.5I_k）；

k）　元件的额定值；

l）　外壳和隔板的防护等级；

m）　回路图；

n）　金属封闭开关设备和控制设备的类型（例如：LSC1、LSC2）；

o）　如果要求，各隔室的名称和类别的描述；

p）　隔板和活门的等级（PM 或 PI）；

q）　当适用时，IAC 级（如果要求），以及对应的 I_k，I_p，t 和 F、L、R，A、B、C。

4）　操动装置的特性

a）　操动装置的类型；

b）　额定电源电压（如果有）；

c) 额定电源频率(如果有);

d) 额定气源压力(如果有);

e) 特殊的联锁要求。

除这些项目外,查询者应指出可能影响到投标和订货的每一种情况,例如,特殊的装配和安装条件、外部高压引线的位置、有关压力容器的规程和电缆试验要求。

如果要求进行特殊的型式试验,应提供有关资料。

9.102 投标时应提供的资料

如果适用,制造厂应采用文字叙述加图形的方式给出下列资料:

1) 9.101 中的第 3)项所列举的额定值和特性;

2) 按要求,提供型式试验证书或报告;

3) 结构特征,例如:

  a) 最重运输单元的质量;

  b) 设备的外形尺寸;

  c) 外部连线的布置;

  d) 运输和安装的工具;

  e) 安装规程;

  f) 各隔室的名称和类别;

  g) 可触及的侧面;

  h) 运行和维护说明书;

  i) 气体压力系统或液体压力系统的类型;

  j) 额定充入水平和最低功能水平;

  k) 不同隔室的液体体积,或液体或气体的质量;

  l) 液体状态或气体状态的技术要求。

4) 操动装置的特性

  a) 9.101 的第 4)项所列举的类型和额定值;

  b) 操作电流或操作功率;

  c) 动作时间;

  d) 操作时的耗气量。

5) 用户应订购的推荐的备件清单。

10 运输、储存、安装、运行和维护规则

按 GB/T 11022—1999 第 10 章的规定。

10.1 运输、储存和安装时的条件

按 GB/T 11022—1999 中 10.1 的规定。

10.2 安装

按 GB/T 11022—1999 中 10.2 的规定,并在 10.2.3 的第 1 段后新增加下面内容:

对于 IAC 级开关设备和控制设备,应提供适应设备内部电弧情况的安全安装条件的导则。实际安装条件造成的危害应根据试验样品在内部电弧试验期间的安装条件(见 A.3)进行评估。认为这些条件是最低允许条件。认为试验覆盖了所有欠严的条件和/或提供更大空间的条件。

但是,如果用户认为危险没有关系,则开关设备和控制设备的安装可以不受制造厂指出的约束条件的限制。

10.3 运行

按 GB/T 11022—1999 中 10.3 的规定。

10.4 维护

按 GB/T 11022—1999 中 10.4 的规定，并做如下补充：

如果为了维护需要插入临时隔板来防止偶然触及带电部件，则：

——制造厂应提供所需的隔板或其方案；

——制造厂应给出维护程序和隔板使用的建议；

——按照制造厂的指导安装完后，防护等级应达到 GB 4208—1993 规定的 IP2X；

——这些隔板应满足 5.103.3 的要求；

——隔板及其支撑应有足够的机械强度以防偶然触及带电部件。

注：仅用做机械防护的隔板和支撑件不受本标准的约束。

运行中发生短路故障后应检查接地回路是否有潜在的损坏，如果需要，可全部或部分更换。

11 安全性

按 GB/T 11022—1999 第 11 章的规定，并做如下补充：

11.101 程序

用户应提出适当的程序，以保证基于程序的可触及隔室仅在可触及隔室中的主回路部件不带电并接地或者处于抽出位置且相应的活门关闭时才能打开。该程序可以由设备的制造商或用户的安全规程规定。

11.102 内部电弧方面

就人员防护而言，在内部电弧情况下，金属封闭开关设备和控制设备的正确性能不只是设备本身设计的问题，也与设备的状态和运行规程有关，示例见 8.3。

对户内设备，由于金属封闭开关设备和控制设备内部故障产生的电弧可能会导致开关设备安装房间内的过压力。其影响不在本标准的范围内，但设备设计时应予以考虑。

附 录 A
（规范性附录）
内部故障——
在内部故障电弧条件下金属封闭开关设备和控制设备试验的方法

A.1 概述

本附录适用于IAC级金属封闭开关设备和控制设备。本等级目的是在金属封闭开关设备和控制设备处于正常工作位置且内部出现电弧事件时，为正常运行条件的设备附近的人员提供了经过试验的保护水平。

对于本附录，正常运行条件意味着要求金属封闭开关设备和控制设备能够进行操作，例如，高压开关装置的分闸或合闸、接通或断开可抽出部件、读取测量仪器和设备的监控等等。因此，如果进行此类操作中的任何一种，所有盖板都得移开和/或所有门都得打开，在进行下述试验时应移开盖板和/或门。

不认为移开或更换运行元件(例如高压熔断器或任何其他可移开元件)以及要求的维护工作属于正常操作。

金属封闭开关设备和控制设备内的内部故障可能发生在多处且可能引起多种物理现象。例如，外壳内绝缘流体中电弧产生的电弧能量可以引起内部过压力和局部过热，进而对设备产生机械的和热的应力。此外，涉及到的材料可能产生热的分解物，可能向外壳外部释放出气体或蒸汽。

内部电弧等级IAC允许内部的过压力作用到盖板、门、观察窗、通风口等。它还考虑了电弧或弧根对外壳的热效应以及排出的热气体和灼热粒子，但是不会损坏在正常运行条件下不会触及的内部隔板和活门。

注：本标准不包括隔室间内部电弧的影响。

下述内部电弧试验用来验证在内部电弧情况下设计在人员防护方面的有效性。它不包括可能导致危害的所有效应，例如在故障后可能存在的潜在有毒气体。从此观点出发，要求在重新进入开关设备室内之前应立即排风和进一步通风。

内部电弧后火灾的蔓延对金属封闭开关设备和控制设备周围的可燃材料或设备造成的危害不包括在本试验内。

A.2 可触及性的类型

a) 非柱上安装的金属封闭开关设备和控制设备：

在设备现场，可能需要区分金属封闭开关设备和控制设备的两种可触及类型：

——A类可触及性：仅限于授权的人员；

——B类可触及性：不受限制的可触及性，包括一般公众的。

对应于这两类可触及性，A.3规定了两种不同的试验条件。

金属封闭开关设备和控制设备外壳的不同侧面可以具有不同的可触及性类型。

采用下述代码表示外壳的不同侧面(见A.7和A.8)：

F：前面

L：侧面

R：后面

前面应由制造厂明确规定。

b) 柱上安装的金属封闭开关设备和控制设备：

——C类可触及性：接触不到的设备限定的可触及性

设备的最低允许高度应由制造厂规定。

A.3 试验布置

A.3.1 概述

应观测下述几点：

——试验样品应装配完整。只要模型的体积及外部材料和元件的一样，且不影响主回路和接地回路，则内部元件允许使用模型。

——应对装有主回路元件的功能单元的每个隔室进行试验。在开关设备和控制设备由可扩展的(模块)独立单元组成时，试品应由和运行情况一样连接在一起的两个单元构成。试验至少应在靠近指示器的开关设备和控制设备末端的所有隔室中进行。但是，如果相邻单元的连接侧和构成开关板的末端侧之间强度存在巨大差异(由制造厂声明的)，则应采用三个单元，且在中间单元的不同隔室上应重复进行试验。

注：独立单元是可以包含在单独的公共外壳内的一个或多个水平和垂直布置(层)的功能单元的总装。

——对柱上安装的设备，试验样品应安装在制造厂规定的运行时的最低高度。如果有控制箱和/或与柱基的电气/机械联系，也都应安装。

——如果试验样品需要接地，则应在规定的点接地。

——试验应在事先没有经受过电弧的隔室中进行，或者，如果承受过电弧，则应在不影响试验结果的条件下进行。

——对于充流体(不是 SF_6)的隔室，试验应在充有额定充入条件(±10%)的原始流体上进行。允许在额定充入条件(±10%)下用空气替代 SF_6。

注：如果用空气替代 SF_6 进行试验，压力增高会不同。

A.3.2 空间模拟

a) 户内使用的金属封闭开关设备和控制设备

试验小室应由地板、天花板和互相垂直两堵墙壁组成。还应有模拟电缆进入的通道和/或排气管道。

天花板：

除非制造厂规定了更大的最小间距，否则，天花板应距试验样品上部 600 mm±100 mm。但是，天花板距地面最小 2 m。本规定适用于高度小于 1.5 m 的试验样品。

为了评估安装条件的判据，制造厂可以在与天花板较小的间距时进行附加的试验。

侧面的墙壁：

侧面的墙壁应距试验样品侧面 100 mm±30 mm。只要能够证明墙壁不会妨碍或限制试验样品侧面面板的任何永久变形，则间距可以选取得更小。

为了评估安装条件的判据，制造厂可以在与侧面的墙壁较大的间距时进行附加的试验。

后面的墙壁：

根据可触及性的类型，后面的墙壁应位于下述位置：

1) 不可触及的后面板：

除非制造厂规定了更大的间距，试验样品的后面板距离该墙壁 100 mm±30 mm。只要能够证明墙壁不会妨碍或限制试验样品后面板的任何永久变形，则间距可以选取得更小。

只要满足两个附加的条件(见 A.6 的判据 1)，认为靠墙壁较近的试验布置是有效的。

如果不能实现这些条件，或制造厂要求直接验证靠墙安装的设计，应在与墙壁没有间距的情况下进行特定的试验。但是，此试验的有效性不能推广到任何的其他安装条件。

如果在大于制造厂规定的与后墙壁距离的间距进行试验，则该间距应为安装说明书规定的最小允许间距。说明书还应包括关于防止人员进入这些区域所采取措施的职责方面的导则。

2) 可触及的后面板：

试验样品的后面板距离墙壁的标准距离为 800^{+100}_{0} mm。

为了验证开关设备和控制设备在缩小的空间里(例如:证明在后板不可触及的布置中设备靠近墙壁是合理的)能够正确运行,应在较小的间距下进行附加的试验。

如果在大于制造厂规定的与后墙壁距离的间距进行试验,则该间距应为安装说明书规定的最小允许间距。

特殊情况下,排气管道的使用:

如果制造厂声明设计需要用电缆进入通道和/或其他所有的排气管道来排出内部电弧期间产生的气体,则制造厂应规定其最小截面尺寸、位置和输出特性(挡板或网格及其特征)。应模拟这些排气管道进行试验。排气管道开口的末端距受试开关设备和控制设备至少 2 m,以防止对试验结果造成不利影响。

注：本标准不包括开关设备和控制设备室外热气的可能影响。

b) 户外使用的金属封闭开关设备和控制设备

如果对所有侧面(F、L、R)都规定了可触及性,则墙壁和天花板都不需要。如果必要,如上所述,应模拟电缆进入通道。

从内部电弧的观点出发,对于同样的可触及性要求,认为通过了试验的户内使用的金属封闭开关设备和控制设备可以用于户外。

在户外使用的开关设备和控制设备打算用于高于开关设备和控制设备 1.5 m 以下的遮板(例如,用于防雨)底下的场合,应考虑相应的天花板。

A.3.3 指示器(用于评估气体的热效应)

A.3.3.1 概述

指示器是切边不朝向试验样品的一块黑布。

根据可触及性的条件,指示器应采用黑色的印花棉布(棉纤维大约 150 g/m^2)或者黑色的棉麻混纺布(大约 40 g/m^2)。

应注意观察垂直布置的指示器不应互相点燃。这可以通过把它们固定在一个深度为 2×30 mm(0,-3 mm)的钢板框架中实现,见图 A.1。

对于水平指示器,应注意灼热粒子不应积聚。如果指示器的安装不用框架就可以满足这一要求。见图 A.2。

指示器的尺寸应为 150 mm×150 mm(+15 mm,0 mm)。

A.3.3.2 指示器的布置

指示器应安装在安装架上,布置在可触及的每一个侧面,与每一侧面的距离取决于可触及性的类型。

考虑到从受试表面喷出热气体的角度可能达到 45°,安装架每个边的长度应大于试验样品的长度。这意味着:对 B 类可触及性,安装架应比受试单元长 100 mm;对 A 类可触及性,安装架应比受试单元长 300 mm,只要不受到试验室模拟布置中的墙壁位置的限制。

注：在任何情况下,垂直安装的指示器到开关设备和控制设备的距离应从外壳的表面量起,不考虑凸出的元件(例如手柄、电器的框架等等)。如果开关设备的表面不规则,应根据可触及性的类型,在上述距离安装指示器,以尽可能实际地模拟人员通常在设备前所处的位置。

a) A 类可触及性(授权的人员)

应使用黑色印花棉布(棉纤维大约 150 g/m^2)作为指示器。

指示器应垂直安装在金属封闭开关设备和控制设备的所有可触及的侧面,距离地面的高度为 2 m,且均匀分布在方格盘上,并占方格盘面积的 40%～50%(见图 A.3 和图 A.4)。

指示器到开关设备和控制设备的距离为 300 mm±15 mm。

应按图 A.3 和 A.4 的规定布置 2 m 高的水平指示器，该指示器伸出开关设备和控制设备 300 mm 到 800 mm。如果天花板位于地面上 2 m 处(见 A.3.2 的 a))，则不需要水平指示器。指示器应均匀分布在方格盘上，并占方格盘面积的 40%～50%(见图 A.3 和图 A.4)。

b) B 类可触及性(一般公众)

应使用黑色的棉麻混纺布(大约 40 g/m^2)作为指示器。

指示器应垂直安装在金属封闭开关设备和控制设备的所有可触及的侧面，距离地面的高度为 2 m。如果样品的实际高度低于 1.9 m，则垂直指示器应比样品高 100 mm。

指示器应均匀分布在方格盘上，并占方格盘面积的 40%～50%(见图 A.3 和图 A.5)。

指示器距开关设备 100 mm±5 mm。

还应按图 A.5 所示，在规定的高度布置水平指示器，该指示器伸出开关设备和控制设备 100 mm 到 800 mm。如果样品的高度低于 2 m，则指示器应直接放在上盖板上，面对可触及的面，应放置在距离 100 mm±5 mm 处(见图 A.6)。指示器应均匀分布在方格盘上，并占方格盘面积的 40%～50%(见图 A.5 和图 A.6)。

c) 特殊的可触及性条件

应使用黑色的棉麻混纺布(大约 40 g/m^2)作为指示器。

不论开关设备和控制设备有多高，如果要求在设备正常运行时人员能够在上面站立或行走，则应按图 A.6 的规定把水平指示器布置在上可触及面上方。

d) C 类可触及性——柱上安装的设备

应使用黑色的棉麻混纺布(大约 40 g/m^2)作为指示器。

指示器应水平布置在 2 m 高的位置，覆盖以柱为中心 3 m 见方的区域。应均匀分布在方格盘上，并占方格盘面积的 40%～50%(见图 A.7)。

A.4 施加的电压和电流

A.4.1 概述

应对金属封闭开关设备和控制设备进行三相试验(对于三相系统)。试验期间施加的短路电流为额定短时耐受电流。如果制造厂有规定，也可以低于该值。

在给定电压、电流和持续时间下进行的试验通常对所有较低的电压、电流和持续时间值有效。

注：较小的电流可能会影响压力释放装置的动作和烧穿特性。对于比试验电流小的短路电流，解释试验结果时应加以注意。

A.4.2 电压

试验回路的外施电压应等于金属封闭开关设备和控制设备的额定电压。但当试验站的能力达不到时，如果满足下列条件，也可以选取较低的电压值：

a) 通过数字记录装置测量得到的实际电流有效值符合 A.4.3 的规定；

b) 已经引燃电弧的所有相都不会提前熄灭。

A.4.3 电流

A.4.3.1 交流分量

金属封闭开关设备和控制设备内部电弧试验短路电流值的偏差应为 $^{+5}_{0}$%。如果施加额定电压，该偏差值适合于预期电流；

该电流应维持恒定。如试验站的能力做不到这样，则应延长试验，直到电流交流分量积分值等于规定值，其允许偏差为 $^{+10}_{0}$%。在这种情况下，至少在开始三个半波内电流应等于规定值，而在试验结束时的电流应不小于规定值的 50%。

A.4.3.2 峰值电流

选择合闸瞬间应使得流过一个边相电流的预期峰值(允许偏差为 $^{+5}_{0}$%)等于 A.4.3.1 规定的交流

分量有效值的 2.5 倍，这使得电流的大半波出现在另一个边相。如果电压低于额定电压，通过被试金属封闭开关设备和控制设备的短路电流峰值应不低于预期峰值电流的 90％。

注：对其他较高的电网直流时间常数，额定值为交流分量有效值的 2.7 倍。

在引燃两相电弧的情况下，选择的合闸瞬间应使得产生最大可能的直流分量。

A.4.4　频率

当额定频率为 50 Hz 时，试验开始时的频率应在 48 Hz～52 Hz 之间。当在其他额定频率时，偏离额定值不应超过±10％。

当快速动作的保护装置依赖于频率动作时，试验应在这些装置的额定频率的±10％范围内进行。

A.4.5　试验持续时间

制造厂应规定试验持续时间。标准推荐 1 s、0.5 s 和 0.1 s。

注：当电流值不是试验中使用的电流时，一般来说，不可能计算该电流的允许电弧持续时间。试验过程中的最高压力通常不会在较短的燃弧时间内降低，所以，不存在随着试验电流的减小，电弧允许持续时间增加的这样一个通用法则。

A.5　试验程序

A.5.1　电源回路

除对具有分相的且分相的隔室间互不影响的开关设备和控制设备的试验外，如果适用，电源回路应是三相的。电源回路的中性点既可以绝缘也可以通过阻抗接地，这样使得最大接地电流小于 100 A。在这种情况下，回路的布置包括了所有的中性点情况。

注：中性点直接接地的内部故障的严酷程度较低。

当对分相的开关设备和控制设备的部件进行试验时，电源应是单相的，并一端接地。试验电流为 A.4.3.1 规定的三相电流值。

注意不要因接线改变了试验条件。

送电的方向应如下：

——对于电缆隔室：从母线供电，通过主开关装置。

——对于母线隔室：电源的接线不应使受试的隔室打开。如果母线隔室对整个开关板是公共的，且隔板安装在功能单元间形成了独立的母线隔室，则电源应通过隔板或者通过位于开关板一个末端的主开关装置供电。

——对于主开关装置隔室：从母线供电，主开关装置处于合闸位置。

——对于包含几个主回路元件的隔室：通过一组合适的进线套管供电，除接地开关（如果有，应处于分闸位置）外，所有的开关装置都处于合闸位置。

A.5.2　电弧的引燃

用直径大约为 0.5 mm 的金属线在所有的相间引燃电弧。对于分相导体，在一相和地之间引燃。

引燃点应位于受试隔室内距电源最远的可触及位置。

在带电部件采用固体绝缘包覆的功能单元内，电弧应在相邻的两相间引燃，电流值为额定值的 87％。对于分相导体，在一相和地之间的下述位置引燃：

a)　在绝缘包覆部件的绝缘之间的间隙或连接表面；

b)　如果没有采用预装的绝缘件，通过在现场制造的绝缘连接上打孔。

除 b)的情况外，不应对固体绝缘打孔。电源回路应是三相的以使故障能够发展为三相故障（如果适用）。

对于通过插入式连接器连接的电缆隔室，不论连接有屏蔽还是没有屏蔽，或者是现场制作的固体绝缘，受试的两相应装有未绝缘的接入连接，且第三相装有运行中所用插入式连接器，且能够带电。

注：经验证明故障一般不会发展成三相故障；因此，选择安装第三相并不关键。

在所有的相间故障情况下，试验电流应按照 A.4.3 确定的三相电源回路的相对相故障电流。除非发展成三相故障，否则，就意味着实际的电流值降到了内部电弧耐受电流规定值的 87%。

在直接接地电力系统中(非悬浮中性点)，或在有接地故障保护的电力系统中，单一的相对地短路电流通常小于两相故障电流，且会被迅速切断。对仅为这种限定用途设计的高压开关设备和控制设备，相应地也可以接受除上述规定的两相试验外的试验。单相对地引燃电弧，其他相带电以使得电弧发展为三相。试验时施加规定的内部故障耐受电流单相值。

A.6 合格判据

如果满足下述判据，就是 IAC 级金属封闭开关设备和控制设备(按照相关的可触及性类型)：

判据 1：

安全的门和盖板没有打开。只要没有部件到达每一侧指示器或墙壁的位置(不管哪个是最近的)，变形是可以接受的。试验后，开关设备和控制设备没有必要满足其规定的 IP 代码。

把这一合格判据推广到比受试设备(见 A.3.2 的 a))更靠近墙壁的设施，应满足两个附加条件：

——永久的变形小于预期到墙壁的距离；

——排出的气体没有直接朝向墙壁。

判据 2：

在试验规定的时间内外壳没有开裂。

喷射出的小件单个质量不超过 60 g 是可以接受的。

判据 3：

电弧在高度不超过 2 m 的可触及面上没有形成孔洞。

判据 4：

热气体没有点燃指示器。

如果有证据证明点燃是由灼热粒子而不是热气体所引起的，试验期间开始的燃烧，可以认为满足了评估的判据。实验室可以采用高速摄影机、摄像或任何其他适合的方法获得的照片可以作为证据。

不包括油漆和粘贴物的燃烧导致的指示器的燃烧。

判据 5：

外壳仍旧和接地点相连。外观检查通常足以判定是否满足。如有怀疑，应检查接地连接的连续性，见 6.6 的 b)。

A.7 试验报告

试验报告中应给出下述资料：

——标明试验单元主要尺寸的图纸，试验单元的额定值及描述，机械强度的细节，压力释放板的布置以及金属封闭开关设备和控制设备与地面和/或墙壁的固定方法。对于柱上安装的金属封闭开关设备和控制设备，应给出柱子的特征以及固定到柱子上的方法；

——试验连接的布置；

——内部故障的引燃方法和引燃点；

——根据可触及性的类型(A、B 或 C)、侧面(F、L 和 R)和设备条件，给出试验布置草图(模拟室、试验样品和指示器的安装架)。

——施加的电压和频率；

——对于预期电流和试验电流：

a) 前三个半波期间交流分量的有效值；

b) 最高的峰值；

c) 在实际的试验持续时间内交流分量的平均值；

d) 试验的持续时间。

——表明电压和电流的示波图；

——试验结果的判定，包括按 A.6 得到的观察记录；

——试验前后的试验样品的照片；

——其他相关的说明。

A.8 等级的命名

试验验证为 IAC 级时，根据 6.106，对金属封闭开关设备和控制设备命名如下：

——总的：IAC 级（英文内部电弧等级的缩写）；

——可触及性：A、B 或 C（按照 A.2）；

——试验值：试验电流（单位为 kA）、持续时间（单位为 s）。

这一命名应包括在铭牌中（见 5.10）。

示例 1：一台金属封闭开关设备试验的故障电流为 12.5 kA（有效值），持续时间 0.5 s，打算安装在公众可触及的场所，试验时指示器位于前面、侧面及后面，命名如下：

IAC 级 BFLR

内部电弧：12.5 kA 0.5 s

示例 2：一台金属封闭开关设备试验的故障电流为 16 kA（有效值），持续时间 1 s，打算安装在下述条件下：

前面：公众可触及性

后面：限于操作人员

侧面：不可触及

命名如下：

IAC 级 BF-AR

内部电弧：16 kA 1 s

单位为毫米

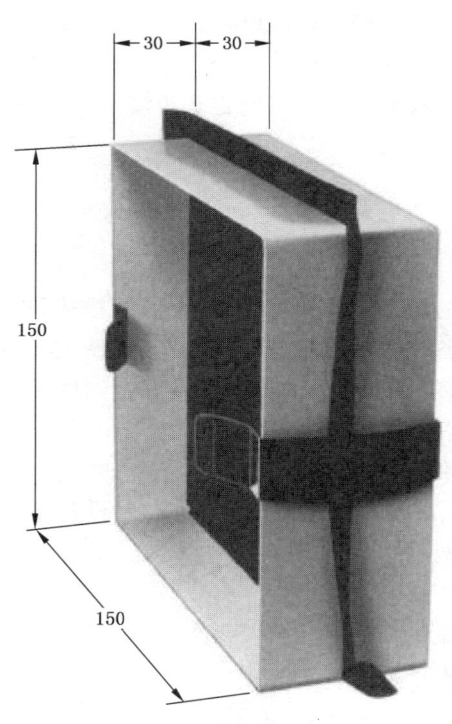

图 A.1 垂直指示器安装框架

图 A.2 水平指示器

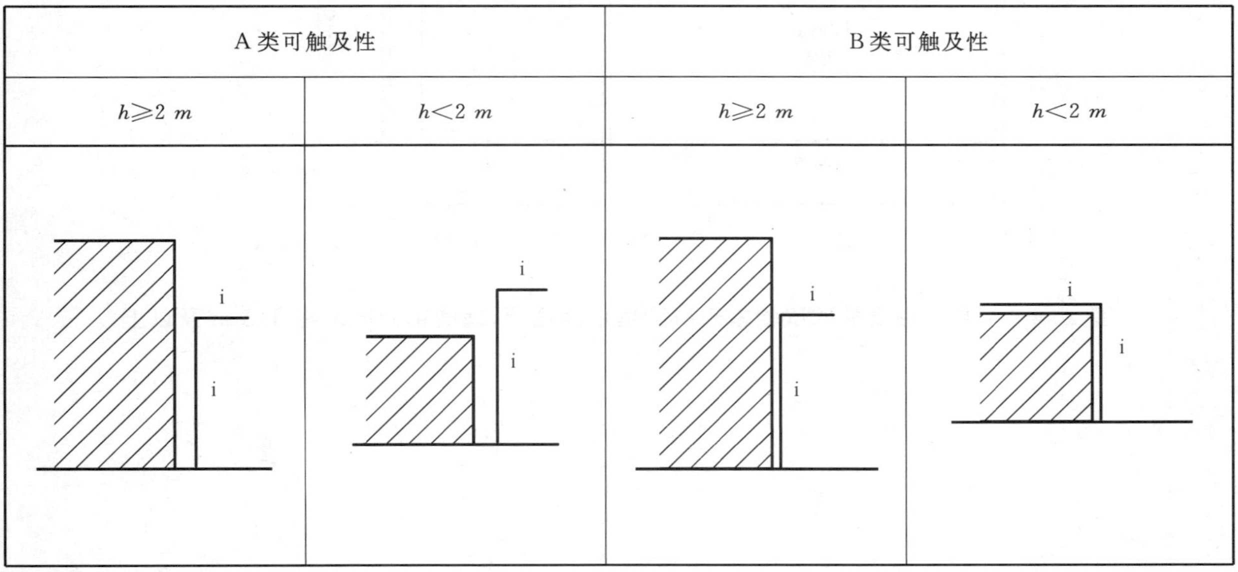

A类可触及性		B类可触及性	
$h \geqslant 2\ m$	$h < 2\ m$	$h \geqslant 2\ m$	$h < 2\ m$
i i	i i	i i	i i

图中：

i——指示器的位置；

h——设备的高度。

图 A.3 指示器的位置

单位为毫米

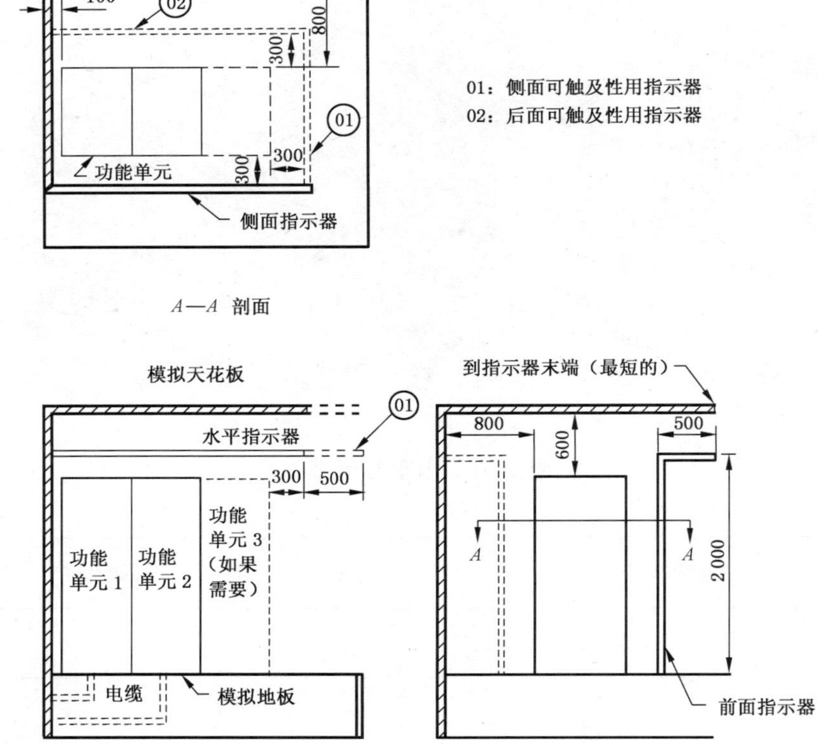

图 A.4 A类可触及性的试验室模拟和指示器位置，功能单元高度在 1.5 m 及以上

单位为毫米

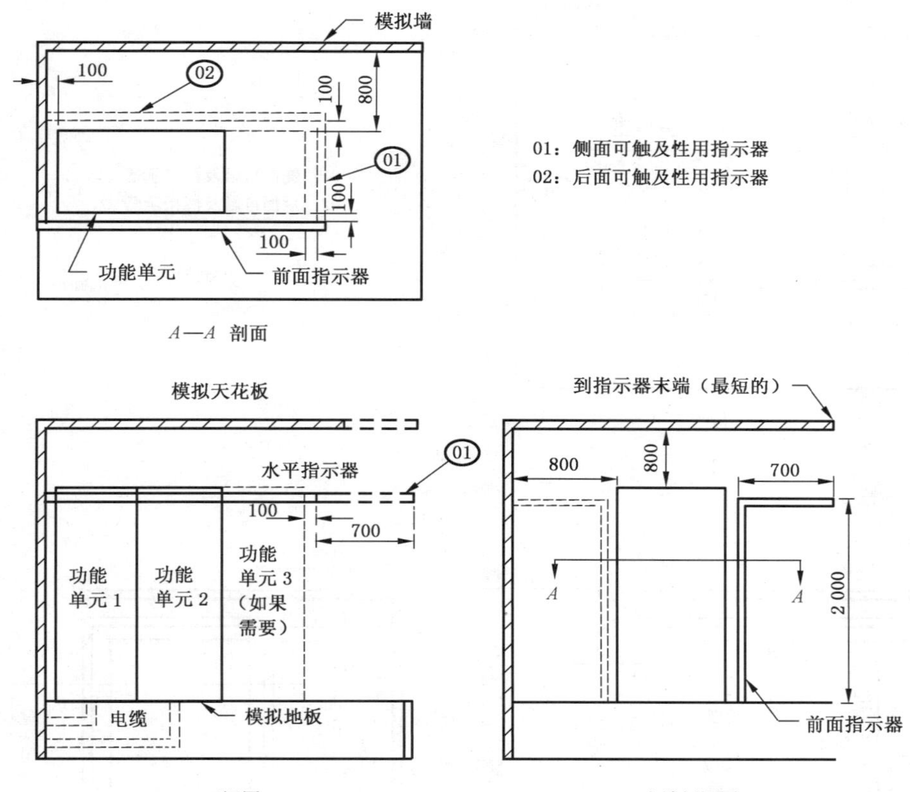

图 A.5 B 类可触及性的试验室模拟和指示器位置，功能单元在 2 m 以上

单位为毫米

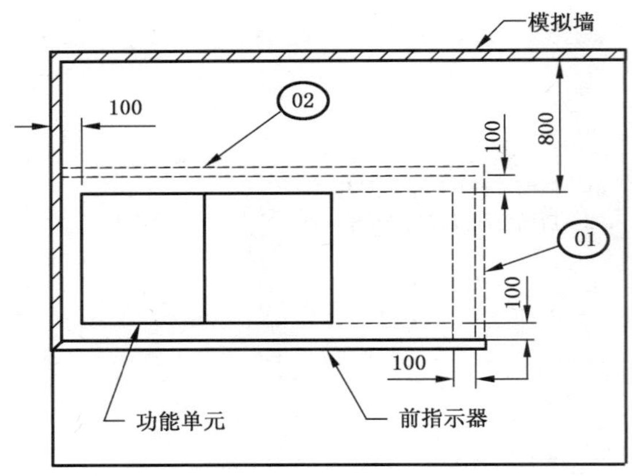

01：侧面可触及性指示器
02：后面可触及性指示器

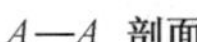
A—A 剖面

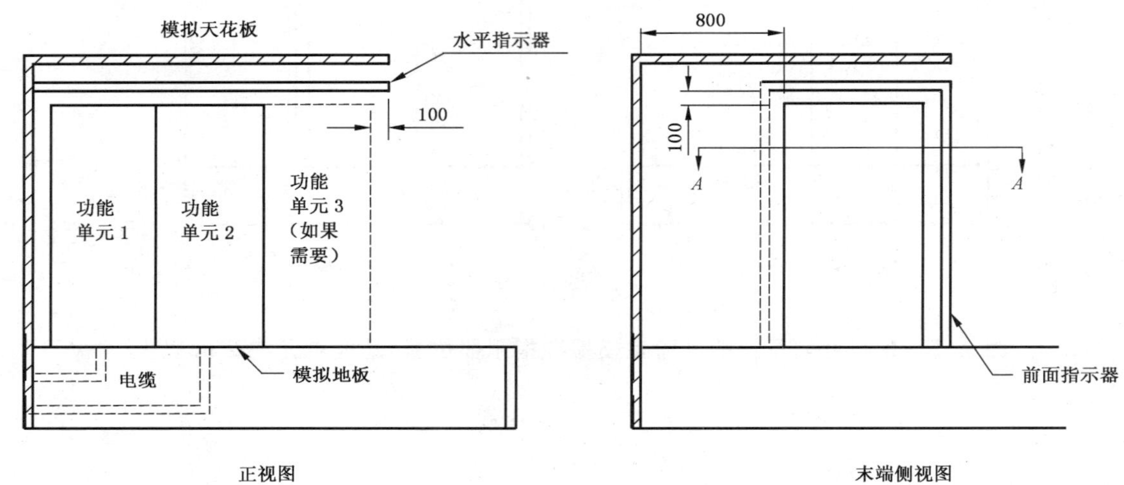

正视图　　末端侧视图

图 A.6　B类可触及性的试验室模拟和指示器位置，功能单元在2 m以下

单位为毫米

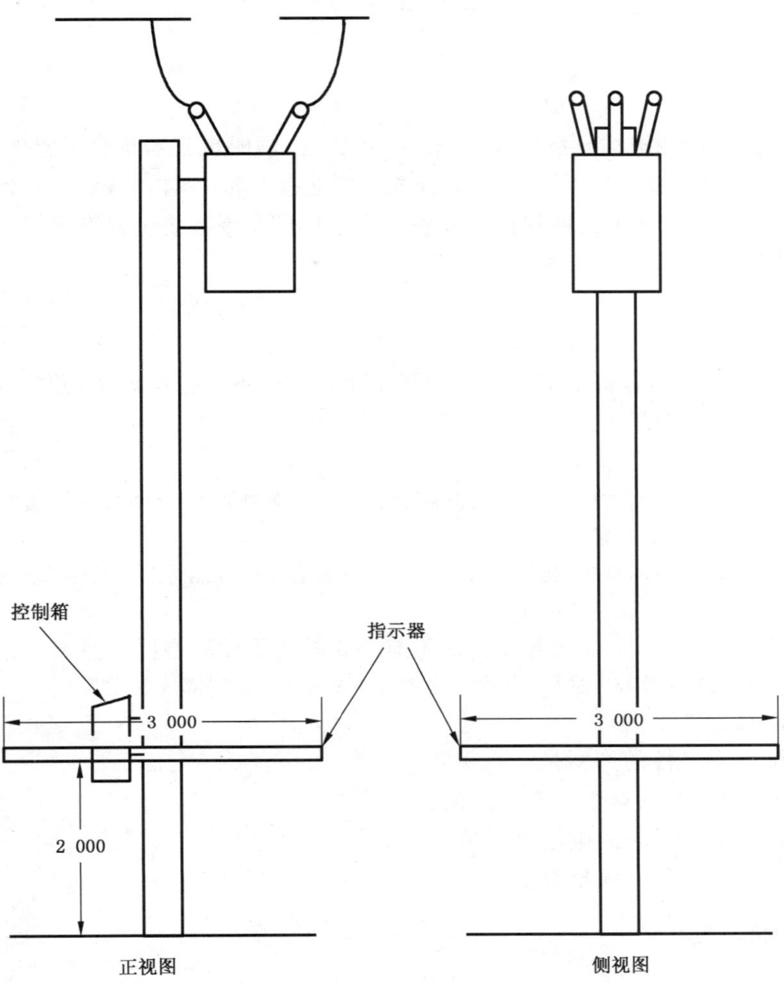

图 A.7 柱上安装开关设备架空连线时的试验布置

附 录 B
（规范性附录）
局部放电测量

B.1 总则

局部放电测量是适宜检测被试设备某些缺陷的一种方法，同时也是对绝缘试验的有效补充。经验表明，在某些特定结构中，局部放电可以导致绝缘的介质强度逐渐下降，固体绝缘和充流体隔室尤其如此。

另一方面，由于金属封闭开关设备和控制设备中所使用的绝缘系统的复杂性，尚不可能在局部放电测量结果和设备的预期寿命间建立一种可靠的关系。

B.2 适用性

局部放电测量适用于使用有机绝缘材料的金属封闭开关设备和控制设备，并推荐用于充流体隔室。

由于设计的多样化，不可能对试品提出通用的技术要求。一般地，试品应包括与设备的完整装配中具有相同的电场强度的总装和部装。

注 1：优先选择完整装配的试品。对完整的开关设备设计，特别是各种带电部件和连接件是嵌入固体绝缘内的，试验必须在装配完整的试品上进行。

注 2：由常规元件组合的设计中（例如：互感器、套管），可根据其有关的标准对这些元件单独试验，而本局部放电的目的是检验这些元件在装配中的布置。

由于技术和经济上的原因，建议局部放电试验与必要的绝缘试验在同一总装或部装上进行。

注 3：此试验可在一些总装或部装上进行。必须注意测量不要受到外部局部放电的影响。

出厂试验也可以在元件上进行。

决定局部放电试验必要性的判据是：

1） 实际的运行经验，包括整个生产期间的试验结果；

2） 固体绝缘最高电场区域的电场强度值；

3） 设备中主绝缘部分的绝缘材料类型。

B.3 试验回路和测量仪器

局部放电测量试验应符合 GB/T 7354—2003 的规定。

三相设备的试验既可在单相试验回路中进行，也可在三相试验回路中进行（见表 B.1）。

a） 单相试验回路

程序 A

是一种通用方法，适用于中性点接地或不接地系统中运行的设备。

测量局部放电量时，依次将每相接到试验电源上，其余两相和所有工作时接地的部件都接地。

程序 B

仅适用中性点接地系统中运行的设备。

测量局部放电量时，应采用两个试验布置。

首先，应在 $1.1U_r$（U_r 是额定电压）试验电压下进行测量，依次将每相接到试验电源上，其余两相接地。测量时必须将在正常运行中接地的所有金属部件与地脱开或绝缘起来。

再将试验电压降至 $1.1U_r/\sqrt{3}$ 下进行附加测量。在测量过程中，运行中接地的部件都接地，且三相并联接到试验电压源上。

b） 三相试验回路

如果有合适的试验设备，局部放电试验可按三相布置进行。

在此情况下，推荐使用三个耦合电容器按图B.1连接。可用一个放电检测器依次接到三个测量阻抗上。

为了给检测器在三相布置的一个测量位置上定标，将已知电量的短时电流脉冲一方面依次注入到每一相和地之间，另方面注入到其他两相和地之间。则给出的最小偏转刻度，用其来确定放电量。

当设计的设备用于中性点非直接接地系统时，应进行附加试验(仅作为型式试验)。试验时，试验样品的每一相和电源的对应相应依次接地(见图B.2)。

B.4 试验程序

按照试验回路(见表B.1)，外施工频电压至少升高到1.3U_r或1.3$U_r/\sqrt{3}$的预加值，且在此值下至少保持10 s*。不考虑在此期间产生的局部放电。

然后，根据试验回路，连续地将电压降到1.1U_r或1.1$U_r/\sqrt{3}$，且在此电压下测量局部放电量(见表B.1)。

考虑到实际背景噪音水平，应尽可能记录局部放电的起始电压和熄灭电压以作为补充资料。

通常，应在开关装置处于闭合位置时对其总装或部装进行试验。由于局部放电可能会导致隔离开关断口间的绝缘老化，因此，在隔离开关分闸的情况下，应补充进行局部放电测量。

对充流体设备，试验应在最低功能水平或额定充入水平下进行，不管那种更严酷。出厂试验应在额定充入水平下进行。

B.5 最大允许的局部放电量

推荐的局部放电参量为视在电荷量，一般用皮库(pC)表示。

在1.1U_r或1.1$U_r/\sqrt{3}$电压下的最大允许局部放电量，由制造厂和用户商定。

固体绝缘的可接受限值：在1.1U_r(相间电压)(在1.1$U_r/\sqrt{3}$相对地电压)下应为10 pC，而对于中性点非直接接地系统，在1.1U_r相对地电压下为100 pC。

注：在进一步取得可靠数据之前，可以不规定局部放电量的限值。金属封闭开关设备和控制设备的元件可能采用一种或多种不同的技术(例如：固体、液体或气体绝缘)，每种具有不同的要求。对整体、部分或总装规定通用的最大可接受的局部放电水平还很难，且有争议。目前，这些值由制造厂确定，或在验收试验时由制造和用户协商确定。

表B.1 试验回路和程序

	单相试验			三相试验
	程序A	程序B		
电源连接到	依次连接到每相	依次连接到每相	同时连接到三相	三相(图B.1)
接地连接的元件	其他相和工作时接地的所有部件	其他两相	工作时接地的所有部件	工作时接地的所有部件
最低预施电压	1.3U_r	1.3U_r	1.3$U_r/\sqrt{3}$	1.3U_r 1)
试验电压	1.1U_r	1.1U_r	1.1$U_r/\sqrt{3}$	1.1U_r 1)
基本接线图	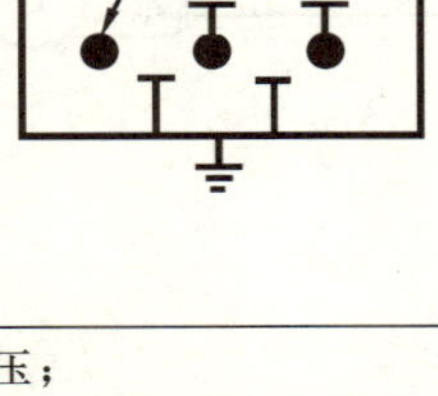	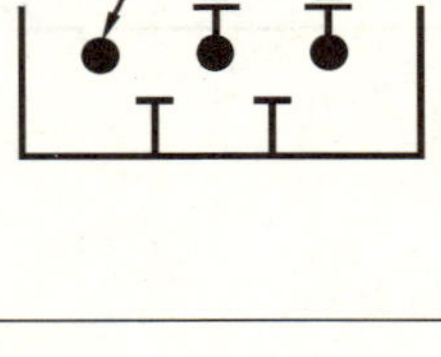	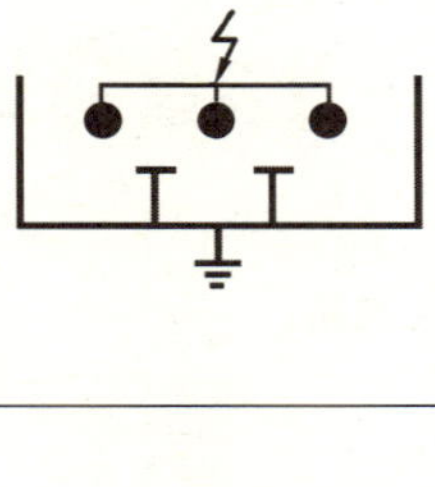	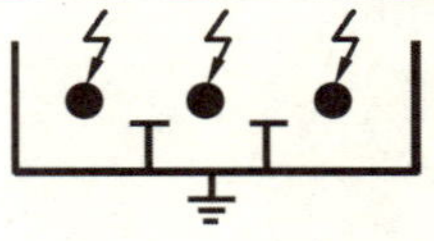 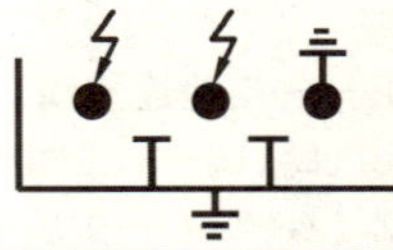 2)
1) 相间电压； 2) 中性点不接地系统的补充试验(仅作为型式试验)。				

* 局部放电试验也可在工频电压试验后降低电压进行。

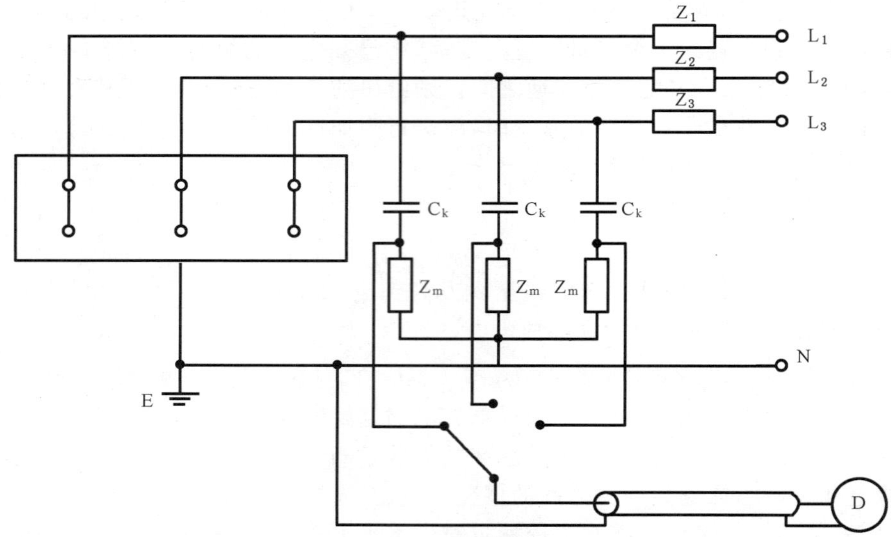

图中：

N——中性点连接线；

E——接地连接线；

L_1、L_2、L_3——三相电源连接端；

Z_1、Z_2、Z_3——试验回路阻抗；

C_k——耦合电容器；

Z_m——测量阻抗；

D——局部放电检测仪。

图 B.1 局部放电试验回路(三相布置)

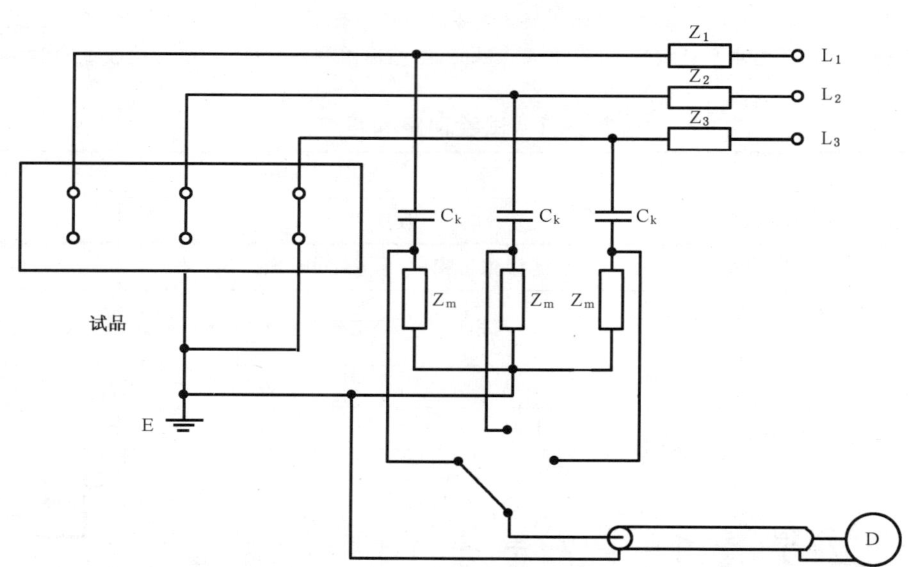

图中：

E——接地连接线；

L_1、L_2、L_3——三相电源连接端；

Z_1、Z_2、Z_3——试验回路阻抗；

C_k——耦合电容器；

Z_m——测量阻抗；

D——局部放电检测仪。

图 B.2 局部放电试验回路(中性点不接地系统)

附 录 C
（规范性附录）
用于严酷气候条件下的3.6 kV～40.5 kV交流金属封闭开关设备和控制设备的附加要求

C.1 适用范围

本附录适用于按照本标准的规定并在凝露和污秽方面比正常使用条件更严酷的使用条件中使用的户内金属封闭开关设备和控制设备，但气体绝缘的金属封闭开关设备和控制设备除外。

注：虽然像机构、联锁和外壳等机械部件的特性也很重要，但在本附录中详细规定的试验主要是研究电气绝缘性能。

C.2 适用对象

本附录提出了凝露和污秽两方面严酷使用条件的两个等级的定义。确定了金属封闭开关设备和控制设备在规定条件下性能的试验程序，以便得出它们在这些严酷使用条件下能否适应的结论。

C.3 凝露和污秽运行条件下的严酷程度

安装在建筑物或房子内的户内设备，通常能免遭户外气候条件的危害，但可能要承受由于温度快速变化引起的凝露以及建筑物内环境的污染。

金属封闭开关设备和控制设备周围的凝露和污秽使用条件分类如下：

C_0：通常不出现凝露（每年不超过两次）；

C_1：凝露不频繁（每月不超过两次）；

C_h：凝露频繁（每月超过两次）；

P_0：无污秽；

P_1：轻度污秽；

P_h：严重污秽；

注1：P_0 认为是不现实的；

注2：对于包含有腐蚀性沉积物使用条件，应向制造厂询问。

考虑到设备特别受到湿度和污秽联合作用的情况，三个使用条件的严酷等级定义如下：

0级：C_0P_1

1级：C_1P_1 或 C_0P_h

2级：C_1P_h 或 C_hP_1 或 C_hP_h。

C.4 金属封闭开关设备和控制设备的分类

定义了0类、1类、2类三个设计类别。实质上它们对应于C.3所述的使用条件严酷度的三个等级。按照这些设计类别，设备使用的典型实例如下：

C.4.1 0类设计

设备用于温度可控制的地点，可以周期性地加温或冷却。建筑物或房屋提供防护使设备免受户外气候条件变化的影响。采取预防措施，使沉积物减到最少。

C.4.2 1类设计

存在两种可能性：

1） 设备用于没有温度控制的地点。建筑物或房屋提供防护使设备免受户外气候条件变化的影响，但不能排除凝露。采取预防措施，使沉积物减到最少。

2） 设备装于温度可控制的地点，装设地点无专门预防措施使沉积物减到最少，或设备处在极接近于尘源的地方。

C.4.3 2类设计

存在三种可能性：

1） 设备用于没有温度控制的地点。建筑物或房屋提供防护使设备免受户外气候条件变化的影响，但凝露不能排除。装设地点无专门预防措施使沉积物减到最少，或设备处在极接近于尘源的地方。

2） 设备用于没有温度控制的地点。建筑物或房屋使设备免受户外气候变化影响的防护很少，以致凝露可能频繁出现。采取预防措施使沉积物减到最少。

3） 设备用于没有温度控制的地点。建筑物或房屋使设备免受户外气候变化影响的防护很少，以致凝露可能频繁出现。装设地点无专门的预防措施使沉积物出现减到最少，或设备处在极接近尘源的地方。

注1：通过选择金属封闭开关设备和控制设备合适的防护等级可使设备外壳内沉积物的数量减到最少，或对金属封闭开关设备和控制设备采取加热、通风等措施，使凝露不易产生，也可选用1类设计或2类设计的金属封闭开关设备和控制设备来满足特殊使用环境条件的要求；

注2：对于在严酷气候条件下，需要选用按1类设计或2类设计的金属封闭开关设备和控制设备，也可通过改变装设地点的气候条件，例如装设空调、去湿设备和加强建筑物的防尘等措施，使得0类设计的产品可以适用，在某些情况下，可能更为安全可靠、经济合理。

注3：对于12 kV金属封闭开关设备和控制设备，其相间和相对地间的爬电比距推荐下列数值：按照1类设计的设备，电瓷－14 mm/kV、有机绝缘－16 mm/kV；按照2类设计的设备，电瓷－18 mm/kV、有机绝缘－20 mm/kV。若由于设计、工艺、材料改变，也可不按上述规定的条件进行设计。对于40.5 kV的金属封闭开关设备和控制设备，其爬电比距正在考虑中。

C.5 分类程序

对于按本标准规定的正常使用条件，不要求作附加试验，符合本标准的金属封闭开关设备和控制设备应认为属于0类设计。

通过试验来验证设备满足1类设计或2类设计的严酷使用条件下的性能。

进行老化试验的必要性可以预先进行穿透性试验来判定。如果成功地通过此项试验，则设备可直接地归为2类设计。

如果穿透性试验被省略或没有通过，则按1类设计的金属封闭开关设备和控制设备将按照C.9的规定承受1级老化试验。按2类设计的金属封闭开关设备和控制设备将按照C.10的规定承受2级老化试验。

穿透性试验由一周期性变化的气候周期组成，在这周期中应进行相关的测量。然后设备暴露在温度周期变化的盐雾中，继之按照第C.8.3规定的诊断程序在接着的气候周期期间进行。

1级和2级的老化试验要求重复采用同一气候周期并继之进行C.11中规定的诊断程序。除了2级老化试验采用多个气候周期外，2级老化试验等同于1级老化试验。

穿透性试验所选用的参数（温度、湿度、污秽）足以代表2类设计定义的使用条件：即频繁的凝露和严重的污秽导致外壳内绝缘件的表面电导约10 μS。

分类程序按图C.1所示的流程图进行。

C.6 试验设备及有关要求

C.6.1 气候试验室

气候试验室要求有足够的容积以便容纳被试设备。设备装于气候试验室多孔的基架上。离地面高度不小于0.5 m。气候试验室的容积应是被试设备体积的（5～15）倍。被试设备外壳壁及顶部与试验室墙壁及天花板的距离以及与喷雾器之间的距离应大于相间距离且不小于0.15 m（见图C.2a）。然而,对于试验程序 A(见 C.9.1),试验室墙壁与被试设备外壳之间的距离最好不小于 1.5 m。

此外,需要有一个能按穿透性试验和试验程序 B(见 C.9.2)所要求的水滴大小和送给率向试验室喷射盐污的雾化云的方法。

由于某些试验程序中使用的污秽(盐雾)对试验室内的某些器材及其与功能有关的重要部分功能有潜在危害,在用这些腐蚀性材料进行试验时,建议采用聚乙烯薄膜罩将设备罩上(见图 C.2b)。

C.6.2 控制设备

为了产生至少 20℃至 50℃范围的周期性温度变化,需要控制温度以及能快速地改变温度。控制温度的偏差小于±2℃,保持温差±2℃的公差也是重要的。

对湿度也需要从低于 80%到高于 95%的相对湿度范围内进行相当好的控制。

为了获得上述这些结果,要求有向气候试验室注入蒸气云的设备以便同时增加温度和湿度,还要求有注入冷的干燥空气的设备以便进行逆过程。

为了保持整个试验室的状态是均匀一致的,要求采取一些空气循环的措施,还要求有能对试验室进行干燥加热的装置。

C.6.3 测量设备

要求提供一个或几个高压电源以便在进行某些试验时能对被试设备施加电压,为此,电源应能在气候周期性变化过程中保持额定电压偏差为 0～－5%。

为了施加诊断试验电压(其值至少达到被试设备的额定电压的 3 倍)。要求电源的短路容量至少 1 A。这个电源应有保护装置,在闪络或击穿放电的情况下,其动作时间小于 0.1 s。

如果适用,按照本标准附录 B 的规定采取措施对被试单元的每相进行局部放电测量。

如果适用,还要采取措施测量被试单元的每相的泄漏电流的有功分量(R)的有效值。金属封闭开关设备和控制设备的主回路应连接到电压等于额定电压且一相接地的三相电源上,或者最好是连接到电压等于额定电压的单相电源上,主回路的带电部分相互联结在一起(见 C.12 的规定)。

C.7 试验设备的选择和布置

C.7.1 设备的选择

试验应该在一个完全装配好的配有其全部元件并与运行状态一致的典型功能单元上进行。被试功能单元及其元件应是新的干净的。

注:对于各相分装的开关设备和控制设备允许进行单相单元试验。

C.7.2 设备的布置

被试设备应置于 C.6.1 中所述的气候试验室中,并使其处于正常位置。功能单元的试验布置不应比正常运行布置有利,特别是关于外部连接应是如此。

设备的连接应使得功能单元根据所选择试验程序的要求能以三相电源对其施加额定电压。

考虑到泄漏电流的检测,金属封闭开关设备和控制设备的接地部分应连接到保护导体上,如果适用,金属封闭开关设备和控制设备应与地绝缘(见 C.12)。

C.8 穿透性试验

这项试验是用来检查设备的外壳防止污秽和凝露侵袭的效应,以便能估计被试设备暴露于严酷气候条件下的这种效果。

采取的方法是将被试设备置于盐雾环境中承受温度和湿度周期性变化。

用比较试验系列的前、后在同一条件下的局部放电及泄漏电流来评价封闭绝缘的污染程度。

C.8.1 参考性测量

置于气候试验室中的功能单元(见 C.6.1)应施加额定电压,并按下列规定承受一个气候周期(见图 C.3)。

气候试验室内的温度应在 3 h 内从 25℃±3℃上升到 40℃±2℃。温度在 40℃±2℃保持 2 h，然后在 1 h 内降到 25℃±3℃。最高温度和最低温度之差应保持在 15℃±2℃内。然后温度在 25℃±3℃保持 2 h。

温度周期性变化过程中的初始相对湿度为 95%并保持 4.5 h。然后相对湿度在 0.5 h 内降到 80%并保持 2.5 h。最后，相对湿度应在 0.5 h 升高到 95%。

注：某些气候试验室降低温度至 25℃时伴随有干燥效应，以致此时的湿度降低到规定值的 80%以下。在这种情况下应延长周期时间使湿度在周期结束前上升到规定值。

在整个气候周期中，应对被试单元的每相进行局部放电及泄漏电流的有功分量(R)有效值的测量，最好是连续地进行记录。若无连续记录装置，记录局部放电及泄漏电流的时间间隔应不超过 1 min；对于循环中的每一分钟，平均值是以该 1 分钟的值前面两个值和后面两个值进行平均计算而得。将这些综合平均值绘成局部放电及泄漏电流随时间变化的曲线图。

C.8.2 污秽处理

对被试品不施加电压。

暴露试验室，气候试验室或聚乙烯薄膜室内的温度根据情况需在 1 h 内由周围空气温度上升到 40℃±2℃，并保持此温度 1 h。然后切除热源，设备承受来自喷雾装置的盐溶液的喷淋，盐溶液的浓度为5 kg/m^3。喷雾的流量率应是 1 m^3 实验室容积为 0.3 L/h～0.5 L/h。喷雾 1 h 后停止喷雾。这个穿透性试验周期应重复进行 8 次(见图 C.4)。

C.8.3 诊断程序

污秽处理后，去掉保护罩(如果有)，被试功能单元再次带电，然后按 C.8.1 的规定再进行 6 个试验循环。在这些循环的最后一个循环中，按 C.8.1 的规定测量局部放电和泄漏电流。

紧接着最后一个气候周期，温度保持在 25℃±3℃，相对湿度保持在 95%。进行单相工频电压试验：一相施 $U_r/\sqrt{3}$的电压，U_r 是设备的额定电压，其余两相接地并连接到设备的保护导体上。电压一直升到设备的额定工频耐受电压(电压上升率为 0.5 kV/s～0.7 kV/s)并在此值下保持 30 s。试验应连续地依次在三相上重复进行，两次试验之间的时间间隔应根据实际情况尽量短。

C.8.4 评定

应对穿透性试验开始和结束时测量周期的每分钟所测得的综合平均值进行比较。计算每一最终测量值与相应的每一起始测量值之比值，从而确定出泄漏电流和局部放电水平的最大比值。

如果局部放电之比值及泄漏电流之比值均未超过 2，而且在绝缘试验中未出现闪络或击穿，则设备就可以定义为 2 类设计，无需作进一步的试验。

然而，应检查被试设备及其元件的功能特性不应受到影响，应记录腐蚀性程度(如果有)。

注 1：目前提出比值为 2，但为了验证这个值的有效性，需作进一步研究；

注 2：如果局部放电或泄漏电流记录的起始值非常低，则可采用较高的比值；

注 3：验证机械性能的附加试验由用户同制造厂协商进行。

如果被试设备不满足关于局部放电及泄漏电流的上述判据，但绝缘试验中未出现闪络或击穿，则设备可以按照下述规定分类：

a) 已通过 C.9 规定的 1 级老化试验后的设备，定义为 1 类设计；

b) 已通过 C.10 规定的 2 级老化试验后的设备，定义为 2 类设计。

如果在绝缘试验中出现闪络或击穿，则设备被定义为 0 类设计。

C.9 1 级老化试验

1 级老化试验的目的是验证设备是否满足 1 类设计的要求。

按照 C.7 规定选择被试设备及进行试验准备。

进行老化试验过程中，建议监测泄漏电流以收集关于设备性能的资料。

对于这些老化试验，提出了两个试验程序。在进一步实践期间，认为这二个程序是等价的。

C.9.1 试验程序 A

功能单元及其元件应该是新的和干净的，绝缘零部件不再进行任何表面处理。

功能单元置于气候试验室，在两个为期 9 天的完全相同的试验周期中按下列规定多次反复承受 2 h 湿热循环试验（见图 C.5）。

气候试验室的相对湿度保持在 95%以上，其温度在 40 min 内由 30℃±3℃上升到 50℃±2℃。这些条件维持 20 min. 然后温度在 40 min 内下降到 30℃±3℃，此时不规定湿度值。随后温度在 30℃±3℃保持 20 min，在这整个期间的相对湿度保持在 80%以上。此外，高低温度之差应保持在 20℃±2℃范围以内。

为了使温度升高，可以直接向气候试验室注入蒸汽云（包括悬浮状的细水珠）；温度 30℃增加到 50℃是注入蒸汽云产生热交换的结果。注入的没有蒸汽的干燥空气可以使温度降低。30℃±3℃到 50℃±2℃的温度变化调节可以通过相继地喷入蒸汽云和随后注入冷的干燥空气到试验室中而获得。

时间为 9 天的试验周期，按照以下规定分配时间：

在起初 7 天，对被试设备施加其额定电压，承受 84 个湿热循环试验。7 天试验后，停止试验 2 天，温度保持在最后一个湿热循环结束时的 30℃。去掉蒸汽和冷空气源，停止施加电压，打开功能单元的门。

在中断试验两天的最后数小时，对操动装置和功能单元的门进行机械操作。应对动作时间、触头速度、联锁动作等的变化进行记录。

完成两个 9 天的试验周期后，应按照 C.11.1 规定的诊断程序对被试设备的性能进行评定。

C.9.2 试验程序 B

功能单元的绝缘零部件应采用不损伤绝缘材料的合适方法清洗干净（即用温水和磷酸三钠）。

对被试功能单元施加额定电压，并按照以下程序多次反复进行周期为 12 h 的温度—湿度试验循环（见图 C.6）。

气候试验室或聚乙烯薄膜室的温度根据情况按约 10℃/h 的温度变化率从 30℃±3℃至 50℃±2℃进行周期性变化。此外，高低温之间的温度差应保持在 20℃±2℃范围内。

在 t_1 及 t_3 的 2 h 温度过渡期间，不规定相对湿度值，但在 t_2 的 2 h 期间，湿度应在 80%以下而且温度维持在 50℃±2℃。在 t_4 的 6 h 期间，湿度应在 95%以上而且温度维持在 30℃±3℃。

采用连续喷盐水溶液雾和加热的方法获得温度和湿度的变化。盐水溶液由不含矿物的水每立方米加入 0.176 kg 盐（氯化钠）获得。合成湿度应是这样，即在试验室收集到的水的电阻率在 20℃时应近似等于 30 Ωm。喷盐溶液雾的流量率应是每立方米试验室容积 0.3 L/h～0.5 L/h。雾滴直径应在 5 μm～10 μm 范围内。

注：根据试验室的设备，时间 t_1 及 t_3 可能不得不缩短，但此时时间 t_2 及 t_4 应延长，以保持 $t_1+t_2+t_3+t_4$ 等于常数。

被试功能单元应承受 10 个相同的温度—湿度循环。

完成这 10 个循环后，应按照 C.11.2 所规定的诊断程序对被试设备的性能进行评定。

C.10 2 级老化试验

2 级老化试验的目的是验证设备是否满足 2 类设计的要求。

2 级老化试验按照程序 A 或程序 B 组成更多的气候循环试验。

按程序 A，总的试验持续时间是由 5 个周期为 9 天的相同的试验循环组成，接着就是进行 C.11.1 规定的诊断程序。

按程序 B，总的试验持续时间是由 20 个相同的温度—湿度循环组成，接着进行 C.11.2 规定的诊断程序。

注：对于按照程序 A 已成功地通过 1 级老化试验的设备，允许继续进行 3 个周期为 9 天的相同的试验循环。然而，

1 级老化试验后进行诊断程序之前，试验程序 B 要求进行清理，按照刚叙述的程序 A 方式继续进行试验是不可能的。

C.11 老化试验后的诊断程序

老化试验结束后，被试设备应按照下列规定进行绝缘试验：

C.11.1 试验程序 A 后

被试品首先承受 1 min 额定工频干耐受电压试验。

然后，气候试验室的温度增高到 30℃±2℃，湿度近似到 95%。在试品不施加电压条件下经 3 h 后，进行以下绝缘试验(见图 C.7)

对一相施加 $U_r/\sqrt{3}$ 的电压(U_r 是设备的额定电压)，其他两相接地并且连接到设备的保护导体上。1 h 后，电压升到 $\sqrt{3}U_r$ (电压上升率为 0.5 kV/s～0.7 kV/s)并保持 30 s，应连续依次地在其他两相上重复此试验，试验间隔应尽可能短。

C.11.2 试验程序 B 后

整个被试品用不含矿物的水清洗净，然后在试验室不施加电压下干燥 20 h；此时试验室温度为 20℃±2℃，相对湿度小于 80%。

按照 C.11.1 规定的条件，被试设备应承受工频干、湿耐受电压试验。

C.11.3 评定

如果满足下列条件，则被试品通过了 1 类设计或 2 类设计所规定的老化试验：

a) 按照程序 A 或程序 B 进行气候试验循环中未出现电击穿或闪络；

b) 在诊断程序中未出现电击穿或闪络；

c) 试品的功能特性，即动作时间、触头速度、联锁动作等无明显变化。机械零部件的腐蚀程度(如果有)应记录在试验报告中。

C.12 泄漏电流的测量

在相间及相对地间具有大电容的设备中，泄漏电流的无功分量的幅值可能很大。在与绝缘的体积电导及表面电导有关的泄漏电流幅值中，仅仅泄漏电流的有功部分是有用的。因此仅要求一种测量泄漏电流有功部分的方法，但详细综述合适的测量技术已超出本文的范围。

试验回路内测量装置的布置对于泄漏电流的有效值的测量是关键。图 C.8 至图 C.11 表示了 4 种布置方式，下面的表 C.1 概述了它们的特点。

表 C.1 泄漏电流测量

	图 C.8(布置方式 1)	图 C.9(布置方式 2)	图 C.10(布置方式 3)	图 C.11(布置方式 4)
电压负荷与运行时的相同	是	非	非	是
适于老化试验时的监测	非	非	非	是
适于诊断程序	非	是	是	是
相间电压负荷	是	是	是	是
指示相间电流	非	非	非	是
测量装置与绝缘子并联	是	是	是	非

C.13 严酷气候条件对长期工作电流的影响

在严酷气候条件下使用的金属封闭开关设备和控制设备，由于污秽、凝露、老化等不良影响，其长期工作电流负荷应降低到额定负荷的 90%。

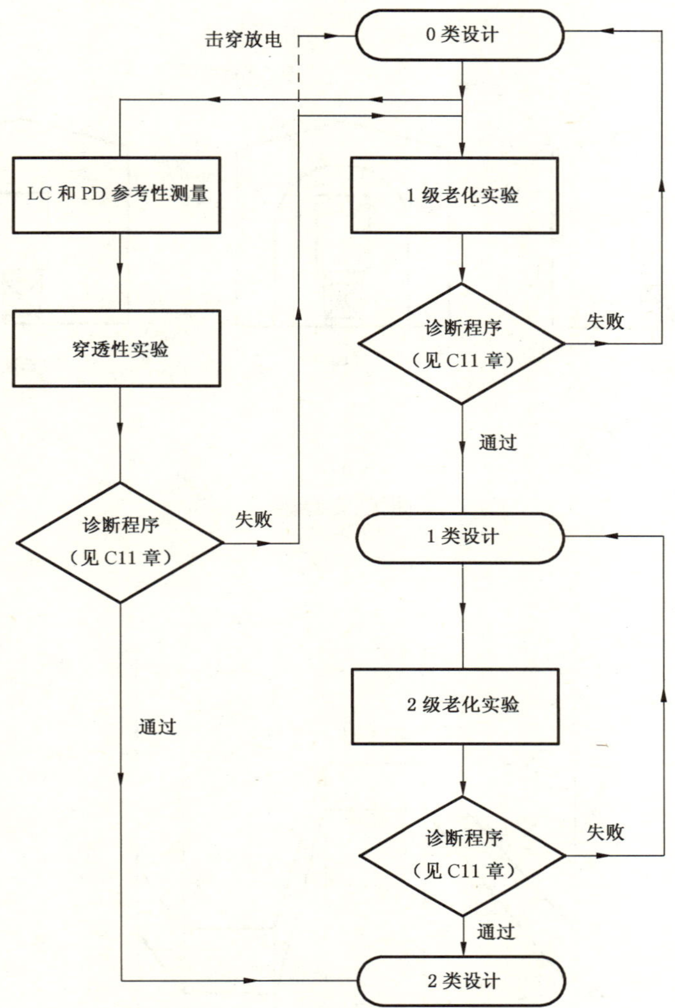

图 C.1 分类程序流程图

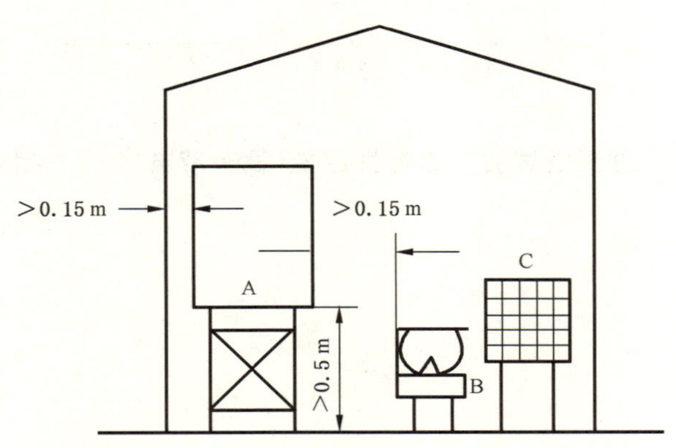

A——试品;B——喷雾装置;C——加热装置。

a) 气候试验室

图 C.2 污秽处理的可能布置

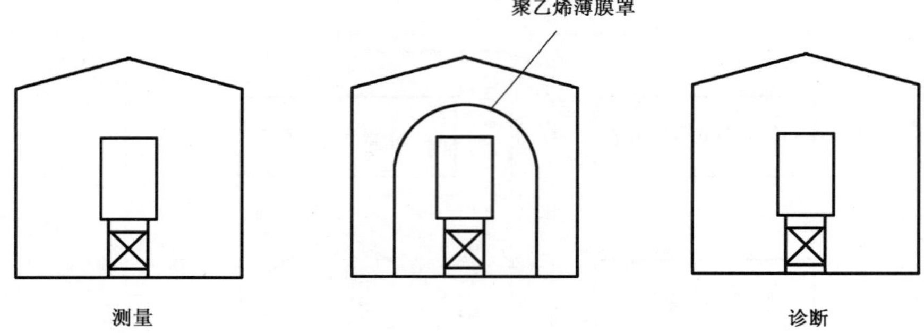

b)

图 C.2(续)

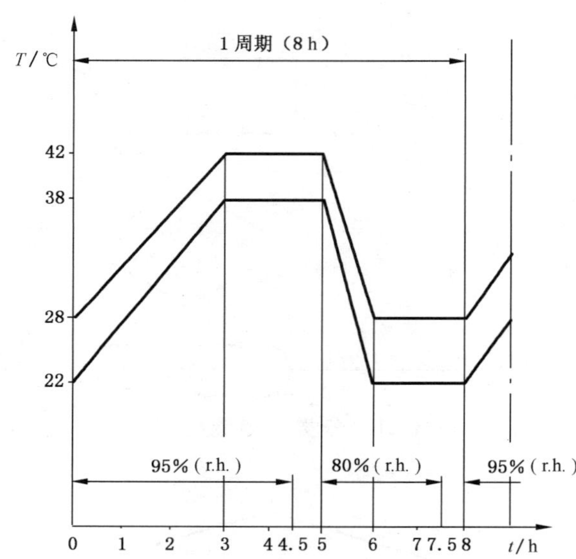

图 C.3 穿透性试验 参考性测量(设备带电)(r.h)-相对湿度

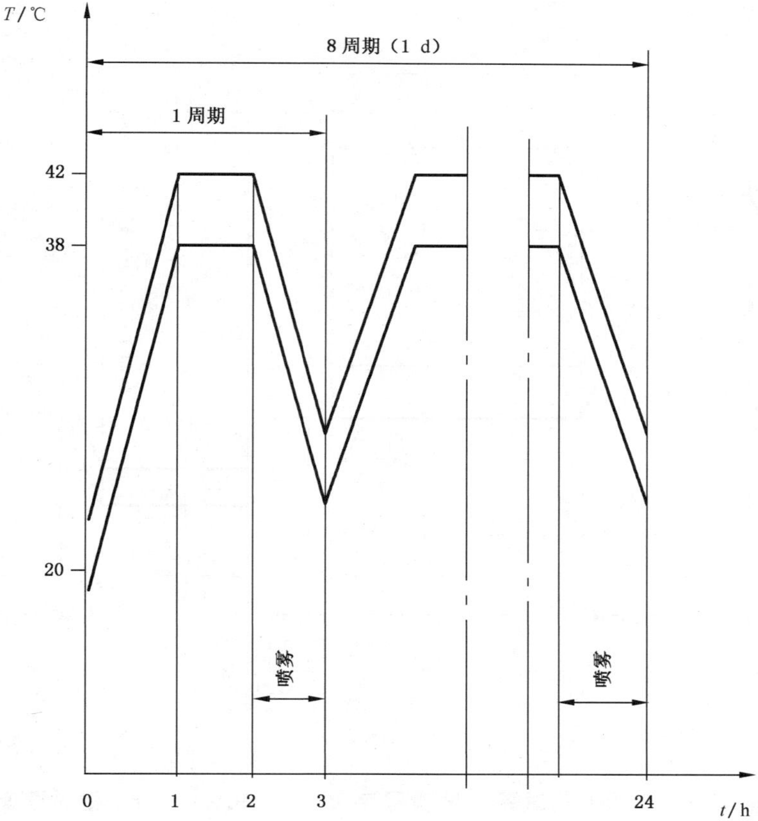

图 C.4 穿透性试验 污秽处理(设备不带电)

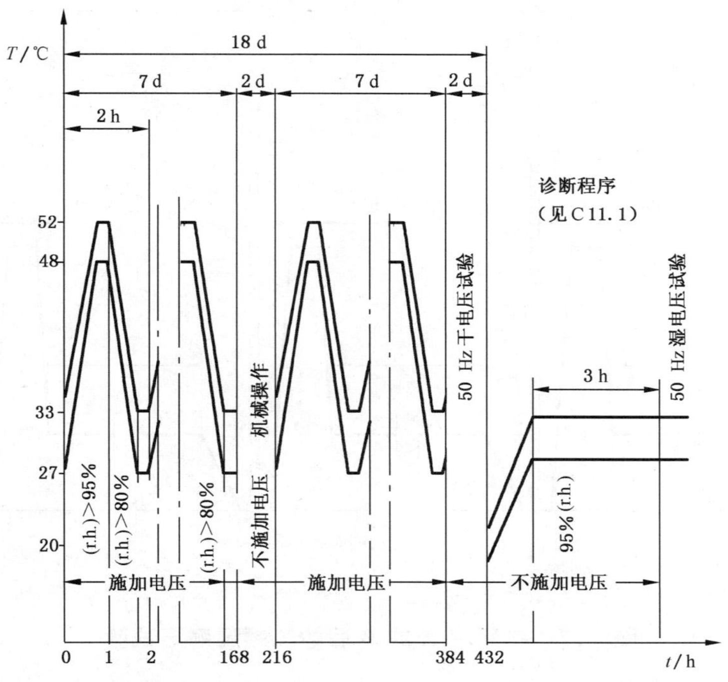

图 C.5 1 级老化试验—试验程序 A(见 C.9.1)(r.h)-相对湿度

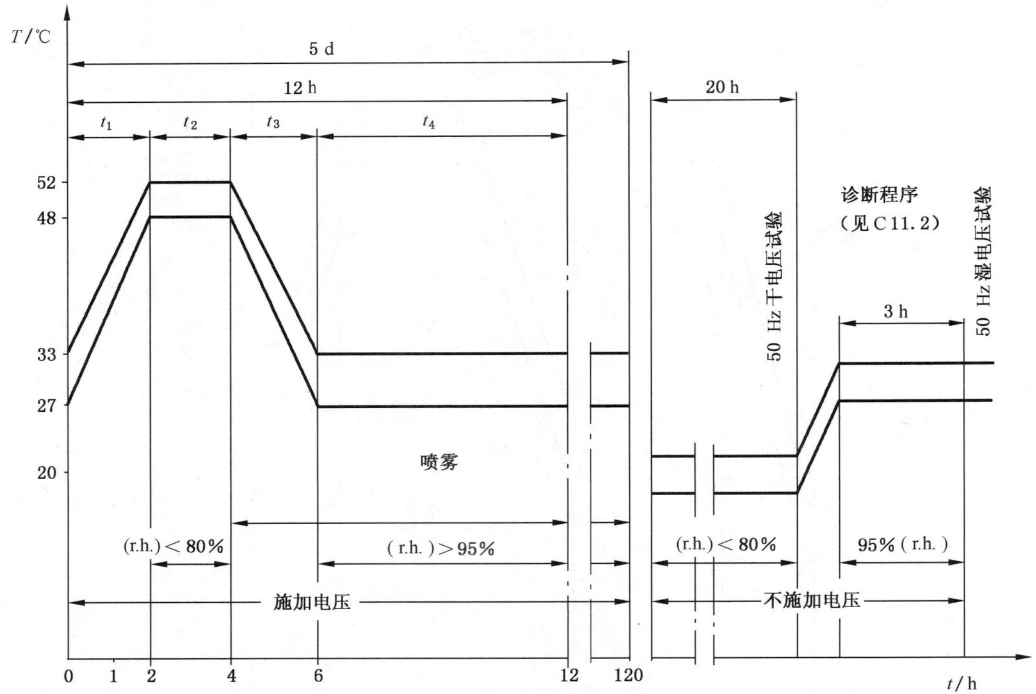

图 C.6 1级老化试验—试验程序 B(见 C.9.2)(r.h)-相对湿度

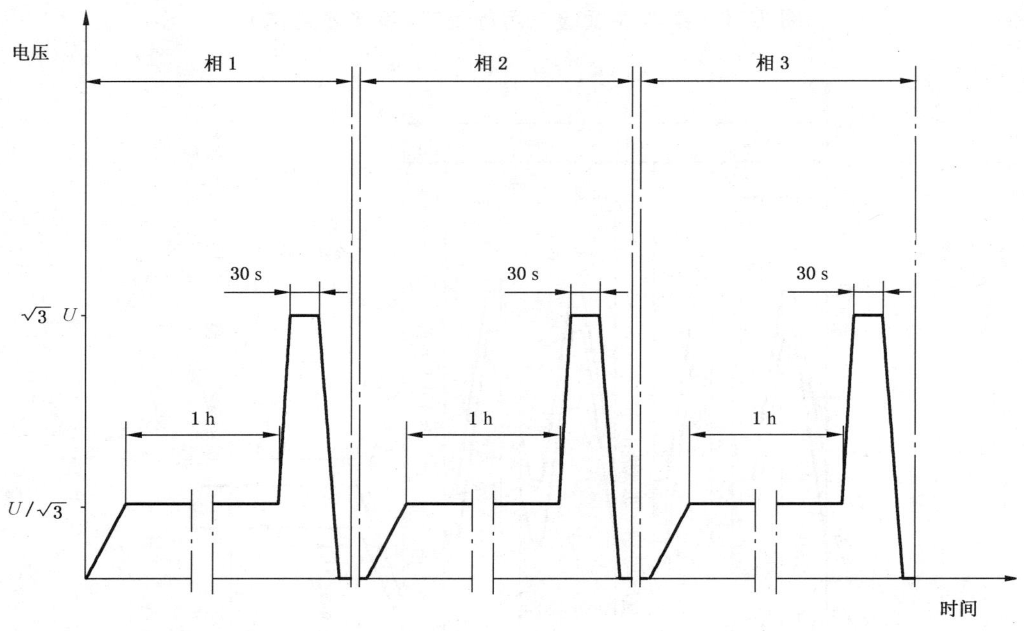

图 C.7 按程序 A 或 B 后的工频湿耐压试验

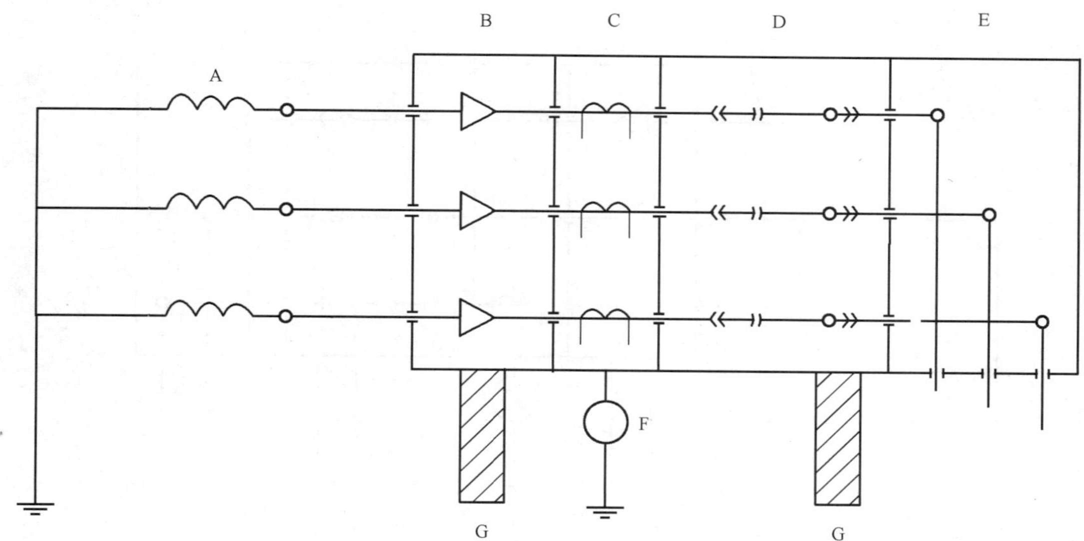

A——电源变压器；
B——电缆盒；
C——电流互感器；
D——断路器(已合闸)；
E——母线排；
F——测量装置；
G——支柱绝缘子。

图 C.8 泄漏电流测量:布置方式 1

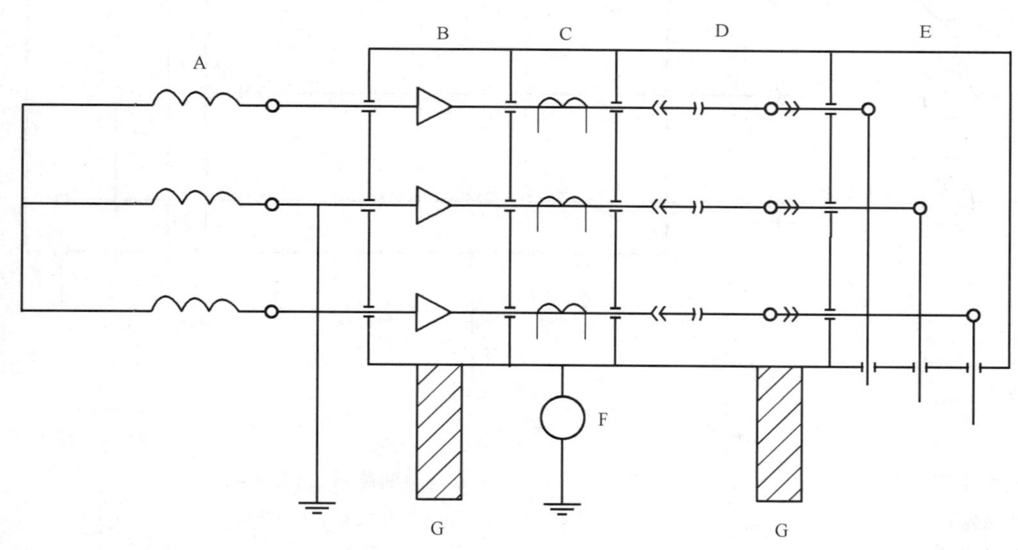

A——电源变压器；
B——电缆盒；
C——电流互感器；
D——断路器(已合闸)；
E——母线排；
F——测量装置；
G——支柱绝缘子。

图 C.9 泄漏电流测量:布置方式 2

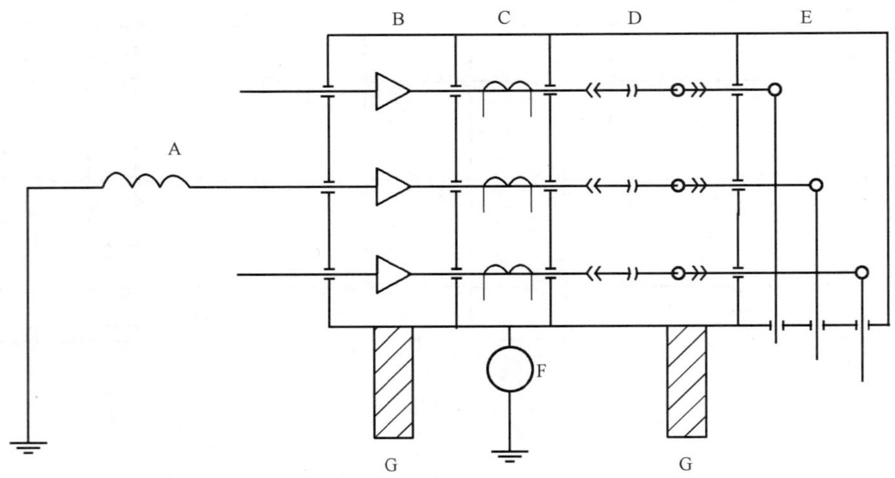

A——电源变压器；
B——电缆盒；
C——电流互感器；
D——断路器(已合闸)；
E——母线排；
F——测量装置；
G——支柱绝缘子。

图 C.10 泄漏电流测量:布置方式 3

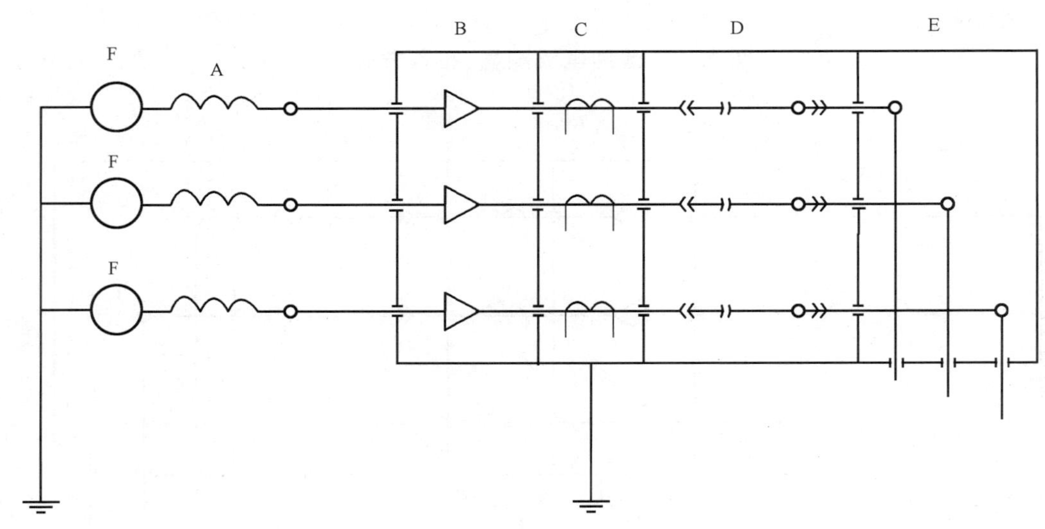

A——电源变压器；
B——电缆盒；
C——电流互感器；
D——断路器(已合闸)；
E——母线排；
F——测量装置。

图 C.11 泄漏电流测量:布置方式 4

附　录　D
（规范性附录）
根据短时持续电流的热效应计算裸导体横截面积的方法

下面的公式可用以计算承受电流持续时间为0.2 s～5 s的热效应的裸导体横截面积：

$$S=\frac{I}{a}\sqrt{\frac{t}{\Delta\theta}}$$

式中：

S——导体横截面积，单位为平方毫米（mm^2）；

I——电流有效值，单位为安（A）；

a——以$\frac{A}{mm^2}\left(\frac{s}{K}\right)^{\frac{1}{2}}$表示，并按下列规定取值：

铜——13；

铝——8.5；

铁——4.5；

铅——2.5。

t——电流通过时间，单位为秒（s）；

$\Delta\theta$——温升，单位为开（K）；对裸导体一般取180 K；如果时间超过2 s但小于5 s，$\Delta\theta$值可增加到215 K。

本式考虑了温度升高并非严格的绝热过程。

附 录 E
（资料性附录）
解释性的注解

E.1 与 GB 3906—1991 相比，分类的变化

与 GB 3906—1991（下称“前版标准”）和其他现行实践相比，分类的变化的解释如下：

前版标准定义了三类：

——金属铠装式；

——间隔式；

——箱式。

这一分类方法不够充分，理由如下：

——前版标准主要围绕可抽出式的空气绝缘外壳而编写的。现在的趋势朝着固定式和 GIS 方向发展，需要本标准代表这些设备。

——前版标准对开关设备和控制设备的分类是以三种设计为基础，这三种设计具有三种不同的功能水平，而不是以设备自身功能为基础。

本标准根据设备向维护者提供的具体功能进行分类。也就是说，根据当进入一个隔室时，能够维持开关设备和控制设备某级运行连续性的能力进行分类。

发现“箱型”包括了多种设备，在要求的运行连续性水平方面，每种都有明显的和流行的市场需求。

IEC 和 IEEE 定义的差异使得协调较难。

表 E.1 GB 3906—1991 和 IEEE 关于金属铠装定义的比较

GB 3906—1991	IEEE C 37.20.2
至少三个隔室	至少三个隔室
允许固定的 CB	仅允许可抽出的 CB
允许裸导体	一次导体被绝缘材料包裹
	变压器熔断器可移开部件 PT 和 CPT 有各自的隔室
	主母线隔板（每个面）
CB—断路器；PT—电压互感器；CPT—控制用变压器。	

本版标准提到的这几点，是基于功能而不是设计或结构特性。

特别是，推荐的新分类方法是根据当进入一个隔室时，能够维持开关设备和控制设备某级运行连续性的能力进行分类。另外，引入了在内部电弧情况下有关人员安全的分类。主要内容见表 E.2。

表 E.2 在内部电弧情况下有关人员安全的分类

隔室的可触及类型		性 能
操作人员可触及的隔室	基于联锁的可触及隔室 正常操作和维护可以打开该隔室	没有打开工具——仅当高压部件不带电并接地时通过联锁才可触及
	基于程序的可触及隔室 正常操作和维护可以打开该隔室	没有打开工具——仅当高压部件不带电并接地时通过操作规程结合锁具才可触及

表 E.2（续）

<table>
<tr><td colspan="2">隔室的可触及类型</td><td>性　能</td></tr>
<tr><td>特殊的可触及隔室</td><td>基于工具的可触及隔室
用户可以打开该隔室，但不是用于正常操作和维护</td><td>打开需要工具。对于触及程序没有特别规定
维护工作可能需要特殊的程序</td></tr>
<tr><td>不可触及隔室</td><td>用户不能打开（不打算打开）</td><td>打开会毁坏隔室，或对用户有清晰的指示。触及性不相关</td></tr>
</table>

<table>
<tr><td colspan="2">按打开可触及隔室时丧失的运行连续性，开关设备的分类</td><td>性　能</td></tr>
<tr><td colspan="2">LSC1</td><td>需要全部或部分断开其他功能单元</td></tr>
<tr><td rowspan="2">LSC2</td><td>LSC2A</td><td>其他功能单元可以带电</td></tr>
<tr><td>LSC2B</td><td>其他功能单元和所有的电缆隔室可以带电</td></tr>
<tr><td colspan="2">按带电部件和打开的可触及隔室之间的隔板的性能，开关设备的分类</td><td>性　能</td></tr>
<tr><td colspan="2">PM</td><td>带电部件和打开的隔室之间的隔板和活门是金属的——保持金属封闭状态</td></tr>
<tr><td colspan="2">PI</td><td>在带电部件和打开的隔室之间的金属隔板/活门里有绝缘覆盖的不连续点</td></tr>
</table>

按正常运行期间发生内部故障时的机械、电气和火灾情况，开关设备的分类	性　能
IAC	部件没有飞出，没有点燃布料，外壳保持接地

实际上，开关设备和控制设备运行连续性丧失恰当的分类是：LSC1、LSC1-PM、LSC1-PI、LSC2A-PM、LSC2A-PI、LSC2B-PM、LSC2B-PI。详细内容和示例如下：

LSC：　LSC 代表当有一个打开的主回路隔室时的运行连续性丧失水平，也就是母线/电缆隔室保持带电的程度，但不需要其中流过电流。

LSC1：　1 表示除打开的主回路隔室的功能单元外**，至少有一个功能单元不能连续运行。

LSC2：　2 表示除打开的主回路隔室的功能单元外**，其他所有的功能单元都能连续运行。

LSC2A：　A 表示打开功能单元的主回路隔室，该功能单元不能连续运行。满足下列条件就是这一类：

a）每两个功能单元间有一块隔板；

b）最少两个隔室，且每个功能单元最少一个断点。

LSC2B：　B 表示打开功能单元的主回路隔室，该功能单元的其他隔室可以连续运行。满足下列条件就是这一类：

a）每两个功能单元间有一块隔板；

b）最少三个隔室，且每个功能单元最少两个断点。

LSC1-PM：　PM 表示隔板和活门是金属的。

LSC2B-PI：　PI 表示至少一个隔板或活门是非金属的。

** 如果打开的是单母线系统中的母线隔室，则该段母线上的所有功能单元的隔室打开。

按照本标准，推荐采用从整体到部分的方法来规定或描述一个金属封闭开关设备和控制设备。

功能性：

——需要哪种模式的(功能单元的类型、固定式或移开式、需要的结构和隔室、维护的需求)?

运行连续性和可触及性条件：

——需要打开哪个隔室?

——哪个隔室必须是可触及的(如果有)(3.107)?

——需要控制的、基于程序的或基于工具的可触及性吗?

——一个隔室打开时，其他功能单元可能的运行连续性(继续输送电能的可能性)(LSC1/2)?

——电缆可能继续带电吗?(LS2A/B)

——需要打开的隔室中没有电场吗?(PM/PI级)

E.2 ANSI定义的金属铠装

按照本标准，ANSI定义的金属铠装开关设备是LSC2B-M级金属封闭开关设备和控制设备，用下列主要的附加要求表示其特点：

——主开关装置是可抽出式部件，且配有自校准和自耦合的一次隔离装置和可断开的辅助和控制回路；

——电压互感器和控制用电源变压器具有独立的隔室。这些隔室由接地的金属封闭且无需打开。水平方向相邻的功能单元间的母线隔室是分开的；

——尤其是可抽出部件(或其一部分)的前面应有金属隔板，以保证在断开位置且打开门时，不会暴露高压部件；

——主回路导体和连接线全部用阻燃的绝缘材料包裹；

——采用下列任意一种方法安装机械联锁，以防人员受到来自储能的可抽出部件意外释放能量的伤害：

a) 隔室中安装联锁，防止当储能机构储能时将开关装置从隔室中完全抽出；

b) 有合适的装置，防止在合闸功能阻塞以前将开关装置从隔室中完全抽出；

c) 有机构，使得从隔室中抽出开关装置期间或之前自动释放储存的能量。如果开关装置离开接通位置之前已释放掉储存的能量，需要附加的电气联锁以防再次储能。

——有锁定措施，以防可抽出开关装置移到接通位置；

——除了短的连接线(如互感器端子上的)外，用接地金属隔板将辅助回路和高压部件隔开；

——所有电压互感器的主回路中有限流熔断器。保护互感器的主回路熔断器应这样安装，在触及之前熔断器必须与高压回路隔离。高压回路隔离后，规定电压互感器的低压回路隔离或自动接地。对高压绕组和/或熔断器的隔离操作期间接地作出规定以消除静电电荷。

E.3 按照本标准的定义，GB 3906—1991定义的铠装式的类型

对下述通用设计，只要满足相关的特性和要求，GB 3906—1991的分类和新的分类有以下关系：

GB 3906—1991的有可抽出断路器和金属活门的金属铠装式是现在的LSC2B-PM类。

GB 3906—1991的有可抽出断路器和绝缘活门的金属铠装式是现在的LSC2B-PI类。

GB 3906—1991的有可抽出断路器的间隔式是现在的LSC2B-PI类。

GB 3906—1991的其他间隔式或箱式是现在的LSC1、LSC2A-PI或LSC2B-PI类，具体根据结构情况决定。

E.4 模块式熔断——负荷开关型的示例

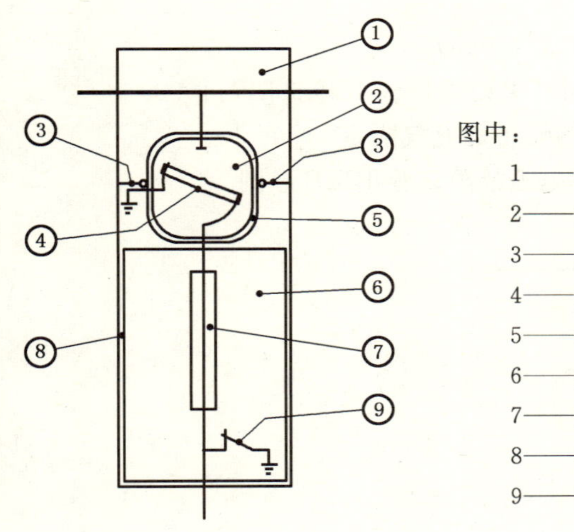

图中：

1——母线隔室；

2——充气隔室；

3——金属隔板；

4——负荷隔离开关/隔离开关(位于隔离位置并接地)；

5——绝缘外壳；

6——熔断器/电缆隔室；

7——熔断器；

8——与接地开关联锁的门；

9——与负荷隔离开关/隔离开关联锁的接地开关。

隔　　室	母线室	熔断器/电缆	负荷开关
模式(固定式/抽出式)	固定式	固定式	固定式
可触及类型(联锁控制的/基于程序的/基于工具的/不可触及)	基于工具的	联锁控制的	不可触及

正常运行和维护需要触及熔断器/电缆隔室(即更换熔断件)，所以应是联锁控制的或基于程序的可触及隔室。此例中是联锁控制的可触及隔室。

		可以继续带电的开关设备和控制设备部分	
		对应功能单元的电缆	其他所有单元
打算打开的隔室	熔断器/电缆隔室	不可以	可以
	母线隔室负荷	没关系：单母线设备(见3.131.1)	没关系：单母线设备(见3.131.1)
	开关隔室	没关系：不可触及	没关系：不可触及

打开功能单元的熔断器/电缆隔室，其他功能单元都可以继续保持带电，可以连续运行。但是，熔断器隔室的电缆不能继续保持带电。

打开的熔断器/电缆隔室和带电母线之间的金属隔板中有断点。也就是负荷开关隔室的绝缘隔板。

新的分类是LSC2A-PI；过去的分类是间隔式。

参 考 文 献

下列出版物作为资料列入本标准：

GB/T 4109—1999　高压套管技术条件(eqv IEC 60137:1995)

GB 7674—1997　72.5 kV及以上气体绝缘金属封闭开关设备(eqv IEC 60517:1990)

EN 50187:1996　1 kV～52 kV交流开关设备和控制设备的充气隔室

IEEE C37.20.7:2001　中压金属封闭开关设备内部电弧故障试验IEEE导则

ICS 29.130.10
K 43

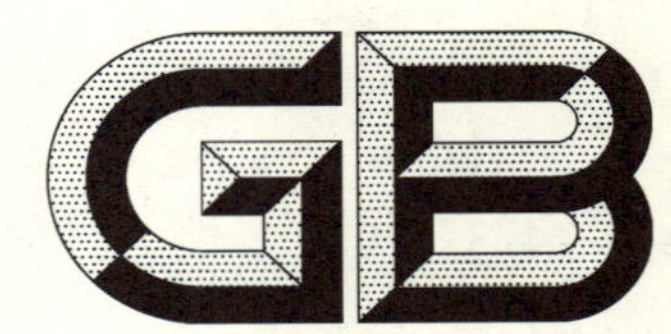

中华人民共和国国家标准

GB/T 4473—2008
代替 GB/T 4473—1996

高压交流断路器的合成试验

Synthetic testing of High-voltage alternating current circuit-breakers

(IEC 62271-101:2006 High-voltage switchgear and controlgear—Part101:Synthetic testing,MOD)

2008-06-18 发布　　2009-03-01 实施

中华人民共和国国家质量监督检验检疫总局
中国国家标准化管理委员会　发布

前　言

本标准修改采用IEC 62271-101:2006《高压开关设备和控制设备　第101部分:合成试验》。

本标准与IEC 62271-101:2006的主要差异:

——增加了“重燃试验”等术语;

——电压等级按GB 1984—2003的规定进行了修改,如245 kV改为252 kV;

——增加了用于接地系统断路器的三相合成试验方法。

本标准代替GB/T 4473—1996。

本标准与GB/T 4473—1996的主要差异:

——增加了如“初始瞬态关合电流”、“最短开断时间”、“重燃试验”等术语;

——增加了三相合成试验方法;

——增加了试验回路的直流分量的时间常数大于或小于规定值时T 100 s的试验程序;

——增加了频率为50 Hz和60 Hz时试验回路直流分量的时间常数分别为45 ms、60 ms、75 ms和120 ms试验方式T 100 a最后电流半波参数、$\mathrm{d}i/\mathrm{d}t$的降低及TRV的修正值;

——增加了“单相和异相接地故障合成试验程序”的内容;

——将GB/T 4473—1996正文第五章和附录A的内容编辑性调整为正文第四章;

——将GB/T 4473—1996附录B作为附录A,并增加了确定电流畸变的例子的内容;

——将GB/T 4473—1996附录C作为附录B,并增加了“串联电流引入回路”的内容;

——将GB/T 4473—1996正文第六章和附录F调整为正文第五章,并增加了三相回路及特殊要求;

——将GB/T 4473—1996附录I编辑性调整为附录E;

——增加了“容性电流开合试验的合成试验方法”的内容;

——增加了“延弧方法”的内容;

——删除了“考虑到每一开断极相关的TRV,试验系列中试验方法的分解”的内容;

——增加了“型式试验中试验参量的公差”的内容:

本标准应与GB 1984—2003一起使用,除非本标准中另有规定,本标准参照GB 1984—2003。

本标准的附录E、附录I、附录K是规范性附录,附录A、附录B、附录C、附录D、附录F、附录G、附录H、附录J是资料性附录。

本标准由中国电器工业协会提出。

本标准由全国高压开关设备标准化技术委员会(SAC/TC 65)归口。

本标准负责起草单位:西安高压电器研究所。

本标准参加起草单位:机械工业高压电器产品质量检测中心(沈阳)、中国电力科学研究院高压开关研究所、西安西开高压电气股份有限公司、新东北电气(沈阳)高压开关有限公司、河南平高电气股份有限公司、上海西门子高压开关有限公司、上海华通开关厂有限公司、天水长城开关厂、上海电气输配电试验中心有限公司、山东泰开高压开关有限公司、宁波天安(集团)股份有限公司高压公司。

本标准主要起草人:洪深、田恩文、杜炜、严玉林、姚斯立。

本标准参加起草人:刘扑、刘伯涛、吴盛刚、赵端庆、孙永恒、邓蒙、王建西、闫关星、张姝、杨大锟、沈威、袁清、屈天玉、王传川、冯四喜、李炜、范彧、刘剑、李德军、汪建成、龚晨。

本标准所代替标准的历次版本发布情况为:

——GB/T 4473—1984、GB/T 4473—1996。

高压交流断路器的合成试验

1 范围

本标准适用于GB 1984—2003范围内的高压交流断路器。在GB 1984—2003的6.102～6.111规定的试验方式范围内，它给出了用合成方法试验高压交流断路器关合和开断能力的一般规则。

注：GB 1984—2003中6.111规定的试验方式的试验回路目前尚未标准化。但是，附录G中给出了现有的方法。

本标准中描述的方法和技术是通用的。本标准的目的是确定合成试验的判据以及对试验结果作出适当的评估，该判据确定试验方法的有效性不会因试验回路的变更而改变。

2 规范性引用文件

下列文件中的条款通过本标准的引用而成为本标准的条款。凡是注日期的引用文件，其随后所有的修改单(不包括勘误的内容)或修订版均不适用于本标准，然而，鼓励根据本标准达成协议的各方研究是否可使用这些文件的最新版本。凡是不注日期的引用文件，其最新版本适用于本标准。

GB 1984—2003　高压交流断路器(IEC 62271-100：2001，MOD)

IEC 61633:1995　高压交流断路器　金属封闭和落地罐式断路器短路和开合试验程序的导则

IEC 62271-308:2002　高压开关设备和控制设备　第308部分：非对称短路试验方式T 100 a的导则

3 术语和定义

GB 1984—2003中的术语和定义适用于本标准，并作如下补充：

3.1

直接试验　direct test

外施电压、电流以及瞬态和工频恢复电压均由一个单电源回路获得的试验，该电源可以是电力系统或者是用在短路试验站的专用发电机，或者是两者的组合。

[GB 2900.20的7.1，修改过]

3.2

合成试验　synthetic test

全部电流或者大部分电流从一个电源(电流回路)获得，而外施电压和/或恢复电压(瞬态的和工频的)全部或部分从另一个或多个独立的电源(电压回路)获得的试验。

[GB 2900.20的7.5，修改过]

3.3

被试断路器　test circuit-breaker

接受试验的断路器(见GB 1984—2003的6.102.2)。

3.4

辅助断路器　auxiliary circuit-breaker(s)

用来使被试断路器按需要与各种回路发生关系并成为合成试验回路一部分的断路器。

3.5

电流回路　current circuit

合成试验回路的组成部分，工频电流的大部分或全部由它提供。

3.6

电压回路　voltage circuit

合成试验回路的组成部分，试验电压和/或恢复电压的大部分或全部由它提供。

3.7

预期电流（回路的以及相对于断路器的）　prospective current（of a current and with respect to a circuit breaker）

用阻抗可以忽略不计的导体代替被试和辅助断路器的每一极，回路中流过的电流。

［IEV 441-17-01，修改过］

3.8

实际电流　actual current

流过被试断路器的电流（受被试断路器和辅助断路器的电弧电压影响的预期电流）。

3.9

畸变电流　distortion current

等于预期电流和实际电流之差。

3.10

弧后电流　post-arc current

当电流和电弧电压降到零且瞬态恢复电压开始上升之后紧接着流过断路器弧隙的电流。

3.11

电流引入法　current-injection method

在工频电流零点前，电压回路施加到被试断路器上的合成试验方法。

3.12

初始瞬态关合电流　（ITMC）initial transient making current

关合过程中在电流回路的电流开始之前电压击穿时刻流过断路器的瞬态电流。

3.13

引入电流　injected current

当电流引入回路的电压回路连接到被试断路器上时所提供的电流。

3.14

电压引入法　voltage-injection method

在工频电流零点后，电压回路施加到被试断路器上的合成试验方法。

3.15

参考的系统条件　reference system conditions

具有的参数能够导出 GB 1984—2003 中的额定值和试验值的电气系统的条件。

3.16

关合装置的时延　t_m time delay of making device

合成关合试验中，外施电压击穿时刻和电流回路的电流开始时刻之间的时间间隔。

3.17

最短开断时间　minimum clearing time

制造厂声明的最短分闸时间、最短继电器时间（1/2 周波）与试验方式 T100a 期间获得的首开极小半波时的最短燃弧时间之和。本定义仅适用于确定试验方式 T100a 的试验参数。

注 1：试验期间获得的最短开断时间不应小于制造厂声明的值。试验前，应在操作用的最高脱扣电压和开断用的最低压力下测量最短分闸时间。如果试验前测量的最短分闸时间小于制造厂声明的数值，该较小的值应该用于确定要求的试验参数。

注 2：本定义假定在开断用的最低压力下获得的最短开断时间与在开断用的最高压力下获得的最短开断时间近似。

通常,最短开断时间是在开断用的最高压力下获得。如果这种压力条件得到的最短开断时间使得试验用的最短开断时间范围(IEC 62271-308:2002 的表 1a 到表 2d 中给出)不同于在最低压力条件下开断获得的时间范围,允许采用开断用的最高压力验证最短开断时间。

3.18

预击穿 pre-strike

关合操作期间导致电流流过触头间的电压击穿。

3.19

重燃试验 re-ignition test

确定最短燃弧时间的试验。在一次有效开断后,通过 18°改变脱扣脉冲使触头间发生重燃的单个分闸操作。

4 用于短路开断试验的合成试验技术和方法

4.1 合成开断试验方法的基本原理和一般要求

试验所选择的任何特定的合成方法应能对被试断路器施加充分的负荷。通常,如果试验方法满足下述条款中的要求时,所施加的负荷是充分的。

断路器有两个基本位置:合闸位置和分闸位置。在合闸位置,断路器导通全部电流,触头间的电压降可以忽略。在分闸位置,导通的电流可以忽略,但触头两端为全电压。这样就确定了两个主要负荷,电流负荷和电压负荷,且不同时出现。

开断过程中的电压和电流负荷(图 1),可以分三个阶段:

——大电流阶段

从触头分离到电弧电压开始显著变化这一段时间为大电流阶段。大电流阶段在相互作用阶段和高电压阶段之前。

——相互作用阶段

从电流零前电弧电压显著变化起到电流(包括弧后电流,如果有)停止流过被试断路器为止的这一段时间为相互作用阶段。

——高电压阶段

从电流(包括弧后电流,如果有)停止流过被试断路器时刻起到试验结束这一段时间为高电压阶段。

4.1.1 大电流阶段

在这一阶段中,试验回路施加到被试断路器上的负荷应使得相互作用阶段的起始条件在规定的偏差范围内,且和参考系统条件下的相同。

合成试验回路中,电流回路的工频恢复电压与电弧电压之比,较在参考系统条件下试验时低,这是因为:

——电流回路的电压是系统电压的一小部分;

——被试断路器的电弧电压和辅助断路器的电弧电压相加。

因此,电流半波的持续时间和电流的峰值会减小。应采用尽量高的电流源电压,原则上,电流源电压不低于 12 kV。电流的这种畸变在附录 A 中阐述。

对被试断路器中释放出的电弧能量进行了多种考虑,得出用电流波形的两个特性值即电流峰值和半波持续时间的允差来表示允许的最大影响(见附录 A)。

流经被试断路器的实际电流不应超过 GB 1984—2003 的 6.103.2 和 6.104.3 给出的关于预期开断电流的幅值和频率的允差。因此,关于流过被试断路器的实际电流应满足下列条件:

——对于对称电流试验,电流幅值和最后半波的持续时间应不小于基于要求电流额定值的 90%;

——对于非对称电流试验,电流幅值和最后半波的持续时间应在基于要求电流额定值和时间常数

(见表 I.1a 到表 I.2d)的 90%和 110%之间。

调节措施:

最后电流半波的幅值和持续时间可以通过如下几种方法调节,例如

——提高或降低短路试验电流的有效值;

——改变试验电流的频率;

——采用预脱扣或延时脱扣;

——改变电流起始时刻(初始的直流分量)。

参见 IEC 62271-308:2002 的 5.3。

4.1.2 相互作用阶段

在相互作用阶段,由短路电流负荷转入高电压负荷,且断路器的性能会显著影响回路中的电流和电压。随着电流趋于零,弧压可能上升,对并联电容充电并使得流经电弧的电流畸变。在电流零点以后,弧后电导会对瞬态恢复电压产生附加的阻尼,从而影响断路器两端的电压以及输入已电离的触头间隙的能量。在电流零点前后(即相互作用阶段),断路器与回路间的这种相互作用对开断过程极为重要。

在相互作用阶段,计及因断路器和回路间的相互作用而使电流和电压偏离预期值,合成试验的电流和电压波形应与参考系统条件(3.15)下的相同。

对于断路器的热重燃模式,相互作用阶段是关键时期。因此,预期瞬态恢复电压(TRV)的形状和数值要与相关试验方式的预期电流所对应的 TRV 的形状和数值相当。这一点极为重要。

以上所述意味着对试验回路的严格要求。4.2.1 和 4.2.2 分别给出了对电流引入法和电压引入法的各种要求

注 1:在围绕电流零点的关键阶段,辅助断路器的特性可能会干扰回路与被试断路器间的相互作用,这取决于所用的试验回路。

注 2:辅助断路器的弧压应小于或等于被试断路器的弧压。关于弧压在附录 A 中讨论。

4.1.3 高电压阶段

在高电压阶段,被试断路器承受恢复电压。

预期 TRV 应满足 GB 1984—2003 的 4.102、4.105、4.106 及 6.104.5 的要求。

可以从 GB 1984—2003 的附录 F 中选用合适的方法来确定合成试验回路中的预期 TRV。

电压回路的阻抗应足够低,如果发生击穿,能给出明确的证据。

注 1:如果被试断路器装设有并联分闸电阻,则可能需要特殊的程序(见附录 F)。

注 2:如果 TRV 由不止一个电源获得,则总的波形不得呈显出明显的不连续。

原则上,各基本短路试验方式的工频恢复电压应优先选用交流恢复电压且与 GB 1984—2003 的 6.104.7的要求相同。合成试验时,恢复电压或者由电压回路直接提供,或者与电流回路串联后提供。产生的是直流电压,或是交流和直流电压的组合或是交流电压,在大多数情况下,因电压源能量有限而衰减。因此,或许不可能象 GB 1984—2003 的 6.104.7 中规定的那样,恢复电压至少维持 0.3 s。如果满足下述条件,则与规定的恢复电压间的偏差是可以接受的:

——在断路器额定频率的 1/8 周波的时间内,恢复电压瞬时值应不低于 GB 1984—2003 的6.104.7规定的工频恢复电压等效瞬时值,对于对称电流试验,该等效瞬时值以最小峰值 0.95 $k_{pp}\sqrt{2}U_r/\sqrt{3}$ 起始。

式中:

k_{pp}——首开极系数(1.3 或 1.5);

U_r——断路器的额定电压。

——不论是使用指数衰减的直流恢复电压,还是交流恢复电压或者是交流和直流恢复电压的组合,其瞬时值(对直流)或峰值(对交流或交流和直流的组合)原则上应尽可能接近$\sqrt{2}U_r/\sqrt{3}$,且在任何情况下,在 0.1 s 内不应低于 0.5 $\sqrt{2}U_r/\sqrt{3}$(见图 2)。

——如果按指数衰减的直流恢复电压或交流和直流组合起来的恢复电压对断路器施加的负荷，与由参考系统条件规定的交流恢复电压所施加的负荷相比不相当，则考虑到 GB 1984—2003 的 6.104.7 和上述限制因素，可使用更合适的回路。

4.2 开断试验的合成试验回路和相关的特定要求

4.2.1 电流引入法

此方法可作为优选的方法。

这些方法可用下述通用原则加以描述(见附录 B)：

——电压源的电流在相互作用阶段之前叠加到流过被试断路器的工频电流上；

——辅助断路器在相互作用阶段之前将电流回路的电流开断。

在相互作用阶段，被试断路器受电压回路电压的作用，电压回路的阻抗代表了参考系统条件。这一点说明了电流引入法的有效性。已知有多种电流引入法，但下面仅列出并联电流引入的条件，因为大多数试验室使用该方法。应满足下述条件：

a) TRV 波形调节回路

1) 预期 TRV 的波形和幅值应符合规定值；

2) 在相互作用阶段，等值波阻抗 Z_h(见图 3)理论上应等于(du/dt)/(di/dt)。du/dt 是规定的瞬态恢复电压的上升率，di/dt 是规定的短路电流的下降速率。

3) 杂散电容与集中电容的综合值 C_{dh} 与 Z_h 并联，产生时延 $t_d = Z_h \times C_{dh}$。

b) 电压回路的电感

电压回路的电感值应等于由等效工频电压除以预期电流导出的电感的 1.0 倍～1.5 倍。

c) 引入电流的频率和引入时刻

为了防止过分影响工频电流的波形，引入电流的频率最好在 500 Hz 左右，下限为 250 Hz，上限为 1 000 Hz。

引入电流的最高频率由电弧电压显著变化阶段确定，该阶段应小于电压回路的单独作用时间。为此，引入频率的周期至少是电弧电压显著变化阶段的四倍(见附录 B)。

引入电流开始的时刻应使得被试断路器单独由引入电流作用的时间不大于引入电流频率的四分之一周期，且不超过 500 μs。

注：如被试断路器单独由引入电流供电的时间小于 200 μs，则应注意断路器承受的负荷可能过严。

d) 引入电流的波形

引入电流的预期下降速率 di/dt 应与预期工频电流的相当。

在电流零点前不小于 100 μs 的时间内，引入电流实际上不应叠加有振荡。

4.2.2 电压引入法

已知有多种电压引入法，但这里仅概括地描述串联电压引入法(亦可见附录 C)如下：

——电压回路的电压在相互作用阶段之后加到被试断路器上；

——用与辅助断路器并联的电容将恢复电压加到被试断路器上；

——在大电流和相互作用阶段，被试断路器仅受电流回路的作用。

不应该使用电压引入法来检验断路器的热特性。

例如，在近区故障试验时，作为对电压引入回路提供的电源侧 TRV 的补充，应使用电流引入回路与被试断路器的线路侧端子相连来提供线路侧瞬态电压。

当用来进行与断路器介电特性有关的试验时，应满足下列条件：

——辅助断路器的电弧电压应低于或等于被试断路器的电弧电压(见 4.1.2 的注)；

——电压回路应能探测到可能发生的重燃或重击穿；

因此，辅助断路器两端的电容至少为 20 倍的被试断路器两端的并联电容。应注意避免工频电流零点前电流的过分畸变。

——电流回路和电压回路接合时不应产生停顿。

4.2.3 双回路法(变压器或 Skeats 回路)

本方法可用下述通用原则加以描述(见附录 D):

——电流和电压由同一电源提供;

——交流恢复电压由升压变压器提供,该变压器的原边接到电流回路;

——恢复电压经过一阻抗(通常为电阻)加到被试断路器上。

辅助断路器比被试断路器提前一短的时间间隔(通常约 10 μs)开断电流。在该短的时间间隔中,被试断路器中的 di/dt 值变小。

因此,当考核重点放在被试断路器的热重燃模式时,Skeats 试验回路无效。它适用于检验断路器的介电特性。且可用于关合试验。

Skeats 回路易于用来做两次(或更多次)操作,例如在 CO 操作中的合闸和分闸、在 O—t—CO 操作中的两个分闸、甚至在一次分断操作中连续的电流零点时提供全电压负荷。见附录 D。

4.2.4 其他合成试验法

为了试验具有特殊特性的断路器或试验某一断路器的特定性能,应能证明所采用的方法是正确和有利的。即使这些方法并未包括在本标准中,只要熟悉它们的运用,并经制造厂和用户同意,仍可采用。

涉及到金属封闭和落地罐式断路器的试验方法应考虑到 IEC 61633:1995 中的建议。

适用于试验带并联分闸电阻的断路器的方法见附录 F。

4.3 三相合成试验方法

三相合成试验方法适用于不能按照 GB 1984—2003 的 6.102.4.1 的规定进行单极试验的断路器的试验。如果相关的话,它们也可作为单相合成试验方法的替代方法。短路试验方式 T10、T30 和 T60 在任何情况下都可以在单相回路中进行试验。

为了保证开断单元、极间的适当负荷,以及施加到外壳上的负荷(如果适用)应满足下列总体要求:

a) 应给被试的三极断路器提供三相电流;

b) 试验方式 T100s 和 T100a 要求的试验回路的信息在表 1 中给出;

c) 每一开断极的试验参数在表 2a 和表 2b 中给出;

d) 所有的上述负荷应优先在同一试验中施加。如果不可行,可能需要多步试验程序;

e) 为了避免每一试验顺序的试验间改变高压回路和断路器的连接,在整个试验顺序期间,考虑了 GB 1984—2003 的 6.105.1 的要求后,允许首开极保持在同一相。

表 1 试验方式 T100s 和 T100a 的试验回路

	T100s		T100a	
k_{pp}	首开极	其他极	首开极	其他极
1.5	对所有操作采用 4.2.1 或 4.2.2 的合成回路	对所有操作采用 4.2.1 或 4.2.2 或 4.2.3 的合成回路	至少对两次操作采用 4.2.1或 4.2.2 的合成回路。第三次操作可以采用 4.2.3 的合成回路	至少对延长的大半波和长燃弧时间的操作采用 4.2.1或 4.2.2 的合成回路。
1.3	至少对两次操作采用 4.2.1或 4.2.2 的合成回路。第三次操作可以采用 4.2.3 的合成回路	至少对第二开断极长燃弧时间的操作采用 4.2.1 或 4.2.2 的合成回路。所有其他操作可以采用 4.2.1到 4.2.3 的合成回路	至少对两次操作采用 4.2.1或 4.2.2 的合成回路。第三次操作可以采用 4.2.3 的合成回路	至少对第二开断极在延长的大半波和长燃弧时间的操作采用 4.2.1 或 4.2.2的合成回路。所有其他操作可以采用 4.2.1到4.2.3的合成回路

k_{pp}——首开极系数。

注:电压引入法仅适用于没有 ITRV 要求或者该要求已被 SLF 涵盖的场合。

表 2　试验方式 T10、T30、T60 和 T100s

表 2a　首开极系数为 1.5 时的三相开断的试验参数

TRV 峰值/%				恢复电压峰值 p.u.	du/dt %	di/dt %	相角 (°)
		首开极	后开(第二、第三)极				
相别	A	100	—	1	100	100	—
	B	0	58	1	70	87	90
	C	0	58	1	70	87	90
相间	A-B	100	58	1.732			
	B-C	0	115	1.732			
	A-C	100	58	1.732			
首开极 TRV 峰值：$u_c = k_{af} \times k_{pp} \times U_r \times \sqrt{2}/\sqrt{3}$(=100%)。 1(p.u.)=$U_r \times \sqrt{2}/\sqrt{3}$。 首开极在 A 相。							

表 2b　首开极系数为 1.3 时的三相开断的试验参数

TRV 峰值/%				恢复电压峰值 p.u.	du/dt %	di/dt %	相角 (°)
		首开极	后开(第二、第三)极				
相别	A	100	—/—	1	100	100	—
	B	0	—/77	1	70	57	120
	C	0	98/—	1	95	89	77
相间	A-B	100	—/91	1.732			
	B-C	0	98/98	1.732			
	A-C	100	89/—	1.732			
首开极 TRV 峰值：$u_c = k_{af} \times k_{pp} \times U_r \times \sqrt{2}/\sqrt{3}$(=100%)。 1(p.u.)=$U_r \times \sqrt{2}/\sqrt{3}$。 首开极在 A 相。 第二开断极在 C 相。							

5　短路关合试验的试验技术和方法

5.1　合成关合试验方法的基本原理和通用要求

短路情况下，在合闸操作中，断路器的触头间隙承受 GB 1984—2003 的 6.104.1 规定的外施电压的作用。击穿时刻后，断路器承受 GB 1984—2003 的 6.104.2.1 规定的关合电流。在合成试验回路中，外施电压由独立的电压源提供，短路电流则由降低电压的电流回路提供。在触头间隙击穿后，借助快速关合装置，例如触发火花间隙将电流回路立刻接到断路器上。

任何为试验选定的特定的合成试验方法，应对被试断路器施加充分的负荷。通常，当试验方法满足以下各条款所述要求时，施加的负荷是充分的。

关合前，断路器承受加于它两端的额定相对地电压；关合期间，断路器承载额定短路电流。仔细注意关合试验的电压和电流负荷(见图 4)，可辨认出三个主要阶段。

——高电压阶段

在断路器处于分闸位置的情况下，从试验起始到触头间隙击穿瞬间为止的这一段时间为高电压阶段。

——预击穿阶段

在断路器合闸行程中，从触头间隙击穿瞬间到触头接触为止的这一段时间为预击穿阶段。

——扣锁阶段

在断路器合闸行程中，从触头接触到触头到达完全闭合（锁定）位置的瞬间为止的这一段时间为扣锁阶段。

5.1.1 高电压阶段

在这一阶段，试验回路加于断路器的负荷，应使预击穿阶段的起始条件在规定的允差内，与下述参考系统条件下的相同。

——外施电压应满足 GB 1984—2003 的 6.104.1 中规定的要求；

——外施电压与短路电流间的相位差，在 GB 1984—2003 的 6.103.1 给定的允差内，应相应于试验回路的额定功率因数。

5.1.2 预击穿阶段

在预击穿阶段，断路器受到由电流产生的电动力和电弧能量产生的烧损效应的作用。电流由三个分量组成：

——起始瞬态关合电流（ITMC）；

——短路电流的直流分量；

——短路电流的交流分量。

根据接通时刻，可能出现两种典型的情况：

——击穿发生在外施电压峰值附近，产生几乎对称的电流。预击穿能量和 ITMC 相对较大；

——击穿发生在外施电压零点附近；产生非对称电流。除了在多断口断路器的一极的非同期合闸的情况外，预击穿能量和 ITMC 可予忽略。

5.1.3 扣锁阶段和完全闭合位置

在这个阶段，断路器必须在有电流产生的电动力和触头摩擦力的情况下合闸。因此，此阶段的关合电流应满足 GB 1984—2003 的 4.103。

5.2 用于关合试验的合成试验回路和有关特殊要求

5.2.1 概述

试验回路和特定的要求应满足 GB 1984—2003 的 6.104.2.1 的要求 a）。

5.2.2 试验回路

试验回路由两个电源组成，分别称为电流回路和电压回路。图 5 中给出了表示电压和电流的单相典型回路，图 6 给出了三相典型回路。

——电压回路提供：

- 在高电压阶段的外施电压；
- 在预击穿阶段，由 ITMC 回路放电而产生的 ITMC。

——在预击穿和扣锁阶段，电流回路提供关合电流。

5.2.3 特殊要求

进行合成关合试验时，外施电压与短路电流间的相位关系取决于下列参数：

——电流回路的功率因数（$\cos\varphi$）；

——U_{cs}和 U_h（如果 U_h 为交流电源）之间的相位移（β）；

——关合装置的延时（t_m）。

如果符合下述条件，正确关合操作的条件就已满足：

在 U_h 为交流电源的情况下，t_m 尽可能地短且在任何情况下不得长于 300 μs：

$$\beta + t_m' + (90° - \varphi) \leqslant 27°$$

式中：$t_m' = (t_m/T) \times 360°$（50 Hz 时，$T = 20$ ms；60 Hz 时，$T = 16.7$ ms）。

注 1：电压源 U_h 可能是交流电源、直流电源或者两者的组合。

注 2：如果电压 U_h 从一个独立的电源获得，β 可能是负值。

电压回路提供的引入电流应保证快速关合间隙接通前断路器的预击穿。因此，ITMC 回路的时间常数应足够大以保证在关合装置的时延期间流过电流。

6 与 GB 1984—2003 的 6.102 到 6.111 的要求相关的关合和开断性能的合成试验的特定要求

GB 1984—2003 的 6.102 到 6.111 也适用于合成试验。但是，在某些情况下，需要特殊的技术。这些情况在下述条款中描述。条款的编号与 GB 1984—2003 相对应。

6.102.4.3 多步试验

对于装有分闸电阻的断路器的合成试验方法见附录 F。

由于合闸电阻不影响试验回路，因此，具有合闸电阻的断路器的分闸操作不需要特殊的试验技术。

只要由一个电源提供了正确的电流和电压作用，合闸电阻可以仅在直接试验回路中进行试验。

在合成关合试验期间，为了在主断口中获得正确的短路电流作用和预击穿条件，有必要拆除合闸电阻。

6.102.10 燃弧时间的说明

需要满足的基本要求在 GB 1984—2003 的 6.102.10 中给出。

为了能在与直接试验相同的基础上进行合成试验，通常需采用专门的延弧法来延长被试断路器的燃弧，直到经过所需数目的工频电流零点。延弧的方法见附录 H。

大多数合成试验采用的是附录 H 描述的“一步一步”法。认为此方法与直接试验程序相当接近。

以热重燃的方法延弧。由于此法有可能强迫被试断路器在任何条件下重燃，要特别注意在断路器能开断的电流零点不要使断路器重燃。为此，需确定断路器每一个出线端故障、近区故障和失步试验方式时各自的最短燃弧时间。为了确定这个时间，至少需要做两次开断试验，一次开断，一次重燃。

最短燃弧时间的开断作为第一次有效开断操作。进行另一次试验来验证弧触头间的重燃出现在前一个电流零点。

注 1：为了证明在前一个电流零点的正常性能而需要进行的额外试验，由于燃弧时间短，造成的触头磨损等通常不显著，因此在试验后不需要检修。

注 2：在确定最短燃弧时间时发生重燃并不说明断路器开断失败。但是，确定该重燃仅发生在弧触头间是重要的。当采用电流引入法时，若重燃后引入电流在数个半波后开断，通常作为判断最短燃弧时间的有效方法。还应彻底检查屏蔽、燃弧触头和主触头等来验证正确性能。

6.102.10.1 三相试验

根据使用的试验回路，此处给出的试验程序没有涵盖固定接地系统（$k_{pp} = 1.3$）中的第三开断极的条件。对于这种情况，在征得制造厂的同意后，可以将第二开断极的 TRV 和 di/dt 参数和相应于第三开断极的燃弧时间合并采用相同的试验程序。

6.102.10.1.1 试验方式 T10、T30、T60、T100s(b)

试验程序如下：

为了试验方便，接于 A 相中的极保持为首先开断极。

首先确定最短燃弧时间和正确的重燃性能。这可以通过以步长为 18°来改变脱扣脉冲的整定实现（可能需要重复几次）。完成后，从断路器开断的最短燃弧时间开始，脱扣脉冲控制的整定提前大约 40°。对于最后一次试验，从断路器开断的最短燃弧时间开始，脱扣脉冲控制的整定提前大约 20°：

——第一次有效开断操作：$t_{arc\ min}$，A 相中的最短燃弧时间；

——重燃试验：$t_{arcreig}=t_{arc\ min}-18°$，A 相中重燃；

——第二次有效开断操作：$t_{arc\ max}=t_{arc\ min}+40°$，A 相中最长燃弧时间；

——第三次有效开断操作：$t_{arcmed}=t_{arc\ min}+20°$，A 相中中燃弧时间。

第一次有效开断操作和重燃试验由单个分闸操作组成。第二次和第三次有效开断操作按照额定操作顺序的部分进行。如果额定操作顺序为 CO—t''—CO，则不要求第三次有效开断操作(见 GB 1984—2003 的 6.102.10)。

和三相直接试验中所采用的燃弧时间整定值的比较见图 7。

6.102.10.1.2 **试验方式 T100a**

试验程序如下：

所有的试验由单个分闸操作组成。

为了简化试验程序，A 相中的极保持为首先开断极，但 C 相中的极会承受提高的电磨损。为了在 B 相和 C 相的极上获得类似的电磨损，对于第三次有效开断操作，可以通过改变相 B 和相 C 的极来进行试验。

第一次最短燃弧时间(第一次有效开断操作)和重燃性能通过在 C 相中出现延长的大半波来确定。通过以步长为 18°来改变脱扣脉冲的整定实现(可能需要重复几次)。

第二次有效开断操作应在要求的非对称度转移到 A 相的条件下进行，因此，短路电流的初始相位和脱扣脉冲的整定值对应于重燃试验都应提前 60°。

第三次有效开断操作应把要求的非对称度设定到 C 相。相应于第二次有效开断操作，短路电流的初始相位延迟 60°而脱扣脉冲提前 10°。

——第一次有效开断操作：$t_{arc\ min}$

- A 相中最短燃弧时间；
- C 相中要求的非对称条件。

——重燃试验：$t_{arcreig}=t_{arc\ min}-18°$

- A 相中重燃；
- C 相中要求的非对称条件。

——第二次有效开断操作：首先开断极中 $t_{arc\ max\ major}$

- 短路电流的初始相位和脱扣脉冲的整定值对应于 $t_{arcreig}$ 都应提前 60°；
- A 相中要求的非对称条件。

——第三次有效开断操作：$t_{arc\ max\ majorextended}$

- A 相中最长燃弧时间；
- C 相中要求的非对称条件；
- 相应于 $t_{arc\ max\ major}$，短路电流的初始相位延迟 60°而脱扣脉冲提前 10°。

给出的试验顺序仅是为了便于试验。

和三相直接试验中所采用的燃弧时间整定值的比较见图 8。

第二次和第三次有效开断操作可以做如下交换：

——第二次有效开断操作：$t_{arc\ max\ majorextended}$

- A 相中最长燃弧时间；
- C 相中要求的非对称条件；
- 相应于 $t_{arcreig}$，脱扣脉冲提前 70°。

——第三次有效开断操作：首先开断极中 $t_{arc\ max\ major}$

- 相应于 $t_{arc\ max\ majorextended}$，短路电流的初始相位提前 60°，而脱扣脉冲延迟 10°；
- A 相中要求的非对称条件。

由于某些断路器不能在大半波后开断，如果断路器在随后的小半波开断，试验仍然有效。

注：对某些型式的断路器，第三次有效试验（$t_{arc\ max\ majorextended}$）时可能出现在前一个小半波电流零点已经在B相开断。这没有在上述的试验程序中验证，但是，可以通过把相对于$t_{arc\ max\ majorextended}$的短路起始相位和脱扣脉冲整定均延迟60°来检查。因此，如果开断出现在前一个小半波，则应根据断路器所不能开断的小半波电流的燃弧时间确定一更短的燃弧时间重复进行第三次有效试验。

6.102.10.2 代替三相条件的单相试验

GB 1984—2003的6.102.10.2中规定的程序适用。

6.104.5.4 试验方式T30

对于额定电压72.5 kV及以下的可能很难满足小的t_3值。应该采用能够达到的最短值，但不应小于GB 1984—2003的表12中规定的数值。所采用的数值应在试验报告中说明。

6.104.5.5 试验方式T10

对于额定电压72.5 kV及以下的可能很难满足小的t_3值。应该采用能够达到的最短值，但不应小于GB 1984—2003的表13中规定的数值。所采用的数值应在试验报告中说明。

6.106 基本短路试验方式

基本要求在GB 1984—2003的6.106中给出。合成试验方法在表3中给出。

6.106和表3中使用的缩写如下：

Cd——在可能小于GB 1984—2003的6.104.1规定电压的电流源电压的直接回路中的合闸操作；

Cs——在合成回路中具有规定参数的合闸操作；

Cd_{asy}——在符合GB 1984—2003的6.104.2的额定短路关合电流的直接回路中且在Cd规定的条件下的合闸操作；

Cs_{sym}——在合成回路中要求的外施电压下对称电流等于额定短路开断电流的合闸操作；

Od——仅有电流源电压且有规定的开断电流的开断操作；

Os——在合成回路中具有规定参数的开断操作；

t——操作之间的时间间隔（根据额定操作顺序，0.3 s或3 min）；

t'——操作之间的时间间隔（3 min）；

t''——操作之间的时间间隔（15 s）；

SP——GB 1984—2003的6.108中定义的单相试验；

DEF——GB 1984—2003的6.108中定义的异相接地故障试验。

注1：由于合成试验的特点，可能难以满足额定操作顺序规定的时间间隔。见GB 1984—2003的6.105.1。

注2：为了满足所有的试验要求，可能需要进行多于正常的试验方式中规定的操作。在这种情况下，断路器可以修整且该试验方式可以重试。

6.106.1 试验方式T10

可以采用几个试验程序按照规定参数进行合成试验的额定操作顺序（见表3）。

6.106.2 试验方式T30

可以采用几个试验程序按照规定参数进行合成试验的额定操作顺序（见表3）。

6.106.3 试验方式T60

可以采用几个试验程序按照规定参数进行合成试验的额定操作顺序（见表3）。

6.106.4 试验方式T100s

可以采用几个试验程序按照规定参数进行合成试验的额定操作顺序（见表3），如下所述。

6.106.4.1 试验回路的直流分量的时间常数等于规定值

如果试验回路的时间常数等于GB 1984—2003的4.101.2规定的额定短路开断电流所用的规定值，可用下述方法之一。

a) 方法1

优选的程序是进行如下完整的额定操作顺序：

Os—t—CsOs—t'—CsOs 或者

CsOs—t''—CsOs

其中一个 Cs 满足 GB 1984—2003 的 6.104.2.1 项 a)的要求,另一个 Cs 满足 GB 1984—2003 的 6.104.2.1 的要求项 b)的要求。

b) 方法 2

该程序按照如下进行完整的额定操作顺序:

Os 接着

Od—t—Cs_{sym}Os—t'—Cd_{asy}Os 或者

Cs_{sym}Od—t''—Cd_{asy}Os

其中 Od 具有和前面的 Os 相同的最短燃弧时间条件且 Cd_{asy} 满足 GB 1984—2003 的 6.104.2.1 项 b)的要求。

第一个 Os 的目的为:

a) 为了满足在规定的数值时开断操作的规定次数要求;

b) 为在随后的操作顺序期间的相关要求提供能够控制脱扣脉冲所必须的信息。这样可以确定和在规定值时进行直接试验一样的最短燃弧时间。这些条件在随后操作顺序中的 Od 操作期间得以再现。

Cs_{sym} 的目的是为了满足 GB 1984—2003 的 6.104.2.1 项 a)的要求,作为预击穿出现在外施电压峰值处的结果,关合对称电流。

c) 方法 3

该程序按照如下进行完整的额定操作顺序:

Cs_{sym} 和 Os 接着

Od—t—CdOs—t'—CdOs 或者

CdOd—t''—CdOs

其中 Od 具有和前面的 Os 相同的最短燃弧时间条件且两个 Cd 中的一个满足 GB 1984—2003 的 6.104.2.1 项 b)的要求。

第一个 Os 的目的为:

1) 为了满足在规定的数值时开断操作的规定次数要求;

2) 为在随后的操作顺序期间的相关要求提供能够控制脱扣脉冲所必须的信息。这样可以确定和在规定值时进行直接试验一样的最短燃弧时间。这些条件在随后操作顺序中的 Od 操作期间得以再现。

Cs_{sym} 的目的是为了满足 GB 1984—2003 的 6.104.2.1 项 a)的要求,作为预击穿出现在外施电压峰值处的结果,关合对称电流。

6.106.4.2 试验回路的直流分量的时间常数小于规定值

如果试验回路的时间常数小于 GB 1984—2003 的 4.101.2 规定的额定短路开断电流所用的规定值,可用下述方法之一。

a) 方法 1

优选的程序是进行如下完整的额定操作顺序:

Cd_{asy} 和 Os 接着

Od—t—Cs_{sym}Os—t'—CdOs 或者

Cs_{sym}Od—t''—CdOs

其中 Od 具有和前面的 Os 相同的最短燃弧时间条件且 Cd_{asy} 满足 GB 1984—2003 的 6.104.2.1 项 b)的要求。

第一个 Os 的目的为:

1) 为了满足在规定的数值时开断操作的规定次数要求；

2) 为在随后的操作顺序期间的相关要求提供能够控制脱扣脉冲所必须的信息。这样可以确定和在规定值时进行直接试验一样的最短燃弧时间。这些条件在随后操作顺序中的 Od 操作期间得以再现。

Cs_{sym}的目的是为了满足 GB 1984—2003 的 6.104.2.1 项 a)的要求，作为预击穿出现在外施电压峰值处的结果，关合对称电流。

b) 方法 2

该程序按照如下进行完整的额定操作顺序：

Cd_{asy}、Cs_{sym}和 Os 接着

Od—t—CdOs—t'—CdOs 或者

CdOd—t''—CdOs

其中 Od 具有和前面的 Os 相同的最短燃弧时间条件且两个 Cd 中的一个满足 GB 1984—2003 的 6.104.2.1 项 b)的要求。

第一个 Os 的目的为：

1) 为了满足在规定的数值时开断操作的规定次数要求；

2) 为在随后的操作顺序期间的相关要求提供能够控制脱扣脉冲所必须的信息。这样可以确定和在规定值时进行直接试验一样的最短燃弧时间。这些条件在随后操作顺序中的 Od 操作期间得以再现。

Cs_{sym}的目的是为了满足 GB 1984—2003 的 6.104.2.1 项 a)的要求，作为预击穿出现在外施电压峰值处的结果，关合对称电流。

6.106.4.3 试验回路的直流分量的时间常数大于规定值

如果试验回路的时间常数大于 GB 1984—2003 的 4.101.2 规定的额定短路开断电流所用的规定值，可用下述方法之一。

a) 方法 1

优选的程序是进行如下完整的额定操作顺序：

Os 接着

Od—t—Cs_{sym}Os—t'—Cd_{asy}Os 或者

Cs_{sym}Od—t''—Cd_{asy}Os

其中 Od 具有和前面的 Os 尽可能相同的最短燃弧时间条件且 Cd_{asy}满足 GB 1984—2003 的 6.104.2.1项 b)的要求。

第一个 Os 的目的为：

1) 为了满足在规定的数值时开断操作的规定次数要求；

2) 在随后的操作顺序期间的相关要求提供能够控制脱扣脉冲所必须的信息。这样可以确定和在规定值时进行直接试验一样的最短燃弧时间。这些条件在随后操作顺序中的 Od 操作期间得以再现。

Cs_{sym}的目的是为了满足 GB 1984—2003 的 6.104.2.1 项 a)的要求，作为预击穿出现在外施电压峰值处的结果，关合对称电流。

b) 方法 2

该程序按照如下进行完整的额定操作顺序：

Cs_{sym}和 Os 接着

Od—t—CdOs—t'—CdOs 或者

CdOd—t''—CdOs

其中 Od 具有和前面的 Os 相同的最短燃弧时间条件且两个 Cd 中的一个满足 GB 1984—2003

的 6.104.2.1 项 b)的要求。

第一个 Os 的目的为：

1) 为了满足在规定的数值时开断操作的规定次数要求；

2) 为在随后的操作顺序期间的相关要求提供能够控制脱扣脉冲所必须的信息。这样可以确定和在规定值时进行直接试验一样的最短燃弧时间。这些条件在随后操作顺序中的 Od 操作期间得以再现。

Cs_{sym} 的目的是为了满足 GB 1984—2003 的 6.104.2.1 项 a)的要求，作为预击穿出现在外施电压峰值处的结果，关合对称电流。

6.106.5 试验方式 T100a

应按照 GB 1984—2003 的 6.106.5 的规定进行三次开断操作(见表 3)。

由于直流分量的原因，非对称电流试验时 di/dt 和 TRV 均有变化。在合成试验中，这些改变需按以下各条事先予以安排：

a) 根据要求的直流分量时间常数，IEC 62271-308 和下述非对称判据应予以满足：

1) 最后电流半波的幅值；

2) 最后电流半波的持续时间；

3) 电流零点的直流分量百分数(控制 di/dt 和随后的 TRV 参数)。

试验方式 T100a 时，为了获得一次有效开断操作，需要同时再现几个试验参数。

最后半波的幅值和持续时间以及最终电流零点的直流分量百分数的数值在附录 I 的表 I.1a 到表 I.2d 中给出。

电流零点的预期直流分量百分数应根据试验期间的触头分离时刻的直流分量百分数和试验回路的直流分量时间常数计算得出。试验回路的直流分量时间常数应该在预期电流校正试验的示波图上对应于触头分离时刻的区域测量得到。实际试验的短路起始时刻应在预期电流校正试验的±10°范围内。

对于预期电流校正试验，有必要将其电流持续时间至少延长一个额外的半波以便能够准确测量预定电流零点的预期直流分量百分数。

注：实际试验中，电流零点的直流分量百分数也可以根据下面的公式计算：

$$p_0 = p_{cs} \times e^{-\frac{t_a}{\tau}}$$

式中：

p_0——实际试验中电流零点的直流分量百分数；

p_{cs}——实际试验中在触头分离时刻测量的直流分量百分数；

t_a——燃弧时间；

τ——预期的电流校正试验期间在触头分离时刻测量的试验回路的直流分量时间常数。

对每一特定的试验方法适用的非对称判据在 IEC 62271-308:2002 的 5.2 中描述。

b) 降低电流零点的 di/dt

对电流引入法，可以通过降低电压回路的充电电压来降低 di/dt。

相应的正确数值，对于具有完全非对称电流的相中的首先开断极条件，在表 I.1a 到表 I.2d 中给出；对于具有完全非对称电流的相中的第二开断极条件，在表 I.3a 和表 I.3b 中给出。

c) TRV 的修正

1) 简化法

对于 t_2 或 t_3 不超过 500 μs 的 TRV 来说，可以采用简化法。

合成回路的充电电压应整定成能够获得最严酷的试验参数。对于小半波试验，为 u_c；对于大半波试验，为 di/dt。

2) 对于 t_2 超过 500 μs 的 TRV 来说，必须采用其他修正办法和/或采用改变回路的办法。

表Ⅰ.4a 到表Ⅰ.4d 给出了要求的预期 TRV 值。

注：为了实现要求的数值，对于大半波和小半波，可能需要采用不同的试验回路。采用单一试验回路的试验可能会使断路器过负荷且要求征得制造厂的同意。

d) 恢复电压的修正

如果所进行的试验是在大半波末开断，降低了的恢复电压足够覆盖等效直接试验恢复电压的前 1/4 半波。

若在电流的小半波末开断，降低了的恢复电压不能覆盖参考的系统条件，因为在 TRV 开始后系统中的工频恢复电压是连续上升的。

结合对称试验方式，足以验证断路器的性能。

6.108 单相和异相接地故障试验

基本试验要求在 GB 1984—2003 的 6.108 中给出。试验方法见表 3。

6.109 近区故障试验

基本试验要求在 GB 1984—2003 的 6.109 中给出。

近区故障的试验方法见表 3。

开断前的最后电流半波的幅值应等于试验电流的$\sqrt{2}$倍，允差为 4.1.1 中规定的±10%。

对于近区故障合成试验，近区故障回路的参数应和 GB 1984—2003 的 4.105 中给出的一样，且线路侧回路在整个相互作用阶段应位于电流承载回路中。

对于电流引入回路，近区故障回路可以和电压回路串联，且其电感增加到 L_h，如图 B.1 所示。

电压回路中的近区故障回路可能引起的振荡叠加在引入电流波形上。为了不影响电弧电压显著变化阶段或者电流零点前至少 100 μs 内的电流，这些振荡应予以阻尼(以满足 4.2.1 项 d)的规定)。

可在 TRV 波形调节回路中串联一个电阻。大多数情况下，选作调节恢复电压起始上升率的电阻足以提供所需的阻尼。

注：近区故障试验时，如将线路和电压回路连接在被试断路器的同一侧，则应特别注意电压分布和预期 TRV 的测量。

如果按照 GB 1984—2003 的 6.109.3 的要求，可采用一附加的电容调节时延，应注意这些电容施加于何处：

——如果采用线路侧电容，则应接在试验回路线路段的两端来模拟和直接试验中的相同的条件；

——如果采用电源侧电容，则应接在电压回路的电源侧的两端。

注 1：通常认为断路器两端的电容是被试断路器的一部分。在某些情况下，可能需要在断路器两端施加附加的电容来调节试验回路的时延。

注 2：辅助断路器两端的电容影响时延且认为它是试验回路中时延电容的一部分。

6.110 失步关合和开断试验

基本要求在 GB 1984—2003 的 6.110 中给出。

OP1 和 OP2 的试验方法在表 3 中给出。

表 3 试验方式 T10、T30、T60、T100s、T100a、SP、DEF、OP 和 SLF 的合成试验程序

试验方式	合成试验		额定操作顺序	
	条款号	方法	O—t—CO—t'—CO t=0.3 s 或 3 min t'=3 min	CO—t''—CO t''=15 s
T10、T30、T60、SP 和 DEF	6.106.1 到 6.106.3 6.108	1	Os—t—(Cd)Os—t'—(Cd)Os[a]	(Cd)Os—t''—(Cd)Os[a]
		2	Os Od—t—(Cd)Os—t'—(Cd)Os[a]	Os (Cd)Od—t''—(Cd)Os[a]

表 3（续）

试验方式	合成试验 条款号	合成试验 方法	额定操作顺序 O—t—CO—t'—CO t=0.3 s 或 3 min t'=3 min	额定操作顺序 CO—t''—CO t''=15 s
T100s	6.106.4.1(试验回路直流分量的时间常数等于标准值)	1	Os—t—CsOs—t'—CsOs	CsOs—t''—CsOs
		2	Os Od—t—Cs_{sym}Os—t'—Cd_{asy}Os	Os Cs_{sym}Od—t''—Cd_{asy}Os
		3	Cs_{sym} Os Od—t—CdOs—t'—CdOs[d]	Cs_{sym} Os CdOd—t''—CdOs[d]
	6.106.4.2(试验回路直流分量的时间常数小于标准值)	1	Cd_{asy} Os Od—t—Cs_{sym}Os—t'—CdOs[b]	Cd_{asy} Os Cs_{sym}Od—t''—CdOs[b]
		2	Cd_{asy} Cs_{sym} Os Od—t—CdOs—t'—CdOs[b]	Cd_{asy} Cs_{sym} Os CdOd—t''—CdOs[b]
	6.106.4.3(试验回路直流分量的时间常数大于标准值)	1	Os Od—t—Cs_{sym}Os—t'—Cd_{asy}Os[c]	Os Cs_{sym}Od—t''—Cd_{asy}Os[c]
		2	Cs_{sym} Os Od—t—CdOs—t'—CdOs[c,d]	Cs_{sym} OsCdOd—t''—CdOs[c,d]
T100a	6.106.5		Os—t'—Os—t'—Os	
SLF	6.109	1	Os—t—(Cd)Os—t'—(Cd)Os[a]	
		2	Os Od—t—(Cd)Os—t'—(Cd)Os[a]	
OP1	6.110		Os,Os,Os	
OP2	6.110	1	Cs_{sym}Os,Os,Os	
		2	Cs_{sym} (Cd)Os,Os,Os[a]	

[a] (Cd)是和 Cd 一样的合闸操作，可以在空载条件下进行。

[b] 由于和用于额定短路开断电流所用的规定值相比试验回路的直流分量时间常数较小，在 Cd_{asy} 操作期间的电流对称值需要大于额定值。由于同样的原因，已经在 Cd_{asy} 操作期间验证过，Cd 操作期间的电流峰值将小于额定短路关合电流。

[c] 由于和用于额定短路开断电流所用的规定值相比试验回路的直流分量时间常数较大，在 Cd_{asy} 操作期间的电流峰值可能大于额定短路关合电流。可以采用峰值电流降低的回路，或者通过选相控制合闸操作来获得要求的额定短路关合电流。采用选相控制应征得制造厂的同意。

[d] 两个 Cd 中的一个应为 Cd_{asy}。

6.111 容性电流开合试验

基本要求在 GB 1984—2003 的 6.111 中给出。

6.111.2 概述

只要恢复电压满足 60 Hz 的要求(见 GB 1984—2003 的 6.111.2 的注 4),50 Hz 电流回路的试验回路可以用来验证额定值为 60 Hz 的容性电流开合能力。触头分离时刻的整定应该根据电流源的频率。但是,最短燃弧时间应该基于被试断路器的额定频率通过以大约 6°的间隔改变分闸操作时触头分离时刻的整定值来确定。

6.111.3 电源回路的特性

如果试验回路的特性不能满足 GB 1984—2003 的 6.111.3 的要求,应该施加 GB 1984—2003 的 6.111.10 规定的预期瞬态恢复电压。

注:如 G.2 所述的电流截断效应可能改变容性电流开合试验期间的恢复电压。

6.111.7 试验电压

对于单相合成容性电流开合试验,应该施加 GB 1984—2003 的 6.111.7 中对直接试验规定的试验电压。

合成容性电流开合回路的例子在附录 G 中给出。

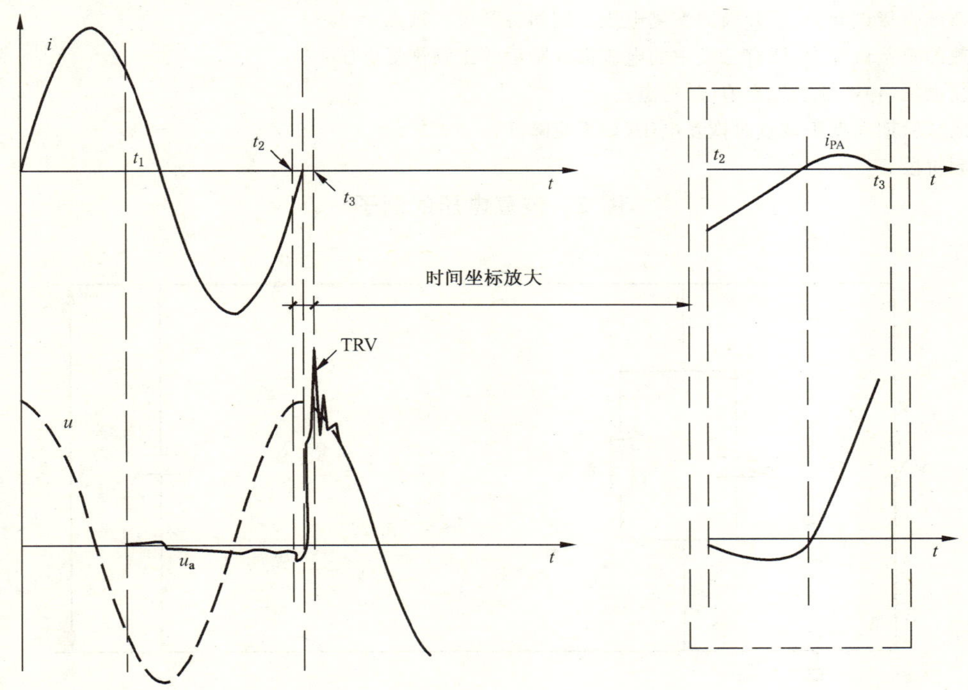

图例:

i——开断电流;

u——工频电压;

u_a——电弧电压;

TRV——瞬态恢复电压;

i_{PA}——弧后电流;

t_1——触头分离时刻;

t_2——电弧电压显著变化阶段的起始时刻;

t_3——弧后电流熄灭时刻;

t_2-t_1——大电流阶段;

t_3-t_2——相互作用阶段;

t_3 以后——高电压阶段。

图 1 开断过程;基本的时间段

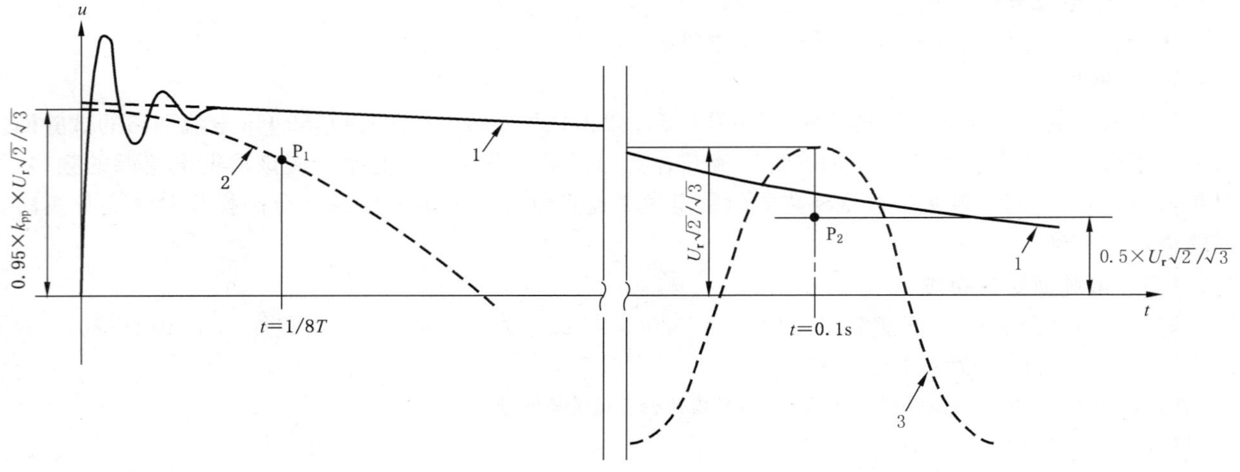

图例:

1——合成试验中,断路器两端的指数衰减的恢复电压;

2——等效的直接试验中,首开极的恢复电压。例如首开极系数 $k_{pp}=1.3$;

3——等效的直接试验中,所有三极中的电流都开断后的工频恢复电压;

P_1——恢复电压(1)不低于规定值(2)的点;

P_2——合成试验期间低于该点时恢复电压(1)不应降低;

T——工频阶段。

图 2 恢复电压的例子

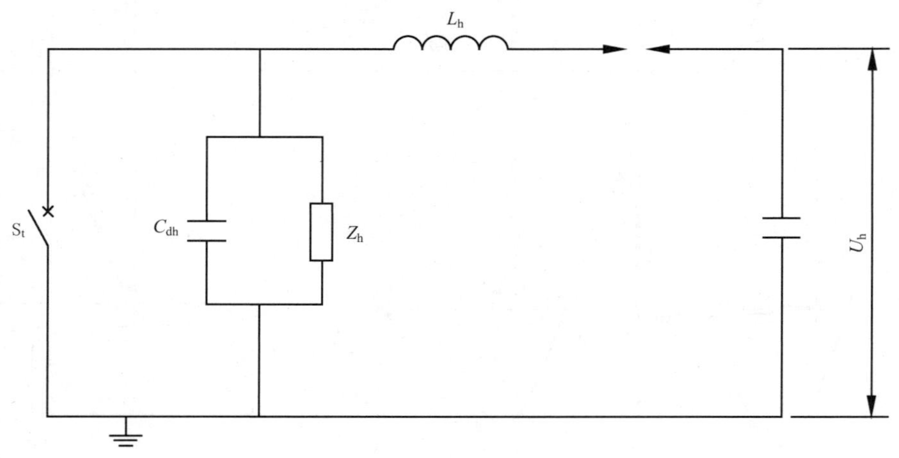

图例:

U_h——电压回路的充电电压;

L_h——电压回路的电感;

Z_h——等效波阻抗;

C_{dh}——电压回路的时延电容;

S_t——被试断路器。

图 3 电流引入回路的电压回路中的等值波阻抗

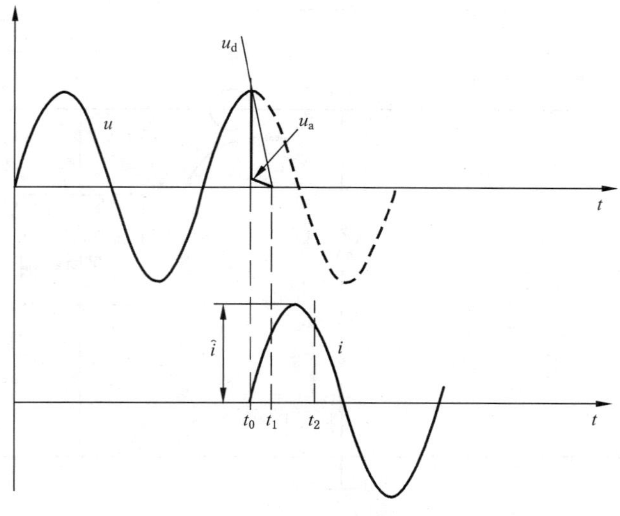

a) 对称关合电流

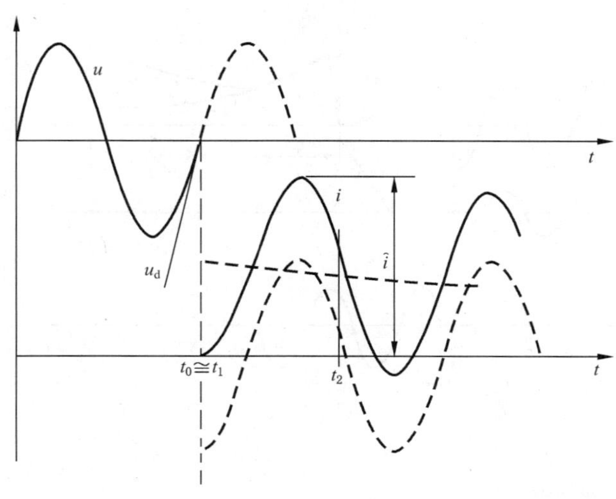

b) 非对称关合电流

图例：

i——电流；

$\hat{i}$——关合电流峰值；

u——工频电压；

u_d——介质的关合特性；

u_a——电弧电压；

t_0——预击穿时刻；

t_1——触头接触时刻；

t_2——完全合闸位置。

图 4　关合过程；基本的时间段

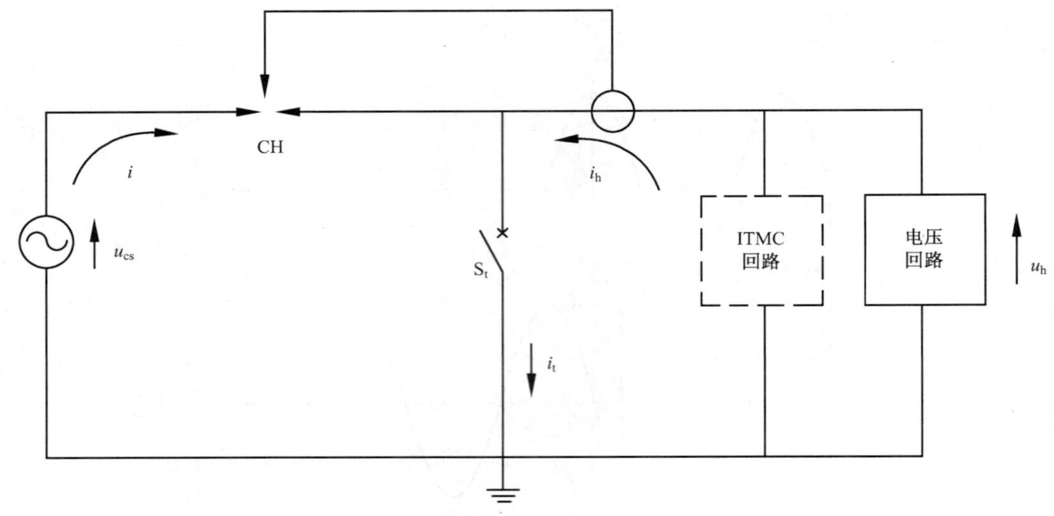

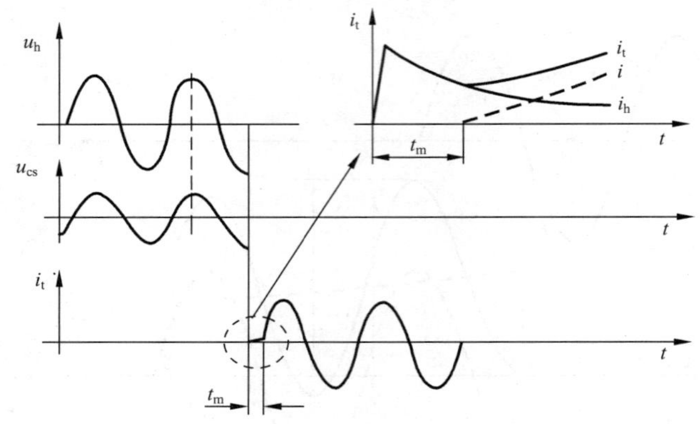

图例：

u_{cs}——电流回路的电压；

CH——关合装置(触发的火花间隙)；

i——电流回路提供的工频电流；

S_t——被试断路器；

u_h——外施电压；

i_h——起始瞬态关合电流(ITMC)；

i_t——被试断路器中的电流；

t_m——关合装置的时延。

图 5 单相试验的典型合成关合回路

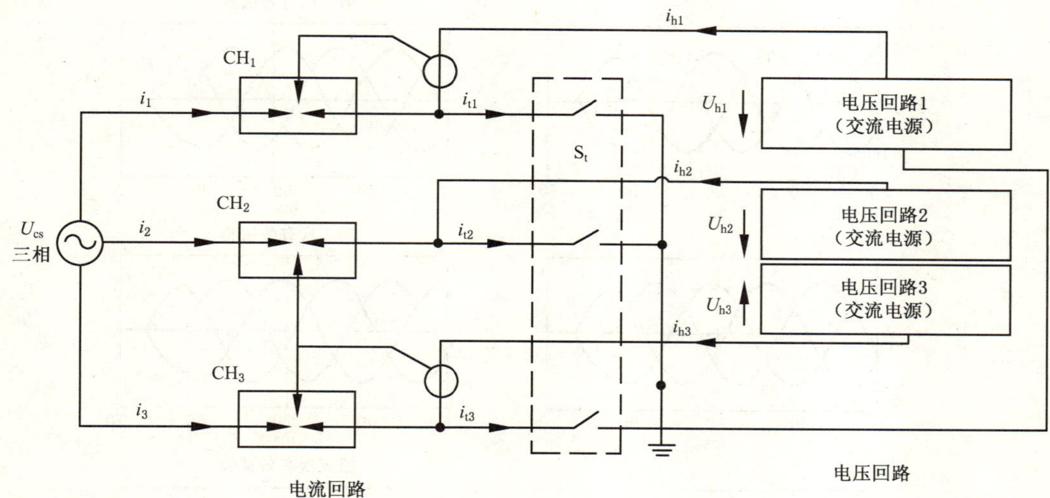

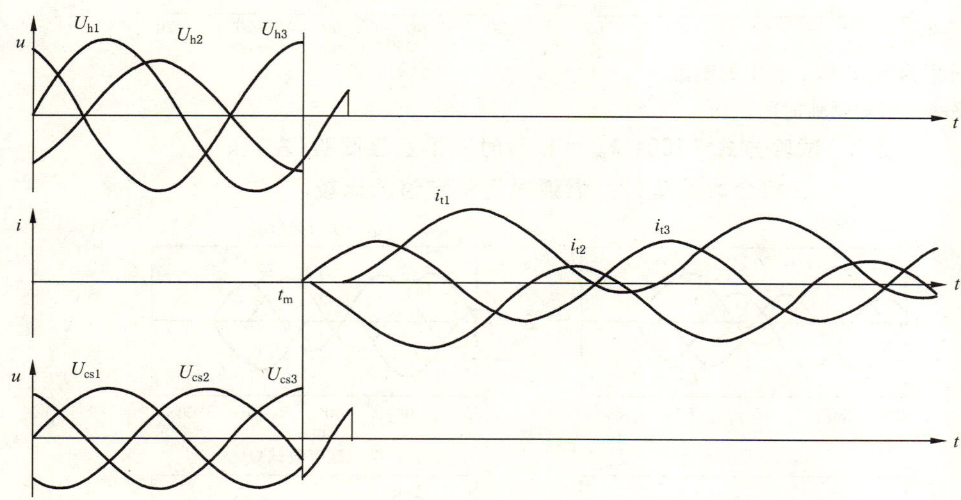

图例：

U_{cs1}，U_{cs2}，U_{cs3}——电流回路电压；

i_1，i_2，i_3——电流回路的电流；

i_{t1}，i_{t2}，i_{t3}——流过被试断路器的电流；

i_{h1}，i_{h2}，i_{h3}——初始瞬态关合电流(ITMC)；

U_{h1}，U_{h2}，U_{h3}——外施电压；

CH_1，CH_2，CH_3——关合装置；

S_t——被试断路器；

t_m——关合装置的时延。

图 6　三相试验的典型合成关合回路($k_{pp}=1.5$)

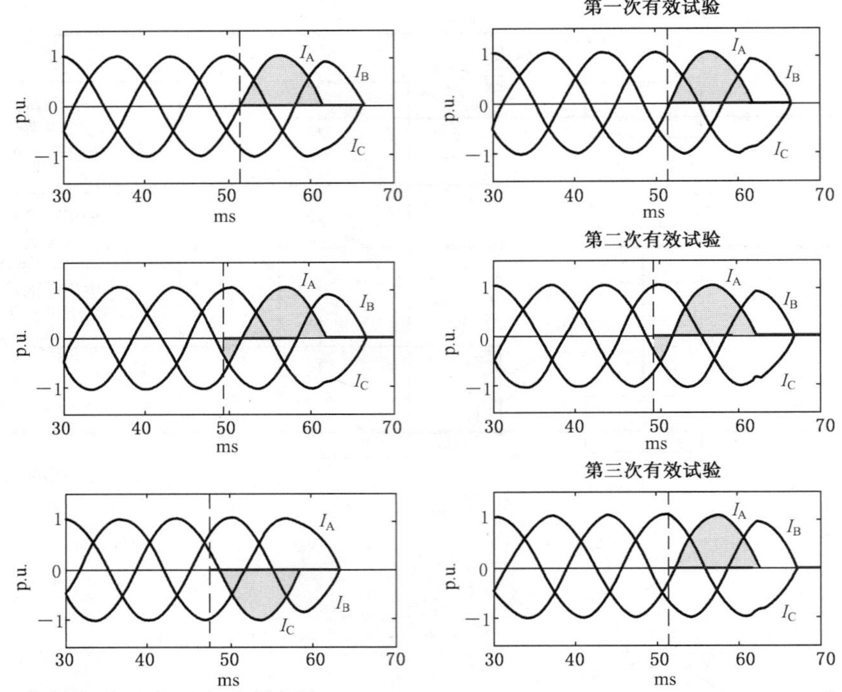

注 1：I_A，I_B，I_C 分别为 A、B 和 C 相中的电流。

注 2：实心的水平条为最短燃弧时间。

图 7　试验方式 T100s($k_{pp}=1.5$)时三相直接试验(左)和三相合成试验(右)燃弧时间整定值的比较

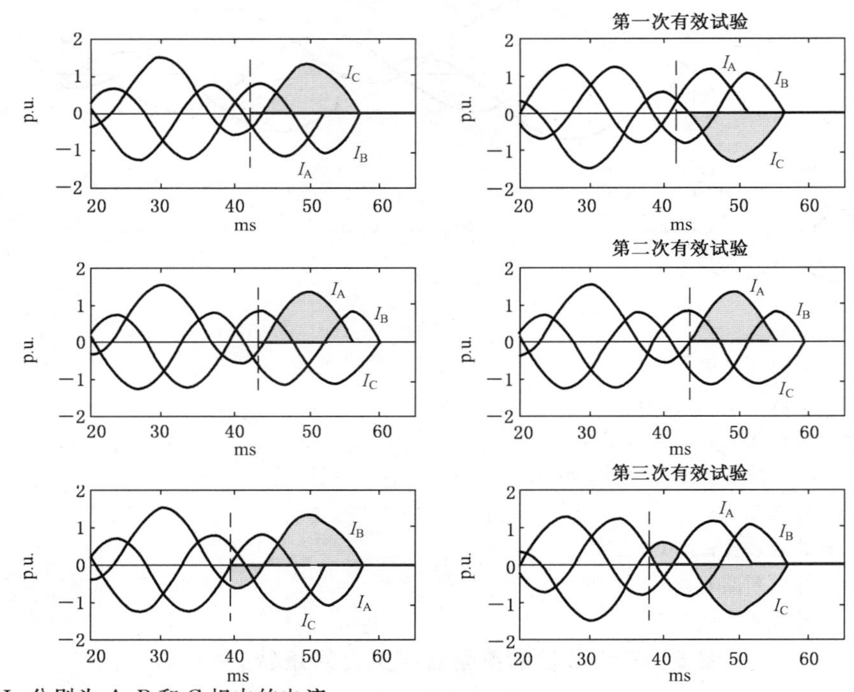

注 1：I_A，I_B，I_C 分别为 A、B 和 C 相中的电流。

注 2：实心的水平条为最短燃弧时间。

图 8　试验方式 T100a($k_{pp}=1.5$)时三相直接试验(左)和三相合成试验(右)燃弧时间整定值的比较

附　录　A
（资料性附录）
电流的畸变

众所周知，电流畸变是合成试验期间必须考虑的因素。A.1、A.2和A.3给出了采用简化法的基本分析。实际上，利用计算机进行的数值计算可能更适合，它可以引入各种各样的电弧电压波形。

A.1　在临过零前的电流畸变

相互作用阶段始于因电流趋零使电弧电压开始显著变化的时刻。在此阶段内，电弧电压的变化影响电流过零前的波形和变化率。

畸变电流使实际电流偏离预期电流，畸变电流主要流过实际回路所有参数中具有小时间常数的阻抗。

电流趋零时特有的方式决定了电流零点时断路器弧触头间介质的物理状态。回路与断路器间的主要相互作用是由电弧电压引起的，它对电容充放电，并影响临近零前的 $\mathrm{d}i/\mathrm{d}t$。

在代表系统短路或直接试验的简化电路中，如图A.1，电压 u 提供电弧电流 i，相应的电弧电压为 u_a，与电弧电压并联有一电容 C。

假定电弧电压 $u_a=0$，则预期短路电流 i_p（见图A.2）将流经电弧，该电流的大小及波形由电感 L、电压 u、电压的频率和电流起始瞬间决定。

假定电源电压 $u=0$ 而电弧电压存在，则电弧电压将产生一电流。此电流 i_d（见图A.3）就是畸变电流，其部分将流经电感 L 即 i_{dL}，部分将流经电容 C 即 i_{dC}。根据这些条件有下列方程：

$$u_a - L\times\frac{\mathrm{d}i_{dL}}{\mathrm{d}t}=0$$

和

$$C\times\frac{\mathrm{d}u_a}{\mathrm{d}t}-i_{dC}=0$$

由此可得关于 i_d 的下述方程：

$$i_d=i_{dL}+i_{dC}=\frac{1}{L}\int u_a\mathrm{d}t+C\times\frac{\mathrm{d}u_a}{\mathrm{d}t}$$

如果电压 u 和 u_a 同时存在（见图A.4），则所得的实际电流为

$$i=i_p-i_d$$

A.2　大电流阶段的电流畸变

在这一阶段，电弧电压在回路中产生畸变电流 i_d，叠加在总电流上。

与预期电流相比，最终的电弧电流在四个物理参数方面呈现畸变，即电流幅值、半波持续时间、电弧能量及 $\mathrm{d}i/\mathrm{d}t$。

实际上，在评价电弧电压的影响时只考虑电流幅值和半波持续时间就够了。

作为初步近似，可考虑两种不同的电弧电压特性，即：

a)　电弧电压为恒值，$u_a=U_a$

b)　电弧电压线性增长，$u_a=S\times t$

由于燃弧的这一阶段流经电容 C（见图A.1）的电流小，简化的图A.5就足够用了。

A.2.1　对称电流在一个半波燃弧时的畸变

在推导下述公式时略去了图A.5中的电阻，这是因为在一个半波中它的作用可忽略不计。图A.8和图A.9中给出了一些结果。

按图 A.6 和 A.7 表示的特性进行计算。

$\widehat{u}$——电流回路的电压峰值($=\omega L\times\widehat{i}_p$);

$\widehat{i}_p$——预期电流的峰值;

$\widehat{i}$——实际电流的峰值(已被电弧电压减小);

t_m——达到峰值$\widehat{i}$的瞬间。

a) 流幅值比

1) 对恒定的电弧电压:

$$\frac{\widehat{i}}{\widehat{i}_p}=\sin\omega t_m-\frac{U_a}{\hat{u}}\times\omega t_m$$

2) 对线性增长的电弧电压:

$$\frac{\widehat{i}}{\widehat{i}_p}=\sin\omega t_m-\frac{S\omega}{2\hat{u}}\times t_m{}^2$$

b) 实际的电流半波持续时间 T_1(已被电弧电压缩短)

1) 对恒定的电弧电压:

$$\sin\omega T_1=\frac{U_a\omega}{\hat{u}}T_1$$

2) 对线性增长的电弧电压:

$$\sin\omega T_1=\frac{S\omega}{2\hat{u}}T_1{}^2$$

图 A.8 和图 A.9 给出电流幅值减小率 $\Delta i/i_p$ 和半波时间减小率 $\Delta t/T_p$ 分别为比率 $U_a/\widehat{u}$(电弧电压为恒值时)和 $S\times T_a/2\times\widehat{u}$(电弧电压线性增长时)的函数关系。

式中:

$\Delta i=\widehat{i}_p-\widehat{i}$;

$\Delta t=T_p-T_1$;

T_p——预期的电流半波持续时间;

T_a——实际的燃弧时间(对于一个半波燃弧,$T_a=T_1$,见图 A.6 和图 A.7)。

A.2.2 在普遍情况下的畸变

在对称和非对称电流两种情况下,以及燃弧时间超过一个半波时,畸变电流由下述公式获得,该式适用于电弧电压为恒值及线性增长这两种情况。按图 A.5 所示的电路进行计算,且引入了电源阻抗的时间常数 L/R。预期电流的标么值由下式给出:

$$i/\widehat{i}_p=\sin(\omega t+\omega t_1-\varphi)-\sin(\omega t_1-\varphi)\times e^{-\frac{R}{L}t}$$

式中:

t——由电流初起点计起的时间坐标;

t_1——电压正半波起始点与电流起始点之间的时间间隔。

$\varphi=\arctan\dfrac{\omega L}{R}$,对于对称电流而言,$\varphi=\omega t_1$;

畸变电流的标么值是:

$i_d/\widehat{i}_p=C$ (对于第一个燃弧半波);

$i_d/\widehat{i}_p=D-E$ (对于第二个燃弧半波);

$i_d/\widehat{i}_p=D-F+G$ (对于第三个燃弧半波)。

式中:

C、D、E、F 和 G 由下述各式决定:

a) 电弧电压为恒值时

$$C=\frac{M}{\cos\varphi}[1-e^{-\frac{R}{L}(t-t_{CS})}]$$

$$D=\frac{M}{\cos\varphi}[1-e^{-\frac{R}{L}(t'_0-t_{CS})}]e^{-\frac{R}{L}(t-t'_0)}$$

$$E=\frac{M}{\cos\varphi}[1-e^{-\frac{R}{L}(t-t'_0)}]$$

$$F=\frac{M}{\cos\varphi}[1-e^{-\frac{R}{L}(t''_0-t'_0)}]e^{-\frac{R}{L}(t-t''_0)}$$

$$G=\frac{M}{\cos\varphi}[1-e^{-\frac{R}{L}(t-t''_0)}]$$

式中：

$M=\frac{U_a}{\hat{u}}$=电弧电压与工频电压峰值之比；

$$\cos\varphi=\frac{R}{\sqrt{R^2+(\omega L)^2}};$$

t_{CS}——触头分离瞬间；

t'_0,t''_0——各半波电流的终止时刻。

b) 电弧电压为线形增长时

$$C=\frac{M}{\cos\varphi}[(t-t_{CS})-\frac{L}{R}(1-e^{-\frac{R}{L}(t-t_{CS})})]$$

$$D=\frac{M}{\cos\varphi}[(t'_0-t_{CS})-\frac{L}{R}(1-e^{-\frac{R}{L}(t'_0-t_{CS})})]e^{-\frac{R}{L}(t-t'_0)}$$

$$E=\frac{M}{\cos\varphi}[(t-t'_0)-\frac{L}{R}(1-e^{-\frac{R}{L}(t-t'_0)})+(t'_0-t_{CS})\times(1-e^{-\frac{R}{L}(t-t'_0)})]$$

$$F=\frac{M}{\cos\varphi}[(t''_0-t'_0)-\frac{L}{R}(1-e^{-\frac{R}{L}(t''_0-t'_0)})+(t'_0-t_{CS})\times(1-e^{-\frac{R}{L}(t''_0-t'_0)})]e^{-\frac{R}{L}(t-t''_0)}$$

$$G=\frac{M}{\cos\varphi}[(t-t''_0)-\frac{L}{R}(1-e^{-\frac{R}{L}(t-t''_0)})+(t''_0-t_{CS})\times(1-e^{-\frac{R}{L}(t-t''_0)})]$$

式中：

$$M=\frac{S\times T_a}{2\hat{u}}。$$

图 A.8 到图 A.11 给出在几种典型情况下最后燃弧半波的电流幅值减小率及半波持续时间减小率。

对于对称电流情况，电弧电压为恒值的结果作为比率 $U_a/\widehat{u}$ 的函数，由图 A.8 给出；电弧电压线性增长时，其结果作为比率 $S\times T_a/2\hat{u}$ 的函数，由图 A.9 给出。对于非对称电流的情况，由图 A.10 和图 A.11 给出相应的结果。

对于燃弧时间来说，考虑了三种典型情况：1 个半波、2 个半波及 2.5 个半波。在非对称电流的情况下，触头分离时刻选在电流起始之后 1.5 个周波时。

电弧电压造成的影响不但取决于电弧电压，而且取决于燃弧时间和电流的非对称度，所以，对每个情况都进行准确计算是必要的。

注：为了能够对两种燃弧形式的有关曲线进行比较，适当地选择了电弧电压值，即电弧电压线性上升时，在最后的电流零点的值等于恒值电弧电压情况下 U_a 的两倍。

A.3 确定畸变电流参数的例子

下面以 126 kV 断路器的单极试验为例来说明如何利用前面 A.1 和 A.2 所给出的方法计算畸变电流。

在合成试验的例子中，假定被试断路器和辅助断路器的电弧电压、触头分离时刻相同。

A.3.1 对称电流试验

A.3.1.1 恒值电弧电压

直接试验

额定电压 $U_r=126\ \text{kV}$

单极试验电压 $U_t=\dfrac{126\times1.3}{\sqrt{3}}=95\ \text{kV}$

恒值电弧电压平均值(最后半波) $U_a=1\ \text{kV}$

因此 $\dfrac{U_a}{\widehat{u}}=\dfrac{1}{95\sqrt{2}}=0.007\,4$

按燃弧时间一个半波计算(见 A.2.1) $\dfrac{\Delta i}{\widehat{i}_p}=-1.2\%$

及 $\dfrac{\Delta t}{T_p}=-0.7\%$

合成试验

电流回路电压 $U_1=31\ \text{kV}$

恒值电弧电压(被试断路器和辅助断路器，最后半波)平均值 $U_{as}=2U_a=2\ \text{kV}$

因此 $\dfrac{U_{as}}{\widehat{u}}=\dfrac{2}{31\sqrt{2}}=0.046$

按图 A.8 对于一个燃弧半波 $\dfrac{\Delta i}{\widehat{i}_p}=-7\%$

$\dfrac{\Delta t}{T_p}=-4.5\%$

A.3.1.2 线性增长的电弧电压

直接试验

单极试验电压 $U_t=\dfrac{126\times1.3}{\sqrt{3}}=95\ \text{kV}$

线性增长的电弧电压 $\dfrac{ST_a}{2}=3\ \text{kV}$

因此 $\dfrac{ST_a}{2\widehat{u}}=\dfrac{3}{95\sqrt{2}}=0.022$

根据图 A.9 按燃弧时间一个半波计算 $\dfrac{\Delta i}{\widehat{i}_p}=-1.7\%$

及 $\dfrac{\Delta t}{T_p}=-2.2\%$

合成试验

电流回路电压 $U_1=31\ \text{kV}$，同上

线性增长的电弧电压(被试断路器和辅助断路器)

$$\frac{ST_a}{2}=2\times3\ \text{kV}=6\ \text{kV}$$

因此 $\dfrac{ST_a}{2\widehat{u}}=\dfrac{6}{31\sqrt{2}}=0.137$

根据图 A.9 按燃弧时间一个半波计算 $\frac{\Delta i}{\widehat{i}_{p}}=-10\%$

$$\frac{\Delta t}{T_{p}}=-11.2\%$$

在第一个例子中，按 4.1 的规定，工频电流半波幅值和持续时间的容差在实际的合成试验中都不会超过。当然，这要取决于电流交流分量的衰减可以忽略不计。

在第二个例子中，由于半波持续时间已超过容差，因此，应该提高电流回路电压，或采取 4.1 所述的其他措施。虽然电流幅值在表面上没有超差，但当预期电流的交流分量有些衰减时，实际上就可能超差。

A.3.2 非对称电流试验

如果电弧电压近似于恒定或线性增长，就可以使用图 A.10 到图 A.11 的曲线。计算方法与对称情况的相似。以恒值电弧电压的情况为例：

直接试验

单极试验电压 $U_{t}=\frac{126\times1.3}{\sqrt{3}}=95\ \text{kV}$

恒值电弧电压 $U_{a}=1\ \text{kV}$

因此 $\frac{U_{a}}{\widehat{u}}=\frac{1}{95\sqrt{2}}=0.0074$

触头在电流起始后 1.5 周波处分离，燃弧时间一个半波 $\frac{\Delta i}{\widehat{i}_{p}}=-1\%$

及 $\frac{\Delta t}{T_{p}}=-0.6\%$（见图 A.10）

合成试验

电流回路电压 $U_{1}=14.2\ \text{kV}$

恒值电弧电压（被试断路器和辅助断路器） $U_{a}=2\ \text{kV}$

因此 $\frac{U_{a}}{\widehat{u}}=\frac{2}{14.2\times\sqrt{2}}=0.10$

触头分离时刻及燃弧半波数同上 $\frac{\Delta i}{\widehat{i}_{p}}=-12.6\%$

$$\frac{\Delta t}{T_{p}}=-8.0\%\text{（图 A.10）}$$

实际的电弧电压可能不遵从这两个简化特性。在这种情况下，合成试验中的电流减小可由实际的示波图测得，或用计算方法计算。确定合成试验的驱动电压需要知道直接试验的实际电流，此电流仅能由计算得出。

对于电弧电压较低（如 $U_{a}=2\%U_{1}$）的断路器来说，在系统中或在直接试验时，可忽略电弧电压对电流的畸变作用，因此，认为规定的预期电流等于基准电流。

注：如果辅助断路器比被试断路器晚分，或使用电弧电压较低的辅助断路器，则它对开断电流的影响比被试断路器的小。

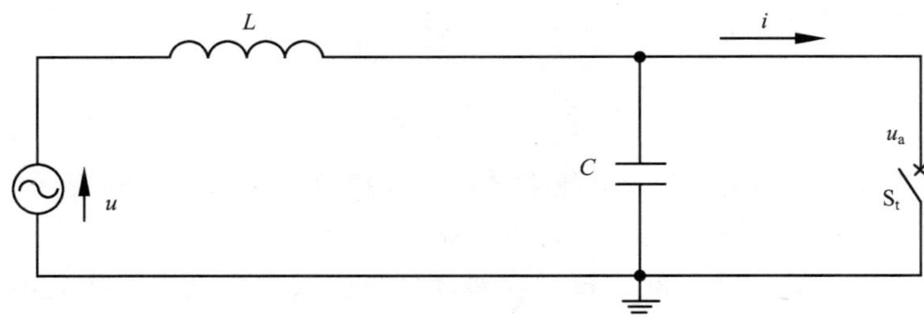

图例：

u——直接试验回路的电压；

u_a——断路器的电弧电压；

C——直接试验回路的电容，并和电感 L 一起控制回路的瞬态恢复电压；

L——直接试验回路的电感，并和 u 一起控制短路电流；

i——实际电流；

S_t——被试断路器。

图 A.1 直接试验回路简化的电路图

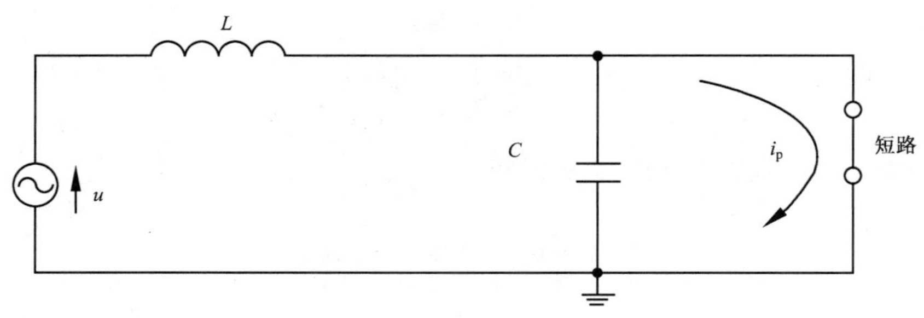

图例：

u——直接试验回路的电压；

i_p——预期短路电流；

C——直接试验回路的电容，并和电感 L 一起控制回路的瞬态恢复电压；

L——直接试验回路的电感，并和 u 一起控制短路电流。

图 A.2 预期短路电流

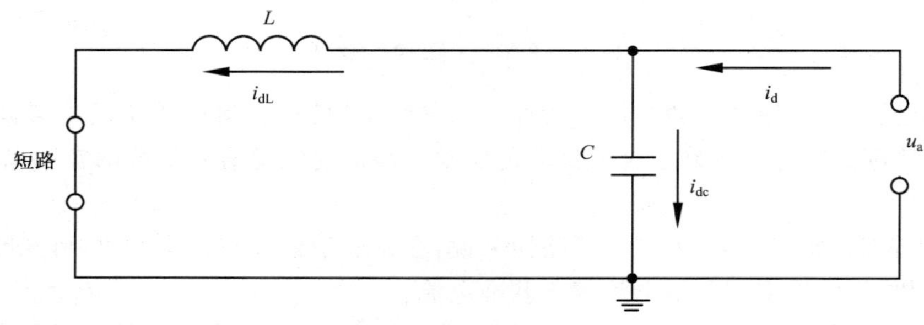

图例：

C——直接试验回路的电容，并和电感 L 一起控制回路的瞬态恢复电压；

L——直接试验回路的电感，并和 u 一起控制短路电流；

u_a——断路器的电弧电压；

i_{dC}——流过电容 C 的畸变电流；

i_{dL}——流过电感 L 的畸变电流。

图 A.3 畸变的电流

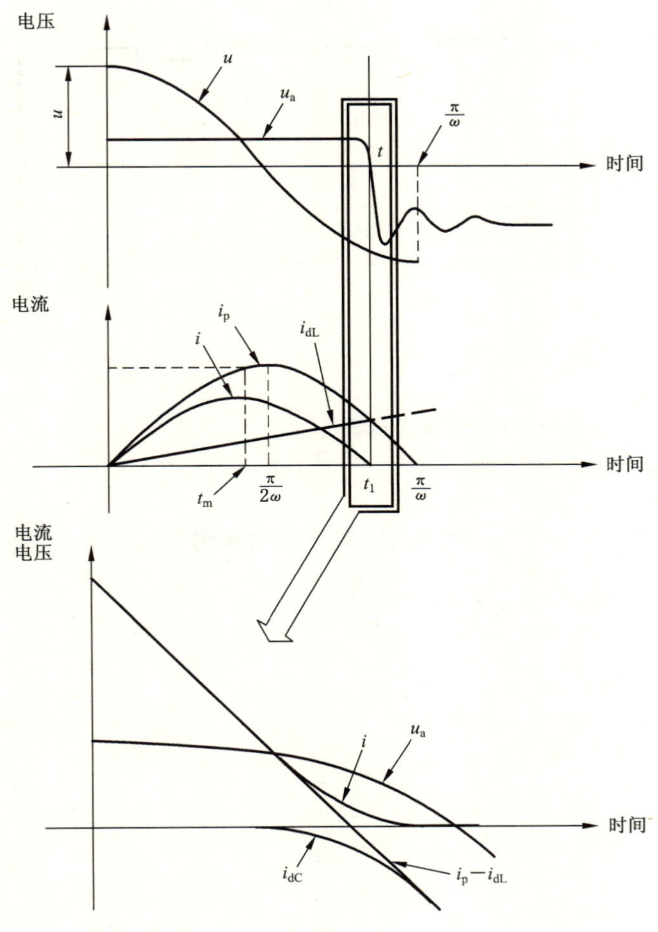

图例：

u——直接试验回路的电压；

u_a——断路器的电弧电压；

L——直接试验回路的电感，并和 u 一起控制短路电流；

i_p——预期短路电流；

i_{dC}——流过电容 C 的畸变电流；

i——实际电流；

i_{dL}——流过电感 L 的畸变电流。

图 A.4　畸变的电流

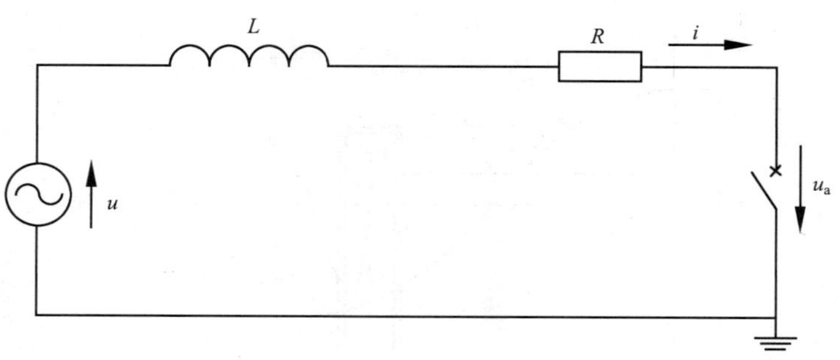

图例：

u——直接试验回路的电压；

u_a——断路器的电弧电压；

L——直接试验回路的电感，并和 u 一起控制短路电流；

R——直接试验回路的电阻；

i——实际电流。

图 A.5 简化的电路图

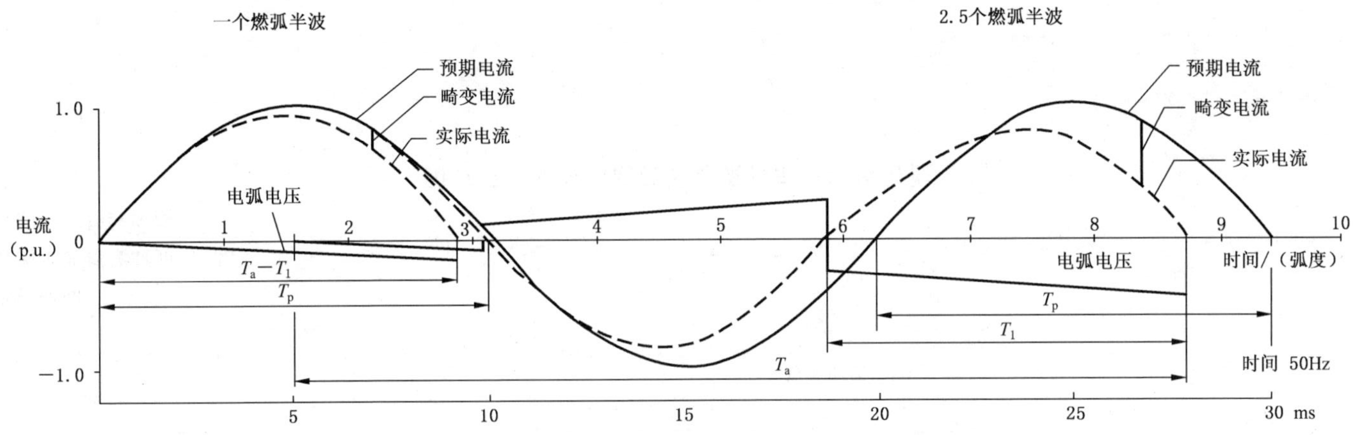

图例：

T_a——实际的燃弧时间；

T_p——预期电流的半波持续时间；

T_1——实际电流的半波持续时间。

图 A.6 对称电流的电流和电弧电压特性

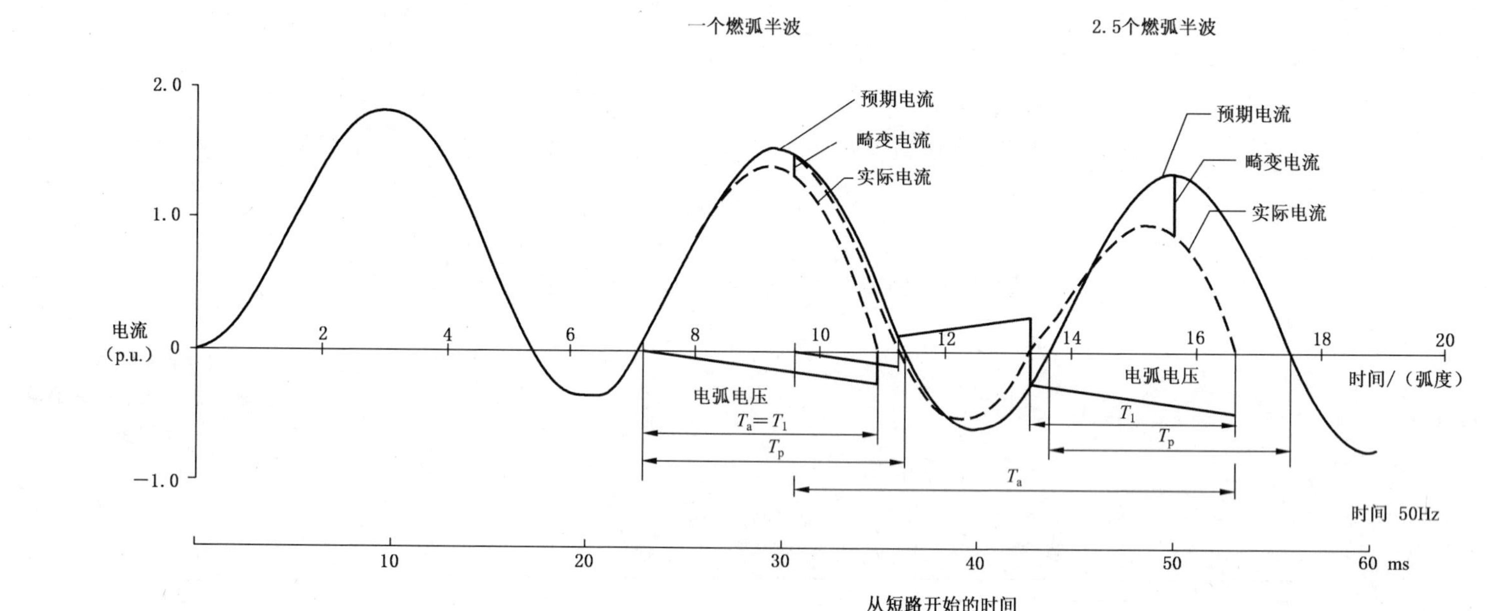

图例：

T_a——实际的燃弧时间；

T_p——预期电流的半波持续时间；

T_1——实际电流的半波持续时间。

图 A.7 非对称电流的电流和电弧电压特性

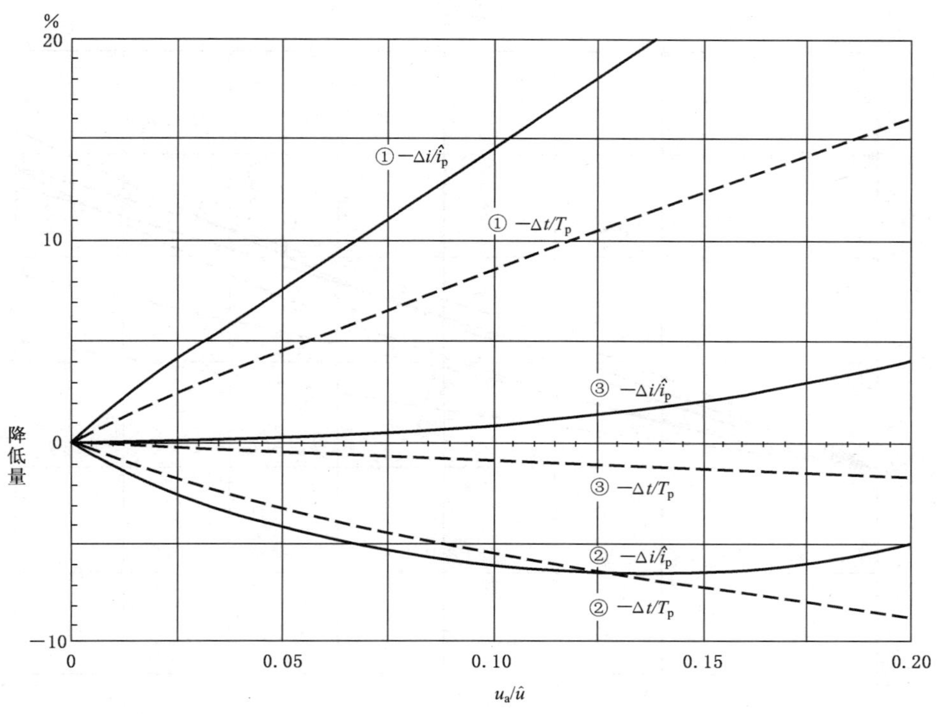

对于对称电流和恒定电弧电压

①——1个半波的燃弧；

②——2个半波的燃弧；

③——2.5个半波的燃弧；

见图A.6。

图例：

$\Delta i/\hat{i}_p$——电流幅值的相对降低；

$\Delta t/T_p$——电流半波持续时间的相对降低；

$u_a/\hat{u}$——电弧电压和电源电压之比。

图 A.8　电弧的最后电流半波的幅值和持续时间的降低

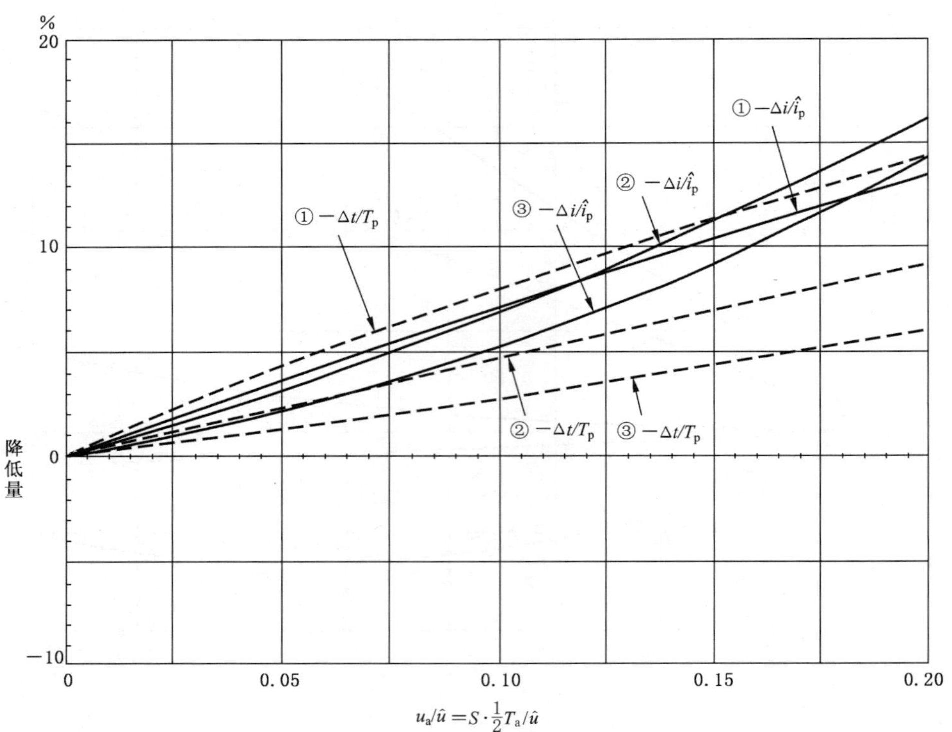

对于对称电流和线性升高的电弧电压

①——1 个半波的燃弧；

②——2 个半波的燃弧；

③——2.5 个半波的燃弧；

见图 A.6。

图例：

$\Delta i/\hat{i}_p$——电流幅值的相对降低；

$\Delta t/T_p$——电流半波持续时间的相对降低；

$u_a/\hat{u}$——电弧电压和电源电压之比。

图 A.9　电弧的最后电流半波的幅值和持续时间的降低

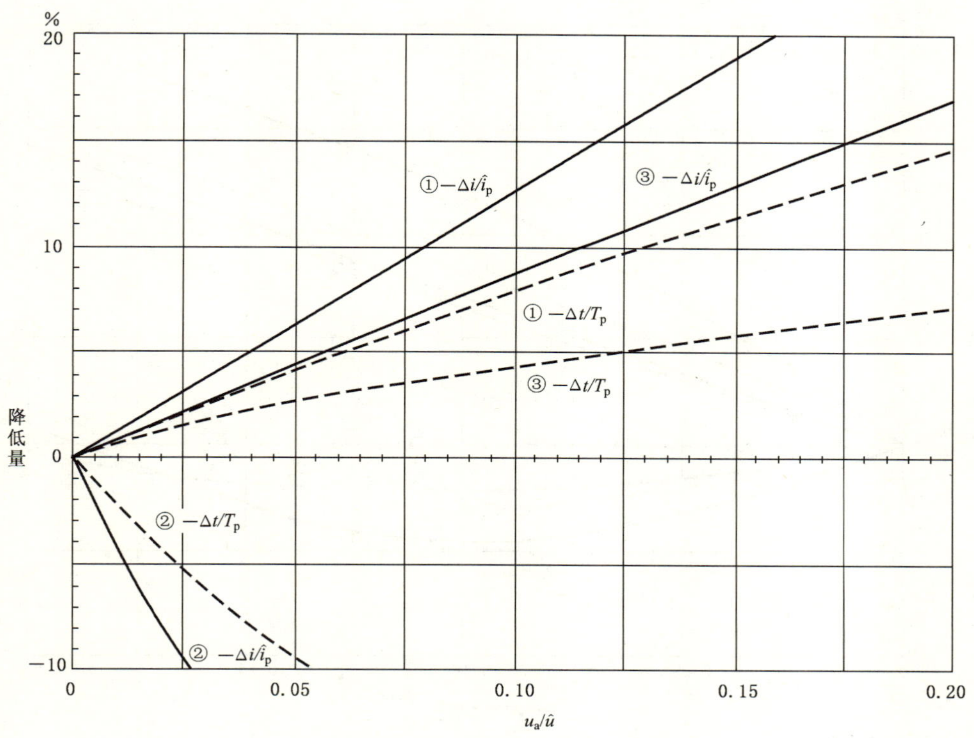

对于非对称电流和恒定电弧电压

①——1 个半波的燃弧；

②——2 个半波的燃弧；

③——2.5 个半波的燃弧；

见图 A.7。

图例：

$\Delta i/\hat{i}_p$——电流幅值的相对降低；

$\Delta t/T_p$——电流半波持续时间的相对降低；

$u_a/\hat{u}$——电弧电压和电源电压之比。

图 A.10 电弧的最后电流半波的幅值和持续时间的降低

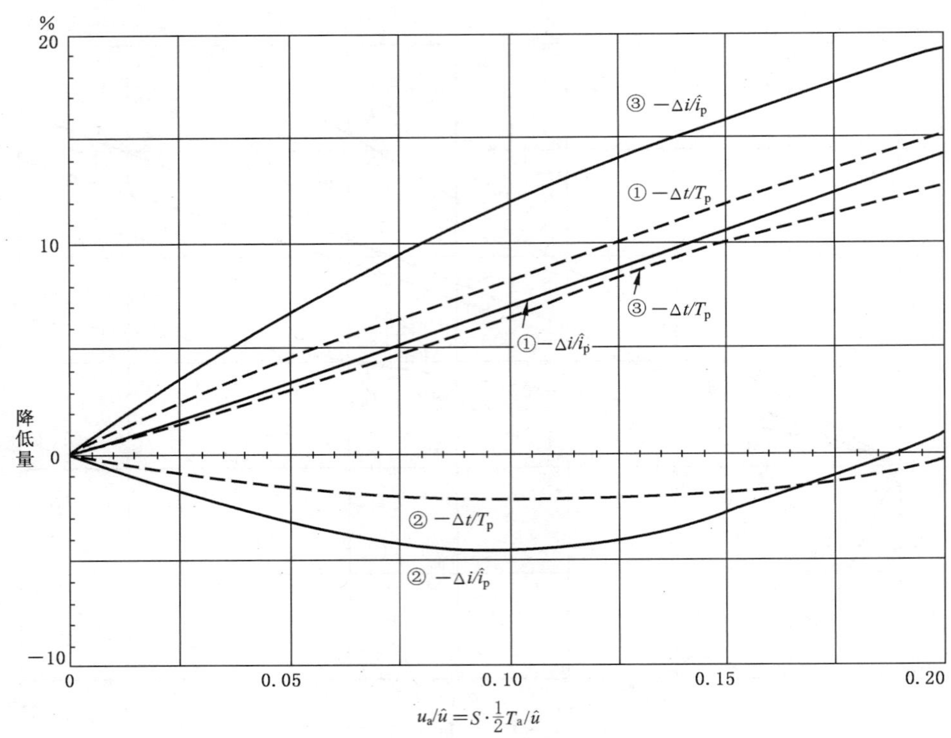

对于非对称电流和线性升高的电弧电压

①——1 个半波的燃弧；

②——2 个半波的燃弧；

③——2.5 个半波的燃弧；

见图 A.7。

图例：

$\Delta i/\hat{i}_p$——电流幅值的相对降低；

$\Delta t/T_p$——电流半波持续时间的相对降低；

$u_a/\hat{u}$——电弧电压和电源电压之比。

图 A.11 电弧的最后电流半波的幅值和持续时间的降低

附 录 B
（资料性附录）
电流引入法

B.1 电流引入

在电流引入合成试验回路中，电流的叠加发生在工频短路电流零点稍前。由电压回路提供的幅值较小、但频率较高的电流，叠加到被试断路器或辅助断路器上。用一电流控制的控制回路来选择引入电流接入的时刻，使得在电弧电压显著变化阶段，被试断路器中的合成电流波形特性与规定的开断电流在电流零前的特性相符。

这样，被试断路器在辅助断路器开断电流以后自动地接入电压回路，因此，在电流负荷与施加电压负荷之间没有延迟。

B.1.1 电压回路与被试断路器并联的电流引入回路（并联回路）

图 B.1 示出电压回路与被试断路器并联的电流引入电路的简化线路图。

电压回路在工频短路电流零点稍前、相互作用阶段尚未开始时接入，这时，高频振荡电流 i_h 叠加到同极性的工频短路电流 i 上，构成被试断路器中的合成电流。

在辅助断路器将工频短路电流 i 开断后，被试断路器仅与电压回路相连，仅有 i_h 流过。电压回路还在电流开断后为被试断路器提供恢复电压。

图 B.2 示出的是引入时刻的例子。波形的特征是有两个曲折点，分别指明被试断路器中电流引入的起始以及辅助断路器中工频短路电流的开断。改变 Z_h 和 C_{dh}（图 B.1）就可调节瞬态恢复电压的波形，以符合 GB 1984—2003 的要求（见 4.1.3）。

B.1.2 电压回路与辅助断路器并联的电流引入回路（串联回路）

图 B.3 示出电压回路与辅助断路器并联的电流引入回路的简化线路图。

电压回路在工频短路电流零点稍前接入，之后，高频振荡电流 i_h 以相反的极性叠加到辅助断路器中的工频短路电流 i 上。

在辅助断路器中的合成电流被开断以后，振荡电流就转移到被试断路器和电流回路。此时，被试断路器是电流回路和电压回路串联组成的电路的一部分，被试断路器中的合成电流被熄灭后，由电压回路和电流回路共同提供瞬态恢复电压。

图 B.4 示出引入时刻选择的例子，电流波形上有一个曲折点，它与辅助断路器中电流的开断相对应。

改变 Z_h 和 C_{dh} 以及 Z_1 和 C_{d1}（图 B.3）能调节恢复电压的波形，使其符合 GB 1984—2003 的要求（见 4.1.3）。

B.2 电弧电压显著变化阶段的确定

为了确定在临近电流零前发生的电弧电压显著变化阶段，可以采用以下的方法。作法视具体的电弧电压特性而定。

断路器的电弧电压的总的形状变化很大。在很多情况下，电弧电压不稳定，沿一平均值波动。在其波峰与波谷间画一平滑曲线，以便求平均值（图 B.5）。该曲线可以用来确定显著变化。平均电弧电压特性的波形也可能很不相同。

大多数断路器的电弧电压在电流半波内表现为近似恒值或稳定增长，临近电流零点时显著增加。在这种情况下不难由示波图确定显著变化的起点。为此，所采用的示波器最好能给出有较大偏转的电弧电压，而且有足够快的时间尺度，以便能精确地测量电弧电压显著变化阶段。

有时，确定电弧电压显著变化阶段有困难，因为：

a） 在电流半波内几乎一直到电流零点，电弧电压近似保持恒值或稳定增长；

b） 在电流零前很早时电弧电压就发生变化。

这些情况下，在考虑 4.2.1 要求的同时，应采用尽可能低的引入电流频率。

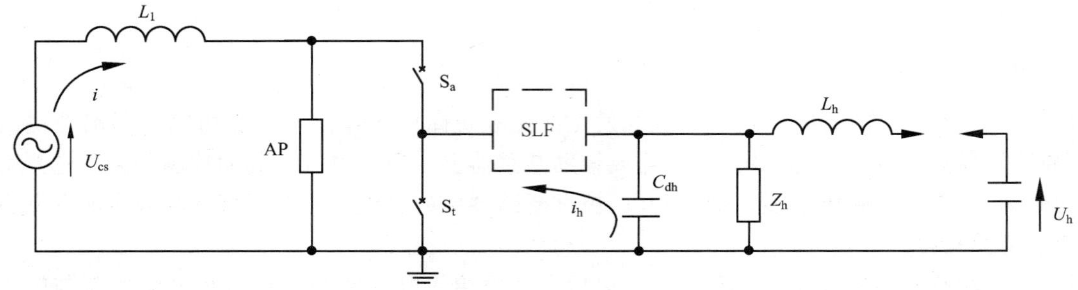

图例：

U_{CS}——电流回路的电压；

L_1——电流回路的电感；

AP——延弧回路；

S_a——辅助断路器；

S_t——被试断路器；

Z_h——电压回路的等效波阻抗；

C_{dh}——电压回路的时延电容；

L_h——电压回路的电感；

U_h——电压回路充电电压；

i——电流回路的电流；

i_h——引入电流；

SLF——近区故障回路(相应试验的)。

图 B.1　电压回路和被试断路器并联的典型电流引入回路

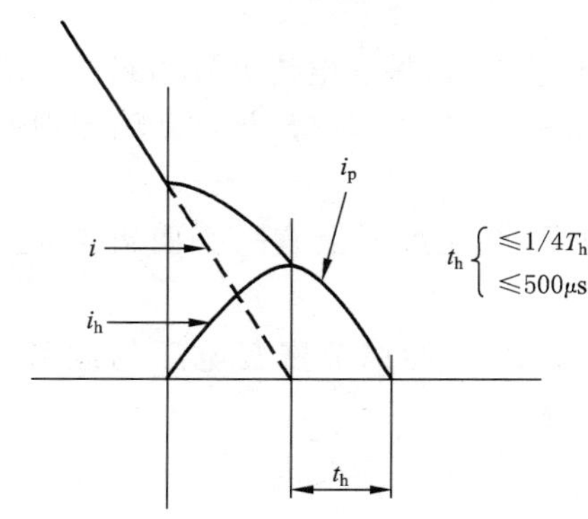

图例：

i——辅助断路器中的电流；

i_h——引入电流；

i_p——被试断路器中的电流；

T_h——引入电流一个周期的持续时间；

t_h——仅由引入电流提供的燃弧时间。

图 B.2　利用电路 B.1 中的电流引入回路的引入时间

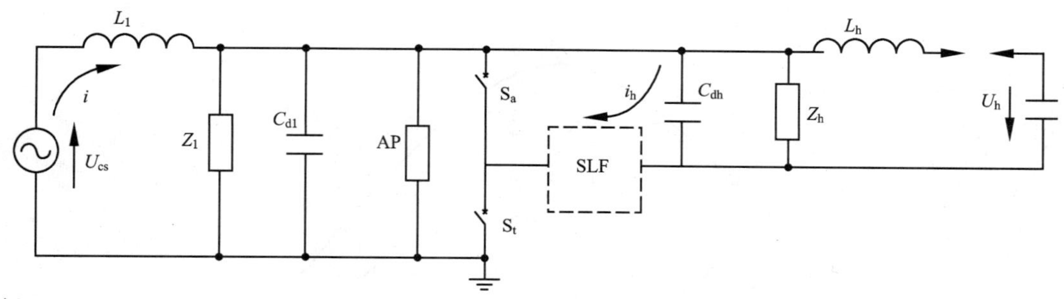

图例：

U_{CS}——电流回路的电压；

L_1——电流回路的电感；

AP——延弧回路；

S_a——辅助断路器；

S_t——被试断路器；

Z_h——电压回路的等效波阻抗；

C_{dh}——电压回路的时延电容；

U_h——电压回路充电电压；

i——电流回路的电流；

i_h——引入电流；

Z_1——电流回路的等效波阻抗；

C_{d1}——电流回路的时延电容；

SLF——近区故障回路(相应试验的)；

L_h——电压回路的电感。

图 B.3 电压回路和辅助断路器并联的典型电流引入回路

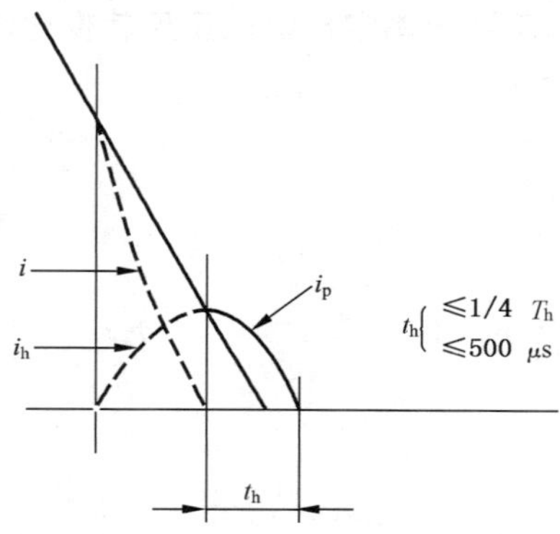

图例：

i——辅助断路器中的电流；

i_h——引入电流；

T_h——引入电流的一个周波；

t_h——仅由引入电流提供的燃弧时间；

i_p——试验断路器中的电流。

图 B.4 利用回路 B.3 中的电流引入回路的引入时间

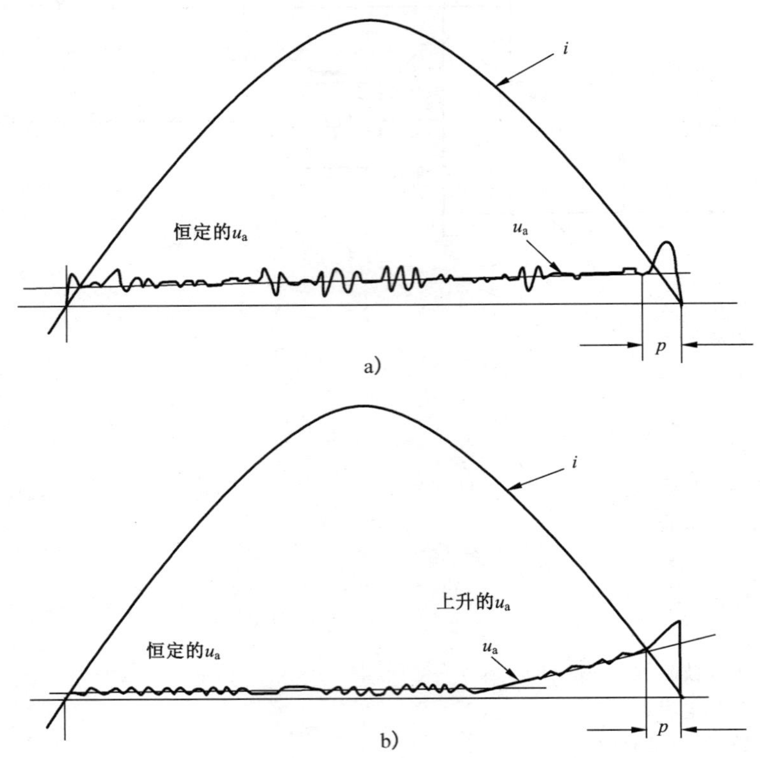

图例：

i——电流；

p——电弧电压显著变化阶段；

u_a——电弧电压。

图 B.5 根据示波图确定电弧电压显著变化阶段的例子

附　录　C
（资料性附录）
电压引入法

在使用电压引入的合成试验回路中，电流回路为被试断路器提供全部短路电流，且在电流过零后提供瞬态恢复电压的第一部分。

适当地选择电流回路的电压和固有频率，就能得到正确的功率因数、电流值以及 TRV 的初始部分。

在电流回路瞬态恢复电压的第一个峰值附近，用一个电压控制的控制回路来投入电压回路，使规定的瞬态恢复电压得以继续，因此在电流负荷和电压负荷之间没有延迟。

C.1　电压回路与辅助断路器并联的电压引入回路（串联回路）

图 C.1 示出电压回路与辅助断路器并联的电压引入回路的简化电路图。电流回路提供全部的短路电流负荷。一个适当数值的电容器与辅助断路器并联，在工频短路电流的零点之后，这个电容器将电流回路的全部瞬态恢复电压传送给被试断路器，并传递弧后电流所需的能量。

在该瞬态电压的第一个峰值附近接入电压回路，此后，两个回路的瞬态恢复电压叠加，形成被试断路器两端的瞬态恢复电压。

图 C.2 示出被试断路器中的电流以及辅助断路器和被试断路器两端的电压波形。辅助断路器仅承受电压回路电压的作用。被试断路器端子上的两个电压分量相叠加，以产生瞬态恢复电压。改变 C_h、C_1 以及图 C.1 未示出的其他元件的数值，可调整它的波形，使其符合 GB 1984—2003 的要求（见 4.1.3）。

C.2　电压回路与被试断路器并联的电压引入回路

这个电压引入回路与上述的相似，但是电压回路与被试断路器并联，不是与辅助断路器并联。此回路通常不用。

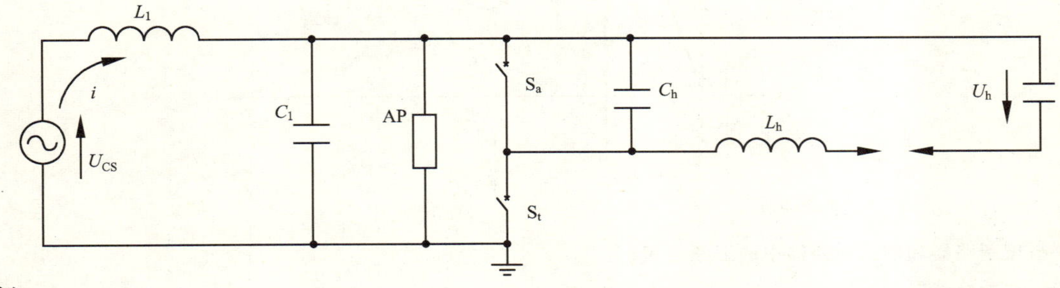

图例：

U_{CS}——电流回路的电压；

L_1——电流回路的电感；

C_1——和 L_1 一起控制 TRV 第一部分的电流回路的电容；

U_h——电压回路充电电压；

L_h——电压回路的电感；

C_h——和 L_h 一起控制 TRV 主要部分的电压回路的电容；

AP——延弧回路；

S_a——辅助断路器；

S_t——被试断路器。

图 C.1　电压回路和辅助断路器并联的典型电压引入回路（简化电路图）

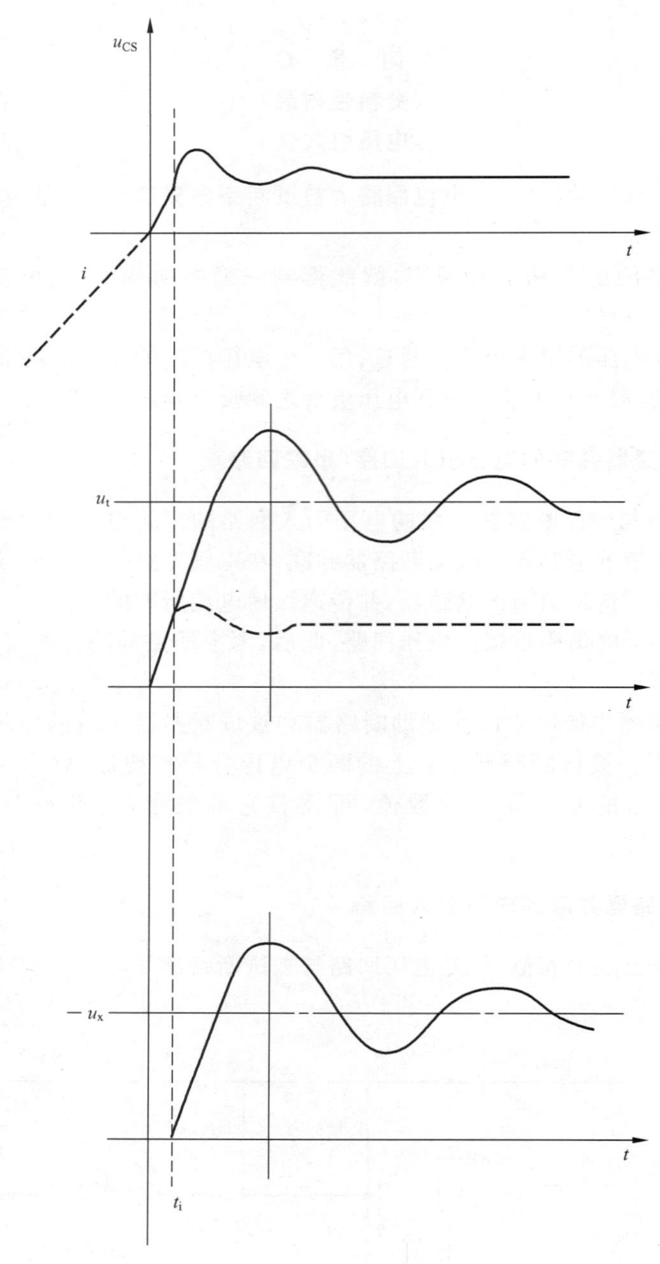

图例：

i——被试断路器和辅助断路器中的工频电流；

u_x——辅助断路器两端的电压；

u_t——被试断路器两端的电压；

u_{CS}——电流回路的 TRV；

t_i——电压引入时刻。

图 C.2 电压回路和辅助断路器并联的电压引入回路的 TRV 波形

附 录 D
（资料性附录）
双联回路（变压器回路或 SKEATS 回路）

D.1 方法的原理

在双联试验回路中，电流回路为串联的辅助断路器和被试断路器提供电流。由变压器（或自耦变压器）经电阻将高电压加在被试断路器上，变压器的原边接在电流回路上，跨接在辅助断路器和被试断路器两端。如图 D.1 所示。

在大电流阶段，被试断路器和辅助断路器的电弧电压在电压回路中产生电流 i_R，该电流迭加在流过被试断路器的电流上，$i_2=i_1+i_R$。辅助断路器中的电流比被试断路器中的电流提前到达零点且被开断。如果假定电弧电压近似恒定，则被试断路器中的电流将在辅助断路器开断后经过时间 Δt 到达零点。Δt 近似由下式给出：

$$\Delta t=\frac{n(u_{a1}+u_{at})-u_{at}}{n\times\hat{u}_{CS}}\times\frac{L_2}{R}$$

式中：

n——变压器的变比；

u_{a1}，u_{at}——分别为 S_a 和 S_t 的电弧电压；

$\hat{u}_{CS}$——电流回路电压；

L_2——电压回路的等值电感（$=n^2\times L_1+L_T$）；

L_T——变压器的漏感。

在 Δt 期间，被试断路器中电流的变化率 di_2/dt 近似达到的值是：

$$\frac{di_2}{dt}=-\frac{n\times\hat{u}_{CS}}{L_2}=\frac{n\hat{u}_{CS}}{n^2\times L_1+L_T}$$

即 di_2/dt 低于预期的未受影响的值，该值降为 $1/n$（n 为变压器的变比）。

选择足够大的电阻 R，可使 Δt 很小。但是，太大的 R 值将增加对 TRV 的阻尼。对有弧后电流的断路器，R 值还要进一步受到限制。常用的 R 值约数千欧，产生的 $\Delta t\leqslant 10\ \mu s$。

这种试验回路不适于进行断路器的热重燃模式试验，因为：

——在相互作用阶段电源阻抗与网络（或直接试验回路）条件不一致；

——在电流零点前的短时间内 di/dt 偏离预期值。

这种试验回路可用于试验断路器的介电恢复特性，也可以进一步用于关合试验，并且可以用于施加几次全电压的场合。

D.2 回路的实际布置

回路的实际布置如图 D.2 所示。它可利用依次分开辅助断路器 S_{a1}、S_{a2} 和 S_{a3} 的方法在一次分闸操作中连续的三个电流零点加全恢复电压。如果被试断路器在第一个和第二个电流零点未能开断，则火花间隙 G_1 和 G_2 分别被触发，使电流得以继续流通。

在合分操作中它也可以在合和分之后都施加全电压负荷。被试断路器 S_t 在全电压下合闸〈S_{a1} 在分闸状态〉，当预击穿时，一个火花间隙（如 G_2〉触发，接通电流回路（S_{a2} 处在合闸状态）。被试断路器分之前 S_{a3} 处在合闸状态，在第一个电流零点被用作辅助断路器。如果需要，可用 G_1 和 S_{a1} 对第二个电流零点进行试验。

利用同样的方法，在一次自动重合闸的两次分闸操作中也可以都作全电压试验。

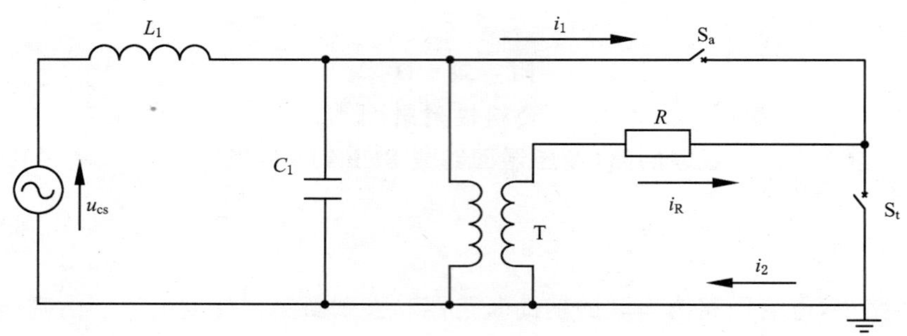

图例：

u_{CS}——电流回路的电压；

L_1——电流回路的电感；

C_1——电流回路的电容，与 L_1 一起控制 TRV 的第一部分；

T——变压器；

R——移相电阻；

i_1——流过辅助断路器的电流；

i_2——流过被试断路器的电流；

i_R——流过电阻 R 的电流；

S_a——辅助断路器；

S_t——被试断路器。

图 D.1 变压器或 Skeats 回路

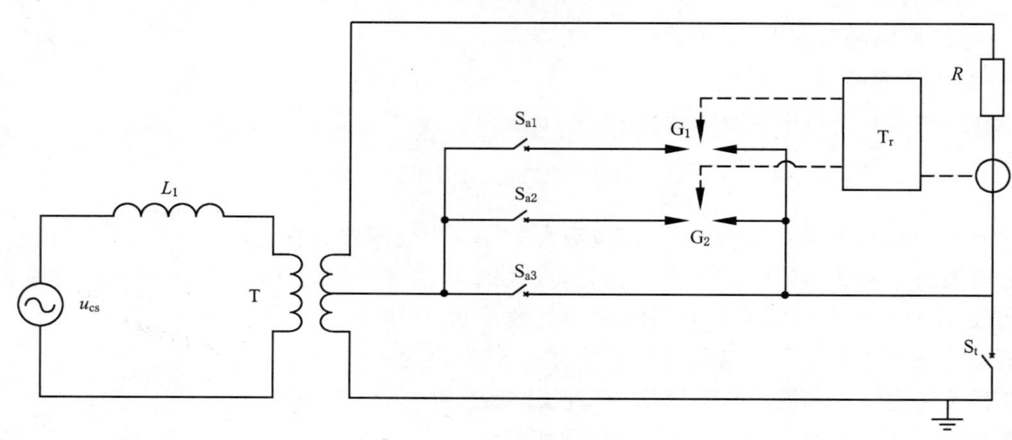

图例：

u_{CS}——电流回路的电压；

L_1——电流回路的电感；

T——变压器；

R——移相电阻；

S_{a1}，S_{a2}，S_{a3}——辅助断路器；

S_t——被试断路器；

T_r——触发回路；

G_1，G_2——触发间隙。

图 D.2 触发的变压器或 Skeats 回路

附　录　E
（规范性附录）
合成试验应提供的资料和记录的数据

除了GB 1984—2003的附录C所规定的要求外，合成试验报告应给出下列资料。

E.1　辅助断路器

a)　型号；

b)　说明，包括每极的单元数、灭弧介质和均压电容（如果有）等情况。

E.2　试验条件

a)　电压回路的回路参数；

b)　被试断路器预定的燃弧时间的整定，包括延弧回路的使用。

E.3　要记录的量

所记录信号的偏转和时间刻度的分辨率应使所需的数据能足够准确地计算出来。

E.3.1　电压

a)　电流回路的电压；

b)　被试断路器两端的电压。

E.3.2　电流

a)　通过被试断路器的电流；

b)　电压回路的电流。

E.3.3　电压回路单独作用时间

注1：某些量可能需要有几个偏转和/或时间刻度不同的记录，通常是进行E.3.1b)和E.3.2a)的测量时就是这种情况。

注2：为获得试验或设计数据，可增加其他信息和记录。

附 录 F
（资料性附录）
试验带分闸开断电阻断路器的特定程序

F.1 引言

当用合成试验法对装有并联分闸电阻的断路器进行试验时，每种方案均应根据它的利弊加以考虑，其主导原则是，合成试验回路应具有 GB 1984—2003 所规定的预期瞬态恢复电压，应将本标准 4.1.3 规定的恢复电压加到断路器上。

对于那些用并联电阻来改变瞬态恢复电压形状的断路器，合成试验回路应使瞬态恢复电压的形状尽量与已被断路器电阻改变了的规定的瞬态恢复电压的波形相同。如果并联电阻的阻值很低，由于电压源的能量有限，合成试验时的实际 TRV 峰值或许不可能达到上述值。在这种情况下，应选择改进了的试验方法，使实际的 TRV 峰值的相对减小保持在一个可忽略的最小值(小于 5%)。如果仍不能满足 4.1.3 关于恢复电压的要求。可以采取一定的预防措施，例如用下列方法中的一个，也许能进行有效的试验：

——调整电压回路的参数，以提供为电阻吸收所需的附加能量；

——转接到一个能维持电阻两端电压的附加交流电压源；

——断开被试断路器的并联电阻，而将一个电阻接到试验回路中合适的位置(例如电压回路电感的两端)，以便在被试断路器的两端得到等值的瞬态恢复电压波形。当使用这个方法时，应注意保证在电流零区该电阻的影响与电阻接在断路器两端时足够接近。

这些方法的选择和认可需要非常仔细的考虑，且应由试验站、制造厂及用户协商。

如果采用的试验方法不能使电阻承受全部热负荷，或者不能使电阻电流的开断装置承受全部的开断负荷，则应进行附加试验(见 F.3.3 和 F.3.4)。

F.2 条件

应该满足对基本合成试验回路的要求(见 4.1)。当断路器的电阻低到不能使用仅由电容器构成的电压源时，在高电压阶段必须满足如下的附加要求：

F.2.1 瞬态恢复电压阶段

加在断路器上的正确的瞬态恢复电压应是考虑了断路器并联电阻及电弧电压影响后的恢复电压，在瞬态恢复电压波形上应无不连续之处。

注：在计算仅受到并联电阻影响的瞬态恢复电压时，可假定断路器是理想断路器，然后计算断路器并联电阻对规定的瞬态恢复电压的影响。

F.2.2 工频恢复电压阶段

应该提供与 GB 1984—2003 规定的数值相同的工频恢复电压。

注：允许使用幅值正确而相位与电网中不同的工频恢复电压，相位移的方向应使合成试验的恢复电压滞后于网络的恢复电压。结果是使恢复电压的第一个半波加长，只要相位移不超过 20°是允许的。

F.3 多步试验程序

这是一种代用法，是用一组共四个单独的试验程序来确认被试断路器满足完整的试验。为了达到这个目的，断路器的电阻必须能断开。

注：对于这些允许使用的单独试验程序来说，重要的是电阻开断装置的操作和性能不受主断口操作的影响。

F.3.1 主断口的热重燃模式试验

这些试验的目的是确定主断口在相互作用阶段不发生重燃。

将电阻装在断路器中的正常位置上进行合成试验。在比相互作用阶段长的时间内，此试验符合正常的要求。

当采用电压回路与被试断路器并联的电流引入法时，如果断路器在带有并联开断电阻的情况下电压回路的放电时间常数至少高于相互作用阶段持续时间的五倍，则电压回路的能量一般是足够的。

F.3.2　主断口的介电击穿模式试验

首先断开断路器的电阻，然后进行合成试验，其瞬态恢复电压是仅受电阻影响而改变了的正确的预期瞬态恢复电压。这个试验覆盖了介电阶段，在F.3.1中所述的热重燃试验中这个阶段未被覆盖。

注1：允许采用一个简便方法，即如果愿意，在相互作用阶段刚开始前可在外电路中接入替代电阻。虽然这可能使决定热重燃判据的条件发生变化，但在F.3.1的试验中这些条件已满足了。

注2：当在数个串联断口上进行F.3.2的介电试验时，可能出现问题，断开并联电阻就意味着除了由电容提供的均压措施外再无任何这类措施，可能无法提供足够均匀的电压分布，使得在某个断口上有过载的危险，对敞开式断路器来说，解决问题的一个方法是将一串阻值较高的外电阻接在断路器上，做到近于均匀分压。当然，在提供正确的瞬态恢复电压波形时要考虑这些电阻的影响。

F.3.3　电阻的试验

为了证明电阻能满足断路器进行操作循环时所施加的热和电压条件，需要在直接试验回路中进行试验。

F.3.4　电阻开断装置的试验

进行试验的目的是证明电阻开断装置具有所要求的性能。

F.4　附加说明

值得注意的是，在使用工频恢复电压的电路中，电压回路合闸开关的时间控制很重要，试验程序的正确操作取决于该定时能否处在很小的容差内。不遵循这点会使预期瞬态恢复电压波形有显著的误差。

如果采用这个代用的多步试验程序，应注意到在F.3.2的介电击穿模式试验中可能出现问题。在断路器之外采用替代电阻会将寄生电感和寄生电容引入到含有主断口的回路中。在介电击穿模式试验时会导致热重燃模式的开断失败，这样的失败并不构成否定断路器的理由，但需要改变电路再进行介电击穿模式试验。

附 录 G
（资料性附录）
容性电流开合试验的合成方法

G.1 引言

用合成方法进行容性电流开合试验通常按单相进行。主要有两种典型的试验回路：

a） 联合的电流和电压回路

试验回路由两个联合的回路组成，一个电流回路和一个电压回路。如果两个电源的相位作相应的改变，尽管可以采用感性或阻性电流回路作为替代，但是两个回路都应具有容性特征。

两个电源可以是发电机供电的变压器或者充电的电容器，或者两者的组合。采用这种类型的回路意味着必须使用辅助断路器将被试断路器和电流回路隔离。

b） LC 振荡回路

试验回路由一个能够从一个电源提供电流和电压的 LC 振荡回路组成。这种回路不需要使用辅助断路器。

注：重击穿或重燃事件后出现的现象并不能代表运行条件，因为试验回路没有充分再现事件后的电压条件。

G.1.1 开断试验

具有不同特点的试验回路有多种。图 G.1～图 G.7 中给出了一些例子。

为了保护试验回路和/或控制涌流，只要预期恢复电压符合 GB 1984—2003 的 6.111.10，可以增加阻抗。

G.1.2 恢复电压

原则上，恢复电压由施加于被试断路器一个端子上的交流电压和同时另一个端子上的缓慢衰减的直流电压组成。

在某些试验回路中，两个电压迭加在断路器的一端上，另一端接地。就对地绝缘而言，这种条件更严酷。图 G.6 和图 G.7 的电流和电压联合回路可用来对断路器的每一个端子施加正确的电压负荷。对于金属封闭式断路器，按照 IEC 61633:1995 的 4.3 的建议，可以在箱体上接一附加电压源以补偿这一效应。

G.1.3 电流和电压联合回路

如果试验采用 G.1 的项 a）中描述的回路进行，电流源和电压源与辅助断路器和被试断路器的连接可以是并联的方式，辅助断路器上电压等于两个电源电压之差；或串联，此时，被试断路器上的电压等于两个电源电压之和。

根据电压回路是持久的连接，还是在工频电流零点之前或之后的某一瞬间接入，可区别是工频电流迭加回路、电流引入回路或电压引入回路。

G.1.4 关合试验

试验回路的例子在图 G.8 和 G.9 中给出。

在介电击穿出现引起初始瞬态关合电流流过之前的时间内，电压回路提供试验电压。

G.2 截流

由断路器和回路（运行中或试验室试验期间）之间的相互作用产生的截流现象，通常引起负载侧电压的降低，从而使被试断路器的介电负荷也降低了。

在运行中或试验室试验期间的直接试验回路中，可能出现小容性电流的截流。在合成试验回路中，由于下面的原因这种截流的可能性增加了：

——一般地说，某些合成试验回路的主要元件和分散元件的特征参数是不同的，可能影响断路器的截流特性；

——在电流和电压联合回路中与被试断路器串联的辅助断路器的影响；

——电弧电压对工频电压比率的增加。

因此，在采用 G.1 的项 a)中描述的回路进行合成试验时，很难确定截流是否是断路器的显著特点。可采用下面的方法减少截流：

——改变从断路器两端看去的电容；

——在电流和电压联合回路中采用燃弧时间短和电弧电压低的辅助断路器。

图 G.1～图 G.9 给出了容性电流开合合成试验回路的典型示例。下述符号解释的清单与这些图(适用时)有关，在此列出是为了简短且避免重复。

C_c——电流回路的电容；

C_v——电压回路的电容；

C_h，L_{pf}——工频振荡回路；

f_{inrush}——涌流的频率；

f_r——额定频率；

f_{RV}——恢复电压的频率；

G——间隙；

i_c——电流回路的电流；

$i_{max\ peak}$——涌流的最大峰值；

i_L——负载电流(流过被试断路器的电流)；

i_v——电压回路的电流；

L_c——电流回路的电感；

L_v——电压回路的电感；

m——规定的试验电流 I_L 和电压回路提供的电流的比值；

n——规定的试验电压 U_s 和电流回路实际电压 U_c 的比值；

S_a——辅助断路器；

S_{a1}，S_{a2}，S_{a3}——辅助断路器；

S_t——被试断路器；

$\hat{i}$——引入电流的峰值时间；

U_c——电流回路的电压；

U_h——C_h 的充电电压；

U_{hB}——C_{hB}的充电电压；

U_v——电压回路的电压；

u_t——受试断路器 S_t 两端的电压；

u_A，u_B——分别是 A 和 B 点对地的电压。

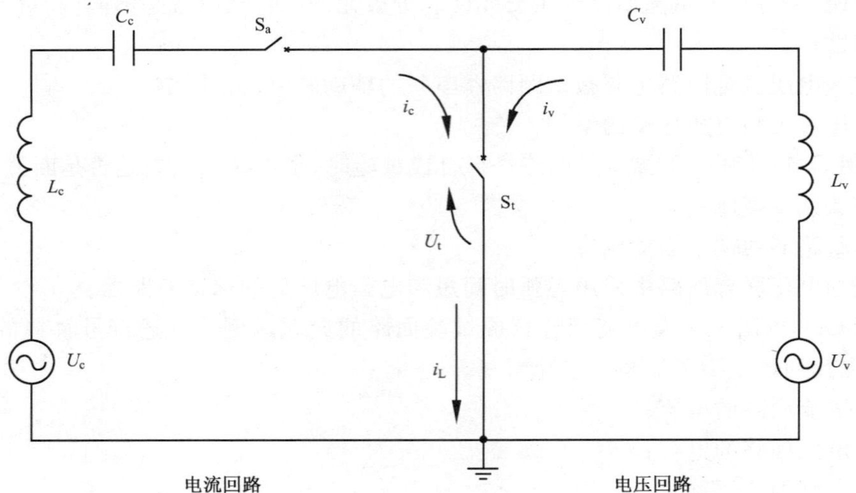

$U_c = u_t/n$	$U_v = u_t$
$i_c = i_L(1-1/m)$	$i_v = i_L/m$
$\omega L_c \ll 1/\omega C_c$	$\omega L_c \ll 1/\omega C_v$
$C_c = n(1-1/m)C_L$	$C_v = C_L/m$
C_L——等值负载电容	

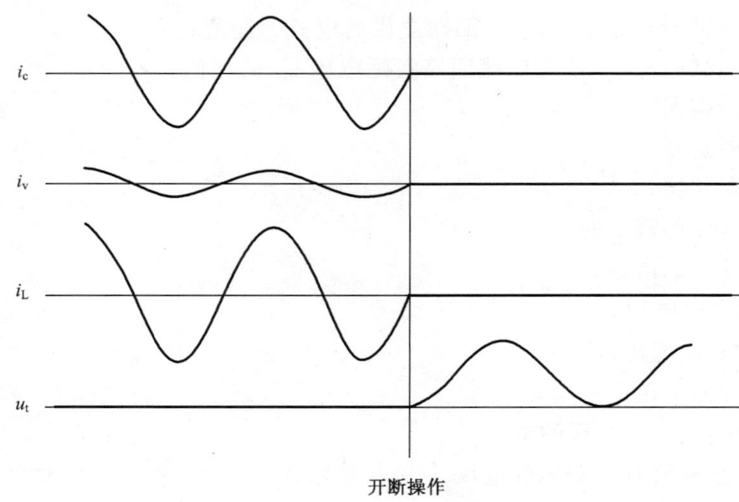

图 G.1　容性电流回路(并联模式)

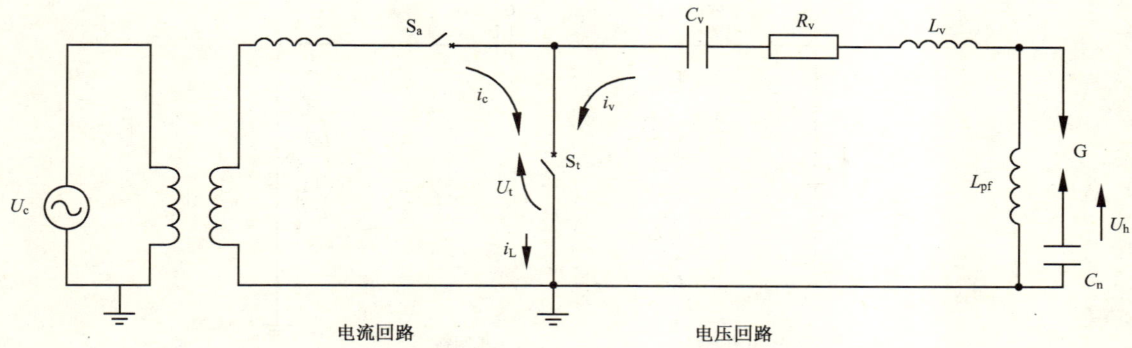

$U_c = u_t / n$	$U_h = \frac{(C_v + C_h)}{C_h} u_t \sqrt{2}$
$i_c = i_L$	$i_v = \frac{U_h}{\omega_0 L_v} e^{-\alpha \hat{t}} \sin\omega_0 \hat{t}$，其中 $\alpha = \frac{R_v}{2L_v}$ 以及 $\omega_0 = \sqrt{\frac{1}{L_v}(\frac{1}{C_h} + \frac{1}{C_v}) - (\frac{R_v}{2L_v})^2}$
$\omega L_c = \frac{1}{n \times \omega \times C_L}$	$L_v = \frac{U_h}{i_L \times \omega \times \sqrt{2}}$
C_L——等值负载电容	

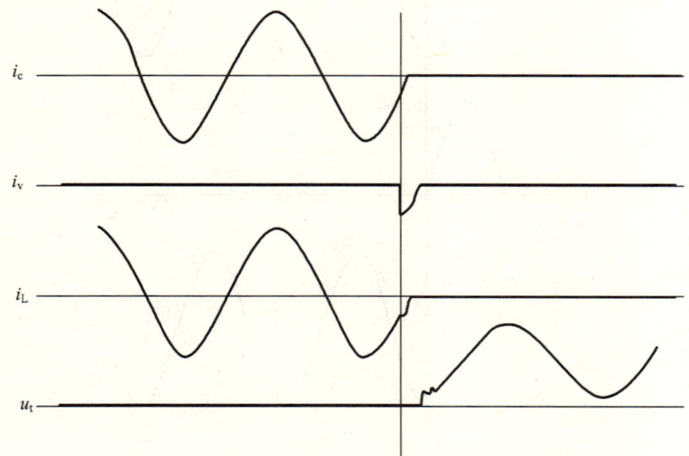

图 G.2 电流引入回路

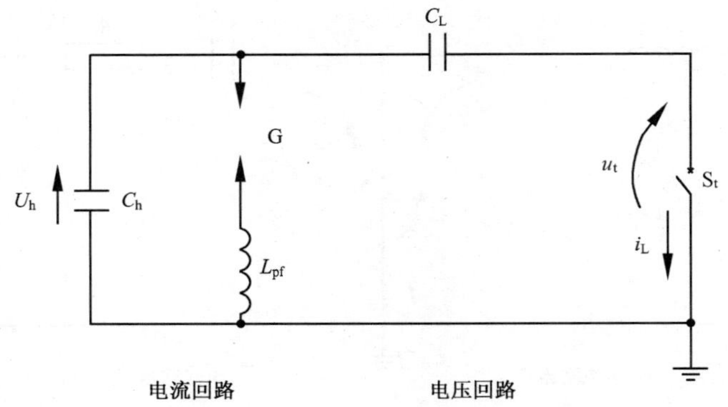

$U_h = u_t\sqrt{2}$	$i_L = 2\pi f_L \times C_L \times U_h$
$f_{RV} = \dfrac{1}{2\pi\sqrt{C_h \times L_{pf}}}$	$f_L = \dfrac{1}{2\pi\sqrt{(C_h + C_L) \times L_{pf}}}$
C_L——负载电容	

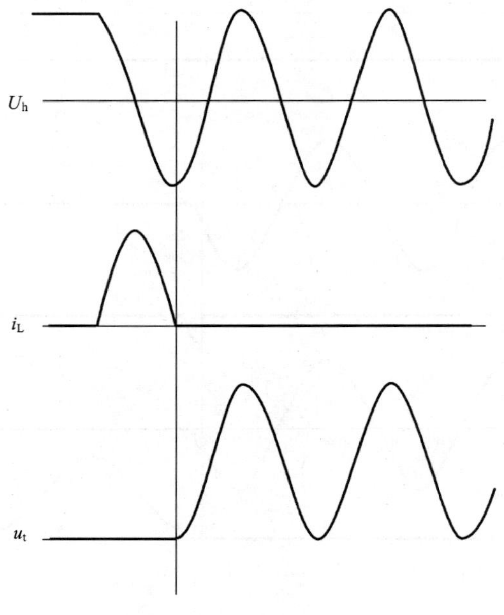

C_h 和 C_L 在电压 U_h 下预充电。

注：负载电容 C_L 也可接在被试断路器和地之间。

图 G.3　LC 振荡回路

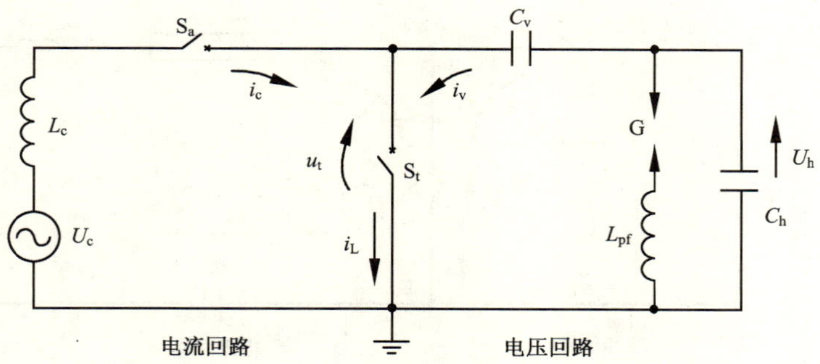

$i_c = i_L - i_v$	$U_h = u_t \times \sqrt{2}$
$i_c = U_c / \omega_r L_c$，其中 $\omega_r = 2\pi f_r$	$f_L = \dfrac{1}{2\pi\ \sqrt{(C_h + C_v) \times L_{pf}}}$
$i_v = U_h \times 2\pi f_L \times C_v$	$f_{RV} = \dfrac{1}{2\pi\ \sqrt{C_h \times L_{pf}}}$

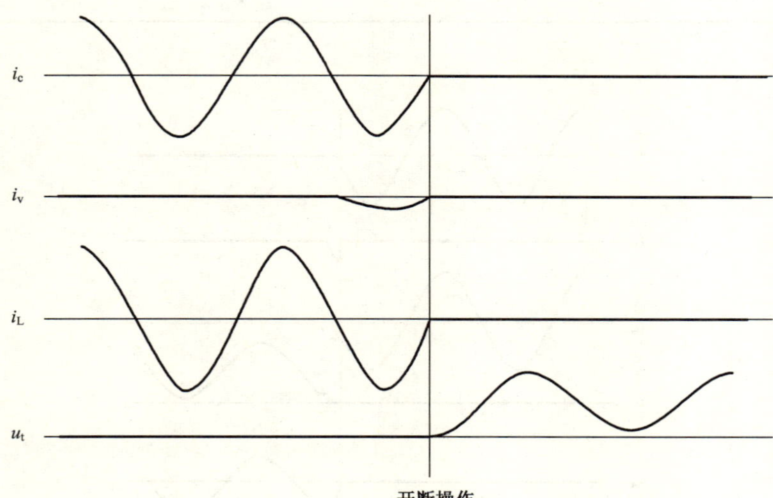

图 G.4　感性电流回路与 LC 振荡回路并联

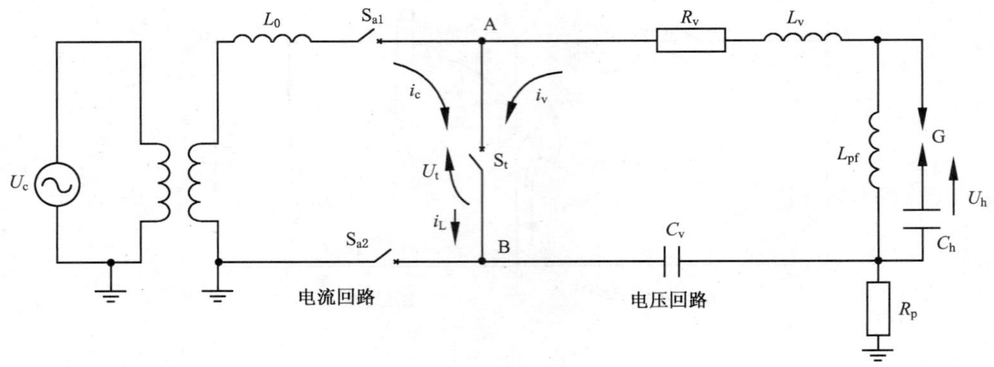

$U_c = u_t / n$	$U_h = (\frac{C_v + C_h}{C_h}) \times u_t \sqrt{2}$
$i_c = i_L$	$i_v = \frac{U_h}{\omega_0 L_v} \times e^{-\alpha t} \times \sin\omega_0 \hat{t}$，其中 $\alpha = \frac{R_v}{2L_v}$ 且 $\omega_0 = \sqrt{\frac{1}{L_v}(\frac{1}{C_h} + \frac{1}{C_v}) - (\frac{R_v}{2L_v})^2}$
$\omega L_c = \frac{1}{n \times \omega \times C_L}$	$L_v = \frac{U_h}{i_L \times \omega \times \sqrt{2}}$

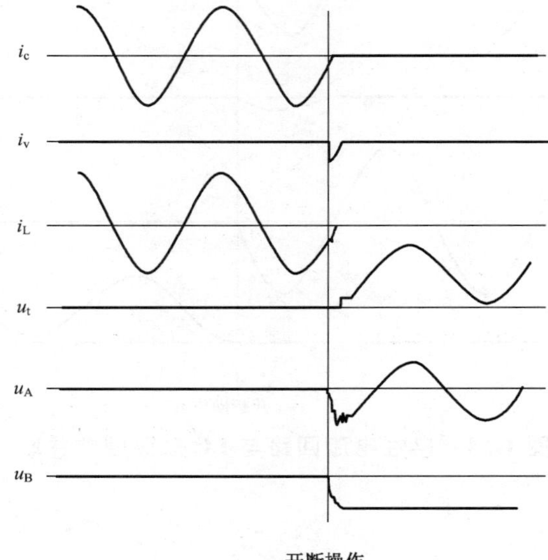

图 G.5 电流引入回路，正常的恢复电压施加于断路器的两端

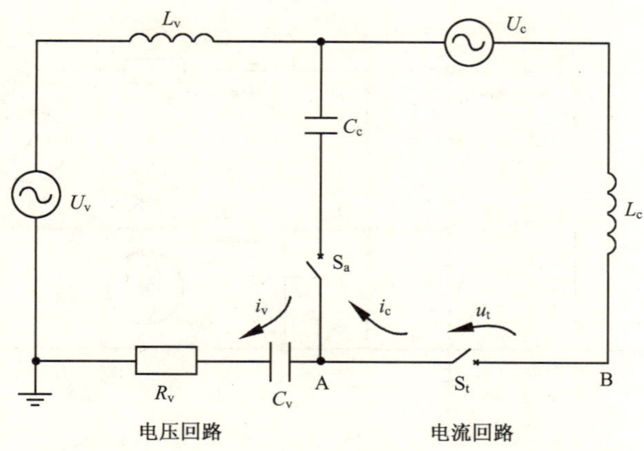

$U_c = u_t / n$	$U_v = u_t - U_c$
$i_c = U_c \times \omega \times C_c$	$i_v = u_t \omega C_v$
$\omega L_c \ll 1/\omega C_c$	$\omega L_c \ll 1/\omega C_v$
$C_c = nC_L$	$C_v = C_L / m$
$i_c = i_L$	C_L——等值负载电容

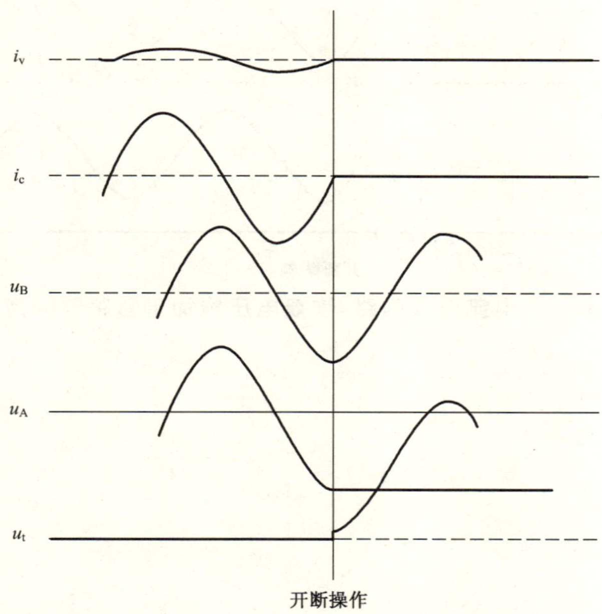

图 G.6　合成试验回路(串联回路),正常的恢复电压施加于被试断路器的两端

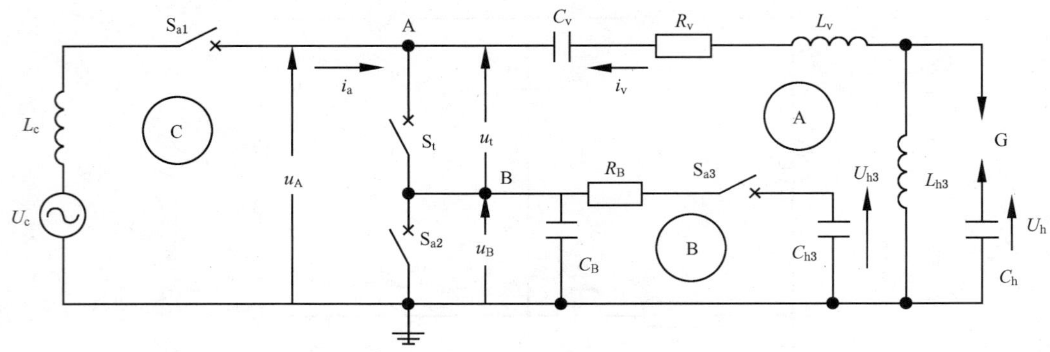

本试验回路由三个回路组成：

——回路 A 为传统的电流引入回路，和被试断路器的一个端子和地相连，提供(1－cos)波形的恢复电压 U_A；

——回路 B 与被试断路器的另一个端子相连施加一个指数电压[1－exp(－t/t_0)]波形。其幅值、衰减率和时间的选择应考虑到施加于被试断路器另一个端子上的电压，使得触头两端施加正确的恢复电压；

——回路 C 提供试验电流。

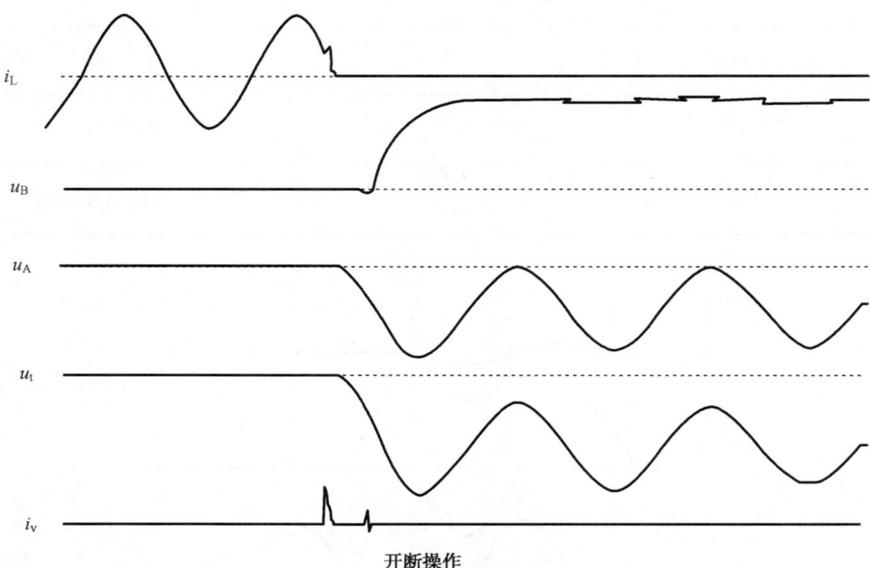

图 G.7　电流引入回路，恢复电压施加于断路器的两端

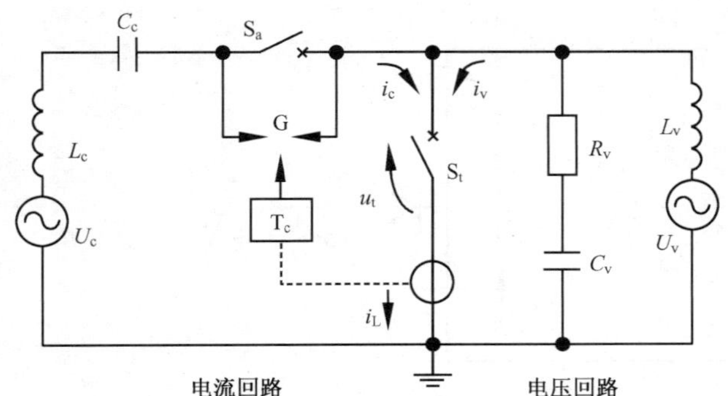

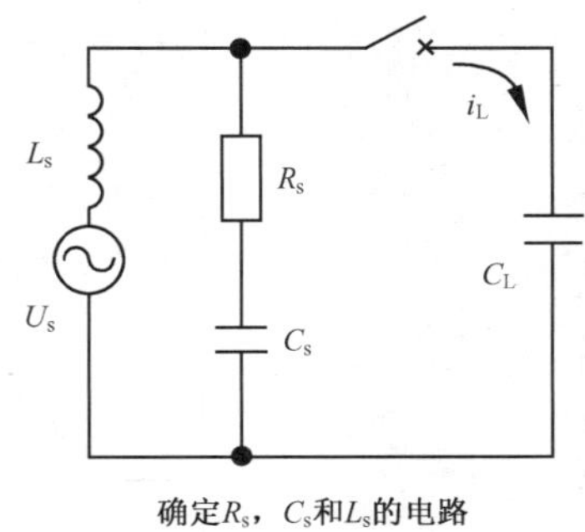

$U_c = u_t / n$	$U_v = u_t$
$i_c = i_L$	$i_v = U_v / \omega L_v$
$L_c = L_s / n$	$R_v = R_s$
$C_c = nC_L$	$C_v = \dfrac{C_s C_L}{C_s + C_L}$，或者，如果 $C_s \ll C_L$，则 $C_v = C_L$
C_L——等值负载电容	
R_s 和 C_s 确定初始瞬态关合电流	
L_s 和 C_L 确定瞬态关合电流	

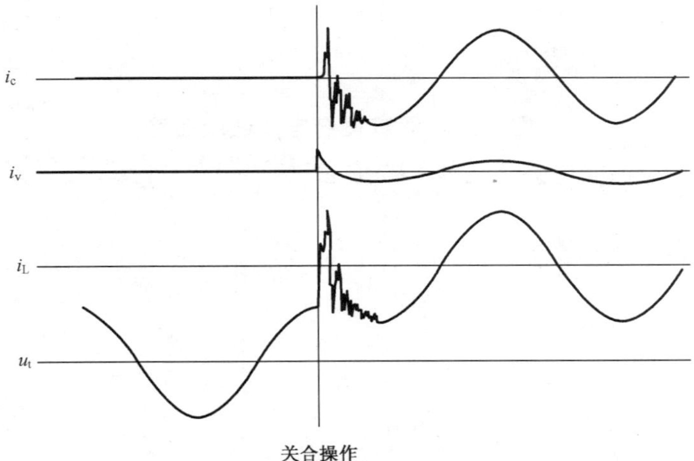

图 G.8 关合试验回路

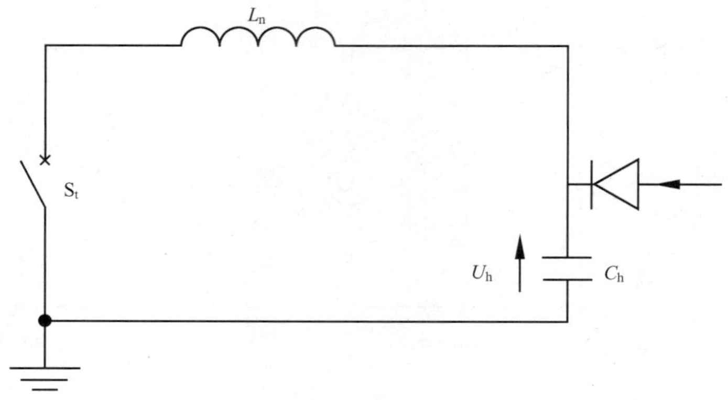

$U_h = u_t \times \sqrt{2}$	$i_{max\ peak} = U_h \times C_h \times 2\pi \times f_{inrush}$
$f_{inrush} = \frac{1}{2\pi\ \sqrt{C_h \times L_v}}$	

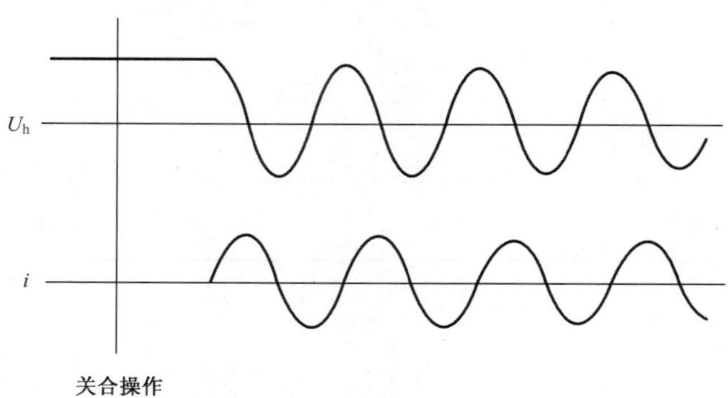

图 G.9　涌流关合电流试验回路

附　录　H
（资料性附录）
延　弧　方　法

H.1　“一步一步”法

此方法只用一个电源。为了把燃弧延长到欲施加电压源的那个零点，用专门的延弧回路或其他方法人为地使被试断路器重燃。与H.2的方法相比，“一步一步”法所需的附加设备较少。然而，为了满足规定的燃弧时间，可能需要做较多的试验。

a)　单独的延弧回路法

单独的延弧回路在电流零前提供一个与工频电流极性相反的、快速上升的电流脉冲。于是，流过断路器的电流迅速反向，弧隙的导电性维持到下一个工频电流半波。图H.1示出了一个延弧回路的例子，为了把燃弧延长几个电流半波，可以用几个这样的回路，原则上延弧回路能用来给被试断路器和辅助断路器二者延弧，然而适当延后辅助断路器触头分离可避免对两个断路器都延弧。

b)　采用提高工频回路严酷度的方法

在某些情况下，被试断路器的燃弧可以通过提高工频电流回路瞬态恢复电压上升率的方法来延长。这种方法有效与否，取决于工频电流回路和被试断路器的特性。

H.2　利用二重回路法

回路布置示于图H.2，是一个Skeats回路和一个电流引入回路组合，与之相应的、非对称电流开断试验的电流和电压如图H.3所示。

在第一个电流零点，被试断路器处于Skeats回路的作用下，因此得到了介电击穿。这样，短路电流波形与直接试验等价。在第二个电流零点，电流引入回路加到被试断路器上。

第一个电流零点：

——S_1：开断，作为辅助断路器；

——G_2：在延弧发生的时候被触发；

——S_2：处于合闸位置；

——S_3：处于合闸位置；

——S_4：处于分闸位置。

大电流阶段：

——S_3：分开；

——S_4：闭合。

第二个电流零点：

——S_1：处于分闸位置；

——S_2：开断，作为辅助断路器；

——G_1：被触发。

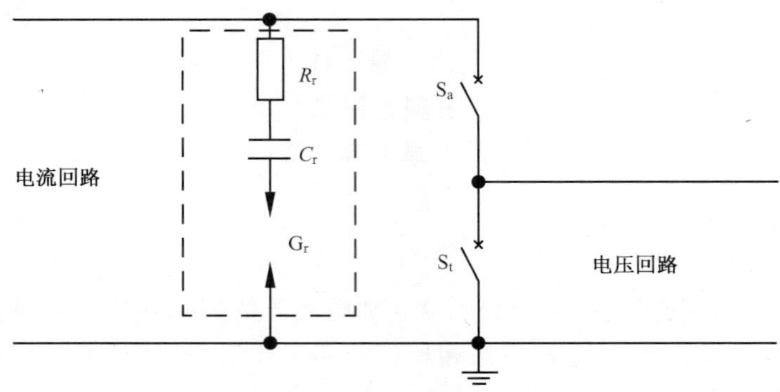

图中：

S_t——被试断路器；

S_a——辅助断路器；

R_r——延弧回路的电阻；

C_r——延弧回路的电容器；

G_r——接通延弧回路的火花间隙。

图 H.1 延长燃弧时间的典型电路图

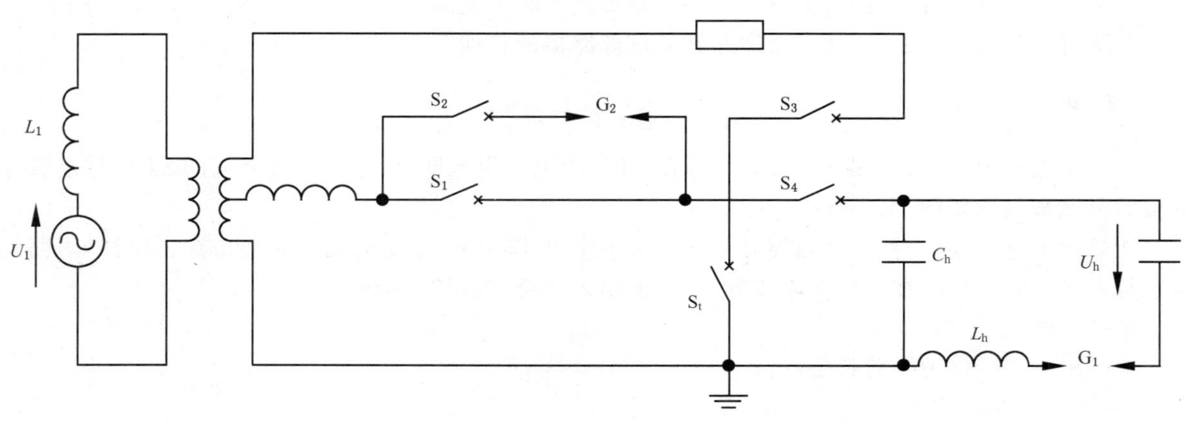

图中：

U_1——电流回路的电压；

L_1——电流回路的电感；

S_1，S_2，S_3，S_4——辅助断路器；

S_t——被试断路器；

L_h——电压回路的电感；

C_h——电压回路的电容，与 L_h 一起控制 TRV 的主要部分；

U_h——电压回路的充电电压；

G_1，G_2——火花间隙。

图 H.2 Skeats 回路和电流引入回路的组合电路

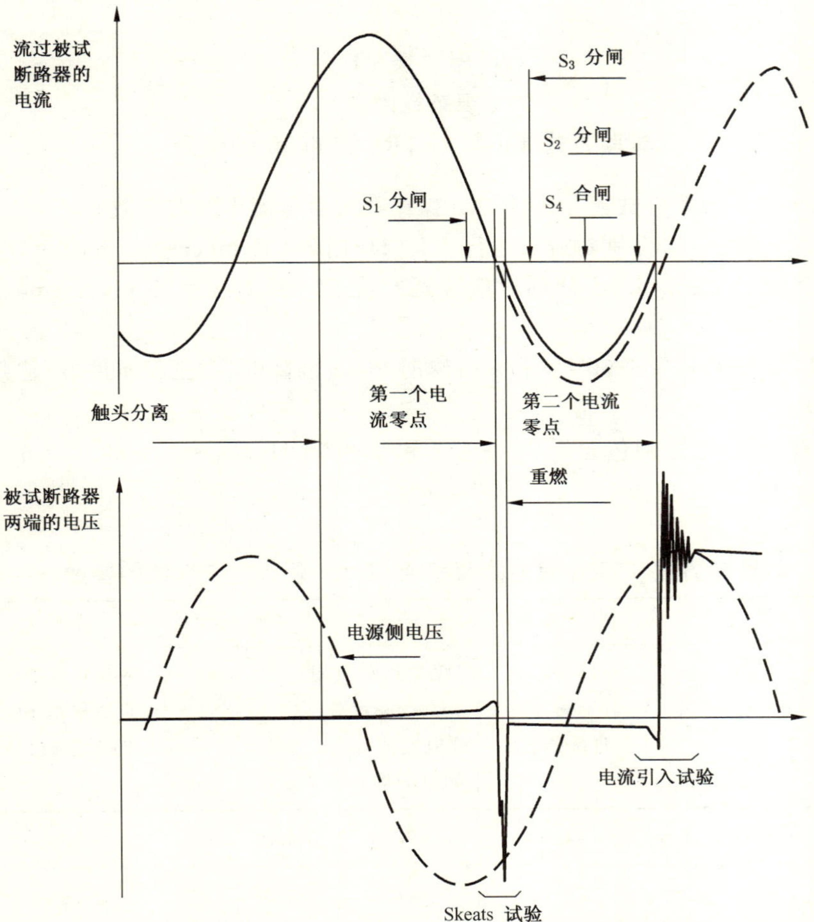

图 H.3 采用图 H.2 中的回路进行非对称试验时获得的典型波形

附 录 I
（规范性附录）
试验方式 T100a 时 TRV 和 d*i*/d*t* 的降低

表 I.1 和表 I.2 是关于短路试验方式 T100a 操作的最后电流半波的参数。

表 I.1a、I.1b、I.1c 和 I.1d 分别对应于运行在 50 Hz 时 τ=45 ms、τ=60 ms、τ=75 ms 和τ=120 ms 的参数。表 I.2a、I.2b、I.2c 和 I.2d 分别对应于运行在 60 Hz 时 τ=45 ms、τ=60 ms、τ=75 ms 和 τ=120 ms 的参数。

表 I.3a 和表 I.3b 分别对应于 50 Hz 和 60 Hz 时 di/dt 的降低，在三相条件下，首开极在 A 相，要求的非对称度在 C 极。

表 I.4a、I.4b 和表 I.4c 分别包含了 k_{pp}=1.3 和 f_r=50 Hz；k_{pp}=1.3 和 f_r=60 Hz；k_{pp}=1.5 和 f_r=50 Hz 时的修正值。

表 I.1a　与试验方式 T100a 相关的频率为 50 Hz 最后电流半波的参数（τ=45 ms）

τ=45 ms	大半波				小半波			
最短开断时间/ ms	$\hat{I}$ p.u.	Δt_1/ ms	电流零点时非对称水平的百分数/ %	电流零点对应的 di/dt（额定对称电流的 di/dt 的百分数）/%	$\hat{I}$ p.u.	Δt_2/ ms	电流零点时非对称水平的百分数/ %	电流零点对应的 di/dt（额定对称电流的 di/dt 的百分数）/%
10.0<t≤22.5	1.51	13.5	44.6	92.6	0.36	5.5	60.2	75.6
22.5<t≤33.0	1.33	12.5	28.9	97.8	0.59	7.5	37.9	89.9
33.0<t≤63.5	1.21	11.5	18.7	99.6	0.74	8.5	24.0	95.4
63.5<t≤84.0	[a]	[a]	[a]	[a]	[a]	[a]	[a]	[a]
84.0<t≤104.0	[a]	[a]	[a]	[a]	[a]	[a]	[a]	[a]

$\hat{I}$——与对称短路电流的峰值相关的峰值电流的标么值；
Δt_1——大半波的持续时间（圆整到 0.5 ms）；
Δt_2——小半波的持续时间（圆整到 0.5 ms）；
τ——系统的时间常数；
本表中的所有数值均按保护继电器时间为 10 ms 计算的。

[a] 试验方式 T100a 不适用，两个电流半波的非对称水平都低于 20%。

注 1：系统的时间常数 τ=45 ms 是标准的时间常数，按照 4.1，τ=60 ms、75 ms 和 120 ms 是特殊工况的时间常数。

注 2：如果试验期间获得的最短燃弧时间不同于制造厂规定的数值，且如果实际的最短燃弧时间导致了另一个最短开断时间等级（另一个电流半波开断），则有必要用适当的电流半波值重复试验。如果有必要重复试验，允许按照 GB 1984—2003 的 6.102.9.5 对断路器进行检修或者按照 GB 1984—2003 的 6.102.2 采用附加的试品。

表 I.1b 50 Hz 时与短路试验方式 T100a 的开断操作相关的最后电流半波的参数(τ=60 ms)

τ=60 ms	大半波				小半波			
最短开断时间/ ms	$\hat{I}$ p. u.	Δt_1/ ms	电流零点时非对称水平的百分数/ %	电流零点对应的 di/dt(额定对称电流的 di/dt 的百分数)/%	$\hat{I}$ p. u.	Δt_2/ ms	电流零点时非对称水平的百分数/ %	电流零点对应的 di/dt(额定对称电流的 di/dt 的百分数)/%
10.0<t≤22.5	1.61	14.0	54.2	86.9	0.28	5.0	68.7	69.0
22.5<t≤43.0	1.44	13.0	39.2	94.1	0.49	7.0	48.6	84.8
43.0<t≤63.5	1.31	12.0	28.3	97.4	0.63	8.0	34.5	92.0
63.5<t≤84.0	1.22	11.5	20.4	99.0	0.74	8.5	24.6	95.7
84.0<t≤104.0	[a]	[a]	[a]	[a]	[a]	[a]	[a]	[a]

$\hat{I}$——与对称短路电流的峰值相关的峰值电流的标么值；
Δt_1——大半波的持续时间(圆整到 0.5 ms)；
Δt_2——小半波的持续时间(圆整到 0.5 ms)；
τ——系统的时间常数；
本表中的所有数值均按保护继电器时间为 10 ms 计算的。

[a] 试验方式 T100a 不适用，两个电流半波的非对称水平都低于 20%。

注 1：系统的时间常数 τ=45 ms 是标准的时间常数，按照 4.1，τ=60 ms、75 ms 和 120 ms 是特殊工况的时间常数。

注 2：如果试验期间获得的最短燃弧时间不同于制造厂规定的数值，且如果实际的最短燃弧时间导致了另一个最短开断时间等级(另一个电流半波开断)，则有必要用适当的电流半波值重复试验。如果有必要重复试验，允许按照 GB 1984—2003 的 6.102.9.5 对断路器进行检修或者按照 GB 1984—2003 的 6.102.2 采用附加的被试断路器。

表 I.1c 50 Hz 时与短路试验方式 T100a 的开断操作相关的最后电流半波的参数(τ=75 ms)

τ=75 ms	大半波				小半波			
最短开断时间/ ms	$\hat{I}$ p. u.	Δt_1/ ms	电流零点时非对称水平的百分数/ %	电流零点对应的 di/dt(额定对称电流的 di/dt 的百分数)/%	$\hat{I}$ p. u.	Δt_2/ ms	电流零点时非对称水平的百分数/ %	电流零点对应的 di/dt(额定对称电流的 di/dt 的百分数)/%
10.0<t≤22.5	1.67	15.0	61.0	81.9	0.23	4.5	74.3	63.8
22.5<t≤43.0	1.51	13.5	47.1	90.2	0.41	6.0	56.3	80.3
43.0<t≤63.5	1.39	12.5	36.3	94.7	0.55	6.5	42.9	88.5
63.5<t≤84.0	1.30	12.0	27.9	97.2	0.66	8.0	32.7	93.1
84.0<t≤104.0	1.23	11.5	21.4	98.6	0.74	8.5	24.9	95.8

$\hat{I}$——与对称短路电流的峰值相关的峰值电流的标么值；
Δt_1——大半波的持续时间(圆整到 0.5 ms)；
Δt_2——小半波的持续时间(圆整到 0.5 ms)；
τ——系统的时间常数；
本表中的所有数值均按保护继电器时间为 10 ms 计算的。

注 1：系统的时间常数 τ=45 ms 是标准的时间常数，按照 4.1，τ=60 ms、75 ms 和 120 ms 是特殊工况的时间常数。

注 2：如果试验期间获得的最短燃弧时间不同于制造厂规定的数值，且如果实际的最短燃弧时间导致了另一个最短开断时间等级(另一个电流半波开断)，则有必要用适当的电流半波值重复试验。如果有必要重复试验，允许按照 GB 1984—2003 的 6.102.9.5 对断路器进行检修或者按照 GB 1984—2003 的 6.102.2 采用附加的被试断路器。

表 I.1d　50 Hz 时与短路试验方式 T100a 的开断操作相关的最后电流半波的参数(τ=120 ms)

τ=120 ms	大半波				小半波			
最短开断时间/ ms	$\hat{I}$ p.u.	Δt_1/ ms	电流零点时非对称水平的百分数/ %	电流零点对应的 di/dt(额定对称电流的 di/dt 的百分数)/%	$\hat{I}$ p.u.	Δt_2/ ms	电流零点时非对称水平的百分数/ %	电流零点对应的 di/dt(额定对称电流的 di/dt 的百分数)/%
10.0<t≤22.5	1.78	15.5	73.1	70.0	0.16	3.5	83.3	53.1
22.5<t≤43.0	1.66	14.5	62.1	80.1	0.28	5.0	70.2	69.4
43.0<t≤63.5	1.56	14.0	52.8	86.3	0.40	6.0	59.2	79.1
63.5<t≤84.0	1.47	13.0	44.8	90.6	0.49	6.5	50.0	85.3
84.0<t≤104.0	1.40	12.5	38.0	93.5	0.57	7.0	42.2	89.5

$\hat{I}$——与对称短路电流的峰值相关的峰值电流的标么值；

Δt_1——大半波的持续时间(圆整到 0.5 ms)；

Δt_2——小半波的持续时间(圆整到 0.5 ms)；

τ——系统的时间常数；

本表中的所有数值均按保护继电器时间为 10 ms 计算的。

注 1：系统的时间常数 τ=45 ms 是标准的时间常数，按照 4.1τ=60 ms、75 ms 和 120 ms 是特殊工况的时间常数。

注 2：如果试验期间获得的最短燃弧时间不同于制造厂规定的数值，且如果实际的最短燃弧时间导致了另一个最短开断时间等级(另一个电流半波开断)，则有必要用适当的电流半波值重复试验。如果有必要重复试验，允许按照 GB 1984—2003 的 6.102.9.5 对断路器进行检修或者按照 GB 1984—2003 的 6.102.2 采用附加的被试断路器。

表 I.2a　60 Hz 时与短路试验方式 T100a 的开断操作相关的最后电流半波的参数(τ=45 ms)

τ=45 ms	大半波				小半波			
最短开断时间/ ms	$\hat{I}$ p.u.	Δt_1/ ms	电流零点时非对称水平的百分数/ %	电流零点对应的 di/dt(额定对称电流的 di/dt 的百分数)/%	$\hat{I}$ p.u.	Δt_2/ ms	电流零点时非对称水平的百分数/ %	电流零点对应的 di/dt(额定对称电流的 di/dt 的百分数)/%
8.3<t≤18.5	1.57	11.0	50.7	89.2	0.31	5.0	65.8	71.4
18.5<t≤36.0	1.39	10.0	35.4	95.6	0.52	6.0	44.9	86.7
36.0<t≤53.0	1.27	9.5	24.6	98.4	0.67	6.5	30.7	93.4
53.0<t≤70.0	1.19	9.5	17.1	99.6	0.77	7.0	21.1	96.8
70.0<t≤87.0	a	A	a	a	a	a	a	a
87.0<t≤104.0	a	A	a	a	a	a	a	a

$\hat{I}$——与对称短路电流的峰值相关的峰值电流的标么值；

Δt_1——大半波的持续时间(圆整到 0.5 ms)；

Δt_2——小半波的持续时间(圆整到 0.5 ms)；

τ——系统的时间常数；

本表中的所有数值均按保护继电器时间为 10 ms 计算的。

[a] 试验方式 T100a 不适用，两个电流半波的非对称水平都低于 20%。

注 1：系统的时间常数 τ=45 ms 是标准的时间常数，按照 4.1，τ=60 ms、75 ms 和 120 ms 是特殊工况的时间常数。

注 2：如果试验期间获得的最短燃弧时间不同于制造厂规定的数值，且如果实际的最短燃弧时间导致了另一个最短开断时间等级(另一个电流半波开断)，则有必要用适当的电流半波值重复试验。如果有必要重复试验，允许按照 GB 1984—2003 的 6.102.9.5 对断路器进行检修或者按照 GB 1984—2003 的 6.102.2 采用附加的被试断路器。

表 I.2b　60 Hz 时与短路试验方式 T100a 的开断操作相关的最后电流半波的参数(τ=60 ms)

τ=60 ms	大半波				小半波			
最短开断时间/ ms	$\hat{I}$ p.u.	Δt_1/ ms	电流零点时非对称水平的百分数/ %	电流零点对应的 di/dt(额定对称电流的 di/dt 的百分数)/%	$\hat{I}$ p.u.	Δt_2/ ms	电流零点时非对称水平的百分数/ %	电流零点对应的 di/dt(额定对称电流的 di/dt 的百分数)/%
8.3<t≤18.5	1.66	12.0	59.8	82.8	0.24	4.0	73.4	64.7
18.5<t≤36.0	1.50	11.0	45.7	91.0	0.42	5.0	55.0	81.1
36.0<t≤53.0	1.38	10.5	34.8	95.3	0.57	6.0	41.4	89.2
53.0<t≤70.0	1.29	10.0	26.4	97.6	0.67	6.5	31.2	93.6
70.0<t≤87.0	1.22	9.5	20.1	98.9	0.75	7.0	23.5	96.2
87.0<t≤104.0	a	A	a	a	a	a	a	a

$\hat{I}$——与对称短路电流的峰值相关的峰值电流的标么值；

Δt_1——大半波的持续时间(圆整到 0.5 ms)；

Δt_2——小半波的持续时间(圆整到 0.5 ms)；

τ——系统的时间常数；

本表中的所有数值均按保护继电器时间为 10 ms 计算的。

[a] 试验方式 T100a 不适用，两个电流半波的非对称水平都低于 20%。

注 1：系统的时间常数 τ=45 ms 是标准的时间常数，按照 4.1，τ=60 ms、75 ms 和 120 ms 是特殊工况的时间常数。

注 2：如果试验期间获得的最短燃弧时间不同于制造厂规定的数值，且如果实际的最短燃弧时间导致了另一个最短开断时间等级(另一个电流半波开断)，则有必要用适当的电流半波值重复试验。如果有必要重复试验，允许按照 GB 1984—2003 的 6.102.9.5 对断路器进行检修或者按照 GB 1984—2003 的 6.102.2 采用附加的被试断路器。

表 I.2c　60 Hz 时与短路试验方式 T100a 的开断操作相关的最后电流半波的参数(τ=75 ms)

τ=75 ms	大半波				小半波			
最短开断时间/ ms	$\hat{I}$ p.u.	Δt_1/ ms	电流零点时非对称水平的百分数/ %	电流零点对应的 di/dt(额定对称电流的 di/dt 的百分数)/%	$\hat{I}$ p.u.	Δt_2/ ms	电流零点时非对称水平的百分数/ %	电流零点对应的 di/dt(额定对称电流的 di/dt 的百分数)/%
8.3<t≤18.5	1.72	12.5	66.1	77.4	0.20	3.5	78.2	59.5
18.5<t≤36.0	1.57	11.5	53.2	86.6	0.36	4.5	62.1	76.2
36.0<t≤53.0	1.46	11.0	42.8	91.9	0.49	6.0	49.5	85.1
53.0<t≤70.0	1.37	10.5	34.4	95.1	0.59	6.0	39.5	90.5
70.0<t≤87.0	1.29	10.0	27.6	97.1	0.67	6.5	31.5	93.8
87.0<t≤104.0	1.24	9.5	22.2	98.3	0.74	7.0	25.2	95.9

$\hat{I}$——与对称短路电流的峰值相关的峰值电流的标么值；

Δt_1——大半波的持续时间(圆整到 0.5 ms)；

Δt_2——小半波的持续时间(圆整到 0.5 ms)；

τ——系统的时间常数；

本表中的所有数值均按保护继电器时间为 10 ms 计算的。

注 1：系统的时间常数 τ=45 ms 是标准的时间常数，按照 4.1，τ=60 ms、75 ms 和 120 ms 是特殊工况的时间常数。

注 2：如果试验期间获得的最短燃弧时间不同于制造厂规定的数值，且如果实际的最短燃弧时间导致了另一个最短开断时间等级(另一个电流半波开断)，则有必要用适当的电流半波值重复试验。如果有必要重复试验，允许按照 GB 1984—2003 的 6.102.9.5 对断路器进行检修或者按照 GB 1984—2003 的 6.102.2 采用附加的被试断路器。

表 I.2d 60 Hz 时与短路试验方式 T100a 的开断操作相关的最后电流半波的参数(τ=120 ms)

τ=120 ms	大半波				小半波			
最短开断时间/ ms	$\hat{I}$ p.u.	Δt_1/ ms	电流零点时非对称水平的百分数/ %	电流零点对应的 di/dt(额定对称电流的 di/dt 的百分数)/%	$\hat{I}$ p.u.	Δt_2/ ms	电流零点时非对称水平的百分数/ %	电流零点对应的 di/dt(额定对称电流的 di/dt 的百分数)/%
8.3<t≤18.5	1.81	13.5	76.9	65.6	0.13	2.5	86.0	49.1
18.5<t≤36.0	1.70	12.5	67.2	75.5	0.24	3.5	74.6	65.0
36.0<t≤53.0	1.61	12.0	58.6	82.3	0.34	4.5	64.7	74.9
53.0<t≤70.0	1.53	11.5	51.1	87.1	0.42	5.0	56.2	81.5
70.0<t≤87.0	1.46	11.0	44.6	90.5	0.50	5.5	48.8	86.2
87.0<t≤104.0	1.41	10.5	38.8	93.1	0.57	6.0	42.4	89.6

$\hat{I}$——与对称短路电流的峰值相关的峰值电流的标么值;

Δt_1——大半波的持续时间(圆整到 0.5 ms);

Δt_2——小半波的持续时间(圆整到 0.5 ms);

τ——系统的时间常数;

本表中的所有数值均按保护继电器时间为 10 ms 计算的。

注 1:系统的时间常数 τ=45 ms 是标准的时间常数,按照 4.1τ=60 ms、75 ms 和 120 ms 是特殊工况的时间常数。

注 2:如果试验期间获得的最短燃弧时间不同于制造厂规定的数值,且如果实际的最短燃弧时间导致了另一个最短开断时间等级(另一个电流半波开断),则有必要用适当的电流半波值重复试验。如果有必要重复试验,允许按照 GB 1984—2003 的 6.102.9.5 对断路器进行检修或者按照 GB 1984—2003 的 6.102.2 采用附加的被试断路器。

表 I.3a 50 Hz 时最后半波 di/dt 的降低(三相条件下首开极在 A 相且要求的非对称度在 C 相)

τ/ms	k_{pp}	1.5			1.3		
	最短开断时间/ms	A 相 %	B 相 %	C 相 %	A 相 %	B 相[a] %	C 相 %
45	10.0<t≤22.5	98.9	82.6	82.6	98.9	56.5	84.4
	22.5<t≤43.0	99.8	85.6	85.6	99.8	57.1	88.2
	43.0<t≤63.5	100	86.5	86.5	100	57.2	89.5
	63.5<t≤84.0	100	86.6	86.6	100	57.3	89.9
60	10.0<t≤22.5	97.3	79.2	79.2	97.3	55.3	79.7
	22.5<t≤43.0	98.8	83.3	83.3	98.8	56.6	85.2
	43.0<t≤63.5	99.6	85.3	85.3	99.6	57.0	87.7
	63.5<t≤84.0	100	86.1	86.1	100	57.1	88.8
75	10.0<t≤22.5	96.2	76.1	76.1	96.2	55.1	75.6
	22.5<t≤43.0	98.0	81.0	81.0	98.0	56.1	82.0
	43.0<t≤63.5	99.0	83.6	83.6	99.0	56.6	85.5
	63.5<t≤84.0	99.6	85.1	85.1	99.6	56.9	87.4
120	10.0<t≤22.5	93.7	69.1	69.1	93.7	53.8	66.8
	22.5<t≤43.0	95.5	74.8	74.8	95.5	54.8	73.9
	43.0<t≤63.5	97.0	78.4	78.4	97.0	55.5	78.8
	63.5<t≤84.0	97.9	81.1	81.1	97.9	56.0	82.1

[a] B 相为最后开断极。

注 1:系统时间常数 τ=45 ms 为标准的时间常数,按照 4.1,τ=60 ms 、75 ms 和 120 ms 为特殊工况的时间常数。

注 2:对于 k_{pp}=1.3,假定中性线阻抗为纯感性的而没有阻性分量。

表 I.3b　60 Hz 时最后半波 d*i*/d*t* 的降低（三相条件下首开极在 A 相且要求的非对称度在 C 相）

τ/ms	k_{pp}	1.5			1.3		
	最短开断时间/ms	A 相 %	B 相 %	C 相 %	A 相 %	B 相[a] %	C 相 %
45	8.3<t≤18.5	98.2	80.5	80.5	98.2	56.1	81.5
	18.5<t≤36.0	99.8	84.3	84.3	99.8	56.8	86.4
	36.0<t≤53.0	99.9	85.8	85.8	99.9	57.1	88.5
	53.0<t≤70.0	100	86.5	86.5	100	57.2	89.3
	70.0<t≤87.0	100	86.7	86.7	100	57.2	89.6
60	8.3<t≤18.5	96.1	76.6	76.6	96.1	55.3	76.4
	18.5<t≤36.0	98.1	81.4	81.4	98.1	56.2	82.6
	36.0<t≤53.0	99.1	84.0	84.0	99.1	56.7	85.9
	53.0<t≤70.0	99.7	85.3	85.3	99.7	56.9	87.7
	70.0<t≤87.0	99.9	86.0	86.0	99.9	57.1	88.6
75	8.3<t≤18.5	85.0	73.4	73.4	85.0	54.6	72.0
	18.5<t≤36.0	97.0	78.7	78.7	97.0	55.6	79.1
	36.0<t≤53.0	98.3	81.9	81.9	98.3	56.2	83.2
	53.0<t≤70.0	99.0	83.8	83.8	99.0	56.6	85.7
	70.0<t≤87.0	99.5	84.9	84.9	99.5	56.8	87.2
120	8.3<t≤18.5	92.9	66.5	66.5	92.9	53.3	62.8
	18.5<t≤36.0	94.7	72.1	72.1	94.7	54.3	70.4
	36.0<t≤53.0	96.0	76.1	76.1	96.0	55.0	75.6
	53.0<t≤70.0	97.2	79.9	79.9	97.2	55.6	79.8
	70.0<t≤87.0	97.9	81.0	81.0	97.9	56.0	82.0

[a] B 相为最后开断极。

注 1：系统时间常数 τ=45 ms 为标准的时间常数，按照 4.1，τ=60 ms 、75 ms 和 120 ms 为特殊工况的时间常数。

注 2：对于 k_{pp}=1.3，假定中性线阻抗为纯感性的而没有阻性分量。

表 I.4a　对于 k_{pp}=1.3 且 f_r=50 Hz 修正的 TRV 值

最短开断时间/ms		10.0<t≤22.5		22.5<t≤43.0		43.0<t≤63.5		63.5<t≤84.0		84.0<t≤104	
	U_r/kV	u_1/kV	u_c/kV	u_1/kV	u_c/kV	u_1/kV	u_c/kV	u_1/kV	u_c/kV	u_1/kV	u_c/kV
τ=45ms 小半波	100	62	117	72	137	76	144	a	a	a	a
	126	77	148	90	173	96	181				
	145	88	171	104	199	110	209				
	170	103	203	122	235	129	246				
	252	153	306	181	352	192	366				
	300	183	370	216	421	229	438				
	363	222	454	261	513	276	532				
	420	258	534	303	600	321	620				
	550	340	723	399	801	421	821				
	800	501	1 117	585	1 206	615	1 221				

表 I.4a（续）

最短开断时间/ms		10.0<t≤22.5		22.5<t≤43.0		43.0<t≤63.5		63.5<t≤84.0		84.0<t≤104	
	U_r/kV	u_1/kV	u_c/kV	u_1/kV	u_c/kV	u_1/kV	u_c/kV	u_1/kV	u_c/kV	u_1/kV	u_c/kV
τ=45ms 大半波	100	74	135	78	144	80	147	a	a	a	a
	126	92	169	98	180	99	184				
	145	106	193	112	206	114	211				
	170	124	226	132	242	134	248				
	252	184	329	195	355	199	365				
	300	219	389	232	420	237	434				
	363	264	464	280	503	286	521				
	420	308	532	324	580	331	602				
	550	399	679	424	748	433	781				
	800	576	940	614	1 058	628	1 116				
τ=60ms 小半波	100	56	108	69	130	74	140	77	144	a	a
	126	70	136	85	164	92	176	96	181		
	145	80	158	98	189	106	203	110	209		
	170	94	187	115	224	125	239	129	246		
	252	141	284	172	336	185	358	192	367		
	300	168	344	205	404	221	429	230	440		
	363	203	424	247	494	267	522	277	533		
	420	237	501	288	579	310	609	322	622		
τ=60ms 大半波	100	69	126	75	137	78	143	79	146	a	a
	126	87	158	94	172	97	179	99	183		
	145	99	179	108	197	112	206	114	210		
	170	117	210	126	231	131	241	133	247		
	252	173	304	187	337	194	354	197	363		
	300	205	359	223	399	232	419	236	431		
	363	247	426	268	476	279	502	284	517		
	420	286	487	311	547	323	579	329	597		
τ=75ms 小半波	550	291	648	360	752	394	797	413	817	423	825
	800	430	1 024	529	1 156	577	1 206	604	1 224	618	1 228
τ=75ms 大半波	550	349	568	388	659	409	714	422	748	429	770
	800	502	760	560	908	592	1 000	610	1 058	621	1 098

[a] 试验方式 T100a 不适用，因为两个半波的非对称水平均小于 20%。

表 I.4b 对于 $k_{pp}=1.3$ 且 $f_r=60$ Hz 修正的 TRV 值

最短开断时间/ms		8.3<t≤18.5		18.5<t≤36.0		36.0<t≤53.0		53.0<t≤87.0		87.0<t≤104	
	U_r/kV	u_1/kV	u_c/kV	u_1/kV	u_c/kV	u_1/kV	u_c/kV	u_1/kV	u_c/kV	u_1/kV	u_c/kV
τ=45ms 小半波	100	58	112	70	133	75	142	a	a	a	a
	126	73	142	87	168	94	179				
	145	83	164	100	194	108	206				
	170	98	195	118	229	127	243				
	252	146	297	176	344	188	363				
	300	174	360	210	415	225	436				
	363	211	444	253	508	271	530				
	420	245	526	294	596	315	620				
	550	325	720	388	801	414	826				
	800	480	1 133	570	1 224	606	1 242				

表 I.4b(续)

最短开断时间/ms		8.3<t≤18.5		18.5<t≤36.0		36.0<t≤53.0		53.0<t≤87.0		87.0<t≤104	
	U_r/kV	u_1/kV	u_c/kV	u_1/kV	u_c/kV	u_1/kV	u_c/kV	u_1/kV	u_c/kV	u_1/kV	u_c/kV
τ=45ms 大半波	100	71	129	76	140	79	145	a	a	a	a
	126	89	161	95	175	98	181				
	145	102	183	110	200	113	207				
	170	120	214	128	234	132	243				
	252	177	311	190	343	196	357				
	300	210	366	227	404	234	423				
	363	253	433	273	482	281	507				
	420	393	495	316	553	326	584				
	550	481	624	412	708	426	753				
	800	549	842	595	984	617	1 064				
τ=60ms 小半波	100	52	102	65	125	72	136	75	142	a	a
	126	66	130	82	159	90	172	94	179		
	145	75	151	94	183	103	198	108	206		
	170	89	179	110	217	121	234	127	241		
	252	114	275	164	328	180	352	189	364		
	300	159	334	297	396	215	424	225	437		
	363	192	414	338	486	260	517	272	532		
	420	234	492	477	572	302	606	316	622		
τ=60ms 大半波	100	66	119	72	132	76	139	78	143	a	a
	126	83	148	91	165	95	174	97	180		
	145	94	169	104	188	109	199	112	206		
	170	111	197	122	220	128	234	131	241		
	252	163	284	181	321	190	341	194	353		
	300	195	332	215	377	226	403	232	419		
	362	234	392	258	448	272	481	279	501		
	420	270	445	299	513	315	553	323	577		
τ=75ms 小半波	550	275	646	345	749	382	819	417	830	425	835
	800	409	1 042	509	1 171	561	1 244	610	1 250	620	1 248
τ=75ms 大半波	550	327	498	369	599	395	664	410	707	420	737
	800	468	638	531	802	569	910	593	984	608	1 037

[a] 试验方式 T100a 不适用,因为两个半波的非对称水平均小于 20%。

表 I.4c 对于 k_{pp}=1.3 且 f_r=50 Hz 修正的 TRV 值

最短开断时间/ms		10.0<t≤22.5		22.5<t≤43.0		43.0<t≤63.5		63.5<t≤84.0		84.0<t≤104	
	U_r/kV	u_1/kV	u_c/kV	u_1/kV	u_c/kV	u_1/kV	u_c/kV	u_1/kV	u_c/kV	u_1/kV	u_c/kV
τ=45ms 小半波	72.5	a	96	a	113	a	119	a	a	a	a
	100	70	135	83	157	88	165				
	126	88	172	104	199	110	209				
	145	101	200	120	231	127	242				
	170	119	235	141	271	149	284				

表 I.4c（续）

最短开断时间/ms		10.0<t≤22.5		22.5<t≤43.0		43.0<t≤63.5		63.5<t≤84.0		84.0<t≤104	
	U_r/kV	u_1/kV	u_c/kV	u_1/kV	u_c/kV	u_1/kV	u_c/kV	u_1/kV	u_c/kV	u_1/kV	u_c/kV
τ=45 ms 大半波	72.5	a	113	a	120	a	123				
	100	85	154	90	164	91	168				
	126	106	195	113	207	115	213	a	a	a	a
	145	123	222	130	238	132	244				
	170	144	259	152	277	155	285				
τ=60 ms 小半波	72.5	a	88	a	107	a	115	a	119		
	100	64	124	78	149	85	161	88	166		
	126	81	161	98	189	106	204	110	210	a	a
	145	93	184	113	220	123	235	128	243		
	170	109	217	133	258	144	276	150	284		
τ=60 ms 大半波	72.5	a	106	a	115	a	120	a	122		
	100	80	144	86	157	89	164	91	167		
	126	100	180	108	199	112	207	115	211	a	a
	145	115	207	125	227	129	237	131	243		
	170	135	240	146	264	151	277	154	283		

[a] 试验方式 T100a 不适用，因为两个半波的非对称水平均小于 20%。

表 I.4d　对于 k_{pp}=1.5 且 f_r=60 Hz 修正的 TRV 值

最短开断时间/ms		8.3<t≤18.5		18.5<t≤36.0		36.0<t≤53.0		53.0<t≤70.0		70.0<t≤87.0	
	U_r/kV	u_1/kV	u_c/kV	u_1/kV	u_c/kV	u_1/kV	u_c/kV	u_1/kV	u_c/kV	u_1/kV	u_c/kV
τ=45ms 小半波	72.5	a	91	a	109	a	117				
	100	66	129	80	153	86	163				
	126	83	165	101	194	108	207	a	a	a	a
	145	96	192	116	226	125	239				
	170	113	227	136	265	146	280				
τ=45ms 大半波	72.5	a	109	a	117	a	121				
	100	82	147	88	160	90	166				
	126	102	185	110	201	114	209	a	a	a	a
	145	118	211	127	230	130	240				
	170	138	245	148	268	153	279				
τ=60ms 小半波	72.5	a	83	a	103	a	112	a	117		
	100	60	118	75	144	82	157	86	163		
	126	76	150	94	183	103	199	108	207	a	a
	145	87	176	109	213	119	231	125	240		
	170	103	208	128	251	140	271	147	281		
τ=60ms 大半波	72.5	a	100	a	111	a	117	a	120		
	100	76	135	83	151	87	159	90	164		
	126	95	170	104	189	109	201	112	207	a	a
	145	109	194	120	217	126	230	129	238		
	170	128	224	141	252	148	268	152	277		

[a] 试验方式 T100a 不适用，因为两个半波的非对称水平均小于 20%。

附 录 J
（资料性附录）
三相合成试验回路

本附录概述了一些典型的三相试验回路。

J.1 三相合成联合回路

J.1.1 一个电流引入回路和两个 Skeats 回路施加于被试断路器的三相合成回路

回路如图 J.1a 所示，它包括：

——一个三相电流源；

如 GB 1984—2003 的图 26a 所示回路中，首开极系数为 1.3，如 GB 1984—2003 的图 13，一个附加阻抗与电流源的中性点连接；

——一台三极辅助断路器；

——一个电压回路：并联电流引入回路，按照图 B.1 和图 B.2，连接在一相和地之间；

这个回路可以施加四参数的 TRV。此外，通过附加阻抗 L_{ac}，可以得到一个以额定电源频率振荡的恢复电压；

——两个电压回路：双联（Skeats）回路，按照图 D.1，连接在其他两相的每一相与地之间。

此回路可以施加两参数 TRV，它的包络线满足规定的四参数 TRV 参考线。

——与各相相连的延弧回路，是为了防止被试断路器提前开断，并考核它的尽可能长的燃弧时间。

三相电压回路应按照表 1 的要求，连接到不同的相上。

J.1.2 两个电流引入回路和一个 Skeats 回路施加于被试断路器的三相合成回路

回路如图 J.1b 所示，它包括：

——一个三相电流源；

如 GB 1984—2003 的图 26a 所示回路中，首开极系数为 1.3，如 GB 1984—2003 的图 13，一个附加阻抗与电流源的中性点连接；

——一台三极辅助断路器；

——两个电压回路：并联电流引入回路，按照图 B.1 和图 B.2，连接在两相和地之间；

这个回路可以施加四参数的 TRV。此外，通过附加阻抗 L_{ac}，可以得到一个以额定电源频率振荡的恢复电压；

——一个电压回路：双联（Skeats）回路，按照图 D.1，连接在另一相与地之间。

此回路可以施加两参数 TRV，它的包络线满足规定的四参数 TRV 参考线。

——与各相连接的延弧回路，是为了防止被试断路器提前开断，并考核它的尽可能长的燃弧时间。

三相电压回路应按照表 1 的要求，连接到不同的相上。

J.1.3 三个电流引入回路施加于被试断路器的三相合成回路

回路如图 J.1c 所示，它包括：

——一个三相电流源；

如 GB 1984—2003 的图 26a 所示的回路中，首开极系数为 1.3，如 GB 1984—2003 的图 13，一个附加阻抗与电流源的中性点连接；

——一台三极辅助断路器；

——三个电压回路：并联电流引入回路，按照图 B.1 和图 B.2，连接在每一相和地之间；

这个回路可以施加四参数的 TRV。此外，通过附加阻抗 L_{ac}，可以得到一个以额定电源频率振荡的恢复电压；

——与各相连接的延弧回路，是为了防止被试断路器提前开断，并考核它的尽可能最长的燃弧时间。

三相电压回路应按照表1的要求，连接到不同的相上。

图J.1d为采用三相合成联合回路，进行的一次三相合成开断试验（T100s，k_{pp}=1.5）的电流波形、相对地及相间电压的波形。

J.2 所有相引入的三相合成回路

回路如图J.2a所示，它包括：

——一个三相电流源；

——一台或两台三极辅助断路器；

——一个电压回路：依照图B.1和图B.2，连接在一相与地之间的并联电流引入回路；

——如上述的电压回路：连接在其他两相之间的并联电流引入回路；

这个回路与通常的并联电流引入回路的不同点仅在于返回导线与地之间必须适当地绝缘。利用均压电容，恢复电压可在两个后开极间平均分布；

——与各相连接的延弧回路，是为了防止被试断路器提前开断，并考核它的尽可能最长的燃弧时间。

通过这些回路，可施加四参数的TRV。此外，通过附加阻抗L_{ac}，可以得到一个以额定电源频率振荡的恢复电压。

按照表1的要求，两个电压回路应连接到不同的相上。

图J.2b为按照引入所有相的三相合成回路所做的三相合成开断试验（T100s，k_{pp}=1.5）的电流及相对地电压波形。

J.3 两相引入的三相合成回路

本回路如图J.3a所示，它包括：

——一个三相电流源；

如果采用GB 1984—2003的图26a所示的回路，首开极系数为1.3，依照GB 1984—2003的图13，一个附加阻抗与电流源的中性点连接；

——一台三极辅助断路器；

——一个电压回路：并联电流引入回路，依照图B.1和图B.2，连接在一相与地之间；

——一个如上述的电压回路：并联电流引入回路，连接在另外两相中的一相与地之间。作为一个替代方案，如图C.1和图C.2所示，这个回路可以是一个并联电压引入回路；

——延弧回路与各相连接，是为了防止被试断路器提前开断，并考核它的尽可能最长的燃弧时间。

通过以上回路，可施加四参数的TRV。此外，通过附加阻抗L_{ac}，可以得到一个以额定电源频率振荡的恢复电压。

按照表1的要求，两个电压回路应连接到不同的相上。

图J.3b与图J.3c为采用引入两相的三相合成试验回路进行三相合成开断试验（T100s，k_{pp}=1.3）的电流、相对地及相间电压的波形。

图J.1a～图J.1c给出了三相合成试验回路的典型示例。下述符号解释的清单与这些图（适用时）有关，在此列出是为了简短且避免重复。

G_n——电流源；

S_a——辅助断路器；

S_t——被试断路器；

Z_0——中性点连接的阻抗（k_{pp}=1.3时需要）；

L——电流回路电感；

Z_h——电压回路的等值波阻抗；

i——电流回路的电流；

i_h——引入电流；

C_{dh}——电压回路的时延电容；

L_h——电压回路的电感；

U_h——电压回路的充电电压；

L_{ac}——需要交流恢复电压时的附加电感；

ML——多相延弧回路。

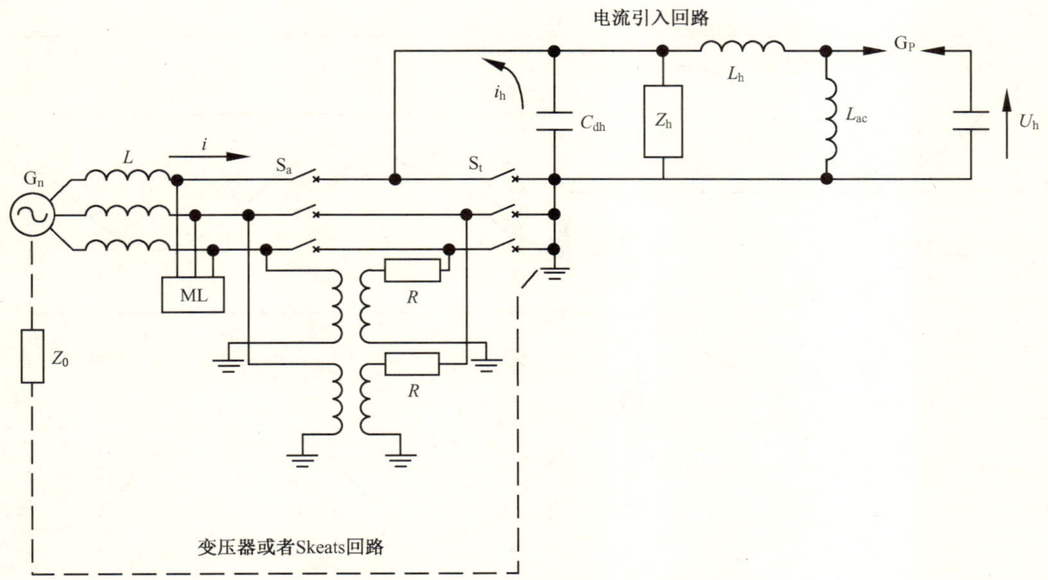

图 J.1a 三相合成联合回路

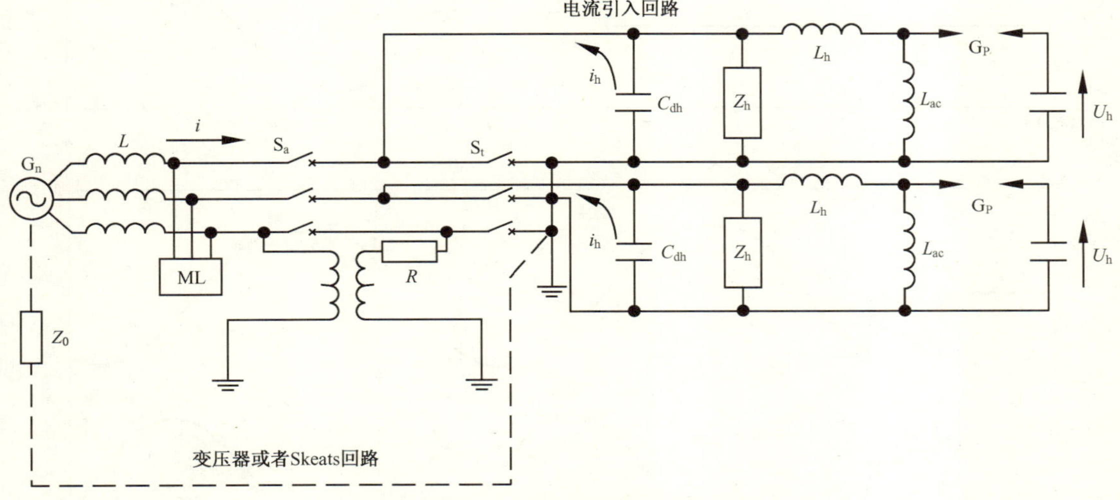

图 J.1b 三相合成联合回路

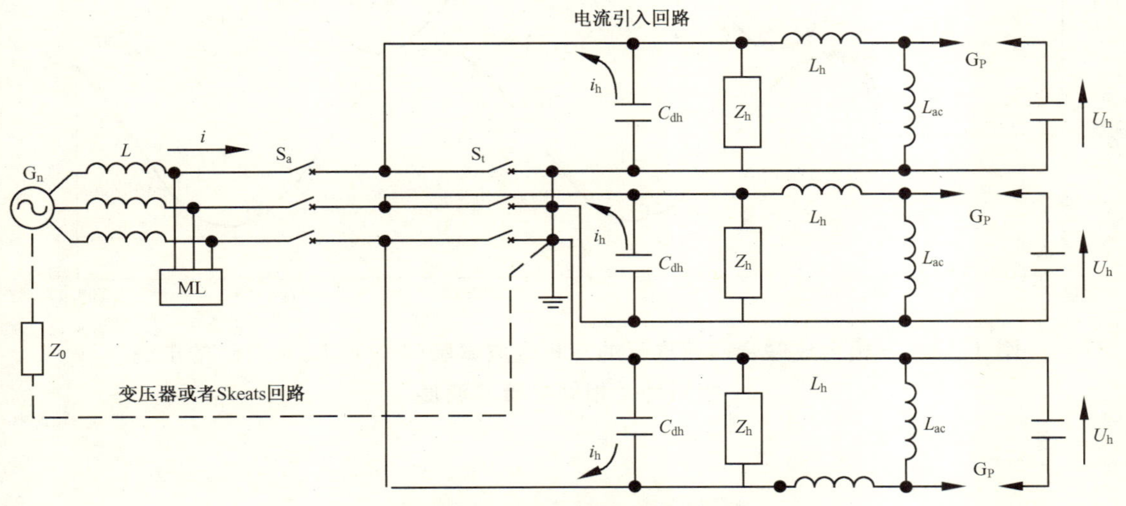

图 J.1c 三相合成联合回路

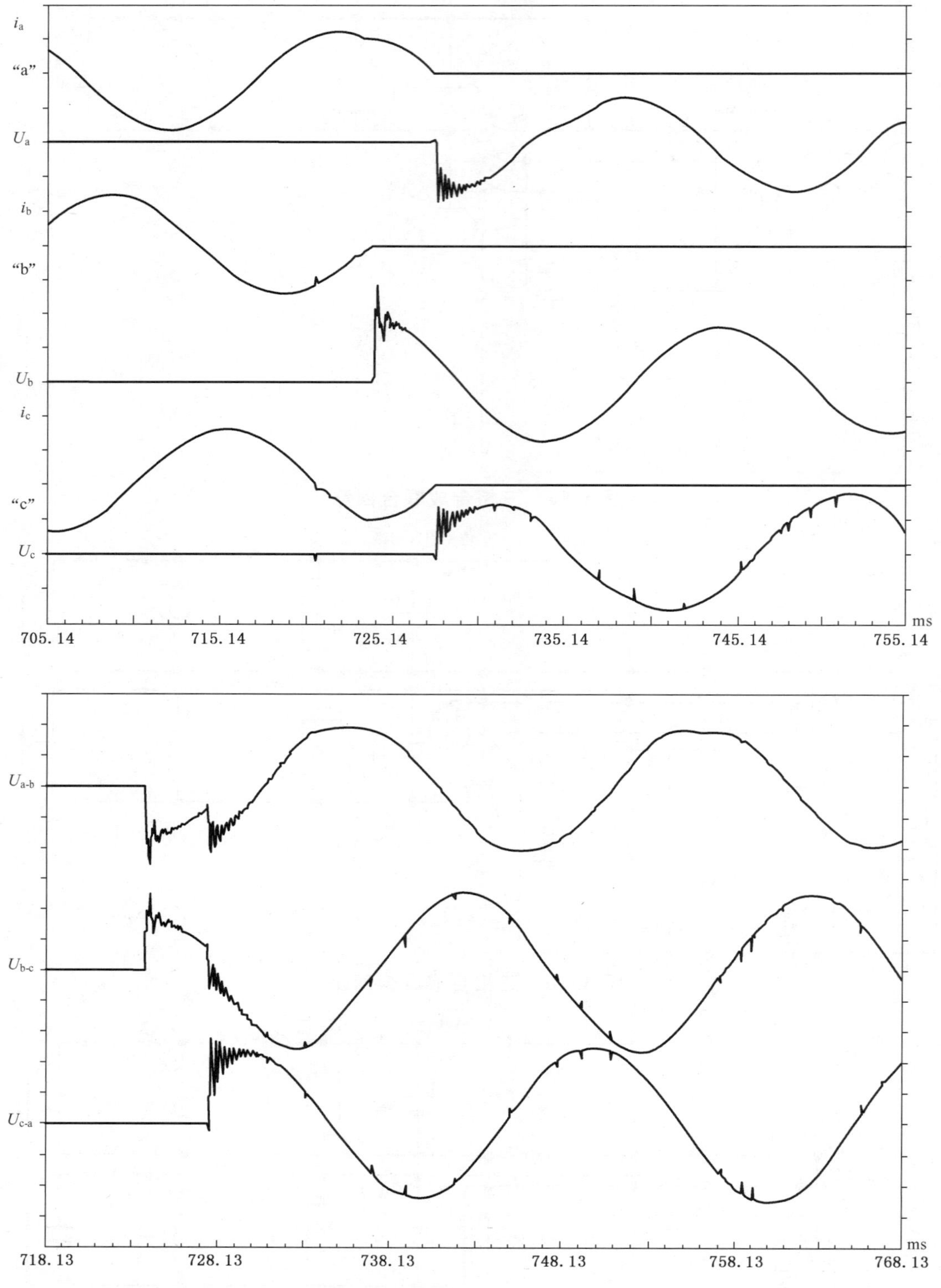

图 J.1d 三相合成联合回路进行的三相合成试验(T100s,k_{pp}=1.5)的电流、相对地及相间电压的波形

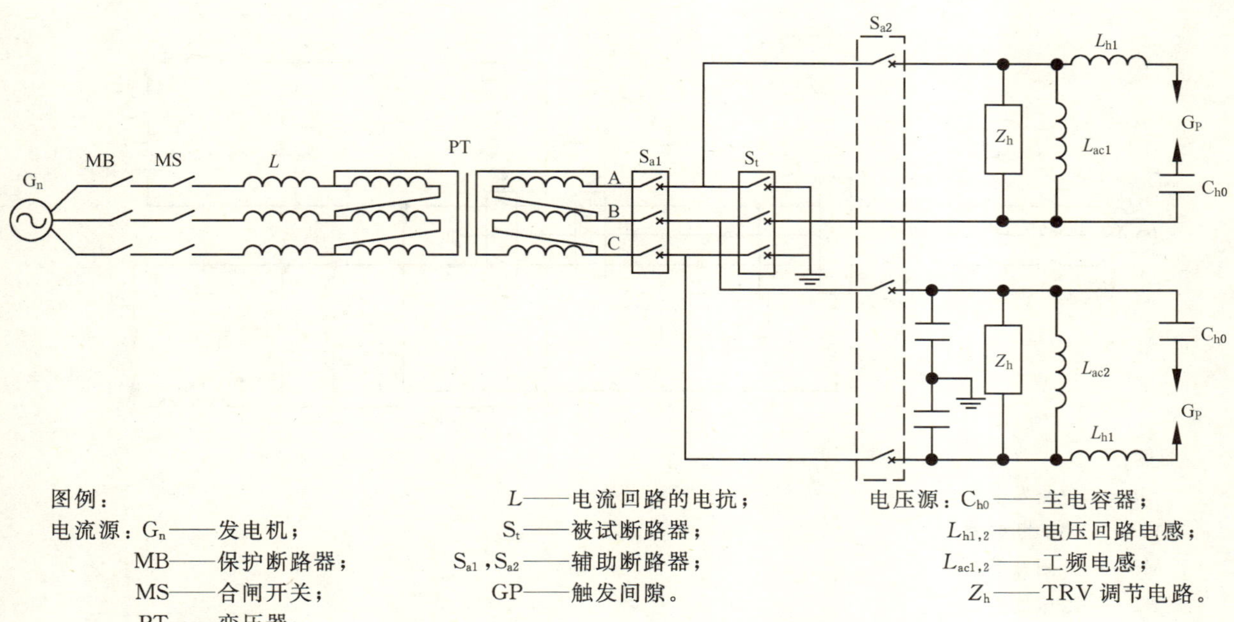

图例：

电流源：G_n——发电机；
MB——保护断路器；
MS——合闸开关；
PT——变压器；
L——电流回路的电抗；
S_t——被试断路器；
S_{a1}，S_{a2}——辅助断路器；
GP——触发间隙。

电压源：C_{h0}——主电容器；
$L_{h1,2}$——电压回路电感；
$L_{ac1,2}$——工频电感；
Z_h——TRV 调节电路。

图 J.2a　三相引入的三相合成回路，$k_{pp}=1.5$

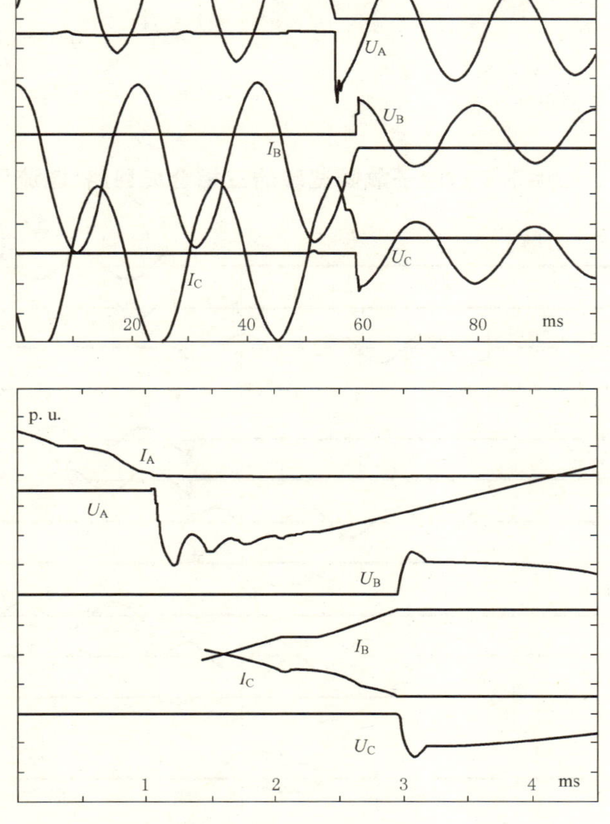

图例：

U_A，U_B，U_C——分别为被试断路器 A、B、C 极两端的电压；

I_A，I_B，I_C——分别为流过被试断路器 A、B、C 极的电流。

图 J.2b　按照三相引入的三相合成试验回路所做的一个三相合成试验（T100s，$k_{pp}=1.5$）的电流、相对地电压的波形

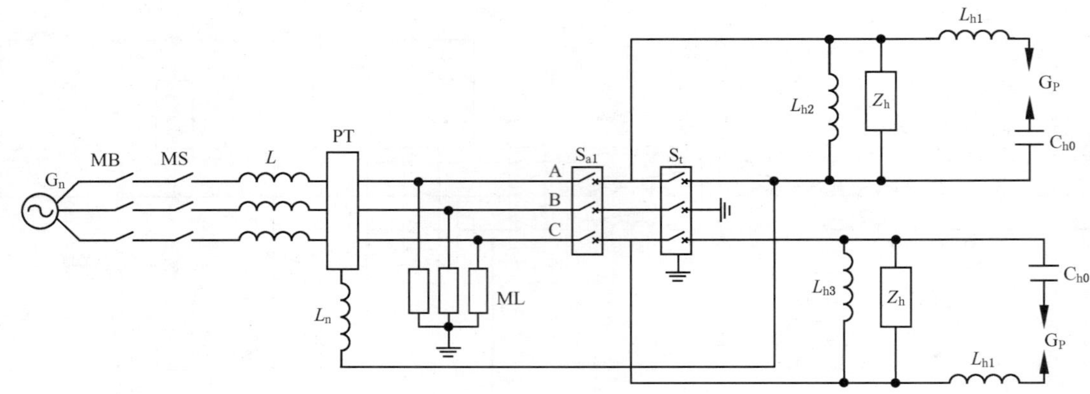

图例：

G_n——短路发电机；

MB——保护断路器；

MS——合闸开关；

PT——变压器；

S_a——辅助断路器；

S_t——被试断路器；

L——电流回路的电感；

L_n——与中性点连接的电感；

ML——多相延弧回路；

G_P——触发间隙；

L_{ac2}，L_{ac3}——交流恢复电压需要的附加电感；

C_{h0}——主电容器组。

图 J.3a　k_{pp}＝1.3 时端子故障试验的三相合成回路(电流引入法)

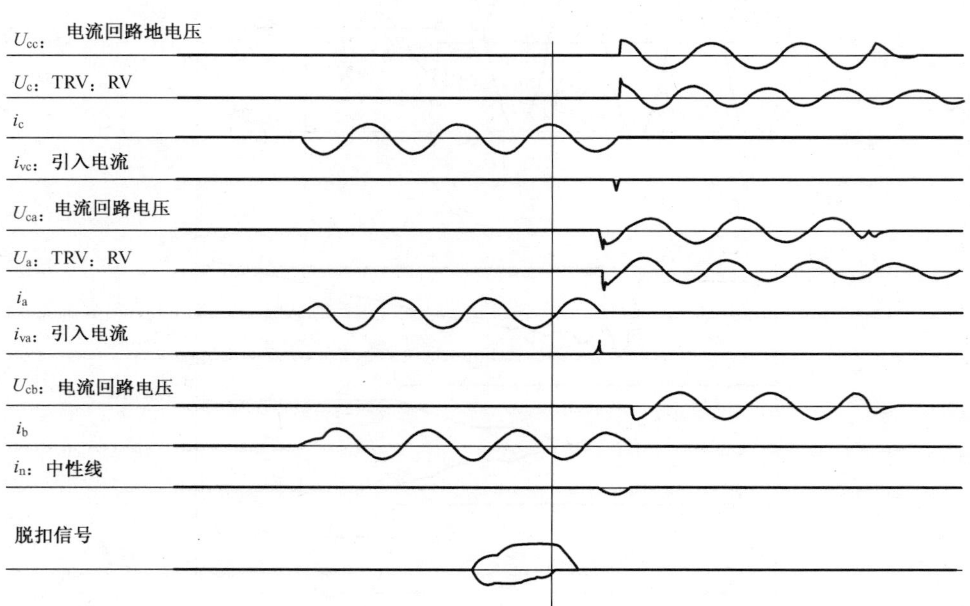

图 J.3b　图 J.3a 所示的三相合成回路进行的一个三相合成试验(T100s，k_{pp}＝1.3)的电流、相对地电压及相间电压的波形

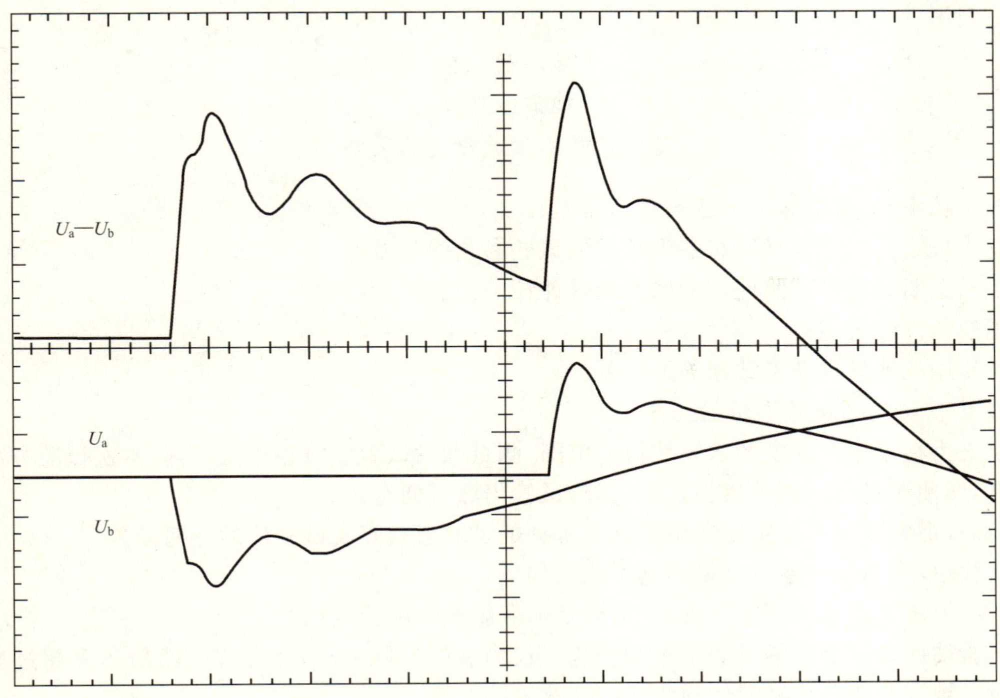

图例：

U_a,U_c——分别为被试断路器 A 和 C 极两端的电压。

图 J.3c　图 J.3a 所示的试验回路的 TRV 波形

附 录 K
（规范性附录）
型式试验中试验参量的公差

在型式试验中，通常应区分下述类型的公差：

——直接决定作用在被试断路器上负荷的试验参量的公差；

——与被试断路器在试验前后的状态及性能相关的公差；

——试验条件的公差；

——与使用的测量设备参数相关的公差。

表 K.1 中仅考虑了试验参量的公差。

公差定义为在本标准规定的试验数值的范围，测量到的试验值应在该范围内，本次试验方有效。在某些情况下，即使测量到的数值落在公差以外，试验仍然可能有效。

在此，不考虑因测量不确定度所引起的测量到的试验值与真实试验值的任何偏差。

型式试验中，应用试验参量公差的基本原则如下：

a） 在任何情况下，试验站的目标尽可能是标准规定的试验值；

b） 试验站应观测规定的试验参量的公差。仅当制造厂同意时，才允许断路器承受超过这些公差的较高负荷。被试断路器承受较低的负荷会导致试验无效。

c） 对于任何试验参量，如果本标准中没有给出公差，那么 GB 1984—2003 的公差适用。其上限应力值应征得制造厂的同意。

d） 若只给出某试验参量一侧的限值，则认为另一侧限值应为尽可能地接近规定值。

表 K.1 型式试验时试验参量的公差

试验名称	试验参量	规定的试验值	试验公差/试验值的限值
基本短路方式	T10 电流零点的 di/dt[a]	10%额定短路开断电流的电流零点的 di/dt	±20%
	T30 电流零点的 di/dt[a]	30%额定短路开断电流的电流零点的 di/dt	±20%
	T60 电流零点的 di/dt[a]	60%额定短路开断电流的电流零点的 di/dt	±10%
	T100s 和 T100a 电流零点的 di/dt[a]	额定短路开断电流的电流零点的 di/dt	$^{+5}_{0}\%$
临界电流试验	电流零点的 di/dt[a]	GB 1984—2003 的 6.107.2 确定的电流零点的 di/dt	±20%
单相和异相接地故障试验	电流零点的 di/dt[a]	GB 1984—2003 的图 45 确定的电流的电流零点的 di/dt	$^{+5}_{0}\%$
近区故障试验	L90 电流零点的 di/dt[a]	额定短路开断电流的电流零点的 di/dt	90%～92%
	L90 的电源侧恢复电压上升率	GB 1984—2003 表 1a～1d 中给出的上升率的 90%	$^{+5}_{0}\%$
	L75 电流零点的 di/dt[a]	额定短路开断电流的电流零点的 di/dt	71%～79%
	L75 的电源侧恢复电压上升率	GB 1984—2003 表 1a～1d 中给出的上升率的 75%	$^{+5}_{0}\%$
	L60 电流零点的 di/dt[a]	额定短路开断电流的电流零点的 di/dt	55%～65%
	L60 的电源侧恢复电压上升率	GB 1984—2003 表 1a～1d 中给出的上升率的 60%	$^{+5}_{0}\%$
失步关合和开断试验	OP1 电流零点的 di/dt[a]	30%额定失步开断电流的电流零点的 di/dt	±20%
	OP2 电流零点的 di/dt[a]	额定失步开断电流的电流零点的 di/dt	$^{+10}_{0}\%$
容性电流开合试验	开断电流的频率	额定频率	45 Hz～65 Hz

[a] 这些公差仅适用于电流引入试验回路。

ICS 29.120.30
K 43

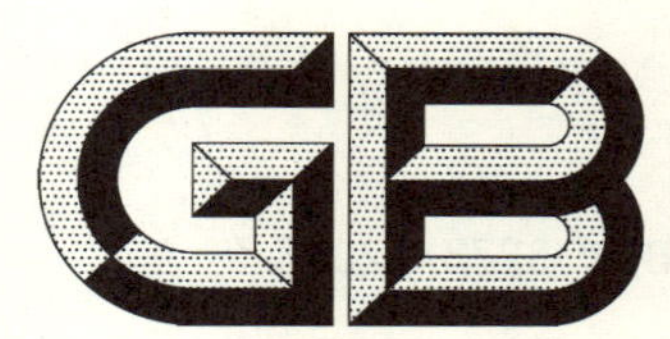

中华人民共和国国家标准

GB/T 5273—2016
代替 GB/T 5273—1985

高压电器端子尺寸标准化

Dimensional standardisation of terminals for high-voltage apparatus

(IEC/TR 62271-301:2009,High-voltage switchgear and controlgear—Part 301:Dimensional standardisation of high-voltage terminals,MOD)

2016-04-25 发布 2016-11-01 实施

中华人民共和国国家质量监督检验检疫总局
中国国家标准化管理委员会 发布

前　言

本标准按照 GB/T 1.1—2009 给出的规则起草。

本标准代替 GB/T 5273—1985《变压器、高压电器和套管的接线端子》。

本标准与 GB/T 5273—1985 的主要技术差别：

——在术语和定义中删除了接线端子，增加了高压端子和端子连接器(见第 2 章)；

——在型式与尺寸中修改了部分尺寸，如 a_2 等(见 3.3)，取消端子的外形尺寸(见 1985 版 3.2)；

——在型式与尺寸中删除了单孔板形端子(见 1985 版 3.2)，增加了螺孔形端子和十六孔板形端子(见 3.3)；

——删除了附录 A“按额定电流选用接线端子尺寸的推荐值及其连接方式”和附录 B“接线端子电气连接时的力矩推荐值”(见 1985 版附录 A、附录 B)。

本标准使用重新起草法修改采用 IEC/TR 62271-301：2009《高压开关设备和控制设备　第 301 部分：高压端子尺寸标准化》。

本标准与 IEC/TR 62271-301：2009 的主要技术差别：

——增加规范性引用文件 GB/T 14315—2008、GB 50149—2010；

——根据我国实际，在型式与尺寸中增加了螺杆形端子、螺孔形端子和十六孔板形端子；

——根据我国实际，在板形端子中增加了孔中心到边缘的纵向推荐尺寸 a_1，孔中心到根部的纵向尺寸 a_2；

——根据我国实际，在部分板形端子中增加了 ϕ18×60 等尺寸；

——根据我国需要，增加了“第 4 章技术要求”。

本标准做了下列编辑性修改：

——标准名称由《高压开关设备和控制设备　第 301 部分：高压端子尺寸标准化》修改为《高压电器端子尺寸标准化》。

本标准由中国电器工业协会提出。

本标准由全国高压开关设备标准化技术委员会(SAC/TC 65)归口。

本标准负责起草单位：平高集团有限公司。

本标准参加起草单位：西安高压电器研究院有限责任公司、西安西电开关电气有限公司、华仪电气股份有限公司、北京科锐配电自动化股份有限公司、新东北电气集团高压开关有限公司、库柏(宁波)电气有限公司、福建中能电气股份有限公司、浙江开关厂有限公司、河南森源电气股份有限公司、北京北开电气股份有限公司、青岛特锐德电气股份有限公司、山东泰开高压开关有限公司、江苏华冠电器集团有限公司、益和电气集团股份有限公司。

本标准主要起草人：阎关星、赵鸿飞、田恩文、姚锋娟、张实、吴鸿雁、闫站正、许洪春、王向克、周华、李西育、李建华、刘新波、祝存春、侯银顺、叶祖标、张姝、刘成学、汪童志、周庆清、刘洋、尹弘彦、张文波、辛静、李中华、郑云波、孔祥冲。

本标准所代替标准的历次版本发布情况为：

——GB/T 5273—1985。

高压电器端子尺寸标准化

1 概述

1.1 范围

本标准规定了高压电器端子的型式与尺寸和技术要求。

本标准适用于户内及户外电压为 3 000 V 及以上系统中的高压电器的高压端子。但是，不排除它适用于其他设备。本标准没有给出端子尺寸与额定电流之间的配合。

本标准主要适用于以下设备：

——电力变压器(包括其低压侧端子)；

——套管(包括穿墙套管、高压开关设备和变压器用套管等)；

——高压断路器；

——高压隔离开关；

——高压负荷开关；

——高压接地开关；

——旁路开关；

——高压自动重合器；

——高压自动分段器；

——高压熔断器；

——高压负荷开关-熔断器组合电器；

——高压接触器-熔断器组合电器；

——金属封闭开关设备；

——高压/低压预装式变电站；

——气体绝缘金属封闭开关设备(GIS)；

——复合式组合电器(H-GIS)；

——敞开式组合电器(C-AIS)；

——金属封闭母线；

——电缆分接箱；

——电流互感器(不包括其二次端子)；

——限流电抗器等。

本标准也适用于以下设备：

——接地开关、电力电容器、避雷器和高压接触器；

——电力变压器以外的其他变压器(例如电炉变压器、整流变压器、试验变压器等)、电压互感器、并联电抗器；

——保护电压互感器和电力电容器的高压熔断器；

——高压电力电缆等。

注：直流开关设备、接地和仅作电位连接使用的端子也适用于本标准。

高压电力电缆导体用压接型铜、铝接线端子包含在 GB/T 14315—2008 中，电气装置安装工程母线的端子包含在 GB 50149—2010 中。

凡超出本标准范围的特殊要求，由用户与制造厂协商。

1.2 规范性引用文件

下列文件对于本文件的应用是必不可少的。凡是注日期的引用文件，仅注日期的版本适用于本文件。凡是不注日期的引用文件，其最新版本(包括所有的修改单)适用于本文件。

GB/T 14315—2008 电力电缆导体用压接型铜、铝接线端子和连接管

GB 50149—2010 电气装置安装工程母线装置施工及验收规范

2 术语和定义

下列术语和定义适用于本文件。

2.1

高压端子 high-voltage (HV) terminal

高压电器与端子连接器固定连接的导电部分。

注：高压端子通常用于高压电器与其他电气设备或电力系统的电气连接。

2.2

端子连接器 terminal connector

高压端子(以下简称端子)与导体连接的部分。

注：端子连接器通常属于电力金具。

3 型式与尺寸

3.1 螺杆形端子

螺杆形端子的推荐型式与尺寸见图1和表1。

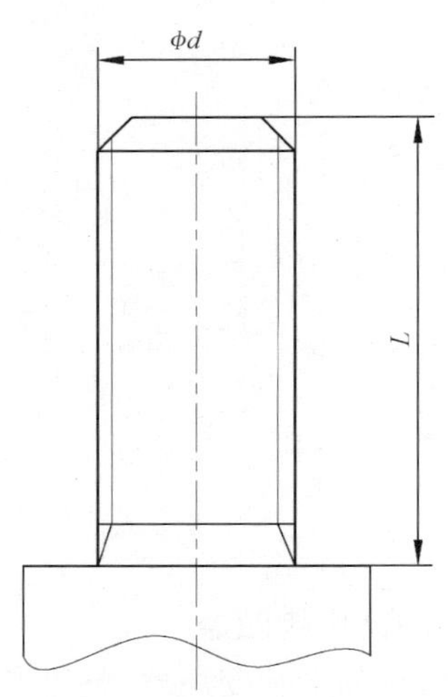

图1 螺杆形端子

表 1　螺杆形端子的尺寸

螺纹规格	M12	M16	M20	M24
相应的长度 L/mm	35	45	55	65

3.2　圆柱形端子

圆柱形端子的推荐型式与尺寸见图 2 和表 2。

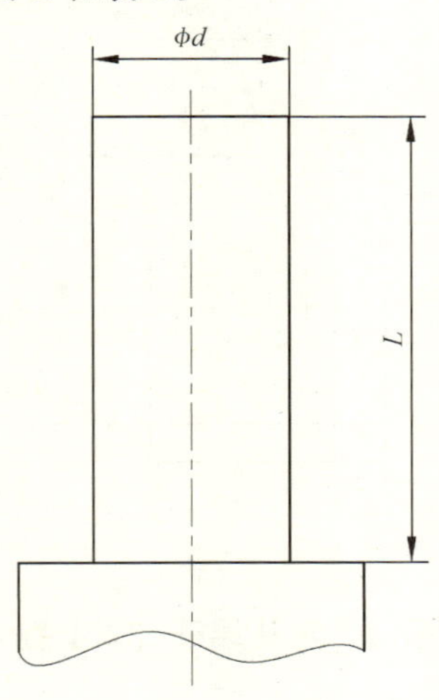

图 2　圆柱形端子

表 2　圆柱形端子的尺寸

直径 d/mm	16	20	20	30 28[a]	30	30	30	32	32	40 42[a] 44[a]	40	50	50	50	60	60	70	80
相应的长度 L/mm	60	60	80	60	80	125	130	80	130	80	125	40	80	100	100	125	100	125

注： 上述组合也适用于同一板极上的两个圆柱形端子，如 ϕ40 mm×80 mm、中心距为 200 mm 的两个圆柱形端子。

[a] 这些尺寸仅适用于变压器行业。

3.3　板形端子

3.3.1　概述

板形端子推荐的尺寸仅限于孔径和孔距。尺寸如下：

——孔径：11 mm、14 mm、18 mm 和 22 mm；

——孔距(中心距)：30 mm、40 mm、45 mm、50 mm 和 60 mm。

孔径尺寸不应大于螺栓公称直径 2 mm。

允许这些尺寸的任意组合。

孔距适用于相邻两孔的中心距,包括横坐标和纵坐标。

孔中心到边缘的纵向推荐的尺寸 a_1 为 15 mm、20 mm、25 mm、30 mm、32.5 mm、35 mm、40 mm 和 50 mm。

孔中心到根部的纵向尺寸 a_2 应大于 a_1 值 5 mm 及以上。

孔布置的典型示例见图 3～图 9,尺寸见表 3～表 9。

3.3.2 两孔板形端子

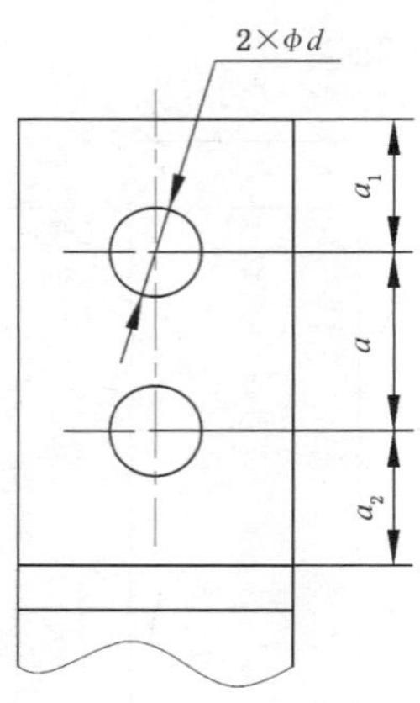

图 3 两孔端子(2×1 型)

表 3 2×1 型两孔端子的尺寸

孔径 d/mm	11	11	14	14
孔距 a/mm	30	40	30	40

3.3.3 四孔板形端子

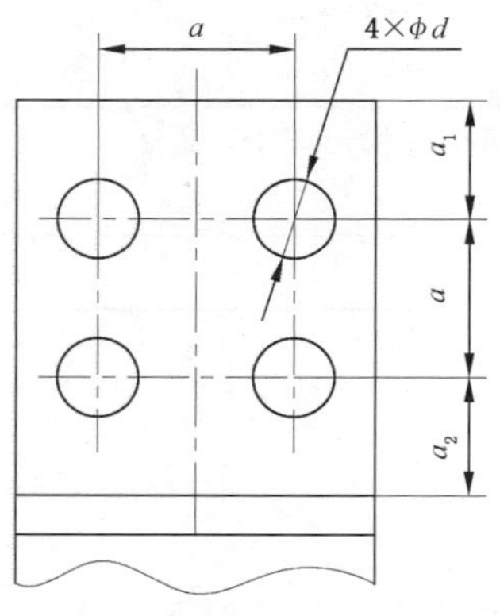

图 4 四孔端子(2×2 型)

表 4　2×2 型四孔端子的尺寸

孔径 d/mm	14	14	14	14	18	18	22
孔距 a/mm	30	40	45	50	50	60	60

3.3.4　六孔板形端子

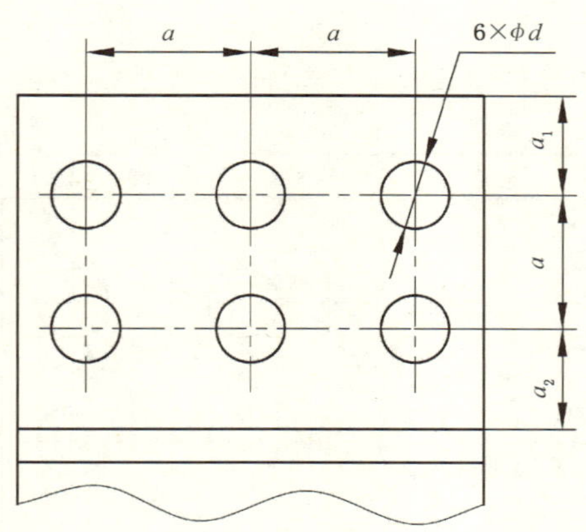

图 5　六孔端子(2×3 型)

表 5　2×3 型六孔端子的尺寸

孔径 d/mm	14	14	18	18
孔距 a/mm	40	45	50	60

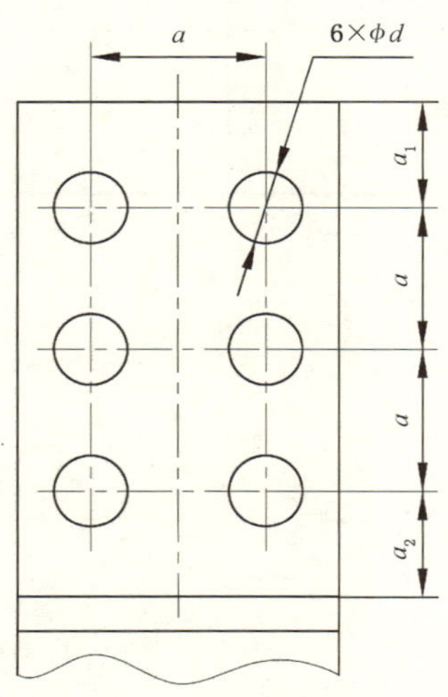

图 6　六孔端子(3×2 型)

表 6　3×2 型六孔端子的尺寸

孔径 d/mm	14	14	18	18
孔距 a/mm	40	45	50	60

3.3.5　八孔板形端子

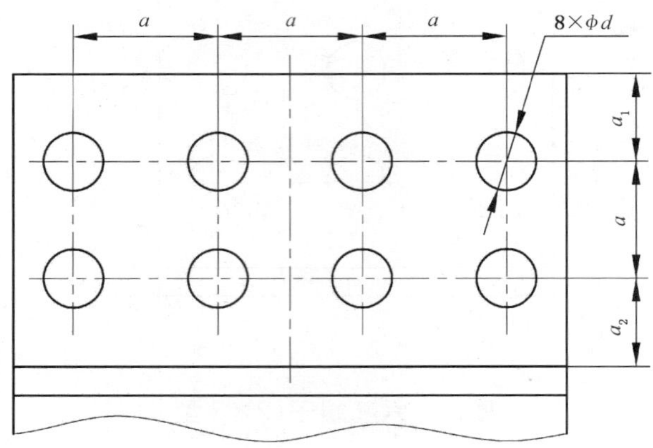

图 7　八孔端子(2×4 型)

表 7　2×4 型八孔端子的尺寸

孔径 d/mm	14	18	18
孔距 a/mm	50	50	60

3.3.6　九孔板形端子

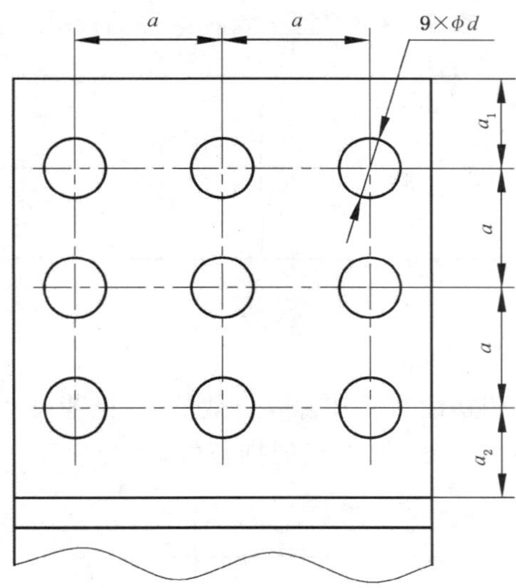

图 8 九孔端子(3×3 型)

表 8 3×3 型九孔端子的尺寸

孔径 d/mm	14	18	18	18
孔距 a/mm	40	45	50	60

3.3.7 十六孔板形端子

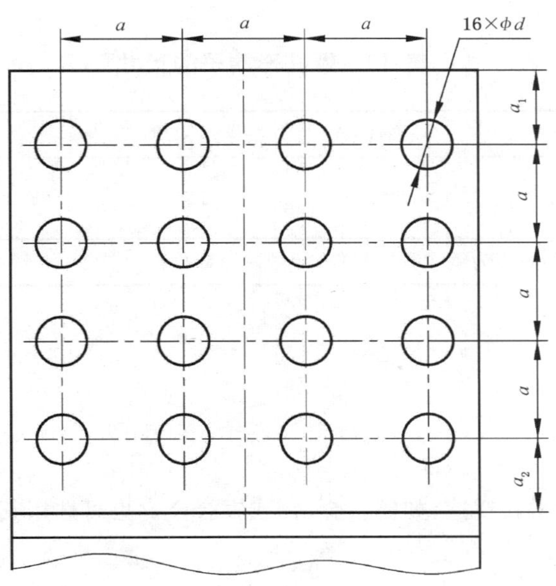

图 9 十六孔端子(4×4 型)

表 9　4×4 型十六孔端子的尺寸

孔径 d/mm	18
孔距 a/mm	50

3.4　螺孔形端子

螺孔形端子的推荐尺寸仅限于螺纹直径和螺纹有效长度，推荐尺寸见图 10 和表 10。

螺纹有效长度 L 的最小值应大于表 10 给出的推荐值。

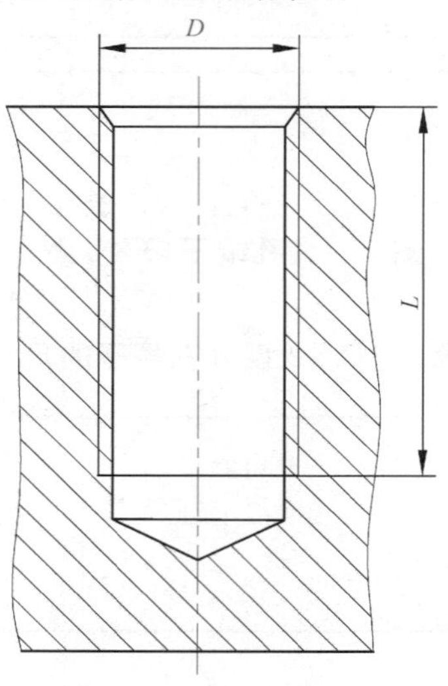

图 10　螺孔形端子

表 10　螺孔形端子的尺寸

螺纹规格	M8	M10	M12	M16	M20
螺纹有效长度 L/mm	10(18)	13(23)	15(27)	20(36)	24(45)
注：螺纹有效长度中括号外的值为钢或青铜材料，括号内为铝材料[1][1)]。					

4　技术要求

4.1　材料

端子可以用任何适当的材料制造，如铝合金、铜或铜合金。也可选用其他新型材料。

1)　方括号中的编号见参考文献。

4.2 电性能

端子的结构应保证良好的电接触和预期的通流能力。接触表面应清洁，不得有裂纹、明显伤痕、毛刺、腐蚀斑痕、凹凸缺陷及其他影响电接触和通流能力的缺陷。

注：端子的边及连接孔宜有倒角，接触面的平面度、粗糙度、滚花等要求应满足制造厂图样的规定。

4.3 机械性能

端子应有足够的机械强度，以满足相应设备的技术要求。铸造成型的端子，其接触面及连接孔内不得有气孔、砂眼、夹渣以及其他影响机械强度的缺陷。

4.4 表面处理

端子表面镀层（如有）应均匀，不应有起皮及局部漏镀等缺陷。

4.5 温升

端子长期承载额定电流时，其温升值不应超过相应设备标准的规定。

4.6 出厂

设备出厂时，应对端子采取必要的防护措施，运输与保管中应采用防止腐蚀气体侵蚀及机械损伤的包装。

参 考 文 献

[1] 《机械设计手册》第2卷.北京:机械工业出版社,2004.

ICS 29.130.10
K 43

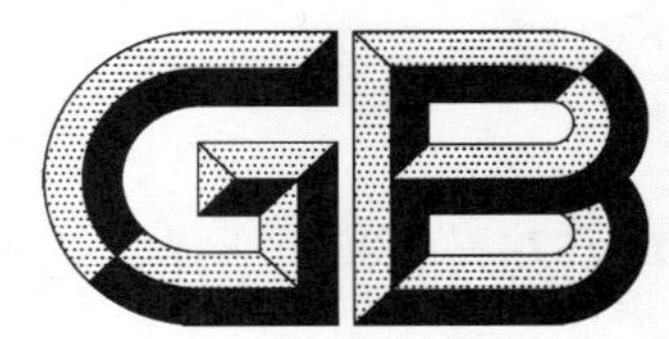

中华人民共和国国家标准

GB 7674—2008
代替 GB 7674—1997

额定电压 72.5 kV 及以上气体绝缘金属封闭开关设备

Gas-insulated metal-enclosed switchgear for rated voltages of 72.5 kV and above

(IEC 62271-203:2003 High-voltage switchgear and controlgear—Part 203:Gas-insulated metal-enclosed switchgear for rated voltages above 52 kV,MOD)

自 2017 年 3 月 23 日起，本标准转为推荐性标准，编号改为 **GB/T** 7674—2008。

2008-09-19 发布 2009-06-01 实施

中华人民共和国国家质量监督检验检疫总局
中国国家标准化管理委员会 发布

前　言

本标准的全部技术内容为强制性。

本标准是修改采用IEC 62271-203:2003(原IEC 60517的第3版)《高压开关设备和控制设备　第203部分:额定电压52 kV以上的气体绝缘金属封闭开关设备》。

本标准与IEC 62271-203:2003的主要差别是:

——适用范围。根据我国电网的实际情况,去掉了IEC 62271-203:2003中额定频率60 Hz的有关内容;根据我国中高压的划分习惯,适用的额定电压由“52 kV以上”改为“72.5 kV及以上”。

——额定电压。去掉了与我国电网无关的额定电压数值,按照GB/T 11022(或GB 156)中所列的电压给出;并根据最新的研究成果及我国电网可能的发展态势,给出了额定电压为1 100 kV的相关参数。

本标准代替GB 7674—1997《72.5 kV及以上的气体绝缘金属封闭开关设备》。

本标准与GB 7674—1997的主要差别有:

——额定电压增加800 kV、1 100 kV两挡及相应的参数;

——绝缘水平的数值普遍有所提高,尤其是针对额定电压363 kV及以上的电压等级;

——增加防腐蚀的相关要求和试验;

——增加了接地回路电气连续性的具体要求。

本标准中各章、条的编排顺序与IEC 62271-203:2003一致,大部分条文的内容与IEC 62271-203:2003相同,不同之处在前述的主要差别中已给予了说明。

本标准与GB/T 11022—1999《高压开关设备和控制设备标准的共同技术要求》一起使用,除非本标准中另有规定,本标准参照GB/T 11022。为了简化相关要求的重复表述,本标准的章条号与GB/T 11022相同。对这些章条内容的补充在同一引用标题下给出,而附加的条款从101开始编号。

本标准的附录A、附录B和附录C是规范性附录,附录D和附录E是资料性附录。

本标准由中国电器工业协会提出。

本标准由全国高压开关设备标准化技术委员会(SAC/TC 65)归口。

本标准由全国高压开关设备标准化技术委员会负责解释。

本标准负责起草单位:西安高压电器研究所。

本标准参加起草单位:中国电力科学研究院高压开关研究所、西安西开高压电气股份有限公司、河南平高电气股份有限公司、新东北电气(沈阳)高压开关有限公司、天水长城开关厂、机械工业高压电器产品质量检验中心(沈阳)、重庆泰高博森电气有限公司、上海华通开关厂有限公司、华东电网有限公司、北京北开电器股份有限公司、上海西门子高压开关有限公司、广州白云电器设备股份有限公司、正泰电气股份有限公司、浙江昌泰电力开关有限公司、泰开电气集团有限公司、江苏省如高高压电器有限公司、金华电力开关有限公司、长江委设计院。

本标准主要起草人:田恩文、李鹏、严玉林。

本标准参加起草人:崔景春、杨大锟、赵伯楠、刘兆林、王建西、阎关星、任海泉、赵羲英、张文兵、洪深、马平、吴鸿雁、熊寿春、孙永恒、张铎、张姝、马增锐、赵鸿飞、田可新、孔祥军、沈威、邹景行、施文耀、虞宇飞、何志猛、杨英杰、冯四喜、李建华、赵文强、马力、侯平印、杨成懋、石凤翔、叶树新、曹文斌、范彧、楼丹、刘志民、钱卫、王根政、孙荣春、李小松、吴忠。

本标准所替代标准的历次版本发布情况:

——GB 7674—1987;

——GB 7674—1997。

额定电压 72.5 kV 及以上气体绝缘金属封闭开关设备

1 概述

1.1 范围

本标准规定了交流额定电压 72.5 kV 及以上额定频率 50 Hz 的户内和户外安装的气体绝缘金属封闭开关设备，其绝缘的获得至少部分通过绝缘气体而不是处于大气压力下的空气。

为了便于本标准的使用，术语“GIS”和“开关设备”均用于表述“气体绝缘金属封闭开关设备”。

本标准涵盖的气体绝缘金属封闭开关设备由可以直接连接在一起的独立元件构成，且这些元件只能按这种方式运行。

根据需要，本标准对适用于构成 GIS 的各个独立元件的相关标准进行了完善和补充。

1.2 规范性引用文件

下列文件中的条款通过本标准的引用而成为本标准的条款。凡是注日期的引用文件，其随后所有的修改单(不包括勘误的内容)或修订版均不适用于本标准，然而，鼓励根据本标准达成协议的各方研究是否可使用这些文件的最新版本。凡是不注日期的引用文件，其最新版本适用于本部分。

GB/T 11022 的 1.2 适用，并作如下补充：

GB 1207—2006 电磁式电压互感器(IEC 60044-2:2003，MOD)

GB 1208—2006 电流互感器(IEC 60044-1:2003)

GB 1984—2003 高压交流断路器(IEC 62271-100:2001，MOD)

GB 1985—2004 高压交流隔离开关和接地开关(IEC 62271-102:2002，MOD)

GB/T 2423.17—2008 电工电子产品环境试验 第 2 部分：试验方法 试验 Ka：盐雾(IEC 60068-2-11:1981，IDT)

GB/T 4109—2008 交流电压高于 1 000 V 的绝缘套管(IEC 60137 Ed.6.0，MOD)

GB/T 7354—2003 局部放电测量(IEC 60270:2000，IDT)

GB/T 8905—1996 六氟化硫电器设备中气体管理和检测导则(neq IEC 60480:1974)

GB/T 9326(全部) 交流 500 kV 及以下纸或聚丙烯复合纸绝缘金属套充油电缆及附件(IEC 60141-1，MOD)

GB/T 11017.1—2002 额定电压 110 kV 交联聚乙烯绝缘电力电缆及其附件 第 1 部分：试验方法和要求(eqv IEC 60840:1999)

GB/T 11023—1989 高压开关设备六氟化硫气体密封试验方法

GB/T 12022—2006 工业六氟化硫(IEC 60376:1971，IEC 60376A:1973，IEC 60376B:1974，MOD)

GB/T 13540—1992 高压开关设备抗地震性能试验

GB/T 22381 额定电压 72.5 kV 及以上气体绝缘金属封闭开关设备与充流体及挤包绝缘电力电缆的连接 充流体及干式电缆终端(GB/T 22381—2008，IEC/TS 60859，MOD)

GB/T 22382 额定电压 72.5 kV 及以上气体绝缘金属封闭开关设备与电力变压器之间的直接连接(GB/T 22382—2008，IEC/TR 61639，MOD)

ISO 3231 油漆和釉子 包含二氧化硫的湿大气耐受能力的确定

IEC 60815 绝缘子在污秽条件下的选用导则

IEC 61462　复合绝缘子　用于户外和户内电气设备中的盆式绝缘子　定义、试验方法、验收判据及推荐的设计

IEC 61672-1　电声学　声级计　第1部分：技术要求

IEC 61672-2　电声学　声级计　第2部分：模型评估试验

IEC 62067　额定电压150 kV(U_m=170 kV)到500 kV(U_m=550 kV)干式绝缘电力电缆及其附件试验方法和要求

IEC 62155　额定电压大于1 000 V电气设备用盆式压制或非压制瓷和玻璃绝缘子

注：本标准中还引用其他标准作为资料。它们在参考文献中列出。

2　正常和特殊使用条件

GB/T 11022—1999的第2章适用，并作如下补充：

在任何海拔处内绝缘的介电特性和海平面处相同。因此，对于内绝缘，关于海拔没有特别的要求。

GIS的某些部件如压力释放装置和压力及密度监测装置可能会受到海拔的影响。如果需要，制造厂应采取适当的措施。

2.1　正常使用条件

GB/T 11022—1999的2.1适用，具体见表101。

2.2　特殊使用条件

GB/T 11022—1999的2.2适用，具体见表101。

在表中使用大于号(>)的场合，则具体数值应由用户按照GB/T 11022的规定来确定。

表101　GIS使用条件的参照表

项　目	正常		特殊	
	户内	户外	户内	户外
周围空气温度： 最低(℃) 最高(℃)	−5、−15或−25 +40	−10、−25、−30或−40 +40	−25 +50	−50* +50
阳光辐射(W/m^2)	不适用	1 000	不适用	>1 000
海拔(m)	1 000	1 000	>1 000	>1 000
污秽等级[a]	不适用	Ⅱ、Ⅲ	Ⅱ、Ⅲ或Ⅳ	Ⅲ或Ⅳ
覆冰(mm)	不适用	10或20	不适用	>20
风速(m/s)	不适用	34	不适用	>34
湿度(%)(日平均值)(户外的条件按GB/T 11022考虑)	95	100	98	100
凝露或凝结	偶尔	存在	存在	存在
震动等级	不适用	不适用	GB/T 13540	GB/T 13540
二次系统中感应的电磁干扰(kV)	1.6	1.6	>1.6	>1.6
注：用户的技术规范可以采用上述正常和特殊使用条件的任意组合。				
[a] 污秽等级Ⅱ、Ⅲ和Ⅳ符合IEC 60815的表1。				
* 应考虑低温对气体压力的影响。				

3 术语和定义

为了便于本标准的使用，GB/T 11022 中给出的定义以及下述定义适用。

3.101

金属封闭开关设备和控制设备　metal-enclosed switchgear and controlgear

除了外部连接外，具有完整并接地的金属外壳的成套开关设备和控制设备。

[GB/T 2900.20—1994，定义 3.5]

3.102

气体绝缘金属封闭开关设备　gas-insulated metal-enclosed switchgear

绝缘的获得至少部分通过绝缘气体而不是处于大气压力下空气的金属封闭开关设备。

注 1：本术语通常适用于高压开关设备和控制设备。

[GB/T 2900.20—1994，定义 3.12]

注 2：三极封闭气体绝缘开关设备适用于三极封闭在一个公共外壳内的开关设备。

注 3：单极封闭气体绝缘开关设备适用于每极封闭在一个独立外壳内的开关设备。

3.103

气体绝缘开关设备的外壳　gas-insulated switchgear enclosure

气体绝缘金属封闭开关设备的部件，它保持处于规定条件下的绝缘气体以安全地维持要求的绝缘水平，保护设备免受外部影响并对人员提供安全防护。

注：外壳可以是三极或单极的外壳。

3.104

可移开的连接　removable link

导体的部件，为了把 GIS 的两部分相互隔离并可以容易地移开。

3.105

隔室　compartment

气体绝缘金属封闭开关设备的一部分，除了相互连接和控制需要打开外全部封闭。

注：隔室可以根据其内部的主要元件命名，例如，断路器隔室、母线隔室。

3.106

元件　component

实现特定功能的气体绝缘金属封闭开关设备主回路和接地回路的主要部件（例如断路器、隔离开关、负荷开关、互感器、套管、母线等）。

3.107

支持绝缘子　support insulator

支撑一极或多极导体的内部绝缘子。

3.108

隔板　partition

把一个隔室和其他隔室分开的支持绝缘子。

3.109

套管　bushing

在外壳端头处可以承载一极或多极导体并与其绝缘的结构件，包括连接的方式（例如，空气套管）。

3.110

主回路　main circuit

用于输送电能的回路中所包含的气体绝缘金属封闭开关设备的所有导电部件。

[改写 GB/T 2900.20—1994，定义 2.24]

3.111

辅助回路 auxiliary circuit

用于控制、测量、信号和调节的回路(不同于主回路)中所包含的气体绝缘金属封闭开关设备的所有导电部件。

注:气体绝缘金属封闭开关设备的辅助回路包括开关装置的控制和辅助回路。

3.112

外壳的设计温度

在规定的最严酷使用条件下外壳所能达到的最高温度。

3.113

外壳的设计压力 design temperature of enclosures

用于确定外壳设计的相对压力。

注1:它至少应等于在规定的最严酷使用条件下绝缘气体所能达到的最高温度时外壳内部的最高压力。

注2:确定设计压力时不考虑开断操作(例如,断路器)过程中或随后出现的瞬态压力。

3.114

隔板的设计压力 design pressure of partitions

隔板两边的相对压力。

3.115

压力释放装置的动作压力 operating pressure of pressure relief device

为压力释放装置所选择的释放压力的相对压力值。

3.116

外壳和隔板的例行试验压力 routine test pressure of enclosures and partitions

所有的隔板和外壳制造后都应承受的相对压力。

3.117

外壳和隔板的型式试验压力 type test pressure of enclosures and partitions

所有的隔板和外壳在型式试验中应承受的相对压力。

3.118

破裂 fragmentation

由于压力升高导致外壳损坏并伴有固体材料抛出。

注:术语"外壳没有破裂"应按如下解释:

——隔室没有爆破;

——没有固体部件从隔室中飞出。

例外情况有:

——压力释放装置的部件,如果它们是直接射出的;

——外壳烧穿时产生的灼热粒子和熔化材料。

3.119

破坏性放电 disruptive discharge

在电压作用下与绝缘失效有关的现象。此时,受试绝缘完全被放电所桥接,使电极间的电压降低到零或接近于零。

注1:本术语适用于固体、液体和气体介质以及它们的组合体中的放电。

注2:固体介质中的破坏性放电导致绝缘强度永久性丧失(非自恢复绝缘);而在液体或气体介质中,绝缘强度的丧失可能仅是暂时的(自恢复绝缘)。

3.120

使用周期 service period

直到要求维修的时间,包括打开充气隔室。

3.121

运输单元 transport unit

无须拆卸即可装运的气体绝缘金属封闭开关设备的部件。

4 额定值

GIS 的额定值由下述参数组成：

a) 额定电压(U_r)；

b) 额定绝缘水平；

c) 额定频率(f_r)；

d) 额定电流(I_r)(主回路的)；

e) 额定短时耐受电流(I_k)(主回路和接地回路的)；

f) 额定峰值耐受电流(I_p)(主回路和接地回路的)；

g) 额定短路持续时间(t_k)；

h) 构成气体绝缘金属封闭开关设备一部分的元件，包括它们的操动机构和辅助设备的额定值。

4.1 设备的额定电压(U_r)

GB/T 11022—1999 的 4.1 适用，并作如下补充：

注：构成 GIS 一部分的元件可以按照各自的标准具有独立的额定电压值。

4.2 额定绝缘水平

GB/T 11022—1999 的 4.2 和表 1 及表 2 适用。对于 GIS，下面的表 102 和表 103 是优先选用值。

GIS 包含的元件可能具有限定的绝缘水平。尽管通过选择适当的绝缘水平可大幅避免内部故障，但是，还应考虑限制外部过电压的措施(例如，避雷器)。

注 1：根据 CIGRE 的研究，标准的试验耐受电压之间的特征比值，对于 SF_6 气体绝缘，$U_d/U_p=0.45$，$U_s/U_p=0.75$。表 103 中给出的 U_d 值就是根据该系数计算的。

注 2：关于套管的外露部件(如果有)，见 GB/T 4109。

注 3：波形为标准的雷电冲击电压和操作冲击电压波形，设备耐受其他类型冲击的能力的研究结果尚未确定。

注 4：对于特定额定电压的设备选择替代的绝缘水平时应基于绝缘配合研究，并考虑到由于开合自发引起的瞬态过电压。

表 102 额定电压范围 Ⅰ 的优先选用额定绝缘水平

设备的额定电压 U_r/kV(有效值)	额定短时工频耐受电压 U_d/kV(有效值)		额定雷电冲击耐受电压 U_p/kV(峰值)	
	极对地、开关装置断口间及极间	隔离断口间	极对地、开关装置断口间及极间	隔离断口间
(1)	(2)	(3)	(4)	(5)
72.5	140	160	325	325+60
	160	160+42	350	350+60
126	230	265	550	630
		230+73		550+103
252	460	530	1 050	1 200
		460+145		1 050+206

注：栏(2)中的值适用于：

——对于型式试验，极对地和极间；

——对于出厂试验，极对地、极间和开关装置断口间。

栏(3)、栏(4)和栏(5)中的值仅适用于型式试验。

表 103 额定电压范围Ⅱ的优先选用额定绝缘水平

<table>
<tr><th rowspan="2">设备的额定电压 U_r/kV(有效值)</th><th colspan="2">额定短时工频耐受电压 U_d/kV(有效值)</th><th colspan="3">额定操作冲击耐受电压 U_s/kV(峰值)</th><th colspan="2">额定雷电冲击耐受电压 U_p/kV(峰值)</th></tr>
<tr><th>极对地和极间(注 3)</th><th>开关装置断口间和/或隔离断口间(注 3)</th><th>极对地和开关装置断口间</th><th>极间(注 3 和注 4)</th><th>隔离断口间(注 1、注 2 和注 3)</th><th>极对地和极间</th><th>开关装置断口间和/或隔离断口间(注 3)</th></tr>
<tr><td>(1)</td><td>(2)</td><td>(3)</td><td>(4)</td><td>(5)</td><td>(6)</td><td>(7)</td><td>(8)</td></tr>
<tr><td>363</td><td>520</td><td>675</td><td>950</td><td>1 425</td><td>800(+295)</td><td>1 175</td><td>1 175(+205)</td></tr>
<tr><td>550</td><td>710</td><td>925</td><td>1 175</td><td>1 760</td><td>900(+450)</td><td>1 550</td><td>1 550(+315)</td></tr>
<tr><td rowspan="2">800</td><td rowspan="2">960</td><td>1 270</td><td>1 425</td><td rowspan="2">2 420</td><td>1 100(+650)</td><td rowspan="2">2 100</td><td rowspan="2">2 100(+455)</td></tr>
<tr><td>960+455</td><td>1 550</td><td>1 300(+650)</td></tr>
<tr><td>1 100</td><td>1 100</td><td>1 100+635</td><td>1 800</td><td>2 700</td><td>1 675+(900)</td><td>2 400</td><td>2 400+(900)</td></tr>
</table>

注 1：栏(6)的值也适用于某些断路器，见 GB 1984。

注 2：栏(6)中括号内的数值是施加在对侧端子上工频电压的峰值 $U_r\sqrt{2}/\sqrt{3}$(联合电压)。栏(8)中括号内的数值是施加在对侧端子上工频电压的峰值 $0.7U_r\sqrt{2}/\sqrt{3}$(联合电压)；对于额定电压 1 100 kV，该栏还采用了 $U_r\sqrt{2}/\sqrt{3}$。见 GB/T 11022—1999 的附录 D。

注 3：栏(2)中的值适用于：

——对于型式试验，极对地和极间；

——对于出厂试验，极对地、极间和开关装置断口间。

栏(3)、栏(4)、栏(5)、栏(6)、栏(7)和栏(8)中的值仅适用于型式试验。

注 4：这些数值是用 GB 311.1 的表 2 中规定的乘数导出的。

4.3 额定频率(f_r)

GB/T 11022—1999 的 4.3 适用。

4.4 额定电流和温升

4.4.1 额定电流(I_r)

GB/T 11022—1999 的 4.4.1 适用，并作如下补充：

GIS 的某些主回路(例如，母线、馈电回路等)可能具有不同的额定电流值。

4.4.2 温升

GB/T 11022—1999 的 4.4.2 适用，并作如下补充：

GIS 中包含的元件的温升没有被 GB/T 11022 所涵盖时，不应超过相应元件标准中的温升限值。

注：如果操作人员不可触及的外壳的部分温升等于或高于 65 K，应采取措施来保证不会引起周围绝缘材料的损坏。

4.5 额定短时耐受电流(I_k)

GB/T 11022—1999 的 4.5 适用。

4.6 额定峰值耐受电流(I_p)

GB/T 11022—1999 的 4.6 适用，并作如下补充：

注：原则上，主回路的额定短时耐受电流和额定峰值耐受电流不能超过其串联的元件中的最薄弱元件相应的额定值。

4.7 额定短路持续时间(t_k)

GB/T 11022—1999 的 4.7 适用。

4.8 合分闸装置以及辅助和控制回路的额定电源电压(U_a)

GB/T 11022—1999 的 4.8 适用。

4.9 合分闸装置以及辅助和控制回路的额定电源频率

GB/T 11022—1999 的 4.9 适用，并作如下补充：

操动机构和辅助回路的额定电源频率是用来确定运行条件和这些装置和回路温升的频率。

4.10 绝缘和/或操作用压缩气源的额定压力

GB/T 11022—1999 的 4.10 不适用。

5 设计与结构

GIS 应设计成能够安全地正常运行、检查和维护，连接电缆的接地、电缆故障的定位、连接电缆或其他电器的电压试验以及危险静电电荷的消除，包括安装和扩建后相序的检查。

设备的设计应使得协议允许的基础移动以及机械和热的效应不会损害设备规定的性能。

可能需要更换的相同额定值和结构的所有元件应具有互换性。

除了本标准修改过的外，外壳内包含的各种元件应满足各自的标准。

5.1 开关设备和控制设备中液体的要求

GB/T 11022—1999 的 5.1 不适用。

5.2 开关设备和控制设备中气体的要求

GB/T 11022—1999 的 5.2 适用，并作如下补充：

对于 GIS，可以使用符合 GB 12022 新的 SF_6 和符合 GB/T 8905—1996 的用过的 SF_6。

注 1：运行中 SF_6 的检查参考 GB/T 8905—1996。

注 2：SF_6 的处理参考 IEC 61634。

注 3：使用过的 SF_6 的数值正在考虑中。

5.3 开关设备和控制设备的接地

GB/T 11022—1999 的 5.3 适用，并作如下补充：

5.3.101 主回路的接地

为了保证维护工作的安全性，需要触及或可能触及的主回路的所有部件应能够接地。

可以通过下述方法实施接地：

a) 如果连接的回路有带电的可能性，采用关合能力等于额定峰值耐受电流的接地开关；

b) 如果能够肯定连接的回路不带电，采用没有关合能力或关合能力小于额定峰值耐受电流的接地开关。

此外，外壳打开后，在对回路元件维修期间，事先通过接地开关接地之处外，应有可能与可移开的接地装置连接。

5.3.102 外壳的接地

外壳应和地连接。所有不属于主回路和辅助回路的金属部件都应接地。对于外壳、框架等的相互连接，允许采用螺栓或焊接紧固的方式来保证电气连续性)。

考虑到它们需要承载的电流引起的热的和电气负荷，应保证接地回路的电气连续性。

如果采用单极封闭的开关设备，由于感应电流，应装设一个闭环回路，即三极外壳之间的相互连接。每一个闭环回路应尽可能直接地通过能够承载短路电流的导体后和总的接地网相连。

注：闭环回路用来避免外壳中的感应电流流入接地回路和接地网。它们通常根据额定电流选择尺寸并位于每一段的末尾。

5.4 辅助和控制设备

GB/T 11022—1999 的 5.4 适用。

5.5 动力操作

GB/T 11022—1999 的 5.5 适用。

5.6 储能操作

GB/T 11022—1999 的 5.6 适用。

5.7 不依赖人力的操作

GB/T 11022—1999 的 5.7 不适用。

5.8 脱扣器操作

GB/T 11022—1999 的 5.8 适用。

5.9 低压力和高压力闭锁和监控装置

GB/T 11022—1999 的 5.9 适用，并作如下补充：

对于 GIS，仅气体密度是至关重要的。

每个隔室的气体密度或温度补偿的气体压力应连续监测。监控装置对压力或密度至少应提供两段报警水平（报警和最低功能压力或密度）。

注 1：如果相邻隔室间的额定充入压力不同，可以采用带有第三段过压力值的报警指示装置。

注 2：应考虑到监控装置的偏差，以及监控装置和受监控的气体体积之间因温度可能存在的差异。

高压设备运行期间，应能够对气体监控装置进行检查。

注 3：气体监控装置的检查可能引发错误的报警，继而可能引发或阻止开关设备的动作。

5.10 铭牌

GB/T 11022—1999 的 5.10 适用，并作如下补充：

如果制造厂和用户间达成协议，GIS 及其所有的操动装置以及主要元件均应装有铭牌。铭牌应耐久并清晰易读。

如果 GIS 的公共信息已在一个铭牌上标明，元件独立的铭牌可以简化。

制造厂应给出有关 GIS 设施中包含的 SF_6 气体总量方面的信息。

5.11 联锁装置

GB/T 11022—1999 的 5.11 适用，并作如下补充：

对于用作隔离断口和接地的主回路中安装的电器，下述规定是强制的：

——在维护期间用于保证隔离断口的主回路中的电器，应提供联锁装置以防止合闸；

——接地开关应提供联锁装置以避免分闸。

接地开关应和相应的隔离开关联锁。

负荷开关以及隔离开关应和相应的断路器联锁，以防止相应的断路器未分闸的情况下负荷开关或隔离开关的分闸或合闸。但是，在多母线的变电站，运行中的母线应可以进行转换开合操作。

5.12 位置指示

GB/T 11022—1999 的 5.12 适用，并作如下补充：

GB 1985—2004 的 5.104.3.1 适用。

5.13 外壳的防护等级

GB/T 11022—1999 的 5.13 适用。

5.14 爬电距离

GB/T 11022—1999 的 5.14 适用。

5.15 气体和真空的密封性

GB/T 11022—1999 的 5.15 适用，并作如下补充：

泄漏损耗和处理损耗应分开考虑。

注 1：目标是为了使得总的损耗（泄漏和处理）尽可能低。应达到在最短运行寿命为 25 年期间所有气体隔室的损耗平均值小于 15%。

注 2：运行中异常泄漏的原因应仔细研究并采取纠正行为。

5.15.1 气体的可控压力系统

GB/T 11022—1999 的 5.15.1 不适用。

5.15.2 **气体的封闭压力系统**

GB/T 11022—1999 的 5.15.2 适用。

5.15.3 **密封压力系统**

GB/T 11022—1999 的 5.15.3 适用。

5.15.101 **泄漏**

GIS 应为封闭压力系统或密封压力系统。

如果是封闭压力系统，在设备运行寿命期间，从 GIS 任一单个隔室泄漏到大气和隔室间的漏气率不应超过每年 0.5%。

注：可以使用 GB/T 11022—1999 的附录 E 规定的程序。

5.15.102 **气体处理**

GIS 应设计成在运行寿命期间气体处理的损耗最小化。制造厂应规定使气体处理损耗最小化的试验和维护程序并标明每一个程序相关的气体损耗。

制造厂应根据 GB/T 8905 和 IEC 61634 推荐 SF_6 处理的程序。

5.16 **液体的密封性**

GB/T 11022—1999 的 5.16 不适用。

5.17 **易燃性**

GB/T 11022—1999 的 5.17 适用。

5.18 **电磁兼容性(EMC)**

GB/T 11022—1999 的 5.18 适用。

5.101 **压力配合**

由于不同的使用条件，GIS 内部的压力可以不同于额定充入压力。由于温度和隔室间的泄漏导致的压力升高会产生附加的机械应力。因泄漏导致的压力降低会降低绝缘性能。图 101 给出了各种压力水平和它们之间的关系。

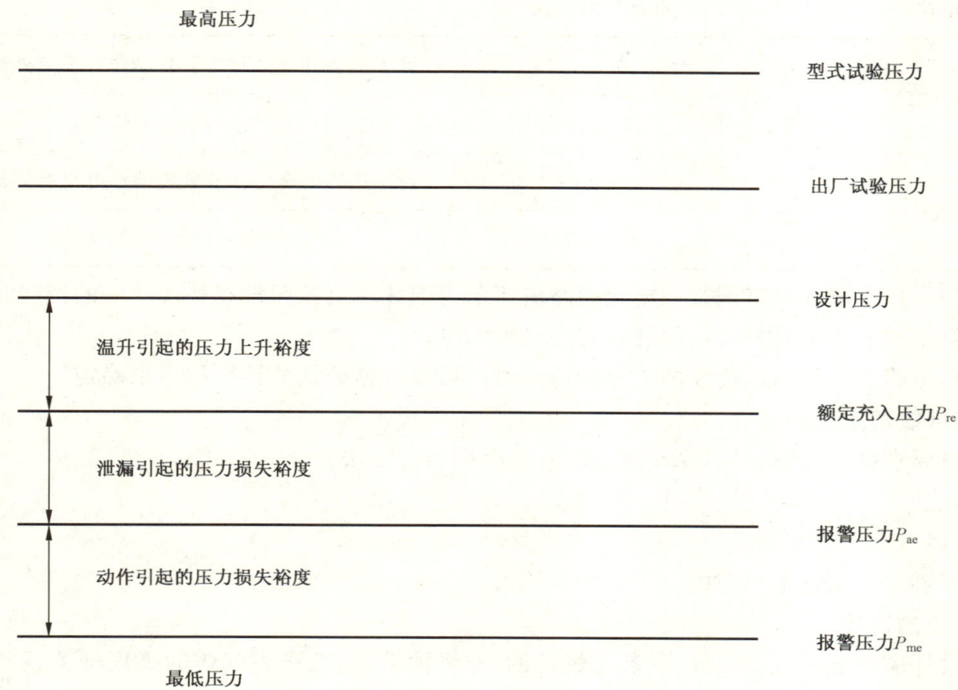

图 101 压力配合

制造厂有责任选择绝缘和操作的最低功能压力 P_{me}。为了使再充气前达到足够的时间，额定充入压力 P_{re}与报警压力 P_{ae}和漏气率有关。

报警压力 P_{ae}和最低功能压力 P_{me}之间的时间应允许足够的反应时间来动作。应考虑到气体监控装置的偏差。

在使用状态下，机械应力与气体温度决定的内部压力相关。因此，设计压力对应于在气体能够达到的最高温度时的额定充入压力。

考虑到材料和制造工艺因素，例行试验压力和型式试验压力基于设计压力。

5.102 内部故障

5.102.1 概述

按照本标准制造的 GIS 导致内部故障电弧发生的概率很低。这主要是因为采用了绝缘气体而不是大气压力下的空气，且不会因污染、湿度或害虫而变化。

布置应使得内部电弧故障对开关设备连续运行能力的影响最小。电弧的影响应限制到已发生电弧的隔室，或者，限制到故障段的其他隔室，如果本段内隔室间采用了压力释放装置，故障隔室或故障段隔离后，剩余设备应能恢复正常操作运行。

5.102.2 电弧的外部效应

内部电弧的效应是

——气体压力升高(见 D.1)；

——外壳烧穿的可能。

为了对人员提供高等级的防护，电弧的外部效应应限制(通过适当的保护装置)到外壳出现孔洞或裂缝而没有碎片。

电弧的持续时间与第一段(主保护)和第二段(后备保护)保护确定的保护系统的性能有关。

表 104 给出了根据保护系统性能确定的电弧持续时间的性能判据。

表 104 性能判据

额定短路电流	保护段	电流持续时间	性能判据
<40 kA(有效值)	1	0.2 s	除了适当的压力释放装置动作外没有外部效应
	2	≤0.5 s	没有碎片(允许烧穿)
≥40 kA(有效值)	1	0.1 s	除了适当的压力释放装置动作外没有外部效应
	2	≤0.3 s	没有碎片(允许烧穿)

制造厂和用户可以规定直到某一给定短路电流的内部故障电弧而没有外部效应的持续时间。该时间的确定应基于试验结果或者公认的计算程序。见 D.1。

对于不同短路电流值而不烧穿的电流的持续时间可以根据公认的计算程序来确定。

5.102.3 内部故障定位

如果用户要求确定故障位置，GIS 制造厂应提出适当的方法。

5.103 外壳

5.103.1 概述

外壳应能够耐受运行中出现的正常和瞬时压力。

5.103.2 外壳的设计

外壳的设计应按照充气承压外壳、装有惰性的、非腐蚀性的、低压力气体的高压开关设备和控制设备已有的标准进行。更详细的资料见参考文献。

计算焊接或铸造外壳厚度和结构的方法应基于 3.113 中定义的设计压力。

注：设计外壳时还应考虑下述因素：

——正常充气过程中可能出现的真空；

——外壳或隔板两侧可能出现的全部的压力差；

——在相邻隔室具有不同压力的情况下，如果没有监测到过压力，隔室之间出现意外泄漏事件时出现的压力；

——出现内部故障的可能性(见 5.102)。

确定设计压力时，气体温度应取外壳温度上限和主回路流过额定电流时主回路导体温度的平均值，否则，可根据已有的温升试验记录确定设计压力。

对于外壳及其部件的强度不能完全通过计算确定，应进行验证试验(见 6.103)来证明其满足该要求。

外壳结构中使用的材料应是熟知的、基于计算和/或验证试验证明具有最低物理特性。制造厂应基于材料供应商的检验证书，或制造厂进行的试验，或者两者，对材料的选择和其最低物理特性的维护负责。

5.104 隔板

5.104.1 隔板的设计

由于运行中大多数隔板两侧具有相同的压力或很小的压力差，显著的压力取决于维护程序。这种情况出现在隔板一侧承受正常压力而另一侧正在进行维护处于大气压力。但是，还有一种设计，隔板一侧承受压力，另一侧长期处于大气压力。在这两种情况下，隔板承压侧需要考虑的压力是在阳光辐射效应下的最高周围空气温度(如果适用)和额定连续电流(如果适用)时的压力。两种情况导出的压力就是隔板的设计压力。如果需要，制造厂也可以规定，隔板承压侧的压力低于维护期间规定的压力和控制的压力。在此情况下，该压力就是设计压力。

设计隔板时，如果适用，应考虑下述因素：

——正常运行期间隔板两侧的全部压力差；

——作为充气过程的一部分，隔板一侧的充气隔室处于真空状态而另一侧处于正常运行压力；

——设备和相关回路在电气试验期间，隔板一侧受控的压力增加而另一侧处于正常运行压力；

——对于非对称的隔板，就隔板的压力而言，是指最坏的压力方向；

——叠加的负荷和震动；

——靠近承压隔板进行维护的可能性。

5.104.2 隔板

GIS 应按照既满足正常运行条件又可以达到限制内部电弧效应的目的(见 5.102.1)来划分隔室。

为此，要求隔板能够保证当相邻隔室因泄漏或维护时处于降低的压力的状况下而不会显著改变一个隔室的绝缘特性。它们通常是绝缘材料的且本身不需要对人员提供电气安全，对此情况，其他方法如通过隔离断口来分离和将设备接地可能是必要的；但是，它们应在相邻隔室仍然存在正常气体压力的情况下提供机械安全。

应考虑隔板的数量、不同充气隔室的尺寸以及用户的运行和维护方案可能对 SF_6 的处理损耗和设备停运时间的影响。

将一个充有绝缘气体的隔室和一个相邻的充有液体的隔室分开的隔板，不应出现任何影响两种介质绝缘特性的泄漏。

图 102 给出了相邻隔室不同类型的外壳和隔板的布置示例。

5.105 压力释放

符合本条款的压力释放装置的布置应使得在承压的气体或蒸汽逸出的情况下对在气体绝缘变电站内正在履行其正常运行职责的人员的危险最小。

注：术语“压力释放装置”包括用开启和关闭压力表征的压力释放阀；以及不能再关闭的压力释放装置，例如膜片和爆破盘。

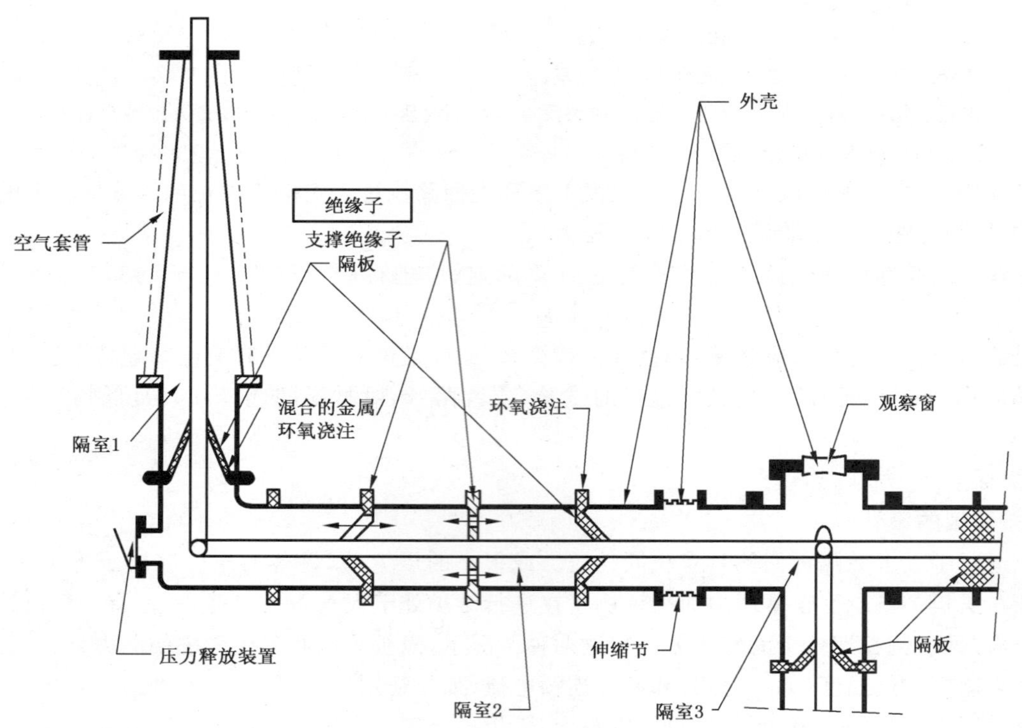

图 102　外壳和充气隔室布置示例

5.105.1　最高充入压力的限制

对于充气隔室，应在充气管道上安装压力释放阀以防止在外壳充气期间气体压力上升到高于设计压力的10%以上。

压力释放阀打开后，在压力降至设计压力的75%以前应能重新闭合。

选择充入压力时应考虑到充气时的气体温度。

5.105.2　内部故障情况下的压力升高限制

内部故障电弧后，由于损坏的外壳需要更换，压力释放装置仅需要与限制电弧外部效应相一致（见5.102.2）。

在内部故障情况下，压力释放装置防止产生的过压力。由于安全原因以及为了限制对GIS的不良后果，除了过压力能够自身限制到不超过型式试验压力的大容积隔室以外，推荐每个隔室都装设压力释放装置。计算方法见附录D。

压力释放装置应装设导流板来控制逸出的方向，使得在正常运行时可触及的位置工作的运行人员没有危险。

为了避免正常运行条件下的压力释放动作，在设计压力和压力释放装置的动作压力之间应有足够的差值。而且，确定压力释放装置的动作压力时应考虑到运行期间出现的瞬时压力（如果适用，如断路器）。

注：在内部故障导致外壳变形的情况下，应检查相邻隔室的外壳是否变形。

5.106　噪声

操作期间，开关设备发出的噪声水平不应超过规定的数值。验证程序应根据用户和制造厂之间的协议（见IEC 61672-1和IEC 61672-2）。

5.107　界面

为了方便GIS的试验，下述每种元件在设计过程中可以包括隔离设施。这种隔离的方式优先于拆卸的方式。对于空气套管，优先解开空气侧的高压连接。

隔离设施应设计成能够耐受下述元件的试验电压。

5.107.1 电缆连接

GIS 中那些仍然和电缆连接的部件应能耐受和设备相同额定电压的相关电缆标准规定的电缆试验电压(对于充油和充气电缆,见 GB 9326;对于挤包电缆,见 GB/T 11017.1 和 IEC 62067)。

如果不接受对 GIS 施加直流电缆试验电压,则对电缆试验应制定特殊的措施(例如,隔离设施和/或提高绝缘气体密度)。

通常在电缆绝缘试验期间,除非已经采取了特别措施来防止电缆中出现的破坏性放电影响 GIS 的带电部件,否则,GIS 的相邻部件应不带电并接地。

应在电缆连接的外壳或 GIS 自身的外壳上提供电缆直流和/或交流电压试验适用的套管的位置(见 GB/T 22381)。

5.107.2 和变压器的直接连接

见 GB/T 22382。

5.107.3 套管

见 GB/T 4109(户外油浸式套管,定义见 3.13)、IEC 60815、IEC 62155 和 IEC 61462。

5.107.4 未来扩建的界面

如果计划扩建,用户应在技术规范中规定和考虑未来扩建所有可能的位置。

如果在今后用户要求和另一种 GIS 产品扩建的情况下,制造厂应以图样的形式提供足够的资料以便使得能够进行今后阶段的界面设计。保证设计细节的保密性的程序应在用户和制造厂之间达成协议。

界面应仅涉及到母线或母线管,且不应直接和“主动的”装置相连,如断路器或者隔离开关。如果计划扩建,推荐对界面关联的设施在扩建部分的安装和试验时应限制对已有的 GIS 部分进行重复试验,并允许和已有 GIS 的连接而不需进一步的绝缘试验(见 C.3)。该设施应设计成能够耐受隔离断口的额定绝缘水平。

用户对已有的 GIS 的试验负责。

5.108 腐蚀

在其运行期间,应采取措施防止对设备的腐蚀。外壳的所有螺栓和螺钉部件都应易于拆卸。特别是,因为可能导致丧失密封性,接触的不同材料间的电镀腐蚀应予以考虑。考虑到螺栓和螺钉的腐蚀应保证接地回路的电气连续性。

5.109 伸缩节

伸缩节(如果有)主要用于装配调整、吸收基础间的相对位移或热胀冷缩的伸缩量等。制造厂应根据使用的目的、允许的位移量和位移方向等选定伸缩节的结构。

在 GIS 分开的基础间允许的相对位移(不均匀下沉)应由制造厂和用户商定。

5.110 观察窗

观察窗(如果有)至少应达到对外壳规定的防护等级。

观察窗应该使用机械强度与外壳相近的透明板遮盖(应保证气体不泄漏)。同时,应有足够的电气间隙或静电屏蔽等措施(例如,在观察窗的内侧加一个适当的接地金属编织网),防止形成危险的静电电荷。

主回路带电部分与观察窗的可触及表面之间的绝缘,应能耐受 GB/T 11022—1999 中 4.2 规定的对地和极间的试验电压。

6 型式试验

6.1 概述

GB/T 11022—1999 的 6.1 适用,并作如下补充:

对于型式试验，可以采用符合 GB 12022 的新的 SF_6 或者符合 GB/T 8905 的使用过的 SF_6。见 5.2。

6.1.1 试验的分组

GB/T 11022—1999 的 6.1.1 适用，并作如下补充：

作为一个总的原则，除非本标准中规定有特定的试验要求和条件，对 GIS 元件的试验应按它们相关的标准进行。对于此类情况，本标准中给出的条件应予以考虑。

除非规定了特定的试验说明，型式试验应在完整的功能单元(单极或三极)上进行。如果这样不可行，型式试验可在有代表性的总装或分装上进行。

由于元件的类型、额定值以及可能的组合多样性，对 GIS 的所有布置进行型式试验是不现实的。任何特定布置的性能可以根据有代表性的总装或分装获得的试验结果核实。用户应检查试验过的分装能够代表用户的布置。

下述表 105 中列出了型式试验和验证试验。如 GB/T 11022 中提出的那样，某些试验可以分组。表 105 中还给出了一种可能的分组示例。

表 105 型式试验分组示例

组别	强制的型式试验项目	条款号
1	a) 验证设备绝缘水平的试验以及辅助回路的绝缘试验	6.2
—	b) 验证无线电干扰电压(RIV)水平的试验(如果适用)	6.3
2	c) 验证设备所有部件温升的试验以及主回路电阻测量	6.4 和 6.5
3	d) 验证主回路和接地回路承载额定峰值耐受电流和额定短时耐受电流能力的试验	6.6
3	e) 验证所包含的开关装置开断关合能力的试验	6.101
4	f) 验证所包含的开关装置机械操作和行程—时间特性测量	6.102
4	g) 验证外壳强度的试验	6.103
4	h) 外壳防护等级的验证	6.7
4	i) 气体密封性试验和气体状态测量	6.8
5	j) 电磁兼容性试验(EMC)	6.9
5	k) 辅助和控制回路的附加试验	6.10
4	l) 隔板的试验	6.104
4	m) 验证在极限温度下机械操作的试验	6.102.2
—	n) 验证热循环下性能的试验以及绝缘子的气体密封性试验	6.106
—	o) 接地连接的腐蚀试验(如果适用)	6.107
组别	如果用户要求(可以使用附加的试品)的型式试验项目	条款号
—	p) 评估内部故障电弧效应的试验*	6.105
* 可以使用附加的试品。		

6.1.2 确认试品的资料

GB/T 11022—1999 的 6.1.2 适用。

6.1.3 型式试验报告中包含的资料

GB/T 11022—1999 的 6.1.3 适用。

6.2 绝缘试验

GB/T 11022—1999 的 6.2 适用，并作如下补充：

GB/T 11022—1999 的附录 F 不适用。

根据 6.2.9 所述的试验程序，按型式试验进行的绝缘试验后应紧接着进行局部放电测量。

6.2.1 试验期间的周围空气条件

GB/T 11022—1999 的 6.2.1 适用，并作如下补充：

对于 GIS 的绝缘试验，不需要施加大气校正系数。

6.2.2 湿试验程序

GB/T 11022—1999 的 6.2.2 不适用，但应注意以下几点：

——湿试验仅适用于户外套管；

——试验电压和试验程序应按 GB/T 4109 中的规定。

6.2.3 绝缘试验期间开关设备和控制设备的状态

GB/T 11022—1999 的 6.2.3 适用。

6.2.4 通过试验的判据

GB/T 11022—1999 的 6.2.4 适用，并作如下补充：

b) 冲击电压试验

如果满足下述条件，试品就通过了冲击电压试验：

——对每一极性的每一个 15 次冲击破坏性放电的次数不应超过两次；

——非自恢复绝缘上不应出现破坏性放电。

这通过 15 次冲击系列中最后一次破坏性放电后不出现破坏性放电的至少五次冲击来验证。

如果该冲击是 15 次冲击系列外的五次冲击中的一次，则应施加附加的冲击。

为了排除运行中内部故障的所有可能的原因，检查绝缘强度对 GIS 特别重要。因此，如果在型式试验系列中出现任何破坏性放电，极力推荐采用所有可能的手段去发现闪络的位置并分析闪络的原因。应声明该绝缘失效的原因在制造过程中能够避免。

6.2.5 试验电压的施加和试验条件

GB/T 11022—1999 的 6.2.5 适用，并作如下补充：

试验电压在 6.2.6 和 6.2.7 中规定。

如果每极独立地封闭在金属外壳（单极设计）内，仅需要进行对地试验，不需要进行极间试验。用于外部连接的套管应按相关的标准进行试验。

如果有观察窗，绝缘试验时应用接地的金属箔覆盖在观察窗可触及的一侧。

冲击电压试验期间，电流互感器二次侧应短路并接地。

应该注意到开关装置处于分闸位置时可能导致较不利的电场条件的可能性。对于这种情况，试验应在分闸位置重复进行。如果处于分闸位置的隔离开关的触头间插有接地的金属屏，则该触头间隙不是隔离断口。

如果电压互感器和/或避雷器是 GIS 不可分割的一部分并具有降低的绝缘水平，在绝缘试验期间它们可以用能够再现高压连接电场结构的替代品代替。试验期间过电压保护装置应予以隔离或移开。如果采用了该程序，电压互感器和/或避雷器应按相关的标准单独试验。

附录 A 中详细规定了特殊要求。

6.2.5.1 一般情况

GB/T 11022—1999 的 6.2.5.1 适用。

6.2.5.2 特殊情况

GB/T 11022—1999 的 6.2.5.2 适用，并作如下补充：

如果分开的开关装置间或隔离断口间的试验电压高于极对地耐受水平，但是却等于极间的耐受水平，试验电压应按照 GB/T 11022—1999 的 6.2.5.2 施加。

对于 $U_r \leqslant 252$ kV 的开关设备和控制设备，隔离断口间的试验可以将试验电压施加在隔离断口的一侧，另一侧接地，或者按照 GB/T 11022—1999 的 6.2.5.2。

如果极间的耐受水平高于极对地的耐受水平，试验电压应按附录 A 施加。

6.2.6 $U_r \leqslant 252$ kV 的开关设备和控制设备的试验

额定耐受电压应为表 102 中规定的那些数值。

6.2.6.1 工频电压试验

GB/T 11022—1999 的 6.2.6.1 适用，并作如下补充：

GIS 的主回路应仅在干状态下进行工频电压试验。

6.2.6.2 雷电冲击电压试验

GB/T 11022—1999 的 6.2.6.2 适用，并作如下补充：

如果采用了 GB/T 11022—1999 的 6.2.5.2 中规定的替代方法，试验电压是表 102 栏(5)中的规定值。

6.2.7 $U_r > 252$ kV 的开关设备和控制设备的试验

额定耐受电压应为表 103 中规定的那些数值。

6.2.7.1 工频电压试验

GB/T 11022—1999 的 6.2.7.1 适用。

6.2.7.2 操作冲击电压试验

GB/T 11022—1999 的 6.2.7.2 适用，并作如下补充：

GIS 的主回路应仅在干状态下进行操作冲击电压试验。

对于三极设计，极间的操作冲击试验应采用特殊的试验要求。特殊的试验要求在附录 A 中详细规定。

6.2.7.3 雷电冲击电压试验

GB/T 11022—1999 的 6.2.7.3 适用。

6.2.8 人工污秽试验

GB/T 11022—1999 的 6.2.8 仅适用于户外套管。

6.2.9 局部放电试验

应进行局部放电试验，测量方法应按照 GB/T 7354。

局部放电的测量应在绝缘型式试验后进行。

试验可以在用于进行全部绝缘型式试验的设备的总装或分装上进行。

注：工频电压试验和局部放电试验可以同时进行。

6.2.9.101 试验程序

外施工频电压升高到预加值，该预加值等于工频耐受电压并保持在该值 1 min。在这个期间出现的局部放电应不予考虑。然后，电压降到表 106 中的规定值，这些规定值取决于进行局部放电测量的设备结构和系统的中性点接地方式。

应记录熄灭电压。

表 106 测量局部放电量的试验电压

	中性点直接接地的系统		中性点非直接接地的系统	
	预加电压 $U_{pre\text{-}stress}$ (1 min)	PD 测量的试验电压 $U_{pd\text{-}test}$ (>1 min)	预加电压 $U_{pre\text{-}stress}$ (1 min)	PD 测量的试验电压 $U_{pd\text{-}test}$ (>1 min)
单极外壳设计 (极对地电压)	$U_{pre\text{-}stress}=U_d$	$U_{pd\text{-}test}=1.2U_r/\sqrt{3}$	$U_{pre\text{-}stress}=U_d$	$U_{pd\text{-}test}=1.2U_r$
三极外壳设计	$U_{pre\text{-}stress}=U_d$	$U_{pd\text{-}test,ph\text{-}ea}=1.2U_r/\sqrt{3}$ $U_{pd\text{-}test,ph\text{-}ph}=1.2U_r$	$U_{pre\text{-}stress}=U_d$	$U_{pd\text{-}test,ph\text{-}ea}=1.2U_r$

表 106（续）

	中性点直接接地的系统		中性点非直接接地的系统	
	预加电压 $U_{pre\text{-}stress}$ (1 min)	PD 测量的试验电压 $U_{pd\text{-}test}$ (>1 min)	预加电压 $U_{pre\text{-}stress}$ (1 min)	PD 测量的试验电压 $U_{pd\text{-}test}$ (>1 min)
U_r——设备的额定电压； U_d——表 102 和表 103 中规定的工频耐受试验电压； $U_{pre\text{-}stress}$——预加电压； $U_{pd\text{-}test}$——PD 测量的试验电压； $U_{pd\text{-}test,ph\text{-}ea}$——PD 测量的试验电压，极对地； $U_{pd\text{-}test,ph\text{-}ph}$——PD 测量的试验电压，极间。				

此外，所有的元件应按各自相关的标准进行试验。

6.2.9.102 最大允许局部放电量

在表 106 规定的试验电压下最大允许局部放电量不应超过 5 pC。

上述规定值适用于独立的元件以及包含这些元件的分装。但是，某些设备，例如液体、浸入或固体绝缘的电压互感器，按照它们相关的标准具有可接受的局部放电量高于 5 pC。如果局部放电量不超过 10 pC，所有包含允许局部放电量高于 5 pC 的元件的分装应认为是可接受的。这样的元件应单独试验且不应放在进行试验的分装内。

6.2.10 辅助和控制回路的绝缘试验

GB/T 11022—1999 的 6.2.10 适用，并作如下补充：

电流互感器的二次侧应短路并与地隔离。电压互感器的二次侧应予以断开。

6.2.11 作为状态检查的电压试验

GB/T 11022—1999 的 6.2.11 适用，并作如下补充：

对于三极外壳设计，该试验应在打开的开关装置断口间、隔离断口间、极对地和极间进行。

试验电压应为表 102 和表 103 的栏(2)和栏(3)规定值的 80%。

6.3 无线电干扰电压(r. i. v.)试验

GB/T 11022—1999 的 6.3 适用，并作如下补充：

本试验仅适用于套管。

6.4 回路电阻测量

6.4.1 主回路

GB/T 11022—1999 的 6.4.1 适用，并作如下补充：

回路电阻测量适用于温升试验和短路试验前后的所有 GIS 元件。

测量所用的电流应等于或高于直流 100 A 以获取足够的准确度。

6.4.2 辅助回路

GB/T 11022—1999 的 6.4.2 适用。

6.5 温升试验

6.5.1 受试开关设备和控制设备的状态

GB/T 11022—1999 的 6.5.1 适用。

6.5.2 设备的布置

GB/T 11022—1999 的 6.5.2 适用，并作如下补充：

除了每极独立封闭在一个金属外壳内的情况外，试验应按额定相数进行，额定电流从母线的一端流向出线端。

如果允许并进行单相试验，流过外壳的电流应为额定电流。

如果对独立的分装进行试验，相邻的分装应承载能够产生相应于额定条件的功率损耗的电流。如果试验不能在实际条件下进行，允许使用加热器或绝热的方式模拟等效条件。

6.5.3 温度和温升的测量

GB/T 11022—1999 的 6.5.3 适用。

6.5.4 周围空气温度

GB/T 11022—1999 的 6.5.4 适用。

6.5.5 辅助和控制设备的温升试验

GB/T 11022—1999 的 6.5.5 适用。

6.5.6 温升试验的解释

GB/T 11022—1999 的 6.5.6 适用，并作如下补充：

对于户外应用，制造厂应证明设备在第 2 章中选择的使用条件下的温升不会超过可接受的限值。

注：应考虑到阳光辐射的效应。

6.6 短时耐受电流和峰值耐受电流试验

GB/T 11022—1999 的 6.6 适用。

6.6.1 开关设备和试验回路的布置

GB/T 11022—1999 的 6.6.1 不适用。

具有三极外壳的 GIS 应进行三相试验。具有单极外壳的 GIS 应进行单相试验且外壳中应有全部的返回电流。

试验应在有代表性的装配上进行，该装配应包括所有的连接方式，螺栓的、焊接的、插入的或者其他连接段以验证连接在一起的 GIS 元件的完整性。设计的所有元件和分装的样品都应进行试验。试验应在能够提供最严酷条件的结构上进行。

6.6.2 试验电流和持续时间

GB/T 11022—1999 的 6.6.2 适用。

6.6.3 试验期间开关设备和控制设备的性能

GB/T 11022—1999 的 6.6.3 适用。

6.6.4 试验后开关设备和控制设备的状态

GB/T 11022—1999 的 6.6.4 适用。

6.6.101 主回路试验

试验后，主回路电阻的测量结果不应超过试验前主回路电阻测量的 20%。外壳内的元件和导体不应出现影响正常运行的变形或损坏。

除了电压互感器隔室中包含的部件外，应认为到电压互感器的短的连接是主回路的一部分。

6.6.102 接地回路试验

制造厂应通过试验或计算来证明接地回路耐受接地系统的额定短时耐受电流和峰值耐受电流的能力。

如果用户要求验证试验，工厂装配的接地回路，包括接地导体、接地连接和接地装置应一起安装在 GIS 中进行试验，并带有所有可能影响性能或改变短路电流的相关元件。

试验后，外壳内的元件和导体不应出现影响主回路正常运行的变形或损坏。接地导体、接地连接和接地装置的某些变形或劣化是允许的，但是，必须保证接地回路的连续性。

6.7 防护的验证

GB/T 11022—1999 的 6.7 适用。

6.7.1 IP 代码的验证

GB/T 11022—1999 的 6.7.1 适用。

6.7.2 机械撞击试验

GB/T 11022—1999 的 6.7.2 适用。

6.8 气体密封性试验和气体状态测量

GB/T 11022—1999 的 6.8 适用，并作如下补充：

气体密封性试验应和 6.102 和 6.106 的试验一起进行，包含 GIS 特征密封件的所有类型的隔室，作为型式试验来证明泄漏率满足 5.15.101 的要求，且不会受机械和极限温度试验的影响而变化。

6.8.1 气体的可控压力系统

GB/T 11022—1999 的 6.8.1 不适用。

6.8.2 气体的封闭压力系统

GB/T 11022—1999 的 6.8.2 适用。

6.8.3 气体的密封压力系统

GB/T 11022—1999 的 6.8.3 适用。

6.8.4 气体状态测量

应测量充气隔室中的气体状态，并应符合制造厂的技术要求。

6.9 电磁兼容性试验(EMC)

GB/T 11022—1999 的 6.9 适用。

6.10 辅助和控制回路的附加试验

GB/T 11022—1999 的 6.10 适用。

6.101 关合和开断能力的验证

构成 GIS 主回路一部分的开关装置，应在正常的安装和使用条件下，即它们应和在 GIS 中正常安装的一样带有所有相关的、其布置可能影响性能的元件，例如，连接、支撑件等按照相关标准进行试验来验证它们的额定短路关合和开断能力。

注：在确定哪些相关元件可能影响性能时，应特别注意短路所引起的机械力，以及破坏性放电的可能性等。已经知道，在某些情况下，此类影响不应被忽略。

6.102 机械和环境试验

GIS 中的开关装置应按照它们相关的标准进行机械操作和环境试验，试验应在装有所有可能影响性能的相关元件包括辅助装置的有代表性的总装上进行。所有设备应能耐受开关装置操作引起的应力。

6.102.1 周围温度下的机械操作试验

机械操作试验前后，应按 6.8 进行气体密封性测量，以证明因机械操作型式试验造成的影响没有改变泄漏率。

作为对 GB 1985—2004 的附录 E 的补充，所有装有联锁的开关装置应进行 50 次操作循环来检查相关联锁的动作。每次操作前，联锁应设定在防止开关装置动作的位置，然后对每一台开关装置进行一次试操作。这些试验期间，仅允许使用正常的操作力且不应对开关装置和联锁进行调整。

6.102.2 开关装置的行程—时间特性测量

应测量开关装置的行程—时间特性曲线，并符合开关装置的技术要求。

6.102.3 高低温试验

应该按照相关的标准进行在最高和最低温度下的操作试验，并作如下补充：

试验循环后，应注意到下述几点：

——外壳中气体的压力；

——24 小时内气体的泄漏。

6.103 外壳的验证试验

如果外壳或其部件的强度没有经过计算，则应进行验证试验。它们应在内部元件装入之前，试验条件基于设计压力的独立的外壳上进行。

根据所采用材料的适用性，验证试验可以是型式试验的压力试验或者非破坏性压力试验。更进一步的资料见参考文献。

6.103.1 型式试验的压力试验

在型式试验的压力试验情况下，压力上升速度不应超过400 kPa/min。

型式试验的压力试验要求应至少如下：

铸铝和铝合金外壳：

——型式试验压力=[3.5/0.7]×设计压力

注：数值0.7是考虑了涵盖铸造可能存在的分散性。如果经过专门的材料试验证明，允许将该系数提高到1.0。

焊接的铝外壳和焊接的钢外壳：

——型式试验压力=[2.3/ν]×(σ_t/σ_a)×设计压力

式中：

ν——焊接效应系数(10%焊接段经过超声波或射线检查时为1；目测检查时为0.75)；

σ_t——试验温度时的允许设计应力；

σ_a——设计温度时的允许设计应力。

这些系数基于所用材料验证过的最低性能。

考虑到制造的方法，可以要求附加的系数。

经过这些压力后仍然保持完好的所有外壳都不能使用。

6.103.2 非破坏性压力试验

在采用应变指示技术的非破坏性压力试验的情况下，应该采用下述程序：

试验前，能够指示5×10^{-5} mm/mm应变的应变仪的传感元件应该附着在外壳的表面，传感元件的数量、位置以及方向的选择应使得在对外壳完整性重要的所有点上的能够确定主要的应变和应力。

水压应以大约10%的步长逐步施加至对应于预期的设计压力(见7.101)的标准试验压力或外壳的任何部分出现明显变形为止。

如果达到任一点，则压力不应进一步升高。

在压力上升期间应读取应变的数值，并在卸载期间重新读取。

如果没有证据表明外壳变形，可以不考虑相关的地方法规中的要求。

如果应变/压力关系曲线是非线性的，可以重复施加压力不应超过五次。直到相应于连续两个循环的加载和卸载曲线本质上一致。如果不能获得一致，应从最后卸载期间获得的相应于应变/压力关系曲线的线性部分的压力范围内选取设计压力和试验压力。

如果在应变/应力关系曲线的线性部分内达到了标准的试验压力，则应认为可以确认预期的设计压力。

如果相应于应变/压力关系的线性部分最终的试验压力或者压力范围低于标准的试验压力，则设计压力应根据下述公式计算：

$$p=\frac{1}{1.1k}\left(p_y\frac{\sigma_a}{\sigma_t}\right)$$

式中：

p——设计压力；

p_y——存在明显变形时的压力或者在最终卸载阶段相应于应变/压力关系线性部分的外壳最大应变部分的压力范围；

k——标准的试验压力系数(见7.101)；

σ_t——试验温度时许用设计应力；

σ_a——设计温度时许用设计应力。

可以采用非破坏性压力试验的替代程序。

6.104 隔板的压力试验

本试验的目的是为了验证在运行条件下承受压力的隔板的安全裕度。

绝缘子应和维护条件一样安装。压力应以不超过 400 kPa/min 的速度上升直到出现破裂。

型式试验压力应大于三倍的设计压力。

6.105 内部故障电弧条件下的试验

如果用户要求,制造厂应该验证符合 5.103.2 性能的证据。证据可以由试验或基于类似布置上进行试验的结果计算组成或者两者的组合。

如果要求此类试验,程序应按照附录 B 中规定的方法。

燃弧期间施加的短路电流应相应于额定短时耐受电流,或者在中性点绝缘系统中开关设备的某些应用中,它可以是在此系统中出现的接地故障电流。

对于安装在中性点绝缘或谐振接地系统且装有限制内部接地故障持续时间的保护的单相 GIS,该试验没有必要。

应进行两项评估。第一项评估是关于在第一段保护(主保护)动作期间设备的性能,第二项评估是关于故障被第二段保护(后备保护)动作排除时的情况。

为了同时验证两项评估,试验的持续时间应至少等于保护的第二段动作的延时。第二段保护动作的最长整定时间在表 104 中规定。只要它不短于用户规定的第二段保护的动作时间,可以使用更短的试验持续时间。

如果满足表 104 中规定的性能判据,则认为开关设备是充分的。

6.106 绝缘子试验

绝缘子(隔板和支持绝缘子)的试验应按下述进行:

6.106.1 热性能

每一个绝缘子设计的热性能应该通过五个绝缘子每个进行十个热循环来验证。温度值应按表 101 选取。

热循环如下:

a) 最低周围空气温度(例如−40 ℃)4 h;

b) 室温 2 h;

c) 按照 GB/T 11022—1999 的表 3 规定的极限温度(例如+105 ℃)4 h;

d) 室温 2 h。

给出的热循环时间是最短时间,在没有达到最终的稳定温度的情况下应予以延长。

试验程序结束后,所有的绝缘子应恢复其设计性能。最低要求是应该能耐受出厂试验。

6.106.2 隔板的密封性试验

过压力耐受试验应按下述规定进行:

设计压力应施加在隔板一侧,同时相邻隔室处于真空状态来验证隔板的密封性。在 24 h 期间在处于真空状态时的隔室测量漏气率。

试验结束后,不应观察到隔板有损坏。气体密封性试验应按 6.8 进行。漏气率不应超过 5.15 中描述的规定值。

6.107 接地连接的腐蚀性试验

对于户外设施,或者用户的要求,应按照本条款进行腐蚀验证试验。

用户应该验证试验过的分装,包括 GB/T 11022—1999 的 5.18 中规定的实现电气连续性和外壳接地的装置、附件(压力监控装置、压力释放装置)以及二次系统是否能够代表用户布置。

6.107.1 试验程序

试验过的分装应按照 GB/T 2423.17—1993 经过环境试验 Ka(盐雾)。试验的持续时间为 168 h。

此外，对于油漆的表面，耐受包含二氧化硫的潮湿大气应按照 ISO 3231 进行试验。

6.107.2 通过试验的判据

试验前后按照 6.4.1 测量的外壳的接地电阻变化不应超过 20%。

试验后，总装的拆卸不应受到影响。如果有，腐蚀的程度应在试验报告中指明。如果是油漆的表面，不应观察到劣化的迹象。

7 出厂试验

对于出厂试验，可以使用符合 GB 12022 的未用过的 SF_6 或者符合 GB/T 8905 的用过的 SF_6。见 5.2。

出厂试验应在完整的开关设备上进行。根据试验的性质，某些试验可以在元件、运输单元上进行。出厂试验保证产品与进行过型式试验的设备一致。

应进行下述出厂试验：

a) 主回路的绝缘试验；

b) 辅助和控制回路的试验；

c) 主回路电阻的测量；

d) 密封性试验和气体状态检查；

e) 设计和外观检查；

f) 外壳的压力试验；

g) 机械操作试验和开关装置的行程—时间特性测量；

h) 控制机构中辅助回路、设备和联锁的试验；

i) 隔板的压力试验。

7.1 主回路的绝缘试验

7.1.1 主回路的工频电压试验

GB/T 11022—1999 的 7.1 适用，并作如下补充：

GIS 的工频电压试验应按照 6.2.6.1 或 6.2.7.1 的要求在对地、极间(如果适用)以及分开的开关装置断口间进行。分开的开关装置断口间的电压试验可以在开关装置的一侧进行。出厂试验的耐受电压应是表 102 和表 103 的栏(2)中规定的那些数值。

试验应在绝缘用的最低功能压力下进行。

7.1.2 局部放电测量

进行局部放电测量来探测可能存在的材料缺陷和制造缺陷。

局部放电测量应按照 6.2.9 进行。

局部放电测量应在机械出厂试验后和绝缘试验一起进行。

试验应对变电站的所有元件实施。可以对完整的设施、如果适用，或者对运输单元或者对独立的元件进行。对于不包含固体绝缘的简单元件可以免除该试验。

7.2 辅助和控制回路的试验

GB/T 11022—1999 的 7.2 适用。

7.3 主回路电阻的测量

GB/T 11022—1999 的 7.3 适用，并作如下补充：

总的测量可以在工厂的分装或运输单元上实施。总的测量应该以这样的方式进行：使得现场安装后、设施维护或维修期间的测量能够进行对比。

7.4 密封性试验和气体状态检查

GB/T 11022—1999 的 7.4 适用，并作如下补充：

可以采用检漏装置进行泄漏探测。检漏装置的灵敏度至少应为 10^{-2} Pa·cm^3/s。如果检漏装置探测到了泄漏，则该泄漏应采用 GB/T 11023 中规定的包扎法进行定量测量。

应测量充气隔室中的气体状态，并应符合制造厂的技术要求。

7.5 设计和外观检查

GB/T 11022—1999 的 7.5 适用。

7.101 外壳的压力试验

加工完成后外壳应进行压力试验。

标准的试验压力应是 k 倍的设计压力，这里系数 k 等于

——1.3，对于焊接的铝外壳和焊接的钢外壳；

——2，对于铸造的铝外壳和铝合金外壳。

试验压力至少应维持 1 min。

试验期间不应出现破裂或永久变形。

7.102 机械操作试验

进行操作试验是为了保证开关装置满足规定的操作条件且机械联锁工作正常。

GIS 的开关装置应该按照它们相关的标准进行机械出厂试验。机械出厂试验可在运输单元完成总装前或后进行。

此外，装有机械联锁的所有开关装置应进行五次操作循环以检查相应联锁的动作。每次操作前，应按 6.102 的规定对每个开关装置进行一次试操作。

这些试验期间，主回路中应无电压或电流，尤其应该验证开关装置在它们操动机构的电源电压和压力规定的限值范围内能够正确地合闸和分闸。

应测量开关装置的行程—时间特性曲线，并符合开关装置的技术要求。

7.103 控制机构中辅助回路、设备和联锁的试验

所有的辅助设备或者通过功能操作或者通过接线连续性验证进行试验。继电器或传感器的整定应予以检查。

电气的、气动的以及其他联锁与具有预期的动作顺序的控制装置一起在预定的使用和操作条件下且采用最不利的辅助电源限值连续进行五次试验。试验期间不允许调整。

如果辅助装置动作正确，并在试验后处于良好的工作状态且开关装置的操作力在试验前后基本相同，则认为试验是满意的。

7.104 隔板的压力试验

每个隔板应承受两倍设计压力的压力试验 1 min。

对于压力试验，隔板应和使用中完全相同的方式固定。

隔板不应表现出任何过应力或泄漏的迹象。

8 开关设备和控制设备选用导则

见列于参考文献[1]。

9 随询问单、标书和订单提供的资料

本章的目的是规定能够使用户对 GIS 进行适当的询问和能够使供应方给出标书所需的充分的资料。

此外，它能够使用户对不同的供应方提供的资料进行比较和评估。

注：供应方可以是制造厂或者合同方。

附录 E 用表格的形式规定了用户和供应方之间需要交换的技术资料。

9.101 询问单和订单的资料

作为对附录 E 给出的技术资料的补充，下述细节也应由用户提供：

a) 所有设备和使用的电源的范围。这可能包括培训、技术和方案研究及与供应方的合作要求；

b) 特殊的联锁要求；

c) 可能影响标书或订单的每个条件，例如，特殊的安装或固定条件，外部高压连接线的位置或者压力容器的规程均应给出说明。

9.102 标书的资料

作为对附录E给出的技术资料的补充，下述细节也应由供应方提供：

a) 结构特征：

1) 外部连接的布置，如果有要求时，包括未来扩建的措施；

2) 用户需要采用的运输方法；

3) 用户需要采用的安装方法。

b) 关于运行和维护的资料。

c) 作为对型式试验报告清单（见E.4）的补充，可能要求报告的首页包含结果。如有特殊要求，制造厂应提供完整的型式试验报告。

10 运输、储存、安装、运行和维护

GB/T 11022—1999的第10章适用。

10.1 运输、储存和安装的条件

GB/T 11022—1999的10.1适用。

10.2 安装

GB/T 11022—1999的10.2适用。

10.2.101 现场安装后的试验

安装后，在投运前，为了检查正确动作和设备绝缘的完整性应对GIS进行试验。

这些试验和验证包括：	条款号
a) 主回路的绝缘试验	10.2.101.1
b) 辅助回路的绝缘试验	10.2.101.2
c) 主回路电阻的测量	10.2.101.3
d) 气体密封性试验	10.2.101.4
e) 检查和验证	10.2.101.5
f) 气体质量验证	10.2.101.6

为了保证最小的干扰，以及降低湿气和灰尘进入外壳而妨碍开关设备正确动作的风险，气体绝缘金属封闭开关设备在运行期间不规定或推荐关于外壳的定期检查或压力试验。无论如何，应参考制造厂的说明书。

制造厂和用户应就现场的交接试验计划达成协议。

10.2.101.1 主回路的绝缘试验

10.2.101.1.1 概述

由于主回路的绝缘试验对GIS非常重要，为了消除可能在未来导致内部故障的潜在原因（错误的紧固、处理、运输、储存和安装期间的损坏、外部物体的进入等），应检查绝缘的完好性。

由于不同的目的，这些试验不应取代型式试验和在工厂对运输单元进行的出厂试验。它们是对绝缘出厂试验的补充，目的是为了检查完整设施的绝缘完好性且探测上述的异常情况。如果是新安装的GIS，绝缘试验通常应在GIS完全安装并充有额定充入密度气体的所有现场试验后进行。也推荐在隔室经过维护或调节的主要拆卸后进行此类绝缘试验。应通过为了获取投运前设备的电气状态而逐步升高的电压来区别这些试验。

此类现场试验的实施并不总是可行的且可以接受与标准试验的偏差。这些试验的目的是送电前的最终检查。选择的试验程序不会伤及GIS的健全部件是至关重要的。

对每个独立的情况选择适当的试验方法时，站在可行性和经济性的立场，可能需要一份特殊的协议，例如可能需要考虑试验设备的电源功率、尺寸和重量要求。

现场绝缘试验的详细要求应在制造厂和用户之间达成协议。

10.2.101.1.2 **试验程序**

GIS 应安装完好并充有额定充入压力的气体。

由于某些元件具有较高的充电电流，或者对电压的限制，试验时，某些部件可以隔离，例如：

——高压电缆和架空线路；

——电力变压器和某些电压互感器；

——避雷器和火花保护间隙。

注 1：在确定哪些部件可以隔离时，应注意到试验完成后的重新连接可能会引入故障。

注 2：如果能防止电压互感器饱和，试验时电压互感器可以保持连接，例如采用设计用于试验电压的互感器，或者进行工频试验的频率不会出现饱和。

GIS 每一个新安装的部件都应进行现场绝缘试验。

通常，在扩展的情况下，除非采取了特别措施防止扩建部分的破坏性放电影响已有 GIS 的带电部件，GIS 相邻的已有部分在绝缘试验期间应停电并接地。

主要部件修理或维护后或扩建部分安装后可能需要施加试验电压。为了试验所有涉及到的部分，试验电压可能需要施加在已有的部分。在这些情况下，应该采用和新安装的 GIS 相同的程序。

10.2.101.1.3 **绝缘试验程序**

可以选择下述试验程序之一：

程序 A(推荐对于 126 kV 及以下)

按表 107 栏(2)规定的数值进行工频电压试验并持续 1 min。

程序 B(推荐对于 252 kV 及以上)

——按表 107 栏(2)规定的数值进行工频电压试验并持续 1 min，并

——按照表 106 进行局部放电测量，但是预加电压 $U_{\text{pre-stress}}=U_{\text{ds}}$[表 107 的栏(2)]。

由于该测量有助于确定经过一段时间运行后设备是否需要维护，推荐在 $U_r/\sqrt{3}$ 时测量局部放电。

关于局部放电测量的实际应用，见附录 C。

程序 C(推荐对于 252 kV 及以上，程序 B 的替代)

——按表 107 栏(2)规定的数值进行工频电压试验并持续 1 min，并

——按照表 107 栏(3)规定的数值对每一极性进行三次雷电冲击电压试验。

10.2.101.1.4 **试验电压**

考虑到：

——运输单元已经过出厂试验；

——完整设施的破坏性放电的概率高于单个功能单元；

——正确安装的设备中的破坏性放电应予以避免。

现场绝缘试验的试验电压应如表 107 所示。

表 107 现场试验电压

设备的额定电压 U_r/kV(有效值)	现场短时工频耐受电压 U_{ds}/kV(有效值)	现场雷电冲击耐受电压 U_{ps}/kV(峰值)
(1)	(2)(见注 1)	(3)
72.5	120	260
126	200	460

表 107（续）

设备的额定电压 U_r/ kV(有效值)	现场短时工频耐受电压 U_{ds}/ kV(有效值)	现场雷电冲击耐受电压 U_{ps}/ kV(峰值)
(1)	(2)(见注 1)	(3)
252	380	840
363	425	940
550	560	1 240
800	760	1 680
1 100	880	1 920

注 1：栏(2)中的数值仅适用于 SF_6 绝缘或者 SF_6 是混合气体的主要部分。对于其他绝缘见 GB/T 11022—1999 的表 1 和表 2，对栏(2)中的数值施加系数 0.8。

注 2：现场试验电压是根据下面公式计算的：

U_{ds}(现场试验值)＝U_p×0.45×0.8(栏 2)

U_{ps}(现场试验值)＝U_p×0.8(栏 3)

所有的数值圆整到下一个模为 5 kV 的更高值。

注 3：如果规定了不同于表 102 和表 103 中优选值的其他绝缘水平(例如 GB/T 11022—1999 的表 1 和表 2 中的较低的绝缘水平)，现场试验电压应按注 2 计算。

在某些情况下，由于技术和实际方面的原因，现场绝缘试验可以用降低的电压进行。C.3 中给出了详细情况。

10.2.101.1.5　电压波形

为了选择适当的电压波形，应考虑到 GB/T 16927.1。但是，类似的波形也是允许的。不存在满足所有要求的理想波形。允许的偏差如下所示。关于试验电压的产生的资料在 C.1 中给出。

a）　工频电压试验

　　工频电压试验对探测污秽(例如自由移动的导电粒子)特别敏感，并且在大多数情况下足以探测异常的电场结构。

　　现有的经验是试验频率从 10 Hz 到 300 Hz。

b）　冲击电压试验

　　1）　雷电冲击电压试验对于探测异常的电场结构(例如损坏的电极)特别敏感。

　　　　根据已有的经验，雷电冲击电压的波前时间延长至 8 μs 是可以接受的。如果采用振荡雷电冲击电压，波前时间可以延长至约 15 μs。

　　注：应考虑到大型设施中陡波前的反射。

　　2）　利用相对简单的试验设备进行的操作冲击电压试验，特别对于较高的 U_r 可以用来探测是否存在污秽以及异常的电场结构。

　　　　根据现有的经验，间歇性或者振荡波形且到达峰值的时间在 150 μs 到 10 ms 范围的操作冲击是合适的。

c）　直流电压试验

　　不推荐直流电压试验。现有的电缆试验要求不适用于 GIS(见 5.107.1)。

10.2.101.1.6　电压的施加

试验电压源可以和被试相导体的任何方便的点相连。

由于至少下述一个原因，通过打开断路器和/或隔离开关可以方便地将整个 GIS 分成几段：

——限制试验电压源的容性负载；

——便于确定破坏性放电的位置；

——如果出现破坏性放电，限制放电能量。

在这种情况下被断路器或隔离开关与受试段隔开的非受试段应接地。除非出厂试验后拆开，打开的开关装置断口间不需要进行现场绝缘试验。

对于三极封闭的GIS，规定的试验电压应施加在每极导体和外壳间，一次一极，其他极的导体应与接地的外壳相连。极导体之间的绝缘不应耐受其他单独的现场绝缘试验。

10.2.101.1.7 试验的评估

如果每段均耐受了规定的试验电压而没有出现破坏性放电，则认为开关设备通过了试验。

在现场绝缘试验期间出现了破坏性放电，试验应重复进行。

重复性试验的导则在C.6中给出。如果采用程序B且按照符合GB/T 7354的传统方法测量局部放电，最大允许的局部放电量为10 pC。

注1：在现场可能很难拥有5 pC以下的背景噪音。需要特别关照试验回路以获得良好的测量。如果噪音高于5 pC，试验对探测主要的缺陷仍然有效，但是，不适合于探测固定的导电粒子，因为该类缺陷会引起非常低水平的局部放电且完全被噪音所笼罩。在此情况下，如果探测到没有高于背景噪音的破坏性放电，试验是可以接受的。

注2：如果采用了VHF/UHF或者声学法测量局部放电，校准是不可能的。替代的，可按C.7.5进行灵敏度检查。

10.2.101.2 辅助回路的绝缘试验

GB/T 11022—1999的7.2适用，并作如下补充：

绝缘试验应对新的接线实施。如果接线已经取掉或者回路中包含有电子装置，这些回路不必进行试验。

10.2.101.3 主回路电阻测量

在尽可能与运输单元进行的那些出厂试验类似的条件下，对完整的设施进行总体测量。

考虑到两种试验布置的差异(装置、触头和连接的数量，导体长度等)，测得的电阻不应超过运输单元上进行的出厂试验的最大允许值(见7.3)。

10.2.101.4 气体密封性试验

GB/T 11022—1999的7.4也适用于现场的气体密封性试验。

应对现场进行装配的所有连接进行定性的气体密封性试验。可以使用泄漏探测器。

10.2.101.5 检查和验证

应进行以下验证：

a) 按照制造厂的图样和说明书装配的符合性；

b) 所有管道连接的密封以及螺栓和连接的紧密性；

c) 按照图样接线的符合性；

d) 电气的、气动的以及其他联锁的正常功能；

e) 包括加热和照明在内的控制、测量、保护和调节设备的正常功能。

应按照相关的标准进行机械操作检查和试验。如果没有规定验证，制造厂应在交接试验计划中规定。

10.2.101.6 气体质量验证

为了获得可靠的测量结果，水分含量应在最终充入气体至少五天后进行检查。SF_6水分含量不应超过GB/T 11022—1999的5.2中确定的限值。

运行期间气体状态的检查，见GB/T 8905。

对于处理规定，见IEC 61634。

注：注意在抽样和/或检查(例如，通过收集袋或安装在用于确定水分含量的检查装置输出阀上的收集器)期间应使得释放到大气中的气体最少。

10.3 运行

GB/T 11022—1999 的 10.3 适用。

10.4 维护

GB/T 11022—1999 的 10.4 适用。

11 安全性

GB/T 11022—1999 的第 11 章适用。

12 环境方面

制造厂应规定关于设备在使用寿命期间运行与环境方面关系的信息。GB/T 11022—1999 的 10.4.1a)的项 2)适用。

制造厂应给出设备的不同元件在拆卸和寿命终了有关程序的说明(成分、重量、毒性等)。GB/T 11022—1999 的 10.4.1a)的项 10)适用。

附 录 A
（规范性附录）
范围Ⅱ三极封闭的 GIS 的绝缘试验的试验程序

A.1 三极在一个 GIS 外壳内的绝缘试验程序

如果要求的极对地和极间的绝缘水平不同，按照 GB/T 11022 的试验要求应重新予以考虑。这仅适用于范围Ⅱ的操作冲击试验。

A.2 试验要求的施加

为了完全满足所进行的试验，表 A.101 列出了与外壳、打开的开关装置和相间有关的试验条件。表 A.101 中的符号与 GB/T 11022—1999(图 2)相同。

优选的方法是采用联合电压试验。要求的电压水平可以通过与同一个电压控制器连接的相位相反的两个电源提供。

表 A.101 252 kV 以上的操作冲击试验条件

试验条件	开关装置	操作冲击	工频交流电压	地连接到
极间试验		极间 U_s(表 103 的栏 5)的主要部分施加于	达到极间 U_s(表 103 的栏 5)的补充部分施加于	
1	合闸	Aa	BbCc	F
2	合闸	Bb	AaCc	F
3	合闸	Cc	AaBb	F
4	分闸	A	BC	abcF
5	分闸	B	AC	abcF
6	分闸	C	AB	abcF
7	分闸	a	bc	ABCF
8	分闸	b	ac	ABCF
9	分闸	c	ab	ABCF
注：如果两个边极相对于外壳和中间极是对称的，试验条件 3、6 和 9 可以免去。				

对于开合功能和隔离功能，在分闸状态应采用表 103 中相应的数值。

附 录 B
（规范性附录）
内部故障电弧条件下气体绝缘金属封闭开关设备的试验方法

B.1 简介

由于内部故障在 GIS 内出现电弧伴随着各种各样的物理现象。例如，因外壳内电弧的发展产生的能量会引起内部过压力和局部过热，导致开关设备机械的和热的应力。而且，所涉及到的材料可产生可能释放到大气中的热分解物。

本附录考虑了作用在外壳上的内部过压力以及电弧或其弧根对外壳的热效应。没有包括可能造成危险的所有效应，例如毒性气体。

B.2 短路电流电弧试验

B.2.1 试验布置

选择受试产品时，应当参考 GIS 的设计文件。应该选择在电弧情况下耐受压力和温升可能最差的隔室。

在任何情况下，应关注以下几点：

a） 需要进行的每一试验均应在事先没有承受过电弧试验的试品上进行。进行过电弧试验的试品应恢复到使再进行电弧试验的条件既不加重也不减轻。

b） 试品应完全装配和布置以包括所有的保护装置，例如制造厂为了限制电弧效应提供的压力释放装置和短路装置等。

如果具有相同的容积和外部材料且在电弧耐受方面和原件具有相同的反应，则允许使用“制造模型”。

c） 试品应充有额定充入密度的正常绝缘气体。

B.2.2 施加的电流和电压

单极外壳应进行单相试验，三极共外壳应进行三相试验。

B.2.2.1 电压

如果满足下述条件，试验可以在外施电压小于试品的额定电压的情况下进行：

a） 实际的电弧电流是正弦的；

b） 电弧不应过早熄灭。

B.2.2.2 电流

a） 交流分量

试验开始的交流分量应在＋10％允差内。如果平均的交流分量不小于规定的短路电流，在第一段保护时间内，允差应为±10％；在第二段保护时间内，电流不应降到规定值的 80％以下。

注：如果试验站做不到这一点，试验持续时间可以延长不超过适当调节的需要评估的时间的 20％。

b） 直流分量

选择的关合瞬间应保证电弧电流的第一个半波的峰值至少为规定的交流分量有效值的 1.7 倍。对于三相试验，该要求至少在一相上实现。

B.2.2.3 频率

对于额定频率为 50 Hz 或 60 Hz，试验开始时的频率应在 48 Hz 和 62 Hz 之间。

B.2.2.4 试验的持续时间

由保护装置确定的预期持续时间的基础上选择的电流持续时间应能涵盖第二段保护。见表 104。

B.2.3 试验程序

B.2.3.1 试验连接

选择的电流馈入点应是最可能导致最严酷条件的点。

应注意保证连接不会使试验条件更轻松。通常，外壳应在试品的馈电侧的同一侧接地。

B.2.3.2 电弧的引燃

电弧应通过适当直径的金属线引燃。

电弧引燃点的选择是在外壳内最可能建立起额定应力的点。通常，这可以通过电弧在远离电流馈入点以及如果装有的话，在远离压力释放装置的隔板附近引燃来获得。

注：电弧不应通过在固体绝缘上打孔来引燃。

B.2.3.3 试验性能的测量和记录

下述参数应予以描绘和记录：

——电流及其持续时间；

——电弧电压；

——试品的一点或多点上、以及每个隔室中的压力，如果试品包括多个隔室；以及，如果适用，

——压力释放（或者通过压力释放装置的动作或者外壳烧穿）的瞬间。

应通过适当的方法，例如摄像机，发光体探测器观察和记录如压力释放、外壳烧穿等现象及外部效应。

B.2.4 试验的评估

试验期间，如果在5.102.2规定的时间内没有出现适当的压力释放装置动作以外的外部效应，且如果逸出的压力气体或蒸汽朝向使得正在履行其正常运行职责的运行人员危害最小，就认为开关设备通过了试验。

按照表104，在第二段保护内没有产生碎片。

B.2.5 试验报告

试验报告中应给出下列信息：

——试品的额定值和描述，外壳和导体的材料以及说明主要尺寸和压力释放装置布置的图样；

——试验连接的布置，电弧的引燃点以及压力测量传感器的位置；

——从示波图上导出的电流、电压、能量、压力和时间；

——试验结果和观察的准确描述；

——其他相关注解；

——试验前后状态的照片。

B.2.6 试验结果的扩展

为了把试验结果扩展到类似设计但不同尺寸及形状和/或其他试验参数的其他外壳，计算方法可以在用户和制造厂之间达成协议。

B.3 计算和独立试验的组合验证

制造厂有责任证明试验结果对其他电流和外壳的其他尺寸延伸的有效性。制造厂应该提供计算所需的所有资料。

附 录 C
（规范性附录）
有关现场试验技术的和实际要考虑的事项

C.1 试验电压发生器

GIS 设施的负载电容相对较高。这意味着：

——工频电压试验，尤其对较高的 U_r，需要高的无功功率；

——由于冲击发生器低的电压利用率，用标准的双指数波形的冲击电压试验可能是低效率的。

可以采用下述电压发生设备：

a) 工频电压源

工频电压可以通过下述方法产生：

1) 试验变压器；
2) 具有恒定频率的可变化谐振电抗器；
3) 具有变频的、恒定的谐振电抗器；
4) 从试验后无须拆除的电力变压器或电压互感器低压侧励磁。

注：尤其在采用电压互感器时，应考虑电压源的热应力。

b) 冲击电压源

对于大型设备，而且尤其是高电压的设备，双指数波的冲击电压发生器是笨重的。利用冲击电压发生器和连接到受试开关设备的高压线圈组成阻尼的串联谐振回路可以产生振荡的冲击。振荡操作冲击可以通过电容器向电力变压器、电压互感器或试验变压器的低压侧放电获得。

C.2 放电定位

放电引起的不同现象可能有助于放电定位。可用来一试的几种方法如下：

——光发射的探测；

——可听噪声和振动的测量；

——放电后的电磁瞬态的记录和评估；

——气体分解物的探测。

C.3 特殊试验程序

通常，推荐所有的试验都应在规定的试验电压和额定充入密度下进行。但是，在某些情况下，还需要建立特殊的试验程序，它不是通用的，但是，由于技术和/或实际方面的原因还是值得提及。

对于扩建（见 5.107.4），用户应对已有 GIS 中的所有闪络负责，扩建设备的制造厂对扩建设备中的所有闪络负责。

C.3.1 降低电压下的试验

C.3.1.1 不拆卸运输单元的简化方法

按照一些国家的实践，气体绝缘金属封闭开关设备或者至少一个间隔或 GIS 的等效部分可以在工厂完全装配，并在其全部额定耐受电压下试验。如果试验过的单元不拆卸运输或者拆卸仅限于非常简单的连接，根据制造厂和用户之间的协议，现场试验可以降低到：

对于中性点接地系统，交流电压试验的电压为 $1.1\times U_r/\sqrt{3}$；对于中性点绝缘或谐振接地系统为 $1.9\times U_r/\sqrt{3}$；电压施加时间为 10 min。

C.3.1.2 实际需要的偏差

在某些情况下，由于技术和实际方面的原因，根据用户和制造厂之间的协议，交流电压试验可以用降低的电压和延长的持续时间来进行。

C.3.1.3 运行电压的施加

在某些情况下，在现场进行绝缘试验是不可行的。在这种情况下，应对装卸、运输、储存采取特别的措施，尤其应注意现场的工作间。受试的 GIS 的运行电压应通过尽可能大的阻抗施加以减小可能出现的破坏性放电造成的损坏。试验持续时间至少应为 30 min。

C.3.2 降低气体密度下的试验

降低气体密度下的试验通常是不可取的。

C.4 局部放电测量

局部放电测量有助于探测现场试验期间的某类故障，也有助于确定经过一段时间运行后设备是否需要维护。因此，它是现场进行的绝缘试验的一个有用的补充，但是，由于环境的干扰通常难以实施。

如果该试验是可行的且经过协商，则应尽可能按照 10.2.101.1.5 中给出的要求实施。

C.5 电气调整

术语“电气调整”意思为交流电压或者分步或者连续的逐步施加。它可以由制造厂作为现场充气过程的一部分实施，以便把可能存在的粒子移向低电场强度的区域，此处它们是无害的。

除非试验电压提高到规定值，电气调整不是要求且不能替代交流电压试验。然而，破坏性放电应向用户报告，因为它可能导致绝缘弱化。

C.6 重复性试验

C.6.1 概述

现场绝缘试验期间的破坏性放电后补充的程序取决于下述因素：

——如果能够确定，破坏性放电的类型(自恢复或非自恢复绝缘的击穿)；

——放电期间释放的电弧能量的大小；

——固体绝缘的材料和形状；

——设施的重要性。

考虑到这些和其他相关的因素应允许在制造厂和用户之间确定一个程序并达成协议。下面给出的推荐程序仅应作为导则对待。根据所涉及的因素的重要性，偏差是可以接受的。

C.6.2 推荐的程序

C.6.2.1 程序 a)

如果沿着固体绝缘的表面出现破坏性放电，推荐在可行的场合应打开隔室并仔细检查损伤的绝缘。在采取任何补救行为之后，隔室应该再次承受规定的绝缘试验。

C.6.2.2 程序 b)

气体中的破坏性放电可能由于污染或表面有可以被放电期间的电弧烧掉的缺陷。因此，可以接受在规定的试验电压下重复试验。现场试验开始前，另一个试验电压可在用户和制造厂之间达成协议。

注 1：假定制造厂能够使用户确信由于放电中电弧能量的消散而认为气体绝缘是自恢复绝缘。

注 2：现场绝缘试验期间出现破坏性放电的情况下，试验段的其他部件可能出现二次放电。

如果重复性试验失败，应再次执行程序 a)。

C.7 局部放电探测方法

C.7.1 概述

对于现场的局部放电探测，除了符合 GB/T 7354 的传统方法以外，电气的 VHF/UHF 和声学法可以用于 GIS。这两种方法比传统的测量对噪音缺乏敏感性，而且可用于局部放电的在线监测。但是，对于这两种新方法，灵敏度取决于缺陷（信号源）和传感器之间的距离。对于采用 VHF/UHF 和声学法的适当程序可以获得。它们保证缺陷引起的几个 pC 的明显放电可以通过此类设备发现。提出的灵敏度验证易于在现场实施。两种另外的方法的优点是能够探测到缺陷的位置。方法和结果的解释仅供具有经验的人员使用。这些方法仍处于研究中且尚未标准化。

C.7.2　符合 GB/T 7354 的传统方法

来自无线发射机以及其他信号源的电磁干扰被敞开于空气中的套管捕捉，并导致 PD 测量的灵敏度在 10 pC 数量级。对于噪音反射，模拟和数字滤波法可以获得。然而，此类滤波工具的使用要求经过培训的人员且仅限于本程序。在实际的现场条件下，很难达到小于 5 pC 的噪音水平。因此，具有屏蔽的耦合电容器的全部封闭的试验回路直接和 GIS 连接是优选的。在这种情况下，对于具有电缆终端的 GIS 以及通过打开的隔离开关与敞开空气中的套管隔离的 GIS 段，可以获得小于 5 pC 的灵敏度。

C.7.3　VHF/UHF 法

在 GIS 缺陷处的放电电流的上升时间可小于 100 ps。这些缺陷引起的电磁瞬态包含频率达到 2 GHz 以上。产生的信号在 GIS 内以光速作为 TEM-、TE-和 TM-波的形式传播。在布置内的大量不连续点出现反射。由于金属导体有限的电导率以及介质表面的损耗，传播的信号是衰减的。结果是每个隔室内电磁波的复杂的谐振模式。

在 VHF/UHF 范围（例如，100 MHz～2 GHz）的局部放电信号可通过通常和电容耦合器类似设计的耦合器在时域或频域探测到。由于 VHF/UHF 信号衰减的结果，很多耦合器必须装在 GIS 内。两个相邻的耦合器之间的最大距离大约几十米。VHF/UHF 信号最好取自内部耦合器，但是，如果不可获得，在观察窗或衬套上使用外部耦合器有时也是可行的。

由于谐振模式的复杂性，探测到的 PD 信号的幅值主要取决于缺陷和耦合器的位置，很小程度地取决于它们的方向。因此，VHF/UHF 法不能予以校准，正如在 GB/T 7354 的测量回路所示的例子。取而代之，可以进行 C.7.5 中的灵敏度检查。

VHF/UHF 测量装置的信噪比和最终的灵敏度可以通过采用合适的耦合器、放大器和滤波器来改善。已经证明 VHF/UHF 法在探测缺陷方面和传统方法至少一样灵敏，且主要是因为低的外部噪音水平。实验室和现场试验表明可以探测到小的关键性缺陷以及甚至非关键性缺陷。

缺陷的准确位置可以采用宽带示波器测量信号到达相邻耦合器的时间间隔来获得。

C.7.4　声学法

声学信号（机械波）从 GIS 中的缺陷发射有两个主要机理：运动粒子碰撞外壳时激发的机械波；固定缺陷上的放电在气体中产生压力波，然后传到外壳。由此产生的信号取决于信号源及传播路径。由于外壳通常由铝或钢制造，信号的衰减非常小。但是，当信号跨越法兰从一个部分传向另一部分时，就会有能量损耗。声学信号可以通过外部安装的传感器捕捉。通常，可使用加速度传感器或声音发射传感器，试验程序包括所有法兰之间的测量。

缺陷的位置可以通过找寻具有最高幅值的声音信号或测量两个传感器的传播时间来发现。通过分析声信号的形态可能把不同的缺陷分开。

来自弹跳粒子的信号是宽带（即大于 1 MHz）且具有与固定缺陷处的预击穿发出的信号相比具有较高的幅值。由于粒子从发源点移开，粒子型信号将被空间衰减。通常，对于此类缺陷，声信号的两个重要参数为：幅值和飞行时间（这是粒子的两个连续碰撞之间的时间）。这些参数不仅对缺陷类型识别重要，而且还对风险评估重要。

来自靠近电源的凸出物的预击穿信号的频带非常宽，但是，由于气体起到了低通滤波器的作用，信号从源头向外壳传播使得高频被抑制。通常，从预击穿源探测到的信号限制到频率范围小于 100 kHz。发现在同一段内的信号水平相当稳定，且经过一个法兰降低约 8 dB。

弹跳粒子产生的在 5 pC 范围的明显放电可以探测到具有高的信噪比。电晕放电的探测极限是在

2 pC 范围。因为声信号在 GIS 内传播而被吸收和抑制，灵敏度随着距离而降低。但是，在明显的局部放电水平和声信号水平之间没有建立起直接的对应关系。声信号测量不受变电站内电磁干扰的影响。如果传感器置于缺陷附近，弹跳粒子的声信号灵敏度通常远远高于任何其他诊断方法的灵敏度。因此，对于探测此类缺陷的位置，声学法是一个好方法。

C.7.5 声学法和 VHF/UHF 法的灵敏度验证

对于声学法和 VHF/UHF 法，探测的局部放电灵敏度验证采用了相同技术原理。首先，确定人工声或电气脉冲，它发出的信号类似于实际缺陷引起的、符合 GB/T 7354 的明显电荷(例如 5 pC 或更高)的确定水平。其次，该人工信号在交接试验或运行期间注入到 GIS 来验证对 GIS 和相关的测量设备的探测灵敏度。如果在相邻的传感器测到了刺激性的信号，则这些传感器间的灵敏度对于 GIS 段的验证成功。

附 录 D
（资料性附录）
内部故障相关的计算

D.1 内部故障引起的压力升高的计算

充有 SF_6 气体的封闭隔室中因内部故障造成的压力升高可按式(D.1)计算：

$$\Delta p = C_{\text{equipment}} \times \frac{I_{\text{arc}} \times t_{\text{arc}}}{V_{\text{compartment}}} \qquad \text{(D.1)}$$

式中：

Δp——压力升高(MPa)；

I_{arc}——故障电弧电流(kA,有效值)；

$V_{\text{compartment}}$——隔室的容积(L)；

t_{arc}——电弧持续时间(s)；

$C_{\text{equipment}}$——设备系数。

设备系数 C 的数值应该由制造厂通过类似设备的试验来验证。

公式 D.1 可以用来验证没有压力释放装置的充气隔室中在内部故障情况下外壳的压力不超过型式试验的压力。这是通过最大电弧电流和电弧持续时间(基于保护系统的性能)引起的不超过外壳的型式试验压力的压力升高来验证的。

附　录　E
（资料性附录）
询问单、标书和订单需给出的资料

E.1　简介

附录E以表格的形式确定了用户和供应方需要交换的技术资料。

注："供应方的信息"意味着仅供应方需要提供这些资料。

E.2　正常和特殊使用条件

见第2章。

		用户的要求(见表101)	供应方的提议
运行条件	户内或户外		
周围空气温度： 最低 最高	 ℃ ℃		
太阳辐射	W/m^2		
海拔	m		
污秽	级		
覆冰	mm		
风	m/s		
湿度	%		
凝露或凝结			
震动	级		
二次系统中感应的电磁干扰	kV		

E.3　额定值

见第4章。

		用户的要求	供应方的提议
系统标称电压	kV		
系统的额定电压	kV		
设备的额定电压(U_r)	kV		
极对地和极间的额定绝缘水平 额定短时工频耐受电压(U_d)	kV		
额定操作冲击耐受电压(U_s) 极对地 极间 额定雷电冲击耐受电压(U_p)	kV kV kV kV		

		用户的要求	供应方的提议
额定频率(f_r)	Hz		
额定电流(I_r)	A	根据单个线路	
额定短时耐受电流(I_k)	kA		
额定峰值耐受电流(I_p)	kA		
额定短路持续时间(t_k)	s		
合分闸装置以及辅助和控制回路的额定电源电压(U_a)	V		
合分闸装置以及辅助和控制回路的额定电源频率	Hz	DC 或 50	
中性点接地	直接或非直接		

E.4 设计与结构

见第 5 章。

		用户的要求	供应方的提议
极数			
单极或三极设计			
最大 SF_6 泄漏率	%/年		
额定充入压力 p_r 断路器 其他隔室	 MPa MPa	 供应方的信息 供应方的信息	
报警压力 p_a 断路器 其他隔室	 MPa MPa	 供应方的信息 供应方的信息	
最低功能压力 p_m 断路器 其他隔室	 MPa MPa	 供应方的信息 供应方的信息	
外壳设计压力 断路器 其他隔室	 MPa MPa	 供应方的信息 供应方的信息	
外壳的型式试验压力 断路器 其他隔室	 MPa MPa	 供应方的信息 供应方的信息	
外壳的出厂试验压力 断路器 其他隔室	 MPa MPa	 供应方的信息 供应方的信息	
压力释放装置的动作压力 断路器 其他隔室	 MPa MPa	 供应方的信息 供应方的信息	

		用户的要求	供应方的提议
内部故障的短路电流	kA		
在充入压力下整个 GIS 的 SF_6 气体质量	kg	供应方的信息	
在充入压力下最大隔室的 SF_6 气体质量	kg	供应方的信息	
最大允许气体露点	℃	供应方的信息	
气体隔室的数量		供应方的信息	
最长运输段的长度	m		
现场安装期间需要搬运的设备的最重部件的质量	kg		

E.5 母线管

		用户的要求	供应方的提议
电感	H/m	供应方的信息	
电容	pF/m	供应方的信息	
在频率 f_r 时外壳的电阻	Ω/m	供应方的信息	
在频率 f_r 时导体的电阻	Ω/m	供应方的信息	
波阻抗	Ω	供应方的信息	

E.6 断路器

GB 1984—2003 的第 9 章适用。

E.7 隔离开关和接地开关

GB 1985—2004 的第 9 章适用。

E.8 套管

GB/T 4109—1999 适用，并作如下补充：

户外油浸式套管(见 GB/T 4109—1999 的 3.15)		用户的要求	供应方的提议
内部绝缘类型		气体绝缘或树脂浸渍纸质	
外绝缘类型		瓷的或复合的	
标称爬电比距	mm/kV		
绝缘子伞裙形状		普通的或变化的	
额定短时工频耐受电压(U_d)	kV	如 GIS 或者特殊的	
额定操作冲击耐受电压(U_s)	kV	如 GIS 或者特殊的	
额定雷电冲击耐受电压(U_p)	kV	如 GIS 或者特殊的	
悬臂试验负载	N		
悬臂运行负载	N		
线路端子类型		根据图样	

E.9 电缆连接

GB/T 22381—2008 的第 7 章(IEC 60859 的第 9 章)适用,并作如下补充:

		用户的要求	供应方的提议
电缆类型		充流体的或干式	

E.10 变压器连接

GB/T 22382—2008 的第 7 章(IEC 61639 的第 9 章)适用,并作如下补充:

		用户的要求	供应方的提议
变压器箱体和 GIS 外壳间的绝缘连接		是或否	

E.11 电流互感器

GB 1208—2006 的 10.2 适用,并作如下补充:

		用户的要求	供应方的提议
电流互感器的位置		根据单个线路	
线圈的数量和类型		根据单个线路	

E.12 电压互感器

GB/T 1207—2006 的 11.1 适用,并作如下补充:

		用户的要求	供应方的提议
电压互感器的位置		根据单个线路	
二次线圈的数量和类型		根据单个线路	
现场试验电压	kV/Hz	供应方的信息	

E.13 询问单和标书的资料

GB/T 11022—1999 的 10.2 适用,并作如下补充:

		用户的要求	供应方的提议
单线图			
变电站布置的总的布置图			
基础载荷		供应方的信息	
气体原理图		供应方的信息	
型式试验报告清单		供应方的信息	
推荐的备品备件清单		供应方的信息	

参 考 文 献

[1] CIGRE 125:1998,User guide for the application of gas-insulated switchgear (GIS) for rated voltages of 72.5 kV and above

[2] EN 50052:1986,Cast Aluminium Alloy Enclosures For Gas-Filled High-Voltage Switchgear And Controlgear

[3] EN 50064:1990,Wrought Aluminium And Aluminium Alloy Enclosures For Gas-Filled High-Voltage Switchgear And Controlgear

[4] EN 50068:1991,Wrought Steel Enclosures For Gas-Filled High-Voltage Switchgear And Controlgear

[5] EN 50069:1991,Welded Composite Enclosures Of Cast And Wrought Aluminium Alloys For Gas-Filled High-Voltage Switchgear And Controlgear

[6] EN 50089:1992,Cast Resin Partitions For Metal-Enclosed Gas-Filled High-Voltage Switchgear And Controlgear

[7] EN 61264:1998,Ceramic Pressurized Hollow Insulators For High-voltage Switchgear And Controlgear

[8] IEEE 1416:1998,IEEE Recommended Practice for the interface of New Gas-indulated Equipment in Existing Gas Insulated Substantions

[9] IEEE C37.24:1986,IEEE Guide For Evaluating The Effect Of Solar Radiation On Outdoor Metal-Enclosed Switchgear

[10] IEEE C37.122.1:1993,IEEE Guide For Gas-Insulated Substations

[11] RGE:04/82,Electrical faults mastery in high voltage SF_6 insulated substations,by Gilles Bernard,EDF,France. Published in Générale de L'Electricité RGE 4/82,April 1982.

根据中华人民共和国国家标准公告(2017 年第 7 号)和强制性标准整合精简结论,本标准自 2017 年 3 月 23 日起,转为推荐性标准,不再强制执行。

ICS 29.130.10;29.130.99
K 43

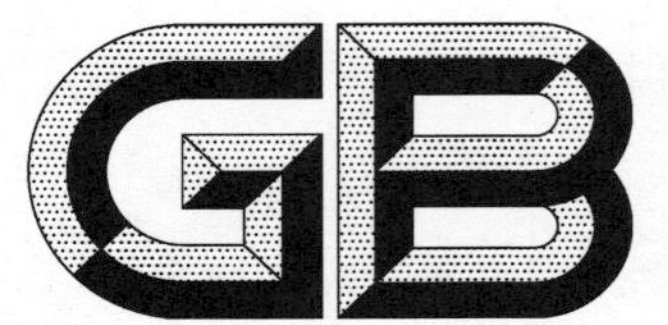

中华人民共和国国家标准

GB/T 11022—2011
代替 GB/T 11022—1999

高压开关设备和控制设备标准的共用技术要求

Common specifications for high-voltage switchgear and controlgear standards

(IEC 62271-1:2007,MOD)

2011-12-30 发布　　　　2012-05-01 实施

中华人民共和国国家质量监督检验检疫总局
中国国家标准化管理委员会　发布

前言

本标准按照 GB/T 1.1—2009 给出的规则起草。

本标准代替 GB/T 11022—1999。

本标准与 GB/T 11022—1999 的主要差异在：

——明确了习惯用法中的“中压”、“高压”、“超高压”和“特高压”的电压范围；

——增加了额定电压 1 100 kV 的相关参数和要求；

——增加了“X 射线发射”的相关要求和试验；

——增加了“腐蚀”的相关要求和试验；

——开关设备和控制设备的选用导则给出了具体要求；

——查询、投标和订货时提供的资料给出了具体要求；

——增加了“产品对环境的影响”一章；

——删除了 GB/T 11022—1999 中的附录 D 和附录 G，增加了附录 D、附录 F、附录 G、附录 I、附录 J 和附录 K。

本标准修改采用 IEC 62271-1:2007《高压开关设备和控制设备　第 1 部分:共用技术要求》。

本标准与 IEC 62271-1:2007 的主要差别体现在：

——额定电压:(IEC 62271-1:2007 的 4.1.1 和 4.1.2 分别为：

范围Ⅰ，额定电压 245 kV 及以下：

系列Ⅰ:3.6 kV-7.2 kV-12 kV-17.5 kV-24 kV-36 kV-52 kV-72.5 kV-100 kV-123 kV-145 kV-170 kV-245 kV。

系列Ⅱ:(基于北美的实际):4.76 kV-8.25 kV-15 kV-25.8 kV-38 kV-48.3 kV-72.5 kV。

范围Ⅱ，额定电压 245 kV 以上:300 kV-362 kV-420 kV-550 kV-800 kV)；

本标准根据我国的实际电网情况，将 4.2.2 和 4.2.3 分别修改为：

范围Ⅰ，额定电压 252 kV 及以下:3.6 kV-7.2 kV-12 kV-24 kV-31.5 kV-40.5 kV-63 kV-72.5 kV-126 kV-252 kV。

范围Ⅱ，额定电压 252 kV 以上:363 kV-550 kV-800 kV-1 100 kV；

——额定绝缘水平:IEC 62271-1:2007 表 1 中的数值主要适用于中性点接地的电力系统。由于在 3.6～72.5 kV 电压范围内，国内的电力网为中性点非有效接地(或不直接接地)系统，因此在这一电压范围，本标准规定的数值(源自 GB 311.1)均高于 IEC 62271-1:2007；

——额定频率:IEC 62271-1:2007 中的标准值为 $16\frac{2}{3}$ Hz，25 Hz，50 Hz 和 60 Hz；

——删除了与我国标准体系无关的 IEC 62271-1:2007 中的附录 K(资料性)。

本标准由中国电器工业协会提出。

本标准由全国高压开关设备标准化技术委员会(SAC/TC 65)归口。

本标准起草单位:西安高压电器研究院有限责任公司、河北省电力科学研究院、中国电科院开关所、河南平高电气股份有限公司、日升集团有限公司、西安西开高压电气股份有限公司、华仪电器集团有限公司、宁波天安(集团)股份有限公司、新东北电气(沈阳)高压开关有限公司、ABB(中国)有限公司中压技术中心、陕西电力科学研究院高压所、锦州锦开电器集团有限责任公司、河南森源电气股份有限公司、长江勘测规划设计研究院、金华电力开关有限公司、汕头正超电气集团有限公司、上海西门子高压开关有限公司、湖北湖开电气有限公司、川开电气有限公司、广州南洋电器有限公司、机械工业高压电器产品质量检测中心(沈阳)、华东电网有限公司、库柏耐吉(宁波)电气有限公司、广州白云电器设备股份有限公司、江苏省如高高压电器有限公司、上海天灵开关厂有限公司、益和电气集团股份有限公司、四川电器集团有限责任公司、施耐德电气(中国)投资有限公司、天津市三源电力设备制造有限公司、国网电力科学研究院检测中心、ABB(中国)有限公司高压技术中心、厦门ABB华电高压开关有限公司、天水长城开关厂有限公司、伊顿电气有限公司、上海电气输配电试验中心有限公司、西门子中国输配电中压部、浙江昌泰电力开关有限公司、阿海珐输配电(厦门)开关有限公司、山东泰开高压开关有限公司、中国电科院农电及配电研究所、西门子(杭州)高压开关有限公司、深圳光辉电器实业有限公司、宁夏力成电气集团有限公司、常州太平洋电力设备集团有限公司、深圳电气科学研究所、北京科锐配电自动化股份有限公司、北京北开电气股份有限公司。

本标准主要起草人:李鹏、潘瑾、元复兴、田恩文、张实。

本标准参加起草人:邢娜、严焕玲、冯建强、王平、崔景春、孔祥军、阎关星、王向克、潘永成、王建西、马增锐、祝存春、林复明、张姝、黄立群、韩彦华、成守勇、赵中亭、石凤翔、叶树新、申亮、沈威、李家兴、罗安栋、刘成学、李莉、杨英杰、刘兆林、杨成懋、饶坤、周巧平、李政军、池海燕、张卫东、顾德明、康应城、王其恺、潘瑞琼、马炳烈、刘莉、蒋玉明、张德勤、李小松、吴炳昌、汪建成、张重乐、张交锁、王富敏、乔清博、袁春萍、肖敏英、胡兆明、杨钦。

本标准所代替标准的历次版本发布情况为:

——GB 2706—1989;

——GB 763—1990;

——GB 11022—1989;

——GB/T 11022—1999。

高压开关设备和控制设备标准的共用技术要求

1 概述

1.1 范围

本标准适用于电压3 kV及以上，频率50 Hz及以下的电力系统中运行的户内、户外安装的交流开关设备和控制设备。

除非在与特定类型开关设备和控制设备有关的产品标准中另有规定，本标准适用于所有的高压开关设备和控制设备。

注：为了便于本标准的使用，通常意义上的高压开关设备的电压范围是泛指额定电压3.6 kV及以上。实际应用中通常中压开关设备的额定电压范围是3.6 kV～63 kV；高压开关设备的额定电压范围是72.5 kV～252 kV；超高压开关设备的额定电压范围是363 kV～800 kV；特高压开关设备的额定电压范围是1 100 kV及以上。

1.2 规范性引用文件

下列文件对于本文件的应用是必不可少的。凡是注日期的引用文件，仅注日期的版本适用于本文件。凡是不注日期的引用文件，其最新版本(包括所有的修改单)适用于本文件。

GB/T 156—2007 标准电压(IEC 60038:2002,MOD)

GB 311.1—1997 高压输变电设备的绝缘配合(neq IEC 60071-1:1993)

GB/T 311.2 绝缘配合 第2部分：高压输变电设备的绝缘配合使用导则(IEC 60071-2:1996,MOD)

GB 755—2008 旋转电机 定额和性能(IEC 60034-1:2004,IDT)

GB/T 762—2002 标准电流等级(IEC 60059:1999,MOD)

GB 2099.1—2008 家用和类似用途插头插座 第1部分：通用要求(IEC 60884-1:2006,MOD)

GB/T 2423系列 电工电子产品环境试验 第2部分(IEC 60068-2(所有部分),IDT)

GB 2536—1990 变压器油(neq IEC 60296:1982)

GB/T 2900.13—2008 电工术语 可信性和服务质量(IEC 60050-191:1990,IDT)

GB/T 2900.17—2009 电工术语 量度继电器

GB/T 2900.18—2008 电工术语 低压电器

GB/T 2900.19—1994 电工术语 高电压试验技术与绝缘配合(neq IEC 60071-1:1993)

GB/T 2900.20—1994 电工术语 高压开关设备(neq IEC 60050-441:1984)

GB/T 2900.33—2004 电工术语 电力电子技术(IEC 60050-551:1998,IDT)

GB/T 2900.36—2003 电工术语 电力牵引(IEC 60050-811:1991,MOD)

GB/T 2900.56—2008 电工术语 控制技术(IEC 60050-351:2006,IDT)

GB/T 2900.59—2008 电工术语 发电、输电及配电 变电站(IEC 60050-605:1983,MOD)

GB/T 2900.71—2008 电工术语 电气装置(IEC 60050-826:2004,IDT)

GB 3906—2006 3.6 kV～40.5 kV交流金属封闭开关设备和控制设备(IEC 62271-200:2003,MOD)

GB/T 4025—2003 人机界面标志标识的基本和安全规则 指示器和操作器的编码规则(IEC 60073—1996,IDT)

GB/T 4026—2004 人机界面标志标识的基本方法和安全规则 设备端子和特定导体终端标识及字母数字系统的应用通则(IEC 60445:1999,IDT)

GB 4208—2008 外壳防护等级(IP 代码)(IEC 60529:2001,IDT)

GB/T 4210—2001 电工术语 电子设备用机电元件(IEC 60050-581:1978,IDT)

GB/T 4585—2004 交流系统用高压绝缘子的人工污秽试验(IEC 60507:1991,IDT)

GB/T 4728 系列 电气简图用图形符号(IEC 60617,IDT)

GB/T 4796—2008 电工电子产品环境条件分类 第1部分:环境参数及其严酷程度(IEC 60721-1:2002,IDT)

GB/T 4797 系列 电工电子产品自然环境条件(IEC 60721-2(所有部分),MOD)

GB/T 4798 系列 电工电子产品应用环境条件(IEC 60721-3(所有部分),MOD)

GB 4824—2004 工业、科学和医疗(ISM)射频设备 电磁骚扰特性 限值和测量方法(CISPR 11:2003,IDT)

GB/T 5013 系列 额定电压 450/750 V 及以下橡皮绝缘电缆(IEC 60245(所有部分),IDT)

GB 5023 系列 额定电压 450/750 V 及以下聚氯乙烯绝缘电缆(IEC 60227(所有部分),IDT)

GB/T 5095.2—1997 电子设备用机电元件 基本试验规程及测量方法 第2部分:一般检查、电连续性和接触电阻测试、绝缘试验和电压应力试验(idt IEC 60512-2(所有部分))

GB/T 5169 系列 电工电子产品着火危险试验(IEC 60695-1(所有部分),IDT、IEC 60695-7(所有部分),IDT)

GB/T 5465.2—2008 电气设备用图形符号 第2部分:图形符号(IEC 60417:2007,IDT)

GB/T 5732—1985 电子设备用固定电阻器 第四部分:分规范:功率型固定电阻器(可供认证用)(idt IEC 60115-4:1982)

GB/T 6113 系列 无线电骚扰和抗扰度测量设备和测量方法规范(CISPR 16-1(所有部分),IDT)

GB/T 7349—2002 高压架空送电线、变电站无线电干扰测量方法(CISPR 18-2,IDT)

GB/T 7354—2003 局部放电测量(IEC 60270:2000,IDT)

GB/T 7676.1—1998 直接作用模拟指示电测量仪表及其附件 第1部分:定义和通用要求(idt IEC 60051-1:1997)

GB/T 7676.2—1998 直接作用模拟指示电测量仪表及其附件 第2部分:电流表和电压表的特殊要求(idt IEC 60051-2:1984)

GB/T 7676.4—1998 直接作用模拟指示电测量仪表及其附件 第4部分:频率表的特殊要求(idt IEC 60051-4:1984)

GB/T 7676.5—1998 直接作用模拟指示电测量仪表及其附件 第5部分:相位表、功率因数表和同步指示器的特殊要求(idt IEC 60051-5:1985)

GB/T 8905—1996 六氟化硫电气设备中气体管理和检测导则(neq IEC 60480:1974)

GB/T 9637—2001 电工术语 磁性材料与元件(IEC 60050-151:2001,MOD)

GB/T 10681—2009 家庭和类似场合普通照明用钨丝灯性能要求(IEC 60064:2005,NEQ)

GB/T 10682—2010 双端荧光灯 性能要求(IEC 60081:2005,NEQ)

GB/T 11021—2007 电气绝缘 耐热性分级(IEC 60085:2004,IDT)

GB/T 11287—2000 电气继电器 第21部分:量度继电器和保护装置的振动、冲击、碰撞和地震试验 第1篇:振动试验(正弦)(IEC 60255-21-1:1988,IDT)

GB/T 11918—2001 工业用插头插座和耦合器 第1部分:通用要求(IEC 60309-1:1999,IDT)

GB/T 11919—2001 工业用插头插座和耦合器 第2部分:带插销和插套的电器附件的尺寸互换性要求(IEC 60309-2:1999,IDT)

GB/T 12022—2006 工业六氟化硫(IEC 60376:1971,MOD)

GB/T 12706.1—2008 额定电压 1 kV(U_m=1.2 kV)到 35 kV(U_m=40.5 kV)挤包绝缘电力电缆及附件 第1部分:额定电压 1 kV(U_m=1.2 kV)和 3 kV(U_m=3.6 kV)电缆(IEC 60502-1:2004,MOD)

GB/T 13539.2—2008 低压熔断器 第2部分:专职人员使用的熔断器的补充要求(主要用于工业的熔断器)标准化熔断器系统示例A至I(IEC 60269-2:2006,IDT)

GB 13540—2009 高压开关设备和控制设备的抗震要求(IEC 62271-2:2003,MOD)

GB 14048.2—2008 低压开关设备和控制设备 第2部分:断路器(IEC 60947-2:2006,IDT)

GB 14048.3—2008 低压开关设备和控制设备 第3部分:开关、隔离器、隔离开关以及熔断器组合电器(IEC 60947-3:2005,IDT)

GB 14048.4—2010 低压开关设备和控制设备 第4-1部分:接触器和电动机起动器 机电式接触器和电动机起动器(含电动机保护器)(IEC 60947-4-1:2009-09 Ed.3.0,IDT)

GB 14048.5—2008 低压开关设备和控制设备 第5-1部分:控制电路电器和开关元件 机电式控制电路电器(IEC 60947-5-1:2003,MOD)

GB 14048.6—2008 低压开关设备和控制设备 第4-2部分:接触器和电动机起动器 交流半导体电动机控制器和起动器(含软起动器)(IEC 60947-4-2:2002,IDT)

GB/T 14048.7—2006 低压开关设备和控制设备 第7-1部分:辅助器件 铜导体的接线端子排(IEC 60947-7-1:2002,MOD)

GB/T 14048.8—2006 低压开关设备和控制设备 第7-2部分:辅助器件 铜导体的保护导体接线端子排(IEC 60947-7-2:2002,MOD)

GB 14536.10—2008 家用和类似用途电自动控制器 温度敏感控制器的特殊要求(IEC 60730-2-9:2004,IDT)

GB 14536.15—2008 家用和类似用途电自动控制器 湿度敏感控制器的特殊要求(IEC 60730-2-13:2006,IDT)

GB/T 14598.15—1998 电气继电器 第8部分:电热继电器(idt IEC 60255-8:1990)

GB/T 15298—1994 电子设备用电位器 第一部分:总规范(idt IEC 60393-1:1989)

GB/T 15544—1995 三相交流系统短路电流计算(eqv IEC 60909:1988)

GB 16915.1—2003 家用和类似用途固定式电气装置的开关 第1部分:通用要求(IEC 60669-1:2000,MOD)

GB/T 16927.1—1997 高电压试验技术 第一部分:一般试验要求(eqv IEC 60060-1:1989)

GB/T 17626.1—2006 电磁兼容 试验和测量技术 抗扰度试验总论(IEC 61000-4-1:2000,IDT)

GB/T 17626.4—2008 电磁兼容 试验和测量技术 电快速瞬变脉冲群抗扰度试验(IEC 61000-4-4:2004,IDT)

GB/T 17626.10—1998 电磁兼容 试验和测量技术 阻尼振荡磁场抗扰度试验(idt IEC 61000-4-18:1993)

GB/T 17626.11—2008 电磁兼容 试验和测量技术 电压暂降、短时中断和电压变化的抗扰度试验(IEC 61000-4-11:2004,IDT)

GB/T 17626.17—2005 电磁兼容 试验和测量技术 直流电源输入端口纹波抗扰度试验(IEC 61000-4-17:2002,IDT)

GB/T 17626.29—2006 电磁兼容 试验和测量技术 直流电源输入端口电压暂降、短时中断和电压变化的抗扰度试验(IEC 61000-4-29:2000,IDT)

GB/T 17627.1—1998 低压电气设备的高电压试验技术 第一部分:定义和试验要求(eqv IEC 61180-1:1992)

GB 17799(所有部分) 电磁兼容 通用标准(IEC 61000-6:1997,IDT)

GB/T 18496—2001 电子设备用机电开关 第4部分:钮子(倒扳)开关分规范(IEC 61020-4:1991,IDT)

GB/T 20138—2006 电器设备外壳对外界机械碰撞的防护等级(IK代码)(IEC 62262:2002,IDT)

GB/T 21711.1—2008 基础机电继电器 第1部分:总则与安全要求(IEC 61810(所有部分),IDT)

IEC 60130(所有部分) 频率低于3 MHz的连接器(Connectors for frequencies below 3 MHz)

IEC 60255-21-3 继电器——第21部分:测量继电器和保护设备的振动、撞击、颠簸和抗震试验——第3节:抗震试验(正弦的)(Electrical relays—Part 21:Vibration,shock,bump and seismic tests on measuring relays and protection equipment—Section 3:Seismic tests)

IEC 60815:1986 污秽条件下绝缘子的选用导则(Guide for the selection of insulators in respect of polluted conditions)

IEC 61000-5(所有部分) 电磁兼容性(EMC)——第5部分:安装和调节导则(Electromagnetic compatibility (EMC)—Part 5:Installation and mitigation guidelines)

IEC 61634 高压开关设备和控制设备中SF_6的使用和处理

IEC 62271-303:2008 高压开关设备和控制设备中六氟化硫(SF_6)的使用和处理(High-voltage switchgear and controlgear—Part 303:Use and handling of sulphur hexafluoride(SF_6))

IEC 62063 高压开关设备和控制设备——电子及相关技术在高压开关设备和控制设备的辅助设备中的应用(High-voltage switchgear and controlgear—The use of electronic and associated technologies in auxiliary equipment of switchgear and controlgear)

IEC 62326-1 印刷线路板——第1部分:一般技术要求(Printed boards—Part 1:Generic specification)

2 正常和特殊使用条件

2.1 概述

除非另有规定,高压开关设备和控制设备及与其成为一体的操动机构和辅助设备,规定在其额定特性和2.2中列出的正常使用条件下使用。

如果实际使用条件和这些正常使用条件不同,高压开关设备和控制设备及其配用的操动机构和辅助设备,应该按用户提出的特殊要求来设计(见2.3)。

注1:在这种情况下,可以采取适当措施以保证其他元件的正常动作,如继电器。

注2:关于环境条件分级的详细资料在GB/T 4798中给出。

2.2 正常使用条件

2.2.1 户内开关设备和控制设备

a) 周围空气温度不超过40 ℃,且在24 h内测得的平均值不超过35 ℃。
   最低周围空气温度的优选值为−5 ℃,−15 ℃和−25 ℃。

b) 阳光辐射的影响可以忽略。

c) 海拔不超过1 000 m。

d) 周围空气没有明显地受到尘埃、烟、腐蚀性和/或可燃性气体、蒸气或盐雾的污染。如果用户没有特殊的要求,制造厂可以认为不存在这些情况。

e) 湿度条件如下：

——在 24 h 内测得的相对湿度的平均值不超过 95%；

——在 24 h 内测得的水蒸气压力的平均值不超过 2.2 kPa；

——月相对湿度平均值不超过 90%；

——月水蒸气压力平均值不超过 1.8 kPa。

在这样的条件下偶尔会出现凝露。

注 1：在高湿度期间温度急骤变化时可能出现凝露。

注 2：为耐受高湿度和凝露所产生的效应，例如绝缘击穿或金属件腐蚀，应使用为此条件设计的开关设备。

注 3：可用特殊设计的建筑物或小室、变电站内采用适当的通风和加热或使用去湿装置以防止形成凝露。

f) 来自开关设备和控制设备外部的振动或地动与设备的正常运行方式没有明显关系。如果用户没有特殊的要求，制造厂可以不考虑这些情况。

注 4：对“没有明显”的含义是用户或者设备规范的起草者来解释。或者用户与地震事件无关，或者他的分析认为风险“不明显”。

2.2.2 户外开关设备和控制设备

a) 周围空气温度不超过 40 ℃，且在 24 h 内测得的温度平均值不超过 35 ℃。

最低周围空气温度的优选值为－10 ℃，－25 ℃，－30 ℃和－40 ℃。

b) 应当考虑温度的急剧变化。

应当考虑高达 1 000 W/m^2（晴天中午）的阳光辐射。

注 1：在一定的阳光辐射条件下，为了不超过规定的温升，必要时，可采取适当的措施，如加盖屋顶、强迫通风，阳光的聚集等，或者使用降容的方法。

注 2：阳光辐射的详细资料见 GB/T 4797。

c) 海拔不超过 1 000 m。

d) 周围空气可能受到尘埃、烟、腐蚀性气体、蒸气或盐雾的污染。污秽等级不得超过 IEC 60815 表 1 中的Ⅱ级（中等污秽）。

e) 应考虑的覆冰范围从 1 mm 到 20 mm，但不超过 20 mm。

f) 风速不超过 34 m/s（相应于圆柱表面上的 700 Pa）。

注 3：风的特性见 GB/T 4797。

g) 应当考虑凝露和降水。

注 4：降水的特性见 GB/T 4797。

h) 来自开关设备和控制设备外部的振动或地动与设备的正常运行方式没有明显关系。如果用户没有特殊的要求，制造厂可以不考虑这些情况。

注 5：对“没有明显”的含义是用户或者设备规范的起草者来解释。或者用户与地震事件无关，或者他的分析认为风险“不明显”。

2.3 特殊使用条件

2.3.1 概述

高压开关设备和控制设备可以在不同于 2.2 中规定的正常使用条件下使用，这时用户的要求应当按照下述要求。

2.3.2 海拔

对于安装在海拔高于 1 000 m 处的设备，外绝缘在使用地点的绝缘耐受水平应为额定绝缘水平乘以按照图 1 确定的系数 K_a。

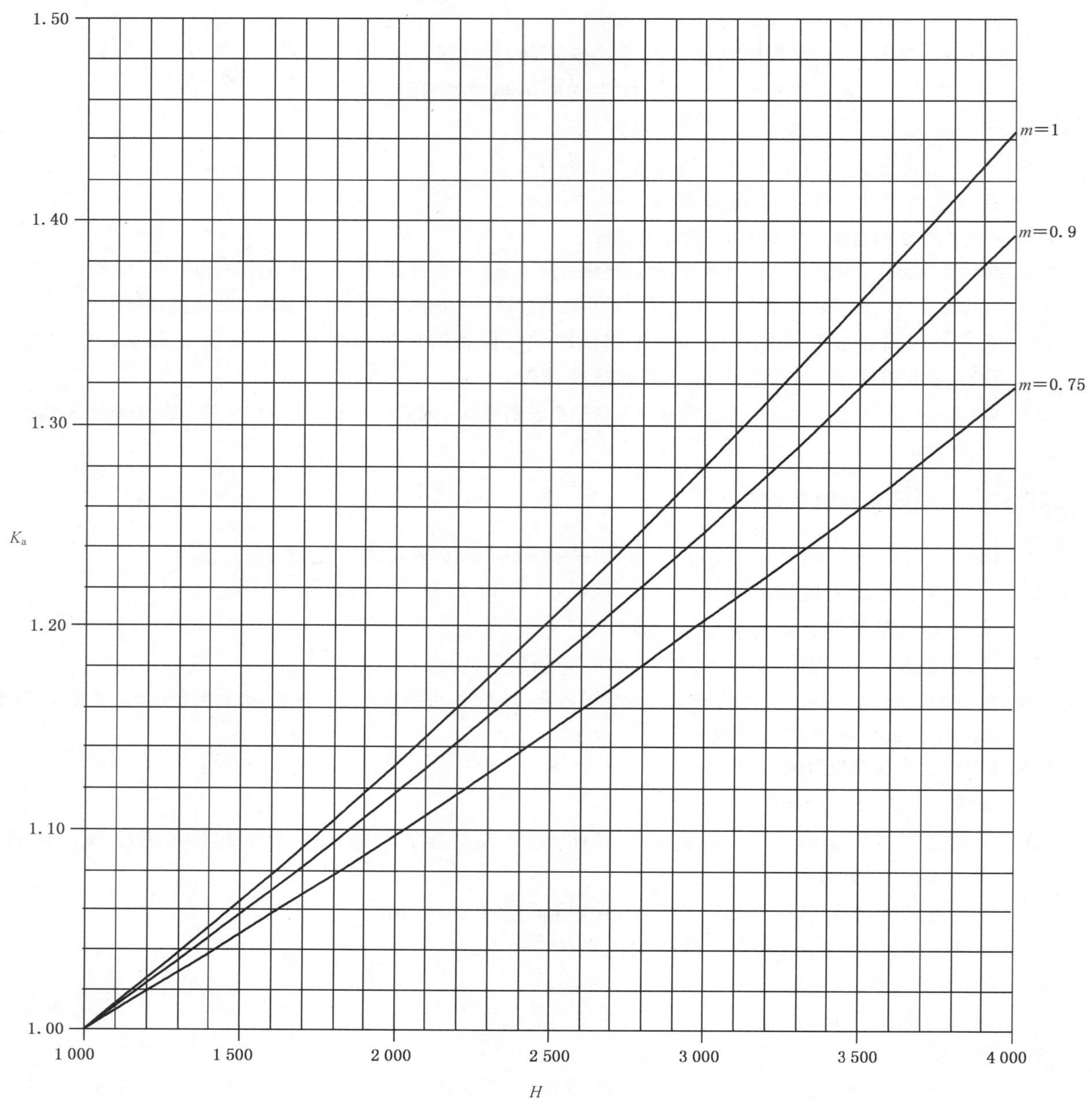

图 1　海拔修正系数

海拔修正系数可按 IEC 60071-2 的 4.2.2 用下式计算，且对于海拔 1 000 m 及以下不需要修正：

$$K_a = e^{m(H-1\,000)/8\,150}$$

式中：

H 是海拔，用米表示；

为了简单起见，m 取下述的确定值：

$m=1$ 对于工频、雷电冲击和相间操作冲击电压；

$m=0.9$ 对于纵绝缘操作冲击电压；

$m=0.75$ 对于相对地操作冲击电压。

操作冲击的 m 取值可参考 IEC 60071-2 的 4.2.2。

注 1：在任一海拔处，内绝缘的绝缘特性是相同的，不需要采取特别的措施。外绝缘和内绝缘的定义见

GB/T 311.2。

注 2：对于低压辅助设备和控制设备，如果海拔低于 2 000 m，不需要采取特别的措施。对于更高的海拔，见 GB/T 16935。

2.3.3 污秽

对于安装在污秽空气中的设备，污秽等级应规定为 IEC 60815 中的Ⅲ级——重污秽，或Ⅳ级——严重污秽。

对于户内设施，可以参考 GB 3906—2006 的附录 C。

2.3.4 温度和湿度

对于安装在周围空气温度可能超出 2.2 中规定的正常使用条件范围处的设备，优先选用的最低和最高温度的范围规定为：

——对严寒气候，−50 ℃和+40 ℃；

——对酷热气候，−5 ℃和+55 ℃。

在暖湿风频繁出现的某些地区，温度的骤变会导致凝露，甚至在户内也会这样。

在湿热带户内条件下，在 24 h 内测得的相对湿度的平均值可以达到 98%。

2.3.5 振动、撞击或摇摆

标准的开关设备和控制设备设计安装在牢固的底座或支架上，免受过度的振动、撞击和摇摆。在存在这些异常条件的地区，用户应规定特定应用的要求。

在可能出现地震的地区，用户应按 GB 13540 来规定设备的抗震水平。

2.3.6 风速

在某些地区，风速的值为 40 m/s。

2.3.7 覆冰

超过 20 mm 的覆冰厚度由制造厂和用户协商。

2.3.8 其他参数

设备在特殊的环境条件下使用时，用户应参照 GB/T 4796 来规定这些环境参数。

3 术语和定义

GB/T 2900.20 界定的以及下列术语和定义适用于本文件。为了便于使用，以下重复列出了 GB/T 2900.20 的某些术语和定义。

3.1 通用术语

3.1.1

开关设备和控制设备　switchgear and controlgear

涵盖开关装置以及它们和相关控制、测量、保护和调节设备的组合，也包括此类装置和设备和相关的连接线、附件、外壳和支撑构架的总装。

[GB/T 2900.18—2008]

3.1.2

外绝缘 external insulation

空气间隙及设备的固体绝缘和敞开空气接触的表面，它们承受电压并受大气和其他外部条件如污秽、湿度、小动物等的影响。

[GB/T 2900.19—1994 的 3.24]

3.1.3

IP 代码 IP code

一种表示外壳防护等级并给出相关信息的编码系统，这种防护是指防止接近设备的危险部件，以及防止固体外物和水进入设备。

[GB 4208—2008 的 3.4]

3.1.4

外壳提供的防止接近危险部件的防护 protection provided by an enclosure against access to hazardous parts

为人员提供保护，以防：

——触及危险的机械部件；

——触及低压带电部件；

——在外壳内部低于安全距离处接近危险的高压带电部件。

注：防护可以通过下述途径来提供：

——外壳自身；

——成为外壳一部分的挡板或者外壳内部的距离(间隙)。

[GB 4208—2008 的 3.6]

3.1.5

IK 代码 IK code

说明外壳提供的防止有害的外部机械撞击的编码系统。

[GB/T 20138—2006 的 3.3]

3.1.6

维修 maintenance

所有技术活动和行政活动，包括监督活动的总和，目的是使设备保持在或恢复到能够实现要求功能的状态。

[GB/T 2900.13—2008 的 7.1]

3.1.7

计划维修 scheduled maintenance

按照既定的时间表进行的预防性维修。

[GB/T 2900.13—2008 的 7.10]

3.1.8

检查 inspection

在不解体的情况下对运行中的开关设备和控制设备的主要特性进行的检视。

注 1：这类检视通常针对流体压力和/或液面、密封性、继电器的位置和绝缘件的脏污程度，也包括对运行中的开关设备和控制设备能够进行的润滑、清扫和清洗等。

注 2：检查的结果能够引导作出是否检修的决定。

3.1.9

诊断试验 diagnostic tests

开关设备和控制设备特性参数的比较试验，通过测量这些参数中的一项或多项，来验证它能够履行其功能。

注：诊断试验的结果能够引导作出是否检修的决定。

3.1.10

检验　examination

需要时可进行局部解体的检查，为了可靠地评估开关设备和控制设备的状况，检查时可采用测量和无损试验等方法。

3.1.11

检修　overhaul

为了把元件和/或开关设备和控制设备恢复到可接受的状态（在公差范围内）而进行的修理或更换超差零件的工作，超差零件可通过检查、试验、检验或按制造厂维修手册的要求来确定。

3.1.12

停工时间　down time

装备处于停工状态的时间。

[GB/T 2900.13—2008 的 9.8]

3.1.13

失效　failure

装备丧失了实现所要求功能的能力。

注1：装备失效后出现故障。

注2："失效"是一个事件，它不同于"故障"，后者是一个状态。

注3：这样定义的概念不适用于仅由软件组成的装备。

[GB/T 2900.13—2008 的 4.1]

3.1.14

重失效（开关设备和控制设备的）　major failure (of switchgear and controlgear)

引起开关设备和控制设备丧失其一项或多项基本功能的失效。

重失效将导致系统运行状态的立即改变，例如要求后备保护排除故障，或者在 30 min 之内强行使其退出运行，进行非计划维修。

3.1.15

轻失效（开关设备和控制设备的）　minor failure (of switchgear and controlgear)

结构元件或部件的失效，它不导致开关设备和控制设备的重失效。

3.1.16

缺陷　defect

装备在状态方面的不完善（或固有的弱点），在规定的使用、环境或维修条件下，在预定的时间内这种不完善能够导致装备本身或另一装备的一项或多项失效。

3.1.17

周围空气温度　ambient air temperature

按规定条件测定的围绕整个开关设备的周围空气的平均温度。

注：对于安装在外壳内部的开关装置或熔断器，周围空气温度是指外壳外部的空气温度。

[GB/T 2900.20—1994 的 2.39]

3.1.18

使用平台　servicing level

地平面或固定的永久台面，站在其上，被授权的人员可以操作装置。

3.1.19

非暴露型　non-exposed type

元件的一种类型，其中没有可被触及的带电部件。

3.1.20

监控 monitoring

通过探测不正确的功能来验证正确功能对系统或部分系统所进行的监测，该监测是通过测量系统的一个或多个变量并把测到的数值和规定值进行比较来完成的。

注：IEV 中对该术语给出了多个定义。它们对应于不同的应用领域。上面给出的参考适用于当前的情况。

[GB/T 2900.56—2008，修改过]

3.1.21

监督 supervision

为了监测设备的状态，人工或自动进行的行为。

注 1：自动监督可以在设备内部或外部进行。

注 2：IEV 中对该术语给出了多个定义。它们对应于不同的应用领域。上面给出的参考适用于当前的情况。

[GB/T 2900.13—2008 的 7.26]

3.2 开关设备和控制设备的总装

3.2.1

试品 test specimen

三极机械联动(即一台操动机构)或型式试验主要是三极型式试验时，试品是整台开关设备和控制设备。如果不是这样，试品是整台开关设备和控制设备的一个极。如果相关的产品标准允许的话，试品可以是一个有代表性的分装。

3.3 总装的组成部分

3.3.1

运输单元 transport unit

不需拆开便可运输的开关设备和控制设备的一部分。

3.3.2

母线 busbar

可以连接多个电气回路的低阻抗导体。

[GB/T 2900.59—2008]

3.4 开关装置

特定开关装置的定义可以在具体的产品标准中找到。

3.4.1

真空灭弧室 vacuum interrupter

开合元件，其中的高压电气触头在高真空的、气密密封的环境中动作。

3.5 开关设备和控制设备的部件

3.5.1

外壳 enclosure

提供适合于既定应用的保护类型和等级的部件。

注：本定义引自 GB/T 2900.71，在本标准的范围内需作如下说明：

a) 外壳用来防止人员或动物接近危险部件。

b) 挡板、各种孔盖或其他零件(不论是附装在外壳上的还是由被包容的设备构成的)，凡适用于防止或限制规定的试具进入的，都作为外壳的一部分。不论是通过联锁、钥匙还是通过其他器具使它们处于安全位置时，都需要工具才能移开。

[GB/T 2900.71—2008]

3.5.2

危险部件 hazardous part

接近或接触时有危险的部件。

[GB 4208—2008 的 3.5]

3.5.3

触头(机械开关装置的) contact (of a mechanical switching device)

一种导电部件,接触时建立起电路的连续性;在操作期间,由于触头的相对运动使电路断开或闭合,或者在转动或滑动接触的情况下保持电路的连续性。

[GB/T 2900.20—1994 的 4.1]

3.5.4

辅助回路(开关装置的) auxiliary circuit (of a switching device)

包括在装置的主回路和控制回路以外的导电路径中的所有导电部件。

注:某些辅助回路实现补充功能,例如信号、联锁等,以及它们可以成为另一台开关装置的控制回路。

[GB/T 2900.20—1994 的 2.26]

3.5.5

控制回路(开关装置的) control circuit (of a switching device)

包括在用来进行装置的合闸操作、分闸操作或两者的回路中的开关装置的所有导电部件(不同于主回路的)。

[GB/T 2900.20—1994 的 2.25]

3.5.6

辅助开关(机械开关装置的) auxiliary switch (of a mechanical switching device)

由开关装置机械操作的一对或多对控制和/或辅助触头组成的开关。

[GB/T 2900.20—1994 的 4.28]

3.5.7

控制开关(用于控制和辅助回路) control switch (for control and auxiliary circuits)

用于控制开关设备和控制设备的机械开关装置,包括信号、电气联锁等。

注:控制开关由共用一个执行装置的一对或多对触头元件组成。

[GB/T 2900.20—1994 的 4.27]

3.5.8

辅助触头 auxiliary contact

接在该机械开关装置的辅助回路中并由该机械开关装置用机械操作的触头。

[GB/T 2900.20—1994 的 4.7]

3.5.9

控制触头 control contact

接在机械开关装置的控制回路中并由该装置用机械操作的触头。

[GB/T 2900.20—1994 的 4.6]

3.5.10

联结(用螺栓的或与其等效的) connection (bloted or the equivalent)

两个或多个导体用螺钉、螺栓或与其等效的方法连接在一起,用来保证回路持久的连续性。

3.5.11

位置指示器 position indicating device

指示机械开关装置处于分闸、合闸或者适用时的接地位置的机械开关装置的部件。

[GB/T 2900.20—1994 的 4.40]

3.5.12

监视装置　monitoring device

用来自动监视装备状态的装置。

[GB/T 2900.13—2008 的 7.26]

3.5.13

指示开关　pilot switch

按驱动量的规定状态作出反应来驱动的非人力控制的开关。

注：驱动量可以是压力、温度、速度、液位、历时等。

[GB/T 2900.18—2008]

3.5.14

低能量触头　low-energy contact

设计在非常低的能量回路中使用的触头，例如用在监测或信息技术中。

注：典型的应用是接入端电压不超过 10 V，通过电流几毫安的负载回路。

3.5.15

电缆入口　cable entry

允许电缆进入外壳的通道且具有开口的部件。

3.5.16

盖板　cover plate

外壳的一部分，能够打开或关闭且设计用螺钉或类似方法保持在该位置。设备投运后通常不移开。

3.5.17

隔板　partition

把一个隔室和其他隔室分开的总装的部件。

[GB/T 2900.20—1994 的 4.43]

3.5.18

执行器　actuator

外部的执行力施加到执行系统上的部件。

注：执行器可以是手柄、旋钮、按钮、磙子、活塞等形式。

[GB/T 2900.18—2008]

3.5.19

(测量仪器的)指示装置　indicating device (of a measuring instrument)

用来指示测量量的数值的测量仪器的元件的整体。

注：测量仪器的指示方法或整定装置可以延伸到如材料测量或者信号发生器。

3.5.20

联接　splice

通过包容有或无附加保护的电气导体并能保证绝缘的连接装置。

[GB/T 4210—2001]

3.5.21

端子　terminal

用于连接电气回路元件、电气回路或者具有电气回路元件、电气回路或系统的连接点。

注 1：对于电气回路元件，端子是指在其上或其间确定相关集成量的点。

注 2：术语“端子”在 GB/T 9637 中有相关的意义。

[GB/T 2900.20—1994 的 4.49]

3.5.22

端子排　terminal block

为满足多个导体内部连接并处于外壳或绝缘件内的端子的总装。

[GB/T 4210—2001]

3.5.23

中性导体　neutral conductor

和系统的中性点连接并有利于电能传输的导体。

[GB/T 2900.71—2008]

3.5.24

保护导体(符号 PE)　protective conductor (symbol PE)

为了安全目的而提供的导体,例如,预防电击的保护。

注:在电气设施中,标有“PE”的导体通常认为是保护性接地导体。

[GB/T 2900.71—2008]

3.5.25

PEN 导体　PEN conductor

结合有保护导体和中性线导体功能的接地导体。

[GB/T 2900.71—2008,修改过]

3.5.26

有或无继电器　all-or-nothing relay

打算被某个量激励的继电器,该量值要么在其动作范围内要么等效为零。

[GB/T 2900.17—2009]

3.5.27

热继电器　thermal electrical relay

通过测量被保护设备中流过的电流和模拟其热性能的特性曲线来保护设备防止电热损坏的、基于时间的量度继电器。

[GB/T 2900.17—2009]

3.5.28

(机械的)接触器　(mechanical) contactor

手动操作除外,只有一个休止位置,能关合、承载及开断正常回路条件下的电流以及在过载条件下操作的机械开关装置。

注:接触器可以根据为主触头合闸提供力的方法分类。

[GB/T 2900.20—1994 的 3.32]

3.5.29

起动器　starter

起动和停止电动机并同适当过载保护元件组合在一起能满足所需的所有开合方式的组合体。

注:起动器可以根据为主触头合闸提供力的方法分类。

[GB/T 2900.20—1994 的 3.35]

3.5.30

并联脱扣器　shunt release

由电压源激励的脱扣器。

注:该电压源可以和主回路的电压无关。

[GB/T 2900.20—1994 的 4.38]

3.5.31

开关 switch

装有执行器和触头能够关合和开断连接的元件。

[GB/T 2900.20—1994 的 3.29]

3.5.32

配电回路 distribution circuit

给一台或多台配电板供电的电路。

[GB/T 2900.71—2008]

3.5.33

(建筑物的)末级回路 final circuit (of buildings)

采用设备或插座直接供给电流的电路。

[GB/T 2900.71—2008]

3.5.34

连杆开关 toggle switch

具有连杆的开关,它的运动可以直接或间接地以规定的方式使得开关端子接通或断开。通过执行机构的任何间接行为应使得连接和/或断开的速度与连杆运动的速度无关。

[GB/T 4210—2001]

3.5.35

隔离开关 disconnector

在分闸位置能够按照规定的要求提供隔离断口的机械开关装置。

注:在回路中需要开断或关合可忽略的电流或者隔离开关每极端子间没有显著的电压变化时隔离开关可以关合和开断回路。它还能够在正常回路条件下承载电流且在异常的回路条件(如短路)下在规定的时间内承载电流。

[GB/T 2900.20—1994 的 3.24]

3.5.36

计数器 operations counter

指示机械开关装置完成的操作循环次数的装置。

3.5.37

指示灯 indicator light

用做指示器的灯。

[GB/T 2900.36—2003]

3.5.38

插头和插座 plug and socket-outlet

能够实现软电缆和固定导线连接的装置。

注:该方法的应用示例见 GB/T 11918—2001 的图 1。

3.5.39

电缆连接器 cable coupler

能够实现两个软电缆连接的装置。

注:该方法的应用示例见 GB/T 11918 的图 1。

3.5.40

器具的连接器 appliance coupler

能够实现软电缆和设备连接的装置。

注:该方法的应用示例见 GB/T 11918 的图 1。

3.5.41

连接器 connector

与匹配元件连接或断开的元件。

[GB/T 4210—2001]

3.5.42

线圈 coil

一组串联连接的圆形回路,通常是同轴的。

[GB/T 9637—2001]

3.5.43

静态开关元件 static switching component

其中的开合行为是通过电子的、磁的、光的或其他没有机械运动的方式实现的装置。

3.5.44

辅助和控制回路 auxiliary and control ciruits

——安装在或邻近于开关设备和控制设备的控制和辅助回路,包括中央控制柜中的回路;

——监控、诊断等用的设备,它作为开关设备和控制设备的辅助回路的一部分;

——和互感器的二次端子连接的回路,它作为开关设备和控制设备的一部分。

3.5.45

(辅助和控制回路的)分装 subassembly (of auxiliary and control ciruits)

辅助和控制回路的一部分,在其功能和位置方面,分装通常置于独立的外壳内并具有自己的接口。

3.5.46

(辅助和控制回路的)可互换的分装 interchangeable subassembly (of auxiliary and control ciruits)

打算安装在辅助和控制回路的各种位置或者可以被其他类似分装代替的分装。可互换的分装具有容易使用的接口。

3.5.47

电子装置 electronic device

其功能基于通过半导体、高真空或气体放电使电荷载流子迁移的器件。

[GB/T 2900.33—2004]

3.5.48

联锁装置 interlocking device

使得开关装置的操作取决于设备的位置或设备的一个或多个零件的操作的装置。

[GB/T 2900.20—1994 的 4.25]

3.6 操作

3.6.1

动力操作 dependent power operation

通过不同于人力的能量方式的操作,其操作的完成取决于能量供应(如给线圈、电动机或液压电动机等)的连续性。

[GB/T 2900.20—1994 的 5.10]

3.6.2

储能操作 stored energy operation

通过操作前储存在机构本身的且在预定的条件下足以完成操作的能量来进行的操作。

注:这类操作可按下述分类:

1 能量储存方式(弹簧,重锤等);

2 能量源(人力,电气的等);

3 能量释放方式(人力,电气的等)。

[GB/T 2900.20—1994 的 5.11]

3.6.3

非扣锁的操作 independent unlatched operation

在一次连续的操作中能量的储存和释放使得操作的速度和力与能量施加的速率无关的储能操作。

3.6.4

正向驱动操作 positively driven operation

根据规定的要求,设计保证机械开关装置的辅助触头处于和主触头的分闸和合闸位置对应的位置的操作。

注:正向驱动操作装置由相关的运动部件与一次回路的主触头机械连接而不使用弹簧和敏感元件组成。在机械辅助触头的情况下,敏感元件可以简化,静触头直接和二次端子连接。在该功能是通过电子方式实现的场合,敏感元件可以是与静态开关、电子元件或光电传感元件相关联的静态传感器(光的、磁的等)。

[GB/T 2900.18—2008,修改过]

3.6.5 关于压力(或密度)的定义

3.6.5.1

绝缘和/或开合用的额定充入压力 p_{re}(或密度 ρ_{re}) rated filling pressure (or density ρ_{re}) for insulation and/or switching

在投运或自动补压前充入总装的绝缘和/或开合用的压力(或密度),折算到+20 ℃、101.3 kPa 的标准大气条件下,可以用相对压力或绝对压力表示。

3.6.5.2

操作用的额定充入压力 p_{rm}(或密度 ρ_{rm}) rated filling pressure for operation p_{rm} (or density ρ_{rm})

在投运前或自动补压前充入控制装置的用 Pa 表示的压力(或密度),折算到+20 ℃、101.3 kPa 的标准大气条件下,可以用相对压力或绝对压力表示。

3.6.5.3

绝缘和/或开合用的报警压力 p_{ae}(或密度 ρ_{ae}) alarm pressure p_{ae} (or density ρ_{ae}) for insulation and/or switching

用 Pa 表示的用于绝缘和/或开合的压力(或密度),在该压力下可以给出监视信号,折算到+20 ℃、101.3 kPa 的标准大气条件下,可以用相对压力或绝对压力表示。

3.6.5.4

操作用的报警压力 p_{am}(或密度 ρ_{am}) alarm pressure for operation p_{am} (or density ρ_{am})

用 Pa 表示的用于操作的压力(或密度),在该压力下可以给出监视信号,折算到+20 ℃、101.3 kPa 的标准大气条件下,可以用相对压力或绝对压力表示。

3.6.5.5

绝缘和/或开合用的最低功能压力 p_{me}(或密度 ρ_{me}) minimum functional pressure p_{me} (or density ρ_{me}) for insulation and/or switching

用 Pa 表示的用于绝缘和/或开合的压力(或密度),大于或等于此压力时开关设备和控制设备保持其额定特性,折算到+20 ℃、101.3 kPa 的标准大气条件下,可以用相对压力或绝对压力表示。

3.6.5.6

操作用的最低功能压力 p_{mm}(或密度 ρ_{mm}) minimum functional pressure for operation p_{mm} (or density ρ_{mm})

用 Pa 表示的压力(或密度),大于或等于此压力时开关设备和控制设备保持其额定特性,操作介质的压力(Pa),折算到+20 ℃、101.3 kPa 的标准大气条件下,可以用相对压力或绝对压力表示。此压力通常称作闭锁压力。

3.6.6 关于气体和真空密封的定义

这些定义适用于使用真空或使用除大气压力下的空气之外的气体作为绝缘、绝缘和开断、或操作介质的所有开关设备和控制设备。

3.6.6.1

充气隔室 gas-filled compartment

开关设备和控制设备的隔室,隔室内部的气体压力由下列一种系统保持:

a) 可控压力系统;

b) 封闭压力系统;

c) 密封压力系统。

注:几个充气隔室相互间可以永久联接成一公共的气体系统(气密性装配)。

3.6.6.2

气体的可控压力系统 controlled pressure system for gas

自动从外部压缩气源或内部气源补气的空间。

注1:可控压力系统的实例有空气断路器(气吹断路器)或气动操动机构。

注2:空间可以由几个永久连接的充气隔室组成。

3.6.6.3

气体的封闭压力系统 closed pressure system for gas

只能用人工连接到外部气源定期补气的空间。

注:封闭压力系统的实例是单压式 SF_6 断路器。

3.6.6.4

密封压力系统 sealed pressure system

在预定的使用寿命期内不需要对气体或真空作进一步处理的空间。

注1:密封压力系统的实例是真空断路器或某些 SF_6 断路器的灭弧室。

注2:密封压力系统的组装和试验全部在工厂进行。

3.6.6.5

绝对漏气率 absolute leakage rate

F

单位时间内气体的漏失量,以 Pa·m³/s 表示。

3.6.6.6

允许漏气率 permissible leakage rate

F_p

制造厂对部件、元件或分装规定的最大允许绝对漏气率,或是使用密封配合图(TC)对连在一个压力系统上的部件、元件或分装规定的最大允许绝对漏气率。

3.6.6.7

相对漏气率 relative leakage rate

F_{rel}

在充有额定压力(或密度)的系统中,相对于气体总量的绝对漏气率,以每年或每天的百分率表示。

3.6.6.8

补气时间间隔 time between replenishments

T

为补偿漏气率 F,当压力(或密度)降至报警值时,人工或自动进行的两次补气间的时间间隔。该值适用于封闭压力系统。

3.6.6.9

每天补气次数　number of replenishments per day

N

为补偿漏气率 F 的补气次数。该值适用于可控压力系统。

3.6.6.10

压力降　pressure drop

ΔP

在不补气的条件下,在给定的时间内由漏气率 F 引起的压力降低。

3.6.6.11

密封配合图　tightness coordination chart

TC

由制造厂提供的并在对部件、元件或分装进行试验时使用的检测资料,它说明整个系统的密封性和各个部件、元件和/或分装的密封性之间的关系。

3.6.6.12

累计漏气量的测量　cumulative leakage measurement

为了确定漏气率计及给定总装所有漏气而进行的测量。

3.6.6.13

探漏　sniffing

围绕总装缓慢移动检漏仪的探头来确定漏气点的位置。

3.6.7　关于液体密封的定义

这些定义适用于使用液体作为绝缘、绝缘和开断、或操作的所有开关设备和控制设备,这些液体具有或没有恒定的压力。

3.6.7.1

液体的可控压力系统　controlled pressure system for liquid

自动补充液体的空间。

3.6.7.2

液体的封闭压力系统　closed pressure system for liquid

只能用人工定期补充液体的空间。

3.6.7.3

绝对泄漏率　absolute leakage rate

F_{liq}

单位时间内液体的泄漏量,以 cm^3/s 表示。

3.6.7.4

允许泄漏率　permissible leakage rate

$F_{p(liq)}$

制造厂对液体压力系统规定的最大允许泄漏率。

3.6.7.5

每天补液次数　number of replenishments per day

N_{liq}

为补偿泄漏率 F_{liq} 的补液次数。该值适用于可控压力系统。

3.6.7.6

压力降 pressure dorp

ΔP_{liq}

在不补液的条件下，在给定时间内由泄漏率 F_{liq} 引起的压力降低。

3.7 特性参量

3.7.1

一极的隔离断口（机械开关装置的） isolating distance of a pole (of a mechanical switching device)

分闸触头间的间隙满足为隔离开关规定的功能要求。

[GB/T 2900.20—1994 的 2.38，修改过]

3.7.2

防护等级 degree of protection

外壳提供的防止接近危险部件、防止固体外物的进入和/或防止水的浸入以及防止机械撞击的防护程度（见 GB 4208—2008 和 GB/T 20138—2006）。

3.7.3

额定值 rated value

一般由制造厂对元件、装置或设备规定的工作条件所指定的量值。

[GB/T 2900.20—1994 的 6.1]

3.7.4

非保持的破坏性放电 NSDD non-sustained disruptive discharge

与电流开断有关的破坏性放电，它不会导致工作频率电流的恢复，或者在容性电流开断情况下，不会导致在主负载回路中产生电流。

4 额定值

4.1 概述

制造厂规定的开关设备和控制设备及其操动机构和辅助设备的通用额定值应当从下列各项中选取（适用的）：

a) 额定电压（U_r）；

b) 额定绝缘水平；

c) 额定频率（f_r）；

d) 额定电流（I_r）；

e) 额定短时耐受电流（I_k）；

f) 额定峰值耐受电流（I_p）；

g) 额定短路持续时间（t_k）；

h) 分闸、合闸装置和辅助回路的额定电源电压（U_a）；

i) 分闸、合闸装置和辅助回路的额定电源频率；

j) 可控压力系统的压缩气源的额定压力；

k) 绝缘和/或开合用的额定充入水平。

注：可能需要其他额定值，它们将在相关的产品标准中规定。

4.2 额定电压(U_r)

4.2.1 概述

额定电压等于开关设备和控制设备所在系统的最高电压。它表示设备用于的电网的“系统最高电压”的最大值(见 GB/T 156 的第 9 章)。额定电压的标准值在下面给出。

4.2.2 范围 I,额定电压 252 kV 及以下

3.6 kV-7.2 kV-12 kV-24 kV-31.5 kV-40.5 kV-63 kV-72.5 kV-126 kV-252 kV。

4.2.3 范围Ⅱ,额定电压 252 kV 以上

363 kV-550 kV-800 kV-1 100 kV。

4.3 额定绝缘水平

开关设备和控制设备的额定绝缘水平应该从表 1 和表 2 给定的数值中选取。

在这些表中,耐受电压适用于 GB 311.1 中规定的标准参考大气(温度(20 ℃)、压力(101.3 kPa)和湿度(11 g/m^3))条件。

这些耐受电压包括了正常运行条件下(见 2.2)规定的最高海拔 1 000 m 时的海拔修正。对于特殊使用条件,见 2.3。

雷电冲击电压(U_p)、操作冲击电压(U_s)(适用时)和工频电压(U_d)的额定耐受电压值应该在同一行中选取。额定绝缘水平用相对地额定雷电冲击耐受电压来表示。

大多数额定电压都有几个额定绝缘水平,以便应用于不同的性能指标或过电压特征。选取时应当考虑受快波前和缓波前过电压作用的程度,系统中性点接地的方式和过电压限制装置的型式(见 GB/T 311.2)。

若在本标准中无其他规定,表 1 中的“通用值”适用于相对地、相间和开关断口。“隔离断口”的耐受电压值仅对某些开关装置有效,这些开关装置的触头开距是按满足为隔离开关规定的功能要求设计的。

表 1 额定电压范围Ⅰ的额定绝缘水平

额定电压 U_r kV(有效值)	额定短时工频耐受电压 U_d kV(有效值)		额定雷电冲击耐受电压 U_p kV(峰值)	
	通用值	隔离断口	通用值	隔离断口
(1)	(2)	(3)	(4)	(5)
3.6	25	27	40	46
7.2	30	34	60	70
12	42	48	75	85
24	50 *	60 *	95 *	110 *
	65	79	125	145
31.5 #	85	118	185	215
40.5	95	118	185	215
63	140	140	325	325
72.5	140	140(+42)	325	325(+59)
	160	160(+42)	380	380(+59)

表 1（续）

额定电压 U_r kV(有效值)	额定短时工频耐受电压 U_d kV(有效值)		额定雷电冲击耐受电压 U_p kV(峰值)	
	通用值	隔离断口	通用值	隔离断口
126	185	185(+73)	450	450(+103)
	230	230(+73)	550	550(+103)
252	395	395(+146)	950	950(+206)
	460	460(+146)	1 050	1 050(+206)

注 1：带 * 为接地系统中使用的数据；带 # 为电气化铁道供配电系统中使用的数据。
注 2：出厂试验的相对地、相间及开关断口间采用上表的通用值。

表 2 额定电压范围Ⅱ的额定绝缘水平

额定电压 U_r kV (有效值)	额定短时工频耐受电压 U_d kV (有效值)		额定操作冲击耐受电压 U_s kV (峰值)			额定雷电冲击耐受电压 U_p kV (峰值)	
	相对地和相间(注 2)	开关断口和/或隔离断口(注 2)	相对地和开关断口	相间(注 2 和注 3)	隔离断口(注 1 和注 2)	相对地和相间	开关断口和/或隔离断口(注 1 和注 2)
(1)	(2)	(3)	(4)	(5)	(6)	(7)	(8)
363	460	460(+210)	850	1 275	800(+295)	1 050	1 050(+205)
	510	510(+210)	950	1 425	850(+295)	1 175	1 175(+205)
550	680	680(+318)	1 175	1 760	1 050(+450)	1 550	1 550(+315)
	740	740(+318)	1 300	1 950	1 175(+450)	1 675	1 675(+315)
800	900	900(+462)	1 425	2 420	1 300(+650)	1 950	1 950(+455)
	960	960(+462)	1 550	2 635	1 425 (+650)	2 100	2 100(+455)
1 100	1 100	1 100(+635)	1 675	2 510	1 550 (+900)	2 250	2 250 (+630)
			1 800	2 700	1 675 (+900)	2 400	2 400 (+630)

注 1：栏(3)中，括号中的数值为 $U_r/\sqrt{3}$。
栏(6)中，括号中的数值为施加于对侧端子上的工频电压峰值 $U_r\sqrt{2}/\sqrt{3}$（联合电压）。
栏(8)中，括号中的数值为施加于对侧端子上的工频电压峰值 $0.7U_r\sqrt{2}/\sqrt{3}$（联合电压）。
注 2：栏(2)中的数值适用于：
对于型式试验，相对地；
对于出厂试验，相对地、相间和开关装置断口间。
栏(3)、栏(5)、栏(6)和栏(8)中的数值仅适用于型式试验。
注 3：这些数值是采用 GB 311.1—1997 的表 3 中给出的乘数导出的。

4.4 额定频率(f_r)

额定频率的标准值为 $16\frac{2}{3}$ Hz、25 Hz 和 50 Hz。

4.5 额定电流和温升

4.5.1 额定电流(I_r)

开关设备和控制设备的额定电流是在规定的使用和性能条件下，开关设备和控制设备应该能够持续承载的电流的有效值。

额定电流应当从 GB/T 762—2002 规定的 R 10 系列中选取。

注 1：R10 系列包括数字 1-1.25-1.6-2-2.5-3.15-4-5-6.3-8 及其与 10^n 的乘积。

注 2：对短时工作制和间断工作制，额定电流由制造厂和用户商定。

4.5.2 温升

在温升试验规定的条件下，当周围空气温度不超过 40 ℃时，开关设备和控制设备任何部分的温升不应该超过表 3 规定的温升极限。

表 3 高压开关设备和控制设备各种部件、材料和绝缘介质的温度和温升极限

部件、材料和绝缘介质的类别(见说明 1、2 和 3)(见注)	最大值	
	温度/℃	周围空气温度不超过 40 ℃时的温升/K
1 触头(见说明 4)		
裸铜或裸铜合金		
——在空气中	75	35
——在 SF_6 中(见说明 5)	105	65
——在油中	80	40
镀银或镀镍(见说明 6)		
——在空气中	105	65
——在 SF_6 中(见说明 5)	105	65
——在油中	90	50
镀锡(见说明 6)		
——在空气中	90	50
——在 SF_6 中(见说明 5)	90	50
——在油中	90	50
2 用螺栓的或与其等效的联结(见说明 4)		
裸铜、裸铜合金或裸铝合金		
——在空气中	90	50
——在 SF_6 中(见说明 5)	115	75
——在油中	100	60
镀银或镀镍(见说明 6)		
——在空气中	115	75
——在 SF_6 中(见说明 5)	115	75
——在油中	100	60

表 3（续）

部件、材料和绝缘介质的类别(见说明 1、2 和 3) (见注)	最大值	
	温度/℃	周围空气温度不超过 40 ℃时的温升/K
镀锡 ——在空气中 ——在 SF_6 中(见说明 5) ——在油中	 105 105 100	 65 65 60
3 其他裸金属制成的或其他镀层的触头或联结	(见说明 7)	(见说明 7)
4 用螺栓或螺钉与外部导体连接的端子(见说明 8) ——裸的 ——镀银、镀镍或镀锡 ——其他镀层	 90 105 (见说明 7)	 50 65 (见说明 7)
5 油开关装置用油(见说明 9 和 10)	90	50
6 用作弹簧的金属零件	(见说明 11)	(见说明 11)
7 绝缘材料以及与下列等级的绝缘材料接触的金属部件(见说明 12) ——Y ——A ——E ——B ——F ——瓷漆:油基 合成 ——H ——C 其他绝缘材料	 90 105 120 130 155 100 120 180 (见说明 13)	 50 65 80 90 115 60 80 140 (见说明 13)
8 除触头外,与油接触的任何金属或绝缘件	100	60
9 可触及的部件 ——在正常操作中可触及的 ——在正常操作中不需触及的	 70 80	 30 40

4.5.3 表 3 的说明

作为表 3 一部分的有关说明如下:

说明 1:按其功能,同一部件可以属于表 3 列出的几种类别。在这种情况下,允许的最高温度和温升值是相关类别中的最低值。

说明 2:对真空开关装置,温度和温升的极限值不适用于处在真空中的部件。其余部件不应该超过表 3 给出的温度和温升值。

说明 3:应注意保证周围的绝缘材料不遭到损坏。

说明 4:当接合的零件具有不同的镀层或一个零件是裸露的材料制成的,允许的温度和温升应该是:

a） 对触头,表 3 项 1 中有最低允许值的表面材料的值;

b） 对联结,表 3 项 2 中有最高允许值的表面材料的值。

说明 5：SF_6 是指纯 SF_6 或 SF_6 与其他无氧气体的混合物。

注：由于不存在氧气，把 SF_6 开关设备中各种触头和联结的温度极限加以协调看来是合适的。按照 IEC 60943[1][1] 关于规定允许温度的导则，在 SF_6 环境下，裸铜和裸铜合金零件的允许温度极限可以等于镀银或镀镍零件的值。在镀锡零件的特殊情况下，由于摩擦腐蚀效应(参见 IEC 60943)，即使在 SF_6 的无氧条件下，提高其允许温度也是不合适的。因此镀锡零件仍取原来的值。

说明 6：按照设备有关的技术条件：

a) 关合和开断试验(如果有的话)后；

b) 短时耐受电流试验后；

c) 机械寿命试验后。

有镀层的触头应该在接触区有连续的镀层，不然，触头应该被看作是“裸露”的。

说明 7：当使用表 3 没有给出的材料时，应该考虑它们的性能，以便确定最高的允许温升。

说明 8：即使和端子连接的是裸导体，这些温度和温升值仍是有效的。

说明 9：在油的上层。

说明 10：当采用低闪点的油时，应当特别注意油的气化和氧化。

说明 11：温度不应该达到使材料弹性受损的数值。

说明 12：绝缘材料的分级在 GB/T 11021 中给出。

说明 13：仅以不损害周围的零部件为限。

4.6 额定短时耐受电流(I_k)

在规定的使用和性能条件下，在规定的短时间内，开关设备和控制设备在合闸位置能够承载的电流的有效值。

额定短时耐受电流的标准值应当从 GB/T 762 中规定的 R10 系列中选取。

注：R10 系列包括数字 1-1.25-1.6-2-2.5-3.15-4-5-6.3-8 及其与 10^n 的乘积。

4.7 额定峰值耐受电流(I_p)

在规定的使用和性能条件下，开关设备和控制设备在合闸位置能够承载的额定短时耐受电流第一个大半波的电流峰值。

额定峰值耐受电流应该按照系统特性的直流时间常数来确定。45 ms 的直流时间常数覆盖了大多数工况且当额定频率为 50 Hz 及以下，它等于 2.5 倍额定短时耐受电流。

对于某些应用，系统特征的直流时间常数高于 45 ms。适用于这些系统的、取决于系统标称电压的其他数值有 60 ms、75 ms、100 ms 和 120 ms。对于那些工况，优选值为 2.7 倍额定短时耐受电流。

4.8 额定短路持续时间(t_k)

开关设备和控制设备在合闸位置能够承载额定短时耐受电流的时间。

额定短路持续时间的标准值为 2 s。

如果需要，可以选取大于 2 s 的值。推荐值为 3 s 和 4 s。

4.9 合、分闸装置和辅助、控制回路的额定电源电压(U_a)

4.9.1 概述

合、分闸装置和辅助、控制回路的额定电源电压应该理解为：当设备操作时在其回路端子上测得的电压，如果需要，还包括制造厂提供或要求的与回路串联的辅助电阻或元件，但不包括连接到电源的

1) 方括号中的编号见参考文献。

导线。

注：电源优先采用接地的系统(即就是说不完全悬浮)以避免危险的静电电荷的积聚。接地点的位置可以根据良好的经验来确定。

4.9.2 额定电压(U_a)

额定电源电压应当从表4和表5给出的标准值中选取。标有星号的数值为电子式辅助设备的优选值。

表4 直流电压

U_a/V	24	48	110	220

表5 交流电压

三相、三线或四线制系统/V	单相三线制系统/V	单相两线制系统/V
—	110/220	110
220/380	—	220
230/400	—	230

注1：第一栏中较低值是对中性点的电压，较高值是相间电压。第二栏中较低值是对中性点的电压，较高值是相间电压。

注2：本表中列出的230/400 V在将来是唯一的IEC标准电压，并推荐在新的系统中采用。现有的220/380 V和240/415 V系统的电压变化应当限制在(230/400±23/40)V的范围内。在下阶段的标准化工作中将考虑缩小这一范围。

4.9.3 允差

在正常工作情况下，辅助设备(电子控制、监督、监控和通讯)端子处测量的交流和直流电源电压的相对允差为85%到110%。

电源电压小于电源规定的最小值时，应采取措施防止电子设备的损坏和/或因不可预知的性能引起的不安全的操作。

对于并联分闸脱扣器的操作，相对允差应满足5.8的要求。

4.9.4 纹波电压

在直流电源的情况下，纹波电压为额定负载时电源电压交流分量的峰-峰值，应限制到不大于直流分量的5%。电压在辅助设备的电源端子处测量。GB/T 17626.17适用。

4.9.5 电压跌落和电源中断

GB/T 17626.29(直流电源电压)和GB/T 17626.11(交流电源电压)适用于电气和电子元件。

涉及电源中断时，如果满足下述要求，则认为系统性能良好：

——没有误操作；

——没有误报警和错误的远方信号；

——任何正在执行中的行为被正确完成，即使有短的延时。

4.10 合、分闸装置和辅助回路的额定电源频率

额定电源频率的标准值为交流50 Hz和直流。

4.11 可控压力系统用压缩气源的额定压力

额定压力(相对压力)的优选值为：
0.5-1-1.6-2-3-4 MPa。

4.12 绝缘和/或开合用的额定充入水平

制造厂应参照周围空气温度20 ℃来规定开关设备投运前充入设备的气体或液体的压力(以Pa为单位)(或密度)或者液体质量。

5 设计与结构

5.1 对开关设备和控制设备中液体的要求

5.1.1 概述

制造厂应该规定开关设备和控制设备中使用的液体的种类、要求的数量和质量，并为用户提供更新液体和保持所要求的液体数量和质量的必要说明(见10.5.2a))，密封压力系统除外。

5.1.2 液位

应该提供检查液位的装置，最好能在运行时指示出正确工作时允许的液位上、下限。

注：这条不适用于缓冲器。

5.1.3 液体的质量

开关设备和控制设备中使用的液体应该遵守制造厂说明书的规定。

对充油的开关设备和控制设备，新绝缘油应该遵守GB 2536。

注：对于密封压力系统，维护液体质量的说明不适用。

5.2 对开关设备和控制设备中气体的要求

制造厂应该规定开关设备和控制设备中使用气体的种类、要求的数量、质量和密度，并为用户提供更新气体和保持所要求气体的数量和质量的必要说明(见10.5.2中a))。密封压力系统除外。

对充有SF_6的开关设备和控制设备，可以采用符合GB/T 12022或者GB/T 8905的SF_6气体。为了防止凝露，在充气开关设备和控制设备中，在额定充气密度(ρ_{re})下充入的用作绝缘的气体，它在20 ℃时测得的最大允许湿度应该使它的露点温度不高于−5 ℃。在其他温度下测量时应该作适当的修正。露点的测量和确定见GB/T 12022和GB/T 8905。

高压开关设备和控制设备充有压缩气体的部件应该遵守有关国家标准的要求。

注：需要注意满足与压力容器相关的法规。

5.3 开关设备和控制设备的接地

开关设备和控制设备应该设置可靠的适用于规定故障条件的接地端子，该端子有一紧固螺钉或螺栓用来连接接地导体。紧固螺钉和螺栓的直径应该不小于12 mm。接地连接点应该标以GB/T 5465.2中规定的“保护接地”符号。和接地系统连接的金属外壳部分可以看作接地导体。

正常运行期间可以触及的并接地的所有金属部件和外壳应和接地端子连接。

注：对于开关设备和控制设备的接地端子和变电站主接地的连接，见IEC 61936-1[2]的第10章。

5.4 辅助和控制设备

5.4.1 概述

认为辅助和控制设备可以是传统或非传统(电子)设计的元件。对于非传统设计的元件见IEC 62063。

对于电子装置,应考虑电磁兼容性(见 IEC 61000-5)。

5.4.2 外壳

5.4.2.1 概述

辅助和控制设备回路的外壳应用能够耐受机械、电气和热的应力以及可能在正常运行条件下出现的湿度效应的材料制造。

5.4.2.2 腐蚀防护

考虑到符合第 2 章(参见附录 H)规定的运行条件的预期的使用条件,腐蚀防护通过采用适当的材料或者对暴露的表面采用适当的防腐涂层来保证。

5.4.2.3 防护等级

低压辅助和控制回路的外壳提供的防护等级应符合 5.13。

电缆入口处的门、盖板等应设计成在电缆正确安装后,应达到 5.13 定义的、低压辅助和控制回路的外壳规定的防护等级。这就意味着应选择制造厂规定的、适用于使用场合的进入方法。

所有通风口的门应予以屏蔽或者布置的能达到为外壳规定的相同的防护等级。

5.4.3 电击防护

5.4.3.1 辅助和控制回路和主回路隔离的防护

安装在开关装置的框架上的辅助和控制设备应对来自主回路的破坏性放电予以防护。

辅助和控制回路的接线,除了互感器、脱扣线圈、辅助触头等的端子上的长度较短的电线以外,应通过接地的金属隔板(例如管)或者绝缘材料制成的隔板(例如管)与主回路隔离。

5.4.3.2 可触及性

运行中,应注意辅助和控制回路能够被触及但没有直接接触高压部件的危险。

对于需要考虑因异常的环境条件(例如,雪、沙等的积聚)而导致高于运行水平的安全距离降低的场合,则应提高间距。

5.4.4 火灾危害

5.4.4.1 概述

由于辅助和控制回路中存在火灾的危险,在正常使用条件、以及即使在可预见的异常使用条件、误动作和故障下,应将火灾的可能性降低。

第一个目标是防止带电部件引起火花。如果火灾或火花发生在外壳内部,第二个目标是限制火灾的影响。

5.4.4.2 元件和回路设计

在正常运行时，元件的热量耗散通常很小。但是，如果因外部故障而产生故障或过载条件，元件可能会产生过多热量而引发火灾。

制造厂设计或选择元件时应考虑正常运行条件以及最大故障容量下的自燃特性。应特别注意电阻器。

应对元件的总装和这些元件的相对布置予以考虑，通过在它们周围提供足够的空间和/或通风来散发掉过多的热量。

5.4.4.3 火灾影响的控制

为了控制火灾的影响，应采取预防措施。应构建外壳并绝缘且使其水密等，使用的材料应足以阻止可能的引燃和外壳内部存在的热源。如果燃烧，制造厂应考虑元件可能发出熔化的燃烧材料和/或喷出粒子。

5.4.5 外壳中安装的元件

5.4.5.1 元件的选择

如果适用，外壳内安装的元件应该满足相关国家和行业标准的要求。如果没有相关的国家和行业标准，元件应按照其他标准(如国际标准或其他国家标准)选择。

辅助和控制回路中使用的所有元件的选择或设计应使得在整个实际运行条件下、在辅助和控制回路的外壳内能够在其额定特性下运行。这些内部条件可能不同于第2章规定的外部运行条件。

应采取适当的预防措施(绝缘、加热、通风等)保证维持正确功能所需的运行条件，例如，为维持继电器、接触器、低压开关、表、计数器、按钮等符合相关的技术要求能够正确运行所需的最低温度的加热器。

那些预防措施的丧失既不应引起元件的失效也不应使开关设备和控制设备误动作。在丧失那些预防措施后的2 h内应能够操作开关设备和控制设备。经过这段时间后，只要辅助和控制回路的外壳内的环境条件恢复到规定的运行条件后功能可以恢复到其初始特性，则具有其相关的辅助和控制回路的开关设备和控制设备不动作是可以接受的。

如果加热是设备正确功能的基本条件，应提供加热回路的监控。

在开关设备和控制设备设计用于户外的情况下，应进行适当的布置(通风和/或内部加热等)以防止低压辅助和控制回路外壳内有害的凝露。

连接点上极性的倒换不应损坏辅助和控制回路。

5.4.5.2 元件的安装

元件应按照其制造厂的说明书进行安装。

5.4.5.3 可触及性

合闸和分闸执行器以及紧急关闭系统的执行器应位于正常的操作高度以上0.4 m到2 m之间。其他执行器应位于它们易被操作的高度，指示装置应位于其易被读取的位置。

相对于正常操作高度，构架安装和地面安装的低压辅助和控制回路的外壳应安装在高度满足上述可触及性、操作和读取高度的要求的位置。

外壳内的元件应布置成在安装、接线、维护和更换时能够触及。在其整个使用寿命期间，元件可能需要调节的场合，应易于触及而无电击危险。

5.4.5.4 标识

安装在外壳内的元件的标识是制造厂的责任，且应该和接线图和电路图的指示一致。如果元件是插入式的，则元件和固定部分（元件的插入位置）上应有确认标记。

在元件标识或电压标识的混合可能引起混淆的场合，应考虑更明晰的标记。

5.4.5.5 对辅助和控制回路元件的要求

5.4.5.5.1 概述

辅助和控制回路的元件应该满足适用的国家标准（如果有的话）。附录D给出了很多元件标准的快速参考。

5.4.5.5.2 电缆和电线

与开关设备和控制设备的控制和辅助回路连接的电缆的技术要求是制造厂的责任。根据需要承载的电流、电压降、电流互感器的负荷、电缆需要承受的机械应力和绝缘的类型来选择。外壳内导体的选择仍然是制造厂的责任。对于外部接线的连接，应提供适当的连接装置，例如端子排、插头等。

两个端子排之间的电缆应没有中间接头或焊接。应在固定的端子处连接。

绝缘导体应予以适当地支撑且不应安置在尖角上。

接线应考虑与加热元件的距离。

合适的接线空间应允许多芯电缆芯线以及适当的导体端子的分布。导体不应承受会降低其正常寿命的应力。

连接到盖板或门上的器件和指示装置的导体的安装，不应该因这些门或盖板的运动而对导体产生任何机械损坏。

一个端子上连接的数量不应超过其设计的最大值。

导体的标识方法和程度，例如通过编号、颜色或符号，是制造厂的责任。适用时，导体的标识应与接线图、线路图和用户的技术要求（如果适用）一致。该标识可以限定到导体的端头。如果适用，可以采用符合GB/T 4026的接线标识方法。

5.4.5.5.3 端子

端子应保持和电流额定值及回路短路电流相应的必要的接触压力。

用于连接外壳内元件的端子排应根据所用导体的截面来选择。

如果提供了连接进出的中性线、保护导体和PEN导体的设施，则它们应该位于相关相导体端子的附近。

5.4.5.5.4 辅助开关

辅助开关应适合于为开关装置规定的电气和机械操作循环的次数。

和主触头联动的辅助开关，在两个方向都应是正向驱动的。但是，可以采用一组两个单向的正向驱动操作的辅助开关（每个方向一个）。

5.4.5.5.5 辅助和控制触头

根据环境条件（见5.4.5.1）、关合和开断能力以及辅助和控制触头动作的时序与主设备动作的关系，辅助和控制触头应适合于其既定的工作方式。

辅助和控制触头应适应于为开关装置规定的电气和机械操作循环的次数。

如果给用户提供了可供使用的辅助和控制触头，制造厂提供的技术文件应包含关于该触头等级的资料。

辅助触头的动作特性应符合表6所示的一种等级。

表6　辅助触头的等级

直流电流				
等级	额定连续电流	额定短时耐受电流	开断能力	
			≤48 V	110 V≤U_a≤250 V
1	10 A	100 A/30 ms	—	440 W
2	2 A	100 A/30 ms	—	22 W
3	200 mA	1 A/30 ms	50 mA	—

注1：本表中的辅助触头是指包含在辅助回路中并由开关装置机械操作的辅助触头。包含在机械开关装置控制回路中的控制触头可以参考本表。

注2：如果没有足够的电流流过触头，氧化可能会提高电阻。因此，对于1级触头可能要求最小电流值。

注3：在使用静止触头的场合，如果采用了熔断器以外的限流设备，则额定短时耐受电流可以降低。

注4：对于所有的等级，开断能力基于回路的时间常数不小于20 ms，相对偏差为+20%。

注5：符合1、2和3级的直流辅助触头通常能够应付相应的交流电流和电压。

注6：3级触头不用于承受整个变电站辅助电源的短路电流。1级和2级触头可以用来承受整个变电站辅助电源的短路电流。

注7：对于1级和2级触头，在确定的电压(110 V和250 V之间)下的开断电流可以根据给出的功率值导出(例如，对于1级触头，在220 V直流电压时为2 A)。

图2中给出了三个等级触头应用的示例。

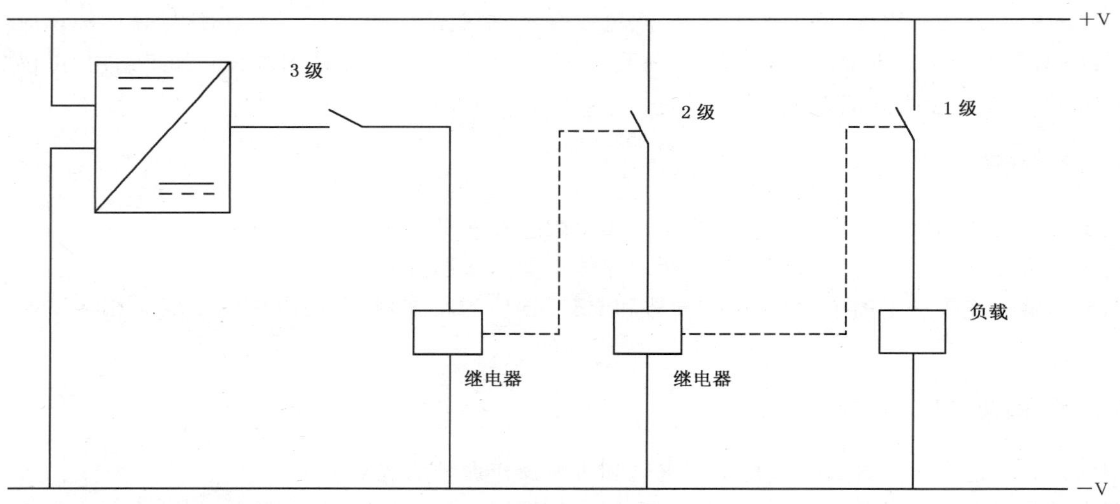

图2　触头等级的例子

5.4.5.5.6　辅助和控制触头以外的触头

不同于辅助或控制触头的触头，是由辅助和控制回路中的元件(继电器、接触器、低压开关等)驱动的触头。

如果提供了用户可以使用的不同于辅助和控制触头的触头，则制造厂提供的技术文件应包括该触头的额定连续电流以及关合和开断能力。用户有责任保证触头的性能足以胜任工作。

应根据相关设备标准或者第9章对制造厂规定应该提供的触头的数量。

5.4.5.5.7 继电器

如果选择的继电器使用在不同于辅助和控制回路的额定电压的电压下时，应提供合适的措施使其在4.9要求的动作范围的限值内正确动作(例如，用串联电阻来保证)。

5.4.5.5.8 并联脱扣器

并联脱扣器是为特别用途而设计的。由于并联脱扣器还没有专门的标准，它们应满足相关的设备标准的要求。

并联脱扣器的电源应由制造厂规定。

5.4.5.5.9 加热元件

所有的加热元件应是非暴露型的。加热器应置于不引起接线或元件运行劣化的位置。

如果能偶然触及加热器或屏蔽，则表面温度不应超过表3中规定的正常运行时无须触及的可触及部件的温升限值。

5.4.5.5.10 计数器

计数器在环境条件下应能适合于其既定的工作方式以及为开关装置规定的电气和机械操作循环的次数。

5.4.5.5.11 照明

在某些外壳中，例如包含人力操作方式(手柄、按钮等)的外壳，应考虑照明。装有照明的场合，应考虑到对辅助和控制回路元件的照明产生的热量和电磁干扰。

5.4.5.5.12 线圈

没有被元件标准涵盖的线圈应适合于它们既定的方式(例如，在温升、绝缘耐受等方面)。

5.5 动力操作

用外部能源操作的开关装置，当操动机构(这里，术语“操动机构”包括中间继电器和接触器，如果有的话)的动力源的电压或压力处在4.9的下限或压力处于4.11的规定值时，应该能关合和/或开断它的额定短路电流(如果有的话)。如果制造厂规定了最长合闸和分闸时间，它们不应该被超过。

除了在维修时的慢操作外，主触头只应该在驱动机构的作用下并以设计的方式运动。在合闸装置和/或分闸装置失去能源或在失去后重新施加能源时，不应该引起主触头合闸或分闸位置的改变。

5.6 储能操作

5.6.1 概述

储能操作的开关装置，如果储能装置已储能，应该能关合和开断直到其额定值的所有电流。如果制造厂规定了最长合闸和分闸时间，它们不应该被超过。

除了在维修时的慢操作外，主触头只应该在驱动机构的作用下并以设计的方式运动。在机构失去能源后重新施加能源时，主触头不应该运动。

非锁扣的操作除外，指示储能装置已经储能的装置应安装在开关装置上。

除非储存的能量足够完成分闸或合闸操作，否则，动触头不可能从一个位置移动到另一个位置。触及前，储能装置应能够把能量释放到安全的水平。

5.6.2 储气罐或液压蓄能器中能量的储存

如果用储气罐或液压蓄能器储能，操作压力处在 a)和 b)规定的极限值之间时，5.6 的要求适用。

a) 外部气源或液压源

除非制造厂另有规定，操作压力的上、下限分别为额定压力的 110%和 85%。

如果储气罐内的压缩气体也用来开断，上述极限值不适用。

b) 与开关装置或操动机构一体的压缩机或泵

操作压力的上、下限应由制造厂规定。

5.6.3 弹簧(或重锤)储能

如果用弹簧(或重锤)储能，在弹簧储能(或重锤升起)后，5.6 的要求适用。

5.6.4 人力储能

如果弹簧(或重锤)是用人力储能的，应该标出手柄运动的方向。

人力储能装置的设计应使得开关装置的动作不驱动手柄。

用人力给弹簧(或重锤)储能所需的最大操作力不应该超过 250 N。

5.6.5 电动机储能

用于给弹簧(或重锤)储能的或者驱动压缩机或泵的电动机及其操作的辅助设备应该在额定电源电压(见 4.9)的 85%和 110%之间。如果是交流，频率为额定频率(见 4.10)时，应能正常动作。

注：对于电动机，该限值并不意味着使用非标电机，而是指选择的电动机在此范围内能提供所需的操作力矩。电机的额定电压没有必要和合闸装置的额定电源电压一致。

5.6.6 电容器储能

如果能量储存在充电的电容器中，电容器充电后 5.6 的要求适用。

5.7 不依赖人力或动力的操作(非锁扣的操作)

如果开关装置处于合闸状态的合闸位置或者如果是分闸状态的分闸位置，操动机构不应达到其能量释放点。这是为了防止处于合闸或者分闸的开关装置已经储存的能量的释放所造成的无意的且潜在的损坏。

联锁(如果有)应能防止在未完成操作之前继续储能。操作期间，能量释放前触头的运动不应使电气间隙减小到低于将要承受的额定绝缘水平所要求的间隙。

对于具有短路关合能力而没有短路开断能力的开关装置，应在合闸和分闸操作之间引入延时(防止反复)。该延时不应小于额定短路持续时间(见 4.8)。

5.8 脱扣器的操作

5.8.1 并联合闸脱扣器

并联合闸脱扣器在合闸装置额定电源电压(见 4.9)的 85%到 110%之间、交流时在合闸装置的额定电源频率(见 4.10)下应该正确地动作。

当电源电压等于或小于额定电源电压(见 4.9)的 30%时，不应脱扣。

5.8.2 并联分闸脱扣器

并联分闸脱扣器在分闸装置额定电源电压(见4.9)的65%(直流)或85%(交流)到110%之间、交流时在分闸装置的额定电源频率(见4.10)下,在开关装置所有的直到它的额定短路开断电流的操作条件下都应该正确地动作。

当电源电压等于或小于额定电源电压(见4.9)的30%时,不应脱扣。

5.8.3 并联脱扣器的电容储能操作

对于并联脱扣器的储能操作,当用与开关装置组成一体的整流器——电容器组对并联脱扣器进行储能操作时,电容器由主回路的电压或辅助电源充电,在电源从整流器——电容器组的端子上断开并用导线短接后的5 s内,电容器保留的电荷应该足以使脱扣器正常动作。断开前主回路的电压应该取与开关装置额定电压相关的系统最低电压("设备最高电压"和系统电压之间的关系见GB/T 156)。

5.8.4 欠压脱扣器

当欠压脱扣器端子电压降到(即便是缓慢地和逐渐地下降到)它的额定电压的35%以下时,它应该动作使开关装置分闸。

另一方面,当端子电压超过它的额定电压的65%时,它不应该动作来操作开关装置。

当欠压脱扣器端子电压等于或大于它的额定电压的85%时,开关装置应能合闸。当端子电压低于它的额定电压的35%时,开关装置应不能合闸。

5.9 低压力和高压力闭锁以及监测装置

如果在操动机构的系统中装有低压力或高压力闭锁装置,按5.6.2和有关的产品标准,它们应该能整定在制造厂指明的合适的压力极限上(或内)动作。

充有作为绝缘和/或操作介质的压缩气体且其最低功能压力高于0.2 MPa(绝对压力)的封闭压力系统,应该装设压力(或密度)监测装置,并按有关的标准,作为维修计划的一部分,并能连续地或至少是定期地对其进行检查。对于最低功能压力不高于0.2 MPa(绝对压力)的开关设备和控制设备,该方法应当由制造厂和用户协商。

5.10 铭牌

开关设备和控制设备及其操动机构应装设铭牌,铭牌上有在有关的产品标准中规定的、必要的信息,如制造厂名或商标、制造年份、产品的型号、出厂编号、额定参数和所依据的标准编号等。

如果适用,绝缘流体的类型和质量应在铭牌上标出。

注:应该说明压力(密度)值是相对压力值还是绝对压力值。

对于户外开关设备和控制设备,铭牌及其安装方法应该是不受气候影响的、防腐蚀的。

如果开关设备和控制设备由带独立操动机构的几个单极组成,每个单极都应提供铭牌。

对与开关装置组成一体的操动机构,可以只用一个组合的铭牌。

在铭牌上和/或文件中的技术参数,它们中有许多是各种高压开关设备和控制设备通用的。这些参数应该用相同的符号表示。这些参数和符号是:

——额定电压 U_r

——额定雷电冲击耐受电压[2] U_p

——额定操作冲击耐受电压[2] U_s

——额定工频耐受电压[2] U_d

2) 铭牌上的值为相对地。

——额定电流 I_r
——额定短时耐受电流 I_k
——额定峰值耐受电流 I_p
——额定频率 f_r
——额定短路持续时间 t_k
——额定辅助电压 U_a
——绝缘介质的额定充入压力(密度) $p_{re}(\rho_{re})$
——操作介质的额定充入压力(密度) $p_{rm}(\rho_{rm})$
——绝缘介质的报警压力(密度) $p_{ae}(\rho_{ae})$
——操作介质的报警压力(密度) $p_{am}(\rho_{am})$
——绝缘介质的最低功能压力(密度) $p_{me}(\rho_{me})$
——操作介质的最低功能压力(密度) $p_{mm}(\rho_{mm})$

其他专用的参数(如气体的种类或温度等级)应该用相关标准中使用的符号来表示。

5.11 联锁装置

为了安全和/或便于操作,设备的不同元件之间可能需要联锁装置(例如开关装置和相关的接地开关之间)。

不正确的操作能造成损害的或用来确保形成隔离断口的开关装置,应提供锁定装置(例如加装挂锁)。

联锁装置是由元件(它可能包括机械部件、电缆、接触器、线圈等)组成的系统。每个元件都应被看作是辅助和控制设备的部件(见 5.4)。

5.12 位置指示

在触头不可见的情况下,应该提供主回路触头位置的清晰而可靠的指示。在就地操作时,应该能容易地校核位置指示器的状态。

在分闸、合闸或接地(如果有的话)位置,位置指示器的颜色应符合 GB/T 4025。

合闸位置应该有标志,最好用字母“I”(按 GB/T 5465.2)。分闸位置应该有标志,最好用字母“O”(按 GB/T 5465.2)。

对多功能的开关装置,作为代替,位置可以用 GB/T 4728 中的图形符号来标志。

5.13 外壳提供的防护等级

5.13.1 概述

装有主回路(它可以从外部进入外壳)部件的高压开关设备和控制设备的所有外壳,以及所有高压开关设备、控制设备和开关装置的低压控制和/或辅助回路和所有高压开关设备、控制设备及开关装置的机械操作设备的外壳,都应该按照 GB 4208 和 GB/T 20138 规定其防护等级。

防护等级适用于设备的使用条件。

注:对于其他条件,例如维修、试验等,防护等级可以是不同的。

5.13.2 防止人体接近危险部件的防护和防止固体外物进入设备的防护

外壳对人体提供的防止接近主回路、控制和/或辅助回路的危险部件和任何危险的运动部件(光滑的转轴和缓慢运动的连杆除外)的防护等级,应该用表 7 中规定的符号表示。

第一位特征数字表示外壳对人体提供的防护等级以及防止固体外物进入外壳内部设备的防护等级。

如果只要求防止接近危险部件的防护，或者如果这种防护比第一位特征数字表示的要高，那么，如在表7中所示，可以使用一个附加的字母。

表7给出每一防护等级的外壳会“排斥”的物体的细节。术语“排斥”意味着：固体外物不会完全进入外壳，人体的一部分或人持有的物体要么不会进入外壳，如果进入，则会保持足够的间隙和不会触及危险的运动部件。

5.13.3 防止水浸入的防护(IP 代码)

对于户内设施中的设备，没有规定IP代码的第2个特征数字表示的防止有害的水浸入没有规定防护等级(第2个特征数字为X)。

对于户外设施中的设备，对防雨和其他气候条件的附加防护等级，在第二位特征数字或附加字母(如果有的话)后用补充字母W来规定。

5.13.4 在正常使用条件下防止设备受到机械撞击的防护(IK 代码)

对户内设施，优选的撞击水平为GB/T 20138—2006中的IK07(2 J)。

对没有附加机械防护的户外设施，撞击水平至少应为GB/T 20138—2006中的IK10(20 J)。

注：高压开关设备和控制设备的绝缘子和套管不必满足该要求。

表7 防护等级

防护等级	防止固体异物进入	防止接近危险部件
IP1XB	直径50 mm及以上的物体	防止手指接近(直径12 mm、长80 mm的试指)
IP2X	直径12.5 mm及以上的物体	防止手指接近(直径12 mm、长80 mm的试指)
IP2XC	直径12.5 mm及以上的物体	防止工具接近(直径2.5 mm、长100 mm的试棒)
IP2XD	直径12.5 mm及以上的物体	防止导线接近(直径1.0 mm、长100 mm的试验导线)
IP3X	直径2.5 mm及以上的物体	防止工具接近(直径2.5 mm、长100 mm的试棒)
IP3XD	直径2.5 mm及以上的物体	防止导线接近(直径1.0 mm、长100 mm的试验导线)
IP4X	直径1.0 mm及以上的物体	防止导线接近(直径1.0 mm、长100 mm的试验导线)
IP5X	尘埃 不能完全防止尘埃进入，但尘埃的进入量和位置不得影响设备的正常运行或危及安全	防止导线接近(直径1.0 mm、长100 mm的试验导线)

注1：表示防护等级的符号符合GB 4208。

注2：对IP5X，GB 4208—2008的13.4的类别2是适用的。

注3：如果只关心防止接近危险部件的防护，则使用附加字母并把第一位特征数字用X代替。

5.14 爬电距离

用IEC 60815给出的一般规则选择绝缘子，它们在污秽条件下应当具有良好的性能。

注：对于不同于户外瓷或玻璃绝缘子的特定要求正在考虑中。

5.15 气体和真空的密封

5.15.1 概述

以下规定适用于使用真空或除大气以外的气体作为绝缘、绝缘和灭弧、或操作介质的所有开关设备和控制设备。附录E给出了关于密封的一些信息、实例和指南。

5.15.2 气体的可控压力系统

气体可控压力系统的密封性用每天的补气次数(N)或用每天的压力降(ΔP)来规定。其允许值由制造厂给出。

5.15.3 气体的封闭压力系统

制造厂应规定正常使用条件下封闭压力系统的密封特性和补气之间的时间且应该与维修和检查最少的准则一致。

气体封闭压力系统的密封性用每个隔室的相对漏气率(F_{rel})来规定,标准值为:

——对于SF_6和SF_6混合气体,标准值为每年0.5%和1%;

——对于其他气体,标准值为每年0.5%、1%和3%。

补气之间的时间值,对于SF_6气体系统至少为10年;对于其他气体系统应与密封性一致。

不同压力的分装之间可能的泄漏应予以考虑。在一个隔室维护而相邻隔室包含承压气体的特定情况下,穿过隔板的允许气体泄漏率也应由制造厂予以规定,且两次补气之间的时间间隔不应小于一个月。

应该提供在设备运行时,能给气体系统安全补气的手段。

5.15.4 密封压力系统

密封压力系统的密封性用其预期工作寿命来规定。

与泄漏性能有关的预期工作寿命应该由制造厂规定。优选值为20年、30年和40年。

注:为了满足预期的工作寿命要求,SF_6系统的漏气率应不大于每年0.1%。

5.16 液体的密封

5.16.1 概述

以下规定适用于使用液体作为绝缘、绝缘和灭弧,或操作介质有恒定压力或无恒定压力的所有开关设备和控制设备。

5.16.2 液体的可控压力系统

液体可控压力系统的密封性用每天补液次数(N_{liq})或用不补液时的压力降(ΔP_{liq})来规定,两者均由泄漏率(F_{liq})引起。

允许值由制造厂给出。

5.16.3 液体的封闭压力系统

加压的或不加压的液体封闭压力系统的密封性应该由制造厂规定。

5.16.4 液体的泄漏率

制造厂应该说明液体的允许泄漏率。应该清楚地指出内部密封和外部密封的区别。

a) 绝对密封:检测不到液体的损耗;

b) 相对密封:在下列条件下,液体少量的损耗是可接受的:

——泄漏率(F_{liq})应该低于允许泄漏率[$F_{p(liq)}$];

——泄漏率(F_{liq})不应该随时间持续地增大,或就开关装置来说,不应随操作次数增加而增大;

——液体的泄漏不应该引起开关设备和控制设备的误动作，在正常工作过程中也不应对操作者造成任何伤害。

5.17 火灾危险(易燃性)

应该在材料的选择和零部件的设计上，使得在开关设备和控制设备中事故产生的过热引发的火焰在传播时受到阻止且降低对当地环境的有害影响。在产品性能要求使用易燃性材料的场合，如果适用，产品设计应考虑到阻燃。

GB/T 5169 给出了评价电工产品火灾的导则。

GB/T 5169 中关于将电工产品火灾引起的毒害降低到最小的方法适用。

制造厂提供的资料应能使用户评估火灾。

5.18 电磁兼容性(EMC)

对于正常运行中没有开合操作的开关设备和控制设备的主回路，适用时，发射水平通过无线电干扰电压试验来验证。

对于辅助和控制回路或分装的界面或接口规定了 EMC 要求。感应界面的允许限值应和 6.9.2 确定的试验水平一致以保证干扰和骚扰之间适当的 EMC 配合。

注：关于 EMC 和改善 EMC 方面的一般导则在 IEC 61000-5-1 和 IEC 61000-5-2 中给出。辅助和控制回路中的感应电压的幅值既取决于辅助和控制回路本身又取决于主回路的接地和额定电压的状况。

5.19 X 射线发射

真空灭弧室的触头处于打开位置，承受高的试验电压，可能发射 X 射线。为了保证这些处于可接受的水平，所有的真空灭弧室应满足 6.11。6.11 给出了 X 射线的限值并描述了验证这些限值的试验程序。

注：这些要求和试验程序基于 ANSI C37.85-2002[3]。

5.20 腐蚀

应当注意设备在运行期间的防腐蚀。在规定的运行条件下，腐蚀不应影响设备的功能。主回路和外壳的所有螺栓和螺母应依然易于拆卸，如果适用。特别应考虑接触处的电化腐蚀，因为，例如，它可以导致密封性的丧失或提高接触电阻，参见附录 H。

注：腐蚀作用主要取决于设备。大气条件很重要，但是，设备应考虑阳光和温度变化，气流等。

6 型式试验

6.1 总则

6.1.1 概述

型式试验是为了验证开关设备和控制设备及其操动机构和辅助设备的额定值和性能。

型式试验的试品应与正式生产产品的图样和技术条件相符合，下列情况下，开关设备和控制设备及其操动机构和辅助设备应进行型式试验：

a) 新试制的产品，应进行全部型式试验；

b) 转厂及异地生产的产品，应进行全部型式试验；

c) 当产品的设计、工艺或生产条件及使用的材料发生重大改变而影响到产品性能时，应做相应的型式试验；

d) 正常生产的产品每隔八年应进行性能验证试验，具体的验证试验项目在产品标准中规定；

e) 不经常生产的产品(停产三年以上)，再次生产时应按 d)的规定进行验证试验；

f) 对系列产品或派生产品，应进行相关的型式试验，部分试验项目可引用相应的有效试验报告。

6.1.2 试验的分组

除非在有关的产品标准中另有规定，型式试验应该最多在 4 个试品上进行。

注：规定 4 个试品的合理性在于增强用户的信心，即受试的开关设备和控制设备是将要交付的设备的代表(在极限情况下，可要求所有的试验在一台试品上进行)，而且允许制造厂在不同的试验室进行不同组别的试验。

开关设备和控制设备的每台试品应该和图样相符，应该充分代表该型产品，并应该经受一项或多项型式试验。

为了便于试验，型式试验可以分成几组。表 8 给出了一个可能的分组实例。

表 8 型式试验分组实例

组别	型式试验	条款号
1	主回路及辅助和控制回路的绝缘试验 无线电干扰电压(r.i.v.)试验	6.2、6.10.6 6.9.1.1
2	主回路电阻的测量 温升试验	6.4 6.5
3	短时耐受电流和峰值耐受电流试验 关合和开断试验	6.6 见有关的产品标准
4	外壳防护等级验证 密封试验(适用时) 机械试验 环境试验 抗震试验	6.7 6.8 见有关的产品标准 见有关的产品标准 见 GB 13540

如果需要附加的型式试验项目，则在有关的产品标准中规定。

每项试验原则上应该在完整的开关设备和控制设备上进行(若不是，见 3.2.1)，试品处在运行要求的条件下(在规定的压力和温度下充以规定种类和数量的液体或气体)，并配上它的操动机构和辅助设备。在每项型式试验开始前试品原则上应该处在或恢复到新的和清洁的状态。

按照有关的产品标准，在各组型式试验过程中可以进行整修。制造厂应该向试验室提供在试验中可以更新的零部件的说明。

6.1.3 确认试品用的资料

制造厂应该向试验室送交图样和其他资料，它们包含足以由型号来明确地确认送试开关设备和控制设备主要部件和零件的信息。制造厂应提供图样和资料的摘要清单且每张图样和每份资料清单都应该有单一的编号，并应该包含一个声明，其大意为：制造厂保证送交的图样和资料均为正确版本且确实代表了受试的开关设备和控制设备。

确认完毕后，试验室应保留摘要清单。零件图和其他资料应该归还制造厂保存。制造厂应该保留受试开关设备和控制设备所有零部件的详细设计记录，并应该确保这些记录和送交图样及资料中包含的信息是一致的。

试验室应该通过查对，确认送交的图样和资料清单充分地代表了受试开关设备和控制设备的部件和零件，但不对详细资料的精确性负责。

在附录 A 中规定了为确认开关设备和控制设备的主要零部件，要求制造厂向试验室送交的专门的图样和资料。

注：如果制造厂能证明某一结构细节的改变不会影响某项型式试验的结果，在作出这一改变后，这项型式试验不必重复进行。

6.1.4 型式试验报告包括的资料

所有型式试验的结果应该记入型式试验报告，包含充足的数据以证明试品符合额定值和相关标准的试验条款以及足够的能用来确认开关设备和控制设备主要部件的资料。特别是以下的资料：

——制造厂；

——受试开关设备和控制设备的型号和出厂编号；

——在相关产品标准中规定的受试开关设备和控制设备的额定特性；

——受试开关设备和控制设备的一般描述（制造厂给出的），包括极数；

——如果适用，主要部件（如操动机构、灭弧室和并联阻抗）的制造厂、型号、出厂编号和额定值；

——开关装置或者封闭开关设备（开关装置作为整体的一部分）的支持结构的一般说明；

——如果适用，试验中使用的操动机构和装置的说明；

——说明开关设备和控制设备在试验前后状态的照片；

——足以代表受试开关设备和控制设备的外形图和资料清单；

——为确认受试开关设备和控制设备主要部件而送交的全部图样的图号（包括版本号）；

——试验布置的说明（包括试验线路图）；

——试验过程中开关设备和控制设备的表现、试验后的状态以及试验过程中更换和整修过的零部件的说明；

——按有关产品标准的规定，每项试验或每个试验循环的试验参数的记录。

注：NSDD 可能出现在开断操作后的恢复电压期间。它们的次数对解释受试装置的性能没有影响。它们仅需要在试验报告中给出以便和重击穿区分。

6.2 绝缘试验

6.2.1 概述

除非本标准另有规定，开关设备和控制设备的绝缘试验应该按照 GB/T 16927.1 进行。

6.2.2 试验时周围的大气条件

关于标准参考大气条件和大气条件修正因数应该参见 GB/T 16927.1。

对处于大气中的外绝缘是主要绝缘的开关设备和控制设备，应该使用修正因数 K_t。

如果处于大气中的外绝缘是主要绝缘，只有在干试时，才应该使用湿度修正因数。

对于额定电压 40.5 kV 及以下的开关设备和控制设备，假定：

——绝对湿度高于参考大气的湿度，即 $h>11\ g/m^3$ 时，$m=1$ 且 $w=0$；

——绝对湿度低于参考大气的湿度，即 $h<11\ g/m^3$ 时，$m=1$ 且 $w=1$。

对于既有内绝缘又有外绝缘的开关设备和控制设备，如果修正因数 K_t 的值在 0.95～1.05 之间，应该使用修正因数。然而，为了避免内绝缘受到过高的电压，如果已确认外绝缘性能良好，则可以略去修正因数 K_t。

如果 K_t 大于 1.0，完成外绝缘的试验时内绝缘承受的电压会过高，则需要分步进行以避免内绝缘电压过高。如果 K_t 小于 1.0，完成内绝缘的试验时外绝缘承受的电压会过高，则需要分步进行以避免外绝缘电压过高。GB/T 16927.1 中讨论了一些方法。

对于只有内绝缘的开关设备和控制设备,周围的大气条件不产生影响,不应该使用修正因数 K_t。

对于联合试验,应该按总的试验电压值来计算参数 g。

6.2.3 湿试程序

户外开关设备和控制设备的外绝缘应该在 GB/T 16927.1 规定的标准湿试程序下承受湿耐受试验。

6.2.4 绝缘试验时开关设备和控制设备的状态

绝缘试验应该在完全装配好的(和使用中一样的)开关设备和控制设备上进行;绝缘件的外表面应处于清洁状态。

试验用的开关设备和控制设备应该按制造厂规定的最小电气间隙和高度安装。

如果受试设备离地面的高度等于或小于使用时离地面的高度,认为试验有效。

如果开关设备和控制设备的极间距离在设计上不是固定不变的,试验用的极间距离应该是制造厂规定的最小值。然而,为了避免仅为试验而装设大型三极开关设备和控制设备,人工污秽试验和无线电干扰试验可以在单极上进行;如果极间最小电气间隙等于或大于 GB/T 311.2 表 A.1 和表 A.2 给出的值,其余所有的绝缘试验都可以在单极上进行。

如果制造厂规定在使用中需要采用附加的绝缘,如绝缘包带和绝缘套,在试验时也应该采用这些附加的绝缘。

如果装有保护系统用的弧角或弧环,为了进行试验,可以把它们拆下或增大它们的间距。如果是用来改善电场分布的,试验时它们应该保持在原来的位置。

对于采用压缩气体作为绝缘的开关设备和控制设备,绝缘试验应该在制造厂规定的最低功能压力(密度)下进行。在试验过程中应该记录气体的温度和压力,并将其列入试验报告。

注意: 在装有真空开关装置的开关设备和控制设备的绝缘试验中,应当采取预防措施以保证在高压试验期间可能发射出的 X 射线的水平在安全限值内(见 5.19)。国家安全规程会影响制定的安全措施。

6.2.5 通过试验的判据

a) 短时工频耐受电压试验

如果没有发生破坏性放电,则应该认为开关设备和控制设备通过了试验。

湿试时,如果在外部自恢复绝缘上发生破坏性放电(如 GB/T 16927.1—1997 的 4.1 定义的),该试验应该在同一试验条件下重复进行,如果没有再发生破坏性放电,则应该认为开关设备和控制设备成功地通过了试验。

b) 冲击试验

对于具有自恢复绝缘和非自恢复绝缘的开关设备和控制设备采用 GB/T 16927.1—1997 中的程序 B 是优选的试验程序。

如果满足下述条件,则开关设备和控制设备通过了试验:

——非自恢复绝缘上没有出现破坏性放电;

——每个试验系列至少 15 次试验;

——每一个完整的试验系列破坏性放电的次数不超过 2 次。这通过最后一次破坏性放电后 5 次连续的冲击耐受来确认,该程序导致每个系列最多可能达到 25 次冲击。

如果所有的三极都进行试验,可以采用 GB/T 16927.1—1997 的程序 C。

注 1: 某些绝缘材料在一次冲击试验后仍有残留电荷,在倒换极性时应该小心。为使绝缘材料放电,推荐采用适当的方法,如在试验前施加 3 次约 80% 试验电压的反极性冲击。

注 2：破坏性放电的位置的确定可以由试验室采用充分的探测手段，如示波器、录像机、内部检查等进行。

c) 简要的说明

当试验大型开关设备和控制设备时，为检查设备的其他下游部分(断路器、隔离开关、其他间隔)的绝缘性能，往往要通过设备前面的部分来施加试验电压，这部分可能承受多组试验。建议从首先连接的部分开始，对其后各部分依次进行试验。当这部分按上述判据通过了试验，在其后部分的试验过程中，它的合格性不因这部分可能发生的破坏性放电而受到损害。

注 3：当对包含分闸的真空灭弧室触头间隙的开关设备进行试验时，可能需要在直到并包括额定耐受电压下进行预先的冲击试验。在这些预先的冲击试验期间观察到的击穿可以忽略，由于确定设备性能采用的判据是耐受统计。

注 4：这些放电可能是电压施加次数增加引起的累积效果，或是由设备内部远端发生破坏性放电引起的反射电压造成。在充气设备中，为了减少这种放电发生的概率，可以提高已经通过试验部分的压力。运行在提高压力的部分应在试验报告中清楚地表明。

6.2.6 试验电压的施加和试验条件

6.2.6.1 概述

应把三个试验电压(相对地，相间和断口间)相等的一般情形同隔离断口和相间绝缘高于相对地的特殊情形区别开来。

6.2.6.2 一般情形

参考图 3 所示的三极开关装置的联结图，试验电压应该按表 9 的规定施加。

表 9 一般情形下的试验条件

试验条件	开关装置	加压部位	接地部位
1	合闸	Aa	BCbcF
2	合闸	Bb	ACacF
3	合闸	Cc	ABabF
4	分闸	A	BCabcF
5	分闸	B	ACabcF
6	分闸	C	ABabcF
7	分闸	a	ABCbcF
8	分闸	b	ABCacF
9	分闸	c	ABCabF

注 1：如果外侧两极的布置相对于中间极和底架是对称的，试验条件 3、6 和 9 可以省略。

注 2：如果极的布置相对于底架完全对称且相互完全对称，试验条件 2、3、5、6、8 和 9 可以省略。

注 3：如果每极接线端子的布置相对于底架是对称的，试验条件 7、8 和 9 可以省略。

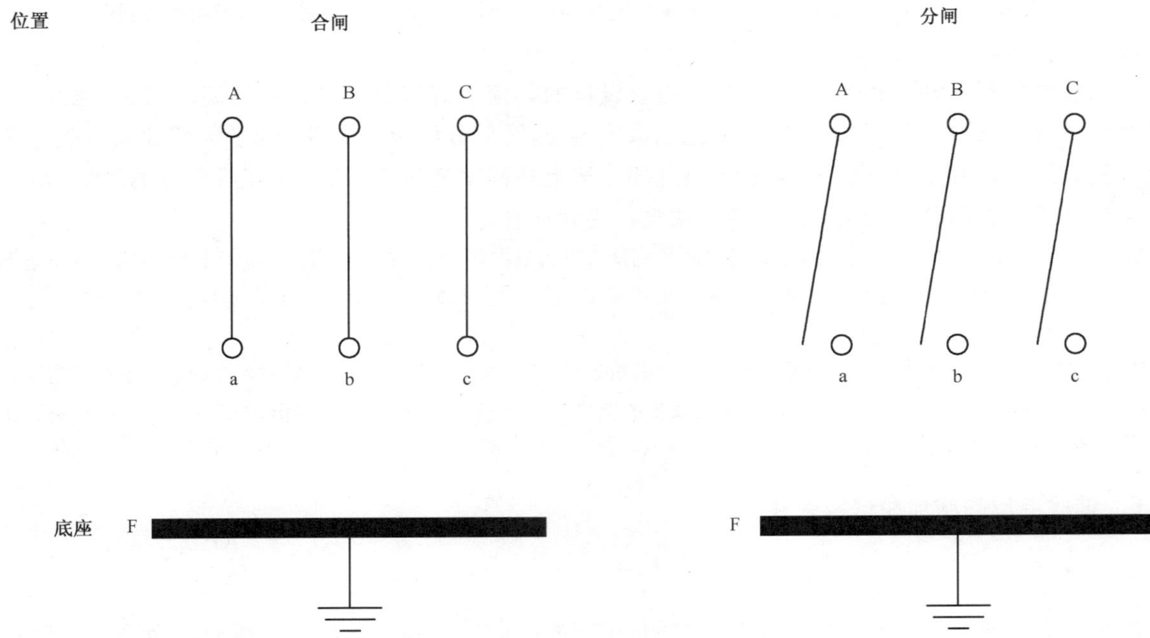

图 3 三极开关装置的联结图

6.2.6.3 特殊情形

当开关装置断口间的试验电压高于相对地的耐受电压时,可以采用不同的试验方法。

a) 优选方法

除非本标准另有规定,优选的方法是用联合电压试验(见 GB/T 16927.1)。

——工频电压试验

为了获得规定的试验电压,应该利用处在反相条件下的两个不同的电压源来进行试验。电压的分配在 6.2.7.2 和 6.2.8.2 中规定。

在这种情况下,分闸的开关装置断口间(或隔离断口)的试验电压应按下面的表 10 施加。

表 10 工频试验条件

试验条件	加压部位	接地部位
1	A 和 a	BCbcF
2	B 和 b	ACacF
3	C 和 c	AbabF

注 1:如果外侧两极的布置对中间极和底架是对称的,试验条件 3 可以省略。

注 2:如果极的布置相互完全对称且和底架也对称,试验条件 2 和 3 可以省略。

——冲击电压试验

额定冲击耐受电压(相对地)构成试验电压的主要部分,它施加到一个端子上;附加电压由另一个反极性的电压源提供,并施加到对侧的端子上。这一附加电压可以是另一个冲击电压,一个工频电压的峰值或者是一个直流电压。其他的极和底架接地。

由于两个电压回路间的电容耦合,冲击电压波会影响工频电压的波形,为了计及这一影响,应该满足以下的试验要求:在冲击电压峰值时刻冲击电压峰值与补充电压之和应等于要求的总的试验电压,允差为+3%。为了获得这一条件，可以提高瞬时工频电压或者冲击电压。对于雷电冲击试验，瞬时工频电压可以提高但不超过 $U_r\sqrt{2}/\sqrt{3}$；对于操作冲击试验，瞬时工频电压可以提高到不超过 $1.2U_r\sqrt{2}/\sqrt{3}$。

在工频侧的端子上并联一个容量适当的电容器，能够大大减小工频波形上的电压降。

试验电压应该按表 11 施加。

表 11 冲击试验条件

试验电压	主要电压	附加电压	接地部位
	加压部位		
1	A	a	BbCcF
2	B	b	AaCcF
3	C	c	AaBbF
4	a	A	BbCcF
5	b	B	AaCcF
6	c	C	AaBbF

注 1：如果外侧两极的布置对中间极和底架是对称的，试验条件 3 和 6 可以省略。

注 2：如果极的布置相互完全对称且和底架也对称，试验条件 2、3、5 和 6 可以省略。

注 3：如果每极接线端子的布置相对于底架是对称的，试验条件 4、5 和 6 可以省略。

b) 替代方法

如果只用一个电压源，对于工频电压试验和冲击电压试验，开关断口（或隔离断口）的绝缘都可以按下述方法进行试验：

——把总的试验电压 U_t 施加在一个端子和地之间，对侧的端子接地；

——如果在开关装置支持绝缘子上作用的电压超过额定相对地耐受电压，把底架调整在对地为 U_f 的部分电压上，使得 U_t-U_f 处在额定相对地耐受电压的 90%和 100%之间。

——如果 6.2.7 中参考了本替代方法，没有承受试验的所有端子和底架可以与地绝缘。

表 12 表示了如何施加不同的电压。

表 12 替代方法的试验条件

试验条件	主要部分		部分电压 U_f[a]
	U_t 施加位置	接地部位	
1	A	a	B,b,C,c,F
2	B	b	A,a,C,c,F
3	C	c	A,a,B,b,F
4	a	A	B,b,C,c,F
5	b	B	A,a,C,c,F
6	c	C	A,a,B,b,F

[a] 如果允许，所有端子和底架可以与地绝缘，可参考 6.2.7 中 6.2.6.3 的替代方法。

6.2.7 U_r≤252 kV 的开关设备和控制设备的试验

6.2.7.1 概述

试验应该用表 1 给出的试验电压进行。

6.2.7.2 工频电压试验

开关设备和控制设备应该按 GB/T 16927.1 承受短时工频耐受电压试验。对每一试验条件,应该把试验电压升到试验值维持 1 min。

应该进行干试,对户外开关设备和控制设备还应该进行湿试。

隔离断口可以按下述方法进行试验:

——优选方法:这时加在两侧端子上的两个电压都不低于额定相对地耐受电压的三分之一;

——替代方法:对额定电压低于 72.5 kV 的金属封闭气体绝缘开关装置和任一额定电压的普通开关装置,底架的对地电压 U_f 不需准确地调整,甚至可以把底架绝缘。

注:对于额定电压 252 kV 的开关设备和控制设备,由于其工频电压湿试的结果有很大的分散性,这些试验可用 250/2 500 μs 操作冲击电压湿试来代替,试验电压的峰值等于规定的工频试验电压有效值的 1.67 倍。

6.2.7.3 雷电冲击电压试验

开关设备和控制设备只应该在干燥状态下承受雷电冲击电压试验。试验应该按 GB/T 16927.1 用标准雷电冲击波 1.2/50 μs 在两种极性的电压下进行。

如果用替代方法来试验隔离断口,对额定电压低于 72.5 kV 的金属封闭气体绝缘开关装置和任一额定电压的普通开关装置,底架的对地电压 U_f 不需准确地调整,甚至可以把底架绝缘。

6.2.8 U_r>252 kV 的开关设备和控制设备的试验

6.2.8.1 概述

在合闸位置,试验应该按表 9 的试验条件 1、2 和 3 进行。在分闸位置,试验应该按如下所述(若不是,见 6.2.4)进行。此外,相间操作冲击电压试验应该按如下所述进行。试验电压在表 2 中给出。

6.2.8.2 工频电压试验

开关设备和控制设备应该按 GB/T 16927.1 承受短时工频耐受电压试验。对每一试验状况,应该把试验电压升到试验值并维持 1 min。

只应该进行干试。

开关断口或隔离断口间的绝缘应该用上述 6.2.6.3 的优选方法 a)进行试验。经与制造厂协商,也可以用 6.2.6.3 的替代方法 b)。无论选用哪种方法,加在一个端子和底架间的电压都不应该高于额定电压 U_r。

6.2.8.3 操作冲击电压试验

开关设备和控制设备应该承受操作冲击电压试验。应该按 GB/T 16927.1 用标准操作冲击波 250/2 500 μs 在两种极性的电压下进行。只对户外开关设备和控制设备进行湿试。

隔离断口应该用 6.2.6.3 的优选方法 a)进行试验。

极间绝缘只应该在干状态下按照表 11 的试验条件进行,以表 2 栏(5)的值作为试验电压,用 6.2.6.3a)的优选方法进行试验,试验电压的主要部分应等于或大于表 2 栏(4)给出的数值的 90%。未经制造厂的同意,该数值不应超过表 2 栏(4)所给出的数值的 100%。补充部分应该施加到相邻的极上且反相以便两个电压(主要部分和补充部分)的和等于表2栏(5)中给出的数值。

实际的电压分配应该尽可能平衡。总的试验电压的任何不平衡分配都是更加严格的。如果电压分量的波形和/或幅值不同,试验应该在倒换连接后重复进行。

6.2.8.4 雷电冲击电压试验

开关设备和控制设备只应该在干状态下承受雷电冲击电压试验。试验应该按GB/T 16927.1用标准雷电冲击波1.2/50 μs在两种极性下进行。

6.2.9 户外绝缘子的人工污秽试验

如果绝缘子满足IEC 60815的要求,则开关设备不需要进行人工污秽试验。

如果绝缘子不满足IEC 60815的要求,应当按GB/T 4585用额定电压和IEC 60815中给出的应用系数进行人工污秽试验。

6.2.10 局部放电试验

如果有关的产品标准有要求,应进行局部放电试验,并按GB/T 7354进行测量。

6.2.11 辅助和控制回路的绝缘试验

辅助和控制回路的绝缘试验涵盖在6.10.6中。

6.2.12 作为状态检查的电压试验

如果在关合、开断和/或机械/电寿命试验后,开关装置断口间的绝缘性能不能充分可靠地用目测检查来核实,如果相关的产品标准中没有其他规定,那么按6.2.7.2和6.2.8.2,在下述工频电压下对开关断口做工频电压干试验可能是合适的检查方法。

对于额定电压252 kV及以下的设备:

——对隔离断口为表1栏(3)值的100%;对其他设备为表1栏(2)值的80%。

对于额定电压252 kV以上的设备:

——对隔离断口为表2栏(3)值的100%;对其他设备为表2栏(2)值的80%。

注1:降低试验电压出于两方面的原因,一是考虑到老化、耗损和其他的正常劣化,额定试验电压留有安全裕度;二是由于闪络电压的统计特性。

注2:对某些类型的封闭开关装置,可能需要做对地绝缘的状态检查试验。这时,应当分别以表1和表2栏(2)值的80%做工频电压试验。

注3:相关的产品标准可能把这些类型设备的状态检查试验规定为强制性的。

6.3 无线电干扰电压(r.i.v.)试验

本试验仅适用于额定电压126 kV及以上的开关设备和控制设备,并应在相关产品标准中有规定时进行。无线电干扰电压试验被认为是EMC发射试验并涵盖在6.9.1中。额定电压3.6 kV以上126 kV以下的无线电干扰影响的水平较低且可以忽略。

6.4 回路电阻的测量

6.4.1 主回路

为了把做过温升试验(型式试验)的开关设备和控制设备与所有做出厂试验(见7.4)的同一型号的开关设备和控制设备作一比较,应该进行主回路电阻的测量。

应该用直流来测量每极端子间的电压降或电阻。对于封闭开关设备和控制设备应该作特殊的考虑

(见相关的标准)。

试验电流应该取 100 A 到额定电流之间的任一方便的值。

注：经验表明，单凭主回路电阻增大不能看作是触头或联结不好的可靠证据。这时，试验应当在更大的(尽可能接近额定电流的)电流下重复进行。

应该在温升试验前、开关设备和控制设备处在周围空气温度下测量直流电压降或电阻，还应该在温升试验后，开关设备和控制设备冷却到周围空气温度时测量直流电压降或电阻。试验后测得的电阻的增加不应该超过 20%。

在型式试验报告中，应该给出直流电压降或电阻的测量值，以及试验时的一般条件(电流、周围空气温度、测量部位等)。

6.4.2 辅助回路

6.4.2.1 1 级和 2 级辅助接点电阻的测量

1 级和 2 级辅助接点的每种类型的一个样品应接入阻性负载回路，然后用开路电压为 6 V(相对偏差为－15%)的直流电源施加到该回路上使其流过 10 mA 的电流，电阻的测量按照 GB/T 5095.2—1997 的试验 2b。

闭合的 1 级和 2 级辅助接点的电阻不应超过 50 Ω。

注：根据触头材料，出现的氧化可能降低有效的载流能力。这将会导致接触电阻的增加或者甚至在电压非常低的回路时不能导通而在电压较高的回路时没有出现问题。本试验的目的是为了验证在这些低电压条件下触头的接触性能。评估的判据考虑了电阻的非线性。50 Ω 的数值来自于统计方面的考虑且该数值已被用户接受。

6.4.2.2 3 级辅助接点电阻的测量

3 级辅助接点的一个样品应接入阻性负载回路，然后用开路电压≤30 mV 的直流电源施加到该回路上使其流过≤10 mA 的电流，电阻的测量按照 GB/T 21711.1。

闭合的 3 级辅助接点的电阻不应超过 1 Ω。

6.5 温升试验

6.5.1 受试开关设备和控制设备的状态

除非在相关标准中另有规定，主回路的温升试验应该在装有清洁触头的新开关装置上进行，且如果适用的话，在试验前充以用作绝缘的合适的液体或处于最低功能压力(密度)的气体。

6.5.2 设备的布置

试验应该在户内、大体上无空气流动的环境下进行，受试开关装置本身发热引起的气流除外。实际上，当气流速度不超过 0.5 m/s 时，就达到这一条件。

对于除辅助设备以外的部分的温升试验，开关设备和控制设备及其附件在所有重要方面都应该安装得和使用中的一样，包括开关设备和控制设备各部分在正常工作时的所有外罩(包括为了进行试验的所有附加外罩，例如母排延伸段的外罩)，并应该防止来自外部的过度加热和冷却。

按照制造厂的说明书，如果开关设备和控制设备可以在不同的位置安装，温升试验应该在最不利的位置上进行。

原则上，这些试验应该在三极开关设备和控制设备上进行；但若其他极或其他单元的影响可以忽略的话，试验也可以在单极或单元上进行。这是非封闭开关设备的一般情况。对于额定电流不超过 630 A 的三极开关设备和控制设备，可以把三极串联后进行试验。

对于特别大型的开关设备和控制设备，它们的对地绝缘对温升没有明显的影响，对地绝缘可以显著地降低。

接到主回路的临时连接线应该使得试验时与实际运行时的连接相比较没有明显的热量从开关设备和控制设备散出或向开关设备和控制设备传入。应该测量主回路端子和距端子 1 m 处临时连接线的温升。两者温升的差值不应该超过 5 K。临时连接线的类型和尺寸应该记入试验报告。

注 1：为了使温升试验更具复现性，临时连接线的类型和尺寸可以在相关标准中予以规定。

对于三极开关设备和控制设备，除了上述的例外，试验应该在三相回路中进行。

应该在开关设备和控制设备的额定电流(I_r)下进行试验，电源电流应该几乎是正弦的。

除了直流辅助设备外，开关设备和控制设备应该在额定频率下试验，频率的偏差为$^{+2}_{-5}$%。试验频率应该记入试验报告。

注 2：对邻近载流部分没有铁质元件的敞开式开关装置在 50 Hz 下进行温升试验时，如果实测的温升值不超过最大允许值的 95%，则应当认为该开关装置在 60 Hz 下的性能得到了验证。

如果用 60 Hz 试验，其结果应当对额定电流相同的额定频率为 50 Hz 的同一产品有效。

试验应该持续足够长的时间以使温升达到稳定。如果在 1 h 内温升的增加不超过 1 K，就认为达到这一状态。通常这一判据在试验持续时间达到受试设备热时间常数的 5 倍时就会满足。

如果记录到的试验数据足以能够计算出热时间常数，可以用较大电流预热回路的办法来缩短整个试验的时间。

6.5.3 温度和温升的测量

应该采取预防措施来减少由于开关装置的温度和周围空气温度的变化之间的时间滞后引起的变化和误差。

对于线圈，通常采用电阻变化来测量温升(参见附录 H)。只在使用电阻法不可行时才允许使用其他的方法。

除线圈以外的各部分的温度(其温度限值已有规定)应该用温度计、热电偶或其他适用的传感器件来测量，它们应被放在可触及的最热点上。如果需要计算热时间常数，在整个试验过程中应按一定的时间间隔记录温升。

浸入液体介质中元件的表面温度只应该使用紧贴在元件表面的热电偶来测量。液体介质本身的温度应该在它的上层测量。

使用温度计或热电偶测量时，应该采取以下的预防措施：

a) 温度计的球泡或热电偶应该防止来自外部的冷却(如用干燥清洁的羊毛等遮盖)。然而，被保护的面积和受试电器的冷却面积相比应该是可以忽略的；
b) 应该保证温度计或热电偶与受试部分的表面之间具有良好的导热性；
c) 如果在变化的磁场中使用球泡形温度计，酒精温度计比水银温度计更为适宜，因为后者更易受到变化磁场的影响。

为了计算热时间常数，在不超过 30 min 的时间段内，试验过程中应该进行足够的温度测量，并应记录在试验报告或等效的文件中。

6.5.4 周围空气温度

周围空气温度是开关设备和控制设备周围空气(对于封闭开关设备和控制设备是指外壳外面的空气)的平均温度。它应该在试验期间至少使用三只均匀布置在开关设备和控制设备周围、处在载流部件的平均高度上并距开关设备和控制设备 1 m 处的温度计、热电偶或其他温度检测器件来测量。应该防止温度计或热电偶受气流以及热的过分影响。

为了避免温度快速变化造成的读数误差，可以把温度计或热电偶放入装有 0.5 L 油的小瓶中。

在最后四分之一的试验期间，周围空气温度的变化在 1 h 内不应该超过 1 K。如果因试验室不利的温度条件而不可能达到时,可以用在相同条件下但不通过电流的一台相同的开关设备和控制设备的温度来代替周围空气温度。这台附加的开关设备和控制设备不应受到不适当热量的影响。

试验时的周围空气温度应该高于+10 ℃,但低于+40 ℃。在周围空气温度的这一范围内,不应该进行温度值的修正。

6.5.5 辅助设备和控制设备的温升试验

试验用规定的电源(交流或直流)进行,对交流电源,用它的额定频率(允差$^{+2}_{-5}$%)。

注:对邻近载流部分没有铁质元件的敞开式开关装置在 50 Hz 下进行温升试验时,如果实测的温升值不超过最大允许值的 95%,则应当认为该开关装置在 60 Hz 下的性能得到了验证。

如果用 60 Hz 试验,其结果应当对额定电流相同的额定频率为 50 Hz 的同一产品有效。

辅助设备应该在其额定电源电压(U_a)或其额定电流下进行试验。交流电源电压应该是几乎正弦的。

连续工作在额定值的线圈的试验应该持续足够长的时间以使温升达到稳定值。如果在 1 h 内温升的变化不超过 1 K,通常,就认为达到了这一状态。

对于仅在开合操作时才通电的回路,试验应按下述条件进行:

a) 如果开关装置具有在操作终了时切断辅助回路的自动开断装置,该回路应该通电 10 次,每次 1 s 或者直到自动开断装置动作为止,两次通电之间的间隔时间取 10 s,如果开关装置的结构不允许,则取可能的最短时间间隔;

b) 如果开关装置不具有在操作终了时切断辅助回路的自动开断装置,试验时回路应该一次通电 15 s。

6.5.6 温升试验的解释

开关设备和控制设备或其辅助设备各部分的温升(其温升限值已有规定)不应该超过表 3 的规定值。否则,应该认为开关设备和控制设备没有通过试验。如果线圈的绝缘由几种不同的绝缘材料组成,线圈的允许温升应该取温升限值最低的绝缘材料的允许温升。

如果开关设备和控制设备装有各种符合各自标准的设备(例如,整流器、电动机、低压开关等),这些设备的温升不应该超过在相应标准中规定的极限值。

6.6 短时耐受电流和峰值耐受电流试验

6.6.1 概述

开关设备和控制设备的主回路和接地回路(如果适用的话)应该经受试验,来检验它们承载额定峰值耐受电流和额定短时耐受电流的能力。

试验应在偏差为±10%的额定频率和任一合适的电压下进行,并在任一方便的周围空气温度下开始试验。

注:为了便于试验,可能需要更大的额定频率允差。如果偏差显著,即如额定频率 50 Hz 的开关设备和控制设备在 60 Hz 下试验或反之,则在解释试验结果时予以注意。

6.6.2 开关设备和控制设备以及试验回路的布置

开关设备和控制设备应该安装在它自身的支架上,或者安装在等效的支架上,并且装上它自身的操动机构,尽量使试验具有代表性。试品应该处于合闸位置并装上清洁的新触头。

每次试验前,机械开关装置要做一次空载操作,除了接地开关外,还要测量主回路电阻。

可以进行三相试验或单相试验。单相试验时,下列各点适用:

——对于三极开关设备和控制设备,应该在相邻的两极串联后进行试验;

——对于各极分离的开关设备和控制设备，既可在相邻的两极上也可在相间距离处装设返回导体的单极上进行试验。如果相间距离在设计上不是固定不变的，应该按制造厂给出的最短距离进行试验；

——额定电压 40.5 kV 以上，除非相关标准另有规定，不必考虑返回导体，但决不应该把返回导体放在比制造厂给出的最短极间中心距还靠近受试极的位置。

接到开关设备和控制设备端子上的连接线应该以一种能避免端子受到不真实应力的方法布置。在开关设备和控制设备的两侧，端子和最近的导体支持件之间的距离应该按制造厂说明书的规定。

试验的布置应该记入试验报告。

6.6.3 试验电流和持续时间

试验电流的交流分量原则上应该等于开关设备和控制设备的额定短时耐受电流(I_k)的交流分量。峰值电流(对于三相回路，在任一边相中的最大值)应该不小于额定峰值耐受电流(I_p)，未经制造厂同意不应该超过该值的 5%。

对于三相试验，任一相中的电流与三相电流平均值的差别不应该大于 10%。试验电流交流分量有效值的平均值不应该小于额定值。

试验电流 I_t 施加的时间 t_t 原则上应该等于额定短路持续时间 t_k。

如果没有别的用来确定 $I_t^2t_t$ 的方法，那么它应该利用附录 B 给出的计算 I_t 的方法从示波图上确定。试验的 $I_t^2t_t$ 不应该小于由额定短时耐受电流(I_k)和额定短路持续时间(t_k)算得的 $I_k^2t_k$，未经制造厂同意不应该超过该值的 10%。

如果试验设备的特性使得在规定持续时间的试验中不能得到上面规定的试验电流峰值和有效值，以下的变通是允许的：

a) 如果试验设备短路电流的衰减特性使得在额定持续时间内，不在开始时施加过大的电流，就不能得到规定的有效值(按附录 B 或等效的方法测定)，试验时允许把试验电流的有效值降低到规定值以下，并把试验的持续时间适当加长，但是，峰值电流不小于规定值和持续时间不大于 5 s；

b) 如果为了得到要求的峰值电流，把试验电流的有效值提高到规定值以上，可以相应地把试验持续时间缩短；

c) 如果 a)和 b)都不可行，允许把峰值耐受电流试验和短时耐受电流试验分开。这时要做两项试验：

——对于峰值耐受电流试验，施加短路电流的时间不应该小于 0.3 s；

——对于短时耐受电流试验，施加短路电流的时间应该等于额定持续时间。然而，符合项 a)的时间偏差是允许的。

6.6.4 在试验过程中开关设备和控制设备的表现

所有的开关设备和控制设备应该能承载其额定峰值耐受电流及其额定短时耐受电流，不得引起任何部件的机械损伤或触头分离。

通常认为，在试验过程中机械开关装置的载流部分和其相邻的部件的温升可能超过表 3 规定的限值。对于短时电流耐受试验不规定温升限值，但达到的最高温度应不足以引起相邻部件的明显损伤。

6.6.5 试验后开关设备和控制设备的状态

试验后，开关设备和控制设备不应该有明显的损坏，应该能正常地操作，连续地承载其额定电流而不超过表 3 规定的温升限值，并在绝缘试验时能耐受规定的电压。

如果机械开关装置具有额定关合和/或开断能力，那么，触头的状态不应该对关合和/或开断直到其额定值的任一电流的性能有实质上的影响。

下列各项足以检查这些要求：

a） 机械开关装置在试验后应该立即进行空载操作，且触头应该在第一次操作时分开；

b） 其次，应该按 6.4.1 测量主回路电阻（接地开关除外）。如果电阻的增加超过 20%，同时又不可能用目测检查证实触头的状况，进行一次附加的温升试验是合适的方法。

6.7 防护等级验证

6.7.1 IP 代码的验证

按照 GB 4208 规定的要求，试验应该在和使用情况一样的、完全装配好的开关设备和控制设备的外壳上进行。对于型式试验，通常不安装进入外壳的真实电缆连接线，应该使用一段相应的填充物来模拟。试验时开关设备的运输单元应该用盖板封闭，盖板能提供和单元间的连接同一等级的防护性能。

然而，试验只在对符合这些要求有怀疑时才应该进行，且在认为有必要的有关部件的各个位置上进行。

当使用附加字母 W 时，在附录 C 中给出了推荐的试验方法。

6.7.2 IK 代码的验证

按照 GB/T 20138 中规定的要求，试验应该在和使用情况一样的、完全装配好的开关设备和控制设备的外壳上进行。

试验后，外壳不应该开裂且外壳的变形不应该影响设备的正常功能，不降低绝缘和/或缩短爬电距离，也不使规定的防止接近危险部件的防护等级降到允许值以下。表面损伤如油漆脱落，冷却肋或类似零件的开裂或小面积的凹陷可以忽略。

然而，试验只在对符合这些要求有怀疑时才应该进行，且在认为有必要的有关部件的各个位置上进行。

注：成为外壳一部分的如表、继电器等辅助设备在本试验中不承受撞击。

6.8 密封试验

6.8.1 概述

密封试验应该和相关标准中要求的试验一同进行，通常在机械操作试验前后或者极限温度下的操作试验期间进行。

密封试验的目的是证明绝对漏气率 F 不超过允许漏气率 F_p 的规定值。

密封试验应该在和运行使用的一样的条件、一样的流体上进行。如果流体本身不可示踪，可以添加附加的示踪流体，例如氦。

如果可能的话，试验应当在处于 p_{re}（或 ρ_{re}）的完整的系统上进行。如果不可行，试验可以在部件、元件或分装上进行。这时，整个系统的漏气率应该利用密封配合图 TC（参见附录 E），由各部分漏气率的总和来确定。压力不同的分装之间可能的泄漏也应予以考虑。

装有机械开关装置的开关设备和控制设备的密封试验应该既在开关的合闸位置又在开关的分闸位置上进行，除非泄漏率与主触头的位置无关。

通常，只允许以累计的泄漏量的测量来计算泄漏率。

型式试验报告应当包括下面这些资料：

——试品的说明，包括它的内部容积和充入气体或液体的性质；

——试品是在合闸位置还是在分闸位置（如果适用的话）；

——试验开始时和结束时记录的压力和温度，以及补气的次数（如果需要的话）；

——压力(或密度)控制或监视装置的投入和切除压力整定值；

——用来检测泄漏率的仪表校正的说明；

——测量的结果；

——如果适用的话，试验气体和评定试验结果用的换算因数。

在极端温度下(如果相关标准要求进行这样的试验)，泄漏率的增加是可接受的，只要泄漏率回复到不高于在正常的周围空气温度下的最大允许值。暂时增加的泄漏率不应该超过表13中给出的值。

通常，为了使用合适的试验方法，可参考GB/T 2423.23。

表13 气体系统的允许暂时泄漏率

温度等级/℃	允许暂时漏气率
+40和+50	$3F_p$
周围温度	F_p
−5/−10/−15/−25/−30/−40	$3F_p$
−50	$6F_p$

6.8.2 气体的可控压力系统

应该用在一段时间t内测得的压力降ΔP来检查相对漏气率F_{rel}，这段时间要长到足以确定压力降(在充气和补充压力范围之内)。应当对周围空气温度的变化进行修正。在这段时间内补气装置不应该工作。

$$F_{rel}=\frac{\Delta P}{p_r}\times\frac{24}{t}\times 100(\%\text{ 每天})$$

$$N=\frac{\Delta P}{p_r-p_m}\times\frac{24}{t}$$

式中：

t ——试验持续时间，单位为小时(h)；

p_r ——额定充入压力，单位为千帕(kPa)；

p_m ——测量的充入压力，单位为千帕(kPa)。

注：为了保持公式的线性，ΔP应当和p_r-p_m具有同一数量级。可用的另一种方法是直接测量每天的补气次数。

6.8.3 气体的封闭压力系统

由于这些系统的漏气率相对较小，压力降测量法是不适用的。可以用其他方法(实例在附录E中给出)来测量漏气率F，这些方法与密封配合图TC可以用来计算：

——相对漏气率F_{rel}；

——补气间隔时间T(极端的温度条件或操作频率除外)。

通常，试验Q_m(GB/T 2423.23)是确定气体系统泄漏的合适方法。

如果达到了表13的规定值，偏差在+10%以内，就认为密封试验是成功的。在计算补气间隔时间时，应该计入这一测量误差。

注：CIGRE手册304[4]中描述了推荐的试验步骤。

6.8.4 密封压力系统

a) 使用气体的开关设备

对这类开关设备和控制设备进行密封试验是为了确定密封压力系统的预期工作寿命。

试验应该按 6.8.3 进行。

b) 真空开关设备

对真空灭弧室没有要求特定的密封试验，因为它们的密封性在制造过程中已经验证且认为在其使用寿命期间泄漏率为零。不过，如果特定的标准要求密封试验（例如机械试验、低温和高温试验等），则需要验证真空的完整性，而不是密封试验。制造厂应给出开关或灭弧室的预期储藏寿命以及每一装置的制造日期（年月）。

真空的完整性通过状态检查试验来验证，见 6.2.12。

应该在真空灭弧室没有操作过的条件下，测量两次真空度，两次测量的时间间隔能够正确地评定真空压力的变化率。

这一变化率应该是使在预期工作寿命期内的真空压力不会达到可接受的最大极限。最短的时间间隔取决于真空灭弧室的尺寸和试验方法的灵敏度。

注：通常认为四周的时间间隔是可接受的。

选择的测量真空度的方法应该对每种型式的真空灭弧室进行校正。这种校正是在样品密封之前，在应用待校正方法的同时，进行常规的真空压力测量。准确度的评定应该由反复的测量来确定。

6.8.5 液体的密封试验

密封试验的目的是证明系统总的泄漏率 F_{liq} 不超过规定值 $F_{p(liq)}$。

试品应该装上使用时带有的各种附件和规定的液体，安装得尽可能接近使用情况（框架、固定方式）。

密封试验应该与相关标准中要求做的试验一起进行，一般在机械操作试验前后，在极端温度下的操作试验过程中，或在温升试验的前后进行。

在极端温度下（如果相关标准要求进行这样的试验）和/或在操作过程中，泄漏率的增加是可以接受的，只要在温度回复到正常周围空气温度后和/或在操作完成后，泄漏率回复到起始的数值。暂时增加的泄漏率不应该妨碍开关设备和控制设备的安全运行。

对开关设备观测的时间应该足以确定可能有的泄漏或压力降 ΔP。这时，6.8.2 给出的计算公式是有效的。

注：试验时采用和工作时不同的液体或气体，这都是可能的，但要求制造厂证明其合理性。

试验报告应当包括下面这些资料：

——试品的一般说明；

——完成的操作次数；

——液体的性质和压力；

——在试验过程中周围空气的温度；

——开关装置在合闸位置或分闸位置的结果（如果适用的话）。

6.9 电磁兼容性试验（EMC）

6.9.1 发射试验

6.9.1.1 主回路的发射试验（无线电干扰电压试验，r.i.v.）

额定电压 3.6 kV 以上 126 kV 以下的无线电干扰的影响可以忽略。这些试验仅适用于额定电压 126 kV 及以上的开关设备和控制设备，并按照特定产品标准中的规定进行试验。

开关设备和控制设备应该按 6.2.4 的规定安装。

试验电压的施加部位应该如下：

a) 在合闸位置，端子与接地底架之间；

b） 在分闸位置，一个端子与和接地底架相连的其他端子之间，如果开关装置不是对称的，要把连接倒换后再试。

箱壳、罐体、底架和其他正常接地的零部件应该接地。应当注意避免开关设备和控制设备邻近的以及试验回路和测量回路邻近的接地或不接地物体对测量的影响。

开关设备和控制设备应该是干燥的和清洁的，且其温度接近试验室的室温。试验期间，开关设备和控制设备应装有所有影响无线电干扰电压的附件，如均压电容器、电晕环、高压连接等。试验连接线和它们的端子不应是一个高于下述数值的无线电干扰电压源。

测量回路（见图4）应该遵照 GB/T 7349。测量回路的频率最好应该调谐到(0.5±0.05)MHz 的范围内，但可以用(0.5～2)MHz 范围内的其他频率，要记录测量的频率。测量结果应该以微伏表示。

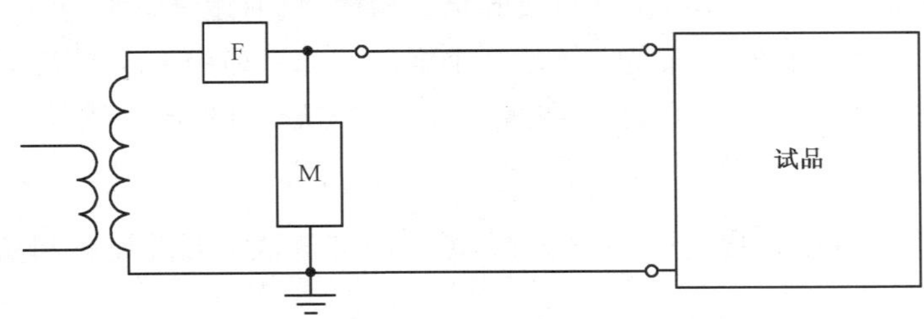

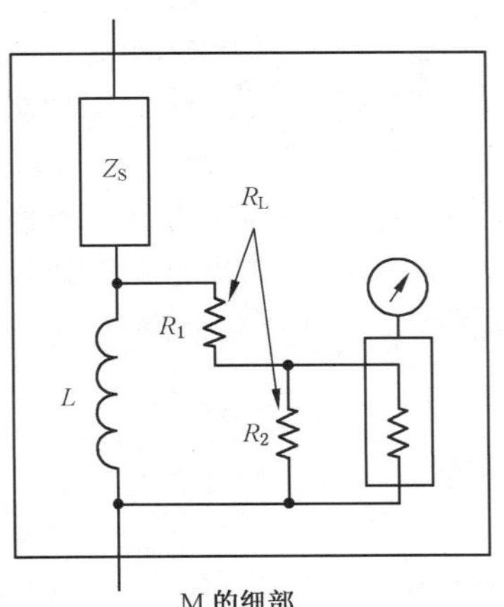

M 的细部

说明：

F ——滤波器；

R_L——测量装置和 R_2 并联组合后与 R_1 串联的等效阻抗；

Z_S——可以是电容器或者电容器和电感器串联组成的回路；

L ——用来分流工频电流并且在测量频率下补偿杂散电容的阻抗。

图4 开关装置的无线电干扰电压试验的试验回路图

如果使用的测量阻抗不同于 CISPR 出版物的规定值，它不该大于 600 Ω，也不小于 30 Ω；不论何种情况，相角不应该超过 20 °。除了电容大的试品外，可假定测量电压正比于电阻，相对于 300 Ω 的等值无线电干扰电压能够计算出来；对于电容大的试品，基于上述假定所作的修正可能不准确。因此，对装有接地法兰套管的开关设备和控制设备（如落地罐式开关设备和控制设备）推荐用 300 Ω 的电阻。

滤波器 F 在测量频率下应该有一高阻抗，使得从受试的开关设备和控制设备看过去高压导体和接地点之间的阻抗不被明显的旁路。这个滤波器也减小试验回路中的由高压变压器产生的或从外部电源拾取的射频电流。滤波器在测量频率下的合适阻抗值为 10 000 Ω～20 000 Ω。

应该采取适当的措施保证无线电干扰的背景电平(由外部电场和由高压变压器在全试验电压下励磁时引起的无线电干扰电平)比给受试开关设备和控制设备规定的无线电干扰电平至少低 6 dB,最好低 10 dB。测量仪器的校正方法和测量回路的校正方法分别在 CISPR 16-1 和 GB/T 7349 中给出。

由于无线电干扰电平可能受积存在绝缘子上的纤维和灰尘的影响,允许在测量前用干净的布擦拭绝缘子。试验时的大气条件应该予以记录。目前尚不知道适用于无线电干扰试验的修正因数,但知道试验对高的相对湿度可能是敏感的;如果相对湿度超过 80%,试验的结果可能值得怀疑。

应该按照下述试验程序:

应该在开关设备和控制设备上施加 $1.1U_r/\sqrt{3}$ 的电压,至少维持 5 min,U_r 是开关设备的额定电压。随后应该把电压逐级下降至 $0.3U_r/\sqrt{3}$,再逐级上升至初始值,最后逐级下降至 $0.3U_r/\sqrt{3}$。在每级电压上,应该进行无线电干扰的测量,并应该画出最后一个电压下降系列中记录的无线电干扰电平对外施电压的曲线;这样得出的曲线就是开关设备和控制设备的无线电干扰特性。电压级差应大约为 $0.1U_r/\sqrt{3}$。

如果在 $1.1U_r/\sqrt{3}$ 下无线电干扰电平不超过 2 500 μV,应该认为开关设备和控制设备通过了试验。

6.9.1.2 辅助和控制回路的发射试验

开关设备和控制设备的辅助和控制回路如果包含有电子设备或元件,则应进行电磁发射试验。其他情况下,不要求试验。

对于开关设备和控制设备的辅助和控制回路,本标准中规定的 EMC 要求和试验较其他 EMC 技术规范优先。

试验仅在典型的辅助和控制回路上进行,因为单个元件已经按照相关的标准进行了试验。

作为辅助和控制回路一部分的电子设备,应该满足 GB 4824 为第 1 组——A 级设备所规定的关于射频发射的要求。不再规定其他的试验。如果把限值增加 10 dB,可以用 10 m 的测量距离代替 30 m 的测量距离。

6.9.2 辅助和控制回路的抗扰性试验

6.9.2.1 概述

如果开关设备和控制设备的辅助和控制回路包括电子设备和元件,则应该经受电磁抗扰性试验。对其他情形,不需要做试验。

试验仅在典型的辅助和控制回路上进行,因为实际设计的变化太多且单个元件已经按照相关的标准完成了试验。

规定了以下的抗扰性试验:

——电快速瞬变脉冲群试验(见 6.9.2.3)。该试验模拟在二次回路中开合引起的工况;

——振荡波抗扰性试验(见 6.9.2.4)。该试验模拟在主回路中开合引起的工况。

还有其他的 EMC 抗扰性试验,但在这里不做规定。EMC 抗扰性试验的汇总在 GB/T 17626.1 中给出,GB 17799 涉及用在发电厂和高压变电站中的电器设备的抗扰性。静电放电(ESD)试验是对电子设备的常规要求,且应对用于开关设备和控制设备的辅助和控制回路中的这类设备进行该试验。这些试验对完整的辅助和控制回路不必重复。辐射场试验和磁场试验仅在特殊场合才被认为是相关的。

注 1: 特殊场合的例子:位于金属封闭开关设备母线附近的电子装置,可能会受到磁场的影响。为了确保电磁兼容性,可能需要附加的处理。

注 2: 在门打开的控制柜附近使用无线电发射机或蜂窝电话时,可能会使辅助和控制回路承受高于验证过的数值的射频电磁场,应予以避免。

6.9.2.2 抗扰性试验的导则

电磁抗扰性试验应在完整的辅助和控制回路或分装上进行。试验可在下述部位进行：

——完整的辅助和控制回路；

——分装，如汇控柜、操动机构箱等；

——柜内的分装，如表计和监控系统。

在需要内部连接较长或分装间可能存在显著的干扰电压的场合，强烈推荐对分装进行单独试验。对每一个可更换的分装，单独试验是强制性的。分装可能位于辅助和控制回路内的不同位置，但只要总的接线长度和把分装连接到辅助和控制回路的连线的数量不大于已试系统中的长度和数量，就不会使完整系统的型式试验无效。

可更换分装可以被相似的分装取代，但只要满足下述条件，就不会使原来的型式试验无效：

——符合 IEC 61000-5 中给出的设计和安装规程；

——型式试验是在适用于该类型开关设备和控制设备的最复杂的分装上进行的；

——制造厂的设计规程和型式试验过的分装的设计规程一样。

试验电压应施加到辅助和控制回路的界面或受试分装上。该界面应由制造厂确定。

型式试验报告应清楚地说明受试的系统或分装。

注：抗扰性试验是为了覆盖大多数运行条件。感应的骚扰比该试验覆盖的还要严酷的场合可能是极端情况。

6.9.2.3 电气快速瞬态/脉冲串试验

电气快速瞬态脉冲串试验应按照 GB/T 17626.4 进行，重复率为 5 kHz。接口和界面的选择应符合 GB 17799。试验电压和耦合方式应按表 14 选择。

表 14 电气快速瞬态/脉冲串试验时电压的施加

界面	设备的关联性	试验电压 kV	耦合方式
电源接口	交流和直流线路	2	CDN(注 1)
机箱接地接口		2	CDN(注 1)
信号接口	承载模拟和/或数字信号的屏蔽或非屏蔽线路： ——控制线路； ——通讯线路(如数据总线)； ——测量线路(如 CT、VT 等)	2	CCC 或等效的耦合方法(注 2)
注 1：CDN：耦合和去耦合网络。 注 2：CCC：电容耦合夹。			

6.9.2.4 振荡波抗扰性试验

应该进行振荡波抗扰性试验，试验电压的波形和持续时间应按照 GB/T 17626.10。

接口和界面的选择应符合 GB 17799。

阻尼振荡波试验应在 100 kHz 和 1 MHz 下进行，频率的相对允差为±30%。

注：GIS 中隔离开关的操作可以产生极陡波前的冲击。正因为如此，对于靠近 GIS 的设备的附加试验频率正在考虑中(10 MHz 和 30 MHz)。

试验应该对共模和差模进行。试验电压和耦合方式应按照表15。

表15 阻尼振荡波试验时电压的施加

界面	设备的关联性	试验电压 kV	耦合方式
电源接口	交流和直流线路	差模:0.5 共模:1.0	CDN CDN(注)
信号接口	承载模拟和/或数字信号的屏蔽或非屏蔽线路: ——控制线路; ——通讯线路(如数据总线); ——测量线路(如CT、VT等)	差模:0.5 共模:1.0	CDN CDN 或等效的耦合方法(注)
注:CDN:耦合和去耦合网络。			

6.9.2.5 试验中和试验后二次设备的性能

辅助和控制回路应耐受6.9.2.3和6.9.2.4规定的每一试验而不出现永久的损坏。试验后系统仍应能完全运行。按照表16,某些部件功能的暂时丧失是允许的。

表16 瞬态骚扰的抗扰性试验的评估判据

功能	判据(注)
保护,电讯保护	A
报警	B
监督	B
命令和控制	A
测量	B
计数	A
数据处理 ——用于高速保护系统; ——一般应用	 A B
信息	B
数据存储	A
数据处理	B
监控	B
人机界面	B
自诊断	B
数据处理、监控和自诊断功能是在线连接的,是命令和控制回路的一部分,应满足判据A。	
注:符合GB/T 17626.4和GB/T 17626.10的判据: A:技术规范限值内的正常性能; B:功能暂时降低或丧失或性能能够自恢复。	

6.9.3 辅助和控制回路附加的 EMC 试验

6.9.3.1 概述

下述试验的目的是验证完整装置而不是重复单个元件的试验。因此，符合它们相关产品标准和相关额定值的元件的试验不需要重复。

6.9.3.2 直流电源输入接口的纹波抗扰性试验

本试验按照 GB/T 17626.17 进行且适用于电气和电子元件。开关设备和控制设备相关的产品标准应规定此试验对某些元件是否必要(例如，它不适用于电动机、电动机操作的隔离开关等)。

试验水平为 2 级，纹波频率等于 3 倍的额定频率。

评价判据是："技术规范限值内的正常性能"(判据 A)。

6.9.3.3 电源输入接口的电压跌落、短时中断和电压变化抗扰性试验

交流电源接口的电压跌落、短时中断和电压变化试验应按照 GB/T 17626.11 进行，直流电源接口按照 GB/T 17626.29。

6.10 辅助和控制回路的附加试验

6.10.1 概述

下述试验的目的是为了验证整个装配而不对元件单独进行的试验。因此，符合各自相关的产品标准和相关额定值对元件所做的试验不需要重复。

6.10.2 功能试验

所有低压回路的功能试验应验证与开关设备和控制设备的其他元件连在一起的辅助和控制回路的正确功能。试验程序取决于装置的低压回路的特征和复杂性。对开关设备和控制设备，相关的产品标准中规定了这些试验。它们应在 4.9.3 确定的电源电压的上限和下限时进行。

对于低压回路、分装和元件，如果它们全部参与了对开关设备和控制设备施加的试验或者在相关的环境下的试验，则操作试验可以免去。

6.10.3 接地金属部件的接地连续性试验

如果能够证明设计是充分的，通常不需要进行试验。

但是，如果有怀疑，外壳和/或金属隔板以及活门的金属部件应该在到提供的接地点以 30 A(直流)时进行试验。

电压降应小于 3 V。

注：可能有必要就地除去测量点上的涂层。

6.10.4 辅助触头动作特性的验证

6.10.4.1 概述

除非设备作为功能单元通过了整个型式试验，否则，包含在辅助回路中的触头应进行下述试验。

6.10.4.2 辅助触头的额定连续电流

本试验验证了预先闭合的辅助触头能够连续承载的电流的额定值。

回路的开合方式应与受试触头无关。试验程序在6.5.5中规定。触头应该承载符合表6的其等级的额定连续电流,根据触头材料和工作环境,不超过表3中的温升。

6.10.4.3 辅助触头的额定短时耐受电流

本试验验证了预先闭合的辅助触头在规定的短时间内承载电流的能力。

回路的开合方式应与受试触头无关。触头应该在阻性回路中承载符合表6的其等级的额定短时耐受电流30 ms。这意味着在电流开始后的5 ms内应达到试验电流值。试验电流幅值的相对偏差为$^{+5}_{0}$%,试验电流持续时间的相对偏差为$^{+10}_{0}$%。

本试验应该按每个试验之间间隔1 min重复进行20次。试验前后应测量触头电阻值,两次测量触头都应在周围温度下进行。电阻的增加应小于20%。

6.10.4.4 辅助触头的开断能力

本试验验证辅助触头的开断能力。

回路的接通方式应与受试触头无关。触头应该在感性回路中承载符合表6与辅助触头等级相对应的电流5 s并将其开断。试验电压的相对偏差为$^{+10}_{0}$%,试验电流幅值的相对偏差为$^{+5}_{0}$%。

对于所有等级,回路的时间常数应不小于20 ms,相对偏差为$^{+20}_{0}$%。

本试验应该按每个试验之间间隔1 min重复进行20次。最后一次操作后恢复电压应在1 min间隔期内保持(300±30)ms。试验前后应测量触头电阻值,两次测量触头都应在周围温度下进行。电阻的增加应小于20%。

6.10.5 环境试验

6.10.5.1 概述

所有辅助和控制设备的部件应在能完全代表和完整的开关设备和控制设备安装或投运后的那些条件下进行试验。如果试验按6.1.2的规定在完整的开关设备和控制设备上进行的,则认为满足了此类条件。如果试验不是这样进行的,应注意保证进行试验的条件与完整的开关设备和控制设备的运行条件相关。

进行环境试验是为了评估:

——所采取措施的有效性;

——整个实际运行条件期间外壳内的辅助和控制回路的正确功能。

所有这些试验应在一台设备装配上进行。

这些试验可以在柜自身进行,或者在相关的开关设备和控制设备上进行。

如果被对整个开关设备和控制设备施加的试验所覆盖,辅助和控制回路的每项环境试验可以免去。

一旦设备成功地通过了环境试验,则它可以按几种方式(直接安装在框架上,作为就地控制柜单独布置等)安装在开关设备和控制设备中。

总装进行的试验可以验证属于相同范围的开关设备和控制设备的类似辅助和控制回路总装。

如果辅助和控制回路的额定电压发生了变化,环境试验不需要重复进行。

对于某些设计,辅助和控制回路的额定电源电压的改变可能会对环境试验的结果产生影响。实际上,除非制造厂另有判定,要求对具有最高额定电源电压的辅助和控制回路进行环境试验以覆盖设计用于较低的额定电源电压的所有其他类似的辅助和控制回路。

除非另有规定,环境试验应在正常运行的整个使用条件范围内验证辅助和控制回路的正确功能,加热元件应处于备用状态。实际的运行条件决定了回路中是否有加热元件。

在试验持续时间末尾，除了振动响应试验外，应检查辅助和控制回路，确定其功能符合相关的技术规范。这些检查应基于一组相关的功能。在功能检查完成之前的试验期间和试验后，辅助和控制回路应通电并保持运行条件。

制造厂应清楚地规定哪些功能需要在试验结束时检查。

如果因为特殊的环境条件而要求任何其他的环境试验时，这些试验应按照 GB/T 2423 进行。

注：如果实际的运行条件偏离了第 2 章中规定的使用条件，可以要求其他的环境试验并按照 GB/T 2423 进行。

6.10.5.2 寒冷试验

寒冷试验应在第 2 章规定的使用条件下按照 GB/T 2423.1—2008 的试验 Ad 进行。试验持续时间应为 16 h。

6.10.5.3 干热试验

干热试验应在第 2 章规定的使用条件下按照 GB/T 2423.2—2008 的试验 Ba 进行。试验温度应为最高的周围空气温度，试验持续时间应为 16 h。

6.10.5.4 稳态湿热试验

稳态湿热试验应按 GB/T 2423.3—2006 的试验 Cab 进行。试验持续时间应为 96 h。

6.10.5.5 循环湿热试验

循环湿热试验应按照 GB/T 2423.4—2008 的试验 Db 进行。上限温度为第 2 章规定的最高周围空气温度，温度循环的次数为 2 次。在标准的大气条件下，变量 2——湿度可以用于温度降低阶段和恢复阶段。不应采取专门的措施除去表面的湿气。

6.10.5.6 振动响应和抗震试验

由于振动响应试验没有包含在 GB/T 2423 中，因此，应参照 GB/T 11287。

本试验的目的是为了确定辅助和控制设备总装薄弱的机械环节。两个不同的振动源可能引起的损坏：

——相关的开关设备和控制设备的操作引起的振动，完全取决于现场的安装条件。试验应按 GB/T 11287 进行。振动响应试验的参数取严酷度等级为 1 的参数。如果辅助和控制设备的总装已经在完整的开关设备和控制设备中进行了机械寿命试验，则该试验可以免去；

——2.3.5 中规定的特殊使用条件引起的振动。试验应根据用户和制造厂之间的协议进行。在这种情况下，应考虑符合 IEC 60255-21-3 规定的适合的抗震试验，试验严酷度等级取 1 级。

辅助和控制回路应耐受振动响应试验而不产生永久的损坏。试验后，仍然应能操作。如果满足表 16中的判据，试验期间允许部分功能的暂时丧失。

6.10.5.7 最终的状态检查

所有其他的型式试验完成后，应重复 6.10.6 规定的工频电压耐受试验以确认试验期间试品的性能没有降低。

6.10.6 绝缘试验

开关设备和控制设备的辅助和控制回路应该承受短时工频电压耐受试验。每个试验应按照下述进行：

a) 连接在一起的辅助和控制回路和开关装置底架之间；

b) 如果可行，正常使用中可以和其他部分绝缘的辅助和控制回路的每一个部分，与连接在一起并和底架相连的其他部分之间。

应按照 GB/T 17627 进行工频试验。试验电压应为 2 kV，持续时间 1 min。

如果试验期间没有出现破坏性放电，则认为开关设备和控制设备的辅助和控制回路通过了试验。

电动机和其他装置如辅助和控制回路中使用的电子设备的试验电压应该和那些回路的试验电压相同。如果这些电器已经按照适当的技术规范进行了试验，这些试验中可以将其隔离。对于辅助元件，较低的试验电压正在考虑中。如果采用了较低的试验电压，则应在试验报告中说明。

选择的判据基于工频下变电站的接地回路中的两个点之间可能出现的最大共模电压(例如，一次侧短路期间，或存在并联电抗器)。

6.11 真空灭弧室的 X 射线试验程序

6.11.1 一般要求

6.11.1.1 灭弧室的试验条件

真空灭弧室的 X 射线发射水平试验应该在新的灭弧室上进行。本型式试验的目的是为了验证真空灭弧室发出的 X 射线不超过下述限值：

a) 在表 1 给出的额定电压 U_r 下 1 m 处的每小时 5 μSv；

b) 在表 1 给出的额定短时工频耐受电压 U_d 下 1 m 处每小时 150 μSv。

6.11.1.2 试品的安装

灭弧室应安装在设计使得分开的触头间距可以设定到推荐的最小距离，且能够允许将电压施加到一个端子上而另一个端子接地的试验定位支架上。设计运行在不同于空气的绝缘介质(例如油或 SF_6)中的灭弧室，可以在这类介质中进行试验。

绝缘介质的容器应该是具有辐射抑制作用的绝缘材料，其辐射抑制作用不大于 9.5 mm 厚度的甲基丙烯酸甲酯能够提供的辐射抑制作用。灭弧室和辐射仪器之间的绝缘介质应该为绝缘要求的最小值。

6.11.1.3 辐射仪器

应该使用具有下述最低技术要求的射频屏蔽辐射测量仪器。

——精度：每小时能够测量 150 μSv 的精度为±25%，响应时间小于 15 s。

——能量响应：12 keV～0.5 MeV±15%。

——敏感区域：最大 100 cm^2。

6.11.1.4 辐射仪器的位置

辐射仪器的传感元件应该位于分离的触头平面内且距灭弧室最近的外表面 1 m 处(见图 5)。如果电气安全要求仪器位于超过 1 m 的距离处时，仪器的读数应该按照如下平方反比法则来调节：

$$R(1\ \mathrm{m}) = R(d) \cdot d^2$$

式中，$R(d)$为在距真空灭弧室表面 d(单位：m)处测量的辐射水平。

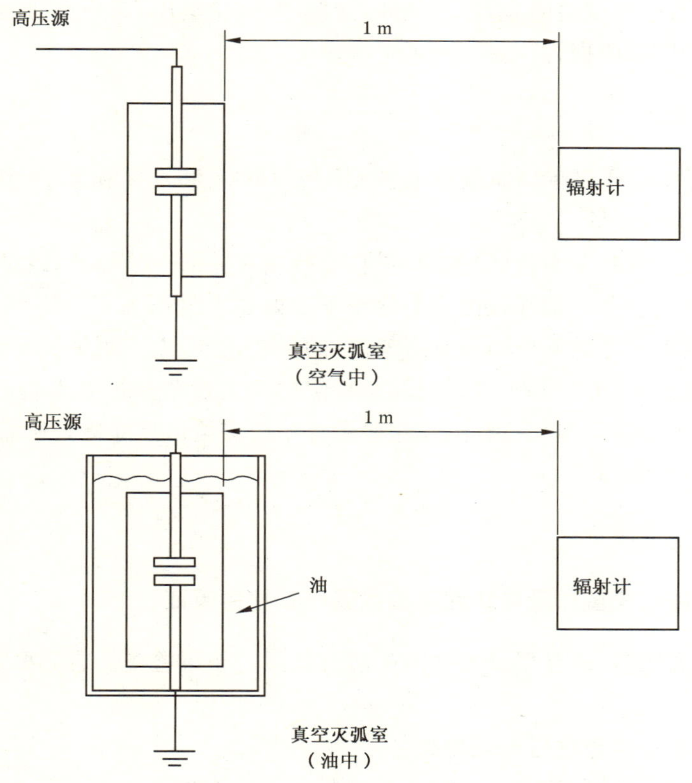

图 5 辐射仪器的位置

6.11.2 试验电压和测量程序

灭弧室安装在试验定位支架上，触头分离在规定的最小触头间距处且辐射仪器就位（见图 5），在灭弧室触头的两端施加表 1 中给出的额定电压 U_r，经过最短 15 s 后，读取辐射仪器上的辐射水平。

接下来，将灭弧室触头两端的电压升高到等于表 1 中给出的工频绝缘耐受试验电压 U_d，经过最短 15 s 后，读取辐射仪器上的辐射水平。

7 出厂试验

7.1 概述

出厂试验是为了发现材料和结构中的缺陷。它们不会损坏试品的性能和可靠性。出厂试验应该在制造厂任一合适可行的地方对每台制成的设备进行，以确保产品与已通过型式试验的设备相一致。根据协议，任一出厂试验都可以在现场进行。

本标准规定的出厂试验项目包括：

a) 主回路的绝缘试验，按 7.2；

b) 辅助和控制回路的试验，按 7.3；

c) 主回路电阻的测量，按 7.4；

d) 密封试验，按 7.5；

e) 设计检查和外观检查，按 7.6。

可能需要进行一些附加的出厂试验，这在有关的产品标准中予以规定。

如果开关设备和控制设备在运输前不完成总装，那么应该对所有的运输单元单独进行试验。在这种场合，制造厂应该证明这些试验的有效性(例如：泄漏率，试验电压，部分主回路的电阻)。

产品出厂应附有出厂试验报告。

7.2 主回路的绝缘试验

应该进行短时工频电压干试验。试验应该按 GB/T 16927 和 6.2 在新的、清洁的和干燥的完整设备、单极或运输单元上进行。

试验电压应该是表 1 或表 2 中栏(2)的规定值，或是按有关的产品标准，或是这些标准的适用部分。

如果开关设备和控制设备的绝缘仅由实心绝缘子和处在大气压力下的空气提供，只要检查了导电部分之间(相间、断口间以及导电部分和接地底架间)的尺寸，工频电压耐受试验可以省略。

尺寸检查的基础是尺寸(外形)图，这些图样是特定的开关设备和控制设备的型式试验报告的一部分(或是在型式试验报告中被引用)。因此，在这些图样中应该给出尺寸检查所需的全部数据，包括允许的偏差。

7.3 辅助和控制回路的试验

7.3.1 辅助和控制回路的检查以及电路图和接线图一致性的验证

材料的特性、装配的质量、成品以及必要时的防腐涂层应予以检查。有必要进行外观检查来检查隔热设施。

应对执行器、联锁和挂锁等进行外观检查。

应检查外壳内的辅助和控制回路元件的正确安装。应检查连接外部接线用的工具的位置，以保证多芯电缆芯线的分开和导体的正确连接所需的接线空间。

应检查导体和电缆的正确路径。特别应该注意保证由于靠近尖锐的零部件或加热元件，或者由于运动部件的运动不会对导体和电缆引起机械损伤。

元件和端子的标识以及如果适用时电缆和接线的标识应予以验证。另外，应检查辅助和控制回路和电路图及接线图的一致性以及制造厂提供的数据(例如，空闲辅助触头的数量以及每对空闲触头的等级，辅助和控制触头以外的触头的数量、类型和能力，并联脱扣器的电源等)。

7.3.2 功能试验

对所有的低压回路都应进行功能试验来验证与开关设备和控制设备的其他部件连接的辅助和控制回路的正确功能。试验程序取决于装置的低压回路的特征和复杂性。这些试验在开关设备和控制设备相关的产品标准中规定。应在 4.9.3 规定的电源电压的上限值和下限值下进行试验。

如果在整个开关设备和控制设备的试验期间对低压回路、分装和元件试验过，则这些操作试验可以免去。

7.3.3 电击防护的验证

正常运行期间，应对直接触及主回路的防护和易于接触的辅助和控制设备的安全触及性进行外观检查。

如果认为外观检查不充分，应按 6.10.3 中的规定对接地金属部件的电气连续性进行检查。

7.3.4 绝缘试验

仅应进行工频试验。试验应该在与 6.2.11 中所述的相同条件下进行。

试验电压应为 2 kV，持续时间为 1 min 或试验电压应为 2.5 kV，持续时间为 1 s。

7.4 主回路电阻的测量

对于出厂试验，主回路每极电压降或电阻的测量，应该尽可能在与相应的型式试验相似的条件(周围空气温度和测量部位)下进行。试验电流应当在6.4.1规定的范围内。

测得的电阻不应该超过$1.2R_u$，这里R_u等于温升试验前测得的电阻。

7.5 密封试验

7.5.1 概述

出厂试验应该按制造厂的试验习惯在正常的周围空气温度下，在充以制造厂规定压力(或密度)的装配上进行。对于充气的系统，可以用探头来试漏。

7.5.2 气体的可控压力系统

试验程序与6.8.2一致。

7.5.3 气体的封闭压力系统

试验可以在制造过程或现场装配的不同阶段，对部件、元件和分装进行。

可以使用检漏装置来探测充气系统的泄漏率，检漏装置的灵敏度至少应为10^{-8} Pa·m³/s。

制造厂应明确满足规定的补气间隔时间的接收判据。

在特殊情况下，泄漏应该采用附录E中描述的累积法予以量化。

7.5.4 密封压力系统

a) 使用气体的开关设备

试验程序与6.8.4中a)一致。

b) 真空开关设备

每只真空管应该用它的出厂顺序号来标识。它的真空压力应该由真空灭弧室制造厂来检验。

试验结果应该作出书面记录。

开关装置装配完成以后，真空开关管的真空度应该在分开的触头间用有效的出厂绝缘试验来检验。试验电压应由制造厂规定。

按照相关产品标准的要求，绝缘试验应该在出厂机械试验后进行。

7.5.5 液体密封试验

出厂试验应该在正常的周围温度下，在完全装配好的开关设备和控制设备上进行。分装的试验也是允许的，这时，最后的检查应该在现场进行。

试验方法和型式试验方法一致(见6.8.5)。

7.6 设计检查和外观检查

开关设备和控制设备应该经过检查，以证明它们符合买方的技术条件。

8 开关设备和控制设备的选用导则

8.1 概述

附录G给出了规定开关设备和控制设备额定值需要考虑的因素的摘要。

8.2 额定值的选择

按照本标准选择额定值时应该考虑系统的特性以及潜在的未来发展。额定值清单在第4章中给出。

其他参数，例如当地的大气和气候条件以及在海拔超过1 000 m的使用也应予以考虑。

故障条件要求的职能应该由开关设备和控制设备在系统中的安装地点的故障电流计算来确定。在此方面，可以参考GB/T 15544。

8.3 运行条件改变引起的持续和暂时过载

开关设备和控制设备的所有部件的温升在本章中规定的条件下不应超过表3中规定的温升限值。

只要温度不超过表3中规定的最大温度值，在短期内设备可以规定高于其额定电流的过载能力。

只要温度不超过表3中规定的最大温度值，在较低的周围温度下可以规定高于其额定电流的过载能力。

注1：对于负荷开关，过载能力可以超过其开断能力。

注2：如果规定了这类能力，应该基于采用温升、热时间常数、实际电流、实际周围空气温度和表3中规定的最高运行温度等的温升试验获得的结果（见6.5.2）。

注3：如果用户要求过载能力，应该按照本条款规定暂时或长期过载要求。

应在温升试验的结果和试验参数：额定电流、热时间常数、温升、周围空气温度和表3规定的最高运行温度的基础上确定连续过载和暂时过载。过载能力可按下述公式计算。

在给定周围空气温度 θ_a 时的过载电流 I_s：

$$I_s = I_r \left[\frac{\theta_{max} - \theta_a}{\Delta\theta_r}\right]^{\frac{1}{n}}$$

过载期间的运行温度：

$$\theta_s = \Delta\theta_r \times \left(\frac{I_s}{I_r}\right)^n \times (1 - e^{-t/\tau}) + \theta_a$$

或在施加一个电流 I_i 后，过载电流 I_s 的允许持续时间（t_s）：

$$t_s = -\tau \ln \left[1 - \frac{(\theta_{max} - Y - \theta_a)}{Y\left(\left[\frac{I_s}{I_i}\right]^n - 1\right)}\right]$$

其中

$$Y = (\theta_{max} - 40) \times \left[\frac{I_i}{I_r}\right]^n$$

式中：

θ_{max}——按照表3最高允许的总的温度（℃）；

θ_a ——实际的周围温度（℃）；

$\Delta\theta_r$——额定电流下的温升；

I_r ——额定电流（A）；

τ ——热时间常数（h）；

n ——考虑到材料、热辐射、传导等的过载指数；

I_i ——施加过载电流前的初始电流（A）；

I_s ——过载电流（A）；

t_s ——不超过最高允许温度（θ_{max}）时承载过载电流（I_s）的允许时间（h）。

一般地，如果指数 $n=2$（保守估计），用来确定过载期间的运行温度或允许的过载持续时间，则不需要附加的温升试验。指数小于 $n=2$ 可以用来计算过载额定值。这已经由试验数据通过计算进行了验证。

注 4：时间常数对应于达到稳定后最终温升的 63%时的时间。

9 查询、投标和订货时提供的资料

9.1 概述

本章的目的是确定能够使用户对设备进行适当地询问并能够使供应商提供充分的标书所需要的资料。

再则，能够使用户对不同供应商的投标文件进行比较和评估。

注 1：供应商既可以是制造厂也可以是合同方。

询问和订购开关设备和控制设备时，询问者至少应提供下述资料。

作为对型式试验报告列表的补充(参见附录 G)，可以要求包含型式试验结果的首页。有要求时，制造厂应提供完整的型式试验报告。

注 2：异常环境条件的出现应该由用户规定。

附录 G 以表格的形式确定了用户和供应商之间需要交换的技术资料。

9.2 询问单和订单的资料

a) 系统特征

标称和最高电压，频率，系统接地类型。

b) 如果不同于标准的运行条件(见第 2 章)

任何偏离正常或特殊使用条件或影响设备满意运行的条件。

c) 设施及其元件的特征

1) 户内或户外设施；
2) 相数；
3) 母线数量，如单线图中所示的；
4) 额定电压；
5) 额定频率；
6) 额定绝缘水平；
7) 母线和馈线的额定电流；
8) 额定短时耐受电流(I_k)；
9) 额定短路持续时间(不同于 2 s 时)；
10) 额定峰值耐受电流(如果不同于 $2.5I_k$)；
11) 元件的额定值；
12) 外壳和隔板的防护等级；
13) 线路图。

d) 操动机构的特征

1) 操动机构的型式；
2) 额定电源电压(如果有)；
3) 额定电源频率(如果有)；
4) 额定压缩气源的压力(如果有)；
5) 特殊的联锁要求；
6) 要求的辅助和控制触头(用户应规定需要的触头性能)以外的触头的数量。

作为对这些项目的补充，询问者应指明可能影响标书或订单的所有条件，例如，特殊的安装或安装条件，外部的高压连接的位置或压力容器规程，电缆试验要求。

如果要求型式试验，应提供资料。

9.3 标书的资料

如果适用，应由制造厂提供下述资料的说明和草图。

a) 额定值和特性和 9.2 中 c)列举的一样。

要求时，型式试验证书或报告。

b) 结构特征，例如，

1) 最重的运输单元的质量；
2) 设施的总体尺寸；
3) 外部连接的布置；
4) 将来的扩建(如果适用)；
5) 运输和安装设施；
6) 安装规程；
7) 可触及的侧面；
8) 安装、运行、维护的说明书；
9) 气体压力系统或液体压力系统的类型；
10) 充入水平和最低功能水平；
11) 不同隔室流体的体积或质量；
12) 流体的技术规范。

c) 操动机构的特征

1) 类型和额定值和 9.2 中 d)列举的一样；
2) 动作的电流和功率；
3) 动作时间。

d) 用户应该采购的建议的备件清单。

10 运输、储存、安装、运行和维护规则

10.1 概述

按照制造厂给出的说明书来进行开关设备和控制设备的运输、储存和安装，以及它们在使用中的运行和维修是十分重要的。

因此，制造厂应当提供开关设备和控制设备的运输、储存、安装、运行和维修说明书的适用版本。运输和储存说明书应当在交货前的适当时间提供，而安装、运行和维修说明书最迟应当在交货时提供。操作手册最好是有别于安装和维护手册的独立文件。

在这里不可能详细地列出制造出的每种不同型式设备的安装、运行和维修的全部规则，但是认为下面给出的资料对制造厂提供的说明书来说是十分重要的。

10.2 运输、储存和安装时的条件

如果在运输、储存和安装时不能保证订货单中规定的使用条件(温度和湿度)，制造厂和用户应当就此达成专门的协议。为了在运输、储存和安装中以及在带电前保护绝缘，以防由于雨、雪或凝露等而吸潮，采取特殊的预防措施可能是必要的。运输中的振动也应该予以考虑。这些应当给以适当的说明。

10.3 安装

10.3.1 概述

对于每种型式的开关设备和控制设备，制造厂提供的说明书至少应当包括10.3.2～10.3.6几项。

10.3.2 开箱和起吊

每一台完整的设备应该提供足够的起吊设施并且标注(外部)清楚起吊的方法。设备装配完好后应该标注(外部)其最大的质量(单位:kg)。专门的起吊设备应该能够吊起每个运输单元的质量并应在安装使用说明书中明确专门的规则(例如，没有放在户外需要现场搬移的起吊固定夹/螺栓)。

应该提供要求的开箱资料。

10.3.3 总装

如果开关设备和控制设备不是完全装成后发运的，所有的运输单元应当清晰地加以标记。应当随同开关设备和控制设备一起提供将它们总装起来的图样。

10.3.4 安装上位

开关设备和控制设备、操动机构和辅助设备安装上位用的说明书应当包括定位件和基础的详细说明，以便完成现场的准备工作。

这些说明还应包括：

——包括灭弧或绝缘液体的设备的总质量；

——灭弧或绝缘液体的质量；

——单独起吊的最重的设备部件的质量，如果它超过100 kg的话。

10.3.5 连接

说明书应当包括的资料：

a) 导体的连接，包括防止在开关设备和控制设备上产生过热和不必要的变形以及提供适当的电气间隙所需的建议；

b) 辅助回路的连接；

c) 如果有的话，液体或气体系统的连接，包括管道尺寸和布置；

d) 接地连接。

10.3.6 安装竣工检验

在开关设备和控制设备安装完毕和完成所有的连接后应当进行检查和试验，应当提供检查和试验的说明。

这些说明应包括：

——为建立正确运行，建议的现场试验计划；

——为了达到正确的运行，可能需要进行调整的程序；

——为了帮助作出将来维修的决定，建议进行并记录的有关测量项目；

——最终检查和投入使用的说明。

电磁兼容性现场测量的导则在附录J中给出。

10.3.7 用户的基本输入数据

a) 接近现场的限制；

b) 当地的工作条件和适用的制约因素(例如,安全性设备,正常的工作时间,监督者的统一要求,制造厂的和当地的安装螺栓等);
c) 起吊和处理设备的能力及可用性;
d) 当地人员的可用性、数量和经验;
e) 在安装和交接试验期间可能适用的专门的压力容器规程和程序;
f) 高压电缆和变压器的接口要求;
g) 现有开关设备和控制设备的扩展:
——现有的一次和二次设备内部可行的扩展规则;
——应遵守的运行条件和操作限制;
——应遵守的安全规程。

10.3.8 制造厂的基本输入数据

a) 安装和装配必需的空间;
b) 元件和试验设备的尺寸和重量;
c) 洁净安装和准备区域的洁净度和温度方面的现场条件;
d) 安装要求的当地人员的数量和经验;
e) 安装和交接的时间和活动计划;
f) 安装和交接用的电源、照明、水和其他需要;
g) 安装和服务人员的培训建议;
h) 现有的开关设备和控制设备扩展的情况下:
——与安装计划相关的元件的停运要求;
——安全保证。

10.4 运行

制造厂给出的说明应当包括以下资料:
——设备的一般说明,要特别注意它的特性和运行的技术说明,使用户充分了解所涉及的主要原理;
——设备安全性能以及联锁和挂锁操作的说明;
——和运行有关的,为了对设备进行操作、隔离、接地、维修和试验所采取的行为的说明;
——应该给出有关的防腐蚀措施。

10.5 维修

10.5.1 概述

维修的有效性主要取决于制造厂编写的说明书的内容和用户贯彻执行说明书的程度。

10.5.2 对制造厂的建议

a) 制造厂的维修手册应包括以下资料。
   1) 维修的范围和频度,为此应考虑的因素如下:
   ——开合操作(电流和次数);
   ——总的操作次数;
   ——使用时间(断续的时间间隔);
   ——环境条件;

——测量和诊断试验(如果有的话)。

2) 维修工作的详细说明:

——推荐进行维修工作的场所(户内,户外、工厂、现场等);

——检查、诊断试验、检验和检修的程序;

——参考图样;

——参考零部件号;

——专用设备和工具的使用;

——要注意的事项(例如清洁度和有害的电弧分解物的可能影响);

——润滑的步骤。

3) 对维修至关重要的开关设备和控制设备详细的全套图样,图样上要有总装,分装和重要零件的清晰标志(零部件号和说明)。

注:说明在总装和分装中元件的相对位置时,建议用放大的图解法。

4) 极限值和允许偏差,如果超出,要进行必要的校正,例如:

——压力,密度;

——电阻器和电容器(主回路的);

——操作时间;

——主回路电阻;

——绝缘液体或气体的特性;

——液体或气体的数量和质量(见 GB/T 8905—1996 和 IEC 61634 中对 SF_6 的规定);

——磨损零件的允许磨损;

——转矩;

——主要尺寸。

5) 辅助维修材料的规格,包括对已知的不相容材料的警告:

——油脂;

——油;

——流体;

——清洁剂和去油剂。

6) 专用工具、起吊和维修用设备的清单。

7) 维修后的试验。

8) 推荐的备件(说明、编号、数量)和储存建议。

9) 有效计划维修时间的估计。

10) 在设备操作寿命终了时,涉及环境的要求,怎样对设备进行处理。

b) 制造厂应当告诉某特定型号开关设备和控制设备的用户,对运行中发现的系统缺陷和失效需要进行的校正。

c) 备件的供应

从开关设备和控制设备最后的制造日期算起,在不少于10年的期限内,制造厂应当有责任确保维修用备件的不断供应。

10.5.3 对用户的建议

对用户的建议如下:

a) 如果用户希望自行维修,应该遵守制造厂的维修手册。

b) 用户应当记录下列的信息:

——开关设备和控制设备的出厂编号和型号;

——开关设备和控制设备投入使用的日期；

——所有的测量和试验(包括开关设备和控制设备在寿命期内进行的诊断试验)的结果；

——进行维修工作的日期和范围；

——使用的历史，操作计数器的定期记录和其他需要说明的事项(例如短路操作次数)；

——所有可参考的失效报告。

c) 如果出现失效或缺陷，应当建立一份失效报告，并应当向制造厂说明特别的细节和采取的措施。根据失效的性质，用户应当和制造厂一起做出失效分析。

10.5.4 失效报告

失效报告的目的是使开关设备和控制设备的失效记录标准化，它的目标如下：

——采用共同的术语描述失效；

——为用户的统计资料提供数据；

——向制造厂反馈有意义的信息。

以下给出如何建立失效报告的指导。

失效报告应包括：

a) 失效开关设备的确认

——变电站的名称；

——开关设备的确认(制造厂，型号，出厂编号，额定值)；

——开关设备的种类(空气，少油，SF_6，真空)；

——使用场所(户内，户外)；

——外壳；

——操动机构(液压，气动，弹簧，电动机，人力)，如果适用的话。

b) 开关设备的历史

——设备投运日期；

——失效/缺陷出现的日期；

——操作循环总数，如果适用的话；

——上次维修的日期；

——出厂以来对设备进行的任何改动的细节；

——上次维修以来操作循环的总数；

——发现失效/缺陷时开关设备的状态(运行，维修等)。

c) 对最初的失效/缺陷负责的分装/元件的确认

——高电压作用的元件；

——电气控制和辅助回路；

——操动机构，如果适用的话；

——其他元件。

d) 推测的促使失效/缺陷发生的因素

——环境条件(温度，风，雨，雪、冰，污秽，雷击等)。

e) 失效/缺陷的分类

——重失效；

——轻失效；

——缺陷。

f) 失效/缺陷的起源和原因

——起源(机械的，电气的，密封性，如果适用的话)；

——原因(设计,制造,说明书不够详细,不正确的安装上位,不正确的维修,负荷超过规定值等)。

g) 失效或缺陷的后果

——开关设备停工时间;

——修理用去的时间;

——劳动力的花费;

——备件的花费。

失效报告可以包括以下内容:

——图样,草图;

——损坏元件的照片;

——变电站的单线图;

——运行情况和时间顺序;

——记录和图表;

——参考的维修或运行手册。

11 安全

11.1 概述

高压开关设备和控制设备只有按有关的规程包括制造厂提供的文件进行安装,并按制造厂的说明书(见第10章)使用和维修时,才能够安全地工作。

通常只有指派的人员才可以接近高压开关设备和控制设备。它应该由技术熟练的人员来使用和维修。如果对接近配电用开关设备和控制设备不加限制,就需要有附加的安全性能。

符合相关标准的高压开关设备在应对外部可能危害人员的影响方面提供了高的安全水平,主要是因为高压部件可能被外壳包围。然而,大容量的设备,可能存在某些潜在的危险,例如:

——外壳,如果有的话,可能承受气体的压力;

——意外条件下产生的内部电弧引起的压力释放装置的打开。在极端条件下,电弧可以烧穿外壳。两者都会导致热气体的突然释放;

——突发事件,事件本身对人员危害较小,但可能使人员受到惊吓而出现事故(例如,跌落);

——交接、维护及其延伸行为可能需要特别注意设备的复杂性以及其内部部件的不可见性;

——经验表明,应考虑的一个因素是人为失误(例如,将接地开关合到带电导体上)。

11.2 制造厂的预防措施

——承压的外壳、压力释放装置以及相关开关设备元件的设计和试验应符合相关的国家标准和法规;

——提供充分的且简单的方法来检查联锁系统(避免人为失误是最合理的方法);

——在说明书中清楚地阐述开关设备的安全操作。解释防止不正当的操作和不正当的操作后果的措施;

——为了减小故障发生时对人员的危害,给用户或合同方提供关于周围区域的设计相关的适用资料以及对于建筑物内的GIS的通风和气体检测资料。

11.3 用户的预防措施

下述列表是用户可以采取的措施的一些例子。

——仅限于受过训练和授权的人员接近设施;

——保证运行人员和其他人员知晓危险性和安全性要求,包括地方法规;

——保证开关设备满足最新的技术标准，尤其在联锁和保护装置方面；
——采用遥控且使联锁装置正常工作；
——选择在不正当操作情况下对人员危害最小的设备(例如，在线快速动作的接地开关，电动机操作人员允许遥控操作)；
——保护系统和产品特性的配合(例如，不要在内部故障上重合闸)；
——起草接地程序时要考虑到参照和理解开关设备和控制设备复杂的布置和运行的难度；
——清楚地标识设备以便易于确认各个装置和充气隔室。

尤其在维护、修理和扩建期间：
——保证维护、修理和扩建工作仅由有资质的和经过培训的人员进行；
——起草一份工作的安全和保护计划。指明对计划、执行以及强制的安全和保护措施的负责人；
——起动前检查联锁和保护装置；
——特别注意人力操作，尤其在开关设备和控制设备带电时；
——设备操作前通知可能靠近开关设备和控制设备的人员(例如，警笛和闪灯)；
——标记紧急出口并保持通道没有障碍；
——给相关人员说明如何在开关设备和控制设备环境中安全地工作和在紧急情况下做什么。

本标准的下述规定为开关设备和控制设备防止各种危害提供了人员安全措施。

11.4 电气方面

——隔离断口的绝缘(见4.3)；
——接地(间接接触)(见5.3)；
——高电压回路和低电压回路分离(见5.4)；
——IP代码(直接接触)(见5.13.2)。

11.5 机械方面

——承压元件(见5.2)；
——人的操作力(见5.6.4)；
——IP代码(可动部件)(见5.13.2)；
——机械撞击的保护(见5.13.4)。

11.6 热的方面

——可触及部件的最高温度(见表3)；
——易燃性(见5.17)。

11.7 操作方面

——动力操作(见5.5)；
——人力储能(见5.6.4)；
——不依赖人力的操作(见5.7)；
——联锁装置(见5.11)；
——位置指示(见5.12)。

12 产品对环境的影响

要求时，制造厂应提供下述关于开关设备对环境影响方面相关资料。

如果开关设备和控制设备中使用了流体，只要可行，应提供说明让用户注意：

——泄漏率减到最小；

——新的和用过的流体的使用和处理。

要求时，制造厂应给出关于拆卸和不同材料的寿命终了程序以及指明回收的可能性方面的导则。

附 录 A
（规范性附录）
试品的确认

A.1 资料

——制造厂名称；
——设备的型号，额定值和出厂编号；
——设备的简述（包括极数、联锁系统、母线系统、接地系统和电弧的熄灭过程）；
——主要部件的制造厂、型号、出厂编号和额定值，如果适用的话（例如，操动机构、灭弧室、并联阻抗、继电器、熔断件、绝缘子）；
——熔断件和保护装置的额定特性；
——设备打算是在垂直位置还是在水平位置操作。

A.2 图样

提交的图样	图样内容（如果适用的话）
主回路单线图	主要元件的型号
总图 注：对于成套设备，可能需要提供整套开关设备和各个开关装置的图样。	外形尺寸 支持结构及安装点 外壳 压力释放装置 主回路的导电部件 接地导体和接地联结 电气间隙： ——对地、断口间 ——极间 极间隔板的位置和尺寸 接地金属屏蔽、活门或隔板相对于带电部分的位置 绝缘液体的液位 绝缘子的位置和型号 仪用互感器的位置和型号
绝缘子的详图	材料 尺寸（包括剖面图和爬距）
电缆箱的配置图	电气间隙 主要尺寸 端子 箱内绝缘填充物的规格、液位或数量 电缆头的详图

图样（续）

提交的图样	图样内容(如果适用的话)
主回路单线图	主要元件的型号
主回路部件和毗邻的元件的详图	主要部件的尺寸和材料 通过主触头和弧触头中心线的剖面图 动触头的行程曲线 断口间的电气距离 触头刚合点和触头运动终了点间的距离 静触头和动触头装配 端子(尺寸、材料)的详图 弹簧的标志 绝缘部件的材料和爬距
机构(包括联动机构和操动机构)的详图	运动链的主要元件的布置和标志： ——主触头 ——辅助开关 ——指示开关 ——位置指示器 扣锁装置 机构的装配 联锁装置 弹簧的标志 控制和辅助装置
辅助和控制回路的电路图(如果适用的话)	所有元件的型号

附　录　B
（规范性附录）
在给定的短路持续时间内短时电流等效有效值的确定

应当使用图 B.1 所示的方法来确定短时电流(见 6.6.3)。

将试验的总时间 t_t 用垂直线 0—0.1…1 分成 10 等分,并在这些垂直线上测量电流交流分量的有效值。

这些值用 Z_0、Z_1…Z_{10}表示。

这里,$Z=X/\sqrt{2}$,而 X 是电流交流分量的峰值。在时间 t_t 内电流的等效有效值为：

$$I_t=\sqrt{\frac{1}{30}[Z_0^2+4(Z_1^2+Z_3^2+Z_5^2+Z_7^2+Z_9^2)+2(Z_2^2+Z_4^2+Z_6^2+Z_8^2)+Z_{10}^2]}$$

由 CC'表示的电流的直流分量没有计入。

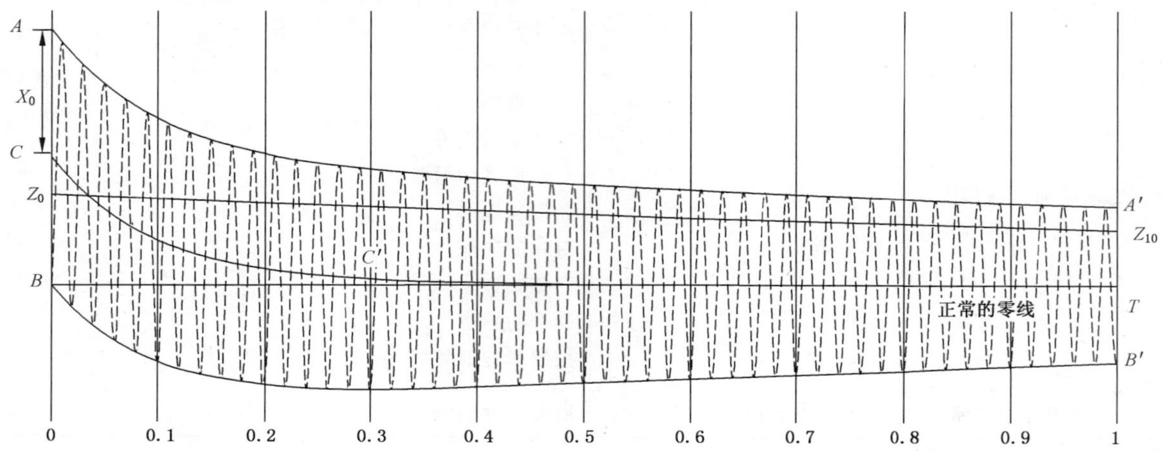

AA'、BB'——电流波的包络线；

CC'——在任一瞬间电流的零线对正常零线的偏移；

Z_0、Z_1…Z_{10}—— 在任一瞬间从正常零线测定的电流交流分量的有效值,忽略直流分量；

X_0——短路起始瞬间电流交流分量的峰值；

BT——短路持续时间 t_t。

图 B.1　短时电流的确定

附 录 C
（规范性附录）
户外开关设备和控制设备的气候防护试验方法

受试的开关设备和控制设备应该完全装好，配齐所有的盖板、屏蔽、套管等，放在有人工淋雨设备的场所。对于由几个功能单元组成的开关设备和控制设备，最少应该用两个单元来试验它们之间的连接的防雨性能。

人工淋雨设备应该具有足够的数量，以便在受试表面产生均匀的淋雨。如果均匀的淋雨也同时加到了下列的两个部位，那么开关设备和控制设备的各个部分可以分别试验：

a） 从装在适当高度上的喷嘴产生的淋雨加到设备的顶部表面；

b） 设备置于制造厂规定的离地面的最低高度上，淋雨加到设备受试部分前方距离 1 m 以内的地面上。

如果设备的宽度超过 3 m，可以依次对 3 m 宽的区域淋雨。充压外壳不需要进行防雨试验。

本试验采用的每个喷嘴，应该产生均匀分布的截面呈正方形的淋雨束；在压力（460±46）kPa 和喷嘴射角 60°～80°时，应该有（30±3）L/min 的流量。在淋雨正对受试表面的情况下，喷嘴的中心线应该向下倾斜，使得淋雨束的顶部呈水平射出。将喷嘴布置在垂直的立管上，相互间间隔 2 m 左右是合适的（见图 C.1 中的试验布置）。

在流动条件下，喷嘴供水管中的压力应该为（460±46）kPa。加到各受试表面的淋雨率应该约为 5 mm/min，且各受试表面应该经受持续 5 min 的人工淋雨。喷嘴应该放在离最近的受试表面 2.5 m～3 m 处。

注：如果采用图 C.2 的喷嘴，当压力为（460±46）kPa 时，则认为淋雨量符合本标准。

试验完成后，应该立即检查设备，以确定是否满足下列要求：

a） 在主回路和辅助回路的绝缘上应该见不到水迹；

b） 在设备内部的电气元件和机构上应该见不到水迹；

c） 结构件或其他非绝缘部件应该没有明显的积水（以减少腐蚀）。

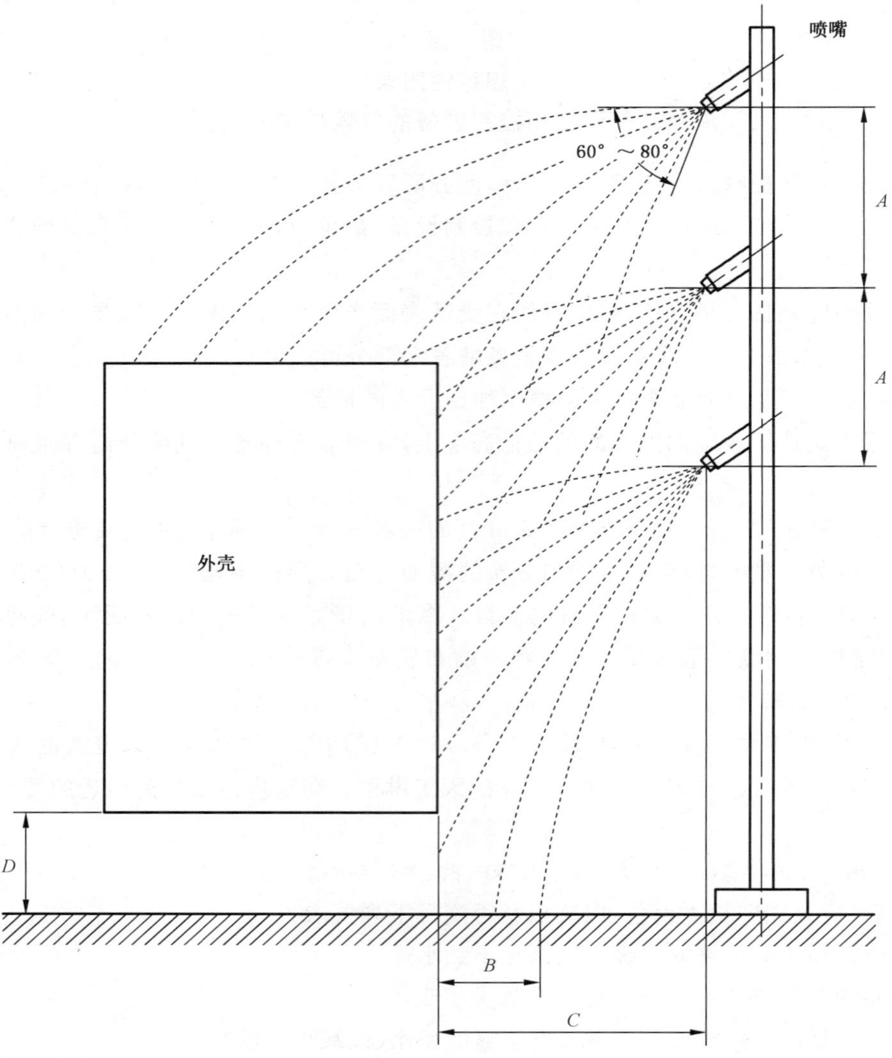

A	约 2 m
B	1 m
C	2.5 m～3 m
D	离地面最低高度

图 C.1 气候防护试验的布置

单位为毫米

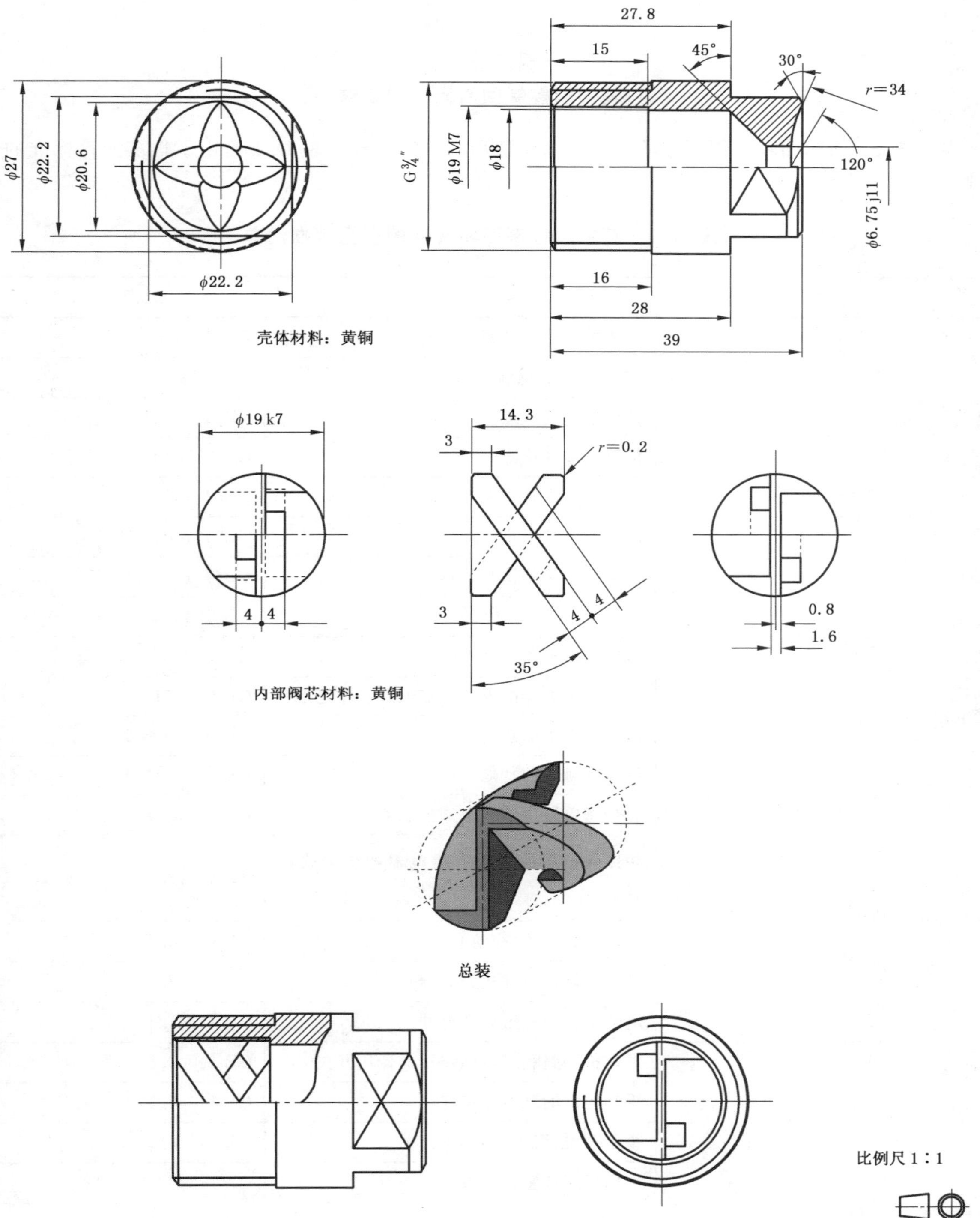

图 C.2　气候防护试验用的喷嘴

附 录 D
（规范性附录）
辅助和控制回路元件的要求

如果有的话，辅助和控制回路的元件应满足适用的国家标准。表 D.1 给出了很多元件标准的快速参考。

表 D.1 辅助和控制回路元件的引用标准清单

装置		GB/IEC 标准
电缆和电线	导体的尺寸和区域	GB/T 3956
	PVC 电线的绝缘	GB 5023
	挤包电缆的绝缘	GB/T 12706.1
	橡胶电缆的绝缘	GB/T 5013
	标识	GB/T 4026
端子	圆电线的端子排	GB/T 14048.7
	圆电线的保护性端子排	GB/T 14048.8
	标识	GB/T 4026
继电器	有或无继电器	GB/T 21711.1
	有或无继电器的电压额定值和动作范围	GB/T 21711.1
	电动机保护的热继电器	GB/T 14598.15
	继电器触头的性能	GB/T 21711.1
接触器和电动机起动器	合分闸电路用的机电式接触器	GB 14048.4
	短路保护用的组合有继电器的机电式接触器	GB 14048.2
	电动机起动器(交流)	GB 14048.4
	交流半导体电动机控制器	GB 14048.6
	电动机保护性过载继电器	GB 14048.4
低压开关	电动机回路和配电回路用的低压开关	GB 14048.3
	手动控制的开关和按钮	GB 14048.5
	指示开关:压力、温度等开关	GB 14048.5
	家用湿度传感控制器	GB 14536.15
	家用开关	GB 16915.1
	家用温度计	GB 14536.10
	连杆开关	GB/T 18496
	手动开关的图形符号	GB/T 5465.2
	手动开关灯的颜色	GB/T 4025

表 D.1(续)

装置		GB/IEC 标准
低压断路器和带有剩余电流保护的低压断路器	要求	GB 14048.2
低压熔断器	低压熔断器要求	GB/T 13539.2
	低压熔断器系统	GB/T 13539.2
低压隔离开关	要求	GB 14048.3
电动机	要求	GB/T 755
表计	模拟表	GB/T 7676.1
	电压表和电流表	GB/T 7676.2
	频率表	GB/T 7676.4
	相角和功率因数表	GB/T 7676.5
指示灯	要求	GB 14048.5
	图形符号	GB/T 5465.2
	灯光颜色	GB/T 4026
插头、插座和连接器	插头、插座、工业电缆连接器、电器连接器的要求	GB/T 11918
	尺寸和互换性	GB/T 11919
	家用插头、插座和连接器	GB/T 2099.1
	其他插头和连接器	IEC 60130
印刷线路板	要求	IEC 62326-1
电阻器	电势表	GB/T 15298
	1 W～1 000 W 的电阻	GB/T 5732
照明	照明荧光灯	GB/T 10682
	碘钨灯	GB/T 10681

附 录 E
（资料性附录）
密封性（信息，实例和指导）

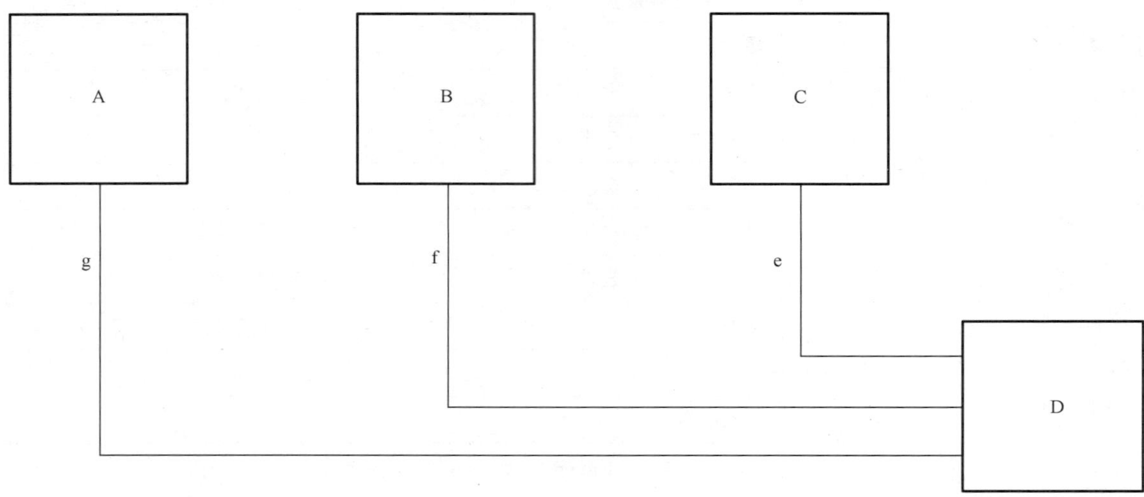

实例：气体绝缘金属封闭开关设备，单相密封的、三极断路器隔室接到同一个气体系统。

系统漏气率：

隔室 A：19×10^{-6} Pa·m^3/s；

隔室 B：19×10^{-6} Pa·m^3/s；

隔室 C：19×10^{-6} Pa·m^3/s；

控制箱 D(包括阀门，表计和监测装置)：2.3×10^{-6} Pa·m^3/s；

管路 e：0.2×10^{-6} Pa·m^3/s；

管路 f：0.2×10^{-6} Pa·m^3/s；

管路 g：0.2×10^{-6} Pa·m^3/s；

整个系统：59.9×10^{-6} Pa·m^3/s；

充气压力 p_{re}：700 kPa(绝对压力)；

报警压力 p_{ae}：640 kPa(绝对压力)；

总的内部容积：270 dm^3。

$$F_{rel}=\frac{59.9\times10^{-6}\times60\times60\times24\times365}{700\times10^{3}\times270\times10^{-3}}\times100=1.0\%\ \text{每年}$$

$$T=\frac{(700-640)\times10^{3}\times270\times10^{-3}}{59.9\times10^{-6}\times60\times60\times24\times365}=8.5\ \text{年}$$

注：F_{rel}为漏气率，T 补气时间间隔。

图 E.1 封闭压力系统密封配合图 TC 的实例

泄漏灵敏度 Pa×cm³/s	泄漏 1 kg SF_6 需要的时间	超声波压力损耗	肥皂溶液染色火焰探测法	导热率	氨	卤素探测器	电子捕获探测器	质谱分析
10^4	18 天							
10^3	24 周							
10^2	5 年	任何气体						
10^1	48 年							
10^0	480 年		气泡试验的气体	氟利昂 12 SF_6				
10^{-1}	4 800 年					SF_6		
10^{-2}	48 000 年				NH_3			
10^{-3}	480 000 年							
						氟利昂 12 (注 1)	SF_6 (注 1)	任何气体 (注 2)(注 3)

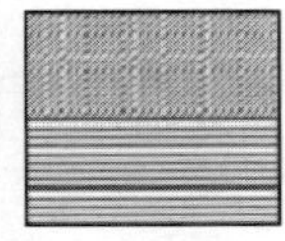

适用

适用性的界限

注 1：在良好的状态下探漏。积分检漏能达到更高的灵敏度。

注 2：积分检漏。

注 3：探漏。

注 4：由于环境对温室效应的冲击，不再使用氟利昂检漏。

图 E.2　密封试验时不同的泄漏探测方法的灵敏度和适用范围

附 录 F
（规范性附录）
试验期间试验参量的公差

型式试验期间，可以区别下述类型的公差：

——直接决定试品应力的试验参量的公差；

——关于试验前后试品性能或特征的公差；

——试验条件的公差；

——使用的测量装置的参数公差。

公差定义为标准中规定的试验数值的范围且测到的试验数值应该在该范围内试验方可有效。在某些情况下，即使测到的数值落在了该范围之外，试验仍然可以有效。这种情况是导致了更严酷的试验条件。

在此方面，不予考虑测量的不确定度引起的测量试验值和试验真值之间的任何偏差。

型式试验期间，应用试验参量公差的基本原则如下：

a) 试验站应尽可能地瞄准规定的试验值；

b) 试验站应遵守规定的试验参量公差。仅在取得制造厂的同意后才允许超过那些公差的更高的应力；

c) 对于本标准或者采用的标准中没有给出公差的任何参量，型式试验不应比规定值欠严。应力的上限应该咨询制造厂。

如果对于任一试验参量仅给出一个限值，认为另一个限值应该尽可能地接近规定值。

表 F.1 型式试验时试验参量的公差

条款号	试验的描述	试验参量	规定的试验数值	试验公差/试验数值的限值	参考标准
6.2,6.2.11	绝缘试验	—	—	—	
6.2.7.1，6.2.8.2，6.2.12，6.10.5.7	工频电压试验	试验电压（有效值）	额定短时工频耐受电压	±1%	GB/T 16927.1
		频率	—	频率 45 Hz～65 Hz	
		波形	峰值/有效值=$\sqrt{2}$	±5%	
6.2.7.2，6.2.8.4	雷电冲击电压试验	峰值	额定雷电冲击耐受电压	±3%	
		波前时间	1.2 μs	±30%	
		半峰值时间	50 μs	±20%	
6.2.8.3	操作冲击电压试验	峰值	额定操作冲击耐受电压	±3%	
		波前时间	250 μs	±20%	
		半峰值时间	2 500 μs	±60%	
6.3，6.9.1	无线电干扰电压试验	试验电压		±1%	
		测量回路的调谐频率		在 0.5 MHz 的+10%内，或者在 0.5 MHz～2 MHz 之间	

表 F.1（续）

条款号	试验的描述	试验参量	规定的试验数值	试验公差/ 试验数值的限值	参考标准
6.4.1	主回路电阻测量	直流试验电流：I_{DC}	—	50 A≤I_{DC}≤额定电流	
6.5	温升试验	周围空气速度	—	≤0.5 m/s;	
		试验电流频率	额定频率	−5%，+2%	
		试验电流	额定电流	−0%，+2% 这些限制只应在试验阶段的最后两个小时保持	
		周围空气温度 T_a	—	$+10\ ℃ < T_a < 40\ ℃$	
6.6	短时耐受电流及峰值耐受电流试验	试验频率	额定频率	±10%	
		峰值电流（一个边相上）	额定峰值耐受电流	−0%，+5%	
		三相试验电流交流分量的平均值	额定短时耐受电流	±5%	
		任一相中试验电流交流分量/平均值	1	±10%	
		短路电流持续时间	额定短路持续时间	见 I^2t 的公差	
		I^2t 值	I^2t 额定值	−0%，+10%	
6.9	电磁兼容性试验（EMC）				
6.9.2.4	振荡波抗扰性试验	阻尼振荡波试验	试验频率 100 kHz，1 MHz	±30%	GB/T 17626.10
6.10.4.3	辅助触头额定短时耐受电流试验	试验电流幅值		−0%，+5%	
		试验电流持续时间		−0%，+10%	
6.10.4.4	辅助触头开断能力	试验电压幅值		−0%，+10%	
		试验电流幅值		−0%，+5%	
		回路时间常数		−0%，+20%	
6.10.5	环境试验		—	≤5 K	GB/T 2423
6.10.5.2	寒冷试验	试验期间的最低和最高周围空气温度	—	±3 K	GB/T 2423.1
6.10.5.3	干热试验	试验期间的最低和最高周围空气温度	—	±3 K	GB/T 2423.2
6.10.5.4	稳态湿热试验	循环的最低温度		±3 K	GB/T 2423.3

表 F.1（续）

条款号	试验的描述	试验参量	规定的试验数值	试验公差/试验数值的限值	参考标准
6.10.5.5	交变湿热试验	循环的最低温度		±3 K	GB/T 2423.4
		循环的最高温度		±2 K	
6.10.5.6	振动试验				GB/T 11287
6.11.1.3	辐射仪器	辐射测量的精度(μSv)		±25 %	
	能量响应	能量测量的精度(MeV)		±15 %	

附　录　G
（资料性附录）
询问单、标书和订单提供的资料和技术要求

附录G用表格的形式确定了用户和供应商之间交换的有用的技术资料。

表格中如果提及“供应商的资料”，意味着仅仅是供应商需要提交的资料。

表 G.1　正常和特殊使用条件（参考第2章）

项　　目	单　　位	用户的要求	供应商的建议
使用条件	户内或户外		
周围空气温度 ——最高 ——最低	 ℃ ℃		
阳光辐射	W/m^2		
海拔	m		
污秽	等级		
过度的灰尘或盐			
覆冰	mm		
风速	m/s		
湿度	%		
凝露和渗水			
振动	等级		
辅助和控制回路中感应的电磁干扰	kV		

表 G.2　额定值（参考第4章）

项　　目	单　　位	用户的要求	供应商的建议
系统标称电压	kV		
系统最高电压	kV		
设备的额定电压（U_r）	kV		
额定绝缘水平（相对地和相间） 额定短时工频耐受电压（U_d） 额定操作冲击耐受电压（U_s） 相对地相间 额定雷电冲击耐受电压（U_p）	 kV kV kV		

表 G.2（续）

项　　目	单　　位	用户的要求	供应商的建议
额定频率（f_r）	Hz		
额定电流（I_r）	A	按照单线	
额定短时耐受电流（I_k）	kA		
额定峰值耐受电流（I_p）	kA		
额定短路持续时间（t_k）	s		
合闸和分闸装置以及辅助和控制回路的额定电源电压（U_a）	V		
合闸和分闸装置以及辅助和控制回路的额定电源频率	Hz	直流，50 或 60	
系统中性点的接地类型		有效的或非有效的	

表 G.3　设计与结构（参考第 5 章）

由相关的标准规定。

项　　目	单　　位	用户的要求	供应商的建议
相数	单相或三相共箱		
最重运输单元的质量			
安装规程			
气体压力或液体压力系统的类型			
设施的总体尺寸			
各种隔室的名称和类别描述			
额定充入水平和最低功能压力			
低压力和高压力闭锁和监控装置			
联锁装置			
防护等级			
外部连接的布置			
可触及侧			
不同隔室气体或流体的质量或者流体的体积			
运输和安装设施			
运行和维护说明书			
气体和流体状态的技术要求			

表 G.4 询问单和标书文件

项　　目	单　　位	用户的要求	供应商的建议
供应的范围(培训,技术和布置研究以及同其他机构合作的要求)			
单线图			
变电站布置的总体布置草图			
用户提供的安装和运输规程			
基础载荷		供应商的资料	
气体系统图		供应商的资料	
型式试验报告清单		供应商的资料	
建议的备件清单		供应商的资料	

附　录　H
（资料性附录）
利用电阻变化测量线圈温升的方法

电阻法是根据导体热电阻和冷电阻的电阻差来确定温升的方法，用来测定已知电阻温度系数的金属所制成的线圈温度。

热态和冷态的电阻应以同一方法和同一仪表测量。

测量线圈的电阻时，通过线圈的电流不应超过额定电流的115%。对于交流线圈，电阻的测量应以直流进行。线圈电阻也可用电桥直接测量，所用仪器仪表精度不低于0.2级。

在测量线圈的冷态电阻前，线圈应在试验室内置放8 h以上。

测量冷态和热态电阻时，其导线的连接点应固定不变、接触良好，建议将用作测量线圈电阻（特别是小电阻）的导线焊接在接线点上。

当用电阻法测量线圈温度时，线圈的温升 τ 由下式确定：

$$\tau=\theta_2-\theta_\alpha=\frac{R_2-R_1}{R_1}\left(\frac{1}{\alpha}+\theta_1\right)+\theta_1-\theta_\alpha$$

式中：

θ_α ——测量线圈热态电阻时的周围空气温度，单位℃；

θ_2 ——线圈在热态下的温度，单位℃；

θ_1 ——与周围空气温度相同时的线圈冷态温度，单位℃；

R_1——温度为 θ_1 时线圈的电阻，单位 Ω；

R_2——温度为 θ_2 时线圈的电阻，单位 Ω；

α ——0 ℃时线圈导线的电阻温度系数$\left(铜为\frac{1}{234.5},铝为\frac{1}{245}\right)$。

对于直流电压线圈，如果试验不是在最高周围空气温度+40℃时进行，则按本条公式得到的线圈温升数值，可乘以系数 K 换算到+40 ℃时的温升。

$$K=\frac{\frac{1.6}{\alpha}+\theta_\alpha}{\frac{1.6}{\alpha}+40}$$

如果在试验终了前不可能直接测量最高温度时的电阻（如交流线圈中），则可在试验终了后，经一定的时间间隔，用电阻法测定冷却曲线（温度与时间的关系），再根据冷却曲线用外延法（此法仅适用于连续的指数曲线性质的降温曲线）决定在停止试验时的最高温升。

冷却曲线的外延法如下：

用半对数坐标纸在横坐标 $0t$ 轴上取等时间间隔 Δt，得点 a、b、c、d，通过 a、b、c、d 各点作 $0t$ 轴的垂线与试验所得曲线交于 a'、b'、c'、d'。通过 a'、b'、c'、d' 作 $0t$ 轴的平行线，交纵坐标 0θ 于1、2、3、4并向左延伸，使33′等于 $\Delta\theta_3$，22′等于 $\Delta\theta_2$，11′等于 $\Delta\theta_1$。通过0、3′、2′、1′各点连直线（近似地）。然后过1作21′的平行线与所连直线交于 B 点。过 B 点作轴的平行线与 0θ 轴之交点即为所求的温升 θ_M。

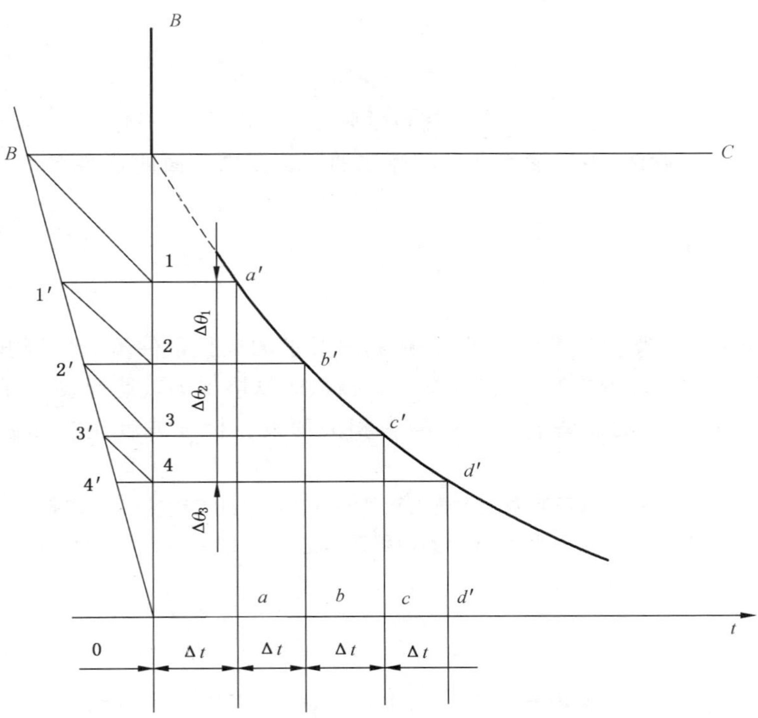

图 H.1 冷却曲线

试验停止后，自然冷却的物体，也可用冷却曲线的外推法推算出线圈最高发热温升。冷却曲线的外推法如下：

试品停电后，在自然冷却过程中，始于冷却不久的瞬间 t_1 和 t_2 分别测得的温升为 τ_1 和 τ_2，然后根据下式推算最高温升 τ_M。

$$\tau = \tau_M e^{-\frac{t}{T}}$$

试品最高温升推算公式为：

$$\tau_M = e^{\frac{t_2 \ln\tau_1 - t_1 \ln\tau_2}{t_2 - t_1}}$$

式中：

τ_M ——试品最高温升，即为冷却曲线起始温升，单位 K；

t_1、t_2 ——试品停电后不久测得 τ_1、τ_2 温升值的时刻，单位 s；

τ_1、τ_2 ——试品停电后不久的 t_1、t_2 时刻测得的温升值，单位 K；

T ——冷却时间常数，单位 s。

附 录 I
（资料性附录）
腐蚀：关于使用条件和建议的试验要求方面的资料

I.1 简介

对开关设备和控制设备腐蚀的最低要求，是在用户要求的运行条件下，设备的功能没有受到影响。因为设计有很多变量，例如，设备的设计（包括结构、材料、防腐措施等）、运行条件、用户的维修实践以及设备的预期寿命，所以标准化的设备和验证试验由相关的设备标准或者用户和制造厂之间的协议来规定。

注：如果表面潮湿，大气腐蚀中的涉及到两个主要因素是海洋环境中的氯化钠以及主要在工业环境中的二氧化硫。有时，这两个因素会同时起作用。此外，还有其他因素，如空气中的氯气、工业粉尘等。

I.2 最低要求的建议

应该包括考虑到的开关设备和控制设备的基本功能，但不限于下述方面：

——耐受正常的系统电压和承载额定电流的能力；

——接地回路的连续性；

——实施例行检查和维护要求的可触及和可拆卸设备的能力；

——防止非授权人员触及提供最低安全性的能力；

——适用时，保证用户和公众安全的能力；

——承受正常的机械操作及保持机械特性的能力。

I.3 推荐的试验要求

试验和试验方法与设备所用的材料有关且如果相关的设备标准或用户和制造厂之间的协议有要求时才推荐。

专门的腐蚀和湿度试验应按照相关的标准进行，参考 GB/T 2423。

附 录 J
（资料性附录）
本标准中使用的符号和缩写清单

描 述	字 符	条款号
绝对泄漏率	F	3.6.6.5
绝对泄漏率	F_{liq}	3.6.7.3
实际周围温度	θ_a	8.3
绝缘用的报警压力	p_{ae}	3.6.5.3
操作用的报警压力	p_{am}	3.6.5.4
周围温度	T_a	6.5.4
施加过载电流前的初始电流	I_i	8.3
温升试验前测到的主回路电阻	R_u	7.4
最大允许的总的温度	θ_{max}	8.3
测量的充入压力	p_m	6.8.2
绝缘用的最低功能压力	p_{me}	3.6.5.5
操作用的最低功能压力	p_{mm}	3.6.5.6
每天的补气次数	N	3.6.6.9
每天的补液次数	N_{liq}	3.6.7.5
过载电流	I_s	8.3
过载指数	n	8.3
对地的部分电压	U_f	6.2.6.3b)
允许泄漏率	F_p	3.6.6.6
允许泄漏率	$F_{p(liq)}$	3.6.7.4
允许的过载时间	t_s	8.3
压力降	ΔP	3.6.6.10
压力降	ΔP_{liq}	3.6.7.6
防止水进入的保护代码	IP	5.13.3
正常使用条件下设备防止机械撞击的保护代码	IK	5.13.4
无线电干扰电压试验	r.i.v.	6.3
额定短路持续时间	t_k	4.8
额定充入压力	p_r	6.8.2
绝缘用的额定充入压力	p_{re}	3.6.5.1
操作用的额定充入压力	p_{rm}	3.6.5.2
非保持破坏型放电	NSDD	3.7.4

表（续）

描　　述	字　　符	条款号
额定频率	f_r	4.4
额定雷电冲击耐受电压	U_p	表 1
额定电流	I_r	4.5.1
额定峰值耐受电流	I_p	4.7
额定短时工频耐受电压	U_d	表 1
额定短时耐受电流	I_k	4.6
额定电源电压	U_a	4.9.2
合分闸装置以及辅助和控制回路的额定电源电压	U_a	4.9
额定操作冲击耐受电压	U_s	表 2
额定电压	U_r	4.2
相对泄漏率	F_{rel}	3.6.6.7
额定电流时的温升	$\Delta\theta_r$	8.3
热时间常数	τ	8.3
密封配合图	TC	3.6.6.11
补气时间间隔	T	3.6.6.8
总试验电压	U_t	6.2.6.3 b)
电磁兼容性	EMC	5.18

附　录　K
（资料性附录）
电磁兼容性的现场测量

EMC 现场测量不是型式试验，但可以在特殊情况下进行：

——确实需要验证辅助和控制回路的 EMC 严酷度等级所覆盖的实际应力的场合；

——为了评估电磁环境以及需要时为了采取正确的缓解措施；

——记录在主回路和辅助及控制回路中的开合操作引起的电磁感应电压。认为没有必要对所考虑的变电站的所有辅助和控制回路进行试验。应选择典型的结构。

测量感应电压是在不和系统断开的条件下，在辅助和控制回路和周围网络间的接口中有代表性的端子（例如控制柜的输入端子）上进行。5.18 描述了辅助和控制回路所涉及的范围。用来记录感应电压的仪器应当按照 IEC 60816[5]所述的方式连接。

主回路和辅助和控制回路中的开合操作都应当在正常工作电压下进行。感应电压会有统计上的变化，因此，应当选择有代表性的关合和开断次数，而且关合和开断的瞬间都是随机的。

主回路的开合操作应当在负载侧带有与正常工作电压相应的残留电荷的条件下进行。这一条件在试验时可能难以达到，作为替代，试验程序如下：

——关合操作前将负载侧放电，保证残留电荷为零；

——将关合操作中记录到的电压值乘以 2，以模拟负载侧有残留电荷的条件。

一次系统中的开关装置最好在额定压力和额定辅助电压下操作。

注 1：关于感应电压，通常最严酷的情况会在仅对变电站的一小部分开合时发生。

注 2：最严重的电磁骚扰预计在隔离开关开合时发生，尤其是 GIS 设施。

因为主回路中的开合操作，记录到的或计算的感应共模电压的峰值，对于辅助和控制回路的接口不应超过 1.6 kV。

5.18 的注中给出了改善电磁兼容性的导则。

参 考 文 献

[1] IEC 60943:1998,Guide concerning the permissible temperature rise for parts of electrical equipment,in particular for terminals

[2] IEC 61936-1:Power installations exceeding 1 kV a. c. —Part 1:Common rules

[3] ANSI C37. 85:2002,Alternating-current high-voltage power vacuum interrupters—Safety requirements for X-radiation limits

[4] CIGRE Technical Brochure 304:Guide for application of IEC 62271-100 and IEC 62271-1—Part 1:General subjects

[5] IEC 60068-1,Environmental testing—Part 1:General and guidance

[6] IEC 60816:1984,Guide on methods of measurement of short duration transients on low voltage power and signal lines

下列条款提供附加信息

IEC 60099-4,Surge-arresters—Part 4:Metal-oxide surge arresters without gaps for a. c. Systems

IEC 60273, Characteristics of indoor and outdoor post insulators for systems with nominal voltages greater than 1 000 V

IEC 60664-1,Insulation coordination for equipment within low-voltage systems—Part 1:Principles,requirements and tests

IEC 62271-100,High-voltage switchgear and controlgear—Part 100:Alternating-current circuit-breakers

ISO 9001,Quality management systems—Requirements

ICS 29.120.60
K 43

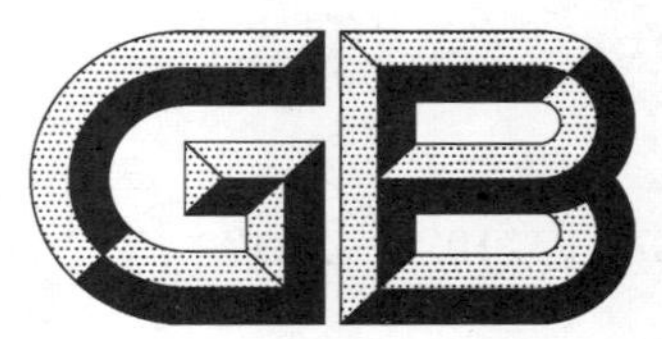

中华人民共和国国家标准

GB/T 11023—2018
代替 GB/T 11023—1989

高压开关设备六氟化硫气体密封试验方法

Test method of SF_6 gas tightness for high-voltage switchgear

2018-12-28 发布　　2019-07-01 实施

国家市场监督管理总局
中国国家标准化管理委员会　发布

前　言

本标准按照 GB/T 1.1—2009 给出的规则起草。

本标准代替 GB/T 11023—1989《高压开关设备六氟化硫气体密封试验方法》，本标准与 GB/T 11023—1989 相比主要技术变化如下：

——增加了规范性引用文件，并对后续的章条号进行修改（见第 2 章）；

——增加了"充气隔室""气体的可控压力系统"等相关术语与定义（见第 3 章）；

——调整试验项目概述，增加基于相对年漏气率 F_y 限值的允许漏气率 F_p 的计算方法，增加了允许漏气率的限值，给出了获得准确的测量体积的推荐方法，将原附录 A 的内容移入该条并进行修改（见 4.1）；

——在常温下的密封试验中，增加可接受的周围温度值（见 4.2）；

——调整高、低温密封试验中与密封试验无关的内容（见 4.3）；

——在定性检漏中增加了 5.1.4"红外成像探漏"和 5.1.5"氦质谱检漏"（见 5.1）；

——调整定量检漏中四种试验方法的顺序，将计算公式调整为使用示踪气体的计算方法，并对充气后静置时间和包扎后时间进行统一规定（见 5.2）；

——在扣罩法中，增加了补气时间间隔 T 与相对年漏气率 F_y 之间的关系式（见 5.2.2）；

——在压力降法中，增加了对于气体的可控压力系统的相对天漏气率 F_d 和每天补气次数 N 的计算方法（见 5.2.4）；

——在附录 A 和附录 B 中增加相关示例（见附录 A、附录 B）；

——增加了附录 C"红外成像探漏原理及图谱示例"（见附录 C）。

本标准由中国电器工业协会提出。

本标准由全国高压开关设备标准化技术委员会（SAC/TC 65）归口。

本标准起草单位：西安高压电器研究院有限责任公司、国网安徽省电力公司电力科学研究院、国网安徽省电力公司、中国电力科学研究院有限公司、西安西电高压开关有限责任公司、上海天灵开关厂有限公司、ABB（中国）有限公司、上海电气输配电试验中心有限公司、北京科锐配电自动化股份有限公司、上海科石科技发展有限公司、厦门 ABB 高压开关有限公司、新东北电气集团高压开关设备有限公司、平高集团有限公司、川开电气有限公司、西安西电电气研究院有限责任公司、西安西电开关电气有限公司、山东泰开高压开关有限公司、浙江开关厂有限公司、北京北开电气股份有限公司、施耐德电气（中国）有限公司、青岛海洋电气设备检测有限公司。

本标准主要起草人：冯武俊、张子骁、田恩文、张晋波、杨为、朱太云、田宇、柯艳国、刘志强、陈楠、郝宇亮、刘颖、张振乾、李娟、路全峰、谭燕、吴卫东、谢建波、柳一熙、黄辉、胡兆明、王岩、金学江、高二平、张一茗、林麟、高宁、赵国强、姬广辉、杨晓群、李树平、蒋煜、肖风良、周庆清、尹弘彦、张文波、束永林、李贤哲。

本标准所代替标准的历次版本发布情况为：

——GB/T 11023—1989。

高压开关设备六氟化硫气体
密封试验方法

1 范围

本标准规定了高压开关设备六氟化硫气体密封的术语和定义、试验项目及试验方法。

本标准规定的试验方法用以测定开关设备/隔室的相对年漏气率。

本标准适用于以六氟化硫气体作为绝缘和/或灭弧介质的高压开关设备的气体密封试验。

注：以其他气体作为操作、绝缘和/或灭弧介质的高压开关设备或其他电气设备(例如六氟化硫电流互感器等)的气体密封试验可参照本标准。

2 规范性引用文件

下列文件对于本文件的应用是必不可少的。凡是注日期的引用文件，仅注日期的版本适用于本文件。凡是不注日期的引用文件，其最新版本(包括所有的修改单)适用于本文件。

GB/T 11022—2011 高压开关设备和控制设备标准的共用技术要求

GB/T 15823—2009 无损检测 氦泄漏检测方法

3 术语和定义

GB/T 11022—2011 界定的以及下列术语和定义适用于本文件。为了便于使用，以下重复列出了GB/T 11022—2011 中的某些术语和定义。

3.1

充气隔室 gas-filled compartment

开关设备和控制设备的隔室，隔室内部的气体压力由下列一种系统保持：

a) 可控压力系统；

b) 封闭压力系统；

c) 密封压力系统。

注：几个充气隔室相互间可以永久联接成一公共的气体系统(气密性装配)。

[GB/T 11022—2011，定义 3.6.6.1]

3.2

气体的可控压力系统 controlled pressure system for gas

自动从外部压缩气源或内部气源补气的空间。

注 1：可控压力系统的实例有空气断路器(气吹断路器)或气动操动机构。

注 2：空间可以由几个永久连接的充气隔室组成。

[GB/T 11022—2011，定义 3.6.6.2]

3.3

气体的封闭压力系统 closed pressure system for gas

需要时通过人工连接到外部气源进行补气的空间。

注：改写 GB/T 11022—2011，定义 3.6.6.3。

3.4

气体的密封压力系统 sealed pressure system for gas

在预定的使用寿命期内不需要对气体作进一步处理的空间。

注 1：气体的密封压力系统的组成和试验全部在工厂进行。

注 2：装置被密封时即为预期使用寿命的开始。

注 3：改写 GB/T 11022—2011，定义 3.6.6.4。

3.5

额定充入压力 p_{re}（或密度 ρ_{re}） rated filling pressure p_{re}（or density ρ_{re}）

在投运或自动补压前充入充气隔室的绝缘和/或开合用的压力（或密度），折算到＋20 ℃、101.3 kPa 的标准大气条件下，可以用相对压力或绝对压力表示。

注：改写 GB/T 11022—2011，定义 3.6.5.1。

3.6

报警压力 p_{ae}（或密度 ρ_{ae}） alarm pressure p_{ae}（or density ρ_{ae}）

用于绝缘和/或开合的压力（或密度），在该压力下可以给出监视信号，折算到＋20 ℃、101.3 kPa 的标准大气条件下，可以用相对压力或绝对压力表示。

注：改写 GB/T 11022—2011，定义 3.6.5.3。

3.7

最低功能压力 p_{me}（或密度 ρ_{me}） minimum functional pressure p_{me}（or density ρ_{me}）

用于绝缘和/或开合的压力（或密度），大于或等于此压力时开关设备和控制设备保持其额定特性，折算到＋20 ℃、101.3 kPa 的标准大气条件下，可以用相对压力或绝对压力表示。

注：改写 GB/T 11022—2011，定义 3.6.5.5。

3.8

绝对漏气率 absolute leakage rate

F

单位时间内泄漏气体的总量。

注 1：以 Pa·m³/s 表示。

注 2：改写 GB/T 11022—2011，定义 3.6.6.5。

3.9

允许漏气率 permissible leakage rate

F_p

制造厂对部件、元件或分装规定的最大允许绝对漏气率，或是使用密封配合图（TC）对连在一个压力系统上的部件、元件或分装规定的最大允许绝对漏气率。

注：以 Pa·m³/s 表示。

[GB/T 11022—2011，定义 3.6.6.6]

3.10

相对漏气率 relative leakage rate

F_{rel}

在充有额定充入压力（或密度）的系统中，相对于气体总量的绝对漏气率。

注 1：以每年或每天的百分率表示。

注 2：通常用 F_y 表示相对年漏气率，用 F_d 表示相对天漏气率。

注 3：改写 GB/T 11022—2011，定义 3.6.6.7。

3.11

补气时间间隔 time between replenishments

T

为补偿绝对漏气率 F，当压力（或密度）降至报警值时，人工进行的两次补气间的时间间隔。

注 1：该值适用于封闭压力系统。

注 2：改写 GB/T 11022—2011，定义 3.6.6.8。

3.12

每天补气次数　number of replenishments per day

N

为补偿绝对漏气率 F 的补气次数。

注：该值适用于可控压力系统。

[GB/T 11022—2011，定义 3.6.6.9]

3.13

压力降　pressure drop

Δp

在不补气的条件下，在给定的时间内由绝对漏气率 F 引起的压力降低。

[GB/T 11022—2011，定义 3.6.6.10]

3.14

检漏　leakage detecting

检测漏气点和泄漏气体浓度的手段。

注：包括探漏和累计的泄漏量的测量。

3.15

探漏　sniffing

围绕充气隔室缓慢移动检漏仪的探头，或使用其他成像仪器，以定位漏气点的行为。

注 1：常用的成像探漏方法有：红外成像探漏法和激光成像探漏法等。

注 2：改写 GB/T 11022—2011，定义 3.6.6.13。

3.16

累计的泄漏量的测量　cumulative leakage measurement

计及给定总装的所有漏气以确定泄漏率的测量。

注：改写 GB/T 11022—2011，定义 3.6.6.12。

3.17

密封配合图　tightness coordination chart

TC

由制造厂提供的并在对部件、元件或分装进行试验时使用的检测资料，它说明整个系统的密封性和各个部件、元件和/或分装的密封性之间的关系。

[GB/T 11022—2011，定义 3.6.6.11]

3.18

扣罩法　the buckle cover method

将试品置于封闭的塑料罩或金属罩内，经过一定时间后，测定罩内示踪气体的浓度，并通过计算确定相对漏气率的方法。

3.19

局部包扎法　the partial bandaging method

试品的局部用塑料薄膜包扎，经过一定时间后，测定包扎腔内示踪气体的浓度，并通过计算确定相对漏气率的方法。

3.20

压力降法　the pressure drop method

通过测定开关设备/隔室在一定时间间隔内的压力降，计算相对漏气率的方法。

3.21

挂瓶法　the bottle hanging method

用软胶管连接试品检漏孔和挂瓶，经过一定时间后，测定瓶内示踪气体的浓度，并通过计算确定相对漏气率的方法。

3.22

测量体积　volume of measurement

V_m

采集泄漏的密封罩与样品之间的容积。

注 1：在该体积中示踪气体的浓度是很低的，罩子一般不需要严密密封。

注 2：用于扣罩法和局部包扎法。

注 3：改写 GB/T 2423.23—2013，定义 3.9。

4　试验项目

4.1　概述

密封试验的目的是证明绝对漏气率 F 不超过周围温度 20 ℃时允许漏气率 F_p 的规定值，或用于确定相对年漏气率满足相关标准或产品技术条件的要求。

基于相对年漏气率 F_y 限值(见 GB/T 11022—2011 的 5.15.3)，周围空气温度 20 ℃时允许漏气率 F_p(Pa · m³/s)的计算如式(1)：

$$F_p = \frac{F_y \times V \times (p_{re} + 10^5)}{31.5 \times 10^6} \qquad \cdots\cdots(1)$$

式中：

V ——试品气体密封系统容积，单位为立方米(m^3)；

p_{re}——在周围空气温度为 20 ℃时的额定充入压力(相对压力)，单位为帕斯卡(Pa)。

如果在周围空气温度回到 20 ℃时，漏气率回落至不超过允许漏气率 F_p 的值，则允许极限温度下(如果相关标准要求进行这样的试验)漏气率有所增加。暂时增加的漏气率不应超过表 1 中的规定值。

表 1　气体系统的允许漏气率

温度 ℃	允许漏气率
运行温度上限值(≥40 ℃)	$3F_p$
标准周围温度(20 ℃)	F_p
运行温度下限值(直到并包含−40 ℃的所有值)	$3F_p$
运行温度下限值(小于−40 ℃的所有值)	$6F_p$

试验地点的周围空气温度应在试品高度一半且距试品 1 m 处进行测量。试品高度上的最大温度偏差应不超过 5 K。

密封试验宜在与运行同样的气体和同样的压力(密度)下进行。如果气体本身不可示踪，可以添加额外的示踪气体，例如氦。如果可行，试验宜在完整的系统上进行。如果不可行，试验可以在部件、元件或分装上进行。在此情况下，整个系统的漏气率应利用密封配合图 TC(参见附录 A)，由元件漏气率的总和决定(示例参见附录 B 的 B.2)。不同压力的分装间可能的泄漏也应予以考虑。

试验时，气体系统中充入的气体和/或压力可能不同于正常运行中使用的气体和/或压力，尽管如此，对于型式试验，不应采用较低的充入压力，因为这样降低了开关设备密封上施加的应力。应仔细评估所有与运行条件的偏差来检查它们对测量灵敏度的影响，制造厂应对此提供校正系数加以换算。

应使用累积试验方法来计算漏气率，这种测量方法将给定总装内的所有泄漏都考虑在内以确定漏气率。

累积试验方法的精度取决于三个主要因素：示踪气体探针的灵敏度、测量体积和测量的时间段：

——如果 SF_6 用作示踪气体，推荐最小的灵敏度阈值和分辨率为 0.01 μL/L。

——通过采用适当的校准技术可以降低测量体积（V_m）的不确定度，推荐的校准程序由向封闭罩内注入已知数量的示踪气体组成。将少量的示踪气体（$V_{injected}$）注入到封闭罩内，注入的气体量应与最大允许泄漏率对应的气体量在同一个数量级。封闭罩内示踪气体浓度 C（μL/L）应在注入前后用探针测量，测量体积计算如式（2）：

$$V_m = V_c - V_1 = \frac{V_{injected}}{\Delta C} \qquad \cdots\cdots(2)$$

式中：

V_m ——测量体积，单位为立方米（m^3）；

V_c ——封闭罩容积，单位为立方米（m^3）；

V_1 ——试品体积，单位为立方米（m^3）；

$V_{injected}$——示踪气体体积，单位为立方米（m^3）；

ΔC ——封闭罩内示踪气体浓度的增量，单位为微升每升（μL/L）。

为了计算出较准确的测量体积，该程序应重复两次，两次测量的平均值作为测量体积使用。

——对于气体的可控压力系统，试验时长应足以确定压力降（在充气和补气的压力范围内）。考虑到试验期间周围空气温度的变化，应进行修正。这段时间内补气装置不应工作。

对于气体的封闭压力系统和气体的密封压力系统，如果测量到的漏气率达到了表 1 的规定值，偏差在＋10％以内，就认为密封试验是合格的。在计算补气间隔时间时，应考虑到这一偏差。

型式试验报告宜包括下面这些资料：

——试品的说明，包括其内部容积和充入气体的性质；

——试品状况：包括其分、合闸位置（如果适用的话）及外形、体积（或充气重量）；

——试验开始和结束时记录的压力和温度，以及补气次数（如果需要）；

——试验时周围空气温度值；

——压力（或密度）控制或监视装置投入和切除的压力整定值；

——用来检测漏气率的仪表校准的说明；

——测量的结果；

——试验气体，以及适用时评定结果的换算因数。

4.2 常温下的密封试验

4.1 的规定适用于本试验。

可接受的试验条件是周围温度在 20 ℃±10 ℃的范围内。

4.3 高、低温密封试验

4.3.1 概述

4.1 的规定适用于高、低温密封试验。

注：人工气候室内的温度可能需要稍低于低温试验要求的温度，或者稍高于高温试验要求的温度，以达到封闭罩内要求的试验温度。

如果高、低温密封试验测量有困难，可在高、低温密封试验前、后，进行常温下的密封试验，以确定是否超过周围温度 20 ℃时允许漏气率 F_p 的规定值。

4.3.2 低温密封试验

应按相关产品标准要求，根据产品使用级别将周围空气温度降低到相应的最低周围空气温度（T_L），在周围空气温度稳定在 T_L后，再测量试品的漏气率。

可控的电加热器宜安装在封闭罩内部，以便在低温试验顺序期间满足规定的温度变化率。

在产品标准要求的完整的低温试验顺序中，在标准允许的两次补气间隔内，试品累积的泄漏不应使试品达到最低功能压力（但是，达到报警压力是允许的）。

4.3.3 高温密封试验

应按相关产品标准要求，根据产品使用级别将周围空气温度升高到相应的最高周围空气温度（T_H），在周围空气温度稳定在 T_H后，再测量试品的漏气率。

对于高温密封试验，可以通过临时打开封闭罩以满足封闭罩内的温度变化率，因为该时间段内不需要确定漏气率。

在产品标准要求的完整的高温试验顺序中，在标准允许的两次补气间隔内，试品累积的泄漏不应使试品达到最低功能压力（但是，达到报警压力是允许的）。

5 试验方法

5.1 定性检漏

5.1.1 概述

定性检漏仅作为判断试品漏气与否的一种手段，是定量检漏前的预检。定性检漏推荐如下方法。

5.1.2 抽真空检漏

试品抽真空度为 133×10^{-6} MPa，再维持真空泵运转 30 min 后停泵，30 min 后读取真空度 A，5 h 后再读取真空度 B；如果 $B-A$ 值小于 133×10^{-6} MPa，则认为密封性能良好。

5.1.3 检漏仪检漏

试品先充入不小于 1%（体积比）的示踪气体，再充入干燥气体至额定充入压力，然后用灵敏度不低于0.01 μL/L 的气体检漏仪对各气室密封部位、管道接头等处进行检漏，检漏仪不应报警。

注：示踪气体可以是运行时充入的气体。

5.1.4 红外成像检漏

试品先充入额定充入压力的六氟化硫气体，再使用红外检漏仪，从试品附近的各个不同角度对试品进行检测，若某个部位的红外成像呈现出动态烟云状态，则认为该位置存在六氟化硫气体泄漏。

红外成像检漏原理及图谱示例参见附录 C。

5.1.5 氦质谱检漏

GB/T 15823—2009 的附录 A 和附录 B 适用。

5.2 定量检漏

5.2.1 概述

应使用累积试验方法来计算漏气率。该方法包括在整个的试品周围搭建相对气密的封闭罩，或在每个部分、元件或分装周围搭建若干较小且相对气密的封闭罩。试品宜和运行一样充气至额定充入压力。试验包括测量足够时长内封闭罩内示踪气体含量的增量。如果采用了小容积的封闭罩,则测量时间可以减小;对于很大的封闭罩,测量时间可能需要增加。作为主要原则,时间应足够长,使得在最大允许泄漏率的前提下,计算出的封闭罩内示踪气体含量宜为测量设备最小分辨率的至少3倍。

定量检漏所使用的仪器,应能检测出从试品中泄漏的微量示踪气体,其灵敏度应不低于0.01 μL/L。

定量检漏时先充入试品的示踪气体应不小于1%(体积分数),然后再充入干燥气体至额定充入压力。

定量检漏可以在整台开关设备/隔室或由密封配合图TC规定的部分、元件或分装上进行。

定量检漏通常采用扣罩法、局部包扎法、压力降法、挂瓶法等方法。

制造厂应在产品说明书中提供试品的体积和充气量。

注:如果使用不同于实际工况下的气体,计算泄漏率时需考虑到气体种类、温度和压力的不同,不同检漏条件的漏率修正参见GB/T 32293—2015的附录A。

定量检漏法的应用示例参见附录B。

5.2.2 扣罩法

扣罩法适用于中、小型高压开关设备适合做罩的场合。

当仪表只能指示气体浓度时,可采用一个封闭罩(如塑料薄膜罩)收集试品的泄漏气体。试品充气至额定充入压力6 h后,对试品进行扣罩,至少24 h后用灵敏度不低于0.01 μL/L、经校验合格的气体检漏仪测定罩内示踪气体浓度(视试品的大小测试2~6点,通常是罩的上、下、左、右、前、后共6个点),根据封闭罩中泄漏气体浓度的增量、封闭罩的容积、试品的体积及试验场地的大气压力,计算出绝对漏气率F(Pa·m³/s),计算式见式(3):

$$F=\frac{\Delta C V_{m} p_{atm}}{\Delta t \times \gamma} \times 10^{-6} \qquad \cdots\cdots(3)$$

式中:

ΔC ——测量时间段内封闭罩内示踪气体浓度的增量,为各测量点的平均值,单位为微升每升(μL/L);

V_m ——测量体积,$V_m=V_c-V_1$,单位为立方米(m³);

V_c ——封闭罩容积,单位为立方米(m³);

V_1 ——试品体积,单位为立方米(m³);

p_{atm}——测量期间的大气压力(可以使用10^5 Pa的缺省值),单位为帕斯卡(Pa);

Δt ——测量ΔC的间隔时间,单位为秒(s);

γ ——试品气体容积中示踪气体的体积分数,%。

相对年漏气率F_y(%/年)计算式见式(4):

$$F_{y}=\frac{F \times 31.5 \times 10^{6}}{V(p_{re}+10^{5})} \times 100 \qquad \cdots\cdots(4)$$

式中:

V ——试品气体密封系统容积,单位为立方米(m³);

p_{re}——试品的额定充入压力,相对压力值,单位为帕斯卡(Pa)。

补气时间间隔T(年)计算式见式(5):

$$T=\frac{(p_{re}-p_{ae})V}{F \times 31.5 \times 10^{6}} \qquad \cdots\cdots(5)$$

式中:

p_{ae}——报警压力,相对压力值,单位为帕斯卡(Pa)。

注1:在封闭罩内安装风扇有助于在封闭罩内获得均匀的六氟化硫(或示踪气体)浓度。这主要适用于完整开关设

备周围的大型封闭罩。

注 2：因为封闭罩内部的压力等于其外面的大气压力，因此，封闭罩不需要和压力容器一样气密。

补气时间间隔 T(年)与相对年漏气率 F_y(%/年)之间的关系见式(6)：

$$T=\frac{p_{re}-p_{ae}}{p_{re}+10^5}\times\frac{100}{F_y} \qquad (6)$$

注 3：已有的数据说明，氦质谱检漏法所测得泄漏率值远高于六氟化硫累积法所测得的泄漏率值。因此，需慎重使用该方法。

5.2.3 局部包扎法

局部包扎法一般适用于组装单元和大型产品的场合。

用塑料薄膜按被试品的几何形状围一圈半，使接缝向上，尽可能构成圆形或方形，经整形后边缘用白布带扎紧或用胶带沿边缘粘贴密封。塑料薄膜与被试品间应保留一定的间隙，试品充气至额定充入压力 6 h 后，对试品进行包扎，至少 24 h 后测定包扎腔内示踪气体的浓度。根据式(3)、式(4)、式(5)或式(6)分别计算出试品的绝对漏气率 F、相对年漏气率 F_y和补气时间间隔 T。

5.2.4 压力降法

由于气体的封闭压力系统的漏气率相对较小，压力降法不适用。

压力降法适用于开关设备/隔室漏气量较大时或在运行期间测定漏气率。通过压力降，用式(7)、式(8)分别计算相对年漏气率 F_y(%/年)和补气时间间隔 T(年)：

$$F_y=\frac{\Delta p}{p_{re}+10^5}\cdot\frac{12}{\Delta t}\times 100 \qquad (7)$$

式中：

$\Delta p=p_1-p_2$；

p_1——压降前的相对压力(换算到标准大气条件下)，单位为帕斯卡(Pa)；

p_2——压降后的相对压力(换算到标准大气条件下)，单位为帕斯卡(Pa)；

Δt——压降 Δp 经过的时间，单位为月。

$$T=\frac{(p_{re}-p_{ae})\Delta t}{12\Delta p} \qquad (8)$$

式中：Δp 与 $p_{re}-p_{ae}$具有相同的数量级。

对于气体的可控压力系统，可用式(9)、式(10)计算相对天漏气率 F_d(%/天)和每天补气次数 N：

$$F_d=\frac{\Delta p}{p_{re}+10^5}\cdot\frac{24}{\Delta t}\times 100 \qquad (9)$$

$$N=\frac{\Delta p}{p_{re}-p_{ae}}\times\frac{24}{\Delta t} \qquad (10)$$

式中：

$\Delta p=p_1-p_2$；

p_1——压降前的相对压力(换算到标准大气条件下)，单位为帕斯卡(Pa)；

p_2——压降后的相对压力(换算到标准大气条件下)，单位为帕斯卡(Pa)；

Δt——压降 Δp 经过的时间，单位为小时(h)。

Δp 与 p_1-p_2具有相同的数量级。

5.2.5 挂瓶法

挂瓶法适用于法兰面有双道密封槽的场合。在双道密封圈之间有一个检测孔，试品充气至额定充入压力后，取掉检测孔的螺塞，经 6 h 后，用软胶管分别连接检测孔和挂瓶，24 h 后取下挂瓶，用灵敏度不低于 0.01 μL/L 的气体检漏仪，测定挂瓶内示踪气体的浓度，根据式(11)计算出密封面的绝对漏气率 F(Pa·m³/s)：

$$F=\frac{c\cdot V_2\cdot p_{\mathrm{atm}}}{\Delta t\cdot \gamma}\times 10^{-6} \qquad (11)$$

式中：

c ——挂瓶内示踪气体的浓度，单位为微升每升(μL/L)；

V_2 ——挂瓶容积，单位为立方米(m^3)；

P_{atm}——测量期间的大气压力(可以使用 10^5 Pa 的缺省值)，单位为帕斯卡(Pa)；

Δt ——挂瓶时间，单位为秒(s)；

γ ——试品气体容积中示踪气体的体积分数，%。

附　录　A
（资料性附录）
密封性（信息、实例和指导）

A.1　密封配合图举例 1

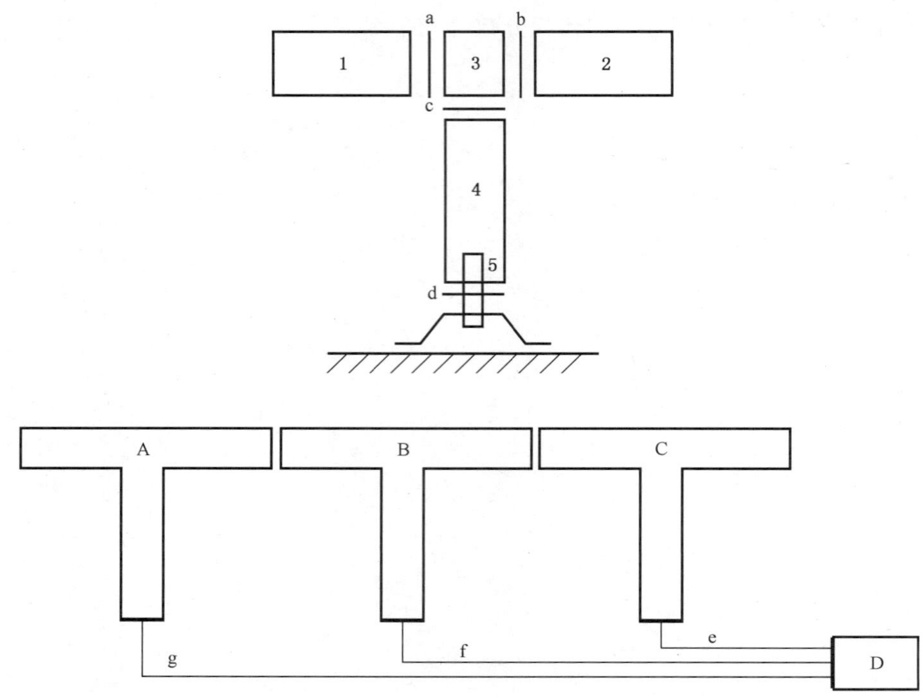

图 A.1　密封配合图

图 A.1 实例：高压交流六氟化硫断路器（三极，单压式）。

额定充入压力 p_{re}：6×10^5 Pa（相对压力）；

报警压力 p_{ae}：5.3×10^5 Pa（相对压力）；

试品气体密封系统总容积 V：0.256 m^3；

试验起始/终止时刻周围空气温度：21.1 ℃/18.6 ℃。

每极分装部件的密封部位	漏气率（10^{-6} Pa・m^3/s）
灭弧室 1	6
灭弧室 2	6
传动箱 3	2
支柱瓷套 4	0.2
操作拉杆 5	2
分装部件间的密封	漏气率（10^{-6} Pa・m^3/s）
O 型圈 a	0.2
O 型圈 b	0.2

O 型圈 c	0.2
O 型圈 d	0.2
漏气率/每极	17
漏气率/每台	51
控制箱 D(包括阀门,表计和监测装置)	6
管路 e	0.2
管路 f	0.2
管路 g	0.2
整台断路器总绝对漏气率 F	57.6×10^{-6} Pa·m³/s

按式(4)计算断路器相对年漏气率 F_y(%/年):

$$F_y=\frac{57.6\times10^{-6}\times31.5\times10^{6}}{(6\times10^{5}+10^{5})\times0.256}\times100=1.0$$

按式(5)或式(6)计算断路器补气时间间隔 T(年):

$$T=\frac{(6\times10^{5}-5.3\times10^{5})\times0.256}{57.6\times10^{-6}\times31.5\times10^{6}}=10$$

$$T=\frac{p_{re}-p_{ae}}{p_{re}+10^{5}}\times\frac{100}{F_y}=\frac{6\times10^{5}-5.3\times10^{5}}{6\times10^{5}+10^{5}}\times\frac{100}{1.0}=10$$

A.2 密封配合图举例 2

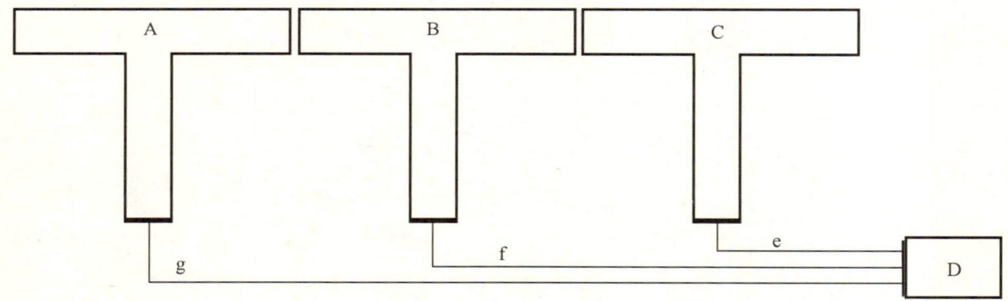

图 A.2 封闭压力系统密封配合图 TC 的实例

图 A.2 实例:气体绝缘金属封闭开关设备,单相密封的、三极断路器隔室接到同一个气体系统。

额定充入压力 p_{re}:6×10^{5} Pa(相对压力);

报警压力 p_{ae}:5.4×10^{5} MPa(相对压力);

试品气体密封系统总容积 V:0.27 m³;

试验起始/终止时刻周围空气温度:23.4 ℃/26.0 ℃。

每极分装部件的密封部位	漏气率(10^{-6} Pa·m³/s)
隔室 A	19
隔室 B	19
隔室 C	19
控制箱 D(包括阀门,表计和监测装置)	2.3
管路 e	0.2

管路 f	0.2
管路 g	0.2
整台断路器总绝对漏气率 F	59.9 Pa・m³/s

按式(4)计算断路器相对年漏气率 F_y(%/年)：

$$F_y=\frac{59.9\times10^{-6}\times31.5\times10^6}{(6\times10^5+10^5)\times0.27}\times100=1.0$$

按式(5)或式(6)计算断路器补气时间间隔 T(年)：

$$T=\frac{(6\times10^5-5.4\times10^5)\times0.27}{59.9\times10^{-6}\times31.5\times10^6}=8.6$$

$$T=\frac{p_{re}-p_{ae}}{p_{re}+10^5}\times\frac{100}{F_y}=\frac{6\times10^5-5.4\times10^5}{6\times10^5+10^5}\times\frac{100}{1.0}=8.6$$

附　录　B
（资料性附录）
定量检漏法举例

B.1　扣罩法

试品为某开关的一极（见图 B.1）。充气至额定充入压力 3.6×10^5 Pa，6 h 后，吹净试品周围的六氟化硫残余气体，用塑料薄膜罩（图 B.1 中虚线为塑料封闭罩）扣住试品 24 h，然后用六氟化硫检漏仪检测罩内上、下、左、右、前、后 6 个点六氟化硫气体浓度，得平均浓度增量为：

$\Delta C=0.85\ \mu L/L$。

封闭罩容积 $V_c=1.6\ m^3$。

试品体积 $V_1=0.130\ m^3$。

测量体积 $V_m=V_c-V_1=1.6-0.130=1.470\ m^3$。

试品气体密封系统容积 $V=0.065\ m^3$。

测量 ΔC 的间隔时间 Δt，s。

额定充入压力（20 ℃时）为 3.6×10^5 Pa（相对压力）。

试验起始/终止时刻周围空气温度：18.6 ℃/20.7 ℃。

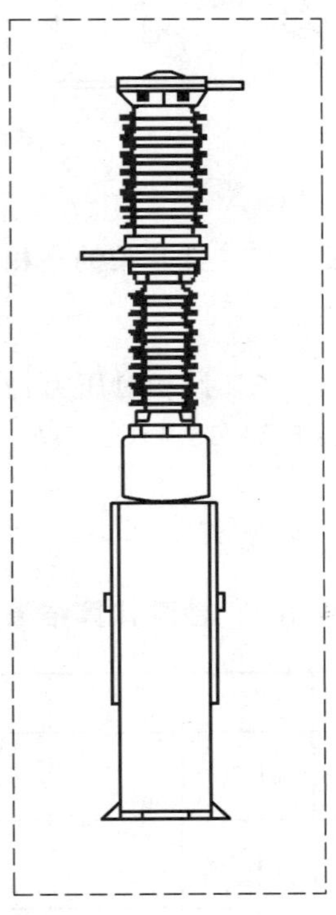

图 B.1　某开关的一极

根据式（3）、式（4）计算出试品的绝对漏气率 F（Pa·m³/s）和相对年漏气率 F_y（%/年）：

$$F=\frac{\Delta C V_m P_{atm}}{\Delta t\times\gamma}\times10^{-6}=\frac{0.85\times1.470\times10^5}{60\times60\times24\times1}\times10^{-6}=1.45\times10^{-6}$$

$$F_y = \frac{F \times 31.5 \times 10^6}{V(P_{re} + 10^5)} \times 100 = \frac{1.45 \times 10^{-6} \times 31.5 \times 10^6}{0.065 \times (3.6 \times 10^5 + 10^5)} \times 100 = 0.153$$

B.2 局部包扎法

试品为某开关的一极，包扎部位见图 B.2 编号 1～9。充气至额定充入压力 5×10^5 Pa，6 h 后吹净试品周围的六氟化硫残余气体，用塑料薄膜包扎(图 B.2 中虚线为包扎部位)，24 h 后用六氟化硫气体检漏仪检测包扎部位六氟化硫气体浓度。

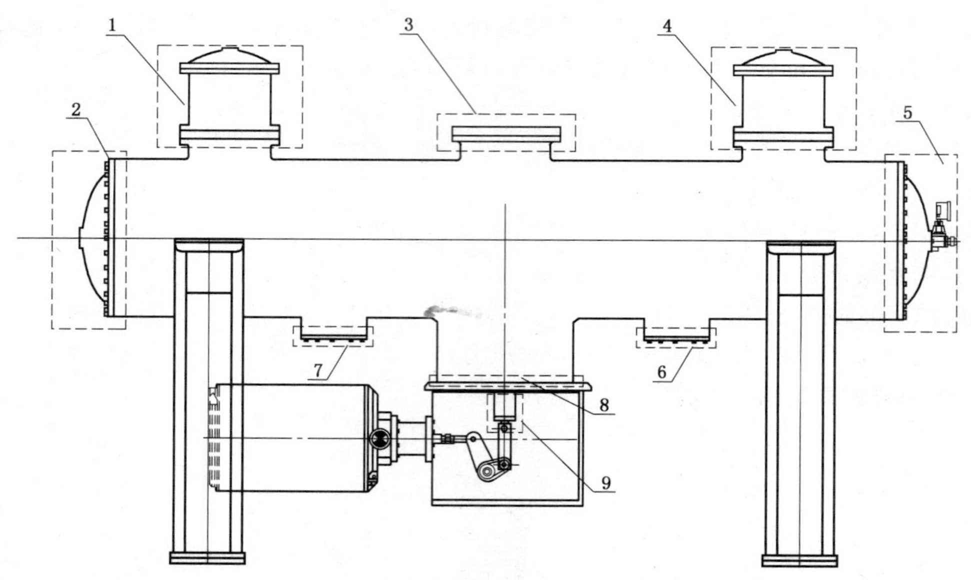

图 B.2 某开关的一极

试品气体密封系统容积 V：4.1 m^3。

六氟化硫额定充入压力为 5×10^5 Pa(20 ℃时，相对压力)。

试验起始/终止时刻周围空气温度：18.5 ℃/19.6 ℃。

测量 ΔC 的间隔时间 Δt，s。

检测计算结果列于表 B.1。

表 B.1 检测计算结果

包扎部位(n)	1	2	3	4	5	6	7	8	9	总计
测量体积 ($V_m = V_c - V_1$)m^3	0.120	0.054	0.020	0.120	0.070	0.013	0.012	0.056	0.003	—
浓度增量 ΔC μL/L	0.8	1.1	0.5	1.3	1.6	0.9	1.0	0.5	1.4	—
绝对漏气率 $F_n \times 10^{-6}$ (Pa·m^3/s)	0.110	0.069	0.012	0.181	0.130	0.014	0.014	0.032	0.005	0.567

表 B.1 中 9 个包扎部位的绝对漏气率 F(Pa·m^3/s)之和为：

$$F = \sum F_n = 5.67 \times 10^{-7}$$

根据式(4),表 B.1 中 9 个包扎部位的相对年漏气率 F_y(%/年)为:

$$F_y=\frac{5.67\times10^{-7}\times31.5\times10^{6}}{4.1\times(5\times10^{5}+10^{5})}\times100=0.000\ 7$$

B.3 挂瓶法

试品为某开关的 1/2 极,挂瓶位置见图 B.3 编号 1～15。

试品容积为 0.352 m^3。

六氟化硫额定充入压力为 6×10^5 Pa(20 ℃时,相对压力)。

试验起始/终止时刻周围空气温度:17.5 ℃/18.3 ℃。

试品充气至额定充入压力后,经 6 h,用软胶管分别连接检测孔和挂瓶,24 h 后取下挂瓶,用检漏仪测定挂瓶内六氟化硫气体的浓度。

根据式(11)计算密封面的绝对漏气率 F:

$$F=\frac{c\cdot V_2\cdot p_{atm}}{\Delta t\cdot \gamma}\times10^{-6}$$

式中:

c ——挂瓶内六氟化硫气体的浓度,单位为微升每升(μL/L);

V_2 ——挂瓶容积,单位为 10^{-3}立方米(10^{-3} m^3);

p_{atm}——测量期间的大气压力(可以使用 10^5 Pa 的缺省值),单位为帕斯卡(Pa);

Δt ——挂瓶时间,单位为秒(s)。

检测计算结果列于表 B.2。

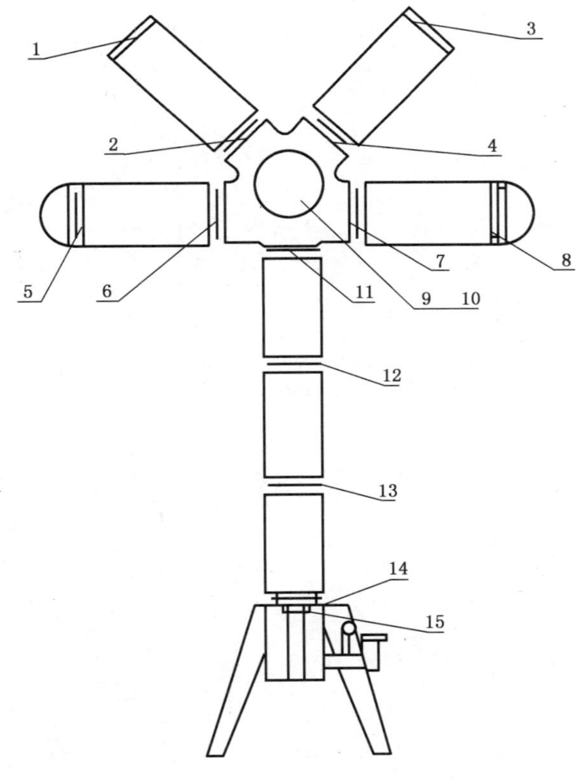

图 B.3 某开关的 1/2 极

表 B.2 检测计算结果

检测位置(n)	1	2	3	4	5	6	7	8	9	10	11	12	13	14	15	总计
检测结果 $\times 10^{-6}$ (Pa·m³/s)	0.2	0.5	0.3	0.5	0.3	0.5	0.5	0.3	0.5	0.3	0.2	0.5	0.2	0.3	0.5	5.6

表 B.2 中 15 个密封面的绝对漏气率 F(Pa·m³/s)之和为：

$$F=\sum F_n=5.6\times 10^{-6}$$

根据式(4)，表 B.2 中 15 个密封面的相对年漏气率 F_y(%/年)为：

$$F_y=\frac{5.6\times 10^{-6}\times 31.5\times 10^6}{0.352\times(6\times 10^5+10^5)}\times 100=0.07$$

附 录 C
（资料性附录）
红外成像探漏原理及图谱示例

C.1 红外成像探漏原理

较空气而言，SF_6气体对特定波长（10.6 μm）的红外光谱吸收特性较强，当物体发出的红外辐射通过空气和 SF_6气体时，两者反映的红外影像将不同，泄漏气体出现区域的影像将以可见的动态烟云的形式反映出来，从而可直观、准确的发现并定位漏点。红外成像探漏可远距离、非接触地对设备漏点进行检测，无需设备停电，特别适用于现场设备 SF_6气体泄漏的检测与漏点定位。图 C.1 给出了红外成像探漏的原理图。

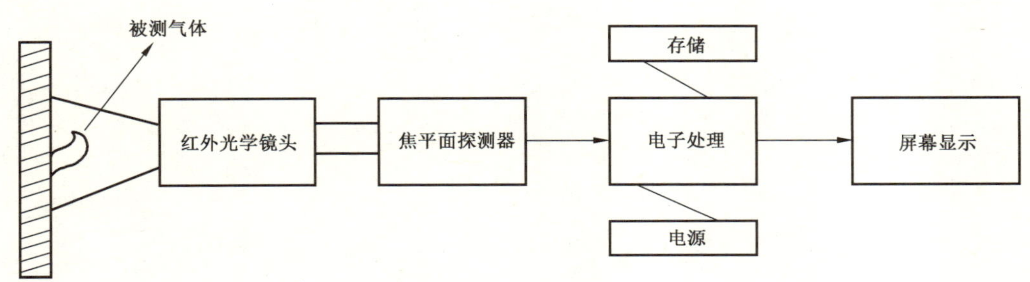

图 C.1 红外成像探漏原理

C.2 红外成像探漏图谱示例

图 C.2 和图 C.3 分别给出了红外成像探漏法检测到的断路器和 GIS 的漏气图谱示例。

图 C.2 断路器顶部漏气

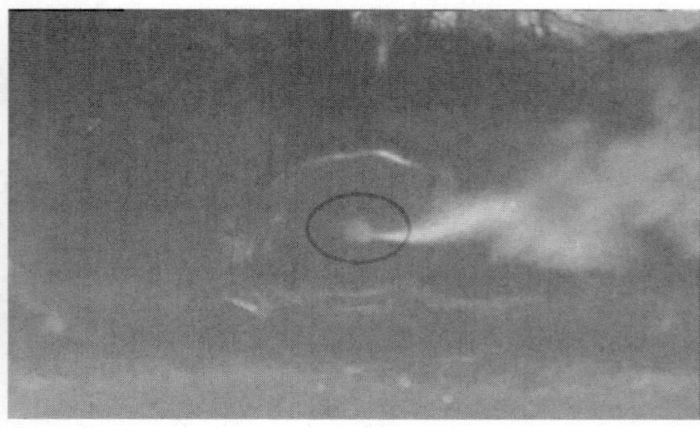

图 C.3 GIS 罐体砂眼漏气

参 考 文 献

［1］ GB/T 2423.23—2013 环境试验 第2部分:试验方法 试验Q:密封(IEC 60068-2-17:1994,IDT)

［2］ GB/T 2900.20—2016 电工术语 高压开关设备和控制设备(IEC 60050(441):1984,MOD)

［3］ GB/T 32293—2015 真空技术 真空设备的检漏方法选择

［4］ IEC/TR 62271-306:2012 高压开关设备和控制设备 第306部分:IEC 62271-1、IEC 62271-100以及交流断路器相关的其他IEC标准的导则(Guide to IEC 62271-100,IEC 62271-1 and other IEC standards related to alternating current circit-breakers)

ICS 29.130.10
K 40

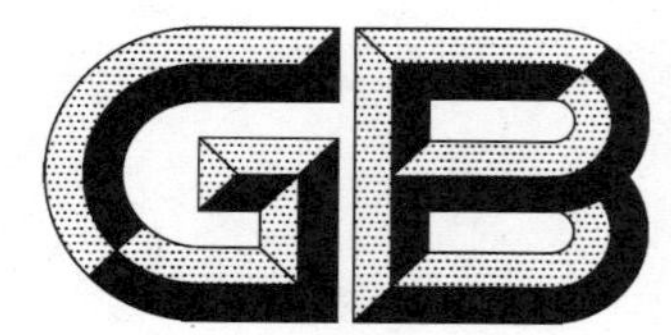

中华人民共和国国家标准

GB/T 13540—2009
代替 GB/T 13540—1992

高压开关设备和控制设备的抗震要求

Seismic qualification for high-voltage switchgear and controlgear

(IEC 62271-2:2003 High-voltage switchgear and controlgear—Part 2:Seismic qualification for rated voltages of 72.5 kV and above,MOD)

2009-11-30 发布　　2010-04-01 实施

中华人民共和国国家质量监督检验检疫总局
中国国家标准化管理委员会　发布

前　言

本标准修改采用IEC 62271-2:2003《高压开关设备和控制设备　第2部分:额定电压72.5 kV及以上的抗震要求》,同时参考了IEC 62271-207:2007《高压开关设备和控制设备　第207部分:额定电压52 kV以上的气体绝缘成套开关设备的抗震要求》和IEC 62271-300:2006《高压开关设备和控制设备——第300部分:交流断路器的抗震要求》等标准。

本标准与IEC 62271-2:2003的主要差异:

——标准名称改为:高压开关设备和控制设备的抗震要求;

——适用范围改为:本标准适用于标称电压3 kV及以上,频率50 Hz及以下的电力系统中运行的户内和户外安装的所有高压开关设备和控制设备,包括其与地面刚性连接的支撑构架;

——删除了第5章地震烈度中的注1及其内容。并将第5章中的"地震烈度"改为"抗震水平";

——参考IEC 62271-300:2006的相关内容,6.1增加了以下内容:

该验证:

——当试品所有极都安装在同一构架上时,在完整的试品上进行;

——当试品具有三个独立极时,在一极上进行;

——当单个构架上有多个断开极时,用其断开单元在一列上进行。

——参考IEC 62271-300:2006的相关内容,6.3增加了一个注释;

——参考IEC 62271-207:2007的相关内容,6.6.2增加了:"强震波部分是时程曲线具有最大加速度的部分。"的内容;

——参考IEC 62271-207:2007和IEC 62271-300:2006的相关内容,6.7.2.1增加了以下两个列项内容:

——主回路电阻测量;

——额定电压下辅助和控制回路的电气连续性检查;

——参考IEC 62271-207:2007的相关内容,6.7.2.3增加了一个列项内容:"——试验时的水平和垂直加速度;"

——参考IEC 62271-300:2006的相关内容,7.3增加了抗震分析的应用条件,即:"最终的抗震分析应是假设高压开关设备和控制设备固定在地面上的状况下进行,即高压开关设备和控制设备固定点之间没有地面移动。"

——参考IEC 62271-207:2007和IEC 62271-300:2006的相关内容,8.3增加了一个列项"f)"。

——参考IEC 62271-300:2006的相关内容,增加了附录C(资料性附录)。

本标准代替GB/T 13540—1992《高压开关设备抗地震性能试验》。

本标准与GB/T 13540—1992的主要差异:

——标准结构及内容的不同(即除第1章、第2章、第3章外的各对应章条标题及内容完全不对应)。GB/T 13540—1992规定了具体的抗震试验方法及程序,而本标准则规定了高压开关设备和控制设备总的抗震要求,并明确了采用分析、试验或两者的组合验证抗震性能。其具体的试验方法则引用了GB/T 2423.43、GB/T 2423.48和GB/T 2424.25等三个标准,本标准未作赘述;

——本标准主要适用的产品由原"设防烈度为8度至9度的瓷瓶支柱式高压开关设备"扩大至"额定电压3.6 kV及以上所有的高压开关设备和控制设备"(如:高压交流断路器、高压交流隔离开关和接地开关、72.5 kV及以上气体绝缘金属封闭开关设备(GIS)、3.6 kV～40.5 kV交流金属封闭开关设备、高压/低压预装式变电站等)；

——适用的抗震水平由原来的地面水平加速度 3 m/s²(对应参考的地震烈度Ⅷ度～Ⅸ度)向外扩展至 2 m/s²、3 m/s²、5 m/s²(对应参考的地震烈度分别为:<Ⅷ度、Ⅷ度～Ⅸ度、>Ⅸ度=的范围；

——采用的标准反应谱中的阻尼比分别为 2%、5%、10%、20%及更大，而原标准为 3%、5%、7%、10%、15%。

本标准的附录 A 是规范性附录，附录 B、附录 C 是资料性附录。

本标准由中国电器工业协会提出。

本标准由全国高压开关设备标准化技术委员会(SAC/TC 65)归口。

本标准负责起草单位:西安高压电器研究所。

本标准参加起草单位:西安西开高压电气股份有限公司、河南平高电气股份有限公司、新东北电气(沈阳)高压开关有限公司、郑州机械研究所、中国电力科学研究院高压开关研究所、正泰电气股份有限公司、宁波天安(集团)股份有限公司、川开电气有限公司、西门子中国输配电中压部、西门子(杭州)高压开关有限公司、ABB(中国)有限公司、ABB(中国)有限公司厦门分公司、厦门 ABB 华电高压开关有限公司、常州太平洋电力设备(集团)有限公司。

本标准主要起草人:严玉林、田恩文、张颜珠。

本标准参加起草人:王建西、闫关星、张姝、刘玉民、杨堃、刘景博、杨桃莉、王晋根、张希捷、李东妍、余明星、张天运、张德勤、朱佩龙、王其恺、姚彬彬、黄立群、徐先锋、张交锁、潘瑞琼、袁春萍、王向克、张艳。

本标准所代替标准的历次版本发布情况为:

——GB/T 13540—1992。

高压开关设备和控制设备的抗震要求

1 范围和目的

本标准规定了高压开关设备和控制设备的抗震要求，并明确了采用分析、试验或者两者的组合验证抗震性能的原则。

本标准适用于标称电压3 kV及以上、频率50 Hz及以下的电力系统中运行的户内和户外安装的所有高压开关设备和控制设备，包括其与地面刚性连接的支撑构架。

如果开关设备和控制设备不是地面安装的，例如安装在建筑物内，适用条件应根据用户和制造厂之间的协议。

开关设备和控制设备的抗震要求考虑了所有的辅助和控制设备，不论其是一体安装或独立安装。

本标准给出了验证地面安装的高压开关设备和控制设备抗震性能的试验程序。

适用时，开关设备和控制设备抗震性能需要进行验证。

本标准还对抗震性能的地面加速度水平进行了规定，并给出了适合于验证要求具有抗震能力的开关设备和控制设备性能的备选的方法。

2 规范性引用文件

下列文件中的条款通过本标准的引用而成为本标准的条款。凡是注日期的引用文件，其随后所有的修改单(不包括勘误的内容)或修订版均不适用于本标准，然而，鼓励根据本标准达成协议的各方研究是否可使用这些文件的最新版本。凡是不注日期的引用文件，其最新版本适用于本标准。

GB 1984　高压交流断路器(GB 1984—2003，IEC 62271-100:2001，MOD)

GB 1985　高压交流隔离开关和接地开关(GB 1985—2004，IEC 62271-102:2002，MOD)

GB/T 2423.43　电工电子产品环境试验　第2部分：试验方法　振动、冲击和类似动力学试验样品的安装(GB/T 2423.43—2008，IEC 60068-2-47:2005，IDT)

GB/T 2423.48　电工电子产品环境试验　第2部分：试验方法　试验Ff：振动——时间历程法(GB/T 2423.48—2008，IEC 60068-2-57:1999，IDT)

GB/T 2424.25　电工电子产品环境试验　第3部分：试验导则地震试验方法(GB/T 2424.25—2000，IEC 60068-3-3:1991，IDT)

GB 3906　3.6 kV～40.5 kV交流金属封闭开关设备和控制设备(GB 3906—2006，IEC 62271-200:2003，MOD)

GB 7674　额定电压72.5 kV及以上气体绝缘金属封闭开关设备(GB 7674—2008，IEC 62271-203:2003，MOD)

GB/T 11022　高压开关设备和控制设备标准的共用技术要求(IEC 62271-1，MOD)

GB 17467　高压/低压预装式变电站(IEC 62271-202，MOD)

3 术语和定义

GB 1984、GB 1985、GB/T 2424.25、GB 3906、GB 7674、GB/T 11022、GB 17467确立的术语和定义适用于本标准。

4 抗震性能试验要求

4.1 总则

抗震性能试验应验证开关设备和控制设备耐受地震应力的能力。

抗震性能试验有以下要求内容：

主回路、控制和辅助回路包括相关的安装构架不应出现故障。

只要不降低设备的功能，永久的变形是允许的。在完成8.2和8.3确定的抗震试验后，应对设备进行操作。

应采用分析、试验或者两者的组合来验证抗震性能。

如果采用分析，则应有足够的7.2中所定义的数据；如果没有，应采用在结构和功能方面能够代表整个装置的试验样品进行试验。这些基本的试验数据应该用来作为输入参数来校正分析。

对于完整的成套开关设备和控制设备，应该认为分析能够充分证明抗震性能。

4.2 初步分析

4.2.1 代表性试品的选择

由于适用的试验设施方面的实际原因，开关设备和控制设备可要求确定和选择不同的、足以能够代表整个装置的试品来进行结构和功能检查。

这些试品应包括带有相关的操动机构和控制设备的开关装置以及它们的电气和机械接口。

推荐：

——试验通用元件；

——通过附录A中的试验来确定试品的动态特性(固有频率和阻尼比)。

4.2.2 试品的数学模型

在变电站设计特征技术资料的基础上，应建立试品的三维模型。该模型应考虑到实际的隔室和支撑构架，并在所研究的频率范围内描述试品的动态性能时具有足够的灵敏度。

5 抗震水平

抗震水平从表1中选取。

表1 开关设备和控制设备的抗震性能水平——水平方向加速度

抗震水平	要求的响应频谱(RRS)	零周期加速度(ZPA) m/s^2
AG5	图1	5
AG3	图2	3
AG2	图3	2

对于垂直方向抗震水平，方向系数为水平方向的0.5(见GB/T 2424.25)。

注：关于抗震性能水平和不同地震等级之间相关的资料在GB/T 2424.25中给出。

所选择的抗震性能水平应与设施的安装地点地震时最大地面运动相一致。这一水平对应于S2级地震(参见GB/T 2424.25)。

6 试验验证

6.1 概述

试品的验证试验程序应符合GB/T 2424.25。

应在4.2.1规定的具有代表性的试品上进行验证。

如果辅助和控制设备安装在单独的构架上，可以单独进行验证。

如果试品不能在自身的构架上进行试验(例如，由于尺寸)，应通过分析确定构架的动态作用，并在试验中予以考虑。

除非振动响应研究表明在分闸位置更严酷，一般开关设备及其成套装置应在合闸位置进行试验。

该验证：

——当试品所有极都安装在同一构架上时，在完整的试品上进行；

——当试品具有三个独立极时，在一极上进行；

——当单个构架上有多个断开极时，用其断开单元在一列上进行。

6.2 安装

试品应按运行条件进行安装，包括减震器(如果有)。

试品的水平方向应是沿着激励力作用的两个互相垂直的方向。

任何仅用于试验的固定和连接设施不应影响试品的动态性能。

试品的安装方法应予以文件化记录，且应包含所有固定和连接设施的说明(见 GB/T 2423.43)。

6.3 外部负载

一般情况下，地震试验时难以模拟运行中的电气和环境载荷。考虑到试验室的安全要求，这种情况也适用于试品的内部压力。

注：关于地震和运行载荷的组合见 8.1。

地震试验期间，不应操作试品；控制和辅助回路必须通电以监视继电器的任何振颤，但不应导致开关装置动作。

6.4 测量

应按 GB/T 2424.25 进行测量并包括：

——在可能出现的最大的形变和显著相对位移处元件的振动行程；

——关键部件(如：套管、法兰、外壳和支撑构件)上的应变。

6.5 频率范围

频率范围应在 0.5 Hz～35 Hz。

6.6 试验加速度

试验加速度应按第 5 章选取。

对于不同的抗震水平，图 1 到图 3 中给出了推荐的要求的响应频谱。该曲线与开关设备和控制设备 2%、5%、10%和 20%以及更大的阻尼比相关。

其余的阻尼比值的频谱可以通过线性插值获得。

时程试验法是优选的方法，由于它更贴切地模拟了实际的运行条件，尤其是在试品的性能为非线性的情况下。该试验方法应符合 GB/T 2423.48。

6.6.1 正弦拍波激励的参数

试验频率应以 1/2 倍频程覆盖 6.5 规定的频率范围。对每一试验频率，应施加五个周期的五个正弦拍波。

6.6.2 时程激励的参数

时程激励波的总的持续时间应为大约 30 s，其中强震波部分不应小于 6 s。强震波部分是时程曲线具有最大加速度的部分。

6.7 试验

6.7.1 试验方向

试验方向应按 GB/T 2424.25 的规定选取。

在某些情况下，垂直加速度的作用产生的应力很小，垂直方向的激励不必施加。

6.7.2 试验顺序

试验顺序如下：

——试验前的功能检查；

——振动响应检查试验(要求确定和/或分析试品的固有频率和阻尼比)；

——抗震性能试验；

——试验后的功能检查。

6.7.2.1 **功能检查**

试验前后，在额定电源电压和操作压力下应记录或计算(适用时)下述动作特性、状态或整定值：

——合闸时间；

——分闸时间；

——一极中各单元之间的时间差；

——极间的时间差(如果多极被试)；

——气体和/或液体的密封性(适用时)；

——主回路电阻测量；

——额定电压下辅助和控制回路的电气连续性检查；

——制造厂规定的其他重要特性或整定值。

6.7.2.2 **振动响应检查试验**

振动响应检查试验应在6.5规定的频率范围内按GB/T 2424.25的规定进行。

6.7.2.3 **抗震性能试验**

根据试验设施，通过施加GB/T 2424.25附录中的流程图所规定的试验程序之一进行试验。

试验应在从第5章选取的抗震水平下进行一次。

地震试验期间，应记录下列参数：

——试验时的水平和垂直加速度；

——关键元件(如：套管、法兰、外壳和支撑件等)的应力和应变；

——可能出现显著位移处的部件的偏移；

——主回路的电气连续性(如果适用)；

——在额定电压下辅助和控制回路的电气连续性。

7 试验和分析综合验证

7.1 概述

该方法可用于：

——验证仅靠试验无法验证其抗震性能的成套开关设备和控制设备(如：因为其尺寸和/或复杂性)；

——验证已经在不同的地震条件下试验过的开关设备和控制设备；

——验证与经过试验的开关设备和控制设备类似的、但包括影响动态特性的改动(如：装置布置方式的变化，或者元件质量的变化)的开关设备和控制设备；

——验证那些振动及性能数据已知的开关设备和控制设备。

7.2 振动和性能数据

通过下述试验之一可获得用于分析的振动方面的数据(固有频率、阻尼比和关键部件的应力)：

a) 类似试品的动态试验；

b) 降低试验水平时的动态试验；

c) 通过其他试验，如自由振动试验或低水平激励试验(见附录A)确定固有频率及阻尼比。

性能数据可从与之类似的试品上进行的试验来获得。

7.3 数值分析

一般程序为：

a) 为了评估动态性能，利用7.2所述的试验数据建立开关设备和控制设备的数学模型。考虑到开关设备和控制设备的模块化特性，只要正确使用并考虑到不同模块之间的结构差异，完成和校正过的试品的数学模型可以扩展到整个变电站。

b) 考虑到在附录A的试验期间试品的动态响应的非线性来校正数学模型。

c) 在6.5规定的频率范围内，使用下述条款中所述的任一方法确定其响应。但是，如果正确，也可以使用其他方法。

最终的抗震分析应是假设高压开关设备和控制设备固定在地面上的状况下进行，即高压开关设备和控制设备固定点之间没有地面移动。

7.3.1 加速度时程数值分析

如果采用时程数值分析作抗震分析，地面运动加速度时程应满足要求的响应频谱(RRS)(见表1)。根据问题的复杂程度，通常采用两种叠加方法：

a) 分别计算由于地震运动产生的三个分量(水平面方向的 X 和 Y，以及垂直方向的 Z)中的最大响应。每个水平方向分量和垂直方向分量的综合效应是这两者平方和的平方根，即 $(x^2+z^2)^{½}$ 和 $(y^2+z^2)^{½}$。用两值中的较大者计算开关设备和控制设备的响应。

b) 先同时计算一个水平方向分量和垂直方向分量(X 和 Z)，然后计算另一个水平方向分量和垂直方向分量(Y 和 Z)。这就是说每一时间步长计算之后，所有的值(如力、应力)是代数和。用两个值中的较大者计算开关设备和控制设备的响应。

7.3.2 利用要求的响应频谱(RRS)的模型分析

当采用响应频谱法分析抗震性能时，应力叠加的过程描述如下：在与开关设备和控制设备主轴正交的坐标系中，X、Y 为两个相互垂直的水平方向，Z 代表垂直方向。用平方和的平方根法计算开关设备和控制设备在 X、Y、Z 三个方向的每一个方向在不同模态频率作用下的应力，对计算的应力叠加得到开关设备和控制设备该方向的应力最大值。X 和 Z 方向(或 Y 和 Z 方向)的最大值以平方和的平方根来叠加。这两种情况(X、Z)和(Y、Z)中的较大者就是开关设备和控制设备的计算系数。

7.3.3 静态系数分析

这种方法适用于刚性设备(设备最低的共振频率大于35 Hz)。作为一种替代的分析方法，它也适用于柔性设备。这种方法采用了一种更加保守、更加简单的计算技术。不需确定固有频率，但是，把开关设备和控制设备的响应频谱假设为阻尼比取值趋于保守且恰当的基础上的要求的响应频谱的峰值。然后，该响应应乘以静态系数1.5，该静态系数是在考虑了多频激励和多方式响应的影响后根据经验确定的。如果能证明其结果过于保守，可以采用较低的静态系数。

作用于高压开关设备和控制设备每一部件的地震力由该部件重心处集中质量和加速度的乘积求得。

得出的地震力应与质量分布成正比例分布。

然后按照8.1的规定完成应力分析。

8 抗震性能的评估

8.1 应力的组合

试验或分析确定的地震应力应与其他运行载荷组合后作为确定开关设备和控制设备总的承载能力。

在开关设备和控制设备的寿命期内出现所推荐的抗震性能水平的地震概率是很小的。在自然地震中，仅当开关设备和控制设备在其临界频率下以最大加速度被激励时，才会出现最大的地震载荷。由于此过程仅持续几秒钟，所以，如果以最大的电气负荷和运行环境载荷来组合会使得应力组合不切实际且过于保守。

除非另有规定，认为可以出现以下附加载荷：

——内部压力(适用时)；

——静态端子负荷；

注：对于高压交流断路器、高压交流隔离开关和接地开关分别见GB 1984、GB 1985中给出的数值。考虑到户外产品连接导体上的风速仅为10 m/s，其户外产品静态端子负荷应为0.7倍规定值。

——户外开关设备和控制设备上的风负荷(风速为 10 m/s)。

这些载荷的组合应受到静态分析的影响,采用在其出现方向上的力。

8.2 地震试验的认可判据

地震模拟波应产生覆盖要求的响应频谱(在相同的阻尼比下计算的)的试验响应频谱,其加速度峰值应等于或大于零周期加速度(ZPA)。地震试验认可判据的细节在 GB/T 2423.48 中给出。

8.3 试验结果的性能评价

正常情况下,性能的评价仅通过动态试验获得。还可以通过试验和分析综合外推这些结论来得到认可。特别是:

a) 抗震试验期间,主触头应保持在其合闸或分闸位置;

b) 继电器的振颤不应导致开关设备和控制设备的动作;

c) 继电器的振颤不应提供开关设备和控制设备错误的状态信号(位置、报警信号);

注:正常情况下,如果继电器的振颤时间小于 5 ms,则认为是可以接受的。

d) 如果开关设备和控制设备的整体性能不受影响,则认为可以重新设定监测装置;

e) 在试验顺序结束后,功能检查的记录不应与初始状态的记录有显著变化(见 6.7.2.1);

f) 设备和设备支撑构架上不应出现降低设备功能的裂纹和翘曲。

8.4 允许应力

机械和电气设备以及其支撑构架的设计的抗震验证应在许用应力的基础上完成。

根据 8.1 中规定的负载组合,用具有经过核实屈服点的材料制成的元件的总的应力不应超过该材料屈服强度的 90%。

对于套管,总应力不应超过材料破坏应力的 50%。

对于设备或支撑构架中的焊接结构,总的应力不应超过屈服强度的 100%。

最终的地震分析应在假定开关设备和控制设备安装在固定的地面上的情况下进行。

注:如果分析得来的最终数据说明相对于允许极限值的安全裕度太小,则可在考虑了地面对变电站的动态特性的影响后进行附加的分析。

9 文件

9.1 抗震性能试验的资料

无论对开关设备和控制设备采用试验或分析均需要以下资料:

a) 抗震水平(见第 5 章);

b) 结构和安装的详细资料(见 6.1 和 6.2);

c) 试验轴的数目及相对位置(见 6.2)。

9.2 试验报告

试验报告应包括:

a) 开关设备和控制设备的确认文件,包括结构和安装的详细资料;

b) 抗震性能试验的资料;

c) 试验设备:

  1) 位置;

  2) 试验设备的说明和校定;

d) 试验方法及程序;

e) 包含性能数据的试验数据(见 6.7.2.1 和 7.2);

f) 结果和结论;

g) 批准签字及日期。

9.3 分析报告

作为性能评价证据的分析应分步列出。

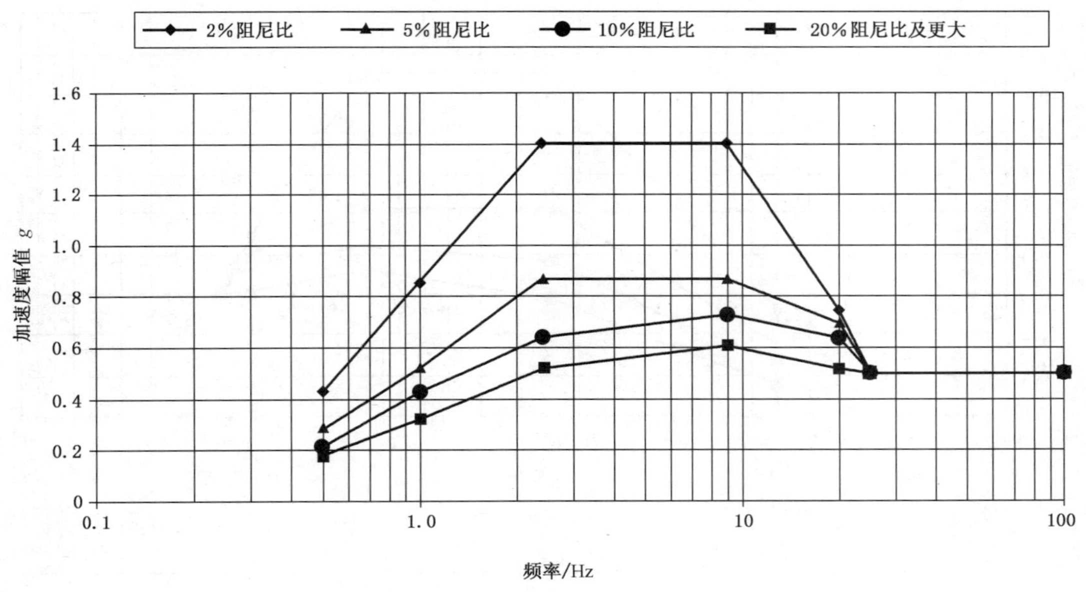

频率 Hz	加速度幅值/(m/s^2)			
	阻尼比 2%	阻尼比 5%	阻尼比 10%	阻尼比 20%及更大
0.5	4.3	2.9	2.1	1.8
1.0	8.5	5.2	4.3	3.2
2.4	14.0	8.7	6.4	5.2
9.0	14.0	8.7	7.3	6.1
20.0	7.5	7.0	6.4	5.2
≥25.0	5.0	5.0	5.0	5.0

注1：根据 GB/T 2424.25，g 的数值应圆整到最后的整数，即 10 m/s^2。

注2：按照 GB/T 2423.48，RRS 表示生成的波形为推荐的形状。

图1 地面安装的开关设备和控制设备的 RRS——水平方向地面加速度：AG5：ZPA＝5 m/s^2（0.5g）

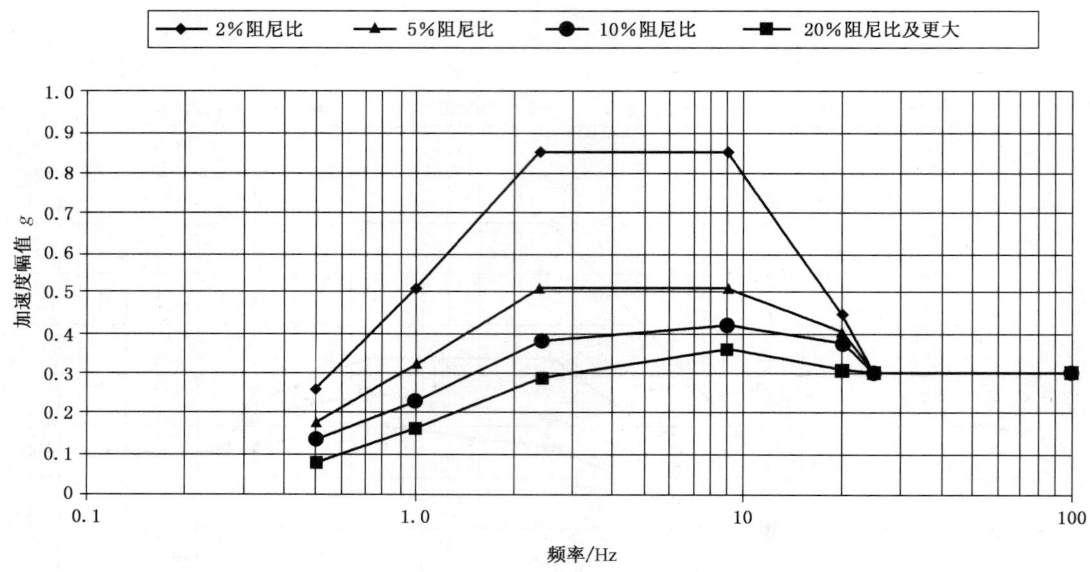

频率 Hz	加速度幅值/(m/s^2)			
	阻尼比 2%	阻尼比 5%	阻尼比 10%	阻尼比 20%及更大
0.5	2.6	1.8	1.4	0.8
1.0	5.1	3.2	2.3	1.6
2.4	8.5	5.1	3.8	2.9
9.0	8.5	5.1	4.2	3.6
20.0	4.5	4.1	3.8	3.1
≥25.0	3.0	3.0	3.0	3.0

注1：根据 GB/T 2424.25，g 的数值应圆整到最后的整数，即 10 m/s^2。

注2：按照 GB/T 2423.48，RRS 表示生成的波形为推荐的形状。

图2 地面安装的开关设备和控制设备的 RRS——水平方向地面加速度：AG3：ZPA＝3 m/s^2(0.3g)

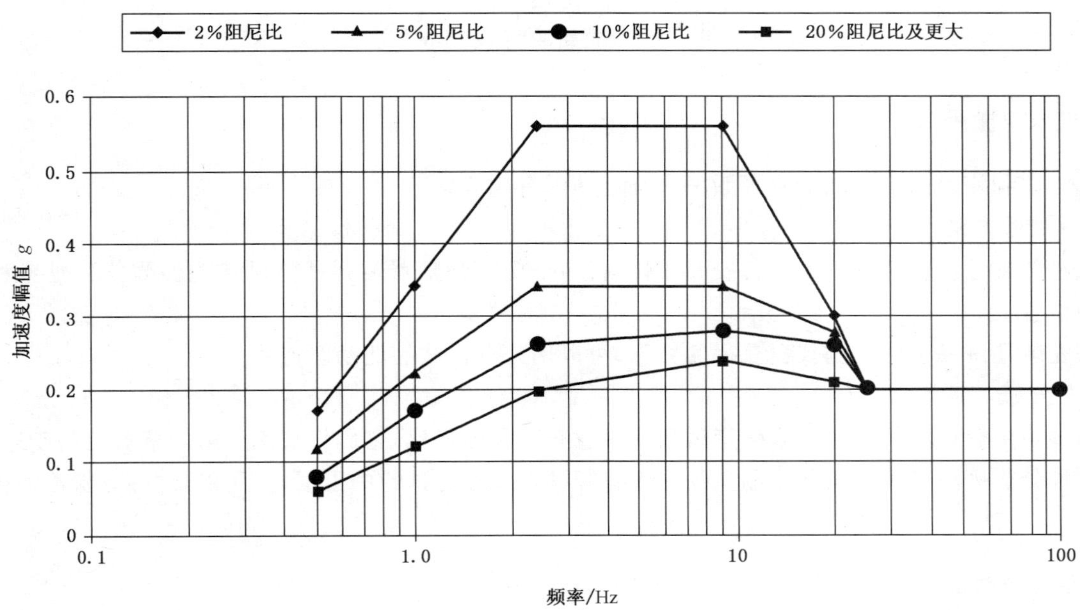

频率 Hz	加速度幅值/(m/s²)			
	阻尼比 2%	阻尼比 5%	阻尼比 10%	阻尼比 20%及更大
0.5	1.7	1.2	0.8	0.6
1.0	3.4	2.2	1.7	1.2
2.4	5.6	3.4	2.6	2.0
9.0	5.6	3.4	2.8	2.4
20.0	3.0	2.8	2.6	2.1
≥25.0	2.0	2.0	2.0	2.0

注1：根据 GB/T 2424.25，g 的数值应圆整到最后的整数，即 10 m/s^2。

注2：按照 GB/T 2423.48，RRS 表示生成的波形为推荐的形状。

图3 地面安装的开关设备和控制设备的 RRS——水平方向地面加速度：AG2：ZPA＝2 m/s^2（0.2g）

附 录 A
（规范性附录）
试品的特性

A.1 低水平激励

本方法利用对试品施加低水平激励来确定其固有响应。

A.1.1 试验方法

试品的安装应模拟推荐的运行安装条件，将多个便携激励器装到试验设备能够最佳激励各种振动模式的位置上。

从安装在试品上的监测仪器获得的数据，可以用来分析试品的动态特性。

A.1.2 分析

用试验中获得的频率响应来确定试品的固有频率和阻尼比，它们将被用于第7章规定的动态分析。因为这种分析模型准确地反映了测量到的固有频率以及经过试验的阻尼比，所以，这种分析法的确定度更高。

A.2 自由振动试验

自由振动试验可以用来确定试品的动态特性，可以将试品简化成单自由度系统的试品（例如套管）。

A.2.1 固有频率的确定

为了确定试品的固有频率（第一阶振动模式），试品应按运行状态安装，用推荐的方法固定在刚性的基础上。沿着可能出现最大振幅的方向，在试品重心附近施加数值不小于设备重量1/3的拉力，当此力突然释放时，试品应自由的振动。

A.2.2 阻尼比的确定

要确定试品的阻尼比，可以采用同样的试验，但在此情况下，振动的记录应采用适当的灵敏度和准确度的仪器对振动进行记录，以便确定振动的对数衰减随时间变化的函数。等效阻尼比可根据所记录波形的峰值顺序在可以看出呈很明显的对数衰减形式的范围内用图A.1中的字母组合来确定。

A.2.3 确定固有频率和阻尼比时的特殊情况

试品由若干个对振动敏感的不同部件组成，进行A.2.1和A.2.2中的试验时，在这几个部件的每一个的重心周围施加拉力，使其振动，如果要探测这种布置下的所有振动模式，则应同时记录这些相应于最大振幅的点的振动。在这种情况下，可能某一个部件振动的记录受到频率比较接近的其他部件振动的影响，此时应参照图A.1的上部的简图来确定。

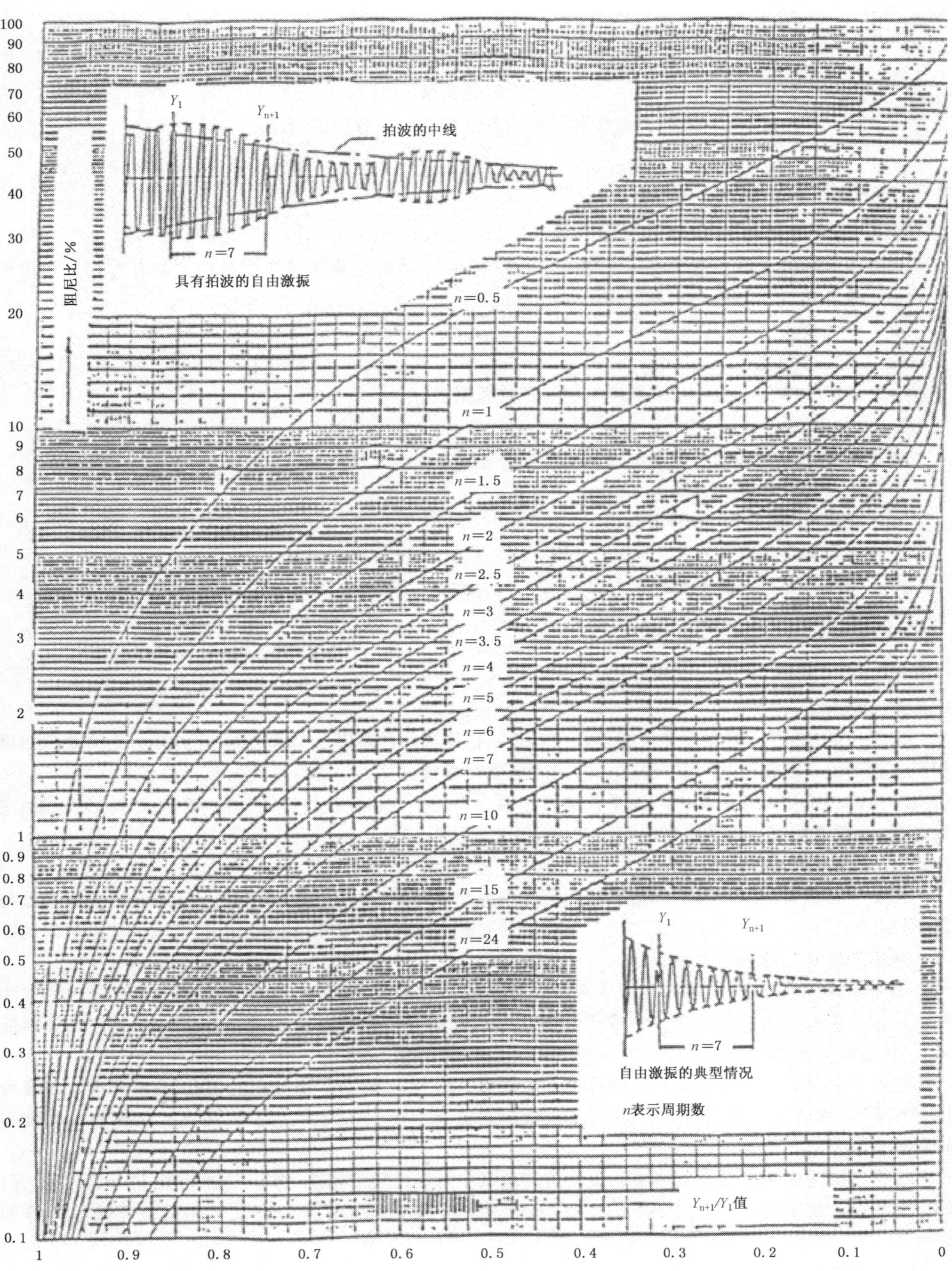

图 A.1 确定阻尼比的图表

附　录　B
（资料性附录）
开关设备和控制设备抗震性能充分性的判据

B.1　概述

B.1.1　土壤和建筑物结构的相互作用

如果要求计算土壤和建筑物间相互作用的影响，可以规定土壤和建筑物结构的相互作用。可以用来减小土壤和建筑物结构之间相互作用的措施如下：

a)　降低设备的重心；

b)　设备轻量化；

c)　采用整体浇注的地基或者建筑物满足抗震要求。

B.1.2　位移限值

对设备施加位移限值时的情况可以规定如下：

a)　运动部件排列成直线；

b)　绝缘气体（如果有）的泄漏；

c)　邻近设备的冲击；

d)　绝缘距离的降低和绝缘的损坏；

e)　与邻近设备基础之间的相互作用。

B.2　推荐的安装规则和实践

B.2.1　基础

如果可能，推荐所有相互连接的设备应安装在整体浇注的地基上以减小地震引起的位移差。如果相互连接的设备不位于同一基础之上时，则应提供因基础位移引起的设备间的预期位移差。

应考虑到土壤对进出基础的地下管道的作用。如果设备和建筑物构件（例如墙壁或邻近的地板）刚性连接，则考虑建筑物构件的响应和相对运动。

B.2.2　设备在基础上的固定方法

对于大型设备以及设备的固定点之间尺寸较大时，强烈建议应连接到预埋于混凝土的钢构件上与其刚性连接。固定点的位置和形式应在制造厂的安装图中说明。所有的紧固件应足以承受设防的地震力。暴露的固定件应有保护涂层。

如果用螺栓固定设备，它们应预埋在新的混凝土中或者通过经试验证明可用的化学铰链剂的方法在硬化后的混凝土上钻孔固定。不推荐在硬化过的混凝土上钻孔后使用螺栓和铰链剂。优先采用低碳、韧性好的钢螺栓。

应注意到动态的地震载荷在地脚螺栓上的任何不均匀分布（由于螺栓孔的偏差、力矩载荷以及螺母没有拧紧）。地脚螺栓紧固的力矩、尺寸和位置应在安装图中予以说明。此外，还应提供螺栓的强度和材料要求。

所有的固定装置应设计成能够承受设防的地震中可能出现的扭矩、剪切、弯曲和轴向负载以及它们的任意组合。固定装置中位于基础中的那部分的抗拉强度和剪切强度应大于和设备连接的螺栓的强度。

注：见参考文献[2]。

B.2.3　与邻近设备的连接

结构件之间的所有内部连接应足以承受所有大的相对位移。

在结构和动态特性上不相似的结构件可能会有大的相对位移。导向件和内部连接应足够长并具有弹性以允许这些位移而不损坏。尤其应注意脆性的非韧性的部件，例如瓷套管和绝缘子。无论如何，电气和结构的连接的突然硬化不应导致增加位移和力。此类非线性特性会产生大的冲击力。作为用来实现设备间连接的结果，应注意设备动态特性最终的变化。

B.2.4 对开关设备的结构件采用加强筋

增加设备的刚性可以提高某些设备的固有频率，使其超出地震波的典型频率范围。对角的横向加强筋和轴向承载元件可以用来加强设备和增加设备的刚性。如果采用了加强筋，应特别注意下述方面：

a) 在整个结构中推荐采用螺栓连接以增加在较大的力的情况下的有效阻尼；

b) 应对所有螺栓提供关于要求力矩的资料以保证开关设备和控制设备的动态特性和预期的一样；

c) 如果结构件的一部分是由用户提供的，则制造厂或用户、或者他们两者应提供必要的资料以便动态和静态特性以及基础要求能够容易地确定。

应考虑到下述关于加强筋的基本要求：

——加强筋应远远硬于结构件，使得加强有效；

——加强筋不应翘曲或表现出明显的非线性。尤其是在任何条件下应避免突然硬化；

——经过指定的地震试验后，只要不降低开关设备和控制设备的正常功能，加强筋的永久变形是可以接受的。

附　录　C
（资料性附录）
抗震验证报告

本附录的目的是提供一个抗震验证报告的例子。

C.1　封面示例

报告编号：

抗震分析验证报告

抗震水平：GB/T 13540—2009 的 AGx(0，$\times g$)
产品型号名称：____________________
额定电压：____________________
产品制造单位：____________________

结论：兹证明（产品型号及名称）已经根据（依据标准代号及名称）通过了试验，在零周期加速度为$\times g$时具有下列安全系数：

编制：（签字及日期）
校核：（签字及日期）
签发：（签字及日期）

（验证单位公章）

C.2　抗震分析验证报告的内容示例

下列给出的例子适用于通过计算分析地震的内容。

C.2.1　概述

a）　产品的类型
  1）　结构方面的考虑，如产品的位置（见 6.1），带或是不带辅助的控制柜等；
  2）　负载情况的考虑，设计压力、净重、端子静态负载、风及地震；
  3）　使用的地震响应频谱。
b）　试验（如果有，如阻尼试验，或元件试验）；
c）　为通过分析而要求的修改（如果有）；
d）　铭牌的详细内容。

C.2.2　产品数据

a）　总尺寸及重量；
b）　固有频率，如果采用动态分析；
c）　阻尼比，如果采用动态分析或是采用附录 A；
d）　固定处的情况，包括大小、位置及结构件、螺栓、焊接处及金属板的材料强度；

e） 材料特性。

C.2.3 分析方法

a） 分析方法；

b） 使用的计算机程序名称（如果有）；

c） 对产品和支撑结构建模型时所做的假设。

C.2.4 结果

a） 最大位移和应力的位置和数值；

b） 安全系数；

c） 在固定点（地脚螺栓）上产品及构架的地震负载，包括幅值和方向。

C.3 抗震试验验证报告的内容示例

如果抗震要求通过试验来完成，推荐下列内容。

a） 产品的型号

1） 结构方面的考虑，如产品的位置（见6.1），带或是不带辅助的控制柜等；

2） 负载情况的考虑，设计压力、净重、端子静态负载、风及地震；

3） 使用的地震响应频谱。

b） 试验（如果有，如阻尼试验，或元件试验）；

c） 为通过试验而要求的修改（如果有）；

d） 铭牌的详细内容。

C.3.1 设备数据

a） 总尺寸及重量；

b） 固有频率，如果采用动态分析；

c） 阻尼比，如果采用动态分析或是采用附录A；

d） 固定处的情况，包括大小、位置及结构件、螺栓、焊接处及金属板的材料强度；

e） 材料特性。

C.3.2 试验方法

a） 试验设备的描述（震动表）；

b） 试验方法的描述；

c） 测量点和测量仪器的描述；

d） 在校准期间获得的形变计的微小变形及弯曲度等值表；

e） 通过正弦扫描试验获得的固有频率和阻尼列表；

f） 试验响应频谱和所要求的响应频谱之间的比较；

g） 输入时程。

C.3.3 结果

最大加速度和应力的位置和数值。

参 考 文 献

[1] IEEE C37.122,1993,IEEE Standard for gas—Insulated substations

[2] IEEE 693,1997,IEEE Recommended practices for seismic design of substations

ICS 29.120.60
K 43

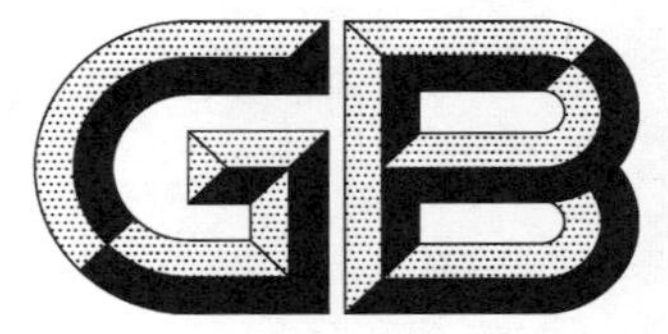

中华人民共和国国家标准

GB/T 14808—2016
代替 GB/T 14808—2001

高压交流接触器、基于接触器的控制器及电动机起动器

High-voltage alternating current contactors, contactor-based controllers and motorstarters

(IEC 62271-106:2011, High-voltage switchgear and controlgear—Part 106: Alternating current contactors, contactor-based controllers and motorstarters, MOD)

2016-08-29 发布　　2017-03-01 实施

中华人民共和国国家质量监督检验检疫总局
中国国家标准化管理委员会　发布

前　言

本标准按照 GB/T 1.1—2009 给出的规则起草。

本标准代替 GB/T 14808—2001《交流高压接触器和基于接触器的电动机起动器》。

本标准与 GB/T 14808—2001 相比，主要技术变化如下：

——3　术语和定义：增加了电容器开合等级的定义；

——4.2　额定电压：标准电压值中增加了 24 kV；

——4.109.2　减压起动器的起动工作制：增加了自耦减压起动器和电抗器起动器的额定值；

——4.112　额定容性开合电流：增加了电容器投切电流额定值；

——5.3.101　主回路接地：增加了对接地开关的要求；

——5.19　增加了 X 射线发射的相关要求；

——5.101　保护继电器：取消了对过载继电器和脱扣器的具体要求；

——6.1　型式试验总则中增加了对正常生产的接触器、起动器和控制器每隔八年应进行的试验项目的规定；

——6.4.1　规定：试验电流应是 100 A 和额定工作电流之间的任意一个方便的电流值。如果试品额定工作电流小于 100 A，主回路电阻的测量应以额定工作电流进行；

——6.4.2　辅助回路：删除了辅助回路电阻检查的要求；

——6.5.2　设备的布置：取消了对试验用铜导线规格的规定；

——6.5.5.104　双级自耦减压起动器或电抗器起动器的自耦变压器或电抗器的温升：重新措辞后把额定值转移到 4.109.2；

——6.10　辅助和控制回路的附加试验：增加了辅助和控制回路的附加试验的要求；

——6.11　真空灭弧室的 X 射线试验程序：增加了真空灭弧室的 X 射线试验程序；

——6.102.9　关合和开断试验后的状态：给出了电阻检查时公差依据的特殊说明；

——6.104　短路电流关合和开断试验：明确了短路试验的试验条件、试验方法；

——6.106　与 SCPD 配合的验证：增加了试验方式的替代方法；

——6.106.2.4　试验回路的布置采用 GB 16926—2009 中的试验回路；

——6.109　容性电流开合试验：增加了容性电流开合试验；

——8.102.8.4　熔断器动作：将三相熔断器动作后撞击器的动作相数由“两相”修改为“一相”，并在 e)中新增了熔断器可用性检查的内容；

——A.2.5 的 f)“预期瞬态恢复电压”：取消了对 126 kV～1 000 kV 产品的相关规定；

——A.2.8　容性电流开合试验：在试验记录和报告中增加了容性电流开合试验的内容；

——取消了 GB/T 14808—2001 中与四参数法有关的图 7、图 8 及相关规定；

——附录 B 增加了表 B.1 型式试验的试验参数公差。

本标准采用重新起草法修改采用 IEC 62271-106：2011《高压开关设备和控制设备　第 106 部分：交流接触器、基于接触器的控制器及电动机起动器》。

本标准与 IEC 62271-106：2011 的技术性差异及其原因如下：

——关于规范性引用文件，本标准做了具有技术性差异的调整，以适应我国的技术条件，调整的情况集中反映在 1.2“规范性引用文件”中，具体调整如下：

- 用修改采用国际标准的 GB 1984—2014 代替了 IEC 62271-100：2008；
- 用修改采用国际标准的 GB 1985 代替了 IEC 62271-102；

- 用修改采用国际标准的 GB 3906—2006 代替了 IEC 62271-200:2003;
- 用等同采用国际标准的 GB/T 5465.2—2008 代替了 IEC 60417 DB;
- 用修改采用国际标准的 GB/T 11022—2011 代替了 IEC 62271-1:2007;
- 用修改采用国际标准的 GB/T 15166.2—2008 代替了 IEC 60282-1;
- 用修改采用国际标准的 GB/T 15166.5 代替了 IEC 60644;
- 增加引用了 GB 1094.2、GB 1094.11、GB 14048.4—2010、GB 14048.5、GB 16926—2009、GB/T 18908.1、GB/T 29489—2013、IEC 61230;

——范围:IEC 62271-106:2011 中的 1.1 规定为 1 kV 及以上但不超过 24 kV,根据我国的实际电网情况,改为:3.6 kV～24 kV;IEC 62271-106:2011 中的 1.1 规定频率为 60 Hz 及以下,本标准改为 50 Hz 及以下;

——绝缘试验:IEC 62271-106:2011 中 6.2.5 规定"接触器不要求分闸断口间的冲击试验",本标准按 GB/T 11022—2011 规定了相应的试验要求;

——回路电阻测量:IEC 62271-106:2011 中的 6.4.1 规定"试验电流应是 50 A 和额定工作电流之间的任意一个方便的电流值。如果试品额定工作电流小于 50 A,主回路电阻的测量应以额定工作电流进行",本标准将 50 A 改为 100 A;

——在机械寿命试验前后,增加 6.101.1"机械特性测量";

——关合、开断以及短时电流性能型式试验的记录与报告:IEC 62271-106:2011 中的 A.2.5"关合和开断试验"的 f)"预期瞬态恢复电压"中规定了记录 100 kV～800 kV 产品信息,不适用于本标准,本标准取消了该部分内容;

——本标准取消了 IEC 62271-106:2011 中与四参数法有关的图 7;

——因国家标准与国际标准结构性差异,在起草本标准时为国际标准原文的部分悬置段增加了条款号,致使其后部分条款号产生变化。

本标准由中国电器工业协会提出。

本标准由全国高压开关设备标准化技术委员会(SAC/TC 65)归口。

本标准起草单位:天水长城开关厂有限公司、甘肃长城电工电器工程研究院有限公司、西安高压电器研究院有限责任公司、中国电力科学研究院、中国电力科学研究院电力工业电气设备质量检验测试中心、西电三菱电机开关设备有限公司、辽宁高压电器产品质量检测有限公司、施耐德电气(中国)有限公司、西门子(中国)有限公司上海分公司、库柏(宁波)电气有限公司、河南森源电气股份有限公司、锦州锦开电器集团有限责任公司、上海西门子开关有限公司、上海天灵开关厂有限公司、常州太平洋电力设备(集团)有限公司、江苏华冠电器集团有限公司、大全集团有限公司、河南华盛隆源电气有限公司、江苏现代电力科技股份有限公司。

本标准主要起草人:于庆瑞、马炳烈、王毅、张子骁、杨敬华、闫毓红、田恩文、张晋波、张实、颜莉萍、潘峰、王超武、杨小春、成俊奇、吴春九、韩天旗、杨英杰、雷小强、古龙江、刘成学、曹宏、刘洋、富英勋、王俊庄、谭燕、张强华、袁春萍、张献高、独田娃、杨炳灿、曹荣杰、顾明锋。

本标准所代替标准的历次版本发布情况为:

——GB/T 14808—1993、GB/T 14808—2001。

高压交流接触器、基于接触器的控制器及电动机起动器

1 概述

1.1 范围

本标准适用于额定电压3.6 kV～24 kV，频率50 Hz及以下户内安装的交流接触器、基于接触器的控制器及电动机起动器。

本标准仅适用于三相系统中使用的三极装置，以及单相系统中使用的单极装置。用于单相系统中的两极接触器和起动器应由制造厂和用户协商。

本标准涉及的接触器和起动器一般不具有足够的短路开断能力。本标准对下列装置提出要求：

——与单独的短路保护装置关联的电动机起动器；

——控制器-与短路保护装置(SCPD)组合的接触器。

本标准涵盖了用于合、分电路，以及与继电器组合对回路可能出现的过负载进行保护的接触器。

本标准也适用于接触器的操作装置及其辅助设备。

本标准涉及的电动机起动器是指用于起动电动机并将其加速至正常速度，保证电动机连续运行，切断电动机电源，并为电动机及其连接的回路的过负载提供保护措施的电动机起动器(以下简称起动器)。

起动器的类型包括：

——直接起动器；

——反转起动器；

——双向起动器；

——减压起动器：

- 自耦减压起动器；
- 变阻式起动器；
- 电抗器起动器。

本标准不适用于：

——基于断路器的起动器；

——多极接触器或起动器的单极运行；

——在起动位置连续运行的双级自耦减压起动器；

——非对称变阻转子起动器，即：所有相的电阻值均不相同的起动器；

——既可起动又可调整速度的设备；

——液态起动器和“液态-蒸汽”型起动器；

——半导体接触器和在主回路中使用半导体接触器的起动器；

——变阻定子起动器；

——特殊用途的接触器或起动器。

本标准不涉及装在接触器、基于接触器的控制器和起动器内的元件，因为它们有各自的技术要求。

注1：热电继电器涵盖在GB/T 14598.15。

注2：高压限流熔断器涵盖在GB/T 15166.2—2008。

注3：额定电压3.6 kV及以上但不超过40.5 kV的金属封闭开关设备和控制设备涵盖在GB 3906—2006。

注4：隔离开关和接地开关涵盖在GB 1985。

注5：额定电压3.6 kV及以上但不超过40.5 kV的高压交流负荷开关涵盖在GB 3804。

本标准的目的是为了规定：

a) 接触器、起动器、控制器和相关设备的特性；

b) 接触器、起动器或控制器应遵循的有关条件：

   1) 操作和特性；

   2) 绝缘性能；

   3) 适用时，外壳的防护等级；

   4) 结构；

   5) 对于控制器，各元件之间的相互作用，例如与 SCPD 的配合；

c) 用于确认这些条件已被满足的试验，以及这些试验所采用的方法；

d) 随机文件或制造厂的文件应给出的信息。

1.2 规范性引用文件

下列文件对于本文件的应用是必不可少的。凡是注日期的引用文件，仅注日期的版本适用于本文件。凡是不注日期的引用文件，其最新版本(包括所有的修改单)适用于本文件。

GB 1094.2 电力变压器 第 2 部分：液浸式变压器的温升(GB 1094.2—2013，IEC 60076-2：2011，MOD)

GB 1094.11 电力变压器 第 11 部分：干式变压器(GB 1094.11—2007，IEC 60076-11：2004，MOD)

GB 1984—2014 高压交流断路器(IEC 62271-100：2008，MOD)

GB 1985 高压交流隔离开关和接地开关(GB 1985—2014，IEC 62271-102：2001＋A1：2011，MOD)

GB 3906—2006 3.6 kV～40.5 kV 交流金属封闭开关设备和控制设备(IEC 62271-200：2003，MOD)

GB/T 5465.2—2008 电气设备用图形符号 第 2 部分：图形符号(IEC 60417 DB：2007，IDT)

GB/T 11022—2011 高压开关设备和控制设备标准的共用技术要求(IEC 62271-1：2007，MOD)

GB 14048.4—2010 低压开关设备和控制设备 第 4-1 部分：接触器和电动机起动器 机电式接触器和电动机起动器(含电动机保护器)(IEC 60947-4-1：2009 Ed.3.0，MOD)

GB 14048.5 低压开关设备和控制设备 第 5-1 部分：控制电路电器和开关元件 机电式控制电路电器(GB 14048.5—2008，IEC 60947-5-1：2003，MOD)

GB/T 15166.2—2008 高压交流熔断器 第 2 部分：限流熔断器(IEC 60282-1：2005，MOD)

GB/T 15166.5 高压交流熔断器 第 5 部分：用于电动机回路的高压熔断器的熔断件选用导则(GB/T 15166.5—2008，IEC 60644：1979，MOD)

GB 16926—2009 高压交流负荷开关-熔断器组合电器(IEC 62271-105：2002，MOD)

GB/T 18908.1 工业用时间继电器 第 1 部分：要求和试验(GB/T 18908.1—2002，IEC 61812-1：1996，IDT)

GB/T 29489—2013 高压交流开关设备和控制设备的感性负载开合(IEC 62271-110：2009，MOD)

IEC 61230 带电作业 便携式接地或接地短路装置(Live working—Portable equipment for earthing or earthing and short-circuiting)

2 正常和特殊使用条件

2.1 正常使用条件

GB/T 11022—2011 中的 2.2.1 适用，并作如下补充：

对于户外设施，见 8.102.6。

2.2 特殊使用条件

GB/T 11022—2011 中的 2.3 适用，并对海拔作如下补充：

高于 1 000 m 时通常需要修正，见 8.102.7。

3 术语和定义

GB/T 11022—2011 界定的以及下列术语和定义适用于本文件。

3.1 通用术语

3.1.1

控制设备 controlgear

主要用来控制用电设备的开关装置以及这些开关装置和相关的控制、测量、保护及调节设备的组合的通称。包括由这些装置和设备以及相关联的内部连接、附件、外壳和支撑件组成的总装。

[GB/T 2900.20—2016，定义 3.3]

3.1.2

过电流 over-current

超过额定电流的电流。

[GB/T 2900.20—2016，定义 3.6]

3.1.3

短路电流 short-circuit current

由于电路中的故障或错误连接造成的短路而引起的过电流。

[GB/T 2900.20—2016，定义 3.7]

3.1.4

过载 overload

产生过电流或过电压的回路中的工作状态。

[GB/T 2900.20—2016，定义 3.8]

3.1.5

导电部件 conductive part

能导电但不一定需要承载工作电流的部件。

[GB/T 2900.20—2016，定义 3.9]

3.1.6

周围空气温度 ambient air temperature

按规定条件测定的围绕整个开关设备和控制设备的周围空气的平均温度。

注：对于安装在外壳内部的开关装置或熔断器，周围空气温度是指外壳外部的空气温度。

[GB/T 2900.20—2016，定义 3.13]

3.2 开关设备和控制设备的总装

GB/T 11022—2011 的 3.2 适用。

3.3 总装的组成部分

GB/T 11022—2011 的 3.3 适用。

3.4 开关装置

3.4.101

开关装置 switching device

用于闭合和/或断开一个或多个回路的装置。

[GB/T 2900.20—2016,定义 6.1]

3.4.102

机械开关装置 mechanical switching device

用可分离的触头机械的动作闭合和/或断开一个或多个回路的开关装置。

注:所有的机械开关装置都可根据其触头分闸和合闸的中间介质(如:空气、SF_6、油)进行设计。

[GB/T 2900.20—2016,定义 6.2]

3.4.103

隔离开关 disconnector

在分闸位置时,触头间有符合规定要求的绝缘距离和明显的断开标志;在合闸位置时,能承载正常回路条件下的电流及在规定时间内异常条件(例如短路)下的电流的开关装置。

注1:当回路电流“很小”时,或者当隔离开关每极的两接线端间的电压在关合和开断前后无显著变化时,隔离开关具有关合和开断回路的能力。

注2:可抽出式的接触器总装可被作为隔离开关使用。

注3:改写 GB/T 2900.20—2016,定义 6.5。

3.4.104

接地开关 earthing switch

用于将回路接地的一种机械开关装置。在异常条件(如短路)下,可在规定时间内承载规定的异常电流;但在正常回路条件下,不要求承载电流。

注1:接地开关可有关合短路电流的能力。

注2:接地开关可与隔离开关组装在一起。

[GB/T 2900.20—2016,定义 6.9]

3.4.105

(机械的)接触器 (mechanical) contactor

手动操作除外,只有一个休止位置,能关合、承载及开断正常电流及规定的过载电流的开断和关合装置。

注:休止位置指接触器的电磁铁或压缩空气装置处于释放状态时,接触器可动部件所处的位置。

[GB/T 2900.20—2016,定义 6.31]

3.4.106

电磁接触器 electromagnetic contactor

由电磁铁提供主触头合闸或分闸所需的力的接触器。

3.4.107

真空接触器 vacuum contactor

主触头在高真空室内断开和闭合的接触器。

3.4.108

SF_6 接触器 SF_6 contactor

主触头在 SF_6 充气室内断开和闭合的接触器。

3.4.109

锁扣接触器 latched contactor

当操作机构失去能量时,由锁扣装置使可动部分不能返回至休止位置的一种接触器。

注 1：锁扣机构的锁扣和释放可以是机械的、磁的、电的、气的等方式。

注 2：改写 GB/T 2900.20—2016，定义 6.32。

3.4.110

起动器　starter

起动与停止电动机所需的所有接通、分断方式的组合电器，并与适当的过载保护组合。

注：起动器可按提供合闸主触头所需力的方法来分类。

[GB/T 2900.20—2016，定义 6.36]

3.4.110.1

直接起动器　direct-on-line starter

将线路电压直接加到电动机接线端子上，使之在全电压下起动的起动器。

[GB/T 2900.20—2016，定义 6.38]

3.4.110.2

反转起动器　reversing starter

可在电动机运转的情况下通过反接电动机一次接线使其反向转动的起动器。

3.4.110.3

双向起动器　two-direction starter

仅在电动机不运转的情况下通过反接电动机一次接线使其反向转动的起动器。

3.4.110.4

减压起动器　reduced kVA（voltage） starter

降低电动机起动电压的起动器。

注：减压起动器包括自耦减压起动器、电抗器起动器和变阻式起动器。

3.4.110.5

自耦减压起动器　auto-transformer starter

从自耦变压器引出一个或几个端子以降低感应电动机起动时的端电压，从而减小起动电流的起动器。

[GB/T 2900.20—2016，定义 6.43]

3.4.110.6

变阻式起动器　rheostatic starter

用一台或几台电阻器来得到电动机起动时规定的转矩特性和（或）限制电流的起动器。

注 1：它通常由以下 3 个基本部件组成，这些基本部件可以组合提供，也可以单独提供，然后在使用场所连接：

——定子供电用的机械开关装置（通常装有过载保护装置）；

——接入转子回路的电阻器；

——依次切除电阻器用的机械开关装置。

注 2：改写 GB/T 2900.20—2016，定义 6.40。

3.4.110.7

转子变阻式起动器　rheostatic rotor starter

起动期间，依次切除预先放在转子回路中的一个或几个电阻器的变阻式起动器。

[GB/T 2900.20—2016，定义 6.41]

3.4.110.8

电抗器起动器（一次电抗器起动器）　reactor starter（primary reactor starter）

用电抗器与交流电动机的定子绕组串联，以降低电动机起动电压的起动器。

3.4.110.9

电磁起动器　electromagnetic starter

闭合主触头的力由电磁铁提供的起动器。

3.4.110.10

n 级起动器　n-step starter

在切断和全电压位置间有 $n-1$ 级加速位置的起动器。

注 1：断开和接通位置之间没有中间加速位置的起动器是单级或直接起动器(见 3.4.110.1)。

注 2：断开和接通位置之间只有一个中间加速位置的起动器称作双级起动器。

注 3：三级变阻式起动器具有两段用于起动的电阻。

注 4：改写 GB/T 2900.20—2016，定义 6.39。

3.4.111

控制器　controller

综合起动器　combination starter

由接触器、过载保护、人力外部操作的隔离开关和短路保护装置(SCPD)组成的，安装并接在专用外壳内的装置。

注 1：专用外壳是专门设计并按使用要求确定尺寸的，控制器(综合起动器)的全部试验都在其中进行，它也可以包含接地功能。

注 2：控制器也可用作电动机起动以外的其他场合，例如变压器的控制与保护。

3.4.111.1

变压器控制器　transformer controller

变压器励磁和去励磁所必需的、并与适当的过载保护组合在一起的所有开合方式的组合电器。

3.4.111.2

电容器控制器　capacitor controller

电容器或电容器组带电或放电所必需的、并与适当的保护组合在一起的所有开合方式的组合电器。

3.4.112

短路保护装置　short-circuit protective device;SCPD

通过开断短路电流来保护电路或电路部件，使其免受短路电流损坏的装置。

注：通常该功能由熔断器提供。

3.4.113

C1 级接触器　contactor class C1

经过型式试验验证的在容性电流开断过程中具有低的重击穿概率的接触器(见 4.112)。

3.4.114

C2 级接触器　contactor class C2

经过型式试验验证的在容性电流开断过程中具有非常低的重击穿概率的接触器(见 4.112)。

3.5　接触器和电动机起动器的部件

3.5.101

(开关装置的)极　Pole(of a switching device)

仅与开关装置的主回路的一个单独导电路径相连的电器部件，它不包括用来将所有极固定在一起和使各极一起动作的部件。

注：如开关装置只有一个极，称为单极开关装置，如果有二个及以上的极并能被联在一起或能联在一起操作的则称为多极(两极、三极等)的开关装置。

[GB/T 2900.20—2016，定义 7.1]

3.5.102

(开关装置的)主回路　main circuit(of a switching device)

传送电能的开关回路中的所有导电部分。

[GB/T 2900.20—2016，定义 7.2]

3.5.103

(开关装置的)控制回路 control circuit(of a switching device)

控制开关合、分操作回路中的所有导电部分。

[GB/T 2900.20—2016,定义 7.3]

3.5.104

(开关装置的)辅助回路 auxiliary circuit(of a switching device)

开关装置主回路和控制回路以外的导电路径中的所有导电部分。

注:有些辅助回路用于附加要求,如信号、联锁等等,因此,这些回路也可以是其他开关装置的控制回路的一部分。

[GB/T 2900.20—2016,定义 7.4]

3.5.105

主触头 main contact

开关装置主回路中的触头,在合闸位置时承载主回路的电流。

[GB/T 2900.20—2016,定义 7.7]

3.5.106

控制触头 control contact

接在开关装置的控制回路中并由该开关装置用机械方式操作的触头。

[GB/T 2900.20—2016,定义 7.9]

3.5.107

辅助触头 auxiliary contact

接在开关装置的辅助回路中并由该开关装置用机械方式操作的触头。

[GB/T 2900.20—2016,定义 7.10]

3.5.108

a 触头 "a" contact

动合触头 make contact

当开关的主触头合时闭合而主触头分时断开的控制触头或辅助触头。

[GB/T 2900.20—2016,定义 7.12]

3.5.109

b 触头 "b" contact

动断触头 break contact

当开关的主触头合时断开而主触头分时闭合的控制触头或辅助触头。

[GB/T 2900.20—2016,定义 7.13]

3.6 操作

3.6.101

(机械开关装置的)操作 operation(of a mechanical switching device)

动触头从一个位置转换至另一个位置的动作过程。

注 1:对于接触器来说,这可以是一种合闸操作或分闸操作。

注 2:如果有必要区分,则操作的含义从电气意义上说,是关合或开断,称为开合操作;而从机械意义上说是合或分,称为机械操作。

注 3:改写 GB/T 2900.20—2016,定义 8.1。

3.6.102

(机械开关装置的)操作循环 operating cycle(of a mechanical switching device)

从一个位置转换到另一位置再返回到初始位置的连续操作。如有多个位置,则需通过所有其他位置。

注 1：这可以是一种紧接着合闸操作的分闸操作。

注 2：不构成操作循环的连续操作称为操作系列。

注 3：改写 GB/T 2900.20—2016，定义 8.2。

3.6.103

（机械开关装置的）合闸操作　closing operation（of a mechanical switching device）

开关从分闸位置转换到合闸位置的操作。

[GB/T 2900.20—2016，定义 8.8]

3.6.104

（机械开关装置的）分闸操作　opening operation（of a mechanical switching device）

开关从合闸位置转换到分闸位置的操作。

[GB/T 2900.20—2016，定义 8.9]

3.6.105

（机械开关装置的）合闸位置　closed position（of a mechanical switching device）

保证开关装置主回路中的触头处于预定连续通电的位置。

[GB/T 2900.20—2016，定义 8.22]

3.6.106

（机械开关装置的）分闸位置　open position（of a mechanical switching device）

保证开关装置主回路中分闸的触头间具有预定间隙的位置。

[GB/T 2900.20—2016，定义 8.23]

3.6.107

（接触器的）休止位置　position of rest（of a contactor）

当接触器的电磁铁或者压缩空气装置未动作时，其移动部件所处的位置。

[GB/T 2900.20—2016，定义 8.24]

3.6.108

过载继电器或脱扣器　overload relay or release

用于过载保护的过电流继电器或脱扣器（如果适用，包括互感器和内部连接）。

3.6.109

热（过载）继电器或脱扣器　thermal（overload） relay or release

利用流过继电器或脱扣器的电流所产生的热效应而动作（包括延时）的反时限过载继电器或脱扣器。

3.6.110

（过载继电器或脱扣器的）电流整定值　current settings（of an overload relay or release）

调整继电器或脱扣器使其达到限定的动作条件的动作电流值。

注：改写 GB/T 2900.20—2016，定义 8.34。

3.6.111

（过载继电器或脱扣器的）电流整定值范围　current setting ranges（of an overload relay or release）

继电器或脱扣器能调整到的最大和最小电流整定值之间的范围

注：改写 GB/T 2900.20—2016，定义 8.35。

3.6.112

断相过载继电器或脱扣器　phase failure sensitive overload relay or release

按规定的要求，当电流不平衡时，在电流值低于其电流整定值时动作的多极过载继电器或脱扣器。

3.6.113

欠电流(欠电压)继电器或脱扣器　under-current(under-voltage) relay or release

当流过继电器或脱扣器的电流(或施加在其上的电压)降到低于其预定值时自动动作的测量继电器或脱扣器。

3.6.114

(变阻式起动器的)起动时间　starting time(of a rheostatic starter)

起动电阻或其一部分承载电流的时间。

注：起动器的起动时间比电动机的总起动时间短,这是考虑到开关接通以后电动机还有一段加速时间。

3.6.115

(自耦减压起动器的)起动时间　starting time(of an auto-transformer starter)

自耦变压器承载电流的时间。

注：起动器的起动时间比电动机的总起动时间短,这是考虑到开关接通以后电动机还有一段加速时间。

3.6.116

(用自耦减压起动器时)开路转换　open transition(with an auto-transformer starter)

(起动器)从一级转换到另一级时,电动机的电源被断开又重新接通的回路布置。

注：转换阶段不看作是附加级。

3.6.117

(用自耦减压起动器时)闭路转换　closed transition(with an auto-transformer starter)

(起动器)从一级转换到另一级时,电动机电源不会断开(即使是瞬时的)的回路布置。

注：转换阶段不被看作是附加级。

3.6.118

点动　inching

密接通断　jogging

短时间内多次激励电动机或线圈,使被驱动的机构得到小的移动。

[GB/T 2900.20—2016,定义 8.32]

3.6.119

反接制动　plugging

在电动机运转时,通过反接电动机一次接线使电动机快速停止或反向。

3.7　特性参量

3.7.101

(开关装置或熔断器的)开断电流　breaking current(of a switching device or a fuse)

在开断过程中,电弧起始瞬间流过开关装置的一个极或熔断器的电流值。

[GB/T 2900.20—2016,定义 9.7]

3.7.102

(开关装置或熔断器的)开断能力　breaking capacity(of a switching device or a fuse)

在规定的使用和性能条件以及规定的电压下,开关装置或熔断器能够开断的预期开断电流值。

注1：规定的电压和条件见相关产品标准。

注2：对交流电流用交流分量的有效值表示。

[GB/T 2900.20—2016,定义 9.8]

3.7.103

(开关装置的)关合能力　making capacity(of a switching device)

在规定的使用和性能条件以及规定的电压下,开关装置能够关合的预期关合电流值。

注1：规定的电压和条件见相关产品标准。

注2：对交接电流用峰值电流表示。

[GB/T 2900.20—2016，定义9.9]

3.7.104

短时耐受电流 short-time withstand current

在规定的使用和性能条件下，在规定的短时间内，开关设备和控制设备在合闸位置能够承载的电流的有效值。

[GB/T 2900.20—2016，定义9.103]

3.7.105

恢复电压 recovery voltage

开断电流熄弧后，出现于开关装置一个极或熔断器两端子间的电压。

注1：该电压可以认为是两个连续的时间间隔，起初是瞬态恢复电压，接着是工频恢复电压。

注2：改写GB/T 2900.20—2016，定义9.22。

3.7.106

瞬态恢复电压 transient recovery voltage；TRV

在具有显著瞬态特性的时间内的恢复电压。

注1：该电压取决于回路和开关装置的特性，它可以是振荡的或非振荡的或两者的组合。它包括多相回路的中性点的电压偏移。

注2：除非另有规定，三相回路中瞬态恢复电压是指首开相上的电压，因该电压比出现在另外两相上的要高。

[GB/T 2900.20—2016，定义9.23]

3.7.107

（回路的）预期瞬态恢复电压 prospective transient recovery voltage(of a circuit)

理想开关装置开断预期对称电流后的瞬态恢复电压。

注：定义假设获取瞬态恢复电压的开关装置或熔断器以理想开关装置所代替，即在零电流（即自然过零）瞬间能将阻抗立即从零突变至无穷大。对三相回路，定义还假设理想开关装置中的电流的开断仅发生在首开极上。

[GB/T 2900.20—2016，定义9.26]

3.7.108

工频恢复电压 power frequency recovery voltage

瞬态电压现象消失后的恢复电压。

注：改写GB/T 2900.20—2016，定义9.24。

3.7.109

（回路的并对控制器而言的）预期电流 prospective current(of a circuit and with respect to a controller situated therein)

控制器的熔断器以阻抗可忽略的导体代替时流过回路的电流。

注：改写GB/T 2900.20—2016，定义9.1。

3.7.110

预期峰值电流 prospective peak current

电流出现后的瞬态过程中预期电流的第一个大半波的峰值。

注：本定义假定用理想开关装置关合电流，即各极端子间的阻抗瞬时并同时从无穷大变到零。一极与另一极的电流峰值可以不同，它取决于电流出现时刻对应各极端子间的电压波形。

[GB/T 2900.20—2016，定义9.2]

3.7.111

（交流回路的）最大预期峰值电流 maximum prospective peak current(of an a.c.circuit)

各相回路中所出现的最大的预期峰值电流。

注：对多相回路中的多极电器，最大预期峰值电流只考虑一极。

［GB/T 2900.20—2016，定义 9.4］

3.7.112

（开关装置一个极或熔断器的）预期开断电流　prospective breaking current（for a pole of a switching device or a fuse）

相应于开断过程开始瞬间所计算的预期电流。

注：涉及到开断过程瞬间的规定在相关产品标准中给出。对机械开关装置或熔断器通常是指在开断过程中电弧起始瞬间。

［GB/T 2900.20—2016，定义 9.6］

3.7.113

最小开断电流　minimum breaking current

在规定的使用和性能条件下，熔断件在规定的电压下所能开断的最小预期电流值。

［GB/T 15166.2—2008，定义 3.1.20］

3.7.114

截止电流　cut-off current

允通电流　let-through current

在熔断器的开断期间达到的最大瞬时电流值。

注：当熔断器在未到达回路预期峰值电流的情况下动作时，这一概念特别重要。

［GB/T 15166.2—2008，定义 3.1.7］

3.7.115

交接电流　take-over current

在两种过电流保护装置的时间-电流特性曲线之间的交点的电流值。

［GB/T 2900.20—2016，定义 9.124］

3.7.116

最小交接电流　minimum take-over current

该电流值取决于 SCPD 和接触器的时间-电流特性的交点，对应于：

a）　接触器的最大开断时间，如果适用，再加上外部过流继电器或接地故障继电器最大动作时间；

b）　SCPD 的最小弧前时间。

注 1：见图 8。

注 2：改写 GB 16926—2009，定义 3.7.111。

3.7.117

最大交接电流　maximum take-over current

该电流值取决于 SCPD 和接触器的时间-电流特性的交点，对应于：

a）　接触器的最小分闸时间，或由过流继电器和/或延时装置操作的接触器的最小响应时间；

b）　最大额定电流的 SCPD 的最大动作时间。

注 1：见图 8。

注 2：改写 GB 16926—2009，定义 3.7.112。

3.7.118

最大允许功率损耗　maximum acceptable power dissipation

装有由温升试验确定的最大功率损耗的熔断器时，控制器所损耗的功率。

3.7.119

熔断短路电流　fused short-circuit current

用熔断器作限流装置的一种限制短路电流。

［GB/T 2900.20—2016，定义 9.18］

3.7.120

(开关装置的)外施电压 applied voltage(for a switching device)

在刚关合电流前,加在开关装置一个极的两接线端子间的电压。

[GB/T 2900.20—2016,定义 9.21]

3.7.121

(接触器的)脱扣器触发的分闸时间 release-initiated opening time(of the contactor)

脱扣器触发的分闸时间是按下述脱扣的方法来确定的,这时构成接触器整体的任何延时装置应调整到规定的整定值:

a) 对借助任何辅助电源脱扣的接触器,脱扣器触发的分闸时间是从辅助电源施加到合闸位置的接触器的分闸脱扣器瞬间起,到所有相弧触头都分离为止的时间间隔;

b) 对借助主回路中电流脱扣,而不借助任何形式辅助电源(由撞击器触发的除外)的接触器,脱扣器触发的分闸时间是从处于合闸位置的接触器的主回路电流达到过流脱扣器动作值的瞬间起,到所有相弧触头都分离为止的时间间隔。

注:改写 GB 16926—2009,定义 3.7.120。

3.7.122

(接触器的)脱扣器触发的最小分闸时间 minimum release-initiated opening time(of the contactor)

当构成一个接触器整体的任何延时装置的规定整定值是其最小整定值时的脱扣器触发的分闸时间。

注:改写 GB 16926—2009,定义 3.7.121。

3.7.123

(接触器的)脱扣器触发的最大分闸时间 maximum release-initiated opening time(of the contactor)

当构成一个接触器整体的任何延时装置的规定整定值是其最大整定值时的脱扣器触发的分闸时间。

注:改写 GB 16926—2009,定义 3.7.122。

3.7.124

(一个极的或熔断器的)燃弧时间 arcing time(of a pole or a fuse)

一极或一熔断器中起弧瞬间起到该极或熔断器中电弧最终熄灭的瞬间为止的时间间隔。

[GB/T 2900.20—2016,定义 9.34]

3.7.125

(脱扣器操作的控制器中的接触器的)开断时间 break time(of the contactor in a release-operated controller)

从脱扣器触发的接触器分闸时间的起始时刻到所有极中最终电弧熄灭时刻的时间间隔。

注:根据不同的分闸时间和燃弧时间,该术语可以加前缀"最小"或"最大"。

3.101 熔断器

3.101.1

熔断器 fuses

当电流超过给定值足够时间时,通过熔化一个或几个特殊设计的和比例的组件,开断电流以分开其所接入回路的装置。熔断器一词包括了构成完整装置的所有部件。

[GB/T 15166.2—2008,定义 3.2.1]

3.101.2

撞击器 striker

构成熔断件部件的机械装置,当熔断器动作时,它释放出使其他电器或指示器动作或提供联锁所要求的能量。

[GB/T 15166.2—2008,定义 3.2.9]

3.101.3

弧前时间　pre-arcing time

熔化时间　melting time

从电流大到足以引起开断的电流开始到起弧瞬间为止的时间间隔。

[GB/T 15166.2—2008,定义 3.1.8]

3.101.4

动作时间　operating time

全开断时间　total clearing time

弧前时间和燃弧时间之和。

[GB/T 15166.2—2008,定义 3.1.10]

3.101.5

焦耳积分　Joule integral

I^2t

在给定的时间间隔 t_0-t_1 内电流平方的积分：

$$I^2t=\int_{t_0}^{t_1}i^2\mathrm{d}t$$

注 1：弧前 I^2t 是在熔断器弧前时间内的 I^2t 积分。

注 2：动作 I^2t 是在熔断器动作时间内的 I^2t 积分。

注 3：在用熔断器保护的回路中,以焦耳表示的在 1 Ω 电阻中释放的能量,等于以 $A^2\times s$ 表示的动作 I^2t 值。

[GB/T 15166.2—2008,定义 3.1.11]

4　额定值

4.1　概述

GB/T 11022—2011 的第 4 章适用,并作如下补充：

在正确维护和调整的条件下,接触器、起动器和控制器应能承受运行中出现的不超过其额定参数值的负荷。

接触器、起动器和控制器,包括其操作装置和辅助设备应该确定的额定值和特性见表 1。

本章还考虑了一些特性,这些特性不一定成为额定值,但在规范和设计阶段需要考虑。

使用与型式试验中不同的 SCPD 时,可能改变控制器的额定值。在这种情况下,制造厂应规定新的额定值。

本标准中部分符号和缩写参见附录 C。

注：表栏之间的额定值可以不同。

表 1　额定值和特性

额定值/特性		接触器 3.4.105	起动器 3.4.110	控制器 3.4.111
(A) 额定值				
a)　额定电压(U_r)	4.2	×	×	×
b)　额定绝缘水平(U_d,U_p)	4.3	×	×	×

表 1(续)

额定值/特性		接触器 3.4.105	起动器 3.4.110	控制器 3.4.111
c) 额定频率(f_r)	4.4	×	×	×
d) 额定工作电流(I_e)或额定工作功率	4.101	×	×	×
e) 额定短时耐受电流(I_k)	4.6	×	×	×
f) 额定峰值耐受电流(I_p)	4.7	×	×	×
g) 额定短路持续时间(t_k)	4.8	×	×	×
h) 额定短路开断电流(I_{sc})	4.107	—	—	×
i) 额定短路关合电流(I_{ma})	4.107	—	—	×
j) 额定工作制	4.102	×	×	(×)
k) 由使用类别决定的额定负载和过载特性	4.103,4.104	×	×	×
l) 合分闸装置、辅助回路和控制回路的额定电源电压(U_a)	4.9	×	×	×
m) 合分闸装置和辅助回路的额定电源频率	4.10	×	×	×
n) 绝缘和/或操作用压缩气源的额定压力	4.11	×	×	×
(B) 要求时应提供的特性:				
a) 热电流(I_{th})	4.5.101	×	×	×
b) 电寿命	4.106	×	—	—
c) 与短路保护装置的配合	4.107	×	×	×
d) 损伤等级	4.107.4	×	×	×
e) 短路开断能力	4.107	×	×	×
f) 短路关合能力	4.107	×	×	×
g) 电动机开合特性	4.113	×	—	—
h) 脱扣器操作的控制器的交接电流	4.107.3	—	—	×
i) 额定容性开合电流	4.112	×	—	—
(C) 取决于起动器类型				
a) 自动转换装置和自动加速控制装置的类型	4.108	—	×	×
b) 起动用自耦变压器或电抗器的特性	4.109	—	×	×
c) 起动电阻的特性	4.110	—	×	×
×:适用于这种配置; (×):适用,但应参见 4.102.2 的注 2 关于间断工作制的说明; —:不适用于这种配置。				

4.2 额定电压(U_r)

4.2.1 概述

装置的额定电压说明了所在系统最高电压的上限值。

额定电压的标准值有:3.6 kV—7.2 kV—12 kV—24 kV。

转子变阻式起动器的额定电压就是其定子的额定电压。

4.2.101 额定转子电压(U_{ro})

对于转子变阻式起动器,其额定转子电压是指通过额定转子电流时,与关合和开断能力、工作制的类别和起动特性有关的,且决定转子回路(包括机械开关装置)的应用的电压值。

定子施加额定电压,电机停转,转子开路时,额定转子电压等于滑环之间测量的电压值。

额定转子电压仅在起动过程的一个很短时间内起作用,因此,允许额定转子电压超过额定转子绝缘电压的100%。

起动器转子回路的不同带电部件(如开关装置、电阻、连接件等)之间的最大电压是不同的,在选择设备及其布局时应考虑这一事实。

4.3 额定绝缘水平

GB/T 11022—2011 中 4.3 适用,并作如下补充:

转子变阻式起动器的额定绝缘水平等于定子的额定绝缘水平。

4.3.101 额定转子绝缘水平(U_d,U_p)

对于转子变阻式起动器,额定转子绝缘水平就是指由接入转子回路的装置以及转子回路的元件(连接线、电阻、外壳)所确定的绝缘水平,并且与绝缘试验和爬电距离有关。

4.3.102 自耦减压起动器的额定起动电压(U_{tap})

自耦减压起动器的额定起动电压就是由变压器降低后的电压。

额定起动电压的优选值是额定电压的50%、65%和80%。

4.3.103 电抗器起动器的额定起动电压(U_{tap})

电抗器起动器的额定起动电压是由电抗器的阻抗和电动机旋转前的电流导出的降低后的电压。

额定起动电压的优选值是额定电压的50%、65%和80%。

4.4 额定频率(f_r)

GB/T 11022—2011 中的 4.4 适用。

4.5 额定电流和温升

4.5.1 额定电流(I_r)

额定电流通常不是针对接触器、起动器和控制器的。当接触器、起动器或控制器装入成套装置时,连接母线的额定电流应符合 GB 3906—2006。

见热电流(4.5.101)。

4.5.2 温升

GB/T 11022—2011 适用,如果涉及到熔断器,GB/T 15166.2—2008 适用。

GB/T 11022—2011 的 4.5.2 适用,并作如下补充:

控制器可以配用与温升试验中不同类型和额定值的熔断器,但会改变控制器的热电流。对于任何具体情况,控制器的热电流应由制造厂规定,更详细的信息,见应用导则(第 8 章)。

接触器或起动器的温升还可以用其额定工作电流或额定工作功率来定义，见 4.101。

4.5.101 热电流(I_{th})

热电流就是在各个部件的温升不超过 6.5 规定的限值时，在连续工作制(见 4.102.1)下承载的最大电流。该值不需要从 R10 系列中选取。

由于自耦减压起动器或电抗器起动器的变压器或电抗器只是间断通电，所以当起动器按照 4.102 和 4.111 的要求工作时，变压器或电抗器的线圈的最大温升允许比相关的元件标准(如 GB 1094.2 或 GB 1094.11)中规定的温升限值高 15 K。

4.5.101.1 定子热电流(I_{ths})

对于电动机起动器，定子热电流是按照 6.5.3 进行试验时，其中几个部件的温升不超过 4.5.2 规定的限值时，在连续工作制下定子所能承载的最大电流。

4.5.101.2 转子热电流(I_{thr})

对于转子变阻式起动器，转子热电流是按照 6.5.3 进行试验时，在通流位置(即切断电阻后)转子电流流经的各部件温升不超过 4.5.2 规定的限值时，在连续工作制下转子所能连续承载的最大电流。

4.6 额定短时耐受电流(I_k)

GB/T 11022—2011 的 4.6 适用，并作如下补充：

接触器或起动器在合闸位置，在与外部 SCPD 协调动作的时间内，能够承载的电流的有效值(r.m.s.)。这个电流值是指使用规定的 SCPD 的电流值。因此，该电流值不需要从 R10 系列中选取。对控制器来说，这是预期电流的有效值(r.m.s.)。

4.7 额定峰值耐受电流(I_p)

GB/T 11022—2011 的 4.7 适用。

4.8 额定短路持续时间(t_k)

GB/T 11022—2011 的 4.8 适用，并作如下补充：

接触器或起动器能够承载其短时耐受电流的时间，可以是规定的 SCPD 的动作时间。

4.9 合分闸装置以及辅助和控制回路的额定电源电压(U_a)

GB/T 11022—2011 的 4.9 适用，并作如下补充：

注 1：对于带短时工作线圈(例如锁扣接触器的合闸和分闸线圈)的起动器来说，其操作电压范围可由制造厂与用户协商确定。

释放电压既不应高于 U_a 的 75%，也不应(即使对于磨损过的触头)低于 U_a 的 10%。

注 2：释放电压是指低于该电压时接触器的触头改变状态的电压。

注 3：吸合电压是指高于该电压时接触器的触头完全闭合的电压。

长期施加 100%U_a 而线圈达到稳定温度后，以上规定的吸合和释放电压值适用。对交流线圈，电压范围仅在额定频率下适用。

4.10 合分闸装置以及辅助回路的额定电源频率(f_a)

GB/T 11022—2011 的 4.10 适用。

4.11 可控压力系统用压缩气源的额定压力

GB/T 11022—2011 的 4.11 适用。

4.101 额定工作电流(I_e)或额定工作功率

4.101.1 概述

接触器或起动器的额定工作电流由制造厂规定,并应考虑额定电压(见 4.2)、额定频率(见 4.4)、额定工作制(见 4.102)、使用类别(见 4.104)和(适用时)保护外壳的型式。

接触器或起动器直接开合单台电动机时,额定工作电流可以用其将要开合的电动机在额定电压下的最大额定输出功率来代替或补充。如果有的话,制造厂应提供工作电流与工作功率之间关系的说明。

转子变阻式起动器的额定工作电流参考额定定子工作电流。

额定定子工作电流的规定见 GB 14048.4—2010 的 5.3.2.6。

4.101.2 额定转子工作电流(I_{er})

对于转子变阻式起动器,额定转子工作电流(I_{er})由制造厂规定,并且要考虑额定转子电压(见 4.2.101)、转子的热电流、额定频率(见 4.4)、额定工作制(见 4.102)、使用类别(见 4.104)和防护外壳的型式。

额定转子工作电流等于在额定频率下给定子施加额定电压,将串接在转子回路中的起动电阻短接,并在电动机满负荷运转时,流过转子的电流。

当单独规定转子变阻式起动器的转子部分的额定值时,额定转子工作电流可以用电动机在额定转子电压下的最大额定输出功率来补充。

4.102 额定工作制

接触器、起动器的额定工作制通常有:连续工作制、间断周期工作制或间断工作制、短时工作制。

4.102.1 连续工作制

主触头保持在合闸位置,连续承载稳定电流的时间长到足以达到热平衡且不超过 4.5.2 允许的温升限值的工作制。

4.102.2 间断周期工作制或间断工作制

主触头周期性地保持在合闸位置,负载周期和空载周期有固定的关系,不足以达到热平衡且不超过 4.5.2 允许的温升限值的工作制。

间断工作制以电流值、电流持续时间和负载因数来表示其特性。负载因数为有载周期与整个工作周期之比,通常以百分数表示。负载因数的标准值是 15%、25%、40%和 60%。

按照每小时能完成的操作循环数,接触器或起动器分成如下等级:

——1 级:每小时操作循环数不大于 1;

——3 级:每小时操作循环数不大于 3;

——12 级:每小时操作循环数不大于 12;

——30 级:每小时操作循环数不大于 30;

——120 级:每小时操作循环数不大于 120;

——300 级:每小时操作循环数不大于 300。

操作循环的定义见 3.6.102。

注1：对于在间断工作制的情况下使用的起动器，过载继电器的热时间常数和电动机的热时间常数之间的差异可能导致热继电器不适用于过载保护。建议间断工作制下起动器的过载保护问题，由制造厂与用户协商解决。

注2：宜特殊考虑间断工作制下控制器中SCPD的热特性。

注3：宜特殊考虑自耦减压起动器和电抗器起动器，见4.109。

4.102.3 短时工作制

主触头保持合闸的周期不足以使接触器或起动器达到热平衡，且不超过4.5.2规定的温升限值，负载周期由一个足以使之恢复到与冷却介质同样温度的空载周期分隔开来的工作制。

短时工作制的标准值为：触头合闸保持时间10 min、30 min、60 min和90 min。

4.103 额定负载和过负载特性

4.103.1 额定关合和开断能力

根据4.104规定的使用类别，表6规定了接触器或起动器的关合能力和开断能力。关于与短路保护装置组合使用的要求见4.107。

4.103.1.1 额定关合能力

额定关合能力是在规定的关合条件下，接触器或起动器能够关合导电回路至稳定状态且不产生熔焊、触头过度烧蚀或过分明显的火光所确定的电流值。

按照表6，额定关合能力与额定电压、额定工作电流以及使用类别有关。

额定关合能力用电流的交流分量有效值(r.m.s.)表示。

注：接触器或起动器关合后的第一个半波内的电流峰值可能显著大于稳态情况下的电流峰值，这与回路功率因数及关合时的电压相位有关。

接触器或起动器能关合的电流应与确定其关合能力的、由表6规定的功率因数导出的限值内的电流的交流分量一致，不考虑直流分量的数值。

额定关合能力适用于按4.9要求操作的接触器或起动器。

4.103.1.2 额定开断能力

额定开断能力是指在规定的开断条件和额定电压下，接触器或起动器能够开断导电回路且不产生过度的触头烧蚀或过分明显的火光所确定的电流值。

按照表6，额定开断能力与额定电压、额定工作电流以及使用类别有关。

根据4.104的规定，接触器或起动器应能开断不超过其最大开断能力的任何负载电流值。

如果接触器或起动器具有最小开断电流，则制造厂应规定其大小和功率因数。

如果接触器或起动器在小于额定工作电流的开断时具有延长的燃弧时间，则制造厂应规定其大小和功率因数。

额定开断能力用电流的交流分量有效值表示。

4.103.2 承受过载电流的能力

使用类别为AC-3或AC-4的接触器或起动器应能承受6.103中表8给出的过载电流。

4.104 使用类别

表2中给出的使用类别是本标准所认定的标准类别。任何其他形式的使用类别应按照制造厂和用户之间的协议来确定。

每一种使用类别可由额定工作电流和额定电压的倍数表示的电流和电压值、表6给出的功率因数以及额定关合和开断能力的定义中所用的其他试验条件来表征。

对于相应使用类别的接触器或起动器没有必要单独规定额定关合和开断能力，因为这些值直接由表6给出。

表6中所给出的使用类别对应于表2所列举的应用。

表2　使用类别

类别	典型应用
AC-1	无感性或稍带感性负载，电阻炉
AC-2	滑环式电动机的起动和反接制动
AC-3	鼠笼式电动机的起动和停转
AC-4	鼠笼式电动机的起动、反接制动和点动
注：接触器或起动器用于开合转子回路、电容器组或变压器时，由制造厂和用户协商确定。	

除变阻式起动器外，所有使用类别的电压是接触器或起动器的额定电压；对于变阻式起动器，所有使用类别的电压是其额定定子电压。

所有直接起动器应列入使用类别AC-3或AC-4。

所有双级自耦减压起动器和电抗器起动器应列入使用类别AC-3。

转子变阻式起动器的定子接触器应列入使用类别AC-2。

起动器的典型使用条件(见图1)如下：

a)　在正常使用条件下，运行的电机只在一个旋转方向上被切断(使用类别AC-2和AC-3)；

b)　有两个旋转方向，但是，在起动器已断开并且电机完全停转后才实现第二个方向的运行(使用类别AC-2和AC-3)；

c)　有一个旋转方向或同b)有两个旋转方向，但有可能出现很少的点动(密接通断)，在这种运行条件下经常使用直接起动器(使用类别AC-3)；

d)　有一个旋转方向并有频繁点动(密接通断)，通常使用直接起动器(使用类别AC-4)；

e)　有一个或两个旋转方向，但是，有可能偶尔使用反接制动来停止电动机，如果有的话，反接制动与转子电阻制动(带制动的反转起动器)有关。这时，通常使用转子变阻式起动器(使用类别AC-2)；

f)　有两个旋转方向，但是当电机在第一个方向运转时有可能出现反接电源连接(反接制动)，以达到在正常条件下运行时切断电机并实现在另一方向上旋转。这时，通常使用直接反转起动器(使用类别AC-4)。

除非另有规定，应根据与表6中关合能力相适应的电动机的起动特性(见表3)来设计起动器。电机转子堵转时的起动电流超过这些规定值时，工作电流应相应地减小。

4.105　机械寿命

接触器或起动器耐机械磨损的寿命，用在更换任何机械零件之前进行的空载操作(即主触头中无电流)循环次数来表示。

以百万次为单位表示的空载操作循环的优选数为：

0.01；0.03；0.1；0.3；1和3。

如果制造厂未规定机械寿命，最小的机械寿命就是在与间断工作制等级对应的操作循环的最高频率下操作8 000 h。

4.106 电寿命

接触器和起动器耐电磨损寿命由给定的工作条件(表 10)下的负载操作循环次数来表示,整个负载操作期间不得修理或更换零件。对于 AC-3 使用类别,有要求时,制造厂应规定对应于表 10(见 6.107)的工作条件下不做任何修理或更换零件所能完成的负载操作循环次数。

4.107 与短路保护装置的配合

4.107.1 概述

取决于接触器或起动器的特性以及短路保护装置(SCPD)的类型、额定值和特性(如限流熔断器),通常应给出起动器和 SCPD 之间的过电流特性差异,以及对接触器和起动器充分的短路保护。6.6、6.104 和 6.106 给出了有关要求:

a) 对于不配备短路保护的接触器或起动器,制造厂应提供下述信息以达到配合的设计:

——打算用于组合中的 SCPD 的最大截止电流;

——最大短路开断电流;

——接触器或起动器能承受的最大预期短时耐受电流和持续时间或焦耳积分($\int i^2 dt$);

——最大预期峰值耐受电流。

见 6.6 和 6.104。

短路开断能力不受 R10 系列的限制。

b) SCPD 制造厂应做下述规定:

——SCPD 允许通过的最大峰值电流和最大焦耳积分,它们是短路电流的函数;

——SCPD 的时间-电流特性。

c) 对于配备 SCPD 的接触器或起动器,为了达到给定的配合型式,制造厂应做下述规定:

——配合装置的型式和特性;

——损伤等级的类型(见 4.107.4);

——额定短路开断电流(I_{sc});

——额定短路关合电流(I_{ma})。

额定短路开断电流就是在本标准规定的使用条件和性能下,在一个具有与控制器的额定电压一致的工频恢复电压的回路中控制器能够开断的最大预期短路电流,额定短路开断电流不受 R10 系列的限制。

额定短路关合电流就是在本标准规定的使用条件和性能下,在一个具有与控制器的额定电压一致的外施电压的回路中控制器能够关合的最大预期峰值电流。

配合的验证按照 6.106 进行。

注 1:组合的串联阻抗,熔断器或开关的迅速动作可能引起以下一种或两种情况:

a) 短路电流减小到明显低于其他方式下应达到的一个值;

b) 这样的快速开断,会使短路电流的波形偏离其正常波形。

这就是在表示开断和关合情况时使用“预期电流”这一术语的原因。

注 2:一种接触器或起动器与 SCPD 的特定组合可能满足多种具有不同额定短路电流值的配合类型。

4.107.2 配合的一般要求

SCPD 应布置在接触器或起动器的电源侧,并且具有不小于安装地点的预期短路电流的短路开断能力。应按照有关标准的规定,参照在 SCPD 上进行的开断能力试验的结果验证这一要求。

对于不大于正常运行中(包括电动机的堵转电流)的最大过载水平的电流,过载继电器的整定值应使得 SCPD 不代替接触器或起动器动作。应按照有关标准的规定，参照单独在 SCPD 上进行的过载试验的结果验证这一要求。

对于电流等于表 6 对 AC-3 使用类别所规定的接触器或起动器的开断电流的情况，应根据 SCPD 制造厂提供的资料验证：接触器或起动器至少能在相应过载继电器的脱扣时间内承受那些电流。

对于控制器适用的所有过电流值，接触器或起动器和 SCPD（如果整体安装）动作时其外部效应（如火焰或热气流的喷射）不得超出控制器制造厂所规定的安全界限。如果 SCPD 远离接触器或起动器，它的动作应符合其相关的标准。

4.107.3 脱扣器操作的控制器的交接电流

用于试验方式 C 的三相对称电流值（见 6.106.4.3）。图 8 给出了计算交接电流的示例。

4.107.4 配合类型和允许的损伤等级

电流超过 6.106.4.3 中规定的控制器的最大交接电流时，在开断时间内流过接触器或起动器的电流可能导致开关装置本身的损伤，根据允许损伤的程度，考虑了几种类型作为标准。应按照 6.106 的规定进行试验以验证其配合和损伤等级类型。

a 类—允许任何种类的损伤（如有外壳，排除外壳的外部损伤），以便有必要更换整台装置，或更换 b 类配合内所列零件及其他主要零件。

b 类—接触器或起动器的过载继电器特性可能永久地改变，其他损坏应限制在起动器的主触头和/或灭弧室，它们可以要求更换或维修。

c 类—损伤应限制在接触器或起动器的主触头（可以要求更换或将熔焊的触头打开）。

对触头熔焊的实际危险可以忽略不计的情况不包括在本标准中，应遵守制造厂和用户之间的协议。

当电流不超过控制器的最大交接电流时，接触器或起动器应无实质上的损伤，并且应能继续进行正常运行。

4.108 自动转换装置和自动加速控制装置的类型

可以提供的自动转换装置和自动加速控制装置包括：

a) 延时装置，如适用于控制回路装置的延时接触器式继电器（GB 14048.5）或定时限有或无继电器（GB/T 18908.1）；

b) 欠电流装置（欠电流继电器）；

c) 用于自动加速控制的其他装置：

——电压控制装置；

——功率控制装置；

——速度控制装置。

4.109 减压起动用自耦变压器或电抗器

4.109.1 起动用自耦变压器或电抗器的类型和特性

考虑到起动特性（见 4.111），自耦变压器或电抗器的特性用下列参数表示：

——额定电压；

——用于调整起动转矩和电流的分接头数；

——起动电压，即分接端子的电压，用额定电压的百分比来表示；

——在一个规定的时间内能够承载的电流；

——额定工作制（见 4.102）；

——冷却方式(空气冷却、油冷却)。

自耦变压器或电抗器:

——可以装在起动器内,在这种情况下,确定起动器的额定值时必须考虑其温升;

——也可以单独提供,在这种情况下应由变压器或电抗器的制造厂与起动器的制造厂协商规定连接线的类型和尺寸。

4.109.2 减压起动器的起动工作制

假定在全电压下的堵转电流为 6 倍全负载电流。最高温度不应高出自耦变压器或电抗器绝缘材料等级 15 K。应按下述工作循环确定额定值:

a) 中等工作制:起动器应按下述循环确定额定值:通 30 s,断 30 s,总的 3 次 CO 操作,共重复 2 次。每次重复间隔 1 h;

b) 重工作制:起动器应按下述循环确定额定值:通 1 min,断 1 min,总的 5 次 CO 操作,共重复 4 次。每次重复间隔 2 h。

4.110 转子变阻式起动器的起动电阻的型式和特性

考虑到起动特性(4.111),起动电阻的特性用下列参数表示:

——额定转子绝缘水平;

——电阻值;

——热电流是在规定的时间内能够承载的稳定电流值;

——额定工作制(见 4.102);

——冷却方式(如自然空气冷却、强制风冷、油冷)。

起动电阻:

——可以装在起动器内,在这种情况下,应限定温升不至于使起动器的其他部件受损;

——也可以单独提供,在这种情况下必须由电阻器的制造厂与起动器的制造厂协商规定连接线的类型和尺寸。

4.111 取决于起动器类型的特性

表 3 给出了各种类型起动器的特性。这些是典型的特性,对于某些使用场合,可能有非常特殊的起动要求。

表 3 取决于起动器类型的参数

起动器类型	使用类别	级数	功率	操作循环		U_{ro}	I_{er}[1)]	冷却	转子堵转转矩 T_{lr}[2)]	转子堵转电流 I_{lr}	U_{tap}[3)]
				起动时间	次数/小时						
1. 直接	AC-3,AC-4	1	×		×						
2. 反接	AC-4	1	×		×						
3. 双向	AC-2,AC-3	1	×		×						
4. 降低电压											
变阻式	AC-2,AC-3	n[5)]	×	×	×	×	×	×	×		
自耦减压	AC-3	2	×	×	×[4)]			×			×
电抗器	AC-3	2	×	×	×[4)]			×	×	×	×

表 3（续）

<table>
<tr><th rowspan="2">起动器类型</th><th rowspan="2">使用类别</th><th rowspan="2">级数</th><th rowspan="2">功率</th><th colspan="2">操作循环</th><th rowspan="2">U_{ro}</th><th rowspan="2">I_{er}[1]</th><th rowspan="2">冷却</th><th rowspan="2">转子堵转转矩 T_{lr}[2]</th><th rowspan="2">转子堵转电流 I_{lr}</th><th rowspan="2">U_{tap}[3]</th></tr>
<tr><th>起动时间</th><th>次数/小时</th></tr>
<tr><td colspan="12">I_{er}额定转子工作电流(见 4.101.2)；
U_{ro}额定转子电压(见 4.2.101)；
U_{tap}分接电压(见 4.3.102 和 4.3.103)。</td></tr>
<tr><td colspan="12">1) 这些资料通常由电动机制造厂提供。
2) 这些数据提供给起动器制造厂。标准值应是额定转矩 T_e 的 70%、100%、150%和 200%。
3) 标准值是 50%、65%和 80%。
4) 除非另有规定，按 4.109.2 的工作循环。
5) 对大多数应用来说，根据负载转矩、惯性、起动要求的严酷性的不同，起动级数在 2 级和 6 级之间已足够。</td></tr>
</table>

4.112 额定容性开合电流

适用时，用于容性电流开合的接触器的额定值包括：

——额定单个电容器组开断电流；

——额定背对背电容器组开断电流；

——额定单个电容器组关合涌流；

——额定背对背电容器组关合涌流。

制造厂应给出额定容性开合电流的数值。

根据其重击穿性能，接触器可以分成两级：

——C1 级：容性电流开断过程中低的重击穿概率；

——C2 级：容性电流开断过程中非常低的重击穿概率。

注 1：该概率与 6.109 中规定的型式试验系列期间的性能有关。

注 2：根据应用，同一接触器可以具有不同的等级。

4.112.1 额定单个电容器组开断电流

在本标准规定的使用和性能条件下，接触器在其额定电压下能够开断的最大电容器电流就是额定单个电容器组开断电流。该开断电流是指开合并联电容器组时，接触器的电源侧没有连接并联电容器。

4.112.2 额定背对背电容器组开断电流

额定背对背电容器组开断电流是在本标准规定的使用和性能条件以及额定电压下，所能开断的最大电容器电流。

该开断电流是指当接触器的电源侧接有一组或几组并联电容器，且其能提供的关合涌流等于额定背对背电容器组关合涌流时，接触器开合并联电容器组的开断电流。

4.112.3 额定单个电容器组关合涌流

没有规定额定值或优选值或其他数值。这是因为与单个电容器组有关的关合涌流不重要。

4.112.4 额定背对背电容器组关合涌流和频率

额定背对背电容器组关合涌流是接触器在额定电压和相应的涌流频率下能够关合的电流峰值。制造厂应给出涌流的频率和数值。

4.113 电动机开合特性

GB/T 29489—2013 的 4.108 适用。

5 设计与结构

5.1 接触器和起动器中液体的要求

GB/T 11022—2011 的 5.1 适用。

5.2 接触器和起动器中气体的要求

GB/T 11022—2011 的 5.2 适用。

5.3 接触器和起动器的接地

GB/T 11022—2011 的 5.3 适用，并作如下补充。

5.3.101 主回路的接地

GB 3906—2006 的 5.3.1 适用，并作如下补充：

- 如果提供有接地开关，应满足 GB 1985 的要求；
- 主回路的接地可以通过 IEC 61230 规定的便携式接地设备的内部连接来完成。

5.3.102 外壳的接地

GB 3906—2006 的 5.3.2 适用。

5.3.103 开关装置的接地

外部裸露的导电部件(例如：底盘、构架和金属外壳的紧固件)，应在电气上相互连接，并接到与接地电极连接的保护性接地端子或外部保护导体上。这一要求可以用具有足够的电气连续性的标准结构件来满足，同时，这一要求对单独使用的或成套使用的设备都是适用的，所有连接点都应标以“保护接地”的符号，如 GB/T 5465.2—2008 中的 5019 号所标示。

5.4 辅助和控制设备

GB/T 11022—2011 的 5.4 适用，并作如下修改：

操动机构、辅助设备和控制设备的工作范围见 4.9。

5.5 动力操作

GB/T 11022—2011 的 5.5 适用，并作如下补充：

用外部能源动力操作的接触器或起动器，当操动机构的电源电压处在 4.9 规定的电压的下限时，应能够关合和开断其额定短路电流(如果有的话)，所用时间不应超出制造厂规定的最大合闸和分闸时间(如果给出)。

5.6 储能操作

GB/T 11022—2011 的 5.6 不适用。

5.7 不依赖人力或动力的操作(非锁扣操作)

GB/T 11022—2011 的 5.7 不适用。

5.8 脱扣器操作

GB/T 11022—2011 的 5.8.2～5.8.4 适用,并作如下补充:

继电器和脱扣器的类型和特性见 5.101。

注:在本标准的其余部分,术语"过载继电器"与"过载继电器或过载脱扣器"等同使用。

5.9 低压力和高压力闭锁和监视装置

GB/T 11022—2011 的 5.9 适用。

5.10 铭牌

GB/T 11022—2011 的 5.10 适用,并作如下补充:

每个接触器、起动器或控制器应提供标记耐久,置于接触器、起动器或控制器安装后易读和易见位置的铭牌,应包含下列信息。

额定工作电流或额定工作功率(见 4.101)和使用所需的其他数据应可以从制造厂得到,为此,设计型号和系列号是铭牌的基本部分。

如果铭牌上的可用空间不足以标出所有的数据,接触器、起动器或控制器至少应包含下面 a)和 b)中的信息,在这种情况下,应在设备上其他位置显示出完整的数据。

注:当接触器、起动器或控制器的设计是作为可抽出或可移开单元装入工厂成套的开关设备和控制设备时,铭牌只需抽出和移开之后可见。

a) 制造厂名称或商标;

b) 设计型号或系列号;

c) 额定频率(f_r)例如:～50 Hz;

d) 额定电压(U_r)(见 4.2);

e) 额定工作电流(I_e)或功率(见 4.101);

f) 高于 1 000 m 的海拔(如果适用);

以下与接触器或起动器的操作线圈有关的资料应标注在线圈上或装置上。

g) 直流采用标记"DC"(或符号"⎓"),交流采用额定频率值,例如～50 Hz;

h) 线圈额定电压;

操动机构的线圈上应有参考标记,以便用户从制造厂得到完整的数据。

i) 额定容性开合电流和等级(如果适用)。

5.11 联锁装置

GB/T 11022—2011 的 5.11 适用,并作如下补充:

控制器的联锁的其他要求按 GB 3906—2006 的 5.11 的规定。两台或多台接触器联合使用,进行正反转控制时,如果同时处于合闸位置,可能会引起相间故障,为防止出现这种情况,它们之间应有机械的和电气的联锁。

5.12 位置指示

在需要位置指示器的场合,GB/T 11022—2011 的 5.12 适用。

5.13 外壳防护等级

GB/T 11022—2011 的 5.13 适用。

5.14 爬电距离

GB/T 11022—2011 的 5.14 不适用。

5.15 气体和真空密封性

GB/T 11022—2011 的 5.15 适用。

5.16 液体密封性

GB/T 11022—2011 的 5.16 适用。

5.17 火灾(易燃性)

GB/T 11022—2011 的 5.17 适用。

5.18 电磁兼容性

GB/T 11022—2011 的 5.18 适用,并作如下补充:

开合操作产生的辐射持续很短的时间,为毫秒数量级。这种辐射的频率、电平以及影响被看作是开关设备和控制设备的正常电磁环境的一部分,因此,不认为这种辐射是电磁干扰。

5.19 X 射线发射

GB/T 11022—2011 的 5.19 适用。

5.101 保护继电器

提供过载、过流、接地故障和欠压/过压等保护功能的继电器,由用户和制造厂协商,例如可能有合闸过载保护或异常长的起动时间等特殊要求。

确认保护装置的特性对负载回路可提供充分的保护是用户的责任。制造厂应按要求提供保护继电器和 SCPD 的详细资料。

5.102 外壳

对于金属封闭接触器、起动器和控制器,GB 3906—2006 的 5.102 适用。

5.103 控制器

控制器应设计成在要求的恢复电压下,能够开断直到并包括额定短路开断电流的任何电流。

控制器还应设计成在额定电压下,能够关合产生额定短路关合电流的回路。

5.104 熔断器撞击器和指示器、接触器脱扣器之间的联动装置

如果装有的话,熔断器撞击器与熔断器动作指示器和/或接触器脱扣器之间的联动装置应为:对于给定型式(中型或重型)的撞击器的最大和最小要求,无论何种撞击器的动作方式(弹簧的或爆炸的),在三相和单相条件下,接触器应可靠动作。撞击器的要求见 GB/T 15166.2—2008。

5.105 起动器

起动器应配装过载电流感测装置。过载电流感测装置应能使接触器分闸或者可以使信号装置带电。

6 型式试验

6.1 总则

GB/T 11022—2011 的 6.1 适用，并作如下补充：

对 GB/T 11022—2011 的 6.1.1 项 d)所要求的验证试验项目明确如下：

d) 正常生产的产品，每隔八年应进行以下试验：
   1) 对于接触器，应进行一次温升试验、机械试验、绝缘试验、短时耐受电流和峰值耐受电流试验、额定关合和开断能力试验。其他项目的试验必要时也可抽试。
   2) 对于起动器，应进行一次温升试验、机械试验、绝缘试验、反向能力试验(如果适用)、转换能力试验(如果适用)、短时耐受电流和峰值耐受电流试验。其他项目的试验必要时也可抽试。
   3) 对于控制器，应进行一次温升试验、机械试验(其中的 6.101.3 和 6.101.4)、绝缘试验、与 SCPD 的配合试验。其他项目的试验必要时也可抽试。

型式试验包括：

——机械试验(见 6.101)；
——关合和开断(见 6.102)；
——过载电流耐受试验(见 6.103)；
——短路电流关合和开断试验(见 6.104)；
——过载继电器的特性和操作极限的验证(见 6.105)；
——适用时，转换能力和反向能力试验(见 6.102.6 和 6.102.7)；
——与 SCPD 配合的验证(见 6.106)。

下述特殊的型式试验并非强制性的，可在验证声称的性能时进行：

——电寿命试验(见 6.107)；
——电动机开合试验(见 6.108)；
——容性电流开合试验(见 6.109)。

型式试验应在清洁的、新的接触器上进行。

对于接触器、起动器和控制器，适用的型式试验项目见表 4。

表 4 中对接触器列出的所有试验应在单独的接触器上或作为起动器、控制器的试验部件上进行。对于起动器或控制器进行的试验适用于这些试验期间安装在其上的单独接触器。此外，SCPD 应根据相关的标准进行试验。

因此，控制器包括四组试验：

a) 本标准规定的接触器的试验，这些试验可在不同于 c)项试验所用的控制器上进行；
b) 相关标准(如 GB/T 15166.2—2008 或 GB/T 15166.5)规定的 SCPD 试验；
c) 本标准规定的控制器的试验；
d) GB 3906—2006 规定的外壳的试验。

提交试验的控制器应符合下述要求：

1) 在所有主要的细节方面与该型的图纸相符；
2) 试品应是新的、干净的，并配有合适的 SCPD；
3) 由脱扣器操作时，应配有过电流继电器或脱扣器，其最小电流额定值应与选用的熔断器相匹配。

制造厂仅对规定值负责，而不对型式试验中得到的数据负责。

除非相关条款中另有规定，试验应在偏差为±10%的额定频率下进行。

注：为方便试验，可能需要扩大额定频率的偏差。如果该偏差很显著，即额定频率为 50 Hz 的控制设备在 60 Hz 下进行试验，谨慎解释试验结果，反之亦然。

附录 A 中给出了有关开断、关合和短时耐受电流性能型式试验的报告和记录的细节。

附录 B 中给出了型式试验时试验参量的公差要求。

表 4　适用的型式试验

试　　验	接触器	起动器	控制器	条款号
绝缘试验	×	×	×	6.2
回路电阻的测量	×	×	×	6.4
温升试验	×	×	×	6.5
短时和峰值耐受电流试验	×	×	×	6.6
防护等级的验证	—	×	×	6.7
密封试验	×	—	—	6.8
EMC 试验	×	×	×	6.9
机械特性的验证	×	×	×	6.101.1
动作极限的验证	×	×	×	6.101.2
机械寿命试验	×	×	×	6.101.3
联锁试验	—	×	×	6.101.4
额定关合和开断能力试验	×	—	—	6.102
反向能力试验	—	(×)	(×)	6.102.6
转换能力试验	—	(×)	(×)	6.102.7
过载电流耐受试验	×	—	—	6.103
短路电流关合和开断试验	×	—	—	6.104
过载继电器动作极限的验证	—	×	×	6.105
与 SCPD 的配合试验	—	—	×	6.106
电寿命试验	(×)[a]	—	—	6.107
电动机开合试验	(×)[a]	—	—	6.108
容性电流开合试验	(×)[a]	—	—	6.109
撞击器机构的试验	—	—	×	6.101.5

×：强制的型式试验；
(×)：适用时，强制的型式试验；
—：不适用的型式试验。

[a] 这些试验项目可以采用附加的一台试品。

6.2　绝缘试验

6.2.1　概述

GB/T 11022—2011 的 6.2.1 适用。

6.2.2 试验期间的周围大气条件

GB/T 11022—2011 的 6.2.2 适用。

6.2.3 湿试程序

GB/T 11022—2011 的 6.2.3 不适用。

6.2.4 绝缘试验期间试品的状态

GB/T 11022—2011 的 6.2.4 适用,并作如下补充:
试验时试品应处于最严酷的绝缘条件下。

6.2.5 通过试验的判据

GB/T 11022—2011 的 6.2.5 适用。

6.2.6 试验电压的施加和试验条件

6.2.6.1 概述

GB/T 11022—2011 的 6.2.6.1 适用。

6.2.6.2 一般情况

GB/T 11022—2011 的 6.2.6.2 适用。

6.2.6.3 特殊情况

GB/T 11022—2011 的 6.2.6.3 不适用。

6.2.7 接触器、起动器和控制器的试验

GB/T 11022—2011 的 6.2.7 适用。

6.2.8 额定电压 252 kV 以上的接触器、起动器和控制器的试验

GB/T 11022—2011 的 6.2.8 不适用

6.2.9 户外绝缘子的人工污秽试验

GB/T 11022—2011 的 6.2.9 不适用。

6.2.10 局部放电试验

GB/T 11022—2011 的 6.2.10 不适用。

6.2.11 辅助和控制回路的绝缘试验

GB/T 11022—2011 的 6.2.11 适用。

6.2.12 作为状态检查的电压试验

GB/T 11022—2011 的 6.2.12 适用。

6.3 无线电干扰电压(r.i.v.)试验

GB/T 11022—2011 的 6.3 不适用。

6.4 回路电阻的测量

GB/T 11022—2011 的 6.4 适用,并作如下补充。

6.4.1 主回路

试验电流应是 100 A 和额定工作电流之间的任意一个方便的电流值。如果试品额定工作电流小于 100 A,主回路电阻的测量应以额定工作电流进行。

注:以熔断器作为 SCPD 使用时,可以用阻抗忽略不计的固定连接代替熔断器,但是宜记录固定连接的电阻。

6.4.2 辅助回路

GB/T 11022—2011 的 6.4.2 不适用。

6.5 温升试验

6.5.1 受试试品的状态

GB/T 11022—2011 的 6.5.1 适用。

6.5.2 设备的布置

GB/T 11022—2011 的 6.5.2 适用,并作如下补充:

对于热电流 I_{th}的数值:

a) 连接导线应置于空气中,其间距不小于试品端子间距离;
b) 对于单相或多相试验,端子到端子,或端子到试验电源,或端子到中性点间的每一试验连接线的最小长度应为 1.2 m;
c) 对于三极试品,可将所有极串联进行试验。

6.5.3 温度和温升的测量

GB/T 11022—2011 的 6.5.3 适用,并作如下补充:

接触器的主回路,包括与之相关的过电流脱扣器,温升不超过 GB/T 11022—2011 表 3 规定的限值,应能承载:

——对用于连续工作制的接触器,其热电流;
——对用于间断周期工作制或短时工作制的接触器或控制器,其相应工作制的额定工作电流;
——对于控制器,应包括作为 SCPD 的限流熔断器。

如果装有最大额定电流和/或功率耗散的熔断器,应在控制器的热电流下进行试验。控制器各部件的温升不应超过 GB/T 15166.2—2008 中对熔断器的规定值和 GB/T 11022—2011 中对其他部件的规定值。

应记录试验中熔断器的下列特性参数:

a) 制造厂和型号;
b) 额定电压和额定电流;
c) 内部电阻(见 6.4);
d) 功率耗散(按照 GB/T 15166.2—2008 的规定测量)。

若熔断器装在外壳内，温升试验最后的功率耗散就是控制器的最大的容许功率耗散，并应予以记录。

注：只要通过计算可以确定符合性，没有必要对间断工作制的性能进行试验。

6.5.4 周围空气温度

GB/T 11022—2011 的 6.5.4 适用。

6.5.5 辅助设备和控制设备的温升试验

GB/T 11022—2011 的 6.5.5 适用，并作如下补充。

6.5.5.101 接触器的控制线圈的温升试验

接触器的控制线圈应在规定的电源电流类型且在其额定电压下按下述条件进行试验：

主回路应通以额定工作电流，线圈绕组在连续负载和额定频率（如果适用的话）的条件下应能承受其额定电压，其温升应不超过规定的限值。特殊规定的线圈，如锁扣接触器的脱扣线圈，应能承受所需要的最严酷的操作循环而无损伤。

主回路中没有电流流过时，在上述相同的电源条件下，用于等级从 12 到 300 之间的间断工作制的接触器的线圈绕组应能承受表 5 规定的操作频率，其温升不超过规定的限值。

表 5 间断工作制操作循环

接触器间断工作制等级（见 4.102.2）	每一个合分操作循环所用的时间/s	电保持接触器的控制线圈的带电时间/s
12	300	180
30	120	72
120	30	18
300	12	7.2

注 1：等级 1 和等级 3 的间断工作制无需试验，因为它们基本和连续工作制一样。

注 2：电保持接触器的控制线圈的带电时间表示 60%负载因数下的值（见 4.102.2）。

温度应在接触器的控制线圈均达到热平衡时测量。试验时，应保持足够的通电时间以使温升达到稳定值。实际上，当每小时温度变化不超过 1 K 时，就认为达到了这个要求。试验结束时，接触器的控制线圈各部件的温升都不应超过 GB/T 11022—2011 的表 3 中对绝缘材料等级规定的数值。

6.5.5.102 辅助回路的温升试验

辅助回路的温升试验应在与 6.5.5.101 规定的相同条件下进行。

试验结束时，辅助回路的温升不应超过规定值。

注：当主回路、控制回路和辅助回路之间有明显的相互热作用时，同时进行这些温升试验。

6.5.5.103 转子变阻式起动器起动电阻的温升

当起动器在其额定工作方式（见 4.102）下操作并符合起动器特性（见 4.111）时，电阻的温升不应超过电阻器制造厂规定的限值。

每段电阻通过的电流，应取热等效于电动机以最大起动转矩和起动器额定工作制下的起动时间（见

4.102 和 4.111)为条件运行时的起动时间内的电流,实际上可对电阻段取平均电流。

应按照每小时的起动次数,均匀分配起动次数之间的时间间隔。

外壳的温升和由内部排出的空气温升不应超过 GB/T 11022—2011 表 3 中对可触及的部件规定的限值。此外,电阻的外壳外部和排气孔流出的空气温升不应超过 200 K。制造厂应按照第 10 章的要求提供足够的资料。

注:对电机输出、转子电压和电流的每种组合的起动电阻的性能进行试验是不实际的;只需做足够次数的试验,通过解释或推导来证明符合本标准。

6.5.5.104 双级自耦减压起动器或电抗器起动器的自耦变压器或电抗器的温升

当起动器在额定工作制(见 4.102)下工作时,自耦变压器或电抗器的温升允许比相关元件标准(例如:GB 1094.2 或 GB 1094.11)中规定的温升限值高 15 K(见 4.5.101),但自耦变压器或电抗器不应受到损伤。

试验时通过自耦变压器或电抗器每个绕组的电流的热效应,应相当于系数$\left(0.8\times\frac{\text{起动电压}}{U_r}\right)$乘以受控电机 6 倍的额定工作电流 I_e 所得出的电流的热效应,电流持续时间为 30 s(见 4.102.2)。

试验操作循环应按照 4.109.2 的规定。

在自耦变压器或电抗器带有几组分接头的情况下,应对自耦变压器或电抗器具有最高功率损耗的分接头进行试验。

为了简化试验,可以用星形连接的阻抗代替电机。

6.5.6 温升试验的解释

GB/T 11022—2011 的 6.5.6 适用。

6.6 短时耐受电流和峰值耐受电流试验

GB/T 11022—2011 的 6.6 适用,并对 GB/T 11022—2011 的 6.6.4 和 6.6.5 作如下补充:

这些试验应在给定了短路能力的、且与 SCPD 配合的接触器上进行,亦可见 6.104。

试验时,接触器或起动器触头的分离不得使试品失效,可接受的损伤应符合 4.107.4 规定的等级。

注:适用时,可用阻抗忽略不计的固定连接代替 SCPD。

6.7 防护等级的验证

GB/T 11022—2011 的 6.7 适用。

6.8 密封试验

GB/T 11022—2011 的 6.8 适用。

6.9 电磁兼容性试验(EMC)

GB/T 11022—2011 的 6.9 适用。

6.10 辅助和控制回路的附加试验

GB/T 11022—2011 的 6.10 适用。

6.11 真空灭弧室的 X 射线试验程序

GB/T 11022—2011 的 6.11 适用。

6.101 机械试验

6.101.1 机械特性的验证

机械寿命试验前后，应验证接触器的以下机械特性：

a) 分闸时间；

b) 合闸时间；

c) 分闸不同期时间；

d) 合闸不同期时间；

e) 密封性(适用时)；

f) 气体密度或压力(适用时)；

g) 制造厂规定的其他重要特性或整定值。

6.101.2 动作极限的验证

按照规定的使用条件(敞开工况，各种封闭工况等)，如果能够提供几种型式的接触器、起动器或控制器时，试验只在制造厂规定的一种形式上进行。接触器、起动器或控制器的类型及安装细节应作为试验报告的组成部分。

对于接触器、起动器或控制器，应在 4.9 规定的每一种电压限值下验证其能按要求完成一个操作循环，且控制线圈带电或断电时间应足够长，能够使接触器达到其极限位置，其温度应在规定范围内。试验在主回路不通电的情况下进行。

对用于高海拔的接触器、起动器或控制器进行试验时，可能有必要调整机构以保证其正确操作，见 8.102.7。

6.101.3 机械寿命试验

6.101.3.1 试验时的试品状态

接触器、起动器或控制器应按正常使用条件安装，特别是连接导体应与正常使用时相同的方式连接。

试验过程中，主回路不应有电压或电流，如果使用中规定润滑，则在试验前可以对装置润滑。

6.101.3.2 操作条件

控制线圈应在 U_a 和 f_a(适用时)下操作。

如果有电阻或阻抗与控制线圈串联，不管运动时是否短接，进行试验时这些元件的连接应与正常使用条件相同。

6.101.3.3 试验程序

试验的操作频率应与间断工作制的等级相符。但是，如果制造厂认为装置能满足更高操作频率所要求的条件，也可以提高操作频率以减少试验时间。

控制线圈的带电时间应大于装置的动作时间，而线圈的断电时间应足以使开关装置到达并停留在极限位置上。

进行操作的循环次数应不小于4.105规定的空载操作循环的次数。

应遵循制造厂规定的维修程序。

维修工作应不包括任何零件的更换。

6.101.3.4 试验结果

机械寿命试验后,接触器或起动器仍应能满足4.9和6.101.1、6.101.2规定的操作条件,还应通过6.2.12规定的状态检查试验来确认灭弧介质的完整性。

用于连接导体的部件不应松动。

灭弧介质完整性试验的结果应列入试验报告。

6.101.4 联锁试验

GB 3906—2006的6.102.2适用于起动器和控制器,并对其第一句话作如下修改:

联锁应设定在打算防止开关装置操作和可移开部件插入或抽出,或两种开关装置同时动作的位置。

6.101.5 撞击器机构的试验

撞击器机构的试验应按如下要求进行:

a) 为了试验熔断器撞击器和指示器或脱扣器之间联动的机械可靠性,应对相应类型的撞击器进行100次操作试验,其中用最小能量的一只撞击器对每相进行30次操作试验(共90次),用三只最大能量的撞击器同时进行三相操作试验共进行10次。

   完成这些试验后,联动的机械功能应与试验前相同。

b) 用一只带有已伸出(即动作后的)撞击器的模拟熔断器,将撞击器按GB/T 15166.2—2008规定范围调整到最小实际行程位置,依次对每极进行试验,应证明接触器按其设计要求既不能合闸也不能保持在合闸位置。

注:为了便于试验,可以使用熔断器撞击器的模拟装置。

6.102 额定关合和开断能力验证

6.102.1 概述

验证接触器关合和开断能力的有关试验是为了验证接触器能够开断和关合表6规定的电流。

如果适用,应对起动器进行反向能力试验和转换能力试验。

注:某些开断技术在电流小于0.2倍额定工作电流时可能具有延长的燃弧时间。在这种情况下,可能需要进一步研究以保证接触器对该应用开断功能满足要求,如反转和自耦减压起动器。

关合和开断能力的验证可以合并进行。

在每一试验系列中,应记录第一次和最后一次操作的示波图,或等效的记录(见4.103.1.1和4.103.1.2)。

在整个试验期间,不应出现持续性电弧、极间闪络、接地回路熔断器熔断(见6.102.2)以及触头熔焊等现象。

试验仅应采用与指定工作电流同性质的电流进行。特别是,打算用于三相负载的装置应该用三相电流试验。该装置的单相试验不包括在本标准中,并应遵循特别协议。

除非在相关条款中另有规定,下列条款适用于所有的关合和开断试验。

试验过程中,充气体的试品应在制造厂规定的最低功能压力下进行。

表 6 额定关合和开断能力的验证——额定电压(U_r)下几种使用类别相对应的关合和开断试验条件

使用类别	关合		开断			
			最小额定开断电流		最大额定开断电流	
	I_m/I_e 1)	$\cos\varphi$ 2)	I_c/I_e	$\cos\varphi$ 2)	I_c/I_e	$\cos\varphi$ 2)
AC-1	1.5	0.95	0.2	0.95	1.5	0.95
AC-2	4	0.65	0.2	0.65	4	0.65
AC-3	8	0.35	0.2	0.15	8	0.35
AC-4 3)	10	0.35	0.2	0.15	8	0.35

I_e——额定工作电流(见 4.101)

I_m——关合电流

I_c——开断电流

1) 关合电流用有效值表示,与回路功率因数对应的非对称电流的峰值可能大于有效值电流的峰值(见 4.103.1.1 的注)。

2) $\cos\varphi$ 的允许偏差:±0.05。

3) 在再加速和反接制动的情况下,需注意关合瞬间的电压和电流可能加倍。

6.102.2 试验条件

受试装置应安装在本身的支架上或等效的支架上。装在外壳中的装置,其性能受到外壳的影响时应在安装所用的同样型式的外壳中试验。

如果空气断口的接触器用于敞开式安装或与其他电器一起安装于比接触器的体积尺寸大的外壳中,为了验证关合和开断能力,需将接触器用接地的外壳包围起来,这种外壳应用裸金属编织网或保证适当刚度的带孔钢板制成,网或钢板上各个孔的面积不超过 100 mm^2,应说明接地外壳的尺寸,以便在今后使用中确定接触器与接地金属允许的接近程度。

接到主回路和辅助回路的连接线须与装置运行时所使用的相似。

为验证关合和开断能力,运行中正常接地的所有装置的部件(包括其外壳)须接到电源中性点或接到预期故障电流至少 100 A 的感性的人工中性点。该连接线应包括用以检测故障电流的可靠装置(如熔断器和电流互感器的组合),如果必要,可接入一个将预期故障电流限制到约 100 A 的电阻器。

6.102.3 验证额定关合和开断能力的试验回路

用于验证额定关合和开断能力的电源应有足够容量,以便能够验证表 6 中给出的特性。

试验回路由电源侧和负载侧组成,试验回路的接地应符合 GB 1984—2014 的 6.103.3 的要求。

电源侧 TRV 的要求应符合 GB 1984—2014 的 6.104.5 对 S1 级的要求,开断时负载侧的 TRV 的振幅系数和频率为:

振幅系数:$1.4 \leqslant k_{af} \leqslant 1.6$

频率(kHz):$f \geqslant 2\,000 \times I_c^{0.2} \times U_r^{-0.8}$

I_c、U_r 的单位分别为安培和伏特(见表 6)。

试验回路的电阻和电抗须调节到满足规定的试验条件。电抗器应是空心的,并与电阻串联,而电抗数值是在计入各个电抗器的串联耦合后得到的。只有当电抗器具有与实际相同的时间常数时,才允许电抗器并联。可以在电抗器端子间并联电阻。

调整试验电流的总阻抗应分布在装置的电源侧和负载侧之间。但是,装置电源侧的阻抗应不大于试验回路总阻抗的10%。为达到试验目的需要负载侧的振幅系数超过1.6时应征得制造厂的同意。

6.102.4 额定关合能力的验证

试验时得到的关合电流,应是表6规定的相应使用类别中的数值。

进行试验的合闸操作次数如下:

a) 对于使用类别AC-3或AC-4的接触器或起动器,操作次数为100次,其中50次操作是在85%的线圈额定电压下进行,50次操作是在110%的线圈额定电压下进行;

b) 对于除AC-3和AC-4类以外的其他使用类别的接触器或起动器,操作次数为20次,其中10次操作在85%的线圈额定电压下进行,10次操作是在110%的线圈额定电压下进行。

试验电流的持续时间应不小于50 ms(这就超过了可能有的触头总弹跳时间)。分闸操作之间的时间间隔应记录在试验报告中。

6.102.5 额定开断能力(最小值和最大值)的验证

试验时得到的开断电流,应是表6规定的相应使用类别中的数值。

以最小和最大额定开断电流为开断条件时的分闸操作次数各为25次。

试验电流的持续时间不应小于50 ms,两次分闸操作之间的时间间隔应记录在试验报告中。

每一次操作后恢复电压应至少保持0.3 s。

试验应在100%U_a下进行。

注:每一次通流的持续时间不一定超过0.5 s。

6.102.6 反向能力试验

对于反转起动器,除按6.102.4和6.102.5规定进行关合和开断能力试验外,还应进行下列试验,可以使用新的起动器作反向能力验证。

试验回路应符合6.102.3的规定,试验电流应为表6中使用类别AC-4给出的值。

试验应进行10个操作顺序,每个顺序包括下列两个操作循环:

a) 第一循环:合A—分A/合B—分B—间隔10 s到30 s;

b) 第二循环:合B—分B/合A—分A—间隔10 s到30 s。

(其中A和B为起动器的两个机械开关装置或一个开关装置的两个回路)。

这些循环交替重复进行。

使用“分A/合B”的符号,表示允许以正常控制系统的速度进行相关的转换操作。

试验时,起动器应按运行时所规定的方式进行操作,并且通常提供的所有机械或电气联锁装置均应投入使用。

试验应在100%U_a下进行。

6.102.7 转换能力试验

对于双级自耦减压起动器或电抗器起动器,除了进行6.102.4和6.102.5中的关合和开断能力试验外,还应进行下列试验。验证转换能力的试验可以使用新的起动器。

试验回路应符合6.102.3的规定,运行位置的试验电流应使用表6中使用类别AC-3给出的值。起动位置的试验电流应是从自耦变压器或电抗器流过的电流。当自耦变压器或电抗器有多个电压输出或多个分接时,应接入能产生最大起动电流的端子。

试验应进行10次下列的操作顺序:

——在起动位置关合电流;

——转换到运行位置；

——在运行位置开断电流；

——无电流间隔时间。

起动位置和运行位置的通流时间应不小于 0.05 s，无电流间隔时间应不大于表 7 中规定的时间。

和电动机的绕组一样，负载回路应与起动器连接。运行位置是自耦变压器或电抗器未接入的位置，并且电动机直接连接到额定电压(U_r)。试验时，起动器应按运行时所规定的方式进行操作，并且通常所提供的所有的机械或电气联锁装置均应投入使用。

无电流间隔时间可以减少，但应征得制造厂的同意。

试验应在 100%U_a 下进行。

表 7　开断电流 I_c 和无电流间隔时间之间的关系

开断电流 I_c/A	无电流间隔时间/s
$I_c \leqslant 100$	10
$100 < I_c \leqslant 200$	20
$200 < I_c \leqslant 300$	30
$300 < I_c \leqslant 400$	40
$400 < I_c \leqslant 600$	60
$600 < I_c \leqslant 800$	80

6.102.8　接触器或起动器在关合、开断、反向能力和转换试验过程中的性能

在规定的关合和开断能力极限范围及规定的操作次数内，试验中不应发生持续性电弧、极间闪络、接地回路中的熔断器熔断(见 6.102.2)以及触头熔焊等现象。

6.102.9　关合、开断试验后的状态

在完成额定关合和开断能力(见 6.102.4 和 6.102.5)的操作次数后，接触器仍应能满意地操作。

任何试验方式后应检查接触器。其机械部件和绝缘子应基本和试验前一样。外观检查通常足以验证其绝缘性能。如有怀疑，按照 GB/T 11022—2011 中 6.2.12 的状态检查试验足以证明绝缘性能。

另外，接触器应能承载其额定电流，而温升不超过 GB/T 11022—2011 中表 3 规定的允许温升。如果触头的状态不能通过外观检查来确定，则有必要进行附加的温升试验。

对于灭弧单元终身密封的接触器，GB/T 11022—2011 中 6.2.12 的状态检查试验是强制性的。

对于真空灭弧室，通过测量电阻进行状态检查。试品端子之间的电阻变化应不大于 20%；如果试品端子之间的电阻变化大于 20%，应在真空灭弧室端子间测量电阻，电阻增加不应超过 100%。

暴露于电弧之间的电弧控制装置的零件允许有适中的烧损。

6.103　过载电流耐受试验

试验中获得的过载电流应如表 8 中给出的，并按相应使用类别选择 I_e 值。

接触器和起动器应进行三相试验，每次试验期间，接触器或起动器应在其合闸装置的额定电压下按正常方法合闸并保持合闸状态或闭锁。试验电源应在规定的时间内足以使需要的电流同时通过所有极。

试验之后，尽管接触器或起动器承受过载电流的能力已有所减弱，但仍应能关合和开断其额定工作电流。

主触头在触头的烧损程度、接触面积、接触压力以及自由活动等特性方面仍应能承载接触器或起动器的额定工作电流。应按照6.4的规定测量主回路电阻，如果电阻的增加大于20%，并且不可能用外观检查来确定触头的状况，则有必要进行附加的温升试验。

表8　过载电流耐受要求

试验电流	试验持续时间/s
$15\times I_e$	1
$6\times I_e$	30

6.104　短路电流关合和开断试验

6.104.1　概述

试验应在与短路保护装置配合的、具有短路能力的接触器上进行。

6.104.2　试验条件

受试装置应安装在本身的支架上或等效的支架上。装在外壳中的装置，其性能受到外壳的影响时应在安装所用的同样型式的外壳中试验。

如果空气断口的接触器用于敞开式安装或与其他电器一起安装于比接触器的体积尺寸大的外壳中，为了验证关合和开断能力，需将接触器用接地的外壳包围起来，这种外壳应用裸金属编织网或保证适当刚度的带孔钢板制成，网或钢板上各个孔的面积不超过100 mm^2，应说明接地外壳的尺寸，以便在今后使用中确定接触器与接地金属允许的接近程度。

接到主回路和辅助回路的连接线须与装置运行时所使用的相似。

对于这些试验，运行中正常接地的所有装置的部件(包括其外壳)须接到电源中性点或接到预期故障电流至少100 A的感性的人工中性点。该连接线应包括用以检测故障电流的可靠装置(如熔断器和电流互感器的组合)，如果必要，可接入一个将预期故障电流限制到约100 A的电阻器。

试验应在100%U_a下进行。

应证明装置在上述条件下空载时能满意地操作。如果可行，应记录开合触头的行程。

参见GB 1984—2014中6.102的相关条件。

6.104.3　试验回路

试验回路的接地应符合GB 1984—2014中6.103.3的要求。

TRV的要求应符合GB 1984—2014中6.104.5对用于电缆系统中断路器(S1级)T100S的要求。

应调节试验回路的电阻和电抗以满足规定的试验条件。电抗器应是空心的且应与电阻串联，它们的数值应是各个电抗器串联耦合后得到的。仅当这些电抗器具有完全相同的时间常数时才允许电抗器并联连接。电抗器端子间可以并联电阻。

6.104.4　短路关合和开断试验

至少应进行一次关合和开断操作(CO)。

如果在电流值大于或等于6.106.4.3的最大交接电流时成功完成了3次关合和开断操作(CO)，则没有必要进行6.106.4.3的试验方式C。

试验要求应符合GB 1984—2014中6.105和6.106.4的相关要求。

如果适用，SCPD可用阻抗忽略不计的固定连接代替。

每次操作后的工频恢复电压应至少保持0.3 s。

6.104.5 短路关合和开断试验期间的性能

试验期间，不应发生持续性燃弧、极间闪络、接地回路中的熔断器熔断(见 6.102.2)和触头熔焊。

6.104.6 短路关合和开断后的状态

在完成额定短路关合和开断试验后，接触器仍应能满意地操作。

任何试验方式后应检查接触器。其机械部件和绝缘子基本应和试验前一样。外观检查通常足以验证其绝缘性能。如有怀疑，GB/T 11022—2011 中 6.2.12 的状态检查试验足以证明绝缘性能。

对于灭弧单元终身密封的接触器，GB/T 11022—2011 中 6.2.12 的状态检查试验是强制性的。

对于真空灭弧室，通过测量电阻进行状态检查，试品端子之间的电阻变化应不大于 20%；如果试品端子之间的电阻变化大于 20%，应在真空灭弧室端子间测量电阻，电阻增加不应超过 100%。

暴露于电弧之间的电弧控制装置的零件允许有适中的烧损。

6.105 过载继电器的特性和操作极限的验证

按照规定的使用条件(敞开工况、各种封闭工况等)，如果能够提供几种型式的起动器时，试验只在制造厂规定的一种型式上进行。按－5 ℃周围空气温度补偿过的过载继电器，试验可以在无外壳的起动器上进行。起动器型式和安装细节应成为试验报告的组成部分。

起动器应按运行条件连接，所用电缆的截面取决于过载继电器的整定电流。

热过载的动作特性应予以验证，验证只需在一个规定的周围空气温度值下进行。

6.106 与 SCPD 配合的验证

6.106.1 概述

4.107 规定的配合的一般条件的验证应按下列要求进行：

——SCPD 的短路开断能力，参考按有关标准在 SCPD 上进行的短路开断能力试验的结果；

——SCPD 的过载电流耐受能力，参考按有关标准单独在 SCPD 上进行的过载试验的结果；

——配合和损坏等级的类型，按 6.106.2～6.106.4 规定的试验来验证，这项试验是特殊的型式试验。

6.106.2 试验条件

6.106.2.1 试验前控制器的状态

受试控制器应整体安装在本身的支架或等效的支架上，并且按正常运行条件连接。起动器应在规定的方式下进行操作，应在 85%U_a 下操作。

在上述条件下空载时，起动器应能满意地操作，如果可行，还应记录开合时触头的行程。

试验应在装有 SCPD 的起动器上进行，该 SCPD 具有制造厂规定的适用于起动器的最大的额定电流。过载继电器或脱扣器的最小额定工作电流应与 SCPD 相匹配，并处于最小时间整定值(如果可调)。试验应在周围空气温度下且无预加负载的情况下进行。

6.106.2.2 频率

控制器的试验应在频率偏差不超过±10%的额定频率下进行。

为了便于试验，允许偏离上述公差。例如，额定频率为 50 Hz 的控制设备在 60 Hz 下进行试验，在解释试验结果时应谨慎，反之亦然，要考虑到所有重要的因素，如接触器的型式和所进行试验的类别。

6.106.2.3 功率因数

试验回路的功率因数应由负载回路常数的计算或测量来确定，并取各相功率因数的平均值。

6.106.2.4 试验回路的布置

对于试验方式A和B(见6.106.4),与SCPD连接的起动器,应优先连接于中性点不接地的电源和三相短路点接地的回路中,如图2所示。作为一种替代办法,也可用图3所示的回路。

对于试验方式C,优先采用图4所示的试验回路。也可用图5所示的回路代替。把试验电流调整到试验方式C要求的阻抗值,并加到起动器的电源侧。

对于产生火焰或金属粒子喷射的起动器,试验时应在带电部分附近安装金属屏,金属屏与带电部分之间的间隙距离应由制造厂规定。金属屏、框架和其他正常接地的部件应与地绝缘,并通过一个合适的装置指示对地泄漏电流。

6.106.3 试验参数

如果没有规定偏差,试验值不应比规定值欠严,其上限值应征得制造厂同意。

6.106.3.1 短路关合试验前的外施电压

相间施加电压的平均值应等于额定工作电压,该平均值和各相间施加电压的差应不超过5%。

6.106.3.2 预期短路电流

预期短路电流交流分量的有效值应该在预期电流试验短路开始后的半个周波测量。

任何一相交流分量的有效值偏离平均值的数值应不大于平均值的10%。

6.106.3.3 开断电流

开断电流应是在开断过程的起始瞬间测量的交流分量有效值。

6.106.3.4 瞬态恢复电压(TRV)

试验回路的预期TRV应该用这样一种方法来确定,它可以产生和测量TRV波形,而不会对它有明显的影响,且应在控制器与试验回路相连的端子上测量,分压器等所有的试验测量装置应包括在内。

三相试验回路,瞬态恢复电压是对按照6.106.2.4布置的适合的试验回路中的首开极而言,即开断极与其他两闭合极之间的电压。

试验回路的瞬态恢复电压曲线是用按照图6所示的方法画出的包络线和其起始部分表示。

试验回路的预期瞬态恢复电压波形应满足下列两个要求:

a) 其包络线在任何时候都不能低于规定的参考线;

注:必须强调,包络线可能超过规定参考线的程度需征得制造厂的同意。

b) 对时延有规定时,其起始部分不得与时延线相交。

6.106.3.5 工频恢复电压

控制器端子间的工频恢复电压在熄弧后至少应持续0.3 s。

三相试验回路中的工频恢复电压,应该是熄弧以后测得的各相工频恢复电压的平均值。它应按6.106.3.6确定。

6.106.3.6 工频恢复电压测量

试验回路的工频恢复电压应该在每相试验回路中的每一极控制器的端子间测量。

工频恢复电压波形应按照图7的规定,在开断后一周波内测量。

6.106.4 试验方式

受试控制器应按6.106.2的规定布置。试验参数应符合6.106.3的规定。

6.106.4.1 试验方式 A——100%开断试验

应将控制器连接到电源回路上进行一次开断试验，该电源回路能提供的最大预期电流应等于控制器的额定短路电流，偏差是$^{+5}_{0}$%。

功率因数应不超过 0.15(滞后)。

工频恢复电压与预期瞬态恢复电压应符合 GB 16926—2009 中 6.101.2.1 的规定。

注：该试验中控制器按正常运行方式处于合闸状态，短路由外部方式施加(关于控制回路参数见 6.106.2.1)。

6.106.4.2 试验方式 B——100%关合试验

应将控制器连接到电源回路上进行一次关合试验，该电源回路能提供的最大预期电流应等于控制器的额定短路电流，偏差是$^{+5}_{0}$%。

功率因数应不超过 0.15(滞后)。

工频恢复电压与预期瞬态恢复电压应符合 GB 16926—2009 中 6.101.2.1 的规定。

外施电压应符合 GB 16926—2009 中 6.101.1.7 的规定。

注 1：该试验中，由机械开关装置关合故障(关于控制回路的参数见 6.106.2.1)。

注 2：接触器合闸时间的变化妨碍了触头接触时刻的准确控制，因此，无法控制关合瞬间的电压波形。

6.106.4.3 试验方式 C——接近交接点的开断试验

为了验证控制器提供的保护配合，应进行 3 次开断试验。试验之间的时间间隔应不超过 3 min 或不超过更换熔断器所必须的最短时间。

对于该试验方式，开断电流值应大于或等于最大交接电流。该交接电流由最大额定 SCPD 和用于某一特定组合的过载继电器特性的配合曲线决定，或者是控制器的额定工作电流(I_e)的 7 倍，取其中较大值(见图 8)。

试验用阻抗忽略不计的固定连接代替 SCPD 后在三相回路上进行。规定的开断电流的容许偏差是+5%，而且在触头分离瞬间任一相的直流分量不超过 20%。

负载回路的功率因数，按 6.106.2.3 确定，应为：

当开断电流超过 400 A 时：0.2～0.3(滞后)；当开断电流小于或等于 400 A 时：0.3～0.4(滞后)。

工频恢复电压应符合 GB 16926—2009 中 6.101.2.1 的规定，预期瞬态恢复电压应符合表 9 和 6.106.3.4 的规定。

试验可以在新的控制器上进行。

表 9 瞬态恢复电压特性

额定电压 U_r kV	TRV 峰值 u_c kV	时间 t_3 μs	上升率 u_c/t_3 kV/μs
3.6	6.2	80	0.077
7.2	12.4	104	0.119
12.0	20.6	120	0.172
24.0	41.2	175	0.235

注：当控制器安装在例如大变压器组的附近，并且可能处于没有并联负载状态时，对小于规定开断电流的电流，瞬态恢复电压可能比表 9 的数值更严酷，这样的使用条件需同制造厂协商。

6.106.4.4 试验方式 A、B 和 C 的替代方法

用可靠连接代替熔断器进行一次峰值电流耐受试验以替代试验方式 A(6.106.4.1)。

使用同样的试验回路进行关合试验以替代试验方式 B(6.106.4.2)。

在两个试验中，试验电流应在一个周波后断开，且电流峰值不应小于接触器配用最大熔断器的峰值允通电流的最大值，外施电压应等于额定电压。

如果按照 6.104.4，在电流大于或等于最大交接电流时成功进行了 3 次关合和开断操作，则不需要试验方式 C(6.106.4.3)。

6.106.5 试验中起动器的性能

试验中不应发生接地故障，或从封闭的起动器向外喷射可能危及操作者的火焰或气体。

对于指定用于敞开式安装，或与其他电器一起安装并处于比起动器的体积大的外壳中的起动器，电弧和火焰不得扩散到制造厂规定的安全区域中。

在试验方式 A 和试验方式 B 中，只能进行 4.107.4 规定的 a、b 或 c 类所允许的更换。

6.106.6 试验后起动器的状态

试验方式 A 和 B 后起动器的状态是确定 4.107.4 规定的 a、b 或 c 类的基准。

试验方式 C 后起动器不得有 4.107.4 规定的实质性损伤。

6.107 电寿命试验

电寿命试验包括在特殊的型式试验中，并且，只需进行足够的试验以提供一条能够可靠外推的磨损曲线，因为完整试验所需的电力和时间代价太高。

表 10 给出了关合和开断电流以及试验电压。

大多数电寿命试验可在高于电弧电压的任一方便的电压下按表 10 给出的电流和功率因数进行关合和开断。在降低的电压下，应表明燃弧时间和对应全电压试验时测得的燃弧时间相符。为了确认其性能基本不变，在试验末应至少有 5 次试验在全电压下进行。由这些最终的试验形成的符合附录 A 的示波图、等效的记录应包括在试验报告中。确定磨损曲线所进行的操作次数应在试验报告中注明。

试验后，该装置应满足 6.101.2 所规定的操作条件，并能耐受 6.2.12 规定的绝缘试验，但施加的电压应限制到不超过 GB/T 11022—2011 中 6.2.12 的规定值。

表 10 负载操作循环次数的验证——与使用类别相应的关合和开断条件

类别	关合			开断		
	I_m/I_e[a]	U_r	$\cos\varphi$[b]	I_c/I_e	U_{rec}/U_r	$\cos\varphi$[b]
AC-1	1	1	0.95	1	1	0.95
AC-2	2.5	1	0.65	2.5	1	0.65
AC-3	6	1	0.35	1	0.17	0.35
AC-4[c]	6	1	0.35	6	1	0.35

I_e ——额定工作电流(见 4.101)

I_m ——关合电流

I_c ——开断电流

U_r ——额定电压(见 4.2)

U_{rec} ——恢复电压

表 10(续)

类别	关合			开断		
	I_m/I_e[a]	U_r	$\cos\varphi$[b]	I_c/I_e	U_{rec}/U_r	$\cos\varphi$[b]

[a] 关合电流用有效值表示,但与回路功率因数对应的非对称电流的峰值可能高于 r.m.s.电流的峰值(见 4.103.1.1 的注)。

[b] $\cos\varphi$ 的允许偏差:±0.05。

[c] 在再加速和反接制动的情况下,宜注意关合瞬间的电压和电流可能加倍。

6.108 高压电动机电流开合试验

GB/T 29489—2013 的 6.114 适用。

注:对断路器的规定适用于本标准中的接触器。

6.109 容性电流开合试验

GB 1984—2014 的 6.111 适用,并作如下补充。

注:对断路器的规定适用于本标准中的接触器。

6.109.1 适用性

仅电容器组(单个或背对背)电流开合试验适用。

额定容性电流开合的数值应由制造厂给出。

6.109.2 概述

电容器组开合试验应按照 GB 1984—2014 的 6.111.9.1 进行。设备按照其在本试验期间的重击穿性能分级。

容性电流开合试验期间允许重击穿。根据它们的重击穿性能(见 3.4.113 和 3.4.114)定义为两级。

6.109.3 电源回路的特性

GB 1984—2014 的 6.111.3 适用。

6.109.4 电源回路的接地

GB 1984—2014 的 6.111.4 适用。

6.109.5 开合的容性回路的特性

GB 1984—2014 的 6.111.5 适用。

6.109.6 电流波形

GB 1984—2014 的 6.111.6 适用。

6.109.7 试验电压

GB 1984—2014 的 6.111.7 适用。

6.109.8 试验电流

容性开合试验电流的数值应由制造厂给出。

6.109.9 试验方式

6.109.9.1 概述

GB 1984—2014 的 6.111.9 适用,并作如下补充:

仅试验方式 BC1 和 BC2 以及 C2 级的试验条件适用于本标准。

6.109.9.2 试验条件

6.109.9.2.1 C1 级和 C2 级试验方式

GB 1984—2014 的 6.111.9.1.1 适用,并作如下补充:

不需要进行预处理(老炼)试验。

不要求在试验方式 1(BC1)和试验方式 2(BC2)之间倒换端子接线。

6.109.9.2.2 三相电容器组(单个或背对背)电流开合试验

GB 1984—2014 的 6.111.9.1.4 适用,并作如下补充。

注:如果接触器的分闸时间妨碍了触头分离的准确控制,合闸相角和/或最短燃弧时间的要求可以不予考虑。

6.109.9.2.3 单相电容器组(单个或背对背)电流开合试验

GB 1984—2014 的 6.111.9.1.5 适用,并作如下补充。

注:如果接触器的分闸时间妨碍了触头分离的准确控制,合闸相角和/或最短燃弧时间的要求可以不予考虑。

6.109.10 分级判据

6.109.10.1 C1 级

在 6.109.9.2.1 给定的条件下,试验方式 1(BC1)和试验方式 2(BC2)期间出现的重击穿次数不超过 5 次且成功地通过了试验的接触器。

6.109.10.2 C2 级

在 6.109.9.2.1 给定的条件下,试验方式 1(BC1)和试验方式 2(BC2)期间没有出现重击穿且成功地通过了试验的接触器。

如果在完整的试验方式 1(BC1)和试验方式 2(BC2)期间出现一次重击穿,在不进行任何维护的同一台接触器上重复进行这两个试验方式。如果在延长的试验系列中没有出现重击穿,接触器成功地通过了试验。不应出现外部闪络和相对地闪络。

7 出厂试验

7.1 概述

GB/T 11022—2011 的第 7 章适用,并作如下补充:

出厂试验也包括按 7.101 规定的操作试验和按 7.102 规定的取决于起动器型式的试验。

7.2 主回路的绝缘试验

GB/T 11022—2011 的 7.2 适用。

7.3 辅助和控制回路的试验

GB/T 11022—2011 的 7.3 适用。

7.4 主回路电阻的测量

按 6.4 的规定进行。

7.5 密封试验

GB/T 11022—2011 的 7.5 适用。

7.6 设计和外观检查

GB/T 11022—2011 的 7.6 适用。

7.101 操作试验

进行该试验是为了验证在 4.9 规定的限值内的操作。由于主触头是新的，考虑到使用中触头可能产生的磨损，试验时有必要对最小释放电压的数值进行调整，因为该最小释放电压是为磨损过的触头规定的。

试验过程中，应特别验证当操作装置通电时接触器合、分闸的正确性。还应验证操作不会产生任何损伤。如果有的话，还要安装最大质量和尺寸的 SCPD(如熔断器)。

适用时，所有控制器还应做如下试验：

a) 用模拟最低能量的一个熔断器撞击器动作：进行 5 次操作，以验证熔断器熔断指示器的可靠性；
b) 在规定的最高电源电压下：进行 5 次操作循环；
c) 在规定的最低电源电压下：进行 5 次操作循环；
d) 对仅由脱扣器操作的控制器，在额定电源电压下，用一个脱扣回路进行 5 次操作循环，该脱扣回路通过主触头的合闸通电。

试验 a)、b)和 c)应在主回路无电流时进行。

对装有过电流脱扣器的控制器来说，应将过电流脱扣器整定在过电流范围内的最小刻度。

进行 d)项试验时，过电流脱扣器应在通过主回路的电流不超过过电流范围内电流整定值的 110% 时正确动作。

注：这个电流可以由一种合适的低压电源供给或者从电流互感器的二次侧提供。

进行上述出厂试验时，不应对设备进行调整且操作应无故障。在 a)、b)和 c)试验的每个操作循环中，应达到合闸位置和分闸位置。

试验后，应检查控制器，以确认所有部件都处于良好状态且没有部件出现永久性损伤。

应进行过载继电器(如果有的话)动作的验证试验。

7.102 与起动器型式相关的试验

7.102.1 转子变阻式起动器

该试验应验证延时继电器以及用于控制起动速度的其他装置校准操作的正确性。

应验证每级的起动电阻在±10%的容许偏差范围内。

还应验证转子开关装置以正确的顺序切断各级电阻。

7.102.2 双级自耦减压起动器

应验证自耦减压分接端子上的开路电压符合设计要求，并且电机端子的相序在起动器的起动和运行位置都是正确的。

7.102.3 双级电抗器起动器

应验证电抗器分接端子的阻抗符合设计要求，并且电机端子的相序在起动器的起动和运行位置都是正确的。

8 接触器、起动器和控制器的选用导则

8.101 概述

优化选择给定工作制下运行的接触器或起动器，包括控制器，应考虑负载条件和故障条件要求下的每个额定值。

完整的额定参数见第 4 章，本章中仅涉及下列额定值：

——额定电压(U_r) …… 8.102.1
——额定绝缘水平(U_d,U_p) …… 8.102.2
——额定频率(f_r) …… 8.102.3
——额定短路开断电流(I_{sc}) …… 8.102.4

未涉及到的额定参数，适用时，应参考第 4 章中的如下部分：

用于所有接触器和起动器的额定参数：

——额定短时耐受电流(I_k) …… 4.6
——额定峰值耐受电流(I_p) …… 4.7
——额定短路持续时间(t_k) …… 4.8
——操动装置以及辅助和控制回路的额定电源电压(U_a) …… 4.9
——操动装置和辅助回路的额定电源频率 …… 4.10
——额定工作电流(I_e)或额定工作功率 …… 4.101
——额定工作制 …… 4.102
——额定负载和过载特性 …… 4.103
——使用类别 …… 4.104
——机械寿命 …… 4.105

要求时给出的参数：

——热电流(I_{th}) …… 8.102.5
——电寿命 …… 4.106
——与短路保护装置的配合 …… 4.107
——电动机开合特性 …… 6.108

起动器的型式决定的特性：

——自动转换装置和自动加速控制装置的特性 …… 4.108
——自耦减压起动器的起动特性 …… 4.109
——电抗器起动器的起动特性 …… 4.109
——转子变阻式起动器起动电阻的特性 …… 4.110

选择接触器或电动机起动器时应考虑的其他参数举例如下：

——当地大气和气候条件 …… 8.102.6

8.102 使用条件下额定值和特性的选择

8.102.1 额定电压的选择

设备的额定电压的选择至少应等于安装地点处系统的最高电压。

应从 4.2 给出的标准值中选择额定电压。

选择额定电压时应考虑符合 4.3 规定的相应的绝缘水平(亦可见 8.102.2)。

8.102.2 绝缘配合

应根据 4.3 选择额定绝缘水平。

8.102.3 额定频率

如果接触器或起动器使用在额定频率以外的其他任何频率时(见 4.4),应向制造厂咨询。

8.102.4 额定短路开断电流

如 4.107 所述,额定短路开断电流就是在一个具有与控制器的额定电压对应的工频恢复电压的回路中,在本标准规定的使用和性能条件下控制器能够开断的最大预期短路电流。

控制器的额定短路开断电流很大程度上取决于 SCPD 的额定短路开断电流,且应大于或等于控制器安装地点配电系统的最大预期故障电流。如果开关柜既包含断路器又包含起动器,则完整开关柜的额定短路开断电流应为一个数值,即其中的最小额定值。该额定值成为控制器的主回路导体短路耐受能力型式试验的基准值,也就是 SCPD 母线和连接的上限值。

8.102.5 热电流

热电流应参考 GB/T 15166.2—2008 中关于熔断器的额定电流、熔断器的选择以及熔断器在外壳内安装对其产生的影响。

接触器-熔断器组合的热电流由控制器制造厂根据温升试验获取的数据为基准确定,且取决于接触器和熔断器的类型和额定值。如果周围空气温度超过规定的周围空气温度(见 GB/T 11022—2011 的 2.2 和 2.3),它也可能有所减小。

注:控制器的热电流一般小于熔断器制造厂规定的熔断器的额定电流。

8.102.6 当地大气和气候条件

在询价时应指明装置是户内安装还是户外安装。对户外安装来说,假设装置被安装在一个合适的外壳内,在外壳内首先应考虑正常的户内条件,如有必要,可以采取适当的措施,诸如空间加热或增设空调,以便采用普通的户内元件。这一点不适用于充气隔室。

8.102.7 高海拔时的使用

GB/T 11022—2011 第 2 章规定了正常使用条件,适用于海拔不超过 1 000 m 的装置。

本标准 2.2 也认可了使用在 1 000 m 以上、直到 3 000 m 时的设备,但制造厂和最终用户应考虑装置适用于较高海拔时设计可能发生的变化,如:温升、绝缘水平、机械参数以及必要的整定值的调整。

8.102.8 与作为 SCPD 的限流熔断器的配合

8.102.8.1 概述

本标准以及熔断器标准(GB/T 15166.2—2008)的这一部分的目的是为了规定选择组合电器的接触器和 SCPD 以保证安全运行的依据,采用了按照 GB/T 15166.2—2008、GB/T 15166.5 和本标准进行试验所获得的参数值。

GB/T 15166.5 适用于和直接起动的电动机一起使用的、符合 GB/T 15166.2—2008 要求的、用于正常使用条件的熔断件,以及熔断件的选用,尤其是在重复起动的条件下系数 K 的选择。

本标准中规定的试验方式与相关的导则一起,把这些试验结果延伸到其他组合电器,已经覆盖了大多数用户的要求。但是,某些情况下,例如,若用另一个制造厂的全范围熔断器的控制器上完成的型式试验来代替配用后备保护熔断器的情况,可能需要附加的试验。这样的试验应根据用户和制造厂之间的协议。

8.102.8.2 交接电流

控制器的交接电流值取决于脱扣器触发的接触器的分闸时间和熔断器的时间-电流特性。顾名思义,交接电流值为一过电流值,大于这一电流,开断电流的功能由脱扣器操作的接触器转为熔断器承担。

从实际观点出发,对这一特定用途的最大交接电流可通过下面方法来确定:

在熔断器的最大弧前时间-电流特性(基于电流偏差±6.5%)(见图 8)上,接触器的最小分闸时间加上通过一个过电流继电器和/或延时装置动作的最小响应时间所对应的电流就是交接电流。而且该值不应大于熔断器制造厂提供的,用于试验方式 C(见 6.106.4.3)中的额定交接电流值。

注:本条使用±6.5%的电流偏差(即±10%的±2σ),是根据电流实际值得出的。

8.102.8.3 关合和开断型式试验有效性的扩展

已经认识到,当熔断器更换时对所有的接触器和熔断器组合的控制器进行重复试验是不现实的,本标准规定了关合和开断型式试验有效性扩展到那些未经过型式试验的接触器和熔断器组合的控制器的条件。

制造厂可以自行决定利用这一扩展并决定哪些其他型号的熔断器可以有效地用于控制器中。

关合和开断型式试验有效性扩展的条件所基于的原理如下:

a) 用于控制器中的任一或修改过的熔断器应按相关标准取证,因而不仅要对熔断器进行试验验证,而且还要提供其截止电流和动作 I^2t 数值;
b) 熔断器的截止电流和动作 I^2t 不应大于在控制器中经过试验的熔断器的相应值,以保证接触器触头不承受没有经过验证的条件;
c) 应采用与控制器中进行过试验的装在熔断器中同样型式(能量输出)的熔断器撞击器,这是为了保证接触器能够在没有损伤的情况下脱扣(见 5.104)。

8.102.8.4 熔断器动作

熔断器的动作应符合如下要求:

a) 控制器中使用的 3 个熔断器应具有相同的型号和额定电流值,否则会对控制器的开断性能产生不良影响;
b) 正确地安装带撞击器的熔断器,对控制器的正确动作是很重要的;
c) 当控制器因三相故障动作时,有可能:
    1) 三相熔断器中两相动作;

2) 三相熔断器都已动作，但其中只有一相撞击器动作。

三相使用条件下，一组熔断器的这种局部动作，不应该被认为是不正常的。

d) 当系统中无任何明显的故障迹象，而控制器已动作，则检查动作过的熔断器可为故障的类型和故障电流的近似值提供线索。这样的研究工作最好由熔断器制造厂来进行，他们经常给用户提供这类服务；

e) 控制器中一相或两相熔断器动作后，最好废弃并更换所有的三相熔断器。如果熔断器一根或多根熔体已熔断，会降低最小开断电流使得熔断器在工作电流时失效并烧穿熔断器绝缘管而损坏控制器。微欧范围的电阻检查可以验证熔断器的可用性；

f) 更换熔断器之前，操作者应该确认熔断器底座与控制器中所有可能仍带电的零部件在电气上已隔离。当熔断器底座没有可见的隔离断口时这一点尤为重要；

g) 检查接触器是否出现触头熔焊是一个很好的作法，尤其是在较低的损坏等级的情况下。

9 询问单、标书及订单随附资料

9.101 询问单与订单随附资料

当询问、订购接触器和起动器时，询问方应提供以下资料：

a) 电力系统的细节，包括：

标称电压和最高工作电压、频率、相数和中性点接地情况；

该设备是否用于存在雷电和/或操作过电压的场所。

b) 运行条件，包括：

最低和最高环境温度，后者是否高于正常值；海拔高度等级；可能存在或出现的特殊环境条件，例如运行环境中水蒸汽、湿气、烟雾、爆炸性气体含量异常，或运行环境的空气中灰尘、含盐过量；

该设备是否需要装在移动装置上，支撑是否会长期或暂时处于倾斜位置(如安装在轮船甲板上的装置)，是否会经受异常冲击或振动；

询问方应提供与其他电器的特殊电气连接的型式和尺寸，使外壳和端子符合本标准规定的安装条件和温升，应特别注意对安静运行的任何特殊要求；

该设备是否可能用于本标准适用范围未明确的使用场合，例如，变压器的开合。

c) 应按表 1 提供适当的特性参数。

9.102 对与限流熔断器 SCPD 的配合提供的信息

除额定参数外，控制器制造厂还应提供以下信息：

a) 控制器的最大允许功率耗散[见 6.5.3 的项 d)]；

b) 验证过的接触器能够承受的最大截止电流(见 8.102.8.3)；

c) 验证过的熔断器的最大 I^2t(见 8.102.8.3)；

d) 熔断器触发的接触器分闸时间，适用时，脱扣器触发的最小接触器分闸时间(见 8.102.8.2)；

e) 可用在控制器中的熔断器的型式和尺寸；

f) 熔断器撞击器的型式(中型或重型)；

g) 适用时，熔断器的填充介质(型号和重量)。

当用户希望使用不同于 e)中所列型式，但尺寸相同的熔断器时，除参考选用导则(第 8 章)外，还应从熔断器制造厂索取符合 GB/T 15166.2—2008 的如下资料：

h) I^2t 特性(按照 GB/T 15166.2—2008)；

i) 截止电流值；

j) 额定短路开断电流；
k) 额定最小开断电流；
l) 额定电流时的功率耗散；
m) 弧前时间-电流特性；
n) 熔断器撞击器的型式(中型或重型)。

10 运输、贮存、安装、运行和维护

GB/T 11022—2011 第 10 章适用，并作如下补充：

尽管高压熔断器的外壳比较坚硬，但熔体相对易损。因此，安装前应放在它们的保护性包装箱内，与继电器、仪表或其他同类器件同等保管。如果熔断器已安装在控制器内，当人力转运起动器时，应将熔断器暂时卸下。

11 安全

GB/T 11022—2011 的第 11 章适用。

工况a)
n
断开
断开
t
工况b)
n
断开
t
断开
工况c)和d)
n
断开
断开
断开
断开
t
断开
断开
断开
工况e)
n
反接
断开
t
断开
反接
工况f)
n
反接
t
断开

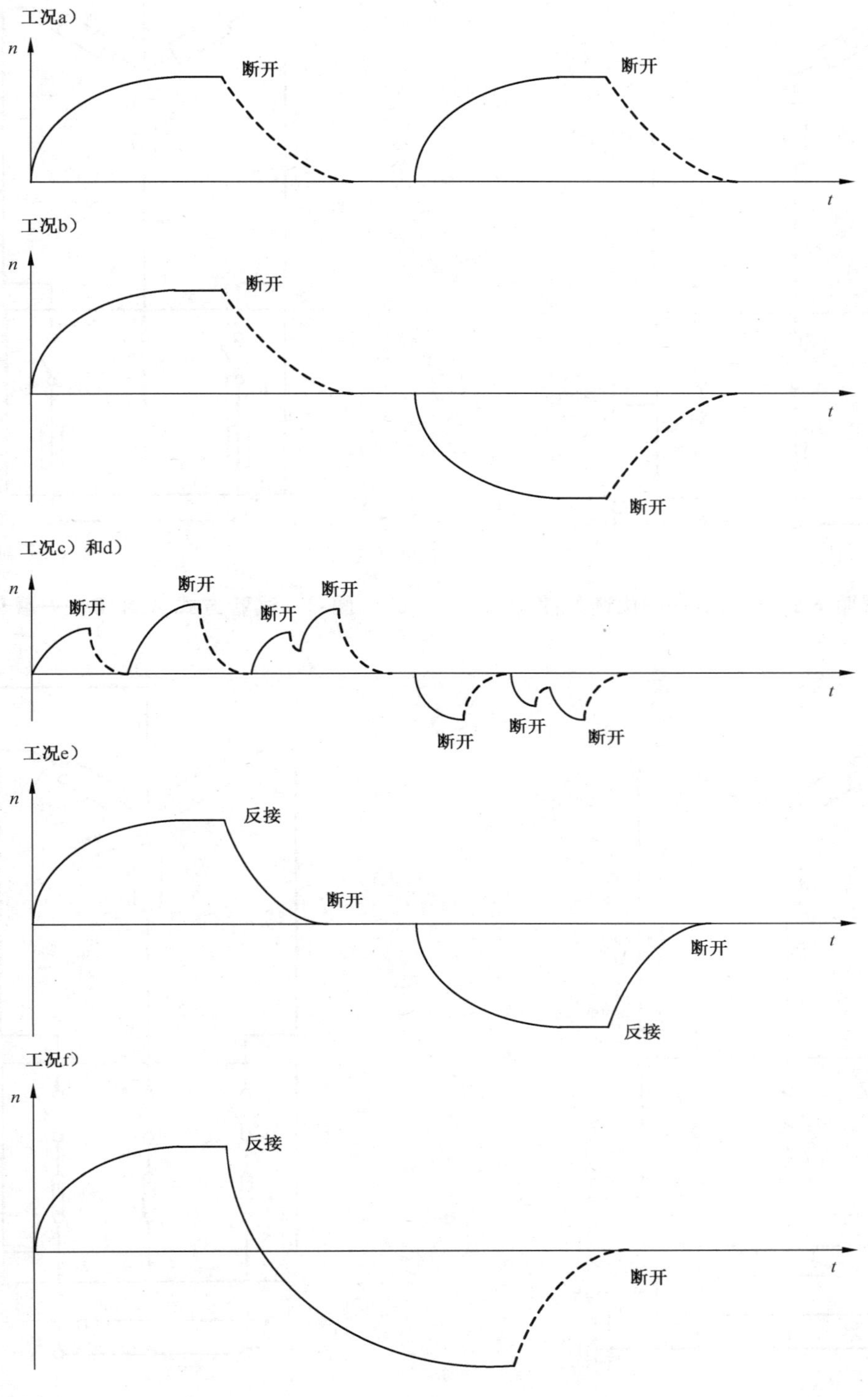

图 1 速度——时间曲线示例

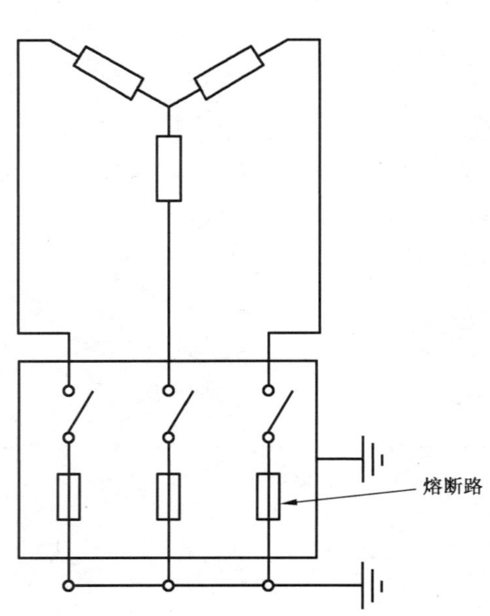

图 2　试验方式 A 和 B——优选的接地点

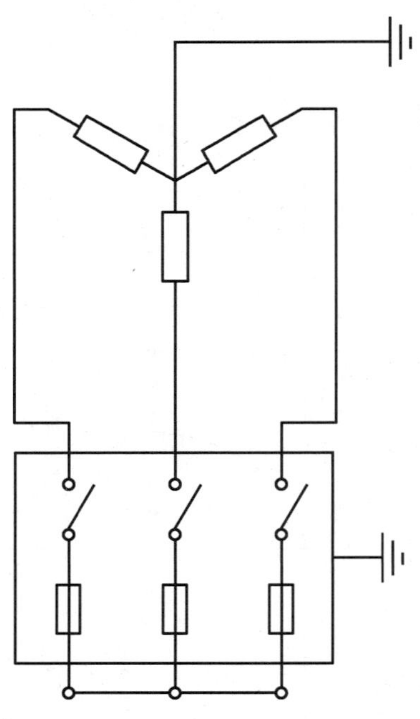

图 3　试验方式 A 和 B——替代的接地点

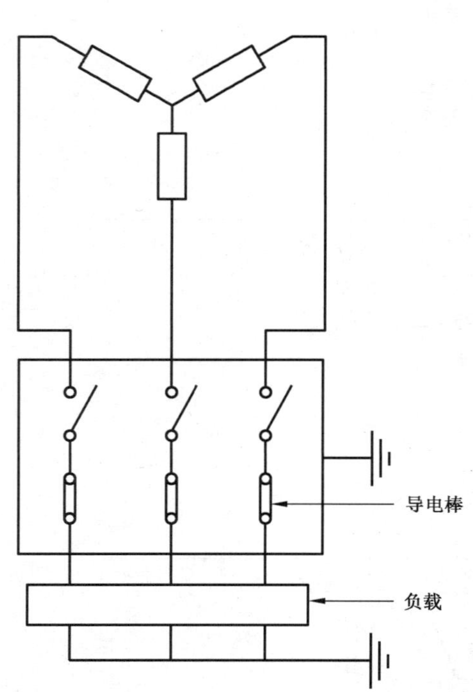

图 4　试验方式 C——优选的接地点

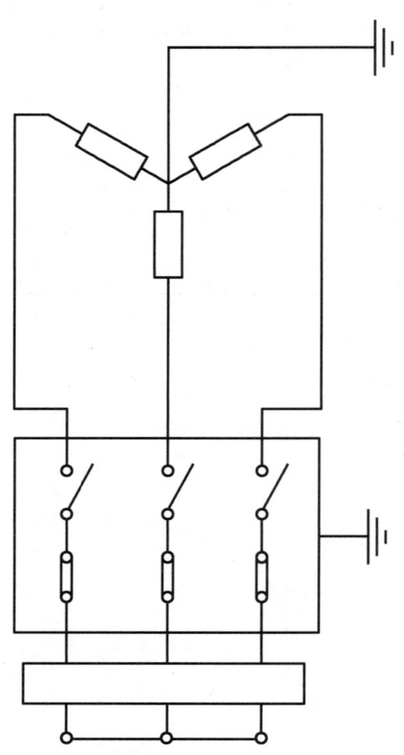

图 5　试验方式 C——替代的接地点

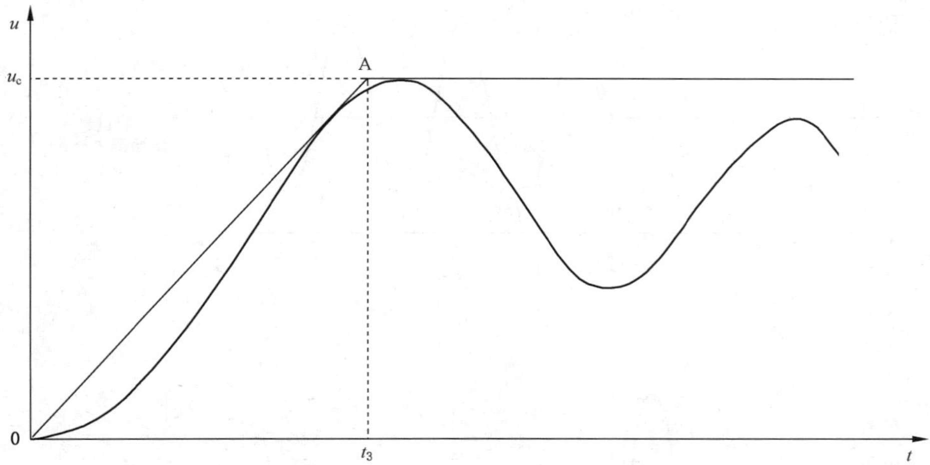

图 6 回路预期 TRV 的两参数表示

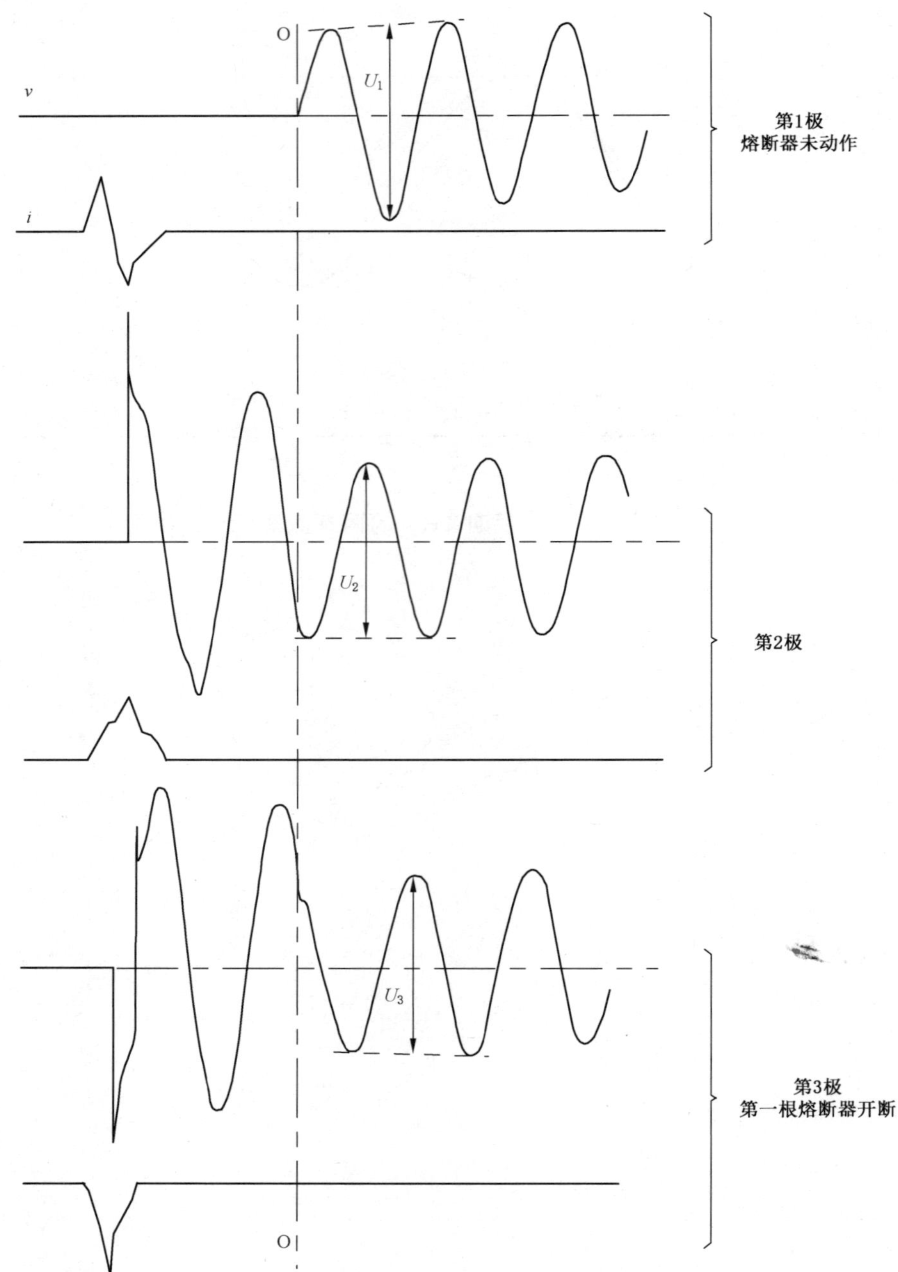

图例：

$U_1/2\sqrt{2}$：第 1 极的电压；$U_2/2\sqrt{2}$：第 2 极的电压；$U_3/2\sqrt{2}$：第 3 极的电压；

第 1 极、第 2 极、第 3 极的平均电压 $=\dfrac{U_1/2\sqrt{2}+U_2/2\sqrt{2}+U_3/2\sqrt{2}}{3}$；

OO：接触器的分闸时刻。

图 7　工频恢复电压的确定

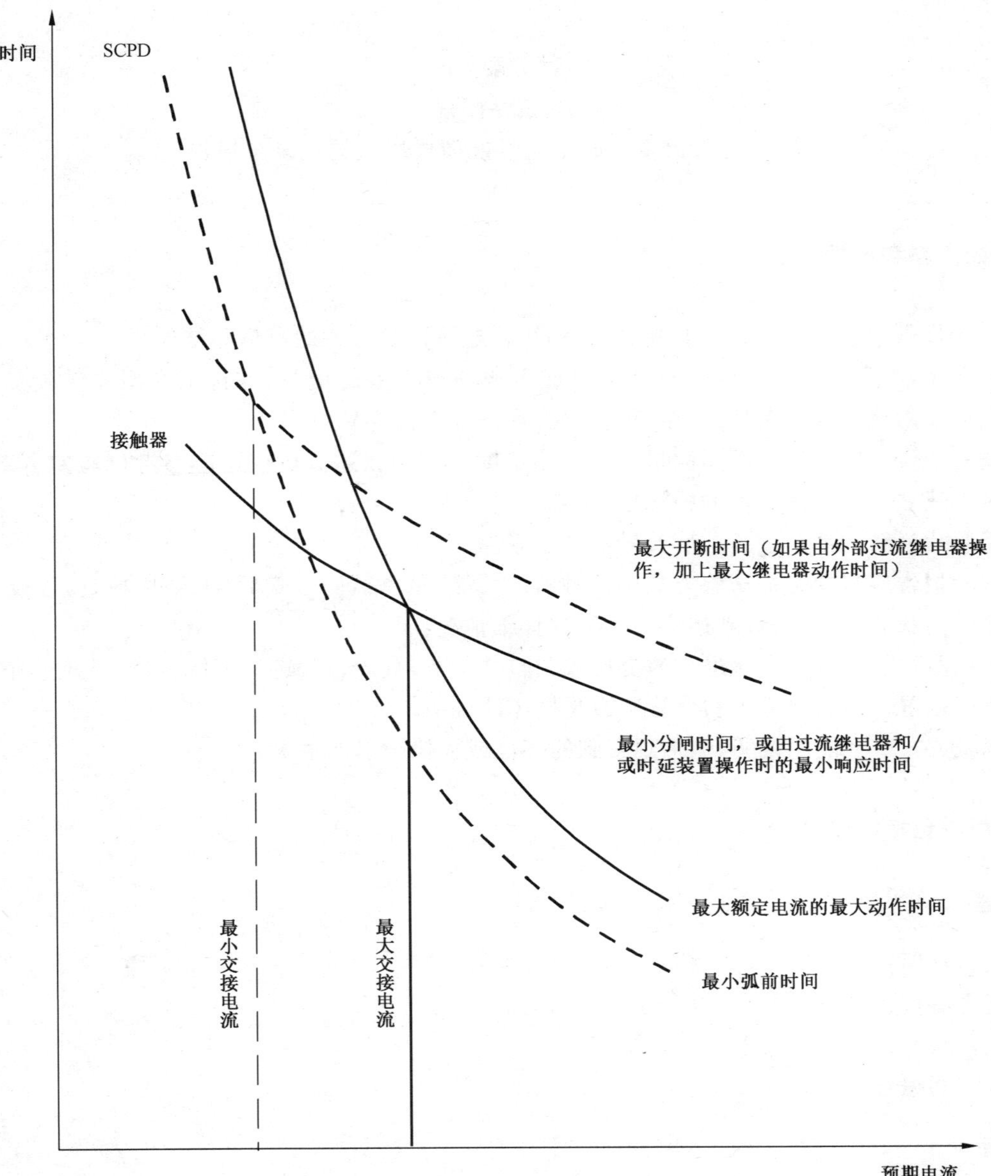

图 8 确定交接电流的特性

附　录　A
（规范性附录）
关合、开断以及短时电流性能型式试验的记录与报告

A.1　记录的资料和结果

型式试验报告中应包括所有与开断、关合和短时电流试验有关的资料和结果。

除非另有规定，所有操作都应按照 A.2 形成示波图或等效的记录，并包括在型式试验报告中。型式试验报告中应附代表性复制件，包括任何异常事件（如重击穿）。

型式试验报告应包括和试验用测量系统不确定度相关的叙述。该叙述应参考试验室内部程序，通过该程序可以建立测量不确定度的朔源性。

应该用照片说明一系列试验前后接触器的状态。

型式试验报告应包括每一试验方式中接触器的性能、每一试验方式后（如果作检查）以及一系列试验方式后接触器状态的叙述，该叙述应包括下述详细情况：

a）接触器的状态应给出所进行的更换或调整的细节，触头、灭弧室、气体（包括损耗量）的状态，以及灭弧罩、外壳、绝缘子和套管所遭受损坏的说明；

b）试验方式中性能的说明，包括观察到的气体或火焰喷射的情况。

A.2　报告中应包括的资料

A.2.1　概述

a）试验日期；

b）报告编号；

c）试验编号；

d）示波图编号。

A.2.2　试品

a）型号或系列号；

b）产品的说明（制造厂给出的），包括极数；

c）制造厂；

d）照片编号；

e）图纸编号。

A.2.3　制造厂规定的额定值

a）额定电压；

b）额定工作电流或额定工作功率；

c）额定频率；

d）开断电流：

1）电流的交流分量有效值；

2）直流分量百分数。

e) 最小分闸时间；
f) 瞬态恢复电压的峰值和上升率；
g) 关合电流(峰值或有效值)；
h) 短时耐受电流和持续时间；
i) 额定工作制；
j) 操作气压范围。

A.2.4 试验条件(对每一试验系列)

a) 极数；
b) 功率因数；
c) 频率；
d) 发电机中性点(接地的或绝缘的)；
e) 变压器中性点(接地的或绝缘的)；
f) 短路点或负载侧中性点(接地的或绝缘的)；
g) 包括接地连接的试验回路图。

A.2.5 关合和开断试验

a) 操作顺序和时间间隔；
b) 外施电压；
c) 关合电流(峰值或有效值)；
d) 开断电流：
   1) 各相交流分量的有效值及其平均值；
   2) 直流分量百分数。
e) 工频恢复电压；
f) 预期瞬态恢复电压：
   按照 GB 1984—2014 中 6.104.5.1 项 a)的要求，应记录电压和时间座标；
g) 燃弧时间；
h) 分闸时间；
i) 开断时间：
   如果适用，应给出直到电弧熄灭瞬间的开断时间。
j) 物理特性：
   1) 气体、火焰等的喷射；
   2) 性能、状况和说明。

A.2.6 短时耐受电流试验

a) 电流：
   1) 有效值；
   2) 峰值。
b) 持续时间；
c) 物理性能。

A.2.7 空载操作

a) 关合和开断试验前；

b) 关合和开断试验后。

A.2.8 容性电流开合试验

a) 试验电压,kV;

b) 每相的开断电流,A;

c) 每相的关合电流,kA;

d) 相对地间电压的峰值,kV:

  1) 控制器的电源侧;

  2) 控制器的负载侧。

e) 重击穿的次数(如果有的话),应予以说明;

f) 选相整定的细节,燃弧时间,ms:

g) 合闸时间,ms;

h) 关合时间,ms;

i) 分闸时间,ms;

j) 试验期间控制器的性能;

k) 试验后的状态。

A.2.9 示波图和其他记录

示波图或等效的记录应记录操作全过程及以下参数,其中某些参数可能要在几张示波图上分别记录,因而可能需要用几台不同时标的示波器。

a) 外施电压;

b) 每极中的电流;

c) 恢复电压;

d) 合闸线圈的电流;

e) 分闸线圈的电流;

f) 适合的时标;

g) 动触头行程(如果可行的话)。

凡是不完全符合本标准要求的各种情况和各种偏差,均应在试验报告的开始部分进行清楚说明。

附　录　B
（规范性附录）
公　　差

型式试验时试验参量的公差要求见表B.1。

表B.1　型式试验时试验参量的公差

<table>
<tr><th>条款</th><th>试验类型</th><th>试验参量</th><th>规定的试验值</th><th>试验公差</th><th>参考</th></tr>
<tr><td rowspan="7">6.2</td><td>绝缘试验</td><td></td><td></td><td></td><td>GB/T 11022—2011
GB/T 16927.1</td></tr>
<tr><td rowspan="3">工频电压试验</td><td>试验电压(有效值)</td><td>额定短时工频耐受电压</td><td>±1%</td><td></td></tr>
<tr><td>频率</td><td>—</td><td>45～55 Hz</td><td></td></tr>
<tr><td>波形</td><td>峰值/有效值=$\sqrt{2}$</td><td>±5%</td><td></td></tr>
<tr><td rowspan="3">雷电冲击电压试验</td><td>峰值</td><td>额定雷电冲击耐受电压</td><td>±3%</td><td></td></tr>
<tr><td>波前时间</td><td>1.2 μs</td><td>±30%</td><td></td></tr>
<tr><td>半峰值时间</td><td>50 μs</td><td>±20%</td><td></td></tr>
<tr><td>6.4</td><td>回路电阻测量</td><td>直流试验电流 I_{DC}</td><td>—</td><td>100 A≤I_{DC}≤额定电流；
额定电流(如果 I_r<100 A)+10%</td><td>GB/T 11022—2011</td></tr>
<tr><td rowspan="3">6.5</td><td rowspan="3">温升试验</td><td>周围空气速度</td><td>—</td><td>≤0.5 m/s</td><td>GB/T 11022—2011</td></tr>
<tr><td>试验电流频率</td><td>额定频率</td><td>−5%,+2%</td><td>GB/T 11022—2011</td></tr>
<tr><td>试验电流</td><td>额定标称电流</td><td>0%,+2%</td><td>GB/T 11022—2011</td></tr>
<tr><td rowspan="6">6.6</td><td rowspan="6">短时耐受电流和峰值耐受电流试验</td><td>试验频率</td><td>额定频率</td><td>±10%</td><td>GB/T 11022—2011</td></tr>
<tr><td>峰值(在一个边相上)</td><td>额定峰值耐受电流</td><td>0%,+5%</td><td></td></tr>
<tr><td>三相试验电流交流分量的平均值</td><td>额定短时耐受电流</td><td>±5%</td><td></td></tr>
<tr><td>任一相试验电流交流分量/平均值</td><td>1 p.u.</td><td>±10%</td><td>GB/T 11022—2011</td></tr>
<tr><td>短路电流持续时间</td><td>额定短路持续时间</td><td>见 I^2t 的公差</td><td>GB/T 11022—2011</td></tr>
<tr><td>I^2t 的值</td><td>额定 I^2t 值</td><td>0%,+10%</td><td></td></tr>
<tr><td rowspan="4">6.102</td><td rowspan="4">额定关合和开断能力验证</td><td>关合电流交流分量的平均值(有效值)</td><td>关合电流 I_m</td><td>0%,+5%</td><td></td></tr>
<tr><td>任一相关合电流交流分量/平均值</td><td>1 p.u.</td><td>±10%</td><td></td></tr>
<tr><td>开断电流交流分量的平均值(有效值)</td><td>开断电流 I_c</td><td>0%,+5%</td><td></td></tr>
<tr><td>任一相开断电流交流分量/平均值</td><td>1 p.u.</td><td>±10%</td><td></td></tr>
</table>

表 B.1（续）

条款	试验类型	试验参量	规定的试验值	试验公差	参考
6.102	额定关合和开断能力验证	试验频率	额定频率	±10%	
		cosφ	cosφ	±0.05	
		直流分量		<20%	
		外施电压	U_r	0%，+10%	GB 1984—2014
		施加的相电压/平均值（三相）	1 p.u.	±5%	
		工频恢复电压(RV)		±5%	
		恢复电压持续时间末任一极 RV/平均值	1 p.u.	±20%	
		TRV 峰值	u_c	0%，+10%	
		TRV 上升率		0%，+15%	
		时延 t_d		±20%	
		振幅系数	k_{af}	$1.4 \leqslant k_{af} \leqslant 1.6$	
		频率	f	0%，+20%	
6.103	过载电流耐受试验	试验频率	f	±10%	GB/T 11022—2011
		峰值电流(一个边相上)	额定峰值耐受电流	0%，+5%	
		三相试验电流交流分量平均值	额定短时耐受电流	±5%	
		任一相中试验电流交流分量/平均值	—	±10%	
		短路电流持续时间	额定短路持续时间	见 I^2t 的公差	
		I^2t 的值	额定 I^2t 值	0%，+10%	
6.104	短路关合和开断试验	关合电流交流分量的平均值(有效值)	关合电流 I_m	0%，+5%	
		任一相关合电流交流分量/平均值	1 p.u.	±10%	
		短路关合电流(峰值)		0%，+5%	
		开断电流交流分量的平均值(有效值)	开断电流 I_c	0%，+5%	
		任一相开断电流交流分量/平均值	1 p.u.	±10%	
		试验频率	额定频率	±10%	
		cosφ	cosφ	±0.05	
		直流分量		<20%	
		外施电压	—	0%，+10%	
		施加的相电压/平均值（三相）	1 p.u.	±5%	

表 B.1（续）

条款	试验类型	试验参量	规定的试验值	试验公差	参考
6.104	短路关合和开断试验	工频恢复电压(RV)	—	±5%	
		恢复电压持续时间末任一极 RV/平均值	—	±20%	
		TRV 峰值		0%,+10%	
		TRV 上升率		0%,+15%	
		时延 t_d		±20%	
6.106	与 SCPD 配合的验证	预期峰值电流	—	0%,+5%	
		预期电流交流分量的平均值(有效值)	—	0%,+5%	
		任一相预期电流交流分量/平均值	1 p.u.	±10%	
		试验频率	额定频率	±10%	
		外施电压	—	0%,+10%	
		施加的相电压/平均值(三相)	1 p.u.	±5%	
		工频恢复电压(RV)	—	±5%	
		恢复电压持续时间末任一极 RV/平均值	—	±20%	
		TRV 峰值		0%,+10%	
		TRV 上升率		0%,+15%	
		时延 t_d		±20%	
		$\cos\varphi$	$\cos\varphi$	±0.05	
6.106.4.4		峰值电流/允通电流	1 p.u.	0%,+5%	
6.107	电寿命试验	关合电流交流分量的平均值(有效值)	关合电流 I_m	0%,+5%	
		任一相关合电流交流分量/平均值	1 p.u.	±10%	
		开断电流交流分量的平均值(有效值)	开断电流 I_c	0%,+5%	
		任一相开断电流交流分量/平均值	1 p.u.	±10%	
		试验频率	额定频率	±10%	
		$\cos\varphi$	$\cos\varphi$	±0.05	
		直流分量	—	<20%	
	最后 5 次试验的电压	外施电压	—	0%,+10%	
		施加的相电压/平均值(三相)	1 p.u.	±5%	
		工频恢复电压(RV)	—	±5%	
		恢复电压持续时间末任一极 RV/平均值	—	±20%	

表 B.1（续）

条款	试验类型	试验参量	规定的试验值	试验公差	参考
6.109	容性电流开合试验	工频电压变化： ——BC1 ——BC2		≤2% ≤5%	GB 1984—2014
		电弧熄灭后 300 ms 恢复电压的衰减		≤10%	
		有效值/基波有效值	—	≤1.2	
		试验电压	如 6.109.7 的规定	0%，+3%	
		恢复电压的频率	额定频率	±2%	
		开断电流/额定容性开断电流	BC1 BC2	10%～40% ≥100%	
		涌流的阻尼系数		≥0.75	
		背对背电流开合：关合涌流的峰值	BC2	±10%	
		背对背电流开合：关合涌流的频率	BC2	尽可能接近要求值。不应低于运行条件的77%也不高于6 000 Hz。	

附 录 C
（资料性附录）
符号和缩写清单

本标准中部分符号和缩写清单见表 C.1。

表 C.1 符号和缩写清单

描述	符号	条款号
开断电流	I_c	6.102.1
转子堵转电流	I_{lr}	4.111
转子堵转转矩	T_{lr}	4.111
关合电流	I_m	6.102.1
回路的功率因数	$\cos\varphi$	6.102.1
额定短路持续时间	t_k	4.8
额定频率	f_r	4.4
额定雷电冲击耐受电压	U_p	表 1
额定电流	I_r	4.5.1
额定工作电流	I_e	4.101
额定峰值耐受电流	I_p	4.7
额定转子工作电流	I_{er}	4.101.2
额定转子电压	U_{ro}	4.2.101
额定短路开断电流	I_{sc}	4.107
额定短路关合电流	I_{ma}	4.107
额定短时工频耐受电压	U_d	表 1
额定短时耐受电流	I_k	4.6
额定起动电压	U_{tap}	4.3.102
合分闸装置和辅助回路的额定电源频率	f_a	4.10
操动机构以及辅助和控制回路的额定电源电压	U_a	4.9
额定电压	U_r	4.2
恢复电压	U_{rec}	6.107
转子热电流	I_{thr}	4.5.101.2
定子热电流	I_{ths}	4.2.101.1
热电流	I_{th}	4.5.101
TRV 振幅系数	k_{af}	6.102.3
TRV 峰值	u_c	6.106.4.3
TRV 时间坐标	t_3	6.106.4.3

参 考 文 献

[1] GB/T 2900.20—2016 电工术语 高压开关设备和控制设备(IEC 60050(441):1984,MOD)

[2] GB 3804 3.6 kV～40.5 kV 高压交流负荷开关(GB 3804—××××,IEC 62271-103:2011,MOD)

[3] GB/T 14598.15 电气继电器 第8部分:电热继电器(GB/T 14598.15—1998,idt IEC 60255-8:1990)

[4] GB/T 16927.1 高电压试验技术 第1部分:一般定义及试验要求(GB/T 16927.1—2011,IEC 60060-1:2006,MOD)

[5] IEC 60034-11 Rotating electrical machines—Part 11:Thermal protection

[6] IEC 60050-442:1998 International Electrotechnical Vocabulary—Part 442:Electrical accessories

[7] IEC 60060(all parts) High-voltage test techniques

[8] IEC 60060-2 High voltage test techniques—Part 2:Measuring systems

ICS 29.130.10
K 43

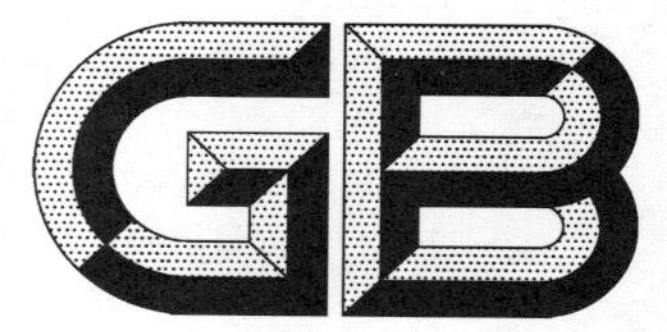

中华人民共和国国家标准

GB/T 14810—2014
代替 GB/T 14810—1993

额定电压 72.5 kV 及以上交流负荷开关

Alternating current switches for rated voltages of 72.5 kV and above

（IEC 62271-104：2009，MOD）

2014-05-06 发布　　2014-10-28 实施

中华人民共和国国家质量监督检验检疫总局
中国国家标准化管理委员会　发布

前　言

本标准按照 GB/T 1.1—2009 给出的规则起草。

本标准代替 GB/T 14810—1993《110 kV 及以上交流高压负荷开关》。

本标准与 GB/T 14810—1993 相比，主要差别是：

——适用范围。额定电压由“110 kV 及以上”改为“72.5 kV 及以上”并增加了确定输电系统中使用的专用和特殊用途负荷开关的要求。

——增加了开关装置、负荷开关的部件、操作、特性参量等方面的术语和定义。

——在“设计和结构”中增加了依赖动力的操作、储能操作、不依赖人力或动力的操作、铭牌、联锁装置、外壳的防护等级、户外绝缘子的爬电距离、火灾（易燃性）、电磁兼容性（EMC）、X 射线发射、腐蚀。

——增加了防护等级验证、电磁兼容性试验、辅助和控制回路的附加试验、真空灭弧室的 X 射线试验程序和电容器组电流开合试验（与 GB 1984 中的规定一致：引入了 C1 级和 C2 级）。

——增加了接地故障电流和接地故障条件下的电缆或线路充电电流（试验方式 7a 和 7b）及其相关试验回路。

——增加特殊用途负荷开关在频繁操作情况下，延长机械寿命试验（M1 级、M2 级）。

——增加了机械操作试验中和试验后负荷开关的状态。

——对于开断试验，工频试验电压在开断后至少应保持的时间由原来的 0.1 s 提高到 0.3 s。

——提高了负荷开关的试验方式 3、试验方式 4a 和 4b 及试验方式 5b 等的操作循环次数。

——增加了“负荷开关的选用导则”“查询、投标和订货时提供的资料”“运输、储存、安装、运行和维护规则”“安全”“产品对环境的影响”等。

本标准使用重新起草法修改采用 IEC 62271-104:2009《高压开关设备和控制设备　第 104 部分：额定电压 52 kV 及以上交流负荷开关》。

本标准与 IEC 62271-104:2009 相比，主要差别是：

——适用范围。根据我国电网的实际情况，去掉了 IEC 62271-104:2009 中额定频率 60 Hz 的有关内容；根据我国中高压的划分习惯，适用的额定电压由“52 kV 及以上”改为“72.5 kV 及以上”。

——额定电压。去掉了与我国电网无关的额定电压数值，按照 GB/T 11022—2011（或 GB/T 156）中所列的电压给出；并根据我国电网的实际运行经验和发展现状，给出了额定电压为1 100 kV 的相关参数。

——规范性引用文件按我国实际情况做了调整。

——根据 GB 1985 增加了 M0 级负荷开关、M1 级负荷开关、M2 级负荷开关的要求及试验方法。

——根据我国电网电压等级标准，按 IEC 62271-104 中提供的计算公式，对标准中涉及的 TRV 参数进行了重新计算确定。

——修改了试验方式 2a 和 2b 作为闭环输电线路和并联电力变压器电流开合试验的试验回路，同时增加了接地故障条件下开断试验的试验回路（试验方式 7a 和 7b）。

——删除了短路关合试验期间负荷开关可能遭到损伤而需要维护的内容，例如更换零部件、更新灭弧介质或者清洁以及调整使负荷开关恢复到其试验前的状态。

——铭牌参数信息根据我国实际做了相应修改，如按 GB/T 11022—2011 规定将额定短路持续时间由 1 s 改为 2 s。

——完善了“负荷开关的选用导则”，增加了负荷开关适用的多种应用场合和功能，如代替断路器和有效限制GIS中出现的快速暂态过电压(VFTO)和GIS外壳的对地瞬态电压(TVE)等。

本标准与GB/T 11022一起使用,除本标准中另有规定外,本标准参照GB/T 11022。为了简化相关要求的重复表述,本标准的章条号与GB/T 11022相同。对这些章条内容的补充在同一引用标题下给出,而附加的条款从101开始编号。

本标准由中国电器工业协会提出。

本标准由全国高压开关设备标准化技术委员会(SAC/TC 65)归口。

本标准起草单位:平高集团有限公司、西安高压电器研究院有限责任公司、西安西电开关电气有限公司、阿尔斯通电网中国技术中心、特变电工(上海)中发依帕超高压电器有限公司、上海天灵开关厂有限公司、新东北电气集团高压开关有限公司、浙江时通电气制造有限公司、北京北开电气股份有限公司、深圳电气科学研究所、ABB(中国)有限公司、日升集团有限公司。

本标准起草人:赵鸿飞、阎关星、王向克、田恩文、张实、吴鸿雁、姚锋娟、闫站正、姬秋红、周华、樊楚夫、黄超、徐晟、曹迎、李六零、刘根根、谭燕、曹阳、张勐、叶树新、张文波、尹弘彦、肖敏英、刘智平、樊建荣、林爱民、金泰宏。

本标准所替代标准的历次版本发布情况为:

——GB/T 14810—1993。

额定电压 72.5 kV 及以上交流负荷开关

1 概述

1.1 范围

本标准适用于额定电压 72.5 kV 及以上、额定频率 50 Hz、具有关合和开断电流额定值、用于户内和户外安装的三极交流负荷开关。

本标准也适用于负荷开关的操动机构及其辅助设备。

注 1：本标准涵盖了气体绝缘金属封闭开关设备(GIS)中的负荷开关。

注 2：具有隔离功能的负荷开关即隔离负荷开关还应满足 GB 1985 的要求。

注 3：本标准没有涵盖接地开关。作为负荷开关整体一部分的接地开关包含在 GB 1985 中。

本标准的主要目标是确定输电系统中使用的负荷开关的要求。设计此用途的通用负荷开关以满足下述运行要求：

——连续承载额定电流；

——在规定的时间内承载短路电流；

——开合有功负载电流；

——开合空载变压器；

——开合空载电缆、架空线路或母线的充电电流；

——开合闭环回路；

——关合短路电流。

本标准的更高的目标是确定输电系统中使用的专用和特殊用途负荷开关的要求。

专用负荷开关应满足上述的一种或多种运行工况。

特殊用途负荷开关除满足通用负荷开关的一种或多种运行工况外，还应满足下述一种或多种工况：

——开合单个电容器组；

——开合背对背电容器组；

——开合并联电抗器，包括从变压器一次侧开合二次侧或第三绕组侧并联电抗器；

——要求提高的操作循环次数的工况；

——在中性点非有效接地系统中的接地故障条件下的开合。

1.2 规范性引用文件

下列文件对于本文件的应用是必不可少的。凡是注日期的引用文件，仅注日期的版本适用于本文件。凡是不注日期的引用文件，其最新版本(包括所有的修改单)适用于本文件。

GB/T 311(所有部分)　绝缘配合

GB/T 762—2002　标准电流等级(IEC 60059:1999，EQV)

GB 1984—2014　高压交流断路器(IEC 62271-100:2008，MOD)

GB 1985—2014　高压交流隔离开关和接地开关(IEC 62271-102:2002＋A1:2011，MOD)

GB/T 2900.20—1994　电工术语　高压开关设备(neq IEC 60050)

GB 3804—2004　3.6 kV～40.5 kV 高压交流负荷开关 (IEC 60265-1:1998，MOD)

GB/T 4109—2008　交流电压高于 1 000 V 的绝缘套管(IEC 60137 Ed.6.0，MOD)

GB/T 4473—2008　高压交流断路器的合成试验(IEC 62271-101:2006，MOD)

GB/T 7354—2003　局部放电测量(IEC 60270:2000，IDT)

GB/T 11022—2011　高压开关设备和控制设备标准的共用技术要求(IEC 62271-1:2007，MOD)

GB/T 29489—2013 高压交流开关设备和控制设备的感性负载开合(IEC 62271-110:2009,MOD)

2 正常和特殊使用条件

GB/T 11022—2011 的第 2 章适用。

3 术语和定义

GB/T 311、GB 3804、GB/T 2900.20 和 GB/T 11022—2011 界定的以及下列术语和定义适用于本文件。

3.1

通用术语 general terms

无特别的定义。

3.2

装置 assemblies

无特别的定义。

3.3

装置的部件 parts of assemblies

无特别的定义。

3.4

开关装置 switching devices

3.4.101

负荷开关 switch

能够在回路正常条件(也可包括规定的过载条件)下关合、承载和开断电流以及在规定的异常回路条件(如:短路)下,在规定的时间内承载电流的开关装置。

[GB 3804—2004 中 4.4.101]

3.4.102

隔离负荷开关 disconnecting-switch

在断开位置,能满足对隔离开关所规定的隔离要求的一种负荷开关。

[GB 3804—2004 中 4.4.102]

3.4.103

通用负荷开关 general-purpose switch

能够在电流直到其额定开断电流条件下进行正常的关合和开断操作,并能够关合和在规定的时间内承载短路电流的负荷开关。

注:参见 4.108 为通用负荷开关规定的额定值。

3.4.104

专用负荷开关 limited-purpose switch

只有通用负荷开关的一种或几种,而非全部功能的负荷开关。

[GB/T 2900.20—1994 中 3.31]

3.4.105

特殊用途负荷开关 special-purpose switch

适合于开合要求不同于那些通用负荷开关所规定的负荷开关。

注：这种特殊要求的例子如开合电容器组、开合并联电抗器、接地故障条件下的开合以及提高的操作循环次数的能力。

3.4.106

C1 级负荷开关　switch class C1

经过规定的型式试验验证的、在容性电流开断期间具有低的重击穿概率的特殊用途负荷开关。

3.4.107

C2 级负荷开关　switch class C2

经过规定的型式试验验证的、在容性电流开断期间具有非常低的重击穿概率的特殊用途负荷开关。

3.4.108

单个电容器组负荷开关　single capacitor bank switch

用于开合充电电流的特殊负荷开关。其开合的充电电流值应小于或等于额定单个电容器组开断电流。

[GB 3804—2004 中 4.4.105.1]

3.4.109

背对背电容器组负荷开关　back-to-back capacitor bank switch

用于开断负荷开关的电源侧接有一个或多个电容器组，且电容器组充电电流值小于或等于额定背对背电容器组开断电流的特殊用途负荷开关。这种负荷开关应能关合小于或等于其额定电容器组关合涌流的所有电流值。

[GB 3804—2004 中 4.4.105.2]

3.4.110

并联电抗器负荷开关　shunt reactor switch

用于开合并联电抗器(包括变压器一次侧、二次侧或第三绕组侧并联电抗器)的一种特殊用途负荷开关。

3.4.111

M0 级负荷开关　switch class M0

具有 1 000 次操作循环的机械寿命，适合输电系统中使用且满足本标准一般要求的通用负荷开关。

3.4.112

M1 级负荷开关　switch class M1

具有 3 000 次操作循环的延长机械寿命的特殊用途负荷开关，主要用于负荷开关和同等级的隔离开关关联操作的场合。

3.4.113

M2 级负荷开关　switch class M2

具有 10 000 次操作循环的延长机械寿命的特殊用途负荷开关，主要用于负荷开关和同等级的隔离开关关联操作的场合。

3.5

负荷开关的部件　Parts of switches

无特别的定义。

3.6

操作　Operation

无特别的定义。

3.7

特征参量　Characteristic quantities

3.7.101

开断能力(开关装置和熔断器的)　breaking capacity (of a switching device or a fuse)

在规定的使用与性能条件下以及在指定电压下，开关装置或熔断器能够开断的预期电流值。

[GB 3804—2004 中 4.7.101]

注 1：规定条件和指定电压均在相关标准中指出。

注 2：对于开关装置，开断能力可以按照规定条件所包含的电流种类来描述，例如，线路充电开断能力、电缆充电开断能力、单个电容器组开断能力等。

3.7.102

有功负载开断能力　mainly active load-breaking capacity

开断有功负载回路，其负载可用电阻和电抗并联表示。

3.7.103

空载变压器开断能力　no-load transformer breaking capacity

开断空载变压器回路的能力。

[GB 3804—2004 中 4.7.103]

3.7.104

闭环开断能力　closed-loop breaking capacity

开断闭环输电线路，或开断与一个或多个电力变压器并联的电力变压器的能力。即负荷开关开断后，其两侧均带电，且其端子间的电压基本上小于系统电压。

[GB 3804—2004 中 4.7.104，修改过]

3.7.105

电缆充电开断能力　cable-charging breaking capacity

开断空载电缆回路的能力。

[GB 3804—2004 中 4.7.105，修改过]

3.7.106

线路充电开断能力　line-charging breaking capacity

开断空载架空线路的能力。

[GB 3804—2004 中 4.7.106]

3.7.107

母线充电开断能力　busbar charging breaking capacity

开断空载母线回路的能力。

3.7.108

单个电容器组开断能力　single capacitor bank breaking capacity

开断接在电源上的单个电容器组回路（此时没有其他电容器组与被开合的电容器组邻近）的能力。

[GB 3804—2004 中 4.7.107]

3.7.109

背对背电容器组开断能力　back-to-back capacitor bank breaking capacity

开断接在电源上的电容器组回路（此时有一个或多个电容器组与被开合的电容器组邻近）的能力。

[GB 3804—2004 中 4.7.108]

3.7.110

电容器组关合涌流　capacitor bank inrush making current

把一个电容器组投到电源上出现的高频和高幅值的电流，包括一个或多个电容器组与被投入的电容器组邻近。

注：涌流的频率和幅值取决于电容器组之间的电容和电感的数值。

3.7.111

并联电抗器开断能力　shunt reactor breaking capacity

开断并联电抗器回路（包括变压器一次侧、二次侧或第三绕组侧并联电抗器）的能力。

3.7.112

接地故障开断能力　earth-fault breaking capacity

在中性点非有效系统中，负荷开关的负载侧的空载电缆或架空线存在接地故障时开断故障相的能力。

3.7.113

接地故障条件下电缆充电或线路充电开断能力　cable and line-charging breaking capacity under earth fault conditions

在中性点非有效接地系统中，在负荷开关的电源侧发生接地故障时切除空载电缆或架空线路健全相的开断能力。

3.7.114

开断电流（开关装置或熔断器的）　breaking current (of a switching device or a fuse)

在开断过程中产生电弧瞬间流过开关装置的一极或流过熔断器的电流。

[GB 3804—2004 中 4.7.113]

3.7.115

（峰值）关合电流　(peak) making current

在关合操作过程中，电流出现后的瞬态阶段负荷开关一极中电流的第一个大半波的峰值。

注 1：一极和另一极以及一次操作和另一次操作的峰值不同，因为它们取决于电流出现瞬间所对应的外施电压的波形。

注 2：对于三相回路，除非另有规定，（峰值）关合电流的数值是指所有相中的最高值。

3.7.116

短路关合能力　short-circuit making capacity

在规定条件下，包括开关装置的接线端子短路在内的接通能力。

[GB 3804—2004 中 4.7.115]

3.7.117

极间同期性　simultaneity between poles

合闸时第一极和最后一极触头接触瞬间的最大时间差异；分闸时第一极和最后一极触头分离瞬间的最大时间差异。

4　额定值

4.1　概述

GB/T 11022—2011 中 4.1 适用，并作如下补充。

4.2　额定电压（U_r）

GB/T 11022—2011 中 4.2 适用。

4.3　额定绝缘水平

GB/T 11022—2011 中 4.3 适用。

4.4　额定频率（f_r）

GB/T 11022—2011 中 4.4 适用，并作如下修改：

高压交流负荷开关额定频率的标准值为 50 Hz。

4.5　额定电流和温升（I_r）

GB/T 11022—2011 中 4.5 适用。

4.6 额定短时耐受电流(I_k)

GB/T 11022—2011 中 4.6 适用。

4.7 额定峰值耐受电流(I_p)

GB/T 11022—2011 中 4.7 适用。

4.8 额定短路持续时间(t_k)

GB/T 11022—2011 中 4.8 适用。

4.9 合、分闸装置和辅助、控制回路的额定电源电压(U_a)

GB/T 11022—2011 中 4.9 适用。

4.10 合、分闸装置和辅助回路的额定电源频率

GB/T 11022—2011 中 4.10 适用。

4.11 可控压力系统用压缩气源的额定压力

GB/T 11022—2011 中 4.11 适用。

4.12 绝缘和/或开合用的额定充入水平

GB/T 11022—2011 中 4.12 适用。

4.101 额定接地故障开断电流(I_{7a})

对于中性点非有效接地系统,额定接地故障开断电流是负荷开关在其额定电压下能够开断的故障相的最大接地故障电流。

注:即使在失调状态下,中性点绝缘系统的 TRV(瞬态恢复电压)严酷于谐振接地系统。

4.102 额定短路关合电流(I_{ma})

额定短路关合电流是负荷开关在其额定电压下能够关合的最大预期峰值电流。

4.103 额定有功负载开断电流(I_1)

额定有功负载开断电流是负荷开关在其额定电压下能够开断的最大有功负载电流。

4.104 额定闭环开断电流(I_{2a}和 I_{2b})

额定闭环开断电流是负荷开关能够开断的最大闭环电流。可以分别规定输电线路的额定线路闭环开断电流(I_{2a})和额定并联电力变压器闭环开断电流(I_{2b})额定值。

4.105 额定容性开合电流

4.105.1 额定电缆充电开断电流(I_{4a})

额定电缆充电开断电流是负荷开关在其额定电压下能够开断的最大电缆充电电流。

4.105.2 额定线路充电开断电流(I_{4b})

额定线路充电开断电流是负荷开关在其额定电压下能够开断的最大线路充电电流。

4.105.3 额定单个电容器组开断电流(I_{4d})

额定单个电容器组开断电流是负荷开关在其额定电压下且没有其他与被开合的电容器组邻近的电容器组接在负荷开关的电源侧时能够开断的最大电容器组电流。

4.105.4 额定背对背电容器组开断电流(I_{4e})

额定背对背电容器组开断电流是特殊用途负荷开关在其额定电压下且有一个或多个与被开合的电容器组邻近的电容器组接在负荷开关的电源侧时能够开断的最大电容器组电流。

该开断电流对应于一台或几台并联电容器组接在负荷开关的电源侧时并联电容器组的开合,得到的关合涌流等于额定背对背电容器组关合涌流。

注:类似的条件适用于变电站中电缆的开合。

4.105.5 单个电容器组关合涌流

如果负荷开关规定了额定背对背电容器组关合涌流值,则不需要规定单个电容器组关合涌流值,本标准没有规定单个电容器组关合涌流额定值或者优选值。

4.105.6 额定背对背电容器组关合涌流(I_{in})

额定背对背电容器组关合涌流是负荷开关在其额定电压下且涌流频率与使用条件一致时能够关合的电流峰值(见 GB 1984—2014 中表 9)。

注:如果试验过的峰值关合涌流等于或大于额定值,且试验过的关合涌流的频率等于或者大于额定值的 77%(本规则的适用范围仅限于频率小于 6 000 Hz),则已经满足背对背电容器组关合性能要求。

4.105.7 接地故障条件下的额定电缆或线路充电开断电流(I_{7b})

对于中性点非有效接地系统,接地故障条件下的额定电缆充电或线路充电开断电流是负荷开关在其额定电压下能够开断的健全相中的最大电流。

注:接地故障条件下额定电缆充电或线路充电电流是正常条件下的电缆充电和线路充电电流的 $\sqrt{3}$ 倍。这覆盖了单屏蔽电缆时出现的最严酷情况。

4.106 额定感性负载开合电流

4.106.1 额定并联电抗器开断电流(I_{5b})

额定并联电抗器开断电流是负荷开关在其额定电压下能够开断的最大并联电抗器电流。

注:负荷开关能够开断的最小并联电抗器电流,如果不是零,应该由制造厂规定。

4.106.2 额定空载变压器开断电流(I_{5a})

额定空载变压器开断电流是负荷开关在其额定电压下能够开断的最大空载变压器电流。

4.107 额定端子机械负荷

GB 1985—2014 中 4.103 适用。

4.108 通用负荷开关额定值的配合

通用负荷开关对下列每种开合方式应该具有规定的额定值:

——额定有功负载开断电流等于额定电流;

——额定空载变压器开断电流等于额定电流的 1.0%;

——额定输电线路闭环开断电流等于额定电流;

——额定并联电力变压器闭环开断电流等于额定电流的50%；

——额定电缆充电开断电流如表1所示；

——额定线路充电开断电流如表1所示；

——额定短路关合电流等于额定峰值耐受电流。

额定值的标准值应在GB/T 762规定的R10系列中选取。

表1　通用负荷开关额定线路和电缆充电开断电流的优选值

额定电压 U_r kV	额定电缆充电开断电流 I_{4a} A	额定线路充电开断电流 I_{4b} A
72.5	25	3
126	31.5	8
252	40	25
363	50	50
550	—	80
800	—	125
1 100	—	160
注1：符合R10系列的更高的数值可以由制造厂规定。 注2：对于特殊用途负荷开关可以参考GB 1984规定的额定线路和电缆充电开断电流。		

4.109　专用负荷开关和特殊用途负荷开关额定值的配合

如果表1额定值适用，专用负荷开关优先采用和通用负荷开关相同的额定值。如果规定了其他额定值，应在R10系列中选取。

特殊用途负荷开关通常不要求有配合的额定值。必要时，配合的额定值应该在GB/T 762规定的R10系列中选取。

5　设计与结构

5.1　负荷开关中液体的要求

GB/T 11022—2011中5.1适用。

5.2　负荷开关中气体的要求

GB/T 11022—2011中5.2适用。

5.3　负荷开关的接地

GB/T 11022—2011中5.3适用。

5.4　辅助设备

GB/T 11022—2011中5.4适用。

5.5　依赖动力的操作

GB/T 11022—2011中5.5适用。

5.6 储能操作

GB/T 11022—2011 中 5.6 适用。

5.7 不依赖人力或动力的操作(非锁扣的操作)

GB/T 11022—2011 中 5.7 适用。

5.8 脱扣器操作

GB/T 11022—2011 中 5.8 适用。

5.9 低压力和高压力闭锁和监测装置

GB/T 11022—2011 中 5.9 适用。

5.10 铭牌

GB/T 11022—2011 中 5.10 适用,并作如下补充:负荷开关和其操动机构的铭牌应按表 2 的内容标注。

表 2 铭牌参数

	缩写	单位	负荷开关	操动机构	条件:仅当需要时才标注
(1)	(2)	(3)	(4)	(5)	(6)
制造厂			X	X	
型号或系列号			X	X	
额定电压	U_r	kV	X		
额定雷电冲击耐受电压	U_p	kV	X		
额定操作冲击耐受电压	U_s	kV	Y		额定电压 363 kV 及以上时
额定频率	f_r	Hz	X		对 50Hz 不适用时
额定电流	I_r	A	X		
额定短时耐受电流	I_k	kA	X		
额定短路持续时间	t_k	s	Y		不同于 2 s 时
额定短路关合电流	I_{ma}	kA	X		
有功负载开断操作的次数	N		Y		不同于 10 次
额定有功负载开断电流	I_1	A	(X)		
额定输电线路闭环开断电流	I_{2a}	A	(X)		
额定并联电力变压器闭环开断电流	I_{2b}	A	(X)		
额定电缆充电开断电流	I_{4a}	A	(X)		
额定线路充电开断电流	I_{4b}	A	(X)		

表 2（续）

	缩写	单位	负荷开关	操动机构	条件：仅当需要时才标注
(1)	(2)	(3)	(4)	(5)	(6)
额定母线充电开断电流	I_{4c}	A	(X)		
额定单个电容器组开断电流	I_{4d}	A	(X)		
额定背对背电容器组开断电流	I_{4e}	A	(X)		
额定空载变压器开断电流	I_{5a}	A	(X)		
额定并联电抗器开断电流	I_{5b}	A	(X)		
额定接地故障开断电流	I_{7a}	A	(X)		
接地故障条件下额定电缆或线路充电开断电流	I_{7b}	A	(X)		
额定背对背电容器组关合涌流	I_{in}	kA	(X)		
操作用的额定充入压力	P_{rm}	MPa		(X)	
开断用的额定充入压力	P_{re}	MPa	(X)		
额定辅助电压	U_a	V		X	
质量(包括液体)	m	kg	Y	Y	超过 300 kg 时
温度等级			Y	Y	不同于：户内－5 ℃；户外－25 ℃
X 表示这些值的标注是强制性的；(X)表示这些值的标注是可选的；Y 表示按照栏(6)中的条件标注的值。 **注 1**：栏(2)中的缩写可以代替栏(1)中的术语。采用栏(1)中的术语时可不出现“额定”。 **注 2**：如果数值相同，允许将缩写合并，例如：$I_r I_1 I_{2a}$ 400 A。					

5.11 联锁装置

GB/T 11022—2011 中 5.11 适用。

5.12 位置指示

GB/T 11022—2011 中 5.12 适用。

5.13 外壳的防护等级

GB/T 11022—2011 中 5.13 适用。

5.14 户外绝缘子的爬电距离

GB/T 11022—2011 中 5.14 适用。

5.15 气体和真空的密封

GB/T 11022—2011 中 5.15 适用。

5.16 液体的密封

GB/T 11022—2011 中 5.16 适用。

5.17 火灾(易燃性)

GB/T 11022—2011 中 5.17 适用。

5.18 电磁兼容性(EMC)

GB/T 11022—2011 中 5.18 适用。

5.19 X 射线发射

GB/T 11022—2011 中 5.19 适用。

5.20 腐蚀

GB/T 11022—2011 中 5.20 适用。

5.101 合闸机构

对于具有短路关合电流额定值的负荷开关,仅允许具有储能合闸或者依赖于动力合闸操作的机构。

5.102 额定端子机械负荷

按照制造厂的说明书安装后,负荷开关应能承受额定机械端子负载以及电动力而不降低它们的可靠性和电流承载能力。

5.103 动触头系统的位置及其指示或信号装置

5.103.1 位置锁定

负荷开关及其操动机构的构造不应使得它们在重力、振动、合理的冲击或意外地碰撞其连杆所产生的力或者电动力的作用下脱离分闸或合闸位置。负荷开关及其操动机构的设计应允许采取措施以防止误操作。

5.103.2 位置的指示

位置的指示应能识别负荷开关的分闸和合闸位置。如果满足下列条件之一,就认为达到要求:

a) 间隙或隔离断口可见;

b) 每一动触头的位置用一可靠的指示装置指明。

注 1:可见的动触头可用作指示装置。

注 2:在某些情况下隔离开关设计成断口可见。

注 3:当负荷开关的所有极都连在一起作为一个整体时,允许使用一个公共的位置指示装置。

5.103.3 信号用辅助触头

除非动触头分别到达其合闸或分闸位置,并满足 5.103.1 的要求,否则不应发出合闸和分闸位置指示和位置信号。

6 型式试验

6.1 总则

GB/T 11022—2011 第 6 章适用,并做如下补充:

负荷开关的型式试验列于表 3 中。试品的数量应符合 GB/T 11022—2011 中 6.1.2 的要求。

表 3 型式试验

型式试验项目		条款号
绝缘试验		6.2
主回路电阻测量		6.4
温升试验		6.5
短时耐受电流和峰值耐受电流试验		6.6
辅助和控制回路的附加试验		6.10
机械操作试验		6.101
关合和开断试验		6.102 和 6.107
取决于应用、额定值或设计的型式试验项目	要求型式试验的条件	条款号
无线电干扰电压试验	$U_r \geqslant 126$ kV	6.3
防护等级的验证	规定的防护等级	6.7
密封试验	可控、密封或封闭的压力系统	6.8
EMC 试验	二次系统中包含电子设备或元件	6.9
特殊用途负荷开关延长的机械寿命试验	规定有 M2 级的额定值	6.101.3
低温和高温试验	规定的温度级别	GB 1984—2014 中 6.101.3
端子静负载试验	户外负荷开关	6.101.6
严重冰冻条件下的操作验证试验	具有规定覆冰厚度(10 mm 或20 mm)的户外负荷开关	6.101.5
局部放电试验	如有规定	6.2.10
容性电流开合试验	如有规定	6.103
感性负载开合试验	如有规定	6.106
接地故障条件下的开断试验	$U_r < 252$ kV	6.103.6
通用负荷开关的试验	仅对通用负荷开关	6.107
专用负荷开关的试验	仅对专用负荷开关	6.108
特殊用途负荷开关的试验	仅对特殊用途负荷开关	6.109
人工污秽试验	用于污秽地区的户外负荷开关	GB/T 11022—2011 中 6.2.8
真空灭弧室的 X 射线试验	仅对真空灭弧室	6.11

所有的型式试验应在完整的负荷开关(包括根据要求在指定压力或降低压力下指定类型的液体或气体的数值)及其操动机构和辅助设备下进行。

受试负荷开关在图样的所有细节方面应与规定类型的负荷开关保持一致。

6.2 绝缘试验

GB/T 11022—2011 中 6.2 适用,并做如下补充。

6.2.10 局部放电试验

GB/T 11022—2011 中 6.2.10 由下述内容代替:

完整的负荷开关不要求进行局部放电试验。然而,若负荷开关采用的元件有相关的国家标准,且包括有局部放电测量(例如:套管,见 GB/T 4109)时,制造厂应提供证据,说明这些元件已按相关的国家标准通过了规定的局部放电试验。关于局部放电测量,见 GB/T 7354。

6.3 无线电干扰电压(r.i.v.)试验

GB/T 11022—2011 中 6.3 适用,并做如下补充:

试验可以在负荷开关的一极上进行,负荷开关应分别处于分闸和合闸位置。

注:对于额定电压 72.5 kV 及 GIS 中的负荷开关,不要求进行此项试验。

6.4 主回路电阻测量

GB/T 11022—2011 中 6.4 适用。

6.5 温升试验

GB/T 11022—2011 中 6.5 适用。

6.6 短时耐受电流和峰值耐受电流试验

GB/T 11022—2011 中 6.6 适用。

6.7 防护等级验证

GB/T 11022—2011 中 6.7 适用。

6.8 密封试验

GB/T 11022—2011 中 6.8 适用。

6.9 电磁兼容性试验(EMC)

GB/T 11022—2011 中 6.9 适用。

6.10 辅助和控制回路的附加试验

GB/T 11022—2011 中 6.10 适用。

6.11 真空灭弧室的 X 射线试验程序

GB/T 11022—2011 中 6.11 适用。

6.101 机械操作试验

6.101.1 受试负荷开关的布置

受试负荷开关应该安装在其自己的支架上,且其操动机构应按规定的方式进行操作。根据其类型进行试验如下:

——三极共用一个基架的负荷开关,应作为一个整体单元进行试验;

——每极或者每个柱分别由单独的负荷开关组成的三极负荷开关应按一个整体单元进行试验,但为了方便或由于试验室的限制,只要在整个试验范围内在下列方面与整台三极负荷开关的试验等价或者不会更有利,也可在负荷开关的一个极上进行单相试验:

- 关合操作中的机械行程特性(见 GB 1984—2014 中 6.101.1.1);
- 开断操作中的机械行程特性(见 GB 1984—2014 中 6.101.1.1);

• 灭弧介质的可用性；
• 合闸和分闸机构的功率和强度；
• 结构的刚度。

若负荷开关无法进行整极试验，可以将单元试验作为型式试验。单元为不依赖于整体负荷开关(例如：极、开断单元、操动机构)可操作的独立功能分装。适合于试验的单元由制造厂确定。

进行单元试验时，制造厂应证明试验期间单元上承受的机械应力不小于完整负荷开关试验时施加在同一单元上的机械应力。若单元试验作为型式试验替代完整的负荷开关试验，它们应包含完整负荷开关所有不同类型的元件，不同类型的单元应完成各自相应的型式试验项目。

按照相关标准制造的辅助和控制设备的部件应符合有关产品标准。与负荷开关其他部件的功能有关的这些部件的固有功能应进行验证。

除非另有规定，试验可以在任何方便的周围空气温度下进行。

在负荷开关操作期间，操动机构的电源电压应在端子处测量，包括构成操动机构一部分的辅助设备。为了调节外施电压，不应在电源和机构端子间增加阻抗。

对于人力操作的负荷开关，为了便于试验，如果负荷开关触头的操作速度等效于人力手柄操作时的速度，手柄可以用外部动力装置来代替。

6.101.2 通用负荷开关的试验

机械操作试验应在主回路中无电压和无电流的情况下由 1 000 次操作循环(M0 级)组成。具有动力操动机构的负荷开关应按下述进行试验：

——在额定电源电压和/或额定操作压力下，进行 900 次操作循环；

——在规定的最低电源电压和/或最低操作压力下，进行 50 次操作循环；

——在规定的最高电源电压和/或最高操作压力下，进行 50 次操作循环。

人力操作的负荷开关应进行下述试验：

——采用运行中出现的典型操作力的范围下进行 1 000 次操作循环。

操作循环以及合闸和分闸操作不要求规定时间间隔。在操作循环之间或合闸和分闸操作之间，不要求规定时间间隔。这些试验应该按电气控制元件带电时的温升不超过规定值的速率进行。

6.101.3 专用和特殊用途负荷开关的试验

除非另有规定，专用负荷开关试验应按照通用负荷开关试验的要求进行。

特殊用途负荷开关在频繁操作情况下，延长的机械寿命试验应按照 GB 1985—2014 中 6.102.6 进行。

6.101.4 机械操作试验中和试验后负荷开关的状态

对于每一个操作循环，负荷开关都应完全达到分闸和合闸位置。

验证试验期间操动机构、辅助和控制触头以及位置指示装置(如果有)的可靠动作。

试验期间允许按照制造厂的说明书进行润滑，但是不允许进行机械调整。

试验后，所有的部件应处于良好状态且无过度磨损。试验后，在接触区有镀层的触头，表面的镀层仍应保持，否则触头被认为是裸露的。

6.101.5 严重冰冻条件下的操作

6.101.5.1 概述

如果要求，试验应按 GB 1985—2014 中 6.103 进行(6.101.5.2 除外)。

6.101.5.2 操作的检查

对依赖于人力操作机构的负荷开关，即使成功的分闸或合闸需要几次试操作，也可以认为试验是满意的。具有储能或者依赖于动力操动机构的负荷开关应在第一次试操作就正常可靠。

6.101.6 端子静负载试验

端子静负载试验是为了验证在冰、风及连接导体同时作用下负荷开关能正确地操作。

如果进行该试验，GB 1985—2014 中 6.102.5 适用。

6.102 关合和开断试验的各项规定

6.102.1 受试负荷开关的布置

受试负荷开关应完整安装在其自身的支架或与之等效的支架上，其操动机构应按规定的方式进行操作。对动力操作的操动机构，应该在操作用的最低电源电压或者最低操作压力下进行。

在进行关合和开断试验之前，应进行空载操作，并记录下负荷开关机械特性，例如运动速度、合闸时间和分闸时间等的详细数据。

如果适用，试验应在开断和绝缘用气体的最低功能压力下进行。

带有人力操作的负荷开关，只要此时触头的运动与人力操作时的等效，可通过远距离控制或动力储能的方法进行操作。

试验时应考虑负荷开关任一端子带电的影响。当负荷开关两侧在使用中都可连接电源，而负荷开关一侧的实际布置不同于另一侧时，试验回路的电源侧应该连接到能够代表最严酷条件的一侧。如有怀疑，合-分操作试验总次数的 50%应将试验回路的电源接到负荷开关的一侧进行，而剩余的 50%应将电源接到负荷开关的另一侧进行。

三极负荷开关应进行如下的关合和开断试验：

——三极共用一个基架的负荷开关，应作为一个整体单元进行试验；除非可以表明在关合或开断期间，极间没有相互影响或联系。否则只允许进行三相关合和开断试验；

——对不具有完全独立的开合装置的三极负荷开关，应按一个整体单元进行试验，最好进行三相关合和开断试验，但为了方便或由于试验室的限制，也可在负荷开关的一个极上进行单相试验，只要它在整个试验过程中在下列方面不比整台三极负荷开关处于更有利的条件：

- 关合操作中的机械行程特性(见 GB 1984—2014 中 6.101.1.1)；
- 开断操作中的机械行程特性(见 GB 1984—2014 中 6.101.1.1)；
- 灭弧介质的可用性；
- 合闸和分闸装置的功率和强度；
- 结构的刚度。

在允许单相试验时，只要负荷开关满足 GB 1984—2014 中 6.102.4.1 的要求，就可以进行单元试验。

单相或三相合成试验按 GB/T 4473 相应规定进行。

除了气体绝缘金属封闭负荷开关外，对于通常置于金属壳内，并在开断和关合期间都有火焰或金属粒子喷射特征的负荷开关要求按下列程序进行试验，试验时负荷开关应安装在金属外壳内，或者用金属屏放在带电部件附近，带电部件与金属屏间的距离由制造厂决定，金属屏、框架及其他正常接地的部件应当与地绝缘，并通过一个由直径 0.1 mm、长度 50 mm 的铜丝构成的接地装置接地。试验后，如果铜丝完整无损，则认为未出现显著的泄漏电流。

6.102.2 开断试验中负荷开关的性能

负荷开关应能成功地通过试验而不出现机械的或电气的损伤，应没有火焰或物质从负荷开关内喷出，不应产生对操作人员有害的噪声。

操作过程中没有向外喷出可能有损于负荷开关绝缘水平的火焰或金属粒子。

对接地构架或接地屏没有危及操作人员或者损伤绝缘材料的明显的泄漏电流。

6.102.3 开断试验后负荷开关的状态

试验后，负荷开关不应有明显的劣化，应能正常操作，承载其额定电流并能耐受绝缘试验规定的电压。触头的状态不应影响关合和/或开断直到其电流额定值的性能。弧触头或规定的任何其他可更换件允许烧损，用于熄弧的油或其他介质的性能可能降低，其数值可能降低至正常水平以下，在绝缘子上，可能沉淀有熄弧介质分离而产生的物质。

试验后，为了核实上面的要求，对负荷开关进行外观检查和空载操作，通常是足够的。

如果对负荷开关满足绝缘要求的能力有怀疑，应按 GB/T 11022—2011 中表 1 或表 2 栏(2)数值的 80％进行工频耐压试验。

隔离负荷开关的隔离性能，在分闸位置时，不应由于与隔离断口相邻或相并联的绝缘件的损伤而降低到规定值以下，应按 GB/T 11022—2011 中表 1 或表 2 栏(3)数值的 100％进行工频耐压试验。

6.102.4 短路关合试验中和试验后负荷开关的状态

在试验期间，带电部分与地之间，或相间不应发生击穿放电。试验期间，负荷开关可能遭受损伤，但负荷开关仍应符合下列要求：

a) 机械状态：负荷开关在机械上应是可以操作的，并且当进行分闸操作时，应按指定的方式分闸；
b) 开断能力：负荷开关应具有开断额定开断电流的能力；
c) 绝缘要求：分闸的负荷开关断口间及对地的隔离特性不应由于与隔离断口相邻或者并联的绝缘件的损伤而降低到规定值以下；隔离负荷开关的隔离特性，在分闸位置时，不应由于与隔离断口相邻或者并联的绝缘件的损伤而降低到规定值以下。应按 GB/T 11022—2011 中表 1 或表 2 栏(3)数值的 100％进行工频耐压试验；
d) 载流能力：负荷开关应能承载额定电流，而与绝缘材料接触的金属部件的稳定温升不超过 GB/T 11022—2011 中表 3 允许值的 10 K，除了温升应达到稳定值外，对负荷开关其他部件的温升不作具体规定。

试验后负荷开关的外观检查和空载操作通常足以验证上述要求。

如果对负荷开关满足 6.102.4 c)要求的能力有怀疑，应进行 1 min 工频电压试验。试验电压应为 GB/T 11022—2011 中表 1 栏(2)数值的 80％。

6.103 关合和开断试验的试验回路

6.103.1 概述

除 6.101.1 的规定外，三极负荷开关的关合和开断试验可以采用三相试验回路或单相试验回路进行。

6.103.2 试验回路和负荷开关的接地

额定电压 126 kV 及以下的通用三极负荷开关，采用的三相试验回路可以在电源或负载回路的中性点接地的情况下，进行开断试验。在第一种情况下，电源侧的零序阻抗应小于三倍的正序阻抗。在另一种情况下，试验回路和负荷开关的框架应接地，使得熄弧后带电部件对地以及负荷开关断口间的电压条件能够代表运行的电压条件。

额定电压 252 kV 及以上的通用负荷开关，可以在电源和负载回路的中性点均接地的情况下进行试验。

对三极负荷开关进行单相开断试验时，应将被试极的一端接到电源，而另一端接负载，负载和电源的公共连接线可以接地，如图 1 和图 2 所示。但是，为了保证多单元负荷开关的单元之间的电压正确分布，可以将电源回路的其他点接地。

对于容性试验回路，见 6.105.1 和 6.105.2。试验报告中应注明所有试验所采用的接线方式。

注：通用负荷开关试验推荐的接地方式是：对额定电压 126 kV 及以下中性点非有效接地系统（电源或负载或者两者）；对额定电压 126 kV 及以上中性点有效接地系统（电源和负载）；对于在其他的接地方式下进行特殊用途或专用负荷开关的关合和开断试验，应根据用户和制造厂之间的协议确定其额定值。

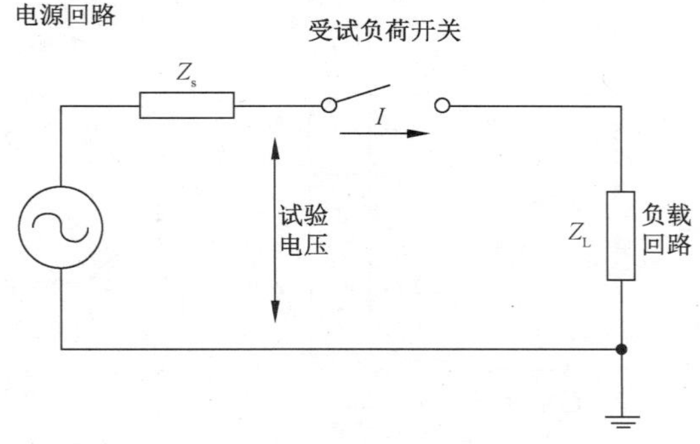

表 6 和表 7 中确定的试验电压和电流：

——功率因数≤0.2；

——$Z_T = Z_s + Z_L$；

——$|Z_s| = (0.15 \pm 0.03)|Z_T|$；

——TRV 参数：表 4、表 6 和表 7。

负载回路：

——功率因数＝0.65～0.75。

图 1　试验方式 1 和 3 有功负载电流开合试验的单相试验回路

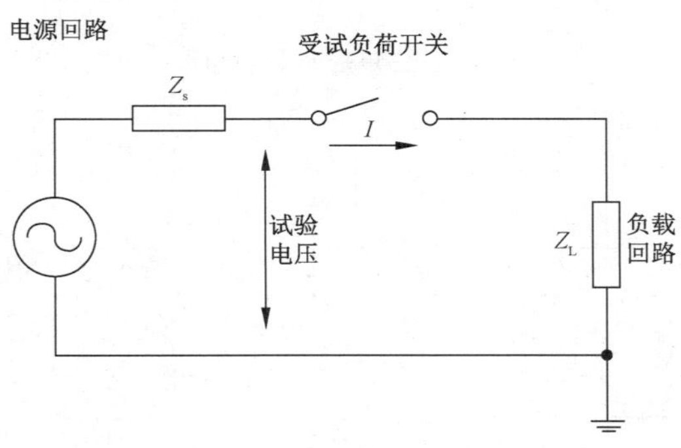

试验方式 2a——输电线路闭环回路：

——试验电压、电流和 TRV 参数在表 5、表 6 和表 7 中规定；

——功率因数≤0.3。

试验方式 2b——并联电力变压器回路：

——试验电压、电流和 TRV 参数在表 5、表 6 和表 7 中规定；

——功率因数≤0.2。

图 2　试验方式 2a 和 2b 闭环输电线路和并联电力变压器电流开合试验的单相试验回路

6.103.3　有功负载回路（试验方式 1 和试验方式 3）

试验回路如图 1 和图 3 所示，由电源回路和负载回路组成。电源回路总的串联阻抗应由电抗和电阻串联组成，且功率因数不超过 0.2。试验方式 1(在 100%额定电流时)，电源回路的阻抗应是试验回路总阻抗的(15±3)%。同样的电源回路阻抗也可用于较低电流的所有试验。

代表电源侧回路的阻抗可以接在负荷开关的电源侧，或者分开接在负荷开关的两侧。在端子故障条件下电源回路的预期瞬态恢复电压不应严于表 4 中的规定。负载回路的功率因数应为 0.7±0.05，且应由电抗和电阻并联而成。制造厂可以自行决定采用较低的功率因数。

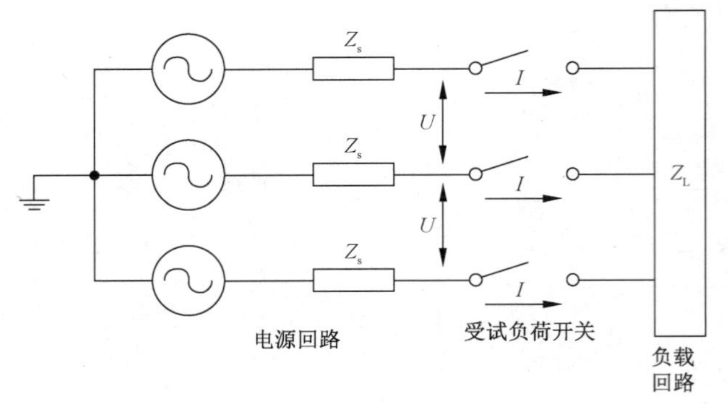

试验方式 1：$I=I_1$

试验方式 3：$I=0.05I_1$

电源回路：

——功率因数≤0.2；

——$Z_T=Z_s+Z_L$；

——$|Z_s|=(0.15\pm0.03)|Z_T|$；

——TRV 参数：表 4。

负载回路：

——功率因数=0.65～0.75。

a) 通用回路

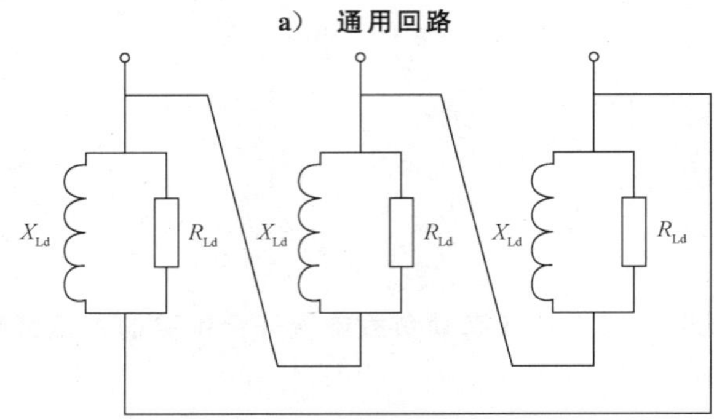

b) 三角形负载连接

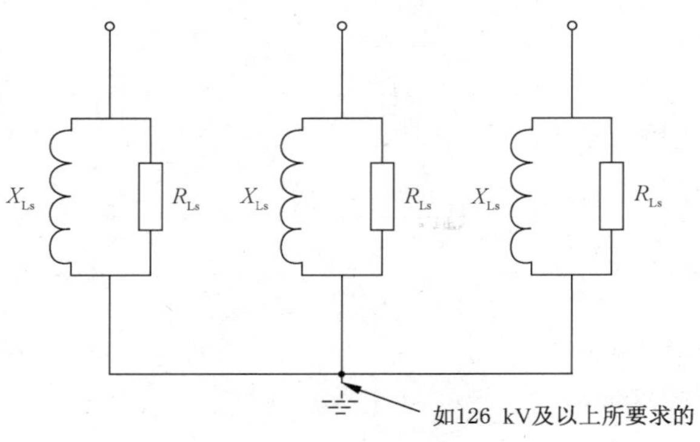

c) 星形负载连接

说明：

X_{Ld}——三角形负载连接的感应阻抗；

R_{Ld}——三角形负载连接的阻尼电阻；

X_{Ls}——星形负载连接的感应阻抗；

R_{Ls}——星形负载连接的阻尼电阻。

图 3 试验方式 1 和 3 有功负载电流开合的三相试验回路

表 4　有功负载电流开断试验的电源回路 TRV 参数

额定电压 U_r kV	电源分量	
	峰值电压 u_c kV	时间 t_3 μs
72.5	15	28
126	27(18)[a]	40
252	35	66
363	51	82
550	76	102
800	110	119
1 100	152	—

注 1：瞬态呈(1－cos)曲线形式，数值对应首开极。负荷开关电源和负载侧瞬态曲线在图 4 中说明。

注 2：串联的电源阻抗为总阻抗的 15%，功率因数≤0.2。负载由并联的电阻和电抗组成。负载上的 TRV 是一按指数衰减的电压，其峰值取决于负载的功率因数。因此，负载侧的 TRV 完全取决于负载回路，不需规定。

注 3：和电源串联的阻抗是当地变压器阻抗(假定为 10%)和远方电源阻抗(假定为 5%)的组合，变压器的 TRV 频率比电源的 TRV 频率要大得多。因此，TRV 的电源回路分量仅只由变压器部分导出。对于额定电压 252 kV 以下，变压器的中性点为非有效接地，首开极系数 k_{pp} 取 1.5，对于额定电压 252 kV 及以上，变压器的中性点为固定接地，首开极系数取 1.0。根据 GB 1984 对短路试验方式 T10 的规定，振幅系数为 1.7。

$$u_c = U_r\sqrt{\frac{2}{3}} \times k_{pp} \times 1.7 \times 0.10$$

[a] 括号中数例是对变压器的中性点为固定接地时，首开极系数取 1.0、振幅系数为 1.7 时的值。

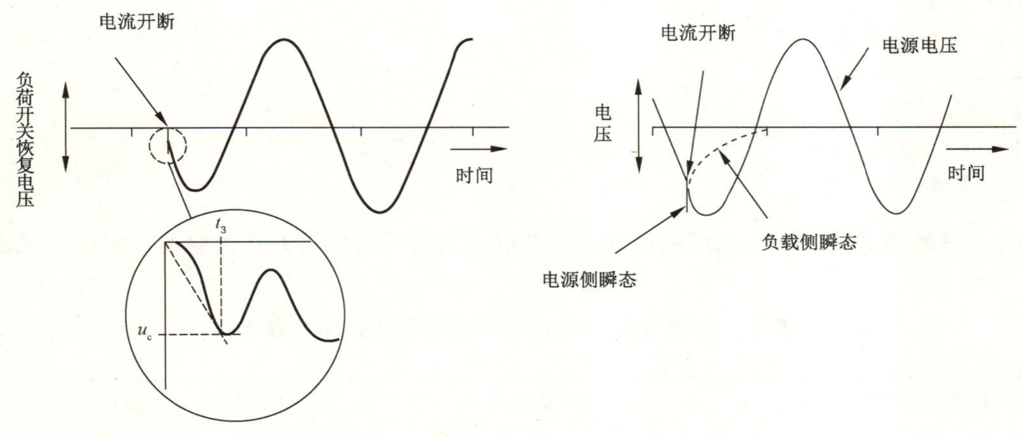

图 4　有功负载电流开合试验电源侧和负载侧瞬变曲线

6.103.4　闭环回路(试验方式 2)

a)　输电线路回路(试验方式 2a)

试验回路(图 2 和图 5)的功率因数应不超过 0.3，预期瞬态恢复电压不应小于表 5 中的规定。

在开路状态时，三极负荷开关三相试验的相间试验电压，对额定电压小于 363 kV 的负荷开关为额定电压的 20%，对额定电压 363 kV 及以上的负荷开关为额定电压的 15%，单相试验的试验电压示于表 6 和表 7 中。

注：这些数值是暂定的。

通常认为长的或者串联补偿的输电线路是特殊工况，试验时的实际电压可能高于规定值。对这种应用情况，应按照制造厂和用户之间的协议进行试验。

由于连接的输电线的波阻抗影响，规定的预期瞬态恢复电压波形呈三角形，然而为了试验的方便，如果用两参数法求值表明 RRRV（恢复电压上升率）和 u_c 已达表 5 中规定的数值，则瞬态恢复电压可用 (1－cos) 的波形。

b) 并联电力变压器回路（试验方式 2b）

试验回路（图 2 和图 5）的功率因数应不超过 0.2，预期瞬态恢复电压不应小于表 8 中的规定。

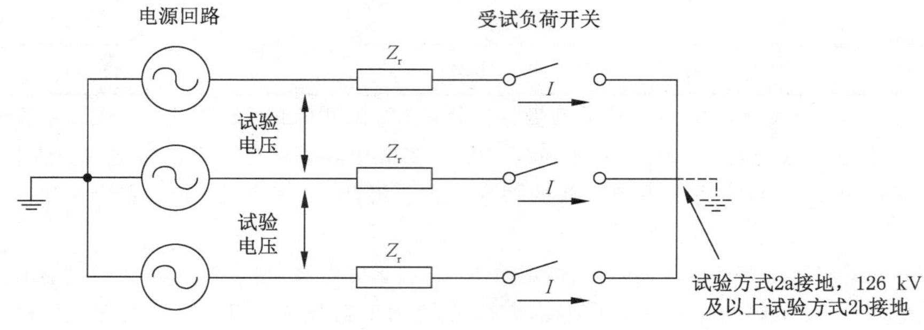

试验方式 2a——输电线路：

——试验电压＝$0.2U_r$（额定电压＜363 kV）；

——试验电压＝$0.15U_r$（额定电压≥363 kV）；

——试验电流＝I_{2a}；

——功率因数≤0.3；

——TRV 参数：表 5。

试验方式 2b——并联电力变压器：

——试验电压＝$0.15U_r$；

——试验电流＝I_{2b}；

——功率因数≤0.2；

——TRV 参数：表 8。

图 5 试验方式 2a 和 2b 闭环输电线路和并联电力变压器电流开合试验的三相试验回路

表 5 输电线路闭环电流开断试验的 TRV 参数

额定电压 U_r kV	峰值电压 u_c kV	RRRV 系数[a] kV/μs/kA
72.5	19	0.189
126	33	0.189
252	66	0.189
363	71.5	0.145
550	110	0.145
800	157	0.145

表 5（续）

额定电压 U_r kV	峰值电压 u_c kV	RRRV 系数[a] kV/μs/kA
1 100	215	0.145

注 1：瞬态过程在峰值电压前呈斜角坡，为便于试验，可采用(1－cos)波形，典型瞬变过程见图 6。

注 2：稳态、相间、开路的试验电压，对额定电压小于 363 kV 是额定电压的 20%；对额定电压 363 kV 及以上是额定电压的 15%。u_c 是根据中性点固定接地系统的首开极系数 k_{pp} 为 1.0，按照 GB 1984 近区故障时振幅系数等于 1.6 算得的：

$$u_c = U_r \times (0.20 \text{ 或 } 0.15)\sqrt{\frac{2}{3}} \times 1.0 \times 1.6$$

注 3：RRRV 根据 di/dt 乘以等值波阻抗 Z_{eq} 计算，等值波阻抗按首极开断计算，因为在这种情况下开合电流最高：

$$Z_{eq} = \frac{3\left(\frac{Z_1}{2}\right)Z_0}{\frac{Z_1}{2} + Z_0}$$

式中，Z_1 为正序波阻抗，Z_0 为零序波阻抗。

对于 252 kV 及以下，Z_{eq}＝425 Ω；对于 252 kV 以上，Z_{eq}＝325 Ω。Z_{eq} 与近区故障时所用的典型值不同。Z_{eq} 是针对首开极的而不是近区故障时的后开极。大于 252 kV，波阻抗发生了变化是由于采用了分裂导线。还应注意到在闭环开合期间导体不会碰在一起。

[a] 表中给出的峰值电压 u_c 和以千安(kA)表示的试验电流 I，可根据每千安的 RRRV 计算时间坐标：

$$t_3 = \frac{u_c}{\text{RRRV 系数} \times I}$$

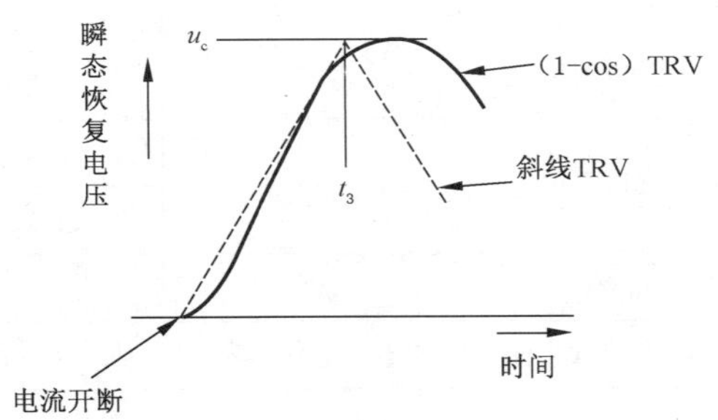

图 6　与输电线路闭环电流开断试验相关的瞬态图解

表 6　同期性四分之一周波及以下的三极负荷开关的单相试验方式

试验方式		额定电压	试验电压[a] $^{+10}_{0}$%	试验电流 $^{+10}_{0}$%	操作循环的次数
序号	类型				
1 *	100%有功负载电流	<252 kV	$1.5 \times U_r/\sqrt{3}$[b]	I_1	10
		≥252 kV	$U_r/\sqrt{3}$		
2a *	闭环-输电回路电流	<363 kV	$0.20 \times U_r/\sqrt{3}$	I_{2a}	10
		≥363 kV	$0.15 \times U_r/\sqrt{3}$		

表 6（续）

<table>
<tr><td colspan="2">试验方式</td><td rowspan="2">额定电压</td><td rowspan="2">试验电压[a]
$^{+10}_{0}\%$</td><td rowspan="2">试验电流
$^{+10}_{0}\%$</td><td rowspan="2">操作循环的次数</td></tr>
<tr><td>序号</td><td>类型</td></tr>
<tr><td rowspan="2">2b *</td><td rowspan="2">闭环-并联电力变压器回路电流</td><td><252 kV</td><td>$1.5\times0.15\times U_r/\sqrt{3}$</td><td rowspan="2">$I_{2b}$</td><td rowspan="2">10</td></tr>
<tr><td>≥252 kV</td><td>$0.15\times U_r/\sqrt{3}$</td></tr>
<tr><td rowspan="2">3 *</td><td rowspan="2">5%有功负载电流</td><td><252 kV</td><td>$1.5\times U_r/\sqrt{3}$[b]</td><td rowspan="2">$0.05\times I_1$</td><td rowspan="2">20</td></tr>
<tr><td>≥252 kV</td><td>$U_r/\sqrt{3}$</td></tr>
<tr><td rowspan="2">4a *</td><td rowspan="2">电缆充电电流</td><td rowspan="2">全部</td><td rowspan="2">$U_r/\sqrt{3}$</td><td>I_{4a}</td><td rowspan="4">48</td></tr>
<tr><td>$(0.1\sim0.4)\times I_{4a}$</td></tr>
<tr><td rowspan="2">4b *</td><td rowspan="2">线路充电电流</td><td rowspan="2">全部</td><td rowspan="2">$1.2\times U_r/\sqrt{3}$[b]</td><td>I_{4b}</td></tr>
<tr><td>$(0.1\sim0.4)\times I_{4b}$</td></tr>
<tr><td>4c</td><td>母线充电电流</td><td>全部</td><td>**</td><td>**</td><td>**</td></tr>
<tr><td rowspan="2">4d</td><td rowspan="2">单个电容器组电流</td><td rowspan="2">全部</td><td rowspan="2">[bc]</td><td>I_{4d}</td><td rowspan="4">48</td></tr>
<tr><td>$(0.1\sim0.4)\times I_{4d}$</td></tr>
<tr><td rowspan="2">4e</td><td rowspan="2">背对背电容器组电流</td><td rowspan="2">全部</td><td rowspan="2">[bc]</td><td>I_{4e}</td></tr>
<tr><td>$(0.1\sim0.4)\times I_{4e}$</td></tr>
<tr><td>5a</td><td>空载变压器电流</td><td>全部</td><td>**</td><td>**</td><td>**</td></tr>
<tr><td rowspan="6">5b</td><td rowspan="6">并联电抗器电流</td><td rowspan="2"><126 kV</td><td rowspan="2">$1.5\times U_r/\sqrt{3}$</td><td>630 A</td><td rowspan="6">100</td></tr>
<tr><td>200 A[d]</td></tr>
<tr><td rowspan="2">≥126 kV
<252 kV</td><td rowspan="2">$1.5\times U_r/\sqrt{3}$</td><td>315 A</td></tr>
<tr><td>100 A[d]</td></tr>
<tr><td rowspan="2">≥252 kV</td><td rowspan="2">$U_r/\sqrt{3}$</td><td>315 A</td></tr>
<tr><td>100 A[d]</td></tr>
<tr><td>6 *</td><td>短路关合电流</td><td>全部</td><td>$U_r/\sqrt{3}$</td><td>I_{ma}</td><td>2 次关合操作</td></tr>
<tr><td>7a</td><td>接地故障电流</td><td>< 252 kV</td><td>$U_r/\sqrt{3}$</td><td>I_{7a}</td><td>10</td></tr>
<tr><td>7b</td><td>接地故障条件下的电缆或线路充电电流</td><td><252 kV</td><td>U_r</td><td>I_{7b}</td><td>24</td></tr>
<tr><td colspan="6">* 对通用负荷开关要求做这些试验。
** 根据制造厂和用户之间的协议。</td></tr>
<tr><td colspan="6">[a] TRV 数值在相应的表中规定。
[b] 关合操作的试验电压可以降到 $U_r/\sqrt{3}$。
[c] 试验电压见 6.105.7。
[d] 如果规定了最小开断电流，则该规定的开断电流适用于本试验。</td></tr>
</table>

表7 同期性大于四分之一周波的三极负荷开关和逐极操作的负荷开关的单相试验方式

试验方式		额定电压	试验电压[a] $^{+10}_{0}\%$	试验电流 $^{+10}_{0}\%$	操作循环的次数
序号	类型				
1 *	100%有功负载电流	<252 kV	$1.5\times U_r/\sqrt{3}$	I_1	10
		≥252 kV	$U_r/\sqrt{3}$		
2a *	闭环-输电回路电流	<363 kV	$0.20\times U_r/\sqrt{3}$	I_{2a}	10
		≥363 kV	$0.15\times U_r/\sqrt{3}$		
2b *	闭环-并联电力变压器回路电流	<252 kV	$1.5\times 0.15\times U_r/\sqrt{3}$	I_{2b}	10
		≥252 kV	$0.15\times U_r/\sqrt{3}$		
3 *	5%有功负载电流	<252 kV	$1.5\times U_r/\sqrt{3}$	$0.05\times I_1$	20
		≥252 kV	$U_r/\sqrt{3}$		
4a *	电缆充电电流	全部	$U_r/\sqrt{3}$	I_{4a}	48
				$(0.1\sim0.4)\times I_{4a}$	
4b *	线路充电电流	全部	[b]	I_{4b}	
				$(0.1\sim0.4)\times I_{4b}$	
4c	母线充电电流	全部	**	**	**
4d	单个电容器组电流	全部	[d]	I_{4d}	48
				$(0.1\sim0.4)\times I_{4d}$	
4e	背对背电容器组电流	全部	[d]	I_{4e}	
				$(0.1\sim0.4)\times I_{4e}$	
5a	空载变压器电流	全部	**	**	**
5b	并联电抗器电流	<126 kV	$1.5\times U_r/\sqrt{3}$	630 A	100
				200 A[d]	
		≥126 kV <252 kV	$1.5\times U_r/\sqrt{3}$	315 A	
				100 A[d]	
		≥252 kV	$U_r/\sqrt{3}$	315 A	
				100 A[d]	
6 *[e]	短路关合电流	全部	U_r	$0.87I_{ma}$	2次关合操作
			$U_r/\sqrt{3}$	I_{ma}	
7a	接地故障电流	<252 kV	$U_r/\sqrt{3}$	I_{7a}	10
7b	接地故障条件下电缆或线路充电电流	<252 kV	U_r	I_{7b}	24

* 对通用负荷开关要求做这些试验。

** 根据制造厂和用户之间的协议。

表 7（续）

<table>
<tr><th colspan="2">试验方式</th><th rowspan="2">额定电压</th><th rowspan="2">试验电压[a]
$^{+10}_{\ 0}\%$</th><th rowspan="2">试验电流
$^{+10}_{\ 0}\%$</th><th rowspan="2">操作循环
的次数</th></tr>
<tr><th>序号</th><th>类型</th></tr>
<tr><td colspan="6">

[a] TRV 数值在相应的表中规定。
[b] 对于逐极操作的负荷开关，试验电压在 6.105.7 中确定。对于其他负荷开关，采用 $1.5\times U_r/\sqrt{3}$。
[c] 试验电压见 6.105.7。
[d] 如果规定了最小开断电流，则该规定的开断电流适用于本试验。
[e] 如上面规定需要两次试验。对于逐极操作的负荷开关，在 $1.0\times I_{ma}$ 时的试验电压可以降至 $U_r/\sqrt{3}$。</td></tr>
</table>

表 8　并联电力变压器电流开断试验的 TRV 参数

额定电压 U_r kV	峰值电压 u_c kV	时间坐标系数 K[a]
72.5	11.5	14
126	20(13.5)[b]	19
252	26.5	31
363	38.5	48
550	58	67
800	84	67
1 100	115	—

注 1：瞬态过程是(1－cos)形式且数值对应首开极。

注 2：假定为中性点有效接地系统，对于额定电压 252 kV 及以上，首开极系数 k_{pp} 取 1.0；假定为中性点非有效接地系统，对于额定电压小于 252 kV，首开极系数 k_{pp} 取 1.5。假定振幅系数等于 1.7，符合 GB 1984 的试验方式 T10。假定开断并联的两台电力变压器中的一台变压器。TRV 主要由被开断的变压器决定。这意味着瞬态幅值仅按稳态恢复电压的一半计算：

$$u_c = U_r \times \sqrt{\frac{2}{3}} \times k_{pp} \times 1.7 \times \frac{0.15}{2}$$

注 3：系数 K 是变压器注入低电压电流而得到的瞬态恢复电压的频率导出的。该频率代表了变压器额定电流接近试验电流时的典型值。

[a] 时间坐标可以根据 $t_3 = \frac{K}{\sqrt{I}}$ 计算得出，式中 t_3 的单位为 μs，I 为以 kA 表示的试验电流。

[b] 括号中数例是对变压器的中性点为固定接地时，首开极系数取 1.0、振幅系数为 1.7 时的值。

6.103.5　短路关合试验的试验回路（试验方式 6）

三极负荷开关的三相试验的试验回路应如图 7 所示。逐极操作的三极负荷开关或用在三相系统中的单极负荷开关的单相试验可以采用如图 8 所示的单相试验回路。

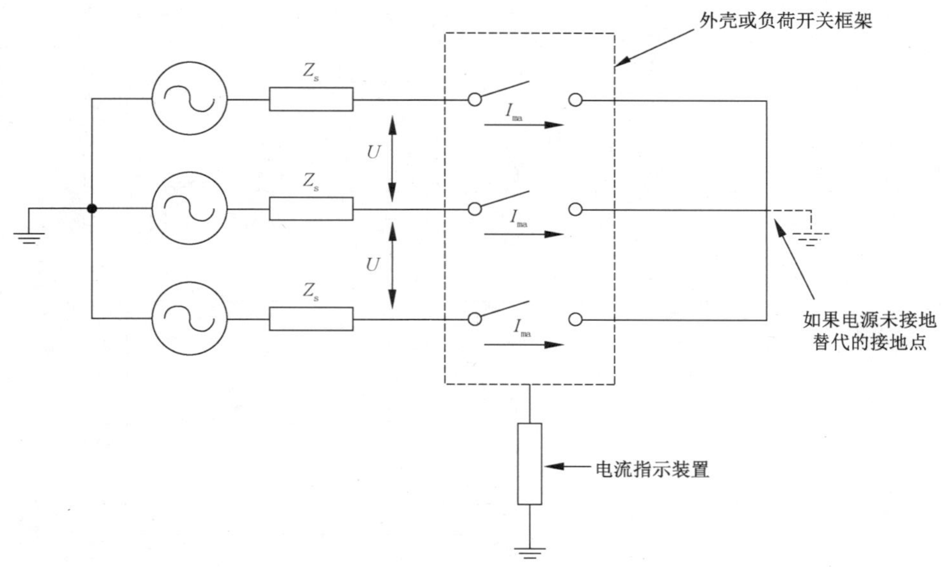

图 7 试验方式 6 短路关合电流试验的三相试验回路

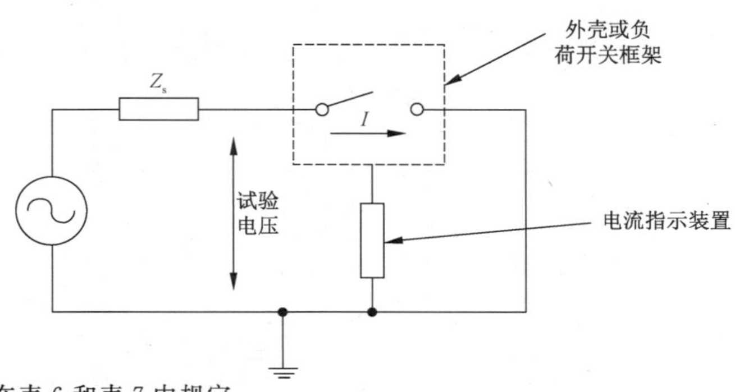

试验电压和试验电流在表 6 和表 7 中规定。

图 8 试验方式 6 短路关合电流试验的单相试验回路

6.103.6 接地故障条件下开断试验的试验回路(试验方式 7a 和 7b)

试验仅适用于额定电压 126 kV 及以下的负荷开关。应采用图 9 和图 10 的试验回路,且其电源阻抗(Z_s)应等于通用负荷开关试验方式 1 的试验回路的电源侧阻抗。应采用其阻值不超过容抗值 5% 的无感电阻与电容器串联。

本标准假定额定电压 252 kV 及以上的电源中性点均为有效接地的,因此,在这些电压下接地故障会导致短路电流。对于额定电压 252 kV 及以上的不同于中性点有效接地系统的系统,试验应按照用户和制造厂之间的协议进行。

可以采用单相容性回路进行接地故障条件下的开断试验。

接地故障条件下的接地故障电流和充电电流为容性电流。因此进行这些试验的条件以及所采用的电源回路和容性回路的特性和 6.105 中描述的容性回路的要求相同。

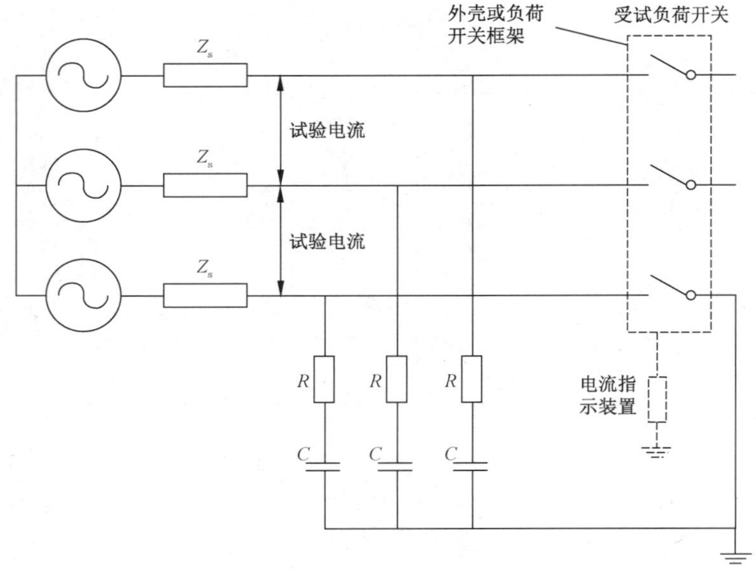

图 9 接地故障开断电流(试验方式 7a)的三相试验回路

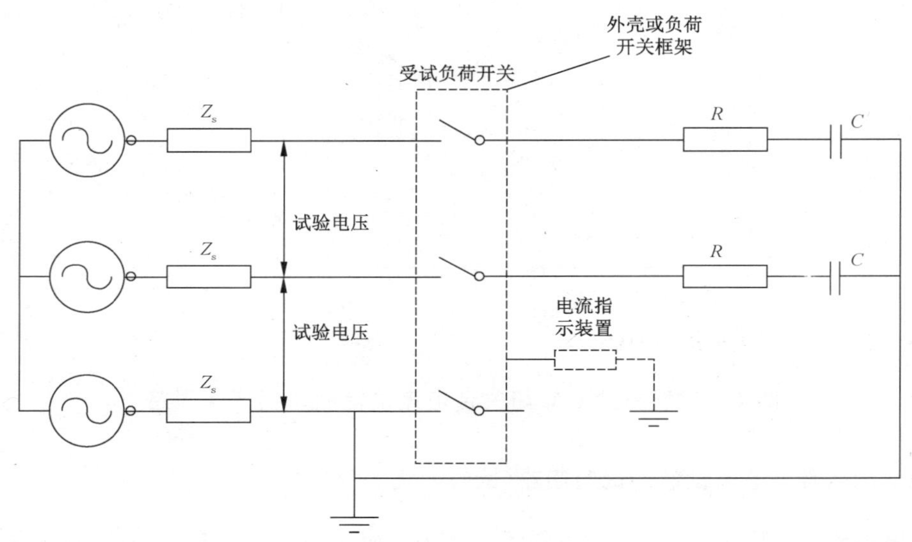

图 10 接地故障条件下电缆充电开断电流试验(试验方式 7b)的三相试验回路

6.104 试验参量

6.104.1 试验频率

负荷开关应在偏差为±10%的额定频率下进行试验。但是,为了试验方便,与上述允差的一些偏离是允许的;例如,额定频率为 50 Hz 的负荷开关在 60 Hz 下进行试验,反之亦然。但在解释试验结果时应慎重,应考虑到所有显而易见的事实,如负荷开关的类型和所进行试验的类型。

注:在某些情况下,负荷开关用在 60 Hz 和用在 50 Hz 时的额定特性可能会有差异。

6.104.2 开断试验的试验电压

除了特定试验方式的说明外，三相试验的试验电压应等于负荷开关的额定电压。试验电压在表9中给出。

如果能够说明已满足6.102.1的条件，则单相试验可以用于代替三极负荷开关的三相试验。若设计的负荷开关允许单极操作而不需考虑其余极的状态，则此负荷开关也可以进行单相试验。

三极负荷开关可以按照极间同期性分成两类。具有同期性四分之一周波及以下的负荷开关的单相试验应按照表6中的规定值进行。

具有同期性大于四分之一周波的负荷开关以及逐极操作的负荷开关的单相试验应按照表7中的规定值进行。

试验方式1和试验方式3的TRV峰值应该是相应的表中数值的1.15倍。

同期性应采用能产生最大不同期的操动机构的电源电压或压力以及灭弧室的气体压力来测定。

试验电压除容性负载应在触头刚分前进行测量外，都应在电流回路刚开断后测量。测量电压点应尽可能靠近负荷开关的接线端子(即测量点和接线端子间无明显的阻抗)。三相试验时，试验电压应用相间试验电压的平均值表示，任何两相之间的试验电压与试验电压的平均值之差不应超过10%。

对于开断试验，工频试验电压在开断后应保持至少0.3 s，但对容性负载开断试验，包括直流分量的电压应保持至少0.3 s。如果由于试验室的限制而无法满足该要求时，GB 1984—2014中6.111.5的规定适用。

对于单元试验，降低的试验电压应在多单元负荷开关的一个单元上施加适当的电压。

6.104.3 开断电流

开断电流应是对称电流。触头分离时刻的直流分量应小于20%。负荷开关的触头在接通电路所产生的瞬态电流消失之前不应分离。

三相试验的开断电流应为规定试验方式的额定电流，且为所有极中测得的开断电流的平均值。平均电流和各极电流之差不应超过平均值的10%。

三相试验和单相试验的开断电流分别如表9以及表6和表7所示。

对于容性回路开断试验，试验电流的波形应为正弦形。如果全电流的有效值与基波分量有效值之比不超过1.2，则认为符合要求，试验电流在每个工频半波中的过零数不得多于一次。

应按下列项目规定开断能力：

a) 试验电压；

b) 开断电流；

c) 回路的功率因数；

d) 试验回路；

e) 瞬态恢复电压参数；

f) 合-分操作循环次数。

表 9　三极负荷开关三相试验的试验方式

试验方式		额定电压	试验电压[a] $^{+10}_{0}\%$	试验电流 $^{+10}_{0}\%$	操作循环的次数
序号	类型				
1 *	100%有功负载电流	全部	U_r	I_1	10
2a *	闭环-输电回路电流	<363 kV	$0.20U_r$	I_{2a}	10
		≥363 kV	$0.15U_r$		
2b *	闭环-并联电力变压器回路	全部	$0.15U_r$	I_{2b}	10
3 *	5%有功负载电流	全部	U_r	$0.05\times I_1$	20
4a *	电缆充电电流	全部	U_r	I_{4a}	24
				$(0.1\sim0.4)\times I_{4a}$	
4b *	线路充电电流	全部	U_r	I_{4b}	
				$(0.1\sim0.4)\times I_{4b}$	
4c	母线充电电流	全部	**	**	**
4d	单个电容器组电流	全部	U_r	I_{4d}	24
				$(0.1\sim0.4)\times I_{4d}$	
4e	背对背电容器组电流	全部	U_r	I_{4e}	
				$(0.1\sim0.4)\times I_{4e}$	
5a	空载变压器电流	全部	**	**	**
5b	并联电抗器电流[b]	全部	U_r	I_{5b}	100
				$(0.1\sim0.4)\times I_{5b}$	
6 *	短路关合电流	全部	U_r	I_{ma}	2 次关合操作
7a	接地故障电流	<252 kV	U_r	I_{7a}	10
7b	接地故障条件下电缆或线路充电电流	<252 kV	U_r	I_{7b}	12

* 对通用负荷开关要求做这些试验。
** 根据制造厂和用户之间的协议。

[a] 首开极的 TRV 在相应的表中给出。
[b] 如果规定了最小开断电流，则该规定的开断电流适用于本试验。

6.104.4　短路关合试验的试验电压

短路关合试验仅适用于通用负荷开关。三极负荷开关应优先在负荷开关的额定电压下进行三相试验。

只要能够说明满足了 6.102.1 的条件，则三极负荷开关也可进行单相试验。此外，必须应说明单相试验时在每一极和操动机构上产生的机械力等于或严于三相试验时所产生的机械力。单相试验时试验电压如表 6 和表 7 所示。

对于更高的电压等级，由于受到试验室的限制，在额定电压和额定电流下进行直接试验非常困难。在这些情形下，可以采用合成关合回路，由一个电源产生要求的试验电压，而由另外的一个电源产生额定关合电流。

对于验证关合非对称故障电流的试验，试验可以在降低的电压下而不使用任何触发预击穿的人工方法下进行。但必须说明降低电压试验的严酷度不低于表6、表7和表9给出的合适电压下的电压试验。

对于验证具有最长预击穿时间的关合对称故障电流的试验，在某些情况下，也可以使用降低的外施电压。应提供一个方法，使得在合闸时电弧起燃的距离与在适当的三相或单相试验电压下所达到的电弧起燃距离相同。合闸过程中关合电流不应有明显的畸变或间断。

如果预击穿的触发采用了替代的方法(例如：采用熔丝)，则应在关合试验前，在额定电压下和降低的电流时进行10次关合试验来确定预击穿距离。电流应足够低，使得触头的烧蚀不影响预击穿时间。电流从1 A～50 A通常足以确定预击穿距离。每次试验应通过位移传感器或等效装置确定预击穿距离。应汇总测量的预击穿时间且应确定平均值及其标准偏差。估计预击穿距离所进行的所有关合试验应使得电流起始时刻对应外施电压波形上的75°～105°。对于三相试验，这一要求仅适用于一相。短路关合试验所用的预击穿距离应该按上述方法确定的平均预击穿时间加两个标准偏差来确定。

6.104.5 短路关合电流(试验方式6)

短路关合电流应该用关合电流峰值和对称关合电流的有效值表示。对于通用负荷开关，每一极中电流的对称有效值在0.2 s时至少应为额定短时耐受电流的80%。

短路电流的持续时间至少应为0.2 s。

负荷开关应能够关合电压波形上任一点出现预击穿电弧时的电流。两种极端的情况规定如下：

a) 在电压峰值处关合，将产生对称的短路电流和最长的预击穿电弧；

b) 在电压零点关合，将产生完全非对称的短路电流而没有预击穿。

关合电流应尽可能不要出现在同一极。

通用负荷开关应能够在低于其额定电压的电压下运行，可能关合完全的非对称电流。电压的下限(如果有)应由制造厂规定。

应按下列项目规定短路关合电流：

a) 试验电压；

b) 关合电流(非对称关合的峰值和对称关合的有效值)；

c) 短路电流持续时间；

d) 试验回路；

e) 关合操作次数。

6.105 容性电流开合试验(试验方式4)

6.105.1 适用性

容性电流开合试验适用于规定有下述一个或多个额定值的所有负荷开关，且应按照GB 1984—2014中6.111进行：

——额定线路充电开断电流；

——额定电缆充电开断电流；

——额定单个电容器组开断电流；

——额定背对背电容器组开断电流；

——额定背对背电容器组关合涌流。

额定容性开合电流的优选值在GB 1984—2014的表9中给出。

注1：本标准没有包含开合容性电流时过电压的确定。

注2：关于容性电流开合的解释性的注解在GB 1984—2014附录I的I.3给出。

注3：对于用在中性点不接地系统中的负荷开关，具有额定电缆充电电流的，在中性点接地系统中的电缆充电电流不需要进行试验。

注4：对于用在中性点接地系统中且具有铠装电缆的额定电缆充电电流的负荷开关，如果屏蔽电缆该方式的电流额定值等于或小于铠装电缆的值，则不需对屏蔽电缆进行电缆充电电流试验。如果额定电缆充电电流开断试验采用的试验回路具有的首开极系数等于或大于线路充电电流开断试验回路所产生的首开极系数，且如果表1中列出的那样线路充电电流额定值小于或等于电缆充电电流额定值，则不需要进行线路充电电流试验。

6.105.2 概述

容性电流开合试验期间允许出现复燃。根据负荷开关的重击穿性能可以将其分为两级：

——C2级：特定的型式试验(6.105.9.1)验证的容性电流开合期间具有非常低的重击穿概率；

——C1级：特定的型式试验(6.105.9.2)验证的容性电流开合期间具有低的重击穿概率。

注1：该概率与负荷开关型式试验系列中的性能有关。

注2：重击穿或复燃后出现的现象不能代表运行条件，因为试验回路并不能完全再现事后的电压条件。

试验室试验，线路和电缆可以部分或全部用电容器、电抗器和电阻等集中元件组成的人工回路代替。

试验回路的频率应为额定频率，允差为±2%。

注3：在60 Hz时进行的试验可以认为已证明了50 Hz时的开断特性。

注4：只要能证明负荷开关断口上的电压在开断后的第一个8.3 ms内不低于规定电压下60 Hz试验时的情况，则认为50 Hz时的试验也可以验证60 Hz时的特性。如果重击穿出现在8.3 ms以后，因为其瞬时电压高于在60 Hz时规定电压试验的瞬态电压，则试验可在60 Hz时重复进行。

注5：回路的要求可以用恢复电压的要求代替。

6.105.3 电源回路的特性

GB 1984—2014中6.111.3适用。

6.105.4 电源回路的接地

GB 1984—2014中6.111.4适用。

6.105.5 被开合的容性回路的特性

GB 1984—2014中6.111.5适用。

6.105.5.1 线路充电和电缆充电电流开合试验(试验方式4a和4b)

GB 1984—2014中6.111.5.1适用。

6.105.5.2 电容器组电流开合试验(试验方式4d和4e)

GB 1984—2014中6.111.5.2适用。

6.105.6 电流波形

GB 1984—2014中6.111.6适用。

6.105.7 试验电压

GB 1984—2014中6.111.7适用，并作如下补充：

对于额定电压252 kV及以上，推荐只考虑中性点有效接地系统和中性点固定接地的电容器。对于较低电压的系统，应考虑非有效接地的电源和/或非有效接地的电容器组，制造厂应选择代表预定装置的试验回路。试验电压应等于 $U_r/\sqrt{3}$ 和下列系数之一的乘积：

a) 1.0：适用的试验相应于中性点固定接地系统的正常运行条件，且容性回路相邻的相间无明显的相互影响，例如中性点接地的电容器组；
b) 1.75：对于逐极操作的负荷开关，试验相应于中性点非有效接地系统中的开断或者中性点非有效接地电容器组的电流开断；
c) 2.0：对于三极操作的负荷开关，试验相应于中性点非有效接地系统中的开断或者中性点非有效接地电容器组的电流开断。根据特定负荷开关的同期性，按照用户和制造厂之间的协议可以使用较低的数值。

6.105.8 试验电流

GB 1984—2014 中 6.111.8 适用。

6.105.9 试验方式

每一个试验系列的试验方式应在不经任何检修的一台试品上进行。采用下述缩写：

——线路充电电流，试验方式 4a1：LC1；
——线路充电电流，试验方式 4a2：LC2；
——电缆充电电流，试验方式 4b1：CC1；
——电缆充电电流，试验方式 4b2：CC2；
——电容器组充电电流，试验方式 4d1 或 4e1：BC1；
——电容器组充电电流，试验方式 4d2 或 4e2：BC2。

6.105.9.1 C2 级负荷开关的试验条件

6.105.9.1.1 C2 级试验方式

GB 1984—2014 中 6.111.9.1.1 适用并作如下修改：

因为负荷开关不具有短路开断额定值，因此，对 C2 级负荷开关不要求 T60 的预备试验。

6.105.9.1.2 三相线路充电和电缆充电电流开合试验

GB 1984—2014 中 6.111.9.1.2 适用。

6.105.9.1.3 单相线路充电和电缆充电电流开合试验

GB 1984—2014 中 6.111.9.1.3 适用。

6.105.9.1.4 三相电容器组(单个或背对背)电流开合试验

GB 1984—2014 中 6.111.9.1.4 适用。

6.105.9.1.5 单相电容器组(单个或背对背)电流开合试验

GB 1984—2014 中 6.111.9.1.5 适用。

6.105.9.2 C1 级负荷开关的试验条件

6.105.9.2.1 C1 级试验方式

GB 1984—2014 中 6.111.9.2.1 适用。

6.105.9.2.2 单相和三相容性电流开合试验

GB 1984—2014 中 6.111.9.2.2 适用。

6.105.9.3 存在接地故障时相应的开断试验条件

GB 1984—2014 中 6.111.9.3 适用。

6.105.10 规定 TRV 的试验

GB 1984—2014 中 6.111.10 适用。

6.105.11 通过试验的判据

GB 1984—2014 中 6.111.11 适用。

6.106 感性负载开合(试验方式 5)

6.106.1 空载变压器回路(试验方式 5a)

开合空载变压器,即开断变压器励磁电流在本标准中没有考虑。原因如下:

a) 由于变压器铁心的非线性,不可能在试验室中利用线性元件对开合变压器励磁电流正确建模。采用方便的变压器进行的试验,例如试验变压器,将仅对试验变压器有效且不能代表其他的变压器。

b) 如参考文献[1]中详述的,该方式的特征是严酷度通常小于其他感性电流开合方式。应该注意到,根据负荷开关的复燃特性和变压器绕组的谐振频率,该方式可能在变压绕组间产生严酷的过电压。

推荐采用特殊变压器,在给定的安装条件下进行现场试验。只要试验时过电压幅值符合实际情况,也可使用相同的变压器进行试验室试验。

6.106.2 并联电抗器电流开合试验(试验方式 5b)

GB/T 29489—2013 中 6.115 适用,并作如下补充:

试验方式基于采用选相脱扣来控制触头分离以获得不同的燃弧时间。如果由于负荷开关动作时间的分散性而不能采用选相控制时,应采用下述试验程序:

并联电抗器电流开合试验的试验方式 1 和试验方式 2 应分别由 40 个随机的开断操作组成。试验方式 3 不适用,试验方式 4 应由 20 个随机开断操作组成。

6.107 通用负荷开关的试验

通用负荷开关进行的试验要求如下。试验方式 1~5 可按任何方便的次序进行。在整个试验程序过程中负荷开关不应进行修整。

对于试验方式 1~5,应进行合-分操作循环。分闸操作应紧跟合闸操作,两次操作间的时间间隔至少应足以使瞬态电流在分闸操作时完全衰减。开断电流应符合 6.104.3。

三相试验和单相试验的试验电压和电流以及操作次数分别在表 9、表 6 和表 7 中给出。除此之外,试验应在各自的额定开断电流下进行。

试验方式 1——100%有功负载:

——要求 10 次合-分操作循环。

试验方式 2——闭环:

——试验方式 2a—输电回路—要求 10 次合-分操作循环；

——试验方式 2b—并联电力变压器回路—要求 10 次合-分操作循环。

注 1：如果试验方式 1 中获得的 TRV 参数等于或严于试验方式 2a 或 2b 中的要求，则试验方式 2a 或 2b 不需要进行。

试验方式 3——5%有功负载：

要求 20 次合-分操作循环。对于熄弧性能与开断电流幅值无关的负荷开关，不要求试验方式 3。

试验方式 4a 和 4b——电缆充电和线路充电：

GB 1984—2014 中 6.111.9.1.2 和 6.111.9.1.3 适用。

试验方式 4c——母线充电开合试验：

——GB 1985—2014 中附录 F 适用。

注 2：本试验方式通常仅对专用负荷开关要求。

注 3：典型地，开合功能由隔离开关完成。

试验方式 5a——空载变压器：

通常不要求进行这种方式的试验。如果要求试验，试验的次数应根据用户和制造厂之间的协议确定。

试验方式 6——短路关合试验：

短路关合试验应在至少经受过试验方式 1 的 10 次合-分操作循环后的负荷开关上进行。如果能够证明短路关合性能不受规定的开断试验的影响，则为了试验方便，试验方式 6 可以在一台新的负荷开关上进行。

要求两次合闸操作。操作之间的时间间隔取决于负荷开关的结构特征和试验站的限制。

由于预击穿，可能一直达不到要求的额定短路关合电流。在这种情况下，应给出证据说明达到的关合电流代表了负荷开关在额定电压下及最大预期峰值电流等于额定短路关合电流的回路中应用时所获得的电流。

6.108 专用负荷开关的试验

采用通用负荷开关所规定的试验，但专用负荷开关未规定额定值的试验方式除外。

6.109 特殊用途负荷开关的试验

具有频繁操作能力及额定电容器组开断电流、额定并联电抗器开断电流、或在接地故障条件下的额定开断电流的负荷开关，按照下述一个或几个试验方式进行试验。

试验方式 1——有功负载频繁操作：

具有频繁操作能力的特殊用途负荷开关，应根据制造厂和用户之间的协议，按照有关开断电流和操作次数的特殊要求进行试验。

试验方式 4d 和 4e——电容器组：

GB 1984—2014 中 6.111.9 适用。

试验方式 5b——并联电抗器：

GB/T 29489—2013 中 6.115 适用。

试验方式 7a——接地故障电流：

应在额定接地故障开断电流时进行 10 次合-分操作循环。

试验方式 7b——接地故障条件下的电缆或线路充电电流：

GB 1984—2014 中 6.111.9.3 适用。对于 C2 级负荷开关，GB 1984—2014 中 6.111.9.1 适用。

6.110 型式试验报告

所有型式试验结果都应记录在型式试验报告中，报告应有充分的数据证明满足本标准的要求。报告应包括足够的资料以便能确认受试负荷开关的基本零部件。

试验报告应包含6.103.2、6.104.2、6.104.3、6.104.4和6.104.5规定的内容。还应提供典型的示波图或类似的记录,以便能确定下述内容:

a) 试验电流;

b) 试验电压;

c) 每极接线端子间的电压,以便能够确定工频恢复电压和瞬态恢复电压;

d) 如果适用,对地电压,以便可以确定过电压;

e) 如果适用,脱扣线圈通电的时间。

试验报告中还应包括负荷开关支撑结构的一般资料。适用时,试验期间使用的操动机构的资料也应记录。

7 出厂试验

7.1 概述

GB/T 11022—2011第7章适用,并作如下补充。

7.2 主回路的绝缘试验

GB/T 11022—2011中7.2适用。

注:当带隔离断口的负荷开关或负荷开关处于分闸位置时,如果能够表明,在隔离间隙中的绝缘介质仅仅是大气,则对此种带隔离断口的负荷开关或负荷开关不要求进行这些试验。

7.3 辅助和控制回路的试验

GB/T 11022—2011中7.3适用。

7.4 主回路电阻的测量

GB/T 11022—2011中7.4适用。

7.5 密封试验

GB/T 11022—2011中7.5适用。

7.6 设计和外观检查

GB/T 11022—2011中7.6适用。

7.101 机械操作试验

进行操作试验是为了保证负荷开关在其操动机构规定的电源电压和压力范围内满足规定的性能。

在这些试验期间,主回路中没有电压和电流,尤其应该验证的是,负荷开关在其操动机构带电或储能的情况下能正确地分闸和合闸。而且还应证明这些操作不会引起负荷开关任何的损坏。

受试负荷开关的布置应遵照6.101.1有关机械寿命型式试验的规定。

具有动力操动机构的负荷开关应承受下述试验:

——在规定的最高电源电压和/或最高操作压力下:5次操作循环;

——在规定的最低电源电压和/或最低操作压力下:5次操作循环。

人力操作的负荷开关以及能用人力操作的动力操动的负荷开关应承受下述试验:10次人力操作

循环。

整台负荷开关的出厂试验可以在现场进行。在这些试验期间，不允许进行调整且动作无误。对每一次操作循环期间，负荷开关都应到达分闸和合闸位置。

8 负荷开关的选用导则

8.1 额定值的选择

GB/T 11022—2011 中 8.2 适用。

8.2 运行条件变化引起的连续和短时过载

GB/T 11022—2011 中 8.3 适用。

8.101 概述

本导则提出的关于使用方面的建议，以帮助获得额定电压 72.5 kV 及以上的负荷开关的满意性能。

在较高的系统电压等级上，当气体绝缘金属封闭开关设备(GIS)的隔离开关开合小的容性电流(例如用隔离开关接通或断开空载的母线(管)段或断路器的并联电容器)时，可能会发生对地破坏性放电。经过本标准试验方式 4c 验证的负荷开关，能够有效地限制 GIS 中出现的快速暂态过电压(VFTO)和 GIS 外壳的对地瞬态电压(TVE)，从而提高设备及运行的可靠性。这种用途在额定电压大于或等于 252 kV 的 GIS 中效果更明显。

在某些场合下，负荷开关可以代替断路器，与 SF_6 绝缘的其他 GIS 元件一起，组成各种简化接线的 GIS，有效和可靠地使用于无需开断线路短路电流的间隔中，具有使 GIS 总体布置简化，尤其是降低整个 GIS 工程造价等优点。

认为本导则作为通用导则还需要不断补充，但不能代替制造厂详尽的说明书。

正常使用条件下的要求参见 GB/T 11022—2011 中 2.2。

8.102 影响使用的情况

在制造厂的推荐书中应注意到可能存在的异常情况。这些情况的例子如下：

a) 污秽，例如破坏性的烟雾或蒸汽，过量的或腐蚀性的灰尘、灰尘或气体的易爆混合物、盐雾、过度的潮湿或滴水等；
b) 异常的振动、冲击、摆动或地震活动；
c) 过低或过高的周围空气温度；
d) 异常的运输和储存条件；
e) 异常的空间限制；
f) 不同于制造厂推荐的安装位置；
g) 高海拔；
h) 超过制造厂推荐的风速；
i) 异常的操作方式、操作频率、维护的难度、不平衡电压、特殊绝缘要求等；
j) 开合电容器或变压器时的谐振情况；
k) 用在不同于额定频率的场合，例如与滤波器组、电容器组和整流电路有关的谐波。负荷开关应该能够承载工频电流和谐波电流。

8.103 绝缘配合

负荷开关的额定绝缘水平应按照 GB/T 11022—2011 中 4.3 进行选择。

关于绝缘配合的一般讨论和推荐参见 GB/T 311。

9 查询、投标和订货时提供的资料

9.1 概述

GB/T 11022—2011 第 9 章适用,并作如下补充。

9.2 询问单和订单的资料

GB/T 11022—2011 中 9.2 适用。

9.3 标书的资料

GB/T 11022—2011 中 9.3 适用。

10 运输、储存、安装、运行和维护规则

GB/T 11022—2011 第 10 章适用。

11 安全

GB/T 11022—2011 第 11 章适用。

12 产品对环境的影响

GB/T 11022—2011 第 12 章适用。

参 考 文 献

[1] CIGRE Technical Brochure 305：Guide for application of IEC 62271-100 and IEC 62271-1. Part 2：Making and breaking tests (2006).

ICS 29.130.01
K 43

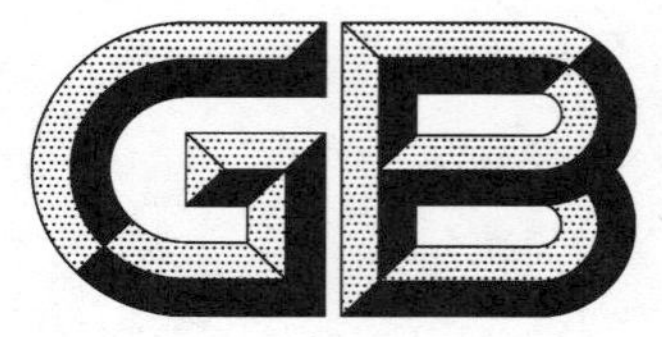

中华人民共和国国家标准

GB/T 14824—2008
代替 GB/T 14824—1993

高压交流发电机断路器

High-voltage alternating-current generator circuit-breaker

2008-09-24 发布 2009-08-01 实施

中华人民共和国国家质量监督检验检疫总局
中国国家标准化管理委员会 发布

前　　言

本标准修改采用 IEEE Std C37.013:1997《以对称电流为基础的交流高压发电机断路器》，对 GB/T 14824—1993《发电机断路器通用技术条件》进行全面修订。

本标准与 IEEE Std C37.013:1997 的主要差别体现在：

——适用范围：将所有的发电机断路器均列入本标准的适用范围。

——额定电压：将 IEEE Std C37.013:1997 中的额定最高电压改为额定电压，并考虑实际需要，确定发电机断路器的额定电压为 12 kV、15 kV、18 kV、24 kV 和 36 kV 五个等级。

——额定频率：根据我国电网情况，去掉了 IEEE Std C37.013:1997 中的额定频率 60 Hz 的有关内容(附录 A 除外)。

——合、分闸装置和辅助、控制回路的额定电源电压：按 GB/T 11022—1999《高压开关设备和控制设备标准的共同技术要求》的规定。

——额定绝缘水平及绝缘试验：额定绝缘水平按我国国情确定；绝缘试验按 GB/T 11022—1999 的相关规定。取消在绝缘介质压力丧失的偶然事故情况下的耐压要求。

——额定短路持续时间：额定短路持续时间的标准值确定为 2 s。

——确定额定短路开断电流的直流分量的时间常数由 IEEE Std C37.013:1997 的 133 ms 改为 150 ms。并按照 GB 1984—2003《高压交流断路器》中固定接地系统以外的系统的试验方式 T100a 同样的方式，以此时间常数来计算与系统源短路非对称开断的最长燃弧时间相关的 Δt_1。

——对于失步非对称开断，基于发电机断路器的 CO 时间的规定值，也计算出与最长燃弧时间相关的 Δt_1。

——设计和结构：按 GB/T 11022—1999 和 GB 1984—2003 的规定增加了本章内容。

——机械性能和机械试验：比照 GB 1984—2003 的规定，提高了发电机断路器分、合闸同期性的要求，且将机械操作循环次数明确为：非频繁操作的断路器为 2 000 次，频繁操作的断路器为 5 000 次或 10 000 次。试验方法改为按 GB 1984—2003。

——噪声水平和测试方法：按我国用户要求进行规定。

——温升和温升试验：按 GB/T 11022—1999 进行规定。

——短路关合、开断试验：采用了 GB 1984—2003 的适用部分；不推荐 IEEE Std C37.013:1997 中不符合我国断路器短路试验以额定电压为基础的“两部试验”和我国不使用的“预脱扣试验”。

——增加了电寿命试验。

——试验类别的划分：根据我国高压开关设备和控制设备标准的惯例，将 IEEE Std C37.013:1997 中的“设计试验”、“生产试验”改为“型式试验”、“出厂试验”，相应地对试验项目的归类进行了调整。

——标准结构和编写规则：本标准按照 GB/T 1.1—2000《标准化工作导则　第 1 部分：标准的结构和编写规则》规定的原则，按 GB/T 11022—1999 和 GB 1984—2003 的结构和编写规则编写，以便于标准的使用。

本标准代替 GB/T 14824—1993《发电机断路器通用技术条件》。

本标准与 GB/T 14824—1993 的主要差别有：

——补充了额定电压 15 kV 及相关要求；

——修改了额定绝缘水平，取消了六氟化硫气体零表压下耐受工频电压的要求；

——修改了额定短路持续时间；

——修改了机械操作试验的操作循环次数；

——修改了系统源故障关合、开断试验和失步关合、开断试验的试验方式的代号；

——提高了失步非对称开断试验时的直流分量百分数；

——明确了电寿命试验要求；

——增加了“励磁电流开、合试验”和“外壳的验证试验和受压系统的试验”；

——增加了第8章“选用导则”，以指导发电机断路器的使用；

——增加了第9章“与询问单、标书和订单一起提供的资料”；

——增加了第10章“运输、储存、安装、运行和维护规则”；

——增加了第11章“安全性”；

——增加了“附录A　发电机断路器应用例子”，为计算与发电机断路器的关合、开断和开合性能相关的短路电流、持续电流等提供参考。

本标准应与GB/T 11022—1999一起使用，除非本标准中另有规定，本标准参照GB/T 11022—1999。为了简化相同要求的表示，本标准的章条号与GB/T 11022—1999所用的相同。对这些章条内容的补充和/或修改在同一引用标题下给出，而附加的条款从101开始编号。

本标准的附录A是资料性附录。

本标准由中国电器工业协会提出。

本标准由全国高压开关设备标准化技术委员会(SAC/TC 65)归口。

本标准负责起草单位：新东北电气(沈阳)高压开关有限公司。

本标准参加起草单位：西安高压电器研究所、中国电力科学研究院开关所、华东电网有限公司、长江勘测规划设计研究院、机械工业高压电器产品质量检测中心(沈阳)、北京北开电气股份有限公司、天水长城开关厂、北京华东森源电气有限公司、山东泰开电气有限公司。

本标准主要起草人：杨大锟、张姝、田恩文。

本标准参加起草人员：洪深、熊寿春、苏郁馥、赵力楠、崔景春、刘兆林、石凤翔、刘伯涛、杨英杰、耿绪利、冯四喜、谢建波、汪建成、秦成伟。

本标准所代替标准的历次版本发布情况为：

——GB/T 14824—1993。

高压交流发电机断路器

1 概述

1.1 范围

本标准规定了高压交流发电机断路器的使用环境条件、术语和定义、额定值和要求的能力、设计和结构、型式试验、出厂试验、选用导则、现场交接试验等。

本标准适用于安装在发电机和升压变压器之间，额定电压 12 kV～36 kV，额定频率 50 Hz 的所有高压交流发电机断路器。

安装在发电机和发电厂厂用电变压器之间的断路器也可参照本标准。

1.2 规范性引用文件

下列文件中的条款通过本标准的引用而成为本标准的条款。凡是注日期的引用文件，其随后所有的修改单(不包括勘误的内容)或修订版均不适用于本标准，然而，鼓励根据本标准达成协议的各方研究是否可使用这些文件的最新版本。凡是不注日期的引用文件，其最新版本适用于本标准。

GB 1984—2003 高压交流断路器(IEC 62271-100:2001,MOD)

GB/T 2900.20—1994 电工术语 高压开关设备(eqv IEC 60050(IEV):1984)

GB/T 4473—2008 交流高压断路器的合成试验(IEC 62271-101:2006,MOD)

GB 7674 额定电压 72.5 kV 及以上气体绝缘金属封闭开关设备(GB 7674—2008,IEC 62271-203:2003,MOD)

GB/T 11022—1999 高压开关设备和控制设备标准的共同技术要求(eqv IEC 60694:1996)

GB/T 12022—2006 工业六氟化硫(IEC 60376:1971,IEC 60376A:1973,IEC 60376B:1974,MOD)

IEC 62271-308:2002 高压开关设备和控制设备 第 308 部分:非对称短路试验方式 T100a 的导则

2 正常和特殊使用条件

GB/T 11022—1999 的第 2 章适用。

3 术语和定义

GB/T 2900.20—1994 和 GB/T 11022—1999 的第 3 章适用，并补充如下。

3.1

(发电机断路器的)额定电压 rated voltage(of a generator circuit breaker)

额定电压等于使用发电机断路器的发电机的最高运行电压(有效值)。

3.2

系统源短路电流 system-source short-circuit current

指当短路电流源来自电力系统，至少经过一次变换时的短路电流。

3.3

发电机源短路电流 generator-source short-circuit current

当短路电流源完全来自发电机而不经过变换时的短路电流。

3.4

(发电机断路器的)励磁电流开合能力　excitation current switching capability (of a generator circuit breaker)

在额定频率和在任何电压直至额定电压下，要求发电机断路器开合的最大励磁电流，所产生的过电压应不超过由用户和制造厂商定的水平。

4　额定值和要求的能力

发电机断路器的额定值和要求的能力是根据限定的条件所指定的运行特性的极限值，如适用，包括如下项目：

a) 额定电压；
b) 额定绝缘水平；
c) 额定频率；
d) 额定电流和温升；
e) 额定短时耐受电流；
f) 额定峰值耐受电流；
g) 额定短路持续时间；
h) 合闸和分闸装置以及辅助回路的额定电源电压；
i) 合闸和分闸装置以及辅助回路的额定电源频率；
j) 适用时，操作、开断和绝缘用的压缩气源和/或液源的额定压力；
k) 额定短路开断电流；
l) 预期瞬态恢复电压；
m) 额定短路关合电流；
n) 额定失步关合、开断电流；
o) 额定负荷开、合电流；
p) 容性电流开合能力；
q) 励磁电流开合能力；
r) 额定操作顺序；
s) 额定时间参量。

4.1　额定电压(U_r)

额定电压从下列数值(kV)中选取：

12,15,18,24,36。

注：36 kV 为暂定值。

4.2　额定绝缘水平

额定绝缘水平按表1规定。

表1　额定绝缘水平

发电机断路器的额定电压 U_r/kV(有效值)		12	15	18	24	36
额定雷电冲击耐受电压 U_p/kV(峰值) 1.2/50 μs	对地和极间	75	90	100	125	185
	断口间	85	102	115	145	210
额定短时工频耐受电压 U_d/kV(有效值)	对地和极间	42	50	53	65	95
	断口间	50	59	63	80	120

4.3 额定频率(f_r)

额定频率的标准值为 50 Hz。在其他频率下使用时,应特殊考虑。

4.4 额定电流(I_r)和温升

4.4.1 额定电流(I_r)

GB/T 11022—1999 的 4.4.1 适用,并补充如下:

额定电流应优先从下列数值(kA)中选取:

1.6,2.0,2.5,3.15,4.0,5.0,6.3,8.0,10,12.5,16,20,25,31.5,40,50。

额定电流基于如下条件:

a) 发电机断路器在 GB/T 11022—1999 的第 2 章规定的正常使用条件下使用;
b) 符合 4.4.2 温升的规定;
c) 设计安装在外壳内的发电机断路器,其额定电流应根据这种外壳的通风情况和外壳外面的周围空气温度+40 ℃来确定(见 6.5.2);
d) 对于带强迫空气冷却辅助设备运行设计的发电机断路器,其额定电流应根据在周围空气温度+40 ℃下,强迫空气冷却系统运转来确定。

4.4.2 温升

GB/T 11022—1999 的 4.4.2 适用。

4.4.101 冷却丧失期间事故电流的额定值

出于对发电机断路器运行的考虑,要求给定事故电流额定值,以便在正常要求的辅助强迫冷却系统丧失后发电机断路器能继续运行。应该遵守下列规定:

a) 在发电机断路器部件的温度高于对额定电流规定的最大值的情况下,允许发电机断路器在限定的时间内运行;
b) 事故极限温度和正常运行温度之间的差值提供了一个确定的允许时间间隔,在此时间间隔内,在必须将负荷电流降低之前可以承载满负荷;
c) 在降低负荷电流情况下,发电机断路器可以继续运行,降低的负荷电流值取决于主要的事故状态的类型;
d) 发电机断路器的额定电流受几个独立系统(例如,灭弧介质、冷却介质、离相母线的强迫空气冷却,等等)影响时,应确定丧失的每个系统各自的和综合的影响;
e) 除 a)～ d)以外,某些发电站的设计(例如,单台发电机输出端经两台发电机断路器与两台升压变压器相连)也可要求特殊的事故运行条件和额定值。

上述因素在图 1 中予以了说明。

图 1 说明了发电机断路器和母线管两个冷却系统丧失时典型的事故状态,并分别和同时进行了分析。

在每种事故状态类型下能正确运行所要求的参数由制造厂确定。

4.5 额定短时耐受电流(I_k)

GB/T 11022—1999 的 4.5 适用,并补充如下:

额定短时耐受电流等于额定短路开断电流交流分量的有效值(见 4.101)。

4.6 额定峰值耐受电流(I_p)

GB/T 11022—1999 的 4.6 适用,并作如下修改:

额定峰值耐受电流等于额定短路关合电流(见 4.103)。

4.7 额定短路持续时间(t_k)

GB/T 11022—1999 的 4.7 适用,并明确如下:

额定短路持续时间的标准值为 2 s。

4.8 合闸、分闸装置和辅助、控制回路的额定电源电压(U_a)

GB/T 11022—1999 的 4.8 适用。

4.9 合闸、分闸装置和辅助、控制回路的额定电源频率

GB/T 11022—1999 的 4.9 适用。

4.10 绝缘、操作和/或开断用的压缩气源的额定压力

GB/T 11022—1999 的 4.10 适用。

4.101 额定短路开断电流(I_{sc})

额定短路开断电流是在本标准规定的使用和性能条件下，三相故障时发电机断路器所能开断的最大短路电流。而且，它是当短路电流来自电力系统至少经过一次变换时，在额定电压和额定操作顺序下发电机断路器需要开断的电流。

额定短路开断电流由两个值表征：

——交流分量有效值；

——直流分量百分数。

注：如果直流分量不超过 20%，额定短路开断电流仅由交流分量有效值表征。

发电机断路器额定短路开断电流的交流分量有效值应优先从下列数值(kA)中选取：

6.3 ，8.0，10，12.5，16，20，25，31.5，40，50，63，80，100，125，160，200，250，315。

注：发电机源短路电流高于系统源短路电流的这种罕见情况必须特殊考虑。

额定短路开断电流的直流分量百分数($\%\ dc$)由图 2 查出。它是基于时间间隔($T_{op}+T_r$)和时间常数(τ)，使用下面的公式计算：

$$\%\ dc=100\times e^{-\frac{T_{op}+T_r}{\tau}}$$

式中：

τ——150 ms；

T_{op}——发电机断路器首开极的最短分闸时间，ms；

T_r——额定频率的 1/2 周波(用 ms 表示)。

当短路电流源完全来自发电机而不经过变换时，不规定涵盖其短路电流的特有额定值，因为其最大值通常小于来自电力系统的短路电流。如果规定了额定值，则发电机断路器要进行下述相关能力的试验：

——三相故障时，在额定电压和额定操作顺序下要求的对称开断能力，为短路电流对称分量的最大值，并从发电机断路器主弧触头分离瞬间电流波形的包络线上测量。

——三相故障时，在额定电压和额定操作顺序下要求的非对称开断能力，由发电机源对称短路电流的有效值和直流分量组成。对应于发电机断路器主弧触头分离瞬间，直流分量为发电机源对称短路电流峰值的 110%。主弧触头分离时间应等于额定频率的 1/2 周波(用 ms 表示)加上发电机断路器首开极的最短分闸时间(ms)之和。

——当要求最大非对称度时的非对称开断能力时，其电流的最大非对称度为这种条件下对称短路电流峰值的 130%。在最大非对称度条件下，短路电流的对称分量仅为要求的发电机源对称开断能力值的 74%。

设计用于高阻抗接地系统中的发电机断路器，单相对地短路电流将不超过 50 A。单相对地故障要求的开断能力决不会超过这个值。

4.102 预期瞬态恢复电压

4.102.1 预期瞬态恢复电压波形的表示

预期瞬态恢复电压曲线大致成 1－cos 波形，用两参数法(u_c，t_3)表示。见图 15。

4.102.2 系统源故障和发电机源故障时的预期瞬态恢复电压

发电机断路器开断系统源故障时的预期瞬态恢复电压的标准值列于表 2。当要验证发电机断路器开断发电机源故障的开断能力时，预期瞬态恢复电压的标准值列于表 3。

4.103 额定短路关合电流

额定短路关合电流峰值为额定短路开断电流交流分量有效值的 2.74 倍。

表 2　系统源故障的预期瞬态恢复电压标准值

发电机断路器额定电压 U_r/kV	变压器额定容量/MVA	峰值电压 u_c/kV	时间 t_3/μs	时延 t_d/μs	上升率 (u_c/t_3)/(kV/μs)	首开极系数 K_{pp}	振幅系数 K_{af}
12	100 及以下	22	6.3	≤1	3.5	1.5	1.5
12	101～200	22	5.5	≤1	4	1.5	1.5
12	201～400	22	4.9	≤1	4.5	1.5	1.5
12	401～600	22	4.4	≤1	5	1.5	1.5
12	601～1 000	22	4.0	≤1	5.5	1.5	1.5
12	1 001 及以上	22	3.7	≤1	6	1.5	1.5
15	100 及以下	27.6	7.9	≤1	3.5	1.5	1.5
15	101～200	27.6	6.9	≤1	4	1.5	1.5
15	201～400	27.6	6.1	≤1	4.5	1.5	1.5
15	401～600	27.6	5.5	≤1	5	1.5	1.5
15	601～1 000	27.6	5.0	≤1	5.5	1.5	1.5
15	1 001 及以上	27.6	4.6	≤1	6	1.5	1.5
18	100 及以下	33	9.4	≤1	3.5	1.5	1.5
18	101～200	33	8.3	≤1	4	1.5	1.5
18	201～400	33	7.4	≤1	4.5	1.5	1.5
18	401～600	33	6.6	≤1	5	1.5	1.5
18	601～1 000	33	6.0	≤1	5.5	1.5	1.5
18	1 001 及以上	33	5.5	≤1	6	1.5	1.5
24	100 及以下	44	12.6	≤1	3.5	1.5	1.5
24	101～200	44	11.0	≤1	4	1.5	1.5
24	201～400	44	9.8	≤1	4.5	1.5	1.5
24	401～600	44	8.8	≤1	5	1.5	1.5
24	601～1 000	44	8.0	≤1	5.5	1.5	1.5
24	1 001 及以上	44	7.4	≤1	6	1.5	1.5
36	100 及以下	66	18.9	≤1	3.5	1.5	1.5
36	101～200	66	16.5	≤1	4	1.5	1.5
36	201～400	66	14.7	≤1	4.5	1.5	1.5
36	401～600	66	13.2	≤1	5	1.5	1.5
36	601～1 000	66	12.0	≤1	5.5	1.5	1.5
36	1 001 及以上	66	11.0	≤1	6	1.5	1.5

$u_c = K_{pp} \times K_{af} \times \sqrt{2} \times U_r / \sqrt{3}$。

注：确定到达峰值的时间(T_2)的公式和方法在 8.3.6.3 和图 15 中给出。

表 3 发电机源故障的预期瞬态恢复电压标准值

发电机断路器额定电压 U_r/kV	发电机额定功率/MVA	峰值电压 u_c/kV	时间 t_3/μs	时延 t_d/μs	上升率 (U_c/t_3)/(kV/μs)	首开极系数 K_{pp}	振幅系数 K_{af}
12	100 及以下	22	14	≤1	1.6	1.5	1.5
	101～400		12		1.8		
	401～800		11		2.0		
	801 及以上		10		2.2		
15	100 及以下	27.6	17.3		1.6		
	101～400		15.3		1.8		
	401～800		13.8		2.0		
	801 及以上		12.5		2.2		
18	100 及以下	33	21		1.6		
	101～400		18		1.8		
	401～800		17		2.0		
	801 及以上		15		2.2		
24	100 及以下	44	28		1.6		
	101～400		24		1.8		
	401～800		22		2.0		
	801 及以上		20		2.2		
36	100 及以下	66	41		1.6		
	101～400		37		1.8		
	401～800		33		2.0		
	801 及以上		30		2.2		

$u_c = K_{pp} \times K_{af} \times \sqrt{2} \times U_r / \sqrt{3}$。

注：确定到达峰值的时间(T_2)的公式和方法在 8.3.6.3 和图 15 中给出。

4.104 额定操作顺序

发电机断路器的额定特性与其额定操作顺序有关。额定操作顺序为：

CO—30 min—CO

这里：

CO——一次合闸操作后立即(即无任何人为的延时)进行分闸操作。

30 min——连续操作之间的时间间隔。

4.105　额定失步关合、开断电流

额定失步关合、开断电流是在本标准规定的使用和性能条件下，在具有表4和表11规定的恢复电压的回路中，发电机断路器能够关合、开断的最大失步电流。

失步对称关合、开断时，额定失步开断电流的交流分量有效值为额定短路开断电流交流分量有效值的50%，直流分量应不大于20%。额定失步关合电流峰值应为额定失步开断电流交流分量有效值的$\sqrt{2}$倍。

失步非对称关合、开断时，额定失步开断电流的交流分量有效值等于对称开断时额定失步开断电流的交流分量有效值，直流分量应为表11中试验方式OP2的对应值。

失步开断电流和恢复电压是以90°失步角为基础的。

4.106　额定负荷开、合电流

额定负荷开、合电流为发电机断路器的额定电流。

额定负荷开、合电流的关合、开断次数为50次。

注：运行中，开断负荷电流的总数不得超过发电机断路器额定电流的50倍。用以达到额定电流50倍的操作次数是在某一时间间隔内累计的，并且是发电机断路器的可靠性和指导维修的度量方法。

如果发电机断路器装有受热容量限制的装置(如分闸电阻)，要求开断额定电流50倍的分闸操作次数每30 min不多于2次，或每4 h不多于4次。

负荷电流开断的预期瞬态恢复电压的标准值列于表5。

4.107　电容电流开合能力

这是当线路或母线电容经过变换和发电机断路器分开时的特殊情况，如果要求这种能力，用户应向制造厂咨询。

4.108　励磁电流开合能力

励磁电流开合能力是在任一电压直至额定电压及额定频率下，要求发电机断路器开合的最大励磁电流，所产生的过电压应不超过由用户和制造厂商定的水平。这个能力可按照6.109规定的试验来确定。

4.109　额定时间参量

可以对下列时间参量规定额定值：

——分闸时间(空载)；

——开断时间；

——合闸时间(空载)；

——合—分时间(空载)。

额定时间参量基于：

——合闸和分闸机构以及辅助和控制回路的额定电源电压(见4.8)；

——合闸和分闸机构以及辅助和控制回路的额定电源频率(见4.9)；

——绝缘、操作和/或开断用压缩气源的额定压力(见4.10)，适用时；

——操作用液压源的额定压力；

——周围空气温度为20 ℃±5 ℃。

注：由于燃弧和预击穿时间的分散性，提出关合时间或关合—开断时间的额定值通常是不现实的。

4.109.1　额定开断时间

GB 1984—2003的4.109.1对本标准表10的试验方式T100s适用。

表 4　失步电流关合、开断的预期瞬态恢复电压标准值

发电机断路器额定电压 U_r/kV	发电机额定功率/MVA	首开极工频恢复电压(有效值)/kV	峰值电压 u_c/kV	时间 t_3/μs	时延 t_d/μs	上升率 (u_c/t_3)/(kV/μs)	首开极系数 K_{pp}	振幅系数 K_{af}
12	100 及以下	$\sqrt{2}\times1.5\times U_r/\sqrt{3}$	30	9.1	≤1	3.3	1.5	1.45
	101～400			7.3		4.1		
	401～800			6.4		4.7		
	801 及以上			5.8		5.2		
15	100 及以下		37.7	11.4		3.3		
	101～400			9.2		4.1		
	401～800			8.0		4.7		
	801 及以上			7.2		5.2		
18	100 及以下		45	13.6		3.3		
	101～400			11.0		4.1		
	401～800			9.6		4.7		
	801 及以上			8.7		5.2		
24	100 及以下		60	18.2		3.3		
	101～400			14.6		4.1		
	401～800			12.8		4.7		
	801 及以上			11.6		5.2		
36	100 及以下		90	27.3		3.3		
	101～400			21.9		4.1		
	401～800			19.2		4.7		
	801 及以上			17.3		5.2		

$u_c=\sqrt{2}\times K_{pp}\times K_{af}\times\sqrt{2}\times U_r/\sqrt{3}$。

注：确定到达峰值的时间(T_2)的公式和方法在 8.3.6.3 和图 15 中给出。

表 5　负荷电流开断的预期瞬态恢复电压标准值

发电机断路器额定电压 U_r/kV	发电机额定功率/MVA	首开极工频恢复电压(有效值)/kV	峰值电压 u_c/kV	时间 t_3/μs	时延 t_d/μs	上升率 (u_c/t_3)/(kV/μs)	首开极系数 K_{pp}	振幅系数 K_{af}
12	100 及以下	$0.5\times1.5\times U_r/\sqrt{3}$	11	11	≤1	1.0	1.5	1.5
	101～400			9		1.2		
	401～800			8		1.4		
	801 及以上			7		1.6		
15	100 及以下		13.8	13.8		1.0		
	101～400			11.5		1.2		
	401～800			9.8		1.4		
	801 及以上			8.6		1.6		
18	100 及以下		16.5	16.5		1.0		
	101～400			14		1.2		
	401～800			12		1.4		
	801 及以上			10		1.6		
24	100 及以下		22	22		1.0		
	101～400			18		1.2		
	401～800			16		1.4		
	801 及以上			14		1.6		
36	100 及以下		33	33		1.0		
	101～400			27		1.2		
	401～800			24		1.4		
	801 及以上			21		1.6		

$u_c=\sqrt{2}\times0.5\times1.5\times U_r/\sqrt{3}\times K_{af}$。

注：确定到达峰值的时间(T_2)的公式和方法在 8.3.6.3 和图 15 中给出。

4.110　机械操作的次数

考虑到制造厂规定的维护程序，发电机断路器应能完成下述次数的操作：

——非频繁操作的发电机断路器为 2 000 次操作循环；
——频繁操作的发电机断路器为 5 000 次或 10 000 次操作循环。

5 设计和结构

5.1 断路器中液体的要求

GB/T 11022—1999 的 5.1 适用。

5.2 断路器中气体的要求

GB/T 11022—1999 的 5.2 适用。

5.3 断路器的接地

GB/T 11022—1999 的 5.3 适用。

5.4 辅助和控制设备

GB/T 11022—1999 的 5.4 适用。

5.5 动力操作

GB/T 11022—1999 的 5.5 适用。

5.6 储能操作

GB/T 11022—1999 的 5.6 适用，并补充如下：

用压缩空气或其他气体储能的动力操动机构应经受如下的试验：

a) 压力开关应整定和试验在正确的压力下动作；
b) 压力释放阀在压力超过正常压力时，应在选定的压力范围内打开，并且在低压力切换装置动作之前关闭；
c) 压缩气体操作的发电机断路器，在低压力切换装置动作之前，从储气容器中的正常压力开始，至少应能进行两次合—分操作。

5.7 不依赖人力的操作

GB/T 11022—1999 的 5.7 不适用。

5.8 脱扣器的操作

GB/T 11022—1999 的 5.8 适用。

5.9 低压力和高压力闭锁和监视装置

GB 1984—2003 的 5.9 适用。

5.10 铭牌

GB/T 11022—1999 的 5.10 适用，并补充如下。

5.10.1 断路器铭牌标识的内容

a) 制造厂名称；
b) 产品型号；
c) 出厂编号；
d) 制造年份；
e) 额定电压(kV)；
f) 额定频率(Hz)；
g) 额定电流(kA)；
h) 额定雷电冲击耐受电压(kV)；
i) 额定短路开断电流(kA)；
j) 直流分量百分数(%)；
k) 额定短时耐受电流(kA)；
l) 额定短路关合电流(kA)；

m) 额定短路持续时间(s);

n) 额定失步开断电流(kA);

o) 额定开断时间(ms);

p) 额定操作顺序;

q) 绝缘和/或开断用介质的额定压力(或密度)(MPa,相对压力);

r) 强迫冷却:种类、压力、温度、数量(如适用);

s) 断路器质量(kg)。

5.10.2 操动机构铭牌标识的内容

a) 制造厂名称;

b) 产品型号;

c) 出厂编号;

d) 制造年份;

e) 合闸和分闸装置的额定电源电压(V);

f) 合闸和分闸装置的额定电源频率(Hz);

g) 辅助回路的额定电源电压(V);

h) 辅助回路的额定电源频率(Hz);

i) 操作用介质的额定压力(MPa,相对压力)。

5.11 联锁装置

GB/T 11022—1999 的 5.11 适用。

5.12 位置指示

GB/T 11022—1999 的 5.12 适用。

5.13 外壳防护等级

GB/T 11022—1999 的 5.13 适用。

5.14 爬电距离

GB/T 11022—1999 的 5.14 不适用。

5.15 气体和真空的密封

GB/T 11022—1999 的 5.15 适用。

5.16 液体的密封

GB/T 11022—1999 的 5.16 适用。

5.17 易燃性

GB/T 11022—1999 的 5.17 适用。

5.18 电磁兼容性(EMC)

GB/T 11022—1999 的 5.18 适用。

5.101 单合和单分操作时的极间同期性要求

如果对极间同期操作没有规定特别的要求,合闸时触头接触瞬间的最大差异不应超过额定频率的四分之一周波。

如果对极间同期操作没有规定特别的要求,分闸时触头分离瞬间的最大差异不应超过额定频率的六分之一周波。如果一极由多个串连的开断单元组成,则这些串连的开断单元之间触头分离瞬间的最大差异不应超过额定频率的八分之一周波。

5.102 操作的一般要求

发电机断路器及其操动机构应能在 GB/T 11022—1999 第 2 章确定的温度级别的整个周围空气温度范围内,按 5.5～5.9 和 5.103 相关的规定完成其额定操作顺序(见 4.104)。

此要求不适用于辅助的人力操动装置;若装有这种装置,则仅供不带电回路的维护和紧急操作之用。

装有加热器的发电机断路器应该设计成:加热器在最短两个小时不工作时,发电机断路器在温度级别确定的最低周围空气温度下能够进行分闸操作。

5.103 操作用流体的压力极限

制造厂应规定操作用流体的最高压力和最低压力,发电机断路器在此极限压力下应能按其额定值使用,并应整定合适的低压力和高压力闭锁装置(见5.9)。制造厂应规定操作和开断用的最低功能压力(见GB 1984—2003的3.7.157和3.7.158)。

制造厂可规定发电机断路器能够进行下述每一种操作的压力极限:

a) 开断其额定短路开断电流,即一个"分(O)"操作;

b) 关合其额定短路关合电流后,立即开断其额定短路开断电流,即一个"合分(CO)"操作循环;

c) 额定操作顺序。

发电机断路器应具有足够容量的能量储存,以便在规定的相应最低压力下进行适当的操作时获得满意的性能。

5.104 排逸孔

排逸孔是发电机断路器在操作过程中专门用来释放其内部压力的装置。

注:本定义适用于空气断路器、气吹断路器和油断路器。

发电机断路器排逸孔的设置应使排油或排气或排逸两者时,不致引起电击穿,且不朝向任何可能出现人员的地方。制造厂应规定必要的安全距离。

发电机断路器或其辅助设备正常操作时,其结构应使气体不会聚集在由于操作中或操作后产生的火花所能点燃的任何位置。

5.105 并联电阻和电容器

发电机断路器如采用并联电阻,其并联电阻的热容量应满足制造厂和用户商定的操作顺序的要求。经热容量试验后冷却至常温下的阻值与试验前相比变化应不大于±5%。

发电机断路器如采用电容器,其电容器应满足下述要求:

绝缘水平应与断路器断口间的绝缘水平相同。额定工频耐受电压试验后应进行局部放电测量,由1.1倍断路器额定电压降到1.1倍断路器额定相电压下的局部放电量应小于10 pC。制造厂应指明电容器的电容值及其允许偏差,还应提供其介质损失角数值。

6 型式试验

GB/T 11022—1999的第6章适用,并补充如下:

断路器的型式试验项目列于表6中。

原则上,各项型式试验应该在新的、干净的发电机断路器上进行。对于采用SF_6作为绝缘、开断介质的发电机断路器,气体的质量至少应达到GB/T 12022—2006的接收水平。

6.1 概述

6.1.1 试验的分组

GB/T 11022—1999的6.1.1适用。

6.1.2 确认试品用的资料

GB/T 11022—1999的6.1.2适用。

6.1.3 型式试验报告包含的资料

GB/T 11022—1999的6.1.3适用。

6.2 绝缘试验

6.2.1 试验时的周围大气条件

GB/T 11022—1999的6.2.1适用。

6.2.2 湿试程序

GB/T 11022—1999 的 6.2.2 适用。

表 6 型式试验

强制的型式试验项目	条 款 号
绝缘试验	6.2
主回路电阻测量	6.4
温升试验	6.5
短时耐受电流和峰值耐受电流试验	6.6
密封试验	6.8
电磁兼容性(EMC)试验	6.9
机械试验和环境试验	6.101
短路电流关合和开断试验	6.102～6.106
失步关合、开断试验	6.107
负荷电流开、合试验	6.108
电寿命试验	6.110
外壳的验证试验和受压系统的试验	6.111
适用时，强制的型式试验项目	
防护等级验证	6.7
非强制的型式试验项目	
励磁电流开、合试验	6.109

6.2.3 绝缘试验时发电机断路器的状态

GB/T 11022—1999 的 6.2.3 适用，并补充如下：

金属封闭的发电机断路器应在其外壳内进行试验。如果电流互感器、接地开关或其他设备与发电机断路器设计成一体，则绝缘试验应在包括这些设备的情况下进行。

发电机断路器装有的电阻或电容以致影响预期 TRV 时，绝缘试验可能难以进行。在这种情况下，如果它们消耗试验回路的能量(例如，冲击试验时电容或工频试验期间电阻造成的消耗)太大，可将它们拆除。

如果需要，发电机断路器所带的一体化串接隔离器可能具有一个可移动的绝缘隔板，在隔离器处于打开位置时，绝缘隔板应能关闭，作为附加的保护措施将发电机断路器的带电部分和非带电部分隔开。这种发电机断路器的试验应在隔板打开和关闭两个位置进行。

如果在正常使用条件下，流体介质在发电机断路器的带电部分和接地部分间循环，则试验应在冷却介质处于循环状态和在制造厂允许的冷却介质的最大传导率下进行。

6.2.4 通过试验的判据

GB/T 11022—1999 的 6.2.4 适用。但是，其中 b)项的第一段替换为：

如果满足下列条件，则发电机断路器通过了雷电冲击电压试验：

——非自恢复绝缘未发生破坏性放电；

——对每一个试验系列的 15 次冲击试验，破坏性放电应不超过两次，且最后 5 次冲击试验中破坏性放电应不超过 1 次。如果最后 5 次冲击试验中有 1 次破坏性放电，则应施加附加的 5 次试验验证且不应出现破坏性放电。只要整个试验过程中放电总次数不超过 2 次，可以重复增加 5 次试验。这样会导致每系列试验的次数最多达到 25 次。

6.2.5 试验电压的施加和试验条件

GB/T 11022—1999 的 6.2.5 适用。

6.2.6 $U_r \leqslant 252$ kV 的断路器的试验

试验应该以表 1 给出的电压进行。

6.2.6.1 工频电压试验

GB/T 11022—1999 的 6.2.6.1 适用。

6.2.6.2 雷电冲击电压试验

GB/T 11022—1999 的 6.2.6.2 适用，并补充如下：

如果试品的电容对于试验设备来说太大，会导致实际的波前时间不可能短至 1.2 μs，因此，在保证电压峰值的同时，应使得电压最大可能地快速上升。

6.2.7 $U_r > 252$ kV 的断路器的试验

本标准不适用。

6.2.8 人工污秽试验

GB/T 11022—1999 的 6.2.8 不适用。

6.2.9 局部放电试验

GB/T 11022—1999 的 6.2.9 适用，并补充如下：

整台发电机断路器一般不需要进行局部放电试验。然而，如果发电机断路器采用的某些元件有相关的标准，且包括有局部放电测量时，制造厂应提供证据，说明这些元件已按相关标准通过了规定的局部放电试验。

6.2.10 辅助和控制回路的试验

GB/T 11022—1999 的 6.2.10 适用。

6.2.11 作为状态检查的电压试验

GB/T 11022—1999 的 6.2.11 适用，并作如下修改：

作为状态检查的工频电压试验按相关条款的规定(见 6.106.3、6.110)。

6.3 无线电干扰电压(r.i.v.)试验

GB/T 11022—1999 的 6.3 不适用。

6.4 主回路电阻的测量

GB/T 11022—1999 的 6.4 适用，并补充如下：

试验电流应该取 200 A 到额定电流之间的任一方便的值。

6.5 温升试验

6.5.1 受试发电机断路器的状态

GB/T 11022—1999 的 6.5.1 适用。

6.5.2 发电机断路器的布置

GB/T 11022—1999 的 6.5.2 适用，并补充如下：

a) 发电机断路器应按正常使用条件在户内试验。封闭式发电机断路器应在其外壳内进行试验。

   如果使用离相母线并且是强迫空气冷却的，应在进风量(m^3/s)和进风口温度最不利的相上进行试验。

   如果离相母线没有强迫空气冷却，则发电机断路器与离相母线的连接，应使得在试验期间没有大量的热量从连接处传入发电机断路器或从发电机断路器传出。应测量发电机断路器带电部分端子处及在距离发电机断路器端子 1 m 远处离相母线上的温升，两处温升的差应不超过 5 K。发电机断路器和离相母线之间连接的种类和尺寸应记录在试验报告中。

   如果采用其他冷却介质(水，等)，冷却介质的数量和入口温度应调节到通常的额定使用条件。

   与发电机断路器串联和紧密相连的其他设备，如电流互感器、一次隔离触头、母线及其连接线，应装设在它们的固定位置上。

b) 通常，以其他连接的设备对发电机断路器的温度没有明显影响的方式安装的户内或户外发电机断路器，应带上尺寸与发电机断路器的额定电流相适应的离相母线的部件，用与额定电流相适应的典型的接线端子连接器的方式或用经计算与规定的使用条件等效的其他方式与断路器的端子连接进行试验。

c) 在外壳承载的电流近似等于额定电流的情况下，试验期间电流返回路径应是外壳。如果母线管强迫空气冷却系统是其设计的一部分时，发电机断路器的外壳应制成密封的。

6.5.3 温度和温升的测量

GB/T 11022—1999 的 6.5.3 适用。

6.5.4 周围空气温度

GB/T 11022—1999 的 6.5.4 适用。

6.5.5 辅助和控制设备的温升试验

GB/T 11022—1999 的 6.5.5 适用。

6.5.6 温升试验的解释

GB/T 11022—1999 的 6.5.6 适用。

6.5.101 试验程序

除下述情况外，三极发电机断路器应进行三相试验。

a) 如果极间或模块单元之间磁的或热的影响可以忽略，可在单极或模块单元上进行单相试验；

b) 如果磁的影响可以忽略，但有来自断路器其他相的热的影响，可用三极断路器串联通以单相电流进行试验。

发电机断路器持续电流承载能力受所连接的离相母线温度的影响。在进行温升试验时，这种情况必须考虑。在距发电机断路器端子 1 m 远处测量的离相母线的温度应不超过表 7 的规定，并在型式试验报告中载明。

当对具有强迫冷却的额定值的发电机断路器进行试验时，断路器的持续电流承载能力应按有和没有强迫冷却确定。在这些试验期间应测量电流承载路径中的温度。如果母线管和发电机断路器的强迫冷却系统使用同样的空气，当冷却空气丧失时，情况将变得复杂。母线管的温度将不会保持恒定而会上升，试验期间必须考虑这种上升情况。母线管的温度极限值应由用户和制造厂商定，并且必须考虑母线管在电力系统中的实际应用情况，以便进行等价的试验。

表 7 封闭母线各部件的温度限值

封闭母线的部件	温度限值/℃
铝母线导体	90
铜母线导体	100
螺栓紧固连接无镀层	80
螺栓紧固连接镀(搪)锡	90
螺栓紧固连接镀银	105
螺栓紧固连接镀银厚度大于 50 μm 或镶银片	120
外壳	70

6.5.102 事故状态的验证

事故状态可由试验来验证。如适用，这些试验应包括但不限于下述模拟试验：

a) 冷却流体丧失。

b) 绝缘介质丧失。

c) 冷却系统失效，如适用，可局部的细分为用于被试的特种设备的风扇、泵、空气循环器或其他冷却措施失效。每个分冷却系统的失效应分别和同时模拟。

d) 离相母线中的空气冷却失效。

所有上述丧失和失效情况应分别和同时模拟。

对于每种失效类型，应记录下述数据：

1) 规定的最大允许温度限值；

2) 不至于超出最大允许温度限值的事故状态可持续的最长时间(t_1,t_2 等)；

3) 持续电流降低的速率(R_1,R_2 等)；

4) 断路器中的最高温升与 4.4.101 相一致的较小的持续电流稳定值(I_1,I_2 等)。

建议对电流降低速率、事故状态及其持续时间等，由制造厂按图 1 说明提供图解的数据。

6.6 短时耐受电流和峰值耐受电流试验

GB/T 11022—1999 的 6.6 适用。

6.6.1 发电机断路器以及试验回路的布置

GB/T 11022—1999 的 6.6.1 适用。

6.6.2 试验电流和持续时间

GB/T 11022—1999 的 6.6.2 适用，并作如下修改：

额定短路持续时间按 4.7。

6.6.3 发电机断路器在试验中的性能

GB/T 11022—1999 的 6.6.3 适用。

6.6.4 试验后发电机断路器的状态

GB/T 11022—1999 的 6.6.4 适用。

6.7 防护等级验证

6.7.1 IP 代码的检验

GB/T 11022—1999 的 6.7.1 适用。

6.7.2 机械撞击试验

GB/T 11022—1999 的 6.7.2 适用。

6.8 密封试验

GB/T 11022—1999 的 6.8 适用。

6.9 电磁兼容性(EMC)试验

GB/T 11022—1999 的 6.9 适用。

6.101 机械试验和环境试验

6.101.1 机械试验

6.101.1.1 机械试验的各项规定

6.101.1.1.1 参考的机械行程特性

GB 1984—2003 的 6.101.1.1 适用，并作如下修改：

将其第三段中的“对额定操作顺序为 O—t—CO—t'—CO 或 CO—t''—CO 分别进行 O—t—CO 或 CO 操作顺序的空载试验来得到。”替换为：“对额定操作顺序 CO—30 min—CO 进行 CO 操作顺序的空载试验来得到。”

将其第五段中的“合闸时的触头接触时刻”替换为“合闸时的触头行程开始时刻”。

6.101.1.1.2 单元试验

GB 1984—2003 的 6.101.1.2 适用。

6.101.1.1.3 试验前后应记录的发电机断路器的特性和整定值

GB 1984—2003 的 6.101.1.3 适用。

6.101.1.1.4 发电机断路器在试验中和试验后的状态

GB 1984—2003 的 6.101.1.4 适用。

6.101.1.1.5 辅助和控制设备在试验中和试验后的状态

GB 1984—2003 的 6.101.1.5 适用。

6.101.1.2 周围空气温度下的机械操作试验

6.101.1.2.1 概述

GB 1984—2003 的 6.101.2.1 适用。

6.101.1.2.2 试验前断路器的状态

GB 1984—2003 的 6.101.2.2 适用。

6.101.1.2.3 非频繁操作的发电机断路器的机械寿命试验

由 2 000 次操作循环组成，并按照表 8 的相关规定进行试验。

6.101.1.2.4 频繁操作的发电机断路器的机械寿命试验

对频繁操作的发电机断路器的机械寿命试验，试验程序如下：

试验应按 6.101.1.1、6.101.1.2.1 和 6.101.1.2.2 进行，并作如下补充：

——10 000 次操作循环的发电机断路器，试验由表 8 规定的五个试验系列组成。规定的试验系列之间，允许根据制造厂的说明书进行一些维护，如润滑和机械调整。不允许更换触头。

——5 000 次操作循环的发电机断路器，试验应按照表 8 的相关规定进行。2 000 次和 4 000 次操作循环、4 000 次和 5 000 次操作循环之间，允许根据制造厂的说明书进行一些维护，如润滑和机械调整。不允许更换触头。

——试验过程中的维护程序应由制造厂在试验前确定，并记录在试验报告中。

表 8 操作顺序的次数

操作顺序	控制电压和操作压力	操作顺序次数		
		对 2 000 次操作循环	对 5 000 次操作循环	对 10 000 次操作循环
C—t_a—O—t_a	最低	500	1 250	500×5
	额定	500	1 250	500×5
	最高	500	1 250	500×5
CO—t_a	额定	500	1 250	500×5

注：O 表示分闸；C 表示合闸；CO 表示合闸操作后紧接着(没有任何人为延时)进行一个分闸操作；t_a 表示两个操作之间的时间间隔，以使发电机断路器恢复到起始状态和/或防止发电机断路器的某些部件过热，该时间间隔由产品技术条件规定。

6.101.1.2.5 机械操作试验的判据

GB 1984—2003 的 6.101.2.5 的相关规定对发电机断路器适用。

6.101.2 噪声水平测试

发电机断路器操作时，在离地高 1 m～1.5 m、距断路器外沿垂直面的水平距离 2 m 处测得的噪声水平，户外发电机断路器不得超过 110 dB(A)；户内发电机断路器不得超过 90 dB(A)。

6.102 关合、开断和开合试验的各项规定

除非在相关条款中另有规定，下列条款适用于所有的关合和开断试验。

在进行试验之前，制造厂应声明下列值：

——保证额定操作顺序时，操动机构的最低条件(例如液压操动机构操作用的最低功能压力)；

——保证额定操作顺序时，开断装置的最低条件(例如 SF_6 断路器开断用的最低功能压力)。

6.102.1 概述

三相关合和开断要求应优先在三相回路中验证。

如果试验在试验室进行，外施电压、电流、瞬态和工频恢复电压可以从一个单独的电源获得(直接试验)，或者从几个电源获得，其中电流的全部或大部分从一个电源获得，而瞬态恢复电压可以全部地或部分地从一个或多个独立的电源获得(合成试验)。

如果受试验设备的限制，发电机断路器的短路性能不能按上述方法验证时，根据断路器的类型可采用下列一种或几种组合试验方法，这些验证方法应用直接试验法或合成试验法：

a) 单相试验(见 GB 1984—2003 的 6.102.4.1)；

b) 单元试验(见 GB 1984—2003 的 6.102.4.2)。

6.102.2 受试断路器的布置

6.102.2.1 概述

GB 1984—2003 的 6.102.3.1 适用。

6.102.2.2 共箱型

GB 1984—2003 的 6.102.3.2 适用。

6.102.2.3 分箱型

GB 1984—2003 的 6.102.3.3 适用。

6.102.3 关于试验方法的一般考虑

6.102.3.1 三极发电机断路器单极的单相试验

GB 1984—2003 的 6.102.4.1 适用。

6.102.3.2 单元试验

GB 1984—2003 的 6.102.4.2 适用。

6.102.4 合成试验

合成试验可用于做 6.106～6.110 所规定的关合、开断和开合试验。合成试验技术和方法在 GB/T 4473—2008 中阐述。

6.102.5 试验前的空载操作

GB 1984—2003 的 6.102.6 适用。空载操作顺序为 O,CO。

6.102.6 替代的操动机构

GB 1984—2003 的 6.102.7 适用。

6.102.7 试验中发电机断路器的性能

GB 1984—2003 的 6.102.8 适用。

6.102.8 试验后发电机断路器的状态

GB 1984—2003 的 6.102.9.1～6.102.9.3 和 6.102.9.5 适用。试验后的状态检查试验见6.106.3。

6.102.9 燃弧时间的说明

本条款描述的程序与预期燃弧时间的调整有关。实际的燃弧时间可能不同于预期的燃弧时间，只要实际的最长燃弧时间在允许偏差(±0.5 ms)范围内，则试验有效。

对应于操作顺序 CO—30 min—CO，一个 CO 应验证最短燃弧时间，另一个 CO 应验证最长燃弧时间。做完操作顺序中规定的操作次数后，发电机断路器可以按照 GB 1984—2003 的 6.102.9.5 进行修整。

注：本条款中描述的燃弧时间足以覆盖发电机断路器的极间不同期性所产生的影响。

6.102.9.1 三相试验

下面给出的程序适用于直接试验。进行合成试验时，在开始程序之前，应首先确定首开极的最短燃弧时间。确定最短燃弧时间的方法在 GB 1984—2003 的 6.102.10.2 中给出。

6.102.9.1.1 试验方式 T100s 和 OP 1

对于试验方式 T100s，第二次分闸操作的脱扣脉冲控制的整定值应比第一次提前 40 电度(40°)。

对于试验方式 OP 1，应以 CO 的操作顺序，按照试验方式 T100s 的分闸操作的脱扣脉冲控制方法，进行一次获得长燃弧时间的有效开断操作。

6.102.9.1.2 试验方式 T100a、T100a(b)和 OP 2

对于试验方式 T100a 和 T100a(b)，按照 GB 1984—2003 的 6.102.10.1.2 中对第一次和第二次有效操作的规定进行试验。

对于试验方式 OP 2，按照 GB 1984—2003 的 6.102.10.1.2 的规定进行一次获得长燃弧时间的有效开断操作。

6.102.9.2 单相试验代替三相试验

下述单相试验的目的是为了在同一试验回路中满足每种试验方式中首开极和后开极的条件。

如果额定操作顺序的所有操作满足 5.101 的要求，下述程序适用。否则，使用表 9 时应谨慎。

6.102.9.2.1 试验方式 T100s 和 OP 1

对于试验方式 T100s，按照 GB 1984—2003 的 6.102.10.2.1.1 中对第一次和第二次有效开断操作的规定进行试验。

对于试验方式 OP 1，按照 GB 1984—2003 的 6.102.10.2.1.1 规定的最长燃弧时间进行一次有效开断操作。

6.102.9.2.2 试验方式 T100a、T100a(b)和 OP 2

对于试验方式 T100a 和 T100a(b)，按照 GB 1984—2003 的 6.102.10.2.1.2 中对第一次和第二次有效开断操作的规定进行试验。计算最长燃弧时间的公式中的时间间隔 Δt_1 是表 9 给出的一个大半波的持续时间。

对于试验方式 OP 2，按照 GB 1984—2003 的 6.102.10.2.1.2 规定的最长燃弧时间进行一次有效开断操作。计算最长燃弧时间的公式中的时间间隔 $\Delta t_1 = 15.5$ ms。

表 9 中的所有数值都是根据继电保护时间为 10 ms 计算的。

表 9 与短路试验方式 T100a 和 T100a(b)相关的燃弧期间的电流峰值和电流半波持续时间

电流半波	分闸时间/ms	$\tau = 150$ ms	
		$\hat{I}$(p. u)	Δt_1/ms
大半波	$0 < t \leqslant 11.5$	1.93	18.5
	$11.5 < t \leqslant 32.0$	1.81	16.0
	$32.0 < t \leqslant 52.5$	1.71	15.0
电流半波	分闸时间/ms	$\tau = 150$ ms	
		$\hat{I}$(p. u)	Δt_2/ms
小半波	$0 < t \leqslant 11.5$	0.13	3.0
	$11.5 < t \leqslant 32.0$	0.23	4.5
	$32.0 < t \leqslant 52.5$	0.33	5.5

注：$\hat{I}$——与短路电流峰值相关的峰值电流的标幺值。
Δt_1——大半波的持续时间(圆整到 0.5 ms)。
Δt_2——小半波的持续时间(圆整到 0.5 ms)。
τ——系统回路的时间常数。

6.103 短路关合、开断试验的试验回路

6.103.1 功率因数

短路关合、开断试验的试验回路的功率因数应不超过 0.15(滞后)。

三相试验回路的功率因数应取各相功率因数的平均值。试验时，此平均值不得超过 0.15，且任一

相的功率因数与平均值之差不应超出平均值的25%。

6.103.2 频率

发电机断路器应在额定频率下进行试验,频率允差为±8%。

6.103.3 试验回路的接地

短路关合、开断试验时,试验回路的对地连接应符合下述要求,并应在试验报告的试验回路图中予以指明。

a) 三极断路器的三相试验,GB 1984—2003 的6.103.3中的a)适用;

b) 三极断路器的单相试验,GB 1984—2003 的6.103.3中的c)适用。

6.103.4 试验回路与断路器的连接

GB 1984—2003 的6.103.4适用。

6.104 短路试验参数

6.104.1 短路关合试验前的外施电压

对于6.106.1.2中的试验方式T100a和6.106.1.2.1中的试验方式T100a(a)的短路关合试验,外施电压见表10,且:

a) 对于三极发电机断路器的三相试验,未经制造厂同意不得超过表10值的10%。各极的外施电压与三相平均值之差应不超过平均值的±5%;

b) 对于三极发电机断路器的单相试验,未经制造厂同意不得超过表10值的10%。

6.104.2 短路关合电流

GB 1984—2003 的6.104.2.1和6.104.2.2适用,只是验证短路关合能力的试验方式由这些条款中的T100s或T100s(a)改为本标准中的T100a或T100a(a)。

如果在试验中,试验方式T100a的关合电流有一次达到了额定短路关合电流,试验也属有效,可不必再做试验方式T100a(a)的关合试验。

如果电流起始于外施电压峰值的±15°内,则认为短路电流是对称的。

6.104.3 短路开断电流

发电机断路器所开断的短路电流,应在主弧触头分离瞬间从电流波的包络线上进行测量,测量方式按GB 1984—2003 的4.101规定。

三相试验时,开断电流由各相开断电流中交流分量有效值的平均值及各相中直流分量最大一相的直流分量百分数表示。任一相中开断电流的交流分量有效值与平均值的差异应不大于平均值的10%。

试验方式T100s、T100a和T100a(b)的开断电流允许偏差及直流分量百分数,按相应试验方式的规定。开断电流超过允许正偏差的百分数应经制造厂同意。

三相或单相直接试验,对应于最后开断极主电弧最终熄灭瞬间,预期电流的交流分量不得小于试验方式所规定的电流值的90%,这一点可通过试验前的预期电流的记录来证明。

如果断路器的特性能使短路电流值减小到低于预期开断电流,或者如果在示波图上不能成功地把电流波的包络线画出来,则可以认为所有相的预期短路开断电流的平均值就等于短路开断电流,且在预期电流的示波图上对应于触头分离的瞬间进行测量。

合成试验的开断电流应符合GB/T 4473—2008的规定。

6.104.4 短路开断电流的直流分量

对于试验方式T100a或T100a(b),触头分离瞬间的直流分量在表10中规定。

发电机断路器在表10规定的试验方式T100a或T100a(b)中,即使在某一次分闸操作中的直流分量百分数小于规定值,只要在试验方式的两个分闸操作中直流分量百分数的平均值超过规定的直流分量百分数,则认为发电机断路器已满足了试验方式T100a或T100a(b)的要求。在这两个试验方式的任何一次试验中,直流分量不应小于规定值的90%。

如果在任一开断操作的示波图上不能成功地画出电流波的包络线,这时,只要短路起始瞬间是可比的，则预期的直流分量百分数可以作为试验时触头分离瞬间的直流分量百分数。直流分量的百分数应在预期电流的示波图上对应于触头分离的瞬间进行测量。

6.104.5 短路开断试验的瞬态恢复电压(TRV)

试验回路的预期 TRV 应使用那种产生和测量 TRV 波形而对其无明显影响的方法来确定。应在与断路器连接的端子上进行测量，包括所有必要的试验测量装置，如分压器。对于三相试验，试验回路的瞬态恢复电压是指首开极的瞬态恢复电压。

试验的预期 TRV 是由 GB 1984—2003 的附录 E 所示的方法画出的包络线和它的起始部分来表示的。

试验中所规定的 TRV 按照 4.102、4.105，并用图 15 表示。

非对称开断能力的试验应使用对称开断的试验回路。该试验回路在未受断路器影响时应能产生规定的 TRV 的包络线。单元试验时的瞬态恢复电压应为发电机断路器整极中承受瞬态恢复电压最高的单元电压。

短路试验时，断路器的特性诸如电弧电压、弧后电导和分合闸电阻(如装有的话)将对瞬态恢复电压产生影响。因此，试验中的瞬态恢复电压不同于以一定性能要求为基础的试验回路的预期瞬态恢复电压波形，其程度取决于断路器的特性。

瞬态恢复电压的测量方法见 GB 1984—2003 的附录 F。

6.104.6 工频恢复电压

试验回路的工频恢复电压可以用下面规定的工频恢复电压百分数来表示。它应不低于规定值的 95%，并应维持至少 0.1 s。对于 6.106 规定的短路开断试验，工频恢复电压在上述的 95%的最低值条件下，应符合下列规定：

a) 三极发电机断路器的三相试验，工频恢复电压的平均值应等于发电机断路器的额定电压 U_r 除以$\sqrt{3}$，在灭弧后 0.1 s 内，任一相工频恢复电压与平均值的偏差不得超过平均值的 20%；
b) 三极发电机断路器的单相试验，其工频恢复电压应等于额定相对地电压($U_r/\sqrt{3}$)与首开极系数(1.5)的乘积；在额定频率一周波后工频恢复电压可以降到 U_r 除以$\sqrt{3}$；
c) 单元试验的工频恢复电压应为发电机断路器整极中承受电压最高的单元电压；
d) 工频恢复电压的测量和确定按 GB 1984—2003 的 6.104.7 规定；
e) 合成试验的工频恢复电压应符合 GB/T 4473—2008 的 5.1.3 规定。

6.105 短路试验程序

6.105.1 试验间的时间间隔

一个试验顺序的各个操作之间的时间间隔应是 4.104 给出的发电机断路器的额定操作顺序的时间间隔。

6.105.2 分闸脱扣器辅助电源的施加——开断试验

辅助电源应在短路起始后施加在脱扣器上，但如果受试验站的限制而不可行时，可在短路起始前施加辅助电源(但有一个限定条件：触头不应在短路起始前开始移动)。

6.105.3 分闸脱扣器辅助电源的施加——关合—开断试验

在关合—开断试验中，不应在发电机断路器到达合闸位置之前给分闸脱扣器施加辅助电源。在 6.106 中的试验方式 T100s 和 T100a 的合—分操作循环中，触头关合后至少一个半波内不应施加辅助电源。为使直流分量不超过允许值，允许发电机断路器延迟分闸。

6.105.4 短路扣锁

当主载流触头在合闸位置静止，完全通电而且在没有机械或电气的脱扣之前应保持在该位置，发电机断路器应扣锁。

发电机断路器对短路关合电流的扣锁能力可在试验方式 T100a(a)(见 6.106.1.2.1)时，或在关合验证试验(见 6.102.3.1 引用的 GB 1984—2003 的 6.102.4.1)时验证。如果在该试验方式的一次合操作中,其关合电流达到额定短路关合电流(允许偏差为+10%),通流的持续时间不短于 5 个周波,则认为关合、扣锁能力已得到验证。本试验过程中,下列情况适用:

——对于三极断路器的三相试验,合闸相角的控制应使远离机构的极上出现峰值关合电流;

——对于三极断路器的单相试验,应对远离机构的极进行试验,且与并联在一起的其他两极串联。

注:如果进行单相试验,应注意施加在远离机构的极上的应力和三相试验时施加在该极上的外施电压、预击穿时刻和电流流过该极的时刻的方式相同。

如果受试验站的限制,不可能按 6.104.1 规定的外施电压规定的范围内进行试验方式 T100a(a)时,试验可以在降低的试验电压下,用一个能产生额定短路关合电流且交流分量衰减忽略不计的回路重复进行。

有几种方法可以用来确定发电机断路器是否已合闸和扣锁,例如:

——通过适当地记录辅助触头和触头的行程;

——关合试验完成后,目力检查扣锁的位置;

——通过记录装置的动作来检查扣锁(例如,适合于安装在机构上的微型开关)。

试验报告应记录证明发电机断路器满意扣锁所采用的方法。

6.105.5 无效试验

GB 1984—2003 的 6.105.5 适用,但该条款中的注不适用。

6.106 短路关合、开断试验

6.106.1 系统源短路关合、开断试验

验证发电机断路器短路电流额定值的试验方式见表 10。

表 10 验证短路电流额定值的试验方式——三相试验的首开极或单相试验的条件

试验方式	操作顺序	外施电压和/或首开极工频恢复电压(有效值)/kV	开断电流		关合电流第一个大半波峰值[a]/kA	预期瞬态恢复电压		备注
			交流分量(有效值)/kA	直流分量百分数/%		峰值电压 U_c/kV	上升率 (U_c/t_3)/(kV/μs)	
T100s	CO—30 min—CO	$1.5\times U_r/\sqrt{3}$ $=0.87\ U_r$	I_{sc}	≤20%	1.40 I_{sc}	$1.5\times1.5\times\sqrt{2}\times$ $U_r/\sqrt{3}=1.84\ U_r$	按表 2	对称关合—开断试验
T100a	CO—30 min—CO		I_{sc}	%*dc*	2.74 I_{sc}			非对称关合—开断试验
T100a(a)	C—30 min—C	$U_r/\sqrt{3}=$ $0.58\ U_r$	I_{sc}	—	2.74 I_{sc}	—		等效的非对称关合—开断试验第一部分
T100a(b)	O—30 min—O	$1.5\times U_r/\sqrt{3}$ $=0.87\ U_r$	I_{sc}	%*dc*	—	$1.5\times1.5\times\sqrt{2}\times$ $U_r/\sqrt{3}=1.84\ U_r$	按表 2	等效的非对称关合—开断试验第二部分

U_r——发电机断路器的额定电压,kV。

I_{sc}——发电机断路器的额定短路开断电流,kA。

%*dc*——按要求的发电机断路器性能而规定的短路电流直流分量。

在试验方式 T100s、T100a 或 T100a(a)、T100a(b)的每个试验方式期间,发电机断路器不允许修理或更换部件。

如受试验条件限制,可采用试验方式 T100a(a)加 T100a(b)代替试验方式 T100a。

如果发电机断路器带有辅助电阻室和辅助开关,应带辅助电阻和将开关接入进行试验。

试验方式的顺序只是建议的顺序,可按希望的任一顺序进行。

[a] 对试验方式 T100a 和 T100a(a),关合电流第一个大半波峰值由下式计算求得:$(1+e^{-\frac{t}{\tau}})\times\sqrt{2}I_{sc}=2.74I_{sc}$ $\left(其中\ \tau=\frac{X}{R\omega}=150\ \text{ms}\right)$。

6.106.1.1 **试验方式 T100s**

试验方式 T100s 是额定对称电流关合—开断试验。

试验条件如表 10 所示。开断电流、瞬态恢复电压和工频恢复电压应符合 6.104 的相关规定。开断电流的允许偏差为+5%。

6.106.1.2 **试验方式 T100a**

试验方式 T100a 是额定非对称电流关合—开断试验。

试验条件如表 10 所示。外施电压、关合电流、开断电流、瞬态恢复电压和工频恢复电压应符合 6.104的相关规定。关合电流的允许偏差为+10%,开断电流交流分量有效值的允许偏差为+5%。

如果试验回路的直流时间常数不同于为发电机断路器规定的数值,试验方式 T100a 应按照 IEC 62271-308 进行。

6.106.1.2.1 **试验方式 T100a(a)**

试验方式 T100a(a)既是等效的额定非对称关合—开断试验的第一部分,加上试验方式 T100a(b)可代替试验方式 T100a,也是验证关合、扣锁能力(见 6.105.4)的试验方式。

试验条件如表 10 所示。外施电压、关合电流应符合 6.104 的相关规定。关合电流的允许偏差为+10%。

关合电流的持续时间应至少为 5 个周波。

6.106.1.2.2 **试验方式 T100a(b)**

试验方式 T100a(b)是等效的额定非对称关合—开断试验的第二部分,加上试验方式 T100a(a)可代替试验方式 T100a。

试验条件如表 10 所示。开断电流、瞬态恢复电压和工频恢复电压应符合 6.104 的相关规定。开断电流交流分量有效值的允许偏差为+5%。

如果试验回路的直流时间常数不同于为发电机断路器规定的数值,试验方式 T100a(b)应按照 IEC 62271-308 进行。

6.106.2 **发电机源短路关合、开断试验**

发电机断路器在其寿命期间开断来自发电机源的具有延迟电流零点的短路电流的要求通常是可以接受的。并且也认识到这些短路电流的数值显著地小于额定短路开断电流。在考虑了电弧电压对预期短路电流的影响后,发电机断路器开断延迟电流零点短路电流的能力可由计算来确定。确定电弧电压模型的方法从类似电流数值的试验中得出。

如果这种计算对于在最苛刻条件下进行开断期间发电机断路器的特性需要作过多的假设,则需要进行短路试验。如果进行试验,应认识到,通常试验站不能精确地模拟所要求的电流波形。

6.106.2.1 **试验条件**

试验应包括与额定电压和预期的回路瞬态恢复电压有关的预定的无零点的电流波形,和由计算或由对发电机断路器特定的使用进行测量所获得的近似波形。

6.106.2.2 **开断的有关事项**

假设发电机断路器的特性取决于触头分离的瞬间和三相中每相的非对称分量。

对于三相故障,特有的发电机源短路电流可考虑如下两种典型情况:

a) 一相承载 100%无电流零点的偏移电流,这就意味着在其他两相中电流的偏移被平均分配。最长燃弧持续时间出现在直流偏移减少和交流电流降低的一相,并且首开相不是 100%偏移的那一相。

b) 与 a)情况相比,一相承载对称电流,而其他两相承载衰减的直流偏移电流,首开相开断后,最长燃弧持续时间出现在直流偏移不变而交流电流降低的相上,即承载对称电流的相上。

6.106.3 **试验后的状态检验**

在完成试验方式 T100s 后,发电机断路器的断口间应能耐受 80%的断口间额定工频耐受电压、

1 min;测得的主回路电阻值与试验前所测值相比,增加应不超过20%。

6.107 失步关合、开断试验

6.107.1 试验回路

试验通常在单相试验回路中进行。也允许进行三相试验。

试验回路应满足下列条件:

a) 试验回路的功率因数不超过0.15(滞后);

b) 对于单相试验,试验回路应这样布置,约有一半的外施电压和恢复电压施加在发电机断路器的每一侧上(见图3);

如果试验站不适宜使用这种回路,则允许由制造厂选择,使用图4和图5中所示的回路的一个:

1) 只要发电机断路器两端的总电压符合表11中的规定,则可以使用相位相差120°的两个相等的电压代替相位相差180°的两个相等的电压的试验回路(见图4);

2) 可以使用发电机断路器的一端接地的试验回路(见图5)。

c) 对于三相试验,征得制造厂同意,断路器一端接地或电源中性点接地都是允许的。

6.107.2 试验参数

a) 失步关合、开断电流:

规定的失步关合、开断电流为额定失步关合、开断电流(见4.105);

b) 试验电压:

对于单相试验,外施电压及工频恢复电压应符合表11相应的规定值;

对于三相试验,外施电压为$\sqrt{2}\times U_r/\sqrt{3}$,首开极的工频恢复电压应符合表11相应的规定值;

c) 瞬态恢复电压应符合表4的规定。

注:当要求更高的瞬态恢复电压和工频恢复电压时,应经制造厂和用户协商。

6.107.3 试验方式

验证规定的失步电流关合、开断额定值的试验方式见表11。

6.107.3.1 试验方式OP 1

试验方式OP 1是额定失步对称电流关合、开断试验。

试验条件见表11。开断电流的允许偏差为±10%。

6.107.3.2 试验方式OP 2

试验方式OP 2是额定失步非对称电流关合、开断试验。

试验条件见表11。失步开断电流交流分量的允许偏差为±10%。

表11 验证规定的失步电流关合、开断额定值的试验方式——三相试验的首开极或单相试验的条件

试验方式	操作顺序	外施电压和首开极工频恢复电压(有效值)/kV	开断电流		预期瞬态恢复电压		备注
			交流分量(有效值)/kA	直流分量百分数/%	峰值电压 U_c/kV	上升率 (U_c/t_3)/(kV/μs)	
OP1	CO	$1.5\times\sqrt{2}\times U_r/\sqrt{3}=1.22\,U_r$	50% I_{sc}	<20	$1.22\times1.45\times\sqrt{2}\times U_r=2.5\,U_r$	见表4	对称关合—开断试验
OP2	CO		50% I_{sc}	75			非对称关合—开断试验

U_r——发电机断路器的额定电压,kV;

I_{sc}——发电机断路器的额定短路开断电流,kA。

工频恢复电压和开断电流是以90°失步角为基础的。

触头分离瞬间应按产生最苛刻的开合条件来选择。

装有分闸电阻的发电机断路器,在两次操作之间允许有足够的时间间隔,以使电阻冷却。为了缩短冷却时间,每次开断操作后可以更换分闸电阻。

6.108　负荷电流开、合试验

6.108.1　试验回路

负荷电流开、合试验的试验回路与通常的短路试验回路相类似，其功率因数应不超过 0.15(滞后)。

发电机断路器应在额定频率下进行试验，频率允差为±10%。

发电机断路器的正常接地部位应接地。

如果进行三相试验，电源的中性点或短路连接处两者之一应接地，但不是两者都接地。如果进行单相试验，则试验回路应接地。

6.108.2　试验参数

a)　外施电压及工频恢复电压

1) 三相试验时的相间电压为发电机断路器额定电压的一半，即 $0.5U_r$；

2) 单相试验时为 $1.5\times0.5\times U_r/\sqrt{3}=0.43\ U_r$。

U_r——发电机断路器的额定电压，kV。

工频恢复电压的允许偏差和持续时间应符合 6.104.6 的规定。

b)　瞬态恢复电压

三相试验时首开极和单相试验时的瞬态恢复电压按表 5 的规定。

以上是以发电机升压变压器和发电机具有相同 MVA 额定值为基础的。建议就发电机断路器的每种应用，并考虑到在变压器端安装电容器的情况，对试验要求的恢复电压和 TRV 的上升率进行计算。

c)　试验电流

额定负荷开断电流为发电机断路器的额定电流。

开断电流的允许偏差为+10%，直流分量应不大于 20%，对关合电流不作规定。

d)　开断和/或操作用介质压力以及辅助、控制电压为产品技术条件规定的最低值。

6.108.3　试验方法

为了确保在所有开合条件下满意操作，试验应以发电机断路器的触头对应电流波形上的不同位置分离来进行。为了满足这一要求，可进行三相试验或进行单相试验。

如果进行三相试验，则试验方式应由时间不受控制的随机的 12 次试验组成。

如果进行单相试验，试验方式由下述方式之一组成：

——如果脱扣时间受控并且相应于电流波形以大约 30°步长分布，则进行 12 次试验；

——进行脱扣时间不受控的随机的 40 次试验。

每次试验应包括关合—开断或关合—15 s—开断(C—O 或 C—15 s—O)的操作顺序。考虑到部件(如电阻)的发热限制，两个操作顺序之间的时间间隔至少为 3 min。

发电机断路器能在不检修或不更换零件的情况下开、合额定电流 50 次。为了完成这一性能的验证，对要求脱扣时间受控的 12 次试验组均可以进行 4 倍以上的次数，以达到总计 50 次的要求；对脱扣时间不受控的随机的 40 次试验系列延长到 50 次试验。

6.108.4　试验后的状态检验

试验后，测得的主回路电阻值与试验前所测值相比，增加应不超过的 20%。

6.109　励磁电流开、合试验

励磁电流开合试验不是强制性的。

可以要求发电机断路器开断变压器励磁电流。因为涉及的励磁电流很小，并且，发电机断路器用来开断大的短路电流，开断这种电流可能会产生截流。每个发电机断路器的设计对此可能有不同的反应。因此，对在代表系统设计的励磁电流的范围内由断路器本身产生的过电压，建议由用户进行研究。

已经认识到，试验室的试验回路不能准确再现实际电网的条件。因此，试验回路应经制造厂和用户商定，以便对这种试验回路能够确定产生特定设备的概率过电压的必要参数。为了保证满意的测试所产生的过电压，试验应在发电机断路器的触头按电流波形上的不同位置分离，而且特别是在电流过零前分离的情况下进行。为满足这些要求，可进行三相试验，也可进行单相试验。

如果进行三相试验，试验方式由两次试验组成。对于单相试验，试验方式由如下方式之一组成：

a) 脱扣时间不受控的随机的 10 次试验；

b) 如果脱扣时间受控，则进行 3 次试验，并且应在被试的发电机断路器的最短燃弧时间区域内开断。

每次试验均为开断操作。

6.110 电寿命试验

发电机断路器应进行额定短路开断电流下五次开断操作的电寿命试验。

试验应在与 6.106.1 规定的验证发电机断路器短路电流额定值的试验同样的、干净的、新的发电机断路器上实施，不应进行中间检修。试验参数应按 6.106.1.1 对试验方式 T100s 中的开断操作的规定，每两个开断操作间的时间间隔为 30 min。五次开断操作中的燃弧时间至少应有一次达到最长燃弧时间。

如果在进行 6.106.1 中的试验方式 T100s 和 T100a(或 T100a(b))之间未进行检修或更换部件，在这些试验后 30 min 内，接着在试验方式 T100s 中的开断操作的试验参数下能再完成一次开断操作，也认为发电机断路器通过了电寿命试验。

试验后发电机断路器的状态应满足 GB 1984—2003 的 6.102.9.2 的规定，并以 80％的断口间额定工频耐受电压、1 min 进行断口间的状态检查的电压试验。

6.111 外壳的验证试验和受压系统的试验

6.111.1 外壳的验证试验

对于金属外壳，GB 7674—2008 的 6.103、6.103.1 和 6.103.2 适用。

对于绝缘外壳，按产品技术条件的规定。

6.111.2 受压系统的试验

如果规定发电机断路器的每个压缩气体系统中应装设安全阀或减压阀或防爆膜，则它们应按相关标准进行试验。

7 出厂试验

GB/T 11022—1999 的第 7 章适用，并补充如下。

7.1 主回路的绝缘试验

GB/T 11022—1999 的 7.1 适用，并补充如下：

参见 GB/T 11022—1999 中的图 2，试验电压(见表 1)应按表 12 施加。

表 12 主回路绝缘试验电压的施加

试验条件序号	发电机断路器状态	电压施加于	接地于
1	合闸状态	AaCc	BbF
2	合闸状态	Bb	AaCcF
3	分闸状态	ABC	abcF

注：如果极间绝缘是大气压力下的空气，则序号 1 和序号 2 的试验条件可以合并，试验电压施加在连接在一起的主回路的各部分和底座之间。

7.2 辅助和控制回路的绝缘试验

GB/T 11022—1999 的 7.2 适用。

7.3 主回路电阻的测量

GB/T 11022—1999 的 7.3 适用。

7.4 密封性试验和 SF_6 气体湿度测量

对于密封性试验，GB/T 11022—1999 的 7.4 适用。

如果发电机断路器的绝缘和灭弧介质为 SF_6 气体，则 SF_6 气体的湿度不大于 150 μL /L。

7.5 设计和外观检查

GB 1984—2003 的 7.5 适用。

7.101 机械操作试验

GB 1984—2003 的 7.101 适用，并对其中的项 c)的第二个破折号修改如下：

——此外，进行 5 次 CO。

7.102 外壳的压力试验

对于金属外壳，GB 7674—2008 的 7.101 适用。

对于绝缘外壳，按产品技术条件的规定。

8 选用导则

8.1 概述

本章一般用作高压交流发电机断路器在使用方面的导则。典型的应用例子在附录 A 中提供。

8.2 一般选用条件

8.2.1 正常使用条件

发电机断路器的正常使用条件在 GB/T 11022—1999 的第 2 章中规定。这些条件规定了海拔、环境温度及地震力方面的限值。

8.2.1.1 系统发展的储备

为了适应负荷增大的需要，电力系统设施必须随着时间增加。尽管发电机未必用更大的发电机来代替，但是，系统发展的结果通常是短路电流值增大。因此，对于预计的将来系统源短路电流的增大，发电机断路器的额定值应有足够的裕度。

8.2.1.2 系统设计

对于限制短路电流大小或降低由系统设计产生的大电流短路概率的方法，超出了本标准的范围。如果短路电流接近发电机断路器的最大容量时，应考虑这种方法。

8.2.2 特殊使用条件

特殊使用条件列于 GB/T 11022—1999 的第 2 章中。如果遇到这些条件，应考虑特殊的技术要求、安装、运行及维护措施，并且，如有必要，应提请制造厂注意。

8.2.2.1 异常温度下的使用

对 GB/T 11022—1999 的第 2 章中规定的极限以外的环境温度下使用的设备应特殊考虑。在多数使用情况下，发电机断路器作为离相母线的整体部分来安装。在这些情况下，离相母线的冷却情况直接影响封闭式发电机断路器内部的温度。环境温度和断路器的热时间常数制约着 4.4 中叙述的持续电流的选用。

8.2.2.2 海拔超过 1 000 m 时的使用

海拔超过 1 000 m 时，额定值的修正按 GB/T 11022 的相关规定。

8.2.2.3 暴露于有害的烟雾或水蒸气、雾、盐雾、油雾、过分潮湿、滴水和其他类似的条件下

处于这些条件下的设备可能要求如下的特殊结构或防护性能：

a） 避免在所有电气绝缘及载流部件上凝结的措施；

b） 套管具有额外的爬电距离；

c） 特殊的维护，包括在发觉有危害绝缘的完整性的微粒的情况下，绝缘子的清扫；

d） 使用能抵御霉菌生长的材料。

8.2.2.4 暴露于过量的磨料、磁性或金属的粉尘中

处于这些条件下的设备可能要求如下的特殊结构或防护性能：

a) 设备完全封闭或分隔，并采取措施使空气流动情况良好；

b) 按风冷运行设计的设备被封闭在没有风冷的隔室内时，应降低载流额定值。

8.2.2.5 暴露于易爆性粉尘或气体混合物中

发电机断路器不能设计用于易爆环境中。对于这种运行类型，应给于特殊考虑，以便选择可接受的设备。

8.2.2.6 暴露于异常振动、冲击或摆动情况下

发电机断路器设计用于安装在大体上水平的建筑物上，不受过度的振动、冲击或摆动的影响。如果存在这些异常条件的任一个时，对于特殊应用的建议应从制造厂获得。

8.2.2.7 季节性使用或极少使用

设备长期存放或长期不通电，比如发电机维修期间，应采取保护措施防止加速劣化。在带电运行前，应检查其操作性能和绝缘完好性。

8.2.2.8 异常力下的使用

正常运行期间，发电机断路器除承受正常短路电流和热作用力外，还可能承受异常的热和地震作用力。

异常的热作用力是由与发电机断路器连接的热循环引起的。发电机断路器作为长的硬母线系统的一部分使用，可能在发电机断路器套管上产生严重的压力和拉力。对于这种使用情况，应向制造厂咨询。

在核电站使用时，如果地震力超过 0.5 g，则应与制造厂一起验算。

8.2.2.9 磁场对使用的影响

偶尔，电站中的母线不是封闭的，并且一般来说，对于持续电流低于 6 300 A 的发电机断路器，磁场的影响通常不用考虑。但是，如果母线电流超过 6 300 A，发电机和变压器之间的母线附近的磁场可能对设备和建筑钢产生不利影响。对这种情况，因为感应的电压和电流会产生不希望有的热效应，所以，发电机断路器外壳外面的磁场的值应向制造厂咨询。由于这个原因，为了避免承载电流的母线间的电磁力，通常采用离相式金属封闭母线管。

必须注意下列情况，并采取预防措施：

a) 通过发电机断路器外壳的返回电流和母线中流过的电流差大于 6 300 A；

b) 发电机断路器外壳外面的磁场加上由外壳内流过的电流与断路器带电部分流过的电流差所产生的磁场高于 6 300 A 电流产生的磁场。

这些预防措施包括避免金属连接件和/或金属支撑结构的布置靠近发电机断路器极与母线相或处在它们之间。

8.3 选用时需要考虑的事项

在通常应用中，发电机断路器的主要功能是承载发电机额定负荷电流，并提供开断来自发电机源的短路电流和来自电力系统的短路电流的手段。然而，发电机断路器还可用于负荷电流、变压器励磁电流或失步电流的开合。在某些情况下，选择发电机断路器的决定因素是这些开合要求而不是短路电流开断要求。

8.3.1 选用的最高电压

发电机的最高运行电压不得超过发电机断路器的额定电压，因为这是发电机断路器运行的上限值。

注：对于额定值 200 MVA～1 500 MVA 的发电机的运行电压变化范围很大，从大约 10 kV 到 27 kV。因此，在确定短路方式时，额定电压是与发电机断路器相连的发电机的最高运行电压。

8.3.2 额定频率

发电机断路器的额定频率为 50 Hz，取决于安装发电机断路器的系统的额定频率。

8.3.3 持续电流

8.3.3.1 正常运行使用中需要考虑的事项

通常把发电机断路器作为发电机和变压器之间的母线管的主要部件来设计。发电机断路器必须能承载发电机的额定电流。金属封闭的母线管通常是离相式的。在许多情况下，发电机断路器装有空气或水的冷却系统。

在各种环境温度和负荷条件下，发电机断路器的电流承载能力与其他高压断路器不同。发电机断路器有两个承载电流部分——带开断装置的可动部分和金属外壳。具有不同温度限值的发电机断路器和连接的母线管的各种部件的温度限值分别按 GB/T 11022—1999 的 4.4.2 和本标准的表 7。

8.3.3.2 基于实际环境温度和连接的母线管温度的持续负荷电流承载能力

为了确定基于实际环境温度和连接的母线管的温度的持续电流承载能力值，应向制造厂咨询。

如果母线管与发电机断路器相连，其连接件上的温度限值按表 7，在大多数情况下，它将向发电机断路器传热。因此，发电机断路器持续电流承载能力将要降低。必须寻找适合于母线管和发电机断路器电流承载能力的实用的折衷办法。

8.3.3.3 事故状态

通常，在要求的辅助强迫冷却系统丧失后，断路器部件的温度将会升高。对于发电机断路器，4.4.101中规定的参数已经包括了这种情况。在 6.5.102 中对这种事故状态的试验已作了说明。

8.3.4 额定绝缘水平

对于发电机断路器，在表 1 中规定了耐受电压水平。除非经用户和制造厂协商，否则，对地和断口间全绝缘耐受电压只能用额定压力下的绝缘介质来获得。

8.3.5 短路电流额定值

8.3.5.1 短路电流额定值的背景资料

对于发电机断路器可能经受的对称短路电流由图 6 电站的总线路图进行说明，并表明了下列不同位置的短路情况：

a) 系统源短路电流(图 6 的位置 a)；

b) 发电机源短路电流(图 6 的位置 b 和 c。位置 b 的短路电流大于位置 c 的短路电流，因此，对于下列所考虑的事项，位置 c 可以不予以考虑)。

在所有实际使用中，因为变压器和系统的短路电抗之和低于发电机的次瞬态和瞬态电抗，所以系统源的对称短路电流要高于发电机源的对称短路电流。

发电机源短路电流与系统源短路电流没有直接关系。因为系统源短路电流高于发电机源短路电流，因此，它被规定为发电机断路器的额定短路电流。

8.3.5.2 额定短路开断电流

4.101 中给出的说明表明，额定短路开断电流是发电机断路器在额定电压和额定操作顺序下要求开断的三相短路电流对称分量的最大有效值。

8.3.5.3 相关要求的能力

下面是与短路电流有关的相关要求的能力：

a) 系统源短路电流：
   1) 对称开断能力；
   2) 非对称开断能力；
   3) 短时电流承载能力；

b) 发电机源短路电流：
   1) 对称开断能力；
   2) 非对称开断能力；
   3) 相对于最大非对称度的非对称开断能力；

c) 发电机源或系统源：关合、扣锁和承载能力。

8.3.5.3.1 **对于三相故障要求的对称开断能力**

这种能力以额定短路开断电流为基础。

8.3.5.3.2 **对于三相故障要求的非对称开断能力**

这种能力以额定短路开断电流为基础。它的直流分量以150 ms的时间常数衰减，并且取决于主触头分离时间，主触头分离时间为1/2周波脱扣时延加上发电机断路器的最短分闸时间。直流分量用下面的公式计算和由图7进行说明。这个数值在图2中给出。

在时间 t_{cp} 下的非对称度由如下公式确定：

$$a=\frac{I_{dc}}{I_{ac}}=\text{非对称度}$$

求直流分量

$$I_{dc}=I_{ac}\times e^{-t_{cp}/\tau}$$

式中：

τ——150 ms。

8.3.5.3.3 **要求的发电机源对称开断能力**

发电机源对称短路电流远小于系统源短路电流。当电流源完全来自发电机而不经变换时，其值可从主触头分离瞬间电流振幅的包络线上测量。这个包络线可由满负荷额定功率因数条件并考虑发电机的常数进行计算。必须认识到，这个短路电流的交流分量会随发电机的次瞬态和瞬态时间常数衰减，并且由图8说明。

8.3.5.3.4 **对于三相故障要求的发电机源非对称开断能力**

当电流源是来自发电机而未经过变换时，短路电流的交流分量可能比直流分量衰减得快。交流分量的衰减受发电机的次瞬态和瞬态时间常数 T_d''、T_d'、T_q''、T_q' 制约，而直流分量的衰减受短路时间常数 $T_a=X_d''/\omega R_a$ 制约，其中 X_d'' 是直轴次瞬态电抗，而 R_a 代表电枢电阻。因此，在触头分离瞬间的直流分量可能高于交流分量的幅值。对许多额定值不同的发电机调查显示，在满负荷和最大发电机源对称开断短路电流情况下，作为保守值，非对称度可达到110%。这个值在触头分离时间的实际变化范围内变化很小。

8.3.5.3.5 **相对于最大非对称度要求的发电机源非对称开断能力**

故障前，发电机在欠励磁状态下以超前功率因数运行时，会出现非对称性最大值。在这种情况下，直流分量可能比短路电流的对称分量大，并且可能导致电流延时过零。其原理由图9说明，并在8.3.5.3.5.1～8.3.5.3.5.3中解释。

当短路电流出现时，但在故障以前发电机承载具有滞后功率因数的负荷，则非对称短路电流偏移类似于图9中的曲线a，反之，对于超前功率因数，它的偏移如图9中的曲线b。

对大量发电机分析结果是最大非对称度为实际短路电流的130%。对于这种情况，短路电流的对称分量仅为要求的发电机源对称开断电流值的74%。

8.3.5.3.5.1 **具有延迟电流零点的高非对称性的来源**

如果发电机断路器合短路，或者由于至少两相对地或相间出现闪络，就会流过短路电流。在发电机空载条件下，如果短路在电压最低时开始，就将出现具有直流分量的非对称短路电流。

根据特定的情况，短路电流的交流分量将根据发电机的短路次瞬态和瞬态时间常数 T_d''、T_d'、T_q'' 和 T_q' 随时间按指数减小(往往只知道开路时间常数 T_{d0}''、T_{d0}'、T_{q0}'' 和 T_{q0}'。对于短路电流的计算，短路时间常数 T_d''、T_d'、T_q'' 和 T_q' 可用简单关系式计算)。短路电流的直流分量以短路时间常数 $T_a=X_d''/(2\pi f R_a)$ 随时间按指数衰减。对于不同的发电机尺寸和结构，这些时间常数的值可能在相当宽的范围内变化，短路电流的交流分量可能比直流分量衰减得更快，并导致在某一时间间隔内出现延迟电流零点。

对于上段所提及的时间常数的典型值为 T_d''和 $T_q''=25\ \text{ms}\sim45\ \text{ms}$，$T_d'=0.8\ \text{s}\sim1.5\ \text{s}$，$T_q'=250\ \text{ms}\sim400\ \text{ms}$，$T_a=150\ \text{ms}\sim400\ \text{ms}$。

图 10 示出了发电机源馈电故障时短路电流计算的例子。

如 8.3.5.3.5 所述，故障前，发电机在欠励磁状态下以超前功率因数运行时，会出现非对称性最大值。在这种情况下，短路电流的对称分量要低于要求的发电机源对称短路电流。在故障之前，发电机承载具有滞后功率因数的负荷的情况下，则非对称性较低，并且延迟电流零点将不会出现。

8.3.5.3.5.2　具有延迟电流零点的短路电流的开断

与电枢电阻 $R_a=X_d''/(2\pi f T_a)$串联的附加电阻迫使短路电流的直流分量较快衰减。如果 R_{add}是附加电阻，则直流分量随时间常数 $T_a=X_d''/[2\pi f(R_a+R_{add})]$更迅速地下降。这样的附加电阻可能由发电机与故障位置的连接产生，特别是故障电弧电阻和触头分离后断路器电弧电阻。如果在故障位置有电弧，从故障开始，这个电弧电阻和触头分离后断路器电弧电阻将进一步降低直流分量的时间常数。这些附加的串联电阻的值常常相当高，以至迫使短路电流的直流分量较快衰减，结果产生电流零点。

图 11 所示的电流是图 10 所示例子中具有最大非对称性的相中的电流。在触头分离瞬间，由于发电机断路器的电弧电压的影响直流分量的衰减产生突变。由于电弧电压的缘故使电弧电阻不是恒定的，因此电流的直流分量不按指数下降。在该示例中没有考虑故障位置的电弧电阻。尽管如此，在触头分离后的一周波内，还是出现了电流零点。

8.3.5.3.5.3　发电机断路器能力的验证

验证发电机断路器开断具有延迟电流零点的短路电流的能力可能很困难，并且受到大容量试验站的限制。由于各种设计的发电机的性能不同，因此，在试验站中不可能模拟要求的电流波形。

在某些情况下，如果可在容量试验站进行三相试验，则应遵守 6.106.2.2 叙述的条件。

考虑到电弧电压的效应，发电机断路器开断这种电流的能力可通过计算来断定。电弧电压与电流的关系可由其他试验来确定。

下述两种情况是重要的：

a)　发电机在空载时由发电机断路器关合三相故障。最大非对称性出现在一相上。在计算时，必须考虑触头分离后发电机断路器的电弧电压。

b)　发电机以超前功率因数运行。假设至少在两相上有燃弧故障。在计算时，必须考虑故障开始时故障位置起始的电弧电压或电弧电阻，和触头分离时发电机断路器起始的电弧电压或电弧电阻。

8.3.5.3.6　要求的关合、扣锁和承载能力

发电机断路器必须关合的短路电流由系统源短路电流或发电机源短路电流两者的较大值来确定。但在大多数的应用中，系统源短路电流（额定短路电流）要大于发电机源短路电流。

在 1/2 周波时发电机断路器的最大非对称短路峰值电流与额定短路开断电流的比由下面的公式确定：

$$\frac{I_{peak}}{I_{sc}}=\sqrt{2}\times(e^{-\frac{t}{150}}+1)=2.74$$

式中，对 50 Hz，t 大约为 1/2 周波，ms。

对发电机源短路电流可能大于系统源短路电流的罕见情况应作特殊考虑。在触头分离时所要求的发电机源对称开断能力取决于交流电流随发电机时间常数 T_d''、T_d'、T_q''和 T_q'的衰减，并且一种使用与另一种使用也不相同。对于这种情况没有给出特有的值，并且电流可以通过计算来确定。而且，这个计算也可确定发电机源短路电流的峰值。在 A.3.2 中的方程式可用于估算。

8.3.6　系统源和发电机源短路的预期瞬态恢复电压

8.3.6.1　背景资料

在考虑发电机断路器开断短路电流过程中的 TRV 问题时，GB 1984—2003 中的原则适用，例外的是近区故障的额定值不适用。

由于发电机断路器安装在发电机和升压变压器之间，因此发电机断路器是特殊的应用，对于各种运行方式，其特性基本上决定了预期的 TRV 波形。因此，对于发电机源和系统源馈电故障所确定的 TRV 额定值，取决于发电机或变压器的额定值(见表 2、表 3 和表 5)。这些额定值是相对于首开极和对称电流开断确定的。额定 TRV 是假设的理想发电机断路器的固有值。发电机断路器的特性或电流的非对称性可使这些值改变。

对于 TRV 超过额定值的系统，必须采用降低 TRV 的方式来限制。这通过安装一个与发电机断路器主要开断装置并联的低欧姆电阻，或通过与其端子，通常是在变压器侧上的端子连接电容器来实现。

8.3.6.2 短路电流开断的标准化 TRV 参数的根据

根据以下条件来考虑几种情况：

a) 短路位于发电机断路器的发电机侧的系统源馈电故障；

b) 短路位于发电机断路器的变压器侧的发电机源馈电故障。

发电机的中性点是不固定接地的，因此相对地短路电流不大。三相故障是最严重的情况，并且给出了最大短路电流和最大 TRV 的上升率。

8.3.6.2.1 电站布置的影响

最普遍采用的电站单线布置如图 12 所示，在这里发电机和升压变压器具有基本相同的额定值。与图 12 一样具有相同总的额定值的其他布置如图 13 和图 14 所示。在每种情况下，辅助变压器是一个较小的短路电流源，并且可以忽略。

8.3.6.2.1.1 系统源馈电故障

对于图 12 中 A1 处的系统源馈电故障，短路电流由变压器电抗 X_t 和高压(HV)系统电抗 X_s 之和确定。对于给定变压器，当 X_s 最小时或假定为零时获得短路电流的最大值。

变压器的固有频率比高压(HV)系统的固有频率高很多。因此，根据变压器中的电压降的值，TRV 第一个振荡从 $X_t I\sqrt{2}$ 到预期值 $1.5X_t I\sqrt{2}$，其中 I 是可达到的对称短路电流的有效值。

对于 $X_s=0$ 的情况，变压器中的电压降等于总的工频恢复电压。因此，在短路电流最大时 TRV 上升率最大，这与在高压(HV)系统中观测到的上升率相反，高压(HV)系统中，当短路电流降低时，TRV 上升率提高。

考虑到低压侧的电容，包括辅助变压器的影响，事实上，所观测到的最大 TRV 上升率为由升压变压器的固有频率确定的理论值的 75%～90%。

如果在升压变压器的低压侧安装了电容器，则观测到的 TRV 上升率下降较大。每相外加 0.1 μF～0.2 μF 电容，则 TRV 上升率从 6 kV/μs 下降到 4 kV/μs。TRV 上升率的标准化值没有计及这个电容的影响。

对于图 13 中 A2 位置上的系统源馈电故障，情况与图 12 中 A1 位置上的故障情况相同，只是由单台发电机断路器承受的短路电流和 TRV 参数与较低额定值的升压变压器有关。

对于图 14 中 A3 位置上的系统源馈电故障，因为故障电流也由发电机 G2 供给，所以短路电流较高。可是，由于 G2 发电机绕组电容的缘故，TRV 上升率较低。如果发电机 G2 未运行，则情况与图 12 中 A1 位置上的故障情况相同，只是发电机 G1 占大约一半的额定功率。

8.3.6.2.1.2 发电机源馈电故障

对于图 12 中 B1 位置上的发电机源馈电故障，由于发电机绕组的电抗较高，因此短路电流比图 12 中 A1 位置上的系统源馈电故障要低。

尽管发电机源馈电故障的短路电流和 TRV 上升率比系统源馈电故障的低，由于短路电流的非对称度高(见 4.101)，发电机源馈电故障不能忽略，因而必须规定相应的 TRV 参数。

对于图 12 中 C1 位置上的发电机源馈电故障，故障位置在变压器的高压(HV)侧，与图 12 中 B1 位置上的故障情况相比时，短路电流较小。因为这个位置上的故障在发电机断路器上产生的应力远远小于图 12 中 A1 和 B1 位置上的故障所产生的应力，因此，这个故障位置通常可以忽略。

TRV 是由于变压器和发电机电压振荡产生的。每个振荡的幅值分别与变压器和发电机的电抗大致成正比。

对于图 13 中 B2 位置上的发电机源馈电故障，如果变压器 TR2 未运行，则振荡与故障发生在图 12 中 B1 位置时相同，短路电流和 TRV 参数由发电机的额定值确定。如果变压器 TR2 在运行中，且发电机断路器 GCB 1 首先分闸，则短路电流比故障发生在图 12 中 B1 位置时的短路电流要大，并且 TRV 参数介于满容量发电机的 TRV 参数与半容量变压器的 TRV 参数值之间。这种情况对确定要求的 TRV 参数必须特别考虑。

8.3.6.3　额定预期的瞬态恢复电压

发电机和相关的升压变压器的额定电压尚没有标准化。因此，短路电流的变化范围很大。

经过考察现有的设备数据后，分别根据升压变压器和发电机的额定值，已将 TRV 参数标准化。

当故障位置位于发电机断路器的发电机侧，且短路电流源为通过升压变压器的电力系统时，适用的额定 TRV 参数示于表 2 中。这些值适用于按照 4.101 的对于三相故障要求的对称开断能力的开断操作。对按照 4.101 的对于三相故障要求的非对称开断能力，使用相同的预期 TRV 参数，但是由于非对称性的影响，实际的 TRV 的严酷度要小。在电流零点电流开断瞬间，由于非对称电流直流分量的影响，工频恢复电压随着改变，并且 TRV 围绕比对称情况下较低的瞬时工频恢复电压振荡。

当故障位于发电机断路器的变压器侧，并且短路电流源是发电机时，适用的额定 TRV 参数示于表 3 中。这些值适用于按照 4.101 的对于三相故障要求的发电机源对称开断能力的开断操作。对于按照 4.101 的相应于三相故障要求的发电机源非对称开断能力和要求最大非对称度时所要求的发电机源非对称开断能力，应用相同的预期 TRV 参数，但是，出于上述相同的理由，由于非对称性的缘故，实际的 TRV 的严酷度要小。在具有最大非对称性的短路电流开断时，由于短路电流开断瞬间工频电压值可能很小或为零，所以恢复电压的瞬态振荡很小或甚至不存在振荡。

适用于三相故障的首开极且首开极系数等于 1.5 的 TRV 参数列于表 2 和表 3 中。TRV 振荡如图 15 所示。

该曲线按峰值 u_c 等于 1.84 U_r 上升，其中，U_r 是额定电压的有效值，kV，并且值 1.84 等于：

$$\sqrt{\frac{2}{3}} \times 1.5(=\text{首开极系数}) \times 1.5(=\text{振幅系数})$$

TRV 曲线的上升部分受两条线约束。一条线通过原点且和 TRV 曲线相切，具有的斜率等于 TRV 上升率。另一条线具有相同的斜率，并且通过时延点 t_d。

在峰值附近，TRV 曲线大致成 1－cos 波形，到达峰值的时间等于：

$$T_2 = \frac{t_3}{0.75} = \frac{u_c}{0.75 \times TRV_{rate}}$$

8.3.6.4　首开极系数

首开极系数为 1.5 并相应于高阻抗接地系统中三相接地故障的最不利条件。

8.3.6.5　振幅系数

经过对现有的数据的分析给定为 1.5，作为发电机断路器的端子不接电容器时的实际值。

8.3.7　负荷电流开合

发电机正常运行期间，在发电机断路器着手分闸操作之前负荷电流应降到零。但是，在事故情况下偶尔也可要求开断满负荷电流。这种情况的预期瞬态恢复电压在表 5 中给出。

8.3.7.1　工频恢复电压

单线图图 16 a）和等效回路图 16 b），表示发电机通过具有电抗 X_t 的变压器 T 和具有电抗 X_L 的输电线向具有阻抗 Z_L 的负荷送电。使发电机与用符号表示的系统其他部分——单台发电机 E''_{Gn}、单台变压器 X_{tn} 和单个负荷 Z_n 同步。

与从发电机 G_1 到负荷 Z_L 的电抗总和相比，高压(HV)电网的短路电抗很小，且可以忽略。因此，当开断 I_L 和电网中仅供给负荷 Z_L 时，高压电网中没有电压降。

负荷电流 I_L 的大小决定了发电机 G_1 和变压器 T 电抗上的电压降。

如向量图图 16 c)和图 16 d)所示，后者相应于几乎是纯电阻性负荷，这些电压降相对于电流 I_L 具有超前 90°的相位移，这个相位移与负荷相角 Φ 无关。

在 I_L 开断后，这些电压降为零。发电机断路器的变压器侧的电压随着变压器侧回路的固有频率从 U_p 下降到 U_{np}。发电机断路器的发电机侧的电压随着发电机侧回路的固有频率从 U_p 增加到 E''_{G1}。在开断电流 I_L 降到零以前，跨接在变压器上的电压振幅为$\sqrt{2}I_L X_t$。

对于发电机负荷条件的迅速变化，必须考虑次瞬态电抗 X''_d，并且电压降 U_s 的振幅等于$\sqrt{2}I_L X''_d$。

负荷开断后，在发电机断路器端子间出现的工频恢复电压(见图 16 e))由发电机断路器每侧的电压变量的和组成，即 $I_L(X''_d+X_t)$，kV 有效值，并且对于三相系统中的首开极来说，该电压等于 $1.5I_L(X''_d+X_t)$。发电机断路器端子间的工频恢复电压以额定电压的 pu(标幺值)表示，且等于：

$$1.5\times\frac{U_r}{\sqrt{3}}\times(X''_d+X_t)$$

式中：

U_r——额定电压，pu；

X''_d——发电机的电抗值(标幺值)；

X_t——变压器的电抗值(标幺值)。

实际上，即使较大单元，X''_d+X_t的和也不会超过 0.5 pu。因此，在满负荷开断过程中，发电机断路器两端的恢复电压将不会超过短路开断后出现的恢复电压值的 50%，并且对于发电机额定电流的开断已被标准化为 $1.5\times\frac{U_r}{\sqrt{3}}\times0.5=0.43\,U_r$。

8.3.7.2 预期瞬态恢复电压

负荷电流开合时，首开极上的 TRV 通常是如图 17 所示的双频振荡曲线，变压器的固有频率要高于发电机的固有频率。并且，由于 X_t 始终小于 X''_d，因此，变压器侧电压的第一个峰值小于发电机侧的第一个峰值。

理论计算证明很困难并且会得出不利的结果。最好是在现场在变压器的高压侧短接(表示忽略高压(HV)系统电抗而在高压侧故障)的情况下注入低压电流测量。

通过考察现有的测量结果，已经选择了标准化的 TRV 上升率值。这个标准化的值没有考虑使用电容器的情况，使用电容器可以降低系统源馈电故障的 TRV 上升率。

8.3.7.3 寿命能力

寿命能力为用户提供了发电机断路器的运行和维护方面的某些指导。本标准中的若干条款提及了运行和寿命能力(见 4.106、6.101.1、6.108 和 6.110)。并且，如果维修过程中用户预先提出需要多于 5.6 规定的两个 CO 操作，则技术条件应反映追加储备能力的需要。

寿命能力包括下列两种要求的类型：

a) 电寿命，实质上是触头磨损的度量标准，并给出了关于更换发电机断路器开合过程中遭受电弧或遭受电应力的弧触头或其他部件的指导。确保总数为 50 次的负荷电流开断(见 4.106)和额定短路开断电流下的五次开断(见 6.110)，以满足断路器电寿命的要求。

b) 机械寿命，是根据操作的频繁程度所确定的操作循环次数。操作循环次数规定为 2 000 次或 5 000次、10 000 次(见 6.101.1.2)。如果希望更多的操作循环次数，则应经用户和制造厂协商确定。

8.3.8 容性电流开合

通常不要求发电机断路器开合纯容性电流，因为在实际使用情况下，辅助变压器与发电机断路器和发电机升压变压器之间的母线管连接。因此，下面所述的情况认为是特殊情况，并且，如果要求发电机断路器具有这种操作方式，则应与制造厂磋商。

8.3.8.1 线路充电电流的开合

发电机断路器未必有开断通过变压器的线路充电电流，即断开辅助变压器后的空载线路的情况。由于这种操作方式由线路侧高压(HV)断路器来完成，因此，对于发电机断路器的实际使用，这种情况可以不考虑在内。

8.3.8.2 高压侧母线电容的开合

假定在辅助变压器被断开的情况下，发电机断路器必须开合高压(HV)母线电容，包括通过主变压器连接的高压(HV)设备的附加电容。这种情况实质上与开合变压器励磁电流相同，这是因为励磁电流与附加的电容电流相比，通常数量级相同或较大。

8.3.8.3 高压(HV)母线电容和变压器低压(LV)侧上的电容器的开合

变压器低压(LV)侧上的附加电容器实质上与8.3.8.2叙述的情况没有变化。假定电容为200 nF，与变压器并联的容抗为13.2 kΩ，并且，开合的电流与8.3.8.2规定的情况具有相同的数量级。这个电容可能会稍微提高截流值，但可以通过降低截流过电压予以补偿。凭该电容TRV也被降低。

8.3.8.4 开合的电容量

与变压器低压(LV)侧相连的电容值为200 nF数量级。如果设备操作能够单独开合这个电容，则该情况可认为是实际电容电流的开合。电容电流为1 A～2 A数量级。发电机断路器能够开合这样的电容电流而不产生重击穿。

8.3.9 失步电流开合

8.3.9.1 失步电流

在失步状态期间，如果发电机、变压器和系统电抗是以发电机额定MVA为基础的标幺值，并且电站的单线图是如图12和图13所示，则在$t=0$时，即在失步状态开始瞬间，通过发电机、发电机断路器、变压器和高压(HV)系统的电流可由下述公式计算。

$$I_{oph}=\frac{\delta I_r}{X''_d+X_t+X_s}$$

式中：

I_{oph}——最大失步电流；

δ——$\frac{失步电压}{额定电压}$；对于90°失步角为$\sqrt{2}$，对于180°失步角为2；

I_r——发电机额定电流；

X''_d——发电机次瞬态电抗，pu；

X_t——以发电机额定值为基础的变压器电抗，pu；

X_s——系统电抗$=\frac{发电机额定功率}{系统短路容量}$(pu)。

如果发电机在全反相状态下与系统联络，则$\delta=2$，I_{oph}一般要超过发电机端短路电流，这对于发电机的安全是不允许的。因此，应采取预防措施(自动同步或快速排除高压(HV)系统上的短路以避免失去同步)避免这种情况发生。

不要求发电机断路器开断恢复电压为两倍最高运行电压的全反相电流，因此，规定的失步电流开合额定值将不超过发电机断路器额定短路开断电流的50%，该值相应于90°的最大失步角。

8.3.9.2 TRV参数

与失步电流开合有关的回路与负荷电流开合的回路有相同的结构。因此，TRV以与8.3.7.2相同的方式进行了标准化，考虑工频恢复电压等于$\sqrt{2}$倍发电机最高运行电压。TRV参数由表4给出。

8.3.10 励磁电流开合

在常规运行过程中，很少在空载条件下开合发电机升压变压器。但仍考虑开合变压器励磁电流。根据变压器的额定值及空载特性，励磁电流为几安培到几十安培。励磁电流开合不是发电机断路器能力的实质内容，但应考虑截流是否产生过电压的问题。

截流值和所产生的过电压取决于发电机断路器、系统结构及不同的系统参数。现代的变压器与以往设计的变压器相比具有低的空载电流值，并且其磁化特性为，当开合过程中产生截流时释放的能量的数量相对较少，从而导致截流过电压下降。此外，变压器低压(LV)侧通常用附加的电容器和避雷器保护。

截流过电压仅在发电机断路器的变压器侧产生。因为发电机的电感大大低于变压器的励磁阻抗，并且，储存的能量少，其数量不足以产生过电压，因此发电机侧不产生过电压。

气吹式发电机断路器通常与辅助灭弧室串联的低值阻尼电阻并联。这种低开断能力的开关开断这些小电感电流，因此，截流水平与气吹配电断路器的截流水平在同一个数量级。某些气吹式发电机断路器可能在励磁电流灭弧室两端装有压敏电阻。

经验表明，自吹式 SF_6 发电机断路器的截流水平较低，并且不会产生令人担心的过电压。

当计划安装发电机断路器时，在试验回路中模拟电力系统中普遍的实际条件是很困难的。在这种试验回路条件下，试验只能显示发电机断路器的截流性能。这些结果不能直接转换成电力系统条件，但它们是使用的实际电力系统条件和元件参数，如变压器磁化特性以及变压器、母线、浪涌电容器等的电容值计算的基础。

通常认为开合励磁电流是不困难的。如果对特殊应用进行试验和/或计算，应按用户和制造厂之间的协议进行。

9 与询问单、标书和订单一起提供的资料

9.101 与询问单和订单一起提供的资料

当询问或订购断路器时，询问者应提供下列信息：

a) 系统的信息：
   1) 电站的类型(火电、水电、核电、持续负荷或峰值负荷电站；同步调相机补偿电站)及电站的单线布置图；
   2) 发电机最高线电压；
   3) 额定频率；
   4) 发电机参数(额定值、电抗、时间常数、电枢电阻和过负荷额定值)；
   5) 发电机接地方式；
   6) 主变压器参数(额定值和电抗、电阻或时间常数)；
   7) 主变压器分接开关的分接级，如有的话，和分接开关操作时电抗的变化；
   8) 主变压器高压侧最大系统短路电流(包括未来的要求)；
   9) 高压系统时间常数；
   10) 浪涌电容器的值，如有的话。

b) 运行条件，包括最低和最高周围空气温度；高于 1000 m 时的海拔，以及可能存在或出现的任何特殊条件，例如过度地暴露在水蒸气、湿气、烟雾、爆炸性气体、过量灰尘或含盐的空气中(见 8.2.1 和 8.2.2)。

c) 断路器的特性：
   1) 极数；
   2) 类别：户内或户外；
   3) 额定电压；

4) 额定绝缘水平；

5) 额定频率；

6) 额定电流；

7) 额定短路开断电流；

8) 首开极系数；

9) 如果是非标的，要求的出线端故障的瞬态恢复电压；

10) 额定时间常数(不同于 150 ms)；

11) 如果是非标的，要求的短路关合电流；

12) 额定操作顺序；

13) 如果是非标的，要求的短路持续时间；

14) 开断时间；

15) 额定负荷开、合电流；

16) 特殊要求下规定的型式试验(人工污秽试验)；

17) 机械操作的次数(2 000 次或 5 000 次、10 000 次)；

18) 适用时，电寿命特性；

19) 适用时，励磁电流开合能力；

20) 适用时，超出标准的型式试验、出厂试验和交接试验的试验。

d) 断路器的操动机构和辅助设备的特性，特别是：

1) 操作的方法，手力的或动力的；

2) 备用辅助开关的数量和型式；

3) 额定电源电压和额定电源频率；

4) 如果多于一个，分闸脱扣器的数量；

5) 如果多于一个，合闸脱扣器的数量；

6) 脱扣线圈最大电流。

e) 有关压缩空气的使用要求和压力容器的设计与试验要求。

f) 母线管冷却方式(如果是强迫空气冷却，空气的过压力)。

g) 其他：

1) 断路器安装位置的限制尺寸；

2) 最小或最大极间距离；

3) 联锁与关键的配套系统。

注：除上述内容外，询问者应提供可能影响投标和订货的特殊条件的资料。

9.102 与标书一起提供的资料

当询问者查询发电机断路器的技术细节时，制造厂应提供下列资料(适用的部分)，并应附有说明和图样：

a) 额定值和特性

1) 极数；

2) 分类：户内或户外，温度，覆冰；

3) 额定电压；

4) 额定绝缘水平；

5) 额定频率；

6) 额定电流；

7) 额定短路开断电流；

8) 首开极系数；

9) 出线端故障的瞬态恢复电压；
10) 额定时间常数(不同于150 ms)；
11) 额定短路关合电流；
12) 额定操作顺序；
13) 额定短路持续时间；
14) 额定失步关合和开断电流；
15) 额定负荷开、合电流；
16) 适用时，励磁电流开、合电流；
17) 额定分闸时间，额定开断时间和额定合闸时间；
18) 特殊要求下规定的型式试验(如：人工污秽试验)；
19) 机械寿命(2 000 次或 5 000 次、10 000 次)；
20) 电寿命。

b) 型式试验：

根据要求提供的证书或报告。

c) 结构特点

如果适用于断路器的设计，应提供下列详细资料：

1) 不带绝缘、开断和操作用的流体时整台断路器的质量；
2) 绝缘用的流体的质量/体积，其质量的好坏和工作范围的大小，包括最低功能值；
3) 开断用的流体(不同于项2)和/或项4)中述及的流体)的质量/体积，其质量的好坏和工作范围的大小，包括最低功能值；
4) 操作用的流体(不同于项2)和/或项3)中述及的流体)的质量/体积，其质量的好坏和工作范围的大小，包括最低功能值；
5) 密封性的规定；
6) 在运输和储存过程中，为防止内部元件劣化，每一极中需要充入的流体的质量/体积；
7) 每一极中串联的单元数量；
8) 最小空气间隙：
——极间；
——对地；
——对于向外喷射游离气体和火焰的断路器，开断操作时的安全距离范围。
9) 在所要求的周围空气温度下，为保持断路器的额定特性而采取的任何特别措施(例如加热或冷却)。

d) 断路器的操动机构和辅助设备

1) 操动机构的型式；
2) 断路器是否适用于自由脱扣或固定脱扣操作；
3) 合闸机构的额定电源电压和/或额定压力，不同或超出9.102的c)4)时的压力限值；
4) 额定电源电压下断路器合闸要求的电流；
5) 断路器合闸时的能量消耗，例如，压力降的测量；
6) 并联分闸脱扣器的额定电源电压；
7) 在额定电源电压下并联分闸脱扣器要求的电流；
8) 备用辅助接点的数量和型式；
9) 在额定电源电压下其他辅助设备要求的电流；
10) 高低压闭锁装置的整定值；
11) 多于一个时，分闸脱扣器的数量；

12） 多于一个时，合闸脱扣器的数量。

e） 外形尺寸和其他资料

制造厂应提供有关断路器外形尺寸的资料和基础设计必需的细则。

应提供断路器维护及连接的一般资料。

10 运输、储存、安装、运行和维护规则

GB/T 11022—1999 的第 10 章适用，并作如下补充：

10.1 运输、储存和安装的条件

GB/T 11022—1999 的 10.1 适用。

10.2 安装

GB/T 11022—1999 的 10.2.1～10.2.4 适用，并作如下补充：

10.2.101 现场交接试验

现场交接试验是在其最终安装位置完全安装好的发电机断路器上进行。试验应在现场进行，并且，如适用，应根据发电机断路器的类型包括如下试验：

a） 密封性试验和 SF_6 气体水分含量测量；

b） 主回路电阻测量；

c） 工频耐受电压试验；

d） 机械操作试验。

10.2.101.1 密封性试验和 SF_6 气体湿度测量

该试验应在连同所用的泵、压缩机、有关的阀门、现场铺设的管路和为满意操作由特定系统设计所要求的任何其他装置一起装配完好的发电机断路器上进行。当设备完全装配好之后，应将压力升高到正常工作压力，使该系统的所有部件能够经受这个运行压力。然后，应通过关闭作为公用源的阀门来切断空气或气体的补充源。随着时间的变化，泄漏所引起的压力降低不应超过制造厂规定的速率。密封试验方法见 7.4。

SF_6 气体湿度的测量同 7.4。

10.2.101.2 主回路电阻测量

在发电机断路器最终交付使用前，应在现场重复进行 6.4 中所述的试验。

10.2.101.3 工频耐受电压试验

该工频试验是检查发电机断路器安装好以后耐受工频耐受电压的能力。

7.1 适用。试验电压为 80％额定工频耐受电压。

10.2.101.4 机械操作试验

7.101 适用。

10.3 运行

GB/T 11022—1999 的 10.3 适用。

10.4 维护

GB 1984—2003 的 10.4 适用。

11 安全性

GB/T 11022—1999 的第 11 章适用，并做如下补充：

任何已知的化学危害和环境危害应在断路器手册或使用说明中明确。

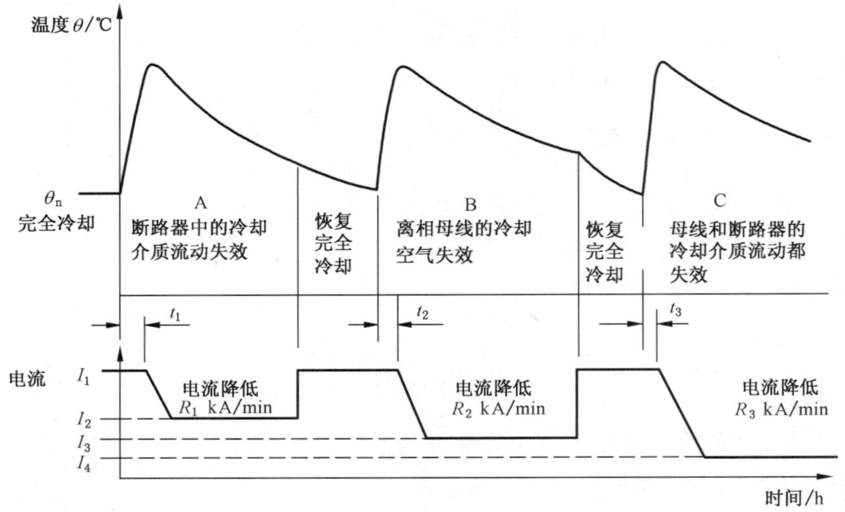

I_1——所有冷却系统运行时的额定电流；

I_2——若断路器中的冷却介质失效(A)，允许的负荷电流；

I_3——若离相母线冷却空气发生失效(B)，允许的负荷电流；

I_4——若母线和断路器冷却介质流动均发生失效(C)，允许的负荷电流；

θ_{max}——最热点允许的温度(℃)；

θ_n——额定电流下最热点的温度(℃)；

t_1、t_2、t_3——不降低额定电流和温度不超过θ_{max}的允许时间；

R_1、R_2、R_3——负荷电流降低的速率，单位 kA/min。

图 1　各种冷却失效的影响和因发电机断路器的温度而导致负荷降低

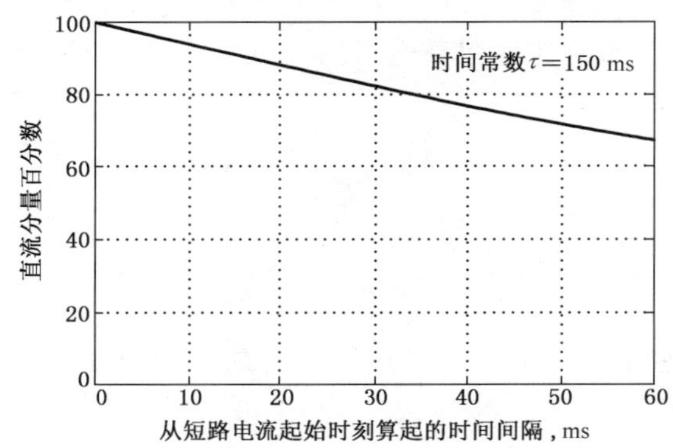

图 2　直流分量占三相系统源对称短路电流峰值的百分数

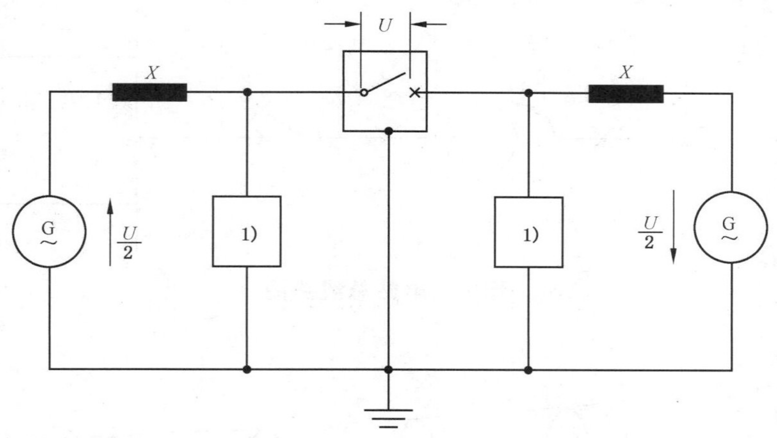

1） 该方框表示电容和电阻的组合。

图 3 双电压试验，180°

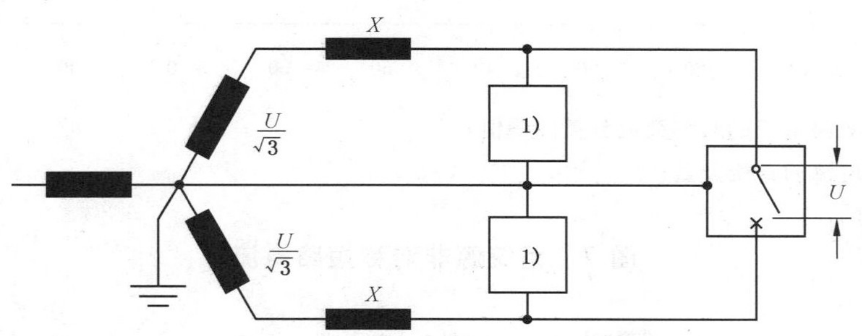

1）该方框表示电容和电阻的组合。

图 4 双电压试验，120°

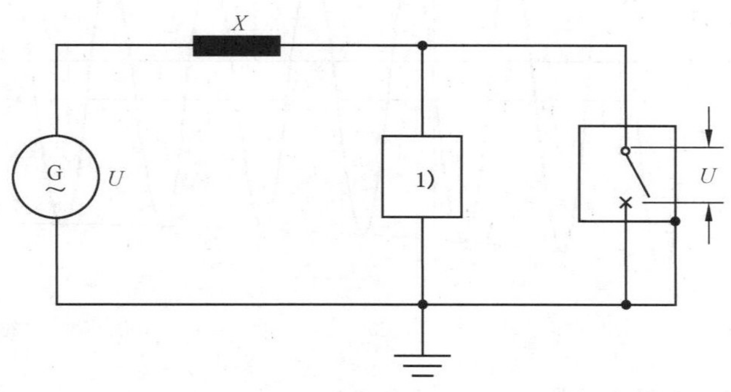

1） 该方框表示电容和电阻的组合。

图 5 一侧接地的单电压试验

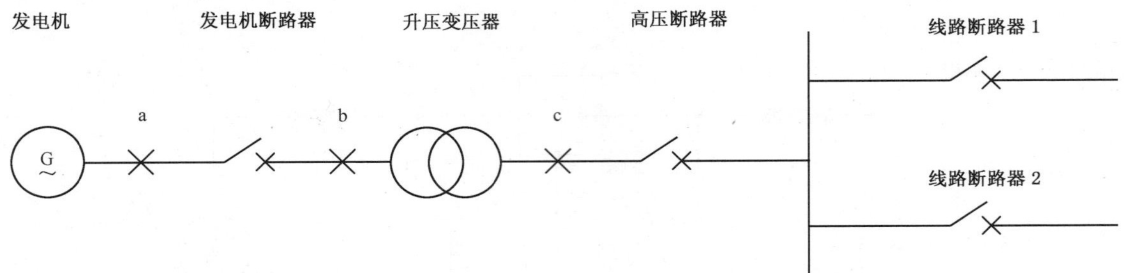

图 6　电站总线路图

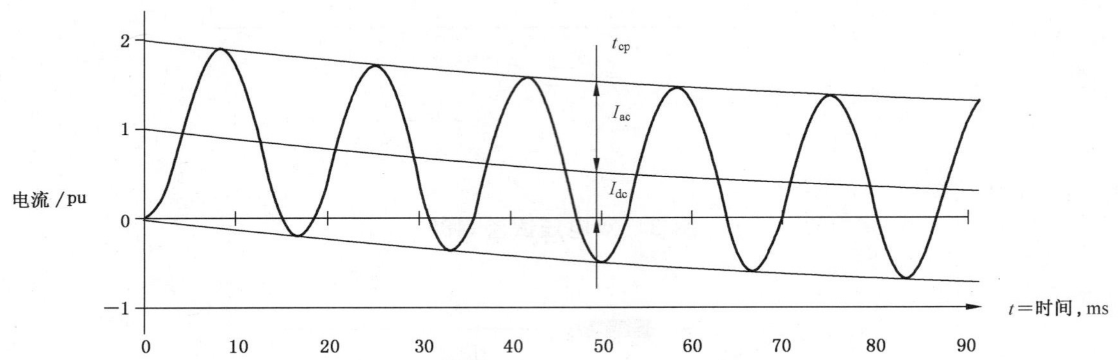

I_{ac}——是$\sqrt{2}\ I_{sym}$=短路电流的对称交流分量的峰值；

I_{dc}——非对称短路电流的直流分量；

t_{cp}——触头分离时间。

图 7　系统源非对称短路电流

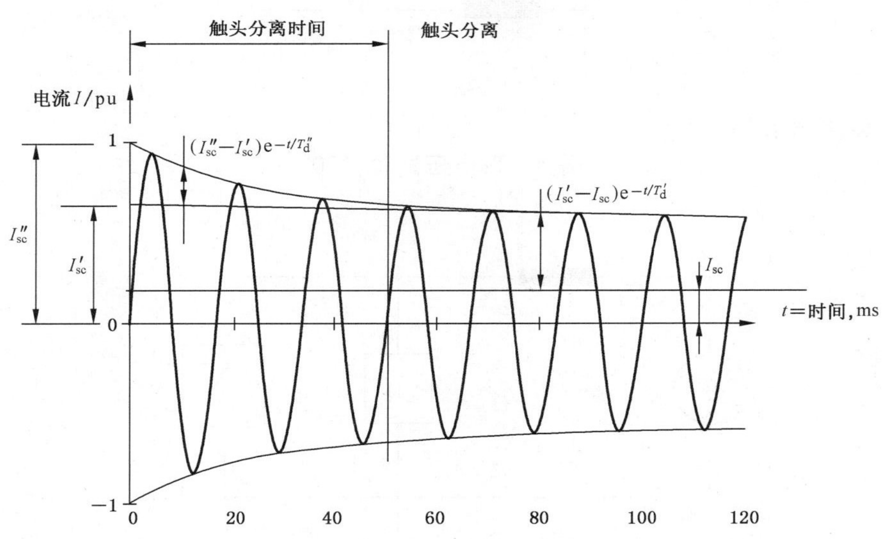

I_{sc}''——发电机源短路电流的次瞬态分量；

I_{sc}'——发电机源短路电流的瞬态分量；

I_{sc}——发电机源短路电流的稳态分量；

T_d''——发电机次瞬态时间常数；

T_d'——发电机瞬态时间常数。

图 8　发电机源短路电流

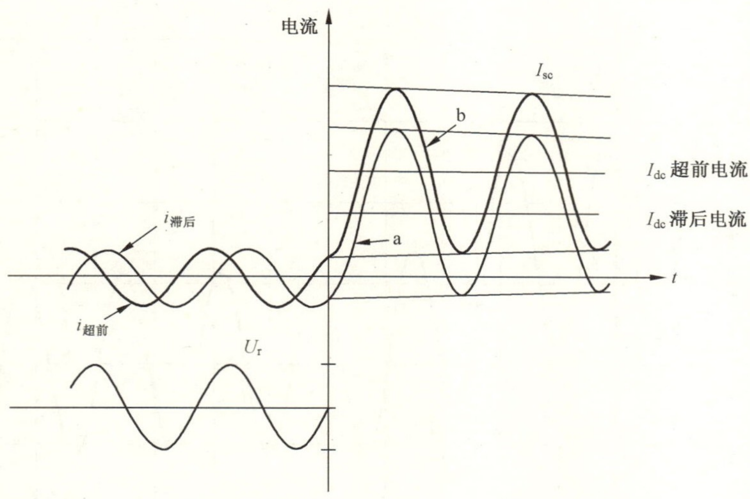

图 9 短路前具有超前或滞后负荷电流的发电机源短路电流的直流分量

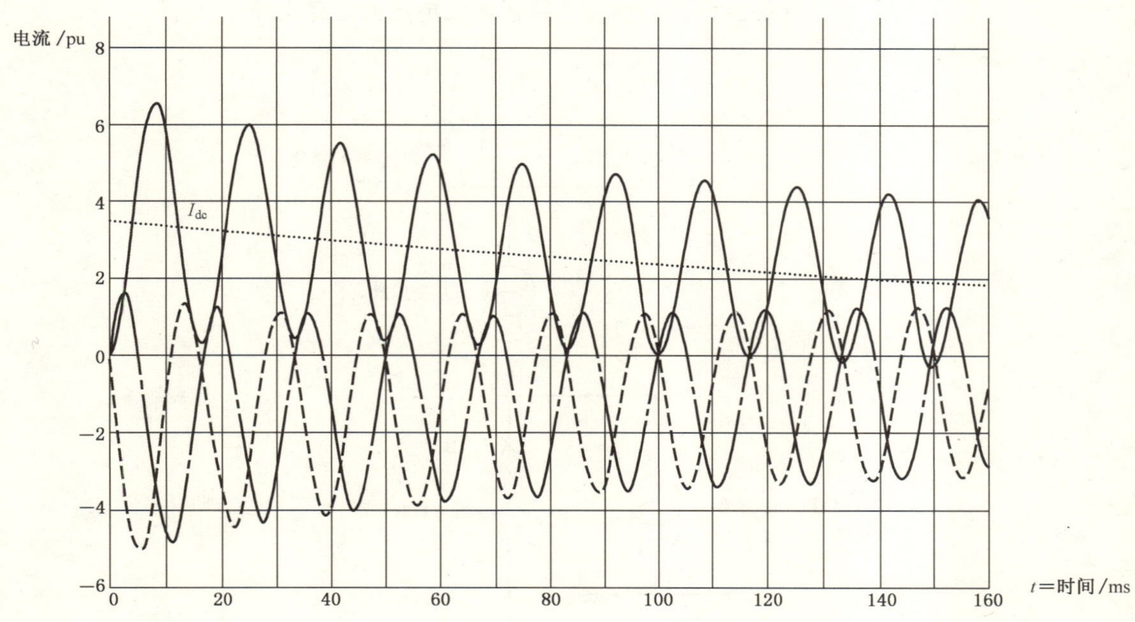

图 10 发电机源馈电故障的短路电流

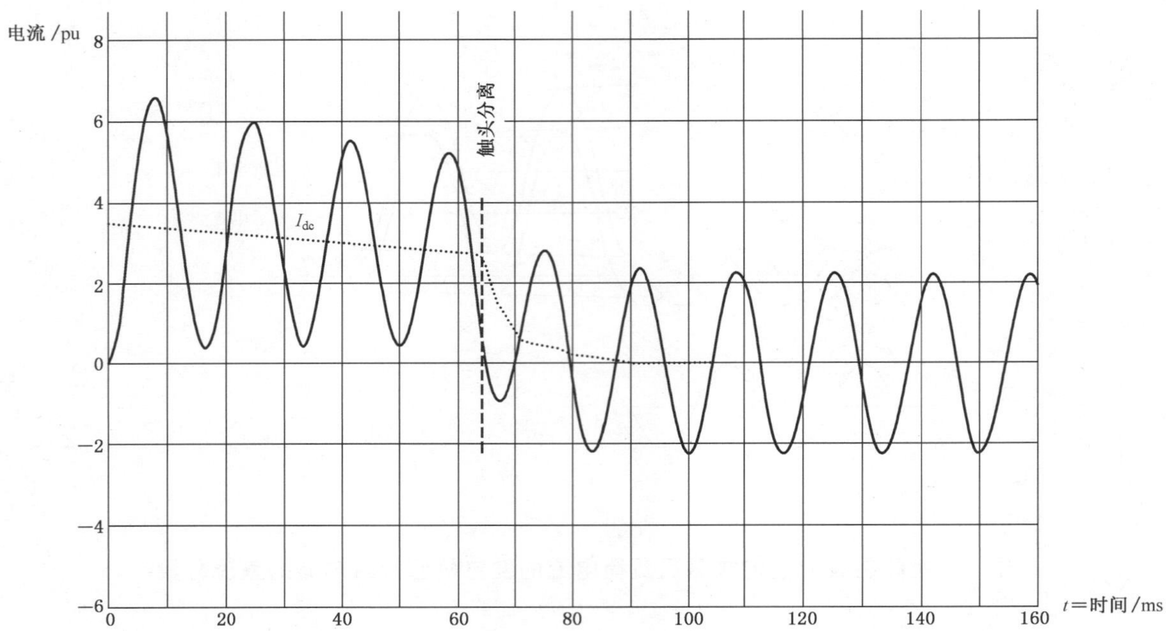

图 11 在触头分离后具有断路器电弧电压的短路电流

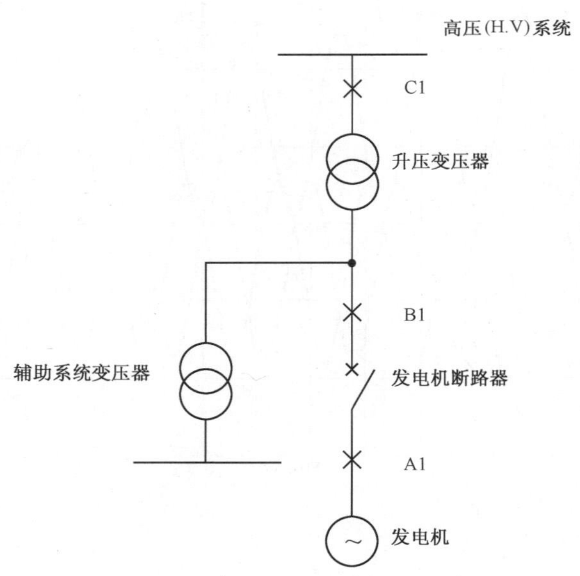

图 12 单元发电机单线布置图

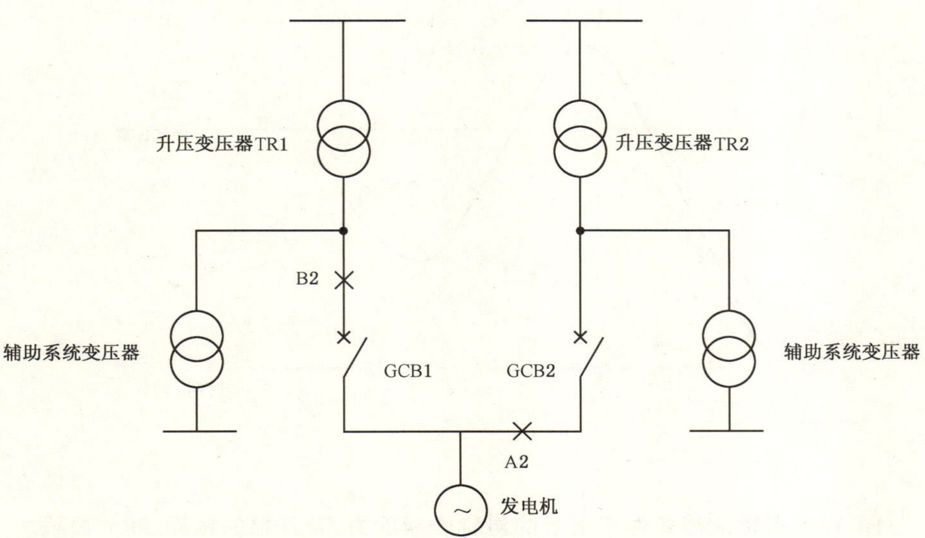

图 13　一半容量的变压器单元系统的单线布置图

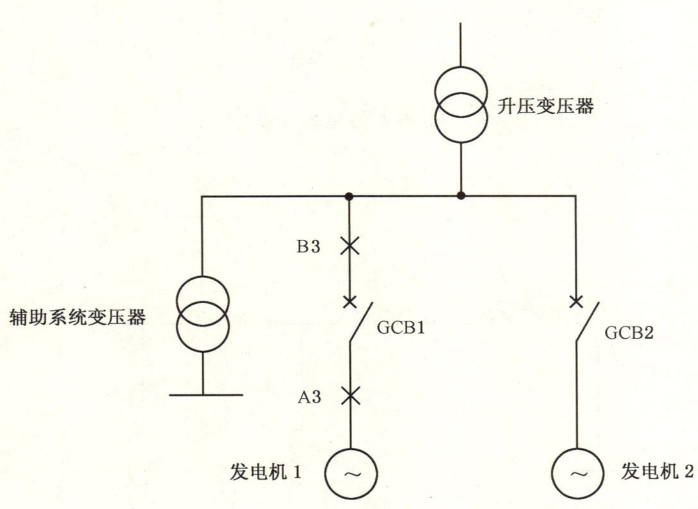

图 14　具有一半容量的发电机系统的单线布置图

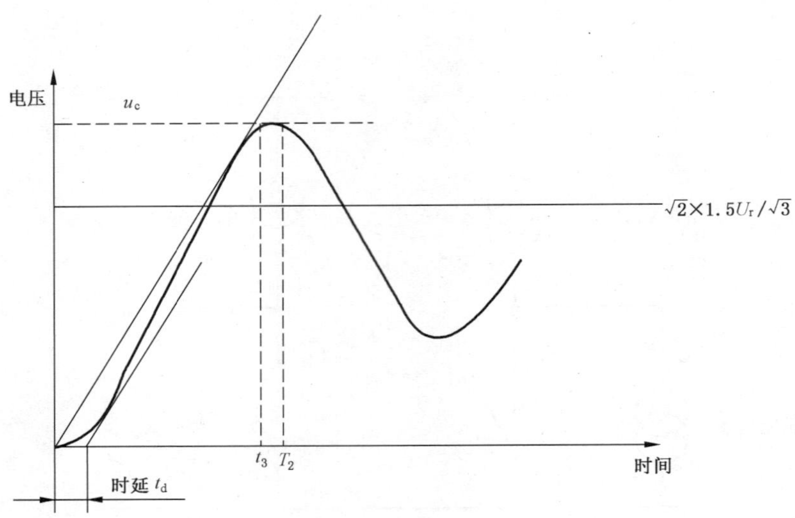

图 15　三相故障条件下要求的对称开断能力,首开极的预期 TRV 曲线

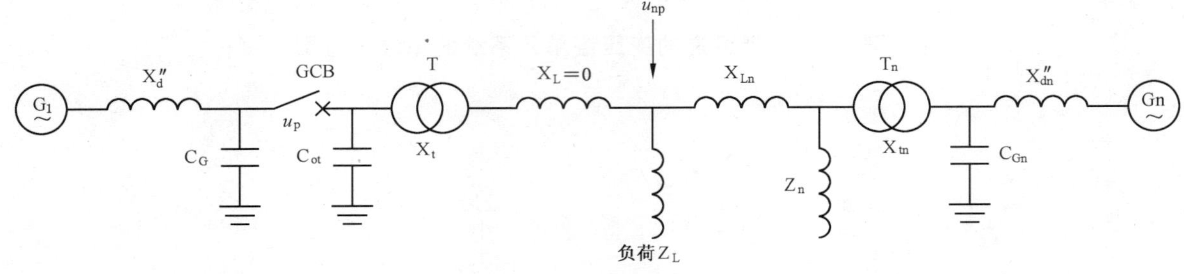

a) 电力系统单线布置图

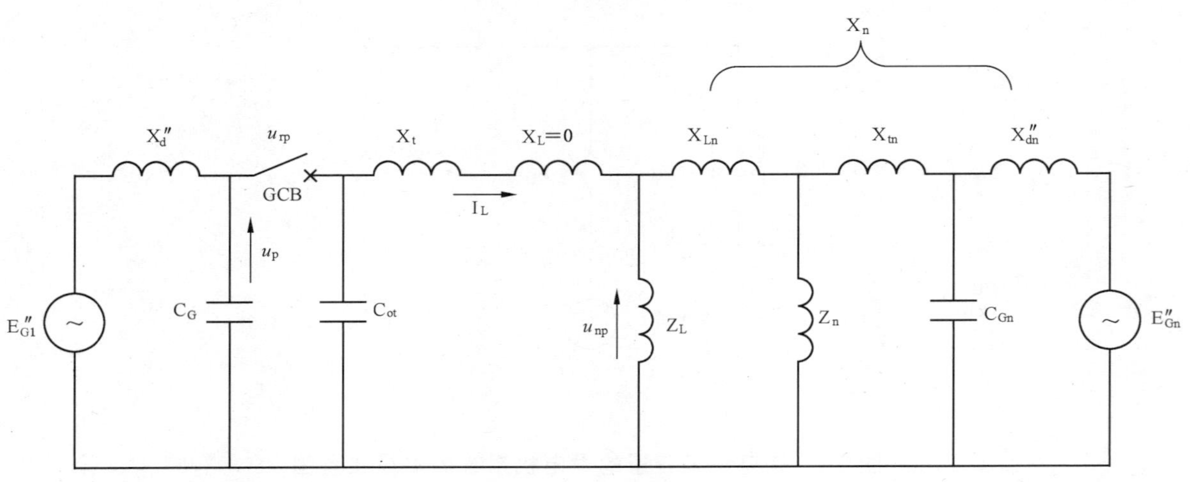

b) 电力系统的等效回路图

图 16　电力系统单线布置图及电压波形图

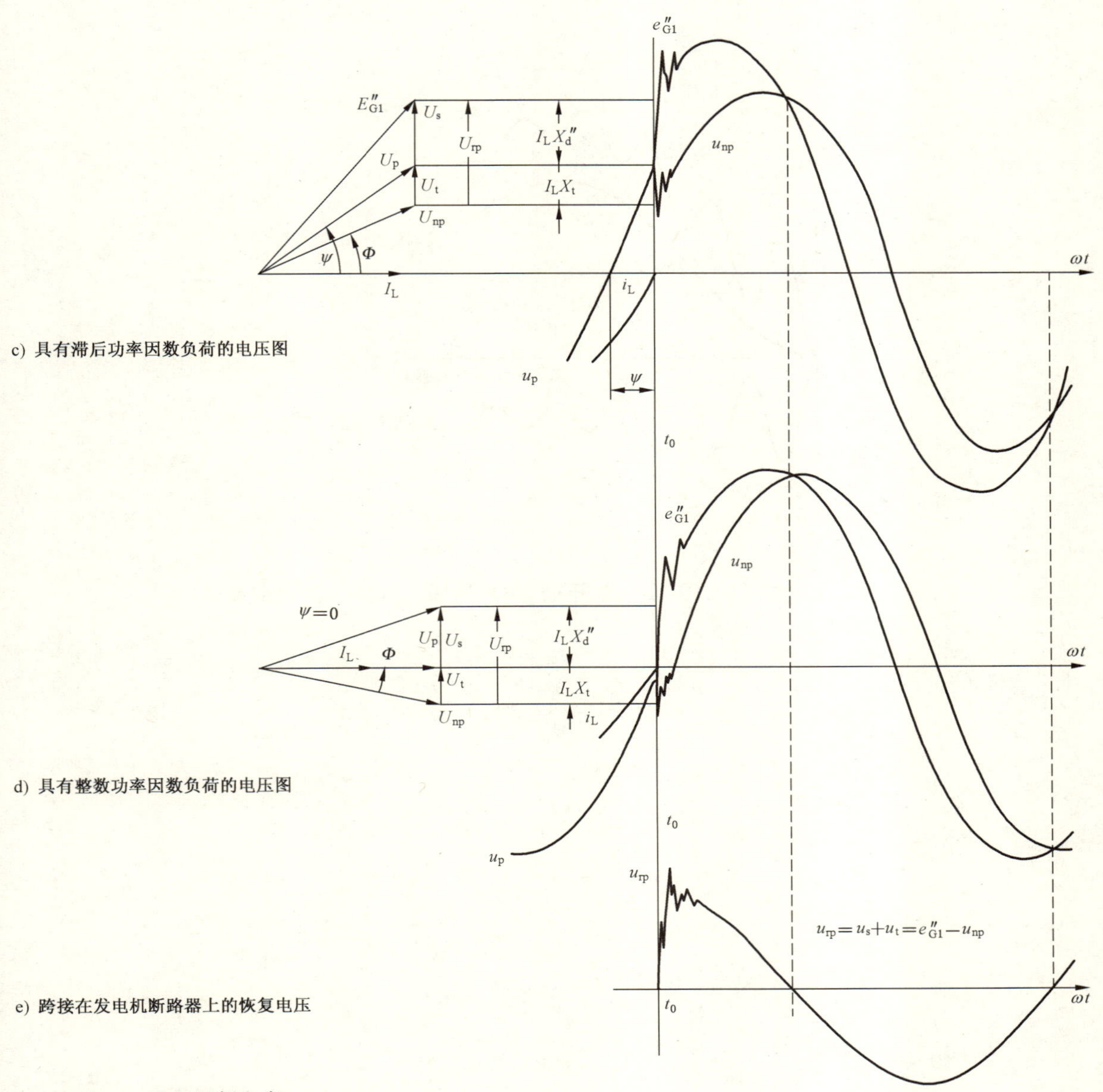

c) 具有滞后功率因数负荷的电压图

d) 具有整数功率因数负荷的电压图

e) 跨接在发电机断路器上的恢复电压

C_G——发电机侧电容；

C_{ot}——变压器侧电容；

E''_{G1}(e''_{G1})——t_0 时间后发电机断路器端子上的发电机电压；

I_L(i_L)——负荷电流；

U_{np}——系统电压(在负荷端)；

U_p(u_p)——t_0 时间前发电机断路器端子上的工作电压；

U_{rp}(u_{rp})——开关两端之间的恢复电压；

X''_d——发电机次瞬态电抗；

X_L——线路电抗(从变压器到负荷)；

X_n——高压(HV)系统短路电抗＝ $X''_{dn}+X_{tn}+X_{Ln}$；

X_t——变压器电抗；

Z_L——负荷阻抗；

G_1——发电机(负荷电流 I_L)；

GCB——发电机断路器；

T——变压器；

Ψ——发电机断路器处的相角；

Φ——负荷相角；

ω——系统角频率。

图 16(续)

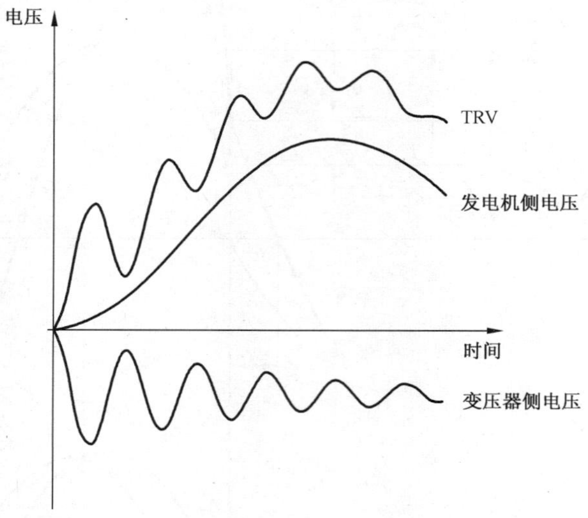

图 17 首开极 TRV 曲线

附 录 A
（资料性附录）
发电机断路器应用例子

在第8章中的选用导则用来推导这个例子。

当提出需要高压交流发电机断路器时，买方向制造厂提供包含9.101中概述的资料的技术条件是非常重要的。这个资料提示制造厂留心8.2和8.3中的使用条件。

图A.1中给出的例子描述了588 MVA、燃煤、持续负荷的电厂户内发电机断路器的实际应用。发电机断路器采用强迫空气冷却。

以下计算基于额定频率60 Hz。

A.1 系统特性

系统特性叙述如表A.1。

A.2 系统源短路电流

A.2.1 系统源对称短路电流

下述例子以在“a”位置故障为基础（见图A.1）。

系统源对称短路电流是发电机断路器在额定电压和额定操作顺序下必须开断的多相短路电流对称分量的最大有效值。

对于550 kV侧40 kA系统源短路电流成分，从21 kV低压侧看去要求的系统短路电抗如下：

$$X_{sys}=\frac{550}{40\sqrt{3}}\times\left(\frac{21}{550}\right)^2=11.57\times10^{-3}\ \Omega$$

具有600 MVA的额定容量和14%的短路电抗(pu)的主变压器的短路电抗产生的电抗如下：

$$X_t=0.14\times\frac{21^2}{600}=102.9\times10^{-3}\ \Omega$$

因此，来自系统侧的短路电流成分如下：

$$I_{sym}=\frac{U_r}{\sqrt{3}\times(X_{sys}+X_t)}=\frac{21}{\sqrt{3}\times(11.57+102.9)\times10^{-3}}=105.9\ \text{kA}$$

属于来自辅助系统电动机的短路电流的成分比来自高压系统的短路电流成分的份额小。如果电动机是通过两台辅助变压器连接的，每台辅助变压器的额定容量为35 MVA，0.08 pu短路电抗，且时间常数为106 ms（X/R的比值为40），则短路电流可以按如下确定。假定同时全部投入运行，则按保守考虑，电动机综合的最大额定值为60 MVA。

电动机短路阻抗如下：

$$Z_M=\frac{I_{rM}}{I_{1M}}\times\frac{U_r^2}{P_M}=0.2\times\frac{21^2}{60}\cong X_M=1.47\ \Omega$$

其中 I_{rM}/I_{1M} 为电动机额定电流与电动机堵转电流的比，且大约等于0.2。

表 A.1 系统特性

a) 单线图	见图A.1
b) 发电机最高线电压(kV)	21
c) 额定频率(Hz)	60
d) 发电机参数(额定值)：	

表 A.1(续)

1) 额定功率(MVA)	588
2) 额定电压(kV)	21
3) 电抗值(pu)	额定电压下(饱和值)
ⅰ) 同步直轴电抗(X_d)	2.0
ⅱ) 瞬态直轴电抗(X_d')	0.31
ⅲ) 次瞬态直轴电抗(X_d'')	0.24
ⅳ) 同步交轴电抗(X_q)	2.04
ⅴ) 瞬态交轴电抗(X_q')	0.5
ⅵ) 次瞬态交轴电抗(X_q'')	0.25
ⅶ) 负序电抗(X_2)	0.24
ⅷ) 零序电抗(X_0)	0.1
4) 时间常数(s):	
ⅰ) 瞬态开路(T_{d0}')	5.63
ⅱ) 瞬态短路(T_d')	0.84
ⅲ) 次瞬态开路(T_{d0}'')	0.034
ⅳ) 次瞬态短路(T_d'')	0.025
ⅴ) 瞬态开路交轴(T_{q0}')	
ⅵ) 瞬态短路交轴(T_q')	0.255
ⅶ) 次瞬态开路交轴(T_{q0}'')	
ⅷ) 次瞬态短路交轴(T_q'')	0.025
ⅸ) 电枢短路(T_a)	0.31
5) 发电机接地方式	通过配电变压器高电阻接地
6) 惯性常数 H(kW/kVA)	如果有的话
7) 电枢绕组对地电容(所有相合在一起)(μF)	0.9
e) 发电机升压变压器参数(额定值)	
1) 额定电压(kV)	550/21
2) 额定容量(MVA)	3×200
3) 接法	Y形接地/△形
4) 额定电压下的短路电抗(pu)	0.14
5) 高压(HV)侧分接开关的分接范围(分接级 1.25%)	−10%/+5%
ⅰ)短路电抗的总变化	−5%/+2.5%
6) 时间常数 $X/\omega R$(ms)	160
f) 发电机升压变压器的高压侧系统源短路电流(未来要求)(kA)	40
g) 高压系统的时间常数 $X/\omega R$(ms)	45

$$X_{\text{aux transf}} = 0.08 \times \frac{21^2}{35 \times 2} = 0.504\ \Omega$$

式中,$X_{\text{aux transf}}$为辅助变压器的电抗。

来自辅助系统的初始对称短路电流成分的有效值如下：

$$I''_{\text{aux sys}}=\frac{U_{\text{r}}}{\sqrt{3}X_{\text{aux tot}}}=\frac{21}{\sqrt{3}\times(1.47+0.504)}=6.14\ \text{kA}$$

式中，$X_{\text{aux tot}}$为辅助系统的总电抗。

这个初始电流是衰减的，并且，在 40 ms～80 ms 触头分离时间内被开断的电流可估计为等于初始电流 $I''_{\text{aux sys}}$的 0.7～0.85 倍。如果按选择的发电机断路器的触头分离时间为 80 ms(5 周波)，倍数为 0.8，则来自辅助系统的对称短路电流成分的有效值为 4.9 kA。

发电机断路器经受的总系统源对称短路电流如下：

$$I_{\text{sym tot}}=105.9+4.9=110.8\ \text{kA}$$

根据以上所述，对于发电机断路器来说，应选择 120 kA 的短路电流额定值。

A.2.2 系统源非对称短路电流

下述例子以“a”位置故障(见图 A.1)和 A.2.1 中的计算结果为基础。

系统源非对称短路电流的直流分量等于如下：

$$I_{\text{dc}}=(\sqrt{2}I_{\text{sym}})e^{-t/\tau}$$

式中：

I_{sym}——系统源对称短路电流，相对于升压变压器高压侧上的 40 kA 系统短路电流成分，通过升压变压器确定为 105.9 kA；

I_{dc}——系统源非对称短路电流的直流分量；

τ——$\left(\frac{1}{\omega}\times\frac{X}{R}\right)$；

X——系统元件的短路电抗；

R——系统元件的电阻；

ω——角频率。

就系统源对称短路电流而论，总的直流分量由来自经过升压变压器的高压系统的成分和辅助系统的直流分量组成。它由主弧触头分离时间来确定。

高压系统时间常数为 45 ms，并且其短路电抗确定如下：

$$X_{\text{sys}}=11.57\times10^{-3}\,\Omega\quad(\text{见 A.2.1})$$

因此，

$$R_{\text{sys}}=\frac{11.57\times10^{-3}}{2\pi\times60\times45\times10^{-3}}=0.681\times10^{-3}\,\Omega$$

发电机升压变压器的时间常数为 160 ms，并且计算的变压器短路电抗是 $X_{\text{t}}=102.9\times10^{-3}\,\Omega$。

由此导出下述升压变压器电阻：

$$R_{\text{t}}=\frac{102.9\times10^{-3}}{2\pi\times60\times160\times10^{-3}}=1.706\times10^{-3}\,\Omega$$

则系统总电抗和电阻是：

$$X_{\text{sys+t}}=X_{\text{sys}}+X_{\text{t}}=11.57\times10^{-3}+102.9\times10^{-3}=114.47\times10^{-3}\,\Omega$$

$$R_{\text{sys+t}}=R_{\text{sys}}+R_{\text{t}}=0.681\times10^{-3}+1.706\times10^{-3}=2.387\times10^{-3}\,\Omega$$

因此，来自通过升压变压器的高压系统的短路电流的直流分量衰减的时间常数 $\tau_{\text{sys,tot}}$如下：

$$\tau_{\text{sys,tot}}=\frac{114.47\times10^{-3}}{2\pi\times60\times2.387\times10^{-3}}=127.2\ \text{ms}$$

辅助系统变压器的短路电抗估算为 0.504 Ω，并且假定时间常数为 100 ms。所以电阻如下：

$$R_{\text{aux transf}}=\frac{0.504}{2\pi\times60\times100\times10^{-3}}=0.0133\ \Omega$$

对于电动机的电抗经计算为 $X_{\text{M}}=1.47\ \Omega$。对于额定功率大于 1 MW 的电动机，电阻 R_{M}约为

0.1 倍X_M。因此,$R_M=0.147\ \Omega$。

来自辅助系统的直流分量衰减的时间常数如下:

$$\tau_{aux\ sys}=\frac{X_{aux\ transf}+X_M}{\omega(R_{aux\ transf}+R_M)}=\frac{0.504+1.47}{2\pi\times60\times(0.0133+0.147)}=32.7\ \text{ms}$$

在 58.3 ms 的发电机断路器主弧触头分离时间(分闸时间 50 ms 加上 0.5 周波的脱扣时延)时,总系统源短路电流的总直流分量(包括辅助系统成分的直流分量),是来自通过升压变压器的高压系统的成分和辅助系统的成分之和。

$$I_{dc\ sys\ tot}=105.9\sqrt{2}e^{-58.3/127.2}=94.5\ \text{kA}$$

式中,$I_{dc\ sys\ tot}$为来自通过升压变压器的高压系统的总的直流分量。

$$I_{dc\ aux}=6.14\sqrt{2}e^{-58.3/32.7}=1.46\ \text{kA}$$

式中,$I_{dc\ aux}$为辅助系统的直流分量。

$$I_{dc\ tot}=94.5+1.46=95.96\ \text{kA}$$

式中,$I_{dc\ tot}$为总系统源短路电流的总的直流分量。

因此,在主弧触头分离时刻的直流分量是总系统源对称短路电流峰值的 61.6%。

$\left(\frac{I_{dc\ tot}}{\sqrt{2}I_{sym\ tot}}=\frac{95.96}{\sqrt{2}\times110.8}=61.6\%\right)$。

A.3 发电机源短路电流

A.3.1 发电机源对称短路电流

当短路电流源完全来自发电机而未经过变换时,该电流是在主弧触头分离瞬间,从电流振幅的包络线上测量的。

在空载条件下,发电机源对称短路电流可用下述公式计算:

$$I_{gen\ source\ sym\ rms}=\frac{P}{\sqrt{3}U_r}\left[\left(\frac{1}{X_d''}-\frac{1}{X_d'}\right)e^{-t/T_d''}+\left(\frac{1}{X_d'}-\frac{1}{X_d}\right)e^{-t/T_d'}+\frac{1}{X_d}\right]$$

式中:

U_r——额定电压;

P——发电机额定功率,其电抗是 pu。

在这个例子中使用对于发电机给出的数据,在主弧触头分离时间等于 58.3 ms 时,发电机源对称短路电流结果如下:

$$I_{gen\ source\ sym\ rms}=50.6\ \text{kA}$$

A.3.2 发电机源非对称短路电流

对于发电机在空载状态下具有最大非对称性的那相的发电机源非对称短路电流,可由下述公式计算:

$$I_{gen\ source\ asym}=\frac{\sqrt{2}P}{\sqrt{3}U_r}\left\{\left[\left(\frac{1}{X_d''}-\frac{1}{X_d'}\right)e^{-t/T_d''}+\left(\frac{1}{X_d'}-\frac{1}{X_d}\right)e^{-t/T_d'}+\frac{1}{X_d}\right]\cos\omega t\right.$$
$$\left.-\frac{1}{2}\left(\frac{1}{X_d''}+\frac{1}{X_q''}\right)e^{-t/T_a}-\frac{1}{2}\left(\frac{1}{X_d''}-\frac{1}{X_q''}\right)e^{-t/T_a}\cos2\omega t\right\}$$

式中:

P——额定功率;

U_r——额定电压。

发电机的电抗值是 pu。

因为对于大多数发电机来说,X_d''大约等于 X_q'',则公式可写成如下:

$$I_{\text{gen source asym}}=\frac{\sqrt{2}P}{\sqrt{3}U_r}\left\{\left[\left(\frac{1}{X_d''}-\frac{1}{X_d'}\right)e^{-t/T_d''}+\left(\frac{1}{X_d'}-\frac{1}{X_d}\right)e^{-t/T_d'}+\frac{1}{X_d}\right]\cos\omega t-\frac{1}{X_d''}e^{-t/T_a}\right\}$$

作为本附录的例子，图 A.2 表示假定发电机处于空载状态时发生故障，三相非对称短路电流的计算机计算结果。当发电机断路器像关合接地开关那样关合金属性短路故障时，这种未必会发生的情况可能发生。因此，在故障位置不考虑燃弧。在发电机断路器主弧触头分离瞬间的不对称性为 109.5%。

为了相互比较，图 A.3 显示了计算的非对称三相短路电流，但作了在故障位置有影响短路电流非对称性的电弧的假设。由于电弧电压的影响，其非对称性与图 A.2 具有的 109.5%非对称性相比降到 68%。

在空气中自由燃烧的电弧具有的电弧电压为 10 V/cm，这就意味着母线管中故障的电弧电压至少为 300 V。在变压器中发生故障的情况下，电弧会在油中燃烧，具有非常高的电弧电压。

发电机断路器电弧在具有最大非对称性的那相上的影响由图 11 计算机计算结果说明。

发电机源非对称短路电流通常可用适当的计算机程序进行计算。对于具有最大非对称度的发电机源短路电流和发电机处于欠励磁状态来说，不能给出短路电流的近似计算公式，只能用适当的计算机程序计算。

A.4 瞬态恢复电压

对于系统馈电故障的预期 TRV 可用与变压器馈电故障相同的方法确定。在短路状态下，变压器的固有频率应该是已知的。这个频率可采用低压注入法进行测量。当使用电容器时，应该考虑它们对实际的 TRV 的影响。

在本标准中给出的 TRV 参数是由大量变压器和发电机的数据，通常由测量结果得出的，并且它们能覆盖最苛刻的情况。见参考文献[1]和[2]。

对于系统馈电故障和发电机馈电故障的 TRV 的计算可能是不准确的，因为合适的模型制作过于复杂，并且必要的部分基于频率的精确数据可能得不到。

A.5 失步状态

在下述两个条件下可能产生失步状态：

a) 如果在最大 180°反相之前，高压断路器通过相关的保护系统跳闸，那么将造成高压输电系统不稳定。对于发电机断路器，这种情况可不考虑。

b) 如果用发电机断路器进行同步操作有误，而且发电机断路器必须跳闸，这就可能产生失步状态。

对于后种情况，在电流发生瞬间($t=0$)，对称失步电流(I_{oph})可用下述公式计算：

$$I_{oph}=\frac{U_{oph}}{X_d''+X_t+X_s}$$

式中：

U_{oph}——失步电压；

X_d''——发电机次瞬态电抗，Ω；

X_t——变压器短路电抗，Ω；

X_s——系统短路电抗，Ω。

或者：

$$I_{oph}=\delta\left(\frac{I_r}{X_d''+X_t+X_s}\right)$$

式中：

电抗以 pu 表示；

δ——失步系数；

X_s——发电机的额定功率除以系统短路容量，用 pu 表示；

I_r——发电机的额定电流。

对于如图 12 那样的系统图或图 A.4 示意图，串联的发电机和发电机升压变压器具有相同的基本额定值，这个公式是有效的。

最终的失步电流低于 $t=0$ 时的初始失步电流，因为它依据发电机、变压器和系统的时间常数而降低。电流变化范围的精确计算必须由正确模拟发电机性能的计算机程序来完成。

然而，对于如图 12 那样的电站单线图，当发电机在失步状态之前处于空载状态时，失步电流可用下述公式近似计算(见图 A.4)。

$$I_{oph}=\frac{\delta P\sqrt{2}}{U_r\sqrt{3}}\left\{\left[\left(\frac{1}{X_d''+X_s+X_t}-\frac{1}{X_d'+X_s+X_t}\right)e^{-t/T''}+\left(\frac{1}{X_d'+X_s+X_t}-\frac{1}{X_d+X_s+X_t}\right)e^{-t/T'}+\frac{1}{X_d+X_s+X_t}\right]\cos\omega t-\frac{1}{X_d''+X_s+X_t}e^{-t/T}\right\}$$

$$T''=T''_{d0}\left(\frac{X_d''+X_s+X_t}{X_d'+X_s+X_t}\right)=T_d''\left(\frac{X_d'}{X_d''}\times\frac{X_d''+X_s+X_t}{X_d'+X_s+X_t}\right)\qquad \text{因为 } T_{d0}''\cong T_d''\left(\frac{X_d'}{X_d''}\right)$$

$$T'=T'_{d0}\left(\frac{X_d'+X_s+X_t}{X_d+X_s+X_t}\right)=T_d'\left(\frac{X_d}{X_d'}\times\frac{X_d'+X_s+X_t}{X_d+X_s+X_t}\right)\qquad \text{因为 } T_{d0}'\cong T_d'\left(\frac{X_d}{X_d'}\right)$$

$$T=\frac{X_d''+X_s+X_t}{(X_d''/T_a)+(X_s/\tau_s)+(X_t/\tau_t)}=\frac{X_d''+X_s+X_t}{(X_d''/T_a)+X_s\times[\omega/(X/R)_s]+X_t\times\omega/(X/R)_t}$$

电抗 X_d''、X_d'、X_t和 X_s是以发电机 MVA 为基础的 pu 值。

对于 180°的失步状态，$\delta=2$。在这种状态下，在电流产生后，对于具有全非对称性这相，加上来自辅助系统的若干百分比成分，一个半波时的峰值电流为 223 kA。这个电流峰值明显高于 181 kA 的发电机端故障短路电流峰值(见图 A.2)。考虑到机械力以电流的平方增加，这么大的失步短路电流可能会损坏发电机。因此，必须采用适当的继电保护以避免 180°失步状态。

对于 90°失步状态，$\delta=\sqrt{2}$，且电压为 $21\left(\sqrt{\frac{2}{3}}\right)$ kV；一个半波之后失步非对称电流峰值为 158 kA，它低于发电机端故障的短路电流峰值。

对于本例子来说，主弧触头分离瞬间必须开合的失步电流的计算值为 52 kA。在失步状态下必须开合的最大电流为发电机断路器短路电流额定值的 50%，即在这种情况下，必须开合的失步电流为 60 kA。

对于 TRV 的计算，A.4 的考虑同样适用。对 TRV 的要求在表 4 中给出。

A.6 持续电流的应用

额定电压为 21 kV 的发电机的持续电流如下：

$$\frac{588\ \text{MVA}}{21\sqrt{3}\ \text{kV}}=16.2\ \text{kA}$$

本例子中的发电机断路器采用强迫空气冷却。图 A.5 解释了当强迫空气冷却失效时，计算发电机断路器电流额定值的程序。

发电机断路器运行中带有强迫空气冷却时，能承载发电机的持续电流。如果冷却系统发生失效，则在 t 时间后开始电流必须以 R(kA/min)的下降速率降低，以使断路器的温度不超过最热点允许的温度 θ_{max}。允许的温度受发电机断路器使用的材料的限制(见 GB/T 11022—1999 的表 3)，以使发电机断路器的任何部件不被劣化。

由于电流较低导致温度下降，并趋向于允许的最热点温度 θ_n。在 t_1 时冷却恢复，并且电流增加到发电机的额定电流。从而温度下降到最热点允许的温度 θ_n。这种事故程序应由制造厂规定。

当冷却系统更复杂(例如，发电机断路器采用水冷，而母线管采用强迫空气冷却)时，应采用类似的程序。事故规范应包括在这种情况下对如图 1 所示的每种冷却系统失效的处理程序。

A.7 发电机断路器的电气特性

下面是本例中选择的发电机断路器的电气特性参数：

额定电压	21 kV
绝缘耐受电压：	
1 min(干)	60 kV 有效值
全波冲击	125 kV 峰值
额定电流	18 kA
额定短路开断电流	120 kA

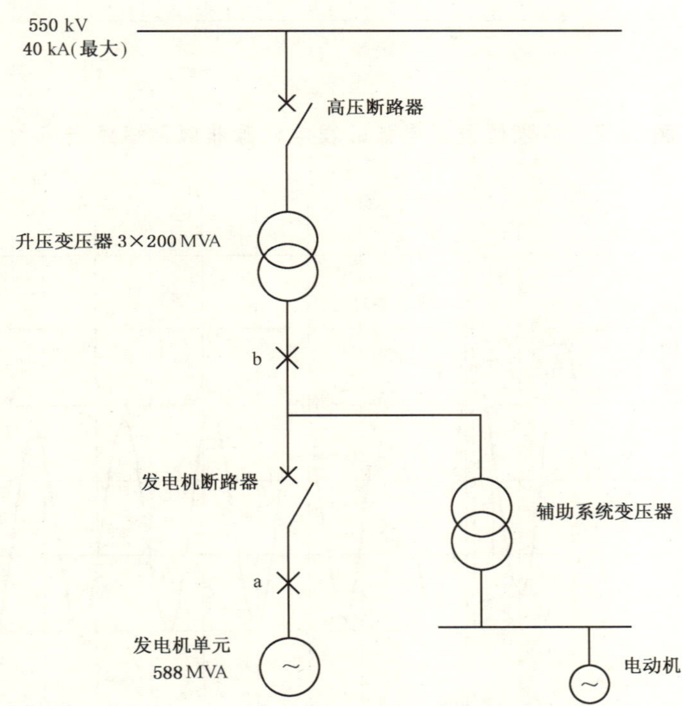

图 A.1 电站单线图

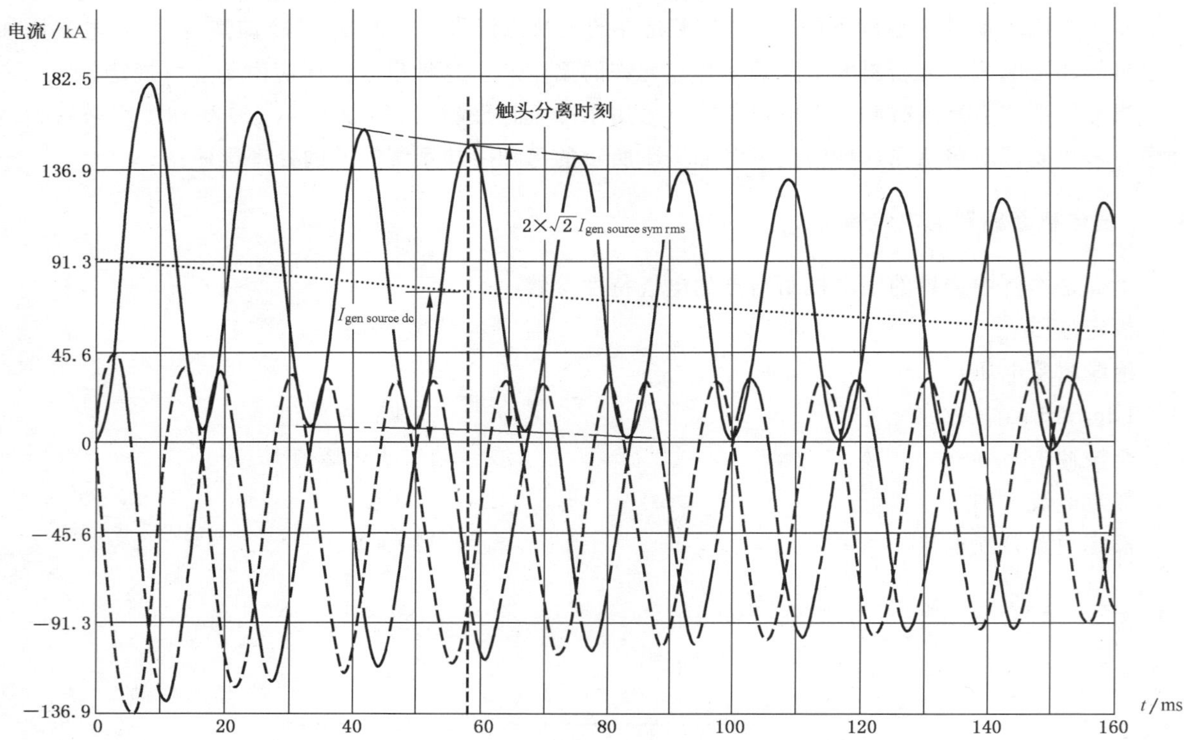

图 A.2　故障位置无电弧的发电机源非对称短路电流

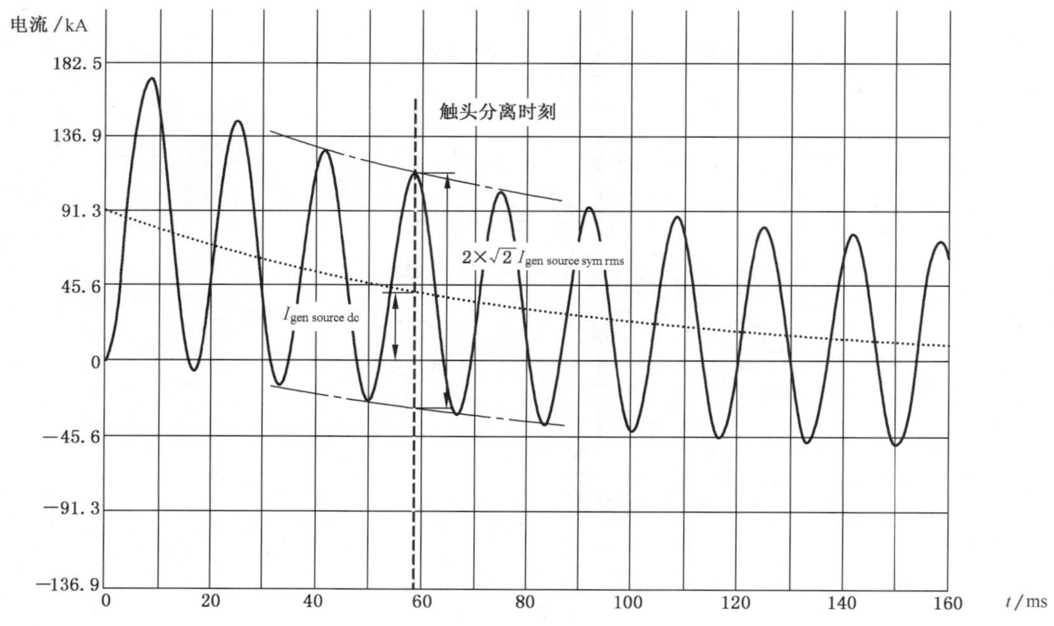

图 A.3　故障位置有电弧的发电机源非对称短路电流

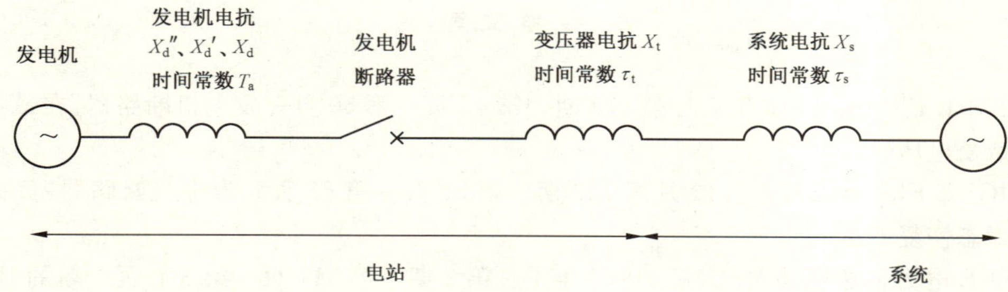

图 A.4　电站示意图(如图 12 单线图)

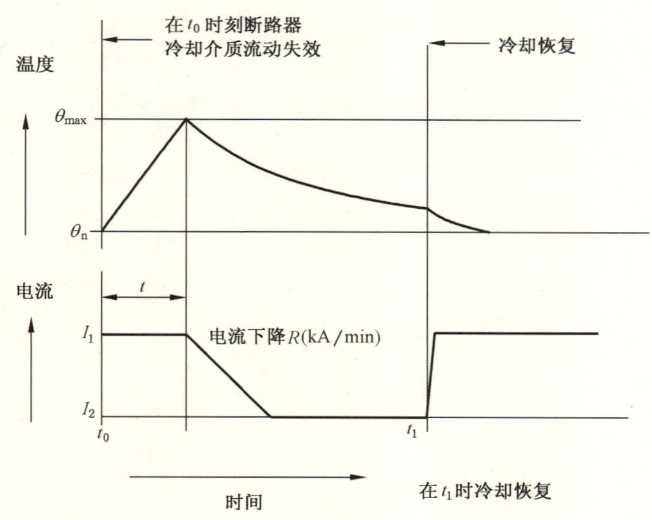

θ_{max}——最热点允许的温度;

θ_n——在额定电流下最热点允许的温度;

t——额定电流未减少和温度未超过 θ_{max} 的允许时间;

I_1——额定电流(I_r);

I_2——在冷却介质流动失效时允许的电流。

图 A.5　冷却介质丧失时发电机断路器的温度和负荷电流

参 考 文 献

[1] CIGRE Electra,1987年7月第113期 第43页～第50页 发电机断路器:在最苛刻短路条件下的瞬态恢复电压

[2] CIGRE Electra,1989年10月第126期 第53页～第63页 发电机断路器:负荷电流和失步条件下的瞬态恢复电压

[3] IEEE电力输送期刊 Vol.10 1995年4月第2期 第811页～第816页 新的IEEE/ANSI标准 发电机断路器 Ruoss,E·M和Kolarik,P·L